Regelung der Kraftmaschinen

Berechnung und Konstruktion der Schwungräder
des Massenausgleichs und der Kraftmaschinenregler
in elementarer Behandlung

Von

Dr.-Ing. Max Tolle

Hofrat, ord. Professor an der Technischen Hochschule zu Karlsruhe

Dritte
verbesserte und vermehrte Auflage

Mit 532 Textfiguren und 24 Tafeln

Berlin
Verlag von Julius Springer
1921

ISBN-13:978-3-642-90473-8   e-ISBN-13:978-3-642-92330-2
DOI: 10.1007/978-3-642-92330-2

Alle Rechte, insbesondere das der Übersetzung
in fremde Sprachen, vorbehalten.
Copyright 1921 by Julius Springer in Berlin.
Softcover reprint of the hardcover 3rd edition 1921

Vorwort zur dritten Auflage.

Der Grundcharakter und die Stoffeinteilung der ersten beiden Auflagen wurden beibehalten; das Buch soll kein bloßes Nachschlagewerk sein, sondern den „Leser" in den Stand setzen, auch in die verwickelteren Fragen der Kraftmaschinenregelung einzudringen. Zu wesentlichen Kürzungen konnte ich mich nicht entschließen, da der beabsichtigte elementare Charakter des Buches bei der immerhin nicht leichten Materie eine gewisse Ausführlichkeit in der Behandlung bedingt. Einzelne Konstruktionen, deren Bedeutung in der Praxis vielleicht nicht mehr so groß wie früher ist, wurden deshalb behandelt, weil sie in vorzüglicher Weise zeigen, welche Umwege oft gegangen werden, und weil sie die Eigentümlichkeiten der neuen Ausführungen um so deutlicher hervortreten lassen. Durch Aufnahme einer ganzen Reihe neuer Abschnitte stieg trotz mancherlei Streichungen der Umfang von 699 auf 889 Seiten, die Anzahl der Figuren von 463 auf 532 und der Tafeln von 19 auf 24. Alle Teile wurden sorgfältig nachgeprüft und ergänzt. Von größeren Änderungen erwähne ich die Umarbeitung des Kapitels über die Festigkeitsrechnung der Schwungräder, besonders die Untersuchung über den Einfluß der Armzahl, ferner über den ruhigen Gang der Lokomotiven mit Berücksichtigung der wagerechten Schienstützkräfte, da die seit mehr als 50 Jahren unbeanstandet gebliebene klassische Theorie von Redtenbacher, wie zuerst Lihotzky gezeigt hat, nicht aufrecht erhalten werden kann. An neuen Reglerkonstruktionen wurden mehrere der Jahns-Regulatoren-G. m. b. H., von F. A. Neidig, Roos & Co., Fliehkraftregler mit Flüssigkeitsgestänge und Achsenregler von R. Proell aufgenommen.

Eine umfangreiche Erweiterung (von fast 8 Bogen) erfuhr das zweite Kapitel. Es enthält neue Methoden zur Untersuchung des Gleichgangs, insbesondere zur Ermittlung der Geschwindigkeitsabweichungen und Pendelwege auf Grund von „erweiterten Arbeitskurven", die sich den bisherigen Verfahren der Schwungradberechnung mit Hilfe der Drehkraftkurven oder nach Wittenbauer entschieden überlegen erweisen, im Anschluß daran einiges über den Geigerschen Torsiographen und Torsiogramme. Sodann wird die heute wichtige Aufgabe der Berücksichtigung von Widerständen, die von der Geschwindigkeit abhängen (z. B. bei Pumpen- und Kompressorantrieb durch Asynchrondrehstrom- oder Gleichstrom-Nebenschlußmotoren, beim Laden von Akkumulatoren durch Generatoren, die von Kurbelmaschinen angetrieben sind), und solcher Widerstände, die von dem Pendelwege abhängen (Parallelbetrieb von Wechselstrommaschinen), einer durchsichtigen Lösung zugeführt.

Die Erkenntnis, daß eigentlich alle bisherigen Untersuchungen über Ungleichförmigkeit von der unrichtigen Annahme ausgingen, die Maschinenwelle sei absolut starr, zwingt gebieterisch zur Berücksichtigung der Verdrehungen der Welle. Die Seite 200 bis 269 entwickelten neuen, hier erstmals veröffentlichten Methoden zur Untersuchung der Torsionsschwingungen entstanden während des Krieges aus Anlaß der Untersuchung der Maschinenanlagen von Unterseebooten und Luftschiffen; ihre Vorzüge für den Konstrukteur zeigen sich besonders darin, daß sie gestatten, jede Änderung an den Massen oder dem elastischen Verhalten der Wellenstücke sofort bequem zu verfolgen und sich bestimmten Forderungen anzupassen.

Auch das achte Kapitel über mittelbare Regelung erfuhr eine beträchtliche Erweiterung, indem ein besonderer Abschnitt die neuzeitliche Entwicklung der indirekten Regler behandelt, die sich inzwischen tatsächlich, was in der zweiten Auflage als Vermutung ausgesprochen war, zu in sich geschlossenen, dem modernen Maschinenbau angepaßten Konstruktionsformen entwickelt haben.

Den Firmen, die mir durch Überlassen von Material die Möglichkeit gaben, die neuesten Ausführungen zu besprechen, besonders J. M. Voith, Briegleb, Hansen & Co., Jahns-Reg.-Ges. und F. A. Neidig, sage ich, ebenso wie der Verlagsbuchhandlung für die gediegene Ausstattung meinen besten Dank, hoffend, daß auch die vorliegende Auflage sich Freunde erwerben möge.

Karlsruhe, 7. April 1921.

M. Tolle.

Inhaltsverzeichnis.

	Seite
Vorwort	III
Einleitung	1

I. Teil.
Schwungräder. (Gleichförmigkeit des Ganges.) . . . 3

Erstes Kapitel.
Das Schubkurbelgetriebe 4
A. Weg- und Kraftverhältnisse 4
1. Ermittelung der Kolbenwege 5
2. Kraftverhältnisse beim Kurbeltrieb 9
3. Reibungsverluste im Kurbeltrieb 12

B. Geschwindigkeits- und Beschleunigungsverhältnisse des Kurbeltriebes 15
1. Geschwindigkeiten beim Kurbeltrieb 15
2. Beschleunigung beim Kurbeltrieb 24
3. Massendrücke, die durch die Beschleunigungen im Kurbelgetriebe bedingt sind 38

Zweites Kapitel.
Schwungradmasse und Ungleichförmigkeit . . . 52
A. Grundgleichung zur Berechnung der erforderlichen Schwungradmasse 52
B. Ermittelung des Arbeitsüberschusses mit Hilfe der Drehkraftkurven 56
  a) Drehkraftkurven für Einzylinder-Dampfmaschinen . . . 56
    1. Drehkraftkurven bei unendlicher Stangenlänge 60
    2. Drehkraftkurven bei endlicher Stangenlänge 70
  b) Drehkraftkurven für Mehrzylinder-Dampfmaschinen . . . 77
    1. Drehkraftkurven der Massendrücke bei mehrkurbeligen Maschinen 77
    2. Drehkraftkurven für Zwillingsmaschinen 82
    3. Drehkraftkurven für Verbundmaschinen 84
C. Schwungradberechnung ohne Zeichnung von Diagrammen . . . 88
  1. Für Dampfmaschinen 88
  2. Für Verbrennungsmotoren 91
  3. Änderung des Ungleichförmigkeitsgrades mit der Leistung und der Umdrehzahl 95
D. Schwungradberechnung mit Hilfe des Massenwuchtdiagramms 97
  a) Das allgemeine Verfahren 98
  b) Die reduzierten Massen beim Kurbeltrieb 104
    1. Auf den Kurbelzapfen reduzierte Masse von Kolben, Kreuzkopf und Kurbel 105
    2. Auf den Kurbelzapfen reduzierte Masse der Schubstange 109

Inhaltsverzeichnis.

c) Massenwuchtdiagramm und Geschwindigkeitskurven . . 119
d) Benutzung des Massenwuchtdiagramms zur Schwungradberechnung 123
e) Beispiele von Massenwuchtdiagrammen 128
   1. Einzylindermaschine 128
   2. Einfach- und doppeltwirkende Pumpe 136
   3. Zwillingsmaschine 146

E. Geschwindigkeits- und Winkelabweichungen, Arbeitsüberschüsse; Widerstände, die von der Geschwindigkeit oder dem Pendelweg abhängen 149

a) Geschwindigkeitsschwankungen und Arbeitsüberschüsse . 149
   Beispiele von erweiterten Arbeitskurven 157
   1. Einzylindermaschine 157
   2. Zwillingsmaschine 163
b) Winkelabweichungen (Pendelwege)............ 164
   Beispiel 168
   Torsiograph und Torsiogramme 171
c) Berücksichtigung von Widerständen, die von der Geschwindigkeit abhängen 175
d) Berücksichtigung von Widerständen, die den Winkelabweichungen proportional sind............. 187

F. Torsionsschwingungen 200

a) Schwingungen ohne Dämpfung 200
   1. Allgemeines 200
   2. Beschreibung des Massensystems und Bezeichnungen 202
   3. Aufstellung der Grundgleichungen 204
   4. Fundamentalsatz 205
   5. Ermittelung sämtlicher Amplituden und elastischen Momente bei gegebenen erregenden harmonischen Momenten 206
   6. Entwicklung des Hauptverfahrens (Vorwärts-Rückwärts-Methode) 209
   7. Hauptkonstante C 211
   8. Reständerungsformeln 212
   9. Anwendung der Reständerungsformeln 213
   10. Berechnung der Winkelamplituden und elastischen Momente bei gegebenen erregenden Momenten nach dem Hauptverfahren . . 214
   11. Ermittelung der Eigenfrequenzen ω_e 222
   12. Beispiel 225
   13. Weitere Änderungsformeln 244
b) Erzwungene Schwingungen mit Dämpfung 250
   1. Aufstellung der Grundgleichungen 250
   2. Fundamentalsatz 253
   3. Vorwärts-Rückwärts-Methode und Hauptkonstante 257

Drittes Kapitel.
Konstruktion und Festigkeitsberechnung der Schwungräder 270

A. Übliche Ausführungsformen von Schwungrädern . . . 270
B. Festigkeitsuntersuchung der Schwungräder 282

a) Näherungsrechnung ohne Berücksichtigung der Arme . . 282
b) Festigkeitsrechnung unter Berücksichtigung des Einflusses der Arme 283
   1. Grundformeln zur Berechnung krummer Stäbe 284
   2. Spannungsverhältnisse und Formänderungen des Kranzes 289

	Seite
3. Berechnung der durch die Fliehkräfte erzeugten Spannungen in den Armen	299
4. Beanspruchungen infolge der auf die Welle übertragenen Drehmomente	308
5. Zusammenstellung der Festigkeitsformeln; Zahlenbeispiele	313
6. Einfluß der Armzahl	320

II. Teil.
Ruhe des Ganges 325

Viertes Kapitel.
Druckwechsel im Gestänge 326

A. Unvermeidliche Richtungswechsel der Kräfte bei doppeltwirkenden Maschinen mit hin und her gehendem Kolben 326

1. Stöße am Kreuzkopfbolzen 327
2. Stöße am Kurbelzapfen 329
3. In welcher Weise beeinflussen die Massenwiderstände die Stöße am Kreuzkopfbolzen und Kurbelzapfen? 329
4. Stöße am Kurbelwellenlager 332
5. Stöße an den Gleitschuhen 334
6. Experimentelle Untersuchung der Druckwechsel und Stöße . . . 335

B. Vermeidbare Richtungswechsel im Gestänge 335

Fünftes Kapitel.
Ausgleich der bewegten Massen 341

A. Kippmomente infolge der veränderlichen Drehkraft . . . 341

B. Ausgleich der Wirkungen der bewegten Massen 344

a) **Ausgleich der Massendrücke im Kurbelgetriebe selbst** . 345
1. Schwerpunkt und Hauptpunkte 345
2. Anwendung dieses Verfahrens auf das Kurbelgetriebe 349
3. Wann macht der Schwerpunkt trotz der sich drehenden Kurbel und der hin und her schwingenden Schubstange nur geradlinige Schwingungen? 351

b) **Ausgleich der Massendrücke, die von den geradlinig bewegten Teilen herrühren** 353
1. Allgemeine Bedingungen für den Ausgleich mehrkurbeliger Maschinen 354
2. Mittelpunkt der Drehstrecken 357
3. Massenausgleich bei Dreikurbelmaschinen 359
4. Massenausgleich bei Vierkurbelmaschinen 360
5. Aufgaben über Massenausgleich I. Ordnung von Vierkurbelmaschinen 365
6. Kritik des Massenausgleichs nach Schlick 370
7. Massenausgleich II. Ordnung 374

c) **Ausgleich von sich drehenden Massen oder mit Hilfe solcher** 377
1. Ausgleich einer sich drehenden Masse 379
2. Ausgleich von mehreren sich drehenden Massen, deren Mittellinien einen Winkel miteinander bilden 380
3. Vollkommener Ausgleich geradlinig bewegter Massen durch sich drehende Massen 384
4. Richtungsänderung der Massendrücke geradlinig bewegter Massen durch sich drehende Massen 386
5. Der ruhige Gang der Lokomotiven 387

VIII   Inhaltsverzeichnis.

III. Teil.
Regler 399
Einleitung 399

Sechstes Kapitel.
Muffenregler 402
I. Fliehkraftregler 402

A. Bedeutung und Konstruktion der C-Kurven 402

a) Erklärung der C-Kurven und Ungleichförmigkeitsgrad . . 402
   C-Kurven 404
   Zeichnerische Ermittelung des Ungleichförmigkeitsgrades aus der C-Kurve 407
   Zeichnerische Ermittelung der Umdrehzahlen aus der C-Kurve . . . 409
   Stabilitätsgefälle 410

b) Konstruktion der C-Kurven 412
   1. Watts Regler mit Gewichtsbelastung der Muffe 412
   2. Proells Regler (mit Gewichtsbelastung der Muffe und umgekehrter Aufhängung) 415
   3. Welchen Charakter sollten vorteilhaft die C-Kurven haben? . . . 418
   4. Wie sehen die C-Kurven bei den Reglern mit Kurbelgetriebe aus? 420
   5. C-Kurven bei Reglern mit Kreuzschleife 430

B. Unempfindlichkeit, Muffendruck und Arbeitsvermögen . . 432

a) Unempfindlichkeitsgrad 432
b) Muffendruck 434
c) Arbeitsvermögen 437
d) Eigenreibung der Regler 438
   1. Reibungswiderstände bei gleichförmiger Drehung 439
   2. Die C-Kurven mit Rücksicht auf den Unempfindlichkeitsgrad . . 445
   3. Reibungswiderstände bei Änderung der Winkelgeschwindigkeit . 447

C. Verhalten des Reglers bei Belastungsänderungen der Kraftmaschine
   (Einführung in die dynamische Theorie der Regler) 453

a) Allgemeine Betrachtung über die Vorgänge bei der Regelung 453
b) Aufstellung der Grundgleichungen für die Reglerbewegung 458
c) Zeichnerische Darstellung der Regelungskurven 463

D. Berechnung des erforderlichen Ungleichförmigkeits- und Unempfindlichkeitsgrades 473

a) Günstigster Ungleichförmigkeitsgrad δ 473
b) Kleinster zulässiger Ungleichförmigkeitsgrad δ_{min} . . . 480
c) Anlaufzeit T_a der Kraftmaschine und reduzierter Muffenhub s_r des Reglers 483
d) Einfluß von Widerständen, die mit der Geschwindigkeit der Stellbewegung zunehmen 488

E. Untersuchung ausgeführter Regler mit Gewichtsbelastung . 491

1. Regler nach Kley 491
2. Regler mit gekreuzten Pendelstangen, aber nicht gekreuzten Lenkstangen 495
3. Regler mit unmittelbarer Aufhängung und geknickten Pendelarmen nach Tolle 497
4. Regler nach Proell 499

F. Federregler 500

a) Allgemeines 500

Inhaltsverzeichnis.

	Seite
b) Berechnung der Federabmessungen	503
1. Vergleich der verschiedenen Federarten	503
2. Berechnung der zylindrischen Schraubenfedern mit Kreisquerschnitt	507
3. Einfluß der eigenen Fliehkraft von Federn	510
c) Federregler mit einer Längsfeder	521
α) Regler mit festem Pendeldrehpunkt	522
1. Regler mit Kreuzschleife. (Frühere Konstruktion von H. Hartung)	522
2. Regler mit Kurbelgetriebe. (Neuer Federregler von F. Beyer)	527
β) Regler mit beweglichem Pendeldrehpunkt	532
1. Regler mit Kreuzschleife	532
Regler von F. Beyer in Erfurt, ältere Konstruktion	532
Kienast-Regler von C. W. Jul. Blancke & Co. in Merseburg	535
2. Regler mit Schubkurbelgetriebe	535
Regler von R. Trenck in Erfurt	535
Regler von Zabel & Co. in Quedlinburg a. H.	535
γ) Walzenregler	541
Walzenregler von Strnad	541
Walzenregler von Neidig	553
d) Federregler mit Querfedern	545
1. Federregler von H. Hartung in Düsseldorf	546
2. Federregler von Steinle & Hartung in Quedlinburg a. H.	548
3. Neuer Federregler von Steinle & Hartung	557
4. Federregler der Jahns-Regulatoren G. m. H.	562
e) Federregler mit Quer- und Längsfedern. (Federregler von Tolle)	567
1. Normale Federregler nach Tolle	569
2. Federregler nach Tolle, mit denen die Umdrehzahl um 100% und mehr erhöht werden kann	570
G. Einfluß der Gestalt der Schwungkörper auf die C-Kurven	576
H. Änderung der Umdrehzahl während des Ganges	587
a) Änderung der Umdrehzahl bei Gewichtsreglern	587
b) Änderung der Umdrehzahl bei Federreglern mit (fast) astatischer C_q-Kurve	590
1. Konstruktionen	592
2. Eigenreibung	596
3. Ungleichförmigkeitsgrad und C-Kurven; Entlastung der Muffe	603
c) Änderung der Umdrehzahl bei Federreglern mit stark labiler C_q-Kurve	612
1. Durch Gewichtsbelastung	612
2. Durch Federwage	613
3. Nach Lang in Budapest	614
4. Beyers Tourenregler	618
d) Leistungsregler von Strnad	622
e) Änderung der Umdrehzahl durch Änderung des Übersetzungsverhältnisses	627
J. Leistungsregler	629
1. Allgemeines	629
2. Leistungsregler von Weiß	631
3. Leistungsregler von Tolle	634
4. Auslösevorrichtung und selbsttätige Einstellung der Umdrehzahl	637
5. Leistungsregler von Stumpf	639
6. Regler mit potenzierter Regulierfähigkeit von Wiki	647
K. Fliehkraftregler mit Flüssigkeitsgestänge	649

II. Beharrungsregler ... 656

a) Einfluß von Beharrungsmassen auf den Ungleichförmigkeitsgrad ... 656
b) Einfluß von Beharrungsmassen auf den Unempfindlichkeitsgrad ... 667
Beseitigung des Überregelns durch Vergrößerung des Unempfindlichkeitsgrades ... 670

Siebentes Kapitel.
Achsenregler ... 676

A. Allgemeine Theorie ... 676
1. $\mathfrak{M}$-Kurven und Ungleichförmigkeitsgrad ... 676
2. Verstellkraft und Rückwirkung der Steuerung; das Reglertanzen . 684
Widerstandsvermögen eines Achsenreglers (nach P. Proell) ... 689

B. Besprechung ausgeführter Achsenregler ... 692
1. Achsenregler mit drehbar gelagerten Schwungkörpern ... 692
2. Achsenregler mit gerade geführten Schwungkörpern ... 701
3. Änderung der Umdrehzahl während des Ganges ... 708

Achtes Kapitel.
Mittelbare Regelung ... 722

I. Bestandteile und Wirkungsweise der mittelbar wirkenden Regler ... 722

a) Rückführungen ... 724
 1. Regler mit Nachführung des Hilfsmotorkolbens ... 724
 2. Regler mit starrer Rückführung ... 725
 3. Regler mit Muffenrückdrängung ... 728
 4. Regler mit Tourenrückführung ... 729
b) Vorrichtungen zur Veränderung der Umlaufzahl und Abstellvorrichtungen ... 730
c) Regler mit nachgiebiger Rückführung ... 732
 1. Isodromregler ... 732
 2. Regler mit einstellbarem Ungleichförmigkeitsgrad ... 739

II. Theoretische Untersuchung der Regelungsvorgänge . 743

A. Grundbegriffe und Grundgleichungen ... 743

a) Annahmen ... 743
b) Grundbezeichnungen ... 745
c) Verhältnismäßige Abweichungen ... 745
 1. Geschwindigkeitsabweichung φ ... 745
 2. Reglerabweichung η ... 747
 3. Motorabweichung μ ... 747
 4. Steuerungsverstellung σ ... 748
 5. Rückführungsabweichung $\varkappa$ ... 749
d) Zeitkonstanten ... 749
 1. Anlaufzeit T_a des Motors ... 749
 2. Schlußzeit T_s des Hilfsmotors ... 750
 3. Halbe Fallzeit T_r des Reglers und Eigenschwingungsdauer T_e .. 752
 4. Halbe Kataraktzeit T_k ... 753
 5. Isodromzeit T_i ... 754

Inhaltsverzeichnis. XI

Seite

e) **Grundgleichungen** 756
   1. Die Motorgleichung Mtgl...................... 756
   2. Die Hilfsmotorgleichung HMgl.................. 756
   3. Die Reglergleichung Rggl..................... 757
   4. Die Steuerungsgleichung Stgl................... 758
   5. Die Rückführungsgleichung Rfgl................. 759
   6. Zusammenfassung.......................... 761

B. Allgemeiner Rechnungsgang für die Entwickelung der Regelungsgleichungen 763

  a) **Regler mit veränderlicher Geschwindigkeit des Hilfsmotorkolbens** 763
    1. Herleitung der Gleichungen für den Regelungsvorgang..... 763
    2. Stabilitätskriterien........................... 766
    3. Bestimmung der Konstanten.................... 773

  b) **Regler mit unveränderlicher Geschwindigkeit des Hilfsmotorkolbens** 776
    1. Die Hilfsmotorgleichung (Motorgerade) 776
    2. Die Motorgleichung (Geschwindigkeitsparabel)......... 777
    3. Die Rückführungsgleichung (Rückführungskurve)....... 779
    4. Die Reglergleichung......................... 780

C. Einfluß der Grundgrößen auf die Regelungsvorgänge .. 782

  a) **Direkte Regelung**........................... 783
  b) **Massenloser Regler mit starrer Rückführung**....... 784
    1. Für den Fall veränderlicher Rückführungsgeschwindigkeit ... 784
    2. Für den Fall konstanter Rückführungsgeschwindigkeit 790

  c) **Einfluß der Reglermasse, von zeitlicher Verzögerung und des Unempfindlichkeitsgrades** 796
    1. Einfluß der Reglermasse...................... 796
      α) Masseneinfluß bei Reglern mit konstanter Rückführungsgeschwindigkeit.......................... 796
      β) Masseneinfluß bei Reglern mit veränderlicher Rückführungsgeschwindigkeit......................... 805
      Stabilitätskriterien........................ 805
      Massenloser Regler mit Ölbremse............... 807
      Aufzeichnen der Regelungskurven............... 808
      Abänderung der Zeitkonstanten................. 810
    2. Einfluß von zeitlicher Verzögerung und der Unempfindlichkeit . 812
      α) Einfluß einer Verzögerung der Verstellbewegung....... 812
      β) Einfluß der Unempfindlichkeit des Reglers 814
      γ) Einfluß der Unempfindlichkeit in Verbindung mit zeitlicher Verzögerung............................. 816

  d) **Isodromregler**.............................. 818
    1. Massenloser Isodromregler mit veränderlicher Regelungsgeschwindigkeit............................. 818
    2. Massenloser Isodromregler mit konstanter Regelungsgeschwindigkeit 831
    3. Massenloser Regler mit einstellbarem Ungleichförmigkeitsgrad der Regelung............................ 835
    4. Einfluß der Massen bei Isodromreglern 838

Inhaltsverzeichnis.

	Seite
e) Einfluß der Wassermasse bei Rohrleitungsturbinen	840
1. Beispiel: Isodromregler mit veränderlicher Regelungsgeschwindigkeit	844
2. Beispiel: Regler mit unveränderlicher Regelungsgeschwindigkeit und starrer Rückführung	845

III. Neuzeitliche Entwicklung der mittelbaren Regler in Deutschland 847

a) Allgemeines	847
b) Die Windkesselfrage	850
c) Windkesselregler	852
1. Windkesselregler von J. M. Voith, Heidenheim	852
2. Windkesselregler von Briegleb, Hansen & Co., Gotha	854
Überströmventil von Neidig, Mannheim	858
Reibradgetriebe für Rohrleitungsturbinen	863
d) Windkessellose Regler	863
1. Durchflußregler von Jahns	863
2. Verbundregler von Briegleb, Hansen & Co. (Regler mit Doppelpumpen)	868
e) Isodromvorrichtungen mit gesteuerter Ölbremse und endlicher Federkraft in der Mittelstellung	870
1. Zweck dieser Anordnung	870
2. Isodromregler mit endlicher Anfangskraft	872
3. Steuerung der Ölbremse	874
4. Einfluß der endlichen Rückführungskraft in der Mittelstellung auf den Regelungsverlauf	875
f) Doppelregelung	879
Schema einer Doppelregelung	879
Beispiel: Peltonradanlage der Stadt Nordhausen nach Pfarr	880
Strahlablenker als Sicherheitsregler	882
Regelvorrichtung von Seewer durch Änderung der Strahlform	883
Geschwindigkeits- und Drucksteuerung für Zweidruckdampfturbinen von H. Kröner	884
g) Mechanische Parallelschaltung, Öffnungsbegrenzung, Druckregler, Schwimmer	886

Berichtigung.

Seite 128 Zeile 22 von oben lies e) statt g)
„ 202 „ 12 „ „ „ Frequenzen statt Eigenfrequenzen
„ 203 „ 5 „ „ „ $\varphi = \dfrac{ML}{J_p G}$
„ 203 „ 12 „ „ „ J_p statt J
„ 217 Fig. 119 rechts oben lies (a)- statt (a-
„ 218 Zeile 10 von unten lies links statt rechts
„ 233 „ 13 „ „ „ Gl. 107, S. 214 statt Gl. 13, S. 107

Durch ein Versehen sind bei der Drucklegung die Nummern der Tafeln 11, 12 und 14 verwechselt worden:

Bei Tafel 11 lies 14
Bei Tafel 12 lies 11
Bei Tafel 14 lies 12

Tolle, Regelung. 3. Aufl. 24. 8. 21. 23,1.

Einleitung.

Kraftmaschinen (Motoren), deren Aufgabe bekanntlich darin besteht, Naturkräfte irgendwelcher Art aufzunehmen und in mechanische Arbeit zu verwandeln, geben diese mechanische Arbeit fast immer an eine sich gleichförmig drehende Welle ab, hierbei ein zur Aufrechterhaltung der gleichbleibenden Drehgeschwindigkeit nötiges Kräftepaar ausübend. So nimmt der Elektromotor elektrische Energie auf, wobei durch die mechanische Kraftwirkung zwischen den vom Strome durchflossenen Drähten des gleichförmig sich drehenden Ankers und einem magnetischen Felde mechanische Arbeit vom Anker abgegeben wird. Die Turbine erfährt in dem sich gleichförmig drehenden Laufrade durch das durchströmende Wasser Drücke, die wiederum Abgabe von mechanischer Arbeit durch das Laufrad ermöglichen. Bei den Wärmekraftmaschinen (Dampfmaschinen, Gaskraftmaschinen, Petroleum-, Benzinmotoren usw.) wird die Spannkraft des Dampfes bzw. der Verbrennungsgase dazu benutzt, in einem Arbeitszylinder einen Kolben hin und her zu schieben. Da die hin- und hergehende Bewegung aber in den seltensten Fällen unmittelbar zu verwenden ist, so erfolgt eine Umwandlung dieser Bewegung in eine gleichförmige Drehbewegung (der Kurbelwelle) und zwar fast ausnahmslos durch das Kurbelgetriebe, durch den einfachsten und hierzu zweckmäßigsten Mechanismus. Kurz, bei fast allen Kraftmaschinen ist die Endaufgabe die, eine Welle unter Arbeitsabgabe in gleichförmige Umdrehung zu versetzen.

Wie nun auch der Arbeitsvorgang in den Kraftmaschinen sich abspielen mag, ob die Welle unmittelbar oder durch Vermittelung eines Kurbelgetriebes in Umdrehung versetzt wird, stets geschieht die Arbeitserzeugung absatzweise, periodisch in der Kraftwirkung schwankend, während die Arbeitsentnahme gleichmäßig oder doch nach anderen Gesetzen wie die Arbeitserzeugung veränderlich erfolgt. Es besteht nicht in jedem Augenblicke Gleichgewicht zwischen den treibenden Kräften und den Widerständen. Zeitweilig leistet die Kraft mehr Arbeit, als zur Überwindung des Widerstandes erforderlich ist, zu anderer Zeit ist die von der Kraft geleistete Arbeit kleiner als die des Widerstandes. Im ersteren Falle muß der **Arbeitsüberschuß** irgendwie untergebracht oder durch eine besondere Vorrichtung aufgezehrt, im zweiten Falle muß die **fehlende Arbeit** aus einem Arbeitsvorrat entnommen oder sonstwie herbeigeschafft werden. Die natürliche, einfachste und deshalb auch fast immer benutzte Umwandlung frei werdender Arbeit geschieht nun bekanntlich dadurch, daß irgendwelche Massen beschleunigt werden und hierdurch deren Arbeitsvermögen [1]) vergrößert wird, während umgekehrt eine nötig werdende Arbeitsabgabe durch Verminderung des Arbeitsvermögens von bewegten Massen ermöglicht wird.

Es spielen also die Massenwirkungen bei der Beurteilung und Herbeiführung des Gleichganges von Kraftmaschinen eine ganz besondere Rolle, und ich werde deshalb die erforderlichen mechanischen Beziehungen, soweit sie aus der allgemeinen Mechanik nicht ohne weiteres als bekannt vorausgesetzt werden können, jedesmal kurz entwickeln und begründen.

Die vorliegende Aufgabe, zu untersuchen, durch welche Mittel die beabsichtigte **gleichförmige Drehbewegung der Kraftmaschinenwelle** herbeizuführen ist, umfaßt im wesentlichen drei verschiedene Fragen:

1. **Wie ist bei gleichbleibender Belastung eine möglichst gleichbleibende Winkelgeschwindigkeit der Welle zu erzielen?**
2. **Wie kann trotz der wechselnden Kräfte und bewegten Massen die Kraftmaschine im ganzen als Massensystem in Ruhe verharren?**
3. **Wie ist bei Änderung der Belastung (des Widerstandes) der neue Beharrungszustand herzustellen?**

Die erste Frage führt uns auf die Behandlung der Schwungräder, die zweite Frage betrifft die Ruhe des Ganges und den Massenausgleich, die dritte Frage endlich erstreckt sich auf das Wesen der Kraftmaschinenregler (Regulatoren).

---

[1]) Statt der leider noch immer gebräuchlichen, irreführenden und unsachlichen Bezeichnung „lebendige Kraft" werde ich hier das treffendere Wort „Arbeitsvermögen" oder auch „Wucht" verwenden. Durch die Bezeichnung Arbeitsvermögen ist schon die Hauptbedeutung als aufgespeicherte Arbeit in einfachster Weise gekennzeichnet; die in letzter Zeit häufig benutzte Benennung „Wucht" eignet sich besser zur Bildung zusammengesetzter Wörter.

Erster Teil.

Schwungräder.

(Gleichförmigkeit des Ganges.)

Der Hauptzweck des Schwungrades (einer auf der Kraftmaschinenwelle angebrachten großen Masse, die sich mit der Maschinenwelle dreht) wurde schon in der Einleitung angedeutet: es handelt sich um die zeitweilige Aufnahme eines Arbeitsüberschusses, wodurch sich das Arbeitsvermögen des Schwungrades erhöht, und nachherige zeitweilige Arbeitsabgabe, wobei sich das Arbeitsvermögen der Schwungmasse wieder vermindert.

Die Kraftmaschinen mit unmittelbarer Drehbewegung der Welle (Wasserräder, Turbinen, Elektromotoren) ergeben bei richtiger Konstruktion und bei gleichbleibender Belastung schon eine derartige Gleichförmigkeit des Ganges, daß ein besonderes Schwungrad kaum erforderlich erscheint. Wenn trotzdem auch diese Kraftmaschinen nicht selten mit Schwungrädern versehen werden, so hat dies seinen Grund darin, daß die Art des Betriebes oft eine derart stark und schnell schwankende Belastung mit sich bringt, daß ohne ausreichende Schwungmasse der beste Regler nicht imstande wäre, diese Belastungsschwankungen durch rechtzeitige Änderung der Arbeitsleistung des Motors auszugleichen.

Die Kraftmaschinen mit Kurbelgetriebe dagegen, die Dampfmaschinen und übrigen Wärmekraftmaschinen, brauchen stets eine Schwungmasse, da die absatzweise Übertragung der Kraft auf den hin- und hergehenden Kolben und die wechselnde Übertragung der Kolbenkraft auf die Kurbelwelle eine starke Ungleichmäßigkeit in der Arbeitsabgabe an die Welle zur Folge haben muß. Wir wollen uns deshalb zunächst genauer mit dem Kurbelgetriebe bekannt machen, um nicht nur die für die einzelnen Stellungen dieses Getriebes maßgebenden Kraftverhältnisse, sondern auch die durch die eigentümlichen Bewegungen bedingten Geschwindigkeits- und Beschleunigungsverhältnisse und damit auch die Massenwirkungen der einzelnen Getriebeteile kennen zu lernen.

Erstes Kapitel.

Das Schubkurbelgetriebe.

A. Weg- und Kraftverhältnisse.

Bei allen folgenden Betrachtungen werde, wenn nicht ausdrücklich anders bemerkt, eine liegende Maschine (mit wagerechter Bewegungsrichtung des Kolbens) vorausgesetzt und ferner angenommen, daß die Kurbelwelle rechts vom Zylinder liegt und die Welle sich rechts herum dreht.

Dann **bezeichnen** wir als:

Hingang des Kolbens seine Bewegung nach rechts, d. h. nach der Kurbelwelle hin,

Rückgang des Kolbens seine Bewegung nach links, d. h. von der Kurbelwelle weg.

Deckelseite den Raum des Arbeitszylinders links vom Kolben, d. h. von der Kurbel weg gelegen.

Kurbelseite den Raum rechts vom Kolben, d. h. nach der Kurbel hin gelegen.

Wir setzen ferner ein **normales Schubkurbelgetriebe** voraus, bei welchem die wagerechte Mittellinie der Kolbenstange und des Kreuzkopfbolzens durch die Mitte der Kurbelwelle geht.

r sei der Kurbelhalbmesser von Mitte Kurbelzapfen bis Mitte Kurbelwelle,

l die Länge der Schubstange von Mitte Kreuzkopfzapfen bis Mitte Kurbelzapfen,

$\lambda = \dfrac{r}{l}$ ist ein echter Bruch, der bei Dampfmaschinen meist $\lambda = \tfrac{1}{5}$ oder doch wenigstens $\lambda \sim \tfrac{1}{5}$, bei Fahrzeugmotoren etwa $\tfrac{1}{4,5}$ ausgeführt wird; es finden sich jedoch bei Verbrennungsmotoren selbst Werte herauf bis $\lambda = \tfrac{1}{3,5}$.

Je größer die Stangenlänge l gegen den Kurbelhalbmesser gemacht wird, um so kleiner wird λ; als erste Annäherung setzt man bei rechnerischen Untersuchungen

$$\lambda = 0$$

und sagt dann, die Schubstange werde. als unendlich lang angenommen.

In zweiter Annäherung behält man in den Ausdrücken λ bei, setzt aber $\lambda^2 = 0$, ebenso die höheren Potenzen von λ. Dieser Genauigkeitsgrad genügt für technische Zwecke vollkommen.

Totpunkte heißen die beiden Endpunkte des Kolbenweges, für welche Kurbel- und Schubstangenmittellinie in derselben Geraden liegen; die zugehörigen beiden Kurbelstellungen heißen Totstellungen. Von der linken Totstellung aus messen wir den Kurbeldrehwinkel α; für den Hingang ist also $0 < \alpha < 180^0$, für den Rückgang $180^0 < \alpha < 360^0$. Wir rechnen die Kolbenwege x für den Hingang vom linken Totpunkte aus nach rechts, die Kolbenwege x' für den Rückgang vom rechten Totpunkte aus nach links.

1. Ermittelung der Kolbenwege.

Die zu den einzelnen Kurbelstellungen gehörigen **Kolbenstellungen** ergeben sich zeichnerisch unmittelbar aus dem geometrischen Zusammenhang der einzelnen Getriebeteile (Fig. 1):

Wird zur Stellung K des Kurbelzapfens die zugehörige Stellung S des Kolbens (eigentlich die des Kreuzkopfbolzens) gesucht, so schlage man mit l als Halbmesser um K einen Kreis; dieser schneidet die Schubrichtung des Kolbens in S.

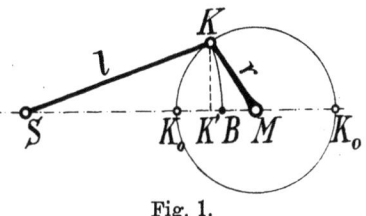

Fig. 1.

Für manche Zwecke (Platzersparnis, größere Übersichtlichkeit) ist es erwünscht, daß die Kolbenstellungen näher an die Kurbelstellungen gerückt erscheinen. Um dies zu erreichen, verschiebt man die Kolbenstellungen nach rechts um die Stangenlänge l; die Totstellungen des Kolbens fallen dann mit den Kurbelzapfenpunkten K_0 in den Totlagen der Kurbel zusammen, und die gesuchten Kolbenstellungen B finden sich, indem man mit l als Halbmesser um S einen Bogen schlägt, d. h. durch Bogenprojektion des Kurbelpunktes K auf die Schubrichtung mit dem Halbmesser l.

Hieraus folgt sofort die erste Näherungskonstruktion der Kolbenstellungen für $\lambda = 0$, d. h. für unendlich große Schubstangenlänge l: der zur Projektion benutzte Bogen erhält einen unendlich großen Halbmesser, er geht in ein Lot über, das vom Kurbelzapfenpunkt K auf die Kolbenrichtung gefällt wird.

Für unendliche Stangenlänge ($\lambda = 0$) ergeben sich also die

Kolbenstellungen durch senkrechte Projektion des Kurbelzapfens auf die Kolbenwegrichtung.

Der später hieraus noch zu ziehenden Schlüsse wegen sei schon jetzt bemerkt, daß man in der Mechanik solche geradlinig hin und her gehenden Bewegungen, die als Projektion einer gleichförmigen Kreisbewegung auf einen Durchmesser gefunden werden, **harmonische Schwingungen** oder **Sinusbewegungen** nennt.

In erster Annäherung (für $\lambda = 0$) kann demnach die Kolbenbewegung beim normalen Schubkurbelgetriebe als harmonische Schwingung behandelt werden. Mit derselben Annäherung lassen sich natürlich auch die durch Exzenter (die nichts anderes als Kurbelgetriebe sind) hervorgerufenen Schieberbewegungen als harmonische Schwingungen auffassen.

Rechnerisch ergeben sich die Kolbenwege x (für $\lambda = 0$)

$$x = r - r \cos \alpha.$$

Der aus Fig. 1 erkennbare Unterschied zwischen dem wahren Kolbenwege $K_0 B$ und dem durch senkrechte Projektion gefundenen Werte $K_0 K'$ wird als **Fehlerglied** bezeichnet. Seine Größe

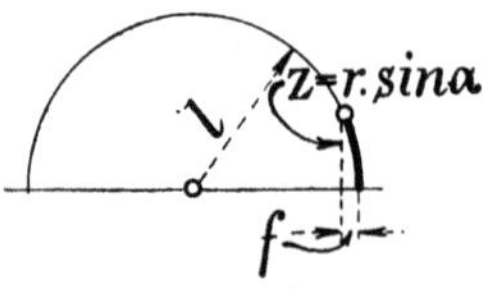

$$f = K'B = K_0 B - K_0 K'$$

Fig. 2.

findet sich unter Zuhilfenahme von Fig. 2 aus der Gleichung

$$f \cdot (2l - f) = z^2 = r^2 \sin^2 \alpha,$$

oder, wenn man beachtet, daß f gegen $2l$ sehr klein ist, aus

$$f \cdot 2l = z^2 = r^2 \sin^2 \alpha$$

zu
$$f = \frac{z^2}{2l} = \frac{r^2}{2l} \sin^2 \alpha = \frac{1}{2} \frac{r}{l} r \sin^2 \alpha$$

$$\underline{f = \frac{\lambda}{2} r \sin^2 \alpha} \quad \ldots \ldots \ldots (1)$$

Schreibt man also den Kolbenweg:

$$x = r - r \cos \alpha + f$$

oder
$$x = r(1 - \cos \alpha) + \frac{\lambda}{2} r \sin^2 \alpha, \quad \ldots \ldots (2)$$

so liefert die letzte Gleichung in zweiter Annäherung einen Wert für den Kolbenweg, der den Anforderungen der technischen Praxis mehr als genügend entspricht.

Wie aus dem Verfahren, mittels Bogenprojektion die Kolbenstellungen zu finden, hervorgeht, liegen die Fehlerglieder stets nach rechts, nach der Kurbelseite hin. Gegenüber der rechtwinkligen Projektion eilt also gleichsam der Kolben beim Hingang vor; beim Rückgang dagegen, bei dem die Kolbenwege vom rechten Totpunkte aus nach links gemessen werden, eilt der Kolben nach, die Fehlerglieder sind beim Kolbenrückgang negativ zu nehmen.

Die allgemeine Formel für den Kolbenweg lautet also

$$x = r(1 - \cos \alpha) \pm \frac{\lambda}{2} r \sin^2 \alpha, \quad \ldots \quad (2\,\text{a})$$

worin das $+$-Zeichen für den Hingang, das $-$-Zeichen für den Rückgang zu nehmen ist.

Anm. Da das größte Fehlerglied f für $\alpha = 90^0$

$$f_{max} = \frac{\lambda}{2} r$$

beträgt, so bedeutet die Annäherung bei der Berechnung des Fehlergliedes f mit der gemachten Vernachlässigung von f gegen $2l$ als Summand einen höchsten verhältnismäßigen Fehler von

$$\frac{f}{2l} = \frac{\frac{\lambda}{2}r}{2l} = \frac{\lambda^2}{4};$$

weil aber das Fehlerglied selber mit λ proportional wächst, so kommt die Annäherung darauf hinaus, daß Glieder mit dem Faktor λ^3 gegen solche mit λ weggelassen werden.

Bei $\lambda = \frac{1}{5}$ ist der größte Fehler $\frac{1}{5^2 \cdot 4} = 1\,^0/_0$ des größten Fehlergliedes f_{max}, d. h. da $f_{max} = \frac{\lambda}{2} r = \frac{r}{10} = \frac{1}{20}$ des Kolbenhubes beträgt, gleich $\frac{1}{2000}$ des Kolbenhubes, so daß sicherlich diese zweite Annäherung den weitgehendsten Anspruch auf Genauigkeit machen kann.

Der Ausdruck

$$f = \frac{\lambda}{2} r \sin^2 \alpha$$

läßt sich leicht nach Fig. 3 mit Hilfe eines Kreises vom Durchmesser $= \frac{\lambda}{2} r$, der die Kolbenweglinie $K_0 K_0$ im Mittelpunkte M berührt, wie folgt zeichnerisch ermitteln. Die Kurbelstellung MK schneidet eine Sehne $MF = \frac{\lambda}{2} r \cdot \sin \alpha$ ab, somit ist die Ordinate

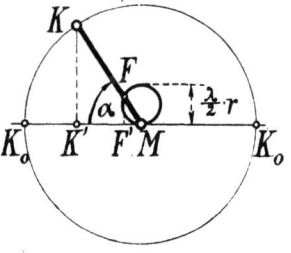

Fig. 3.

$$FF' = MF \cdot \sin \alpha = \frac{\lambda}{2} r \cdot \sin^2 \alpha = f = \text{dem Fehlerglied.}$$

Diesen Kreis, mit dessen Hilfe man die Fehlerglieder leicht abgreifen kann, will ich kurz den Fehlerkreis nennen. Während die Kurbel sich gleichförmig dreht, durchläuft der Punkt F ebenfalls den Umfang des Fehlerkreises gleichförmig, und zwar so, daß bei 90° Kurbeldrehung der halbe, bei 180° Kurbeldrehung der ganze Fehlerkreis, also der Fehlerkreis gleichsam mit der doppelten Winkelgeschwindigkeit des Kurbelkreises durchlaufen wird.

Eine zweckmäßige Verwendung des obigen Näherungswertes für das Fehlerglied wollen wir noch machen, um eine andere, zuerst von Brix angegebene näherungsweise Ermittlung der Kolbenstellungen zu begründen. Nach Brix[1]) erhält man die Kolbenstellungen B (Fig. 4) durch senkrechte Projektion der Kurbelkreispunkte K auf die Kolbenwegrichtung, wenn man als Scheitel der Kurbelwinkel α nicht den Mittelpunkt M des Kurbelkreises, sondern einen Pol O wählt, der um die Strecke $f_{max} = \dfrac{\lambda}{2} r$ von M aus im Sinne des Kolbenhinganges verschoben ist.

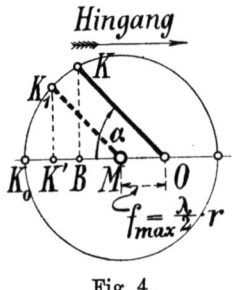

Fig. 4.

Der Beweis für diese Näherungskonstruktion folgt aus Fig. 4, indem man zeigt, daß die Projektion K' des eigentlichen Kurbelkreispunktes K_1 von dem durch Projektion des Punktes K gefundenen Punkt B gerade um das Fehlerglied f entfernt ist. Bei der Kleinheit von $f_{max} = \dfrac{\lambda}{2} r$ kann der Bogen $K_1 K$ als gerades, rechtwinklig zu $M K_1$ und zu OK stehendes Stück angesehen werden, dessen Länge $= f_{max} \cdot \sin \alpha$ ist; $K' B$ ist unter der gleichen Voraussetzung als Projektion von KK_1:

$$K'B = K_1 K \cdot \sin \alpha = f_{max} \cdot \sin \alpha \cdot \sin \alpha = f_{max} \cdot \sin^2 \alpha = \dfrac{\lambda}{2} r \sin^2 \alpha \text{ d. h.} = f,$$

w. z. b. w.

Die Brixsche Konstruktion hat vor der Verwendung des Fehlerkreises im allgemeinen größere Einfachheit voraus und ermöglicht außerdem die Lösung der umgekehrten Aufgabe, zu gegebenen Kolbenstellungen die zugehörigen Kurbelstellungen zu finden.

Der Vorteil dieser Näherungskonstruktionen vor dem unmittelbaren genauen Verfahren mittels Bogenprojektion besteht nicht nur in der größeren Bequemlichkeit, sondern auch in der größeren Genauigkeit, so eigentümlich dies auch von einer Näherungskonstruktion klingen mag. Denn die Bogenprojektion mit dem großen Halbmesser l liefert bei großem Maßstabe infolge der Durchfederungen des Zirkels nicht unerhebliche Fehler und fällt beim

---

[1]) S. F. A. Brix, Das bizentrische polare Exzenterschieberdiagramm, Z. d. V. d. I., 1897, S. 431 u. f.

Zeichnen in kleinerem Maßstabe eben des kleinen Maßstabes wegen ungenau aus.

Braucht man nicht nur die Kolbenstellungen sondern auch — wie beim Aufsuchen von Kräften, Geschwindigkeiten oder Beschleunigungen am Schubkurbelgetriebe — die Schubstangenrichtungen, so bleibt als Einfachstes nur übrig, die einzelnen Stellungen unmittelbar nach Fig. 1 aufzusuchen.

2. Kraftverhältnisse beim Kurbeltrieb.

Ist in einer beliebigen Stellung des Kolbens (Fig. 5) die auf die Kolbenstange übertragene Kolbenkraft $= P$, so erfährt die Schubstange in ihrer Richtung eine Kraft S, die sich als Komponente ergibt, wenn man P nach der Stangenrichtung und senkrecht zur Gleitbahn zerlegt. Die letztere Komponente gibt den Normaldruck N auf die Gleitbahn an.

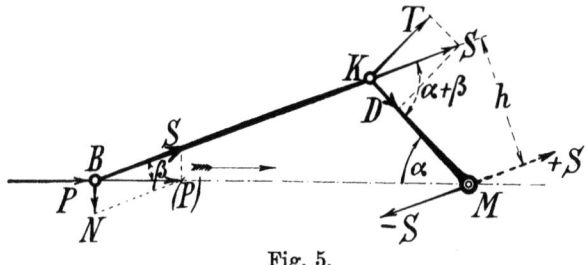

Fig. 5.

Man erkennt, daß S etwas größer als P ist und daß N um so größer ausfällt, je mehr die Schubstange gegen die Horizontale geneigt ist. Beträgt der Neigungswinkel der Schubstange gegen die Wagrechte β, so ist

$$S = \frac{P}{\cos \beta}; \qquad N = P \operatorname{tg} \beta.$$

β wird am größten, wenn die Kurbel senkrecht steht, d. h. für $\alpha = 90^0$; dann folgt β_{max} aus

$$\sin \beta_{max} = \frac{r}{l} = \lambda.$$

Bei den üblichen kleinen Werten von λ kann unbedenklich statt $\sin \beta$ tg β gesetzt werden; für $\sin \beta_{max} = \lambda = \frac{1}{5} = 0{,}2$ z. B. ist

$$\operatorname{tg} \beta = \frac{\sin \beta}{\cos \beta} = \frac{\sin \beta}{\sqrt{1 - \sin^2 \beta}} = \frac{0{,}2}{\sqrt{1 - 0{,}04}} = \frac{0{,}2}{0{,}9798} = 0{,}2043,$$

d. h. tg β ist im Höchstfall nur um $2^0/_0$ größer als $\sin \beta$; um so eher darf für kleinere Werte von β gesetzt werden

$$\operatorname{tg} \beta \sim \sin \beta.$$

Wendet man schließlich auf das $\triangle BKM$ in Fig. 5 den Sinussatz an, so erhält man

$$\frac{\sin \beta}{\sin \alpha} = \frac{r}{l} = \lambda$$

oder
$$\sin \beta = \lambda \cdot \sin \alpha \quad \ldots \ldots \ldots \ldots \quad (3)$$

damit
$$\operatorname{tg} \beta \sim \sin \beta \sim \lambda \sin \alpha \ldots \ldots \ldots \quad (4)$$

Der Normaldruck fände sich alsdann

$$N = P \operatorname{tg} \beta \sim P \lambda \cdot \sin \alpha \ldots \ldots \ldots \quad (5)$$

d. h. höchstens
$$N = \lambda P.$$

Man erkennt weiter aus den kleinen Werten des Neigungswinkels β, daß der Stangendruck $S = \dfrac{P}{\cos \beta}$ nur sehr wenig größer als der Kolbenstangendruck P ist; für $\sin \beta_{max} = \lambda = \dfrac{1}{5}$ war oben $\cos \beta = 0{,}9798$ gefunden, mithin wird im Höchstfall $S = 1{,}021\,P \sim 1{,}02\,P$, d. h. die Schubstangenkraft $2^0/_0$ größer als die Kolbenstangenkraft, so daß für die meisten Zwecke

$$S \sim P, \quad \text{Schubstangenkraft} = \text{Kolbenstangenkraft}$$

gesetzt werden darf.

Bei den von uns auf Seite 4 gemachten Annahmen ist der Normaldruck auf die Gleitbahn beim Hingang nach unten gerichtet; daß auch beim Rückgang das gleiche der Fall ist, erkennt man aus der Kräftezerlegung in Fig. 6. Dies Ergebnis ist natürlich sehr erwünscht, da nicht nur die Schmierungsverhältnisse der Gleitbahn, wenn immer nur die untere Bahn den Druck erfährt, wesentlich günstigere werden, sondern auch durch Vermeidung jedes Richtungswechsels des Normaldruckes die sonst beim Druckwechsel durch etwaige Spielräume zwischen Gleitschuh und Gleitbahn bedingten Stöße ausgeschlossen erscheinen.

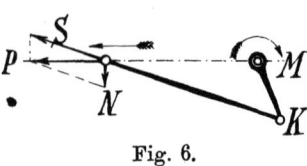

Fig. 6.

Die Stangenkraft S bewirkt nun weiter eine **Drehung der Kurbelwelle.** Denkt man im Wellenlager nach Fig. 5 zwei mit S gleich große, dazu parallele und entgegengesetzt gerichtete Kräfte $+S$ und $-S$ angebracht, so liefern S und $-S$ das zur Überwindung des Widerstandes an der Kurbelwelle nötige Kräftepaar mit dem Momente

$$\mathfrak{M} = S \cdot h = S \cdot r \sin (\alpha + \beta),$$

während die übrigbleibende Kraft $+S$ den durch die Stangenkraft erzeugten Druck auf das Kurbelwellenlager darstellt. Abgesehen von sonstigen Kräften ist also der durch die Kolbenkraft P bedingte Druck auf das Kurbelwellenlager gleich der Schubstangenkraft S.

Weg- und Kraftverhältnisse.

Um nicht mit mehreren Maßstäben (für Kräfte und für Momente) arbeiten zu müssen, pflegt man statt mit den Werten der Momente

$$\mathfrak{M} = Sr \sin(\alpha + \beta) = S \sin(\alpha + \beta) \cdot r$$

mit dem **Kraftwerte**

$$T = S \sin(\alpha + \beta)$$

zu rechnen. Hieraus findet man das Moment $\mathfrak{M}$ des treibenden Kräftepaares sofort, indem man T mit dem konstanten Kurbelhalbmesser r multipliziert:

$$\mathfrak{M} = T \cdot r.$$

Zu dem gleichen Werte T kommt man unmittelbar, wenn man (s. Fig. 5) die am Kurbelzapfen angreifende Schubstangenkraft S in zwei Komponenten zerlegt: in T tangential zum Kurbelkreis und D nach dem Kurbelwellenmittel hin gerichtet. Die erstere Komponente $T = S \sin(\alpha + \beta)$ liefert alsdann in bezug auf das Wellenmittel das Moment $\mathfrak{M} = Tr$, während D lediglich einen Druck auf das Kurbellager ausübt, ohne zur Drehung etwas beizutragen. Die so gefundene Kraft T wollen wir **Tangentialkraft** oder **Drehkraft** nennen.

Die **Drehkraft** T findet sich also nach Vorstehendem aus der Kolbenkraft P:

$$T = S \sin(\alpha + \beta) = \frac{P}{\cos \beta} \sin(\alpha + \beta)$$

$$T = P \frac{\sin(\alpha + \beta)}{\cos \beta} \quad \ldots \ldots \ldots \ldots \quad (6)$$

Dieser Ausdruck läßt sich etwas bequemer als durch zweimalige Anwendung eines Kräfteparallelogramms wie folgt zeichnerisch ermitteln (Fig. 7): Man trage auf der Kurbelstellung von M aus die Kolbenkraft $P = ME$ ab und ziehe durch den Punkt E eine Parallele zur Schubstangenrichtung;

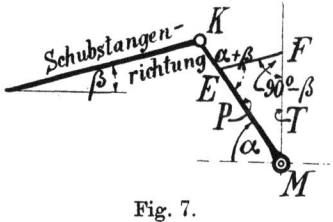

Fig. 7.

diese schneidet auf der Senkrechten durch M die gesuchte Drehkraft T ab.

Die Richtigkeit dieser Konstruktion erhellt aus $\triangle MEF$; nach dem Sinussatz ist

$$\frac{MF}{ME} = \frac{\sin(\alpha + \beta)}{\sin(90 - \beta)} = \frac{\sin(\alpha + \beta)}{\cos \beta}$$

oder

$$MF = P \frac{\sin(\alpha + \beta)}{\cos \beta} = T \text{ w. z. b. w.}$$

12 Das Schubkurbelgetriebe.

Auch ohne trigonometrische Rechnung kann man die Richtigkeit dieser Konstruktion einsehen: die augenblickliche Bewegung der Schubstange kann als Drehung um den Pol $\mathfrak{P}$ aufgefaßt werden, der sich offenbar als Schnitt des verlängerten Kurbelhalbmessers mit der Normalen zur Gleitbahn in B findet (Fig. 8). Soll die in K an der Schubstange angreifende Drehkraft T die Kolbenkraft P ersetzen, so muß sie bezogen auf den Pol $\mathfrak{P}$ das gleiche Moment haben wie P, es muß also sein

$$Tz = Pu$$

oder
$$\frac{T}{P} = \frac{u}{z}.$$

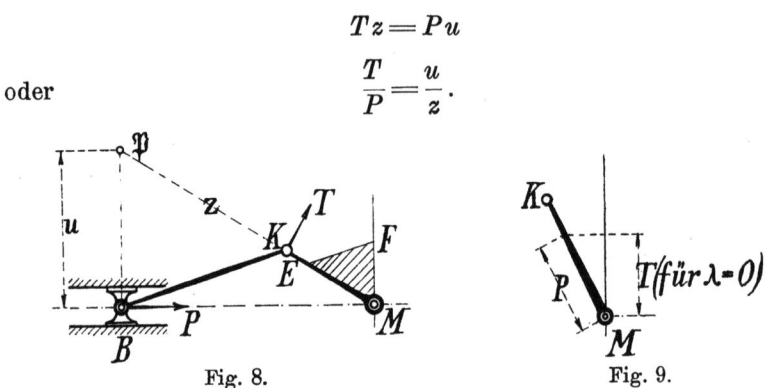

Fig. 8. Fig. 9.

Das oben benutzte Dreieck MEF ist nun $\triangle B\mathfrak{P}K$ ähnlich, daher $\dfrac{u}{z} = \dfrac{MF}{ME}$; wenn also $ME = P$ ist, so muß $MF = T$ werden.

Für $\lambda = 0$ ist $\beta = 0$, mithin vereinfacht sich **für unendliche Schubstangenlänge** die vorstehende Konstruktion dahin, daß die Kolbenkraft P auf der Kurbelstellung abzutragen und durch den Endpunkt von P eine Wagerechte zu ziehen ist, welche auf der Senkrechten durch M die Drehkraft T abschneidet (Fig. 9).

3. Reibungsverluste im Kurbeltrieb.

Schon viele haben an dem Kurbelgetriebe Anstoß genommen in der Meinung, bei der Umständlichkeit, erst eine hin- und hergehende Bewegung hervorzurufen und diese dann in eine Drehung umzuwandeln, müsse notwendig ein recht bedeutender Verlust durch Reibung eintreten; die fast endlose Reihe der erfundenen, patentierten und doch bald wieder verschwundenen Dampfmaschinen mit rotierenden Kolben beweist, wie diese Meinung immer wieder dazu anregt, das Kurbelgetriebe zu vermeiden.

Daß im normalen Kurbelgetriebe im Gegenteil nur ein Reibungsverlust von einigen Prozenten auftritt, daß also das Kurbelgetriebe ein äußerst günstiger Mechanismus zur Umwandlung der hin und her gehenden Bewegung in eine Drehbewegung ist, erhellt aus folgender Ermittelung der Widerstände. Es bezeichne:

μ die Reibungszahl, die wegen der sorgfältigen Schmierung der Getriebeteile hier $\mu = 0{,}06$ gesetzt werden kann,

d_1 den Durchmesser des Kurbelzapfens,

d_2 „ „ „ Kurbelwellenzapfens,

d_3 „ „ „ Kreuzkopfbolzens.

Vorausgesetzt werde eine gleichbleibende Kolbenkraft P, dann erfahren der Kreuzkopfbolzen, Kurbelzapfen und Kurbelwellenzapfen einen Druck $= S$, wofür wir, da die größte Abweichung von P bei dem üblichen Werte $\lambda = \dfrac{1}{5}$ nur $2\,\%$ beträgt, P setzen wollen. Die Reibungsarbeiten bei einer halben Umdrehung der Kurbel werden demnach:

1. am Kurbelzapfen $\quad \mathfrak{A}_1 = \mu P \dfrac{\pi d_1}{2},$

2. „ Kurbelwellenzapfen $\quad \mathfrak{A}_2 = \mu P \dfrac{\pi d_2}{2},$

3. „ Kreuzkopfbolzen $\quad \mathfrak{A}_3 = \mu P\, 2\beta_{max} \dfrac{d_3}{2},$ da die Relativbewegung der Zapfen bei 1 und bei 2 je eine halbe Umdrehung, an dem Kreuzkopfbolzen zweimal den größten Ausschlagswinkel β_{max} der Schubstange beträgt.

Setzt man bei der Kleinheit von β_{max} statt des Winkels den Sinus, so ist

$$\beta_{max} \sim \sin \beta_{max} = \frac{r}{l} = \lambda,$$

und es wird $\quad \mathfrak{A}_3 = \mu \lambda P d_3$

4. Der durch den Normaldruck N auf die Gleitbahn erzeugte Reibungsverlust ist nicht so unmittelbar zu erkennen; es war

$$N = \lambda P \sin \alpha,$$

mithin ist der Reibungswiderstand für den Kurbelwinkel α

$$W = \mu \cdot \lambda P \sin \alpha.$$

Trägt man diese Werte in den einzelnen zugehörigen Kolbenstellungen als Ordinaten auf, so gibt bekanntlich der Inhalt der Fläche, die durch die Endpunkte dieser Ordinaten begrenzt wird, den Betrag der gesuchten Arbeit an. Gestattet man hierbei

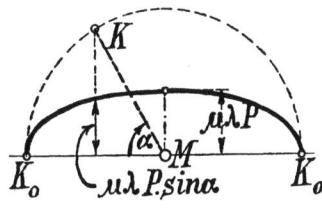

Fig. 10.

die Annäherung, die Kolbenstellungen durch senkrechte Projektion der Kurbelkreispunkte zu ermitteln, so sind offenbar die Werte W den entsprechenden Kreisordinaten $r \sin \alpha$ proportional, d. h. die gesuchte Fläche wird eine Ellipse mit r als großer, und mit $\mu \lambda P$ als kleiner Halbachse (Fig. 10). Hieraus folgt die Reibungsarbeit $\mathfrak{A}_4$ des Normaldruckes

$$\mathfrak{A}_4 = \frac{\pi \cdot r \cdot \mu \lambda P}{2}.$$

Die gesamte Reibungsarbeit für einen Kolbenhub ist daher

$$\mathfrak{A}_r = \mathfrak{A}_1 + \mathfrak{A}_2 + \mathfrak{A}_3 + \mathfrak{A}_4 = \mu P \frac{\pi d_1}{2} + \mu P \frac{\pi d_2}{2} + \mu P \lambda d_3 + \mu P \lambda \frac{\pi r}{2}$$

bei einer Nutzarbeit

$$\mathfrak{A}_n = P \cdot 2r.$$

Der verhältnismäßige Arbeitsverlust wird also

$$\mathfrak{A}_v = \frac{\mathfrak{A}_r}{\mathfrak{A}_n} = \mu \frac{\pi}{4} \frac{d_1}{r} + \mu \frac{\pi}{4} \frac{d_2}{r} + \mu \frac{\lambda}{2} \frac{d_3}{r} + \mu \frac{\lambda}{4} \pi.$$

Setzt man als Überschlagswerte

$$\frac{d_1}{r} = 0{,}28; \quad \frac{d_2}{r} = 0{,}5; \quad \frac{d_3}{r} = 0{,}24,$$

so erhält man mit $\lambda = \frac{1}{5}$ und $\mu = 0{,}06$:

$$\begin{aligned}
\mathfrak{A}_v &= 0{,}06 \frac{\pi}{4} \cdot 0{,}28 + 0{,}06 \frac{\pi}{4} 0{,}5 + \frac{0{,}06}{2 \cdot 5} \cdot 0{,}24 + \frac{0{,}06}{4 \cdot 5} \pi \\
&= 0{,}013 \quad\quad + 0{,}024 \quad\quad + 0{,}0072 \quad\quad + 0{,}0094 \\
&= 1{,}3\,^0/_0 \quad\quad + 2{,}4\,^0/_0 \quad\quad + 0{,}72\,^0/_0 \quad\quad + 0{,}94\,^0/_0 \\
&= 5{,}36\,^0/_0 \sim 5\,^1/_2\,^0/_0;
\end{aligned}$$

an dem im ganzen nur $5\,^1/_2\,^0/_0$ betragenden Arbeitsverlust durch Reibung sind danach beteiligt: der Kurbelzapfen mit $\sim 1{,}3\,^0/_0$, die Kurbelwelle mit $2\,^1/_2\,^0/_0$, und der Kreuzkopfzapfen sowie die Gleitbahn mit je noch nicht $1\,^0/_0$. Das Kurbelgetriebe ist also hinsichtlich der Reibungsverluste außerordentlich günstig; ein Grund, wegen dieser Verluste etwa das Kurbelgetriebe zu beseitigen, liegt durchaus nicht vor.

B. Geschwindigkeits- und Beschleunigungsverhältnisse des Kurbeltriebes.

1. Geschwindigkeiten beim Kurbeltrieb.

α) Allgemeine Beziehungen.

Vor der besonderen Behandlung des Kurbelgetriebes sollen einige allgemeine Beziehungen zwischen den Geschwindigkeiten und Beschleunigungen an dem Gliede eines beliebigen Mechanismus aufgestellt werden, die uns auch später noch mehrfache Dienste leisten werden. Die Stange $P_1 P_2$ in Fig. 11 sei ein Glied einer beliebigen Gelenkverbindung, bei der alle Teile ebene Bewegungen ausführen, d. h. sich parallel zu einer ruhenden Ebene bewegen; der Punkt P_1 beschreibe die Bahn $A_1 B_1$, Punkt P_2 die Bahn $A_2 B_2$. Bringt man dann die beiden zu den Punktbahnen in den Punkten P_1 bzw. P_2 errichteten Normalen zum Schnitt in $\mathfrak{P}$, so ist bekanntlich $\mathfrak{P}$ der Pol oder augenblickliche Drehpunkt für die mit der Stange $P_1 P_2$ starr verbundenen Punkte, d. h. alle diese Punkte beschreiben Bahnen,

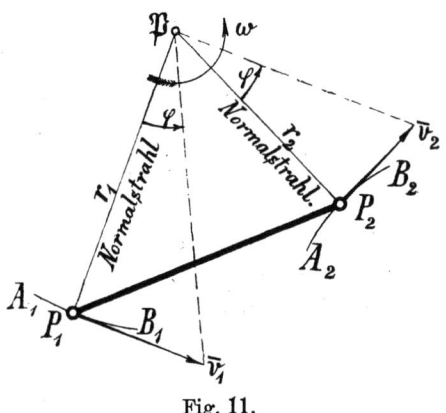

Fig. 11.

deren augenblickliche Normalen durch den Pol $\mathfrak{P}$ gehen, und haben Geschwindigkeiten, deren Größe der Länge des Normalstrahles $r = P\mathfrak{P}$ proportional ist.

Beträgt die Winkelgeschwindigkeit der Drehung ω, so ergeben sich die Größen der Geschwindigkeiten

$$v_1 = r_1 \omega; \qquad v_2 = r_2 \omega \ldots$$

Danach ließen sich, falls eine Geschwindigkeitsgröße, z. B. v_1 bekannt ist, die übrigen Geschwindigkeiten zeichnerisch wie folgt ermitteln: Der Endpunkt von $\bar{v}_1$ werde mit dem Pol $\mathfrak{P}$ verbunden; diese Verbindungslinie bildet mit dem Normalstrahl r_1 den Winkel φ, für den $\mathrm{tg}\, \varphi = \dfrac{v_1}{r_1} = \omega$ ist. Will man also $\bar{v}_2$ aufsuchen, so hat man durch $\mathfrak{P}$ wieder unter dem Winkel φ zum Normalstrahl r_2 eine Linie zu ziehen, die auf der Richtungslinie von $\bar{v}_2$ (senkrecht zum Normalstrahl) $\bar{v}_2$ abschneidet. Diese in der Bewegungslehre als grundlegend behandelte Beziehung ergibt aber nicht immer in bequemster und deutlichster Weise Aufschluß über die Geschwindigkeitsverhältnisse. Ich werde im folgenden, einen Grundgedanken von R. Land[1]) benutzend, noch anschaulichere Verfahren entwickeln, bei deren Begründung fast nichts, nicht einmal der Begriff Pol, als bekannt vorauszusetzen ist.

Dreht sich ein Körper um eine feste Achse O, so beschreiben alle Punkte Kreise; gemessen wird die Bewegung durch den in der Zeiteinheit von irgendeiner zur Drehachse senkrechten Geraden beschriebenen Drehwinkel, durch die Winkelgeschwindigkeit ω.

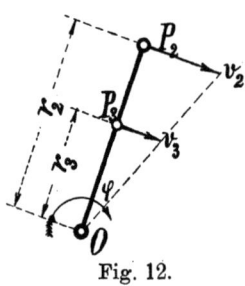

Fig. 12.

Die Geschwindigkeiten der einzelnen Punkte sind offenbar tangential an die Bahnen, d. h. rechtwinklig zu den von O ausgehenden Halbmessern r gerichtet, ihre Größe wächst in gleichem Verhältnisse mit r:

$$v = r\omega,$$

z. B. ist $v_2 = r_2 \omega; \quad v_3 = r_3 \omega \ldots$

Die Endpunkte aller Geschwindigkeiten von Punkten, die auf einer Geraden durch den Drehpunkt O liegen, liegen ebenfalls auf einer Geraden durch O.

Vollzieht sich nun neben der **Drehung** um O noch eine **Parallelbewegung** des ganzen Körpers etwa mit der Geschwindigkeit $\bar{v}_0$, so hat jeder Punkt gleichsam zwei Geschwindigkeiten: $\bar{v}_0$ und die von der Drehung herrührende Geschwindigkeit $\bar{v}$. Die Gesamtgeschwindigkeit ist also die Resultierende aus beiden, d. h. deren geometrische Summe[2])

$$\overline{V} = \bar{v} + \!\!\!+ \, \bar{v}_0 \quad \ldots \ldots \ldots \ldots (7)$$

---

[1]) Siehe Prof. Rob. Land, Der Geschwindigkeits- und Beschleunigungsplan für Mechanismen usw., Z. d. V. d. I. 1896, S. 904 u. f.

[2]) Es ist zweckmäßig, **gerichtete Größen**, wie es z. B. Geschwindigkeiten (ebenso wie Kräfte und Beschleunigungen) sind, durch besondere Kennzeichen von den gewöhnlichen ungerichteten Größen zu unterscheiden. Leider ist bis jetzt eine einheitliche Bezeichnung für gerichtete Größen (für Vektoren) nicht durchgedrungen. Eine Reihe namhafter Schriftsteller z. B. Föppl benutzt für Vektoren gotische fettgedruckte Lettern, andere verwenden gotische Lettern vorwiegend des großen Alphabetes (Gans, Spielrein) wieder andere (Mehmke) fettgedruckte kleine lateinische Buchstaben usf. Für den Techniker, der die verschiedensten Dinge bezeichnen muß und sich nicht auf bestimmte Lettern beschränken kann, kommt nur eine Bezeichnungsweise in Betracht, die für die Buchstaben freie Hand läßt, und die Eigenschaft als **gerichtete Größe** durch ein besonderes Zeichen ausdrückt; als solches empfiehlt sich der (schon längst zur Bezeichnung von Strecken benutzte) Strich über den Buch-

Geschwindigkeits- und Beschleunigungsverhältnisse des Kurbeltriebes. 17

Mit der Annahme einer gleichzeitigen Drehung und Parallelbewegung ist aber der **allgemeine Fall der Bewegung** erledigt; was aus der obigen Betrachtung hervorgeht, gilt deshalb für jede beliebige Bewegung. Zunächst sieht man aus Fig. 13, daß die Geschwindigkeiten von Punkten, die einer Geraden angehören, wieder auf einer Geraden endigen. Fig. 13 läßt auch erkennen, wie man für einen Zwischenpunkt P_2 die Geschwindigkeit $\overline{V}_2$ aufsuchen kann, wenn die aus der Relativdrehung um O herrührende Geschwindigkeit $\overline{v}_3$ für einen Punkt P_3 bekannt ist.

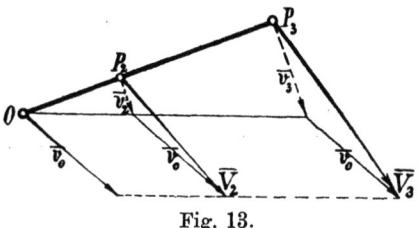

Fig. 13.

Wir wollen nunmehr die Aufgabe so stellen: gegeben ist Richstaben. Bedeutet z. B. $\overline{v}$ eine Geschwindigkeit (nach Größe und Richtung), und läßt man den zur Kennzeichnung der Richtung über dem $\overline{v}$ stehenden Strich fort, schreibt also einfach v, so bringt man lediglich die Größe der Geschwindigkeit zum Ausdruck; v ist alsdann die Größe, der Betrag von $\overline{v}$. Das von der Mechanik her wohlbekannte Verfahren, Kräfte $\overline{P}_1, \overline{P}_2, \overline{P}_3 \ldots$ mittels des sogenannten Kräftevielecks zu einer Resultierenden $\overline{R}$ zusammenzusetzen, ist ein Beispiel für die Vereinigung von gerichteten Größen überhaupt; man bezeichnet durchaus zutreffend dies Verfahren, Strecken nach Richtung und Größe aneinanderzureihen, als geometrische Addition und das Ergebnis als geometrische Summe. Ich benutze zur Unterscheidung von der gewöhnlichen algebraischen Addition für die geometrische Summation das $+$-Zeichen mit einer Pfeilspitze: $\mathbin{+\mkern-8mu\rightarrow}$ (manche setzen die Pfeilspitze über das $+$-Zeichen), um dadurch an die Beachtung der Richtung zu erinnern, schreibe also z. B. $\overline{R} = \overline{P}_1 \mathbin{+\mkern-8mu\rightarrow} \overline{P}_2 \mathbin{+\mkern-8mu\rightarrow} \overline{P}_3 \mathbin{+\mkern-8mu\rightarrow} \ldots = \Sigma \overline{P}$ (gelesen: Vektor R gleich Vektor P_1 plus geometrisch Vektor P_2 plus geometrisch ... = geometrische Summe aller P gerichtet). Diese Unterscheidung zwischen algebraischer Addition (durch $+$) und geometrischer Addition (durch $\mathbin{+\mkern-8mu\rightarrow}$) ist für denjenigen, der nicht täglich mit gerichteten Größen operiert, durchaus angebracht. Wem erst das Arbeiten mit Vektoren in Fleisch und Blut übergegangen ist, der kann sich alsdann unbedenklich zu der allgemeinen Auffassung des gewöhnlichen Additionszeichens $+$ als Ausdruck für die geometrische Addition aufschwingen. Viele Schriftsteller nehmen diesen wissenschaftlich durchaus zulässigen Standpunkt ein, die Operation, die durch $+$ bezeichnet ist, ohne weiteres als geometrische Addition anzusehen, wenn die Summanden gerichtete Größen sind; sie schreiben also z. B. die Resultierende

$$\overline{R} = \overline{P}_1 + \overline{P}_2 + \overline{P}_3 + \ldots = \Sigma \overline{P}.$$

Die algebraische Summe (gewissermaßen der Sonderfall für gleichgerichtete Größen) ist damit als in der geometrischen Addition inbegriffen aufzufassen. Ich empfehle aber Anfängern dringend, vorerst den Unterschied der geometrischen Addition von der gewöhnlichen, ihm geläufigeren algebraischen Addition durch Anwendung eines besonderen Zeichens für die geometrische Addition sich jederzeit vor Augen zu halten.

Tolle, Regelung. 3. Aufl. 2

tung und Größe der Geschwindigkeit $\bar{v}_1$ eines beliebigen Punktes P_1 (Fig. 14); es soll für einen zweiten Punkt P_2 die Größe v_2 der Geschwindigkeit $\bar{v}_2$, deren Richtung gegeben ist, aufgesucht werden, ebenso die Geschwindigkeit für sämtliche Punkte auf der Verbindungslinie zwischen P_1 und P_2. Wir fassen alsdann (s. Fig. 14) die Bewegung auf als eine Parallelbewegung mit $\bar{v}_1$ und eine gleichzeitige Drehung um P_1. Die Relativgeschwindigkeit $\bar{v}_{21}$ der Drehung, senkrecht zu $P_1 P_2$ stehend, findet man dann für P_2 sofort, indem man vom Endpunkt von $(\bar{v}_1)$ eine Senkrechte zu $P_1 P_2$ bis zur Richtungslinie von $\bar{v}_2$ zieht, wodurch gleichzeitig auch $\bar{v}_2$ abgeschnitten wird: denn auf diese Weise gefunden, ist

$$\bar{v}_2 = \bar{v}_1 + \bar{v}_{21}.$$

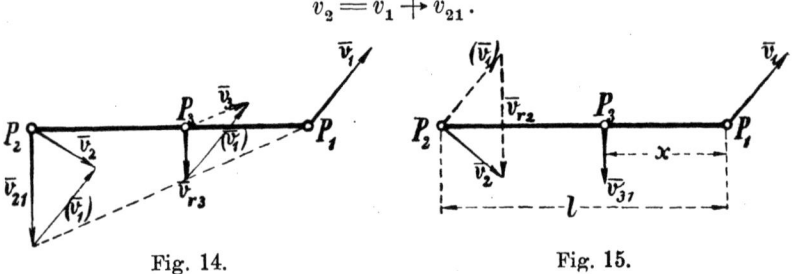

Fig. 14.   Fig. 15.

Für einen Zwischenpunkt P_3 ist die Relativgeschwindigkeit

$$\bar{v}_{31} = \frac{\bar{v}_{21}}{l} x$$

und die Gesamtgeschwindigkeit

$$\bar{v}_3 = \bar{v}_{31} + \bar{v}_1 = \bar{v}_{21} \cdot \frac{x}{l} + \bar{v}_1.$$

Die hieraus folgende Konstruktion zeigt Fig. 15.

Die Winkelgeschwindigkeit der Relativdrehung ist natürlich

$$\omega_r = \frac{v_{21}}{l}.$$

Der Vollständigkeit halber sei noch bemerkt, daß für die umgekehrte Aufgabe: von P_2 ausgehend, die Geschwindigkeit von P_1 als Resultierende der Geschwindigkeit $\bar{v}_2$ und der Geschwindigkeit der Relativdrehung um P_2 zu ermitteln, dieselbe Winkelgeschwindigkeit ω_r maßgebend ist, und daß für jeden anderen Punkt als Relativdrehpunkt ebenfalls die gleiche Relativwinkelgeschwindigkeit zu benutzen ist, nämlich die Winkelgeschwindigkeit ω der Drehung um den Pol $\mathfrak{P}$. Denn wenn man diesen Punkt, der die Geschwindigkeit Null hat, als Ausgangspunkt wählt, so ist die Geschwindigkeit irgendeines Punktes $= r \omega$ und senkrecht zum Normalstrahl gerichtet.

Weil bei den Beschleunigungen ganz ähnliche Verhältnisse vorliegen, soll noch eine etwas andere Darstellung der Geschwindigkeiten gezeigt werden.

Denkt man die Relativgeschwindigkeit $\bar{v}_{31}$ (Fig. 16) eines Zwischenpunktes P_3 nach der Richtung von $\bar{v}_1$ und $\bar{v}_2$ in die beiden Komponenten $\bar{v}'$ und $\bar{v}''$ aufgelöst, so hat P_3 gleichsam drei Geschwindigkeitskomponenten: $\bar{v}'$, $\bar{v}''$ und $\bar{v}_1$.

Man sieht, daß $\bar{v}'$ entgegengesetzt gerichtet zu $\bar{v}_1$ ist; daher läßt sich die Geschwindigkeit $\bar{v}_3$ des Zwischenpunktes P_3 auch als Resultierende von $\bar{v}_1 \rightarrow \bar{v}'$ und $\bar{v}''$ ausdrücken:

$$\bar{v} = (\bar{v}_1 \rightarrow \bar{v}') + \bar{v}''.$$

Nun ist offenbar

$$\bar{v}' = \bar{v}_1 \frac{x}{l}; \quad \bar{v}'' = \bar{v}_2 \frac{x}{l},$$

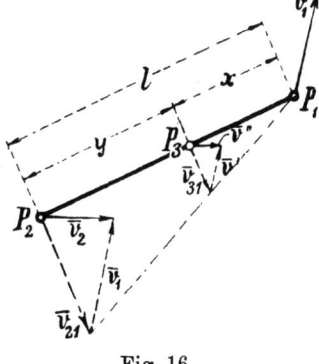

Fig. 16.

also

$$\bar{v}_1 \rightarrow \bar{v}' = \bar{v}_1 \rightarrow \bar{v}_1 \frac{x}{l} = \bar{v}_1 \frac{l-x}{l} = \bar{v}_1 \frac{y}{l}.$$

Damit wird schließlich die Geschwindigkeit $\bar{v}_3$:

$$\bar{v}_3 = \bar{v}_1 \frac{y}{l} + \bar{v}_2 \frac{x}{l},$$

d. h. $\bar{v}_3$ wird die Resultierende aus zwei mit $\bar{v}_1$ und $\bar{v}_2$ gleich-

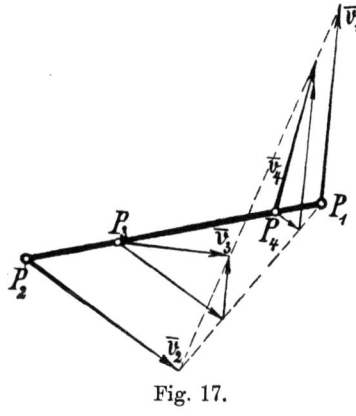

Fig. 17.

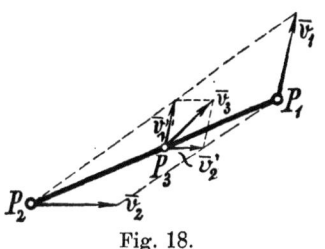

Fig. 18.

gerichteten Geschwindigkeiten, die sich aus $\bar{v}_1$ und $\bar{v}_2$ durch Verkleinerung in dem Verhältnis ergeben, wie weit der Zwischenpunkt P_3 von den Endpunkten P_2 und P_1 verglichen mit dem ganzen Abstand l entfernt ist. Hieraus folgt die Richtigkeit der Fig. 17.

Man kann populär sagen: die Geschwindigkeit eines Zwischenpunktes setzt sich aus zwei Komponenten zusammen, die als Teile von den Geschwindigkeiten der Endpunkte um so kleiner ausfallen, je weiter man sich von den betreffenden Endpunkten entfernt. In jedem Endpunkte ist die Wirkung des anderen Endpunktes gleich Null. (Vgl. Fig. 18.)

β) Geschwindigkeiten beim Kurbeltrieb.

Wendet man die vorstehenden Sätze und Konstruktionen auf das Schubkurbelgetriebe an, so ergeben sich folgende Beziehungen.

Die Kurbel habe augenblicklich die Winkelgeschwindigkeit ω, dann ist die Geschwindigkeit des Kurbelzapfens $v = r\omega$. Bei gleichförmiger Drehung folgt ω aus der minutlichen Umdrehungszahl n:

$$\omega = \frac{2\pi n}{60}.$$

Die augenblickliche Geschwindigkeit des Kreuzkopfes, also auch die des Kolbens sei $\bar{c}$, dann erhält man c, indem man (gemäß Fig. 14) vom Endpunkte der Geschwindigkeit $\bar{v}$ rechtwinklig zur Schubstange bis zur Bewegungsrichtung des Kreuzkopfes hinunter geht (Fig. 19). Die zur Schubstange senkrecht gezogene Komponente in dem Geschwindigkeitsdreieck bei B ist die Geschwindigkeit der Relativdrehung der Stange um den Kurbelzapfen für den Endpunkt B.

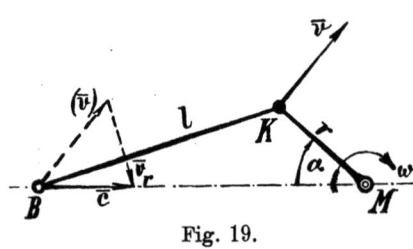

Fig. 19.

Hat man auf diese Weise die Kolbengeschwindigkeit $\bar{c}$ gefunden, so lassen sich mit Leichtigkeit nach Fig. 17 die Geschwindigkeiten der übrigen Schubstangenpunkte aufsuchen (Fig. 20).

Dreht man das in Fig. 19 zur Ermittelung von c benutzte Geschwindigkeitsdreieck um 90^0 und legt Punkt B auf M, so fällt v in die Kurbelrichtung und c in die Senkrechte durch M; v_r wird

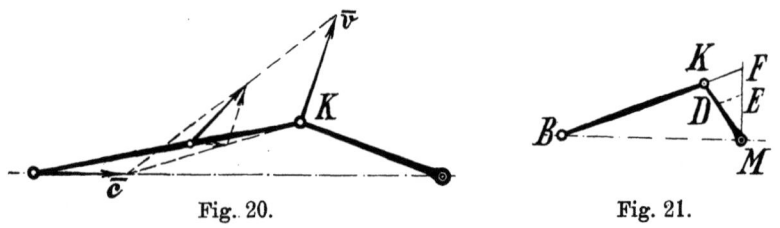

Fig. 20.   Fig. 21.

parallel zur Schubstange. Daraus erkennt man die Richtigkeit einer oft benutzten Konstruktion zur Ermittelung von c aus v (Fig. 21):

Trage auf der Kurbel $MD = v$ ab, ziehe $DE \parallel$ zur Schubstange, dann wird auf der Senkrechten $ME = c$ abgeschnitten und DE ist

Geschwindigkeits- und Beschleunigungsverhältnisse des Kurbeltriebes. 21

die Geschwindigkeit v_r der Relativdrehung des Kreuzkopfbolzens um den Kurbelzapfen.

Wählt man noch den Maßstab so, daß $v = r$ ist, oder setzt man $\omega = 1$, so schneidet die verlängerte Schubstangenrichtung unmittelbar auf der Senkrechten durch M die Kolbengeschwindigkeit $c = MF$ ab und KF ist wieder v_r.

Schließlich sei darauf aufmerksam gemacht, daß die Übereinstimmung des Geschwindigkeitsdreiecks MDE mit dem Kräftedreieck MDE in Fig. 8 nicht zufällig ist, sondern ihre einfache Erklärung in dem Satze von der mechanischen Arbeit findet. Soll die Drehkraft T die Kolbenkraft P ersetzen, so muß in jedem Augenblick die Leistung beider gleich sein, d. h:

$$T \cdot v = P \cdot c;$$

daraus folgt $\dfrac{T}{P} = \dfrac{c}{v}$, eine Bedingung, die erfüllt wird, wenn Kraftdreieck und Geschwindigkeitsdreieck ähnlich sind. Sobald demnach in einem Getriebe die Geschwindigkeitsverhältnisse bekannt sind, lassen sich daraus sofort auch die Kraftverhältnisse durch Anwendung derselben Konstruktionen entwickeln.

Für die Annäherung $\lambda = 0$, Schubstange unendlich lang, war die Kolbenbewegung eine harmonische Schwingung, und zwar die Projektion der gleichförmigen Kreisbewegung des Kurbelzapfens; daher ist auch die Kolbengeschwindigkeit c die Projektion von v auf die Wegrichtung (Fig. 22):

$$c = v \cdot \sin \alpha = \omega r \cdot \sin \alpha.$$

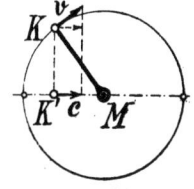

Fig. 22.

Für die zweite Annäherung, Weglassen der höheren Potenzen von λ, fanden sich die Kolbenwege als Summe der durch senkrechte Projektion bestimmten Werte und der mit dem Fehlerkreis vom Durchmesser $\dfrac{\lambda}{2} r$ gefundenen Fehlerglieder f. Da der Schnittpunkt F der Kurbelstellung MK mit dem Fehlerkreis diesen mit der doppelten Winkelgeschwindigkeit 2ω durchläuft, so beträgt die Umfangsgeschwindigkeit von F:

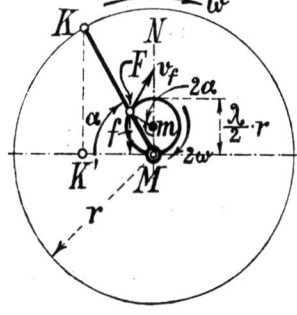

$$v_f = 2\omega \cdot \frac{1}{2} \cdot \frac{\lambda}{2} r = \frac{\lambda}{2} \omega r.$$

Fig. 23.

Die Fehlerglieder ergeben sich durch senkrechte Projektion auf den Durchmesser MN, gleichsam auch durch eine harmonische

Schwingung. Der vom Fehlerglied herrührende Anteil c_f der Kolbengeschwindigkeit ist demnach die Projektion von v_f auf den Durchmesser MN, d. h.

$$c_f = v_f \cdot \sin 2\alpha = \frac{\lambda}{2} \omega r \sin 2\alpha = \frac{\lambda}{2} v \sin 2\alpha.$$

Die gesamte Kolbengeschwindigkeit erhält man schließlich als Summe der beiden Geschwindigkeiten, die den beiden Kolbenwegen (Weg für $\lambda = 0$ und Fehlerglied) entsprechen:

$$\left.\begin{aligned} c &= v \sin \alpha + \frac{\lambda}{2} v \sin 2\alpha = v\left(\sin \alpha + \frac{\lambda}{2} \sin 2\alpha\right) \\ c &= \omega r \left(\sin \alpha + \frac{\lambda}{2} \sin 2\alpha\right) \end{aligned}\right\} \quad . \quad . \quad (8)$$

Das gleiche Resultat, das hier ganz elementar hergeleitet wurde, kann man natürlich auch durch Differenzieren finden, indem man den Differentialquotienten des Weges nach der Zeit bildet. Es war für den Hingang der Kolbenweg

$$x = r\left(1 - \cos \alpha\right) + \frac{\lambda}{2} r \sin^2 \alpha;$$

darin ist $\quad \alpha = \omega \cdot t, \quad$ hieraus $\quad \dfrac{d\alpha}{dt} = \omega.$

Mithin wird

$$c = \frac{dx}{dt} = r \sin \alpha \frac{d\alpha}{dt} + \frac{\lambda}{2} r \, 2 \sin \alpha \cos \alpha \frac{d\alpha}{dt}$$

$$= r \sin \alpha \cdot \omega + \frac{\lambda}{2} r \sin 2\alpha \cdot \omega$$

$$c = \omega r \left(\sin \alpha + \frac{\lambda}{2} \sin 2\alpha\right) \quad \text{wie oben.}$$

Für den Rückgang ist wieder $-\lambda$ statt λ zu setzen.

Um ein anschauliches Bild von dem Gesetz zu erhalten, nach welchem sich die Kolbengeschwindigkeiten verändern, trägt man meist in den einzelnen Kolbenstellungen die zugehörigen Kolbengeschwindigkeiten als Ordinaten auf.

Für $\lambda = 0$ wird dann, da $x = r(1 - \cos \alpha)$ und $y = c = v \sin \alpha$ ist, die Begrenzungslinie aller Geschwindigkeitsordinaten eine **Ellipse** bzw. für $v = r$, d. h. für $\omega = 1$ ein **Kreis**.

Die nach Fig. 21 gefundenen genauen oder die nach Gl. 8 berechneten Geschwindigkeitswerte liefern eine Kurve, die nur wenig von der Ellipse oder dem Kreise abweicht. In Fig. 24 stellt z. B. für $\lambda = \frac{1}{5}$ die strichpunktierte Linie die genaue Geschwindigkeits-

Geschwindigkeits- und Beschleunigungsverhältnisse des Kurbeltriebes. 23

kurve dar, während der fein ausgezogene Kreis die Geschwindigkeitskurve für $\lambda=0$ (und $\omega=1$) ist.

In den Totpunkten ist $v=0$; mit $\lambda=0$ wird c am größten für $\alpha=90^{0}$, d. h. für $x=r$, und zwar ist $c_{max}=v$.

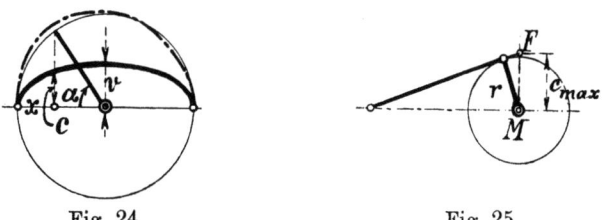

Fig. 24.   Fig. 25.

Die Konstruktion nach Fig. 21 liefert den größten Wert von c fast genau in derjenigen Kurbelstellung, in der die Schubstange den Kurbelkreis berührt. Hierfür ist (s. Fig. 25)

$$\frac{c_n}{v} = \frac{MF}{r} \sim \frac{\sqrt{r^2+l^2}}{l} = \sqrt{1+\lambda^2} \quad \text{oder} \quad c_{max} = v \cdot \sqrt{1+\lambda^2};$$

z. B. für $\lambda=\frac{1}{5}$: $c_{max}=v\cdot\sqrt{1+\frac{1}{25}}=1{,}02\,v$; die größte Kolbengeschwindigkeit ist also nur $2^0/_0$ größer als v.

Unter mittlerer Kolbengeschwindigkeit c_m versteht man diejenige Geschwindigkeit, mit welcher sich der Kolben bewegen müßte, um bei gleichförmiger Bewegung während einer halben Kurbeldrehung einen Kolbenhub $s=2r$ als Weg zu liefern; für c_m gilt daher die Gleichung $c_m\cdot t=2r$, wobei

$$t=\frac{60}{2n}$$

ist und n die Anzahl der Umdrehungen oder Doppelhübe in der Minute, also $t=\dfrac{60}{2n}$ die Dauer eines Hubes bedeutet. Es ergibt sich folglich die mittlere Geschwindigkeit:

$$c_m = \frac{2r}{t} = \frac{s}{t} = \frac{s\cdot 2n}{60}.$$

Wenn die mittlere Geschwindigkeit auch nicht unmittelbar verwertbar ist, so bietet sie doch einen Anhalt für die wirklichen Kolbengeschwindigkeiten insofern, als die Kurbelgeschwindigkeit

$$v=\frac{\pi s n}{60} \quad \text{oder} \quad v=\frac{\pi}{2}c_m,$$

d. h. stets $\frac{\pi}{2}$ mal so groß wie die mittlere Kolbengeschwindigkeit ist, und aus der Kurbelgeschwindigkeit v die Kolbengeschwindigkeiten leicht ermittelt werden können.

2. Beschleunigungen beim Kurbeltrieb.

α) Allgemeine Beziehungen.

Auch hier sollen zuerst einige allgemeine Beziehungen aufgestellt werden, auf die später noch wiederholt zurückgegriffen wird.

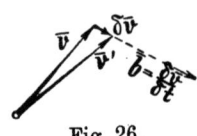

Fig. 26.

Ändert sich im Laufe eines unendlich kleinen Zeitteilchends δt die Geschwindigkeit $\bar{v}$ in $\bar{v}' = \bar{v} + \delta \bar{v}$, so erfährt $\bar{v}$ einen unendlich kleinen Geschwindigkeitszuwachs

$$\delta \bar{v} = \bar{v}' \rightarrow \bar{v},$$

der, durch das zugehörige Zeitteilchen δt dividiert, die Beschleunigung $\bar{b}$ nach Größe und Richtung angibt; die Beschleunigung ist als unendlichmal $\left(\text{nämlich im Verhältnis } \dfrac{1}{\delta t}\right)$ vergrößerter Geschwindigkeitszuwachs ebenso wie die Geschwindigkeit am einfachsten durch eine Strecke darzustellen.

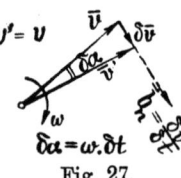

Fig. 27.

In dem besonderen Falle, daß sich nur die Richtung der Geschwindigkeit ändert, während ihre Größe unverändert bleibt, daß sich also die Geschwindigkeit $\bar{v}$ in dem unendlich kleinen Zeitteilchen δt um den Winkel $\delta \alpha$ dreht, ist der Geschwindigkeitszuwachs $\delta \bar{v}$ senkrecht zu $\bar{v}$ gerichtet und hat eine Größe

$$\delta v = v \cdot \delta \alpha.$$

Die Größe der entsprechenden Beschleunigung $\bar{b}_n$, die Normalbeschleunigung genannt wird, weil sie zur Geschwindigkeit senkrecht steht, findet sich demnach:

$$b_n = \frac{\delta v}{\delta t} = v \cdot \frac{\delta \alpha}{\delta t} = v \cdot \omega$$

$$\underline{b_n = v \cdot \omega} \ \ldots \ \ldots \ \ldots \ \ldots \ (9)$$

d. h. dreht sich eine Geschwindigkeit $\bar{v}$ mit der Winkelgeschwindigkeit ω, so ist hierzu eine senkrecht zur Geschwindigkeit stehende Normalbeschleunigung erforderlich, deren Größe sich als Produkt aus der Geschwindigkeit und der Winkelgeschwindigkeit ergibt.

Geschwindigkeits- und Beschleunigungsverhältnisse des Kurbeltriebes. 25

Auch in dem allgemeinen Falle einer Geschwindigkeitsänderung trennt man die Komponente der Geschwindigkeitszunahme $\delta\bar{v}_n$, welche senkrecht zu $\bar{v}$ steht, d. h. die Richtungsänderung von $\bar{v}$ bewirkt, von der in die Richtung der Geschwindigkeit fallenden Komponente, die die Größenänderung von $\bar{v}$ verursacht, und bezeichnet die entsprechenden Beschleunigungskomponenten als Normalbeschleunigung $\bar{b}_n$ und Tangentialbeschleunigung $\bar{b}_t$ (s. Fig. 28).

Dreht sich z. B. ein Körper mit der Winkelgeschwindigkeit ω, so hat ein Punkt P im Abstand r von der Drehachse eine Geschwindigkeit $v = r\omega$; diese ändert ihre Richtung beim Drehen des Körpers mit der Winkelgeschwindigkeit ω, folglich erfährt Punkt P eine nach O gerichtete Normalbeschleunigung:

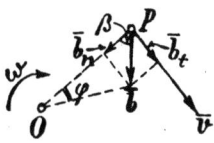

Fig. 28.

$$\underline{b_n} = v\omega = r\omega \cdot \omega = \underline{r\omega^2} \quad \ldots \ldots (10)$$

wofür auch mit $\omega = \dfrac{v}{r}$ gesetzt werden kann:

$$b_n = v \cdot \frac{v}{r} = \frac{v^2}{r}.$$

Erleidet weiter die Winkelgeschwindigkeit eine derartige Größenzunahme, daß die Winkelbeschleunigung (d. h. die Zunahme an Winkelgeschwindigkeit $\delta\omega$ geteilt durch die zugehörige Zeit δt) $\dfrac{\delta\omega}{\delta t} = \vartheta$ beträgt, so hat der Punkt P eine Tangentialbeschleunigung

$$\underline{b_t} = \frac{r\delta\omega}{\delta t} = r\frac{\delta\omega}{\delta t} = \underline{r \cdot \vartheta}.$$

Die Gesamtbeschleunigung $\bar{b} = \bar{b}_n + \bar{b}_t$ ist also eine mit r proportionale Strecke, die mit r einen solchen für das ganze System gleich großen Winkel β bildet, daß

$$\operatorname{tg} \beta = \frac{b_t}{b_n} = \frac{r\vartheta}{r\omega^2} = \frac{\vartheta}{\omega^2}$$

ist (vgl. Fig. 28).

Daraus folgt ohne weiteres die Richtigkeit nachstehender Konstruktion, für einen beliebigen Punkt P_2, der einem **sich um den festen Punkt O drehenden Körper** angehört, die Gesamtbeschleunigung $\bar{b}_2$ zu ermitteln, wenn die Beschleunigung $\bar{b}_1$ eines Punktes P_1 nach Richtung und Größe bekannt ist: Verbindet man in Fig. 29

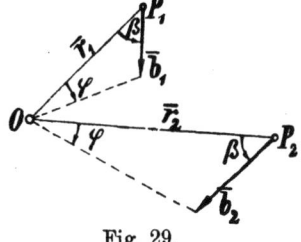

Fig. 29.

den Endpunkt von $\bar{b}_1$ mit O und bestimmt dadurch den Winkel φ, den diese Verbindungslinie mit dem Fahrstrahl $\bar{r}_1$ bildet, so bleibt dieser Winkel φ ebenso wie β stets der gleiche. Man erhält also $\bar{b}_2$, indem man an $\bar{r}_2$ als Grundlinie die Winkel β und φ anträgt.

Liegen die Punkte, deren Beschleunigung gesucht wird, auf einer Geraden durch O, so ist das gleiche auch für die Endpunkte der Beschleunigungen der Fall. Abgesehen davon, daß hier die Beschleunigungen mit den Fahrstrahlen $\bar{r}$ den Winkel β bilden, während bei den Geschwindigkeiten dieser Winkel ein Rechter war, bleiben alle Beziehungen hier und dort übereinstimmend. Es ist daher von vornherein zu erwarten, daß die früher für Geschwindigkeiten gefundenen Sätze hier ebenfalls gültig sind.

Erfährt das System außer der Drehung noch eine Parallelverschiebung derart, daß der Drehpunkt O selber eine Beschleunigung $\bar{b}_0$ hat, so besitzen die übrigen Punkte gleichsam zwei Beschleunigungen: $\bar{b}_0$ und die von der Drehung um O herrührende Beschleunigung $\bar{b}$. Die Gesamtbeschleunigung ist also die Resultierende aus beiden, d. h. deren geometrische Summe:

$$\bar{B} = \bar{b}_0 + \bar{b}.$$

Hiermit ist der **allgemeine Bewegungszustand** bei der ebenen Bewegung hinsichtlich der Beschleunigungsverhältnisse erledigt.

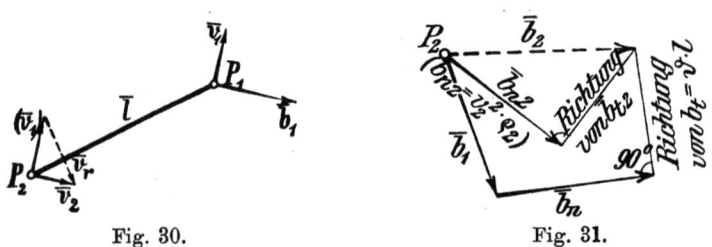

Fig. 30. Fig. 31.

Wir behandeln wieder die Aufgabe: gegeben ist Richtung und Größe der Beschleunigung $\bar{b}_1$ eines beliebigen Punktes P_1; es soll für einen zweiten Punkt P_2 die Beschleunigung $\bar{b}_2$ gesucht werden. Gerade so, wie wir im Anschluß an Fig. 16 bei der Ermittelung der zweiten Geschwindigkeit noch eine Annahme (z. B. gegeben die Richtung der zweiten Geschwindigkeit) machen mußten, und erst dadurch die Geschwindigkeiten der übrigen Punkte eindeutig bestimmt waren, ist auch hier noch eine Angabe über die gesuchte Beschleunigung nötig. Bevor die Beschleunigungen bestimmt werden, mögen die Geschwindigkeiten ermittelt sein, insbesondere sei, wie in Fig. 16 gezeigt, die Geschwindigkeit v_r der Relativdrehung gesucht (s. Fig. 30). Dann ist damit die nach P_1 hin gerichtete Normal-

Geschwindigkeits- und Beschleunigungsverhältnisse des Kurbeltriebes. 27

beschleunigung $\bar{b}_n$ für die Relativdrehung von P_2 um P_1 gefunden:

$$b_n = \frac{v_r^2}{l}.$$

Die gesuchte Beschleunigung $\bar{b}_2$ muß sich nun nach dem Vorstehenden zusammensetzen aus $\bar{b}_1$, $\bar{b}_n$ und $\bar{b}_t = \vartheta \cdot \bar{l}^|$, wobei $\bar{b}_t$ senkrecht zu $\bar{l}$ steht; es ist also

$$\bar{b}_2 = \bar{b}_1 + \bar{b}_n + \vartheta \cdot \bar{l}^|.$$

Zur Ermittelung von $\bar{b}_2$ nach dieser Gleichung bedarf es, wie schon erwähnt, noch einer Angabe, z. B. der Winkelbeschleunigung ϑ. Meist ist ϑ unbekannt, aber die Bahn des Punktes P_2 vorgeschrieben. Man kennt dann den Krümmungshalbmesser ϱ_2 der Bahnlinie für den Punkt P_2 und kann damit aus der Geschwindigkeit $\bar{v}_2$ die Normalbeschleunigung $b_{n2} = \dfrac{v_2^2}{\varrho_2}$ ermitteln. Unbekannt bleibt also nur noch die Größe der Tangentialbeschleunigung $\bar{b}_{t2}$. Diese und damit auch die gesuchte Gesamtbeschleunigung $\bar{b}_2$ findet man aus der Bedingung, daß $\bar{b}_2$ sowohl die Resultierende aus $\bar{b}_{n2}$ und $\bar{b}_{t2}$, als auch die Resultierende aus $\bar{b}_1$, $\bar{b}_n$ und $\vartheta\bar{l}^|$ sein muß, daß also

$$\bar{b}_2 = \bar{b}_{n2} + \bar{b}_{t2} = \bar{b}_1 + \bar{b}_n + \vartheta\bar{l}^|$$

ist. Fig. 31 zeigt, wie vorstehende Beziehung zur Konstruktion von $\bar{b}_2$ zu benutzen ist.

Wenn insbesondere der Punkt P_2 eine gerade Bahn durchläuft, so ist $\bar{b}_{n2} = 0$ und $\bar{b}_2$ hat die Richtung der Bahn des Punktes P_2; es ist in diesem Falle also die Richtung der Gesamtbeschleunigung bekannt. Die Lösung der Aufgabe ist aus Fig. 32 erkennbar: Man füge $\bar{b}_1$ und $\bar{b}_n$ nach Richtung und Größe aneinander und ziehe senkrecht zu $\bar{b}_n$ die Richtungslinie für $\bar{b}_t$, die alsdann auf der Richtungslinie von $\bar{b}_2$ deren Größe abschneidet. Gleichzeitig erhält man die Größe von $\bar{b}_t$ und kann ferner den in Fig. 28

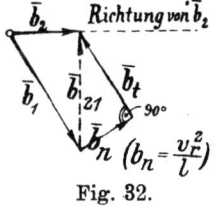

Fig. 32.

und 29 mit β bezeichneten Winkel zwischen der gesamten Beschleunigung $\bar{b}_{21}$ der Relativdrehung und der Normalbeschleunigung $\bar{b}_n$, sowie die Größe dieser Relativbeschleunigung $\bar{b}_{21}$ der Figur entnehmen. Hiermit sind alle erforderlichen Werte bekannt, um für sämtliche übrigen Punkte die Beschleunigung nach Richtung und Größe zu bestimmen.

Diese Werte sind z. B. in Fig. 33 eingetragen: Punkt P_1 mit der gegebenen Beschleunigung $\bar{b}_1$ wird als Drehpunkt für die Relativ-

28　　　　　　　　　Das Schubkurbelgetriebe.

drehung angesehen, $\bar{b}_{r2}$, $\sphericalangle\beta$ und $\sphericalangle\varphi$ sind in der vorstehend beschriebenen Weise bestimmt. Um dann für irgend einen dritten Punkt P_3 außerhalb von $P_1 P_2$ die Beschleunigung $\bar{b}_3$ zu erhalten, suchen wir durch Antragen der Winkel φ und β an die Verbindungslinie $P_1 P_3$ die Relativbeschleunigung $\bar{b}_{31}$ und fügen an diese Strecke $\bar{b}_1$; es ist dann:
$$\bar{b}_3 = \bar{b}_{31} + \bar{b}_1.$$

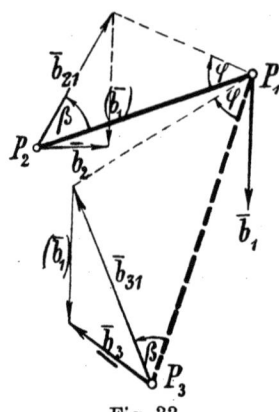
Fig. 33.

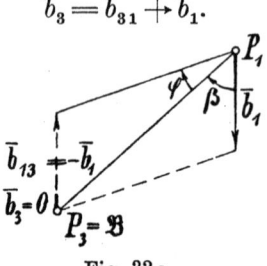
Fig. 33a.

Anm. Würde in Fig. 33a der Fahrstrahl $P_1 P_3$ gerade den Winkel β mit der Richtung von $\bar{b}_1$ bilden, so fiele $\bar{b}_{13}$ parallel zu $\bar{b}_1$ aus. Ginge man außerdem mit P_3 so weit von P_1 fort, daß $b_r = b_1$ wird, indem man an $P_1 P_3 \sphericalangle \varphi$ anträgt, zu $P_1 A$ eine Parallele durch den Endpunkt von $\bar{b}_1$ legt und diese mit $P_1 P_3$ zum Schnitt in P_3 bringt, so ergäbe sich $b_3 = 0$, wir bekämen einen Punkt mit der Beschleunigung Null, den sog. Beschleunigungspol $\mathfrak{B}$. Von diesem ausgehend, beschränkt sich das Aufsuchen der Gesamtbeschleunigung der übrigen Punkte darauf, an die von $\mathfrak{B}$ ausgehenden Strahlen die Winkel β und φ anzutragen.

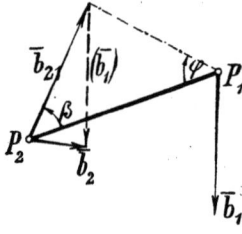
Fig. 34.

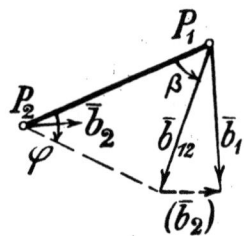
Fig. 34a.

Es könnte noch zweifelhaft sein, ob denn für einen beliebigen anderen Punkt der Relativdrehung so ohne weiteres die gleichen Winkel φ und β angetragen werden dürfen, d. h. ob für einen anderen Relativdrehpunkt die gleichen Beschleunigungsverhältnisse für die Relativbewegung bestehen bleiben.

Um diese Zweifel zu heben, ist in Fig. 34 einmal mit P_1 als Relativdrehpunkt für den Punkt P_2 die Relativbeschleunigung b_{21} mit Hilfe von $\bar{b}_1$ und $\bar{b}_2$ dargestellt, und damit sind die Winkel β und φ aufgesucht. Dann wurde in Fig. 34a P_2 als Relativdrehpunkt gewählt und für P_1 die Relativbeschleunigung $\bar{b}_{12}$ ermittelt; wie man sieht, wird $\bar{b}_{12} = -\bar{b}_{21}$. Daraus erkennt

Geschwindigkeits- und Beschleunigungsverhältnisse des Kurbeltriebes. 29

man, daß $\sphericalangle\beta$ und $\sphericalangle\varphi$ in Fig. 34a dieselben bleiben wie in Fig. 34. Ginge man weiter von P_2 nach P_3 usf., immer fänden sich die gleichen Winkel β und φ: die Beschleunigungsverhältnisse der Relativdrehung sind ganz unabhängig von der Wahl des Relativdrehpunktes, gerade so wie wir früher auch die Größe der Winkelgeschwindigkeit als unabhängig von der Wahl des Drehpunktes erkannt haben.

Für einen Zwischenpunkt P_3 (in Fig. 35) auf der geraden Verbindungslinie von P_1 und P_2 ist $\bar{b}_{31}=\dfrac{\bar{b}_{21}}{l}x$; fügt man hierzu $\bar{b}_1$, so hat man sofort $\bar{b}_3$:

$$\bar{b}_3=\bar{b}_{31}+\bar{b}_1.$$

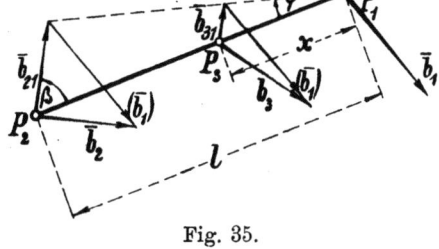

Fig. 35.

Wie schon im Anschluß an Fig. 16 und 17 bei der gleichen Aufgabe für Geschwindigkeiten angedeutet wurde, läßt sich ein der Fig. 17 entsprechendes anschauliches Verfahren auch für die Beschleunigungen durchführen.

Zu dem Zwecke denken wir uns in Fig. 36 für einen beliebigen Punkt P_3 zwischen P_1 und P_2, deren Beschleunigungen $\bar{b}_1$ und $\bar{b}_2$ zuvor ermittelt wurden, die Relativbeschleunigung

$$\bar{b}_{31}=\bar{b}_{21}\cdot\frac{x}{l}$$

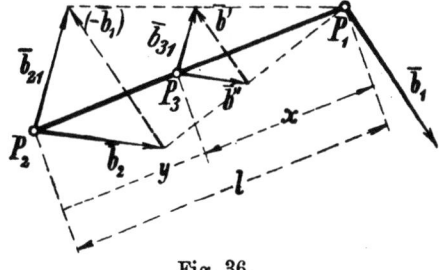

Fig. 36.

in zwei Komponenten $\bar{b}'$ und $\bar{b}''$ nach der Richtung von $\bar{b}_1$ und $\bar{b}_2$ zerlegt; dann hat P_3 gleichsam 3 Beschleunigungen: $\bar{b}'$, $\bar{b}''$ und $\bar{b}_1$.

$\bar{b}'$ und $\bar{b}_1$ sind offenbar entgegengesetzt gerichtet, es bleiben somit nur $\bar{b}''$ und $\bar{b}_1\rightarrow\bar{b}'$ übrig deren Resultierende $\bar{b}=(\bar{b}_1\rightarrow\bar{b}')+\bar{b}_2$ die gesuchte Beschleunigung $\bar{b}_3$ des Zwischenpunktes angibt. Nun ist

$$\bar{b}'=\bar{b}_1\frac{x}{l}; \quad \bar{b}''=\bar{b}_2\frac{x}{l},$$

also

$$\bar{b}_1\rightarrow\bar{b}'=\bar{b}_1\rightarrow\bar{b}_1\frac{x}{l}=\bar{b}_1\frac{l-x}{l}=\bar{b}_1\frac{y}{l}.$$

Daher wird schließlich

$$\bar{b}=\bar{b}_1\frac{y}{l}+\bar{b}_2\frac{x}{l} \quad \ldots \ldots \ldots (11)$$

d. h. die Beschleunigung des Zwischenpunktes ist die Resultierende aus zwei mit $\overline{b}_1$ und $\overline{b}_2$ gleichgerichteten Beschleunigungen, die sich aus $\overline{b}_1$ und $\overline{b}_2$ durch Verkleinerung in dem Verhältnis ergeben, wie weit der Zwischenpunkt P_3 von den Endpunkten P_2 und P_1 verglichen mit dem ganzen Abstand l entfernt ist.

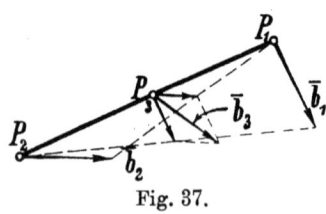

Fig. 37.

Populär kann man wieder sagen: Die Beschleunigung eines Zwischenpunktes setzt sich aus zwei Komponenten zusammen, die als Teile von den Beschleunigungen der Endpunkte um so kleiner ausfallen, je weiter man sich von den betreffenden Endpunkten entfernt. In jedem Endpunkt ist die Wirkung des anderen Endpunktes gleich Null. (Vgl. Fig. 37.)

Die hierauf beruhende Konstruktion (Fig. 38) zur Ermittelung von $\overline{b}_3$ aus $\overline{b}_1$ und $\overline{b}_2$ ist ohne weiteres verständlich.

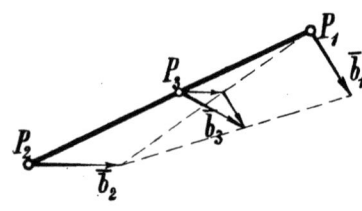 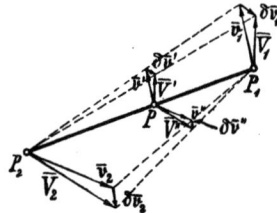

Fig. 38. Fig. 39.

Von der im Anschluß an Fig. 17 für Geschwindigkeiten nachgewiesenen entsprechenden Beziehung ausgehend, kann man den vorstehend entwickelten Satz auch unmittelbar in folgender Weise ableiten, wenn man von der Definition des Begriffes Beschleunigung ausgeht.

Unter Beibehaltung der früheren Bezeichnungen sei:

$\overline{v}_1$ die Geschwindigkeit des Punktes P_1,

$\overline{V}_1$ die Geschwindigkeit des Punktes P_1 im nächsten Augenblick, d. h. nach Verlauf des unendlich kleinen Zeitteilchens δt, also

$\delta \overline{v}_1 = \overline{V}_1 \longrightarrow \overline{v}_1 = \overline{b}_1 \delta t$ der Geschwindigkeitszuwachs von $\overline{v}_1$ in dieser Zeit δt, ebenso

$\overline{v}_2$ die Geschwindigkeit von P_2,

$\overline{V}_2$ die Geschwindigkeit von P_2 im nächsten Augenblick,

$\delta \overline{v}_2 = \overline{V}_2 \longrightarrow \overline{v}_2 = \overline{b}_2 \delta t$ der Geschwindigkeitszuwachs von $\overline{v}_2$,

$\overline{v}'$, $\overline{V}'$, $\delta \overline{v}'$ und $\overline{v}''$, $\overline{V}''$, $\delta \overline{v}''$ seien die entsprechenden, für den Zwischenpunkt P geltenden Komponenten der Geschwindigkeiten und Geschwindigkeitszunahmen,

dann sieht man aus Fig. 39, daß alles, was für die Geschwindigkeiten gemäß Fig. 17 bezüglich der proportionalen Abnahme von P_1 nach P_2 hin und umgekehrt gilt, sofort auch für die Geschwindigkeitszunahmen gültig ist, und

Geschwindigkeits- und Beschleunigungsverhältnisse des Kurbeltriebes. 31

somit auch für diese dividiert durch das Zeitteilchen δt, d. h. für die Beschleunigungen $\bar{b}_1, \bar{b}_2, \bar{b}'$ und $\bar{b}''$ gültig bleibt. Darin liegt der unmittelbare Beweis für den oben gefundenen Satz.

β) **Beschleunigungen beim Kurbeltrieb.**

Auf das Kurbelgetriebe angewandt, ergeben sich nun aus den vorstehenden Sätzen und Konstruktionen nachstehende Beziehungen:
Der Mittelpunkt des **Kurbelzapfens K** erfährt, konstante Winkelgeschwindigkeit ω der Kurbelwelle vorausgesetzt, nur eine nach dem Mittelpunkte M gerichtete Normalbeschleunigung:

$$b_k = v\omega = r\omega^2 = \frac{v^2}{r}.$$

Die Konstruktion der **Beschleunigung b des Kreuzkopfes B** für irgend eine Kurbelstellung gestaltet sich folgendermaßen (Fig. 40):

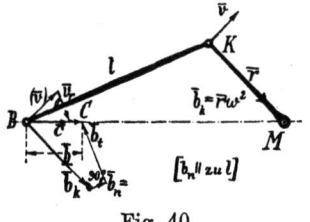
Fig. 40.

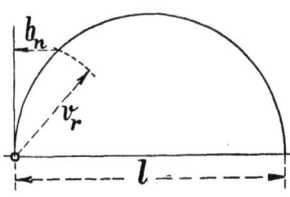
Fig. 41.

Ziehe vom Endpunkt von $(\bar{v})$ aus eine Senkrechte zur Schubstange bis zur Kolbenweglinie, bestimme dadurch die Geschwindigkeit v_r der Relativdrehung um K und suche $b_n = \dfrac{v_r^2}{l}$ als vierte Proportionale zu v_r und l (Fig. 41); beginne in B mit $\bar{b}_k$, setze daran parallel zur Schubstange $\bar{b}_n$ und gehe schließlich rechtwinklig dazu bis zur Kolbenweglinie; dann wird $\overline{BC} = \bar{b}$ die gesuchte Kreuzkopf- und Kolbenbeschleunigung. Die Beschleunigung von Zwischenpunkten findet man nach dem S. 30 entwickelten Satze, indem man Anfangs- und Endpunkt von $\bar{b}_k$ mit dem Endpunkte von $\bar{b}$ verbindet (Fig. 42) und von dem Schubstangenpunkt P erst parallel zu $\bar{b}$

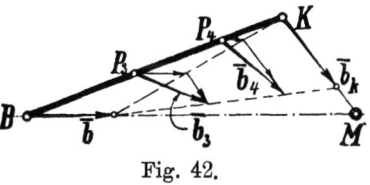
Fig. 42.

bis zur ersten Verbindungslinie und dann parallel zu $\bar{b}_k$ bis zur zweiten Verbindungslinie weiter geht.

Will man die Kolbenbeschleunigung für möglichst viele Kurbelstellungen aufsuchen, so kann man die aufgezählten Konstruktionen noch etwas vereinfachen, wenn man die Geschwindigkeits- und Beschleunigungsmaßstäbe so wählt, daß $v=r$ und $b_n=r$ wird, d. h. indem man $\underline{\omega=1}$ setzt. Für $\omega=\omega$ sind dann nachträglich die Geschwindigkeiten ω mal so groß, die Beschleunigungen ω^2 mal so groß zu nehmen, wie die Konstruktion ergibt.

Unter der Annahme $\omega=1$ findet man v_r nach Fig. 43 durch Verlängerung der Schubstangenrichtung bis zur Senkrechten durch M: $v_r=KF$; damit sucht man wieder nach Fig. 41 b_n, trägt $\overline{b}_n$ von K aus auf der Schubstange ab bis G, zieht zur Schubstange das Lot GH bis zur Kolbenweglinie und erhält dann in $\overline{HM}$ die gesuchte Kolbenbeschleunigung $\overline{b}$. Ein Vergleich mit Fig. 40 läßt die Übereinstimmung beider Konstruktionen sofort erkennen.

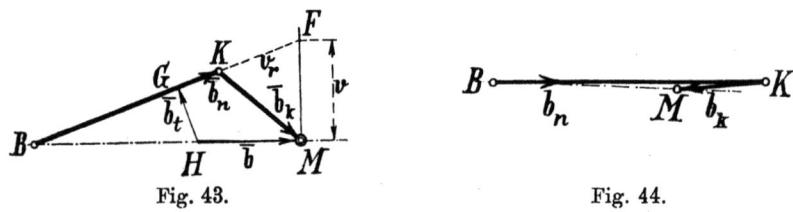

Fig. 43.   Fig. 44.

In der linken Totlage bilden Schubstange und Kurbel eine Gerade, und es wird offenbar

$$v_r=v, \quad \text{daher} \quad b_n=\frac{v^2}{l}=\frac{(r\omega)^2}{l}=\lambda r\omega^2=\lambda b_k,$$

somit die Kolbenbeschleunigung b_I:

$$b_I=b_k+b_n=b_k+\lambda b_k=b_k(1+\lambda).$$

In der rechten Totlage ist ebenso

$$b_n=\lambda b_k;$$

da aber b_n nach rechts, b_k nach links gerichtet ist, wird hier die Kolbenbeschleunigung:

$$b_{II}=b_k-\lambda b_k=b_k(1-\lambda).$$

Dabei ist noch zu beachten, daß die Kolbenbeschleunigung in der zweiten Hubhälfte der Bewegungsrichtung entgegenwirkt, also eine Verzögerung darstellt.

Es beträgt mithin die Kolbenbeschleunigung

für die linke Totstellung $b_I=b_k(1+\lambda)$
„   „ rechte   „ $b_{II}=-b_k(1-\lambda).$

Nach den vorstehenden Angaben sind die Kolbenbeschleunigungen auf Tafel 1, Fig. 1 für 10 Kurbelstellungen aufgesucht mit

Geschwindigkeits- und Beschleunigungsverhältnisse des Kurbeltriebes.

$$\lambda = \frac{1}{3{,}5} \quad \text{und} \quad \omega = 1$$

und dann in den den einzelnen Kolbenstellungen als Ordinaten aufgetragen.

Da genau die gleichen Konstruktionen, wie man sich leicht überzeugen kann, für die **geschränkte Schubkurbel** gelten, bei der die Kolbenweglinie um ein gewisses Maß a an dem Kurbelwellenmittelpunkt M vorbeigeht, so wurde auf Tafel 1, Fig. 2 auch für ein solches Kurbelgetriebe die Beschleunigungskurve ermittelt, u. zw. für

$$\lambda = \frac{1}{4}, \quad a = 0{,}6\,r \quad \text{und} \quad \omega = 1.$$

Die auf Tafel 1 durch umhüllende Tangenten gezeichnete Parabel, deren Konstruktion später entwickelt werden wird, gibt uns Gelegenheit, durch Vergleich der Ordinaten die außerordentlich weitgehende Annäherung dieser Ersatzparabel an die wahre Beschleunigungskurve zu prüfen.

Wenn auch die Begründung vorstehender Konstruktionen sehr einfach ist und einen klaren Einblick in die Beschleunigungsverhältnisse der Glieder von Mechanismen gewährt, die Konstruktion der Beschleunigungen selber danach nicht gerade umständlich erscheint, so ist doch das Bedürfnis nach **Näherungsverfahren** nicht von der Hand zu weisen; die hauptsächlichsten sind folgende.

γ) Näherungskonstruktionen für die Beschleunigungskurve.

1. Ermittelung der Beschleunigungskurve für $\lambda = 0$, Schubstange unendlich. Da die Kolbenbewegung in diesem Falle eine harmonische Schwingung, und zwar die Projektion der gleichförmigen Kreisbewegung des Kurbelzapfens ist, so wird auch die Kolbenbeschleunigung b die Projektion der Beschleunigung b_k des Kurbelzapfens auf die Wegrichtung:

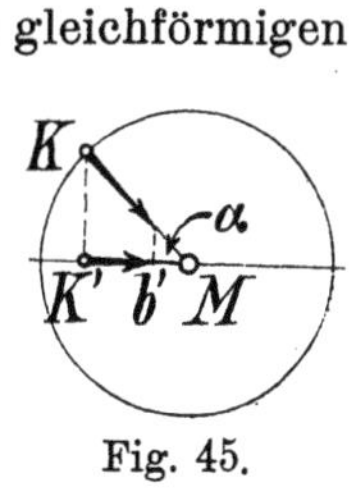

$$b = b_k \cdot \cos \alpha = \omega^2\, r \cos \alpha.$$

Diese Beschleunigung b ist, ebenso wie b_k, stets nach der Mitte M hin gerichtet. In der ersten Hälfte des Hubes ist b also eine Beschleunigung, in der zweiten eine Verzögerung. In den Totlagen wird

$$b = \pm b_k,$$

in der Mittelstellung $\quad b = 0.$

Fig. 45.

Zeichnet man hier eine Beschleunigungskurve, so erhält man eine durch den Mittelpunkt M gehende **Gerade**, wovon man sich sofort überzeugt, wenn man bedenkt, daß die von der Mitte M aus gemessene Abszisse $= r \cos \alpha$, die zugehörige Ordinate $= b = b_k \cos \alpha$, das Verhältnis beider also

$$\frac{b_k \cos \alpha}{r \cos \alpha} = \frac{b_k}{r} = \frac{\omega^2 r}{r} = \omega^2, \text{ mithin konstant ist.}$$

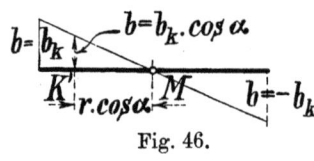

Fig. 46.

Diese Beziehung, daß die Beschleunigung bei der harmonischen Schwingung mit dem Abstand des schwingenden Punktes von der Mittellage proportional wächst, ist für die harmonische Schwingung kennzeichnend und von besonderer Wichtigkeit.

2. Zu einer **besseren Annäherung an die wirkliche Beschleunigungskurve** kommen wir, wenn wir zu den durch senkrechte Projektion gefundenen Kolbenwegen wieder das Fehlerglied f addieren. Wie schon im Anschlusse an Fig. 3 auf Seite 7 ausgeführt wurde, findet man das Fehlerglied gleichsam durch eine harmonische Schwingung, bei welcher der zu projizierende Fehlerkreis einen Durchmesser $= \frac{1}{2} \lambda r$ besitzt und mit der Winkelgeschwindigkeit 2ω durchlaufen wird. Die hiebei auftretende Normalbeschleunigung ist

$$b_{nf} = \frac{1}{2} \frac{\lambda}{2} r \cdot (2\omega^2) = \lambda r \omega^2 = \lambda \cdot b_k;$$

die den Anteil des Fehlergliedes an der Kolbenbeschleunigung darstellende Beschleunigung wird also

$$b_f = b_{nf} \cdot \cos 2\alpha = \lambda r \omega^2 \cos 2\alpha = \lambda b_k \cos 2\alpha.$$

Die gesamte Kolbenbeschleunigung berechnet sich demnach zu:

$$b = b_k \cos \alpha + \lambda b_k \cos 2\alpha$$

oder

$$b = b_k (\cos \alpha + \lambda \cos 2\alpha) \quad \ldots \ldots \quad (12)$$

Für den Rückgang ist wieder $-\lambda$ statt λ zu setzen.

Will man sich der vorstehenden elementaren Ableitung mittels des Fehlerkreises nicht bedienen, so kann man auch den Differentialquotienten der Kolbengeschwindigkeit c nach der Zeit bilden.

Es war (Gl. 8)

$$c = \omega r \left(\sin \alpha + \frac{\lambda}{2} \sin 2\alpha \right),$$

wobei $\alpha = \omega t, \quad \dfrac{d\alpha}{dt} = \omega;$

Geschwindigkeits- und Beschleunigungsverhältnisse des Kurbeltriebes.

mithin ist
$$b = \frac{dc}{dt} = \omega r \left(\cos \alpha + \frac{\lambda}{2}\cos 2\alpha \cdot 2\right)\frac{d\alpha}{dt}$$
$$= \omega r (\cos \alpha + \lambda \cos 2\alpha)\omega$$
$$= \omega^2 r (\cos \alpha + \lambda \cos 2\alpha)$$
$$= b_k(\cos \alpha + \lambda \cos 2\alpha) \text{ wie oben.}$$

Trägt man zu den Kolbenstellungen die nach dieser Gleichung berechneten Werte der zugehörigen Kolbenbeschleunigungen als Ordinaten auf, so erhält man als **Beschleunigungskurve eine Parabel.** Da die Übereinstimmung dieser Näherungskurve mit der genauen Beschleunigungskurve eine derartig weitgehende ist, daß man bei den üblichen Zeichenmaßstäben Unterschiede zeichnerisch gar nicht feststellen kann (vgl. Tafel 1, Fig. 1), so darf man überall die Parabel zugrunde legen.

Wir wollen nachstehend eine möglichst bequeme Konstruktion der Beschleunigungsparabel entwickeln, nachdem wir gezeigt haben werden, daß sich in der Tat eine Parabel ergibt.

Dieser Nachweis kann wie folgt geführt werden: Es war der Kolbenweg x nach Gl. 2
$$x = r(1 - \cos \alpha) + \frac{\lambda}{2} r \sin^2\alpha;$$
die Kolbenbeschleunigung ist
$$b = b_k(\cos \alpha + \lambda \cos 2\alpha).$$

Schreibt man
$$\cos 2\alpha = 1 - 2\sin^2\alpha,$$
so wird
$$b = b_k \cos \alpha + \lambda b_k - 2\lambda b_k \sin^2\alpha. \quad . \quad . \quad . \quad (12a)$$

Scheidet man zunächst aus Gl. 2 und Gl. 12a $\sin^2\alpha$ aus, so erhält man
$$x 4 b_k + b r = r(1 - \cos \alpha) 4 b_k + r b_k \cos \alpha + \lambda r b_k;$$
hieraus
$$\cos \alpha = \frac{1}{3}\left(4 + \lambda - \frac{b}{b_k} - 4\frac{x}{r}\right)$$
$$\sin^2\alpha = 1 - \cos^2\alpha = 1 - \frac{1}{9}\left(4 + \lambda - \frac{b}{b_k} - 4\frac{x}{r}\right)^2.$$

Durch Einsetzen beider Werte in Gl. 12a findet man als Gleichung für die gesuchte Beschleunigungskurve mit b als Ordinaten und x als Abszissen:
$$b = b_k \frac{1}{3}\left(4 + \lambda - \frac{b}{b_k} - 4\frac{x}{r}\right) + \lambda b_k - 2\lambda b_k \left[1 - \frac{1}{9}\left(4 + \lambda - \frac{b}{b_k} - 4\frac{x}{r}\right)^2\right].$$

Dies ist ein Gleichung zweiten Grades für b und x, stellt demnach einen Kegelschnitt dar, und zwar eine **Parabel**, weil die **Diskriminante** gleich **Null** ist.

Nachdem wir uns überzeugt haben, daß die Beschleunigungskurve eine Parabel ist, deren Endordinaten (gleich den Beschleunigungen in den beiden Totpunkten):

$$b_I = b_k(1+\lambda),$$
$$b_{II} = -b_k(1-\lambda)$$

wir ja bereits kennen, wollen wir noch die **Tangenten an die Parabel** für die beiden äußersten Punkte aufsuchen.

Bei der Parabel bestehen bekanntlich für die Tangenten in zwei Punkten A und B folgende Beziehungen: bringt man (Fig. 47) die beiden Tangenten zum Schnitt in E, verbindet E mit dem

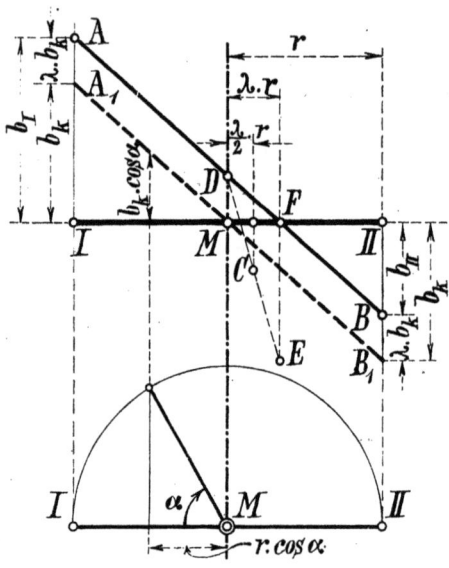
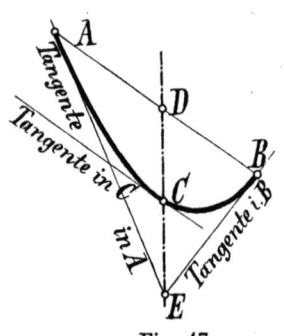

Fig. 47. Fig. 48.

Mittelpunkt D der Sehne AB, so ist ED parallel zur Parabelachse, ED wird durch den Schnittpunkt C mit der Parabel halbiert, und die Tangente in C ist parallel zur Sehne AB. Will man also die beiden Parabeltangenten in A und B bestimmen, so suche man ihren Schnittpunkt E dadurch, daß man den Punkt C ermittelt, in welchem die Parabeltangente parallel zur Sehne AB wird (der also am weitesten von der Sehne AB entfernt liegt), und von der Sehnenmitte D aus über C ein gleich großes Stück $CE = CD$ abträgt.

Die Beschleunigungen, d. h. hier die Ordinaten der Parabel berechnen sich

$$b = b_k \cos \alpha + \lambda b_k \cos 2\alpha.$$

Für $\lambda = 0$ ergäbe sich, wie schon gezeigt, eine Gerade $A_1 B_1$

als Beschleunigungskurve; die Sehne unserer gesuchten Parabel ist zu dieser Geraden parallel und erscheint um die Strecke $\lambda \cdot b_k$ gegen diese gehoben. Die größte senkrechte Abweichung der Parabel von der Geraden $A_1 B_1$ nach unten ist durch denjenigen Winkel α bestimmt, für den der vom Fehlerglied herrührende Teil der Beschleunigung $\lambda b_k \cos 2\alpha$ den größten negativen Wert annimmt: dies tritt ein für $2\alpha = 180^0$ oder $\alpha = 90^0$. Dann ist

$$b = -\lambda \cdot b_k;$$

da nun der Kolbenweg $x = r(1 - \cos\alpha) + \dfrac{\lambda}{2} r \sin^2\alpha$

für $\alpha = 90^0$ $\qquad x = r + \dfrac{\lambda}{2} r$

wird, so ergibt sich der von der Sehne AB am weitesten entfernte Punkt C der Parabel λb_k unter derjenigen Kolbenstellung, die um $\dfrac{\lambda}{2} r$ rechts vom Mittelpunkte M des Kolbenhubes entfernt liegt.

Verbindet man schließlich die Mitte D der Sehne, die um λb_k über M liegt, mit C und trägt $CE = CD$ über C hinaus ab, so sieht man, daß der gesuchte Schnittpunkt E der beiden Parabeltangenten senkrecht unter dem Schnittpunkt F der Parabelsehne AB mit der Kolbenweglinie liegt, und zwar (wie man aus Fig. 48 erkennt) in der Entfernung $FE = 3 \cdot \lambda b_k$.

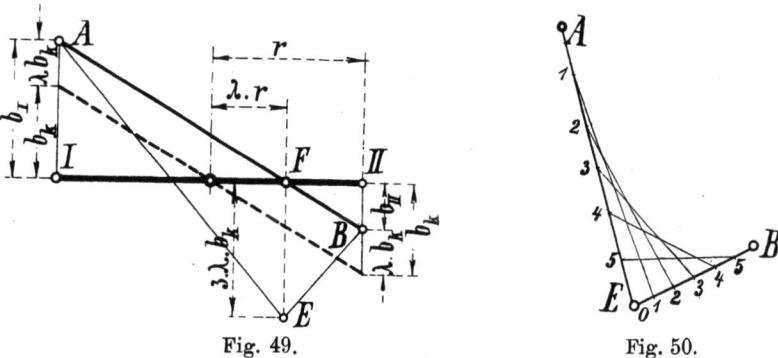

Fig. 49. Fig. 50.

Aus dem Vorstehenden entnehmen wir nunmehr folgende einfache **Konstruktion der Beschleunigungskurve als Parabel** für den **Kolbenhingang**. Wir tragen (s. Fig. 49) die Werte der Beschleunigungen für die beiden Totstellungen auf:

$$b_I = b_k + \lambda b_k$$
und $\qquad b_{II} = -(b_k - \lambda b_k),$

ziehen die Sehne AB und gehen von dem Schnittpunkte F der Sehne mit der Kolbenweglinie senkrecht hinunter um $3 \cdot \lambda b_k$ bis E

dann sind EA und EB die beiden äußersten Parabeltangenten. Nunmehr kann man die Parabel durch umhüllende Tangenten in bekannter Weise (s. Fig. 50) zeichnen, indem man AE und EB in gleich viele gleiche Teile einteilt und entsprechende Teilpunkte durch Gerade verbindet; diese umhüllen die gesuchte Parabel.

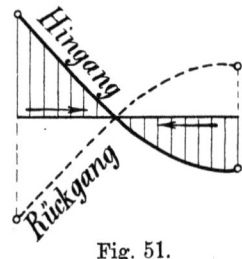

Fig. 51.

Für den Kolbenrückgang bleiben die Bewegungsverhältnisse genau dieselben, nur spielen sie sich in der umgekehrten Zeitfolge ab; was Beschleunigung war, wird jetzt Verzögerung und umgekehrt. Daher erhalten wir die Beschleunigungskurve für den Rückgang, wenn wir diejenige für den Hingang um 180⁰ um die Kolbenweglinie drehen oder die Ordinaten, die vorher nach oben abgetragen wurden, nach unten abtragen und umgekehrt. (Fig. 51.)

3. Massendrücke, die durch die Beschleunigungen im Kurbelgetriebe bedingt sind.

Die bewegten Teile des Kubeltriebes: Kolben, Kolbenstange, Kreuzkopf, Schubstange und Kurbel sind nun nicht einfach Punkte, die Bahnen beschreiben und dabei Beschleunigungen und Verzögerungen erfahren, es sind vielmehr materielle Körper, zu deren Beschleunigung bekanntlich Kräfte gehören. Ist einer Masse M die Beschleunigung $\bar{b}$ zu erteilen, so ist hierzu eine Kraft

$$\overline{P}_1 = M \cdot \bar{b}$$

erforderlich. Diese zur Beschleunigung nötige Kraft ist für andere Zwecke zurzeit nicht verwendbar, sie ist von einer etwa vorhandenen, zur Drehung der Kurbelwelle dienenden Kraft P abzuziehen und nur der Rest $P - P_1$ kann zur Arbeitsleistung verwandt werden. Im Sinne des d'Alembertschen Prinzipes trägt man diesem Umstande am einfachsten dadurch Rechnung, daß man sagt, eine zu beschleunigende Masse M übt einen **Massenwiderstand** $\overline{P}_1 = -M \cdot \bar{b}$ aus, welcher also der Beschleunigung entgegengesetzt gerichtet ist. Fügt man diesen Massenwiderstand zu den wirklich vorhandenen Kräften hinzu, so sind nunmehr die Kräfte wieder im Gleichgewicht. Erfährt die Masse M eine Verzögerung $-\bar{b}$, so will sie gleichsam ihre Bewegung beibehalten und übt einen Massendruck in Richtung der Bewegung aus.

α) Massendruckdrehkraftkurve für Kolben und Kreuzkopf.

Wir wissen nun, daß **Kolben, Kolbenstange und Kreuzkopf**, deren Masse insgesamt M_3 sein möge, auf dem ersten Teile des Kolben-

Geschwindigkeits- und Beschleunigungsverhältnisse des Kurbeltriebes. 39

hubes eine Beschleunigung b erleiden; ein Teil des Dampfdruckes, der sonst mit zur Überwindung des Nutzwiderstandes an der Kurbelwelle dienen würde, wird jetzt zur Beschleuniguug der Masse M_3 benutzt, d. h. von dem Dampfdruck P ist der Massenwiderstand $P_3 = M_3 b$ abzuziehen, und nur der Rest $P - P_3$ bleibt zur Drehung der Kurbelwelle verfügbar.

Im zweiten Teile des Kolbenhubes bewegt sich die Masse M_3 verzögert, ihr Massendruck $M_3 b$ ist also zu dem vorhandenen Kolbendruck P hinzuzufügen, um die wirksame Kraft zu erhalten.

Wenn daher die Beschleunigungskurve bekannt ist, sei sie nun für $\lambda = 0$ als Gerade, oder genauer als Parabel nach Fig. 49 und 50, oder, was praktisch allerdings kaum genauer ist, nach dem theoretisch genauen Verfahren gemäß Fig. 40 und 41 ermittelt, so braucht man nur jeden Beschleunigungswert b mit der Gesamtmasse M_3 des Kolbens, der Kolbenstange und des Kreuzkopfes zu multiplizieren, um so die von den Kolbenkräften P abzuziehenden Massenwiderstände P_3 zu bekommen. Die zur Beurteilung der Drehwirkung nach Fig. 7 S. 11 konstruierten Drehkräfte sind somit nicht für P, sondern für $P - P_3$ aufzusuchen.

Aus praktischen Gründen, besonders weil es zur Beurteilung des Einflusses, den die Massendrücke auf den Gleichgang der Maschine ausüben, nötig ist, die Massendrücke für verschiedene Umdrehzahlen zu berücksichtigen, empfiehlt es sich, die Drehkräfte T, die von der Kolbenkraft P herrühren, getrennt von den durch die Massendrücke P_3 bewirkten Drehkräften T_3 nach dem früher beschriebenen Verfahren aufzusuchen.

Wie später noch genauer erläutert werden wird, stellt man meist die Drehkräfte anschaulich zu einer Drehkraftkurve in der Art zusammen, daß man den Kurbelkreis mit den einzelnen Kurbelzapfenstellungen K abwickelt, also die Kurbelzapfenwege in eine Gerade ausstreckt, und zu diesen abgewickelten Kurbelzapfenstellungen die zugehörigen Drehkräfte als Ordinaten aufträgt. So wollen wir auch hier jedesmal die von den Massenwiderständen herrührenden Drehkräfte aufsuchen und damit eine **Massendruckdrehkraftkurve** aufzeichnen.

Die ausgezogene Linie auf Taf. 4, Fig. 1 z. B. ist für $\lambda = \frac{1}{5}$ in der Weise ermittelt, daß $M_3 \cdot b_k = r$ gesetzt wurde. Aus dieser Annahme ergeben sich für die Konstruktion der Beschleunigungskurve oder hier für die Massendruckkurve diejenigen Vereinfachungen, welche im Anschluß an Fig. 43 erläutert worden sind.

Zum Vergleich ist in derselben Figur (Taf. 4, Fig. 1) die Massendruckdrehkraftkurve für die Annahme $\lambda = 0$, Schubstange unendlich lang, gestrichelt eingezeichnet. Diese Näherungskurve, also die von dem Massendruck des Kolbens und Kreuzkopfes herrührende Drehkraftkurve für unendliche Schubstangenlänge, interessiert uns besonders, weil für viele praktische Aufgaben mit der Näherungsannahme $\lambda = 0$ auszukommen ist; sie läßt sich sehr leicht zeichnen, wenn man ihre Gleichung ansieht. Für $\lambda = 0$ war die Beschleunigung $b = b_k \cdot \cos \alpha$, der Massenwiderstand ist also

$$P_3 = M_3 b = M_3 b_k \cos \alpha$$

und die hieraus sich ergebende Drehkraft:

$$T_3 = P_3 \cdot \sin \alpha = M_3 b_k \cdot \cos \alpha \sin \alpha$$

$$T_3 = \frac{M_3 b_k}{2} \sin 2\alpha \quad \ldots \ldots \ldots \quad (13)$$

Schlägt man also mit $\frac{M_3 b_k}{2}$ als Halbmesser einen Kreis, läßt diesen mit der Winkelgeschwindigkeit 2ω durchlaufen und projiziert die Kreispunkte auf den senkrechten Durchmesser, so erhält man unmittelbar die zu den Kurbelwinkeln α gehörigen Ordinaten der Drehkraftkurve. Es ist dies die gleiche Konstruktion wie die zum Zeichnen der rechtwinkligen Projektion einer gewöhnlichen Schraubenlinie und dadurch jedem Maschinenbauer geläufig.

Genügt die Annäherung mit $\lambda = 0$ nicht, und will man die immerhin etwas unbequeme genaue Konstruktion vermeiden, so kann man sich über den Verlauf der Massendruckdrehkraftkurve durch folgende Rechnung Aufklärung verschaffen. Unter Vernachlässigung der höheren Potenzen von λ ergibt sich nach Gl. 12

$$P_3 = M_3 b_k (\cos \alpha + \lambda \cos 2\alpha).$$

Ferner ist nach Gl. 6

$$T_3 = P_3 \frac{\sin(\alpha + \beta)}{\cos \beta} = P_3 (\sin \alpha + \cos \alpha \operatorname{tg} \beta),$$

woraus mit Benutzung von Gl. 4 folgt

$$T_3 \sim P_3 (\sin \alpha + \lambda \cos \alpha \sin \alpha) = P_3 \left(\sin \alpha + \frac{\lambda}{2} \sin 2\alpha\right).$$

Man erhält somit für T_3 die Gleichung:

$$T_3 \sim M_3 b_k (\cos \alpha + \lambda \cos 2\alpha)\left(\sin \alpha + \frac{\lambda}{2} \sin 2\alpha\right),$$

oder bei Fortlassung des Gliedes mit λ^2:

$$T_3 \sim M_3 b_k \left[\cos \alpha \sin \alpha + \frac{\lambda}{2} \cos \alpha \sin 2\alpha + \lambda \cos 2\alpha \sin \alpha\right]$$

$$= \frac{M_3 b_k}{2} \left[2 \sin \alpha \cos \alpha + \frac{3}{2} \lambda (\sin 2\alpha \cos \alpha + \cos 2\alpha \sin \alpha) \right.$$

$$\left. + \left\{-\frac{\lambda}{2} \cos \alpha \, 2 \sin \alpha \cos \alpha + \frac{\lambda}{2} \sin \alpha (2 \cos^2 \alpha - 1)\right\}\right]$$

Geschwindigkeits- und Beschleunigungsverhältnisse des Kurbeltriebes.

oder $\quad T_3 = \dfrac{M_3 b_k}{2}\left(\sin 2\alpha - \dfrac{\lambda}{2}\sin\alpha + \dfrac{3}{2}\lambda\sin 3\alpha\right)\ \ldots\ (13a)$

Man sieht, daß die Massendruckdrehkraftkurve aus der Übereinanderlagerung von 3 Sinuskurven entsteht, die eine Frequenz von 2ω, ω und 3ω haben. Diese Erkenntnis ist besonders nützlich, wenn es sich darum handelt, die Massendruckdrehkraftkurven von Maschinen mit mehreren Kurbeln aufzusuchen (vgl. diesbezüglich S. 78 ff.).

β) Massendruckdrehkraftkurve für eine prismatische Schubstange.

Soweit Kolben und Kreuzkopf in Betracht kommen, bietet also, gleichgültig ob $\lambda = 0$ oder $\lambda = \lambda$ gesetzt wird, das Aufsuchen der Drehkraftkurve der Massendrücke keine nennenswerten Schwierigkeiten. Anders wird die Sache bei der **Schubstange.** Bei dieser sind die Beschleunigungsverhältnisse dadurch verwickelter, daß jeder Punkt eine (nach Größe und Richtung) verschiedene Beschleunigung besitzt, und daß der Massenwiderstand jedes Massenteilchens in verschiedener Weise auf die beiden Zapfen der Schubstange zu übertragen ist.

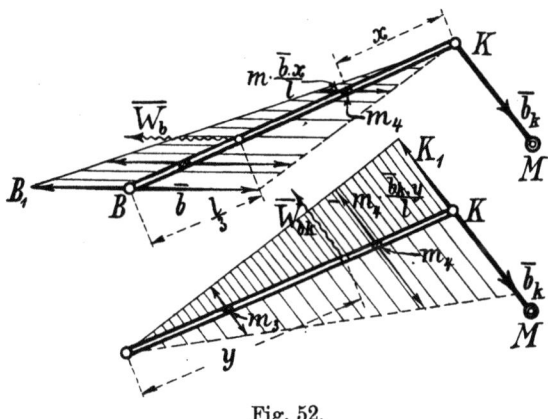

Fig. 52.

Wir wollen den Einfluß der Schubstange deshalb zuerst unter der vereinfachenden Annahme ermitteln, daß die Stange prismatisch ist und die Querabmessungen gegen die Längenmaße zu vernachlässigen sind, daß also die ganze Masse der Stange in der geraden Verbindungslinie des Kreuzkopf- und des Kurbelzapfens liegt.

Wie wir auf S. 29 sahen, hat ein Zwischenpunkt gleichsam zwei Beschleunigungen:

1. von $\bar{b}$ herrührend und hierzu parallel $= \bar{b} \cdot \dfrac{x}{l}$,

2. von $\bar{b}_k$ herrührend und hierzu parallel $= \bar{b}_k \cdot \dfrac{y}{l}$ (Fig. 52).

Die entsprechenden entgegengesetzt gerichteten Massenwiderstände endigen somit bei gleichmäßiger Verteilung der Stangenmasse über die ganze Länge der Schubstange auf je einer durch B bzw. K gehenden Geraden.

Wären die Beschleunigungen für die ganze Stange gleich groß, so würden aus den einzelnen Massenwiderständen offenbar Resultierende hervorgehen, die bei einer Stangenmasse M_2:

$$\overline{W}_b = M_2 \cdot \bar{b} \quad \text{und} \quad \overline{W}_{bk} = M_2 \cdot \bar{b}_k$$

sein und in der Stangenmitte angreifen würden. Da nun aber nach den Enden zu die Beschleunigungen gleichmäßig abnehmen, so sind in Wirklichkeit die Resultierenden der Massenwiderstände

$$\overline{W}_b = \frac{M_2}{2} \cdot \bar{b} \quad \text{und} \quad \overline{W}_{bk} = \frac{M_2}{2} \cdot \bar{b}_k.$$

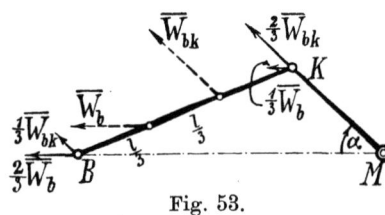

Fig. 53.

Ihre Angriffspunkte liegen (wegen der Dreiecksform der Belastungsfläche) in einer Entfernung $= \dfrac{l}{3}$ von dem entsprechenden Endpunkte (siehe Fig. 53). Löst man schließlich $\overline{W}_b$ und $\overline{W}_{bk}$ in je zwei Komponenten auf, die in B und K angreifen, so erhält man im ganzen folgende vier Kräfte, die die Massenwiderstände der Schubstange ersetzen:

im Kreuzkopfe angreifend: $\dfrac{2}{3}\overline{W}_b = \dfrac{2}{3} \cdot \dfrac{M_2}{2}\bar{b}$ parallel zu $\bar{b}$

und $\dfrac{1}{3}\overline{W}_{bk} = \dfrac{1}{3} \cdot \dfrac{M_2}{2}\bar{b}_k$ „ „ $\bar{b}_k$,

im Kurbelzapfen angreifend: $\dfrac{2}{3}\overline{W}_{kb} = \dfrac{2}{3} \cdot \dfrac{M_2}{2}\bar{b}_k$ parallel zu $\bar{b}_k$

und $\dfrac{1}{3}\overline{W}_b = \dfrac{1}{3} \cdot \dfrac{M_2}{2}\bar{b}$ „ „ $\bar{b}$.

Hieraus lassen sich die durch die Massenwirkung der Stange auf die Endzapfen übertragenen Drücke unschwer erkennen.

Was nun weiter die hierdurch entstehenden **Drehkräfte** anbetrifft, so erkennt man,

Geschwindigkeits- und Beschleunigungsverhältnisse des Kurbeltriebes. 43

1. daß die Komponente $\frac{2}{3} \cdot \frac{M_2}{2} \bar{b}_k$, weil sie mit der Kurbelstellung zusammenfällt, keine Drehkraft erzeugt;

2. daß von $\frac{1}{3} \cdot \frac{M_2}{2} \bar{b}$ (in K angreifend) die Drehkraft

$$T_1 = \frac{1}{3} \cdot \frac{M_2}{2} b \cdot \sin \alpha$$

herrührt;

3. daß $\frac{2}{3} \cdot \frac{M_2}{2} \bar{b}$ wie der Massenwiderstand des Kolbens und Kreuzkopfes zu behandeln ist, und

4. daß $\frac{1}{3} \cdot \frac{M_2}{2} \bar{b}_k$ (in B angreifend) einen nach oben gerichteten Normaldruck $\bar{N}_2$ auf die Gleitbahn hervorruft, der sich aus $\frac{1}{3} \cdot \frac{M_2}{2} \bar{b}_k$ durch die gleiche Konstruktion (Fig. 7) finden läßt, wie die Drehkräfte T aus den Kolbenkräften P.

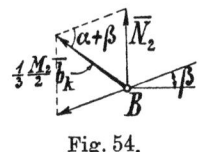

Fig. 54.

Die von $\frac{1}{3} \cdot \frac{m_2}{2} \bar{b}_k$ herrührende Stangenkraft hat eine wagerechte Komponente $= \frac{1}{3} \cdot \frac{M_2}{2} b_k \cdot \cos \alpha$, aus der wieder die entsprechende Drehkraft T_3 genau so folgt wie aus einer Kolbenkraft von dieser Größe.

Wir erhalten somit als **Drehkraft T_2, herrührend von dem Massenwiderstand der Schubstangenmasse M_2**:

$$T_2 = \frac{1}{3} \cdot \frac{M_2}{2} b \sin \alpha + \left(\frac{2}{3} \cdot \frac{M_2}{2} b + \frac{1}{3} \cdot \frac{M_2}{2} b \cos \alpha \right) \frac{\sin(\alpha + \beta)}{\cos \beta}$$

oder $\quad T_2 = \frac{M_2}{6} \left[b \sin \alpha + \left(2b + b_k \cos \alpha \right) \frac{\sin(\alpha + \beta)}{\cos \beta} \right] \quad \ldots \quad (14)$

Dieser Ausdruck kann leicht konstruiert werden (s. Fig. 55, in der der Klammerausdruck ermittelt ist).

Für $\lambda = 0$ würde $\beta = 0$, daher

$$T_2 = \frac{M_2}{6} \left(b \sin \alpha + 2 b \sin \alpha + b_k \sin \alpha \cos \alpha \right).$$

Weil für $\lambda = 0 \ \ b = b_k \cdot \cos \alpha$ ist, so wird

$$T_2 = \frac{M_2}{6} \left(3 b \sin \alpha + b \sin \alpha \right)$$

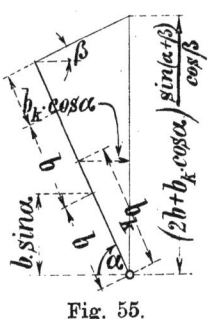

Fig. 55.

oder
$$T_2 = \frac{2}{3} M_2 b \sin \alpha \quad \ldots \ldots \ldots (15)$$

d. h. für unendliche Schubstangenlänge kann die Massenwirkung hinsichtlich der Drehkraft (bei prismatischer Schubstange) dadurch berücksichtigt werden, daß man $^2/_3$ der Schubstangenmasse mit dem Kreuzkopf vereinigt denkt.

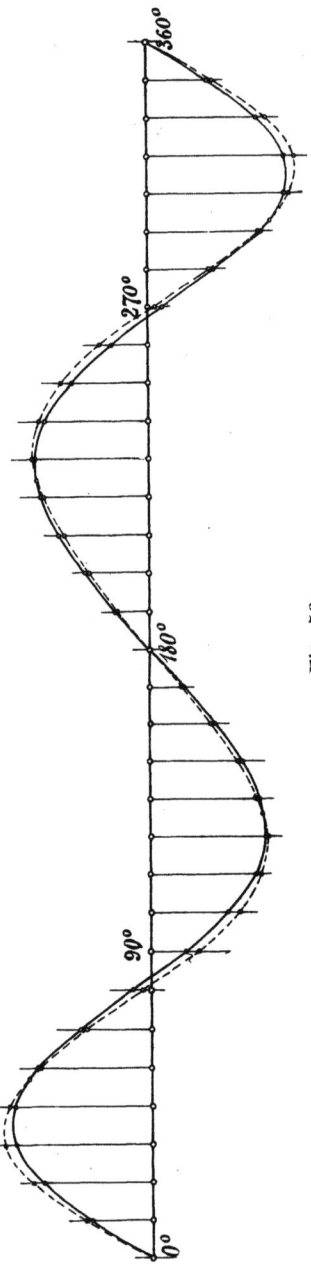

Fig. 56.

Aus der genauen Konstruktion für endliche Schubstangenlänge nach Gl. 14 oder Fig. 55 läßt sich wie folgt eine gute Näherungsregel herleiten; man setze in Gl. 14 für $b_k \cos \alpha$ den Wert b ein. Hierbei beträgt der verhältnismäßige Fehler für diesen Summanden $\dfrac{\lambda b_k \cos 2\alpha}{b_k \cos \alpha}$, d. h. im Höchstfall (für $\alpha = 0$, wo der absolute Wert der gesamten Drehkraft Null wird, also der Fehler überhaupt ohne Bedeutung ist) $= \lambda \, (= \tfrac{1}{5})$. Setzt man weiter $b \dfrac{\sin(\alpha + \beta)}{\cos \beta}$ statt $b \sin \alpha$, wodurch man für diesen Summanden den gleichen verhältnismäßigen Höchstfehler $= \lambda$ begeht (und zwar für $\alpha = 0$, wo der Fehler ohne Belang ist), so findet sich

$$T_2 = \frac{2}{3} M_2 b \frac{\sin(\alpha + \beta)}{\cos \beta},$$

d. h. (vgl. die Konstruktion von T nach Fig. 7 und Formel 6) bei endlicher Stangenlänge kann die Massenwirkung der (prismatischen) Schubstange hinsichtlich der Drehkraft angenähert dadurch berücksichtigt werden, daß man $^2/_3$ der Schubstangenmasse mit dem Kreuzkopf vereinigt denkt.

Wie gering in der Tat die Abweichung der so gefundenen Drehkraftkurve von der genauen Kurve ist, die nach Fig. 55 ermittelt wurde, kann man aus Fig. 56 ersehen, worin für $\lambda = \frac{1}{5}$ die ausgezogene Linie die genaue Kurve, die punktierte Linie die durch obige Näherung gefundene Drehkraftkurve darstellt.

γ) Massendruckdrehkraftkurve für eine beliebige Schubstange.

In den meisten Fällen weicht die Gestalt der Schubstange erheblich von der prismatischen Form ab; dann gelten die vorstehenden Entwicklungen zwar nicht mehr, aber wir kommen auch hier zu dem gleichen Ergebnis, daß nämlich die Massenwirkung der Schubstange hinsichtlich der Drehkraft dadurch berücksichtigt werden kann, daß man einen Teil der Stangenmasse mit dem Kreuzkopf vereinigt denkt.

Wir wollen zunächst ein von Wittenbauer[1]) angegebenes Verfahren kennen lernen, durch das in einfacher Weise die Massenwiderstände der Glieder von Getrieben, die eine „ebene" Bewegung ausführen, aufgesucht werden können.

In Fig. 57 sei ein solches Glied angedeutet; P_1 und P_2 seien beliebige Punkte, deren Geschwindigkeiten $\bar{v}_1$ und $\bar{v}_2$ und deren Beschleunigungen $\bar{b}_1$ und $\bar{b}_2$ als bekannt vorausgesetzt werden. Wir behandeln zunächst den einfachen Fall (der bei technischen Anwendungen wegen der üblichen symmetrischen Gestalt der Stangen fast immer vorliegt), daß der Schwerpunkt S auf der geraden Verbindungslinie von P_1 und P_2 gelegen ist. Dabei sei

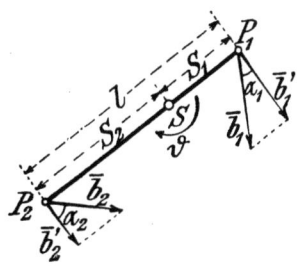

Fig. 57.

$$P_1 S = s_1, \quad P_2 S = s_2, \quad P_1 P_2 = l,$$

M die Masse und J_0 das Trägheitsmoment des Gliedes bezogen auf die zur unveränderlichen Ebene senkrechte Schwerachse. Nennen wir weiter die Komponenten der Beschleunigungen $\bar{b}_1$ und $\bar{b}_2$ senkrecht zu l $b_1{}'$ und $b_2{}'$, so ist offenbar die Winkelbeschleunigung ϑ des eben bewegten Gliedes

$$\vartheta = \frac{b_1{}' - b_2{}'}{l};$$

die Beschleunigung des Schwerpunktes b_0 findet sich nach Gl. 11, S. 29 zu:

$$\bar{b}_0 = \frac{\bar{b}_1 \cdot s_2}{l} + \frac{\bar{b}_2 \cdot s_1}{l}.$$

---

[1]) Z. d. V. d. Ing. 1905, S. 471 ff.

Nun lehrt die Mechanik, daß die Massenwiderstände eines starren Körpers vollständig ersetzt werden können 1. durch eine im Schwerpunkte angreifende, der Schwerpunktsbeschleunigung $\bar{b}_0$ entgegengesetzt gerichtete Einzelkraft $\bar{R}_m = -M \cdot \bar{b}_0$ und 2. durch ein Kräftepaar mit dem der Winkelbeschleunigung ϑ entgegengesetzten Drehsinn und dem Momente $\mathfrak{M}_m = -J_0 \cdot \vartheta$.

Damit wir nicht jedesmal erst die Schwerpunktsbeschleunigung aufsuchen müssen, drücken wir nach Gl. 11 $\bar{b}_0$ durch $\bar{b}_1$ und $\bar{b}_2$ aus und erhalten

$$-\bar{R}_m = M\bar{b}_0 = \frac{M\bar{b}_1 s_2}{l} + \frac{M\bar{b}_2 s_1}{l} = \frac{M s_2}{l} \cdot \bar{b}_1 + \frac{M s_1}{l} \bar{b}_2;$$

ersetzen wir weiter nach den bekannten Regeln der Schwerpunktslehre die Gesamtmasse M durch zwei Teilmassen m_1 und m_2, die in P_1 und P_2 gedacht werden, so finden wir

$$m_1 = \frac{M s_2}{l}; \quad m_2 = \frac{M s_1}{l},$$

also
$$-\bar{R}_m = m_1 \bar{b}_1 + m_2 \bar{b}_2.$$

Diese Gleichung können wir so auffassen: wird die Gesamtmasse (nach der Schwerpunktslehre) durch die entsprechenden in P_1 und P_2 gelegenen Teilmassen m_1 und m_2 ersetzt, so liefern m_1 und m_2 Massenwiderstände $= -m_1 \bar{b}_1$ und $-m_2 \bar{b}_2$, deren geometrische Summe gleich dem resultierenden Massenwiderstand $\bar{R}_m$ ist. Die Massen m_1 und m_2 würden den Körper hinsichtlich der Massenwiderstände vollkommen ersetzen, wenn $-m_1 \bar{b}_1$ und $-m_2 \bar{b}_2$ bei ihrer Parallelverlegung nach dem Schwerpunkte hin ein Paar mit dem Momente $\mathfrak{M}_m = -J_0 \cdot \vartheta$ liefern würden. Nun gibt aber diese Verlegung ein Moment

$$= -(m_1 b_1 \cdot s_1 \cos \alpha_1 - m_2 b_2 \cdot s_2 \cos \alpha_2) = -(m_1 s_1 \cdot b_1' - m_2 s_2 \cdot b_2')$$
$$= -\left(\frac{M s_2}{l} s_1 \cdot b_1' - \frac{M s_1}{l} s_2 \cdot b_2'\right) = -M s_1 s_2 \frac{b_1' - b_2'}{l} = -M s_1 s_2 \cdot \vartheta.$$

Wollen wir also den Ersatz durch die beiden Massen m_1 und m_2 beibehalten, so ist noch eine Korrektur vorzunehmen durch Hinzufügen eines Paares mit dem Momente

$$\mathfrak{M}_z = (M s_1 s_2 - J_0 \vartheta).$$

Wir erhalten mithin folgende einfache Regel: die Massenwiderstände eines eben bewegten Gliedes lassen sich vollkommen ersetzen durch diejenigen zweier Massen m_1 und m_2, die nach der Schwerpunktslehre die Gesamtmasse ersetzen, und durch ein zusätzliches Kräftepaar mit dem Moment

$$\mathfrak{M}_z = (M s_1 s_2 - J_0) \vartheta.$$

Geschwindigkeits- und Beschleunigungsverhältnisse des Kurbeltriebes. 47

Das Zusatzpaar $\mathfrak{M}_z$ wird hiernach dann und nur dann gleich Null, wenn $M s_1 s_2 = J_0$ ist; bestimmt man die beiden reduzierten Pendellängen l_1 und l_2 für die beiden Zapfen, so wird

$$l_1 = \frac{J_1}{M s_1} = \frac{J_0 + M s_1^2}{M s_1} = s_1 + \frac{J_0}{M s_1}$$

und

$$l_2 = s_2 + \frac{J_0}{M s_1}.$$

Wenn nun $J_0 = M s_1 s_2$ ist, wird $l_2 = s_1 + s_2 = l_2 = l$, d. h. das zusätzliche Paar fällt fort, wenn die Stange für beide Zapfen gleiche Schwingungsdauer hat.

Die Winkelbeschleunigung ϑ findet sich zu

$$\vartheta = \frac{b_1' - b_2'}{l}.$$

Schreibt man noch $\quad \dfrac{M s_1 s_2 - J_0}{l^2} = m',$

so wird das Zusatzpaar

$$\mathfrak{M}_z = m'(b_1' - b_2') \cdot l \Bigg\} \quad \ldots \ldots \quad (16)$$

Bei bestimmten Aufgaben wird es sich von selbst ergeben, wie man am zweckmäßigsten dieses Paar durch zwei Kräfte, in der Regel durch solche in P_1 und P_2 angreifend, ausdrückt.

Der Vollständigkeit halber möge noch das Verfahren von Wittenbauer für den allgemeinen Fall entwickelt werden, daß der Schwerpunkt S nicht auf der Verbindungslinie zweier Punkte liegt, deren Bewegungen bekannt sind. Löst man hier die Gesamtmasse M nach der Schwerpunktslehre in drei Teilmassen m_1, m_2 und m_3 auf, so ergeben diese in den Punkten P_1, P_2 und P_3 angreifend zu denkenden Massen Massenwiderstände, deren geometrische Summe gleich der ganzen Masse mal der Schwerpunktsbeschleunigung ist. Die Teilmassen m_1, m_2 und m_3 würden hinsichtlich der Massenwiderstände den ganzen Körper ersetzen,

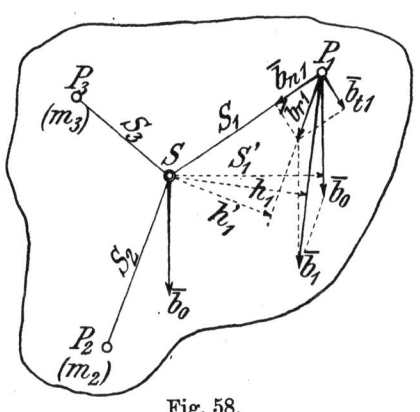

Fig. 58.

wenn $-m_1 \bar{b}_1$, $-m_2 \bar{b}_2$ und $-m_3 \bar{b}_3$ bei ihrer Parallelverlegung nach dem Schwerpunkte hin ein Paar mit dem Momente $\mathfrak{M}_m = -J_0 \cdot \vartheta$ liefern würden. Nun gibt aber diese Verlegung nach Fig. 58 ein Moment

$$\mathfrak{M}' = -(m_1 b_1 \cdot h_1 + m_2 b_2 \cdot h_2 + m_3 b_3 \cdot h_3).$$

Die Beschleunigungen $\bar{b}_1$, $\bar{b}_2$ und $\bar{b}_3$ können aus der Schwerpunktsbeschleunigung $\bar{b}_0$ ermittelt werden, indem man den Schwerpunkt S als Relativdrehpunkt auffaßt und zu $\bar{b}_0$ die Komponenten $\bar{b}_{r1}$ bzw. deren Komponenten $\bar{b}_{t1}$ und $\bar{b}_{n1}$ hinzufügt. Nach dem Momentensatz für Resultierende ist aber

$$b_1 h_1 = b_0 s_1' + b_{r1} \cdot h_1' = b_0 s_1' + b_{t1} \cdot s_1 + b_{n1} \cdot 0 = b_0 s_1' + b_{t1} \cdot s_1,$$

Das Schubkurbelgetriebe.

folglich ergibt sich

$$\mathfrak{M}' = -(m_1 b_0 s_1' + m_1 b_{t1} \cdot s_1 + m_2 b_0 s_2' + m_2 b_{t2} \cdot s_2 + m_3 b_0 s_3' + m_3 b_{t3} s_3)$$
$$= -b_0(m_1 s_1' + m_2 s_2' + m_3 s_3') - (m_1 b_{t1} s_1 + m_2 b_{t2} s_2 + m_3 b_{t3} s_3).$$

Nach der Schwerpunktslehre ist der erste Klammerdruck $= 0$, ferner ist

$$b_{t1} = \vartheta \cdot s_1, \qquad b_{t2} = \vartheta \cdot s_2, \qquad b_{t3} = \vartheta \cdot s_3,$$

mithin
$$\mathfrak{M}' = -\vartheta \cdot (m_1 s_1{}^2 + m_2 s_2{}^2 + m_3 s_3{}^2).$$

Wir müssen also wieder eine Korrektur vornehmen durch Hinzufügen eines Paares mit dem Momente

$$\mathfrak{M}_z = (m_1 s_1{}^2 + m_2 s_2{}^2 + m_3 s_3{}^2 - J_0)\vartheta \quad \ldots \ldots \quad (17)$$

Das Verfahren bleibt demnach auch im allgemeinen Falle vollkommen das gleiche wie bei dem Sonderfall mit 2 Ersatzmassen, auf deren Verbindungslinie der Schwerpunkt liegt.

Wir wollen nun das vorstehend entwickelte Verfahren auf unseren Fall der Schubstange anwenden.

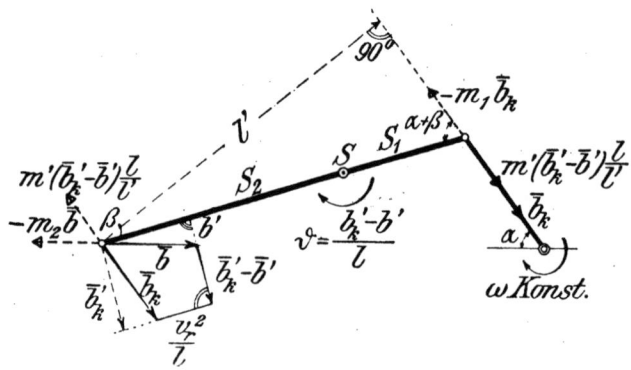

Fig. 59.

Wir denken zu dem Zweck zunächst die Stangenmasse M_2 ersetzt durch die Massen m_1 und m_2: $m_1 = \dfrac{M_2 s_2}{l}$ im Kurbelzapfen und $m_2 = \dfrac{M_2 s_1}{l}$ im Kreuzkopfbolzen angebracht.

Ihre Massendrücke sind $-m\bar{b}_k$ und $-m_2\bar{b}$. Wir stellen hier gleich fest, daß 1. $-m_1 \bar{b}_k$ (bei unveränderlicher Winkelgeschwindigkeit der Kurbel), weil durch das Kurbelwellenmittel gehend, zur Massendruckdrehkraft nichts beiträgt, und daß 2. $-m_2 \bar{b}$ dadurch vollkommen berücksichtigt wird, daß wir die Kolbenmasse M_3 um m_2 vergrößert denken.

Das Zusatzpaar (s. Gl. 16) $\mathfrak{M}_z = m'(b_k' - b')l$ können wir in verschiedener Weise für unseren Zweck gestalten, z. B. wie in Fig. 59 angegeben ist, durch zwei Kräfte bilden, von denen die im Kurbelzapfen angreifende durch das Wellenmittel geht, mithin keine Drehkraft ausübt, während die andere, die natürlich parallel zur ersten gerichtet sein muß, im Kreuzkopfbolzen angreift. Zerlegt man diese Kraft in zwei Komponenten: nach der Schubrichtung des Kolbens und senkrecht dazu, so trägt die zweite Komponente zur Drehkraft nichts bei; die erste Komponente P'', die $\bar{b}$ entgegengesetzt gerichtet ist, wird

$$P'' = m'(b_k' - b')\frac{l}{l'}\cos\alpha = m'(b_k' - b')\frac{l\cos\alpha}{l\sin(\alpha+\beta)},$$

d. h. $$P'' = m'(b_k' - b')\frac{\cos\alpha}{\sin(\alpha+\beta)} \quad \ldots \quad (18)$$

oder da bei konstantem ω $\quad b_k' = b_k \sin(\alpha+\beta)$ und $b' = b\sin\beta$ ist,

$$P'' = m'[b_k \sin(\alpha+\beta) - b\sin\beta]\frac{\cos\alpha}{\sin(\alpha+\beta)}$$

also

$$P'' = m'\left(b_k \cos\alpha - \frac{b\sin\beta\cos\alpha}{\sin(\alpha+\beta)}\right) \quad \ldots \quad (18\text{a})$$

Für $\lambda = 0$ würde $b_k \cos\alpha = b$ und $\beta = 0$, folglich

$$\underline{P'' = m'\cdot b,}$$

d. h. auch der durch das Zusatzpaar bedingte Teil der Massenwirkung der Schubstange könnte (bei unendlich langer Stange) dadurch erzielt werden, daß man die Kolbenmasse noch weiter um einen Betrag m' (s. Gl. 16) vergrößert denkt. Im ganzen würde also die Einwirkung der Schubstangenmasse auf die Drehkraft (für $\lambda = 0$) berücksichtigt sein, wenn man im Kreuzkopfbolzen (s. S. 48) einen Teil der Stangenmasse:

$$m'' = m_2 + m'$$

angebracht denkt. Diese Teilmasse beträgt

$$\underline{m''} = \frac{M_2 s_1}{l} + \frac{M_2 s_1 s_2 - J_0}{l^2} = \frac{M_2 s_1 l + M_2 s_2(l-s_2) - J_0}{l^2}$$
$$= M_2 - \frac{M_2 s_2^2 + J_0}{l^2} = \underline{M_2 - \frac{J_2}{l^2},}$$

worin J_2 das Trägheitsmoment der Schubstange bezogen auf die Kreuzkopfbolzenmitte bedeutet.

Gl. 18a läßt unschwer erkennen, daß unser soeben für $\lambda = 0$ gewonnenes Resultat auch für endliche Stangenlänge als sehr gute Näherung bestehen bleibt. Denn für nicht zu großes λ darf man

$$b_k \cos\alpha \sim b$$

und wegen der Kleinheit von β

50   Das Schubkurbelgetriebe.

$$\frac{\sin \beta \cos \alpha}{\sin (\alpha + \beta)} \sim 0 \text{ setzen};$$

mit diesen beiden Näherungen folgt wieder

$$P'' = m'b$$

usf. wie oben, d. h.

auch bei beliebiger Gestalt der Schubstange und endlicher Stangenlänge kann angenähert die Massenwirkung der Schubstange hinsichtlich der Drehkraft dadurch berücksichtigt werden, daß man einen Teil der Stangenmasse M_2 und zwar

$$m'' = M_2 - \frac{J_2}{l^2} \quad \ldots \ldots \quad (19)$$

mit dem Kreuzkopf vereinigt denkt.

Hierin bedeutet J_2 das Trägheitsmoment der Schubstange, bezogen auf die Kreuzkopfbolzenmitte.

Anmerkung.

1. Wünscht man keine Näherungs-, sondern eine genaue Konstruktion für die durch die Stangenmasse erzeugte Drehkraft, so kann wieder der im Kreuzkopf angreifende Anteil $-m_2\bar{b}$ dadurch berücksichtigt werden, daß die Kolbenmasse M_3 um m_2 erhöht gedacht wird. Die weiter erforderliche Zusatzkraft P'' (s. Gl. 18) liefert ferner nach Gl. 6 eine Drehkraft

$$T'' = P'' \frac{\sin (\alpha + \beta)}{\cos \beta} = m''(b_k' - b') \frac{\cos \alpha}{\sin (\alpha + \beta)} \cdot \frac{\sin (\alpha + \beta)}{\cos \beta}$$
$$= m''(b_k' - b') \frac{\cos \alpha}{\cos \beta}.$$

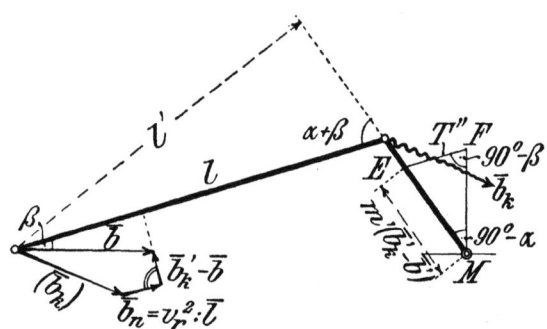

Fig. 60.

Dieser Ausdruck läßt sich nach dem Sinussatz, wie aus Fig. 60 ersichtlich, leicht folgendermaßen konstruieren: Man trage auf der Kurbelstellung von M aus den Wert $m'(b_k' - b') = ME$ ab und ziehe zur Schubstangenrichtung die Parallele EF bis zur Senkrechten durch M; EF ist dann gleich der gesuchten Drehkraft T'' (welche die Wirkung des Zusatzpaares darstellt).

2. Bisher wurde die Annahme gemacht, die Kurbel drehe sich gleichförmig mit der unveränderlichen Winkelgeschwindigkeit ω; der Kurbelzapfen hat dann nur eine Normal-, keine Tangentialbeschleunigung. In Wirklichkeit schwankt aber ω, deshalb hat der Kurbelzapfen noch eine Tangentialbeschleunigung; die Gesamtbeschleunigung $\bar{b}_k$ ist nicht radial gerichtet, sondern hat eine von der Kurbelstellung abweichende Richtung. In Fig. 60 ist dieser allgemeine Fall angedeutet. Aus den Entwicklungen auf Seite 26 geht hervor, daß die in Fig. 40 erläuterte Konstruktion zur Ermittelung von $\bar{b}$ aus $\bar{b}_k$ unverändert auch für unsern allgemeinen Fall bestehen bleibt, wenn nur als $\bar{b}_k$ die wirkliche Gesamtbeschleunigung des Kurbelzapfens zugrunde gelegt wird. Ebenso bleibt die vorstehend gezeigte Bestimmung der Massendruckdrehkraft, die von der Schubstange herrührt, in allen Teilen genau bestehen:

$-m_2 \bar{b}$ findet Berücksichtigung durch Vergrößerung der Kolbenmasse um m_2,

das Zusatzpaar liefert die nach Fig. 60 zu konstruierende Drehkraft T'' und die andere, im Kurbelzapfen angebracht zu denkende Masse $m_1 = \dfrac{M_2 s_2}{l}$

gibt einen Massenwiderstand $-m_1 \bar{b}_k$, der nunmehr, weil er nicht mehr radial gerichtet ist, natürlich auch eine Drehkraft liefert, die durch Zerlegung von $-m_1 \bar{b}_k$ in Komponenten nach Richtung des Kurbelhalbmessers und senkrecht dazu leicht gefunden wird.

δ. Massenwirkung der Kurbel.

Was die **Massenwirkung der Kurbel** anbetrifft, so kommen (gleichförmige Drehung der Kurbelwelle vorausgesetzt) für alle Teilchen nur Normalbeschleunigungen in Betracht; die Massenwiderstände sind also sämtlich von dem Mittelpunkt der Kurbelwelle weggerichtet, es sind Zentrifugal- oder Fliehkräfte, die naturgemäß kein Moment bezogen auf die Drehachse ergeben, weil sie diese schneiden. Ihre Drehwirkung, d. h. die von ihnen herrührende Drehkraft, ist daher gleich Null. Den sonstigen Einfluß der Kurbelmasse werden wir später bei der Untersuchung des Massenausgleichs kennen lernen.

Nunmehr sind alle maßgebenden Einflüsse des Schubkurbelgetriebes auf die Drehkraft ausführlich untersucht; wir können zur eigentlichen Aufgabe übergehen und Wirkungsweise und Berechnung der Schwungräder kennen lernen.

Zweites Kapitel.

Schwungradmasse und Ungleichförmigkeit.

A. Grundgleichung zur Berechnung der erforderlichen Schwungradmasse.

Die Aufgabe des Schwungrades war schon in der Einleitung kurz dahin gekennzeichnet, daß zur Herbeiführung einer möglichst gleichbleibenden Winkelgeschwindigkeit der Kraftmaschinenwelle eine Schwungmasse zeitweilig einen Arbeitsüberschuß aufnehmen, dann zu einer anderen Zeit Arbeit wieder abgeben muß, um die periodischen Unterschiede zwischen der von der Kraftmaschine geleisteten und der zur Überwindung des Widerstandes erforderlichen Arbeit auszugleichen. Nimmt die Schwungmasse eine gewisse Arbeit $\mathfrak{A}_1$ in sich auf, so wächst ihr Arbeitsvermögen, ihre Geschwindigkeit nimmt zu; gibt die Schwungmasse einen Arbeitsbetrag $\mathfrak{A}_2$ ab, so sinkt ihr Arbeitsvermögen, ihre Geschwindigkeit nimmt ab. Es ist also unvermeidlich, daß die Geschwindigkeit der Schwungmasse und somit auch die Winkelgeschwindigkeit der Maschinenwelle fortwährend schwankt, zu- und abnimmt. Es sei nun:

die mittlere Geschwindigkeit der Schwungmasse $M_s = V$,
„ größte „ „ „ $= V_{max}$,
„ kleinste „ „ „ $= V_{min}$,

dann pflegt man das Verhältnis der auftretenden Geschwindigkeitsschwankung $V_{max} - V_{min}$ zu der mittleren Geschwindigkeit V den **Ungleichförmigkeitsgrad** δ_s des Schwungrades zu nennen; es ist also

$$\delta_s = \frac{V_{max} - V_{min}}{V}.$$

In dem gleichen Verhältnis wie die Schwungmassengeschwindigkeiten stehen auch die Winkelgeschwindigkeiten ω_{max}, ω_{min} und ω

Grundgleichung zur Berechnung der erforderlichen Schwungradmasse. 53

der Schwungradwelle; denn beträgt der Abstand der Schwungmasse von der Drehachse R,

so ist $\quad V = R\omega, \quad V_{max} = R\omega_{max} \quad$ und $\quad V_{min} = R\omega_{min}$.

Es kann also der Ungleichförmigkeitsgrad auch erklärt werden

$$\delta_s = \frac{\omega_{max} - \omega_{min}}{\omega}.$$

Wegen der kleinen Werte von δ_s, die üblich sind (vgl. die Werte von δ_s auf S. 55), ist es meist ausreichend, als mittlere Geschwindigkeit das arithmetische Mittel zwischen größter und kleinster Geschwindigkeit zu nehmen, d. h. zu setzen

$$V = \frac{V_{max} + V_{min}}{2},$$

oder $\quad\quad\quad \omega = \frac{\omega_{max} + \omega_{min}}{2}.$

Kennt man den größten, von der Schwungmasse M_s aufzunehmenden (oder abzugebenden) Arbeitswert $\mathfrak{A}_s$, so läßt sich leicht eine Beziehung zwischen dem Ungleichförmigkeitsgrad δ_s und der Schwungmassengröße M_s aufstellen. Nach dem Satze vom Arbeitsvermögen ist bekanntlich der Zuwachs an Arbeitsvermögen gleich der zugeführten mechanischen Arbeit, mithin hier

$$\mathfrak{A}_s = \frac{M_s V_{max}^2}{2} - \frac{M_s V_{min}^2}{2}$$

Schreibt man dafür

$$\mathfrak{A}_s = M_s \cdot \frac{(V_{max} + V_{min})}{2}(V_{max} - V_{min})$$

und setzt $\quad\quad \frac{V_{max} + V_{min}}{2} = V,$

so wird $\quad \mathfrak{A}_s = M_s \cdot V(V_{max} - V_{min}) = M_s V^2 \cdot \frac{V_{max} - V_{min}}{V}$

oder wenn $\frac{V_{max} - V_{min}}{V} = \delta_s$ geschrieben wird:

$$\underline{\mathfrak{A}_s = M_s V^2 \delta_s} \quad \ldots \ldots \ldots (20)$$

Diese Beziehung kann als **Grundgleichung** für die Berechnung der Schwungräder aufgefaßt werden. Voraussetzung bei Benutzung von Gl. 20 ist eine solche Gestaltung der Schwungmasse, daß alle ihre Teilchen in dem gleichen Abstande R von der Drehachse angeordnet sind, daß demnach alle Teilchen die gleiche Geschwindigkeit $V = R\omega$ haben. Diese Bedingung ist annähernd erfüllt bei einem Schwungrade, dessen Arme verhältnismäßig leicht sind und dessen Kranz in radialer

Richtung gegen den mittleren Halbmesser des Kranzes R verhältnismäßig kleine Abmessungen hat. Bei anderer Gestaltung des Schwungkörpers ergibt sich die Grundgleichung folgendermaßen.

Das Arbeitsvermögen eines sich drehenden Körpers ist $= \dfrac{J\omega^2}{2}$, worin J dessen Trägheitsmoment bezogen auf die Drehachse und ω die Winkelgeschwindigkeit bedeuten. Nennen wir also das Trägheitsmoment des Schwungrades J_s, so lautet nach dem Satze vom Arbeitsvermögen die Ausgangsgleichung:

$$\mathfrak{A}_s = \frac{J_s \omega_{max}^2}{2} - \frac{J_s \omega_{min}^2}{2};$$

daraus folgt in derselben Weise wie oben die allgemeinere Grundgleichung zur Berechnung des Schwungrades:

$$\underline{\mathfrak{A}_s = J_s \omega^2 \delta_s} \qquad \ldots \ldots \ldots (21)$$

In den Gleichungen 20 und 21 ist fast immer die Masse M_s bzw. das Trägheitsmoment J_s des Schwungrades die gesuchte Unbekannte. Die Winkelgeschwindigkeit ω ist von vornherein bekannt oder aus der minutlichen Umdrehzahl n der Schwungradwelle zu berechnen:

$$\omega = \frac{n\,2\pi}{60}$$

Die Größe der Umfangsgeschwindigkeit V des Schwungkranzes folgt, sobald man sich für die Größe des Schwungrades entschieden hat, aus

$$V = R\omega.$$

Da bei gleichen vom Schwungrade aufzunehmenden Arbeitsbeträgen nach der Grundgleichung 20 die nötige Schwungradmasse M_s um so kleiner sein darf, je größer V ist, ja M_s sogar im umgekehrten Verhältnis mit V^2 abnehmen darf, so wählt man natürlich V so groß wie irgend zulässig. Allerdings ziehen nicht nur die Raumverhältnisse (V wächst proportional mit R!) eine Grenze, sondern es beschränken auch die später noch zu besprechenden Festigkeitsbedingungen die Größe von V auf eine von dem Material des Schwungrades abhängige nicht zu überschreitende Höchstgrenze.

Ist für V die Entscheidung getroffen, so bedarf es noch einer Festsetzung des **Ungleichförmigkeitsgrades** δ_s. Im allgemeinen läßt sich aussprechen, daß δ_s nie klein genug gemacht werden kann. Das angestrebte Ziel ist ja vollkommen gleichförmige Drehung der Welle, d. h. ein Ungleichförmigkeitsgrad $\delta_s = 0$. Diesem Ideale sucht man sich soviel als möglich zu nähern. Die Anforderungen der

Praxis an die Gleichförmigkeit des Ganges sind im Laufe der Zeit immer mehr gewachsen, insbesondere seitdem die Elektrotechnik für den Antrieb ihrer Stromerzeugemaschinen früher kaum geahnte Bedingungen an die Kraftmaschinen stellt. Wie im dritten Teil noch ausführlich dargetan wird, bedingen aber auch die dem Regler zufallenden Aufgaben möglichst große Werte von $M_s V^2$ bzw. $J_s \omega^2$ für die Schwungmasse, so daß mit Rücksicht hierauf von vornherein δ_s möglichst klein genommen werden sollte, damit umgekehrt $M_s V^2$ so groß ausfällt, wie es die konstruktiven Rücksichten nur irgend gestatten. Um einen gewissen Anhalt zu haben, seien nachstehend einige übliche Werte des Ungleichförmigkeitsgrades δ_s zusammengestellt:

Ungefähre Werte von Ungleichförmigkeitsgraden δ_s:

für Maschinen zum Antriebe von:

Pumpen und Schneidwerken	$\delta_s = \frac{1}{15}$ bis $\frac{1}{30}$
Werkstattstriebwerken	$\delta_s = \frac{1}{30}$ bis $\frac{1}{40}$
Webstühlen, Papiermaschinen, Mahlmühlen	$\delta_s = \frac{1}{40}$ bis $\frac{1}{50}$
Spinnmaschinen je nach der Garnnummer	$\delta_s = \frac{1}{50}$ bis $\frac{1}{100}$
Dynamomaschinen für Gleichstrom	$\delta_s = \frac{1}{100}$ bis $\frac{1}{200}$
„ „ Wechselstrom	$\delta_s = \frac{1}{200}$ bis $\frac{1}{300}$

Hat man nach Gl. 21 das erforderliche Trägheitsmoment J des Schwungrades ermittelt, so bestehen beim Entwurf natürlich noch unendlich viele Möglichkeiten, J zu verwirklichen. Zunächst wird man sich für den Raddurchmesser D entscheiden; zwar nimmt mit zunehmender Radgröße das Radgewicht ab, jedoch nicht in gleichem Maße der Herstellungspreis, da ein großer Radstern hohe Modellkosten verursacht. Die vielfach angegebene Regel, es sei $D \sim 10 r$ ist nicht allgemein verwertbar; Prof. Graßmann[1]) schlägt folgende Formel vor:

$$D = \sqrt[5]{\frac{\beta \varphi J}{140}}.$$

(D in m und J in mkgsek².)

---

[1]) R. Graßmann, Anleitung zur Berechnung einer Dampfmaschine. 3. Auflage; Karlsruhe 1912.

Hierin bedeutet β einen Zahlenfaktor, der die Gedrungenheit des Rades zum Ausdruck bringt, nämlich das Verhältnis $R^2 : F$, während $\varphi = G_1 : G_r$ das Verhältnis des Kranzgewichtes G_1 zu dem auf den Halbmesser R reduzierten Gesamtgewicht $G_r = \dfrac{J \cdot G}{R^2}$ ist.

Für β und φ hat Graßmann aus einer großen Zahl ausgeführter Räder die in nachstehender Tabelle enthaltenen Werte ermittelt; die Tabelle gibt zugleich an, wie sich das Gewicht G des Rades auf Kranz (G_1), Arme (G_2) und Nabe (G_3) verteilt, ferner wie sich das reduzierte Gewicht G_r zum Gesamtgewicht G und zum Kranzgewicht G_1 verhält.

Bauart	$\beta = R^2 : F$	$\varphi = G_1 : G_r$	$G_1 : G$	$G_2 : G$	$G_3 : G$	$G_r : G$	$G_r : G_1$
Gedrungen	12	0,968	0,85	0,07	0,08	0,878	1,033
Mittel	20	0,945	0,76	0,12	0,12	0,804	1,059
Luftig	50	0,918	0,67	0,20	0,13	0,780	1,09
Luftig	53	0,885	0,61	0,25	0,14	0,688	1,13

B. Ermittelung des Arbeitsüberschusses mit Hilfe der Drehkraftkurven.

a) Drehkraftkurven für Einzylinder-Dampfmaschinen.

Die Grundlage für die Bestimmung der auf den Kolben übertragenen Dampfdrücke bildet bekanntlich das Dampfdruck- oder

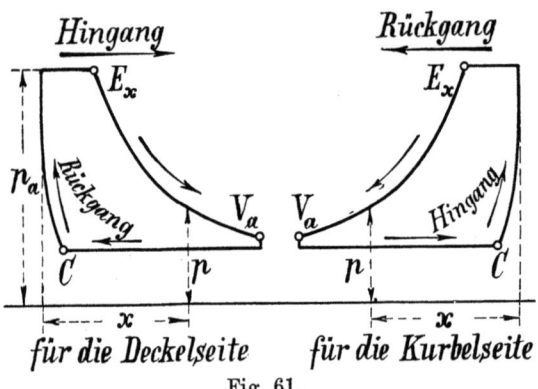

Fig. 61.

Indikatordiagramm. In diesem werden die zu den einzelnen Kolbenstellungen gehörigen Dampfdrücke für den betreffenden Dampfraum (für die Deckel- oder die Kurbelseite) als Ordinaten aufgetragen, und zwar nicht die gesamten Drücke, sondern die spezifischen Drücke p in Atm., d. h. die Drücke für 1 qcm Kolbenfläche in Kilogrammen gemessen. Die Kolbenwege trägt man ebenfalls nicht in wahrer Größe auf, sondern wählt als Hublänge meist 10 cm, so daß 1 mm jedesmal $\frac{1}{100}$, d. h. 1 % des Kolbenhubes bedeutet. Die von der Dampfdrucklinie umschlossene Fläche stellt dann die bei einem Hub geleistete Arbeit dar, allerdings noch nicht in richtiger Größe. Beträgt die Kolbenfläche F qcm, der Hub s m, der Flächeninhalt des Indikatordiagramms f_i qcm, wobei der Maßstab der Dampfdrücke so gewählt war, daß 1 cm $= i$ Atm. bedeutet, so findet sich die Dampfdruckarbeit für den Kolbenhub s

$$\mathfrak{A} = \frac{if_i}{10} \cdot Fs \text{ mkg.}$$

Die Größe $\frac{if_i}{10} = p_i$ wird auch wohl mittlerer indizierter Überdruck genannt, weil er als Mittelwert der Überdrücke aus dem Dampfdruckdiagramm gefunden wird. Mit p_i ergibt sich die Arbeit pro Hub

$$\mathfrak{A} = p_i Fs,$$

so daß sich die sekundliche Leistung der Maschine, in sekmkg gemessen, bei n Umdrehungen, also $2n$ Hüben in der Minute berechnet zu

$$L = \mathfrak{A} \cdot \frac{2n}{60} = p_i Fs \frac{2n}{60}$$

oder die Leistung in Pferdestärken

$$N = \frac{L}{75} = p_i Fs \frac{2n}{60 \cdot 75}.$$

Der Vollständigkeit halber sei noch (für Maschinen mit Schiebersteuerung) auf den Zusammenhang zwischen Indikatordiagramm und Schieberdiagramm hingewiesen, besonders darauf, daß die wichtigsten Punkte des Dampfdruckdiagramms, Beginn der Expansion E_x, der Vorausströmung V_a, der Kompression C und des Voreinströmens V_e in gegenseitiger, durch das Schieberdiagramm erkennbarer Abhängigkeit stehen, daß also beim Aufzeichnen des Dampfdruckdiagramms stets das Schieberdiagramm zu Rate gezogen werden muß. Von Belang für die Schwungradberechnung sind allerdings nur Expansions- und Kompressionsbeginn, auf Vorausströmung und Voreinströmung brauchen wir dabei keine Rücksicht zu nehmen.

Expansions- und Kompressionslinie können hinreichend genau als gleichseitige Hyperbel mit Hilfe der bekannten Strahlenkonstruktion gezeichnet werden (s. Fig. 62): ist A der Anfangspunkt unseres Achsenkreuzes, d. h. werden von A aus die Kolbenwege x, senkrecht von AH aus nach oben die Dampfspannungen p abgetragen, und soll durch den Punkt P eine Expansions- oder eine Kompressionslinie gelegt werden, so trage man von A aus eine Strecke $AO = ms$ ab (wobei m das Verhältnis des schädlichen Raumes zum Volumen Fs des Dampfzylinders ist) und ziehe von O aus Strahlen. Ferner lege man durch den gegebenen Punkt P eine Wagerechte und eine Senkrechte, bringe mit diesen beiden Linien die Strahlen durch O zum Schnitt und ziehe jedesmal von diesen Schnittpunkten aus eine Senkrechte und eine Wagerechte, welche sich alsdann in einem Punkte der gesuchten Expansions- oder Kompressionslinie schneiden.

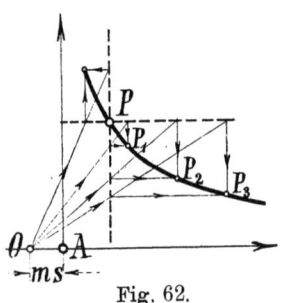

Fig. 62.

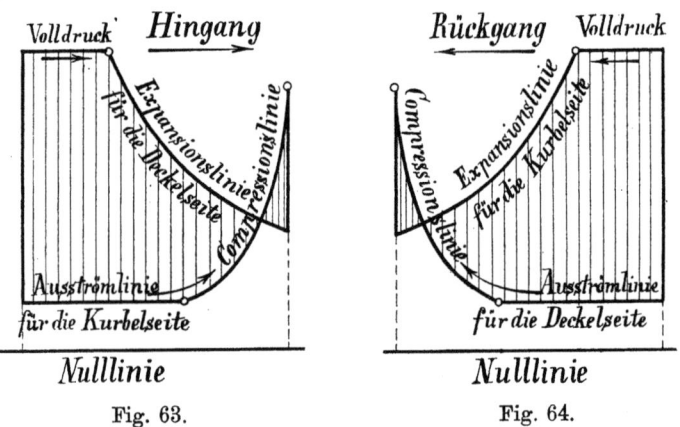

Fig. 63.   Fig. 64.

Hat man in dieser Weise für die Deckel- und für die Kurbelseite die Dampfdrucklinie aufgezeichnet, so kann man für jede Kolbenstellung den **Dampfüberdruck** auf den Kolben als Differenz der beiden Drücke links und rechts vom Kolben entnehmen. Fig. 63 und 64 lassen erkennen, wie man die halben Diagramme für die Deckel- und die Kurbelseite jedesmal zu vereinigen hat, um die **Überdrücke** unmittelbar für jede Kolbenstellung abgreifen zu können.

Die Senkrechten zwischen den beiden Diagrammlinien oben und unten sind die Überdrücke, die, in Atm. gemessen und mit der Kolbenfläche ($=F$ qcm) multipliziert, die Kolbenkraft P angeben. In dem Punkte, wo sich die Expansionslinie der einen Seite mit der Kompressionslinie der anderen Seite überschneidet, ist der Kolbendruck Null, von da ab wechselt er seine Richtung, er wird negativ bis zum Hubende. Diesen Schnitt, d. h. den Richtungswechsel des Dampfüberdrucks, rechtzeitig und möglichst sanft zu vollziehen, ist der eigentliche Zweck der Kompression, wie wir im zweiten Abschnitt bei der Besprechung der Ruhe des Ganges noch genauer sehen werden. Wir wollen Fig. 63 und 64 die **Überdruckdiagramme** nennen. Sie sind die Grundlage für die Ermittelung der Arbeitsüberschüsse.

Nach dem Aufzeichnen der Überdruckdiagramme entwickeln wir nun aus den Überdrücken p eine Drehkraftkurve mit Hilfe der auf S. 11 begründeten Konstruktionen für die Drehkraft T, indem wir den Kurbelkreis in eine Anzahl gleicher Teile teilen und ihn in eine Gerade ausstrecken.

War die Grundlinie der Überdruckdiagramme $= 10$ cm, so wird die Grundlinie unseres Drehkraftdiagramms für eine ganze Umdrehung $\pi \cdot 10 = 31{,}41$ cm. Wir nehmen z. B. 32 Teile für den Kurbelkreis, dann werden die Teilpunkte ~ 1 cm voneinander entfernt. Von den Punkten K des Kurbelkreises ausgehend, suchen wir nun die Kolbenstellungen.

Je nach der erwünschten Genauigkeit entscheiden wir uns für die genauen Konstruktionen oder für die Annahme $\lambda = 0$. Soll aber das gewählte Verfahren einen Sinn haben, so müssen wir natürlich durchweg bei der einmal gemachten Voraussetzung bleiben. Wählen wir z. B. $\lambda = 0$, d. h. setzen die Schubstangenlänge $=\infty$, so ist diese Annahme sowohl bei der Bestimmung der Kolbenstellungen wie auch bei der Konstruktion der Drehkraftkurven und bei der Ermittelung der Massendrücke beizubehalten.

Der **Widerstand**, den die Kraftmaschine zu überwinden hat, wird sich je nach dem besonderen Fall in verschiedener Weise gesetzmäßig gestalten. In sehr vielen Fällen erfolgt die Arbeitsableitung durch Riemen, Seile oder Zahnräder, der Widerstand wirkt dann unmittelbar als Tangentialdruck, als Drehkraft, und es ist hierbei meist zulässig, eine konstante Drehkraft W als Widerstand zugrunde zu legen. Ist die Arbeitsmaschine dagegen, wie bei Pumpen und Gebläsen, selber eine Maschine mit Kurbelgetriebe, so ist es nötig, die als Widerstand auftretenden Kolbenkräfte in gleicher Weise, wie dies mit den treibenden Kräften zu geschehen hat, als Drehkräfte umzuformen und zu einer Widerstandsdrehkraftkurve zusammenzustellen. Der Drehwiderstand ist dabei natürlich nicht mehr konstant.

Hin und wieder kann man die Entwicklung von Drehkraftkurven ersparen; dieser Fall trifft z. B. zu bei Pumpen und Gebläsen, bei denen Kraft- und Arbeitskolben eine gemeinsame Kolbenstange haben. Beide Überdruckdiagramme, das für den Kraft- und das für den Arbeitszylinder, können hier unmittelbar über derselben Grundlinie aufgetragen und die vom Schwungrade aufzunehmenden Arbeitsüberschüsse sofort aus dem vereinigten Überdruckdiagramm ermittelt werden. So zeigt z. B. Fig. 65 das Diagramm einer Gebläsemaschine mit doppeltwirkendem Dampf- und doppeltwirkendem Gebläsezylinder; die Arbeitsüberschüsse sind durch die Flächen $\mathfrak{A}_s$ dargestellt.

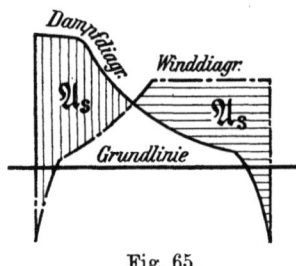

Fig. 65.

1. Drehkraftkurven bei unendlicher Stangenlänge.

Nach Fig. 1 erhält man die Kolbenstellungen durch senkrechte Projektion der Kurbelpunkte K auf die Kolbenweglinie; aus dem Überdruckdiagramm (Fig. 63) greift man die zugehörigen Überdrücke p ab und sucht nach Fig. 9 die entsprechenden Drehkräfte T, indem man p auf der Kurbelstellung vom Mittelpunkte M aus abträgt und mit dem Stichzirkel berührend bis an die Wagerechte durch M mißt. Diese Werte sind dann auf der Ordinate, die in dem zugehörigen Punkte des ausgestreckten Kurbelkreises errichtet ist, abzutragen. Auf diese Weise erhalten wir ohne Berücksichtigung der Massendrücke die Drehkraftkurve für die Kolbenüberdrücke (Fig. 66). Zwischen Hin- und Rückgang ist bei unendlicher Stangenlänge kein Unterschied, deshalb kann man sich auch hier auf eine halbe Umdrehung beschränken. Ein Blick auf Fig. 66 (siehe die obere ausgezogene Linie) zeigt, wie stark die Drehkräfte schwanken; sie steigen anfangs (für die Volldruckperiode) rasch an und fallen dann fortgesetzt. Zuletzt sind sie negativ, da ja auch die Dampfüberdrücke negativ waren. Jetzt erkennen wir deutlich die Notwendigkeit des Schwungrades: während zur Überwindung des (konstant angenommenen) Widerstandes eine gleichbleibende Drehkraft erforderlich ist, haben wir tatsächlich bald eine größere, bald eine kleinere treibende Drehkraft.

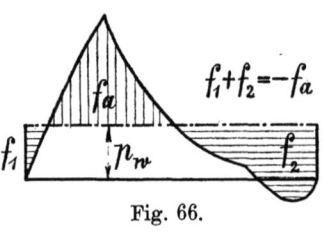

Fig. 66.

Um den **Arbeitsüberschuß** oder den Arbeitsfehlbetrag aus unserer Drehkraftkurve entnehmen zu können, tragen wir den gleichbleibend vorausgesetzten Widerstand p_w (als Drehkraft ausgedrückt) als Ordinate auf und ziehen in dem Abstande p_w eine Parallele zur Grundlinie. p_w finden wir in unserem Maßstabe, d. h. bezogen auf 1 qcm Kolbenfläche, also in Atm. ausgedrückt (deskalb p_w geschrieben!), indem wir den Flächeninhalt f_i des Indikatordiagramms, der die Arbeit für einen Kolbenhub darstellt, auf die Grundlinie $\frac{\pi}{2} \cdot 10$ cm, auf die Länge des abgewickelten halben Kurbelkreises, umrechnen. Es findet sich mithin

$$\underline{p_w = \frac{f_i}{\frac{\pi}{2}10} = \frac{p_i}{\frac{\pi}{2}} = \frac{2}{\pi} p_i},$$

worin p_i den mittleren indizierten Überdruck bedeutet.

Nunmehr können wir den Arbeitsüberschuß (als Flächeninhalt ausgedrückt) der Fig. 66 entnehmen; es ist ohne weiteres einleuchtend, daß der Arbeitsunterschuß genau ebenso groß sein muß wie der Arbeitsüberschuß, da ja die ganze Arbeit für einen Hub sowohl durch die von der Drehkraftkurve begrenzte Fläche, als auch durch das Rechteck mit der Ordinate p_w dargestellt wird, beide Flächen mithin genau gleich groß sein müssen. Ergibt sich aus der Drehkraftkurve der Arbeitsüberschuß zu f_a qcm, so ist in Wirklichkeit mit Rücksicht auf die gewählten Maßstäbe der Arbeitsüberschuß $\mathfrak{A}_s$ in mkg:

$$\mathfrak{A}_s = \frac{i f_a}{10 \text{ cm}} \cdot F s \text{ mkg} \quad \ldots \ldots \quad (22)$$

Hierin gibt i an, wieviel Atm. 1 cm der Drehkraftordinaten bedeutet, F ist der Kolbenquerschnitt in Quadratzentimetern, s der Kolbenhub in Metern und der Nenner 10 cm die gewählte Hublänge im Überdruckdiagramm.

Die Ermittelung der Flächeninhalte läßt sich, wie bekannt, mit dem Planimeter oder durch Umwandlung in geradlinig begrenzte Figuren nach dem Augenmaß oder durch Zerlegung in schmale Streifen von gleicher Breite ausführen, deren mittlere Höhen zu addieren und mit der Breite eines Streifens zu multiplizieren sind. Auf übergroße Genauigkeit kommt es hierbei nicht an, da die Wahl des Ungleichförmigkeitsgrades δ_s einen weiten Spielraum zuläßt und das Schwungrad, wie schon ausgesprochen wurde, eigentlich nie schwer genug gemacht werden kann.

Einfluß der Massendrücke
auf die Größe des Arbeitsüberschusses $\mathfrak{A}_s$.

Unsere Drehkraftkurve gab, ebenso wie das Dampfdruckdiagramm, die Kräfte als spezifische Drücke in Atm., d. h. für 1 qcm Kolbenfläche, an. Demgemäß sind auch die Massenwiderstände und die hierdurch hervorgerufenen Drehkräfte auf 1 qcm Kolbenfläche zu beziehen. Ist die Masse des Kolbens, der Kolbenstange und des Kreuzkopfes vermehrt um den entsprechenden Anteil m'' der Schubstangenmasse (s. S. 50) zusammen $= M_s$, so finden sich hieraus die Massendrücke durch Multiplikation mit den jeweiligen Beschleunigungen. Sollen die Massenwiderstände gleich in dem von uns gewünschten Maßstabe gemessen erscheinen, so haben wir statt der ganzen Masse M_s **die auf 1 qcm Kolbenfläche bezogene Masse zu nehmen.**

Das Gesamtgewicht G der bewegten Teile ist natürlich von der Größe der Maschine abhängig; unter der Voraussetzung ähnlicher Bauweise dürfte dies Gewicht ungefähr mit dem Produkte aus Kolbenquerschnitt und Hub proportional wachsen, also etwa mit der dritten Potenz des Hubes oder des Kolbendurchmessers D, wobei den verhältnismäßig geringeren Wandstärken bei großen Maschinen Rechnung getragen werden kann durch eine Formel für das Gewicht G von folgender Form:

$$G = C_1 + C_2 D^3.$$

So nimmt z. B. v. Grove für Auspuffmaschinen

$$G = 20\,\text{kg} + 500\,D^3\ (D\ \text{in Metern})$$

und für Kondensationsmaschinen $\frac{5}{4}$ mal so große Werte.

Nennen wir das auf 1 qcm Kolbenfläche bezogene Gewicht der hin und her gehenden Teile q, so wächst dieses offenbar ungefähr in gleichem Verhältnis wie der Kolbenhub s. Radinger[1]) hat aus einer großen Zahl ausgeführter Dampfmaschinen folgende Mittelwerte gefunden:

für **Hochdruckmaschinen** bis etwa $s = 0{,}7$ m Hub:
$$q = 0{,}28\ \text{kg/qcm},$$

für größere Hübe als $0{,}7$ m:
$$q = 0{,}40 \cdot s\ \text{kg/qcm}\ (s\ \text{in Metern gemessen}),$$

für **leichter gebaute Maschinen** bis etwa $s = 0{,}9$ m Hub:
$$q = 0{,}20\ \text{kg/qcm},$$

---

[1]) S. Joh. Radinger, Über Dampfmaschinen mit großer Kolbengeschwindigkeit, 3. Aufl.; Wien 1892, Seite 314 u. f.

Ermittelung des Arbeitsüberschusses mit Hilfe der Drehkraftkurven. 63

für größere Hübe als 0,9 m:
$$q = 0{,}22 \cdot s \text{ kg/qcm} \quad (s \text{ in Metern gemessen}),$$
für Lokomotivmaschinen ohne Kuppelstangen:
$$q = 0{,}33 \cdot s \text{ kg/qcm},$$
für Lokomotivmaschinen mit Kuppelstangen:
$$q = 0{,}45 \cdot s \text{ bis } 0{,}55 \cdot s \text{ kg/qcm},$$
bei Schiffsmaschinen für den

Hochdruckzylinder $q = 0{,}45 \cdot s$ kg/qcm,
Mitteldruckzylinder $q = 0{,}20 \cdot s$ „
Niederdruckzylinder $q = 0{,}12 \cdot s$ „ (s in Metern gemessen).

Graßmann[1]) bringt folgende Formel in Vorschlag:
$$q = a + e \frac{N_i}{nF},$$
worin N_i die indizierte Normalleistung der ganzen Maschine, F die Kolbenfläche (bei Tandemmaschinen die des Niederdruckzylinders) in Quadratzentimetern, n die Umdrehzahl in der Min. bedeuten und die Konstanten a und e folgender Tabelle zu entnehmen sind:

für Einzylindermaschinen	ist $a = 0{,}08$	$e = 300$
„ zweikurblige Verbundmaschinen	0,06	$\frac{1}{2} 280 = 140$
„ dreikurblige	0,05	$\frac{1}{3} 240 = 80$
„ Tandemmaschinen	0,1	360

Für Lokomotiven ist q 20 bis 30% kleiner, für Schiffsmaschinen halb so groß wie oben oder noch kleiner.

Beim Entwurf neuer Maschinen können diese Mittelwerte gute Dienste leisten. Für ausgeführte Maschinen sind zum Nachrechnen selbstverständlich die durch Abwägen ermittelten Gewichte zugrunde zu legen.

Ist nun q bekannt, so läßt sich die von den Massenwiderständen herrührende Drehkraftkurve leicht einzeichnen. Es fand sich nach Gl. 13 S. 40:
$$T_3 = \frac{M_3 b_k}{2} \sin 2\alpha,$$
d. h. die Drehkraftkurve als Projektion einer gewöhnlichen Schraubenlinie; darin war $b_k = r \omega^2$; $r = \frac{s}{2}$; $\omega = \frac{2\pi n}{60}$.

---

[1]) R. Graßmann, Anleitung zur Berechnung einer Dampfmaschine, 3. Aufl.; Karlsruhe 1912.

Statt der Masse M_3 ist hier $\dfrac{q}{g}$ zu setzen, worin $g = 9{,}81$ m/Sek² die Beschleunigung durch die Schwere bedeutet; also wird

$$\underline{T_3 = \frac{1}{2}\frac{b_k \cdot q}{g}\sin 2\alpha} = \underline{\frac{1}{2}\omega^2 r \frac{q}{g}\sin 2\alpha} = \underline{\frac{p_b}{2}\sin 2\alpha}\,.$$

Ist eine bestimmte minutliche Umdrehzahl n bereits festgelegt, so berechnet man die Größe $\underline{p_b = \omega^2 r \dfrac{q}{g}}$, schlägt einen Kreis mit dem Halbmesser $\varrho = \dfrac{p_b}{2}$, teilt dessen Umfang in halb soviel Teile wie den Kurbelkreis und überträgt nun die Länge der Senkrechten, von den Teilpunkten des Kreises mit dem Halbmesser ϱ aus bis zur Wagerechten durch dessen Mittelpunkt gemessen:

$$T_3 = \frac{p_b}{2}\sin 2\alpha$$

als Werte der von den Massendrücken herrührenden Drehkräfte in das Drehkraftdiagramm. Zieht man diese Werte jedesmal von den früher ermittelten Drehkräften T ab, die von den Dampfüberdrücken p stammen, so erhält man die gesamte Drehkraftkurve einschließlich der Massenwirkung der bewegten Teile.

Soll erst die geeignete Umdrehzahl in der Minute (Winkelgeschwindigkeit) gesucht werden, so brauchen sämtliche Massendruckdrehkräfte nur in einem konstanten Verhältnis $\left(\dfrac{\omega_1}{\omega}\right)^2$ (z. B. mittels eines Verkleinerungswinkels) abgeändert zu werden, um für die neue Winkelgeschwindigkeit ω_1 die richtigen Werte zu liefern, wenn man nicht vorzieht (was hier fast ebenso einfach ist), einen neuen Hilfskreis mit dem Halbmesser $\dfrac{1}{2}p_b = \dfrac{1}{2}\omega_1^2 r \dfrac{q}{g}$ zu schlagen und hieraus wieder die Massendruckdrehkräfte als Ordinaten abzugreifen. Da die Linie für den konstanten Drehwiderstand p_w bereits eingetragen ist, so können nunmehr sofort auch die Arbeitsüberschüsse aus der Figur bestimmt werden.

Eine weitere Vereinfachung läßt sich erzielen, indem man die Massenwiderstände nicht von den Drehkräften der Dampfüberdrücke abzieht und so eine gesamte Drehkraftkurve einschließlich der Massenwirkung aufsucht, sondern die Massenwiderstände zu dem Drehwiderstand p_w addiert, also gleichsam eine Drehkraftlinie des gesamten Widerstandes einschließlich der Massenwirkung der bewegten Teile konstruiert. Die gesuchten Arbeitsüberschüsse liegen dann zwischen der Drehkraftlinie des

Ermittelung des Arbeitsüberschusses mit Hilfe der Drehkraftkurven. 65

gesamten Widerstandes und der reinen Drehkraftlinie der Dampfüberdrücke.

Bei konstantem Drehwiderstand p_w hat man somit nur nötig, die Massendruckdrehkraftlinien für die verschiedenen Umdrehzahlen von der Linie des konstanten Widerstandes als Basis aus zu zeichnen (siehe Tafel 3, Fig. 1 bis 3); zwischen diesen Linien und der Drehkraftlinie der Dampfüberdrücke liegen die Arbeitsüberschüsse. Tafel 3, Fig. 4 bis 7 zeigt die gleiche Konstruktion für endliche Stangenlänge. Die vertikal schraffierten Flächen sind positive, die horizontal schraffierten Flächen negative Arbeitsüberschüsse.

Nach diesen Angaben ist in Fig. 67 und auf Tafel 3 die Ermittelung der Arbeitsüberschüsse $\mathfrak{A}_s$ mit Hilfe der Drehkraftkurven für unendliche Schubstangenlänge als **Beispiel** unter Zugrundelegung folgender Verhältnisse durchgeführt (bei der Wiedergabe wurde die Zeichnung auf die Hälfte verkleinert):

Grundlinie für die Überdruckdiagramme $= 10$ cm,
Ordinatenmaßstab 1 cm $= 0{,}5$ kg/qcm $= 0{,}5$ Atm., d. h. $i = 0{,}5$
Kolbenhub $s = 0{,}8$ m, Kolbendurchmesser $D = 40$ cm,
also Kolbenfläche $F = \dfrac{\pi \cdot 40^2}{4} = 1256{,}64$ qcm,
$q = 0{,}28$ kg/qcm.

Es wurden unter Annahme eines Gegendrucks von 1,15 Atm. beim Ausströmen und eines schädlichen Raumes von $4\,^0/_0$ des Zylindervolumens sechs verschiedene Überdruckdiagramme gezeichnet, und zwar für einen Füllungsgrad

$$\varepsilon = \frac{1}{6}, = \frac{1}{4} \text{ und } = \frac{1}{2},$$

jedesmal von dem gleichen Enddruck $p_e = 1{,}4$ Atm. ausgehend, so daß die drei Expansionslinien zusammenfallen.

Die Kompressionslinien wurden stets so gezeichnet, daß der Kompressionsenddruck 0,8 des Anfangsdruckes p_a beträgt, und außerdem wurde für die drei verschiedenen Füllungsgrade die Entwicklung ohne Kompression durchgeführt.

In Fig. 67 gelten die ausgezogenen Widerstandslinien für die Fälle mit Kompresssion, die gestrichelten für die Fälle ohne Kompression. Auf Tafel 3, Fig. 1 und Fig. 4 sind entsprechend die Drehkraftkurven der Dampfüberdrücke für den Fall mit Kompression ausgezogen, für den Fall ohne Kompression wieder gestrichelt.

Schwungradmasse und Ungleichförmigkeit.

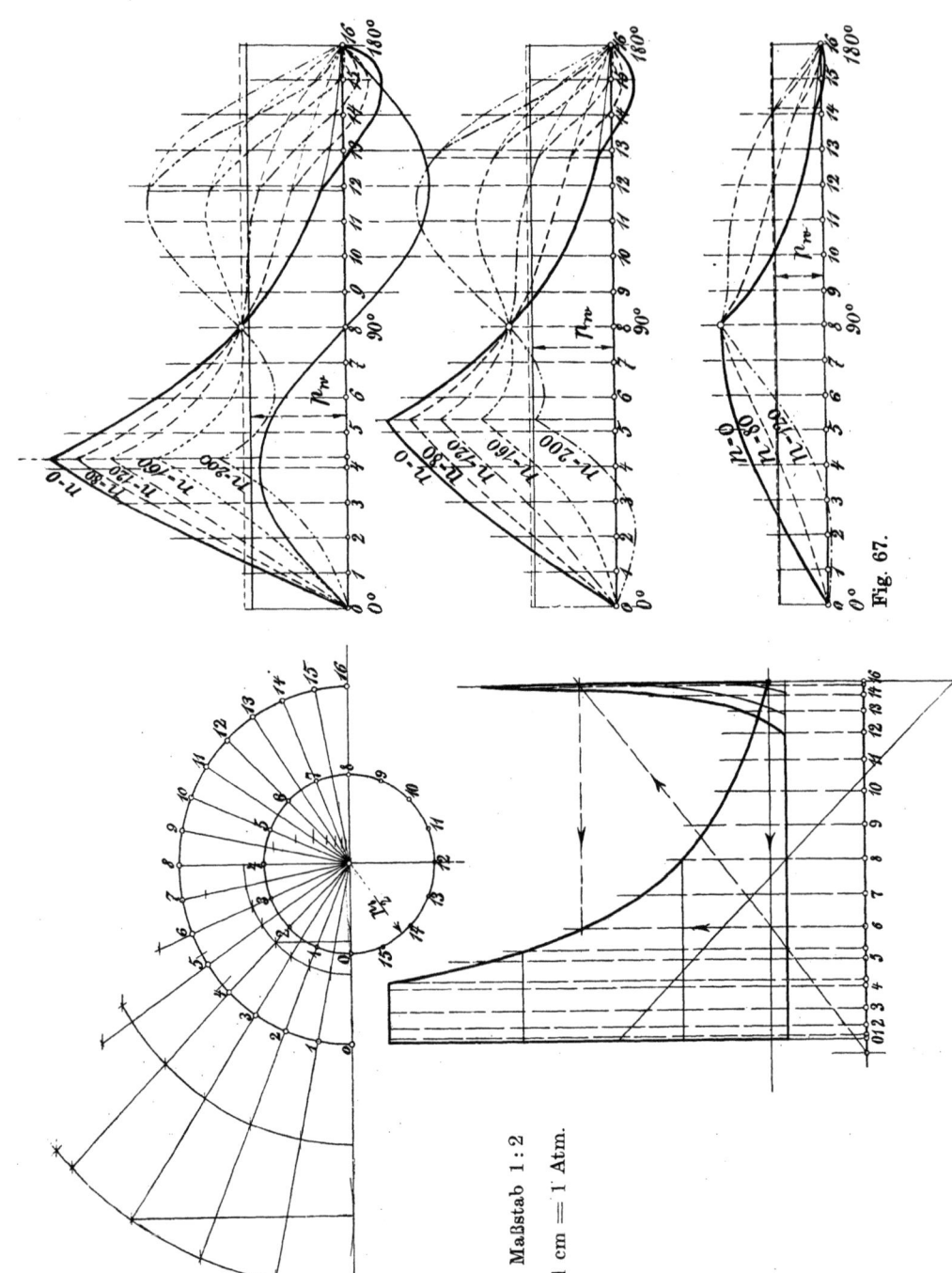

Fig. 67.

Maßstab 1 : 2
1 cm = 1 Atm.

Ermittelung des Arbeitsüberschusses mit Hilfe der Drehkraftkurven. 67

Die Ergebnisse der Flächenermittelungen waren

1. Fall: $\varepsilon = \frac{1}{6}$; $p_a = 7$ Atm.; Kompr. bis $0,8\, p_a$:

$f_i = 42,8$ qcm; $p_i = 2,14$ Atm.; $p_w = 1,36$ Atm.

2. Fall: $\varepsilon = \frac{1}{6}$; $p_a = 7$ Atm.; Kompr. Null:

$f_i = 46,2$ qcm; $p_i = 2,31$ Atm.; $p_w = 1,47$ Atm.

3. Fall: $\varepsilon = \frac{1}{4}$; $p_a = 5$ Atm.; Kompr. bis $0,8\, p_a$:

$f_i = 36,5$ qcm; $p_i = 1,83$ Atm.; $p_w = 1,16$ Atm.

4. Fall: $\varepsilon = \frac{1}{4}$; $p_a = 5$ Atm.; Kompr. Null:

$f_i = 37,7$ qcm; $p_i = 1,89$ Atm.: $p_w = 1,20$ Atm.

5. Fall: $\varepsilon = \frac{1}{2}$; $p_a = 2,7$ Atm.; Kompr. bis $0,8\ p_a$:

$f_i = 23,9$ qcm; $p_i = 1,19$ Atm.; $p_w = 0,76$ Atm.

6. Fall: $\varepsilon = \frac{1}{2}$; $p_a = 2,7$ Atm.; Kompr. Null:

$f_i = 24,0$ qcm; $p_i = 1,20$ Atm.; $p_w = 0,76$ Atm.

Die wirklichen Arbeiten für den Kolbenhub s folgen aus f_i;

$$\mathfrak{A} = \frac{i \cdot f_i}{10} \cdot Fs = \frac{1}{2} \cdot \frac{1}{10} \cdot 1256,64 \cdot 0,8 \cdot f_i = 50,266 \cdot f_i \text{ mkg},$$

so daß 1 qcm Fläche jedesmal 50,266 mkg bedeutet.

Um nun den Einfluß der Geschwindigkeiten, also der Massenwiderstände, auf den Verlauf der Drehkraftkurven, auf die Größen der Arbeitsüberschüsse ersehen zu können, wurden folgende minutlichen Umdrehzahlen n angenommen:

$n_1 = 80$: $\omega_1 = \dfrac{2\pi \cdot 80}{60} = 8,38$; $b_k = r\omega^2 = 0,4 \cdot 8,38^2 = 28$ m/sek²

$p_b = b_k \cdot \dfrac{q}{g} = 28 \cdot \dfrac{0,28}{9,81} = 0,8$ Atm.

$n_2 = 120$: $p_b = 0,8 \cdot \left(\dfrac{120}{80}\right)^2 = 1,8$ Atm.

$n_3 = 160$: $p_b = 0,8 \cdot \left(\dfrac{160}{80}\right)^2 = 3,2$ Atm.

$n_4 = 200$: $p_b = 0,8 \cdot \left(\dfrac{200}{80}\right)^2 = 5$ Atm.

Werden mit diesen Werten jedesmal die entsprechenden Drehkräfte für alle Kurbelstellungen abgegriffen und von den Ordinaten der ersten Drehkraftkurve (für $p_b = 0$) abgezogen (d. h. nach unten abgetragen), wenn sie positiv sind, dazu addiert (d. h. nach oben abgetragen), wenn sie negativ sind, so erhalten wir die 4 Drehkraftkurven für die 4 gewählten Umdrehzahlen $n = 80, 120, 160$ und 200 in der Minute.

Bei dem vereinfachten Verfahren auf Tafel 3 brauchen wir nur einmal die vier Drehkraftkurven der Massenwiderstände zu zeichnen und können sie dann auf die verschiedenen Drehkraftkurven der Dampfüberdrücke mit der Widerstandslinie als Basis auflegen.

Eine Betrachtung der Kurven auf S. 66 und auf Tafel 3, Fig. 1 bis 3 läßt erkennen, daß die Arbeitsüberschüsse, die durch die oberhalb der Widerstandslinie liegenden Flächen f_a dargestellt sind, in der oberen Figur ($\varepsilon = \frac{1}{6}$) mit wachsender Umdrehzahl kleiner werden; die Drehkräfte der Massenwiderstände erhöhen also die Gleichförmigkeit. In der mittleren Figur ($\varepsilon = \frac{1}{4}$) werden die Überschußflächen mit wachsender Umdrehzahl erst kleiner und nehmen dann wieder zu; bei der unteren Figur ($\varepsilon = \frac{1}{2}$) sind die Umdrehzahlen auf $n = 80$ und $n = 120$ beschränkt. $n = 80$ ergibt eine kleinere, $n = 120$ wieder eine größere Überschußfläche.

Die Zahlenwerte der Überschußflächen und die daraus folgenden Arbeitsüberschüsse $\mathfrak{A}_s$ sind aus nachstehender Zusammenstellung ersichtlich; es bedeutet für unser Beispiel, wie schon auf S. 67 ausgerechnet wurde, jedesmal 1 qcm = 50,266 mkg.

Arbeitsüberschüsse: f_a in qcm, $\mathfrak{A}_s$ in mkg.

Minutl. Umdrehzahl n	$\varepsilon = \frac{1}{6}$				$\varepsilon = \frac{1}{4}$				$\varepsilon = \frac{1}{2}$			
	Kompr.= 0		= 0,8 p_a		Kompr.= 0		= 0,8 p_a		Kompr.= 0		= 0,8 p_a	
	f_a	$\mathfrak{A}_s$	f_a	$\mathfrak{A}_s$	f_a	$\mathfrak{A}_s$	f_a	$\mathfrak{A}_s$	f_a	$\mathfrak{A}_s$	f_a	$\mathfrak{A}_s$
$n = 0$	18,1	910	19,6	985	14,2	714	14,8	744	7,72	388	7,83	394
$n = 80$	14,4	724	15,8	795	11,0	553	11,7	588	5,85	294	5,96	300
$n = 120$	9,55	480	11,0	553	7,6	382	8,55	430	8,2	411	8,32	418
$n = 160$	7,65	384	8,96	450	8,9	447	9,45	475	—	—	—	—
$n = 200$	11,4	573	11,2	564	14,7	739	14,6	734	—	—	—	—

Offenbar kann man für ein gegebenes Überdruckdiagramm durch passende Umdrehzahl, d. h. durch geeignete Größe der Massenwiderstände den Arbeitsüberschuß $\mathfrak{A}_s$ zu einem Minimum machen und damit ein möglichst leichtes Schwungrad erzielen. Allgemein gültige Regeln lassen sich aber, wie schon aus der großen Verschiedenartigkeit der Drehkraftkurven hervorgeht, nicht aufstellen; vielmehr muß man in jedem Falle durch Eintragen mehrerer Drehkraftlinien die günstigste Umdrehzahl zu bestimmen suchen.

Am bequemsten und anschaulichsten ist für diese Aufgabe das Verfahren auf Tafel 3; es fällt garnicht schwer, zwischen die einzelnen gezeichneten Drehkraftkurven der Massenwiderstände durch Skizzieren Zwischenlinien so einzufügen, daß die Arbeitsüberschüsse kleiner werden.

Radinger hat in seinem obengenannten Werke: „Über Dampfmaschinen mit hoher Kolbengeschwindigkeit" eine Regel zur Auffindung der Geschwindigkeit der gleichmäßigsten Drehkraft angegeben, die nicht richtig ist; die aus dieser Regel von Radinger gezogenen weiteren Schlüsse und Formeln müssen deshalb ebenso als im allgemeinen unrichtig mit der nötigen Vorsicht gebraucht werden. Radingers Regel lautet:

„Die Maschine erhält bei derjenigen Geschwindigkeit die gleichmäßigste Drehkraft, bei der der Massenwiderstand zu Anfang des Kolbenhubes gleich dem doppelten Enddruck des expandierenden Dampfes ist."

Dieser Regel liegt die Annahme zugrunde, daß diejenige Drehkraftkurve die kleinsten Arbeitsüberschüsse liefert, die für 90° Kurbelstellung (Hubmitte) eine wagerechte Tangente hat. Diese Annahme trifft aber durchaus nicht immer zu, vielmehr ergeben sich (vgl. hierzu Fig. 67 und Tafel 2 sowie die dazu gehörigen Tabellen auf Seite 68 und 73) oft recht beträchtliche Abweichungen. Würde die Annahme stimmen, so ließe sich Radingers Regel daraus folgendermaßen entwickeln (Fig. 68). Die Drehkraftkurve wird dann für die Hubmitte eine horizontale Tangente erhalten, wenn die Massendrucklinie in der Hubmitte parallel zur Expansionslinie verläuft. Für die letztere als gleichseitige Hyperbel mit der Nullinie des Indikatordiagramms als eine Asymptote und (unter Vernachlässigung des schädlichen Raumes) mit der Senkrechten durch den Hubbeginn als zweite Asymptote gilt nun bekanntlich der Satz, daß ein Hyperbelpunkt die zwischen den Asymptoten gelegene Tangente halbiert; in Fig. 68 ist also $AB = AC$; da nun A in der senkrechten

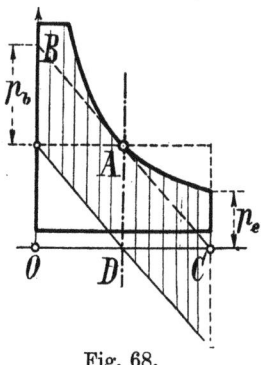

Fig. 68.

Mittellinie des Kolbenhubes liegt, so befindet sich C so weit nach rechts von der Mitte wie B links davon liegt, d. h. C liegt im rechten Endpunkte des Kolbenhubes. Folglich ist die Hyperbelordinate in der Mitte $DA = p_b$ und somit die Endordinate $p_e = \dfrac{DA}{2} = \dfrac{p_b}{2}$, was der Radingerschen Regel entspricht.

Von erheblichem Einfluß ist auch die Kompression, und zwar, wie aus den Drehkraftkurven und der vorstehenden Tabelle erkennbar, in dem Sinne, daß je stärker die Kompression, um so größer die Arbeitsüberschüsse werden (vgl. auch die Tabelle der Konstanten c auf Seite 90). Im Interesse der Gleichförmigkeit des Ganges ist demnach die Kompression nicht erwünscht; aus diesem Grunde sollte man die Kompression nicht zu weit treiben, etwa bis 0,7 des Anfangsdruckes p_a.

Ferner übersieht man schon jetzt, daß die Massenwiderstände um so günstiger auf den Gleichgang einwirken, je kleiner die

Füllungsgrad ist. Bei kleineren Füllungsgraden darf die Umdrehzahl schon ziemlich groß werden, ehe der kleinste Arbeitsüberschuß erzielt wird; bei größeren Füllungsgraden liegt diese Grenze viel tiefer. Hohe.Expansion und schnellaufende Maschinen gehören also hinsichtlich der Erzielung möglichster Gleichförmigkeit zusammen.

Hat man den maßgebenden Arbeitsüberschuß $\mathfrak{A}_s$ bestimmt, so folgt daraus nach der Grundgleichung $\mathfrak{A}_s = M_s V^2 \delta_s$ die erforderliche Schwungringmasse.

Wir wollen nunmehr dieses Beispiel verlassen und, um den Einfluß der endlichen Stangenlänge kennen zu lernen, die gleiche Aufgabe für $\lambda = \lambda$, d. h. für endliche Schubstangenlänge durchführen.

2. Drehkraftkurven bei endlicher Stangenlänge.

In der Hauptsache bleibt das Verfahren zum Aufzeichnen der Drehkraftkurven hier das gleiche wie bei unendlicher Stangenlänge. Es ist wieder zuerst das Überdruckdiagramm zu zeichnen. Alsdann ist der Kurbelkreis in eine Anzahl (etwa 32) gleiche Teile einzuteilen und in eine Gerade auszustrecken. Da aber bei endlicher Stangenlänge Hin- und Rückgang sich verschieden verhalten, so ist der ganze Kurbelkreis zu benutzen. Nun sucht man zu den Kurbelkreispunkten K die zugehörigen Kolbenstellungen, indem man mit der Schubstangenlänge l in die Kolbenweglinie von den Punkten K aus einschneidet; gleichzeitig erhält man dadurch auch die für die weiteren Kontruktionen nötigen Schubstangenrichtungen. In der auf Seite 11 entwickelten, nach Fig. 7 auszuführenden Weise bestimme man zu den Dampfüberdrücken p die entsprechenden Drehkräfte T (trage also p auf der Kurbelstellung ab und ziehe eine Parallele zur Schubstangenrichtung, die auf der Senkrechten durch den Kurbelmittelpunkt M die Werte T abschneidet) und errichte diese Größen als Ordinaten in den Teilpunkten des abgewickelten Kurbelkreises. Die beiden Linienzüge der Drehkräfte für Hin- und Rückgang ergeben sich merklich verschieden (vgl. Taf. 2). Zieht man schließlich im Abstande

$$p_w = \frac{2}{\pi} \cdot p_i$$

von der Grundlinie des Drehkraftdiagramms die Linie des gleichbleibenden Widerstandes, so begrenzt diese wieder die Arbeitsüberschüsse und -unterschüsse. Während nun bei unendlicher Stangenlänge die aufeinanderfolgenden über- und unterschießenden Flächen f_a, welche die vom Schwungrade aufzunehmenden und wieder abzugebenden Arbeiten darstellen, gleiche Größe hatten, ist dies hier nicht mehr der Fall. In der Regel ist (siehe Fig. 69):

Ermittelung des Arbeitsüberschusses mit Hilfe der Drehkraftkurven. 71

$$+f_{a1} \underline{<-f_{a2}>} +f_{a3} > -(f_{a4}+f_{a5}),$$

also der in dem letzten Teil des Kolbenhinganges und dem ersten Teil des Rückganges sich ergebende Arbeitsunterschuß f_{a2} der absolut größte Wert; dieser ist dann natürlich der weiteren Rechnung zugrunde zu legen. Gegenüber der Annahme, $\lambda = 0$, Schubstange unendlich lang, fällt hier der größte Arbeitsüberschuß größer aus;

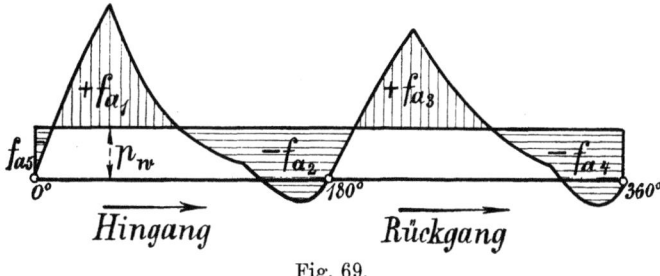

Fig. 69.

bei Durchführung des genaueren Verfahrens finden wir somit ein größeres Schwungradgewicht, als wenn wir unendliche Schubstangenlänge voraussetzen. (Über den ziffernmäßigen Unterschied siehe weiter unten.)

Um hier den Einfluß der Massenwiderstände zu erkennen, zeichnen wir eine Drehkraftkurve entweder nach dem auf Seite 50 als sehr gute Annäherung geschilderten Verfahren, indem wir zu der Masse des Kolbens, der Kolbenstange und des Kreuzkopfes M_3 noch einen Teil der Stangenmasse, nämlich $M_2 - \dfrac{J_2}{l^2}$ (vgl. Seite 50, Gl. 19) hinzufügen, diese Gesamtmasse durch die Kolbenfläche F dividieren, die auf 1 qcm bezogene Masse mit den einzelnen Werten der Kolbenbeschleunigung b multiplizieren und schließlich aus diesen Kräften nach Fig. 7 die entsprechenden gleichwertigen Drehkräfte konstruieren. Oder wir führen das genaue Verfahren (vgl. Fig. 60 Seite 50) durch, wobei wir wieder statt der ganzen Massen die auf 1 qcm Kolbenfläche bezogenen Werte zu nehmen haben.

Um nicht zu allgemein zu werden, wollen wir das gleiche **Beispiel**, welches wir für unendlich lange Schubstange behandelten, auch hier unseren weiteren Betrachtungen zugrunde legen. Wir entwickeln also zunächst aus den sechs Überdruckdiagrammen nach Fig. 7 die sechs Drehkraftkurven ohne Rücksicht auf die Massendrücke. Die mittleren indizierten Überdrücke p_i und die Widerstände p_w bleiben natürlich hier genau die gleichen, wie sie auf Seite 67 zusammengestellt sind. Nun berechnen wir für irgendeine Umdrehzahl, z. B. für die höchste, die berücksichtigt werden soll, die Beschleunigung des Kurbelzapfens

$$b_k = r\omega^2;$$

für $n = 200$ in der Minute findet sich für unser Beispiel:

$$\omega = \frac{2\pi \cdot 200}{60} = 20{,}94; \quad b_k = r\omega^2 = 0{,}4 \cdot 20{,}94^2 = 175 \text{ m/sek}^2.$$

Alsdann suchen wir wieder (genau wie bei unendlicher Stangenlänge)

$$p_b = b_k \cdot \frac{q}{g} = \frac{0{,}28}{9{,}81} \cdot 175 = 5 \text{ Atm.}$$

Mit diesem Werte zeichnen wir genau in der Weise, wie früher (Fig. 49 und 50) eine Beschleunigungskurve als Parabel konstruiert wurde, nunmehr eine Parabel als Kurve der Massenwiderstände, indem wir statt b_k jetzt p_b setzen. Wir tragen also (Fig. 70) im linken Totpunkte $p_b(1+\lambda) = \frac{6}{5}p_b$ nach oben hin, im rechten Totpunkte $p_b(1-\lambda) = \frac{3}{4}p_b$ nach unten hin als Ordinaten auf, gehen vom Schnittpunkte F der Sehne AB mit der Nullinie senkrecht nach unten um die Strecke $FE = 3\lambda p_b = \frac{3}{5}p_b$ und ziehen die Parabeltangenten EA und EB, mit deren Hilfe die Massendruckparabel nach Fig. 50 gezeichnet werden kann. Deren Ordinaten y fassen wir nun als Kolbenkräfte auf und suchen daraus die Drehkräfte nach Fig. 7 (S. 11). Die so gefundene Drehkraftkurve weicht von derjenigen für $\lambda = 0$ ziemlich erheblich ab; zum bequemen Vergleich sind beide Kurven auf Taf. 4 in Fig. 1 in gleichem Maßstab zusammengestellt; die ausgezogene Linie gilt für endliche, die gestrichelte Linie für unendliche Schubstangenlänge.

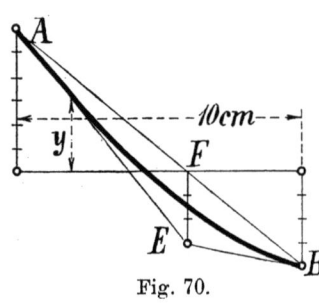

Fig. 70.

Das Gesetz für diese beiden Kurven ist schon früher (Gl. 13 S. 40 und 13a S. 41) ausgesprochen worden: für $\lambda = 0$ wird

$$T_3 = \frac{p_b}{2} \sin 2\alpha,$$

für $\lambda = \lambda$ dagegen

$$T_3 = \frac{p_b}{2}\left(\sin 2\alpha - \frac{\lambda}{2}\sin\alpha + \frac{3}{2}\lambda \sin 3\alpha\right).$$

Für die unendliche Stangenlänge ist die Massendruckdrehkraftkurve eine reine Sinuslinie mit einer Frequenz 2ω, für endliche Stangenlänge lagern sich über diese Grundkurve noch zwei schwächere Sinuslinien mit einer Frequenz ω und 3ω.

Ermittelung des Arbeitsüberschusses mit Hilfe der Drehkraftkurven. 73

Zieht man die Massendruckdrehkräfte von den bereits ermittelten Drehkräften ab, die aus den Dampfüberdrücken herrühren, so bekommt man die gesamte Drehkraftkurve für die angenommene Umdrehzahl, hier für $n=200$ in der Minute.

Um für andere Umdrehzahlen die gesamten Drehkraftkurven zu erhalten, braucht man natürlich nicht die oben beschriebenen Konstruktionen zu wiederholen, sondern man hat nur die Massendruckdrehkräfte im Verhältnis der Werte p_b, d. h. im quadratischen Verhältnis der Winkelgeschwindigkeiten, zu verändern, z. B. mit einem Verkleinerungsmaßstab zu verkleinern. Bei unserem Beispiel erhalten wir sofort drei weitere Kurven für $n_1 = 80$, $n_2 = 120$, $n_3 = 160$ Umdr. i. d Min., wenn wir die fraglichen Drehkräfte im Verhältnis

$$\left(\frac{80}{200}\right)^2 = 0{,}16, \quad \left(\frac{120}{200}\right)^2 = 0{,}36 \quad \text{und} \quad \left(\frac{160}{200}\right)^2 = 0{,}64$$

verringern und diese Werte dann von der ursprünglichen Drehkraftkurve (für $n=0$) nach unten hin abtragen, falls sie positiv, bzw. nach oben, wenn sie negativ sind. Tafel 2 zeigt das Ergebnis dieser Konstruktionen für unser Beispiel.

Fig. 4.—6 auf Tafel 3 lassen das vereinfachte Verfahren (vgl. S. 64) erkennen, bei dem wir von der Widerstandslinie als Basis aus die Massendruckdrehkraftkurven für die verschiedenen Umdrehzahlen abtragen und damit die Drehkraftkurven des gesamten Widerstandes einschließlich der Massenwirkung erhalten. Zwischen diesen und der Drehkraftlinie der reinen Dampfüberdrücke liegen unmittelbar die Arbeitsüberschüsse; in Fig. 4, Taf. 3, geben wieder die vertikal schraffierten Flächen positive, die horizontal schraffierten Flächen negative Arbeitsüberschüsse an. Die ausgezogene Drehkraftkurve in Fig. 4 gilt für den Fall mit Kompression, die gestrichelte für den Fall ohne Kompression.

Wir entnehmen den Drehkraftkurven folgende Arbeitsüberschüsse:

Arbeitsüberschüsse: f_a in qcm, $\mathfrak{A}_s$ in mkg; 1 qcm = 50,266 mkg.

Minutl. Umdrehzahl	$\varepsilon = \frac{1}{6}$				$\varepsilon = \frac{1}{4}$				$\varepsilon = \frac{1}{2}$			
	Kompr.=0		=0,8 p_a		Kompr.=0		=0,8 p_a		Kompr.=0		=0,8 p_a	
n	f_a	$\mathfrak{A}_s$	f_a	$\mathfrak{A}_s$	f_a	$\mathfrak{A}_s$	f_a	$\mathfrak{A}_s$	f_a	$\mathfrak{A}_s$	f_a	$\mathfrak{A}_s$
$n=0$	19,7	990	21,2	1060	16,0	804	16,7	840	7,9	397	8,2	412
$n=80$	15,9	800	17,5	875	12,6	633	13,3	678	6,7	337	6,8	342
$n=120$	11,1	557	13,0	654	10,0	503	10,9	548	8,7	436	8,8	442
$n=160$	9,5	450	11,0	548	10,3	518	11,3	568	—	—	—	—
$n=200$	14,4	726	14,3	720	16,5	830	16,9	850	—	—	—	—

Zunächst lohnt ein Vergleich mit der entsprechenden Tabelle auf S. 68, die für dieselben Verhältnisse die Ergebnisse enthält, wie sie bei der Annahme einer unendlich langen Schubstange gefunden wurden. Durchweg sind hier die Arbeitsüberschüsse größer. Setzt man also zur Vereinfachung der Konstruktionen **unendliche Schubstangenlänge** voraus, so findet man zu kleine Werte; die Unterschiede betragen bis zu rund $20^0/_0$. Will man sicher gehen, so sollte man sich die Mühe nicht verdrießen lassen, das genaue Verfahren mit Rücksicht auf die endliche Stangenlänge durchzuführen. Bei Verwendung der Näherungsverfahren für $\lambda = 0$ empfiehlt es sich, die gefundenen Werte um 10 bis $20^0/_0$ zu erhöhen, und zwar um so mehr, je näher man an die günstigste Umdrehzahl heranrückt, für welche die Arbeitsüberschüsse am kleinsten werden.

Der Einfluß der Kompression auf die Größe der Arbeitsüberschüsse war schon auf S. 69 erwähnt: je stärker die Kompression ist, um so höher fallen die Arbeitsüberschüsse aus, desto schwerer muß also das Schwungrad werden. Bei der hier gewählten Kompression bis zu 0,8 des Anfangsdruckes ergeben sich bis zu $20^0/_0$ größere Werte, als wenn keine Kompression vorausgesetzt wird; mit Rücksicht auf den Gleichgang sollte man überflüssig hohe Kompressionsgrade jedenfalls zu vermeiden suchen.

Wir haben bisher stillschweigend angenommen, daß als größter Arbeitsüberschuß $\mathfrak{A}_s$ in die Grundformel Gl. 20 ohne weiteres der der absolut größten (positiven oder negativen) Überschußfläche des Drehkraftdiagramms entsprechende Arbeitswert einzusetzen ist. Dies ist jedoch nur richtig, wenn für eine ganze Umdrehung sich nur **vier** Überschneidungen der Drehkraftlinie mit der Linie gleichen Widerstandes ergeben, also 2 über- und 2 unterschießende Flächen herauskommen. Die Drehkraftkurven auf Tafel 2 lassen erkennen, daß die Zahl der Überschneidungen auch größer sein kann, daß also mehr als 2 Über- und 2 Unterschußflächen da sein können. In diesem Falle ist die Größe des Arbeitsüberschusses, der bei Verwendung der Grundformel für die Schwungradberechnung einzusetzen ist, in folgender Weise zu bestimmen. Man erinnere sich daran, daß die Geschwindigkeit der Schwungmasse zwischen einem kleinsten Wert V_{min} und einem größten Wert V_{max} schwankt; die Schwankung zwischen diesen äußersten Grenzen braucht aber keineswegs jedesmal in einer fortlaufenden Periode stattzufinden. Es kann z. B. die Geschwindigkeit (durch Arbeitsaufnahme) steigen, dann (durch Arbeitsabgabe) etwas sinken, nun wieder (durch Arbeitsaufnahme) weiter steigen, von neuem kleiner werden, nochmals steigen und dann wieder auf den Anfangswert sinken. Fig. 71

Ermittelung des Arbeitsüberschusses mit Hilfe der Drehkraftkurven. 75

und 72 stellen solche Veränderungen bildlich dar; die nach oben gerichteten Strecken mögen positive Arbeiten, durch welche also die Geschwindigkeit des Schwungringes erhöht wird, bedeuten, die nach unten gerichteten Strecken negative Arbeiten. Man sieht, daß der größte Unterschied zwischen zugeführter und abgeführter Arbeit durchaus nicht einer von den einzelnen Arbeitswerten zu sein braucht, daß diese größte Differenz vielmehr als algebraische Summe von einer Reihe aufeinanderfolgender Werte sich ermitteln läßt. So ist z. B. die größte Arbeitsdifferenz (entsprechend der größten Geschwindigkeitsschwankung)

in Fig. 71 $+c-d+e$,
in Fig. 72 $+a-b+c$.

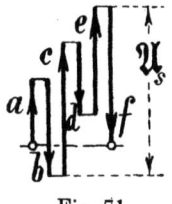
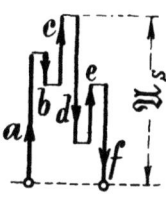
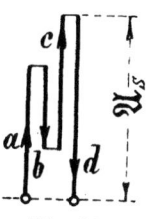

Fig. 71.   Fig. 72.   Fig. 73.   Fig. 74.

In dieser Weise können wir nach Entnahme der überschießenden und unterschießenden Flächen aus dem Drehkraftdiagramm durch Auftragen ihrer Werte den in die Grundformel einzusetzenden Arbeitsüberschuß $\mathfrak{A}_s$ bequem festlegen. Wir finden z. B. auf Tafel 2:

1. für $\varepsilon = \dfrac{1}{6}$, $n = 160$ i. d. Min., Kompression bis $0{,}8\, p_a$:

6 Überschneidungen und folgende 6 Flächen:

$a = +10{,}5;\quad b = -11;\quad c = +4{,}18;\quad d = -0{,}62;$
$e = +4{,}82;\quad f = -4{,}12 - 3{,}6 = -7{,}72$ qcm;

daraus folgt der größte Arbeitsüberschuß entsprechend

$$f_a = -11 \text{ qcm};$$

2. für $\varepsilon = \dfrac{1}{6}$, $n = 160$ i. d. Min., Kompression $= 0$:

6 Überschneidungen und folgende Flächen:

$a = +8{,}8;\quad b = -9{,}5;\quad c = +3{,}2;\quad d = -1{,}45;$
$e = +4{,}88;\quad f = -2{,}55 - 4{,}2 = -6{,}76;$

daraus folgt $f_a = -9{,}5$ qcm.

In beiden Fällen ist trotz der 6 Überschneidungen ein Einzelwert, und zwar die erste Unterschußfläche, maßgebend.

3. für $\varepsilon = \dfrac{1}{6}$, $n = 200$ i. d. Min., Kompression bis $0{,}8\ p_a$:

8 Überschneidungen mit:

$a = +0{,}35;\quad b = -0{,}22;\quad c = +12{,}32;\quad d = -11{,}05;$
$e = +0{,}44;\quad f = -4{,}05;\quad g = +12{,}4;$
$h = -2{,}6 - 7{,}53 = -10{,}13$ qcm.

Wir sehen aus Fig. 75, daß die größte Schwankung liefert:
$$d + e + f = -11{,}05 + 0{,}44 - 4{,}05 = -14{,}66 \text{ qcm.}$$

4. für $\varepsilon = \dfrac{1}{6}$, $n = 200$ i. d. Min., Kompression $= 0$:

8 Überschneidungen mit:

$a = +0{,}17;\quad b = -0{,}87;\quad c = +11{,}85;\quad d = -10;$
$e = +0{,}21;\quad f = -5;\quad g = +13{,}5;$
$h = -1{,}46 - 8{,}4 = -9{,}86$ qcm.

Wir sehen aus Fig. 76, daß die größte Schwankung wieder liefert:
$$d + e + f = -10 + 0{,}21 - 5 = -14{,}79 \text{ qcm.}$$

In diesen beiden Fällen ist also der maßgebende Arbeitsüberschuß erheblich größer als der größte Einzelwert. Man sieht, daß bei mehr als vier Überschneidungen der Drehkraftkurve mit der Widerstandslinie stets das hier geschilderte allgemeine Verfahren zur Anwendung gebracht werden muß.

Im Anschluß an Fig. 73 und 74 kann man sich leicht klarmachen, daß bei im ganzen vier Arbeitswerten für eine Umdrehung die größte Schwankung immer durch einen der Einzelwerte gegeben ist; z. B. ist in Fig. 73 $\mathfrak{A}_s = -d$, in Fig. 74 $\mathfrak{A}_s = -b$. Denn wenn nicht ein Einzelwert die größte Arbeitsschwankung darstellt, so muß es die algebraische Summe von mindestens 3 aufeinanderfolgenden Werten $(+, -, +,$ oder $-, +, -)$ tun. Die algebraische Summe aller Werte ist nun stets gleich Null; deshalb würde bei 4 Einzelwerten die Summe von 3 Werten stets gleich dem (mit

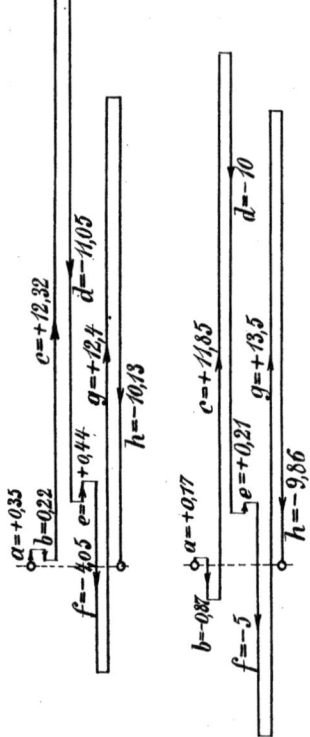

Fig. 75. Fig. 76.

entgegengesetztem Vorzeichen genommenen) vierten Werte sein, d. h. bei vier Einzelwerten eine etwa als Größtschwankung gefundene Summe von 3 Gliedern doch wieder gleich dem vierten Einzelwert sein. Hiermit ist noch nachträglich die Berechtigung des (meist in Frage kommenden) Verfahrens bewiesen, bei 4 Überschneidungen von den Über- und Unterschußflächen einfach die absolut größte als den vom Schwungrade aufzunehmenden Arbeitsüberschuß in Rechnung zu setzen.

b) Drehkraftkurven für Mehrzylinder-Dampfmaschinen.

Hier haben wir es fast immer mit mehreren **Kurbeln** zu tun. Das allgemeine Verfahren wird also darin bestehen, für jede einzelne Kurbel die Drehkraftkurve aufzuzeichnen, und zwar so, daß entsprechend den Kurbelversetzungswinkeln auch die einzelnen Drehkraftkurven gegeneinander verschoben erscheinen. Hatten wir z. B. den ganzen Kurbelkreis in 32 Teile geteilt, und eilte eine zweite Kurbel der ersten um 90^0 nach, so ist der Teilpunkt 0 der zweiten Drehkraftkurve auf den Teilpunkt 8 der ersten zu legen. (Vgl. Tafel 4, Fig. 3.) Dann addiert man die aufeinanderfallenden Ordinaten der verschiedenen Kurven, verbindet die Endpunkte der durch Summierung gefundenen Ordinaten und erhält so die gesamte Drehkraftkurve. Hierbei könnte man von vornherein die einzelnen Drehkraftkurven für die verschiedenen Kurbeln vollständig fertigstellen, d. h. mit Berücksichtigung der Massendrücke aufzeichnen. Man erhält aber einen weit klareren Überblick und bei Zugrundelegung unendlicher Stangenlänge ($\lambda = 0$) dazu eine bedeutende Erleichterung der Arbeit, wenn man auch bei Mehrkurbelmaschinen zunächst die Drehkraftkurven **ohne Berücksichtigung** der Massenwiderstände entwickelt, darauf die von den Massenwiderständen herrührende **resultierende** Drehkraftkurve zeichnet und dann deren Ordinaten entsprechend in Abzug bringt oder zu den anderen Ordinaten addiert, bzw. nach dem einfacheren Verfahren (vgl. S. 64) die gesamte Drehkraftkurve des Widerstandes einschließlich der Massenwiderstände ableitet, indem man über der Widerstandslinie als Basis die resultierenden Massendruckdrehkraftkurven aufzeichnet (s. Tafel 3, Fig. 7).

1. Drehkraftkurven der Massendrücke bei mehrkurbeligen Maschinen.

Für **unendliche Schubstangenlänge** werden die Verhältnisse besonders einfach; wir wollen deshalb zunächst diese Annahme machen. Für endliche Stangenlängen gelten dann die gewonnenen

Ergebnisse nur in grober Annäherung, geben aber doch wenigstens einen ungefähren Anhalt. Für $\lambda = 0$ fand sich die vom Massendruck herrührende Drehkraft

$$T_3 = \frac{p_b}{2} \sin 2\alpha = \varrho \sin 2\alpha,$$

worin $p_b = \omega^2 r \dfrac{q}{g}$ war. Schreiben wir den doppelten Kurbelwinkel $2\alpha = \varphi$, so würde $\quad T_3 = \varrho \sin \varphi = \varrho'.$

Derartige mit dem Sinus eines Winkels zunehmende Größen können stets als Projektion einer sich gleichmäßig drehenden Strecke auf eine Gerade aufgefaßt werden (Fig. 77). Diese Auffassung gestattet sofort in bequemer Weise die Vereinigung mehrerer solcher mit dem Sinus veränderlichen Werte:

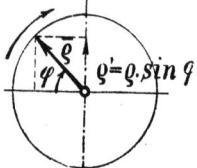

Fig. 77.

$$\varrho_1' = \varrho_1 \cdot \sin \varphi_1$$
$$\varrho_2' = \varrho_2 \cdot \sin \varphi_2$$
$$\varrho_3' = \varrho_3 \cdot \sin \varphi_3 \ldots,$$

wenn die Winkel φ_1, φ_2, φ_3 sämtlich mit der gleichen Winkelgeschwindigkeit zunehmen, also die Winkel (die sog. Phasenverschiebungswinkel) zwischen den zu projizierenden Drehstrecken $\bar{\varrho}_1$, $\bar{\varrho}_2$, $\bar{\varrho}_3$ ... eine unveränderliche Größe haben (wie es bei den festmiteinander verbundenen Kurbeln der Fall ist).

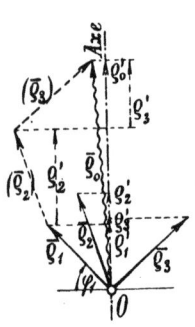

Fig. 78.

Denn setzt man (Fig. 78) $\bar{\varrho}_1$, $\bar{\varrho}_2$, $\bar{\varrho}_3$ ... nach Richtung und Größe aneinander, bildet also die geometrische Summe

$$\bar{\varrho}_0 = \bar{\varrho}_1 + \bar{\varrho}_2 + \bar{\varrho}_3 + \ldots = \Sigma \bar{\varrho},$$

projiziert darauf $\bar{\varrho}_0$ als ϱ_0' auf die Achse, so erhält man

$$\varrho_0' = \varrho_1' + \varrho_2' + \varrho_3' + \ldots = \Sigma \varrho',$$

wie man sofort daraus ersieht, daß die Projektion ϱ' jeder der Strecken $\bar{\varrho}$ ebenso groß wird, ob man diese unmittelbar von O ausgehen läßt oder parallel zu sich in die Lage $(\bar{\varrho})$ verschiebt.

Die gewonnene Gleichung besagt, daß mit dem Sinus veränderliche Werte, die sich als Projektion von Drehstrecken mit gleicher Winkelgeschwindigkeit, aber verschiedener Phase darstellen lassen, eine algebraische Summe liefern, welche sich wieder als Projektion einer Drehstrecke ergibt. Diese resultierende Drehstrecke mit gleicher Winkelgeschwindigkeit ist die geometrische Summe der einzelnen Drehstrecken.

Ermittelung des Arbeitsüberschusses mit Hilfe der Drehkraftkurven. 79

Von dem vorstehenden Satz wird häufig Gebrauch gemacht: in der Lehre vom Wechselstrom, bei Schieberdiagrammen für Mehrschiebersteuerungen usf., allerdings meist ohne den Satz in eine allgemeine Fassung zu bringen; man zeigt die Richtigkeit für die Sonderfälle oft auf recht umständliche Weise, wo in Wirklichkeit doch nur eine ganz einfache geometrische Beziehung vorliegt. Handelt es sich um Größen, die sich mit dem Kosinus von gleichmäßig zunehmenden Winkeln verändern, so bleibt alles, nur erfolgt die Projektion auf eine andere (um $90°$ gedrehte) Achse.

Wenden wir vorstehende Betrachtung auf unseren Fall an, so erkennen wir sofort, daß die gesamte Drehkraft der Massendrücke, die von mehreren Kurbeln auf die Welle übertragen werden, als algebraische Summe der einzelnen Drehkräfte

$$T = T_1 + T_2 + T_3 + \ldots = \varrho_1 \sin \varphi_1 + \varrho_2 \sin \varphi_2 + \ldots$$

wieder als Projektion einer mit der gleichen Winkelgeschwindigkeit, nämlich 2ω, sich drehenden Strecke gefunden wird, deren Richtung und Größe durch geometrische Addition von $\bar{\varrho}_1, \bar{\varrho}_2, \bar{\varrho}_3 \ldots$ zu ermitteln ist. Gleichgültig also, wieviel Kurbeln benutzt und

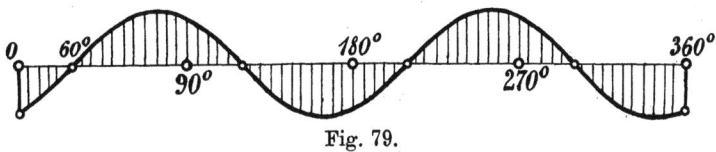

Fig. 79.

unter welchen Winkeln diese gegeneinander versetzt sind, immer schwanken die Massendruckdrehkräfte doppelt so oft, wie sich die Kurbelwelle dreht; bei einer Umdrehung ergeben sich zwei größte und zwei kleinste Werte in gleichmäßigen Abständen, entsprechend je $90°$ Kurbeldrehwinkel (vgl. Fig. 79).

Sind **zwei Kurbeln um $90°$ gegeneinander versetzt** und die beiden Werte $p_b = \omega^2 r \dfrac{q}{g}$ gleich groß, so beträgt der verdoppelte Winkel zwischen beiden geometrisch zu addierenden Drehstrecken $180°$, ihre geometrische Summe ist also Null (Fig. 80). Folglich gleichen sich die Massendruckdrehmomente vollständig aus; ganz unabhängig von der Umdrehzahl wird demnach die resultierende Drehkraftkurve immer die gleiche, genau so, wie sie sich durch Vereinigung der beiden Drehkraftkurven findet, die allein aus den Dampfüberdrücken entwickelt wurden.

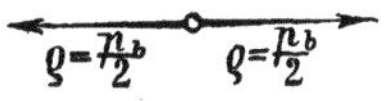

Fig. 80.

80 Schwungradmasse und Ungleichförmigkeit.

Bei Zwillingsmaschinen mit unter $90°$ versetzten Kurbeln brauchen wir uns mithin, falls unendliche Stangenlänge zugrunde gelegt wird, um die Massendrücke gar nicht zu kümmern.

Sind **drei Kurbeln um $120°$ gegeneinander versetzt** (in Fig. 81 $\bar{\varrho}_1$, $\bar{\varrho}_2$ und $\bar{\varrho}_3$), und sind wieder die Werte $\varrho_1 = \varrho_2 = \varrho_3 = \dfrac{p_b}{2}$ gleich groß, so fällt nach Verdopplung der Phasenwinkel $(\bar{\varrho}_2)$ auf $\bar{\varrho}_3$ und $(\bar{\varrho}_3)$ auf $\bar{\varrho}_2$, das Streckendreieck schließt sich von selbst, die geometrische Summe ist wieder Null, d. h. auch bei drei um $120°$ versetzten Kurbeln heben sich die Massendruckdrehkräfte vollständig auf; für alle Umdrehzahlen der Welle gilt die gleiche resultierende Drehkraftkurve (immer natürlich unter Voraussetzung unendlicher Stangenlängen).

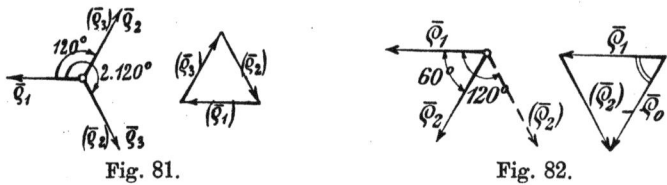

Fig. 81. Fig. 82.

Nehmen wir als weiteres Beispiel zwei unter $60°$ gegeneinander versetzte Kurbeln, bei denen $\bar{\varrho}_2$ $\bar{\varrho}_1$ um $60°$ nacheilt, so erhalten wir nach Fig. 82 eine resultierende Strecke von der Größe $\varrho_0 = \varrho_1 = \varrho_2$, deren Projektionen uns die Ordinaten der gesamten Drehkraftkurve liefern (Anwendung s. S. 83).

Es bietet also hiernach keine Schwierigkeiten, für irgendwelche Kurbelversetzungen die Massendruckdrehkraftkurve als Sinuslinie in bekannter Weise aufzuzeichnen.

Berücksichtigt man die endliche Länge der Schubstange, so weichen die Massendruckdrehkräfte nicht unerheblich von der reinen Sinuslinie ab; der Unterschied beider, der wahren Linie und der für $\lambda = 0$ gezeichneten ist aus Tafel 4, Fig. 1 ersichtlich. Die Konstruktion der Drehkräfte für die Massendrücke ist auf Seite 71 und 72 näher erläutert.

Das Ergebnis der Vereinigung mehrerer Drehkraftkurven wird natürlich um so auffälliger von der Näherungslinie für $\lambda = 0$ abweichen, je kleiner die Ordinatenwerte derselben ausfallen, d. h. je mehr sich die Werte für die einzelnen Kurbeln gegenseitig aufheben. Sind z. B. **zwei Kurbeln unter $90°$ gegeneinander versetzt**, so würden für $\lambda = 0$ die beiden Massendruckdrehkräfte sich vollkommen ausgleichen; setzt man aber die wirklichen Drehkraftkurven zusammen, so bleiben recht erhebliche Unterschiede übrig. Tafel 4, Fig. 2 zeigt in den beiden fein ausgezogenen Linien die ursprüng-

Ermittelung des Arbeitsüberschusses mit Hilfe der Drehkraftkurven. 81

lichen Drehkraftlinien für die Massendrücke; die punktierte Linie ist die um $90°$ nacheilende Drehkraftlinie, nach oben umgeklappt, um die Unterschiede beider Linienzüge besser erkennen zu lassen. Die stark ausgezogene Linie gibt die resultierende Massendruckdrehkraftlinie an. Ganz besonders bemerkenswert ist der Umstand, daß die neue Linie nicht mehr wie die ursprünglichen beiden Linien (und wie bei unendlicher Stangenlänge stets die resultierenden Massendruckdrehkraftlinien) für eine Kurbeldrehung zwei größte und zwei kleinste Werte aufweist, sondern je drei. Die resultierenden Drehkräfte der Massendrücke schwanken also schneller als die Einzelwerte; auf jede Umdrehung kommen (bei zwei Kurbeln, die unter $90°$ versetzt sind) sechs Überschneidungen der Nullinie. Dies Ergebnis gilt nicht nur für zwei Kurbeln, die unter $90°$ gegeneinander versetzt sind, sondern allgemein für jede beliebige Kurbelzahl und beliebige Kurbelversetzungen, wenn nur unter Annahme unendlicher Stangenlänge die Massenwirkungen sich gegenseitig aufheben, z. B. bei zwei unter $90°$ versetzten Kurbeln oder bei drei Kurbeln, die unter $120°$ gegeneinander versetzt sind, usw. Hiervon können wir uns auf Grund von Gl. 13 und 13a (Seite 40 und 41) leicht überzeugen. Denn fällt in Gl. 13a das erste mit Gl. 13 übereinstimmende Glied fort, so bleibt für T_3 nur noch übrig:

$$T_3 = \Sigma \frac{M_3 b_k}{2}\left(-\frac{\lambda}{2}\sin\alpha + \frac{3\lambda}{2}\sin 3\alpha\right)$$

bzw.
$$T_3 = \frac{\lambda}{4}\Sigma p_b(-\sin\alpha + 3\sin 3\alpha).$$

Wie auch die Kurbelanzahl und die Kurbelstellungen sein mögen, immer werden die Summanden mit gleicher Frequenz (hier also die Glieder mit α und die Glieder mit 3α) nach dem auf Seite 78 geschilderten Verfahren zu je einer nach dem Sinusgesetz veränderlichen Größe vereinigt werden können; in unserem Falle, d. h. wenn für unendliche Stangenlänge die Massendrücke sich aufheben, erhalten wir also für T_3 einen Ausdruck von der Form

$$T_3 = \frac{\lambda}{4}[a\sin(\alpha_0 + \alpha) + b\sin(\alpha_0' + 3\alpha)],$$

der erkennen läßt, daß die Massendruckdrehkraftkurve aus der Überlagerung zweier Sinusschwingungen hervorgeht, von denen die eine gleiche Periodendauer mit der Umlaufdauer der Kurbeln, die andere eine $\frac{1}{3}$mal so große Periodendauer hat. Auf eine Kurbelumdrehung kommen somit drei größte und drei kleinste Werte, gleichbedeutend mit sechs Überschneidungen der Nullinie.

Bei drei unter $120°$ gegeneinander versetzten Kurbeln heben sich auch noch die Glieder erster Ordnung auf, es bleibt eine reine Sinusschwingung

$$T_3 = \frac{\lambda}{4} 3 p_b \sin 3\alpha.$$

2. Drehkraftkurven für Zwillingsmaschinen.

In Fig. 3 und 4 auf Tafel 4 und Fig. 1 auf Tafel 5 ist von den vorstehenden Betrachtungen Gebrauch gemacht. Tafel 4, Fig. 3 enthält zunächst die Drehkraftkurven unter Voraussetzung unendlicher Schubstangenlänge für eine **Zwillingsmaschine mit zwei unter 90⁰ versetzten Kurbeln**. Die punktierten Linien stellen die beiden Einzeldrehkraftkurven dar; sie sind aus Fig. 4, Tafel 3 entnommen, entsprechen also dem Beispiel $\varepsilon = \frac{1}{6}$. Ihre Vereinigung liefert die stark ausgezogene Linie, wobei der Maßstab für die letztere halb so groß genommen wurde. Man erkennt, daß für eine Umdrehung acht Überschneidungen mit der Linie gleichen Widerstandes vorhanden sind; in gleichmäßigen Zwischenräumen folgen Arbeitsüberschüsse und -unterschüsse von gleicher Größe. Unabhängig von der Umdrehzahl gibt es nur die eine gezeichnete Drehkraftlinie, da ja für $\lambda = 0$ bei 90⁰ Kurbelversetzung die Massendruckdrehmomente sich aufheben.

Ganz anders stellt sich die Sache, wenn die endliche Stangenlänge berücksichtigt wird. In Fig. 4 auf Tafel 4 liegen den beiden punktierten Drehkraftlinien für die Dampfüberdrücke genau dieselben Verhältnisse zugrunde wie in Fig. 3, und zwar Anfangsspannung = 7 Atm., Gegendruckspannung = 1,15 Atm., Füllungsgrad $= \frac{1}{6}$, Kompression bis 0,8 der Anfangsspannung. Trotzdem weicht die resultierende Drehkraftkurve ohne Rücksicht auf den Massendruck (die stark ausgezogene Linie) schon erheblich ab von derjenigen in Fig. 3; die einzelnen Arbeitsüberschüsse und -unterschüsse werden nicht mehr gleich groß. Jetzt verschwindet auch nicht der Einfluß der Massendrücke. Trägt man die resultierende Drehkraftkurve, die von den Massendrücken herrührt und deren Verlauf aus Fig. 2 Tafel 4 erkennbar ist, in die Figur ein, so ändert sich die Gestalt der Drehkraftlinie bedeutend, wir erhalten in Fig. 4 die fein ausgezogene Linie. Die für die Schwungradberechnung maßgebenden größten Überschuß- oder, wie es meist der Fall ist, größten Unterschußflächen fallen allerdings kaum kleiner aus; trotzdem ist der Einfluß der Massenwirkung als günstig zu bezeichnen, da die Ab- und Zunahme der Drehkräfte sanfter erfolgt, also nicht so harte

Auf- und Abschwankungen der Drehmomente eintreten, wie bei der Drehkraftlinie ohne Massenwirkung. Die gleichen Betrachtungen können wir auch an Fig. 7 auf Tafel 3 anstellen, die für den vorliegenden Fall die Anwendung des vereinfachten Verfahrens nach Seite 64 zeigt.

Legt man sich die Frage vor, ob denn gerade der meist benutzte Kurbelversetzungswinkel von 90^0 für die Gleichförmigkeit des Ganges der günstigste sei, so kann diese Frage nicht ohne weiteres bejaht werden. Um an einem Beispiel die Sache zu prüfen, sind in Fig. 1 auf Tafel 5 die **Kurbeln unter 60^0** gegeneinander versetzt angenommen; der Bequemlichkeit halber wurde dabei $\lambda = 0$, unendliche Schubstangenlänge, zugrunde gelegt. Die resultierende Drehkraftkurve, die von den Dampfüberdrücken herrührt, zeigt jetzt offenbar einen ungünstigeren Verlauf. Wir erhalten vier Überschneidungen und bedeutend größere Schwankungen der Drehkräfte, somit ganz erheblich größere Arbeitsüberschüsse als bei 90^0 Kurbelversetzung. Danach erscheint also die vorliegende Kurbelversetzung viel ungünstiger. Die Sache ändert sich aber vollständig, sobald die Massendrücke berücksichtigt werden. Wie wir bereits nachgewiesen haben, ergeben sich unter Voraussetzung unendlicher Stangenlänge resultierende Drehkräfte aus den Massendrücken, die bei jeder Kurbelzahl für eine Umdrehung nur vier Überschneidungen mit der Nullinie aufweisen. Hierdurch ist es sehr wohl möglich, daß die Massendrücke einen bedeutenden Einfluß ausüben. In Fig. 1 auf Tafel 5 stellt die fein gezeichnete untere Wellenlinie (Sinuslinie) die nach dem Verfahren S. 78 gefundene Massendruckdrehkraftlinie dar; ihre Vereinigung mit der Drehkraftlinie für die Dampfüberdrücke liefert die fein ausgezogene (obere) Drehkraftlinie, die einen viel gleichmäßigeren Verlauf zeigt. Die Arbeitsüberschüsse werden kleiner, die Ab- und Zunahme der Drehkräfte erfolgt äußerst sanft. Noch besser werden die Verhältnisse für eine etwas kleinere Umdrehzahl z. B. $n = 170$ i. d. Min.; die neue resultierende Drehkraftlinie (in Fig. 1, Tafel 5, punktiert gezeichnet) schwankt sehr wenig, die Arbeitsüberschüsse fallen noch kleiner aus.

Will man einen Vergleich der üblichen Kurbelstellung unter 90^0 mit einer anderen, etwa der hier untersuchten Versetzung der Kurbeln um 60^0, anstellen, so muß man zugestehen, daß die Arbeitsüberschüsse in Fig. 1, Tafel 5, (bei 60^0 Versetzung) durch geeignete Benutzung der Massendrücke, d. h. für eine günstigste Umdrehzahl noch etwas kleiner gemacht werden können, als sie in Fig. 4, Tafel 4, für die gebräuchliche Kurbelversetzung um 90^0 gefunden wurden. Der Unterschied ist jedoch nicht so erheblich, daß es lohnen würde, von dem gebräuchlichen Winkel 90^0 abzuweichen, zumal wenn auch der Betrieb mit kleineren Umdrehzahlen der Maschine ermöglicht werden muß; denn in diesem Falle würde bei einem anderen Kurbelversetzungswinkel als 90°, wie aus Fig. 1, Tafel 4, hervorgeht, die Gleichförmigkeit wegen der größeren Arbeitsüberschüsse eine geringere werden. Trotzdem kann ein anderer Versetzungswinkel als 90° für besondere Zwecke durchaus empfehlenswert sein, wenn man auf die aus Fig. 1, Tafel 5, ersichtlichen sanften Schwankungen der Drehkräfte Wert zu legen hat, wenn es besonders darauf ankommt, daß die Veränderungen der Drehmomente recht allmählich vor sich gehen. Daß in dieser Beziehung die Drehkraftkurven in Fig. 1, Tafel 5 den schnell und heftig auf- und abwogenden Drehkräften in Fig. 4, Tafel 4, weit überlegen sind, zeigt ein Vergleich beider Figuren hinreichend deutlich.

3. Drehkraftkurven für Verbundmaschinen.

Hinsichtlich der Drehkraftkurven ergibt sich für die beiden Anordnungen:
1. der Tandemmaschine mit einem gemeinsamen Kurbelgetriebe und
2. der Woolfschen Maschine mit zwei unter 180° versetzten Kurbeln

kein Unterschied, wenn im übrigen die Füllungsverhältnisse und die Größe des Aufnehmers übereinstimmen und wenn von der endlichen Schubstangenlänge abgesehen, d. h. kein Unterschied zwischen Hin- und Rückgang gemacht wird. Da es sich hier eigentlich nicht um ein neues Verfahren beim Aufsuchen der Drehkräfte handelt, sondern nur gezeigt werden soll, wie beim Ermitteln der Dampfüberdrücke vorzugehen ist, so wollen wir der Einfachheit halber die Schubstangenlänge als unendlich voraussetzen. Fig. 83a zeigt zunächst das Dampfdruckdiagramm des Hochdruckzylinders in bekannter Weise entwickelt, und zwar für ein Zylinderverhältnis 1:3, für einen Aufnehmer mit dem zweifachen Volumen des Hochdruckzylinders, 7 Atm. Anfangsspannung und $\frac{1}{4}$ Füllung im Hochdruckzylinder; die punktierte Linie ist die richtige Gegendrucklinie, die ausgezogene untere Begrenzung die herumgeklappte Gegendrucklinie, so daß die Überdrücke, in Atmosphären gemessen, unmittelbar abgegriffen werden können. Fig. 83b stellt das Dampfdruckdiagramm für den Niederdruckzylinder dar; die punktierte Linie ist die wirkliche Ausströmlinie, die untere ausgezogene Linie die herumgeklappte Gegendrucklinie, so daß sich wieder die Überdrücke bequem abmessen lassen. Während wir für den Hochdruckzylinder die spezifischen Dampfdrücke in Atmosphären gleichsam in wahrer Größe aufgetragen haben, sind nun die Drücke im Zylinderverhältnis, hier also dreimal, vergrößert worden, um dadurch die größere Kolbenfläche des Niederdruckzylinders zur Geltung zu bringen. Die ab-

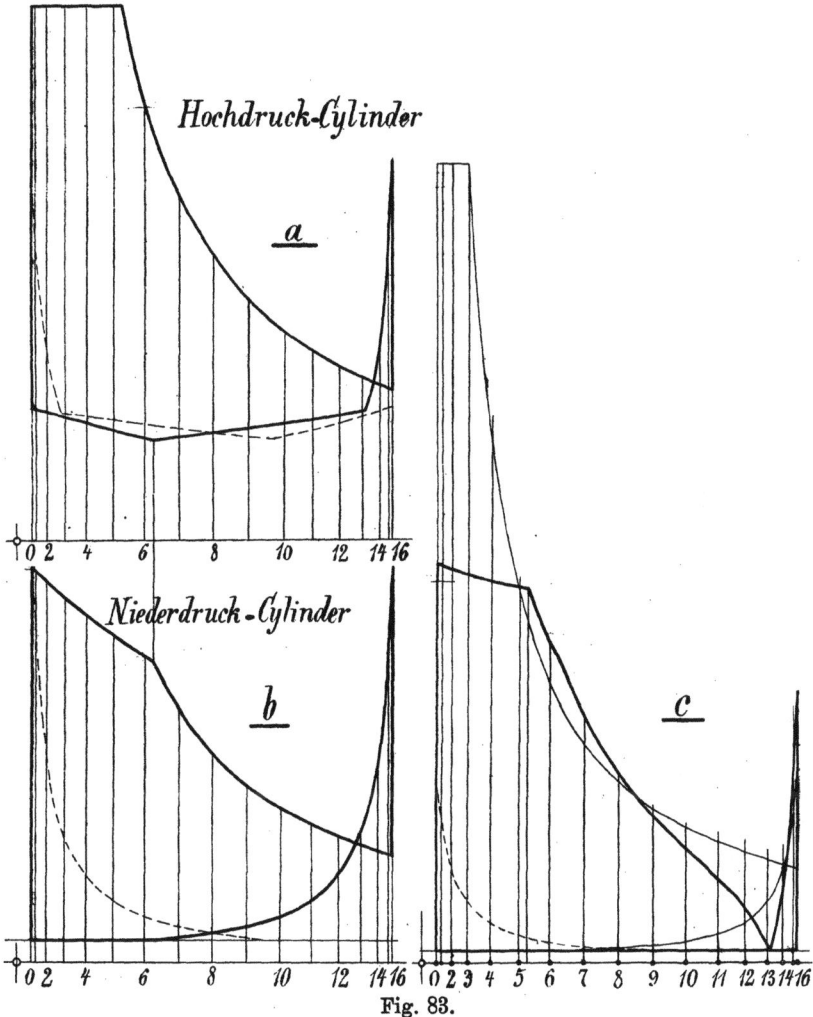

Fig. 83.

soluten Kolbenkräfte würden also aus beiden Überdruckdiagrammen gefunden werden, wenn man die Überdruckordinaten (in Atmosphären gemessen) mit der Kolbenfläche des Hochdruckzylinders multipliziert.

Außerdem wurde der Kolbenhub (im Original = 10 cm) für beide Zylinder, wie es ja auch in Wirklichkeit fast immer (bei den

Tandemmaschinen selbstverständlich stets) der Fall ist, gleich groß angenommen. Nunmehr brauchen nur die gleichen Kolbenstellungen entsprechenden, in Fig. 83 a und b senkrecht übereinanderliegenden Ordinatenwerte der beiden Überdrucklinien addiert zu werden, um das resultierende Überdruckdiagramm Fig. 83 c zu erhalten, aus dem sich genau wie bei der Einzylindermaschine die Drehkraftkurve (s. Tafel 4, Fig. 2) entwickeln läßt. (In Fig. 83 c wurde der Spannungsmaßstab nur halb so groß gewählt wie in Fig. 83 a und b, damit die Figur nicht zu unförmig hoch ausfällt.)

Die Vorteile der Verbundmaschinen hinsichtlich der Wärmeverhältnisse gegenüber der Einzylindermaschine als bekannt vorausgesetzt, soll noch kurz auf die Vorteile der Tandemmaschine und der Woolfschen Maschine bezüglich der Gleichförmigkeit des Ganges hingewiesen werden.

Würde in einem einzigen Zylinder die Gesamtexpansion erfolgen, so ergäbe sich bei gleichem Füllungsgrad ($=\frac{1}{12}$) das in Fig. 83 c feingezeichnete Dampfdruckdiagramm. Die Anfangsspannungen mußten natürlich bei dem Vergleich als gleich vorausgesetzt werden, aber der Querschnitt des Niederdruckzylinders für die Berechnung der Kolbenkräfte zugrunde gelegt werden; deshalb erscheinen in Fig. 83 c die Ordinaten für das fein ausgezogene Diagramm in dreimal größerem Maßstabe aufgetragen wie für die stark ausgezogene resultierende Überdrucklinie in Fig. 83 c. Die Arbeitswerte, d. h. die Flächeninhalte beider Diagramme in Fig. 83 c sind aus dem Grunde nicht genau gleich groß, weil sich bei der einmaligen Kompression nur in einem Zylinder bei gleichem Kompressionsbeginn die Kompressionsendspannung nicht so weit treiben läßt, wie bei zweimaliger Kompression in zwei verschiedenen Zylindern. Deshalb liegt auch die Widerstandslinie in Fig. 2, Tafel 5 für die Vergleichsmaschine (in Fig. 2, Tafel 5, fein ausgezogen) etwas höher. Ein Blick auf diese Figur lehrt, daß bei der Verbundmaschine mit $0°$ oder $180°$ Kurbelversetzung eine kleinere Überschußfläche und damit eine größere Gleichförmigkeit erzielt wird, als bei der Einzylindermaschine mit gleichen Expansionsverhältnissen. Also auch hinsichtlich der Gleichförmigkeit des Ganges erscheinen die Verbundmaschinen den Einzylindermaschinen überlegen.

Verbundmaschinen mit Versetzung der Kurbeln unter $90°$ ähneln inbezug auf den Verlauf der Drehkraftkurven den Zwillingsmaschinen. In Fig. 84 links ist Dampfdruck- und Überdruckdiagramm für den Hochdruckzylinder, in Fig. 84 rechts desgleichen für den Niederdruckzylinder in derselben Weise, wie oben geschildert, gezeichnet. In Fig. 3, Tafel 5, wurden die beiden zugehörigen Drehkraftkurven entwickelt; die fein ausgezogene Linie ist diejenige für den Hochdruckzylinder, die strichpunktierte die für den Niederdruckzylinder. Durch Vereinigung beider ergibt sich die in Fig. 3, Tafel 5, stark ausgezogene resultierende Drehkraftkurve; hierbei wurde zur Erzielung größerer Klarheit der Figur der Maßstab für die Ordinaten des resultierenden Diagramms halb so groß genommen.

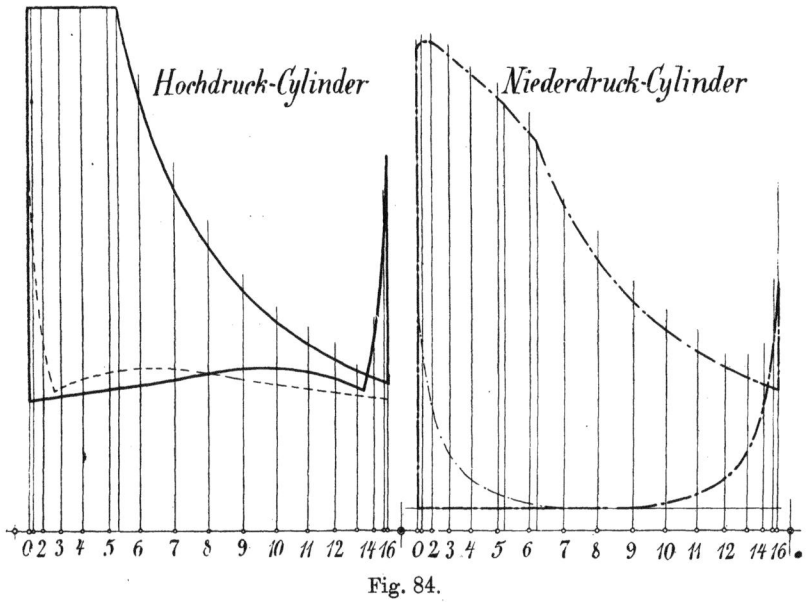

Fig. 84.

Es finden sich auch hier, wie bei der Zwillingsmaschine (vgl. Fig. 3, Tafel 4) acht Überschneidungen, die Über- und Unterschußflächen werden jedoch nicht mehr gleich groß. Ein im allgemeinen sanfteres Auf- und Abwogen der Drehkräfte als bei der Zwillingsmaschine läßt auch hinsichtlich der Gleichförmigkeit die Verbundmaschine etwas zweckmäßiger als die Zwillingsmaschine erscheinen.

Die Konstruktion der Drehkraftkurven für Maschinen mit drei oder mehr Kurbeln bietet nichts Neues. Wir können deshalb diesen Abschnitt verlassen und zu einem anderen Verfahren übergehen: zur rechnungsmäßigen Bestimmung der Arbeitsüberschüsse und zur Berechnung der erforderlichen Schwungradmasse ohne Benutzung von Drehkräften.

C. Schwungradberechnung ohne Zeichnung von Diagrammen.

1. Für Dampfmaschinen.

Die Grundgleichung zur Berechnung der erforderlichen Masse M des Schwungringes lautete:

$$a F \mathfrak{A}_a = M_a V_m^2 \delta_s,$$

worin $\mathfrak{A}_a$ den aufzunehmenden Arbeitsüberschuß, V die mittlere Geschwindigkeit des Schwungringes und δ_s den Ungleichförmigkeitsgrad bedeutet. Wenn nun auch das Aufsuchen des Arbeitsüberschusses $\mathfrak{A}_a$ mit Hilfe der Drehkraftkurven übersichtlich und ohne grundsätzliche Schwierigkeiten geschehen kann, so erfordert dies Verfahren immerhin eine nicht unbeträchtliche zeichnerische Arbeit, zu deren Ausführung in der Praxis nicht immer die nötige Zeit zur Verfügung steht. Man behilft sich deshalb sehr häufig mit einem rechnerischen Näherungsverfahren, das im folgenden erläutert werden soll.

Gehen wir die verschiedenen Drehkraftlinien im Geiste noch einmal durch, so finden wir deren Gestalt und die Größen der die Linie des Widerstandes überschießenden oder unterschießenden Flächen in der Hauptsache von folgenden Werten abhängig: von der Anfangsspannung p_a, dem Füllungsgrade, der Ausströmspannung, dem Kompressionsenddruck und schließlich von dem Massendruck, d. h. von der Umdrehzahl. Alle diese Werte auf ihren Einfluß hin zu prüfen und die Ergebnisse etwa in Tabellen festzulegen, erscheint kaum möglich. Da die Unterschiede aber nicht allzu bedeutend sind und überdies eine übertrieben genaue Bestimmung des Arbeitsüberschusses praktisch keinen Sinn hat, kann man sich auf eine Reihe häufig vorkommender Werte beschränken und dafür die Ergebnisse zusammenfassen.

Wir berücksichtigen folgende Verhältnisse:

1. Kompression bis 0,7 der Einströmungsspannung p_a und zum Vergleich Kompression = Null.
2. Verschiedene Füllungsgrade.
3. Einzylindermaschinen ohne Kondensation mit 1,15 Atm. Gegendruck und Einzylindermaschinen mit Kondensation mit 0,2 Atm. Gegendruck.
4. Verschiedene Umdrehzahlen oder besser Massendrücke.

Will man in bezug auf die Massenwirkung allen Umständen gerecht werden, so hat die Angabe lediglich der Umdrehzahlen oder der mittleren Kolbengeschwindigkeiten keinen Zweck. Die Massendrücke hängen ja auch vom Kurbelhalbmesser und dem

Werte q, dem Gewichte der hin und her bewegten Teile, bezogen auf 1 qcm Kolbenfläche, ab. Man vermeidet diese Unsicherheit, wenn man die Größe von $p_b = r\omega^2 \dfrac{q}{g}$ oder noch besser deren Verhältnis zur Anfangsspannung p_a als maßgebend zugrunde legt. Zeichnet man nun in entsprechenden Abstufungen für alle die vorstehenden Möglichkeiten die Drehkraftkurven auf und ermittelt daraus die Arbeitsüberschüsse, so gewinnt man eine Reihe von Zahlenwerten, die sich immer wieder verwenden lassen. So hat z. B. K. Mayer sich in dankenswerter Weise der Mühe unterzogen, eine große Anzahl von solchen Werten zu ermitteln; siehe Z. d. V. d. Ing. 1889, S. 113 usf. Ich habe die Mayerschen Werte für die nachstehende Tabelle benutzt und nach Möglichkeit ergänzt. Für gewöhnliche Verhältnisse dürfte mit praktisch hinreichender Genauigkeit die Berechnung der erforderlichen Schwungmasse auf Grund dieser Tabelle stets durchzuführen sein.

Entwicklung der Näherungsformel.

Füllungsgrad, Kompressionsgrad usf. als gegeben betrachtet, fällt der Arbeitsüberschuß in dem Drehkraftdiagramm offenbar als ein bestimmter Teil der bei einer Umdrehung von dem Dampfdrucke geleisteten Arbeit aus; denn unter gleichen Verhältnissen werden die Linienzüge stets ähnlich. Es findet sich also

$$\mathfrak{A}_s = C \cdot p_i \cdot F s,$$

worin C eine aus der Drehkraftkurve zu entnehmende Konstante, p_i den mittleren indizierten Überdruck in Atmosphären, F den Kolbenquerschnitt in Quadratzentimetern und s den Kolbenhub in Metern bedeutet.

Die Leistung N der Maschine, in PS gemessen, findet sich bei einer minutlichen Umdrehzahl n

$$N = \dfrac{2n \cdot p_i \cdot F s}{60 \cdot 75};$$

daraus folgt $p_i \cdot F s = \dfrac{60 \cdot 75 \, N}{2n}$ oder $\mathfrak{A}_s = C \cdot \dfrac{60 \cdot 75 \, N}{2n}$.

Indem man diesen Ausdruck in die Grundgleichung und statt der Masse des Schwungringes noch dessen Gewicht $G_s = M_s \cdot g$ einführt, erhält man

$$\mathfrak{A}_s = C \dfrac{60 \cdot 75 \cdot N}{2n} = \dfrac{G_s}{g} \cdot V^2 \delta_s$$

oder
$$G_s = C \dfrac{60 \cdot 75 \cdot g}{2} \cdot \dfrac{N}{n V^2 \delta_s}.$$

Ziehen wir schließlich die Konstanten C mit dem Zahlenwerte $\dfrac{60 \cdot 75 \cdot 9{,}81}{2}$ zu dem neuen Faktor c zusammen, so gewinnen wir zur Berechnung des Gewichtes G_s des Schwungringes die Gleichung

$$G_s = c \cdot \frac{N}{n V^2 \delta_s} \quad \ldots \ldots \ldots \quad (23)$$

Die Zahlenwerte für die Konstanten c sind in nachfolgender Tabelle zusammengestellt.

Tafel der Konstanten c
für verschiedene Füllungen, Kompressionsgrade und Massendrücke.

$$\left(p_a = \text{Anfangsspannung}, \ p_b = b_k \cdot \frac{q}{g} = r \omega^2 \cdot \frac{q}{g} \right).$$

Einzylindermaschinen ohne Kondensation.

Füllung		$\dfrac{p_b}{p_a}=0{,}05$	0,1	0,2	0,3	0,4	0,5	0,6
$\dfrac{1}{6}$	Kompr. $= 0{,}7\, p_a$	9600	8700	7200	6100	5500	5300	—
	Ohne Kompression	8600	7700	6300	5200	4500	4200	—
$\dfrac{1}{4}$	Kompr. $= 0{,}7\, p_a$	9000	8300	7200	6300	6000	6000	6200
	Ohne Kompression	8500	7900	6800	5800	5300	5400	5800
$\dfrac{1}{3}$	Kompr. $= 0{,}7\, p_a$	8500	8100	7100	6500	6300	6300	—
	Ohne Kompression	8300	7800	6900	6300	6100	6000	—
$\dfrac{1}{2}$	Kompr. $= 0{,}7\, p_a$	7800	7500	7000	6900	—	—	—
	Ohne Kompression	7600	7400	7000	7000	—	—	—

Einzylindermaschinen mit Kondensation.

Füllung		$\dfrac{p_b}{p_a}=0{,}05$	0,1	0,2	0,3	0,4	0,5	0,6
$\dfrac{1}{10}$	Kompr. $= 0{,}7\, p_a$	10000	9100	7500	6400	5700	5300	5200
	Ohne Kompression	7600	6700	5100	4500	4600	5400	7100
$\dfrac{1}{8}$	Kompr. $= 0{,}7\, p_a$	9700	8800	7400	6500	6000	5700	4800
	Ohne Kompression	7500	6800	5400	4800	4600	4900	5700
$\dfrac{1}{6}$	Kompr. $= 0{,}7\, p_a$	8900	8300	7100	6400	6100	—	—
	Ohne Kompression	7500	7000	5800	5000	4900	—	—
$\dfrac{1}{5}$	Kompr. $= 0{,}7\, p_a$	8500	8100	7200	6400	6100	—	—
	Ohne Kompression	7500	7100	6200	5400	5000	—	—
$\dfrac{1}{4}$	Kompr. $= 0{,}7\, p_a$	8000	7800	7400	7000	6600	6200	—
	Ohne Kompression	7300	7000	6600	6200	5900	5600	—
$\dfrac{1}{3}$	Kompr. $= 0{,}7\, p_a$	7500	7400	7000	6900	6900	6800	6800
	Ohne Kompression	7100	6800	6700	6600	6500	6400	6300
$\dfrac{1}{2}$	Kompr. $= 0{,}7\, p_a$	—	—	6800	—	—	—	—
	Ohne Kompression	—	—	6500	—	—	—	—

Zwillingsmaschinen.

Füllung =	$\frac{1}{6}$	$\frac{1}{4}$	$\frac{1}{3}$	$\frac{1}{2}$
Kompression bis p_a	2900	2400	2000	1500
Ohne Kompression	2500	2300	2100	1500

Dreizylindermaschinen.
$$c = 1400.$$

2. Für Verbrennungsmotoren.

H. Güldner[1]) hat zuerst gezeigt, wie man auch bei Verbrennungsmotoren trotz der Vielseitigkeit der Verhältnisse ohne Aufzeichnung der Drehkraftkurven rein rechnerisch das Schwungradgewicht bestimmen kann. Wir wollen im nachstehenden, anschließend an Güldners Arbeit, seine Formel ableiten.

Auf Grund von Indikatordiagrammen, die ausgeführten Motoren entnommen wurden, entwickelte Güldner eine große Zahl von Drehkraftkurven, von denen einige besonders kennzeichnende auf Tafel 5 und 6 wiedergegeben sind. Bei allen Diagrammen wurde die endliche Stangenlänge mit $\lambda = \frac{1}{5}$ berücksichtigt; die Gewichte der hin und her gehenden Teile setzte Güldner entsprechend bewährten Ausführungen

$G_0 = q = 0{,}25$ bis $0{,}28$ Atm. bei Tauchkolben und Hüben $> 1{,}75\,d$,
$q = 0{,}30$ „ $0{,}33$ „ „ „ „ „ $> 2\,d$;
$q = 0{,}40$ „ $0{,}50$ „ „ Kreuzkopfführung und Hüben von
$1{,}5\,d$ bis $1{,}75\,d$.

Während bei den doppeltwirkenden Dampfmaschinen nach einer Kurbelumdrehung alle Verhältnisse wieder genau die gleichen werden, die Dampfdrücke (abgesehen von den kleinen, durch die endliche Stangenlänge bedingten Unterschieden) sogar bei jedem einfachen Kolbenhube sich wiederholen, haben wir bei den gebräuchlichen Verbrennungsmotoren meist länger dauernde Arbeitsperioden.

Bei den Viertaktmotoren folgen nacheinander vier verschiedene Hübe:

1. Hub: Ansaugen,
2. „ Verdichten,
3. „ Verbrennen und Ausdehnen,
4. „ Auspuff;

---

[1]) Berechnung des Schwungradgewichtes der Verbrennungsmotoren, von H. Güldner, Z. d. V. d. Ing. 1901, S. 365 ff.; der wesentliche Inhalt dieses Aufsatzes finden sich auch in dem Werke von H. Güldner: „Das Entwerfen und Berechnen der Verbrennungskraftmaschinen." Verlag von Jul. Springer.

daher ist selbstverständlich die Untersuchung auf vier Kolbenhübe oder zwei Umdrehungen auszudehnen.

Bei **Zweitaktmotoren** wiederholen sich die Arbeitsvorgänge bei jeder vollen Umdrehung; hier müssen wir demgemäß auch stets eine ganze Umdrehung untersuchen, und nur bei **Eintaktmotoren** können wir uns in gleicher Weise wie bei Dampfmaschinen auf einen Hub beschränken.

Wir wollen unserer Betrachtung zunächst einen **Viertaktmotor mit einem einfachwirkenden Zylinder** zugrunde legen.

Positive Arbeit wird während der vier Hübe allein auf dem dritten Hube, beim Verbrennen und Ausdehnen der Verbrennungsgase, geleistet; da nun beständig, d. h. während der sämtlichen vier Hübe am Kurbelzapfen, ein konstant anzunehmender Widerstand W vorhanden ist, so muß der größte Teil der beim dritten Hube geleisteten Arbeit $\mathfrak{A}_a$ in das Schwungrad fließen, um von dort aus während der übrigen drei Hübe zurückgegeben zu werden. Sehen wir von den Reibungswiderständen in dem Getriebe ab, so haben wir außer mit den Massenwiderständen und dem Nutzwiderstande W noch mit der auf dem zweiten Kolbenhube zur Verdichtung der angesaugten und zurückgebliebenen Gase zu überwindenden Kompressionsarbeit $\mathfrak{A}_c$ zu tun. Die Massenwiderstände leisten im ganzen weder positive noch negative Arbeit; denn das im ersten Teile eines Kolbenhubes während der Beschleunigung aufgespeicherte Arbeitsvermögen der geradlinig bewegten Massen wird in der zweiten Hubhälfte vollkommen wieder abgegeben; in den beiden Totlagen ist die Geschwindigkeit der hin und her gehenden Massen gleich Null, ebenso ihr Arbeitsvermögen, von Totpunkt zu Totpunkt, d. h. für jeden einzelnen Kolbenhub, ist also in der Tat weder eine Zunahme noch eine Abnahme an Arbeitsvermögen, somit auch keine Arbeitsabgabe oder -aufnahme festzustellen. Die Nutzarbeit für eine Arbeitsperiode von vier Hüben ergibt sich folglich

$$\mathfrak{A}_i = \mathfrak{A}_a - \mathfrak{A}_c,$$

daraus $\quad \mathfrak{A}_a = \mathfrak{A}_i + \mathfrak{A}_c.$

Drückt man die Arbeiten durch die mittleren indizierten Drücke p_i und p_c aus, schreibt man also

$$\mathfrak{A}_i = p_i \cdot Fs, \qquad \mathfrak{A}_c = p_c \cdot Fs$$

und setzt das Verhältnis

$$\frac{\mathfrak{A}_c}{\mathfrak{A}_i} = \frac{p_c}{p_i} = \varrho,$$

so wird die Arbeit

$$\mathfrak{A}_a = \mathfrak{A}_i \left(1 + \frac{\mathfrak{A}_c}{\mathfrak{A}_i}\right) = \mathfrak{A}_i (1 + \varrho).$$

Die Verhältniszahl ϱ hängt von der Art des Brennstoffes und der Zusammensetzung des Gemisches ab; je brennstoffreicher die Ladung ist, um so kleiner ist ϱ; nach Güldner kann im Mittel gesetzt werden:

für Leuchtgasmotoren: $\varrho = 0{,}25$ bis $0{,}35$,
„ Kraftgasmotoren: $\varrho = 0{,}35$ „ $0{,}45$,
„ Petroleummotoren: $\varrho = 0{,}30$ „ $0{,}40$,
„ Benzinmotoren: $\varrho = 0{,}10$ „ $0{,}20$,
„ Gleichdruckölmotoren: $\varrho = 0{,}48$ „ $0{,}52$.

Wie schon oben angedeutet, ergibt sich beim dritten Hube, dem Arbeitshube, ein bedeutender Arbeitsüberschuß; zweifellos ist dieser Arbeitsüberschuß $\mathfrak{A}_s$ (vgl. die Drehkraftdiagramme auf den Tafeln 6 und 7) der größte in einer Arbeitsperiode von vier Hüben und deshalb der Schwungradberechnung zugrunde zu legen. Vernachlässigt man in Fig. 85, die das Drehkraftdiagramm für den dritten Kolbenhub darstellt, die beiden schraffierten Dreiecke *123* und *456* (die tatsächlich zusammen kaum $1\,^0/_0$ der ganzen Fläche $\mathfrak{A}_a$ ausmachen), so erhält man den Arbeitsüberschuß

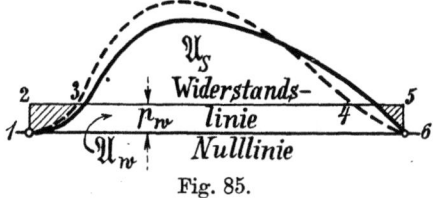

Fig. 85.

$$\mathfrak{A}_s = \mathfrak{A}_a - \mathfrak{A}_w.$$

Nun ist bei dem Viertaktmotor offenbar die Widerstandsarbeit

$$\mathfrak{A}_w = \frac{1}{4}\mathfrak{A}_i = 0{,}25\,\mathfrak{A}_i,$$

ferner war $\mathfrak{A}_a = (1+\varrho)\,\mathfrak{A}_i,$

folglich ist $\mathfrak{A}_s = (1+\varrho)\,\mathfrak{A}_i - 0{,}25\,\mathfrak{A}_i$

oder $\underline{\mathfrak{A}_s = (0{,}75 + \varrho)\,\mathfrak{A}_i}$ . . . . (24)

Mit Hilfe dieser Güldnerschen Gleichung für den Arbeitsüberschuß bei Viertaktmotoren läßt sich nun das Schwungradgewicht G_s aus der Grundgleichung

$$\mathfrak{A}_s = M_s V^2 \delta_s$$

leicht berechnen. Beträgt die Leistung des Motors bei n minutlichen Umdrehungen, also bei $\frac{1}{2}n$ Arbeitsperioden in der Minute N PS, so ist

$$N = \frac{\frac{n}{2}\cdot \mathfrak{A}_i}{60\cdot 75};$$

daraus $\quad \mathfrak{A}_i = 60 \cdot 150 \cdot \dfrac{N}{n} = 9000 \dfrac{N}{n} \text{ mkg}.$

Durch Einsetzen dieser Werte findet man

$$\mathfrak{A}_s = (0{,}75 + \varrho) \cdot 9000 \dfrac{N}{n} = M_s V^2 \delta_s$$

oder

$$M_s = \dfrac{(0{,}75 + \varrho) \cdot 9000 \dfrac{N}{n}}{\delta_s V^2}$$

$$G_s = \dfrac{9{,}81 \cdot 9000 \cdot (0{,}75 + \varrho) N}{\delta_s n V^2}$$

oder

$$G_s = \sim \dfrac{90000 \cdot (0{,}75 + \varrho) N}{\delta_s n V^2}, \quad \ldots \ldots \quad (25)$$

wenn zur Vereinfachung und um gleichzeitig den durch Weglassen der kleinen Dreiecke gemachten Fehler auszugleichen statt 9,81 $\sim$ 10 gesetzt wird.

Der Einfluß der Massendrücke verschwindet bei der vorstehenden Rechnung; dies hat mehrere Gründe. Einmal ist der größte Massendruck p_b, in Atm. ausgedrückt, gegenüber den hohen Spannungen bei der Verbrennung verhältnismäßig klein, so daß für den dritten Hub die mit und ohne Massenwirkung gezeichneten Drehkraftkurven (vgl. Fig. 85 und Tafel 6 und 7, worin die ausgezogenen Linien den Massendruck berücksichtigen, die gestrichelten Linien dagegen nicht) nur unerheblich voneinander abweichen. Zweitens beruht das Verfahren von Güldner auf der Vernachlässigung der kleinen schraffierten Dreiecke *123* und *456* in Fig. 85; da die Subtraktion dieser Dreiecke zusammen überhaupt nur etwa 1 % Fehler ausmacht, so bedeutet der Unterschied der Dreiecke unter sich für die ausgezogene und die gestrichelte Drehkraftkurve erst recht einen praktisch bedeutungslosen Einfluß.

Die vorstehenden Formeln gelten zunächst für liegende Maschinen; für stehende Maschinen ist noch eine kleine Berichtigung wegen der Gewichtswirkung des Kolbentriebwerks nötig; der Wert $\mathfrak{A}_a$ erhöht sich offenbar um

$$Gs = p_g F s = p_i F s \dfrac{p_g}{p_i} = p_i F s \varrho',$$

wenn $\varrho' = \dfrac{p_g}{p_i}$ geschrieben wird. Ungefähr ist $\varrho' = 0{,}1$, daher ist in Formel 24 und 25 statt 0,75 etwa 0,85 zu setzen; stehende Maschinen erfordern also ein rund 8 % größeres Schwungradgewicht.

W. Riehn (s. Z. d. V. d. Ing. 1913, S. 1101) hat die Güldnersche Formel nachgeprüft und eine sehr gute Übereinstimmung von Versuch und Formel gefunden.

Für **andere Bauarten** als den Viertaktmotor mit einem einfachwirkenden Zylinder gelten die vorstehenden Entwickelungen nur mit mehr oder minder großer Annäherung. Bei doppelter Wirkung oder Mehrzylindermotoren wird der Gleichgang natürlich größer, oder umgekehrt: es kann das Schwungradgewicht kleiner gemacht werden. Güldner fand aus einer großen Zahl genauer Drehkraftdiagramme, von denen Tafel 6 und 7 einige mit den nötigen Angaben wiedergibt, daß man den einfachwirkenden Viertaktmotor als Einheit zugrunde legen kann und das Schwungradgewicht bei anderen Bauarten dann k mal so groß $(k<1)$ machen darf. Die Werte dieser Verhältniszahlen ergeben sich aus folgender Tabelle:

Werte von k.

	Bauart	Viertakt	Zweitakt
1.	1 einfachwirkender Zylinder	1,0	0,40
2.	1 doppeltwirkender Zylinder	0,615	0,110
3.	2 Zylinder hintereinander	0,40	0,40
4.	2 „ gegenüber, gemeins. Kurbel . . .	0,645	0,085
5.	2 „ nebeneinander, 360° Kurbelwinkel	0,40	0,40
6.	2 „ „ 180° „	0,645	0,085

3. Änderung des Ungleichförmigkeitsgrades mit der Leistung und der Umdrehzahl.

Zur Aufrechterhaltung des Gleichgewichtes muß sich die Leistung einer Kraftmaschine beständig dem Widerstande anpassen. Bleibt die Umdrehzahl dieselbe, so wird sich trotz gleichbleibender Umfangsgeschwindigkeit der Schwungmasse der Ungleichförmigkeitsgrad bei Änderung der Leistung verändern. Aus der Gleichung

$$\mathfrak{A}_s = M_s V^2 \delta_s$$

folgt $$\delta_s = \frac{\mathfrak{A}_s}{M_s V^2};$$

δ_s steigt und fällt also in gleichem Verhältnis mit dem Arbeitsüberschuß, der vom Schwungrade aufzunehmen ist. Werden die Nutzleistungen größer, so wachsen auch im allgemeinen die Arbeitsüberschüsse und umgekehrt. Vermindert man z. B. die Leistung durch Verkleinerung des Füllungsgrades, so liefern die neuen Drehkraftkurven geringere Über- und Unterschüsse gegen die neue Linie gleichen Widerstandes. Man kann sich hiervon durch Aufzeichnen verschiedener Drehkraftkurven unschwer überzeugen. Noch leichter sieht man dies ein, wenn man das Schwungradgewicht auf Grund der Formel 23

$$G_s = \frac{c}{\delta_s} \frac{N}{nV^2}$$

berechnet; hieraus folgt der Ungleichförmigkeitsgrad

$$\delta_s = \frac{cN}{nV^2 G_s}.$$

Während der Nenner konstant bleibt, ändern sich beide Faktoren c und N des Zählers. Nach der Tabelle auf Seite 90 u. 91 wird c kleiner, wenn der Füllungsgrad wächst, falls die Massenwirkung der hin und her gehenden Teile nur gering ist; bei größeren Massendrücken ändert sich c nur wenig oder nimmt gar mit wachsendem Füllungsgrad zu. Mit abnehmender Leistung N, die durch Verminderung des Füllungsgrades herbeigeführt ist, wächst also c im allgemeinen nur wenig oder nimmt sogar ab, folglich wird auch das Produkt cN mit kleiner werdender Leistung kleiner werden, d. h. bei Dampfmaschinen sinkt der Ungleichförmigkeitsgrad des Schwungrades mit abnehmender Leistung. Für die Berechnung des erforderlichen Schwungradgewichtes bei gegebenem Ungleichförmigkeitsgrade ist demgemäß die größte Leistung, d. h. der größte vorkommende Füllungsgrad, zugrunde zu legen.

Bei Verbrennungsmotoren gelten etwa die gleichen Beziehungen, wenn es sich um sog. Präzisionsmotoren handelt. Bei der Präzisionsregelung wird durch Verminderung des mittleren Verbrennungsdruckes die Leistung verringert. Hierbei sinkt die positive Arbeitsgröße $\mathfrak{A}_a$ stärker als die Widerstandsarbeit für den einzelnen Hub, also wird auch hier mit abnehmender Leistung der Ungleichförmigkeitsgrad des Motors kleiner.

Anders liegen die Verhältnisse, wenn die Regelung des Verbrennungsmotors durch Aussetzer, d. h. durch zeitweiliges Ausfallen ganzer Verbrennungsperioden, erfolgt. Dann steigt mit abnehmender Leistung der Ungleichförmigkeitsgrad. Der positive Arbeitswert $\mathfrak{A}_a$ ist jedesmal für eine Verbrennungsperiode derselbe wie bei der Höchstbelastung; die Linie gleichen Widerstandes liegt aber wegen der verminderten Leistung tiefer, deshalb wird auch der vom Schwungrade aufzunehmende Arbeitsbetrag $\mathfrak{A}_s$ größer. Nennen wir den Ungleichförmigkeitsgrad bei der Höchstleistung δ, den Ungleichförmigkeitsgrad, der sich ergibt, wenn x Aussetzer auf eine Verbrennungsperiode entfallen, wenn also die Leistung auf den $(1+x)$ ten Teil der Höchstleistung sinkt, δ_x, so wäre der Arbeitsüberschuß

$$\mathfrak{A}_s = \mathfrak{A}_a - \mathfrak{A}_w,$$

dagegen der Arbeitsüberschuß bei verminderter Leistung

$$\mathfrak{A}_x = \mathfrak{A}_a - \frac{\mathfrak{A}_w}{1+x}.$$

Nun war $\mathfrak{A}_w = 0{,}25\,\mathfrak{A}_i$:

bei der $(1+x)$ mal kleineren Leistung ist

$$\mathfrak{A}_{w_x} = \frac{0{,}25\,\mathfrak{A}_i}{1+x},$$

somit

$$\mathfrak{A}_x = \mathfrak{A}_a - \frac{0{,}25\,\mathfrak{A}_i}{1+x};$$

ferner war

$$\mathfrak{A}_a = (1+\varrho)\,\mathfrak{A}_i;$$

dies eingesetzt gibt

$$\mathfrak{A}_x = (1+\varrho)\,\mathfrak{A}_i - \frac{0{,}25}{1+x}\,\mathfrak{A}_i.$$

Die beiden Ungleichförmigkeitsgrade verhalten sich wie die betreffenden Arbeitsüberschüsse, folglich erhalten wir, da nach Gl. 24 $\mathfrak{A}_s = (0{,}75+\varrho)\,\mathfrak{A}_i$ ist,

$$\frac{\delta_x}{\delta} = \frac{\mathfrak{A}_x}{\mathfrak{A}_s} = \frac{1+\varrho-\dfrac{0{,}25}{1+x}}{0{,}75+\varrho} \quad \ldots \ldots \quad (26)$$

Wird also ein höchster zulässiger Ungleichförmigkeitsgrad vorgeschrieben, so ist die bei abnehmender Leistung eintretende Zunahme von δ_s bei der Schwungradberechnung zu berücksichtigen.

D. Schwungradberechnung mit Hilfe des Massenwuchtdiagramms.

(Verfahren von F. Wittenbauer[1].)

Gegen das unter B. entwickelte Verfahren hat man (besonders von mathematischer Seite) eingewandt, daß die bei der Berechnung der Massenwiderstände zugrunde gelegte Annahme einer konstanten Winkelgeschwindigkeit der Kurbelwelle im Widerspruche

---

[1] Z. d. V. d. Ing. 1905, S. 471: F. Wittenbauer, Die graphische Ermittlung des Schwungrades, ein Beitrag zur graphischen Dynamik.

steht mit der gleichzeitig gemachten Annahme eines gewissen Ungleichförmigkeitsgrades. Einmal wird also die Winkelgeschwindigkeit als unveränderlich, das andere Mal als schwankend angenommen. Die unter B. entwickelte Methode, bei der an Stelle der wirklichen Geschwindigkeiten des Kurbelzapfens zur Berechnung der Beschleunigungen ein konstanter Mittelwert gesetzt wird, könnte in der Tat wissenschaftlich als nicht ganz einwandsfrei bezeichnet werden, wenn nicht der Nachweis erbracht wird, daß diese Näherungsmethode praktisch durchaus genügend genau ist, bzw. gezeigt wird, in welchen Fällen dies Näherungsverfahren zulässig ist.]

Warum wir überhaupt die Näherungsannahme einer konstanten Winkelgeschwindigkeit bei der Bestimmung der Beschleunigungen und der Massenwiderstände gemacht haben, ist klar: weil wir die wirkliche Geschwindigkeit noch nicht kannten, sondern nur wußten, daß sie (bei kleinem δ_s, und das ist doch der hauptsächlich vorkommende Fall) nicht viel von der mittleren Geschwindigkeit abweicht. Indem wir die Arbeitsüberschüsse mit Hilfe der Drehkraftkurven aufsuchten, hatten wir ja erst das Ziel vor Auge, durch die Arbeitsüberschüsse den Zuwachs an Arbeitsvermögen und dadurch die Geschwindigkeitsschwankung zu berechnen. Das Verfahren unter B. ist keine unmittelbare Lösung der Aufgabe im Sinne der Dynamik, sondern eigentlich eine statische Lösung durch Näherungsannahmen unter Ausschaltung der dynamischen Grundaufgabe, die Geschwindigkeiten aus den gegebenen Kräften und den Massenverteilungen zu bestimmen.

Im nachstehenden Abschnitt wird nun gezeigt werden, wie sich die strenge, wirklich dynamische Lösung unserer Aufgabe durchführen läßt. Auf Grund dieses genauen Verfahrens kann man dann leicht die Berechtigung der Methode unter B. nachprüfen und ferner damit auch solche praktisch wichtigen Fälle erledigen, für die das Näherungsverfahren unter B. in der Tat nicht mehr zulässig sein würde, z. B. die Berechnung von Pumpen mit ganz geringen Umdrehzahlen.

a) Das allgemeine Verfahren.

Dynamisch gesprochen, liegt bei sehr vielen Aufgaben der Maschinentechnik, insbesondere auch bei unserer Aufgabe, ein System mit einem Freiheitsgrade vor, dessen Anfangsbewegung zu irgendeinem Zeitpunkt bekannt ist und dessen weitere Bewegung durch die von den einzelnen Systemstellungen abhängigen Kräfte bestimmt wird. Unsere Kraftmaschine hat deshalb nur einen

Freiheitsgrad, weil die zusammengehörigen Stellungen aller Teile durch eine einzige veränderliche Größe, z. B. durch den von der Totlage aus gemessenen Kurbeldrehwinkel festgelegt werden.

Kennt man bei einem solchen System die Bewegung eines Punktes, d. h. seine augenblickliche Stellung, seine augenblickliche Geschwindigkeit und Beschleunigung, so ist damit die Bewegung aller übrigen Punkte, d. h. deren augenblickliche Stellung, Geschwindigkeit und Beschleunigung festgelegt. Für jede einzelne Stellung bestehen zwischen den unendlich kleinen Wegen und deshalb auch zwischen den Geschwindigkeiten der verschiedenen Punkte ganz bestimmte, geometrisch leicht zu ermittelnde Verhältnisse. Es empfiehlt sich daher bei der Untersuchung solcher Systeme mit einem Freiheitsgrad von dem Wuchtsatz auszugehen: „Die gesamte Zunahme an Wucht (Arbeitsvermögen) ist gleich der von allen Kräften geleisteten Arbeit." Bei der Benutzung dieses Satzes zur Berechnung der Geschwindigkeiten sind in der Hauptsache zwei Aufgaben zu lösen:

1. ist für jeden Augenblick oder für jede Stellung unseres Systems die von den Kräften bis dahin geleistete Arbeit $\mathfrak{A}$ zu ermitteln und

2. ist die in jeder Stellung vorhandene gesamte Wucht E aufzusuchen.

Nennen wir die Massen $m_1, m_2, m_3 \ldots$, deren augenblickliche Geschwindigkeiten $v_1, v_2, v_3 \ldots$, so beträgt die gesamte Wucht

$$E = \frac{m_1 v_1^2}{2} + \frac{m_2 v_2^2}{2} + \frac{m_3 v_3^2}{2} + \ldots$$

Nun sind, wie schon erwähnt, die einzelnen Geschwindigkeiten der verschiedenen Punkte durch die Geschwindigkeit irgendeines beliebig ausgewählten Punktes ausdrückbar. Nennen wir einen solchen ausgewählten Punkt den Reduktionspunkt (— wir werden in Zukunft dafür den Kurbelzapfenmittelpunkt nehmen —) und seine Geschwindigkeit v_r, so können, und zwar durch einfache geometrische Konstruktionen, die im wesentlichen auf Seite 15 bis 23 erläutert sind, alle übrigen Geschwindigkeiten $v_1, v_2, v_3 \ldots$ mit v_r ausgedrückt werden, oder was auf dasselbe hinauskommt, durch den geometrischen Zusammenhang des Systems sind von vornherein die Verhältnisse der Geschwindigkeiten

$$\frac{v_1}{v_r}, \frac{v_2}{v_r}, \frac{v_3}{v_r} \ldots$$

bekannt.

Sucht man also die Gesamtwucht $E = \Sigma \dfrac{mv^2}{2}$, so kann man die sämtlichen unbekannten Geschwindigkeiten $v_1, v_2, v_3 \ldots$ durch eine ausdrücken, z. B. durch die Geschwindigkeit v_r des sog. Reduktionspunktes. Man erhält dann

$$E = \left[m_1 \left(\dfrac{v_1}{v_r}\right)^2 + m_2 \left(\dfrac{v_2}{v_r}\right)^2 + m_3 \left(\dfrac{v_3}{v_r}\right)^2 + \ldots \right] \dfrac{v_r^2}{2} \quad \ldots (27)$$

In diesem Ausdruck ist nur v_r unbekannt, während die in der eckigen Klammer stehende Summe durch die bekannten Massengrößen $m_1, m_2, m_3 \ldots$ und durch die ebenfalls bekannten Verhältnisse der Geschwindigkeiten $\dfrac{v_1}{v_r}, \dfrac{v_2}{v_r}, \dfrac{v_3}{v_r} \ldots$ für jede einzelne Systemstellung von vornherein festgelegt ist. Wir wollen den Ausdruck in der Klammer die auf den gewählten Reduktionspunkt **reduzierte Masse** M_r nennen; wir setzen also

$$M_r = m_1 \left(\dfrac{v_1}{v_r}\right)^2 + m_2 \left(\dfrac{v_2}{v_r}\right)^2 + m_3 \left(\dfrac{v_3}{v_r}\right)^2 + \ldots \quad (28)$$

und erhalten damit für die Wucht die einfache Beziehung

$$E = M_r \cdot \dfrac{v_r^2}{2}, \quad \ldots \ldots \ldots (29)$$

aus der sich die jedesmalige Geschwindigkeit des Reduktionspunktes v_r berechnet zu

$$v_r = \sqrt{\dfrac{2E}{M_r}} \quad \ldots \ldots \ldots (30)$$

Mit Hilfe der bekannten Verhältnisse $\dfrac{v_1}{v_r}, \dfrac{v_2}{v_r} \ldots$ finden wir schließlich die gesuchten Geschwindigkeiten der einzelnen Systempunkte:

$$v_1 = v_r \left(\dfrac{v_1}{v_r}\right); \quad v_2 = v_r \left(\dfrac{v_2}{v_r}\right); \quad v_3 = v_r \left(\dfrac{v_3}{v_r}\right) \quad \ldots (31)$$

Es bedarf wohl kaum einer besonderen Betonung, daß wir für jede Systemstellung einen anderen Wert der reduzierten Masse M_r bekommen; denn für jede Stellung ergeben sich ja andere Verhältnisse zwischen den Geschwindigkeiten, $\dfrac{v_1}{v_r}, \dfrac{v_2}{v_r}, \dfrac{v_3}{v_r} \ldots$ haben für jede Stellung andere Werte.

Die praktische Durchführung der Massenreduktion, besonders für das Kurbelgetriebe, wird später noch ausführlicher behandelt werden. Wir wollen uns zunächst mit dem zweiten Teil unserer Aufgabe, mit der Bestimmung der von den Kräften geleisteten

Arbeit beschäftigen. Wir beginnen die Untersuchung mit irgendeinem passend gewählten Zeitpunkte oder besser gesagt, mit einer geeigneten Anfangsstellung. Wir sind bereits daran gewöhnt, Kräfte, die an verschiedenen Punkten angreifen, auf eine Ersatzkraft zurückzuführen. Die bekannten statischen Methoden der Kräftereduktion beruhen darauf, daß die einander ersetzenden Kräfte gleiche Arbeiten leisten. Wenn wir also z. B. statt mit den Kolbenkräften mit den Drehkräften arbeiten und nun die geleistete mechanische Arbeit suchen, so ist es ganz gleichgültig, welche von den Kräften wir hierbei benutzen, wenn nur die zusammengehörigen Wege bzw. Stellungen richtig genommen werden. Es ist also grundsätzlich nicht nötig, alle Kräfte einheitlich auf denselben Weg zu reduzieren und hiermit die Arbeit zu bestimmen, sondern wir können die Arbeiten der Kräfte und der Widerstände stets da aufsuchen, wo dies am bequemsten ist; z. B. würde bei konstantem Drehkraftwiderstand dessen Arbeit am einfachsten unmittelbar mit Hilfe des Kurbelzapfenweges berechnet, dagegen die Arbeit des Dampfüberdruckes unmittelbar dem Indikatordiagramm entnommen, d. h. mit Hilfe des Kolbenweges bestimmt werden. Die algebraische Summe beider Arbeiten für die einzelnen zusammengehörigen Stellungen (von Kurbelzapfen und Kolben) ist dann der richtige Arbeitswert.

Bei jeder unendlich kleinen Stellungsänderung leisten die einzelnen Kräfte (einschließlich der Widerstände) Arbeiten $d\mathfrak{A} = \Sigma P' \cdot ds$, worin P' die Kraftkomponenten nach der Richtung des Weges ds bedeuten. Von irgendeiner Anfangsstellung aus gerechnet bis zu einer beliebigen neuen Stellung ist die geleistete Arbeit

$$\mathfrak{A} = \int \Sigma P' ds = \Sigma \int P' ds$$

durch ein Integral dargestellt. Diesen Integralwert für alle Stellungen aufzusuchen, ist die hauptsächlichste Unbequemlichkeit bei der praktischen Durchführung des hier zu erläuternden Verfahrens. Wenn man die Integralwerte für sämtliche Stellungen, d. h. die von der Anfangsstellung bis zu den einzelnen Stellungen von allen Kräften geleisteten Arbeiten zeichnerisch den einzelnen Stellungen zuordnet, z. B. indem man den Kurbelzapfenweg in eine Gerade ausstreckt und in den einzelnen abgewickelten Kurbelzapfenstellungen die zugehörigen Arbeitswerte als Ordinaten aufträgt und deren Endpunkte durch eine Linie verbindet, so erhält man eine sog. **Integralkurve,** eine anschauliche Darstellung der Arbeitsgrößen für alle Stellungen.

Das Aufzeichnen der Integralkurve oder Arbeitskurve für irgendeine von Stellung zu Stellung veränderliche Kraft, deren Größe etwa als Ordinate in den einzelnen Wegpunkten des in eine

Gerade ausgestreckten Weges aufgetragen wurde, kann auf Grund folgender bekannter Beziehungen geschehen. Stellt in Fig. 86

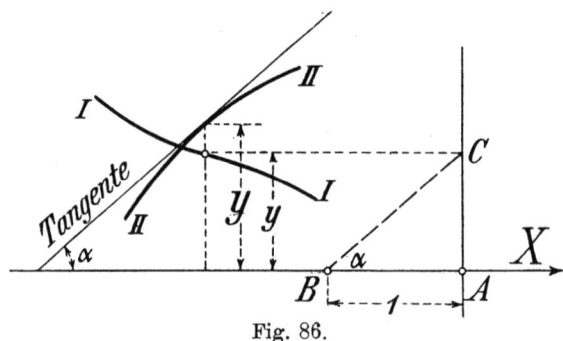

Fig. 86.

$II\ II$ die Integralkurve zur Kurve $I\ I$ dar, d. h. sind die Ordinaten Y der Kurve II mit den Ordinaten y der Kurve $I\ I$ durch die Gleichung verbunden:

$$Y = \int y\, dx,$$

so folgt hieraus durch Differenzieren

$$\frac{dY}{dx} = Y' = y.$$

Bildet weiter die Tangente an die Integralkurve mit der X-Achse den Winkel α, so ist $\dfrac{dY}{dx} = Y' = \operatorname{tg}\alpha$, folglich wird

$$\operatorname{tg}\alpha = y.$$

Mißt man demnach auf irgendeiner Ordinate, von deren Fußpunkt A aus man zuvor auf der X-Achse die Strecke $AB = 1$ abgetragen hat, die Größe $y = AC$ ab, so gibt die Verbindungslinie BC die Richtung der Tangente an die Integralkurve an; denn $\measuredangle ABC$ ist $= \alpha$, weil $\operatorname{tg} ABC = \dfrac{y}{1} = y$.

Von dem Endpunkte der Anfangsordinate der gesuchten Integralkurve aus (in der Regel wird man mit dem Werte Null beginnen, es kann aber auch zweckmäßig sein, von dem bekannten Endwerte aus rückwärts die Kurve zu entwickeln) setzt man nun die Integralkurve aus lauter geraden Stückchen zusammen, die die Richtung der Tangenten haben. Das vorstehend erläuterte Verfahren zum Zeichnen von Integralkurven ist in Fig. 87 an einem Beispiel durchgeführt. Die einzelnen Wegteile brauchen hier durchaus nicht gleich groß genommen zu werden; man wird vielmehr zweckmäßig gleich eine durch die besondere Aufgabe gegebene natürliche Wegeinteilung benützen. Geht man z. B. von einer gleich-

Schwungradberechnung mit Hilfe des Massenwuchtdiagramms. 103

mäßigen Einteilung des Kurbelkreises aus, so liegen die entsprechenden Kolbenstellungen ungleichmäßig über den Hub verteilt, aber es ist kein Grund vorhanden, von dieser natürlichen Wegteilung beim Zeichnen der Integralkurve für die Dampfüberdrücke abzuweichen. Läuft die Kraftkurve streckenweise horizontal, d. h. ist die Kraft zum Teil konstant, so behält Winkel α seinen Wert bei,

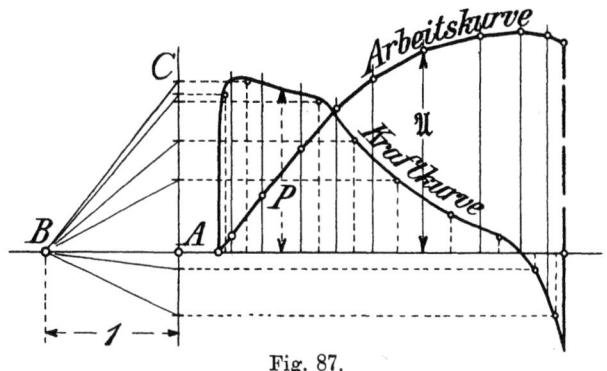

Fig. 87.

die Integralkurve ist dann eine unter dem Winkel α gegen die X-Achse geneigte Gerade. Dieser Fall liegt beispielsweise vor im Dampfüberdruckdiagramm während der Volldruckperiode mit konstantem Druck oder im Drehkraftdiagramm für einen konstanten Drehwiderstand. Solange die Kraftwerte positiv sind, steigt die Integralkurve an, sind die Kräfte negativ, fällt die Integralkurve. Der höchste (bzw. tiefste) Punkt der Arbeitskurve gehört zu dem Nullwert der Kraft. Bei dem Abgreifen der Kraftwerte P (s. Fig. 87) hat man für jeden Flächenstreifen natürlich den Mittelwert zu nehmen.

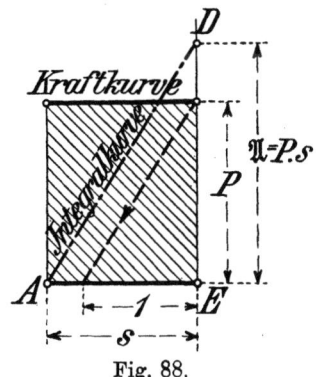

Fig. 88.

Um Irrtümer hinsichtlich des Maßstabes zu verhüten, trage man in dem gewählten Weg- und Kräftemaßstab irgendeine Wegstrecke s und die Kraft P auf (s. Fig. 88), berechne die Arbeit $P \cdot s = \mathfrak{A}$, trage im Endpunkte E des Weges die Arbeit $\mathfrak{A}$ in dem gewählten Arbeitsmaßstab auf: $\mathfrak{A} = ED$ und verbinde D mit A, dann erhält man in AD die Integralkurve zur horizontalen Kraftlinie entsprechend der konstanten Kraft P. Zieht man schließlich durch den Endpunkt von P eine Parallele zur Integralkurve AD, so schneidet diese Parallele auf der Grundlinie die Länge 1 für die vorliegenden Maßstäbe ab.

Eine andere Art, den Maßstab für die Ordinaten der Integralkurve einwandfrei festzustellen, ergibt sich, wenn die Basis des Indikatordiagramms als Abstand AB in Fig. 87 benutzt wird; bedeuten die Ordinaten der Kraftkurve alsdann nicht die ganzen Kolbendrücke, sondern (wie es meist üblich ist) die spezifischen Drücke p in at, so gibt die letzte Ordinate der Integralkurve sofort den mittleren indizierten Überdruck p_i an, und zwar genau in dem Maßstab, in dem die Überdrücke im Indikatordiagramm gemessen sind. Multipliziert man nun irgendeine in at ausgedrückte Ordinate der Integralkurve mit Fs (F in qcm, s in m), so erhält man den richtigen Arbeitswert $\mathfrak{A}$ (in mkg). Mitunter empfiehlt es sich, zur Erzielung größerer Genauigkeit die Ordinaten der Integralkurve größer zu erhalten, so daß z. B. 1 cm der Integralkurvenordinaten nur $\frac{1}{m}$ der Atmosphären bedeutet, wie 1 cm Ordinate des Überdruckdiagramms; um dies zu erreichen, ist in Fig. 87 die Strecke AB gleich $\frac{1}{m}$ der Basis des Indikatordiagramms zu nehmen.

Hat man die gesamte Arbeitskurve unter Berücksichtigung aller Kräfte und Widerstände aufgezeichnet, d. h. kennt man für die einzelnen Stellungen die bis dahin geleisteten Arbeiten $\mathfrak{A}$, so ist damit für alle Stellungen die **Gesamtwucht** E festgelegt; denn wenn die Wucht der bewegten Massen zu Beginn E_0 genannt wird, so ist für eine beliebige Stellung

$$E = E_0 + \mathfrak{A} \ldots \ldots \ldots \ldots (32)$$

Hieraus aber findet man nach Gl. 30 die Geschwindigkeit v_r des Reduktionspunktes und damit nach Gl. 31 die Geschwindigkeiten aller Systempunkte.

Nach Gl. 32 ist also die Arbeitskurve gleichzeitig die Wuchtkurve, falls die Werte E von einer Grundlinie aus gemessen werden, die um den Betrag E_0 der Anfangswucht tiefer liegt, als die Grundlinie der Arbeitskurve.

b) Die reduzierten Massen beim Kurbeltrieb.

Als Reduktionspunkt wählt man wohl immer und durchaus zweckmäßig den Kurbelzapfenmittelpunkt. Bei Mehrkurbelmaschinen ist die Kurbelwelle die natürliche Sammelstelle, der Nutzwiderstand tritt meist als konstante Drehkraft auf, die Kurbelwelle trägt ohnehin die Hauptmasse, das Schwungrad: alle diese Umstände lassen die Reduktion auf die Kurbelwelle oder auf einen sich mit ihr drehenden Punkt, z. B. auf den Kurbelzapfenmittelpunkt, als die gegebene erscheinen. Ausschlaggebend aber für diese Wahl ist, daß die reduzierten Massen aus den gegebenen Massen gefunden werden durch Multiplikation mit Brüchen, in deren Nenner die Geschwindigkeit v_r steht. Wählt man nun einen Reduktionspunkt, der die Geschwindigkeit Null haben kann, z. B. den Kreuzkopfbolzen, dessen Geschwindigkeit in der Totlage gleich Null ist, so würde der Reduktionsfaktor für einzelne Stellungen unendlich groß und damit auch die reduzierten Massen unendlich groß werden, was für die praktische Verwendung natürlich sehr unbequem, wenn nicht unbrauchbar sein würde. Der Kurbelzapfen hat aber, falls die Maschine nicht stehen bleibt, stets eine endliche Geschwindigkeit; die soeben geschilderte Schwierigkeit tritt bei seiner Verwendung als Reduktionspunkt niemals ein.

1. Auf den Kurbelzapfen reduzierte Masse von Kolben, Kreuzkopf und Kurbel.

Alle Punkte von **Kolben und Kreuzkopf** haben die gleiche Geschwindigkeit c; deshalb können wir sofort die Gesamtmasse M_3 dieser Teile auf die Kurbelzapfengeschwindigkeit v reduzieren und erhalten als reduzierte Masse für M_3:

$$M_{r3} = M_3 \left(\frac{c}{v}\right)^2.$$

Da es nur auf das Verhältnis von $\frac{c}{v}$ ankommt, die Geschwindigkeit v überdies noch unbekannt ist, so nehmen wir vorteilhaft $v = r$. Wie auf S. 20 gezeigt, ist für $v = r$ die Kolbengeschwindigkeit c in Fig. 21 unmittelbar durch die Strecke MF gegeben, die auf der Senkrechten durch die Wellenmitte M von der Schubstangenrichtung abgeschnitten wird.

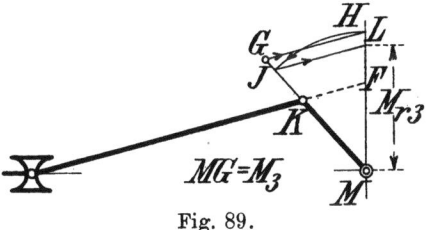

Fig. 89.

Danach läßt sich die reduzierte Masse M_{r3} aus M_3 durch folgende Konstruktionen finden (Fig. 89):

Trage auf der Kurbelstellung $M_3 = MG$ ab, ziehe GH parallel zur Schubstange, mache $MJ = MH$ und ziehe durch J die Parallele JL zur Schubstange; auf der senkrechten durch M wird dann $ML = M_{r3}$ abgeschnitten. Die Richtigkeit folgt aus der Ähnlichkeit der Dreicke MKF, MGH und MJL:

$$\frac{MH}{MG} = \frac{MF}{MK} = \frac{c}{v}$$

oder
$$MH = MJ = MG \cdot \frac{c}{v} = M_3 \frac{c}{v};$$

ferner
$$\frac{ML}{MJ} = \frac{MF}{MK} = \frac{c}{v}$$

oder
$$ML = MJ \cdot \frac{c}{v} = M_3 \frac{c}{v} \cdot \frac{c}{v} = M_3 \left(\frac{c}{v}\right)^2.$$

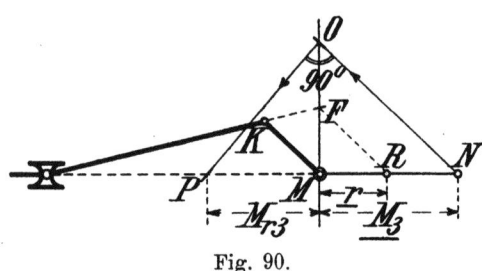

Fig. 90.

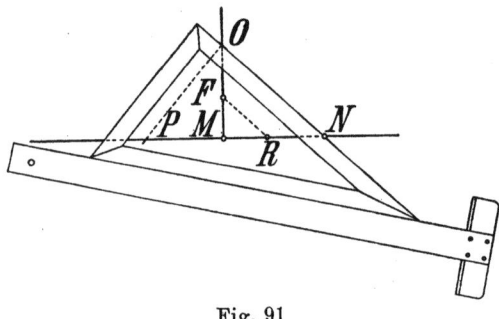

Fig. 91.

Eine kleine Unbequemlichkeit liegt in dem nötigen Wechsel des Zeichenwerkzeugs bei diesem Verfahren; praktischer gestaltet sich die in Fig. 90 und 91 angegebene Konstruktion, bei der nur das Dreieck zweimal an der Schiene zu verschieben ist: Trage von M aus $MR = r$ und $MN = M_3$ ab, verbinde R mit F, ziehe zu RF die Parallele NO und durch O die Senkrechte zu NO. Diese schneidet auf der Horizontalen durch M die Strecke $MP = M_{r3}$ ab.

Obwohl die vorstehenden Konstruktionen ziemlich einfach sind, so wollen wir doch wegen der Wichtigkeit gerade dieser Reduktion, da wir später eigentlich nur mit dieser einen zu tun haben, noch einige **Näherungskonstruktionen** kennen lernen.

1. Für unendliche Stangenlänge, $\lambda = 0$ war
$$c = v \cdot \sin \alpha,$$
mithin wird
$$\underline{M_{r3}} = M_3 \left(\frac{c}{v}\right)^2 = \underline{M_3 \sin^2 \alpha} \quad \ldots \ldots \quad (33)$$

Wie man die vorstehende Beziehung zur Konstruktion einer **Kurve der reduzierten Massen** benutzen kann, geht schon aus Fig. 77, S. 78 hervor und ist nochmals in Fig. 92 gezeigt; es handelt

Schwungradberechnung mit Hilfe des Massenwuchtdiagramms. 107

sich um die bekannte Aufzeichnung der Projektion einer gewöhnlichen Schraubenlinie: Man teile einen Kreis vom Durchmesser M_3 in halbsoviele gleiche Teile wie den ganzen abgewickelten Kurbelkreis 0,32; ziehe von den Kreisteilpunkten Horizontale bis zu den Ordinaten in den entsprechenden Kurbelkreispunkten und verbinde die Schnittpunkte durch eine stetige Kurve.

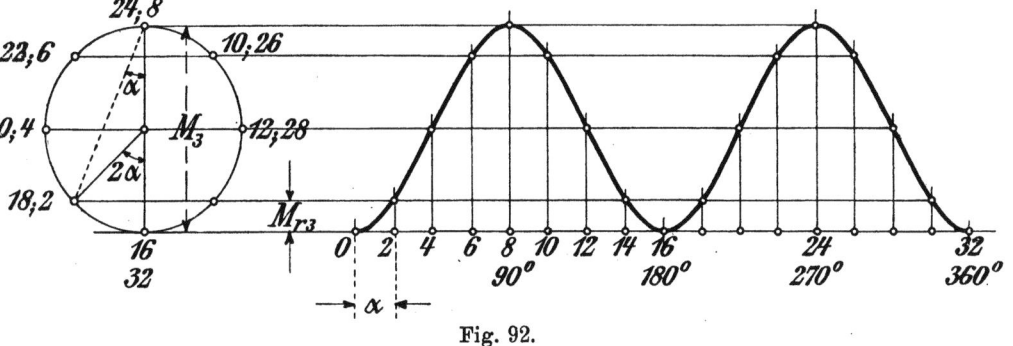

Fig. 92.

2. Für endliche Stangenlänge, $\lambda = \lambda$, war (s. Gl. 8)
$$c = v\left(\sin \alpha + \frac{\lambda}{2}\sin 2\alpha\right),$$
mithin wird
$$M_{r3} = M_3\left(\frac{c}{v}\right)^2 = M_3\left(\sin \alpha + \frac{\lambda}{2}\sin 2\alpha\right)^2$$
$$= M_3 \sin^2\alpha\,(1 + \lambda \cos \alpha)^2,$$
wofür man unter Fortlassung des Gliedes mit λ^2 setzen kann:
$$\underline{M_{r3} = M_3 \sin^2\alpha\,(1 + 2\lambda \cos \alpha)} \quad \ldots \quad (34)$$

Vorstehende Näherungsgleichung läßt sich zu einer bequemen Konstruktion für M_{r3} nach Fig. 93 verwerten: Man schlage einen Kreis mit dem Halbmesser $2\lambda M_3$, von dessen Mittelpunkte aus man die Kurbelstellungen ausgehen läßt, und ziehe eine Lotrechte im Abstande M_3 vom Mittelpunkte des Kreises entfernt; der senkrechte Abstand Z des Schnittpunktes von Kreis und Kurbelstellung beträgt dann $Z = M_3(1 + 2\lambda \cos \alpha)$. Multipliziert man daher Z zweimal mit $\sin \alpha$, indem man z. B. Z auf der Kurbelstellung abträgt, senkrecht hinunter mißt bis zur Horizontalen durch M, dieses Maß Z' wieder auf der Kurbelstellung abträgt und nochmals senkrecht hinunter mißt, so ist der letzte Wert $Z'' = M_{r3}$. Diese Konstruktion, bei der keinerlei Hilfslinien zu ziehen, sondern nur einige Mal mit dem Stichzirkel abzugreifen ist, liefert die reduzierten Massen sehr bequem und sehr genau. Bei den üblichen Zeichnungsmaßstäben ist ein Unterschied zwischen der genauen Konstruktion nach Fig. 89 oder 90 und der Näherungskonstruktion nach Fig. 93 praktisch gar nicht festzustellen. Fig. 94 zeigt übrigens den Verlauf der Kurven der reduzierten Massen für unendliche und endliche Stangenlänge. Der Einfluß der endlichen Stangenlänge gegenüber der Annahme $\lambda = 0$ zeigt sich in dem Gliede

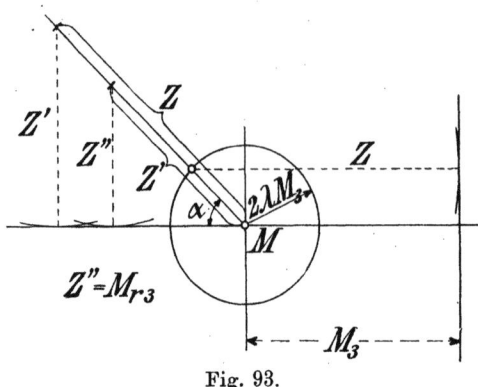

Fig. 93.

$$2\lambda M_3 \cos\alpha \cdot \sin^2\alpha,$$

das folglich von 90° bis 270° negativ, von 270° bis 90° positiv ist, wie auch Fig. 94 deutlich erkennen läßt.

Handelt es sich um die Vereinigung der reduzierten Massen für mehrere Kurbeln, die unter irgend welchen Winkeln versetzt

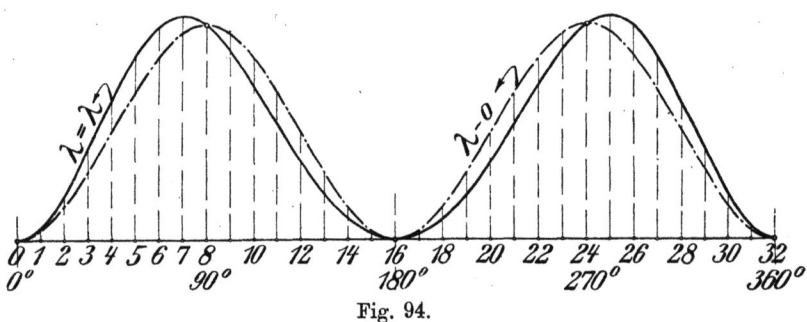

Fig. 94.

sind, so schreibe man Gl. 34 unter Benutzung bekannter trigonometrischer Formeln:

$$M_{r3} = \frac{M_3}{2}[1 - \cos 2\alpha + \lambda(\cos\alpha - \cos 3\alpha)]; \quad \ldots \quad (34a)$$

man sieht, daß (genau wie die Massendruckdrehkraftkurve S. 41 Gl. 13a) die Kurve der reduzierten Masse sich aus drei Sinuskurven mit den Frequenzen ω, 2ω und 3ω zusammensetzt[1]).

---

[1]) In sehr eingehender Weise untersucht O. Kölsch in seiner Doktorarbeit: „Gleichgang und Massenkräfte bei Fahr- und Flugzeugmaschinen", Berlin 1911, Jul. Springer, nach dem Wittenbauerschen Verfahren den Gleichgang der verschie-

Die Reduktion der rotierenden Teile, d. h. der Masse von **Kurbel und Schwungrad** auf den Kurbelzapfen ist eine bekannte Sache. Da die Geschwindigkeiten aller Punkte eines starren, sich drehenden Körpers proportional mit dem senkrechten Abstande von der Drehachse wachsen, so nehmen die Quadrate der Geschwindigkeiten wie die Quadrate der Abstände x der Massen von der Drehachse zu, deshalb wird die reduzierte Masse

$$= \sum m \left(\frac{x}{r}\right)^2 = \frac{\sum m x^2}{r^2} = \frac{J}{r^2}$$

$$= \frac{\text{dem Trägheitsmoment von Schwungrad und Kurbel bzg. auf die Drehachse}}{r^2}$$

d. h. hier
$$M_{rs} = \frac{J_s}{r^2} \quad \ldots \ldots \ldots (35)$$

2. Auf den Kurbelzapfen reduzierte Masse der Schubstange.

Wir betrachten zunächst ein Glied eines Getriebes, das eine ebene Bewegung ausführt und suchen hierfür einen passenden Ersatz durch möglichst wenige Massenpunkte, die genau gleiche Wucht haben, wie das Glied selber. Beträgt die Geschwindigkeit des Schwerpunktes v_0, dreht sich ferner das Glied augenblicklich mit der Winkelgeschwindigkeit ω, und ist sein Trägheitsmoment bezogen auf die zur unveränderlichen Ebene senkrechte Schwerachse J_0, so ist die Gesamtwucht des Gliedes bei einer Masse M:

$$E = \frac{M v_0^2}{2} + \frac{J_0 \omega^2}{2}.$$

In jedem Augenblicke würde also ein vollständiger Ersatz des beliebig gestalteten Gliedes durch irgendwelche Massenpunkte stattfinden, wenn die Ersatzmassen die gleiche Gesamtmasse, gleiche Schwerpunktslage und gleich großes Trägheitsmoment wie das Glied haben.

1. Fall: Ersatz durch 3 Massen:

P_1 und P_2 in Fig. 95 mögen zwei Punkte des Gliedes sein, deren Bewegung bekannt ist, in denen wir deshalb vorteilhaft je eine Ersatzmasse m_1 und m_2 anbringen werden. Der Schwerpunkt S liege auf der geraden Verbindungslinie $P_1 P_2$; wir denken eine

---

denartigsten Anordnungen: Ein-, Zwei-, Drei-, Vier-, Sechs-, Achtzylinder-Reihenmaschine, desgl. Zwei-, Drei- u.s.f. Zylinder-Gabelmaschine, Stern- und Fächermaschine, wobei von der geometrischen Addition der die einzelnen Sinusschwingungen darstellenden Drehstrecken fortgesetzt Gebrauch gemacht wird. Kölsch behält noch das Glied mit λ^2 (nämlich in der eckigen Klammer $-\frac{\lambda^2}{4}\cos 4\alpha$) bei, was aber kaum erforderlich sein dürfte.

dritte Masse m_0 im Schwerpunkt liegend. Für m_1, m_2 und m_0 müssen dann bei vollkommener Wuchtgleichheit folgende Bedingungsgleichungen erfüllt sein:

1. $m_1 + m_2 + m_0 = M$ (gleiche Gesamtmasse),
2. $m_1 s_1 = m_2 s_2$ (gleiche Schwerpunktslage),
3. $m_1 s_1^2 + m_2 s_2^2 = J_0$ (gleiches Trägheitsmoment).

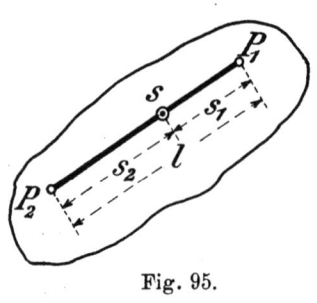

Fig. 95.

Aus diesen drei Gleichungen können wir die drei Ersatzmassen leicht berechnen; indem wir z. B. 2. in 3. einsetzen, erhalten wir

$$m_1 s_1^2 + m_1 s_1 \cdot s_2 = J_0$$

oder

$$m_1 s_1 (s_1 + s_2) = m_1 s_1 l = J_0 = m_2 s_2 l$$

d. h. $m_1 = \dfrac{J_0}{s_1 l};\quad m_2 = \dfrac{J_0}{s_2 l}$. (36)

Aus 1. folgt schließlich noch

$$m_0 = M - (m_1 + m_2) = M - \frac{J_0}{s_1 s_2}. \quad \ldots \quad (37)$$

2. Fall: Ersatz durch 4 Massen.

Liegt der Schwerpunkt nicht auf der Verbindungslinie zweier Punkte, deren Bewegungen bekannt sind, so können wir einen vollkommenen Massenersatz durch vier Massen m_1, m_2, m_3 und m_0 bewirken, von denen m_1 bis m_3 in den drei beliebig gewählten

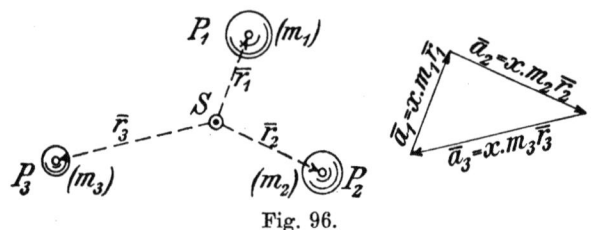

Fig. 96.

Punkten P_1 bis P_3 angebracht werden, während die vierte Masse m_0 im Schwerpunkt S liegt. Hier müssen bei vollkommener Wuchtgleichheit folgende Bedingungen erfüllt sein

1. $m_1 + m_2 + m_3 + m_0 = M$ (gleiche Gesamtmasse),
2. $m_1 \bar{r}_1 + m_2 \bar{r}_2 + m_3 \bar{r}_3 = 0$ (gleiche Schwerpunktslage)[1],
3. $m_1 r_1^2 + m_2 r_2^2 + m_3 r_3^2 = J_0$ (gleiches Trägheitsmoment).

---

[1] Vgl. über Schwerpunktssätze: 5. Kapitel unter B a.

Die Auflösung dieser drei Gleichungen nach den vier unbekannten Massen läßt sich am bequemsten wie folgt durchführen:

Denkt man die 2. Gleichung mit einem beliebigen Faktor x erweitert, so besagt sie, daß die Strecken $x \cdot m_1 \bar{r}_1$, $x \cdot m_2 \bar{r}_2$ und $x \cdot m_3 \bar{r}_3$, die parallel zu $\bar{r}_1$, $\bar{r}_2$ und $\bar{r}_3$ gerichtet sind, sich zu einem Dreieck zusammenfügen lassen. Zeichnet man also ein beliebiges Dreieck mit Seiten parallel zu den Strahlen $\bar{r}_1$, $\bar{r}_2$ und $\bar{r}_3$, so haben diese Dreiecksseiten Längen a_1, a_2 und a_3, die den Größen $m_1 r_1$, $m_2 r_2$ und $m_3 r_3$ proportional sind: $a_1 = x \cdot m_1 r_1$, $a_2 = x \cdot m_2 r_2$ und $a_3 = x_3 \cdot m_3 r_3$. Hieraus folgt $m_1 r_1 = \dfrac{a_1}{x}$; $m_2 r_2 = \dfrac{a_2}{x}$, $m_3 r_3 = \dfrac{a_3}{x}$. Setzt man diese Werte in die dritte Gleichung ein, so erhält man für den Faktor x die Beziehung

$$\frac{a_1 r_1}{x} + \frac{a_2 r_2}{x} + \frac{a_3 r_3}{x} = J_0$$

oder
$$x = \frac{a_1 r_1 + a_2 r_2 + a_3 r_3}{J_0} \quad \ldots \ldots (38)$$

Mit diesem Werte x ergeben sich schließlich die gesuchten Massen

$$\left. \begin{array}{l} m_1 = \dfrac{a_1}{r_1 x}; \quad m_2 = \dfrac{a_2}{r_2 x}; \quad m_3 = \dfrac{a_3}{r_3 x} \\ m_0 = M - (m_1 + m_2 + m_3) \end{array} \right\} \quad \ldots (39)$$

Vorstehende Methode wollen wir nun auf die **Schubstange** anwenden. Wegen der üblichen symmetrischen Form der Schubstange haben wir es mit dem 1. Fall zu tun: Wir können die Schubstangenmasse M_2 vollkommen ersetzen durch drei Massen, von denen m_1 im Kurbelzapfen, m_2 im Kreuzkopfbolzen und m_0 im Schwerpunkt angreifend zu denken ist. Nach Gl. 36 und 37 finden sich die Ersatzmassen:

$$m_1 = \frac{J_0}{s_1 l}; \quad m_2 = \frac{J_0}{s_2 l}; \quad m_0 = M - \frac{J_0}{s_1 s_2},$$

die nun (an Stelle der Schubstange) auf den Kurbelzapfen zu reduzieren sind. m_1 liegt schon dort; also wird unmittelbar

$$m_{r1} = m_1 = \frac{J_0}{s_1 l}.$$

m_2 befindet sich im Kreuzkopfbolzen; m_2 braucht demnach nicht besonders behandelt zu werden, sondern kann zu der Kolben- und Kreuzkopfmasse M_3 hinzugerechnet werden, so daß wir die unter 1. auf Seite 105 bis 108 besprochenen Konstruktionen statt mit M_3 mit $M_3 + m_2 = M_3 + \dfrac{J_0}{s_2 l}$ durchzuführen haben. Insoweit bedarf die Schubstange noch gar keiner besonderen Konstruktion; nur die dritte im Schwerpunkte S zu denkende Ersatzmasse $m_0 = M \cdot \dfrac{J_0}{s_1 s_2}$ mit der Geschwindigkeit v_0 erfordert eine solche. Um $m_{r0} = m_0 \dfrac{v_0{}^2}{v}$ bestimmen zu können, müssen wir zunächst die Geschwindigkeit v_0 des Schwerpunktes aufsuchen. Nach dem auf Seite 18 im Anschluß an Fig. 15 besprochenen Verfahren finden wir hier die Geschwindigkeit des Zwischenpunktes S als Resultierende aus $\bar{v}$ und der Relativgeschwindigkeit $\bar{v}_r \dfrac{s_1}{l} : \bar{v}_0 = \bar{v} + \bar{v}_r \dfrac{s_1}{l}$.

Nehmen wir $v = r$ und arbeiten (vgl. Fig. 21) mit den um 90° gedrehten Geschwindigkeiten, so ist in Fig. 97 $v_r = KF$, demnach

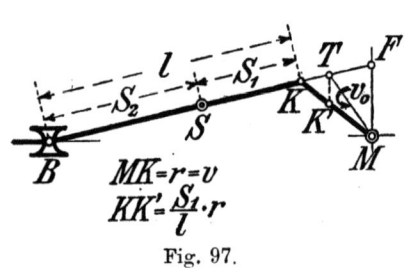

Fig. 97.

$v_r \dfrac{s_1}{l} = KT$, falls $KT = KF \dfrac{s_1}{l}$

gemacht wird. Die Strecke MT stellt alsdann die (um 90° gedrehte) Geschwindigkeit v_0 dar. Die Teilung von KF durch T im Verhältnis $\dfrac{s_1}{l}$ läßt sich am bequemsten ausführen, indem man auf der Kurbelstellung von K aus die gleichbleibende Länge $KK' = r \cdot \dfrac{s_1}{l}$ abträgt und durch K' eine Vertikale bis zur Schubstangenrichtung zieht.

Die Multiplikation von m_0 mit $\left(\dfrac{v_0}{v}\right)^2 = \dfrac{v_0}{v} \cdot \dfrac{v_0}{v}$ genau in derselben Weise durchgeführt, wie wir sie in Fig. 89 zur Reduktion der Kreuzkopfmasse kennen gelernt haben, liefert uns die gesuchte reduzierte Masse m_{r0}.

Nach dem genauen Verfahren setzt sich also die gesamte auf den Kurbelzapfen reduzierte Masse des Kurbeltriebes aus drei Teilen zusammen:

1. Aus dem konstanten Werte $M_{rs} + m_1 = \dfrac{J_s}{r^2} + \dfrac{J_0}{s_1 l}$ (vgl. Gl. 35 und Seite 111);

2. aus der (veränderlichen) reduzierten Masse $M_{r3} + m_{r2}$, die von der Kolbenmasse M_3 und von dem im Kreuzkopfbolzen angreifenden Teil m_2 der Schubstangenmasse herrührt;

3. aus der von m_0 herstammenden (ebenfalls veränderlichen) reduzierten Masse m_{r0}.

Schwungradberechnung mit Hilfe des Massenwuchtdiagramms. 113

Für bestimmte Zahlenwerte sind in Fig. 100 unter Zugrundelegung des vorstehend geschilderten genauen Verfahrens zwei Kurven der reduzierten Massen aufgezeichnet. Die stark ausgezogene Linie d zeigt uns die gesamte reduzierte Masse für eine Stange von gebräuchlicher Form, die stark gestrichelte Linie d' für den theoretisch interessanten Grenzfall einer prismatischen Stange. Kurve b und b' geben für beide Fälle die von m_0 herrührenden Anteile m_{r0} an, während die horizontalen Geraden c und c' die konstanten Werte m_1, d. h. den im Kurbelzapfen angreifend zu denkenden Teil der Schubstangenmasse andeuten.

Wenn auch grundsätzliche Schwierigkeiten bei der Durchführung der Massenreduktion nach dem genauen Verfahren nicht vorliegen, und auch die einzelnen Konstruktionen nicht gerade verwickelt sind, so wird doch ihre Wiederholung für eine größere Anzahl von Stellungen langwierig. Wir suchen deshalb wieder nach geeigneten

Näherungskonstruktionen:

1. Für unendliche Stangenlänge, $\lambda = 0$, ist die Kolbengeschwindigkeit $c = v \sin \alpha$, mithin die von $M_3 + m_2$ herrührende reduzierte Masse (vgl. S. 106, Gl. 33 und Fig. 92)

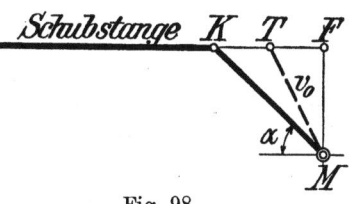

Fig. 98.

$$M_{r3} + m_{r2} = (M_3 + m_2)\left(\frac{c}{v}\right)^2 = (M_3 + m_2)\sin^2 \alpha.$$

Zur Berechnung der von m_0 stammenden reduzierten Masse m_{r0} entnehmen wir der Fig. 98 folgende Beziehungen:

$$MF = r \cdot \sin \alpha;$$

$$TF = KF - KT = KF - KF\frac{s_1}{l} = \frac{KF}{l}(l - s_1) = \frac{KF \cdot s_2}{l} = \frac{r\cos\alpha \cdot s_2}{l};$$

folglich gilt für die Schwerpunktsgeschwindigkeit:

$$v_0^2 = MT^2 = MF^2 + TF^2 = r^2 \sin^2\alpha + \frac{r^2 \cos^2\alpha \cdot s_2^2}{l^2},$$

oder $\left(\dfrac{v_0}{r}\right)^2 = \sin^2\alpha + \left(\dfrac{s_2}{l}\right)^2 \cos^2\alpha = \sin^2\alpha + \left(1 - \sin^2\alpha\right)\left(\dfrac{s_2}{l}\right)^2$

$$= \left(\frac{s_2}{l}\right)^2 + \left[1 - \left(\frac{s_2}{l}\right)^2\right]\sin^2\alpha.$$

Hiermit erhalten wir die reduzierte Masse:

$$m_{r0} = m_0\left(\frac{v_0}{r}\right)^2 = m_0\left\{\left(\frac{s_2}{l}\right)^2 + \left[1 - \left(\frac{s_2}{l}\right)^2\right]\sin^2\alpha\right\}.$$

Tolle, Regelung. 3. Aufl. 8

Schließlich haben wir noch den konstanten Betrag

$$m_{r1} = m_1 = \frac{J_0}{s_1 l}.$$

Die gesamte reduzierte Masse wird also

$$M_r = (M_3 + m_2)\sin^2\alpha + m_0\left(\frac{s_2}{l}\right)^2 + m_0\left[1 - \left(\frac{s_2}{l}\right)^2\right]\sin^2\alpha + m_1$$

$$= \left[M_3 + m_2 + m_0\left(1 - \frac{s_2^2}{l^2}\right)\right]\sin^2\alpha + m_0\frac{s_2^2}{l^2} + m_1$$

$$M_r = (M_3 + m_2')\sin^2\alpha + m_1', \quad \ldots \ldots \ldots \quad (40)$$

wenn wir die konstanten Werte

$$m_2 + m_0\left(1 - \frac{s_2^2}{l^2}\right) = m_2' \quad \text{und} \quad m_1 + m_0\frac{s_2^2}{l^2} = m_1'$$

schreiben. Gl. 40 besagt offenbar, daß bei unendlicher Stangenlänge die Massenreduktion der Schubstange dadurch bewirkt werden kann, daß statt der Stangenmasse M_2 zwei Teilmassen genommen werden: m_2' im Kreuzkopfbolzen und m_1' im Kurbelzapfen angreifend.

Die Summe dieser Teilmassen ist

$$\underline{m_1' + m_2'} = m_1 + m_0\frac{s_2^2}{l^2} + m_2 + m_0 - m_0\frac{s_2^2}{l^2} = m_1 + m_2 + m_0 = \underline{M_2}$$

d. h. gleich der ganzen Stangenmasse. Die im Kurbelzapfen anzubringende Masse m_1' findet sich

$$m_1' = m_1 + m_0\frac{s_2^2}{l^2} = \frac{J_0}{l s_1} + \left(M_2 - \frac{J_0}{l s_1}\right)\frac{s_2^2}{l^2}$$

$$= \frac{J_0}{l s_1} - \frac{J_0 s_2}{l^2 s_1} + \frac{M_2 s_2^2}{l^2} = \frac{J_0}{l^2 s_1}(l - s_2) + \frac{M_2 s_2^2}{l^2} = \frac{J_0}{l^2} + \frac{M_2 s_2^2}{l^2}$$

$$= \frac{J_0 + M_2 s_2^2}{l^2} = \frac{J_2}{l^2},$$

wenn wir das auf die Kreuzkopfbolzenmitte bezogene Trägheitsmoment der Schubstange mit J_2 bezeichnen.

Für den Kreuzkopfbolzen bleibt der Rest $m_2' = M_2 - m_1'$. Wir erhalten demnach folgendes einfache Ergebnis:

Bei der Massenreduktion für gleiche Wucht kann (bei unendlicher Stangenlänge) die Schubstangenmasse M_2 vollkommen genau durch zwei Teilmassen m_1' und m_2' ersetzt werden, von denen

$$m_1' = \frac{J_2}{l^2} \quad \text{im Kurbelzapfen und}$$
$$m_2' = M_2 - m_1' \quad \text{im Kreuzkopfbolzen} \tag{41}$$

angreifend zu denken ist.

2. Für endliche Stangenlänge, $\lambda = \lambda$, wird das vorstehend abgeleitete Ergebnis zwar nicht genau gelten, aber doch als eine gute Annäherung angesehen werden dürfen. Hiervon kann man sich durch folgende kleine Rechnung überzeugen.

Zur Ermittlung von v_0 waren im Anschluß an Fig. 97 bereits die nötigen Konstruktionsgrundlagen entwickelt. Wendet man auf Dreieck $MK'T$ (in Fig. 97) den Kosinussatz an, so erhält man

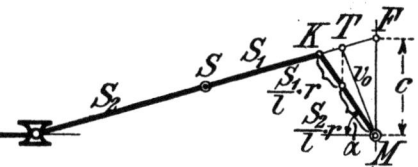

Fig. 99.

$$v_0^2 = MK'^2 + K'T^2 + 2 MK' \cdot K'T \sin \alpha.$$

Man sieht aus Fig. 97 und Fig. 99, daß $MK' = \frac{s_2}{l} r$ und

$$K'T = c \cdot \frac{KK'}{r} = \frac{c}{r} \frac{s_1}{l} r$$

ist; daher wird

$$v_0^2 = \left(\frac{s_2}{l} r\right)^2 + \left(\frac{c}{r}\right)^2 \left(\frac{s_1}{l} r\right)^2 + 2 \frac{s_2}{l} r \cdot \frac{c}{r} \cdot \frac{s_1}{l} r \sin \alpha$$

oder

$$\left(\frac{v_0}{r}\right)^2 = \left(\frac{s_2}{l}\right)^2 + \left(\frac{s_1}{l}\right)^2 \left(\frac{c}{r}\right)^2 + 2 \frac{s_2 s_1}{l^2} \frac{c}{r} \cdot \sin \alpha.$$

Als Annäherung setzen wir nun $\frac{c}{r}$ statt $\sin \alpha$ (was ja bei nicht zu großem λ zulässig erscheint) und erhalten

$$\left(\frac{v_0}{r}\right)^2 = \left(\frac{s_2}{l}\right)^2 + \left[\left(\frac{s_1}{l}\right)^2 + 2 \frac{s_2 s_1}{l^2}\right] \left(\frac{c}{r}\right)^2.$$

Hiermit wird die von m_0 herrührende reduzierte Masse

$$m_{r0} = m_0 \left(\frac{v_0}{r}\right)^2 = m_0 \left(\frac{s_2}{l}\right)^2 + m_0 \left[\left(\frac{s_1}{l}\right)^2 + \frac{2 s_1 s_2}{l^2}\right] \cdot \left(\frac{c}{r}\right)^2.$$

Das erste (konstante) Glied $m_0 \left(\frac{s_2}{l}\right)^2$ kann offenbar direkt zu m_1 geschlagen werden, während der Ausdruck $m_0 \left[\left(\frac{s_1}{l}\right)^2 + \frac{2 s_1 s_2}{l^2}\right]$ eine Masse darstellt, die erst im Verhältnis $\left(\frac{c}{r}\right)^2$ reduziert werden muß, also eine Masse, die die Geschwindigkeit c hat, d. h. im Kreuzkopfbolzen angreifend zu denken ist. Angenähert dürfen wir folglich die Masse m_0 ersetzen durch zwei Massen, von denen die eine $= m_0 \left(\dfrac{s_2}{l}\right)^2$ im Kurbelzapfen, die andere $= m_0 \dfrac{s_1^2 + 2 s_1 s_2}{l^2}$ im Kreuzkopfbolzen zu denken ist. Im ganzen ist also die Wirkung der Schubstangenmasse durch zwei Massen ersetzbar, durch

$$m_1' = m_1 + m_0 \left(\frac{s_2}{l}\right)^2$$

im Kurbelzapfen und durch

$$m_2' = m_2 + m_0 \frac{s_1^2 + 2 s_1 s_2}{l^2}$$

im Kreuzkopfbolzen.

Schreibt man hierin für m_1, m_2 und m_0 die Werte nach Gl. 36 und 37: $m_1 = \dfrac{J_0}{s_1 l}$, $m_2 = \dfrac{J_0}{s_2 l}$ und $m_0 = M - \dfrac{J_0}{s_1 s_2}$, so erhält man genau die Werte in Gl. 41, d. h. auch bei endlicher Stangenlänge kann die Schubstangenmasse M_2 angenähert durch zwei Teilmassen m_1' und m_2' ersetzt werden, von denen

$$m_1' = \frac{J_2}{l^2} \text{ im Kurbelzapfen}$$

und $\quad m_2' = M_2 - m_1'$ im Kreuzkopfbolzen

angreifend zu denken ist.

Fassen wir unsere Ergebnisse zusammen, so erkennen wir, daß die Massenreduktion für das ganze Kurbelgetriebe praktisch darin besteht, die Masse M_3 des Kolbens, der Kolbenstange und des Kreuzkopfes vermehrt um einen Teil $m_2' = M_2 - \dfrac{J_2}{l^2}$ der Schubstangenmasse auf den Kurbelzapfen zu reduzieren, was am bequemsten nach der in Fig. 93 angegebenen Konstruktion geschehen kann. Der Rest der Schubstangenmasse $m_1' = \dfrac{J_2}{l^2}$ ist unmittelbar im Kurbelzapfen angreifend zu denken.

Um den Genauigkeitsgrad unserer Näherungskonstruktionen zu prüfen, wurden in Fig. 100 außer den nach dem genauen Verfahren für zwei Fälle ermittelten Kurven d und d' der reduzierten Massen auch die nach den angegebenen Näherungsverfahren bestimmten Werte eingetragen. Die Unterschiede zwischen der genauen Kurve d und der Näherungskurve für den ersten Fall, Annahme einer Stange nach üblichen Formen, sind so winzig, daß sie in Fig. 100

Schwungradberechnung mit Hilfe des Massenwuchtdiagramms. 117

(die im Original doppelt so groß gezeichnet war) gar nicht zum Ausdruck kommen; für den zweiten Fall, Voraussetzung einer prismatischen Stange, sieht man zwar im allgemeinen eine geringe Abweichung der Näherungskurve e' von der genauen Kurve d', aber der Unterschied beider ist doch, wie man erkennt, praktisch völlig belanglos.

Es seien noch kurz die gewählten Verhältnisse erläutert. Die meisten Stangen werden nach dem Kurbelzapfen hin stärker, deshalb liegt der Schwerpunkt näher an dem Kurbelzapfen, und zwar ist bei

$$\lambda \sim \tfrac{1}{5} : s \sim 0{,}35\, l_1,$$

bei kleinerem λ z. B. bei Stangen für Gasmotoren: s_1 bis $0{,}45\, l$. Das auf die Kreuzkopfbolzenmitte bezogene Trägheitsmoment J_2 schwankt um $0{,}5\, M_2 l^2$, etwa zwischen $0{,}6\, M_2 l^2$ und $0{,}45\, M_2 l^2$, wobei die größeren Werte für $\lambda = \tfrac{1}{5}$, die kleineren Werte für ein kleineres λ gelten. Wir wählen nun für normale Stangen:

$$s_1 = 0{,}35\, l,$$
$$J_2 = 0{,}60\, M_2 l^2.$$

Damit findet sich für das genaue Verfahren:

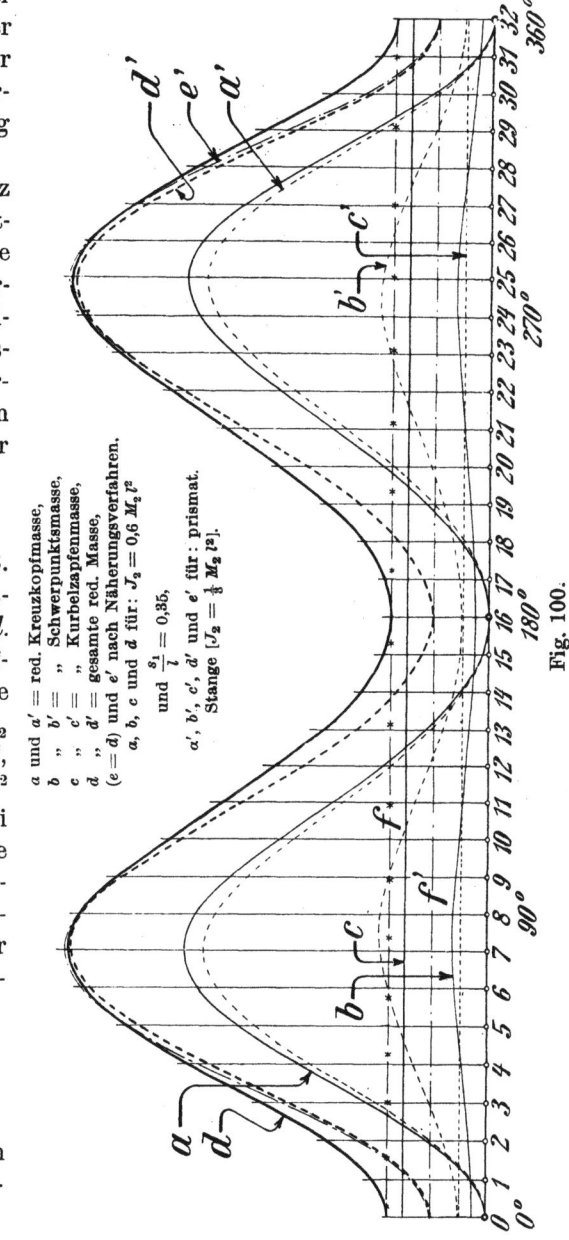

Fig. 100.

$$J_0 = J_2 - M_2 s_2^2 = 0{,}60\, M_2 l^2 - (0{,}65)^2 M_2 l^2 = 0{,}1775\, M_2 l^2$$

$$\underline{m_1} = \frac{J_0}{s_1 l} = \frac{0{,}1775\, M_2 l^2}{0{,}35\, l^2} = 0{,}507\, M_2 \sim \underline{0{,}50\, M_2};$$

$$\underline{m_2} = \frac{J_0}{s_2 l} = \frac{0{,}1775\, M_2 l^2}{0{,}65\, l^2} = \underline{0{,}273\, M_2};$$

$$\underline{m_0} = M_2 - (m_1 + m_2) = M_2 - \frac{J_0}{s_1 l_2} = \underline{0{,}22\, M_2};$$

ferner für das Näherungsverfahren:

$$\underline{m_1'} = \frac{J_2}{l^2} = \frac{0{,}60\, M_2 l^2}{l^2} = \underline{0{,}60\, M_2};$$

$$\underline{m_2'} = M_2 - m_1' = \underline{0{,}40\, M_2}.$$

Bei einer prismatischen Stange, die wir als extremen Fall der normalen Stange mit den oben angegebenen Werten gegenüberstellen, um gleichsam den Einfluß der Stangenform auf die Genauigkeit unserer Näherungskonstruktionen nachzuprüfen, ist

$$s_1 = s_2 = 0{,}5\, l;\quad J_2 = \frac{1}{3} M_2 l^2;\quad J_0 = \frac{1}{12} M_2 l^2,$$

mithin für das genaue Verfahren:

$$m_1 = \frac{1}{6} M_2;\quad m_2 = \frac{1}{6} M_2;\quad m_0 = \frac{1}{3} M_2.$$

(Man sieht, wieviel größer als oben hier die Schwerpunktmasse ausfällt; deshalb wird sich auch der Unterschied zwischen der Näherungskonstruktion und dem genauen Verfahren hier am stärksten bemerkbar machen. Wenn nun Fig. 100 zeigt, daß schon bei der prismatischen Stange die Abweichungen praktisch völlig belanglos sind, so wird die Annäherung für die üblichen Stangenformen eine noch erheblich bessere sein müssen.)

Ferner ist für das Näherungsverfahren: $m_1' = \dfrac{1}{3} M_2$; $m_2' = \dfrac{2}{3} M_2$.

Im übrigen legten wir folgende Zahlenwerte zugrunde:

Gewicht von Kolben, Kolbenstange und Kreuzkopf $G_3 = 67$ kg,

Gewicht der Schubstange $G_2 = 45$ kg

und berechneten damit unter Benutzung der oben stehenden Verhältnisse die Größen von m_1, m_2, m_0, mit welchen Werten alsdann die Kurven in Fig. 100 entwickelt wurden.

Die Ordinate bis Linie f ist $= m_1'$ für die gebräuchliche Stangenform, bis $f' = m_1'$ für die prismatische Stange; diese Werte, die für die Totlagen gelten, geben die Minimalwerte der auf den Kurbelzapfen reduzierten Masse von Kolben und Schubstange an. Die

Maximalwerte sind nur unerheblich (hier etwa 4%) größer als die Summe von M_3 und M_2 und finden sich kurz vor der 90°-Stellung. In der 90°-Stellung selber ist die reduzierte Masse natürlich genau gleich $M_3 + M_2$.

Mit der Massenreduktion beim Kurbeltrieb sind wir nunmehr hinreichend vertraut (für Mehrkurbelmaschinen werden sich später noch einige Ergänzungen als wünschenswert ergeben) und können zur Benutzung der reduzierten Massen übergehen.

c) Massenwuchtdiagramm und Geschwindigkeitskurven.

Das dynamische Verfahren zur Untersuchung der Bewegung einer Kraftmaschine gründete sich auf Gl. 30:

$$v_r = \sqrt{\frac{2E}{M_r}}.$$

E bedeutet hierin die aus der Anfangswucht E_0 und der bis zu den einzelnen Stellungen von der Anfangsstellung O aus geleisteten Arbeit $\mathfrak{A}$ zu berechnende Wucht

$$E = E_0 + \mathfrak{A},$$

M_r ist die auf den Reduktionspunkt bezogene reduzierte Masse

$$M_r = m_1 \left(\frac{v_1}{v_r}\right)^2 + m_2 \left(\frac{v_2}{v_r}\right)^2 + \ldots$$

und v_r die Geschwindigkeit des Reduktionspunktes, aus der sich die Geschwindigkeiten der einzelnen Punkte berechnen lassen:

$$v_1 = v_r \cdot \left(\frac{v_1}{v_r}\right); \quad v_2 = v_r \cdot \left(\frac{v_2}{v_r}\right) \ldots$$

Wir haben im vorstehenden gelernt, eine Kurve der **reduzierten Masse** und eine **Arbeitskurve** oder **Wuchtkurve** zu zeichnen derart, daß zu den einzelnen Stellungen die entsprechenden Größen M_r und $E = E_0 + \mathfrak{A}$ zugeordnet wurden. Wir wollen nun aus beiden Kurven eine neue Kurve, ein **Massenwuchtdiagramm** zusammenstellen, indem wir die Werte M_r als Abszissen, die zugehörigen Werte E als Ordinaten auftragen. Für eine vollständige Periode (bei Maschinen mit Kurbelgetriebe also meist für eine volle Umdrehung), für die jedesmal wieder der Anfangszustand erreicht wird, erhalten wir dann eine in sich zurücklaufende Kurve; für die Anlauf- oder die Auslaufperiode schließt sich die so entstehende Kurve natürlich nicht. Wir bezeichnen die einzelnen

Stellungen in der Folge stets mit arabischen Ziffern, die Anfangsstellung (für welche meist die Totstellung des Kurbelzapfens gewählt wird) durch den Index 0.

Fig. 101 auf S. 121 zeigt in der Linie 0, 1, 2, 3, 4 ... eine solche Massenwuchtkurve.

Als Reduktionspunkt nehmen wir den Kurbelzapfenmittelpunkt, die Geschwindigkeit v_r ist also die Kurbelzapfengeschwindigkeit v, so daß für diese die Grundgleichung gilt

$$v = \sqrt{\frac{2E}{M_r}} \quad \ldots \ldots \ldots \quad (42)$$

Nennt man noch den Kolbenhub s, so besteht zwischen v, s, der Winkelgeschwindigkeit ω der Kurbelwelle und der minutlichen Umdrehzahl n der Maschine die Beziehung

$$v = \omega \frac{s}{2} = \pi s \cdot \frac{n}{60}.$$

Hiermit geht Gl. 42 über in

$$\omega = \frac{2}{s} \sqrt{\frac{2E}{M_r}}$$

oder in
$$n = \frac{60}{\pi s} \sqrt{\frac{2E}{M_r}} \quad \ldots \ldots \quad (43)$$

Da meist die **Gewichte** der einzelnen Teile und zwar der Natur der Sache nach durch runde Zahlenwerte gegeben sind, so wird man lieber mit den Gewichten G statt mit den Massen arbeiten. Schreibt man nach der bekannten Grundbeziehung zwischen Gewicht und Masse

$$M_r = \frac{G_r}{g} \quad \left(\text{mit } g = 9{,}81 \frac{\text{m}}{\text{sek}^2}\right),$$

so gehen die obenstehenden Gleichungen für v und n über in

$$\left. \begin{array}{l} v = \sqrt{\dfrac{2gE}{G_r}} \\[1em] n = \dfrac{60}{\pi s} \sqrt{\dfrac{2gE}{G_r}} \end{array} \right\} \quad \ldots \ldots \quad (44)$$

Wenn in der Folge nicht ausdrücklich etwas anderes angegeben wird, sind stets die **reduzierten Gewichte** benutzt, auch dann, wenn von Massenwuchtkurven gesprochen wird. Diese Benennung ist immer beibehalten, um an die Grundbeziehung zwischen Wucht, Geschwindigkeit und Masse zu erinnern.

Zieht man nun in Fig. 101 von dem Koordinatenanfangspunkt O

Schwungradberechnung mit Hilfe des Massenwuchtdiagramms. 121

aus Strahlen nach den Punkten P der Massenwuchtkurve, als deren Abszissen, wie soeben ausgeführt wurde, der Bequemlichkeit halber die reduzierten Gewichte genommen sind, so gilt für den Neigungswinkel φ eines solchen Strahles mit der Abszissenachse die Gleichung

$$\operatorname{tg} \varphi = \frac{E}{G_r}$$

Damit gehen Gl. 44 über in

$$\left. \begin{array}{l} v = \sqrt{2g}\sqrt{\operatorname{tg}\varphi} \\[4pt] n = \dfrac{60}{\pi s}\sqrt{2g}\cdot\sqrt{\operatorname{tg}\varphi} = \dfrac{60}{s}\sqrt{\dfrac{2g}{\pi^2}}\sqrt{\operatorname{tg}\varphi} \end{array} \right\} \quad \ldots \quad (45)$$

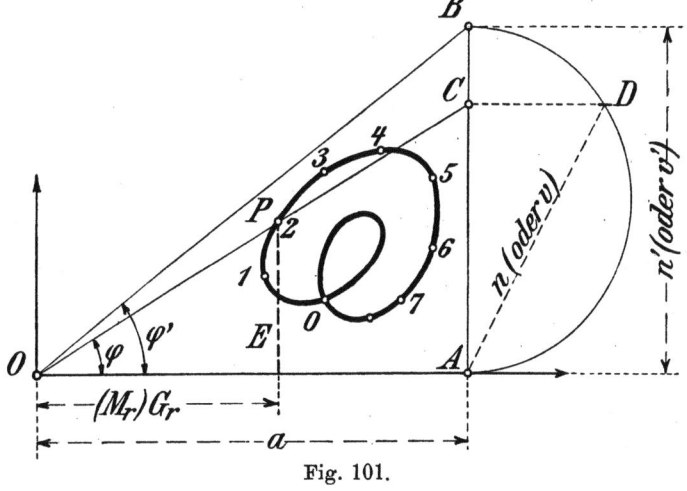

Fig. 101.

Wird G in kg, s in m, $\mathfrak{A}$ und E in mkg gemessen, so ist

$g = 9{,}81 \dfrac{\text{m}}{\text{sek}^2}$ und $\dfrac{g}{\pi^2} \sim 1$, also $n = \dfrac{60}{s}\sqrt{2}\sqrt{\operatorname{tg}\varphi}$.

Berücksichtigt man schließlich noch die Zeichenmaßstäbe, beachtet man also, daß

1 mm Ordinate $= \varepsilon$ mkg Wucht und
1 mm Abszisse $= \gamma$ kg reduziertes Gewicht

bedeutet, so findet man

$$\operatorname{tg} \varphi = \frac{E:\varepsilon}{G:\gamma} \quad \text{oder} \quad \frac{E}{G} = \frac{\varepsilon}{\gamma} \operatorname{tg} \varphi,$$

folglich

$$n = \frac{60}{\pi s}\sqrt{\frac{2Eg}{G_r}} = \frac{60}{s}\sqrt{\frac{2g}{\pi^2}\frac{\varepsilon}{\gamma}}\sqrt{\operatorname{tg}\varphi}$$

oder
$$n = \frac{60}{s}\sqrt{\frac{2\varepsilon}{\gamma}}\sqrt{\operatorname{tg}\varphi} \quad \ldots \ldots \quad (46)$$

In gleicher Weise findet sich die Kurbelzapfengeschwindigkeit
$$v = \sqrt{\frac{2g\varepsilon}{\gamma}}\sqrt{\operatorname{tg}\varphi} \quad \ldots \ldots \quad (47)$$

Die Faktoren $\dfrac{60}{s}\sqrt{\dfrac{2\varepsilon}{\gamma}} = c$ und $\sqrt{\dfrac{2g\varepsilon}{\gamma}} = c_1$,

sind für das ganze Massenwuchtdiagramm unveränderlich; die augenblickliche Kurbelzapfengeschwindigkeit und die entsprechende Winkelgeschwindigkeit bzw. die minutliche Umdrehzahl sind mithin $\sqrt{\operatorname{tg}\varphi}$ proportional. Je größer φ, je steiler der Fahrstrahl von O nach einem Punkte der Massenwuchtkurve, um so größer sind v und n. Der Größtwert von v und n entspricht der durch O gehenden obersten Tangente an die Massenwuchtkurve, der Kleinstwert von v und n gehört zu der untersten Tangente. Sind die entsprechenden Neigungswinkel φ_{max} und φ_{min}, so wird

$$n_{max} = c\sqrt{\operatorname{tg}\varphi_{max}}\,;\quad n_{min} = c\sqrt{\operatorname{tg}\varphi_{min}}.$$

Schneidet ein Fahrstrahl durch O die Massenwuchtkurve in mehreren Punkten, so sind in sämtlichen Stellungen, die diesen Schnittpunkten entsprechen, die Geschwindigkeiten gleich groß. Kurz, die Massenwuchtkurve und vor allem die von ihren Punkten nach O gezogenen Strahlen geben ein klares Bild über die Veränderlichkeit von v und n.

Will man für eine größere Anzahl von Stellungen die Geschwindigkeiten oder n aufsuchen, so empfiehlt sich folgende Konstruktion (siehe Fig. 101): Man ziehe einen Fahrstrahl durch O unter dem beliebigen Winkel φ'; zu diesem Winkel gehört eine Umdrehzahl $n' = \dfrac{60}{s}\sqrt{\dfrac{2\varepsilon}{\gamma}}\sqrt{\operatorname{tg}\varphi'} = c\sqrt{\operatorname{tg}\varphi'}$. Man schiebe ferner eine Ordinate AB zwischen dem Fahrstrahl und der Abszissenachse so ein, daß $AB = n'$ wird; OA sei a.

Zu einem anderen Fahrstrahl OP, der AB in C trifft, gehört dann $n = c\sqrt{\operatorname{tg}\varphi}$. Nun ist $AB = a\operatorname{tg}\varphi'$; da $n'^2 = c^2\operatorname{tg}\varphi'$, so ist

$$AB = n' = a\operatorname{tg}\varphi' = a\frac{n'^2}{c^2} \quad \text{oder} \quad a = \frac{c^2}{n'}.$$

Ferner ist $\operatorname{tg}\varphi = \dfrac{AC}{a}$, mithin

$$\underline{n = c\sqrt{\frac{AC}{a}} = c\sqrt{\frac{AC}{c^2 : n'}} = \sqrt{AC \cdot n'} = \sqrt{AC \cdot AB},}$$

d. h. n wird die mittlere Proportionale zwischen AB und AC.

Aus dieser Beziehung ergibt sich die in Fig. 101 angedeutete Konstruktion für n: Schlage einen Halbkreis über AB, bringe den Strahl OP mit AB zum Schnitt in C, gehe horizontal hinüber bis zum Schnitt mit dem Halbkreis in D, so ist $AD = n$.

Bei der praktischen Ausführung dieser Konstruktion wird man für den ersten Strahl eine irgendwie ausgezeichnete Richtung wählen, z. B. $\varphi' = 45^0$ machen. In diesem Falle wird:

$$n' = c \quad \text{also auch} \quad AB = OA = c.$$

Oder man nimmt die höchste Tangente an die Massenwuchtkurve entsprechend φ_{max} und n_{max}, berechnet

$$n_{max} = c \sqrt{\operatorname{tg} \varphi_{max}}$$

und verfährt im übrigen wie oben mit $n' = n_{max}$. Beide Methoden sind in den später behandelten Aufgaben zur Anwendung gelangt.

Die in Fig. 101 angegebene Konstruktion zum Aufsuchen von n aus φ kann ebenso bequem auch für die umgekehrte Aufgabe benutzt werden, die Richtung des Fahrstrahles OP zu bestimmen, wenn die Umdrehzahl n gegeben ist: Man schlage zu diesem Zwecke mit n als Halbmesser um A einen Kreisbogen, der den Halbkreis über AB in D schneidet, ziehe durch D die Horizontale bis AB; die Verbindungslinie OC stellt dann den zu n gehörigen Fahrstrahl dar.

Handelt es sich bei der Untersuchung um eine Maschine mit größerem Ungleichförmigkeitsgrad, also um größere Geschwindigkeitsschwankungen, so dürfte es sich empfehlen, eine **Geschwindigkeitskurve** aufzuzeichnen, indem man die nach der oben gezeigten Konstruktion für die einzelnen Stellungen gefundenen Werte von v oder n den entsprechenden Stellungen zuordnet, z. B. als Ordinaten in den Punkten des abgewickelten Kurbelzapfenkreises errichtet. Beispiele hierfür finden sich auf Tafel 8, 9 und 10.

d) Benutzung des Massenwuchtdiagramms zur Schwungradberechnung.

Wir erinnern uns, daß in dem Massenwuchtdiagramm jeder Kurbelzapfengeschwindigkeit oder jeder augenblicklichen Winkelgeschwindigkeit bzw. minutlichen Umdrehzahl n eine ganz bestimmte Richtung der Fahrstrahlen, die von O nach den Punkten der Massenwuchtkurve führen, entspricht. Der unter dem Winkel $\varphi = 45^0$ gezogene Strahl z. B. gehört zu einer Umdrehzahl $c = \dfrac{60}{s}\sqrt{\dfrac{2\,\varepsilon}{\gamma}}$ (vgl. Seite 122); für andere Umdrehzahlen n kann

124   Schwungradmasse und Ungleichförmigkeit.

nach Fig. 101 leicht der zugehörige Winkel φ, d. h. die Strahlrichtung, konstruiert werden. Speziell zwischen φ und v besteht die Beziehung (Gl. 45): $v = \sqrt{2g}\sqrt{\operatorname{tg}\varphi}$ oder $\dfrac{v^2}{2g} = \operatorname{tg}\varphi$. Daraus erkennt man leicht folgendes: Für eine beliebige Stellung der Maschine entsprechend dem Punkte P der Massenwuchtkurve, d. h. der Strahlrichtung OP unter dem Winkel φ gegen die Achse ON geneigt, sei die Gesamtwucht aller Massen $= E$; will man nun erfahren, wie sich diese Wucht auf die einzelnen Massen verteilt, z. B. welche Wucht E_1 augenblicklich die Masse M_{r1} vom Gewicht G_{r1} hat, so braucht man nur im Endpunkt von G_{r1} (siehe Fig. 102)

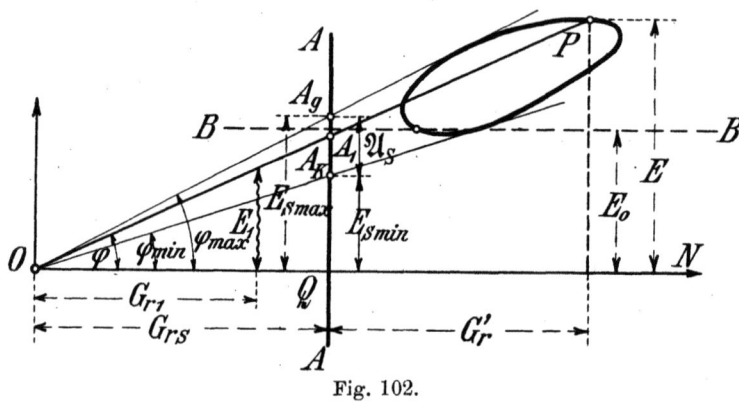

Fig. 102.

die Ordinate bis zum Fahrstrahl OP zu ziehen, diese ist dann unmittelbar die gesuchte Wucht E_1 von G_{r1}. Denn es ist $E_1 = \tfrac{1}{2} M_{r1} v^2 = G_{r1} \dfrac{v^2}{2g} = G_{r1} \cdot \operatorname{tg}\varphi$. Insbesondere machen wir von dieser Erkenntnis Gebrauch, um den Wuchtanteil E_s zu bestimmen, der im Schwungrade steckt. Legen wir also durch den Endpunkt Q des auf den Kurbelzapfen reduzierten Schwungradgewichtes G_{rs} die Senkrechte AA, so werden auf dieser Geraden durch die einzelnen Fahrstrahlen die jedesmaligen Wuchtgrößen E_s abgeschnitten.

Nunmehr wollen wir zur Lösung der Grundaufgabe übergehen, für eine gegebene Maschine das erforderliche Schwungradgewicht zu berechnen, wenn eine mittlere Umdrehzahl und ein bestimmter Ungleichförmigkeitsgrad verlangt wird, oder, was den Sachverhalt noch exakter ausdrückt, wenn die kleinste und die größte Umdrehzahl vorgeschrieben sind. Die Massenwuchtkurve liege gezeichnet vor; sie wurde gefunden, indem von einer Senkrechten AA aus nach rechts die reduzierten Gewichte (ausschließlich des unbekannten Schwungradgewichtes) als Abszissen und von der Horizontalen BB

aus die von der gewählten Nullstellung aus gerechneten Arbeitswerte, die wir zuvor in einer Arbeitskurve (Integralkurve, siehe Seite 102) zusammengestellt hatten, als Ordinaten abgetragen wurden. Ebenso wie G_{rs} ist auch E_0, die Wucht für die Nullstellung, noch unbekannt, die Lage von ON gegenüber der Grundlinie BB also ebenfalls noch nicht festgelegt.

1. Nennen wir die größte Umdrehzahl n_{max}, die kleinste n_{min}, so können wir zunächst die zu n_{max} und n_{min} gehörenden Fahrstrahlenrichtungen nach Fig. 101 konstruieren, was in Fig. 103 ausgeführt ist. Ziehen wir dann (s. Fig. 102) parallel zu dem n_{max} entsprechenden Fahrstrahl die obere Tangente an die Massenwuchtkurve, ebenso parallel zu dem n_{min} entsprechenden Strahl die untere Tangente, so schneiden sich diese beiden Tangenten in dem bisher noch unbekannten Koordinatenanfangspunkt O; sein Abstand von AA ist unmittelbar das gesuchte, auf den Kurbelzapfen reduzierte Schwungradgewicht G_{rs}.

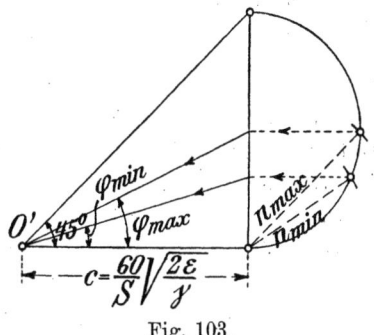

Fig. 103.

Meist sind freilich nicht n_{max} und n_{min}, sondern die mittlere Umdrehzahl n_m und der Ungleichförmigkeitsgrad δ gegeben. Dabei wird unter n_m in der Regel das arithmetische Mittel zwischen n_{max} und n_{min}: $n_m = \dfrac{n_{max} + n_{min}}{2}$ verstanden; da wir $\delta = \dfrac{n_{max} - n_{min}}{n_m}$ definierten, so ist

$$n_{max} - n_{min} = \delta \cdot n_m = \frac{\delta}{2} n_{max} + \frac{\delta}{2} n_{min}$$

oder
$$n_{max}\left(1 - \frac{\delta}{2}\right) - n_{min}\left(1 + \frac{\delta}{2}\right) = 0;$$

nehmen wir dazu die Gleichung

$$n_{max} + n_{min} = 2\,n_m,$$

so finden wir schließlich

$$n_{max} = n_m\left(1 + \frac{\delta}{2}\right); \quad n_{min} = n_m\left(1 - \frac{\delta}{2}\right).$$

2. Das vorstehende Verfahren läßt zwar an Einfachheit nichts zu wünschen übrig; es gibt auch hinreichend genaue Werte für G_{rs}, wenn δ nicht zu klein, der Unterschied der Richtungslinien für n_{max} und n_{min} also noch hinreichend groß ist, um einen ge-

nügend scharfen Schnitt zu liefern. Für kleinere Werte von δ dagegen unterscheiden sich φ_{max} und φ_{min} so wenig, daß der Schnitt der beiden Fahrstrahlen viel zu flach ausfällt, um G_{rs} hinreichend genau zu liefern. Außerdem würde der Schnittpunkt O so weit von der Massenwuchtkurve entfernt liegen, daß entweder ein sehr großes Zeichnungsformat erforderlich wäre, oder aber der Zeichenmaßstab unverhältnismäßig klein genommen werden müßte, was natürlich wieder die Genauigkeit herabsetzen würde. Für kleine Werte von δ empfiehlt sich deshalb ein anderes Verfahren, das auf der Benutzung der Grundgleichung (Gl. 20)

$$\mathfrak{A}_s = M_s V^2 \delta = M_{rs} v^2 \delta$$

beruht. $\mathfrak{A}_s$ ist hierin der Arbeitsüberschuß, d. h. die vom Schwungrade abwechselnd aufzunehmende und wieder abzugebende Wucht. Im Anschluß an Fig. 102 haben wir nun gesehen, daß die im Schwungrade steckende Wucht auf AA durch die von O nach P führenden Fahrstrahlen abgeschnitten wird; es ist z. B. QA_1 die Schwungradwucht für eine beliebige Stellung entsprechend dem Fahrstrahl OP, QA_g die größte und QA_k die kleinste Schwungradwucht. Die Differenz der beiden letzten Werte stellt offenbar den Betrag des Arbeitsüberschusses $\mathfrak{A}_s$ dar, den wir bei der Benutzung der Grundgleichung zugrunde zu legen haben, d. h. in Fig. 102 ist der Arbeitsüberschuß

$$\underline{\mathfrak{A}_s = A_g A_k}$$

gleich der Strecke, die auf AA durch die beiden äußersten n_{max} und n_{min} entsprechenden Tangenten an die Massenwuchtkurven abgeschnitten wird. Die Lage des Anfangspunktes O brauchen wir hierbei gar nicht zu kennen; es kommt lediglich auf die Lage der Massenwuchtkurve relativ zur Achse AA und auf die beiden äußersten Richtungslinien an, die als Tangenten an die Massenwuchtkurve zu legen sind, und deren Konstruktion aus n_{max} und n_{min} in Fig. 103 angedeutet ist.

Kritik des Verfahrens, mit Hilfe der Drehkraftkurven den Arbeitsüberschuß $\mathfrak{A}_s$ zu ermitteln.

Wir sind jetzt in der Lage, das in Abschnitt B. Seite 56 bis 87 erläuterte Verfahren auf seine Berechtigung und Genauigkeit zu prüfen.

Es sei für eine mittlere Umdrehzahl n_m und einen bestimmten Ungleichförmigkeitsgrad δ n_{max} und n_{min} aufgesucht und dazu in Fig. 104 die entsprechende obere und untere Tangente an die Massenwuchtkurve eingetragen. Auf der Achse AA wird alsdann der nach dem genauen Verfahren sich ergebende Arbeitsüberschuß als die Strecke $\mathfrak{A}_\delta$ abgeschnitten. Nun nehmen wir einmal an, der Ungleichförmigkeitsgrad δ sei $= 0$, d. h. die Geschwindigkeit sei für alle Stellungen die gleiche, die Winkelgeschwindigkeit bzw. n sei konstant $n = n_m$; dann laufen die entsprechenden Fahrstrahlen parallel, und der maßgebende Arbeitsüberschuß wird in Fig. 104 gleich der Strecke $\mathfrak{A}_0$. Wir bemerken sofort, daß $\mathfrak{A}_0$ stets größer als $\mathfrak{A}_\delta$ und daß $\mathfrak{A}_\delta$ um so kleiner ausfällt, je größer δ genommen wird. Wenn wir noch zeigen, daß die soeben gemachte Annahme, $\delta = 0$, vollkommen identisch ist mit der bei der Einführung der Massenwiderstände zugrunde gelegten Annahme, ω bzw. v sei konstant, so ist der denkbar einfachste Beurteilungsmaßstab für den Vergleich der genauen Methode mit der Näherungsmethode in dem Unterschied zwischen $\mathfrak{A}_\delta$ und $\mathfrak{A}_0$ gegeben.

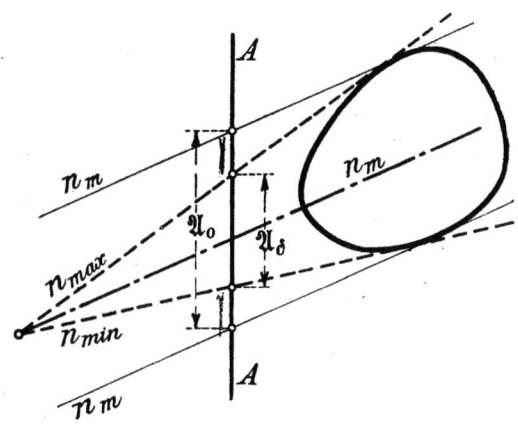

Fig. 104.

In der Tat nahmen wir bei der Bestimmung der Beschleunigung von Kolben und Schubstange und demgemäß auch bei der Aufzeichnung der Massendruckdrehkraftkurven stets an, ω sei konstant $=$ dem Mittelwert ω_m; Massenwiderstände, die von einer etwaigen Winkelbeschleunigung der Kurbelwelle herrühren, blieben unberücksichtigt. Kurz, das im Abschnitt B. gezeigte Verfahren zur Ermittelung des Arbeitsüberschusses $\mathfrak{A}_s$ entspricht dem Grenzfall des genauen Verfahrens für die Annahme $\delta = 0$. Aus dem Massenwuchtdiagramm erhält man genau die gleichen Werte für $\mathfrak{A}_s$ wie aus den Drehkraftkurven, wenn man parallel zu dem der mittleren Umdrehzahl n_m entsprechenden Fahrstrahl die obere und die untere Tangente an die Massenwuchtkurve zieht. Der Abschnitt $\mathfrak{A}_0$ ist dann völlig gleich dem früheren $\mathfrak{A}_s$.

Nun ist stets $\qquad \mathfrak{A}_\delta < \mathfrak{A}_0,$

d. h. das genaue Verfahren liefert für den Arbeitsüberschuß stets kleinere Werte als das Näherungsverfahren mittels Drehkraftkurven. Wendet man also das letztere an, so erhält man etwas zu große Werte für $\mathfrak{A}_s$, ebenso wird das mit der Grundgleichung (Gl. 20) berechnete Schwungradgewicht etwas zu groß. Für die praktischen Zwecke ist dieser Umstand aber ohne Belang, höchstens günstig, da eine etwas höhere Gleichförmigkeit immer nur vorteilhaft sein wird. Man sieht auch sofort, daß bei den üblichen kleinen Werten von δ der Unterschied zwischen Näherungs- und genauem Verfahren nur unerheblich ausfällt; einige Zahlenangaben folgen später bei der Besprechung von Beispielen. Irgendwelche praktische Bedenken gegen das bisher in der Technik übliche Verfahren der Schwungradberechnung auf Grund der Drehkraftkurven sind absolut nicht vorhanden. Trotzdem ist das genaue Verfahren dem Arbeiten mit Drehkraftkurven besonders dann vorzuziehen, wenn es sich darum handelt, die Berechnung für verschiedene Umdrehzahlen und verschiedene Ungleichförmigkeitsgrade durchzuführen. Nachdem einmal die Massenwuchtkurve gezeichnet vorliegt, kann man ohne Mühe die reduzierten Gewichte oder die Arbeitsüberschüsse für beliebige n und δ der Figur entnehmen oder bei gegebenem Schwungrade für verschiedene mittlere Umdrehzahlen δ bestimmen. Für die letztere Aufgabe kann mit Vorteil die im III. Teil im 6. Kapitel unter I. A. a) angegebene einfache Konstruktion für δ benutzt werden, auf die hierdurch verwiesen sei. Zur weiteren Klarstellung folgen nun einige Beispiele.

g) Beispiele von Massenwuchtdiagrammen.

1. Einzylindermaschine. (Tafel 8.)

Maßstäbe: für das Überdruckdiagramm 1 mm = 1 Atm,
für die Arbeiten 1 mm = 20 mkg ($\varepsilon = 20$),
für die reduzierten Gewichte 1 mm = 8 kg ($\gamma = 8$).

Auf Tafel 8 wurde dem Beispiel für die Benutzung der Massenwuchtkurven eine Einzylinderdampfmaschine mit folgenden Daten zugrunde gelegt:

1. **Gewicht** von Kolben, Kolbenstange und Kreuzkopf
$$G_3 = 280 \text{ kg},$$
„ der Schubstange $G_2 = 185$ kg;

ferner $\qquad \dfrac{J_2}{l^2} = 0{,}6\, M_2,$

folglich $\qquad \left. \begin{array}{l} g_1' = 0{,}6 \cdot G_2 = 0{,}6 \cdot 185 = 111 \text{ kg} \\ g_2' = 0{,}4 \cdot G_2 = 0{,}4 \cdot 185 = 74 \text{ kg} \end{array} \right\}$ (vgl. Gl. 41).

Nach dem auf Seite 116 angegebenen Verfahren ist mithin vom Stangengewicht ein Teil $= g_1' = 111$ kg im Kurbelzapfen, der

Rest $g_2' = 74$ kg im Kreuzkopfbolzen angreifend zu denken. Wenn wir nach Fig. 93 die **reduzierten Gewichte** für die einzelnen Kurbelstellungen 0 bis 32 aufsuchen, so haben wir

$$G_3 + g_2' = 280 + 74 = 354 \text{ kg}$$

statt M_3 zu nehmen. Wir brauchen übrigens nur für den Hingang die Konstruktion von G_{r3} wirklich auszuführen, da die entsprechenden Punkte des Rückganges gleiche Werte liefern; es stimmt also G_{r3} überein für Stellung 0 und 32, 1 und 31, 2 und 30, 3 und 29, 4 und 28, 5 und 27, 6 und 26, 7 und 25 usw. bis $16 = 16$.

Wir brauchen auch nicht eine Kurve der reduzierten Gewichte zu zeichnen; es ist nur nötig, die einzelnen Werte G_{r3} vermehrt um den konstanten Betrag $g_1' = 111$ kg von der Achse AA aus als Abszissen abzutragen und die Endpunkte mit den Nummern der Stellung zu bezeichnen.

2. Zur Entwicklung der **Arbeitskurve** wurde ein Indikator- bzw. Überdruckdiagramm für die gleichen Daten wie für den Fall 1 auf S. 65 benutzt:

Kolbenhub $s = 0,8$ m; Kolbenfläche $F = \dfrac{\pi \cdot 40^2}{4} = 1256,64$ qcm;

$\varepsilon = \frac{1}{6}$, Enddruck $p_e = 1,4$ Atm., Gegendruck $= 1,15$ Atm.

Schädlicher Raum $= 0,04 \cdot Fs$; Kompressionsenddruck $= 0,8\, p_a$.

Dann ist $p_i = 2,14$ Atm. und die Arbeit pro Hub (von Stellung 0 bis 16) $\mathfrak{A}_{16} = Fs \cdot p_i = 2150$ mkg.

Wir zeichneten auf Tafel 8 zwei Arbeitskurven: die Kurve b für die Dampfüberdrücke, die Kurve b_1 für den als konstante Drehkraft gedachten Widerstand. Die Arbeitskurve der Dampfüberdrücke findet sich unmittelbar über der Grundlinie des Überdruckdiagramms zugeordnet zu den einzelnen Kolbenstellungen, die mit den gleichen Ordnungsnummern versehen sind, wie die zugehörigen Kurbelstellungen, aus den Ordinaten des Überdruckdiagramms nach dem S. 102 beschriebenen Verfahren zum Aufzeichnen von Integralkurven. Die Arbeitskurve des Widerstandes würde, bezogen auf den abgewickelten Kurbelkreis, eine ansteigende, im Nullpunkte mit der Ordinate Null beginnende und mit $\mathfrak{A}_{16} = 2150$ mkg endigende Gerade sein. Will man die Arbeitskurve über dem Kolbenweg zeichnen, so hat man folglich in Kolbenstellung 1, 2, 3, 4 usf. Ordinaten zu errichten $= \dfrac{\mathfrak{A}_{16}}{16}$, $= 2 \cdot \dfrac{\mathfrak{A}_{16}}{16}$, $= 3 \cdot \dfrac{\mathfrak{A}_{16}}{16}$, $= 4 \cdot \dfrac{\mathfrak{A}_{16}}{16}$ ...; die praktische Durchführung dieses Verfahrens ist auf Tafel 8 in der rechts untenstehenden Figur zu sehen: Man teile die gerade Verbindungslinie des Nullpunktes mit dem Endpunkt von $\mathfrak{A}_{16}$ in 16 gleiche

Teile und gehe von den Teilpunkten horizontal hinüber bis zu den Ordinaten in den entsprechenden Kolbenwegpunkten. Eine Drehkraftkurve ist hierbei unnötig.

Die beiden Arbeitskurven für den Hingang sind auf Tafel 8 ausgezogen, diejenigen für den Rückgang gestrichelt dargestellt. Für den Rückgang kann übrigens unmittelbar die für den Hingang gefundene Arbeitskurve der Überdrücke benutzt werden; sie ist nur um die vertikale Mittellinie herumzuklappen. Ebenso entsteht die Arbeitskurve des Widerstandes für den Rückgang durch Umklappen der Linie für den Hingang, aber um eine horizontale, in halber Höhe ($=\frac{1}{2}\mathfrak{A}_{16}$) gelegene Mittellinie, bzw. sie ist wieder durch horizontales Übertragen der Endpunkte der von rechts nach links gleichmäßig um $\dfrac{\mathfrak{A}_{16}}{16}$ anwachsenden Ordinaten zu entwickeln.

Zwischen den beiden Arbeitskurven für die Überdrücke und dem Widerstand liegen nun die Arbeiten $\mathfrak{A}$, die beim Auftragen der eigentlichen Arbeitskurve der Kraftüberschüsse zu benützen sind. Wir tragen natürlich diese Werte $\mathfrak{A}$ gleich als Ordinaten zu den reduzierten Gewichten auf und erhalten sofort die Massenwuchtkurve c. Der Unterschied in der Gestalt der Kurve für Hin- und Rückgang springt in die Augen. (Für die weitere Benutzung zur Schwungradberechnung kommt die Kurve für den Rückgang, weil fast ganz innerhalb der für den Hingang liegend, gar nicht in Betracht.)

3. Die weitere Verwendung der Massenwuchtkurve zur Berechnung des **Schwungradgewichtes** G_{rs}, des **Arbeitsüberschusses** und der **Geschwindigkeiten** ist auf Tafel 8 an einigen Beispielen erläutert. Links unten erkennen wir Fig. 103 wieder; die Konstante

$$c = \frac{60}{s}\sqrt{\frac{2\varepsilon}{\gamma}} \quad \text{wird hier} \quad c = \frac{60}{0{,}8}\sqrt{\frac{2\cdot 20}{8}} = 167{,}7 \text{ Umdr. i. d. Min.}$$

Für $n_m = 120$ Umdr. i. d. Min. und zwei verschiedene Ungleichförmigkeitsgrade:

1. $\delta = \dfrac{1}{3}$, d. h. $n_{max} = n_m\left(1+\dfrac{\delta}{2}\right) = 120 \cdot \left(1+\dfrac{1}{6}\right) = 140$ und $n_{min} = 100$;

2. $\delta = \dfrac{1}{5}$, d. h. $n_{max} = 132$ und $n_{min} = 108$

konnte der Schnittpunkt O noch genau genug bestimmt werden. Für $n_m = 80$ und $\delta = \dfrac{1}{10}$, d. h. $n_{max} = 84$ und $n_{min} = 76$ liegt O schon unbequem weit entfernt. Für die gleichen Fälle, außerdem für den Grenzfall $\delta = 0$ und zwar mit

Schwungradberechnung mit Hilfe des Massenwuchtdiagramms. 131

und
$$n_m = 0, \quad n_m = 80, \quad n_m = 120, \quad n_m = 160$$
$$n_m = 200 \text{ Umdr. i. d. Min.}$$

wurden auf der Achse AA die Arbeitsüberschüsse $\mathfrak{A}_s = \mathfrak{A}_0$ bzw. $= \mathfrak{A}_\delta$ abgeschnitten. Die abgemessenen Werte sind aus folgender Zusammenstellung ersichtlich:

$\delta = 0$ {	$n_m = 0$	80	120	160	200 Umdr. i. d. M.
	$\mathfrak{A}_0 = 1055$	880	660	550	720 mkg

$$n_m = 80; \quad \delta = \frac{1}{10} : \mathfrak{A}_\delta = 835 \text{ mkg}$$

$$n_m = 120; \quad \delta = \frac{1}{5} : \mathfrak{A}_\delta = 525 \text{ mkg}$$

$$n_m = 120; \quad \delta = \frac{1}{3} : \mathfrak{A}_\delta = 440 \text{ mkg}.$$

Für $n_m = 80$ ist hiernach der Näherungswert mit $\delta = 0 : \mathfrak{A}_0 = 880$ mkg, der genaue Wert ist für $\delta = \frac{1}{10} : \mathfrak{A}_\delta = 835$ mkg, d. h. etwa um 5% kleiner.

Für $n_m = 120$ ist bei $\delta = 0 : \mathfrak{A}_0 = 660$ mkg, bei $\delta = \frac{1}{5}$ aber $\mathfrak{A}_\delta = 525$ mkg, d. h. um etwa $\frac{1}{5}$ kleiner; bei $\delta = \frac{1}{3}$ ist $\mathfrak{A}_\delta = 440$ mkg, d. h. um etwa $\frac{1}{3}$ kleiner als der Näherungswert $\mathfrak{A}_0$.

Die früher schon im Anschluß an die Drehkraftkurven festgestellte Tatsache, daß mit steigender Umdrehzahl der Arbeitsüberschuß zunächst abnimmt, dann wieder zunimmt, daß es also eine günstigste Umdrehzahl gibt, für welche der Arbeitsüberschuß ein Minimum wird, die auch hier durch die Zahlentafel für $\mathfrak{A}_0$ wieder bestätigt wird, erfährt eine schärfere Beleuchtung, wenn man die Form der Massenwuchtkurve richtig deutet. Die Massenwuchtkurve auf Tafel 8 hat in einer ungefähr unter 45° geneigten Richtung eine ausgesprochene Längserstreckung, quer dazu also eine viel geringere Breitenausdehnung. (Noch auffälliger zeigt eine solche Form Tafel 9 für den Fall II einer doppeltwirkenden Pumpe.) Projiziert man nun durch berührende Strahlen (für $\delta = 0$ durch parallele Strahlen, für kleines δ durch fast parallele Strahlen) die Massenwuchtkurve auf die Achse AA, so wird die Projektion, das ist aber unser $\mathfrak{A}_0$, am kleinsten beim Projizieren in Richtung der Längsachse ausfallen. Hat die Längsachse der Massenwuchtfigur nicht eine Neigung von links unten nach rechts oben, sondern ist sie z. B. ungefähr horizontal, wie auf Tafel 9 im Falle I einer einfachwirkenden Pumpe, oder ist die Neigung der Längsachse gar von links oben nach rechts unten, oder ist überhaupt keine eigentliche Längsachse vorhanden, wie z. B. auf Tafel 10 für den Fall einer Zwillingsmaschine, so werden die Projektionen mit wachsender Steilheit der Strahlen größer, d. h. mit wachsender Umdrehzahl nimmt der Arbeitsüberschuß beständig zu.

Jedenfalls übersieht man mit einem Blick, je nach der Form der Massenwuchtkurve, ob auf eine günstigste Umdrehzahl gerechnet werden kann oder nicht, und findet die der günstigsten Umdrehzahl entsprechende Strahlrichtung durch die Richtung der Längsachse der Massenwuchtfigur.

Nachdem uns so das Massenwuchtdiagramm über die verschiedensten Fragen raschen und klaren Aufschluß erteilt hat, wollen wir es schließlich noch dazu benutzen, eine **Geschwindigkeitskurve** zu entwickeln, indem wir alle Punkte der Massenwuchtkurve von O aus auf eine beliebige Senkrechte, z. B. NN projizieren, von hier aus horizontal bis zu dem Halbkreis mit n_{max} als Durchmesser (siehe Tafel 8 oben rechts) hinüber ziehen und von diesen Schnittpunkten D bis zum Punkte B die Umdrehzahlen $DB = n$ abmessen. Schlägt man noch um B einen Kreis mit einem Halbmesser gleich der kleinsten Umdrehzahl, so kann man von D bis an diesen Kreis berührend messen, um die Differenz der Umdrehzahl gegen den Minimalwert zu bekommen, was besonders für kleine Geschwindigkeitsschwankungen die Genauigkeit der Konstruktion wesentlich erhöht. Tafel 8 zeigt das Ergebnis in Gestalt der oben links befindlichen n-Kurve. Die beiden gleichgroßen Minimalwerte finden sich etwa für Stellung 2 und 18; die Maximalwerte sind verschieden: das absolute Maximum ($n_{max} = 140$) liegt etwa bei Stellung 11, das andere bei 28 gelegene Maximum beträgt nur 131 Umdr. i. d. Min.

Auf Tafel 8 oben links sind noch eine Anzahl **Mittelwerte** eingeschrieben, die einer Erläuterung bedürfen. Die Basis der n-Kurve ist gleichsam der abgewickelte Kurbelzapfenweg; nennen wir ein Wegelement ds, den ganzen Weg für eine Umdrehung s, so liegt es nahe, einen Mittelwert aller n dadurch zu bestimmen, daß man den Inhalt der von der n-Kurve begrenzten Fläche ($= \int n ds$) aufsucht und diesen durch s dividiert, also $\frac{\int n ds}{s}$ ermittelt. Dieser Wert ist auf Tafel 8 und 9 als „Mittelwert der n" bezeichnet. Ein solcher Mittelwert hat aber mechanisch und praktisch gar keinen Sinn. Fälschlicherweise wird trotzdem oft davon Gebrauch gemacht, um die Dauer eines Umlaufs und die wirkliche Anzahl der Umdrehungen in einer Minute zu berechnen, indem man ihn einfach gleich dem letzteren Wert setzt. Auf dieser falschen Rechnung beruht z. B. eine Arbeit von C. Goldstein über „die kleinste mögliche Umlaufzahl von Pumpwerken" Z. d. V. d. Ing. 1906, S. 253 usf., auf die wir im Anschluß an Tafel 9 noch zurückkommen werden.

Nehmen wir statt der Umdrehzahlen einmal die Kurbelzapfengeschwindigkeiten v, denken also eine v-Kurve vorliegend, und suchen die Dauer T eines Umlaufs, so finden wir diese durch Addition der einzelnen Zeitelemente dt; nun ist das Wegelement $ds = v \cdot dt$, also

$$dt = \frac{ds}{v}, \quad \text{mithin} \quad T = \int dt = \int \frac{ds}{v}.$$

Als wahre mittlere Geschwindigkeit v_w müßte ein Wert zugrunde gelegt werden, der bei gleicher Zeit den gleichen Weg liefert, es muß also die Gleichung gelten

$$v_w \cdot T = s,$$

d. h. unter dem wahren Mittel aus den Werten v müssen wir den Ausdruck:

$$v_w = \frac{s}{T} = s : \int \frac{ds}{v} = s : \int \frac{1}{v} \cdot ds$$

$$v_w = 1 : \frac{\int \frac{1}{v} \cdot ds}{s}$$

verstehen, ebenso unter dem wahren Mittel der Umdrehzahlen die wirkliche Zahl der Umdrehungen in einer Minute:

$$n_w = 1 : \frac{\int \frac{1}{n} \cdot ds}{s}.$$

Hiernach ist nicht der Mittelwert aus den Ordinaten der n-Kurve, sondern vielmehr das Mittel aus einer reziproken n-Kurve zu bestimmen und von diesem Mittel wieder der reziproke Wert zu nehmen. Tafel 8 und 9 enthalten:

1. eine solche Kurve der reziproken Umdrehzahlen, wobei der Maßstab so gewählt wurde, daß nicht unmittelbar $\frac{1}{n}$, sondern $\frac{100^2}{n}$ (auf Tafel 8) bzw. $\frac{50^2}{n}$ (auf Tafel 9) aufgetragen wurde, um bequemer arbeiten zu können;

2. die Angabe des Mittelwertes n_r aus den reziproken Umdrehzahlen, d. h. aus $\frac{100^2}{n}$;

3. den reziproken Wert hiervon, also $\dfrac{100^2}{n}$, das ist das wahre Mittel der n, das mit der wirklichen Zahl der Umdrehungen in einer Minute übereinstimmt;

4. das oben als unbrauchbar gekennzeichnete Mittel $\dfrac{\int nds}{s}$, in den Figuren als „Mittelwert der n" bezeichnet;

5. das arithmetische Mittel aus größter und kleinster Umdrehzahl, gewissermaßen das roheste Mittel.

Ein Vergleich der drei Mittelwerte auf Tafel 8: wahres Mittel $n_w = 122$, arithmetisches Mittel aller n: $\dfrac{\int nds}{s} = 123,4$ und

$$\dfrac{n_{min} + n_{max}}{2} = 120 \text{ Umdr. i. d. Min.}$$

lehrt, daß der letztere Wert als Annäherung nicht schlechter ist, als das mühsam zu suchende Mittel $\dfrac{\int nds}{s}$.

Auf Tafel 9 lauten die drei Werte für Fall I und Fall II:

I: $n_w = 35,7$, arithmetisches Mittel $= 42$ und $\dfrac{n_{min} + n_{max}}{2} = 37,25$

II: $n_w = 54,3$,   „   „ $= 68$ und $\dfrac{n_{min} + n_{max}}{2} = 51,15$.

Man sieht aus diesen Zahlen, wie erheblich das wahre Mittel von dem arithmetischen Mittel aller n abweicht; als praktische Annäherung ist dieses arithmetische Mittel um so mehr zu verwerfen, da das viel bequemer zu findende einfache Mittel aus n_{max} und n_{min} tatsächlich eine viel bessere Annäherung darstellt.

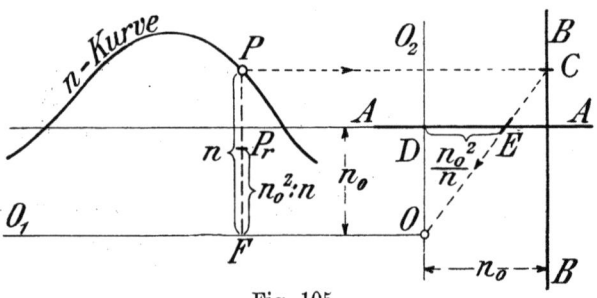

Fig. 105.

Zum Aufsuchen der reziproken Werte der Umdrehzahlen stehen eine ganze Reihe von geometrischen Hilfsmitteln zur Verfügung: Sekanten- und Sehnensatz am Kreise, Konstruktionen zum Bestimmen der vierten Proportionale, Benutzung einer gleichseitigen Hyperbel usw.; zur Konstruktion auf dem Reißbrett empfehlen sich etwa folgende beiden Konstruktionen.

1. Fig. 105: Um $\frac{n_0^2}{n}$ aus n zu finden, ziehe man die Horizontale AA im Abstande n_0 von der Grundlinie O_1O und zwei Senkrechte OO_2 und BB im Abstande $=n_0$ voneinander; wenn man dann von einem Punkte P der n-Kurve horizontal bis BB geht, den Schnittpunkt C mit O verbindet und den Strahl OC mit AA in E schneidet, so ist $\overline{DE}=\frac{n_0^2}{n}$. Durch Abtragen von $\overline{FP_r}=\overline{DE}$ erhält man einen Punkt P_r der Kurve der reziproken Umdrehzahlen.

2. Fig. 106: Man trage von der Grundlinie O_1O_1 aus n_0 nach oben und unten ab. Zieht man nun von P aus durch einen Punkt H der oberen Horizontalen AA einen Strahl bis G, auf der unteren Horizontalen NN gelegen, und von G aus zurück nach dem Punkt J, der von K aus ebensoweit nach links entfernt ist, wie H von K aus nach rechts, so ist der Schnitt P_r von GJ mit der Ordinate sofort ein Punkt der reziproken n-Kurve. Da in der gegebenen n-Kurve fast immer

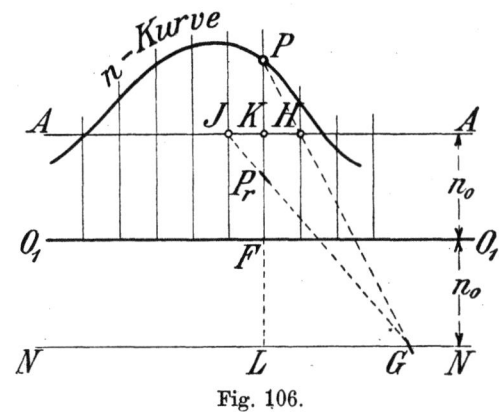

Fig. 106.

die Ordinaten in gleichen Abständen gezogen sind, so braucht man natürlich nicht erst $JK=HK$ abzutragen, sondern kann immer gleich die Nachbarpunkte zur Rechten und zur Linken als H und J benutzen.

Die Richtigkeit der Konstruktion nach Fig. 105 folgt aus der Proportion $n:n_0=\overline{OD}:\overline{DE}=n_0:\overline{DE}$ also $\overline{DE}=\frac{n_0^2}{n}$.

Die Richtigkeit der noch bequemeren Konstruktion nach Fig. 106 ist nicht ganz so leicht zu ersehen. Aus der Ähnlichkeit von Dreiecken folgt:
$$PK:PL=KH:LG$$
oder
$$n-n_0:n+n_0=KH:LG;$$
ferner
$$KP_r:P_rL=KJ:LG$$
oder
$$n_0-FP_r:n_0+FP_r=KJ:LG$$
mithin
$$n-n_0:n+n_0=n_0-FP_r:n_0+FP_r$$
oder
$$nn_0+n\cdot FP_r-n_0^2-n_0\cdot FP_r=nn_0+n_0^2-n\cdot FP_r-n_0\cdot FP_r$$
$$2n\cdot FP_r=2n_0^2$$
d. h.
$$FP_r=\frac{n_0^2}{n}\text{ w. z. b. w.}$$

Wünscht man nicht nur die gesamte Dauer eines Umlaufs zu bestimmen, sondern den zu jeder einzelnen Kurbelstellung gehörigen Zeitpunkt, also die den Drehwinkeln α entsprechende Zeit t anzugeben, so kann man eine **Wegzeitkurve** als Integralkurve am bequemsten wie folgt (Fig. 107) entwickeln: Die Abszissen der Geschwindigkeitskurve mögen die Kurbelwinkel α, die Ordinaten die Winkelgeschwindigkeiten ω der Kurbelwelle bedeuten. Schneidet man dann auf der Abszissenachse eine Strecke $OO_1 = 1$ ab, überträgt die Ordinaten ω auf die Senkrechte ON so, daß $OM = \omega$ ist, verbindet M mit O_1 und zieht nun die Elemente einer Integralkurve (mit den Ordinaten y) rechtwinklig zu den entsprechenden Strahlen $O_1 M$, so gilt für diese Integralkurve:

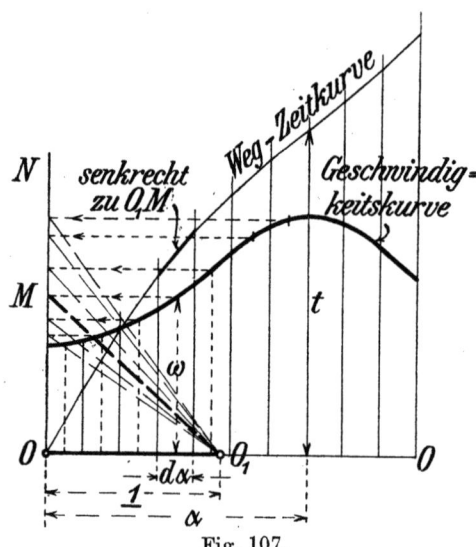

Fig. 107.

$$\frac{dy}{d\alpha} = \frac{OO_1}{OM} = \frac{1}{\omega},$$

folglich ist $dy = \dfrac{d\alpha}{\omega}$. Da aber auch $dt = \dfrac{d\alpha}{\omega}$ ist, so erkennen wir, daß $dy = dt$ oder $y = t$ ist; wir erhalten durch die angegebene Konstruktion in der Tat eine Wegzeitlinie, d. h. eine Kurve, deren Ordinaten die Zeiten t und deren Abszissen die zugehörigen Kurbelwinkel α bedeuten.

2. Einfach- und doppeltwirkende Pumpe. (Tafel 9.)

Maßstäbe: für das Überdruckdiagramm 1 mm = 1 Atm.,

für die Arbeiten $\begin{cases} \text{Fall I:}\ 1\ \text{mm} = 40\ \text{mkg}\ (\varepsilon = 40) \\ \text{Fall II:}\ 1\ \text{mm} = 20\ \text{mkg}\ (\varepsilon = 20) \end{cases}$

für die reduzierten Gewichte 1 mm = 12 kg ($\gamma = 12$)

für die minutl. Umdrehzahlen 1 mm = 2 Umdr. i. d. M.

Hieraus folgt für die Richtungswinkel φ:

für Fall I: $\quad n = \dfrac{60}{0{,}8}\sqrt{\dfrac{2 \cdot 40}{12}} \sqrt{\operatorname{tg}\varphi} = 194\sqrt{\operatorname{tg}\omega}$

für Fall II: $\quad n = \dfrac{60}{0{,}8}\sqrt{\dfrac{2 \cdot 20}{12}} \sqrt{\operatorname{tg}\varphi} = 137\sqrt{\operatorname{tg}\varphi}.$

Auf Tafel 9 sind für möglichst ähnliche Verhältnisse zwei Dampfpumpen behandelt; beide Male ist eine doppeltwirkende Einzylindermaschine vorausgesetzt, die eine einfach wirkende Pumpe (Fall I) oder eine doppeltwirkende Pumpe (Fall II) bzw. zwei einfach wirkende Pumpen mit 180° Kurbelversetzung antreibt. Dabei wurden folgende **Daten** zugrunde gelegt.

1. Für die Dampfmaschine:

Hub $s = 0,8$ m, Kolbendurchmesser $D = 40$ cm, also Kolbenquerschnitt $F = 1256,64$ qcm, Anfangsspannung $p_a = 5$ Atm., Füllungsgrad $\varepsilon = \frac{1}{4}$, Kompression bis $0,8\, p_a$; daraus ergibt sich der mittlere indizierte Überdruck $p_i = 1,83$ Atm.

2. Für die Pumpe:

Gesamte Förderhöhe einschließlich aller Widerstände $= 80$ m $= 8$ Atm., bestehend aus 9 m Saughöhe und 71 m Druckhöhe.

a) Doppeltwirkende Pumpe.

$$\text{Kolbenquerschnitt} = F \cdot \frac{1,83}{8} = \frac{1256,64 \cdot 1,83}{8} = 287 \text{ qcm},$$

daher Kolbendurchmesser $d = 19$ cm.

Ferner sei der Saugrohrdurchmesser $d_s = 17,5$ cm, die Saugrohrlänge vom Saugwindkessel bis zum Kolben $l_s \sim 1,5$ m, der Druckrohrdurchmesser $d_d = 12,5$ cm und die Druckrohrlänge vom Kolben bis zum Druckwindkessel $l_d \sim 2,5$ m.

Dann finden wir die zu beschleunigenden Massen aus den Massen des Kurbeltriebes und aus den zwischen den beiden Windkesseln gelegenen Wassermassen wie folgt, wenn wir zunächst die letzteren auf die Kolbengeschwindigkeit reduzieren:

Reduziertes Gewicht der Saugwassersäule

$$G_{rs} = 15 \cdot \frac{\pi\, 1,75^2}{4} \cdot \left(\frac{19^2}{17,5^2}\right)^2 = \sim 50 \text{ kg};$$

reduziertes Gewicht der Druckwassersäule

$$G_{rd} = 25 \cdot \frac{\pi\, 1,25^2}{4} \left(\frac{19}{12,5}\right)^4 = \sim 164 \text{ kg};$$

zusammen also

$$G_{rs} + G_{rd} = 50 + 164 = 214 \text{ kg}.$$

Für das Gestänge mögen folgende Werte gelten:
Gewicht beider Kolben, der Kolbenstange und des Kreuzkopfes

$$= 336 \text{ kg};$$

Gewicht der Schubstange

$$G_2 = 185 \text{ kg},$$

davon auf den Kurbelzapfen entfallend

$$G_1' = \frac{J_2}{l^2} \cdot G_2 = 0{,}6 \cdot 185 = 111 \text{ kg},$$

auf den Kreuzkopfbolzen

$$G_2' = 0{,}4 \cdot 185 = 74 \text{ kg}.$$

Mithin beträgt das ganze am Kreuzkopfbolzen zu denkende Gewicht

$$G_3 = 214 + 336 + 74 = 624 \text{ kg}.$$

b) **Einfach wirkende Pumpe.**

Kolbenquerschnitt $= 2 \cdot \dfrac{F \cdot 1{,}83}{8} = 574$ qcm, dazu $d = 27$ cm,

Saugrohrdurchm. $d_s = 25$ cm, Druckrohrdurchm. $d_d = 17{,}5$ cm;

Reduziertes Gewicht der Saugwassersäule

$$G_{rs} = 15 \cdot \frac{\pi \, 2{,}5^2}{4} \left(\frac{27}{25}\right)^4 = \sim 100 \text{ kg},$$

reduziertes Gewicht der Druckwassersäule

$$G_{rd} = 25 \cdot \frac{\pi \, 1{,}75^2}{4} \left(\frac{27}{17{,}5}\right)^4 = \sim 340 \text{ kg}.$$

Als G_3 kommt somit hier in Rechnung
für die Saugperiode:

$$G_{3s} = 100 + 336 + 74 = 510 \text{ kg},$$

für die Druckperiode:

$$G_{3d} = 340 + 336 + 74 = 750 \text{ kg}.$$

Es ist wohl zu beachten, daß für die Saug- und Druckperiode bei einer einfachwirkenden Pumpe verschieden große Massen gelten; deshalb sind auch die reduzierten Massen für Hingang und Rückgang für die gleichen Kolbenstellungen nicht mehr gleich groß. Wir sehen dies deutlich auf Tafel 9 oben rechts in der Massenwuchtkurve I daran, daß die gestrichelte Linie c' für den Rückgang (für die Druckperiode) sich erheblich weiter nach rechts auseinanderzieht, als die ausgezogene Linie c für den Hingang (für die Saugperiode). Wollte man ganz streng sein, so müßte man noch berücksichtigen, daß während des Hubes die Wassermenge sich verändert, daß sie während des Saughubes allmählich zunimmt, während des Druckhubes allmählich abnimmt; doch dürfte dieser Einfluß auf das Gesamtresultat praktisch ohne Belang sein.

Tafel 9 zeigt nun die **Ergebnisse** unseres Verfahrens. Hier konnten wir unmittelbar aus dem Dampfüberdruckdiagramm, in das der Pumpenwiderstand als konstante Kraft eingetragen wurde, die Arbeitskurve der wirklichen Kraftüberschüsse als Integralkurve entwickeln. Die senkrecht schraffierte Fläche im Diagramm a enthält die positiven, die horizontal schraffierte Fläche die negativen Kraftüberschüsse.

Für die doppeltwirkende Pumpe (II) geht die Arbeitskurve für den Rückgang aus der für den Hingang durch Umklappen um die vertikale Mittellinie des Kolbenhubes hervor. Für die einfachwirkende Pumpe (I) endigt die Saugperiode und beginnt die Druckperiode mit einem Arbeitsüberschuß

$$\mathfrak{A}_{16} = Fs \cdot p_i - (2 Fs p_i) \frac{0{,}9}{8} = Fs p_i \left(1 - 2 \cdot \frac{0{,}9}{8}\right)$$
$$= 1256{,}64 \cdot 0{,}8 \cdot 1{,}83 \cdot (0{,}775) = 1418 \text{ mkg}.$$

Die Maximalwerte beim Hingang und beim Rückgang sind nur wenig größer als dieser Totpunktswert.

Die beiden Massenwuchtkurven wurden wie folgt benutzt.

Für den Fall II läßt sich ganz deutlich eine günstigste Umdrehzahl erkennen, da die Massenwuchtkurve eine besonders ausgesprochene Längserstreckung nach einer Richtung aufweist. Dieser Richtung entspricht eine mittlere Umdrehzahl von $n_m = 104$ Umdr. i. d. Min. Wie vorteilhaft diese Umdrehzahl ist, geht daraus hervor, daß bei einem Ungleichförmigkeitsgrade $\delta = 6^0/_0$ das erforderliche reduzierte Schwungradgewicht G_{rs} nur 570 kg beträgt; für $G_{rs} = 1500$ kg wird nach der Figur $\delta = \frac{1}{30} = 3{,}33^0/_0$. Ein Vergleich dieser beiden Zahlen zeigt für solche besonderen Fälle die Unzulässigkeit des älteren Verfahrens, mit Hilfe der Drehkraftkurven das Schwungradgewicht durch die Grundgleichung (20) zu bestimmen. Denn nach dieser Gleichung müßte G_{rs} umgekehrt proportional mit δ wachsen. Von $G_{rs} = 1500$ kg und $\delta = 3{,}33^0/_0$ ausgehend, müßte für $\delta = 6^0/_0$ $G_{rs} = 1500 \cdot \frac{3{,}33}{6} = 833$ kg werden, während in Wirklichkeit nur $G_{rs} = 570$ kg sein braucht. Sowohl kleinere wie größere Umdrehzahlen erfordern bei gleichem Ungleichförmigkeitsgrade ganz erheblich größere Schwungmassen, oder umgekehrt bei gleicher Schwungmasse wird δ viel größer; bei dem Werte $G_{rs} = 1500$ kg z. B. findet sich für eine mittlere Umdrehzahl $n_m = 37{,}25$: $n_{min} = 14{,}5$ und $n_{max} = 60$, d. h. $\delta = \frac{60 - 14{,}5}{37{,}25}$ $= 1{,}22 = 122^0/_0$. Für die günstigste etwa dreimal so große Umdrehzahl war bei gleicher Schwungmasse δ nur $3{,}33^0/_0$.

Bei der einfachwirkenden Pumpe (Fall I) ist nach der Gestalt der Massenwuchtkurve von einer günstigsten Umdrehzahl nicht die Rede; mit wachsender Umdrehzahl wird der Arbeitsüberschuß größer.

Die auf Tafel 9 links dargestellten n-Kurven und Mittelwerte, die auf Seite 132 bereits näher erläutert wurden, zeigen deutlich die Unzulässigkeit, für die wahre Dauer T eines Umlaufes bzw. für die wahre Anzahl der Umdrehungen mit dem arithmetischen Mittel aus den Werten n zu rechnen. Man mache sich dazu noch den Grenzfall klar, der häufig bei Pumpen, die eine möglichst kleine Umdrehzahl haben sollen, zugrunde gelegt wird, nämlich daß die Pumpe noch eben über den Totpunkt geht, daß also in dieser Stellung die augenblickliche Winkelgeschwindigkeit fast Null ist. Setzt man für diesen Fall die Winkelgeschwindigkeit $=0$, so würde bei dem unrichtigen Verfahren[1]) dieser Nullwert gar nichts weiter ausmachen; in Wirklichkeit ist aber sein reziproker Wert maßgebend, dieser würde $=\infty$ und die Dauer eines Umlaufs selber unendlich groß. Ist der Minimalwert der Winkelgeschwindigkeit nicht gerade Null, aber doch sehr klein, so wird sein reziproker Wert sehr groß und beeinflußt den wahren Wert der Umdrehzahl ganz erheblich. Die hochaufragenden Spitzen der reziproken n-Kurven auf Tafel 9, die nicht einmal zu besonders kleinen Geschwindigkeiten in den Totpunkten gehören, da $n_{min} \sim 14$ Umdr. i. d. Min. angenommen ist, zeigen deutlich den großen Einfluß dieser Minimalwerte.

Mit der Definition einer **Grenzumlaufzahl** bei Pumpen, daß für sie eben noch in den Totpunkten die Geschwindigkeit Null vermieden wird, ist überhaupt nichts anzufangen. Für den theoretischen Grenzfall der Geschwindigkeit Null in den Totpunkten wird die wahre Umlaufdauer $T=\infty$ und die wahre Anzahl der Umdrehungen in der Minute $n_w = 0$. Eine Winzigkeit mehr als Null ergibt einen endlichen Zahlenwert für T und n_w, der aber fast ausschließlich von diesem kleinen Wert der Winkelgeschwindigkeit in der Totlage abhängt. Könnte man irgend eine sachlich begründete Annahme für die kleinste vorkommende Winkelgeschwindigkeit machen, so wäre man allerdings in der Lage, die Umlaufdauer und die wahre minutliche Umdrehzahl auf Grund des erläuterten Verfahrens zu bestimmen. Die Tatsache, daß eine Pumpe um so langsamer laufen

---

[1]) In der schon genannten Arbeit von C. Goldstein, Z. d. V. d. Ing. 1906, S. 253 u.f., ist der Mittelwert tatsächlich für eine Geschwindigkeitskurve ermittelt, die in den Totpunkten die Werte Null aufweist; bei der Aufstellung einer Formel für die Grenzumlaufzahl wurde eine Sinuslinie für die Geschwindigkeitskurve gewählt und nun der Mittelwert durch Integration bestimmt. Die ganze Rechnung ist natürlich hinfällig.

kann, je größer die Schwungmasse ist, weist uns darauf hin, daß es in erster Linie auf die kleinste Wucht E_{min} ankommt, die noch im Schwungrade enthalten ist, wenn die Kurbel im Totpunkte oder in dessen Nähe steht; wir wollen versuchen, für E_{min} einen Anhalt zu gewinnen. Bisher rechneten wir die Reibungswiderstände unmittelbar zum Pumpenwiderstand, setzten also die Bewegungswiderstände als eine Kolbenkraft voraus. Diese Annahme mag, da die Hauptkräfte als Kolbenkräfte erscheinen, im allgemeinen auch zulässig sein, sie trifft aber nicht mehr zu in der Nähe der Totlagen. Kräfte, die als Kolbenkräfte auftreten, leisten bei einer kleinen Drehung der Kurbel eine Arbeit $\sim$ Null, da die Drehkraft in der Nähe der Totlage $\sim$ Null ist. Kräfte dagegen, die unmittelbar als Drehkräfte wirksam sind, liefern auch in der Nähe der Totlagen eine (dem betrachteten kleinen Drehwinkel α proportionale) Arbeit. Nun sind aber stets solche Reibungswiderstände vorhanden, vor allem die Zapfenreibung im Kurbelwellenlager, soweit sie vom Schwungradgewicht herrührt; wir wollen diese als Drehkraft auftretenden Widerstände, bezogen auf 1 qcm Kolbenfläche, p_r nennen. Zeichnen

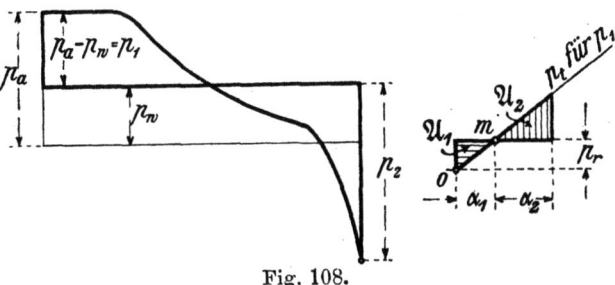

Fig. 108.

wir dann (s. Fig. 108) ein Stück Drehkraftkurve in der Nähe des Totpunktes für die Kolbenüberdrücke, die hier $p_1 = p_a - p_w$ sind, und tragen p_r als Widerstand ein, so sehen wir, daß anfangs, da p_t mit Null beginnt, noch Arbeit verzehrt wird, bis Widerstandslinie und Drehkraftkurve für $p_1 = p_a - p_w$ sich in Punkt m schneiden. Nun erst wird positive Arbeit geleistet, die Wucht der bewegten Massen nimmt wieder zu. Wir erkennen, daß nicht im Totpunkt die kleinste Wucht vorhanden ist, sondern etwas später; aus der Wucht E_0 im Totpunkt folgt die kleinste Wucht $E_{min} = E_0 - \mathfrak{A}_1$, wenn mit $\mathfrak{A}_1$ die vom Totpunkt bis zu der dem Schnittpunkt m entsprechenden Kurbelstellung zu überwindende Arbeit bezeichnet wird.

Nennen wir noch den zugehörigen Kurbelwinkel α_1, den Kolbenquerschnitt F und den Kolbenhub s, so finden sich α_1 und $\mathfrak{A}_1$ wie folgt. Nach Gl. 6 war die Drehkraft

$$T = P \frac{\sin(\alpha + \beta)}{\cos \beta} = P(\sin \alpha + \cos \alpha \, \text{tg} \, \beta);$$

für kleine Kurbelwinkel α ist somit

$$T = P(\sin \alpha + \sin \beta) = P \sin \alpha (1 + \lambda);$$

diese Beziehung gilt für den Hingang; für den Rückgang wäre

$$T = P \sin \alpha (1 - \lambda).$$

Für den vorliegenden Zweck genügt es, $T = P \sin \alpha$ zu setzen, wofür weiter bei kleinen Winkeln α

$$T = P \cdot \alpha$$

genommen werden kann. Wie wir auch aus den Drehkraftkurven auf Tafel 2 bis 5 ersehen, sind also die Drehkraftkurven in der Nähe des Totpunktes angenähert Gerade. Deshalb können wir setzen:

$$\left. \begin{aligned} p_r &= p_1 \cdot \alpha_1 \text{ oder } \alpha_1 = \frac{p_r}{p_1} \\ \mathfrak{A}_1 &= \frac{F\, p_r \cdot \alpha_1 r}{2} = \frac{F r p_1 \alpha_1^2}{2} \end{aligned} \right\} \quad \ldots \ldots (48)$$

Das Verhältnis $p_r : p_1 = \alpha_1$ läßt sich sehr wohl schätzen; die sog. Leergangswiderstandsspannung im Sinne Hrabáks ist etwa unserem p_r gleichwertig, wenn man sie im Verhältnis $2s : \pi s$ vermindert denkt. Jedenfalls ließe sich p_r an ausgeführten Maschinen experimentell leicht bestimmen; $p_r : p_1$ dürfte kaum mehr als 1 bis 2 % betragen. Nimmt man $p_r : p_1 = \alpha_0 \sim 0{,}04$, so rechnet man schon ziemlich vorsichtig. Durch α_1 ist nun auch $\mathfrak{A}_1$ festgelegt.

Würde $E_0 = \mathfrak{A}_1$ sein, so bliebe die Pumpe stehen beim Kurbelwinkel α_1 (vom Totpunkt aus gerechnet). Da dieser Fall unzulässig ist, so wählen wir eine kleinste Wucht E_{min} derart, daß auch bei unvorhergesehener Steigerung der Reibungsarbeit $\mathfrak{A}_1$ noch ein Weitergehen der Pumpe gewährleistet wird, d. h. wir nehmen E_{min}

$$E_{min} = c \cdot \mathfrak{A}_1 \ldots \ldots \ldots (49)$$

als Vielfaches von $\mathfrak{A}_1$. Setzen wir z. B. $E_{min} = 5 \cdot \mathfrak{A}_1$, so könnte die Reibungsarbeit auf mehr als den vierfachen Betrag, α_1 auf das Doppelte des geschätzten Wertes steigen, und die Pumpe überschritte noch immer den gefährlichen Punkt. Die Wucht im Totpunkt E_0 findet sich aus E_{min}:

$$E_0 = E_{min} + \mathfrak{A}_1.$$

Je größer wir bei festgelegter Minimalwucht E_{min} nun die Schwungradmasse wählen, um so kleiner ergibt sich die kleinste

Schwungradberechnung mit Hilfe des Massenwuchtdiagramms. 143

Geschwindigkeit v_{min}, um so größer wird folglich die Umlaufdauer T, um so kleiner die wahre Anzahl der minutlichen Umdrehungen.

Wenn wir bei den hier in Frage kommenden kleinen Werten von v_{min} in der Nähe der Totlage nach unserem Verfahren eine Kurve der reziproken Umdrehzahlen konstruieren und daraus den Mittelwert suchen, so wird in der Nähe der Totlage das Verfahren unbequem und ungenau. Deshalb soll noch die Zeit berechnet werden, die in der Nähe der Totlage für das Durchlaufen eines bestimmten kleinen Drehwinkels erforderlich ist, falls die Drehkraftkurve für diesen Drehwinkel als gerade Linie angesehen werden darf.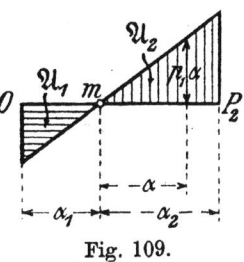

Fig. 109.

Zu Beginn des Hubes möge die Drehkraftkurve, die in Fig. 108 und 109 wiedergegebene Form haben; Punkt m entspricht der kleinsten Wucht $E_{min} = \dfrac{J_s \cdot \omega_{min}^2}{2}$.

Von hier aus steigt die Wucht bis zu dem gewählten Punkt P_2 (entsprechend dem Drehwinkel α_2 von m aus gemessen) um den Betrag

$$\mathfrak{A}_2 = \frac{p_1 \alpha_2 F \cdot \alpha_1 r}{2} = \frac{p_1 F r \cdot \alpha_2^2}{2},$$

worin $F =$ Kolbenquerschnitt und $r =$ Kurbelhalbmesser.

Ebenso nimmt vom Totpunkte O aus die Wucht um

$$\mathfrak{A}_1 = \frac{p_1 F r \cdot \alpha_1^2}{2}$$

ab bis E_{min}, was für die Berechnung der Zeit gleichbedeutend damit ist, daß von m bis O die Wucht von E_{min} um $\mathfrak{A}_1$ bis E_0 wächst; für beide Fälle wird also die gleiche Formel zu benützen sein, wenn entsprechend α_1 an Stelle von α_2 tritt. Von m bis P_2 sei die erforderliche Zeit t_2, von O bis $m = t_1$, dann gilt für die augenblickliche Winkelgeschwindigkeit ω zur Zeit t von m aus gerechnet die Wuchtgleichung

$$E = \frac{J_s \omega^2}{2} = E_{min} + \mathfrak{A} = \frac{J_s \omega_{min}^2}{2} + \frac{p_1 F r \alpha^2}{2}$$

oder $\qquad \omega = \sqrt{\omega_{min}^2 + \dfrac{p_1 F r}{J_s} \alpha^2}.$

Für das Zeitelement dt und den zugehörigen Drehwinkel $d\alpha$ besteht aber die Grundgleichung

$$\omega = \frac{d\alpha}{dt} \quad \text{oder} \quad dt = \frac{d\alpha}{\omega},$$

folglich ist hier
$$dt = \frac{d\alpha}{\sqrt{\omega_{min}^2 + \frac{p_1 F r}{J_s} \alpha^2}}$$

und somit
$$t = \int_0^t \frac{d\alpha}{\sqrt{\omega_{min}^2 + \frac{p_1 F r}{J_s} \alpha^2}} = \sqrt{\frac{J_s}{p_1 F \cdot r}} \operatorname{Ar}\operatorname{Sin} \alpha \sqrt{\frac{p_1 F r}{J_s \omega_{min}^2}}$$

$$t = \sqrt{\frac{J_s}{p_1 F r}} \operatorname{Ar}\operatorname{Sin} \alpha \sqrt{\frac{p_1 F r}{2 E_{min}}} \quad \ldots \ldots (50)$$

Hieraus folgen t_2 und t_1:

$$t_2 = \sqrt{\frac{J_s}{p_1 F r}} \operatorname{Ar}\operatorname{Sin} \alpha_2 \sqrt{\frac{p_1 F r}{2 E_{min}}} = \sqrt{\frac{J_s}{p_1 F r}} \operatorname{Ar}\operatorname{Sin} \sqrt{\frac{\alpha_2^2 p_1 F r}{2 E_{min}}}$$

-ebenso
$$\left. \begin{aligned} t_2 &= \sqrt{\frac{J_s}{p_1 F r}} \operatorname{Ar}\operatorname{Sin} \sqrt{\frac{\mathfrak{A}_2}{E_{min}}} \\ t_1 &= \sqrt{\frac{J_s}{p_1 F r}} \operatorname{Ar}\operatorname{Sin} \sqrt{\frac{\mathfrak{A}_1}{E_{min}}} \end{aligned} \right\} \quad \ldots \ldots (51)$$

Da wir E_{min} als Vielfaches von $\mathfrak{A}_1$: $E_{min} = c \cdot \mathfrak{A}_1$ unserer Rechnung zugrunde legten, so ist $\dfrac{\mathfrak{A}_1}{E_{min}} = \dfrac{1}{c}$ ein echter Bruch und somit

$$\operatorname{Ar}\operatorname{Sin} \sqrt{\frac{\mathfrak{A}_1}{E_{min}}} \sim \sqrt{\frac{\mathfrak{A}_1}{E_{min}}} = \sqrt{\frac{1}{c}}$$

direkt bekannt; $\mathfrak{A}_2$ entnehmen wir aus der Arbeitskurve für den gewählten Punkt P_2 und können unter Benutzung einer Tabelle für Sin $\operatorname{Ar}\operatorname{Sin} \sqrt{\dfrac{\mathfrak{A}_2}{E_{min}}}$ sofort aufschlagen. Wenn wir schließlich auch noch für einen kleinen Drehwinkel α_3 vor dem Totpunkte entsprechend einem Endüberdruck p_3, den wir als konstant beibehalten, die gleiche Rechnung anstellen, so finden wir die zugehörige Zeit

$$t_3 \sim \sqrt{\frac{J_s}{p_3 F r}} \left[\operatorname{Ar}\operatorname{Sin}(\alpha_3 + \alpha_3') \sqrt{\frac{p_3 F r}{2 E_{min}}} - \operatorname{Ar}\operatorname{Sin} \alpha_3' \sqrt{\frac{p_3 F r}{2 E_{min}}} \right],$$

worin $\alpha_3' = \alpha_1 \cdot \dfrac{p_1}{p_3}$ der zwischen Totpunkt und dem Schnittpunkte der Drehkraftkurve für p_3 mit der Widerstandslinie für p_3 gelegene

Schwungradberechnung mit Hilfe des Massenwuchtdiagramms.

Winkel ist. Für den vorliegenden Zweck hinreichend genau kann man t_3 schreiben:

$$t_3 \sim \sqrt{\frac{J_s}{p_3 Fr}} \left[\text{Ar Sin} \sqrt{\frac{\mathfrak{A}_3}{E_{min}}} - \text{Ar Sin} \sqrt{\frac{\alpha_1^2 \frac{p_1^2}{p_3^2} p_3 Fr}{2 E_{min}}} \right]$$

$$\sim \sqrt{\frac{J_s}{p_3 Fr}} \left[\text{Ar Sin} \sqrt{\frac{\mathfrak{A}_3}{E_{min}}} - \text{Ar Sin} \sqrt{\frac{p_1}{p_3} \cdot \frac{\mathfrak{A}_1}{E_{min}}} \right]$$

$$t_3 \sim \sqrt{\frac{J_s}{p_3 Fr}} \left[\text{Ar Sin} \sqrt{\frac{\mathfrak{A}_3}{E_{min}}} - \sqrt{\frac{p_1}{p_3} \cdot \frac{\mathfrak{A}_1}{E_{min}}} \right] \quad \ldots \quad (52)$$

Die ganze Zeit für die Bewegung in der Nähe des Totpunktes wird folglich:

$$t_1 + t_2 + t_3 = \sqrt{\frac{J_s}{p_1 Fr}} \sqrt{\frac{\mathfrak{A}_1}{E_{min}}} + \sqrt{\frac{J_s}{p_1 Fr}} \text{Ar Sin} \sqrt{\frac{\mathfrak{A}_2}{E_{min}}}$$

$$+ \sqrt{\frac{J_s}{p_3 Fr}} \text{Ar Sin} \sqrt{\frac{\mathfrak{A}_3}{E_{min}}} - \sqrt{\frac{J_s}{p_3 Fr}} \sqrt{\frac{p_1}{p_3} \frac{\mathfrak{A}_1}{E_{min}}}$$

$$= \sqrt{\frac{J_s}{p_1 Fr}} \left(1 - \frac{p_1}{p_3}\right) \sqrt{\frac{\mathfrak{A}_1}{E_{min}}} + \sqrt{\frac{J_s}{p_1 Fr}} \text{Ar Sin} \sqrt{\frac{\mathfrak{A}_2}{E_{min}}}$$

$$+ \sqrt{\frac{J_s}{p_3 Fr}} \text{Ar Sin} \sqrt{\frac{\mathfrak{A}_3}{E_{min}}}$$

$$= \sqrt{\frac{J_s}{Fr}} \left[\frac{1}{\sqrt{p_1}} \left(1 - \frac{p_1}{p_3}\right) \sqrt{\frac{\mathfrak{A}_1}{E_{min}}} + \frac{1}{\sqrt{p_1}} \text{Ar Sin} \sqrt{\frac{\mathfrak{A}_2}{E_{min}}} \right.$$

$$\left. + \frac{1}{\sqrt{p_3}} \text{Ar Sin} \sqrt{\frac{\mathfrak{A}_3}{E_{min}}} \right] \quad \ldots \ldots \ldots (53)$$

Zu dieser Zeitgröße kommt nun weiter noch die Zeit, die für das Durchlaufen des übrigen Kurbelweges erforderlich ist, und die mit hinreichender Genauigkeit unter Benutzung des Massenwuchtdiagrammes aus der Geschwindigkeitskurve ermittelt werden kann.

Im allgemeinen wird man vielleicht kaum Neigung haben, den geschilderten Rechnungsweg zur Ermittelung der Grenzumlaufzahl jedesmal zu beschreiten. Aus den vorstehenden Betrachtungen aber ist doch der Einfluß der einzelnen Größen deutlich zu ersehen. Insbesondere erkennt man den Einfluß des Schwungrades in dem Gliede $\sqrt{J_s}$ und vor allem den der kleinsten Wucht E_{min}; die Wahl von E_{min} hat mit Rücksicht auf die von der Reibung abhängige Arbeit $\mathfrak{A}_1$ zu geschehen, sie darf aber innerhalb ziemlich weiter Grenzen erfolgen, so daß schließlich von einer genauen Bestimmung der Grenzumlaufzahl nicht die Rede sein kann. Je mehr Schwungmasse

Tolle, Regelung. 3. Aufl.

man aufwendet, um so größer wird bei gleicher Reibung und bei gleicher Sicherheit des Überschreitens der Stelle kleinster Wucht, also bei gleicher Minimalwucht E_{min}, die Dauer eines Umlaufs, um so niedriger wird die Grenzumlaufzahl. Vorzügliche Schmierung besonders der Kurbelwellenlager setzt $\mathfrak{A}_1$ herab und ermöglicht damit ein besonders kleines E_{min}; wenn auf eine kleine Grenzumlaufzahl Wert gelegt und doch ein schweres Schwungrad vermieden werden soll, so wäre Kugellagerung, für die Schwungradwelle zu empfehlen.

3. Zwillingsmaschine (Tafel 10).

Maßstäbe: für das Überdruckdiagramm 1 mm = 1 Atm.,
für die Arbeiten 1 mm = 50 mkg,
für die Arbeiten im Massenwuchtdiagramm 1 mm = 10 mkg ($\varepsilon = 10$),
für die reduzierten Gewichte 1 mm = 4 kg ($\gamma = 4$),
für die minutlichen Umdrehzahlen 1 mm = 2 Umdr. i. d. Min.

Hieraus folgt für die Richtungswinkel φ

$$n = \frac{60}{0{,}8}\sqrt{\frac{2 \cdot 10}{4}} \sqrt{\operatorname{tg} \varphi} = 167{,}7\sqrt{\operatorname{tg} \varphi}.$$

Es wurde auf Tafel 10 eine Zwillingsmaschine untersucht, die aus zwei Dampfmaschinen genau mit den gleichen Daten, wie sie auf Tafel 8 für die Einzylindermaschine gelten, besteht. Die Kurbel der Maschine II eilt um 90^0 der Kurbel der Maschine I nach; Stellung 8 entspricht daher auf Tafel 10 der 90^0-Stellung der I. Kurbel und der Totstellung der II. Kurbel. Um mit möglichst kleinem Arbeitsaufwand die Integralkurve der Arbeitsüberschüsse zu finden, wurde folgendes Verfahren benutzt:

Für die Dampfüberdrücke eines Zylinders zeichneten wir die Integralkurve genau wie auf Tafel 8 (siehe Seite 129 u. 130) und wiederholten anschließend an den Endwert für den ersten Hub = $\mathfrak{A}_{16}$ diese Integralkurve in umgekehrter Lage, d. h. für den Rückgang und nochmals anschließend an $2\mathfrak{A}_{16}$ wieder für den Hingang. Dieser Linienzug (auf Tafel 10 links unten) konnte nun für beide Zylinder zur Entnahme der Arbeitswerte $\mathfrak{A}_k$ der Dampfüberdrücke dienen, wenn wir nur richtig die Grundlinie für beide Zylinder eintrugen: die ausgezogene Horizontale gilt für den I. Zylinder, die strichpunktierte Horizontale für den II. Zylinder; Punkte der Arbeitskurve b_I für den I. Zylinder sind einmal, Punkte der Arbeitskurve b_{II} für den II. Zylinder sind zweimal unterstrichen.

Für die volle Umdrehung (von Stellung 8 bis wieder 8) beträgt die Arbeit beider Zylinder 4 $\mathfrak{A}_{16}$; ordnet man demnach den einzelnen Kurbelstellungen die Arbeiten der Kräfte und der Widerstände, wie es auf Tafel 10 links oben geschehen ist, zu, indem man den Kurbelzapfenkreis in eine Gerade ausstreckt und nun die Arbeiten des als konstante Drehkraft gedachten Widerstandes als Ordinaten aufträgt, so wird die Arbeitskurve des Widerstandes eine Gerade, die in 8 mit der Ordinate Null beginnt und mit der Ordinate 4 $\mathfrak{A}_{16}$ endet. Um die Kurve der Arbeitsüberschüsse $\mathfrak{A}$ in bequemster Weise zu finden, wurden die Arbeiten der Kräfte $\mathfrak{A}_{kI} + \mathfrak{A}_{kII}$ von der Arbeitskurve des Widerstandes aus als Ordinaten nach oben abgetragen; die Arbeiten $\mathfrak{A}$ liegen dann zwischen der $\mathfrak{A}_{kI} + \mathfrak{A}_{kII}$ begrenzenden Kurve und der horizontalen Nullinie. Diese Werte $\mathfrak{A}$, die zum Teil positiv, zum Teil negativ ausfallen, wurden schließlich mit den entsprechenden Werten der reduzierten Gewichte zu der Massenwuchtkurve c zusammengestellt.

Bezüglich der reduzierten Gewichte bei Mehrkurbelmaschinen, insbesondere für den vorliegenden Fall einer Zwillingsmaschine, ist folgendes zu beachten. Nach unserem auf Seite 116 angegebenen Verfahren ist für eine Einzylindermaschine zu dem Gewichte G_3 von Kolben, Kolbenstange und Kreuzkopf noch ein Teil g_2' des Schubstangengewichtes G_2 hinzuzurechnen, während der Rest $g_1' = G_2 - g_2'$ im Kurbelzapfen angreifend zu denken ist. g_1' stellt einen gleichbleibenden Teil des reduzierten Gewichtes dar, während $G_3 + g_2'$ nach Gl. 34 zum reduzierten Gewicht den veränderlichen Beitrag liefert:

$$G_{r3} = (G_3 + g_2')\sin^2\alpha\,(1 + 2\lambda\cos\alpha).$$

Hiernach findet sich bei der Zwillingsmaschine für den I. Zylinder:

$$G_{rI} = g_1' + (G_3 + g_2')\sin^2\alpha\,(1 + 2\lambda\cos\alpha).$$

und für den II. Zylinder mit einer um 90^0 nacheilenden Kurbel:

$$G_{rII} = g_1' + (G_3 + g_2')\sin^2(\alpha - 90^0)\,[1 + 2\lambda\cos(\alpha - 90^0)]$$
$$= g_1' + (G_3 + g_2')\cos^2\alpha\,(1 + 2\lambda\sin\alpha);$$

insgesamt wird also das reduzierte Gewicht:

$$G_{rI} + G_{rII} = 2g_1' + (G_3 + g_2') + (G_3 + g_2')\sin^2\alpha \cdot 2\lambda\cos\alpha$$
$$+ (G_3 + g_2')\cos^2\alpha \cdot 2\lambda\sin\alpha$$
$$= G_3 + G_2 + g_1' + 2\lambda(G_3 + g_2')[\sin^2\alpha\cos\alpha + \cos^2\alpha\sin\alpha].$$

Es besteht aus einem ziemlich großen konstanten Gliede $= G_3 + G_2 + g_1'$ und aus einem mit der Kurbelstellung sich ändernden Teil, der gewissermaßen die Summe der beiden Fehlerglieder, die durch die endliche Stangenlänge bedingt sind, darstellt. Jedes dieser beiden Glieder, also

$$2\lambda(G_3 + g_2')\sin^2\alpha\cos\alpha \quad \text{und} \quad 2\lambda(G_3 + g_2')\cos^2\alpha\sin\alpha$$

wird am bequemsten, ähnlich wie in Fig. 93 angegeben wurde, konstruiert, wobei aber die Strecken Z von P bis zu der durch M gehenden senkrechten Mittellinie zu messen ist. Auf Tafel 10 zeigt die rechts unten stehende Figur in der ausgezogenen Linie d die Kurve der gesamten reduzierten Gewichte, während die Linien d_I und d_{II} die oben genannten Fehlerglieder wiedergeben, durch deren algebraische Addition das veränderliche Glied des reduzierten Gewichtes gefunden wird. Man erkennt unschwer auch aus der obenstehenden Gleichung für $G_{rI} + G_{rII}$, daß für jede Umdrehung das gesamte reduzierte Gewicht drei Maximal- und drei Minimalwerte annimmt, und daß auf eine größere Welle immer zwei erheblich kleinere folgen.

Würde man den Einfluß der endlichen Stangenlänge vernachlässigen, so würde bei der Zwillingsmaschine mit 90° Kurbelversetzung das gesamte reduzierte Gewicht konstant ($= G_3 + G_2 + g_1'$), die Massenwuchtkurve schrumpfte in eine senkrechte Gerade zusammen. Jedenfalls ist der Einfluß der hin und her gehenden Massen bei der Zwillingsmaschine, wie wir ja auch früher festgestellt haben, erheblich geringer, als bei der Einzylindermaschine, da eben der Hauptteil des veränderlichen Gliedes des reduzierten Gesamtgewichtes ausscheidet. Immerhin macht er sich noch geltend; mißt man z. B. auf der Senkrechten AA zwischen Parallelstrahlen, die verschiedenen Umdrehzahlen entsprechen, den vom Schwungrade aufzunehmenden Arbeitsüberschuß $\mathfrak{A}_s^!$ ab, so erhält man für

$n = 0 \qquad = 80 \qquad = 120 \qquad = 160 \qquad = 200$ Umdr. i. d. Min.
$\mathfrak{A}_s = 477{,}5 \qquad 475 \qquad 482{,}5 \qquad 512{,}5 \qquad 700$ mkg.

Die weitere Verwendung der Massenwuchtkurve, insbesondere die Konstruktion der n-Kurve braucht hier nicht nochmals erläutert zu werden; die hauptsächlichsten Konstruktionslinien sind auf Tafel 10 in derselben Weise bezeichnet wie auf Tafel 8 und 9 und somit unschwer erkennbar.

Es bedarf wohl kaum besonderer Hervorhebung, daß man die Arbeitskurve auch auf andere Weise ermitteln könnte, z. B. indem man aus allen Dampfüberdrücken die Drehkräfte aufsucht, in die resultierende Drehkraftkurve den konstanten Drehkraftwiderstand einträgt und nun aus den Drehkraftüberschüssen und -unterschüssen eine Integralkurve entwickelt.

E. Geschwindigkeits- und Winkelabweichungen, Arbeitsüberschüsse; Widerstände, die von der Geschwindigkeit oder dem Pendelweg abhängen.

a) Geschwindigkeitsschwankungen und Arbeitsüberschüsse.

Bei den nachstehenden Betrachtungen knüpfen wir wieder an die trotz des Schwungrades noch vorhandenen Geschwindigkeitsschwankungen des Schwungringes bezw. an die Schwankungen der Winkelgeschwindigkeit ω der Maschinenwelle an. Die S. 52 u. 53 aufgestellte Definition des Ungleichförmigkeitsgrades

$$\delta_s = \frac{V_{max} - V_{min}}{V} = \frac{\omega_{max} - \omega_{min}}{\omega}$$

berücksichtigt nur den Unterschied zwischen der größten und der kleinsten Geschwindigkeit; δ_s gestattet noch keinen Einblick, wo eigentlich die größte Abweichung nach oben oder unten eintritt, wie lange die einzelnen Abweichungen etwa anhalten, kurz, wie der ganze Verlauf der auftretenden Geschwindigkeitsschwankungen sich gestaltet. Um diese Lücke auszufüllen, hatten wir S. 132 bis 136 im Anschluß an das Massenwuchtdiagramm die Konstruktion (und Verwertung) einer Geschwindigkeitskurve (siehe auch die n-Kurven auf Tafel 8 bis 10) kennen gelernt. Aber diese Geschwindigkeitskurve fand sich gleichsam als Nebenergebnis, zuletzt entnahmen wir insbesondere für den am häufigsten vorkommenden Fall eines kleinen Ungleichförmigkeitsgrades δ_s unserem Massenwuchtdiagramm (vgl. Fig. 102 S. 124) doch wieder den Arbeitsüberschuß $\mathfrak{A}_s$ und setzten diesen Wert dann in die Grundgleichung 20 (S. 53) oder 21 (S. 54) ein. Nunmehr werden wir entsprechende Kurven der Geschwindigkeitsschwankungen als Hauptmittel der Beurteilung und Berechnung zugrunde legen.

Wir beschränken uns, wie es ja auch bei der Ermittelung des Arbeitsüberschusses mit Hilfe der Drehkraftkurven erforderlich war, als wir die Wirkung der hin- und hergehenden Massen[1]) berücksichtigen mußten, auf den Fall, daß die auftretenden Geschwindigkeitsschwankungen nur sehr klein sind, so daß ihre höheren Potenzen vernachlässigt werden dürfen. Als besonders fruchtbar

---

[1]) Bei der Berechnung der Massendruckdrehkräfte setzten wir sogar die Winkelgeschwindigkeit ω als konstant voraus, legten also Geschwindigkeitsschwankungen gleich Null zugrunde.

erweist sich auch hier die im Abschnitt B (S. 56 bis 87) durchgeführte Trennung der Wirkung der Kolbenkräfte P von derjenigen der Massenwiderstände.

Wir nennen wieder wie auf Seite 101 u. f. die Arbeit der Kräfte, von irgend einer Anfangsstellung 0 aus bis zu einer beliebigen neuen Stellung gerechnet, $\mathfrak{A}$ und denken die zu sämtlichen Kurbelstellungen gehörigen Arbeitswerte $\mathfrak{A}$ als Ordinaten in den Endpunkten der abgewickelten Kurbelzapfenwege aufgetragen, d. h. eine Arbeitskurve als Integralkurve gezeichnet; weiter sei die zu der betreffenden Kurbelstellung (zu dem Kurbelwinkel α) gehörige augenblickliche Winkelgeschwindigkeit ω und die Kurbelzapfengeschwindigkeit v, während für die Mittelwerte ω_m und v_m geschrieben wird; ferner sei die augenblickliche Geschwindigkeitsabweichung Δv bzw. die Abweichung der Winkelgeschwindigkeit ω von dem Mittelwerte $\Delta \omega$, so gilt also

$$v = v_m + \Delta v \quad \text{und} \quad \omega = \omega_m + \Delta \omega.$$

Führen wir schließlich wieder, wie auf S. 119 erläutert wurde, eine reduzierte Masse M_r ein und beachten, daß auch diese zwar von den einzelnen Kurbelstellungen abhängige, periodisch veränderliche Werte hat, jedoch so, daß den veränderlichen Beträgen ein durch die große Schwungradmasse bedingtes, sehr viel größeres konstantes Glied M_{rm} gegenübersteht, so können wir entsprechend auch

$$M_r = M_{rm} + \Delta M_r$$

schreiben und gegebenenfalls die höheren Potenzen von ΔM_r gegen ΔM_r als Summand vernachlässigen.

Gehen wir nun von der Wuchtgleichung (vgl. S. 99):

$$E = E_0 + \mathfrak{A} = \frac{M_r v^2}{2}$$

aus und setzen darin

$$v = v_m + \Delta v \quad \text{und} \quad M_r = M_{rm} + \Delta M_r,$$

so erhalten wir

$$E_0 + \mathfrak{A} = \tfrac{1}{2}(M_{rm} + \Delta M_r)(v_m + \Delta v)^2$$

oder nach Ausmultiplikation und Vernachlässigung des Quadrates von Δv und des Produktes $\Delta M_r \cdot \Delta v$ (weil klein 2. O.):

$$E_0 + \mathfrak{A} = \tfrac{1}{2} M_{rm} v_m^2 + \tfrac{1}{2} v_m^2 \cdot \Delta M_r + M_{rm} v_m \cdot \Delta v.$$

Die Auflösung dieser Gleichung nach der Geschwindigkeitsschwankung Δv ergibt:

$$\Delta v = \frac{E_0 - \tfrac{1}{2} M_{rm} v_m^2}{M_{rm} v_m} + \frac{\mathfrak{A} - \tfrac{1}{2} v_m^2 \cdot \Delta M_r}{M_{rm} v_m} \quad \ldots \quad (54)$$

Hiernach setzt sich die Geschwindigkeitsschwankung Δv aus drei Gliedern zusammen:

1. dem konstanten Betrag

$$\frac{E_0 - \tfrac{1}{2} M_{rm} v_m^2}{M_{rm} v_m},$$

der ohne weiteres dadurch aus der Betrachtung ausgeschaltet werden kann, daß als mittlerer Wert v_m derjenige zugrunde gelegt wird, für den

$$\tfrac{1}{2} M_{rm} v_m^2 = E_0 \qquad \text{ist.}$$

Wie das praktisch zu machen ist, werden wir später sehen;

2. aus dem dem Arbeitswert $\mathfrak{A}$ proportionalen Betrag $\dfrac{\mathfrak{A}}{M_{rm} v_m}$; wir haben hier offenbar die Geschwindigkeitsschwankung vor uns, die allein von den Kolbenkräften (einschließlich der Widerstände) herrührt, und

3. aus dem der Schwankung der reduzierten Masse ΔM_r proportionalen Betrag $-\dfrac{1}{2} v_m \cdot \dfrac{\Delta M_r}{M_{rm}}$, der den Anteil der hin- und hergehenden Massen an der Geschwindigkeitsschwankung darstellt. Lassen wir in Gl. (54) den konstanten Betrag fort, indem wir, wie schon erwähnt, die mittlere Geschwindigkeit v_m sinngemäß festlegen, so erhalten wir für die Geschwindigkeitsschwankung des Kurbelzapfens die einfache Gleichung:

$$\Delta v = \frac{\mathfrak{A} - \tfrac{1}{2} v_m^2 \cdot \Delta M_r}{M_{rm} v_m} \quad \ldots \ldots \quad (55)$$

Führt man statt der Kurbelzapfengeschwindigkeit die Winkelgeschwindigkeit $\omega = v : r$ ein, so gilt für $\Delta \omega$:

$$\Delta \omega = \frac{\mathfrak{A} - \tfrac{1}{2} (r \omega_m)^2 \cdot \Delta M_r}{J \omega_m} \quad \ldots \ldots \quad (56)$$

Der im Nenner stehende Wert $J = M_{rm} r^2$ ist ein Trägheitsmoment, in der Hauptsache das Trägheitsmoment des Schwungrades J_s; dazu kommt das Trägheitsmoment des konstanten Teiles der (auf den Kurbelzapfen) reduzierten Masse von Kolben und Schubstange; bei einem Kurbelgetriebe nach Gl. 34a also $= \tfrac{1}{2} M_3 r^2$, in dem Beispiele der Zwillingsmaschine S. 146 $= \dfrac{1}{2}(G_3 + G_2 + g_1') \dfrac{r^2}{g}$.

J ist deshalb von vornherein bekannt, sobald das **Schwungradträgheitsmoment gegeben ist**.

In diesem Falle kann die Kurve der Geschwindigkeitsschwankungen für eine vorgeschriebene mittlere Geschwindigkeit v_m leicht gezeichnet werden, wie wir, anlehnend an das Beispiel einer Einzylindermaschine, erläutern wollen.

1. Nachdem man, wie auf S. 102 gezeigt, aus dem Überdruckdiagramm eine Arbeitskurve als Integralkurve entwickelt hat[1]), trägt man die Werte $\mathfrak{A}$ als Ordinaten in den Endpunkten der abgewickelten Kurbelzapfenwege auf, bezw. um die Arbeiten des konstanten Widerstandes gleich in Abzug zu bringen, genau so, wie es auf Tafel 10 in der linken oberen Figur geschehen ist, von der geneigten Geraden aus, die die Arbeitskurve des Widerstandes darstellt. Damit hat man eigentlich schon (man braucht nur noch durch $M_{rm} v_m$ bzw. durch $J \omega_m$ zu dividieren) in passendem Maßstab gemessen, unmittelbar die Kurve der Geschwindigkeitsschwankungen, soweit diese von den Kräften selbst herrühren.

2. Was den Anteil der hin- und hergehenden Massen an den Geschwindigkeitsschwankungen, also den zweiten Summanden in Gl. (55) und (56) anbetrifft, so greifen wir auf Gl. 34a S. 108 zurück. Für ein einzelnes Kurbelgetriebe fand sich der veränderliche Teil der reduzierten Masse, das ist unser ΔM_r, zu:

$$\Delta M_r = \frac{M_3}{2}(-\cos 2\alpha + \lambda \cos \alpha - \lambda \cos 3\alpha).$$

Wir setzen zur Abkürzung den Ausdruck

$$\tfrac{1}{2}(\cos 2\alpha - \lambda \cos \alpha + \lambda \cos 3\alpha) = \mu_\alpha \quad \ldots \quad (57)$$

alsdann ist

$$-\tfrac{1}{2} v_m^2 \Delta M_r = \tfrac{1}{2} M_3 v_m^2 \cdot \mu_\alpha \quad \ldots \quad (58)$$

Die Zahlenwerte μ_α brauchen nun für ein bestimmtes Verhältnis λ des Kurbelradius r zur Stangenlänge l, sobald man sich überdies für eine Einteilung des Kurbelzapfenkreises in eine bestimmte Anzahl gleicher Teile festgelegt hat (— wir haben überall den Kurbelkreis in 32 Teile eingeteilt; hat man mit 3- oder 6-Zylindermaschinen zu tun, so wären vielleicht 24 oder 36 Teile zweckmäßiger —), nur ein einziges Mal aufgesucht und können dann immer wieder benutzt werden.

Für $\lambda = \tfrac{1}{5}$ gibt die nachstehende Tabelle die nach Gl. (57) berechneten Werte μ_α an, die zu den 32 Stellungen gehören.

---

[1]) Diese Arbeit ist vielleicht die einzige unbequeme Operation, aber keineswegs mühseliger, wie etwa eine Drehkraftkraftkurve zu zeichnen; überdies braucht sie nicht jedesmal wiederholt zu werden, sobald das Indikatordiagramm bleibt. Für andere Abmessungen der Maschine wären einfach die Werte $\mathfrak{A}$ im Verhältnis des neuen Wertes $F \cdot s$ zu dem alten Werte $F \cdot s$ abzuändern.

Tabelle der μ_α, $\int \mu_\alpha d\alpha$ und der Kolbenwege für $\lambda = \dfrac{1}{5}$.

Stellung:	Kurbelwinkel:			μ_α	(μ_α) $= \int \mu_\alpha \cdot d\alpha$	Kolbenwege in % von s	
						Hingang	Rückgang
0 und 32	0°—	bzw.	360°	+0,5000	0,0000	0,00	100,00
1 „ 31	11°15′	„	348°45′	+0,4470	+0,0947	1,15	98,85
2 „ 30	22°30′	„	337°30′	+0,2994	+0,1693	4,54	95,46
3 „ 29	33°45′	„	326°15′	+0,0887	+0,2081	9,97	90,03
4 „ 28	45°—	„	315°—	−0,1414	+0,2029	17,14	82,86
5 „ 27	56°15′	„	303°45′	−0,3450	+0,1543	25,68	74,32
6 „ 26	67°30′	„	292°30′	−0,4842	+0,0716	35,13	64,86
7 „ 25	78°45′	„	281°15′	−0,5370	−0,0301	45,06	54,94
8 „ 24	90°—	„	270°—	−0,5000	−0,1333	55,00	45,00
9 „ 23	101°15′	„	258°45′	−0,3869	−0,2215	64,56	35,44
10 „ 22	112°30′	„	247°30′	−0,2229	−0,2819	73,40	26,60
11 „ 21	123°45′	„	236°15′	−0,0377	−0,3076	81,24	18,76
12 „ 20	135°—	„	225°—	+0,1414	−0,2971	87,86	12,14
13 „ 19	146°15′	„	213°45′	+0,2940	−0,2538	93,12	6,88
14 „ 18	157°30′	„	202°30′	+0,4067	−0,1842	96,93	3,07
15 „ 17	168°45′	„	191°15′	+0,4769	−0,0967	99,23	0,77
16 „ 16	180°—	„	180°—	+0,5000	0,0000	100,00	0,00

Selbstverständlich kann man auch die zu den einzelnen Kurbelstellungen gehörigen Werte der reduzierten Masse nach Fig. 93 S. 108 konstruieren bzw. eine einmal gezeichnete Kurve der reduzierten Massen, etwa Fig. 94, maßstabgerecht benutzen; man muß nur dabei achtgeben, die Schwankungen $\varDelta M_r$ von der richtigen Nullinie aus zu messen.

Welches ist nun die richtige Nullinie? Diese Frage ist leicht zu beantworten. Infolge einer Abweichung der Geschwindigkeit von der mittleren nach oben eilt die Kurbel vor, infolge einer Abweichung nach unten bleibt sie zurück, im ganzen muß aber für eine Periode die Winkelabweichung gleich Null sein. Da für Hin- und Rückgang bezüglich der Massenwirkung kein Unterschied besteht, muß also für den Drehwinkel π die gesamte Winkelabweichung = Null sein; diese berechnet sich zu

$$\int_0^\pi \Delta\omega\,dt = \int_0^\pi \frac{\frac{1}{2}(r\omega_m)^2 M_3}{J\omega_m}\cdot \mu_\alpha \cdot \frac{d\alpha}{\omega_m} = \frac{\frac{1}{2}M_3 r^2}{J}\int_0^\pi \mu_\alpha\,d\alpha.$$

Die Nullinie für die Werte der reduzierten Masse folgt also aus der Bedingung

$$\int_0^\pi \mu_\alpha \cdot d\alpha = 0.$$

Nimmt man nun direkt für μ_α die Werte nach Gl. (57), d. h. legt man die Nullinie so, daß für $\alpha = 0$ nach Gl. (57) $\mu_{\alpha 0} = \tfrac{1}{2}$ ist, dann wird

$$\int_0^\pi \mu_\alpha d\alpha = \frac{1}{2}\int(\cos 2\alpha - \lambda\cos\alpha + \lambda\cos\alpha)\,d\alpha$$

$$= \frac{1}{2}\left[\frac{\sin 2\alpha}{2} - \lambda\sin\alpha + \frac{\lambda\sin 3\alpha}{2}\right]_0^\pi = 0,$$

wie es sein muß.

Die in der Tabelle, S. 153, angegebenen, zu den einzelnen Kurbelstellungen 0 bis 32 gehörigen in Prozenten des ganzen Hubes ausgedrückten Kolbenwege ermöglichen ein bequemes Aufsuchen der Punkte 0 bis 32 im Überdruckdiagramm, so daß man nicht nötig hat, die Kolbenstellungen etwa durch Bogenprojektion mit der unbequem großen Stangenlänge als Halbmesser zeichnerisch aufzusuchen. Die Spalte für $\int \mu_\alpha d\alpha$ findet erst später Verwendung.

3. Nunmehr kann zur Vereinigung der Ordinaten der beiden Kurven geschritten werden, also der beiden Werte $\mathfrak{A}$ und $\tfrac{1}{2}M_3 v_m^2 \cdot \mu_\alpha$, die jedesmal zu ein und demselben Kurbelwinkel gehören; damit sind direkt die Geschwindigkeitsschwankungen bestimmt durch die **Grundgleichung**

$$\Delta v = \frac{\mathfrak{A} + \tfrac{1}{2}M_3 v_m^2 \mu_\alpha}{M_r m v_m} \quad \ldots \ldots (59)$$

bzw.
$$\Delta \omega = \frac{\mathfrak{A} + \tfrac{1}{2}M_3 r^2 \omega_m^2 \mu_\alpha}{J\omega_m} \quad \ldots \ldots (60)$$

Noch anschaulicher gestalten sich diese beiden Gleichungen, wenn man statt der absoluten Werte der Geschwindigkeitsschwankungen die verhältnismäßigen Geschwindigkeitsabweichungen φ zugrunde legt, definiert durch:

$$\varphi = \frac{\Delta v}{v_m} = \frac{\Delta \omega}{\omega_m}.$$

Damit lautet unsere Grundgleichung:

$$\varphi = \frac{\mathfrak{A} + \tfrac{1}{2} M_3 v_m^2 \cdot \mu_\alpha}{M_{rm} v_m^2} = \frac{\mathfrak{A} + \tfrac{1}{2} M_3 r^2 \omega_m^2 \cdot \mu_\alpha}{J \omega_m^2} \quad . . \quad (61)$$

Der Zusammenhang dieser Gleichung mit der Grundgleichung (20) und (21) ist unschwer zu erkennen: nach (20) und (21) ergibt sich der Ungleichförmigkeitsgrad

$$\delta_s = \frac{\mathfrak{A}_s}{M_s V^2} = \frac{\mathfrak{A}_s}{J \omega_m^2}.$$

Was wir Ungleichförmigkeitsgrad nannten, ist nichts anderes als die größte vorkommende verhältnismäßige Geschwindigkeitsschwankung, also $\delta_s = \varphi_{max}$. Um demnach mittels der $(\mathfrak{A} + \tfrac{1}{2} M_3 v_m^2 \cdot \mu_\alpha)$-Kurve, wir wollen sie **erweiterte Arbeitskurve** nennen, den Ungleichförmigkeitsgrad δ_s festzustellen, braucht man nur die größte Ordinatendifferenz dieser Kurve aufzusuchen und durch $J \omega_m^2$ zu dividieren, oder anders ausgedrückt, die größte Ordinatendifferenz der erweiterten Arbeitskurve ist identisch mit dem Arbeitsüberschuß $\mathfrak{A}_s$.

Sucht man erst das Trägheitsmoment des Schwungrades, so kann man genau wie früher die Grundgleichung (21) jetzt die Grundgleichung (61) benutzen, indem man eben aus der erweiterten Arbeitskurve den Arbeitsüberschuß $\mathfrak{A}_s$ (als die größte vorkommende Ordinatendifferenz) abgreift und nun wieder

$$J = \frac{\mathfrak{A}_s}{\delta_s \omega_m^2}$$

ausrechnet. Dieser Wert J ist zwar nicht absolut identisch mit dem Trägheitsmoment J_s des Schwungrades, er enthält noch den konstanten Teil der reduzierten Masse (des Kurbeltriebes, nämlich $\tfrac{1}{2} M_3 r^2$), der aber bekannt ist und überdies gegen die große Schwungradmasse praktisch verschwindet.

4. Wenn schon bei einem einzelnen festliegenden Fall das vorstehende Verfahren sich als sehr bequem erweist, so zeigt sich dessen Überlegenheit erst recht bei vergleichenden Untersuchungen, beispielsweise, wenn die Triebmassen eine Abänderung erfahren oder verschiedene Umdrehzahlen nachgeprüft oder verschiedene Überdruckdiagramme verglichen werden sollen. Dividieren wir auf der rechten Seite in Gl. (61) durch, so erhalten wir für die verhältnismäßige Geschwindigkeitsabweichung:

$$\varphi = \frac{\mathfrak{A}}{J \omega_m^2} + \frac{1}{2} \frac{M_3 r^2}{J} \mu_\alpha \quad . . . . . \quad (62)$$

Diese Gleichung ist für den Einfluß der mittleren Winkelgeschwindigkeit ω_m kennzeichnend; sie sagt, daß der von der Wirkung der hin- und hergehenden Massen herstammende Anteil an der verhältnismäßigen Geschwindigkeitsschwankung von ω_m unabhängig ist. Will man also z. B. den Ungleichförmigkeitsgrad δ_s für verschiedene ω_m (unter Beibehaltung des Schwungrades und der Kurbeltriebmassen) ermitteln, so zeichne man einmal (etwa unter Zuhilfenahme der Tabelle S. 153) eine Kurve der $\dfrac{1}{2}\dfrac{M_3 r^2}{J}\cdot \mu_\alpha$, dann für ein ω_m, etwa das kleinste vorkommende ω_m, für das nach Gl. (62) die φ am größten werden, eine Kurve $\dfrac{\mathfrak{A}}{J\omega_m^2}$, und ändere diese dann affin (umgekehrt proportional mit ω_m^2) ab. Indem man nun die Ordinaten der zweiten Kurvenschar zu denjenigen der ersten Kurve addiert, erhält man die Kurven der verhältnismäßigen Geschwindigkeitsabweichungen φ, deren größte Ordinatendifferenzen jeweils die gesuchten δ_s unmittelbar angeben. Daß man hierbei noch allerlei Zeichenvorteile wahrnehmen kann, ist einleuchtend. So kann man z. B. das Zeichnen der affin veränderten $\dfrac{\mathfrak{A}}{J\omega_m^2}$-Kurven ersparen und die entsprechenden Ordinatenwerte gleich von der $\dfrac{1}{2}\dfrac{M_3 r^2}{J}\mu_\alpha$-Kurve aus abtragen, oder von vornherein die Ordinaten der letzteren Kurve mit entgegengesetztem Vorzeichen auftragen, so daß dann die Ordinatendifferenzen zwischen den $\dfrac{\mathfrak{A}}{J\omega_m^2}$-Kurven und der $\left(-\dfrac{1}{2}\dfrac{M_3 r^2}{J}\mu_\alpha\right)$-Kurve sofort die φ-Werte angeben. Genau so gestaltet sich die Untersuchung, wenn verschiedene Überdruckdiagramme vergleichsweise zu prüfen sind. Weiß man schon, wo etwa die größten Geschwindigkeitsschwankungen auftreten, so braucht man natürlich nicht die ganzen Kurven zu zeichnen, sondern nur kurze Stücke, um damit den Ungleichförmigkeitsgrad δ_s festzulegen u. s. f. Als ganz besonderer Vorzug unseres Verfahrens muß aber der Umstand hervorgehoben werden, daß man nicht erst jedesmal, wie bei dem Arbeiten mit Drehkraftkurven, die einzelnen überschießenden Flächenstücke planimetrieren muß, um die Arbeitsüberschüsse zur Berechnung von δ_s zu erhalten, sondern daß man aus den Kurven für φ bzw. den erweiterten Arbeitskurven sofort die Geschwindigkeitsschwankungen bzw. δ_s als Ordinatenwerte erhält.

Beispiele von erweiterten Arbeitskurven.
1. Einzylindermaschine (Tafel 11).

Maßstäbe: für das Überdruckdiagramm 1 mm = 0,1 Atm,
für die Arbeiten 1 mm = 20 mkg.

Wie bei dem Beispiel auf Tafel 3 (vgl. S. 65) und Tafel 8 (vgl. S. 128) wurde eine Einzylinderdampfmaschine mit folgenden Daten zugrunde gelegt:

Kolbenhub $s = 0,8$ m; Kolbenfläche $F = \frac{1}{4}\pi\,40^2 = \sim 1250$ qcm.
Schädlicher Raum $= 4\,^0/_0$ des Zylindervolumens, Expansion bis Enddruck $p_e = 1,4$ Atm., Kompressionsenddruck $= 0,8\,p_a$.
Gegendruck $= 1,15$ Atm, Füllungsgrad $\varepsilon = \frac{1}{6}, \frac{1}{4}$ und $\frac{1}{2}$.

Gewicht von Kolben, Kolbenstange und Kreuzkopf $G_3 = 280$ kg, der Schubstange $G_2 = 185$ kg, $\dfrac{J_2}{l^2} = 0,6\,M_2$,

also nach Gl. (41) S. 115

$$g_1' = 0,6\,G_2 = 111 \text{ kg}, \quad g_2' = 0,4\,G_2 = 74 \text{ kg},$$

so daß, wie auf S. 116 erläutert, von dem Stangengewicht $g_1' = 111$ kg direkt im Kurbelzapfen, der Rest $g_2' = 74$ kg im Kreuzkopfbolzen angreifend zu denken ist. Für das bei der Berechnung der reduzierten Massen zugrunde zu legende Gewicht G_3 ergibt sich also

$$G_3 = 280 + 74 = 354 \text{ kg},$$

mithin wird

$$\frac{1}{2}M_3 r^2 \omega_m^2 = \frac{1}{2}\frac{354}{9{,}81}\cdot 0{,}4^2 \cdot \left(\frac{2\pi n}{60}\right)^2 = \sim 300\left(\frac{n}{100}\right)^2 \text{mkg},$$

d. h. für $\quad n = \quad 80 \quad\quad 120 \quad\quad 160 \quad\quad 200$ i. d. Min.
$\frac{1}{2}M_3 r^2 \omega_m^2 = 182 \quad\quad 432 \quad\quad 768 \quad\quad 1200$ mkg.

Der Gang der Untersuchung gestaltet sich damit wie folgt:

1. Nachdem in Fig. 1, Taf. 11, die drei Dampfüberdruckdiagramme in bekannter Weise (mit einer Basis von 100 mm; das Original der Figuren auf Tafel 11 wurde bei der Wiedergabe auf $^1/_2$ verkleinert) gezeichnet worden, können die drei zugehörigen Arbeitskurven als Integralkurven ziemlich leicht, wie S. 102 erläutert, entwickelt werden. Um die Ordinaten der Integralkurven hinreichend groß zu bekommen, wurde in Fig. 1 der Abstand des Poles B gleich $\frac{1}{5}$ der Grundlinie des Indikatordiagramms genommen; als spezifischer Druck aufgefaßt, bedeutet demnach (vgl. S. 104) ein mm Ordinate der Integralkurven $\frac{1}{5}\cdot 0,1 = \frac{1}{50}$ Atm, daher als Arbeit umgerechnet

$$\tfrac{1}{50}\cdot F s = \tfrac{1}{50}\,1250 \cdot 0{,}8 = 20 \text{ mkg}.$$

Um wieder den Einfluß der Kompression nachprüfen zu können, wurden die drei Arbeitskurven auch noch für den Fall fehlender Kompression entwickelt, was nichts weiter erfordert, als unter Nichtberücksichtigung der Kompressionslinien der Überdruckdiagramme die letzten kurzen Strecken der Integralkurven, die in Fig. 1 Taf. 11 gestrichelt dargestellt sind, anzuschließen.

2. Nun bestimmt man im Überdruckdiagramm die Kolbenstellungen 1 bis 16, die den in gleichen Abständen folgenden Kurbelstellungen 1 bis 16 für den Hingang entsprechen, etwa indem man für $s = 100$ mm die in der Tabelle S. 153 angegebenen Zahlenwerte für die Kolbenwege direkt als mm abträgt. Um nicht für den Rückgang die drei Arbeitskurven umklappen zu müssen, sondern die Kurven für den Hingang sofort auch für den Rückgang benutzen zu können, trägt man die Kolbenstellungen 16 bis 32 für den Rückgang in umgekehrter Reihenfolge, d. h. nicht von rechts nach links, sondern von links nach rechts ab. Um von den Arbeiten der Kräfte die der Widerstände (als konstante Drehkraft angenommen) in Abzug zu bringen und die wirklichen Arbeitswerte $\mathfrak{A}$ von einer wagerechten Grundlinie GG aus gemessen zu erhalten, wurden in Fig. 3, 4 und 5 auf Tafel 11 die Endordinaten der Integralkurven in der Stellung 16 des abgewickelten Kurbelzapfenweges als GG_h und für Stellung 32 als GG_r senkrecht nach unten abgetragen, die beiden punktiert gezeichneten geneigten Geraden GG_h und GG_r gezogen und von diesen Geraden aus die aus Fig. 1 entnommenen Ordinaten der Arbeitskurve senkrecht nach oben abgemessen. So ergibt sich unmittelbar die Kurve der Werte $\mathfrak{A}$ für die Gleichungen (54) bis (61), in Fig. 3 bis Fig. 5 mit $n = 0$ bezeichnet, weil sie gleichsam die Kurve der Geschwindigkeitsschwankungen ohne Rücksicht auf die hin- und hergehenden Massen, d. h. für die minutliche Umdrehzahl $n = 0$ darstellt. Die Festlegung der Nullinie NN, die der wirklichen mittleren Winkelgeschwindigkeit entspricht, von der aus die wahren Geschwindigkeitsabweichungen zu messen sind, kann schließlich in der Weise erfolgen, daß die über der Grundlinie GG stehende, bis zur $\mathfrak{A}$-Kurve für $n = 0$ reichende Fläche planimetriert und dieser Wert durch die Basis GG dividiert wird; so erhält man den Mittelwert der Ordinaten GN und damit die Lage von NN. (Näheres siehe unter Winkelabweichungen S. 164.)

Übrigens brauchte man, wenn es sich etwa nur um die Ermittlung des Ungleichförmigkeitsgrades, d. h. um die Bestimmung der größten Geschwindigkeitsschwankung bzw. um die Bestimmung des Arbeitsüberschusses $\mathfrak{A}_s$ handelt, die Höhenlage von NN gar nicht zu kennen.

3. Die Kurven der $\frac{1}{2} M_3 v_m^2 \cdot \mu_\alpha$ lassen sich für die zu untersuchenden verschiedenen Umdrehzahlen

$$n = 80, \quad n = 120 \quad n = 160, \quad n = 200$$

aus den S. 157 bereits efrechneten Werten für $\frac{1}{2} M_3 v_m^2 = \frac{1}{2} M_3 r^2 \omega_m^2$ entweder mittels der S. 108 (Fig. 93) angegebenen Konstruktion aufsuchen, wobei auf die Festlegung der richtigen Nullinie zu achten ist (vgl. S. 153), oder noch bequemer mit Benutzung der Werte μ_α der Tabelle S. 153. Auf Tafel 11, Fig. 3 wurde jedoch die Kurve der $\frac{1}{2} M_r v_m^2 \cdot \mu_\alpha$ nur für $n = 200$ wirklich aufgetragen, um wenigstens einmal vergleichsweise mit der Kurve für $\mathfrak{A}$ die durch die hin- und hergehenden Massen verursachten Geschwindigkeitsschwankungen erkennen zu lassen. Im übrigen wurden die Werte der $\frac{1}{2} M_3 v_m^2 \mu_\alpha$ sofort zu den zugehörigen Ordinaten der $\mathfrak{A}$-Kurven ($n = 0$) addiert; so fanden sich die Gesamtwerte der Zähler in den Gl. (54) bis (61), bzw. die gesamten Geschwindigkeitsschwankungen in den Linien

$$n = 80, \quad n = 120, \quad n = 160 \text{ und } n = 200.$$

Am praktischsten gestaltet sich das Abgreifen der 32 Ordinaten für die vier Fälle folgendermaßen. Auf einer Senkrechten, in Fig. 2, Tafel 11 μ_α genannt, trage man die Zahlenwerte für μ_α, z. B. indem man als Eins 100 mm nimmt, ab, gehe auf der wagerechten Nulllinie um ein rundes Maß, etwa 1000 mkg = 50 mm nach links bis zu dem Pole $\mathfrak{P}$ und messe von da aus die Werte $\frac{1}{2} M_3 r^2 \omega_m^2$:

für $n = 80$ also 182 mkg = 9,1 mm,
für $n = 120$: 432 mkg = 21,6 mm
für $n = 160$: 768 mkg = 38,4 mm
für $n = 200$: 1200 mkg = 60 mm

wieder nach rechts zurück.

Trägt man dann hier die Senkrechten

$$n = 80, \quad n = 120, \quad n = 160 \text{ und } n = 200$$

ein und verbindet $\mathfrak{P}$ mit den Endpunkten der Werte μ_α, so schneiden diese Strahlen alle gesuchten Ordinatenwerte $\frac{1}{2} M_3 r^2 \omega_m^2 \cdot \mu_\alpha$ auf den vier Senkrechten $n = 80$ bis $n = 200$ (von der Wagerechten Null aus gemessen) ab, die sogleich in Fig. 3 bis 5 von der $\mathfrak{A}$-Kurve (von der mit $n = 0$ bezeichneten Kurve) aus abgetragen werden können.

Die schließliche Verwendung der erweiterten Arbeitskurven geht aus den Darlegungen auf Seite 155 und 156 hervor; wir können z. B. nach Gl. (61) für sämtliche Stellungen die Ordinaten der erweiterten Arbeitskurven direkt als die verhältnismäßigen Geschwindigkeitsabweichungen φ ansehen (wir hätten sie noch durch

$J\omega_m^2$ zu dividieren), indem wir einen passenden Maßstab zugrunde legen. Vor allem können wir den Arbeitsüberschuß $\mathfrak{A}_s$ als Höhendifferenz des höchsten und des tiefsten Punktes der einzelnen erweiterten Arbeitskurven abgreifen und bei gegebenem δ_s damit das erforderliche Trägheitsmoment $J = \mathfrak{A}_s : \delta_s \omega_m^2$ oder bei gegebenem J δ_s für verschiedene ω_m berechnen. Es sei nochmals die Überlegenheit dieses Verfahrens hervorgehoben, darin bestehend, daß wir ohne Planimetrieren die Arbeitsüberschüsse sofort für sämtliche Fälle der Figur entnehmen können.

4. Wie leicht überdies eine nachträgliche Änderung verfolgt werden kann, soll noch an dem Beispiel gezeigt werden, daß wir auch die Maschine ohne Kompression untersuchen wollen. Gingen wir von vornherein von diesem Falle aus, so hätten wir entsprechend der etwas größeren Endordinate der Integralkurve die Strecken GG_h und GG_r in Fig. 3 bis 5 Tafel 11 größer zu machen und demgemäß von den etwas stärker geneigten Geraden (als der Arbeitskurve des Widerstandes) GG_h und GG_r aus die $\mathfrak{A}$-Werte aus Fig. 1 abzutragen; dadurch würden die Ordinaten der $\mathfrak{A}$-Kurve in Fig. 3 bis 5 etwas kleiner. Da nun für den größten Teil (bis Stellung 11, bzw. 12 bzw. 14) der $\mathfrak{A}$-Kurve in Fig. 1 mit und ohne Kompression die $\mathfrak{A}$-Kurve die gleiche bleibt, so tragen wir in Fig. 3 bis 5 einfach der Änderung dadurch Rechnung, daß wir statt der horizontalen Nullinie NN die gestrichelte Linie NO (soll heißen Nullinie ohne Kompression!) benutzen, um von dieser aus die Schwankungen zu messen. Die neue Grundlinie NO erhalten wir, indem wir zunächst den Unterschied der Endordinaten (für Stellung 16) der beiden $\mathfrak{A}$-Kurven in Fig. 1, Tafel 11 in Fig. 3 bis 5 für Stellung 16 und 32 nach oben abtragen, die Verbindungsgerade mit dem Punkte 0 bzw. 16 der NN-Linie ziehen (sie ist schon zum größten Teil direkt die Linie NO!) und von der Geraden NO aus (es kommen hier nur wenige Werte, nämlich von Stellung 12 ÷ 16 in Betracht) die Ordinatendifferenzen der Integralkurven ohne und mit Kompression nach oben hin abtragen. Handelt es sich darum, sofort die größten Schwankungen, d. h. den Arbeitsüberschuß $\mathfrak{A}_s$ abzugreifen, so wird man in dem ursprünglichen Fall (mit Kompression) einer horizontalen Nullinie NN die höchste und tiefste horizontale Tangente an die erweiterten Arbeitskurven ziehen und deren Abstand als $\mathfrak{A}_s$ abmessen; sinngemäß hätte man jetzt die neue Grundlinie NO zu heben und zu senken, bis sie oben und unten die erweiterten Arbeitskurven berührt; die Summe der senkrechten Abstände des höchsten und des tiefsten Punktes von der betreffenden NO-Linie ist alsdann gleich dem Arbeitsüberschuß $\mathfrak{A}_s$. Man erkennt, daß im allgemeinen die oberen Abstände kleiner, die unteren Abstände um etwas, aber nicht ganz so viel größer werden, insgesamt werden daher im Falle fehlender Kompression die Arbeitsüberschüsse etwas kleiner, wie wir auch schon früher im Anschluß an die Drehkraftkurven (vgl. S. 69 und S. 74) festgestellt hatten.

5. Besonderes Interesse bieten noch die Fälle der kleinsten Arbeitsüberschüsse und des geringsten Ungleichförmigkeitsgrades.

Als günstigste Umdrehzahl hatten wir früher diejenige bezeichnet, für welche der Arbeitsüberschuß am kleinsten wird; daß es solche gibt, lehrten sowohl die Drehkraftdiagramme auf Tafel 3 (vgl. S. 68), wie auch die Massenwuchtkurven (vgl. S. 131). Durch Eintragen der erweiterten Arbeitskurven für eine Reihe von Umdrehzahlen könnten wir auch jetzt wieder die günstigste Umdrehzahl, für die $\mathfrak{A}_s$ ein Minimum wird, aufsuchen. Diese Arbeit wird uns erheblich erleichtert, wenn wir unser Augenmerk auf die ohnehin auffälligen gemeinsamen Schnittpunkte aller erweiterten Arbeitskurven (I, II, III und IV in Fig. 3 bis 5, Tafel 11) richten. Von vornherein ist ja klar, daß für diejenigen Kurbelwinkel α, für die $\mu_a = 0$ ist, der Wert $\mathfrak{A}$ durch die Wirkung der hin und her gehenden Massen keine Änderung erfährt, daß hier also alle erweiterten Arbeitskurven durch denselben Punkt gehen müssen. Die Nullstellen, wo also $\mu_a = 0$ ist, liegen bei:

$\alpha_I = 37^0\,38'$ (zwischen 3 und 4) $\quad\big|\quad \alpha_{IV} = 360^0 - \alpha_I$ (zwischen 28 u. 29)
$\alpha_{II} = 126^0\,36'$ (zwischen 11 u. 12) $\,\big|\, \alpha_{III} = 360^0 - \alpha_{II}$ (zwischen 20 u. 21).

Wie man aus Fig. 3, Tafel 11 erkennt, gehen die Linien $n = 0$, $n = 80$ und $n = 120$ fallend durch den Punkt II, während die Linien für $n = 160$ und $n = 200$ Punkt II steigend durchlaufen.

Für eine gewisse, zwischen 120 und 160 liegende minutliche Umdrehzahl wird also die erweiterte Arbeitskurve in II gerade ihren höchsten Punkt haben; für dieses n wäre also der positive Anteil an $\mathfrak{A}_s$ gerade hier zu finden, dieser Anteil aber kleiner als die Werte hier für andere n, mithin ein Minimum.

Ebenso liegt die Sache bei IV, während bei III und I (im allgemeinen) für eine bestimmte Umdrehzahl die erweiterte Arbeitskurve ihren tiefsten Punkt haben wird. Wären nun zufällig diese beiden Umdrehzahlen gleich, so würden sie direkt die günstigste angeben. Mindestens wird der wirkliche Wert der günstigsten Umdrehzahl zwischen den beiden Werten liegen. Der Wert $\mathfrak{A}_s$ wäre dann der Höhenunterschied der Punkte II und III oder von II und I. Das günstigste n selber ist dadurch bestimmt, daß die Tangente an die $\mathfrak{A}$-Kurve (für $n = 0$) in II bzw. III parallel laufen muß zu der Tangente an die $-\dfrac{1}{2}\dfrac{M_3 r^2}{J}\mu_\alpha$-Kurve in den Punkten senkrecht unter II oder III. (Bei ungewöhnlichen Formen der $\mathfrak{A}$-Kurve ist es allerdings auch möglich [so z. B. in Fig. 3, Tafel 11 im Punkte III, während in Fig. 4 und 5 unsere allgemeine Betrachtung zutrifft], daß der Durchgang der erweiterten Arbeitskurve im Extremalfall für den einen oder anderen der Punkte I bis IV kein Maximum, sondern ein Minimum liefert, daß also links und rechts davon etwas größere Werte liegen, aber aus naheliegenden Gründen der Stetigkeit wird doch ungefähr für den herangezogenen Wert das kleinste $\mathfrak{A}_s$ herauskommen. Angenähert ist jedenfalls der kleinstmögliche Wert von $\mathfrak{A}_s$ gleich der Summe der [absoluten] $\mathfrak{A}$-Werte für α_{II} und α_{III}; kleiner als der größte Höhenunterschied der Punkte I bis IV kann $\mathfrak{A}_s$ aber niemals werden.)

Wenn es also bei gegebenem J und M_3 und vorgeschriebenem Überdruckdiagramm stets eine gewisse minutliche Umdrehzahl gibt, für die $\mathfrak{A}_s$ am kleinsten wird, ist damit nun gesagt, daß hierfür auch der Ungleichförmigkeitsgrad δ_s am kleinsten wird? Keineswegs, denn nach den Grundgleichungen 20 und 21 S. 53 und 54 bzw. Gl. (61) S. 155 ist $\mathfrak{A}_s$ ja noch durch $J\omega_m{}^2$ zu dividieren, um δ_s zu liefern; es kann also sehr wohl eine etwaige Zunahme von $\mathfrak{A}_s$ bei Überschreitung der das kleinste $\mathfrak{A}_s$ liefernden Umdrehzahl durch die im quadratischen Verhältnis mit n erfolgende Vergrößerung des Nenners mehr als wettgemacht werden, so daß δ_s noch weiterhin abnimmt. So ist es in der Tat bei fast allen Beispielen, die auf Tafel 3 und Tafel 11 behandelt wurden; ändert man die in der Tabelle S. 73 für $n=200$ angegebenen Werte für $\mathfrak{A}_s$ behufs Vergleich mit den Werten für $n=160$ ab im Verhältnis $\left(\dfrac{160}{200}\right)^2$, so ist maßgebend statt:

$$\mathfrak{A}_s = 726 \quad 720 \quad 830 \quad 850$$
$$\left(\dfrac{160}{200}\right)^2 \cdot \mathfrak{A}_s = 465 \quad 461 \quad 531 \quad 545,$$

während für $n=160$ die entsprechenden Tabellenwerte lauten:

$$\mathfrak{A}_s = 450 \quad 548 \quad 518 \quad 568.$$

Beim Fortschreiten von $n=160$ bis 200 nimmt also δ_s gemäß Spalte 1 ($\varepsilon=\tfrac{1}{6}$, ohne Kompr.) schon etwas zu, nach Spalte 2 ($\varepsilon=\tfrac{1}{6}$, mit Kompr.) dagegen noch erheblich ab (für diesen Fall ist somit für $n=200$ noch nicht der kleinste Ungleichförmigkeitsgrad erreicht), nach Spalte 3 ($\varepsilon=\tfrac{1}{4}$, ohne Kompr.) nimmt δ_s zu, nach Spalte 4 ($\varepsilon=\tfrac{1}{4}$, mit Kompr.) noch ab.

Wollte man genau das kleinste δ_s ermitteln, so müßte man eben statt der Arbeitskurven nach der Grundgleichung (61) S. 155 φ-Kurven, d. h. Kurven der verhältnismäßigen Geschwindigkeitsschwankungen aufzeichnen. Diese könnten aus den erweiterten Arbeitskurven durch Verkleinerung der einzelnen Ordinaten im Verhältnis $\dfrac{1}{J\omega_m^2}$ (unter Verwendung entsprechender Verkleinerungswinkel) leicht abgeleitet werden oder, falls direkt derartige Untersuchungen beabsichtigt sind, bequemer auf Grund von Gl. (62) S. 155, wie schon S. 156 näher erläutert worden ist.

Zum Schluß sei noch bemerkt, daß zwar nach Überschreitung der günstigsten Umdrehzahl, für welche δ_s am kleinsten wird, δ_s wieder zunimmt, aber nicht unbeschränkt, sondern, wie aus Gl. (62) hervorgeht, unter allmählicher Annäherung an einen oberen Grenzwert für δ_s, der sich aus der reinen $\dfrac{1}{2}\dfrac{M_3 r^2}{J}\mu_\alpha$-Kurve ergibt, d. i. (vgl. die Werte für μ_α in der Tabelle S. 153)

$$\delta_{max} = 0{,}52\frac{M_3 r^2}{J} \sim \frac{1}{2}\frac{M_3 r^2}{J} \quad \ldots \quad (63)$$

2. Zwillingsmaschine. (Tafel 11, Fig. 6.)

Maßstäbe wie für die Einzylindermaschine nach Fig. 1 bis 5, Tafel 11; ebenso dienten die gleichen Überdruckdiagramme wie bei der Einzylindermaschine für $\varepsilon = \frac{1}{6}, \frac{1}{4}, \frac{1}{2}$ als Ausgang für die Arbeitskurven, d. h. es wurden direkt die Integralkurven nach Fig. 1 bzw. die Kurven $n = 0$ aus Fig. 3, 4 und 5 benutzt, um diejenigen für $n = 0$ bei der Zwillingsmaschine zu erhalten. Eilt die zweite Kurbel um 90° nach, so sind einfach die Werte $\mathfrak{A}$ (für $n = 0$) aus Fig. 3 bis 5 wie folgt zu addieren: zu $\mathfrak{A}_0$ $\mathfrak{A}_{24}$, zu $\mathfrak{A}_1$ $\mathfrak{A}_{25}$ ..., zu $\mathfrak{A}_9$ $\mathfrak{A}_1$, zu $\mathfrak{A}_{10}$ $\mathfrak{A}_2$ ...; auf diese Weise entstanden die Linien der allein von den Kräften herrührenden $\mathfrak{A}$-Kurven, die in Fig. 6, Tafel 11 mit $\varepsilon = \frac{1}{2}, \frac{1}{4}, \frac{1}{6}$ bezeichnet sind. Im übrigen wurde nur die Linie der vereinigten Massendruckarbeiten für $n = 200$ (stark ausgezogen) eingezeichnet und zwar mit negativem Vorzeichen, d. h. die Kurve der $-\tfrac{1}{2}\Sigma M_3 v_m^2 \mu_\alpha$. Ihr Verlauf ist uns eigentlich schon von der Kurve der reduzierten Massen nach Tafel 10, rechts unten, her bekannt (vgl. auch S. 147); sie kann unter Benutzung der Linie für $\tfrac{1}{2} M_3 v_m^2 \mu_\alpha$ aus Fig. 3 auch wieder durch Addition der Ordinatenwerte für die Stellung 0 und 24, 1 und 25, 2 und 26 ..., 9 und 1, 10 und 2 ... gefunden oder direkt aus zwei Sinuskurven 1. O. und 3. O. zusammengestellt werden. Jedenfalls haben wir in Fig. 6 die negativen Werte der $\Sigma \tfrac{1}{2} M_3 v_m^2 \mu_\alpha$ als Ordinaten abgetragen, um sofort (ohne Zeichnung von drei neuen Kurven) in den Abständen der $\mathfrak{A}$-Kurven von dieser Massendruckarbeitskurve die Gesamtwerte des Nenners nach Gl. (61) S. 155 zu erhalten. In Fig. 6 sind für den Fall $\varepsilon = \frac{1}{4}$ diese Ordinatenwerte als Schraffurstriche mit Pfeilen versehen, die andeuten, ob der Wert der Geschwindigkeitsschwankung nach oben ↑ oder nach unten ↓ von dem Mittelwert aus abweicht. Interessant ist der Verlauf der Geschwindigkeitsabweichung insofern, als nach einer kurzen Dauer einer Nacheilung eine sich von Stellung 6 bis 24 erstreckende, d. h. über mehr als eine halbe Umdrehung dauernde Voreilung folgt, die Geschwindigkeitsschwankungen also recht ungleichmäßig verteilt sind. Noch etwas deutlicher ersieht man den eigenartigen Verlauf der Geschwindigkeitsschwankungen aus der (stark gestrichelten) fertigen Kurve, die sich ergab, indem die Abstände zwischen der $\mathfrak{A}$-Kurve für $\varepsilon = \frac{1}{4}$ und der $-\Sigma \frac{1}{2} M_3 v_m^2 \mu_\alpha$-Kurve von der Nullinie aus abgetragen wurden; um teilweise Überdeckungen mit anderen Kurven zu vermeiden, wurden die Ordinate dieser Linie allerdings mit umgekehrten Vorzeichen abgetragen; die ganze (stark gestrichelte) Linie wäre also um die Nullinie herumzuklappen!

Man erkennt, daß die bloße Angabe des Ungleichförmigkeitsgrades nicht als erschöpfende Auskunft über die Geschwindigkeitsschwankungen anzusehen ist, daß ein klarer Einblick nur durch Wiedergabe des gesamten Geschwindigkeitsverlaufes, etwa durch Aufzeichnen der erweiterten Arbeitskurven gewonnen werden kann.

b) Winkelabweichungen. (Pendelwege.)

Die heutige Ansicht neigt dahin, daß nicht nur die Geschwindigkeitsschwankungen, sondern auch die hierdurch hervorgerufenen Winkelabweichungen oder Pendelwege zur Beurteilung herangezogen werden müssen, ja daß diese für viele Zwecke die wichtigere Rolle spielen. Wäre die Winkelgeschwindigkeit absolut unveränderlich etwa $= \omega_m$, so würde in der Zeit t ein Drehwinkel $\alpha = \omega_m t$ zurückgelegt. Gegen diese gleichförmige Drehung eilt nun der tatsächliche Drehwinkel wegen der wechselnden Winkelgeschwindigkeit $\omega = \omega_m + \Delta\omega$ bald vor, bald bleibt er zurück, es entstehen Winkelabweichungen $\Delta\alpha$, auch kurz Pendelwege genannt (wobei man an die Wegschwankungen irgend eines Punktes, z. B. des Kurbelzapfenmittelpunktes denkt). Als bemerkenswerte Fälle, in denen die Winkelabweichungen für die Beurteilung des Gleichganges entscheidend sind, seien erwähnt: der Parallelbetrieb von Wechselstromgeneratoren, der eine möglichst geringe gegenseitige Abweichung der Magnetpolstellung von den entsprechenden Ankerwicklungen der Stromerzeuger erfordert, um die Größe der Ausgleichströme möglichst herabzusetzen; ferner der Betrieb von Papiermaschinen, bei dem z. B. die angetriebene Aufwickelwalze gegen die Abwickelwalze möglichst geringe Wegschwankungen erfahren sollte, damit nicht infolge zu großer Längsdehnung das Papier reißt, ähnlich bei Spinnmaschinen usf.

Wir stellen uns die Aufgabe, die Winkelabweichungen $\Delta\alpha$ für die einzelnen Kurbelstellungen, d. h. als Abhängige von dem Kurbelwinkel, aufzusuchen. Mit $\omega = \omega_m + \Delta\omega$ erhalten wir den Drehwinkel α für die Zeit t:

$$\alpha = \int \omega\, dt = \int (\omega_m + \Delta\omega)\, dt = \int \omega_m\, dt + \int \Delta\omega \cdot dt = \omega_m t + \int \Delta\omega \cdot dt,$$

also wird die Winkelabweichung $\Delta\alpha$ gegenüber dem bei gleichförmiger Drehung zurückgelegten Drehwinkel $\omega_m t$:

$$\Delta\alpha = \int \Delta\omega \cdot dt.$$

Unter der gleichen Voraussetzung, die wir bisher stets gemacht haben, daß nämlich die Abweichungen $\Delta\omega$ nur sehr klein sind, dürfen wir $dt = \dfrac{d\alpha}{\omega_m}$ setzen und erhalten dann für $\Delta\alpha$:

$$\Delta\alpha = \frac{1}{\omega_m} \int \Delta\omega \cdot d\alpha \quad \ldots \ldots \quad (64)$$

Zweckmäßig trennen wir auch jetzt die Wirkung der Kräfte von derjenigen der Massenwiderstände, schreiben also, indem wir $\Delta\omega$ nach Gl. (60) einführen:

$$\Delta\alpha = \frac{\int \mathfrak{A}\, d\alpha + \frac{1}{2} M_3 v_m^2 \int \mu_\alpha\, d\alpha}{J \omega_m^2} = \frac{\mathfrak{A}_{\Delta\alpha}}{J \omega_m^2} \quad \ldots \quad (65)$$

und suchen gesondert das nur von $\mathfrak{A}$ abhängige Integral $\int \mathfrak{A}\, d\alpha$ und das die Massenkraft zum Ausdruck bringende zweite Glied bzw. das Integral $\int \mu_\alpha\, d\alpha$.

1. **Der Einfluß der Kräfte auf die Winkelabweichung** ist also unmittelbar durch $\int \mathfrak{A}\, d\alpha$ gegeben; von der $\mathfrak{A}$-Kurve ausgehend, brauchen wir, um diesen mit dem Kurbelwinkel α veränderlichen Ausdruck zu ermitteln, wieder nur die zur $\mathfrak{A}$-Kurve gehörige Integralkurve zu zeichnen.

Der Anfangswert, mit dem wir bei $\alpha = 0$ beginnen, braucht natürlich nicht gerade Null zu sein (wie es z. B. auf Tafel 12 der Fall ist), sondern kann jeden beliebigen Wert haben, oder anders ausgedrückt, die Grundlinie, von der aus wir die Winkelabweichungen messen, darf selbstverständlich ganz beliebig gewählt werden. Jedoch muß jedesmal nach einer Periode (in der

Regel also nach einer Umdrehung der Kurbel) die Winkelabweichung wieder denselben Wert annehmen. Dies ergibt sich von selbst, d. h. die Nullinie für die Winkelabweichungskurve wird ohne weiteres eine horizontale Gerade, wenn wir, wie wir uns früher ausgedrückt hatten, die richtige Nullinie für die Geschwindigkeitsschwankungen eingetragen haben (vgl. S. 153 und S. 158), die eben dadurch gekennzeichnet war, daß $\int \varDelta \omega \cdot d\alpha = \int \varDelta\alpha$, für eine Periode gerechnet, gleich Null ist. Hatten wir die Nullinie der Geschwindigkeitsschwankungen nicht schon in dieser Weise festgelegt, und entwickeln wir die Integralkurve für $\int \mathfrak{A} d\alpha$, so liegen selbstverständlich deren Anfangspunkt und Endpunkt in verschiedener Höhe, der Höhenunterschied multipliziert mit dem Verhältnis des Polabstandes zu der Basis (vgl. S. 104) der Integralkurve ist unmittelbar die Ordinate für die wahre Nullinie der Geschwindigkeitsabweichungen; damit könnte dann nachträglich (— und so werden wir es auch machen, wenn wir doch einmal die Winkelabweichungen aufsuchen wollen, und nicht etwa, wie S. 158 angegeben, die ganze Fläche zwischen der Grundlinie und der $\mathfrak{A}$-Kurve erst planimetrieren —) die richtige Nullinie für die Geschwindigkeitsschwankungen eingetragen werden. Für die Kurve der Winkelabweichungen hätte schließlich die gerade Verbindungslinie von Anfangs- und Endpunkt der Integralkurve $\int \varDelta \omega \cdot d\alpha$ als Grundlinie zu dienen.

2. Das den Einfluß der Massenkräfte darstellende Glied $\int \mu_\alpha d\alpha$ bestimmen wir am bequemsten analytisch; es war nach Gl. (57) S. 152 $\mu_\alpha = \frac{1}{2}(\cos 2\alpha - \lambda \cos \alpha + \lambda \cos 3\alpha)$, folglich ist

$$\int_0^\alpha \mu_\alpha d\alpha = \frac{1}{2}\int_0^\alpha (\cos 2\alpha - \lambda \cos \alpha + \lambda \cos 3\alpha)\, d\alpha$$

$$= \frac{1}{2}\left[\frac{\sin 2\alpha}{2} - \lambda \sin \alpha + \frac{\lambda}{3}\sin 3\alpha\right];$$

wir schreiben

$$\int \mu_\alpha d\alpha = \frac{1}{4}\sin 2\alpha - \frac{\lambda}{2}\sin \alpha + \frac{\lambda}{6}\sin 3\alpha = (\mu_\alpha) \quad . \quad . \quad (66)$$

und berechnen für die den gewählten 32 Kurbelstellungen entsprechenden Kurbelwinkel α und das gegebene Stangenverhältnis λ nach Gl. (66) die zugehörigen Werte (μ_α). Für $\lambda = \frac{1}{5}$ finden sich die Werte (μ_α) bereits in der Tabelle Seite 153 angegeben. Genau wie wir es mit $\frac{1}{2}M_3 v_m^2 \mu_\alpha$ (vgl. S. 159) machten, so verfahren wir auch bei der Ermittlung von $\frac{1}{2}M v_m^2 (\mu_\alpha)$, wobei wir eben nur (μ_α) an Stelle von μ_α der Tabelle S. 153 entnehmen.

3. Die wirklichen Winkelabweichungen erhalten wir schließlich durch Addition der beiden Werte, die von den Kräften und von den hin und her bewegten Massen herstammen, und gemäß Gl. (65) durch nachträgliche Division durch $J\omega_m^2$.

Vielfach begnügt man sich mit der Feststellung der größten Winkelabweichung; dann kann man natürlich das Aufzeichnen der

Kurve der Winkelabweichungen ersparen, und genau so, wie man aus den resultierenden Drehkraftkurven den Ungleichförmigkeitsgrad δ_s durch Planimetrieren der Über- und Unterschußflächen bestimmte, hier die größte Winkelabweichung durch Planimetrieren der Über- und Unterschußflächen zwischen den erweiterten $\mathfrak{A}$-Kurven und der (der wahren mittleren Umdrehzahl entsprechenden!) Nulllinie aufsuchen. Einfacher kann jedoch dies Verfahren nicht genannt werden, besonders dann nicht, wenn wieder für verschiedene Umdrehzahlen oder verschieden große Kurbeltriebmassen die Verhältnisse nachzuprüfen sind.

Bezüglich der Maßstäbe gilt folgendes: der Maßstab für die Ordinaten der Integralkurven ($\int \mathfrak{A} \cdot d\alpha$ und $\int \frac{1}{2} M_3 v_m^2 \cdot \mu_\alpha d\alpha$), die also genau wie die Ordinaten der erweiterten Arbeitskurven Arbeiten darstellen, wird vorteilhaft übereinstimmend mit dem Maßstab der Arbeiten für die erweiterten Arbeitskurven genommen, schon deshalb, weil sowohl nach Gl. (61) (S. 155) für die verhältnismäßige Geschwindigkeitsabweichung φ, wie nach Gl. (65) S. 165 für die Winkelabweichung $\varDelta\alpha$ die Arbeitswerte durch den gleichen Nenner dividiert werden müssen, die erweiterten Arbeitskurven und die Kurven der $\mathfrak{A}_{\varDelta\alpha} = \int \mathfrak{A} d\alpha + \int \frac{1}{2} M_3 v_m^2 \mu_\alpha d\alpha$ also einen unmittelbaren Vergleich zwischen φ und $\varDelta\alpha$ gestatten. Die Winkelabweichungen $\varDelta\alpha$ sind als Winkel in Bogenmaß zu messen. (Die in der Elektrotechnik übliche Messung der Pendelwege in „elektrischem Bogenmaß" liefert die „elektrischen Winkelabweichungen" $\varDelta\alpha_e = p \cdot \varDelta\alpha$, wenn p die Zahl der Polpaare ist.)

Der ganze abgewickelte Kurbelzapfenkreis, d. h. die Basis unserer erweiterten Arbeitskurven und der daraus abgeleiteten Integralkurven bedeutet demnach als Kurbeldrehwinkel (in Bogenmaß) den Winkel $\alpha = 2\pi$.

Es fragt sich nun, wenn wir von den Ordinaten der erweiterten Arbeitskurven ausgehen und dazu die Integralkurven suchen, wie groß wir den Polabstand AB bei der Konstruktion nach Fig. 87, S. 103, der dort als Länge 1 bezeichnet ist, zu wählen haben. Man erkennt sofort, daß diese Länge 1 mit dem Winkel $\alpha = 1$, auf der Basis der gesuchten Integralkurve gemessen, übereinstimmen muß. Da nun ursprünglich die ganze Basis als abgewickelter Kurbelzapfenkreis die Länge $2\pi r$ hat, als Winkel gemessen aber 2π bedeutet, so ist die gesuchte Länge 1 direkt gleich dem Kurbelhalbmesser r, oder wir müssen als Polabstand 1 für die Integralkurve $\int \mathfrak{A} d\alpha$ die halbe Grundlinie des Überdruckdiagramms wählen, wenn für die Integralwerte $\int \mathfrak{A} d\alpha$ und die Werte $\mathfrak{A}$ der gleiche Arbeitsmaßstab gelten soll.

Beispiel. Tafel 12: dieselbe **Einzylindermaschine**, die auf Tafel 11 behandelt ist.

Maßstab für die Arbeiten 1 mm = 20 mkg.

Aus den drei $\mathfrak{A}$-Kurven für $\varepsilon = \frac{1}{6}$, $\frac{1}{4}$ und $\frac{1}{2}$, in Fig. 3 bis 5, Tafel 11 mit $n = 0$ bezeichnet, wurden mit einem Polabstand $= 25$ mm (im Original war wie üblich die Grundlinie des Überdruckdiagramms $= 100$ mm genommen, also war $r = 50$ mm, durch die Verkleinerung bei der Wiedergabe auf $^1/_2$ nat. Größe ergab sich somit der Polabstand $= 25$ mm) die drei Integralkurven abgeleitet und in Fig. 1 (mit der Bezeichnung $\varepsilon = \frac{1}{6}$, $\varepsilon = \frac{1}{4}$, $\varepsilon = \frac{1}{2}$) zusammengestellt. Unter Benutzung der Zahlenwerte für $(\mu_\alpha) = \int \mu_\alpha \cdot d\alpha$ aus der Tabelle S. 153 wurden ferner für die vier Umdrehzahlen $n = 80$, $n = 120$, $n = 160$ und 200 mit den Seite 157 errechneten vier Werten $\frac{1}{2} M_3 r^2 \omega_m^2 = 182$, 432, 768 und 1200 mkg, die Kurven für $\frac{1}{2} M_3 r^2 \omega_m^2 \cdot (\mu_\alpha)$ (mit $n = 80$, $n = 120$, $n = 160$ und $n = 200$ gezeichnet) genau so aufgetragen, wie Seite 159 für die Kurven der $\frac{1}{2} M_3 r^2 \omega_m^2 \cdot \mu_\alpha$ ausführlich erläutert wurde, die Ordinaten jedoch mit entgegengesetztem Vorzeichen genommen, um sofort zwischen den Kurven für $\int \mathfrak{A} d\alpha$ und den Kurven für $-\frac{1}{2} M_3 v_m^2 (\mu_\alpha)$ die Winkelabweichungen als Abstände dieser beiden Kurven abgreifen zu können. In Fig. 1, Tafel 12 sind für den Fall $\varepsilon = \frac{1}{4}$ und $n = 200$ die Ordinatenwerte als Schraffurstriche mit Pfeilen versehen, die andeuten, ob es sich um eine Voreilung (Abweichung nach oben ↑) oder Nacheilung ↓ handelt. Fig. 1 reicht eigentlich vollkommen aus, um für jeden der 20 Fälle ($\varepsilon = \frac{1}{6}$, $\frac{1}{4}$, $\frac{1}{2}$ kombiniert mit $n = 0$, 80, 120, 160 und 200) für alle Kurbelstellungen die Winkelabweichungen entnehmen zu können; es macht auch keine Schwierigkeiten, die größten positiven und größten negativen Abweichungen, damit also die größten Pendelwege herauszufinden. Bequemer gestaltet sich natürlich die Beurteilung, wenn direkt die Gesamtwerte der Winkelabweichungen als Ordinaten abgetragen werden, wie es in Fig. 2 bis 4, Tafel 12 ausgeführt wurde. Wenn schon die Kurven der Geschwindigkeitsschwankungen auf Tafel 11 einen viel gleichmäßigeren Verlauf zeigen als die Drehkraftkurven auf Tafel 3, so ist dies bei den Kurven der Winkelabweichungen auf Tafel 12 noch ausgesprochener der Fall. (Durch das zweimalige Integrieren treten eben die harmonischen Glieder höherer Ordnung immer mehr zurück; ein Glied III. Ordnung z. B. $a \cos 3\omega t$ wird zweimal integriert $= -\frac{a}{9} \cos 3\omega t$, sein Einfluß sinkt also auf den neunten Teil herab.)

Daß sich die Kurven für die verschiedenen minutl. Umdrehzahlen n wieder in denselben Punkten I, II, III und IV ($= 0$ bzw. 32) schneiden, für die eben $(\mu_\alpha) = 0$, ist ohne weiteres klar; die zu-

Geschwindigkeits- und Winkelabweichungen usw.

gehörigen Kurbelwinkel sind übrigens: für II = 180⁰, für IV 0⁰ bzw. 360⁰, für I = ∼ 75⁰ und für III = ∼ 285⁰.

Die den größten Pendelwegen entsprechenden Arbeitswerte $(\mathfrak{A}_{\Delta\alpha})_{max}$ fanden sich aus den Figuren 2 bis 4, Tafel 12, wie folgt:

Tabelle der $(\mathfrak{A}_{\Delta\alpha})_{max}$ in mkg für $\Delta\alpha_{max} = (\mathfrak{A}_{\Delta\alpha})_{max} : J\omega_m^2$.

Minutl.-Umdreh- zahl n	$\varepsilon = \frac{1}{6}$		$\varepsilon = \frac{1}{4}$		$\varepsilon = \frac{1}{2}$
	Kompr. = 0	Kompr. = $0,8\,p_\alpha$	Kompr. = 0	Kompr. = $0,8\,p_\alpha$	Kompr. = $0,8\,p_\alpha$
$n = 0$	528 [990]	602 [1060]	456 [804]	488 [840]	238 [412]
$n = 80$	442 [800]	517 [875]	381 [633]	412 [678]	220 [342]
$n = 120$	362 [557]	428 [654]	325 [503]	360 [548]	274 [442]
$n = 160$	297 [450]	340 [548]	330 [518]	356 [568]	415
$n = 200$	408 [726]	412 [720]	492 [830]	496 [850]	662

Die Werte in den eckigen Klammern sind die Arbeitsüberschüsse $\mathfrak{A}_s$, die zur Berechnung des Ungleichförmigkeitsgrades $\delta_s = \mathfrak{A}_s : J\omega_m^2$ dienen. Sie wurden hier zum Vergleich noch einmal aufgenommen. Das Verhältnis $\mathfrak{A}_s : (\mathfrak{A}_{\Delta\alpha})_{max}$ ist zwar kein gleichbleibendes (es schwankt hier zwischen 1,87 und 1,51), aber immerhin sieht man doch, daß man von der Größe des Ungleichförmigkeitsgrades einen Schluß auf die größte Winkelabweichung ziehen darf; in unseren Beispielen wird $\Delta\alpha_{max}$ etwa $0{,}54\,\delta_s$ bis $0{,}66\,\delta_s$. Jedenfalls sind die größten Winkelabweichungen (in Bogenmaß gemessen) und die Ungleichförmigkeitsgrade von gleicher Größenordnung. Trotz alledem sollte man sich nicht mit der Feststellung der größten Winkelabweichung begnügen, sondern stets die ganze Kurve der Winkelabweichungen $\Delta\alpha$ aufzeichnen; dadurch erst bekommt man wirklich ein klares Bild von den Vorgängen und sieht so recht, wie außerordentlich verschieden der Verlauf der Drehkraftkurven und der Kurven der Winkelabweichungen ist.

Nur bei rein sinusförmigem Verlauf der Drehkraftlinie wird die Kurve der Winkelabweichungen wieder eine Sinuslinie (mit 180⁰ Phasenverschiebung). In diesem Falle können wir auch leicht eine Beziehung zwischen der größten Winkelabweichung und dem Ungleichförmigkeitsgrad ableiten. Es sei z. B. für eine solche Drehkraft p-ter Ordnung die Winkelabweichung $\Delta\alpha = A \sin(p\omega t)$, die größte Winkelabweichung also $\Delta\alpha_{max} = 2A$; die ebenfalls harmonisch verlaufende Winkelgeschwindigkeitsschwankung ist dann $\Delta\omega = \dfrac{d\Delta\alpha}{dt} = p\omega \cdot A \cos(p\omega t)$, die größte Winkelgeschwindigkeitsschwankung demnach $= 2p\omega A$ und der Ungleichförmigkeitsgrad $\delta_s = \dfrac{2p\omega t}{\omega} = 2pA$. Folglich besteht hier zwischen der größten Winkelabweichung und dem Ungleichförmigkeitsgrade die Beziehung: $\varDelta \alpha_{max} = \dfrac{\delta_s}{p}$.

Handelt es sich wieder darum, eine nachträgliche Änderung, z. B. das Fortfallen der Kompression auf die Winkelabweichungen zu verfolgen, so wird man wohl am bequemsten so vorgehen, daß man an Stelle der geraden Nullinie NN eine neue Nullinie setzt, von der aus die Abweichungen zu messen sind. Dies ist in Fig. 2 und Fig. 3, Tafel 12 geschehen; die neue Basis NO ist aus der entsprechenden Kurve NO auf Tafel 11 als Integralkurve zu entwickeln, wobei natürlich wieder darauf zu achten ist, daß Anfangs- und Endordinate Null werden, daß also in der zunächst direkt aus NO der Tafel 11 entwickelten Integralkurve Anfangs- und Endpunkt durch eine Gerade zu verbinden, von dieser Geraden aus die Ordinaten abzugreifen und dieselben in Tafel 12 beim Auftragen der NO-Kurve zu benutzen sind. Der Einfluß des Fortfalls der Kompression auf die Winkelabweichungen ist qualitativ und quantitativ der gleiche wie auf die Geschwindigkeitsschwankungen: die Maschine mit Kompression weist größere Abweichungen auf als die ohne Kompression.

Es dürfte noch interessieren, wie sich die Winkelabweichungen bei einer **Zwillingsmaschine** gestalten. Im allgemeinen würde man naturgemäß die $\int\mathfrak{A}\,d\alpha$-Kurven für die Einzylindermaschine benutzen, aus diesen je zwei Ordinaten, die um 90^0 gegeneinander versetzten Kurbelstellungen entsprechen, abgreifen und sie addieren. Ebenso würde man aus einer Kurve für $\tfrac{1}{2} M_3 v_m^2 \int \mu_\alpha d_\alpha$ durch Addition von je zwei Ordinaten, die zu zwei um 90^0 versetzten Kurbelstellungen gehören, eine resultierende Kurve bilden, diese gegebenenfalls für andere Umdrehzahlen affin (proportional dem quadratischen Verhältnis der Umdrehzahlen) abändern und schließlich beide Kurvenscharen kombinieren, wie es in Fig. 1, Tafel 12, für die Einzylindermaschine geschehen ist. Hat man dagegen bereits Fig. 1, oder gar Fig. 3 bis 5, Tafel 12, fertig vor sich, so wird man natürlich für irgend einen bestimmten Fall je zwei zusammengehörige Ordinaten unmittelbar, d. h. für Stellung 0 und 8, 1 und 9, 2 und 10 ..., daraus abgreifen und sie addieren. So ist es z. B. für den Fall $\varepsilon = \tfrac{1}{4}$ und $n = 200$ (für den in Fig. 6, Tafel 11, die Geschwindigkeitsschwankungen in der stark gestrichelten Linie wiedergegeben sind) in Fig. 3, Tafel 12, geschehen; das Ergebnis ist die (feinausgezogene) Linie $Zw\,200$ in Fig. 3. Der Verlauf dieser Linie läßt die von der Geschwindigkeitslinie gänzlich verschiedene Gestalt deutlich erkennen. Wenn vielleicht die Winkelabweichungslinie für die Einzylindermaschine als Sinuslinie angesehen werden darf, so kann jedenfalls bei der Zwillingsmaschine von einer solchen auch nicht annähernd die Rede sein.

Vergleichen wir noch die größte Winkelabweichung der Zwillingsmaschine aus Fig. 3, Tafel 12, abgegriffen zu $420:J\omega^2$ mit dem Wert für die Einzylindermaschine, für die die größte Abweichung $496:J\omega^2$ ist, so fällt auf, wie verhältnismäßig wenig die Zwillingsanordnung die größte Winkelabweichung herabgesetzt hat (nur um etwa $18\,^0/_0$), während die größte Schwankung der Winkelgeschwindigkeit bei der Zwillingsmaschine $590:J\omega^2$, bei der Einzylindermaschine aber $850:J\omega^2$ war, die Verminderung durch die Zwillingsanordnung also $44\,^0/_0$ betrug. Die gänzlich verschiedene Form der Winkelabweichungskurve und die so sehr verschiedene Größe der Schwankungen weisen wieder darauf hin, daß man nicht mit der Feststellung des Ungleichförmigkeitsgrades zufrieden sein soll, sondern in allen wichtigen Fällen den ganzen Verlauf der Abweichungen (sowohl Geschwindigkeits- wie Winkelabweichungen) ermitteln sollte.

Torsiograph und Torsiogramme.

Bei der Bedeutung, die die Winkelabweichungen für die Beurteilung des Gleichganges haben, ist es naheliegend, das tatsächliche Verhalten durch geeignete Meßgeräte nachzuprüfen. Die bekannten Umdrehzähler (Tachometer) sind für diesen Zweck nicht recht geeignet. Zunächst messen sie nur die augenblickliche Winkelgeschwindigkeit, sie könnten also unmittelbar nur zur Aufzeichnung der Kurve der Geschwindigkeitsabweichungen benutzt werden, woraus man allerdings durch graphische Integration eine Winkelabweichungskurve ableiten könnte; was aber für die meisten Zwecke die Verwendung der üblichen Tachometer[1]) unmöglich macht, ist ihre zu große Trägheit, sie können sehr schnell vor sich gehende Geschwindigkeitsschwankungen nicht wiedergeben. Als das zurzeit geeignetste Gerät zum Aufzeichnen der Winkelabweichungen, und zwar gerade für sehr schnell erfolgende Schwankungen soll im folgenden der Torsiograph von Dr. Ing. Jos. Geiger[2]), Augsburg, kurz besprochen werden. Der Name Torsiograph stammt daher, daß man mittels zweier solcher Torsiographen die Verdrehungen zweier Querschnitte einer umlaufenden Welle, also die Torsionsbeanspruchung von Wellenstücken feststellen kann, insbesondere die wechselnden Beanspruchungen, die infolge von Verdrehungs-

---

[1]) Eine Studie der wichtigsten Tachometer besonders über deren Stabilitätsverhältnisse enthält der Aufsatz von W. Wilke: „Untersuchungen über Fliehkraft-Tachometer nach dem Drehpendelprinzip", Z. d. V. d. I. 1918, S. 802 u. f.

[2]) S. den Aufsatz J. Geiger: „Der Torsiograph, ein neues Instrument zur Untersuchung von Wellen", Z. d. V. d. I. 1916, S. 811.

schwingungen auftreten; die mittels eines Torsiographen aufgezeichneten Kurven der Winkelabweichungen bzw. der Pendelwege nannte Dr. Geiger kurz Torsiogramme.

Die grundsätzliche Anordnung des Geigerschen Torsiographen ist aus Fig. 110 zu erkennen; er besteht aus einem schweren Schwungringe a, der auf einer Welle mittels Kugellager frei drehbar gestützt ist, und aus einer möglichst leichten (deshalb aus Aluminium gefertigten) äußeren Riemenscheibe c, die das Schwungrad a vollkommen umschließt und mit ihm durch eine ziemlich weiche Spiralfeder elastisch gekuppelt ist. Über die Riemenscheibe c und den

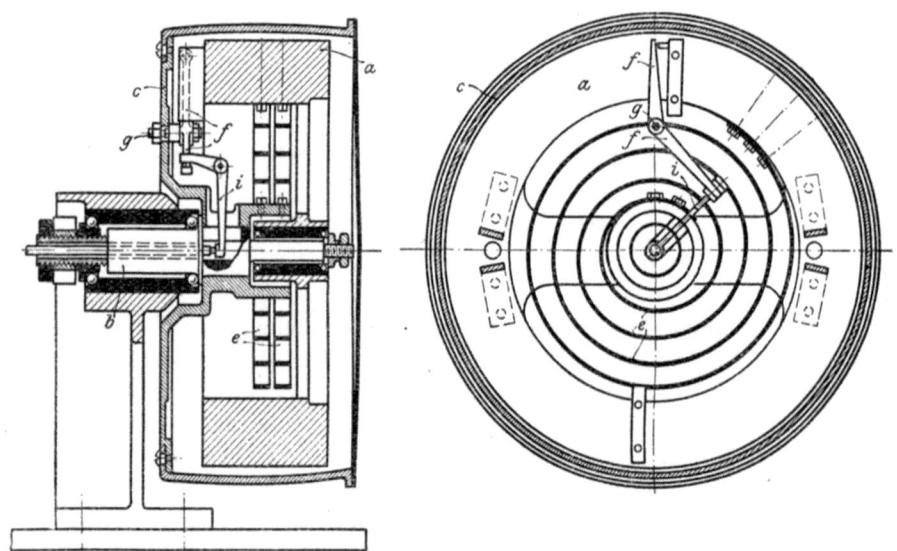

Fig. 110.

auf Winkelabweichungen zu prüfenden Teil der Welle wird nun ein endloses Band oder Riemen gelegt, so daß die Riemenscheibe c des Torsiographen allen Bewegungen des Umfanges der Welle ungehindert folgt, vorausgesetzt, daß der Riemen nicht auf der Welle oder der Scheibe gleitet. Die Abmessungen des Bandes, insbesondere seine Länge, müssen allerdings so gewählt sein, daß nicht etwa die durch die Elastizität des Bandes und die Masse von Band und Scheibe des Torsiographen bedingten Eigenschwingungen mit der zu messenden Schwingung der Winkelabweichungen gleiche oder nahezu gleiche Schwingungsdauer haben, sonst würden durch Resonanzvorgänge vollkommen falsche Aufzeichnungen herbeigeführt werden; es muß vielmehr zur Erzielung einwandsfreier Messungen die Eigenschwingungsdauer von Band plus Bandscheibe erheblich höher als die Dauer der Drehschwankungen liegen. Diese Forderung ist bei dem Geigerschen Torsiographen tatsächlich erfüllt; je kürzer das Übertragungsband, je kleiner also die Eigenschwingungsdauer ist, um so schneller erfolgende Winkelabweichungen können noch einwandsfrei aufgezeichnet werden.

Während die Eigenschwingungszahl von Bandscheibe und Band sehr hoch liegen soll und auch liegt (bei 20 m Bandlänge stellte Geiger z. B. über 2000 Schwingungen i. d. Min., bei Anwendung eines sehr kurzen Bandes sogar über 30000 Schwingungen i. d. Min. fest), liefert umgekehrt die elastische Kupplung von Schwungring a mit Scheibe c durch die Spiralfeder nur etwa 50 Eigenschwingungen von c gegen a i. d. Min.; diese sehr lose Koppelung von Schwungring a und Scheibe c hat zur Folge, daß schneller vor sich gehende Schwingungen der leichten Scheibe c auf den schweren Schwungring a so gut wie ohne jeden Einfluß bleiben, das Schwungrad a wird zwar durch die Scheibe c mitgenommen, dreht sich aber (fast) absolut gleichförmig[1]), wir haben in den Relativverdrehungen von

---

[1]) Verdreht man eine Scheibe (s. Fig. 111) mit dem Trägheitsmoment Θ_1 gegen eine zweite Scheibe mit dem Trägheitsmoment Θ_2 um den Winkel α, und hat die beide Scheiben verbindende Welle oder Feder die elastische Konstante c, d. h. ist für den Verdrehungswinkel 1 das Verdrehungsmoment c nötig, so entspricht dem Verdrehungswinkel α ein elastisches Moment $\mathfrak{M} = c\alpha$. Läßt man beide Scheiben plötzlich los, so vollführen beide harmonische Drehschwingungen, wobei der größte Winkelausschlag der ersten Scheibe $= \alpha_1$ und der zweiten Scheibe $= \alpha_2$ ist. Zwischen Maximalmoment $\mathfrak{M}$ und Winkelamplitude besteht

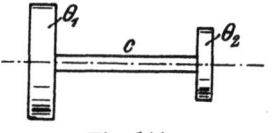

Fig. 111.

aber bei einer Schwingungsfrequenz ω die Beziehung $\mathfrak{M} = \alpha \omega^2 \Theta$, also gilt hier für die Eigenfrequenz ω_e die Gleichung:

$$\mathfrak{M} = c\alpha = c(\alpha_1 + \alpha_2) = \alpha_1 \omega_e^2 \Theta_1 = \alpha_2 \omega_e^2 \Theta_2,$$

daraus folgt:

$$c\left(\frac{1}{\Theta_1} + \frac{1}{\Theta_2}\right)(\alpha_1 + \alpha_2) = \omega_e^2 (\alpha_1 + \alpha_2) \quad \text{oder} \quad c = \frac{\omega_e^2}{\frac{1}{\Theta_1} + \frac{1}{\Theta_2}}.$$

Bewegt man aber durch ein Zwangsmoment die eine Scheibe, etwa die zweite, so daß sie bei der Frequenz ω die Winkelamplitude α_2 hat, dann macht die erste Scheibe ebenfalls harmonische Drehschwingungen mit der Frequenz ω und einer Amplitude α_1, und es gilt:

$$c\alpha = c(\alpha_1 + \alpha_2) = \alpha_1 \omega^2 \Theta_1$$

(aber nicht $= \alpha_2 \omega_1^2 \Theta_2$, weil hier ja noch das erregende Moment angreift!); daraus folgt:

$$\alpha_1(\omega^2 \Theta_1 - c) = c\alpha_2 \quad \text{oder}$$

$$\alpha_1 = \frac{c\alpha_2}{\omega^2 \Theta_1 - c} = \alpha_2 \cdot \frac{1}{\frac{\omega^2 \Theta_1}{c} - 1} = \alpha_2 \cdot \frac{1}{\frac{\omega^2 \Theta_1}{\omega_e^2}\left(\frac{1}{\Theta_1} + \frac{1}{\Theta_2}\right) - 1} = \alpha_2 \frac{1}{\frac{\omega^2}{\omega_e^2}\left(1 + \frac{\Theta_1}{\Theta_2}\right) - 1}$$

Scheibe c gegen Schwungring a tatsächlich direkt Schwingungen, die proportional mit den Pendelwegen des Wellenumfangs, also mit den Winkelabweichungen der Welle verlaufen. Um die Relativverdrehungen von c gegen a in Absolutbewegungen umzuwandeln, werden die tangentialen Ausschläge durch einen Winkelhebel f mit Drehpunkt g in radiale Ausschläge umgeändert, diese durch einen zweiten Winkelhebel i in axiale Ausschläge verwandelt, durch eine nicht mit umlaufende Nadel herausgeleitet und auf einen Schreibhebel übertragen, der die Bewegung auf ein durch ein Uhrwerk oder mittels Zahnräderübersetzung von der Bandscheibe aus angetriebenes Papierband aufzeichnet.

Zur bequemen Feststellung der Dauer der Schwingungen dienen elektrische Zeitmarkierungen (s. das Ansichtsbild eines Geigerschen Torsiographen mit Uhrwerk und Totpunktmarkierung Fig. 112); eine solche Einrichtung besteht aus einem Elektromagneten und einem am Gehäuse federnd befestigten Weicheisenstück mit Schreibgefäß. Durch Schließen und Öffnen des Stromes wird das Eisenstück angezogen und losgelassen und vollführt dann seine Eigenschwingungen, die durch das Schreibgefäß aufgezeichnet werden. Der Strom wird am bequemsten von der Papieraufwickelwalze jedesmal nach einer Umdrehung, d. i. nach einer bestimmten Anzahl von Umdrehungen der Welle, geschlossen und wieder geöffnet, wodurch es auch bei sehr rascher Änderung der mittleren Umdrehzahl sofort möglich ist, für jede Stelle im Torsiogramm die minutl. Drehzahl zu ermitteln.

Fig. 113, S. 176/177, geben uns ein Bild von dem Verlauf wirklich aufgenommener Torsiogramme in nahezu ($=\frac{4}{5}$) natürlicher Größe, und zwar an der gleichen Meßstelle an einem Mehrzylinder-Ölmotor bei verschiedenen minutl. Umdrehzahlen aufgenommen; die verschiedenartigen Formen kommen durch Übereinanderlagerung der Schwingungen verschiedener Ordnung zustande, die bei den verschiedenen Umdrehzahlen in sehr verschiedener Weise vorherrschen;

Wenn nun Θ_2 gegen Θ_1 sehr kein (wie es z. B. hier mit der leichten Scheibe c gegen das schwere Schwungrad a der Fall ist) und außerdem ω_e gegen ω sehr klein ist, so kann 1 gegen $\dfrac{\Theta_1}{\Theta_2}$ und erst recht -1 gegen $\dfrac{\omega^2}{\omega_e^2}\dfrac{\Theta_1}{\Theta_2}$ vernachlässigt werden, so daß fast genau gilt

$$\alpha_1 = \alpha_2 \cdot \frac{\omega_e^2}{\omega^2} \frac{\Theta_2}{\Theta_1};$$

d. h. die schwerere Scheibe macht vielmal kleinere Ausschläge, als die leichtere. Ist z. B. $\Theta_1 = 10\,\Theta_2$, $\omega_e = 5$, ω aber $= 50$, so wird $\alpha_1 = \alpha_2 \cdot \frac{1}{1000}$ d. h. so klein, daß man in der Tat sagen kann, die schwere Scheibe dreht sich gleichförmig.

so überwiegen z. B. für $n = 358$ die Schwingungen 6. O., für $n = 279$ machen sich daneben besonders die 2. O. bemerkbar usf., bei $n = 248$ die 3. O. usf.

Fig. 112.

Daß die Meßstelle selber einen ganz erheblichen Einfluß auf die Gestalt der Torsiogramme ausübt, werden wir später bei Besprechung der Torsionsschwingungen sehen.

c) Berücksichtigung von Widerständen, die von der Geschwindigkeit abhängen.

Bisher hatten wir als Kräfte und Widerstände nur solche ins Auge gefaßt, die von den Kurbelstellungen, d. h. von den Wegen abhängen und somit eine unmittelbare Verzeichnung von Arbeitskurven und damit die Benutzung des Wuchtsatzes ermöglichen. Es kommen jedoch auch Fälle vor, bei denen nicht zu vernachlässigende Kräfte auftreten, die von den Geschwindigkeiten abhängen. Beschränken wir uns auf solche Kräfte, die der Winkelgeschwindigkeit ω der Kurbelwelle oder einer Potenz derselben proportional sind, und nehmen wir wieder an, die Geschwindigkeitsschwankungen $\Delta \omega$ seien gegen den Mittelwert ω_m der Winkelgeschwindigkeit so klein, daß die höheren Potenzen von $\Delta \omega$ vernachlässigt werden dürfen, so erscheint schließlich jeder Widerstand, der von der Winkelgeschwindigkeit ω abhängt, in der Form

$$W = w_1 \cdot \omega_m + w_2 \cdot \Delta\omega;$$

das erste (konstante) Glied auf der rechten Seite kann unmittelbar zu dem konstanten Drehkraftwiderstand geschlagen werden, wir haben praktisch also nur noch mit einem veränderlichen Widerstand

$$W = w_2 \cdot \Delta\omega$$

zu tun, der **proportional der Geschwindigkeitsabweichung ist.**

Als praktisch wichtige Fälle dieser Art seien erwähnt: 1. der Antrieb von Pumpen oder Kompressoren durch Asynchrondrehstrommotoren oder durch Gleichstromnebenschlußmotoren und 2. das Arbeiten einer durch eine Kurbelkraftmaschine angetriebenen Gleichstromdynamo auf ein Netz, beispielsweise das Laden von Akkumulatoren.

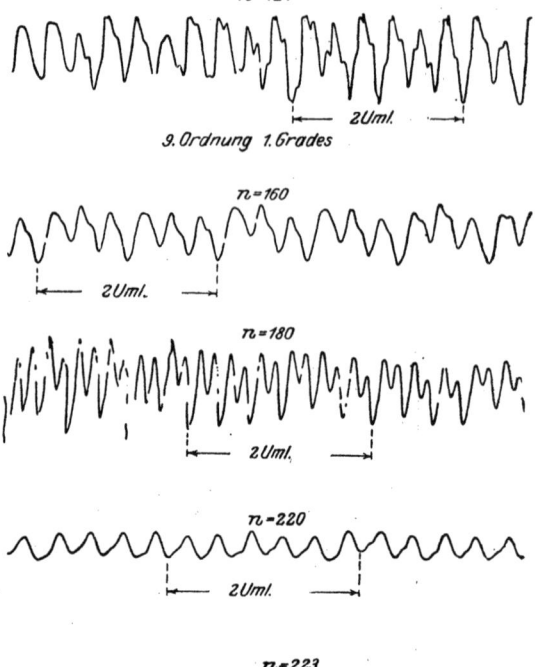

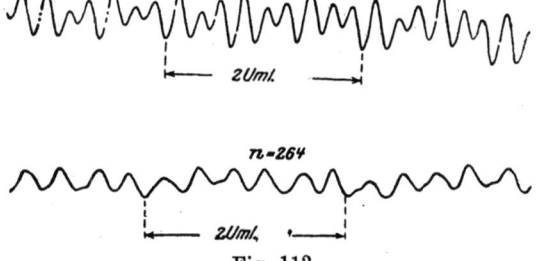

Fig. 113.

Ist z. B. die Winkelgeschwindigkeit des Drehfeldes eines Asynchronmotors $= \omega_m$, so muß bekanntlich die Winkelgeschwindigkeit des Läufers um ein wenig von ω_m abweichen, damit der Motor überhaupt ein Kraftmoment ausüben kann; was man „Schlüpfung" nennt, ist nichts anderes, wie die von uns als verhältnismäßige Geschwindigkeitsabweichung mit $\varphi = \dfrac{\Delta\omega}{\omega_m}$ bezeichnete

Geschwindigkeits- und Winkelabweichungen usw.   177

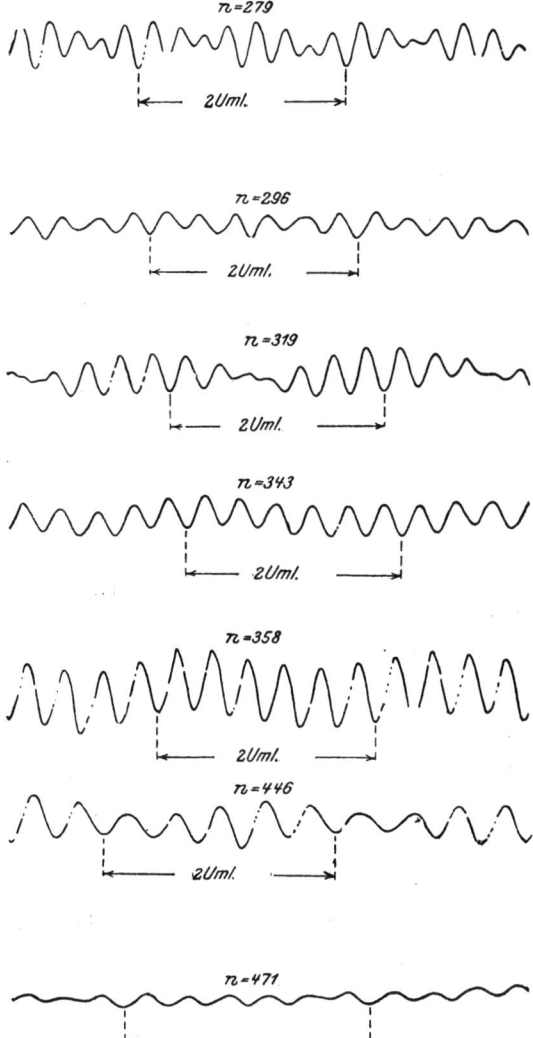

Fig. 113.

Zahlengröße, die im Maximum bei guten Asynchronmotoren 2 bis 6 °/₀ beträgt, mithin so klein ist, daß unsere Voraussetzung ($\Delta\omega$ gegen ω_m sehr klein) durchaus zutrifft. Der Schlüpfung, also unserem φ, ist die Drehkraft proportional, und zwar wirkt diese treibend, im Sinne von ω, wenn der Läufer dem Drehfeld nacheilt, wenn also $\Delta\omega$ negativ ist, die Drehkraft eines Asynchronmotors ist folglich in obigem Sinne als ein der Geschwindigkeitsabweichung $\Delta\omega$ proportionaler Widerstand aufzufassen.

Der bisher von uns fast ausschließlich benutzte Wuchtsatz führt hier nicht zum Ziel; wir greifen deshalb auf die dynamische Grundbeziehung:

„Winkelbeschleunigung gleich Kraftmoment dividiert durch Trägheitsmoment"

zurück und nennen

$\mathfrak{M}$ das Moment der Kräfte für die Kurbelwelle (gegebenenfalls einschließlich der Massendruckdrehmomente);
$\mathfrak{M}_1$ das für die Schlüpfung $\varphi = 1$ entstehende Moment,
J wie bisher das Trägheitsmoment der sich drehenden Teile,
so findet sich zunächst das widerstehende Moment $\mathfrak{M}_w$ für die Geschwindigkeitsabweichung $\Delta\omega = \varphi \cdot \omega_m$ zu

$$\mathfrak{M}_w = \mathfrak{M}_1 \varphi = \frac{\mathfrak{M}_1}{\omega_m} \cdot \Delta\omega,$$

Tolle, Regelung. 3. Aufl.

also wird die Winkelbeschleunigung

$$\frac{d\omega}{dt} = \frac{\mathfrak{M} - \mathfrak{M}_w}{J} = \frac{\mathfrak{M}}{J} - \frac{\mathfrak{M}_1}{\omega_m J} \cdot \Delta\omega.$$

Beachten wir, daß $\omega = \omega_m + \Delta\omega$, so wird $d\omega = d(\Delta\omega)$, folglich

$$\frac{d(\Delta\omega)}{dt} = \frac{\mathfrak{M}}{J} - \frac{\mathfrak{M}_1}{J\omega_m} \cdot \Delta\omega.$$

Führen wir noch eine neue Veränderliche y so ein, daß

$$\Delta\omega = \frac{y}{J\omega_m} \quad \ldots \ldots \ldots (67)$$

ist (y entspricht also voll und ganz den Ordinatenwerten unserer erweiterten Arbeitskurven, ist selber im Arbeitsmaßstab oder, was dasselbe ist, im Momentenmaßstab zu messen), so ergibt sich für y die Gleichung

$$\frac{dy}{J\omega_m \cdot dt} = \frac{\mathfrak{M}}{J} - \frac{\mathfrak{M}_1}{J\omega_m} \frac{y}{J\omega_m},$$

oder, wenn wir noch statt $\omega_m dt$ den unendlich kleinen Kurbeldrehwinkel $d\alpha$ einführen:

$$\frac{dy}{d\alpha} = \mathfrak{M} - \frac{\mathfrak{M}_1}{J\omega_m^2} \cdot y \quad \ldots \ldots (68)$$

Wir haben also, um y (und damit $\Delta\omega$) als Funktion der Kurbelwinkel α zu berechnen, eine Differentialgleichung zwischen y und α zu lösen; da

$$\frac{\mathfrak{M}_1}{J\omega_m^2} = c \quad \ldots \ldots \ldots (69)$$

eine Konstante ist, so erkennen wir, daß unsere Differentialgleichung (68), d. i. die Gleichung:

$$\frac{dy}{d\alpha} + cy = \mathfrak{M} \quad \ldots \ldots \ldots (70)$$

eine lineare Differentialgleichung 1. O. mit $\mathfrak{M}$ als Störungsfunktion ist. $\mathfrak{M}$ ist für die einzelnen Kurbelwinkel α normalerweise durch die Drehkraftkurve, also zeichnerisch festgelegt, deshalb wird unser Bestreben auch dahin gehen, die Differentialgleichung 70 graphisch zu lösen.

Ihre analytische Lösung geschieht bekanntlich nach Bernoulli dadurch, daß man zwei neue Veränderliche u und v einführt, indem man $y = uv$ setzt; damit wird

$$\frac{dy}{d\alpha} = u\frac{dv}{d\alpha} + v\frac{du}{d\alpha}.$$

Dies in Gl. 70 eingesetzt, gibt

$$u\frac{dv}{d\alpha} + v\frac{du}{d\alpha} + cuv = \mathfrak{M} \quad \text{oder} \quad u\left(\frac{dv}{d\alpha} + cv\right) + v\frac{du}{d\alpha} = \mathfrak{M};$$

wählt man nun v so, daß $\frac{dv}{d\alpha} + cv = 0$ ist, so gilt außerdem

$$v\frac{du}{d\alpha} = \mathfrak{M} \quad \text{oder} \quad \frac{du}{d\alpha} = \frac{\mathfrak{M}}{v}.$$

Aus den beiden Bedingungsgleichungen für v und u folgt

$$v = C_1 e^{-c\alpha} \quad \text{und} \quad u = \int \frac{\mathfrak{M}}{C_1} e^{c\alpha} d\alpha + C_2,$$

daher lautet die allgemeine Lösung der Gl. 70:

$$y = uv = C e^{-c\alpha} + \left[\frac{\int \mathfrak{M} \cdot e^{c\alpha} \cdot d\alpha}{e^{c\alpha}}\right] \quad \ldots \quad (71)$$

mit der willkürlichen Konstanten C, die aus den Bedingungen der Aufgabe zu bestimmen wäre.

Unter Zugrundelegung der Lösung nach Gl. 71 könnte man, von der Drehkraftkurve, d. h. von der Kurve für $\mathfrak{M}$ ausgehend, das zweite Glied in Gl. 71 in der Weise graphisch ermitteln, daß man zunächst eine Kurve für $e^{c\alpha}$ aufzeichnet, deren Ordinatenwerte mit $\mathfrak{M}$ (graphisch) multipliziert, zu dieser Produktenkurve die Integralkurve aufsucht und schließlich deren Ordinaten durch die betreffenden $e^{c\alpha}$-Werte (graphisch) dividiert. Das erste Glied in Gl. 72 könnte leicht in Form einer e-Kurve dargestellt werden, sobald die Konstante C bekannt ist. Diese der analytischen Lösung nachgebildete zeichnerische Lösung ist aber nicht nur ziemlich umständlich, sondern bietet vor allem eine große praktische Schwierigkeit dadurch, daß (wenn nicht c sehr klein ist) $e^{c\alpha}$ rasch anwächst (z. B. wird für $\alpha = 2\pi$ bei $c = \frac{1}{2}$: $e^{c\alpha} = 23{,}1$, bei $c = 1$: $e^{c\alpha} = 535$, bei $c = 3$: $e^{c\alpha} = 153\,000\,000$), meist so rasch, daß die Multiplikation der $\mathfrak{M}$-Ordinaten mit diesen großen Werten innerhalb des zur Verfügung stehenden Raumes nicht mehr ausführbar ist.

Wir wollen deshalb eine **unmittelbare zeichnerische Lösung** der Differentialgleichung 70 vornehmen und zu diesem Zwecke Gl. 70 schreiben:

$$\frac{dy}{d\alpha} = \mathfrak{M} - cy.$$

Sind also für einen Kurbelwinkel α, der wie immer als Abszisse unserer Kurven benutzt wird, $\mathfrak{M}$ und y bekannt, so findet man die Richtung der Tangente der gesuchten y-Kurve an dieser Stelle, indem man, wie in Fig. 87, Seite 103, ein für allemal eine horizontale Strecke $AB = 1$ abträgt, darauf von der Ordinate $\mathfrak{M}$ die (mittels eines passenden Verkleinerungswinkels) $c$mal vergrößerte Ordinate y abzieht und diese Differenz $= \mathfrak{M} - cy$ als Senkrechte AC abträgt; die Verbindungslinie BC liefert alsdann für die betreffende Stelle die Tangentenrichtung der gesuchten y-Kurve, die man auf diese Weise fortschreitend aus lauter geraden Stückchen zusammensetzen kann. So wurden auf Tafel 13 die dick gestrichelten Linien in Fig. 1, Fig. 2 und Fig. 3 für ein und dieselbe Drehkraftlinie, aber für 3 verschiedene Werte: $c = \tfrac{1}{2}$, $c = 1$ und $c = 3$ aufgesucht, und zwar von einem ganz beliebigen Anfangswert y_0' für $\alpha = 0$ ausgehend. Dieser Anfangswert ist natürlich nicht der richtige; der wahre Wert von y_0 muß vielmehr den besonderen Bedingungen der Aufgabe angepaßt werden, die für den Beharrungszustand offenbar dahin lauten, daß jedesmal nach Ablauf einer Periode wieder das gleiche y da sein muß, etwa je nach einer Kurbeldrehung, d. h. daß für $\alpha = 0$ und für $\alpha = 2\pi$ das gleiche y herauskommen muß. Eine Betrachtung der analytischen Lösung unserer Differentialgleichung, nämlich der Gleichung 71, lehrt uns, daß die verschiedenen Lösungen durch das erste, die willkürliche Konstante C enthaltene Glied $Ce^{-c\alpha}$ zustande kommen, daher müssen wir zu unserer mit einem ganz beliebigen Anfangswert y_0' begonnenen Kurve noch eine Zusatzkurve $y'' = Ce^{-c\alpha}$ hinzufügen, deren Parameter C eben so zu bestimmen ist, daß nunmehr die beiden Ordinaten y_0 für $\alpha = 0$ und y_{32} für $\alpha = 2\pi$ gleich groß werden. Nennen wir also den durch die ursprüngliche y'-Kurve festgelegten Endwert y_{32}', so muß gelten

$$y_0' + Ce^{-c \cdot 0} = y_{32}' + Ce^{-c2\pi},$$

woraus folgt

$$C(1 - e^{-c2\pi}) = y_{32}' - y_0'$$

oder

$$C = \frac{y_{32}' - y_0'}{1 - e^{-c2\pi}} \quad \ldots \ldots \ldots (72)$$

Für die so gefundene Konstante C kann nun die Zusatzlinie $y'' = Ce^{-c\alpha}$ als logarithmische Linie aufgezeichnet[1]) werden; die Addition der Ordinaten der ursprünglichen y'-Linie und dieser Zusatzlinie liefert schließlich die Punkte der richtigen y-Kurve, auf Tafel 13 in Fig. 1 bis 3 stark ausgezogen und mit $n = 0$ bezeichnet, weil die Konstruktionen von einer Drehkraftkurve ausgingen, bei welcher die hin- und hergehenden Massen noch nicht berücksichtigt worden waren. Selbstverständlich bleiben sämtliche Konstruktionen

---

[1]) Konstruktionen von logarithmischen Linien siehe im sechsten Kapitel I C c.

genau die gleichen, wenn eine Drehkraftkurve zugrunde gelegt wird, die bereits die Massendruckdrehkräfte enthält; wenn nur ein bestimmter Fall erledigt werden soll, wird man natürlich auch gleich von der gesamten Drehkraftkurve (einschließlich der Massenwirkung der hin- und hergehenden Teile) ausgehen. Sollen aber wieder verschiedene Fälle vergleichsweise untersucht werden, so ist die Frage naheliegend, ob man nicht bequemer die Massenwirkungen getrennt verfolgen kann, da ja die Massendruckdrehkräfte nach Gl. (13a), S. 41, analytisch (als Summe von 3 harmonisch veränderlichen Gliedern) ausgedrückt werden können. In diesem Falle läßt sich unsere Differentialgleichung 70 ebenfalls analytisch lösen; ist die Störungsfunktion $\mathfrak{M}$ in Gl. 70 eine Sinusfunktion, so wird auch das zweite Glied in der Lösung nach Gl. 71 wieder eine solche, d. h. die Gleichung:

$$\frac{dy}{d\alpha} + cy = a \sin p\alpha \quad \ldots \quad \ldots \quad (73)$$

hat als Lösung:

$$y = Ce^{-c\alpha} + A \cos p\alpha + B \sin p\alpha \quad \ldots \quad (73\,\mathrm{a})$$

Hierin ist C eine willkürliche Konstante, die übrigens für den Beharrungszustand $=$ Null sein muß, während A und B nach der Methode der Koeffizientenvergleichung wie folgt bestimmt werden können: setzt man y und $\frac{dy}{d\alpha}$ in die Differentialgleichung 73 ein, so ergibt sich

$$-Ap \sin p\alpha + Bp \cos p\alpha + cA \cos p\alpha + cB \sin p\alpha \equiv a \sin p\alpha,$$

woraus für A und B die Bedingungsgleichungen folgen

$$-pA + cB = a$$
$$cA + pB = 0,$$

d. h. es muß sein

$$A = -\frac{p}{p^2 + c^2} a; \qquad B = \frac{c}{p^2 + c^2} a.$$

Die fertige Lösung lautet also (für den Beharrungszustand)

$$y = -\frac{p}{p^2 + c^2} a \cos p\alpha + \frac{c}{p^2 + c^2} a \sin p\alpha; \quad \ldots \quad (74)$$

das Ergebnis ist mithin wieder eine harmonische Schwingung mit der Amplitude

$$D = \sqrt{A^2 + B^2} = \frac{a}{\sqrt{p^2 + c^2}}$$

und einem Nacheilwinkel φ_0, für den $\operatorname{tg}\varphi_0 = \dfrac{c}{p}$ ist. Wir können y also auch schreiben

$$y = D \sin(p\alpha - \varphi_0) = \frac{a}{\sqrt{p^2 + c^2}} \sin(p\alpha - \varphi_0) \quad . \quad (75)$$

Es macht hiernach keine Schwierigkeit, unter Benutzung der Amplitudenwerte aus Gl. 13a, S. 41, nach Gl. 74, die aus drei Sinusgliedern bestehenden Werte y aufzusuchen, die von den Massenwirkungen herrühren. Um zu zeigen, wie sich die Glieder 1. O., 2. O. und 3. O. bemerkbar machen (es überwiegt bei weitem das Glied 2. O.), sind für die Beispiele auf Tafel 13 für $n = 200$ die Werte von y, die von den hin und her gehenden Massen herrühren, eingetragen und entsprechend bezeichnet: 2. Ordn., 2. $+$ 3. Ordn., 2. $+$ 3. $+$ 1. Ordn.

Aber nicht nur für die Untersuchung der Massenwirkungen bietet die analytische Lösung der einfachen Differentialgleichung 73 nach Gl. 74 Vorteile, sondern auch für den allgemeinen Fall einer beliebigen zeichnerisch gegebenen Drehkraftkurve, wenn man sich dazu entschließt, dieselbe zuvor harmonisch zu analysieren, d. h. in eine Reihe fortschreitend nach den Sinus und Cosinus der Vielfachen von α zu entwickeln[1]). Dann kann man auf jede einzelne Sinusfunktion (d. h. für $p = 1$, $p = 2$, $p = 3$ ...) die Gleichung 74 anwenden und nun die Ordinaten der gewonnenen Sinuslinien wieder addieren. Wie sich dabei der Charakter der resultierenden y-Linie aus der Form der Drehkraftkurve je nach der Größe von c ergibt, werden wir bei Besprechung der Beispiele auf Tafel 13 sehen. Daß der Einfluß des mit der Geschwindigkeitsschwankung proportionalen Widerstandes durch die **Konstante c** gekennzeichnet ist, geht schon deutlich aus den Gleichungen 74 und 75 hervor; daher wollen wir uns von dieser Zahl c, die durch Gl. 69 definiert war als

$$c = \frac{\mathfrak{M}_1}{J\omega_m^2},$$

eine Vorstellung zu verschaffen suchen. $\mathfrak{M}_1$ ist hierin das Moment für die Schlüpfung 1; nennen wir also die Schlüpfung σ, die der normalen Leistung, also einem mittleren Moment $\mathfrak{M}_m$ entspricht, so ist $\mathfrak{M}_m = \sigma \mathfrak{M}_1$ oder $\mathfrak{M}_1 = \dfrac{\mathfrak{M}_m}{\sigma}$.

---

[1]) In dieser Weise hat J. Havlíček in seiner Doktorarbeit: „Untersuchung der Leistungsschwankungen bei elektrisch angetriebenen Kompressoren", Zürich 1908, die Aufgabe durchgeführt. Auch für den Fall, daß noch nicht der Beharrungszustand erreicht ist, also die allgemeine Lösung 73a herangezogen werden muß, finden sich in genannter Arbeit lehrreiche Untersuchungen.

Ist ferner (vgl. S. 57) $\mathfrak{A}$ die Arbeit der Kräfte für einen Kolbenhub und $\mathfrak{A}_s$ der Arbeitsüberschuß beim Ungleichförmigkeitsgrad δ_s, so gilt offenbar $\mathfrak{A} = \mathfrak{M}_m \pi$ oder $\mathfrak{M}_m = \dfrac{\mathfrak{A}}{\pi}$, und da $\mathfrak{A}_s = \delta J \omega_m^2$ ist, können wir folglich c auch schreiben:

$$c = \frac{\mathfrak{M}_m}{\sigma J \omega_m^2} = \frac{\delta}{\sigma} \cdot \frac{\mathfrak{A}}{\pi \mathfrak{A}_s}.$$

Durch Vergleich der Werte $\mathfrak{A}$ auf S. 67 mit den zugehörigen Werten $\mathfrak{A}_s$ in der Tabelle S. 68 findet man für $\mathfrak{A} : \pi \mathfrak{A}_s$ etwa 0,7 bis 1,5, im Durchschnitt rund 1, so daß c nahezu mit dem Verhältnis $\dfrac{\delta}{\sigma}$ übereinstimmen dürfte; mit Rücksicht auf die in der Praxis vorkommenden Werte für δ und für σ, die etwa von gleicher Größenordnung sind, kann man also sagen, c liegt um 1 herum, vielleicht von $\tfrac{1}{3}$ bis 3 reichend. Bei den auf Tafel 13 behandelten Beispielen wurden demnach vergleichsweise die Werte $c = \tfrac{1}{2}$, $c = 1$ und $c = 3$ zugrunde gelegt; in nachstehender Tabelle sind hierfür die nach Gl. 73a und 75 erforderlichen Konstanten A, B, D und tg φ_0 für die Ordnungszahlen $p = \tfrac{1}{2}$ (diese von Interesse für Viertaktmotoren), $p = 1$, 2 und 3 zusammengestellt. Lehrreiche Schlüsse daraus werden wir im Anschluß an die nachfolgenden Beispiele ziehen.

Tabelle.

Moment $a \cdot \sin p\alpha$ liefert $y = A \cos p\alpha + B \sin p\alpha = D \sin (p\alpha - \varphi_0)$.

		A	B	D	tg φ_0
$c = \tfrac{1}{2}$	$p = \tfrac{1}{2}$	$-1\,a$	$1\,a$	$1{,}414\,a$	1
	$p = 1$	$-\tfrac{4}{5}\,a$	$\tfrac{2}{5}\,a$	$0{,}894\,a$	$\tfrac{1}{2}$
	$p = 2$	$-\tfrac{8}{17}\,a$	$\tfrac{2}{17}\,a$	$0{,}485\,a$	$\tfrac{1}{4}$
	$p = 3$	$-\tfrac{12}{37}\,a$	$\tfrac{2}{37}\,a$	$0{,}329\,a$	$\tfrac{1}{6}$
$c = 1$	$p = \tfrac{1}{2}$	$-\tfrac{2}{5}\,a$	$\tfrac{4}{5}\,a$	$0{,}894\,a$	2
	$p = 1$	$-\tfrac{1}{2}\,a$	$\tfrac{1}{2}\,a$	$0{,}707\,a$	1
	$p = 2$	$-\tfrac{2}{5}\,a$	$\tfrac{1}{5}\,a$	$0{,}447\,a$	$\tfrac{1}{2}$
	$p = 3$	$-\tfrac{3}{10}\,a$	$\tfrac{1}{10}\,a$	$0{,}316\,a$	$\tfrac{1}{3}$
$c = 3$	$p = \tfrac{1}{2}$	$-\tfrac{2}{37}\,a$	$\tfrac{12}{37}\,a$	$0{,}329\,a$	6
	$p = 1$	$-\tfrac{1}{10}\,a$	$\tfrac{3}{10}\,a$	$0{,}316\,a$	3
	$p = 2$	$-\tfrac{2}{13}\,a$	$\tfrac{3}{13}\,a$	$0{,}278\,a$	$\tfrac{3}{2}$
	$p = 3$	$-\tfrac{1}{6}\,a$	$\tfrac{1}{6}\,a$	$0{,}236\,a$	1

Beispiele. Tafel 13: Als Drehkraftlinie wurde die auf Tafel 2 gefundene (dort in der oberen rechten Figur mit $n=0$ bezeichnet) zu einer Einzylindermaschine mit $\varepsilon = \frac{1}{6}$ (die übrigen Daten siehe S. 65) gehörige Kurve benutzt und ein der Geschwindigkeitsschwankung proportionaler Widerstand von solcher Größe zugrunde gelegt, daß $c = \frac{1}{2}$, $c = 1$ oder $c = 3$ ist.

Maßstab für alle Ordinaten 1 mm = 50 mkg.

Wie wir, von der Drehkraftlinie (für $n = 0$) ausgehend, zunächst mit beliebig gewähltem Anfangswert y'_0 die auf Tafel 13 in Fig. 1, 2 und 3 dick gestrichelten Kurven ermittelt haben, wurde bereits S. 180 erläutert, dann erfolgte (vgl. S. 180) die Konstruktion der logarithmischen Linien $y'' = C e^{-c\alpha}$ und durch Addition der Ordinaten beider Kurven die Aufzeichnung der wahren Kurve für y; da die Geschwindigkeitsabweichungen $\Delta\omega' = y : J\omega_m^2$ sind, können also die auf Tafel 13 stark ausgezogenen y-Linien unmittelbar als Linien der Geschwindigkeitsschwankungen angesehen werden.

Vergleichsweise wurde in Fig. 2 (und zwar fein ausgezogen) die y-Linie für $c = 0$ eingetragen, d. h. die Kurve der Geschwindigkeitsschwankungen, wenn kein von der Geschwindigkeit abhängender Widerstand vorhanden ist; der Unterschied beider Linien für $c = 0$ und für $c = 1$ ist nur gering, vor allem unterscheiden sich die größten Geschwindigkeitsunterschiede, also die Ungleichförmigkeitsgrade, nur sehr wenig (für $c = 1$ ist entsprechend $\mathfrak{A}_s = 1025$, für $c = 0$ $\mathfrak{A}_s = 1060$ mkg).

Wie am bequemsten nachträglich die Wirkung der hin und her gehenden Massen berücksichtigt werden kann, wurde bereits auf S. 182 angedeutet: man schreibt unter Benutzung der Gl. 13a, S. 41 die Massendruckdrehkraft

$$T = \frac{M_3 r \omega_m^2}{2}\left(+\frac{\lambda}{2}\sin\alpha - \sin 2\alpha - \frac{3}{2}\lambda \sin 3\alpha\right)$$

oder das zugehörige Moment

$\mathfrak{M} = Tr = -\tfrac{1}{4} M_3 v_m^2 \lambda \cdot \sin\alpha + \tfrac{1}{2} M_3 v_m^2 \cdot \sin 2\alpha + \tfrac{3}{4} M_3 v_m^2 \lambda \cdot \sin 3\alpha;$

die den drei Sinuskurven 1. O., 2. O. und 3. O. entsprechenden Amplituden sind also

$$a_1 = -\tfrac{1}{4} M_3 v_m^2 \lambda; \quad a_2 = \tfrac{1}{2} M_3 v_m^2; \quad a_3 = \tfrac{3}{4} M_3 v_m^2 \lambda:$$

Hieraus ergeben sich die für die Aufzeichnung der Sinuslinien der Massendruck-y-Linie nach Gl. 74 nötigen Konstanten

$$A_1 = -\frac{a_1}{1+c^2}; \quad B_1 = \frac{c a_1}{1+c^2}; \quad A_2 = -\frac{2 a_2}{2^2+c^2}; \quad B_2 = \frac{c a_2}{2^2+c^2};$$

$$A_3 = -\frac{3 a_3}{3^2+c^2}; \quad B_3 = \frac{c a_3}{3^2+c^2}.$$

Da die Kurve 2. O. überwiegt, wurde diese zunächst in Fig. 1 und 3 feingestrichelt eingetragen, und dann wurden die durch die Werte 3. O. und 1. O. sich ergebenden Beträge hinzugefügt. Als Endergebnis entstanden die in Fig. 1 und Fig. 3 fein ausgezogenen Linien; in Fig. 3 wurde der Einfluß der Werte 1. O. als zu klein gar nicht berücksichtigt.

Schließlich liefert die Addition der Ordinaten der y-Kurve (für $n=0$) und dieser resultierenden Massendruck-y-Linie (für $n=200$ i. d. Min.) die gesamte y-Kurve: in Fig. 1 mit $n=200$ bezeichnet und dick strichpunktiert dargestellt, für den Fall $c=3$ in Fig. 4 mit $n=200$ bezeichnet und dick ausgezogen.

Fig. 3 und Fig. 4, Tafel 13, enthalten noch je eine Linie für cy, die in mehrfacher Hinsicht lehrreich ist. Schreiben wir Gl. 70 in der Form $\dfrac{dy}{d\alpha} = \mathfrak{M} - cy$, so sehen wir, daß die Winkelbeschleunigungen nicht allein durch die Drehmomente $\mathfrak{M}$, sondern durch $\mathfrak{M} - cy$ hervorgebracht werden; die senkrechten Schraffurstriche in Fig. 3 und 4 (ebenso in Fig. 2 für Fall $c=1$) stellen also die beschleunigenden Momente dar. Die Inhalte der schraffierten Flächen geben genau wie früher die Über- und Unterschußflächen zwischen Drehkraftkurve und Widerstandslinie (vgl. z. B. Tafel 3) die vom Schwungrade aufzunehmenden Arbeiten an; sie bestimmen somit den Ungleichförmigkeitsgrad. Die Ordinaten der Kurve cy dagegen stellen gleichsam die Ströme dar, die Arbeit leistend oder Arbeit verzehrend aus dem Netz heraus- oder in dieses hineinfließen. Unser der Geschwindigkeitsabweichung proportionaler Widerstand wirkt eben regelnd auf den Gleichgang ein, ersetzt gewissermaßen das Schwungrad und zwar um so mehr, je größer c ist. Fig. 3 und Fig. 4 lassen deutlich erkennen, wie die Linie der cy sich der ursprünglichen Drehkraftlinie in ihrem ganzen Verlauf anzuschmiegen sucht; für den Grenzfall $c=\infty$ würde eine vollkommene Übereinstimmung beider Linien stattfinden, die Geschwindigkeitsschwankungen würden dann zu Null werden. Die Richtigkeit dieser Behauptung erkennt man unschwer aus Gl. 74; denn wenn c sehr groß ist, wird $y \sim \dfrac{a}{c} \sin p\alpha$, d. h. jeder einzelne der Bestandteile, aus denen sich die Drehkraftlinie zusammensetzt (und zwar unabhängig von der Ordnungszahl p), erscheint als Sinuslinie ohne Phasenverschiebung, lediglich mit einer in dem konstanten Verhältnis $\dfrac{1}{c}$ verkleinerten Amplitude, oder anders ausgedrückt, die cy-Kurve ist mit der Drehkraftlinie (wohlgemerkt für sehr großes c) identisch.

Näherungsformel von Havliček. J. Havliček hebt in seiner bereits S. 182 erwähnten Arbeit, sowie in einem Aufsatz über elektrisch angetriebene Kompressoren, Z. d. V. d. I. 1909, S. 561, die mit der Geschwindigkeitsschwankung proportional wechselnde Stromlieferung des Netzes, d. h. die Leistungsschwankung L der Elektromotoren als besonders nachteilig hervor und stellt dafür eine Näherungsformel auf, die mit unseren Bezeichnungen lauten würde:

$$L = \frac{\mathfrak{A}_s \omega_m}{\sqrt{\dfrac{1}{p^2} + \dfrac{1}{c^2}}} \text{ Sekmkg} \quad \ldots \quad (76)$$

Hierin ist $\mathfrak{A}_s$ die aus dem gewöhnlichen Drehkraftdiagramm ermittelte Überschußfläche als Moment in mkg ausgedrückt. Diese einfache Beziehung gilt allerdings zunächst nur für eine rein sinusförmige Drehkraftlinie. Ist nämlich für eine solche das Moment $\mathfrak{M} = a \sin p\alpha$, so wird die Amplitude von y nach Gl. 75 gleich

$$y_{max\,c} = \frac{a}{\sqrt{p^2 + c^2}};$$

vergleichen wir damit den gewöhnlichen Fall für $c = 0$, so ist hierfür die Amplitude $y_{max\,0} = \dfrac{a}{p}$, das Verhältnis beider Werte, also auch der größten Geschwindigkeitsabweichungen wird demnach

$$\frac{y_{max\,c}}{y_{max\,0}} = \frac{p}{\sqrt{p^2 + c^2}} \quad \ldots \ldots \quad (77)$$

In gleichem Verhältnis stehen nun offenbar auch die entsprechenden Über- und Unterschußflächen; man könnte also ohne weiteres in gewohnter Weise aus der Drehkraftlinie den Arbeitsüberschuß $\mathfrak{A}_s$ (für $c = 0$) ermitteln und brauchte diesen nur noch mit $\dfrac{p}{\sqrt{p^2 + c^2}}$ zu multiplizieren, um sofort für den Fall $c = c$ den maßgebenden Arbeitsüberschuß, der zur Berechnung der größten Geschwindigkeitsschwankung nach der Grundgleichung 21, S. 54 dient, zu erhalten. Die Näherungsformel von Havliček Gl. 76 ergibt sich aus Gl. 77 wie folgt: das Moment des mit $\Delta\omega$ proportionalen Widerstandes war gleich cy, dessen Maximalwert ist mithin $\dfrac{cp}{\sqrt{p^2 + c^2}} a$, d. h. $\dfrac{cp}{\sqrt{p^2 + c^2}}$ mal so groß, wie der Maximalwert des Drehmomentes. Die Leistung des mit $\Delta\omega$ proportionalen Widerstandes ist aber gleich der durch die cy-Linie begrenzten Überschußfläche mal ω_m, folglich $L = \dfrac{\mathfrak{A}_s c p \cdot \omega_m}{\sqrt{c^2 + p^2}}$ wie oben angegeben.

Die vorstehende Betrachtung bezieht sich auf Drehkraftlinien von reiner Sinusform.

Liegt aber eine beliebig gestaltete Drehkraftlinie vor, die sich aus Sinuslinien verschiedener Periode $p = 1, 2, 3, 4\ldots$ zusammensetzt, welches p wäre dann zu nehmen? Diese Frage sagt schon, daß es sich im allgemeinen Fall bei den Gl. 76 und 77 nur um Näherungsformeln handeln kann, die nur dann einigermaßen Berechtigung haben, wenn eine bestimmte Schwingung vorherrscht. Bei unserem Beispiele wäre das die Schwingung 2. O., wir hätten also etwa $p = 2$ zu setzen. Danach bekämen wir z. B. für die Fälle nach Fig. 3 und 4, Tafel 13 als Verhältnis der Geschwindigkeitsabweichungen für $c = 3$ und für $c = 0$

$$\frac{y_{max\,c}}{y_{max\,0}} = \frac{p}{\sqrt{p^2 + c^2}} = \frac{2}{\sqrt{13}} = 0{,}555.$$

Aus den Diagrammen Fig. 3 und 4 entnehmen wir die Werte für $n = 0$: $y_{max\,c} = 650$ mkg, für $n = 200$: $y_{max\,c} = 380$ mkg, während wir früher entsprechend gefunden hatten:

für $n = 0$: $y_{max\,0} = 1060$ mkg, für $n = 200$: $y_{max\,0} = 720$ mkg;

die betreffenden Verhältnisse sind also in Wirklichkeit:

$$\frac{y_{max\,c}}{y_{max\,0}} = \frac{650}{1060} = 0{,}614 \quad \text{bzw.} \quad \frac{y_{max\,c}}{y_{max\,0}} = \frac{380}{720} = 0{,}527,$$

was mit dem obigen Näherungswert ganz gut übereinstimmt.

Sobald c einigermaßen klein ist (z. B. $c = \tfrac{1}{3}$), wird die Winkelgeschwindigkeitsschwankung fast genau so groß, als ob der mit der Geschwindigkeitsschwankung proportionale Widerstand gar nicht vorhanden wäre, und $L \sim \mathfrak{A}_s \omega_m \cdot c$.

Ein einwandfreies Bild, wie in Wirklichkeit die Geschwindigkeitsschwankungen aussehen, wie weit sich das Schwungrad und wie sich der mit $\Delta\omega$ veränderliche Widerstand an der Arbeitsaufnahme und -abgabe beteiligt, erhalten wir aber immer nur durch Aufzeichnen der wahren Kurve der Geschwindigkeitsschwankungen, etwa in der Weise, wie wir in diesem Abschnitt ausführlich erläutert haben.

d) Berücksichtigung von Widerständen, die den Winkelabweichungen proportional sind.

Solche Widerstände, die den Winkelabweichungen proportional sind, spielen eine besondere Rolle beim Parallelbetrieb von Wechselstrommaschinen. Soweit die elektrischen Verhältnisse in Betracht kommen, verdanken wir die erste Klarstellung H. Görges, während E. Rosenberg wohl zuerst die mechanischen Vorgänge in seinem Aufsatze „Anforderungen an Antriebmotoren beim Parallelbetrieb von Wechselstromdynamos", Z. d. V. d. I. 1904, S. 793, anschaulich und klar behandelt hat. (Vgl. auch Taschenbuch der Hütte, 22. Aufl., II. Bd., S. 906 bis 911.)

Wirken mehrere parallel geschaltete Wechselstromdynamos auf ein Netz, so laufen im Beharrungszustand alle Maschinen synchron, d. h. sie haben gleiche Spannung und gleiche Phase, jeder Rotor befindet sich in derselben relativen Lage gegen die Pole. Ist nun eine Maschine um einen kleinen Pendelwinkel $\Delta \alpha$ vorausgeeilt, so bedeutet das eine Phasenverschiebung, eine Voreilung um den Phasenwinkel $p_e \cdot \Delta \alpha$, wenn $2 p_e$ die Anzahl der Magnetpole des Generators ist; dadurch ergibt sich ein „synchronisierender" Ausgleichstrom und damit ein rückwirkendes Moment $\mathfrak{M}_w$, welches (nahezu) dem Phasenverschiebungswinkel, also der Winkelabweichung $\Delta \alpha$ proportional ist:

$$\mathfrak{M}_w = \mathfrak{M}_1 \cdot \Delta \alpha.$$

Für $\mathfrak{M}_1$ gilt (angenähert)

$$\mathfrak{M}_1 = K \cdot p_e \mathfrak{M}_m,$$

worin $\mathfrak{M}_m$ das mittlere Moment, p_e die halbe Polzahl der Wechselstrommaschine und K eine von den elektrischen Verhältnissen abhängige Konstante:

$$K = \frac{E_a}{E_s} \text{ ist.}$$

E_a bedeutet die bei Leerlauf der nicht parallel geschalteten Maschinen auftretende Spannung und E_s den Spannungsabfall für den Wirkstrom infolge Selbstinduktion und Armaturrückwirkung. K ist angenähert das Verhältnis des Kurzschlußstromes zum normalen Wirkstrom, etwa $= 3{,}75$.

Bezeichnen wir wieder wie auf Seite 177 das Moment der Kräfte für die Kurbelwelle mit $\mathfrak{M}$, so erhalten wir die Winkelbeschleunigung

$$\frac{d\omega}{dt} = \frac{\mathfrak{M} - \mathfrak{M}_w}{J} = \frac{\mathfrak{M}}{J} - \frac{\mathfrak{M}_1}{J}\Delta\alpha = \frac{\mathfrak{M}}{J} - \frac{\mathfrak{M}_1}{J}\int \Delta\omega \cdot dt$$

oder (vgl. S. 178)

$$\frac{d(\Delta\omega)}{d\alpha} \cdot \omega_m = \frac{\mathfrak{M}}{J} - \frac{\mathfrak{M}_1}{J\omega_m}\int \Delta\omega \cdot d\alpha.$$

Führen wir auch jetzt wieder (wie auf S. 178) als Hilfsgröße die Veränderliche y so ein, daß

$$\Delta\omega = \frac{y}{J\omega_m} \quad \dots \dots \dots \quad (78)$$

ist, und damit
$$\Delta\alpha = \frac{\int y\,d\alpha}{J\omega_m^2},$$
so ergibt sich für y die Gleichung
$$\frac{dy}{d\alpha} = \mathfrak{M} - \frac{\mathfrak{M}_1}{J\omega_m^2}\int y\,d\alpha \quad \ldots \ldots (79)$$
die sich von der Ausgangsgleichung 70 S. 178 nur dadurch unterscheidet, daß rechts statt y jetzt $\int y\,d\alpha$ steht.

Nennen wir wieder die Zahlenkonstante
$$\frac{\mathfrak{M}_1}{J\omega_m^2} = c,$$
so lautet Gl. 79:
$$\frac{dy}{d\alpha} = \mathfrak{M} - c\int y\,d\alpha \quad \ldots \ldots (80)$$

Wie wir im folgenden sehen werden, eignet sich die Gleichung 80 unmittelbar zur graphischen Lösung der Aufgabe.

Differenziert man Gleichung 80, um das $\int$ zum Verschwinden zu bringen, so erhält man:
$$\frac{d^2y}{d\alpha^2} + cy = \frac{d\mathfrak{M}}{d\alpha} \quad \ldots \ldots (81)$$

d. i. eine lineare Differentialgleichung 2. O. mit $\frac{d\mathfrak{M}}{d\alpha} = \mathfrak{M}'$ als Störungsfunktion, deren **analytische Lösung** sich nach der Methode der Variation der Konstanten (vgl. z. B. Hüttentaschenbuch, 22. Aufl., I. Bd., S. 83) findet zu:

$$y = a\cos(\sqrt{c}\cdot\alpha) + b\sin(\sqrt{c}\cdot\alpha)$$
$$+ \frac{\sin(\sqrt{c}\cdot\alpha)}{\sqrt{c}}\int_0^\alpha \mathfrak{M}'\cos(\sqrt{c}\cdot\alpha)\,d\alpha - \frac{\cos(\sqrt{c}\cdot\alpha)}{\sqrt{c}}\int_0^\alpha \mathfrak{M}'\sin(\sqrt{c}\cdot\alpha)\,d\alpha \quad (82)$$

a und b sind hierin zwei willkürliche, aus den besonderen Bedingungen der Aufgabe zu bestimmende Konstanten; die beiden Integrale lassen sich rechnerisch natürlich nur lösen, wenn $\mathfrak{M}' = \frac{d\mathfrak{M}}{d\alpha}$ analytisch als Funktion des Kurbelwinkels α bekannt ist (wie es z. B. für die Massendruckdrehkräfte der Fall ist, während die von Kolbenkräften herrührende Drehkraftlinie in der Regel nur zeichnerisch festgelegt sein wird.)

Wie sich, wenn die Drehkraftkurve gezeichnet vorliegt, die Lösung nach Gl. 82 graphisch verwerten läßt, hat C. Röhrich bei einer anderen Untersuchung („Über den Einfluß der elastischen

Kupplung auf den Ungleichförmigkeitsgrad") in der Zeitschrift für Mathematik und Physik, 1912, S. 238 bis 243, gezeigt; die dort angegebene Lösung nach Gl. 82 ist aber ziemlich beschwerlich: sie erfordert zunächst für unsere Aufgabe die graphische Ermittlung der Differentialkurve $\mathfrak{M}'$ aus der gegebenen Drehkraftkurve, dann das Auftragen einer Polarkurve mit den Werten $\mathfrak{M}'$ als Fahrstrahllängen zu $\sqrt{c}\cdot\alpha$ als Polarwinkel gehörig, dann behufs Multiplikation mit $\cos(\sqrt{c}\cdot\alpha)$ und mit $\sin(\sqrt{c}\cdot\alpha)$ die Projektion der Punkte dieser Polarkurve auf zwei zueinander rechtwinklige Achsen, darauf Zeichnen der beiden Kurven mit α als Abszissen und $\mathfrak{M}'\cos(\sqrt{c}\cdot\alpha)$ und $\mathfrak{M}'\sin(\sqrt{c}\cdot\alpha)$ als Ordinaten und das Aufsuchen der Integralkurven dieser beiden Kurven. Die beiden Integralkurven müssen dann wieder in Polarkurven mit $\sqrt{c}\cdot\alpha$ als Polarwinkel umgeändert werden, um endlich durch Projektion die beiden letzten Summanden in Gl. 82 zu liefern, deren Differenz als Ordinaten zu den Abszissen α aufzutragen wären. Zu der so entstandenen Kurve ist schließlich noch eine Sinuslinie

$$a\cos(\sqrt{c}\cdot\alpha)+b\sin(\sqrt{c}\cdot\alpha)$$

hinzuzufügen, deren Konstanten a und b für den Beharrungszustand so zu bestimmen sind, daß für den Anfangs- und den Endpunkt einer Periode ($\alpha = 0$ und $\alpha = 2\pi$) der resultierenden Kurve sowohl die Ordinaten y wie auch die Tangentenrichtungen übereinstimmen.

Von besonderem Interesse (schon wegen der Verfolgung der Wirkungen der hin- und hergehenden Massen) ist der Fall, daß das Drehmoment $\mathfrak{M}$ analytisch als Sinusfunktion gegeben ist:

$$\mathfrak{M} = A \sin p\alpha.$$

Dann wird $\mathfrak{M}' = pA \cos p\alpha$ und die analytische Lösung der Differentialgleichung 81:

$$\frac{d^2y}{d\alpha^2}+cy=pA\cos p\alpha$$

sehr einfach, nämlich (für den Beharrungszustand mit $a=0$ und $b=0$):

$$y=-\frac{Ap}{p^2-c}\cos p\alpha \quad \ldots \ldots \quad (83)$$

wie man sich sofort durch Einsetzen dieser Lösung in Gl. 81 überzeugen kann; damit ergibt sich weiter:

$$\int y\,d\alpha=-\frac{A}{p^2-c}\sin p\alpha \quad \ldots \ldots \quad (84)$$

Da nach Gl. 78 $\quad \Delta\omega = \dfrac{y}{J\omega_m}$

und entsprechend
$$\Delta\alpha = \frac{\int y\, d\alpha}{J\omega_m^2}$$

ist, erkennt man, daß sowohl die Winkelgeschwindigkeitsschwankungen $\Delta\omega$ wie auch die Winkelabweichungen $\Delta\alpha$ harmonisch veränderlich sind, und daß $\Delta\omega$ dem Kraftmoment um $90°$, $\Delta\alpha$ dem Kraftmoment um $180°$ nacheilt. Die Amplituden von y und $\int y\, d\alpha$ sind dem Maximalwerte A des Kraftmomentes proportional; im übrigen hängt der Proportionalitätsfaktor bei A von der Ordnungszahl p des Drehmomentes sowie von der Konstanten c ab. Für Momente 1. O., d. h. für $p = 1$, wird z. B.

$$y = -\frac{A}{1-c}\cos\alpha \quad \text{und} \quad \int y\, d\alpha = -\frac{A}{1-c}\sin\alpha.$$

Nach Gl. 80 ist bei harmonisch veränderlichem Drehmoment $\mathfrak{M} = A\sin p\alpha$ das der Winkelabweichung $\Delta\alpha$ proportionale rückwirkende Moment:

$$\mathfrak{M}_w = c\int y\, d\alpha = -\frac{Ac}{p^2-c}\sin p\alpha = -\mathfrak{M}\frac{c}{p^2-c},$$

das gesamte beschleunigende Moment mithin:

$$\mathfrak{M} - \mathfrak{M}_w = \mathfrak{M} + \mathfrak{M}\frac{c}{p^2-c} = \mathfrak{M}\frac{p^2}{p^2-c} \quad \ldots \quad (85)$$

Man kann daher sagen, daß ein harmonisch veränderliches Kraftmoment durch das den Winkelabweichungen proportionale rückwirkende Moment in jedem Augenblick im Verhältnis $\dfrac{p^2}{p^2-c}$ vergrößert wird.[1]

Besondere Bedeutung haben die Gleichungen 83, 84 und 85 für den Fall, daß $c = p^2$ ist; dann wird der Nenner der Brüche $=$ Null, die Amplitude von $\Delta\omega$ und $\Delta\alpha$ also unendlich, die Anordnung wäre unbrauchbar, von einem Parallelschalten kann nicht mehr die Rede sein. Wir haben es für den Fall $c = p^2$ gleichsam mit einem Resonanzvorgang zu tun, den wir nicht nur vermeiden, sondern von dem wir auch in hinreichendem Abstande bleiben müssen. Schon wegen der Wirkung der hin- und hergehenden Massen haben wir in der Drehkraftkurve Sinuskurven 1., 2. und 3. Ordnung, also

---

[1] Rosenberg bezeichnet unsere Konstante c mit q und nennt q „Reaktionsverhältnis"; den Ausdruck $\dfrac{1}{1-q} = \zeta$, welcher sich für die Ordnungszahl $p = 1$ ergibt, nennt er „Vergrößerungsfaktor".

müssen wir mindestens vermeiden, daß $c=1$, $c=2^2$ oder $c=3^2$ wird; die harmonische Analyse[1]) der Drehkraftkurve, d. h. die Auflösung in eine Summe von Sinuslinien, nach Vielfachen von α fortschreitend, läßt uns aber erkennen, daß auch noch Momente höherer Ordnung in Betracht kommen können, daß also auch $c=4^2$, $c=5^2\ldots$ zu vermeiden wäre. Bei Viertaktmaschinen endlich haben wir noch mit Momenten $\frac{1}{2}$. Ordnung zu tun, so daß auch $c=(\frac{1}{2})^2$ ausgeschlossen werden muß.

Nach welchem Gesetz entwickeln sich nun wohl bei Resonanz die unendlich großen Pendelungen? Daß sie nicht mit einem Male vorhanden sein können, wie die Gleichungen 83 bis 85 für den Fall $c=p^2$ aussagen, sondern erst allmählich entstehen müssen, ist klar. Eine Antwort auf die obige Frage bekommen wir am leichtesten, wenn wir von der allgemeinen Lösung Gl. 82 ausgehen und darin $\mathfrak{M}=A \sin p\alpha$ d. h.

$$\mathfrak{M}'=pA \cos p\alpha \quad \text{und} \quad c=p^2, \text{ d. h. } \sqrt{c}=p$$

setzen; damit wird nach Gl. 82:

---

[1]) Ein besonders bequemes Verfahren zur rechnerischen Durchführung der harmonischen Analyse hat Dipl.-Ing. Zipperer in Dinglers Polyt. Journal 1918 S. 201 mitgeteilt. Die folgenden Zahlenwerte (als Ergebnis der Analyse der stark ausgezogenen Drehkraftkurve Tafel 3, Fig. 4) sind von Herrn Zipperer selbst nach seinem Verfahren in drei Stunden berechnet worden, in Anbetracht, daß die Koeffizienten bis zur Sinuslinie 11. Ordnung festgestellt sind, gewiß ein sehr geringer Zeitaufwand, der für die Zweckmäßigkeit des Zippererschen Verfahrens spricht.

Harmonische Analyse der Drehkraftkurve für das Beispiel S. 65, $\varepsilon=\frac{1}{5}$, $p_a=7$ Atm. Kompr. bis $0{,}8\, p_a$, ohne Massenwirkung (Tafel 2, rechts oben, $n=0$ und Tafel 3, Fig. 4):

(Die Koeffizienten geben die Momente in mkg an.)

1. Ordn.: $\mathfrak{M}_1 = +\ 42{,}8 \cos\ \alpha - 20{,}8 \sin\ \alpha = 47{,}5 \sin(\ \alpha + 115° 50')$
2. „ $\mathfrak{M}_2 = -\ 165{,}1 \cos 2\alpha + 428{,}1 \sin 2\alpha = 458{,}6 \sin(2\alpha + 338° 53')$
3. „ $\mathfrak{M}_3 = -\ 7{,}0 \cos 3\alpha + 68{,}9 \sin 3\alpha = 69{,}2 \sin(3\alpha + 354° 13')$
4. „ $\mathfrak{M}_4 = -\ 159{,}9 \cos 4\alpha + 52{,}2 \sin 4\alpha = 168{,}5 \sin(4\alpha + 288° 8')$
5. „ $\mathfrak{M}_5 = -\ 42{,}6 \cos 5\alpha + 10{,}2 \sin 5\alpha = 43{,}9 \sin(5\alpha + 283° 37')$
6. „ $\mathfrak{M}_6 = -\ 11{,}5 \cos 6\alpha - 16{,}4 \sin 6\alpha = 20{,}0 \sin(6\alpha + 215° 2')$
7. „ $\mathfrak{M}_7 = +\ 1{,}1 \cos 7\alpha - 14{,}2 \sin 7\alpha = 14{,}4 \sin(7\alpha + 214° 44')$
8. „ $\mathfrak{M}_8 = +\ 18{,}1 \cos 8\alpha + 8{,}5 \sin 8\alpha = 20{,}0 \sin(8\alpha + 65° 3')$
9. „ $\mathfrak{M}_9 = +\ 15{,}5 \cos 9\alpha + 5{,}8 \sin 9\alpha = 16{,}5 \sin(9\alpha + 69° 45')$
10. „ $\mathfrak{M}_{10} = -\ 8{,}0 \cos 10\alpha + 7{,}9 \sin 10\alpha = 11{,}2 \sin(10\alpha + 314° 38')$
11. „ $\mathfrak{M}_{11} = -\ 7{,}4 \cos 11\alpha + 8{,}8 \sin 11\alpha = 12{,}0 \sin(11\alpha + 321° 25')$

Es überwiegt hiernach das Moment 2. Ordn., an und für sich ist das Moment 1. Ordn. ziemlich klein, das Moment 4. Ordn. noch über $^1/_3$ des Momentes 2. Ordnung.

Geschwindigkeits- und Winkelabweichungen usw.

$$y = a \cos p\alpha + b \sin p\alpha$$
$$+ \frac{\sin p\alpha}{p} \int A p \cos p\alpha \cdot \cos p\alpha \cdot d\alpha - \frac{\cos p\alpha}{p} \int A p \cos p\alpha \cdot \sin p\alpha \cdot d\alpha$$
$$= a \cos p\alpha + b \sin p\alpha$$
$$+ \sin p\alpha \cdot A \int \frac{1 + \cos 2p\alpha}{2} d\alpha - \cos p\alpha \cdot A \int \frac{\sin 2p\alpha}{2} d\alpha$$
$$= a \cos p\alpha + b \sin p\alpha + \sin p\alpha \cdot A \left[\frac{\alpha}{2} + \frac{\sin 2p\alpha}{4p}\right]$$
$$- \cos p\alpha \cdot A \left[\frac{-\cos 2p\alpha}{4p}\right]$$
$$= a \cos p\alpha + b \sin p\alpha + A \frac{\alpha}{2} \sin p\alpha$$
$$+ \frac{A}{4p} \left[\sin p\alpha \cdot \sin 2p\alpha + \cos p\alpha \cdot \cos 2p\alpha\right]$$
$$= a \cos p\alpha + b \sin p\alpha + A \frac{\alpha}{2} \sin p\alpha + \frac{A}{4p} \left[\cos p\alpha\right],$$

also mit $a + \dfrac{A}{4p} = a'$:

$$y = a' \cos p\alpha + b \sin p\alpha + A \frac{\alpha}{2} \sin p\alpha \quad \ldots \ldots \quad (86)$$

Abgesehen von der freien, durch die zufälligen Anfangsbedingungen gegebenen harmonischen Schwingung, die durch die beiden ersten Summanden dargestellt wird, ergibt sich also ein mit α, d. h. mit der Zeit $t = \alpha : \omega_m$ proportional zunehmendes Glied

$$y_z = A \frac{\alpha}{2} \sin p\alpha = \mathfrak{M} \frac{\alpha}{2} \quad \ldots \ldots \quad (87)$$

$\mathfrak{M}$ ist natürlich nur das betreffende Drehmoment p. Ordnung, für welches $p^2 = c$ ist. Die Winkelgeschwindigkeitsschwankung folgt aus y_z zu:

$$\Delta\omega = \frac{\mathfrak{M}}{J \omega_m} \cdot \frac{\alpha}{2} = \frac{\mathfrak{M}}{J} \cdot \frac{t}{2} \quad \ldots \ldots \quad (88)$$

und die Winkelabweichung:

$$\Delta\alpha = \int \Delta\omega \cdot dt = \frac{\mathfrak{M}}{J} \frac{t^2}{4}, \quad \ldots \ldots \quad (89)$$

die Winkelabweichung wächst hiernach bei Resonanz proportional mit dem Quadrate der Zeit.

Die vorstehenden Betrachtungen geben nur ein ungefähres Bild, wie die Abweichungen allmählich zustande kommen; sie gelten natürlich nicht mehr für beliebig große Abweichungen, da dann die gemachten Voraussetzungen nicht mehr zutreffen.

So einfach die Berücksichtigung eines mit den Winkelabweichungen proportionalen Widerstandes hiernach bei einer rein sinusförmig verlaufenden Drehkraftkurve auch ist, gestaltet sich die Untersuchung, falls man nicht nur auf die Vermeidung der Resonanz lossteuert, sondern die auftretenden Schwankungen der Winkelgeschwindigkeit und die Winkelabweichungen für verschiedene Verhältnisse nachprüfen will, nach den bisher besprochenen Methoden doch recht mühsam: vor allem ist die harmonische Analyse mehrerer zeichnerisch gegebener Drehkraftlinien noch immer ziemlich beschwerlich und nicht jedermanns Sache. Deshalb soll im folgenden eine **zeichnerische Lösung** der Aufgabe besprochen werden, die an die Gleichung 80

$$\frac{dy}{d\alpha} = \mathfrak{M} - c\int y\, d\alpha = \mathfrak{M} - \int cy\, d\alpha$$

anküpft. Es handelt sich dabei, allgemein gesprochen, um die graphische Integration einer linearen Differentialgleichung 2. Ordn. mit Störungsfunktion[1]).

Gegeben sei also mit den Kurbeldrehwinkeln α als Abszissen und den Drehmomenten $\mathfrak{M}$ als Ordinaten die Momentenkurve (gleichbedeutend mit unseren früheren Drehkraftlinien); wir entwickeln daraus Schritt für Schritt gleichzeitig eine y-Kurve und eine Kurve für $\int cy\, d\alpha$.

Angenommen, wir seien bis zum Punkt I der $\mathfrak{M}$-Kurve, entsprechend zum Punkt II der $\int cy\, d\alpha$-Kurve und zum Punkt III der y-Kurve gelangt; nach der obigen Gleichung erhalten wir dann unmittelbar die Fortschreitungsrichtung der y-Kurve, können also etwa so vorgehen, wie auf S. 102 für das Zeichnen von Integralkurven angegeben wurde: wir tragen die Strecke $AB=1$ (im Maßstabe von α gemessen, vergl. S. 107) ein für allemal ab, entnehmen der Figur 114 die Differenz $\mathfrak{M} - \int cy\, d\alpha$ als Strecke $I\, II$, übertragen diese auf die Ordinatenachse als AC und ziehen BC; parallel zu BC kann dann durch III das neue Element der y-Kurve nach rechts bis 3 gelegt werden. Von A aus haben wir ferner ein für allemal die Strecke $AD = \dfrac{1}{c}$ abgetragen; wir gehen nun horizontal von Punkt III der y-Kurve bis zur Ordinatenachse bis E und verbinden D mit E, so gibt uns DE die Fortschreitungsrichtung der $\int cy\, d\alpha$-Kurve an, denn es ist ja $AE : DA = y : \dfrac{1}{c} = yc$, wie es für

---

[1]) Man vergleiche auch den Aufsatz von Prof. A. Schwaiger, „Die graphische Integration von linearen Differentialgleichungen höherer Ordnung", Archiv für Elektrotechnik 1916, Heft 9.

den Differentialquotienten von $\int cy \cdot d\alpha$ der Fall sein muß. Das durch II zu DE parallele Element der $\int cy d\alpha$-Kurve reicht streng genommen nur bis zu den das Abszissenelement begrenzenden (in Fig. 114 gestrichelten) Ordinaten, nach rechts hin also bis 2, wir ziehen es aber gleich weiter bis zu II', um so in der nächsten Ordinatendifferenz $I'II'$ wieder die nächste Strecke AC zur Bestimmung der neuen Fortschreitungsrichtung der y-Kurve für das Element 3 3' zu finden. Damit ist (bis III' reichend) die nächste erforderliche Strecke AE bekannt, und es läßt sich, parallel zu dem neuen DE, das nächste Element $22'$ der $\int cy d\alpha$-Kurve eintragen. Dabei wird sich herausstellen, daß der vorhin benutzte Punkt II' nicht genau auf $22'$ liegt, denn die $\int cy d\alpha$-Kurve ist ja

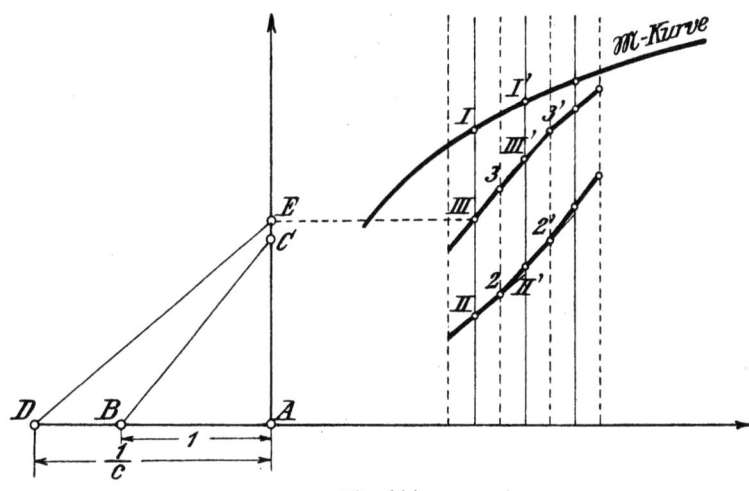

Fig. 114..

gekrümmt. Wir müßten also streng genommen noch einmal mit der genaueren Ordinatendifferenz $I'II'$, wobei also II' auf $22'$ liegt, die genauere Fortschreitungsrichtung $33'$ bestimmen. Um unnötiges Probieren zu vermeiden, wird man zweckmäßig die Verlängerung der $\int cy d\alpha$-Kurve über 2 hinaus nach II' von vornherein nicht geradlinig, sondern unter Beachtung des bisherigen Verlaufes dieser Kurve entsprechend gekrümmt eintragen. Nur hin und wieder wird dann eine geringe Korrektur erforderlich werden.

So können wir gleichzeitig fortschreitend die y-Kurve und die $\int cy d\alpha$-Kurve allmählich aufbauen. Aber mit welchen Werten hätten wir zu beginnen, um die erforderliche Periodizität zu sichern, daß für $\alpha = 0$ und $\alpha = 2\pi$ sowohl die beiden y-Werte

13*

wie auch die beiden $\int cy\, d\alpha$-Werte übereinstimmen? Im voraus ist die Ermittlung der Anfangswerte nicht möglich; wir fangen deshalb für $\alpha = 0$ mit ganz beliebigen Werten y_0 und $Y_0 = \int cy\, d\alpha$ an und entwickeln die beiden Kurven bis $\alpha = 2\pi$, erhalten auf diese Weise zwei Endwerte $y_{2\pi}$ und $Y_{2\pi}$. Nun erinnern wir uns der allgemeinen analytischen Lösung nach Gl. 82, die zwei willkürliche Konstanten a und b enthält. Durch passende Wahl dieser Konstanten a und b und Hinzufügen einer Sinuslinie

$$y_z = a \cos(\sqrt{c}\cdot\alpha) + b \sin(\sqrt{c}\cdot\alpha)$$

zu unserer durch die graphische Integration mit willkürlichen Anfangswerten gefundenen y-Kurve läßt sich also die richtige y-Kurve ermitteln; ebenso erfordert natürlich auch die Y-Kurve, d. h. die $\int cy\, d\alpha$-Kurve eine Berichtigung durch eine zusätzliche Sinuslinie

$$Y_z = \int c y_z\, d\alpha = c\frac{a}{\sqrt{c}}\sin(\sqrt{c}\alpha) - c\frac{b}{\sqrt{c}}\cos(\sqrt{c}\alpha)$$
$$= \sqrt{c}\cdot a \sin(\sqrt{c}\cdot\alpha) - \sqrt{c}\cdot b \cos(\sqrt{c}\cdot\alpha).$$

Für die Konstanten a und b gelten also die Gleichungen

$$y_0 + y_{z0} = y_{2\pi} + y_{z2\pi} \quad \text{und} \quad Y_0 + Y_{z0} = Y_{2\pi} + Y_{z2\pi},$$

d. h. $y_0 + a = y_{2\pi} + a\cos(\sqrt{c}\cdot 2\pi) + b\sin(\sqrt{c}\cdot 2\pi)$

und $Y_0 - \sqrt{c}\, b = Y_{2\pi} + \sqrt{c}\cdot a \sin(\sqrt{c}\, 2\pi) - \sqrt{c}\cdot b\cdot \cos(\sqrt{c}\cdot 2\pi);$

oder $\quad a(1 - \cos(\sqrt{c}\cdot 2\pi)) - b \sin(\sqrt{c}\, 2\pi) = y_{2\pi} - y_0$

und $\quad a \sin(\sqrt{c}\cdot 2\pi) + b(1 - \cos(\sqrt{c}\cdot 2\pi)) = -\dfrac{Y_{2\pi} - Y_0}{\sqrt{c}};$

daraus finden wir schließlich die Konstanten a und b:

$$\left.\begin{aligned} a &= \frac{y_{2\pi} - y_0}{2} - \frac{Y_{2\pi} - Y_0}{2\sqrt{c}}\cotg(\sqrt{c}\cdot\pi) \\ b &= -\frac{y_{2\pi} - y_0}{2}\cotg(\sqrt{c}\cdot\pi) - \frac{Y_{2\pi} - Y_0}{2\sqrt{c}} \end{aligned}\right\} \quad \ldots (90)$$

Hiermit läßt sich direkt die zusätzliche Sinuslinie für die y-Kurve in bekannter Weise aufzeichnen, während die zusätzliche Sinuslinie für die Y-Kurve, für die $\int cy\, d\alpha$-Kurve, offenbar eine um 90° nacheilende Sinuslinie mit $\dfrac{1}{\sqrt{c}}$ mal so großer Amplitude ist.

In dieser Weise ist das nachstehende Beispiel behandelt.

Beispiel. Tafel 14. Vorausgesetzt ist ein den Winkelabweichungen proportionaler Widerstand mit $c = \frac{1}{2}$. Als Drehkraftlinie wurde die auf Tafel 2 gefundene (dort in der oberen rechten Figur mit $n = 0$ bezeichnete) Linie für $\mathfrak{M}$ zugrunde gelegt, die zu einer Einzylindermaschine mit $\varepsilon = \frac{1}{6}$ (die übrigen Daten siehe S. 65) gehört.

In Fig. 2, Tafel 14 wurden zunächst mit beliebigen Anfangswerten ($y_0 = -10$ mm $= -250$ mkg und $Y_0 = 0$), wie S. 194 u. 195 im Anschluß an Fig. 114 geschildert, aus der (in Fig. 2 nicht wiedergegebenen) $\mathfrak{M}$-Kurve die strichpunktierten Linien als Integralkurven entwickelt: dick strichpunktiert die ursprüngliche y-Linie, fein strichpunktiert die ursprüngliche Y-Kurve $= \int cy d\alpha$-Kurve. Als Endordinaten ergaben sich

$$y_{2\pi} = -22 \text{ mm}, \quad Y_{2\pi} = -6{,}5 \text{ mm};$$

damit finden sich nach Gl. 90 die Konstanten a und b für die Zusatzsinuslinie:

$$a = -\frac{22-10}{2} + \frac{6{,}5}{2}\sqrt{2} \cdot \operatorname{cotg}\left(\sqrt{\frac{1}{2}}\pi\right) = -6 - 3{,}5 = -9{,}5 \text{ mm}$$

$$b = +\frac{22-10}{2}\operatorname{cotg}\left(\sqrt{\frac{1}{2}}\pi\right) + \frac{6{,}5}{2}\sqrt{2} = -4{,}65 + 4{,}6 \sim 0 \text{ mm}.$$

Die hierzu gehörige Sinuslinie ist in Fig. 2, Tafel 15 stark gestrichelt gezeichnet, während die Zusatzlinie für die $\int cy d\alpha$-Linie mit einer Amplitude von $9{,}5 \cdot \sqrt{\frac{1}{2}}$ mm und um 90^0 nacheilend in Fig. 2 fein gestrichelt dargestellt ist; Fig. 1 enthält die zur Konstruktion beider Sinuslinien nötigen Hilfskreise, durch deren Projektion auf die Vertikale die Ordinaten der Sinuslinien gefunden wurden. Die Addition der entsprechenden Ordinatenpaare liefert uns die richtigen Kurven für y und $\int cy d\alpha$, die erstere in Fig. 2 stark ausgezogen, die letztere fein ausgezogen. Der Maßstab für Fig. 1 und Fig. 2 (1 mm $= 25$ mkg) ergab sich daraus, daß die $\mathfrak{M}$-Kurve aus der Drehkraftlinie Tafel 2 durch Verdopplung der Ordinaten gewonnen wurde und daß dort 1 cm Ordinate 1 at bedeutet: da die Kolbenfläche $F \sim 1250$ qcm, der Kurbelradius aber 0,4 m ist, so ergibt 1 cm : $1 \cdot 1250 \cdot 0{,}4 \cdot \frac{1}{2} = 250$ mkg oder 1 mm bedeutet in Fig. 1 und 2, Tafel 14 25 mkg.

Für die übrigen Figuren auf Tafel 14 wurde der gleiche Maßstab wie auf Tafel 11 und 12 gewählt, nämlich 1 mm $= 20$ mkg, um so den Vergleich der Kurven für die Geschwindigkeitsschwankungen und Winkelabweichungen für die beiden Fälle $c = 0$ (Tafel 11 und 12) und $c = \frac{1}{2}$ möglichst bequem zu gestalten. In Fig. 3, Tafel 14 gibt uns die stark ausgezogene Kurve die Winkelabweichungen (nach Gl. 78 ist ja $\Delta\alpha = \int y d\alpha : J\omega_m{}^2$) für $c = \frac{1}{2}$ an, während die fein ausgezogene Linie die Linie der Winkelabweichungen für $c = 0$ ist. Besonderes Interesse dürfte noch die gestrichelte Kurve in Fig. 3, Tafel 14 haben; sie ist entstanden, indem von der harmonisch analysierten Momentenlinie nur die Sinuslinie erster Ordnung und zweiter Ordnung beibehalten und für diese beiden Sinuslinien nach Gl. 84 die Werte $\int y d\alpha$ gesucht und deren Beträge addiert wurden. Es ist auffällig, wie gering der Unterschied zwischen der richtigen Kurve und der Näherungskurve ist. Eine Erklärung für diese zunächst befremdliche Erscheinung ist aber doch leicht gefunden: nach Gl. 84 nehmen die Glieder, die von den Sinuslinien p. Ordnung herrühren, bei kleinem c überaus schnell ab, so wird z. B. für $c = \frac{1}{2}$ und $p = 3 : \int y d\alpha = -\dfrac{A_3}{8\frac{1}{2}} \sin 3\alpha$, für $p = 4 : \int dy\alpha = -\dfrac{A_4}{15\frac{1}{2}} \sin 4\alpha$ usf., der Einfluß der Glieder höherer Ordnung verschwindet in der Tat sehr bald; für $p = 1$ wird dagegen: $\int y d\alpha = -\dfrac{A_1}{\frac{1}{2}} \sin \alpha = -2A_1 \sin \alpha$, für $p = 2 : \int y d\alpha = -\dfrac{A_2}{3\frac{1}{2}} \sin 2\alpha$, der Einfluß des Sinusgliedes 1. Ordn. überwiegt bei weitem. Wenn in Fig. 3 Tafel 14 trotzdem die $\int y d\alpha$-Linie für eine Umdrehung noch zwei Perioden erkennen läßt, so liegt das daran (vgl. die Ergebnisse der harmonischen Analyse der Drehkraftlinie auf S. 192) daß für $p = 1$ die Amplitude nur 47,5 mkg, für $p = 2$ aber 458,6 mkg beträgt, die letztere also fast 10 mal so groß ist. Erinnern wir uns, daß wir für Hin- und Rückgang genau gleiche Überdruckdiagramme zugrunde gelegt haben, daß also das Glied 1. Ordn. lediglich durch die endliche Stangenlänge hineingekommen ist, so läßt Fig. 3 deutlich erkennen, daß sich der Einfluß der endlichen Stangenlänge hier in erhöhtem Maße auf die Gestalt der Kurve der Winkelabweichungen bemerkbar macht, und zwar so, daß in der zweiten Hälfte einer Umdrehung (entsprechend dem Rückgang) die Winkelabweichungen viel kleiner werden, als in der ersten Hälfte. Strebt man also einen möglichst gleichartigen Verlauf der Winkelabweichungskurve für Hin- und Rückgang an, so müßte die Arbeit für den Rückgang entsprechend größer gemacht werden, als für den Hingang; durch möglichst vollkommene Übereinstimmung der Überdruckdiagramme wird das Ziel gerade nicht erreicht.

In Fig. 4 bis 7 ist nun weiter der Einfluß der hin- und hergehenden Massen untersucht. Dabei wurden die Gleichungen 83 und 84 auf die drei Sinusbestandteile des Massendruckdrehmomentes (s. Gl. 13a S. 41) angewandt und so die von den Massen herrührenden Werte y in Fig. 5 unter Zuhilfenahme der drei Kreise in Fig. 4 und die Werte $\int y\,d\alpha$ in Fig. 7 unter Zuhilfenahme der drei Kreise in Fig. 6 zusammengestellt: die fein gestrichelte Linie, in Fig. 5 mit „2. Ordn." bezeichnet, gibt für $n = 200$ Umdrehungen in der Min. die lediglich von dem Glied 2. Ordn. herrührende, bei weitem überwiegende Kurve für y an; dazu wurden alsdann gleich die Werte für den Anteil 1. Ordn. addiert, die Summenkurve ist in Fig. 5 mit „2. + 1. Ordn." bezeichnet, und schließlich wurde noch der Einfluß 3. Ordn. hinzugenommen, so entstand die resultierende Kurve der Massenwirkung für y, in Fig. 5 fein ausgezogen.

In ganz gleicher Weise wurde in Fig. 7 für $\int y\,d\alpha$ vorgegangen; hier erkennt man wieder ausgeprägt das Zurücktreten des Gliedes 3. Ordn., während umgekehrt (das auch von der endlichen Stangenlänge herstammende) Glied 1. Ordn. gegenüber dem Einfluß des an und für sich größeren Gliedes 2. Ordn. erheblichere Bedeutung gewinnt.

Indem wir in Fig. 5 die Ordinaten der fein ausgezogenen Massendruck-y-Linie zu den Ordinaten der stark ausgezogenen Linie (mit $n=0$ bezeichnet) addieren, erhalten wir die gesamte (stark gestrichelte) y-Linie für $n = 200$ Umdr. i. d. Min. Es macht nun keine Schwierigkeit, auch für andere Umdrehzahlen bzw. kleinere hin- und hergehende Massen die gesamten y-Linien zu zeichnen: wir brauchen nur die Ordinaten der Massendruck-y-Linie entsprechend (im quadratischen Verhältnis der Umdrehzahlen) zu verkleinern und die so geänderten Werte zu der y-Linie für $n = 0$ zu addieren.

Genau so finden sich die $\int y\,d\alpha$-Linien für $n = 200$, 160 und 120 i. d. Min. in Fig. 7.

Zum Schlusse mögen noch die aus Fig. 5 und Fig. 7 entnommenen größten Schwankungen mit den gleichartigen Werten für $c = 0$, wie wir sie früher gefunden hatten, verglichen werden (siehe nachstehende Tabelle):

Minutl. Umdreh.	Größte Schwankungen für					
	y bei $c = \frac{1}{2}$	y bei $c = 0$	Vergrößer.-verhältnis	$\int y\,d\alpha$ bei $c = \frac{1}{2}$	$\int y\,d\alpha$ bei $c = 0$	Vergrößer.-verhältnis
$n = 0$	1250	1060	1,18	770	600	1,28
$n = 120$	792	654	1,21	628	430	1,46
$n = 160$	680	548	1,24	520	340	1,53
$n = 200$	1010	720	1,40	590	410	1,44

Von einem feststehenden Verhältnis, nach welchem durch den der Winkelabweichung proportionalen Widerstand die Winkelgeschwindigkeitsschwankungen und größten Pendelwege vergrößert werden, kann offenbar nicht die Rede sein. Mit $c = \frac{1}{2}$ wäre für $p=1$, d. h. für den Sinusbestandteil 1. Ordn., das Verhältnis $=\dfrac{p^2}{p^2-c}=2$, für den Sinusbestandteil 2. Ord. $=\dfrac{p^2}{p^2-c}=\dfrac{8}{7}=1,14$; zwischen diesen beiden Werten (da die Glieder höherer Ordnung praktisch zurücktreten) dürfte allerdings das Vergrößerungsverhältnis liegen, wie es tatsächlich der Fall ist. Wir sehen ferner aus der Tabelle, daß auch jetzt wieder eine günstigste Umdrehzahl in dem früher besprochenen Sinne vorhanden ist.

F. Torsionsschwingungen.
a) Schwingungen ohne Dämpfung.
1. Allgemeines.

Bei allen bisherigen Untersuchungen wurde stillschweigend die Voraussetzung gemacht, die Welle, auf welcher das Schwungrad und die sonstigen sich drehenden Massen sitzen und durch welche die treibenden und widerstehenden Kräftepaare übertragen werden, ist absolut starr. Diese Voraussetzung trifft aber in Wirklichkeit nicht zu, vielmehr bewirken die an den verschiedenen Stellen angreifenden Kräftepaare einschließlich der Massenmomente eine Verdrehung der dazwischen gelegenen Wellenstücke. Wir haben also neben den bisher behandelten Momenten noch mit den durch die Verdrehung hervorgerufenen widerstehenden Torsionsmomenten, kurz gesagt mit elastischen Momenten zu tun, wodurch die Winkelabweichungen der einzelnen auf der Welle sitzenden Teile Änderungen erfahren; wir können nicht mehr von einer Winkelabweichung für das ganze System sprechen, jede Stelle hat (im allgemeinen) eine andere Winkelabweichung. Zuerst auf die Tatsache, daß derartige Torsionsschwingungen praktisch von großer Wichtigkeit sein können, daß unter Umständen sogar eine ganz erhebliche Steigerung der Wellenbeanspruchung bis zur Gefahr des Bruches die Folge von Torsionsschwingungen sein kann, ist das Verdienst von H. Frahm, der 1902 in seinem Aufsatz: „Neuere Untersuchungen über die dynamischen Vorgänge in den Wellenleitungen von Schiffsmaschinen mit besonderer Berücksichtigung der Resonanzschwingungen" das System einer Schiffsmaschine mit Wellenleitung und Propeller als ein aus zwei Massen, dem Propeller und dem Motor, bestehendes System behandelte. P. Roth dehnte alsdann in seinem Aufsatz „Schwingungen von Kurbelwellen" (Z. d. V. d. I. 1904) die Untersuchung auf ein System von drei Massen aus, Holzer löste die Aufgabe (Schiffbau, Jahrgang 1907, „Torsionsschwingungen von Wellen mit beliebig vielen Massen") in ähnlicher Weise wie Roth für drei Massen für den allgemeinen Fall, gelangte aber zu sehr komplizierten Formelgebilden, die einen Überblick über den Einfluß der einzelnen maßgebenden Größen so gut wie unmöglich machen. Die vorstehend genannten Aufsätze gingen von den mit Hilfe des d'Alembertschen Prinzips gewonnenen Differentialgleichungen für die freien Schwingungen aus und gewannen durch Lösung der Differentialgleichungen eine Bedingungsgleichung für die Eigenschwingungszahl, sie brachten also eine direkte dynamische Lösung der Aufgabe, die allerdings ziemlich verwickelt ausfiel. Gümbel schlug nun in seinem Aufsatz (Z. d. V. d. I. 1912) „Verdrehungsschwingungen eines Stabes mit fester Drehachse und beliebiger zur Drehachse symmetrischer Massenverteilung unter dem Einfluß beliebiger harmonischer Kräfte" einen indirekten Weg ein: er nahm sofort die durch eine harmonisch veränderliche Kraft mit einer bestimmten Schwingungszahl erregte Schwingung (was ja tatsächlich zutrifft) als wieder eine solche harmonisch veränderliche Schwingung mit der gleichen Schwingungszahl an und bestimmte versuchsweise, und zwar graphisch, die Schwingungsform der Welle, d. h. die Ausschläge der einzelnen Massen. Eigenschwingungszahl ist dann diejenige Schwingungszahl, für welche der Schwingungszustand ohne erregende Kraft möglich ist. Nach Gümbel kommt man also zu der Eigenschwingungszahl — und diese wurde bisher eigentlich immer als das einzig Interessierende gesucht, indem man zur Vermeidung von Resonanzvorgängen dafür sorgt, daß die tatsächliche Schwingungszahl der erregenden Kräfte nicht mit der Eigenschwingungszahl zusammenfällt — dadurch, daß man für möglichst viele Schwingungszahlen das Schwingungsbild, und zwar mit willkürlicher Annahme der Amplitude an einem Ende der Welle aufzeichnet, die am anderen Ende der Welle zur Aufrechterhaltung dieses Schwingungsbildes nötige harmonisch veränderliche erregende Kraft R, die sogenannte Restkraft aufsucht und nun feststellt, für welche Schwingungszahl die Restkraft R gleich Null wird. Dr.-Ing. Geiger ergänzte 1915 die Methode von Gümbel in seiner Dissertation: „Über Verdrehungsschwingungen von Wellen, insbesondere von mehrkurbeligen Schiffsmaschinenwellen" dadurch, daß er zeigte, es genügen zur Ermittelung der Amplituden, die durch gegebene harmonisch veränderliche Kräfte erregt werden, zwei Schwingungsbilder mit willkürlich gewählter Amplitude an einem Ende, um damit das richtige Schwingungsbild aufzuzeichnen (Gümbel hatte noch angegeben, daß man den richtigen Anfangswert durch Probieren suchen müsse, allerdings dabei mit drei, höchstens vier Schwingungsbildern auskäme), und zweitens dadurch, daß er für eine Reihe von Schwingungszahlen n die Restkräfte R mittels je eines Schwingungsbildes aufsucht und nun mit n als Abszissen und R als Ordinaten eine Restkurve aufträgt; die Schnitte dieser R-Kurve mit der Abszissenachse geben die Eigenschwingungszahlen an. Die von Gümbel und Geiger benutzte zeichnerische Methode hat verschiedene Übelstände: sie ist etwas gekünstelt, kleidet einfache Rechnungen, insbesondere eine wiederholt vorzunehmende Division in das Gewand des Seilecks, während noch ein erheblicher Teil der Arbeit rechnerisch erledigt werden muß, läßt also das Wesen der Sache nicht deutlich erkennen; da ferner die sich ergebenden Werte für die verschiedenen Eigenfrequenzen ganz außerordentlich verschieden ausfallen (oft im Verhältnis 1 : 1000 und darüber stehen), ist es praktisch nötig, häufig den Maßstab zu wechseln, wenn überhaupt eine einigermaßen befriedigende Genauigkeit erzielt werden soll. Ich werde deshalb im Nachstehenden ein rechnerisches Verfahren erläutern, das durchsichtig und leicht zu behandeln ist und das vor allem nicht nur die Eigenschwingungszahl eines fertig gegebenen Massensystems aufzusuchen gestattet, sondern, was für den Konstrukteur natürlich von großem Werte ist, jede Änderung an den Massen oder dem elastischen Verhalten der Wellenstücke sofort bequem zu verfolgen ermöglicht, so daß man in der Lage ist, sich bestimmten Forderungen ohne weiteres anzupassen. Auf die betreffenden Änderungsformeln lege ich ganz besonderen Wert.

2. Beschreibung des Massensystems und Bezeichnungen.

1. Eine Welle trage n Umdrehungskörper als Schwungmassen mit den Trägheitsmomenten $\Theta_1, \Theta_2, \Theta_3, \ldots \Theta_i \ldots \Theta_n$.

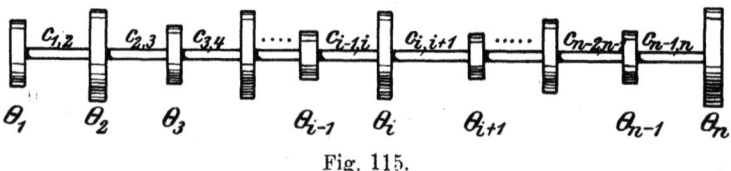

Fig. 115.

2. Dazwischen sind Wellenstücke von verschiedenem Durchmesser und verschiedener Länge, so daß sie eine verschiedene Verdrehungssteifigkeit besitzen. Wir messen diese durch die elastischen Konstanten c: für das Wellenstück von Θ_1 bis Θ_2 reichend durch $c_{1,2}$, für das Stück von 2 bis 3 durch $c_{2,3}$ usf. bis $c_{n-1,n}$. Hat ein Wellenstück die Länge L, den äußeren Durchmesser d_a, den inneren Durchmesser d_i (praktisch kommen wohl nur volle Kreis-

querschnitte oder Kreisringquerschnitte in Betracht), so ist das polare Trägheitsmoment des Wellenquerschnittes $J_p = \frac{\pi}{32}(d_a^4 - d_i^4)$, und ein verdrehendes Moment von der Größe $\mathfrak{M}$ erzeugt einen Verdrehungswinkel

$$\varphi = \frac{\mathfrak{M} L}{J_p G} \qquad (G = \text{Gleitmodul});$$

wir schreiben nun

$$\mathfrak{M} = c \cdot \varphi \ \ldots \ \ldots \ \ldots \ (91)$$

verstehen demnach unter der elastischen Konstante c das Torsionsmoment, das einen Verdrehungswinkel $= 1$ erzeugen würde. Es ist also c wie das Torsionsmoment in cmkg zu messen, und es gilt für die elastischen Konstanten c allgemein

$$c = \frac{J G}{L} = \frac{\frac{\pi}{32}(d_a^4 - d_i^4) \cdot G}{L} \ \ldots \ \ldots \ (92)$$

Die Frage, wie sich **gekröpfte Wellen** beim Durchleiten von Torsionsmomenten verhalten, wie sich hierfür c etwa ausdrückt, ist bisher noch nicht befriedigend gelöst; man geht am sichersten, wenn man unmittelbar an ausgeführten Krummachsen die Verdrehung durch verschiedene Momente auf dem Wege des Versuchs ermittelt.

Besteht ein Wellenstück aus Teilen von verschiedenen Durchmessern, und sind für die einzelnen Teile, nach Gl. (92) ermittelt, die elastischen Konstanten $c_1, c_2, c_3 \ldots$, so ist c für das ganze Wellenstück bestimmt durch

$$\frac{1}{c} = \frac{1}{c_1} + \frac{1}{c_2} + \frac{1}{c_3} + \ldots \ \ldots \ \ldots \ (93)$$

Denn nach Gl. (91) liefert ein Moment $\mathfrak{M}$ für c_1 einen Verdrehungswinkel

$$\varphi_1 = \frac{\mathfrak{M}}{c_1}, \quad \text{für } c_2: \quad \varphi_2 = \frac{\mathfrak{M}}{c_2} \ldots,$$

zusammen also

$$\varphi = \mathfrak{M}\left(\frac{1}{c_1} + \frac{1}{c_2} + \ldots\right) = \mathfrak{M} \frac{1}{c},$$

woraus Gl. (93) folgt.

3. Wir gehen davon aus, die einzelnen Massen vollführen **harmonische Drehschwingungen** um die Mittellinie der Welle mit verschiedener Amplitude $a_1, a_2 \ldots a_i \ldots a_n$, aber mit der gleichen Frequenz ω und der gleichen Phase, d. h. also der augenblickliche Winkelausschlag φ_i der i-ten Masse aus der Mittellage sei

$$\varphi_i = a_i \sin \omega t \ \ldots \ \ldots \ \ldots \ (94)$$

204 Schwungradmasse und Ungleichförmigkeit.

worin a_i eben die Amplitude und ω die Frequenz der Schwingung ist, während die aus Gl. (94) folgende Tatsache, daß alle Schwingungsausschläge gleichzeitig den Wert $\varphi = 0$ (für $t = 0$, $t = \pi$, $t = 2\pi\ldots$) und gleichzeitig ihre Maximalwerte $\varphi_{max} = a$ $\left(\text{für } t = \dfrac{\pi}{2}, \dfrac{3\pi}{2}\ldots\right)$ annehmen, besagt, daß alle Schwingungen phasengleich sind.

Vorbedingung für das Bestehen solcher harmonischer Drehschwingungen ist das Vorhandensein von Kräftepaaren, die den jeweiligen Massenmomenten der schwingenden Massen das Gleichgewicht halten; da die Winkelbeschleunigung nach Gl. (94):

$$\frac{d^2\varphi_i}{dt^2} = -\omega^2 a_i \sin \omega t$$

ist, also das **Massenmoment** (= dem negativen Produkt aus Trägheitsmoment und Winkelbeschleunigung)

$$\Theta_i \frac{d^2\varphi}{dt^2} = \Theta_i \omega^2 a_i \cdot \sin \omega t$$

beträgt, muß auf jede Masse ebenfalls ein **harmonisch veränderliches Kraftmoment** mit der Frequenz ω und der Amplitude

$$\Theta_i \omega^2 \cdot a_i$$

ausgeübt werden.

3. Aufstellung der Grundgleichungen.

Das auf eine Masse, etwa auf Θ_i, ausgeübte Kraftmoment setzt sich zusammen: 1. aus dem an der Stelle i wirkenden erregenden äußeren Moment $\mathfrak{M}_i$, 2. aus dem elastischen Moment $e_{i-1,\,i}$, welches das links anstoßende Wellenstück, und 3. aus dem elastischen Moment $e_{i,\,i+1}$, welches das rechts anstoßende Wellenstück ausübt; dabei ist zu beachten, daß jedes einzelne Wellenstück an seinen beiden Enden zwar mit dem gleichen Moment, aber in entgegengesetztem Sinne drehend einwirkt. Nehmen wir daher die von den linken Wellenenden ausgeübten Momente positiv, so müssen die von den rechten Wellenenden ausgeübten Momente negativ genommen werden.

Als dynamische Grundgleichung erhalten wir folglich für die i-te Masse die Bedingung

$$e_{i,\,i+1} - e_{i-1,\,i} + \Theta_i \omega^2 \cdot a_i + \mathfrak{M}_i = 0 \quad \ldots \quad (95)$$

Indem wir ferner die positive Drehrichtung der Momente übereinstimmend mit der positiven Richtung der Winkelausschläge wählen, sehen wir, daß ein Wellenstück, dessen rechtes Ende sich (mit der $i+1$-Masse) um a_{i+1}, dessen linkes Ende sich (mit der i-Masse) um a_i aus der Gleichgewichtslage gedreht hat, einen maximalen Verdrehungswinkel $a_{i+1} - a_i$ erfährt, somit finden wir für das maximale elastische Moment $e_{i,\,i+1}$ nach Gl. (1) die **elastische Grundgleichung**

$$e_{i,\,i+1} = (a_{i+1} - a_i) \cdot c_{i,\,i+1} \quad \ldots \ldots (96)$$

Für die praktische Auswertung schreiben wir in der Regel die beiden **Grundgleichungen** (95) und (96) in der Form:

$$e_{i,\,i+1} = e_{i-1,\,i} - \Theta_i \omega^2 \cdot a_i - \mathfrak{M}_i \quad \ldots \ldots (97)$$

$$a_{i+1} = a_i + \frac{e_{i,\,i+1}}{c_{i,\,i+1}} \quad \ldots \ldots \ldots (98)$$

Gl. (97) lehrt uns, wie wir aus einem elastischen Moment $e_{i-1,\,i}$ das nächste elastische Moment $e_{i,\,i+1}$ finden, Gl. (98), wie wir aus der Amplitude a_i die folgende Amplitude a_{i+1} berechnen können. Haben wir einmal den Anfang z. B. am linken freien Ende beginnend, für welches offenbar $e_{0,1} = 0$ ist, die Amplitude a_1 der ersten Masse, so können wir nach Gl. (97) und (98) fortschreitend $e_{1,2}$, dann a_2, dann $e_{2,3}$, darauf a_3 usw. bis zum rechten Ende der Welle alle elastischen Momente und alle Winkelamplituden, und zwar verhältnismäßig sehr bequem, berechnen. Wie wir den richtigen Anfangswert a_1 finden, werden wir später sehen.

4. Fundamentalsatz.

Aus den Grundgleichungen (97) und (98) folgt sofort ein vielfach verwendbarer Satz, den wir deshalb Fundamentalsatz nennen:

Jede Amplitude a und jedes elastische Moment e läßt sich mit jeder anderen Amplitude und jedem elastischen Moment linear ausdrücken.

Um die Richtigkeit dieses Satzes einzusehen, denken wir die Rechnung bis zu irgend einer Stelle geführt, wo wir z. B. $e_{i-1,\,i}$ und a_i finden; nun setzen wir die Rechnung nach Gl. (97) und (98) fort und erhalten

$$e_{i,\,i+1} = e_{i-1,\,i} - \Theta_i \omega^2 \cdot a_i - \mathfrak{M}_i = \alpha \cdot e_{i-1,\,i} + \beta \cdot a_i + \gamma$$

(worin offenbar α, β und γ von $e_{i-1,\,i}$ und a_i unabhängige Konstanten sind); weiter finden wir

$$a_{i+1} = a_i + \frac{e_{i,\,i+1}}{c_{i,\,i+1}} = a_i + \frac{\alpha \cdot e_{i-1,\,i} + \beta a_i + \gamma}{c_{i,\,i+1}}$$

$$= \frac{\alpha}{c_{i,\,i+1}} \cdot e_{i-1,\,i} + \left(1 + \frac{\beta}{c_{i,\,i+1}}\right) a_i + \frac{\gamma}{c_{i,\,i+1}}$$

$$= \alpha_1 \cdot e_{i-1,\,i} + \beta_1 \cdot a_i + \gamma_1$$

(worin wieder α_1, β_1 und γ_1 neue von $e_{i-1,i}$ und a_i unabhängige Konstanten sind); weiter wird:

$$\begin{aligned}
e_{i+1,i+2} &= e_{i,i+1} - \Theta_{i+1}\omega^2 a_i - \mathfrak{M}_{i+1}\\
&= \alpha \cdot e_{i-1,i} + \beta \cdot a_i + \gamma - \Theta_{i+1}\omega^2(\alpha_1 \cdot e_{i-1,i} + \beta_1 \cdot a_i + \gamma_1)\\
&\quad - \mathfrak{M}_{i+1}\\
&= (\alpha - \Theta_{i+1}\omega^2 \alpha_1) e_{i-1,i} + (\beta - \Theta_{i+1}\omega^2 \beta_1) a_i\\
&\quad + (\gamma - \Theta_{i+1}\omega^2 \gamma_1 - \mathfrak{M}_{i+1})\\
&= \alpha_2 \cdot e_{i-1,i} + \beta_2 \cdot a_i + \gamma_2 \quad \text{usw.}
\end{aligned}$$

In der Tat kann man also ganz allgemein schreiben

$$a_k = \alpha_k \cdot e_{i-1,i} + \beta_k \cdot a_i + \gamma_k$$

(mit α_k, β_k und γ_k von $e_{i-1,i}$ und a_i unabhängigen Konstanten), wodurch der behauptete Fundamentalsatz bewiesen ist.

Sind alle $\mathfrak{M}_i = $ Null (ein Fall, den wir als besonders wichtig später noch zu behandeln haben), so werden die Konstanten γ sämtlich gleich Null, und es ist einfacher

$$a_k = \alpha_k e_{i-1,i} + \beta_k a_i, \quad \text{ebenso}$$
$$e_{l,l+1} = \alpha_l' e_{i-1,i} + \beta_l' a_i.$$

5. Ermittlung sämtlicher Amplituden und elastischen Momente bei gegebenen erregenden harmonischen Momenten.

Wie schon S. 205 angedeutet, wäre der Schwingungszustand vollkommen gegeben, sobald nur der Anfangswert a_1 bekannt ist. Um nun den richtigen Wert a_1 aufzusuchen, führen wir nach den Grundgleichungen (97) und (98) zwei Rechnungen durch, einmal mit dem Anfangswert a_1' und dann mit dem Anfangswert a_1''. Wir beginnen also am linken freien Ende mit dem elastischen Moment links von der ersten Stelle, d. h. mit $e_{0,1}'$, das natürlich $=$ Null ist, und erhalten:

$$e_{1,2}' = 0 - \Theta_1 \omega^2 a_1' - \mathfrak{M}_1; \quad a_2' = a_1' + \frac{e_{1,2}'}{c_{1,2}} \quad \text{usf.}$$

durch bis zum rechten Ende; dort ergibt sich nun ein elastisches Moment $e_{n,n+1}' = R'$, das dann gleich Null sein würde, wenn wir zufällig den richtigen Anfangswert a_1 gewählt hätten. Natürlich ist dies im allgemeinen nicht der Fall, wir bekommen vielmehr mit a_1' als Anfangswert ein sogenanntes Restmoment $e_{n,n+1}' = R'$. Genau so führen wir die ganze Rechnung noch einmal durch mit einer andern willkürlich gewählten Anfangsamplitude a_1'' und bekommen das neue Restmoment $e_{n,n+1}'' = R''$. Welches ist nun der richtige Wert a_1, für den das Restmoment $R = 0$ wird? Zur Beantwortung dieser Frage benutzen wir den Fundamentalsatz; nach demselben wird:

$$R' = \beta a_1' + \gamma$$
$$R'' = \beta a_1'' + \gamma$$
$$0 = R = \beta a_1 + \gamma.$$

Durch Ausscheiden der unbekannten Koeffizienten β und γ finden wir sofort den gesuchten richtigen Anfangswert der Amplitude:

$$a_1 = \frac{R''}{R'' - R'} \cdot a_1' - \frac{R'}{R'' - R'} \cdot a_2'' \quad \ldots \ldots (99)$$

Mit diesem richtigen Wert a_1 könnten wir nun die ganze Rechnung nach Gl. (97) und (98) noch einmal durchführen und erhielten so die sämtlichen richtigen Amplituden a_1 bis a_n und die richtigen elastischen Momente $e_{1,2}$ bis $e_{n-1,n}$. Bequemer aber finden wir die richtigen Werte a und e folgendermaßen. Nach dem Fundamentalsatz ist für ein beliebiges a_k:

$$a_k = \beta_k a_1 + \gamma_k,$$

ebenso

$$a_k' = \beta_k a_1' + \gamma_k$$
$$a_k'' = \beta_k a_1'' + \gamma_k.$$

Daraus folgt

$$a_k = \frac{a_1 - a_1''}{a_1' - a_1''} a_k' - \frac{a_1 - a_1'}{a_1' - a_1''} a_k'',$$

wofür wir kurz schreiben können

$$a_k = C' \cdot a_k' + C'' \cdot a_k'' \quad \ldots \ldots (100)$$

Die Konstanten in Gl. (100):

$$C' = + \frac{a_1 - a_1''}{a_1' - a_1''} \quad \text{und} \quad C'' = - \frac{a_1 - a_1'}{a_1' - a_1''}$$

hängen offenbar nur von den Anfangswerten a_1, a_1' und a_1'', nicht aber von der Stelle ab, für die man die richtige Amplitude a_k (für irgend ein elastisches Moment e würde dasselbe gelten!) sucht. Gleichung (100) z. B. auf den Fall a_1 angewandt, muß daher in die Gleichung (99) übergehen, also sind in Gl. (99) die Konstanten bei a_1' und a_1'' unmittelbar die Werte C' und C'' in der Gl. (100), folglich gilt allgemein für jede Amplitude und jedes elastische Moment:

$$\left. \begin{array}{l} a_k = C' a_k' + C'' a_k'' = \dfrac{R''}{R'' - R'} \cdot a_k' - \dfrac{R'}{R'' - R'} \cdot a_k'' \\[2mm] e_k = C' e_k' + C'' e_k'' = \dfrac{R''}{R'' - R'} \cdot e_k' - \dfrac{R'}{R'' - R'} \cdot e_k'' \end{array} \right\} \cdot (101)$$

Besonders anschaulich werden die vorstehenden Ergebnisse, wenn man mit irgendwelchen Abszissen die Lage der einzelnen Wellenquerschnitte kennzeichnet und die zugehörigen Amplitudenwerte a (und die elastischen Momente e) als Ordinaten aufträgt, wie es z. B. in Fig. 117 mit den Amplituden geschehen ist, also die entsprechenden Schwingungsbilder aufzeichnet. Daß in den Schwingungsbildern die Begrenzungslinien der Amplituden von einer Masse zur andern (zylindrisches Wellenstück vorausgesetzt) geradlinig verlaufen, geht aus Gl. (98) hervor, wenn man beachtet, daß nach Gl. (92) $\frac{1}{c}$ proportional mit der Länge des Wellenstückes zunimmt. Zwischen den Konstanten C' und C'' in Gl. (101) besteht nämlich, wie man sofort erkennt, die Beziehung

$$C' + C'' = 1 \qquad \ldots \ldots \ldots (102)$$

Drückt man nun in Gl. (101) C'' mit C' aus: $C'' = 1 - C'$, so wird

$$a_k = C' a_k' + (1 - C') a_k'' = a_k'' + C'(a_k' - a_k'') \ . \ (102\,\mathrm{a})$$

Die in dieser Gleichung vorkommenden Werte $a_k' - a_k''$ und $C'(a_k' - a_k'')$ sind der Deutlichkeit halber in Fig. 116 eingetragen; man sieht aus Fig. 116, daß man den Endpunkt P von a_k aus den beiden Punkten P' und P'' der unrichtigen Schwingungskurven findet, indem man das Zwischenstück $P'P''$ in einem konstanten Verhältnis, nämlich durch Multiplikation mit C' verkleinert. Es schiebt sich gleichsam das richtige Schwingungsbild zwischen die beiden unrichtigen Schwingungsbilder so, daß durch den Zwischenpunkt der Abstand von P'' bis P' in einem für die ganze Welle gleichbleibenden Verhältnis geteilt wird (s. Fig. 117); praktisch ist dies mittels eines entsprechenden Verkleine-

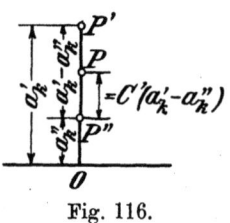

Fig. 116.

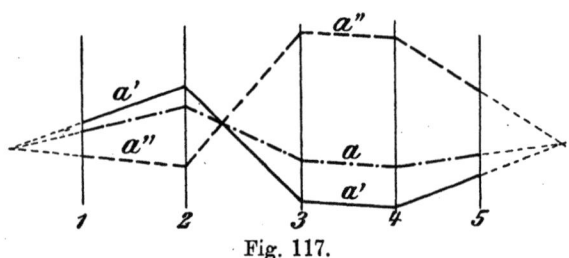

Fig. 117.

rungswinkels bequem durchführbar. Dort, wo sich die a'-Linie mit der a''-Linie schneidet, ist die Ordinatendifferenz gleich Null, also muß die richtige a-Linie auch durch diesen Schnittpunkt gehen.

Die letztere Tatsache hat zuerst Dr. Geiger erkannt und diese besondere geometrische Ausdrucksform (der linearen Abhängigkeit) in seiner oben genannten Arbeit in ausgedehntem Maße benutzt. Sie ist natürlich nur eine Verwertung der linearen Beziehung zwischen a_k, a_k' und a_k'' und nicht immer die bequemste.

6. Entwicklung des Hauptverfahrens.
(Vorwärts-Rückwärts-Methode.)

Handelt es sich darum, nicht nur ein fertig gegebenes Massensystem für bestimmte erregende Momente im ganzen zu untersuchen, sondern den Einfluß einzelner Momente, z. B. solcher mit verschiedener Phase oder wechselnder Größe, zu verfolgen, gewisse Massen oder elastische Konstanten abzuändern, bestimmte Wellenquerschnitte schwingungsfrei zu halten usf., dann empfiehlt sich folgendes Verfahren, bei welchem von einer Welle **ohne jedes erregende Moment** (abgesehen von dem am Ende verbleibenden Restmoment) ausgegangen und eine Vorwärts- und eine Rückwärtsrechnung zugrunde gelegt wird.

Ist kein erregendes Moment vorhanden, so werden in Gl. 95 und 97 die Momente $\mathfrak{M}_1$, $\mathfrak{M}_2$, $\mathfrak{M}_3$ ... sämtlich gleich Null. Beginnt man wieder etwa am linken Ende 1 mit einer beliebigen Amplitude a_1 und führt die Rechnung nach den Grundgleichungen 97 und 98 bis zum rechten Ende (bis zum Restmoment $e_{n,n+1} = R$) durch, so werden alle Werte a und e, wie man sofort aus Gl. 97 und 98 erkennt, proportional mit a_1. Eine zweite Rechnung mit einem anderen Anfangswert a_1 hätte also gar keinen Sinn, da ja einfach lauter verhältnisgleiche Werte für alle a und e herauskommen würden. Wir führen deshalb eine zweite Rechnung als Rückwärtsrechnung in der Weise durch, daß wir am anderen Ende beginnen und nach links von Stelle n bis Stelle 1 durchrechnen. Die entsprechenden Werte für die Rückwärtsrechnung bezeichnen wir durch Einschließen in runde Klammern: (a_1), $(e_{1,2})$, (a_2), $(e_{2,3})$ usf.

Die Grundgleichungen lauten also jetzt für die Vorwärtsrechnung:

$$e_{i,i+1} = e_{i-1,i} - \Theta_i \omega^2 \cdot a_i \quad \ldots \ldots (97\mathrm{a})$$

$$a_{i+1} = a_i + \frac{e_{i,i+1}}{c_{i,i+1}} \quad \ldots \ldots (98\mathrm{a})$$

und für die Rückwärtsrechnung ebenso:

$$(e_{i-1,i}) = (e_{i,i+1}) - \Theta_i \omega^2 \cdot (a_i) \quad \ldots \ldots (97\mathrm{b})$$

$$(a_i) = (a_{i+1}) + \frac{(e_{i,i+1})}{c_{i,i+1}} \quad \ldots \ldots (98\mathrm{b})$$

Eigentlich hätten ja Gl. 97b und 98b mit 97a und 98a wörtlich übereinstimmend lauten müssen,

$$(e_{i,i+1}) = (e_{i-1,i}) - \Theta_i \omega^2 \cdot (a_i) \quad \text{und} \quad (a_{i+1}) = (a_i) + \frac{(e_{i,i+1})}{c_{i,i+1}};$$

wir haben, indem wir Gl. 97b und Gl. 98b in der angegebenen Form niederschreiben, die Absicht, genau das **gleiche Rechenschema** für die Vorwärts- und für die Rückwärtsrechnung zu benutzen, wobei der Fortschritt für die Rückwärtsrechnung von der Stelle $i+1$ nach der Stelle i vor sich geht. Aber wohl zu beachten ist nun, daß wir bei Verwendung der Gleichungen 97b und 98b das Vorzeichen der elastischen Momente für die Rückwärtsrechnung entgegengesetzt wie bei der Vorwärtsrechnung wählen, daß wir, wenn wir z. B. für das linke Wellenstück rechtsdrehende Momente positiv rechnen, für das rechte Wellenstück linksdrehende Momente positiv nehmen müssen:

Zur praktischen (zahlenmäßigen) Durchführung der Rechnung nach den Grundgleichungen 97a, 98a, 97b und 98b empfiehlt sich etwa folgendes **Rechenschema:**

$(e_{0,1})$	$=(R)$	0,000		a		(a)
$-\Theta_1\omega^2\cdot(a_1)$		$-\Theta_1\omega^2\cdot a_1$	$=\leftarrow\ -\Theta_1\omega^2\cdot$	$a_1=+1{,}000$	**1**	(a_1)
$(e_{1,2})$	**1, 2**	$e_{1,2}$	$:c_{1,2}\ \ \rightarrow=$	$e_{1,2}:c_{1,2}$		$(e_{1,2}):c_{1,2}$
$-\Theta_2\omega^2\cdot(a_2)$		$-\Theta_2\omega^2\cdot a_2$	$=\leftarrow\ -\Theta_2\omega^2\cdot$	a_2	**2**	(a_2)
$(e_{2,3})$	**2, 3**	$e_{2,3}$	$:c_{2,3}\ \ \rightarrow=$	$e_{2,3}:c_{2,3}$		
		$-\Theta_3\omega^2\cdot a_3$	$=\leftarrow\ -\Theta_3\omega^2\cdot$	a_3	**3**	
	3, 4	$e_{3,4}$	$:c_{3,4}\ \ \rightarrow=$	$e_{3,4}:c_{3,4}$		
$(\uparrow)$				$a_4\downarrow$	·	$(\uparrow)$
$(e_{n-2,\,n-1})$	:	$\downarrow$	:	:	:	$(e_{n-2,\,n-1}):c_{n-2,\,n-1}$
$-\Theta_{n-1}\omega^2\cdot(a_{n-1})$			$=\leftarrow\ -\Theta_{n-1}\omega^2\cdot$	a_{n-1}	$\boldsymbol{n-1}$	(a_{n-1})
$(e_{n-1,\,n})$	$\boldsymbol{n-1,n}$	$e_{n-1,\,n}$	$:c_{n-1,\,n}\ \rightarrow=$	$e_{n-1,\,n}:c_{n-1,\,n}$		$(e_{n-1,\,n}):c_{n-1,\,n}$
$-\Theta_n\omega^2\cdot(a_n)$		$-\Theta_n\omega^2\cdot a_n$	$=\leftarrow\ -\Theta_n\omega^2$	a_n	$\boldsymbol{n}$	$(a_n)=+1{,}000$
0,000		$R=e_{n,\,n+1}$	$R:\omega^2=\ ?$			

Für eine Reihe von Frequenzen ω (für jedes ω ist ein Schema durchzuführen!) rechnet man zunächst die Produkte $\Theta\omega^2$ aus und trägt sie ebenso wie die elastischen Konstanten c in die betreffenden Stellen des Rechenschemas ein. Diese von vornherein feststehenden Ausgangswerte für die Rechnung sowie die sonstigen zur Orientierung dienenden vorbereitenden Eintragungen sind in dem Rechenschema fett gedruckt; die mit gewöhnlicher Schrift gedruckten Werte, in Wirklichkeit also Zahlenwerte, ergeben sich der Reihe nach auf Grund der Gleichungen 97a bis 98b wie folgt.

Es erscheint links von 1 der Wert a_1, rechts davon (a_1), links von 2 a_2, rechts von 2 (a_2) usf., rechts von 1,2 kommt $e_{1,2}$, links davon $e_{1,2}$), rechts von 2,3 $e_{2,3}$, links davon $(e_{2,3})$ usf. Für die Vorwärtsrechnung geschieht die jedesmalige Addition von oben nach unten, für die Rückwärtsrechnung von unten nach oben. Wir beginnen ausnahmslos mit $a_1 = 1$, ebenso mit $(a_n) = 1$. Dann gestaltet sich die Vorwärtsrechnung in dem Rechenschema wie folgt (vergleiche hierzu die vorgezeichneten Wege in Fig. 118): multipliziere a_1 mit $-\Theta_1\omega^2$ nach links, addiere dies Produkt zu $e_{0,1} = 0{,}000$ nach unten, gibt $e_{1,2}$; dividiere dies durch $c_{1,2}$ nach rechts, addiere den Quotienten zu a_1 nach unten, gibt a_2; multipliziere a_2 mit $-\Theta_2\omega^2$ nach links, addiere dies Produkt zu $e_{1,2}$ nach unten, gibt $e_{2,3}$, dividiere dies durch $c_{2,3}$ usf., bis schließlich das letzte elastische Moment $e_{n,n+1} = R$ gewonnen ist. Genau so verfährt man für die Rückwärtsrechnung: beginne rechts

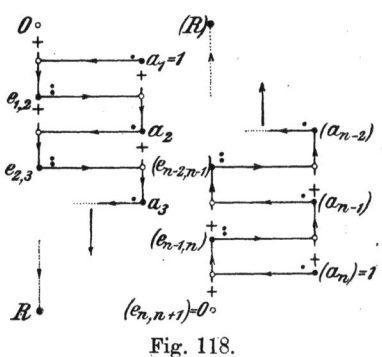

Fig. 118.

unten mit $(a_n) = 1$, multipliziere nach links mit $-\Theta_n\omega^2$, schreibe das Produkt (ganz links unten) über $e_{n,n+1} = 0{,}000$, addiere aufwärts, gibt (in der Spalte ganz links) $e_{n-1,n}$, dividiere dies durch $c_{n-1,n}$ nach rechts, addiere den Quotienten zu (a_n) nach oben usf. bis schließlich oben links das letzte elastische Moment $(e_{0,1}) = (R)$ erscheint.

Hat man so für eine Anzahl in Frage kommender Frequenzen ω das Rechenschema durchgeführt, so ist die Hauptarbeit getan, und es können nun sämtliche praktisch wichtigen Fragen mit Leichtigkeit beantwortet werden.

7. Hauptkonstante C.

Eliminiert man aus Gl. 97a und 97b $\Theta_i\omega^2$, so erhält man

$$e_{i,i+1}(a_i) + (e_{i,i+1})a_i = e_{i-1,i}(a_i) + (e_{i-1,i})a_i,$$

d. h. der Ausdruck auf der rechten Seite behält seinen Wert, wenn man mit den Werten e um einen Schritt weiter geht.

Eliminiert man aus Gl. 98a und 98b c_{i+1}, so erhält man

$$e_{i,i+1}(a_{i+1}) + {}_i^?(e_{i,i+1})a_{i+1} = e_{i,i+1}(a_i) + (e_{i,i+1})a_i,$$

d. h. der Ausdruck auf der rechten Seite behält seinen Wert, wenn man mit den a um einen Schritt weiter geht. Folglich gilt überhaupt von Anfang bis zu Ende durch

$$e_{i-1,i}(a_i) + (e_{i-1,i})a_i = e_{i,i+1}(a_i) + (e_{i,i+1})a_i = e_{i,i+1}(a_{i+1})$$
$$+ (e_{i,i+1})a_{i+1} = e_i(a_i) + (e_i)a_i = \ldots = \text{const} = C \ . \ . \ (103)$$

Diese Konstante C nennen wir die Hauptkonstante des Systems.

Beginnen wir die Vorwärtsrechnung mit a_1, so ist mit $e_{0,1} = 0$:

$$C = e_{0,1}(a_1) + (e_{0,1})a_1 = (R)a_1.$$

Beginnen wir die Rückwärtsrechnung mit (a_n), so ist mit $(e_{n,n+1}) = 0$:

$$C = e_{n,n+1}(a_n) + (e_{n,n+1})a_n = R(a_n).$$

Wir haben also für die **Hauptkonstante**

$$C = (R)a_1 = R(a_n) \ \ldots \ldots \ (104)$$

oder, da wir stets mit $a_1 = 1$ und mit $(a_n) = 1$ anfangen:

$$C = R = (R) \ \ldots \ldots \ (104\,\text{a})$$

Diese Beziehung stellt eine äußerst bequeme Kontrolle für die Richtigkeit der Rechnung dar; aber nicht nur diese interessiert uns, sondern es tritt fast bei allen weiteren Rechnungen und Untersuchungen gerade die Hauptkonstante, und zwar meist als Restmoment gefunden, als maßgebend in die Erscheinung.

8. Reständerungsformeln.

Wir identifizieren nach Gl. 104a die Hauptkonstante C kurzerhand mit dem Restmoment R. Wir stellen uns die Aufgabe, den neuen Restwert R' aufzusuchen, der sich ergibt, wenn wir eine Grundgröße, z. B. die i-te Masse oder eine elastische Konstante abändern.

α) Erhöhung von Θ_i um ϑ_i.

Nach Gl. 103 und 104a wird der Rest

$$R = C = e_{i,i+1}(a_i) + (e_{i,i+1})a_i.$$

Ändert man nun Θ_i, so bleiben a_i und (a_i) ungeändert, ebenso $(e_{i,i+1})$, nur $e_{i,i+1}$ erfährt eine Änderung in $e'_{i,i+1}$; während vorher nach Gl. 97a

$$e_{i,i+1} = e_{i-1,i} - \Theta_i \omega^2 a_i$$

war, wird jetzt

$$e'_{i,i+1} = e_{i-1,i} - (\Theta_i + \vartheta_i)\omega^2 a_i.$$

Der neue Rest R' wird also

$$R' = [e_{i-1,i} - (\Theta_i + \vartheta_i)\omega^2 a_i](a_i) + (e_{i,i+1})a_i;$$

zieht man davon den alten Rest

$$R = [e_{i-1,i} - (\Theta_i \omega^2 a_i)](a_i) + (e_{i,i+1}) a_i$$

ab, so erhält man die **Reständerung** ϱ:

$$\varrho = R' - R = -\vartheta_i \omega^2 a_i (a_i) \quad \ldots \ldots \quad (105)$$

β) **Änderung von $c_{i,i+1}$ in $c'_{i,i+1}$.**

Wir schreiben zur Abkürzung

$$\frac{1}{c'_{i,i+1}} - \frac{1}{c_{i,i+1}} = \gamma,$$

dann bleiben bei Änderung von $c_{i,i+1}$: (a_{i+1}), $e_{i,i+1}$ und $(e_{i,i+1})$ bestehen, es ändert sich nur a_{i+1} in a'_{i+1}, und zwar ist nach Gl. 98a

$$a_{i+1} = a_i + \frac{e_{i,i+1}}{c_{i,i+1}}$$

$$a'_{i+1} = a_i + \frac{e_{i,i+1}}{c'_{i,i+1}}, \text{ also}$$

$$a'_{i+1} - a_{i+1} = \left[\frac{1}{c'_{i,i+1}} - \frac{1}{c_{i,i+1}}\right] e_{i,i+1} = \gamma \cdot e_{i,i+1}.$$

Subtrahiert man von dem neuen Rest nach Gl. 103

$$R' = e_{i,i+1}(a_{i+1}) + (e_{i,i+1}) a'_{i+1}$$

den alten Rest

$$R = e_{i,i+1}(a_{i+1}) + (e_{i,\ +1}) a_{i+1},$$

so erhält man

$$\varrho = R' - R = (e_{i,i+1})[a'_{i+1} - a_{i+1}] = (e_{i,i+1}) \cdot \gamma\, e_{i,i+1},$$

d. h. es wird die **Reständerung**

$$\varrho = R' - R = \gamma\, e_{,i+1}(e_{i,i+1}) \quad \ldots \ldots \quad (106)$$

9. Anwendung der Reständerungsformeln.

α) **Um wieviel muß das Trägheitsmoment der i-ten Masse erhöht werden, damit eine bestimmte Frequenz ω Eigenfrequenz wird?**

Diese Frage ist von besonderer praktischer Wichtigkeit; sie ist z. B. zu beantworten, wenn man eine nachteilige Eigenfrequenz beseitigen will, z. B. $\omega_e = 120$ verschieben, etwa auf 160 heraufrücken will, damit sie nicht mehr in dem benutzten Gebiet (das z. B. bis $\omega = 130$ reicht) liegt, und zwar durch Änderung einer Masse.

Eine Frequenz ω ist dann Eigenfrequenz, wenn (ohne Vorhandensein von erregenden Momenten) das Restmoment R gleich Null ist. Ändern wir also den alten Rest R in den neuen Rest $R'=0$ um, so haben wir sofort ω zu einer Eigenfrequenz gemacht; es muß daher gelten

$$R' = R + \varrho = 0 \quad \text{oder} \quad \varrho = -R.$$

Nach Gl. 105 ist aber $\varrho = -\vartheta_i \omega^2 a_i(a_i)$, folglich beträgt die erforderliche Erhöhung des i-ten Trägheitsmomentes:

$$\vartheta_i = \frac{R}{\omega^2} \frac{1}{a_i(a_i)} \quad \dots \dots \quad (107)$$

β) **In welchen Wert $c'_{i,i+1}$ muß man die elastische Konstante $c_{i,i+1}$ verwandeln, um ω zu einer Eigenfrequenz zu machen?**

Es muß wieder $R'=0$, also $\varrho = -R$ werden, d. h. es muß nach Gl. 106 sein

$$\gamma\, e_{i,i+1}(e_{i,i+1}) = -R$$

oder

$$\gamma = \frac{1}{c'_{i,i+1}} - \frac{1}{c_{i,i+1}} = -\frac{R}{e_{i,i+1}(e_{i,i+1})} \quad \dots \quad (108)$$

10. Berechnung der Winkelamplituden und elastischen Momente bei gegebenen erregenden Momenten nach dem Hauptverfahren.

Wir greifen die S. 207 gelöste Aufgabe von neuem auf, weil es uns jetzt gelingen wird, die Wirkung jedes einzelnen erregenden, harmonisch veränderlichen Momentes in sehr übersichtlicher Weise zu verfolgen, und wir nun auch die beschränkende Annahme von lauter phasengleichen Momenten fallen lassen können. Daß es in der Tat nötig ist, diese allgemeinere Aufgabe zu lösen, geht schon daraus hervor, daß die meisten Maschinen Mehrkurbelmaschinen sind, also die von den einzelnen Kurbeln ausgehenden erregenden Momente verschiedene Phasen haben.

α) **Ein erregendes Moment $\mathfrak{M}_k$ greift an der Stelle k an; wie groß ist die wirkliche Amplitude $A_{i;k}$ und das elastische Moment $E_{i,i+1;k}$ an irgend einer Stelle i?**

Wir suchen zunächst (stets ist vorausgesetzt, das Rechenschema S. 210 sei für die betreffende Frequenz ω durchgeführt) die Winkelamplitude $A_{k;k}$ dort, wo $\mathfrak{M}_k$ angreift. Das Moment $\mathfrak{M}_k$ könnte man offenbar für eine bestimmte Frequenz ω ersetzen durch ein

Massenmoment, wenn nur beide Momente gleiche Größe haben, wenn also $\mathfrak{M}_k = \vartheta_k \omega^2 A_k$ ist; mit anderen Worten, die Wirkung des Momentes $\mathfrak{M}_k$ könnte (allerdings nur für die betreffende Frequenz ω) durch eine Erhöhung des Trägheitsmomentes Θ_k um

$$\vartheta_k = \frac{\mathfrak{M}_k}{\omega^2 A_k}$$ ersetzt werden. Gegenüber dem Fall, daß $\mathfrak{M}_k = 0$ ist, tritt also gleichsam durch ϑ_k eine Reständerung ϱ ein, die den neuen Rest $R' = R + \varrho$ liefert. Dieser neue Rest muß aber, weil ja doch der (durch $\mathfrak{M}_k$ hervorgerufene) wirkliche Schwingungszustand kein Restmoment zuläßt, gleich Null sein. Wir erhalten also die Bedingungsgleichung

$$R' = R + \varrho = 0, \quad \text{oder} \quad \varrho = -\vartheta_k \omega^2 a_k(a_k) = -R.$$

Setzen wir hierin für ϑ_k den oben gefundenen Wert $\vartheta_k = \dfrac{\mathfrak{M}_k}{\omega^2 A_k}$, so folgt

$$\frac{\mathfrak{M}_k}{\omega^2 A_k} \omega^2 a_k(a_k) = R$$

oder schließlich als **Hauptgleichung**

$$A_{k;k} = \mathfrak{M}_k \frac{a_k(a_k)}{R} \quad \ldots \ldots \quad (109)$$

Mit Hilfe von $A_{k;k}$, d. h. der an der Stelle k durch das erregende Moment $\mathfrak{M}_k$ erzeugten Winkelamplitude, lassen sich nun die übrigen wirklich eintretenden Amplituden A: von $A_{1;k}$ bis $A_{k;k}$ und von $A_{k;k}$ bis $A_{n;k}$ leicht ableiten. Denn von Stelle 1 bis k ergibt sich genau das gleiche Schwingungsbild (eben des linken freien Wellenstückes), ob in k ein Moment herrscht oder nicht, unsere Vorwärtsrechnung wäre sowohl für a wie für e durchaus richtig, wenn wir nur mit dem richtigen Wert $a_1 = A_{1,k}$ angefangen hätten, so daß $a_k = A_{k,k}$ herauskommt, oder anders ausgedrückt, wir müssen alle Werte a_1 bis a_k, ebenso alle $e_{1,2}$ bis $e_{k-1,k}$ proportional im Verhältnis $A_{k;k} : a_k$ abändern, um die wahren Werte A und E für die Stellen links von k zu erhalten, d. h. es ist die Amplitude an der i-ten Stelle:

$$A_{i;k} = \mathfrak{M}_k \frac{a_i(a_k)}{R}, \text{ wenn } i \leq k \quad \ldots \ldots \quad (110)$$

Genau so finden wir

$$E_{i-1,i;k} = \mathfrak{M}_k \frac{e_{i-1;i}(a_k)}{R}, \text{ wenn } i \leq k \quad \ldots \quad (110\text{a})$$

Betrachten wir aber Querschnitte zwischen k und n, d. h. rechts von der Angriffsstelle des erregenden Momentes, so stimmt wieder das Schwingungsbild mit der Voraussetzung bei der Rückwärtsrechnung überein, daß nämlich von $n = k$ keinerlei erregende Momente vorhanden sind, deshalb ist wieder jedes (a) und (e) proportional im Verhältnis $A_{k;k} : (a_k)$ abzuändern, um die wahren Werte $A_{i;k}$ und $E_{i-1, i; k}$ zu liefern. So finden wir

$$A_{i;k} = \mathfrak{M}_k \frac{a_k(a_i)}{R}, \text{ wenn } i \geqq k \quad \ldots \ldots (111)$$

$$E_{i-1, i; k} = \mathfrak{M}_k \frac{a_k(e_{i-1, i})}{R}, \text{ wenn } i \geqq k \quad \ldots (111\,\mathrm{a})$$

Ganz besonders bemerkenswert ist an den Gleichungen 110 und 111, daß es nicht darauf ankommt, ob i oder k die betrachtete Querschnittsstelle oder die Angriffsstelle des erregenden Momentes ist; es handelt sich immer nur darum, ob i oder k größer ist. Der Vorwärtsrechnung hat man stets denjenigen Wert zu entnehmen, der für die am weitesten nach links gelegene Stelle gilt, der Rückwärtsrechnung dagegen stets den Wert, der für die am weitesten nach rechts gelegene Stelle gilt, wobei es keinen Unterschied macht, ob die Angriffsstelle des Momentes rechts oder links von dem betrachteten Querschnitt liegt. Es gilt also der **Vertauschungssatz** [1]):

$$A_{i; k} = A_{k; i},$$

ein erregendes, harmonisch veränderliches Moment, an einer Stelle wirksam, erzeugt an einer anderen Stelle die gleiche Amplitude, wie dasselbe Moment, an dieser Stelle wirksam, an der ersten Stelle hervorruft. (Ein entsprechender Satz gilt gemäß den Gleichungen 110a und 111a für die elastischen Momente nicht!)

Liegen die Schwingungsbilder für die Vorwärts- und für die Rückwärtsrechnung gezeichnet vor, und will man das durch ein Moment $\mathfrak{M}_k$ erzeugte wirkliche Schwingungsbild zeichnen, so berechnet man nach Gl. 109 $A_{k;k}$ und entwickelt von dem Endpunkt von $A_{k;k}$ aus (siehe Fig. 119) die A-Linie nach links hin affin zur a-Linie und nach rechts hin affin zur (a)-Linie; die entsprechenden

---

[1]) Von der Statik her ist ein entsprechendes Vertauschungsgesetz als „Maxwellscher Satz von der Gegenseitigkeit der Formänderungen" wohl bekannt. Für harmonische Schwingungen hat den entsprechenden Satz bereits Rayleigh in seinem Lehrbuch: Theorie of sound. 1. Aufl. von 1877, S. 113, für den allgemeinen Fall, daß auch Phasenunterschiede in Betracht kommen, abgeleitet und wie folgt (deutsche Übersetzung von Neesen, Theorie des Schalles, Braunschweig 1880, 1. Bd., S. 154) ausgesprochen: „Wenn eine Kraft $P_1 = A_1 \sin \omega t$, welche auf ein System wirkt, eine Bewegung $a_2 = c A_1 \sin(\omega t + \varphi_0)$ hervorruft, so bewirkt eine Kraft $P_2' = A_2' \sin \omega t$ die Bewegung $a_1' = c A_2' (\sin \omega t + \varphi_0)$."

Verkleinerungsverhältnisse sind für die a-Linie $\dfrac{A_{k;k}}{a_k}$, für die (a)-Linie $\dfrac{A_{k;k}}{(a_k)}$.

Die Gleichungen 110 und 111 lassen deutlich den Einfluß der Angriffsstellen der erregenden Momente erkennen; die Wirkung ein und desselben Momentes auf den gleichen Querschnitt ist durchaus verschieden je nach der Stelle, wo das Moment wirkt, es ist deswegen auch von vornherein klar, daß man an verschiedenen Stellen angreifende Momente keinesfalls ohne weiteres nach

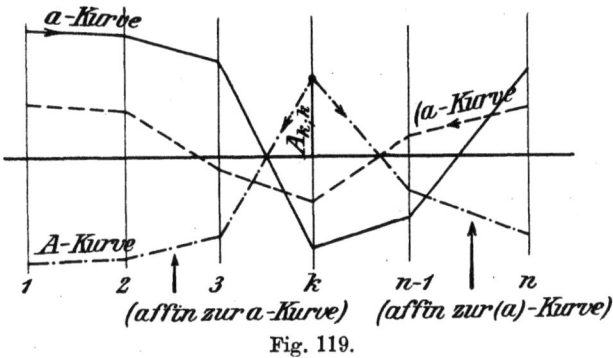

Fig. 119.

den gewohnten Methoden der Statik zu einem resultierenden Moment zusammenfassen darf. Gleichung 110 und 111 zeigen auch deutlich, welchen Einfluß das Restmoment R auf die Größe der Amplituden ausübt: **die Amplituden sind dem Restmoment umgekehrt proportional;** je kleiner R, um so größer die Amplituden und die elastischen Momente; wird $R=0$, so werden die Ausschläge (wenigstens theoretisch) unendlich groß. Diesen Fall bezeichnet man als Resonanz, weil ja ein ω, für das $R=0$ ist, Frequenz einer Eigenschwingung ist. Resonanz, d. h. Übereinstimmung der Frequenz der erregenden Momente mit einer Eigenfrequenz sollte natürlich unbedingt vermieden werden. Aber schon die Nähe einer Eigenfrequenz ist bedenklich, weil hier R immer noch klein ist. Meist begnügt man sich bei Untersuchungen von belasteten Wellen, die Torsionsschwingungen ausgesetzt sind, damit, die Eigenfrequenzen festzustellen, um mit den Frequenzen der erregenden Momente genügend weit davon entfernt zu bleiben. Nach Gl. 110 und 111 kommt es aber bei der Beurteilung der zu erwartenden Amplituden der Torsionsschwingungen ebenso auf die Größe der a_i und (a_k) an, und man sollte sich die Mühe nicht verdrießen lassen, diese Werte nach dem Rechenschema S. 210 aufzusuchen, zumal dies erheblich weniger Arbeit verursacht als die

Ermittlung der Eigenfrequenzen, mit der wir uns noch beschäftigen werden.

Bezüglich der Gleichungen 110 und 111 sei noch hervorgehoben, daß ihre Gültigkeit zwar zunächst nur für die Stellen nachgewiesen wurde, an denen Massen sitzen, den Stellen 1, 2 ... $i \ldots k \ldots n$, daß sie aber auch für sämtliche Zwischenstellen gültig bleiben. Denn ohne Zwischenmasse zwischen Θ_i und Θ_{i+1} nehmen die Verdrehungswinkel proportional mit dem Fortschreiten zu, die a-Kurve und die (a)-Kurve verläuft also zwischen a_i und a_{i+1}, sowie zwischen (a_i) und (a_{i+1}) geradlinig; denkt man nun an der Zwischenstelle z eine sehr kleine Masse angebracht, so erhalten die a-Linie und die (a)-Linie nur einen sehr kleinen Knick, bei unendlich kleiner Masse laufen sie geradlinig weiter wie vorher, der Zwischenpunkt ist aber gleichsam Träger einer (unendlich kleinen) Masse, folglich gelten für ihn auch die Gleichungen 110 und 111.

Haben zwei aufeinanderfolgende Amplitudenwerte a_i und a_{i+1} entgegengesetzte Vorzeichen, so schneidet die a-Linie die Abszissenachse in einem Zwischenpunkte; in dem Schnittpunkte, einer **a-Nullstelle**, ist $a = 0$. Nach Gl. 110 wird durch irgendwelche erregende Momente, die rechts von dieser Nullstelle angreifen, an der Nullstelle kein Ausschlag erzeugt, und nach Gl. 111 bleiben unter der Einwirkung eines an der a-Nullstelle angreifenden Momentes sämtliche Querschnitte rechts davon in Ruhe, es schwingt nur der links von der Nullstelle gelegene Teil der Welle. Solche Teilschwingungen können natürlich große praktische Bedeutung erlangen, indem gewisse Wellenabschnitte trotz Vorhandensein von erregenden Momenten schwingungsfrei bleiben, für sie also gleichsam der Ungleichförmigkeitsgrad absolut Null gemacht ist.

Schneidet die (a)-Linie die Abszissenachse, so bleibt die entsprechende (a)-Nullstelle nach Gl. 111 in Ruhe unter der Einwirkung von erregenden Momenten, die links davon angreifen, und umgekehrt bleibt das ganze Wellenstück rechts davon nach Gl. 110 schwingungsfrei bei einem erregenden Moment, das an der (a)-Nullstelle angreift.

β) **Mehrere erregende Momente, die auch verschiedene Phase haben können, greifen an; welche Amplituden und Phasen haben die Winkelausschläge und die elastischen Momente?**

Wie bereits auf S. 78 erläutert, werden harmonisch veränderliche Größen am bequemsten als Projektion einer sich gleichförmig drehenden Strecke aufgefaßt; die Größe der Drehstrecke ist gleich der Amplitude, die Winkelgeschwindigkeit ω der Drehung gleich der Frequenz der harmonischen Schwingung. Harmonisch veränderliche Größen mit verschiedener Phase sind in dieser Darstellung gegeben durch Strecken verschiedener Richtung, durch Vektoren. So wollen wir die Winkelamplituden, die durch erregende Momente erzeugt werden, als Vektoren schreiben durch $\overline{A}_1, \overline{A}_2$ usf., ebenso die erregenden Momente durch $\overline{\mathfrak{M}}_1, \overline{\mathfrak{M}}_2$ usf., die elastischen Momente durch $\overline{E}_1, \overline{E}_2$ usf.

Bekommt ein Querschnitt i mehrere harmonisch veränderliche Ausschläge gleicher Frequenz mit den Amplituden $\overline{A}_{i1}, \overline{A}_{i2}, \overline{A}_{i3}\ldots$, so ist das Gesamtergebnis wieder eine harmonische Schwingung (vgl. S. 78) mit der resultierenden Amplitude

$$\overline{A}_i = \overline{A}_{i1} + \overline{A}_{i2} + \overline{A}_{i3} + \ldots$$

Mehrere harmonische Schwingungen verschiedener Phase können sich also nur aufheben, wenn ihre geometrische Summe gleich Null ist; bei zwei Größen setzt dies voraus, daß die Amplituden gleich groß und entgegengesetzt gerichtet sind.

Ehe wir die in der Überschrift genannte Aufgabe lösen, wollen wir ergänzend zeigen, 1. daß bei einer Eigenschwingung (ohne erregende Momente) alle Amplituden phasengleich sind und 2. daß bei nur einem erregenden Moment alle Winkelamplituden und elastischen Momente mit dem erregenden Moment $\overline{\mathfrak{M}}_k$ phasengleich sind.

Beginnen wir am linken freien Ende; dort halten sich das Massenmoment $\Theta_1 \omega^2 \overline{A}_1$ und das elastische Moment $\overline{E}_{1,2}$ das Gleichgewicht, $\overline{A}_1$ und $\overline{E}_{1,2}$ sind also phasengleich; weiter ist $\overline{E}_{1,2}$ mit dem Verdrehungswinkel $\overline{A}_2 \rightarrow \overline{A}_1$ phasengleich, folglich auch $\overline{A}_2$ mit $\overline{A}_1$. An der 2. Masse sind $-\overline{E}_{1,2}$, $\overline{E}_{2,3}$ und $\Theta_2 \omega^2 \cdot \overline{A}_2$ im Gleichgewicht, mithin ist $\overline{E}_{2,3}$ wieder phasengleich mit $\overline{E}_{1,2}$ und $\overline{A}_2$ usf. bei freier Schwingung durch bis zum rechten Ende: alle Vektoren $\overline{A}$ und $\overline{E}$ sind gleichgerichtet einschließlich $\overline{R}$.

Treffen wir aber an der Stelle k auf ein erregendes Moment $\overline{\mathfrak{M}}_k$, so müssen sich dort $-\overline{E}_{k-1,k}$, $\overline{E}_{k,k+1}$, $\Theta_k \omega^2 \overline{A}_k$ und dazu $\overline{\mathfrak{M}}_k$ das Gleichgewicht halten; bis hierher war alles von $\overline{A}_1$ bis $\overline{A}_k$ und $\overline{E}_{1,2}$ bis $\overline{E}_{k-1,k}$ phasengleich. Beginnen wir am anderen Ende der Welle, so finden wir, daß alles phasengleich ist von $\overline{A}_n$ bis $\overline{A}_k$, von $\overline{E}_{n-1,n}$ bis $\overline{E}_{k,k+1}$, daher sind alle $\overline{A}$ und alle $\overline{E}$ von Anfang bis zu Ende phasengleich, und deshalb muß auch $\overline{\mathfrak{M}}_k$ mit allen diesen $\overline{A}$ und $\overline{E}$ phasengleich sein, sonst könnten nicht die phasengleichen Momente $-\overline{E}_{k-1,k}$, $\overline{E}_{k,k+1}$ und $\Theta_k \omega^2 \overline{A}_k$ mit $\overline{\mathfrak{M}}_k$ im Gleichgewicht sein.

Mit dieser Erkenntnis ist der Weg gezeigt, die Wirkung mehrerer erregender Momente $\overline{\mathfrak{M}}_k, \overline{\mathfrak{M}}_l, \overline{\mathfrak{M}}_m \ldots$ mit verschiedener Phase aufzusuchen.

1. Handelt es sich darum, die Winkelamplituden für sämtliche Querschnitte zu ermitteln, so greift man am besten auf Fig. 119 S. 217 zurück, d. h. man sucht für jedes einzelne Moment die hiermit phasengleichen Amplituden aller Querschnitte, z. B. für $\overline{\mathfrak{M}}_k$ die mit $\overline{\mathfrak{M}}_k$ phasengleichen Amplituden $\bar{A}_{1;k}, \bar{A}_{2;k}, \bar{A}_{3;k} \ldots$; ebenso für $\overline{\mathfrak{M}}_l$ die hiermit gleichgerichteten Amplituden $\bar{A}_{1;l}, \bar{A}_{2;l}, \bar{A}_{3;l} \ldots$; jeder Querschnitt i hat dann im ganzen eine harmonische Schwingung mit der Amplitude:

$$\bar{A}_i = \bar{A}_{i;k} \dotplus \bar{A}_{i;l} \dotplus \bar{A}_{i;m} \dotplus \ldots$$

d. h. gleich der geometrischen Summe der einzelnen Amplituden.

Als Grundlage dient dabei immer nur das für die betreffende Frequenz ω durchgeführte Rechenschema (S. 210) für die Vorwärts- und die Rückwärtsrechnung und Gl. 109.

In dem besonderen Falle von lauter erregenden Momenten $\overline{\mathfrak{M}}$ gleicher Phase geht die geometrische Summe in eine algebraische über, alle Amplituden werden phasengleich. Diesen einfachen Fall hatten wir stillschweigend bei der Aufstellung der Grundgleichungen 95 bis 98 S. 204 u. 205 ins Auge gefaßt; daß hierfür wirklich nur lauter algebraische Summen in Frage kommen, geht aus der vorstehenden Betrachtung deutlich hervor. Würden wir von vornherein die allgemeine Aufgabe (mit erregenden Momenten verschiedener Phase) in Angriff genommen haben, so hätten wir die Grundgleichungen (in Gestalt geometrischer Summen) schreiben müssen:

$$\overline{E}_{i,i+1} \dotminus \overline{E}_{i-1,i} \dotplus \Theta_i \omega^2 \bar{A}_i \dotplus \overline{\mathfrak{M}}_i = 0$$
$$\overline{E}_{i,i+1} = (\bar{A}_{i+1} \dotminus \bar{A}_i) c_{i,i+1}.$$

Eine auf diesen Gleichungen fußende geometrische Behandlungsweise werden wir später bei der Berücksichtigung von Dämpfungen als äußerst wertvoll kennen und schätzen lernen.

2. Kommt es darauf an, die Wirkung mehrerer erregender Momente $\overline{\mathfrak{M}}_k, \overline{\mathfrak{M}}_l, \overline{\mathfrak{M}}_m \ldots$ auf einen bestimmten Querschnitt i zu übersehen, so schreibe man, wenn $i < k, l, m \ldots$ direkt nach Gl. 110:

$$\bar{A}_{i;k} = \overline{\mathfrak{M}}_k \frac{a_i(a_k)}{R}; \quad \bar{A}_{i;l} = \overline{\mathfrak{M}}_l \frac{a_i(a_l)}{R};$$

$$\bar{A}_{i;m} = \overline{\mathfrak{M}}_m \frac{a_i(a_m)}{R} \ldots;$$

daraus folgt im ganzen:

$$\bar{A}_i = \frac{a_i}{R}\left[\overline{\mathfrak{M}}_k(a_k) + \overline{\mathfrak{M}}_l(a_l) + \overline{\mathfrak{M}}_m(a_m) + \cdots\right] \quad \ldots (112)$$

ebenso nach Gl. 110a:

$$\bar{E}_{i-1,i} = \frac{e_{i-1,i}}{R}\left[\overline{\mathfrak{M}}_k(a_k) + \overline{\mathfrak{M}}_l(a_l) + \overline{\mathfrak{M}}_m(a_m) + \cdots\right]. \quad (112\text{a})$$

Ist dagegen $i > k,\ l,\ m$ d. h. liegt der betrachtete Querschnitt rechts von sämtlichen erregenden Momenten, so folgt nach Gl. 111:

$$\bar{A}_i = \frac{(a_i)}{R}\left[\overline{\mathfrak{M}}_k a_k + \overline{\mathfrak{M}}_l a_l + \overline{\mathfrak{M}}_m a_m + \cdots\right] \quad \ldots (113)$$

$$\bar{E}_{i-1,i} = \frac{(e_{i-1,i})}{R}\left[\overline{\mathfrak{M}}_k a_k + \overline{\mathfrak{M}}_l a_l + \overline{\mathfrak{M}}_m a_m + \cdots\right] \quad . \quad (113\text{a})$$

Haben wir also mit mehreren erregenden Momenten zu tun, so dürfen wir bei der nachgiebigen Welle nicht mehr, wie wir es bisher bei der starren Welle ohne weiteres getan haben, die einzelnen Momente kurzerhand geometrisch addieren, sondern müssen (je nach dem die zu untersuchenden Querschnitte links oder rechts von sämtlichen erregenden Kräftepaaren liegen) auf Grund von Gl. 112 oder 113 die Momente zuvor mit den Werten (a) bzw. a multiplizieren, die für die Angriffsstellen der erregenden Momente durch die Rückwärts- bzw. Vorwärtsrechnung bei der betreffenden Frequenz ermittelt waren. Die einzelnen Momente sind also nicht mehr gleichwertig, sondern machen sich in verschiedener Weise geltend, einmal abhängig von der Angriffsstelle, sodann aber auch von der Frequenz ω, denn für andere ω fallen ja auch die Werte a bzw. (a) ganz verschieden aus.

Was die erzeugten Winkelamplituden und elastischen Momente anbetrifft, so würde man sich schweren Täuschungen hingeben, wenn man z. B. bei einer Maschine mit drei unter 120^0 versetzten Kurbeln die Momente 1. O. (ebenso 2. O.) von gleicher Größe direkt geometrisch addieren würde und dadurch feststellte, daß die Momente sich gegenseitig aufheben; denn die Werte a bzw. (a) sind nicht nur verschieden groß, sie können sehr wohl auch verschiedene Vorzeichen haben, so daß dann die geometrische Summe in Gl. 112 oder 113 beträchtliche Werte annehmen, von einem gegenseitigen Aufheben der Momente keine Rede sein kann. Andererseits würden Momente 3. O. bei 120^0 Kurbelversatz als geometrische Summe (gleich der algebraischen Summe) den Betrag $3\mathfrak{M}$ liefern, während die nach Gl. 112 oder 113 gebildete Summe unter Umständen beinahe Null werden kann.

11. Ermittelung der Eigenfrequenzen ω_e.

Die bequemste Art, bei einer einigermaßen großen Anzahl von Massen die Eigenfrequenzen, d. h. die Frequenzen der Eigenschwingungen, aufzusuchen, ist zweifellos die zuerst von Gümbel und Geiger benutzte Methode, für eine Reihe von beliebig angenommenen Frequenzen ω den Restwert R zu bestimmen, der als erregendes Moment ein Schwingungsbild mit willkürlich gewählter Amplitude an einer bestimmten Stelle ermöglicht, und nun diese Restwerte R mit ω als Abszissen und R als Ordinaten zu einer Restkurve zusammenzustellen; Eigenfrequenzen sind dann die ω, für welche $R = 0$ ist, das sind die Werte ω, für welche die R-Kurve die Abszissenachse schneidet.

Wir gehen hiernach folgendermaßen vor: Wir führen unser Rechenschema S. 210 für eine Reihe in Frage kommender Frequenzen ω durch und erhalten so die Restmomente R und zwar, wenn wir (was für diesen Zweck ja nicht unbedingt erforderlich ist) die Vorwärts- und die Rückwärtsrechnung tatsächlich erledigen, zweimal: als R bei der Vorwärtsrechnung und als (R) bei der Rückwärtsrechnung; beide Werte müssen, da wir stets mit $a_1 = 1$ und $(a_n) = 1$ beginnen, gleich groß werden, so daß wir eine bequeme Kontrolle für die Richtigkeit der Rechnung haben. Da die Werte R mit wachsendem ω sehr rasch ansteigen, empfehle ich, nicht R, sondern $\dfrac{R}{\omega^2}$ als Ordinaten zu den ω als Abszissen aufzutragen; die so gewonnene Kurve nenne ich in der Folge kurz die **Restmomentenkurve**; die Schnittpunkte dieser Restmomentenkurve mit der Abszissenachse begrenzen die Eigenfrequenzen ω_e.

Es sei schon jetzt darauf hingewiesen, daß wir stets eine Anzahl von Eigenfrequenzen erhalten, die um Eins kleiner ist als die Anzahl der Massen. Wie etwa die Restmomentenkurven aussehen, lehrt Fig. 121, S. 232. Für $\omega = 0$ nimmt $R : \omega^2$ den Wert an

$$\frac{R}{\omega^2} = -[\Theta_1 + \Theta_2 + \Theta_3 + \ldots + \Theta_n] = -\Sigma\Theta; \quad . \quad (114)$$

hier hat die Restmomentenkurve eine horizontale Tangente, im übrigen verläuft sie ziemlich glatt, so daß zum Aufzeichnen eine gar nicht große Zahl von Ordinaten ausreicht.

Wir gewinnen also mit Hilfe der Restmomentenkurve die Eigenfrequenzen gleichsam durch Probieren; es liegt die Frage nahe, ob es nicht möglich ist, die Eigenfrequenzen auf direktem Wege zu bestimmen. Um hierüber Aufschluß zu erhalten, wollen wir noch eine **Gleichung für die Eigenfrequenzen** ω_e aufstellen. Das kann in verschiedener Weise geschehen:

Torsionsschwingungen.

Erster Weg: Wir führen zur Abkürzung als Unbekannte $\omega_e^2 = x$ ein und rechnen nach unserem Schema bzw. nach den Grundgleichungen 97a und 98a an einem Ende mit $a_1 = 1$ anfangend, bis zum anderen Ende durch, bis wir zu R gelangen, aber nicht mit Zahlenwerten für ω, sondern indem wir $\omega^2 = x$ als Unbekannte belassen. Zum Schlusse setzen wir $R = 0$ und haben dann sofort eine Bedingungsgleichung für $x = \omega_e^2$, d. h. für die Eigenfrequenz ω_e.

Z. B. Zwei Massen:

Es ist $a_1 = 1$; $e_{1,2} = 0 - \Theta_1 x \cdot 1 = -\Theta_1 x$.

$$a_2 = a_1 + \frac{e_{1,2}}{c_{1,2}} = 1 - \frac{\Theta_1 x}{c_{1,2}}; \quad e_{2,3} = R = e_{1,2} - \Theta_2 x a_2$$

$$= -\Theta_1 x - \Theta_2 x \left[1 - \frac{\Theta_1 x}{c_{1,2}}\right] = 0$$

oder $\quad \left[-(\Theta_1 + \Theta_2) + \frac{\Theta_1 \Theta_2}{c_{1,2}} x\right] x = 0,$

d. h. $\quad x = \frac{\Theta_1 + \Theta_2}{\Theta_1 \Theta_2} c_{1,2}; \quad \omega_e = \sqrt{\frac{\Theta_1 + \Theta_2}{\Theta_1 \Theta_2} c_{1,2}}.$

Drei Massen:

$$a_3 = a_2 + \frac{e_{2,3}}{c_{2,3}} = 1 - \frac{\Theta_1 x}{c_{1,2}} + \frac{-\Theta_1 x - \Theta_2 x + \frac{\Theta_1 \Theta_2 x^2}{c_{1,2}}}{c_{2,3}};$$

$$e_{3,4} = R = e_{2,3} - \Theta_3 x a_3 = -\Theta_1 x - \Theta_2 x + \frac{\Theta_1 \Theta_2 x^2}{c_{1,2}}$$

$$- \Theta_3 x \left[1 - \frac{\Theta_1 x}{c_{1,2}} - \frac{\Theta_1 x}{c_{2,3}} - \frac{\Theta_2 x}{c_{2,3}} + \frac{\Theta_1 \Theta_2 x^2}{c_{1,2} \cdot c_{2,3}}\right] = 0$$

oder $\quad x \left\{ x^2 \frac{\Theta_1 \Theta_2 \Theta_3}{c_{1,2} \cdot c_{2,3}} - x \left[\frac{\Theta_1(\Theta_2 + \Theta_3)}{c_{1,2}} + \frac{\Theta_3(\Theta_1 + \Theta_2)}{c_{2,3}}\right]\right.$

$$\left. + (\Theta_1 + \Theta_2 + \Theta_3) \right\} = 0.$$

Bei zwei Massen ist also die Gleichung für $x = \omega_e^2$ von der 2. Ordnung mit einer Wurzel $x = 0$, d. h. bei zwei Massen ist (außer $\omega_e = 0$, was keinen praktischen Sinn hat) eine Eigenfrequenz vorhanden. Bei drei Massen ist die Gleichung für x von der 3. Ordnung mit einer Wurzel $x = 0$, d. h. bei drei Massen sind zwei Eigenfrequenzen vorhanden, entsprechend bei vier Massen drei Eigenfrequenzen usw. Auch sieht man aus diesen Rechnungen, daß $R : \omega^2 = R : x$ für $x = 0$ gleich der Summe der Trägheitsmomente $\Theta_1 + \Theta_2 + \Theta_3 + \ldots$ wird.

Die vorstehend geschilderte Rechnung wird man bei gegebenen Zahlenwerten für $c_{1,2}, c_{2,3}, c_{3,4} \ldots \Theta_1, \Theta_2, \Theta_3 \ldots$ natürlich direkt mit diesen Zahlenwerten durchführen, um so eine numerische Gleichung für die Unbekannte x u. zw. bei n Massen eine Gleichung $(n-1)$-Grades zu erhalten. Allerdings muß diese Gleichung noch nach x aufgelöst werden; bekanntlich ist eine direkte Lösung nur bis Gleichungen vierten Grades möglich und da schon, selbst bei Gleichungen dritten Grades, recht umständlich, für Gleichungen höheren Grades bleibt als Lösungsweg lediglich der Versuch. Darüber kommt kein Verfahren zur Ermittlung der Eigenfrequenzen hinweg: es handelt sich sachlich immer um die Lösung einer Gleichung höheren Grades mit den bekannten Schwierigkeiten. Deshalb ist auch die Methode der Restmomentenkurve keineswegs als Probierverfahren minderwertig, sondern durchaus der Aufstellung einer Gleichung für ω_e ebenbürtig, praktisch aber bei weitem überlegen.

Zweiter Weg: Schreiben wir nach Gl. 96

und
$$e_{i-1,i} = (a_i - a_{i-1}) c_{i-1,i}$$
$$e_{i,i+1} = (a_{i+1} - a_i) c_{i,i+1}$$

und setzen diese Werte in Gl. 95 (unter Fortlassung von $\mathfrak{M}_i$, da es sich ja um Eigenschwingung handelt) ein, so erhalten wir

$$(a_{i+1} - a_i) c_{i,i+1} - (a_i - a_{i-1}) c_{i-1,i} + \Theta_i \omega^2 \cdot a_i = 0$$

oder

$$c_{i-1,i} a_{i-1} + (-c_{i-1,i} - c_{i,i+1} + \Theta_i \omega^2) a_i + c_{i,i+1} a_{i+1} = 0 \quad (115)$$

Eine derartige Gleichung für die Winkelamplituden a läßt sich für $i=1$ bis $i=n$ anschreiben; wir bekommen auf diese Weise folgende n Bedingungsgleichungen, die für die Eigenfrequenz ω_e, oder mit $\omega_e^2 = x$, für die Unbekannte x gelten:

$$(-c_{1,2} + \Theta_1 x) \cdot a_1 + c_{1,2} \cdot a_2 = 0$$
$$c_{1,2} \cdot a_1 + (-c_{1,2} - c_{2,3} + \Theta_2 x) \cdot a_2 + c_{2,3} \cdot a_3 = 0$$
$$c_{2,3} \cdot a_2 + (-c_{2,3} - c_{3,4} + \Theta_3 x) \cdot a_3 + c_{3,4} \cdot a_4 = 0$$
$$\vdots$$
$$c_{n-2,n-1} \cdot a_{n-2} + (-c_{n-2,n-1} - c_{n-1,n} + \Theta_{n-1} x) \cdot a_{n-1} + c_{n-1,n} \cdot a_n = 0$$
$$c_{n-1,n} \cdot a_{n-1} + (-c_{n-1,n} + \Theta_n x) \cdot a_n = 0$$

Da diese Gleichungen für a_1 bis a_n sämtlich homogen sind (d. h. da die rechten Seiten sämtlich Null sind), muß zwischen den Koëffizienten bei a_1 bis a_n eine Beziehung gelten, nämlich die aus den Koëffizienten gebildete Determinante Δ muß gleich Null sein:

Torsionsschwingungen.   225

$$\begin{vmatrix} -c_{12}+\Theta_1 x & c_{12} & 0 & 0 & 0 & 0 & 0\dots 0 \\ c_{12} & -c_{12}-c_{23}+\Theta_2 x & c_{23} & 0 & 0 & 0 & 0\dots 0 \\ 0 & c_{23} & -c_{23}-c_{34}+\Theta_3 x & c_{34} & 0 & 0 & 0\dots 0 \\ 0 & 0 & c_{34} & -c_{34}-c_{45}+\Theta_4 x & c_{45} & 0 & 0\dots 0 \\ 0 & 0 & 0 & c_{45} & \dots & & \\ \vdots & \vdots & \vdots & \vdots & & & \\ 0\dots 0 & c_{n-2,n-1} & -c_{n2,n-1}-c_{n-1,n}+\Theta_{n-1}x & c_{n-1,n} \\ 0\dots 0 & 0 & c_{n-2,n-1} & -c_{n-1,n}+\Theta_n x \end{vmatrix} = 0 \quad \text{(Gl. 116)}$$

Dies ist die Gleichung für $x = \omega_e^2$, aus der die n Werte von ω_e berechnet werden können, in fertiger Gestalt; sie ist zwar sehr elegant und bequem zu schreiben, macht aber in der praktischen Auswertung recht viel Mühe, sobald die Anzahl der Massen nur einigermaßen groß ist.

Aus den Gleichungen für a_1 bis a_n Seite 224 lassen sich übrigens die Amplitudenverhältnisse $\frac{a_2}{a_1}, \frac{a_3}{a_1} \dots \frac{a_n}{a_1}$ für den Fall der Eigenschwingungen unmittelbar berechnen; die Werte a_1 bis a_n selber sind nicht aus den Systemgrößen c und Θ zu bestimmen, sondern von dem zufälligen Anstoß abhängig, nur ihre Verhältnisse sind eben durch die Gleichungen S. 224 festgelegt und ihrerseits von dem Anfangswert der Schwingungen unabhängig.

12. Beispiel.

Wir wollen nun die vorstehenden Entwicklungen auf ein Beispiel anwenden.

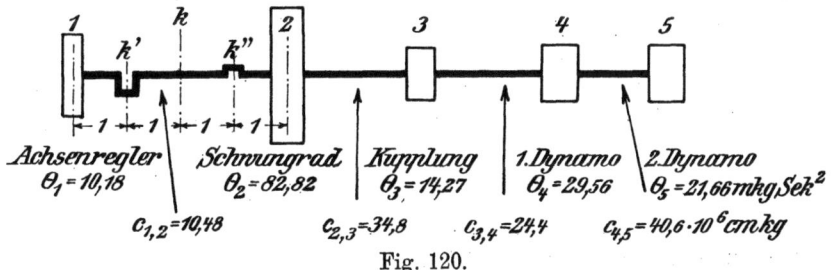

Fig. 120.

Wir wählen die in Fig. 120 schematisch dargestellte Anordnung, die in der Literatur bereits nach zwei verschiedenen graphischen Methoden (von Gümbel, Z. d. V. d. I. 1912, S. 1028 u. f., und von Dreves, Z. d. V. d. I. 1918, S. 611 u. f.) behandelt worden ist und daher einen bequemen Vergleich mit unserem Verfahren ermöglicht.

Tolle, Regelung. 3. Aufl.   15

Am linken Ende sitzt ein Achsenregler, dann folgt eine Zwillings-dampfmaschine mit 90° Kurbelversatz (Kurbel k' und k'', Mitte davon k), darauf als zweite Masse das Schwungrad, als dritte eine Kuppelung und als vierte und fünfte je ein Dynamoanker. Die **Trägheitsmomente** der fünf Massen sind in Fig. 120, gemessen in mkg/Sek² (ein empfehlenswerter Maßstab, der für mittlere Verhältnisse gut übersehbare Zahlen liefert), eingetragen, ebenso die **elastischen Konstanten** c, in 10^6 cmkg gemessen. Man beginnt damit, nach dem S. 210 erläuterten Schema die **Vorwärts- und Rückwärtsrechnung** für eine Reihe in Frage kommender Frequenzen ω durchzuführen, wobei natürlich auf die Frequenzen der zu erwartenden erregenden Momente gebührend Rücksicht zu nehmen ist. Wie wir früher (vgl. z. B. S. 192) gesehen haben, müssen wir mit Momenten 1., 2., 3., 4., 5. ... Ordnung rechnen, d. h. mit Momenten, deren Frequenz gleich einem Vielfachen der Winkelgeschwindigkeit ω_m der Maschine, also gleich $1\omega_m$, $2\omega_m$, $3\omega_m$, $4\omega_m$ ... ist. Wenn hier z. B. die normale minutliche Umdrehzahl der Maschine $n = 300$ beträgt, also $\omega_m = \dfrac{300 \cdot \pi}{30} = \sim 30$ ist, so würden wir in erster Linie festzustellen suchen, ob etwa Eigenfrequenzen in der Nähe von 30, 60, 90, 120, 150 usf. liegen. Dies, d. h. Resonanz, wollen wir ja zunächst verhüten. Nachdem man sich so ungefähr orientiert hat, dehnt man dann die Grenze für ω nach oben hin so weit aus, als überhaupt noch praktisch Vielfache von ω in Betracht kommen (bei Viertaktmaschinen mit 6 Kurbeln machen sich oft noch Momente 6. Ord., 9. Ord., ja 12. Ord. bemerkbar. So erledigten wir das Rechenschema für $\omega = 20, 60, 80, 100, 120$ ... 220, 230, 240.

Will man nur feststellen, wo die Eigenfrequenzen liegen, dann braucht man natürlich zur Ermittlung des Restmomentes R nur einmal, und zwar vorwärts oder rückwärts zu rechnen. Ich empfehle aber auch in diesem Falle, beide Rechnungen durchzuführen; man hat so in der notwendigen Übereinstimmung der beiden Restwerte R und (R) eine wertvolle Kontrolle für die Zuverlässigkeit der Rechnung.

Nachstehend sind die vollständigen Vorwärts- und Rückwärtsrechnungen für unser Beispiel zusammengestellt.

c, $\Theta\omega^2$ und die elastischen Momente e und (e), einschließlich der Restmomente, sind in 10^6 cmkg gemessen, die Winkelamplituden a und (a) in Bogenmaß ausgedrückt, also unbenannte Zahlen.

Torsionsschwingungen.

$\omega = 20$

(e)							(a)
−5,401	=(R)	e	c	$\Theta\omega^2$	a		
−0,138		−0,4312	=−0,4312·	+1,0000	1	+0,3204
−5,263	1,2	−0,4312	:10,48 =	−0,0412		−0,5025
−2,728		−3,1780	=−3,3128·	+0,9588	2	+0,8229
−2,5349	2,3	−3,5092	:34,8 =	−0,1008		−0,0728
−0,5110		−0,4895	=−0,5708·	+0,8580	3	+0,8957
−2,0239	3,4	−4,0987	:24,4 =	−0,1678		−0,0830
−1,1575		−0,8160	=−1,1824·	+0,6902	4	+0,9787
−0,8664	4,5	−4,9147	:40,6 =	−0,1210		−0,0213
−0,8664		−0,4932	=−0,8664·	+0,5692	5	+1,0000
↑	R=	−5,4079	$R:\omega^2 = -135,0$ mkg			↑

$\omega = 50$

(e)							(a)
−9,761	=(R)	e	c	$\Theta\omega^2$	a		
+3,370		−2,695	=−2,695 ·	+1,0000	1	−1,2513
−13,131	1,2	−2,695	:10,48 =	−0,2571		−1,2540
+0,056		−15,40	=−20,705·	+0,7429	2	+0,0027
−13,187	2,3	−18,095	:34,8 =	−0,5210		−0,3790
−1,362		−0,794	=−3,57 ·	+0,2219	3	+0,3817
−11,825	3,4	−18,889	:24,4 =	−0,7740		−0,4849
−6,410		+4,082	=−7,39 ·	−0,5521	4	+0,8666
−5,415	4,5	−14,807	:40,6 =	−0,3649		−0,1334
−5,415		+4,964	=−5,415 ·	−0,9170	5	+1,0000
↑	R=	−9,843	$R:\omega^2 = -39,2$ mkg			↑

$\omega = 60$

(e)							(a)
−2,56	=(R)	e	c	$\Theta\omega^2$	a		
+4,79		−3,88	−3,88 ·	+1,0000	1	−1,2371
−7,35	1,2	−3,88	:10,48 =	−0,3710		−0,7010
+15,99		−18,76	−29,82·	+0,6290	2	−0,5361
−23,34	2,3	−22,640	:34,8 =	−0,6515		−0,6710
−6,93		+0,116	−5,14 ·	−0,0225	3	+0,1349
−16,41	3,4	−22,524	:24,4 =	−0,9240		−0,6730
−8,61		+10,085	−10,65·	−0,9465	4	+0,8079
−7,80	4,5	−12,439	:40,6 =	−0,3070		−0,1921
−7,80		+9,790	−7,80 ·	−1,2535	5	+1,0000
↑	R=	−2,649	$R:\omega^2 = -7,24$ mkg			↑

15*

228 Schwungradmasse und Ungleichförmigkeit.

$\omega = 80$

(e)		e	c	$\Theta\omega^2$	a		(a)
+ 19,06	=(R)						
— 15,06	|||||	— 6,900	= — 6,90 ·		+ 1,0000	1	+ 2,186
+ 34,12	1,2	— 6,900	: 10,48 =		— 0,6580	|||||	+ 3,251
+ 56,60	|||||	— 18,150	= — 53,1 ·		+ 0,3420	2	— 1,065
— 22,43	2,3	— 25,05	: 34,8 =		— 0,721	|||||	— 0,646
+ 3,83	|||||	+ 3,47	= — 9,14 ·		— 0,379	3	— 0,4191
— 26,31	3,4	— 21,58	: 24,4 =		— 0,884	|||||	— 1,0780
— 12,45	|||||	+ 23,95	= — 18,92 ·		— 1,263	4	+ 0,6589
— 13,86	5,5	+ 2,37	: 40,6 =		+ 0,058	|||||	— 0,3411
	|||||	+ 16,71	= — 13,86 ·		— 1,205	5	+ 1,0000
↑	R=	+ 19,08	$R : \omega^2 = +$ 29,8 mkg				↑

$\omega = 100$

(e)		e	: c	$\Theta\omega^2$ ·	a		(a)
+ 14,03	=(R)						
— 97,10	|||||	— 10,780		— 10,78 ·	+ 1,0000	1	+ 9,00
+ 111,13	1,2	— 10,780	: 10,48		— 1,0280	|||||	+ 10,60
+ 132,50	|||||	+ 2,318		— 82,82 ·	— 0,0280	2	— 1,60
— 21,37	2,3	— 8,462	: 34,8		— 0,2431	|||||	— 0,614
+ 14,08	|||||	+ 3,872		— 14,27 ·	— 0,2711	3	— 0,986
— 35,45	3,4	— 4,590	: 24,4		— 0,188	|||||	— 1,453
— 13,79	|||||	+ 13,560		— 29,56 ·	— 0,459	4	+ 0,467
— 21,66	4,5	+ 8,97	: 40,6		+ 0,222	|||||	— 0,533
— 21,66	|||||	+ 5,14		— 21,66 ·	— 0,237	5	+ 1,000
↑	R=	+ 14,11	$R : \omega^2 = +$ 14,07 mkg				↑

$\omega = 120$

(e)		e	: c	$\Theta\omega^2$ ·	a		(a)
— 69,63	=(R)						
— 271,00	|||||	— 15,52		— 15,52 ·	+ 1,000	1	+ 17,444
+ 201,37	1,2	— 15,52	: 10,48		— 1,481	|||||	+ 19,220
+ 212,60	|||||	+ 57,59		— 119,6 ·	— 0,481	2	— 1,776
— 11,23	2,3	+ 42,07	: 34,8		+ 1,208	|||||	— 0,325
+ 29,81	|||||	— 14,74		— 20,56 ·	+ 0,717	3	— 1,451
— 41,04	3,4	+ 27,33	: 24,4		+ 1,120	|||||	— 1,682
— 9,84	|||||	— 78,25		— 42,6 ·	+ 1,837	4	+ 0,231
— 31,20	4,5	— 50,92	: 40,6		— 1,255	|||||	— 0,769
— 31,20	|||||	— 18,15		— 31,2 ·	+ 0,582	5	+ 1,000
↑	R=	— 69,07	$R : \omega^2 = -$ 48,1 mkg				↑

Torsionsschwingungen.

$\omega = 140$

(e)	=(R)	e	: c $\Theta\omega^2$	a		(a)
− 218,93						
− 465,60	|||||	− 21,12	− 21,12 ·	+ 1,000	1	+ 22,026
+ 246,67	1,2	− 21,12	: 10,48	− 2,014	|||||	+ 23,500
+ 239,60	|||||	+ 164,60	− 162,4 ·	− 1,014	2	− 1,474
+ 7,07	2,3	+ 143,48	: 34,8	+ 4,125	|||||	+ 0,203
+ 46,89	|||||	− 87,05	− 27,98 ·	+ 3,111	3	− 1,677
− 39,82	3,4	+ 56,43	: 24,4	+ 2,311	|||||	− 1,631
+ 2,66	|||||	− 313,90	− 57,95 ·	+ 5,422	4	− 0,046
− 42,48	4,5	− 257,47	: 40,6	− 6,341	|||||	− 1,046
− 42,48	|||||	+ 39,05	− 42,48 ·	− 0,919	5	+ 1,000
↑	R=	− 218,42	$R : \omega^2 = $ − 111,8 mkg			↑

$\omega = 160$

(e)	=(R)	e	: c $\Theta\omega^2$	a		(a)
− 274,47						
− 454,00	|||||	− 27,60	− 27,60 ·	+ 1,000	1	+ 16,422
+ 179,53	1,2	− 27,60	: 10,48	− 2,640	|||||	+ 17,140
+ 152,40	|||||	+ 348,1	− 212,2 ·	− 1,640	2	− 0,718
+ 27,13	2,3	+ 320,5	: 34,8	+ 9,220	|||||	+ 0,781
+ 54,80	|||||	− 276,8	− 36,55 ·	+ 7,580	3	− 1,499
− 27,67	3,4	+ 43,3	: 24,4	+ 1,778	|||||	− 1,133
+ 27,78	|||||	− 709,0	− 75,68 ·	+ 9,358	4	− 0,366
− 55,45	4,5	− 665,7	: 40,6	− 16,410	|||||	− 1,366
− 55,45	|||||	+ 390,6	− 55,45 ·	− 7,052	5	+ 1,000
↑	R=	− 275,1	$R : \omega^2 = $ − 107,3 mkg			↑

$\omega = 180$

(e)	=(R)	e	: c $\Theta\omega^2$	a		(a)
+ 58,89						
+ 87,80	|||||	− 34,80	− 34,80 ·	+ 1,000	1	− 2,5235
− 28,91	1,2	− 34,80	: 10,48	− 3,321	|||||	− 2,7580
− 62,99	|||||	+ 623,9	− 268,5 ·	− 2,321	2	+ 0,2345
+ 34,08	2,3	+ 589,1	: 34,8	+ 16,940	|||||	+ 0,9810
+ 34,53	|||||	− 676,0	− 46,25 ·	+ 14,619	3	− 0,7465
− 0,45	3,4	− 86,9	: 24,4	− 3,561	|||||	− 0,0185
+ 69,75	|||||	− 1059,0	− 95,80 ·	+ 11,058	4	− 0,7280
− 70,20	4,5	− 1145,9	: 40,6	− 28,200	|||||	− 1,7280
− 70,20	|||||	+ 1204,5	− 70,20 ·	− 17,142	5	+ 1,0000
↑	R=	+ 58,6	$R : \omega^2 = $ + 18,12 mkg			↑

$\omega = 200$

(e)	=(R)	e	: c $\Theta\omega^2 \cdot$	a		(a)
+ 857,1						
+1144,0	|||||	− 43,20	− 43,20 ·	+ 1,000	1	− 26,484
− 286,9	1,2	− 43,20	: 10,48	− 4,120	|||||	− 27,350
− 286,8	|||||	+ 1034,0	− 331,28·	− 3,120	2	+ 0,8661
− 0,1	2,3	+ 990,8	: 34,8	+28,45	|||||	− 0,0029
− 49,6	|||||	− 1447,0	− 57,06 ·	+25,33	3	+ 0,8690
+ 49,5	3,4	− 456,2	: 24,4	− 18,68	|||||	+ 2,029
+ 137,2	|||||	− 786,0	− 118,2 ·	+ 6,65	4	− 1,160
− 87,7	4,5	− 1242,2	: 40,6	− 30,60	|||||	− 2,160
− 87,7	|||||	+ 2105,0	− 87,7 ·	− 23,95	5	+ 1,000
↑	R=	+ 862,8	$R : \omega^2 = +\,215{,}0$ mkg			↑

$\omega = 220$

(e)	=(R)	e	: c $\Theta\omega^2 \cdot$	a		(a)
+ 673,2						
+ 844,0	|||||	− 52,20	− 52,20 ·	+ 1,000	1	− 16,16
− 170,8	1,2	− 52,20	: 10,48	− 4,980	|||||	− 16,30
− 56,9	|||||	+ 1596,0	− 401,0 ·	− 3,980	2	+ 0,142
− 113,9	2,3	+ 1544	: 34,8	+44,40	|||||	− 3,271
+235,8	|||||	− 2792	− 69,06 ·	+40,42	3	+ 3,413
+121,9	3,4	− 1248	: 24,4	− 51,20	|||||	+ 4,995
+226,8	|||||	+ 1545	− 143,2 ·	− 10,78	4	− 1,582
− 104,9	4,5	+ 297	: 40,6	+ 7,31	|||||	− 2,582
− 104,9	|||||	+ 364	− 104,4 ·	− 3,47	5	+ 1,000
↑	R=	+ 661	$R : \omega^2 = +\,138{,}0$ mkg			↑

$\omega = 230$

(e)	=(R)	e	: c $\Theta\omega^2 \cdot$	a		(a)
− 1213,9						
− 1508,0	|||||	− 57,1	− 57,1 ·	+ 1,000	1	+26,41
+ 284,1	1,2	− 57,1	: 10,48	− 5,449	|||||	+27,56
+ 504,5	|||||	+ 1951,0	− 438,9 ·	− 4,449	2	− 1,15
− 220,4	2,3	+ 1894	: 34,8	+54,50	|||||	− 6,33
− 391,0	|||||	− 3780	− 75,5 ·	+50,1	3	+ 5,18
+ 170,6	3,4	− 1886	: 24,4	− 77,4	|||||	+ 7,00
+ 285,1	|||||	+ 4270	− 156,2 ·	− 27,8	4	− 1,821
− 114,5	4,5	+ 2384	: 40,6	+58,7	|||||	− 2,821
− 114,5	|||||	− 3598	− 114,5 ·	+31,4	5	+ 1,000
↑	R=	− 1214	$R : \omega^2 = -\,230{,}0$ mkg			↑

(e)				$\omega = 240$				
$-5837{,}7$	$=(R)$	e	$:c$	$\Theta\omega^2\cdot$	a			(a)
$-7062{,}0$	|||||	$-62{,}30$		$-62{,}3$	$+1{,}000$	1		$+113{,}46$
$+1224{,}3$	$1{,}2$	$-62{,}30$	$:10{,}48$		$-5{,}941$	|||||		$+116{,}80$
$+1594{,}0$	|||||	$+2359{,}0$		$-477{,}2\cdot$	$-4{,}941$	2		$-3{,}336$
$-369{,}7$	$2{,}3$	$+2297$	$:34{,}8$		$+65{,}90$	|||||		$-10{,}630$
$-598{,}0$	|||||	-5000		$-82{,}12\cdot$	$+60{,}96$	3		$+7{,}294$
$+228{,}3$	$3{,}4$	-2703	$:24{,}4$		$-110{,}90$	|||||		$+9{,}365$
$+353{,}1$	|||||	$+8510$		$-170{,}3\cdot$	$-49{,}94$	4		$-2{,}071$
$-124{,}8$	$4{,}5$	$+5807$	$:40{,}6$		$+143{,}10$	|||||		$-3{,}071$
$-124{,}8$	|||||	$-1164{,}5$		$-124{,}8\cdot$	$+93{,}16$	5		$+1{,}000$
↑	$R=$	-5838		$R:\omega^2=-1014\,\mathrm{mkg}$				↑

Mit den so gefundenen Werten für $\dfrac{R}{\omega^2}$ zeichnen wir nun eine **Restmomentenkurve** auf, s. Fig. 121; die Anfangsordinate (für $\omega=0$) ist nach Gl. 114 $=-\Sigma\Theta=-159{,}09\,\mathrm{mkg}$. Diese ursprüngliche Restmomentenkurve, in Fig. 121 mit O bezeichnet, liefert durch ihre Schnittpunkte mit der Abszissenachse die vier **Eigenfrequenzen:**

$$\omega_{eI}=62;\qquad \omega_{eII}=106;\qquad \omega_{eIII}=178;\qquad \omega_{eIV}=225.$$

Man nennt die Eigenschwingung mit der Frequenz ω_{eI} Schwingung 1. Grades, die mit ω_{eII} Schwingung 2. Grades, die mit ω_{eIII} 3. Grades und die mit ω_{eIV} 4. Grades; kennzeichnender wäre die Benennung als einknotige, zweiknotige, dreiknotige, vierknotige Schwingung, weil die betreffenden freien Schwingungen ein, zwei drei bzw. vier Knotenpunkte aufweisen, weil von der Welle ein zwei, drei bzw. vier Querschnitte schwingungsfrei bleiben.

Genügt uns die Genauigkeit der so durch die Restmomentenkurve unmittelbar gefundenen Werte ω_e noch nicht, so können wir ja damit das Rechenschema S. 210 noch einmal durchführen und feststellen, wie weit $R:\omega^2$ sich der Grenze Null nähert. Z. B. ergibt sich für $\omega_{eIII}=178$: $R:\omega^2=-5{,}05\,\mathrm{mkg}$, während für $\omega=180$ $R:\omega^2=+18{,}19\,\mathrm{mkg}$ war; auf einer solchen kurzen Strecke von $\omega=178$ bis 180 dürfen wir aber die Restmomentenkurve ohne weiteres als Gerade ansehen und daher als genaueren Wert für ω_{eIII} einschieben:

$$\omega_{eIII}=178+2\,\frac{5{,}05}{5{,}05+18{,}19}=178{,}4.$$

Für $\omega_{eIV}=225$ finden wir $R:\omega^2=-3{,}26\,\mathrm{mkg}$, für $\omega=224$ wird $R:\omega^2=+31{,}4\,\mathrm{mkg}$, genauer also

$$\omega_{eIV}=225-1\,\frac{3{,}26}{3{,}26+31{,}4}=224{,}9.$$

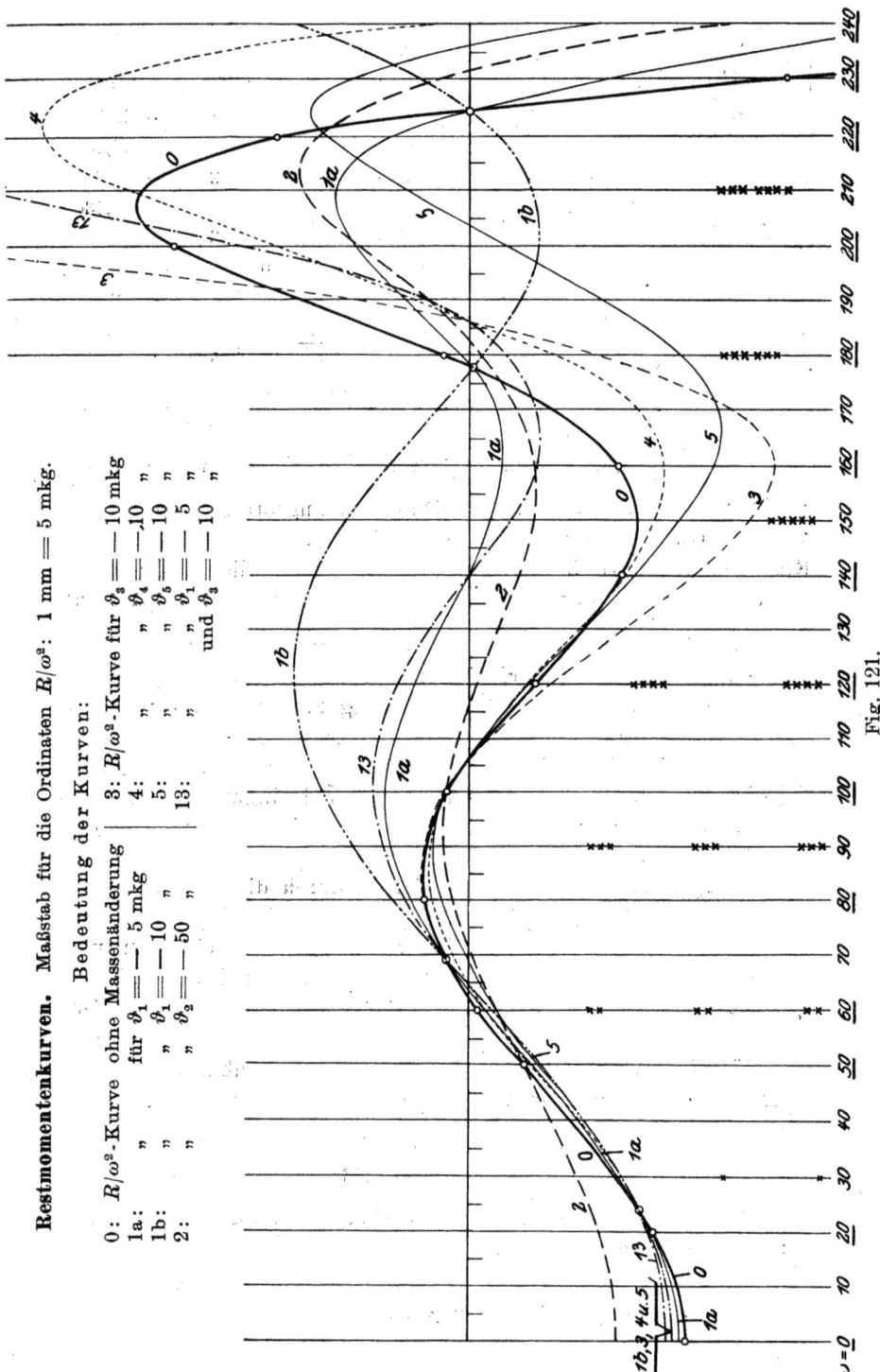

Fig. 121.

Nun prüfen wir, ob die gefundenen Eigenfrequenzen zweckmäßig liegen; wir erinnern uns, daß als Frequenzen der erregenden Momente bei einer Maschinenwinkelgeschwindigkeit von $\omega_m = 30$ in Betracht kommen: $1 \cdot \omega_m = 30$; $2 \cdot \omega_m = 60$; $3 \cdot \omega_m = 90$; $4 \cdot \omega_m = 120$; $5 \cdot \omega_m = 150$; $6 \cdot \omega_m = 180$ usf. Würde eine der Eigenfrequenzen ω_{eI} bis ω_{eIV} hiermit übereinstimmen (oder sehr nahe daran liegen), so hätten wir den Fall der Resonanz, nach Gl. 110 und 111 bekämen wir unendlich große bzw. sehr große Winkelamplituden und elastische Momente. So erkennen wir sofort, daß $\omega_{eI} = 62$ bedenklich nahe an 60 liegt; da nun gerade die erregenden Momente 2. Ordnung, wie wir aus den früheren Untersuchungen wissen, besonders groß zu sein pflegen, so werden wir versuchen, ω_{eI} zu verschieben, und zwar hinauf zu rücken. $\omega_{eII} = 106$ liegt nahezu in der Mitte zwischen 90 und 120, also günstig, eine Verlegung von ω_{eII} hätte zunächst keinen Zweck. $\omega_{eIII} = 178$ dagegen nähert sich wieder bedenklich der Frequenz 180, die für die Momente 6. Ordnung in Betracht kommt, eine Verlegung von ω_{eIII} wäre mithin dringend erwünscht. Wir versuchen also, wie wir durch **Abänderung einer Masse** (oder einer elastischen Konstanten) die Lage der Eigenfrequenzen zweckmäßig verschieben können. Dabei leisten uns die Reständerungsformeln Gl. 105 und 106 S. 213, sowie Gl. 107 und 108 die wertvollsten Dienste. Stellen wir uns beispielsweise die Aufgabe, es soll $\omega = 140$ zu einer Eigenfrequenz gemacht werden (diese Zahl wurde etwa gewählt, weil wir wohl auf Momente 4. Ordnung und 6. Ordnung rechnen, nicht aber auf solche 5. Ordnung; wir wollten also von $\omega = 120$ und $\omega = 180$ möglichst entfernt bleiben und der Vorsicht halber nicht gerade direkt $\omega_e = 150$ anstreben). Nach Gl. 13 S. 107 muß das Trägheitsmoment der i-ten Masse zu diesem Zweck erhöht werden um

$$\vartheta_i = \frac{R}{\omega^2} \frac{1}{a_i(a_i)}.$$

Da wir die Werte $\frac{R}{\omega^2}$, sowie $a_i(a_i)$ fortgesetzt brauchen, haben wir aus den Rechenschematas S. 227 bis S. 231 die Werte $\frac{R}{\omega^2}$, a_i und (a_i) entnommen und in der Tafel, S. 234, zusammengestellt. Die fettgedruckten Vorzeichen in dieser Tafel besagen, daß für das nächst größere in der Tabelle aufgeführte ω die betreffende Amplitude a oder (a) bereits ein anderes Vorzeichen hat; die betreffende Stelle wird also zu einer a-Nullstelle oder einer (a)-Nullstelle (vgl. S. 218) für eine Frequenz, die zwischen der durch fettgedrucktes Vorzeichen markierten und der in der Tafel folgenden Frequenz ω liegt. Es gibt z. B. für a_1 keine Frequenz, für die

Schwungradmasse und Ungleichförmigkeit.

Tafel zur Berechnung von $\mathfrak{Q} : \omega^2 = \Theta_i \cdot a_i(a_i)$ und $A_{k; k} = \dfrac{\mathfrak{M}_k}{R} a_k(a_k)$

$\omega =$	20	50	60	80	100	120	140	160	180	200	220	230	240
R in 10^6 cmkg	$0{,}04 \cdot 10^4$ $-5{,}409$	$0{,}25 \cdot 10^4$ $-9{,}80$	$0{,}36 \cdot 10^4$ $-2{,}60$	$0{,}64 \cdot 10^4$ $+19{,}07$	$1 \cdot 10^4$ $+14{,}07$	$1{,}44 \cdot 10^4$ $-69{,}35$	$1{,}96 \cdot 10^4$ $-218{,}8$	$2{,}56 \cdot 10^4$ $-275{,}0$	$3{,}24 \cdot 10^4$ $+58{,}75$	$4 \cdot 10^4$ $+860{,}0$	$4{,}84 \cdot 10^4$ $+667$	$5{,}29 \cdot 10^4$ -1214	$5{,}76 \cdot 10^4$ -5838
$R : \omega^2$ in mkg	$-135{,}0$	$-39{,}2$	$-7{,}24$	$+29{,}8$	$+14{,}07$	$-48{,}1$	$-111{,}8$	$-107{,}3$	$+18{,}12$	$+215{,}0$	$+138{,}0$	$-230{,}0$	-1010
a_1 (a_1)	$+1$ $+0{,}3204$	$+1$ $-1{,}251$	$+1$ $-1{,}237$	$+1$ $+2{,}186$	$+1$ $+9{,}00$	$+1$ $+17{,}44$	$+1$ $+22{,}03$	$+1$ $+16{,}42$	$+1$ $-2{,}524$	$+1$ $-26{,}48$	$+1$ $-16{,}16$	$+1$ $+26{,}41$	$+1$ $+113{,}46$
a_1 (a_1)	$+0{,}3204$	$-1{,}251$	$-1{,}237$	$+2{,}186$	$+9{,}00$	$+17{,}44$	$+22{,}03$	$+16{,}42$	$-2{,}524$	$-26{,}48$	$-16{,}16$	$+26{,}41$	$+113{,}46$
a_2 (a_2)	$+0{,}9588$ $+0{,}8229$	$+0{,}7429$ $+0{,}0027$	$+0{,}6290$ $+0{,}5361$	$+0{,}342$ $-1{,}065$	$-0{,}028$ $-1{,}600$	$-0{,}481$ $-1{,}776$	$-1{,}014$ $-1{,}474$	$-1{,}640$ $-0{,}718$	$-2{,}321$ $+0{,}234$	$-3{,}120$ $+0{,}866$	$-3{,}980$ $+0{,}142$	$-4{,}449$ $-1{,}150$	$-4{,}941$ $-3{,}336$
a_2 (a_2)	$+0{,}799$	$+0{,}0020$	$-0{,}336$	$-0{,}364$	$+0{,}045$	$+0{,}854$	$+1{,}495$	$+1{,}178$	$-0{,}544$	$-2{,}703$	$-0{,}565$	$+5{,}115$	$+16{,}48$
a_3 (a_3)	$+0{,}8580$ $+0{,}8957$	$+0{,}2219$ $+0{,}3817$	$+0{,}0225$ $+0{,}1349$	$-0{,}3790$ $-0{,}4191$	$-0{,}2711$ $-0{,}986$	$+0{,}717$ $-1{,}451$	$+3{,}111$ $-1{,}677$	$+7{,}580$ $-1{,}499$	$+14{,}62$ $-0{,}7463$	$+25{,}33$ $+0{,}8690$	$+40{,}42$ $+3{,}413$	$+50{,}10$ $+5{,}180$	$+60{,}96$ $+7{,}294$
a_3 (a_3)	$+0{,}768$	$+0{,}085$	$-0{,}030$	$+0{,}159$	$+0{,}267$	$-1{,}041$	$-5{,}22$	$-11{,}38$	$-10{,}91$	$+22{,}08$	$+137{,}9$	$+259{,}6$	$+444{,}5$
a_4 (a_4)	$+0{,}6902$ $-0{,}9787$	$-0{,}5521$ $+0{,}8666$	$-0{,}9465$ $+0{,}8079$	$-1{,}263$ $+0{,}6589$	$-0{,}459$ $+0{,}467$	$+1{,}837$ $+0{,}231$	$+5{,}422$ $-0{,}046$	$+9{,}358$ $-0{,}366$	$+11{,}06$ $-0{,}728$	$+6{,}65$ $-1{,}160$	$-10{,}78$ $-1{,}582$	$-27{,}3$ $-1{,}821$	$-49{,}94$ $-2{,}071$
a_4 (a_4)	$+0{,}676$	$-0{,}478$	$-0{,}765$	$-0{,}833$	$-0{,}214$	$+0{,}425$	$-0{,}250$	$-3{,}420$	$-8{,}05$	$+7{,}715$	$+17{,}06$	$+49{,}81$	$+103{,}5$
a_5 (a_5)	$-0{,}1210$ $+1$	$-0{,}917$ $+1$	$-1{,}254$ $+1$	$-1{,}205$ $+1$	$-0{,}237$ $+1$	$+0{,}582$ $+1$	$-0{,}919$ $+1$	$-7{,}085$ $+1$	$-17{,}14$ $+1$	$-23{,}95$ $+1$	$-3{,}47$ $+1$	$+31{,}40$ $+1$	$+93{,}16$ $+1$
a_5 (a_5)	$-0{,}1210$	$-0{,}917$	$-1{,}254$	$-1{,}205$	$-0{,}237$	$+0{,}582$	$-0{,}919$	$-7{,}085$	$-17{,}14$	$-23{,}95$	$-3{,}47$	$+31{,}40$	$+93{,}16$
$\omega =$	20	50	60	80	100	120	140	160	180	200	220	230	240

$a_1 = 0$ ist, für a_2 dagegen eine, für a_3 zwei, für a_4 drei und für a_5 vier Frequenzen, für die das a gleich Null wird; für (a_1) gibt es vier, für (a_2) drei, für (a_3) zwei, für (a_4) eine und für (a_5) null solche Frequenzen.

Wir wollen also $\omega = 140$ zu einer Eigenfrequenz machen, indem wir irgendeine i-te Masse um $\vartheta_i = \dfrac{R}{\omega^2}\dfrac{1}{a_i(a_i)}$ erhöhen; mit den Werten aus der vorstehenden Tafel wäre zu diesem Zweck erforderlich:

$$\vartheta_1 = \frac{-111{,}8}{22{,}03} = -5{,}06\,\text{mkg} \quad \text{oder} \quad \vartheta_2 = \frac{-111{,}8}{1{,}495} = -74{,}8\,\text{mkg}$$

$$\text{oder}\quad \vartheta_3 = \frac{-111{,}8}{-5{,}22} = +21{,}4\,\text{mkg} \quad \text{oder} \quad \vartheta_4 = \frac{-111{,}8}{-0{,}25} = +447\,\text{mkg}$$

$$\text{oder}\quad \vartheta_5 = \frac{-111{,}8}{-0{,}919} = +121\,\text{mkg}.$$

Wir müssen folglich entweder $\Theta_1 = 10{,}78$ mkg um $\vartheta_1 = 5{,}06$ mkg, also etwa auf die Hälfte vermindern, was ganz gut durchführbar wäre, oder $\Theta_2 = 82{,}82$ mkg um $\vartheta_2 = 74{,}8$ mkg kleiner machen, d. h. das Schwungrad fast vollkommen beseitigen, was wohl nicht angängig ist. Oder aber es müßte $\Theta_3 = 14{,}27$ mkg um $21{,}4$ mkg, also ziemlich bedeutend vergrößert (was schließlich ausführbar wäre), oder $\Theta_4 = 29{,}56$ um den ungeheuren Betrag $\vartheta_4 = 447$ mkg oder $\Theta_5 = 21{,}66$ mkg um den ebenfalls sehr großen Wert $\vartheta_5 = 121$ mkg vermehrt werden; die beiden letzten Änderungen kommen praktisch offenbar gar nicht in Frage. Die Änderungsformel Gl. 107 weist uns also deutlich den Weg, auf dem wir zum gewünschten Ziel gelangen. Was allerdings die Verminderung von Θ_1 um $5{,}06$ mkg sonst noch für Folgen hat, muß weiterhin festgestellt werden. Daß sowohl ein Vermindern gewisser Massen, wie auch ein Vermehren anderer Massen die beabsichtigte Wirkung, $\omega = 140$ zu einer Eigenfrequenz zu machen, haben kann, erklärt sich leicht auf folgende Weise: je kleiner die Massen, um so schneller die Eigenschwingungen, um so höher die Eigenfrequenz; durch Verkleinern einer Masse wird also die nächst niedrige Eigenfrequenz bis auf den gewünschten Betrag heraufgesetzt; durch Vergrößern einer Masse aber wird die nächst höhere Eigenfrequenz bis auf den gewünschten Betrag herabgezogen; die vorher vorhanden gewesenen Eigenfrequenzen niedrigeren Grades bleiben natürlich dabei bestehen.

Stellen wir auf Grund der Änderungsformel Gl. 108 S. 214 fest, in welche neue elastische Konstante c' irgend ein c verwandelt werden muß, um $\omega = 140$ zu einer Eigenfrequenz zu machen, so finden wir für c'

$$\frac{1}{c'} = \frac{1}{c} + \gamma = \frac{1}{c} - \frac{R}{e(e)} = \frac{1}{c} + \frac{218,8}{e(e)}$$

und daraus im einzelnen:

$c'_{1,2} = +18,7 \cdot 10^6$ cmkg (statt $c_{1,2} = 10,48 \cdot 10^6$ cmkg)
$c'_{2,3} = +4,11 \cdot 10^6$ „ („ $c_{2,3} = 34,8 \cdot 10^6$ „)
$c'_{3,4} = -17,2 \cdot 10^6$ „ („ $c_{3,4} = 24,4 \cdot 10^6$ „)
$c'_{4,5} = +22,4 \cdot 10^6$ „ („ $c_{4,5} = 40,6 \cdot 10^6$ „)

Zunächst sagt das negative Zeichen für die neue elastische Konstante $c'_{3,4}$, daß eine solche Umänderung überhaupt unmöglich ist. Sodann bedeutet die Umwandlung von $c_{1,2} = 10,48 \cdot 10^6$ cmkg in $c'_{1,2} = 18,7 \cdot 10^6$ cmkg, daß zur Erzielung des gewünschten Zweckes das Wellenstück von 1 bis 2 steifer, also dicker, gemacht werden müßte in einem Verhältnis, das sich praktisch nicht gerade als unausführbar zeigen würde. Viel bequemer wäre dagegen die Umänderung von $c_{2,3} = 34,8 \cdot 10^6$ cmkg in $c'_{2,3} = 4,11$; dies bedeutet, daß das Wellenstück von 2 bis 3 erheblich (über 8mal) nachgiebiger sein müßte, was durch Einbau einer elastischen Kupplung erreichbar wäre. Auch die Umwandlung von $c_{4,5} = 40,6 \cdot 10^6$ cmkg in $c'_{4,5} = 22,4 \cdot 10^6$ cmkg bedeutet ein Weichermachen des Wellenstückes von 4 bis 5, das sich vielleicht durch Verkleinerung des Wellendurchmessers praktisch am billigsten bewerkstelligen ließe. Nebenbei sei bemerkt, daß die erste Änderung, Verstärkung der Welle zwischen Achsenregler und Schwungrad in den sonstigen Wirkungen fast buchstäblich mit der Verminderung von Θ_1 um $\vartheta_1 = 5,06$ mkg übereinstimmt, wie überhaupt Verminderung einer Masse und entsprechende Versteifung eines anstoßenden Wellenstückes so ziemlich auf dasselbe hinauskommt.

Ein einwandfreies Bild von den Wirkungen einer vorzunehmenden Änderung einer Masse oder einer elastischen Konstanten erhält man aber erst durch **Aufzeichnen der neuen Restmomentenkurven**; wir wollen dies für unser Beispiel im Anschluß an Fig. 121, S. 232, etwas näher erläutern. Müßte man jedesmal von neuem für das geänderte System für alle Frequenzen nach dem Rechenschema die Restwerte R aufsuchen, so wäre die Aufgabe sehr mühsam. Da erweisen nun unsere Reständerungsformeln ihren großen Wert; mit nur geringem Aufwand an Arbeit können für jede Abänderung irgendeiner Masse oder einer elastischen Konstante die Reständerungen ϱ mit Hilfe der fertig vorliegenden Werte a und (a) bzw. e und (e) bestimmt und von der ursprünglichen Restkurve aus abgetragen werden, um so die neue Restkurve zu liefern. Da wir als Ordinaten der Restmomentenkurve die Werte $R : \omega^2$ aufgetragen haben, so berechnen wir natürlich gleich $\varrho : \omega^2$; für eine Vergrößerung der i-ten Masse ergab sich nach Gl. 105 $\varrho = -\vartheta_i \omega^2 a_i(a_i)$, daher wird

$$\varrho : \omega^2 = -\vartheta_i a_i(a_i),$$

wir brauchen also die in der Tafel S. 234 bereits enthaltenen Werte $a_i(a_i)$ nur noch mit dem gewählten ϑ_i zu multiplizieren, um die Reständerung $\varrho : \omega^2$ zu erhalten. So ergab sich in Fig. 121 S. 232 die Linie 1a bei Verminderung der ersten Masse, d. h. für $\vartheta_i = -5$ mkg; S. 235 hatten wir festgestellt, daß, wenn wir $\omega = 140$ zu einer Eigenfrequenz machen wollen, wir beispielsweise Θ_1 um $\vartheta_1 = 5{,}06$ mkg vermindern müssen. Das ist nun geschehen, und in der Tat schneidet sich die neue Restmomentenkurve 1a mit der Abszissenachse für $\omega = 140$, diese Frequenz ist demnach wirklich Eigenfrequenz geworden. Der weitere Verlauf der abgeänderten $R : \omega^2$-Kurve, d. h. der Kurve 1a, lehrt folgendes: die Eigenfrequenz 1. Grades ist nur wenig nach oben gerückt auf $\omega_{eI} = 63{,}5$, (die zweite, wie beabsichtigt, von 106 auf $\omega_{eII} = 140$ verschoben), die 3. Grades hat so gut wie keine Änderung erfahren, ebenso die 4. Grades. Die Verkleinerung von Θ_1 läßt also ω_{eI}, ω_{eIII} und ω_{eIV} fast ungeändert, schiebt lediglich die Eigenfrequenz 2. Grades von 106 auf 140.

Sehen wir zu, wie sich die Verhältnisse gestalten, wenn wir etwa den Achsenregler ganz beseitigen, also etwa Θ_1 um $\vartheta_1 = 10$ mkg vermindern; dann ist ϑ_1 doppelt so groß wie oben, alle Werte ϱ werden daher in demselben Maße größer, wir brauchen also nur die Ordinatendifferenzen zwischen der Grundkurve 0 und der Restmomentenkurve 1a zu verdoppeln, um sofort die neue Restmomentenkurve 1b in Fig. 121, S. 232 zu erhalten. Wir erkennen aus deren Verlauf, daß die Eigenfrequenz ω_{eI} wieder nur um sehr wenig (auf $\omega_{eI} = 64$) heraufgesetzt ist, daß dagegen ω_{eII} ganz erheblich nach oben bis auf $\omega_{eII} = 177$, ω_{eIII} ebenfalls bedeutend nach oben (auf $\omega_{eIII} = 225$) verlegt, ω_{eIV} noch weiter (aus dem untersuchten Gebiet für ω hinaus) nach oben gerückt worden ist. Daß sich für verschiedene große Änderungen derselben Masse (hier von ϑ_1) die neuen Restkurven mit der alten in denselben Punkten schneiden müssen, ist klar; denn für die Schnittpunkte der ursprünglichen Restmomentenkurve mit einer abgeänderten ist ja die Ordinatendifferenz Null, mithin trifft das für jedes beliebige andere ϑ_1 auch zu. Nun liegen zufällig drei solche Schnittpunkte (der vierte liegt zwischen $\omega = 20$ und 30) ganz dicht bei der Abszissenachse, also in der Nähe der drei ursprünglichen Eigenfrequenzen $\omega_e = 62$, 178 und 225, folglich bleiben diese auch bei jeder Art von Änderung des Wertes Θ_i fast genau bestehen. Über alle solche wichtigen Dinge geben uns die Restmomentenkurven deutliche Auskunft. Betrachten wir noch einmal den Verlauf der Kurve 1b zwischen $\omega = 65$ und $\omega = 177$; innerhalb dieses weiten Gebietes ist keine Eigenfrequenz mehr vorhanden; würde es sich daher darum handeln, erregende Momente in diesem ganzen Gebiet, z. B. solche 3., 4. und 5. Ordnung, möglichst unschädlich zu machen, so würde die Maßnahme der Beseitigung des Achsenreglers geradezu eine hervorragende Lösung bedeuten.

Wir verkleinern jetzt das Schwungrad, vermindern $\Theta_2 = 82{,}82$ mkg um mehr als die Hälfte, um $\vartheta_2 = 50$ mkg; das Ergebnis ist die neue Restmomentenkurve 2. Sie verlegt zwar die Eigenfrequenz ω_{eI} von 62 auf 72, verringert also die Gefahr der Resonanz für die Momente 2. Ordnung etwas, aber die übrigen Eigenfrequenzen werden nur verhältnismäßig wenig heraufgesetzt: ω_{eII} von 106 auf 116, ω_{eIII} von 178 auf 182, ω_{eIV} von 225 auf 231; das Gesamtergebnis ist in Anbetracht der erheblichen Massenverminderung eigentlich ein sehr bescheidenes, Änderungen des Schwungrades demnach kaum ratenswert.

Die Verkleinerung von $\Theta_3 = 14{,}27$ mkg um $\vartheta_3 = 10$ mkg, d. h. Herabsetzung des Trägheitsmomentes der Kupplung auf rund ein Drittel, liefert die Restmomentenkurve 3; sie unterscheidet sich bis $\omega = 110$ kaum von der ursprünglichen Linie 0, läßt also ω_{eI} und ω_{eII} ungeändert bestehen, rückt ω_{eIII} nur wenig, von 177 bis 186, herauf, zeigt sich mithin genau wie die Schwungradverminderung als nahezu wirkungslos; lediglich ω_{eIV}, was aber nicht gerade von Bedeutung ist, wird weiter nach oben verlegt. Ganz ähnlich macht sich eine Verminderung des Trägheitsmomentes $\Theta_4 = 29{,}56$ mkg der ersten Dynamo um $\vartheta_4 = 10$ mkg, d. h. um etwa $1/3$ geltend, Kurve 4; nur ω_{eIV} wird nicht ganz so hoch heraufgerückt. Vermindert man das Trägheitsmoment der zweiten Dynamo $\Theta_5 = 21{,}66$ mkg um $\vartheta_5 = 10$ mkg, so lehrt die Kurve 5, daß ebenfalls wieder ω_{eI} und ω_{eII} so gut wie gar nicht, dagegen ω_{eIII} ziemlich bedeutend, von $\omega_{eIII} = 178$ auf $\omega_{eIII} = 204$, ω_{eIV} nicht so erheblich, von $\omega_{eIV} = 225$ auf $\omega_{eIV} = 236$ heraufgerückt wird.

Die Einflüsse der einzelnen Massenänderungen können demnach auf Grund der Restmomentenkurven bequem und zahlenmäßig scharf verfolgt werden nicht nur für die jeweilig als Beispiel angenommenen Änderungen ϑ_i, sondern auch für jedes andere ϑ_i; es brauchen ja nur, wie bei der Besprechung von 1b erläutert wurde, die Ordinatendifferenzen zwischen der O-Kurve und der geänderten Restmomentenkurve für ϑ_i jeweils im Verhältnis der Werte ϑ_i abgeändert zu werden.

Torsionsschwingungen.

Gehen wir nun dazu über, den durch bestimmte erregende Momente erzeugten Schwingungszustand aufzusuchen, so kommt es uns weniger auf Zahlenwerte an, als darauf, nochmals auf die **Verschiedenheit der Winkelamplituden an den verschiedenen Stellen** sowie auf den **Einfluß der Angriffsstellen der erregenden Momente** hinzuweisen. Eigentlich sagen uns die Gleichungen 110 und 111 S. 215 u. 216 ja alles, wenn wir sie nur richtig zu lesen verstehen, und wenn außerdem für die betreffenden Frequenzen die Vorwärts—Rückwärtsrechnung bereits erledigt ist. Nach Fig. 120 liegt die Angriffsstelle der linken Kurbel k' in einem Abstand etwa $=\frac{1}{4}$ der Länge des Wellenstückes 12 von 1 entfernt, ebenso die rechte Kurbel k'' in dem gleichen Abstand von 2. Daher werden die entsprechenden Amplituden für k' und k'':

ferner
$$a' = \tfrac{3}{4}a_1 + \tfrac{1}{4}a_2 \quad \text{und} \quad (a') = \tfrac{3}{4}(a_1) + \tfrac{1}{4}(a_2),$$
$$a'' = \tfrac{1}{4}a_1 + \tfrac{3}{4}a_2 \quad \text{und} \quad (a'') = \tfrac{1}{4}(a_1) + \tfrac{3}{4}(a_2).$$

Ein in k' angreifendes Moment $\mathfrak{M}_k'$ liefert nach Gl. 110 und 111 folgende Winkelamplituden:

$$\text{in 1: } A_1 = \frac{\mathfrak{M}_k'}{R} a_1(a'); \quad \text{in 2: } A_2 = \frac{\mathfrak{M}_k'}{R} a'(a_2), \quad \text{desgl.}$$

$$\text{in 3: } A_3 = \frac{\mathfrak{M}_k'}{R} a'(a_3); \quad \text{in 4: } A_4 = \frac{\mathfrak{M}_k'}{R} a'(a_4);$$

$$\text{in 5: } A_5 = \frac{\mathfrak{M}_k'}{R} a'(a_5).$$

Die Winkelamplituden in 2, 3, 4 und 5 verhalten sich also (dasselbe gilt für ein in k'' angreifendes Moment $\mathfrak{M}_k''$) wie

$$(a_2):(a_3):(a_4):(a_5),$$

z. B. für $\omega = 60$ wie $-0{,}536 : +0{,}1349 : +0{,}8079 : 1$,

für $\omega = 120$ wie $+17{,}44 : -0{,}325 \;\; : -1{,}682 \;\; : 1$,

sie sind nicht nur an den einzelnen Stellen verschieden, sondern ihre Verhältnisse sind auch in hohem Maße von der Frequenz abhängig. Während $\omega = 60$ erregenden Momenten 2. O. entspricht, gehört $\omega = 120$ zu Momenten 4. O.; Momente 2. O. erteilen also dem Schwungrade etwa halb so große Ausschläge wie der zweiten Dynamo, Momente 4. O. dagegen dem Schwungrade 17 mal so große wie der zweiten Dynamo. Momente 2. O. lassen die Zwischenkupplung etwa den vierten Teil so stark ausschlagen wie das Schwungrad, Momente 4. O. dagegen den 53. Teil usf. Auf die verschiedenen Vorzeichen werden wir gleich noch zurückkommen.

Um den Einfluß der Angriffsstelle des erregenden Momentes zu prüfen, bestimmen wir z. B. für $\omega = 60$ und $\omega = 120$ a' und a''; es ist

für $\omega = 60$: $a' = \tfrac{3}{4}a_1 + \tfrac{1}{4}a_2 = 0{,}927$; $a'' = \tfrac{1}{4}a_1 + \tfrac{3}{4}a_2 = 0{,}721$,

für $\omega = 120$: $a' = \tfrac{3}{4}a_1 + \tfrac{1}{4}a_2 = 0{,}63$; $a'' = \tfrac{1}{4}a_1 + \tfrac{3}{4}a_2 = -0{,}11$,

während an der Mittelstelle k zwischen k' und k''

für $\omega = 60$: $a' = \tfrac{1}{2}(a_1 + a_2) = 0{,}814$ und für $\omega = 120$: $a' = 0{,}26$

beträgt.

Setzt man also von vornherein die beiden Momente $\mathfrak{M}_k'$ und $\mathfrak{M}_k''$, die zu 90^0 Kurbelversatz gehören, zusammen, so würden sich die beiden Momente $\mathfrak{M}_k'$ und $\mathfrak{M}_k''$ 2. Ordnung gegenseitig aufheben (denn wir müssen ja den Versatzwinkel verdoppeln, ehe wir die Momente geometrisch addieren), ihre Wirkung wäre somit = Null. In Wirklichkeit liefert aber $\mathfrak{M}_k'$ Amplituden

$$A' = \frac{\mathfrak{M}_k'}{R} a'(a_i) = \frac{\mathfrak{M}_k'}{R}(a_i) 0{,}927,$$

$\mathfrak{M}_k''$ dagegen Amplituden

$$A'' = \frac{\mathfrak{M}_k''}{R} a''(a_i) = \frac{\mathfrak{M}_k''}{R}(a_i) 0{,}721,$$

es bleiben folglich Amplituden von den beiden gleich großen Momenten 2. Ordnung übrig:

$$A_{II} = \frac{\mathfrak{M}_k}{R}(a_i)[0{,}927 - 0{,}721] = \frac{\mathfrak{M}_k}{R}(a_i) 0{,}206,$$

die nicht zu vernachlässigen sein werden (hier um so weniger, da $\omega = 60$ ziemlich dicht an einer Eigenfrequenz liegt, der Nenner R mithin ziemlich klein ist, die Amplituden ziemlich groß werden). Führen wir die gleiche Betrachtung für $\omega = 120$, für die Momente 4. O. durch, so findet sich

$$A' = \frac{\mathfrak{M}_k'}{R} a'(a_i) = \frac{\mathfrak{M}_k'}{R}(a_i) 0{,}63$$

$$A'' = \frac{\mathfrak{M}_k''}{R} a''(a_i) = \frac{\mathfrak{M}_k''}{R}(a_i)(-0{,}11),$$

die wirklichen Amplituden vierter Ordnung werden folglich (nach Vervierfachung des Kurbelversatzwinkels werden die Drehstrecken für die Momente gleichgerichtet, sind daher zu addieren):

$$A_{IV} = \frac{\mathfrak{M}_k}{R}(a_i)[0{,}63 - 0{,}11] = \frac{\mathfrak{M}_k}{R}(a_i) 0{,}52.$$

Setzen wir vorher die Momente zusammen, so erhalten wir als resultierendes Moment $2\mathfrak{M}_k$, und dieses würde, in k angreifend, wo $a = 0{,}26$ beträgt, Amplituden erzeugen:

$$A_{IV} = \frac{2\mathfrak{M}_k}{R}(a_i)\, 0{,}26 = \frac{\mathfrak{M}_k}{R}(a_i)\, 0{,}52,$$

genau wie in Wirklichkeit. (Die Übereinstimmung beider Ergebnisse ist hier in der Phasengleichheit der beiden zu vereinigenden Drehstrecken und darin begründet, daß beide Kraftangriffsstellen in demselben Felde liegen und wir das Ersatzpaar in der Mitte angenommen haben.) Mit wenigen Ausnahmen ist es also **unzulässig, die an verschiedenen Angriffsstellen wirkenden erregenden Momente von vornherein zu einem resultierenden Moment zusammenzusetzen.**

Bei einer Welle, die nicht absolut starr ist, verliert auch der Begriff Ungleichförmigkeitsgrad seine Bedeutung; von einem solchen für die ganze Anlage kann nicht mehr die Rede sein, höchstens von den verschiedenen Ungleichförmigkeitsgraden der einzelnen Wellenquerschnitte. Angenommen, bei unserem Beispiel überwiegen die erregenden Momente 2. Ordnung derart, daß die übrigen Momente dagegen vernachlässigt werden können, so werden sich an den Stellen 2, 3, 4 und 5 Ungleichförmigkeitsgrade ergeben, die sich wie die Winkelamplituden, d. h. wie

$$0{,}536 : 0{,}1349 : 0{,}8079 : 1$$

verhalten.

Werden mit einem Torsiographen an verschiedenen Stellen Torsiogramme (vgl. S. 176 u. 177) aufgenommen, so ergeben sich nicht nur verschieden große Ausschläge, sondern die einzelnen Torsiogramme erhalten auch vollkommen verschiedene Gestalt; denn die von den einzelnen Momenten verschiedener Ordnung herrührenden Schwingungen haben ja ganz andere Verhältnisse zwischen den Amplituden, es entstehen also beim Zusammensetzen der Schwingungen verschiedener Ordnung für die einzelnen Stellen lauter verschiedene Schwingungsbilder (die letzteren so gemeint, daß, wie es in den Torsiogrammen der Fall ist, die augenblicklichen Ausschläge als Ordinaten und die Zeiten als Abszissen aufgetragen werden).

Zum Schluß noch eine kurze Betrachtung über die **Knotenpunkte**, die bei den durch Momente erregten Schwingungen auftreten. Die Eigenschwingungen hatten, wie wir bereits sahen, ein, zwei, drei, vier ... Knotenpunkte, je nach der Eigenfrequenz: für $\omega_{eI} = 62$ ergab sich ein Knotenpunkt, für $\omega_{eII} = 106$ zwei Knotenpunkte usf.

Auch bei den erzwungenen Schwingungen können ein oder mehrere Knotenpunkte auftreten. Am klarsten ersehen wir dies aus den Gleichungen 110 und 111; so oft die bei der Berechnung der Amplituden heranzuziehenden Werte a (für die Stellen links von der Angriffsstelle des Momentes) und (a) (für die Stellen rechts von der Angriffsstelle des Momentes) das Vorzeichen wechseln, so oft geht auch der Wert für die Amplitude durch Null, so viel Knotenpunkte weist die Schwingungslinie auf.

In den Rechenschematas S. 227 bis 231 sind alle Vorzeichenwechsel von a und (a) für die betreffende Frequenz dadurch kenntlich gemacht, daß erstens diejenigen Vorzeichen, auf die ein anderes Vorzeichen folgt, fett gedruckt sind, und zweitens die Vorzeichenwechsel als solche durch einen kurzen senkrechten dicken Strich in dem leeren Raum zwischen den Nummern 1 bis 5 gekennzeichnet wurden; diese Nummern geben ja den Querschnitt an, und ein solcher Strich links drückt einen Vorzeichenwechsel aus für die (links stehenden) Werte a, ein Strich rechts einen Vorzeichenwechsel für die Werte (a) beim Übergang von 1 bis 2, von 2 bis 3 usf. Will man nun für irgend ein Moment die Anzahl der Knotenpunkte feststellen, so braucht man nur, links heruntergehend bis zur Angriffsstelle des Momentes und von da rechts weiter heruntergehend, die Anzahl der Zeichenwechsel abzuzählen. Z. B. für $\omega = 220$ finden wir so: greift $\mathfrak{M}$ in 1 an: 3 Wechsel, greift $\mathfrak{M}$ in 2 an: 3 Wechsel, greift $\mathfrak{M}$ in 3 an: 4 Wechsel, greift $\mathfrak{M}$ in 4 an: 4 Wechsel, und wenn $\mathfrak{M}$ in 5 angreift: 3 Wechsel, für $\omega = 220$ liefert also ein erregendes Moment je nach seiner Lage drei oder vier Knotenpunkte; bei $\omega = 230$ entstehen immer vier Knotenpunkte, bei $\omega = 50$ keiner oder einer usf.

S. 218 haben wir darauf hingewiesen, daß, wenn ein erregendes Moment an einer a-Nullstelle angreift, alle Querschnitte rechts davon schwingungsfrei bleiben. Für jede beliebige Angriffsstelle gibt es ein oder mehrere Frequenzen, bei denen gerade diese Stelle zur Nullstelle wird. Aus der Tafel S. 234 ersehen wir, daß a_1 allerdings immer positiv ist (das ist ja selbstverständlich, denn wenn ganz am linken Ende ein erregendes Moment wirksam ist, kann unmöglich die ganze Welle in Ruhe bleiben, Stelle 1 selber kann also nicht Nullstelle werden); a_2 geht zwischen 80 und 100 durch Null hindurch, der Wechsel erfolgt nach Fig. 122 bei $\omega = 99$. Für unser Beispiel kommen als Angriffsstellen von erregenden Momenten (siehe Fig. 120, S. 225) k' und k'' in Betracht; um zu zeigen, wie man für solche Zwischenstellen systematisch für alle Frequenzen die Werte a oder (a) finden kann, ist in Fig. 122 zunächst mit den errechneten Werten a_2 als Ordinaten und den zugehörigen Fre-

Torsionsschwingungen. 243

quenzen ω als Abszissen eine a_2-Kurve gezeichnet; die Schnittpunkte einer solchen a-Kurve mit der Abszissenachse liefert die betreffenden Frequenzen, für die a gleich Null wird. Die a_2-Kurve hat nur einen Schnittpunkt, und zwar bei $\omega = 99$; die a_3-Kurve würde, wie die Vorzeichenwechselzahl nach Tafel S. 234 erkennen läßt, zwei Schnittpunkte, die a_4-Kurve drei und die a_5-Kurve vier Schnittpunkte liefern. Die a_1-Kurve ist eine Parallele zur Abszissenachse

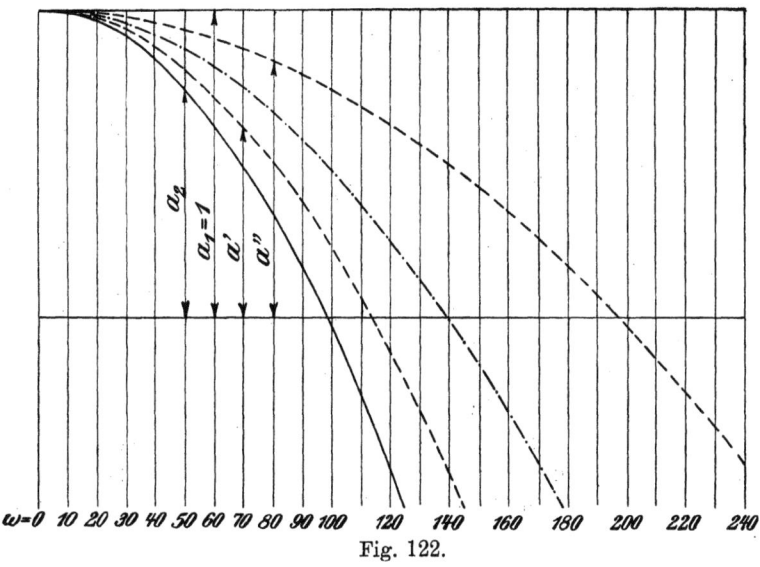

Fig. 122.

im Abstande $a_1 = 1$ von dieser. Teilen wir nun die Ordinatendifferenzen zwischen der a_1-Kurve und der a_2-Kurve im Verhältnis 1:3 bzw. 3:1 (vgl. Fig. 120), so erhalten wir sofort die a'-Kurve für die Zwischenstelle k' und die a''-Kurve für die Zwischenstelle k''; um auch hier die Zulässigkeit der Zusammenfassung der beiden erregenden Momente nachzuprüfen, ist noch die a-Kurve für die Mitte k zwischen Stelle 1 und Stelle 2 (gleich der Mitte zwischen k' und k'') durch Halbieren der Ordinatendifferenzen eingetragen. Wir sehen, daß die Nullfrequenz für k' gleich 114, für k'' aber gleich 198 ist, daß beide also weit auseinander liegen. Für $\omega = 114$ würde allerdings das in k' angreifende Moment $\mathfrak{M}_k'$ das rechte Wellenstück von 2 bis 5 in Ruhe lassen, aber nicht das in k'' angreifende Moment $\mathfrak{M}_k''$; für $\omega = 198$ würde $\mathfrak{M}_k''$ für sich allein das rechte Wellenstück von 2 bis 5 ruhig lassen, aber dann würde $\mathfrak{M}_k'$ Schwingungen hervorrufen.

Der Schluß, bei der Nullfrequenz $\omega = 140$, für welche die a-Kurve nach Fig. 122 einen Schnittpunkt mit der Abszissenachse

16*

hat, für welche also der Angriffspunkt des in k angreifenden resultierenden Momentes in Ruhe bleibt, entstehen in dem rechten Wellenstück keine Schwingungen, ist folglich durchaus irreführend; die Zusammenfassung der beiden, sogar in demselben Felde angreifenden Momente zu einem resultierenden Moment ist für die Beurteilung etwaiger Teilschwingungen unzulässig.

Die Seite 237 erwähnten Schnittpunkte der ursprünglichen Restkurve O mit einer der durch Massenänderung der i-ten Masse gewonnenen neuen Restkurven (z. B. $1a$ und $1b$ in Fig. 121) stehen übrigens mit den Nullfrequenzen für die i-te Stelle in einem sehr einfachen Zusammenhang. Für diese Schnittpunkte ist die Reständerung $\varrho = -\vartheta_i \omega^2 a_i(a_i)$ gleich Null; das ist aber nur möglich, wenn a_i oder (a_i) gleich Null ist. Mit anderen Worten, die betreffenden Schnittpunkte legen direkt die a_i-Nullfrequenzen und die (a_i)-Nullfrequenzen für die Stelle i fest. Welche Werte von diesen ω zu $a_i = 0$ und welche zu $(a_i) = 0$ gehören, läßt sich leicht nach Tafel S. 234 durch die Lage der Vorzeichenwechsel für a bzw. (a) feststellen. So entnehmen wir z. B. aus Fig. 121 mit Hinblick auf Tafel S. 234, daß die durch die Schnitte der Kurve O mit den Kurven $1a$ und $1b$ gefundenen Nullfrequenzen $\omega = 24$, 69, 177,5 und 225 sämtlich (a_1)-Nullfrequenzen sind. Ebenso finden sich für die Stelle 2 nach Fig. 121 und Tafel S. 234: $\omega = 50$, 176 und 222 als (a_2)-Nullfrequenzen, dazu noch $\omega = 99$ als a_2-Nullfrequenz (den letzteren Wert in Übereinstimmung mit Fig. 122, S. 243).

13. Weitere Änderungsformeln.

a) **Wie ändern sich die Werte a, (a), e und (e), wenn man das Trägheitsmoment Θ_i um ϑ_i erhöht?**

Wenn auch die Änderung des Restmomentes R uns zunächst interessierte, so ist doch für manche Aufgaben die Beantwortung vorstehender Frage nicht minder wichtig. Gegenüber dem ursprünglichen Fall haben wir (natürlich jedesmal nur für das betreffende ω gültig) durch Änderung der Masse gleichsam ein erregendes Moment $\mathfrak{M}_i = \vartheta_i \omega^2 a_i$ hinzugefügt, außerdem wirkt am rechten Ende das Moment R'; nach Gl. 110 beträgt demnach die Amplitude a_k', d. i. der Wert a_k nach Änderung von Θ_i um ϑ_i:

$$a_k' = R' \frac{a_k \cdot (1)}{R} + \vartheta_i \omega^2 a_i \cdot \frac{a_i(a_k)}{R},$$

oder die neue Amplitude:

$$a_k' = \frac{R'}{R} \cdot a_k + \frac{\vartheta_i \omega^2 a_i^2}{R} \cdot (a_k) \quad \ldots \ldots (117)$$

Torsionsschwingungen.

Hieraus folgt weiter das neue elastische Moment $e'_{k,k+1}$ nach der Grundgleichung 96:

$$e'_{k,k+1} = (a'_{k+1} - a_k)c_{k,k+1} = \frac{R'}{R}(a_{k+1} - a_k)c_{k,k+1}$$
$$+ \frac{\vartheta_i \omega^2 a_i^2}{R}[(a_{k+1}) - (a_k)]c_{k,k+1}$$

oder $\quad e'_{k,k+1} = \frac{R'}{R} \cdot e_{k,k+1} - \frac{\vartheta_i \omega^2 a_i^2}{R} \cdot (e_{k,k+1}) \quad \ldots (118)$

Die Gl. 117 und 118 gelten für die Weiterführung der Vorwärtsrechnung über die Stelle i hinaus (vor derselben bleiben natürlich alle Werte a und e bestehen!). In derselben Weise erhält man für die Weiterführung der Rückwärtsrechnung (links von der Stelle i):

$$(a_k)' = \frac{R'}{R} \cdot (a_k) + \frac{\vartheta_i \omega^2 (a_i)^2}{R} \cdot a_k \quad \ldots (117\,\text{a})$$

$$(e_{k,k+1})' = \frac{R'}{R}(e_{k,k+1}) - \frac{\vartheta_i \omega^2 (a_i)^2}{R} \cdot e_{k,k+1} \quad \ldots (118\,\text{a})$$

Die Gleichungen 117 und 117a besagen, daß sich die neuen Werte a' rechts von der geänderten Stelle i ebenso wie die neuen Werte $(a)'$ links von i aus den alten Werten a und (a) durch eine lineare Beziehung ergeben, in der die bei den gleichartigen alten Werten stehenden Koeffizienten für a', $(a)'$, e', $(e)'$ stets $\frac{R'}{R}$, also gleich groß sind, während die bei den verschiedenartigen alten Werten stehenden Koeffizienten für die a-Vorwärtsweiterrechnung $\frac{\vartheta_i \omega^2 a_i^2}{R}$, für die (a)-Rückwärtsweiterrechnung $\frac{\vartheta_i \omega^2 (a_i)^2}{R}$ betragen. Für die neuen e'-Werte sagen Gl. 118 und 118a wörtlich dasselbe, nur ist bei den zweiten Koeffizienten das Vorzeichen umzukehren.

β) **Wie ändern sich die Werte a, (a), e und (e), wenn man die elastische Konstante $c_{i,i+1}$ in $c'_{i,i+1}$ verwandelt?**

Wir setzen wieder $\frac{1}{c'_{i,i+1}} - \frac{1}{c_{i,i+1}} = \gamma$; dann erhalten wir (am bequemsten unter Heranziehung des Fundamentalsatzes) folgende Gleichungen:

Für die Fortsetzung der Vorwärtsrechnung über die geänderte Strecke $i, i+1$ hinaus:

$$a'_k = \frac{R'}{R} \cdot a_k + \frac{\gamma e_{i,i+1}^2}{R} \cdot (a_k) \quad \ldots (119)$$

$$e'_{k,k+1} = \frac{R'}{R} \cdot e_{k,k+1} - \frac{\gamma e_{i,i+1}^2}{R} \cdot (e_{k\,k+1}) \quad \ldots (120)$$

und für die Fortsetzung der Rückwärtsrechnung über die Strecke $i, i+1$ hinaus:

$$(a_k)' = \frac{R'}{R} \cdot (a_k) + \frac{\gamma(e_{i,i+1})^2}{R} \cdot a_k \quad \ldots \quad (119\,\mathrm{a})$$

$$(e_{k,k+1})' = \frac{R'}{R} \cdot (e_{k,k+1}) - \frac{\gamma(e_{i,i+1})^2}{R} \cdot e_{k,k+1} \quad (120\,\mathrm{a})$$

γ) **Anwendung der Änderungsformeln.**

1. Es soll ein Querschnitt k für ein bestimmtes ω zu einer Nullstelle gemacht werden; wie ist dann Θ_i zu ändern?

Soll k zu einer a-Nullstelle werden, so muß eben durch die Änderung $a_k' = 0$ werden, also muß nach Gl. 117, wenn i links von k liegt,

$$\frac{R'}{R} a_k + \frac{\vartheta_i \omega^2 a_i^2}{R}(a_k) = 0$$

sein. Nun ist

$$R' = R + \varrho = R - \vartheta_i \omega^2 a_i(a_i);$$

folglich gilt als Bedingungsgleichung:

$$R\, a_k - \vartheta_i \omega^2 [a_i(a_i) a_k - a_i^2(a_k)] = 0$$

oder
$$\vartheta_i = \frac{R}{\omega^2} \cdot \frac{a_k}{[(a_i)a_k - a_i(a_k)]a_i}.$$

Liegt die Stelle i rechts von k, so ändert sich a_k durch Änderung von Θ_i überhaupt nicht, also kann k auch nicht durch Änderung von Θ_i zu einer a-Nullstelle gemacht werden, wohl natürlich zu einer (a)-Nullstelle. Dazu muß nach Gl. 117a sein:

$$(a_k)' = \frac{R'}{R}(a_k) + \frac{\vartheta_i \omega^2 (a_i^2)}{R} a_k = 0$$

oder
$$\vartheta_i = \frac{R}{\omega^2} \frac{(a_k)}{[a_i(a_k) - (a_i)a_k](a_i)}.$$

Eine a-Nullstelle würde in Ruhe bleiben unter der Einwirkung von Momenten, die rechts von dem Querschnitt angreifen; soll also eine Stelle durch Momente rechts davon in Ruhe bleiben, so ist dies nur erzielbar durch Änderung einer Masse, die links von dem Querschnitt liegt und umgekehrt. Strebten wir z. B. in Fig. 120 an, daß die erste Dynamo (Stelle 4) trotz erregender Momente zwischen 1 und 2, die also links von 4 angreifen, in Ruhe bleibt, so könnte dies nur durch Änderung von Θ_5 geschehen; daß die zweite Dynamo in Ruhe verharrt, ist durch Massenänderung überhaupt nicht erreichbar.

2. Es soll ein Querschnitt k für ein bestimmtes ω zu einer Nullstelle gemacht werden, in welches $c'_{i,i+1}$ ist dann die elastische Konstante $c_{i,i+1}$ abzuändern?

Nach Gl. 119 muß, wenn k zu einer a-Nullstelle, als $a'_k = 0$ werden soll, da $R' = R + \varrho = R + \gamma e_{i,i+1}(e_{i,i+1})$ ist, gelten $[R + \gamma e_{i,i+1}(e_{i,i+1})] \cdot a_k + \gamma e^2_{i,i+1}(a_k) = 0$, woraus für γ folgt:

$$\gamma = \frac{1}{c'_{i,i+1}} - \frac{1}{c_{i,i+1}} = -R \frac{a_k}{[e_{i,i+1}(a_k) + (e_{i,i+1})a_k]e_{i,i+1}}.$$

δ) **Vornahme einer Änderung, wenn die Vorwärts- und Rückwärtsrechnung nicht vollständig vorliegt.**

Um das allgemeine Verfahren zu kennzeichnen, werde z. B. die Aufgabe gelöst, eine Winkelamplitude a_k, die sich für Θ_i ergibt, soll dadurch zu a'_k gemacht werden, daß Θ_i in Θ'_i verwandelt wird.

Wir rechnen also mit dem alten Werte Θ_i nach den Grundgleichungen bis a_k, dann führen wir noch einmal die Rechnung von der Stelle i aus weiter, indem wir statt Θ_i einen ganz beliebigen Wert Θ''_i annehmen, bis zur Stelle k und erhalten jetzt a''_k. Nach dem Fundamentalsatz lassen sich alsdann die verschiedenen a_k mit den verschiedenen Θ_i linear ausdrücken:

und
$$a_k = \alpha + \beta \Theta_i$$
$$a''_k = \alpha + \beta \Theta''_i;$$

ebenso gilt aber auch für den gesuchten Wert Θ'_i, der den vorgeschriebenen Wert a'_k liefert:

$$a'_k = \alpha + \beta \Theta'_i.$$

Durch Ausscheiden der Koeffizienten α und β aus diesen drei Gleichungen erhält man sofort

$$\Theta'_i = \frac{a'_k - a''_k}{a_k - a''_k} \Theta_i + \frac{a_k - a'_k}{a_k - a''_k} \Theta''_i \quad \ldots \quad (121)$$

Besonders einfach wird diese Gleichung, wenn man $\Theta''_i = 0$ wählt und hierfür a''_k aufsucht, nämlich das erforderliche

$$\Theta'_i = \frac{a'_k - a''_k}{a_k - a''_k} \cdot \Theta_i \quad \ldots \ldots \quad (121\text{a})$$

Gleichung 121 und 121a gelten wörtlich, wenn statt der Winkelamplituden a entsprechende elastische Momente e eingesetzt werden.

Soll eine elastische Konstante $c_{i,i+1}$ zur Herbeiführung einer beabsichtigten Umwandlung in $c'_{i,i+1}$ abgeändert werden, so beachte man, daß nicht die Werte c, sondern $\dfrac{1}{c}$ linear in die Grundgleichung eingehen, deshalb würde statt Gl. 121 zu schreiben sein:

$$\frac{1}{c'_{i,i+1}} = \frac{a_k' - a_k''}{a_k - a_k''} \frac{1}{c_{i,i+1}} + \frac{a_k - a_k'}{a_k - a_k''} \frac{1}{c''_{i,i+1}} \quad . \quad (122)$$

Am bequemsten ist es auch hier wieder, $\dfrac{1}{c''_{i,i+1}} = 0$ zu nehmen.

ε) Reständerungsformeln für zwei gleichzeitige Änderungen.

1. Änderung von Θ_i um ϑ_i und von Θ_k um ϑ_k.

Durch Erhöhung von Θ_i um ϑ_i allein ändert sich der Rest R um $\varrho_i = -\vartheta_i \omega^2 a_i(a_i)$. Erhöht man nur Θ_k um ϑ_k, so ändert sich der Rest R um $\varrho_k = -\vartheta_k \omega^2 a_k(a_k)$.

Ändern wir zunächst nur Θ_i, so entsteht also der neue Rest $R' = R + \varrho_i$, gleichzeitig wird (falls $k > i$) nach Gl. 117 die neue Amplitude $a_k' = \dfrac{R'}{R} a_k + \dfrac{\vartheta_i \omega^2}{R} a_i^2(a_k)$. Erhöhen wir nun noch dazu Θ_k um ϑ_k, so ändert sich der Rest R' um $-\vartheta_k \omega^2 a_k'(a_k)$, die ganze Reständerung ist folglich:

$$\varrho_{ik} = \varrho_i - \vartheta_k \omega^2 a_k(a_k) = \varrho_i - \vartheta_k \omega^2 \left[\frac{R + \varrho_i}{R} a_k + \frac{\vartheta_i \omega^2}{R} a_i^2(a_k) \right](a_k)$$

$$= \varrho_i - \vartheta_k \omega^2 a_k(a_k) - \frac{\vartheta_k \omega^2}{R} a_k(a_k) \left[\varrho_i - \left\{ -\vartheta_i \omega^2 a_i(a_i) \frac{(a_k)}{a_k} \frac{a_i}{(a_i)} \right\} \right]$$

oder $\quad\quad \varrho_{ik} = \varrho_i + \varrho_k + \varrho_i \varrho_k \left[1 - \dfrac{a_i}{(a_i)} \dfrac{(a_k)}{a_k} \right] \quad \ldots \quad (123)$

2. Änderung von Θ_i um ϑ_i und von $c_{k,k+1}$ in $c'_{k,k+1}$:

Genau auf dieselbe Weise ergibt sich hier die gesamte Reständerung:

$$\varrho_{ik} = \varrho_i + \varrho_k + \varrho_i \varrho_k \left[1 + \frac{a_i}{(a_i)} \frac{(e_{k,k+1})}{e_{k,k+1}} \right] \quad \ldots \quad (124)$$

3. Änderung von $c_{i,i+1}$ in $c'_{i,i+1}$ und von Θ_k um ϑ_k:

$$\varrho_{ik} = \varrho_i + \varrho_k + \varrho_i \varrho_k \left[1 + \frac{e_{i,i+1}}{(e_{i,i+1})} \frac{(a_k)}{a_k} \right] \quad \ldots \quad (125)$$

4. Änderung von $c_{i,i+1}$ in $c'_{i,i+1}$ und von $c_{k,k+1}$ in $c'_{k,k+1}$:

$$\varrho_{ik} = \varrho_i + \varrho_k + \varrho_i \varrho_k \left[1 - \frac{e_{i,i+1}}{(e_{i,i+1})} \frac{(e_{k,k+1})}{e_{k,k+1}} \right] \quad \ldots \quad (126)$$

Die Klammerausdrücke in Gl. 123 bis 126 (das einzig Unterschiedliche bei den vier Fällen) zeigen folgende Merkmale: das

Minuszeichen gilt, wenn beide Änderungen gleichartig (beides Massenänderungen oder beides Änderung von elastischen Konstanten), das Pluszeichen, wenn beide Änderungen verschiedenartig sind. Die bei der Rechnung zuerst gefundenen Werte stehen im Zähler, die zuletzt gefundenen im Nenner.

Daß in den Reständerungsformeln 123 bis 126 die Reständerungen der einzelnen Änderungen ϱ_i und ϱ_k als Summanden erscheinen, war von vornherein wahrscheinlich; das dritte Glied, das dem Produkt $\varrho_i \varrho_k$ proportional ist, drückt die gegenseitige Beeinflussung aus. Durch dieses dritte Glied kann es sehr wohl kommen, daß die Wirkungen der Einzeländerungen wieder mehr oder weniger aufgehoben werden.

Unter Benutzung von Gl. 123 wurde z. B. in Fig. 121 die Restmomentenkurve für zwei gleichzeitige Änderungen, nämlich Verminderung von Θ_1 um 5 mkg und von Θ_3 um 10 mkg als Kurve 13 aufgetragen; um sie kurz zu kennzeichnen: sie weicht zunächst gar nicht viel von 1a ab, was nicht verwunderlich ist, denn die Kurve 3 unterscheidet sich anfangs von der Grundkurve O auch fast nicht, der Einfluß von ϑ_3 ist anfangs also verschwindend. Erst später weicht die Kurve 13 von Kurve 1a ab, aber was bemerkenswert ist, bei $\omega = 140$ verschwindet der Einfluß von ϑ_3, obwohl er für sich allein nicht unerheblich ist, vollkommen, später entfernt sich Kurve 13 immer mehr von Kurve 1a, um sich schließlich der Kurve 3 zu nähern. Eigenartig ist die Gegend von $\omega = 178$, wo der Einfluß von ϑ_1 für sich allein Null ist, aber trotzdem die Kurve 13 sich durchaus noch nicht der Kurve 3 nähert. Kurve 13 liefert als Eigenfrequenzen $\omega_{eI} = 64$, $\omega_{eII} = 140$, $\omega_{eIII} = 186$ und $\omega_{eIV} > 240$.

η) Wenn eine größere Zahl von Änderungen vorzunehmen sind, so daß schließlich von dem ursprünglichen System nicht mehr viel übrig bleibt, muß man natürlich die Ermittlung der Restmomente für das geänderte System von neuem durchführen. Werden alle Trägheitsmomente in gleichem Verhältnis m vergrößert, so verkleinern sich alle Eigenfrequenzen im Verhältnis $\dfrac{1}{\sqrt{m}}$, denn die Massenmomente $\Theta \omega^2$ bleiben ungeändert, wenn für Θ $m\Theta$ und gleichzeitig für ω $\dfrac{\omega}{\sqrt{m}}$ gesetzt wird, es ergibt sich wieder $m\Theta \left(\dfrac{\omega}{\sqrt{m}}\right)^2 = \omega^2 \Theta$ wie oben, sämtliche Grundgleichungen bleiben ungeändert. Eine Vergrößerung aller elastischen Konstanten im Verhältnis m würde umgekehrt alle Eigenfrequenzen im Verhältnis $\sqrt{m}$ heraufsetzen.

b) Erzwungene Schwingungen mit Dämpfung.
1. Aufstellung der Grundgleichungen.

Als Dämpfungen bezeichnet man bekanntlich Widerstände, die von der Geschwindigkeit abhängen, insbesondere Luft- und Flüssigkeitswiderstände; einmal, weil in der Tat die Flüssigkeitswiderstände für die technisch in Frage kommenden Fälle nahezu **proportional mit der Geschwindigkeit** zunehmen, zum andern deshalb, weil hierdurch eine theoretische Erfassung der Dämpfungen erst möglich wird, macht man allgemein diese Annahme. Für harmonische Schwingungen mit den Winkelausschlägen $\varphi = a \sin \omega t$ wird die Geschwindigkeit $\dfrac{d\varphi}{dt} = a\omega \cdot \cos \omega t$, mithin ein hierzu proportionales dämpfendes Moment gleich $-K\omega a \cos \omega t$, worin K eine Konstante, der Dämpfungsfaktor; das Dämpfungsmoment ist auch harmonisch veränderlich mit der gleichen Frequenz ω, eilt dem Winkelausschlag φ um 90^0 nach und hat die Amplitude

$$\mathfrak{M}_d = K\omega \cdot a.$$

Schreiben wir, um Phasenunterschiede ausdrücken zu können, die Winkelamplitude wieder als Vektor $\bar{a}$, so wird

$$\overline{\mathfrak{M}}_d = K\omega \cdot \overline{\ulcorner a};$$

das Zeichen $\ulcorner$ soll hierbei ausdrücken, daß $\bar{a}$ um 90^0 zurückgedreht ist. In dem Falle von Torsionsschwingungen haben wir Dämpfungen zu unterscheiden, die der Absolutgeschwindigkeit der schwingenden Körper proportional, deren Amplituden also den Winkelamplituden $\bar{a}$ proportional sind: **äußere Dämpfungen** (Beispiel: die Dämpfung, die ein Propeller im Wasser oder in der Luft erfährt) und Dämpfungen, die den Verdrehungswinkeln proportional sind: **innere Dämpfungen** (Beispiel: innere Reibung beim Verdrehen der Wellen, Reibungen beim Nachgeben elastischer Kupplungen). Für die inneren Dämpfungen gelten die gleichen Beziehungen wie für die äußeren, nur ist statt der Amplitude $\bar{a}$ die (geometrische) Differenz der Amplituden an den Enden eines jeden Wellenstückes einzuführen; die harmonisch veränderlichen Momente von inneren Dämpfungen wirken natürlich an beiden Enden je eines Wellenstückes mit gleicher Größe, aber entgegengesetztem Drehsinn, genau wie die elastischen Momente, sie sind wie diese der Amplitudendifferenz $\bar{a}_{i+1} \rightarrow \bar{a}_i$ proportional, jedoch derselben um 90^0 nacheilend. Wir können also die Amplitude der Momente von inneren Dämpfungen entsprechend schreiben:

$$\overline{\mathfrak{M}}_{i,\,i+1} = K'\omega(\overline{\ulcorner a}_{i,\,i+1} \rightarrow \overline{\ulcorner a}_i).$$

Genau in der Weise, wie wir S. 204 die Grundgleichungen (dort mit algebraischen Summen) aufgestellt haben, erhalten wir jetzt mit Hilfe geometrischer Summen die **dynamische Grundgleichung**:

$$\bar{e}_{i,i+1} \rightarrow \bar{e}_{i-1,i} + \Theta_i \omega^2 \cdot \bar{a}_i + K\omega \cdot |\bar{a}_i + \overline{\mathfrak{M}}_i = 0 \quad . \; (127)$$

und die **elastische Grundgleichung**:

$$\bar{e}_{i,i+1} = (\bar{a}_{i+1} \rightarrow \bar{a}_i) c_{i,i+1} \rightarrow (|\bar{a}_{i+1} \rightarrow |\bar{a}_i) K'\omega \; . \; . \; (128)$$

Um diese Gleichungen für die Anwendung brauchbarer zu gestalten, fassen wir in Gl. 127 die beiden a_i proportionalen Glieder zusammen (s. Fig. 123); wir finden als Resultierende aus dem Massenmoment $\Theta_i \omega^2 \cdot \bar{a}_i$ und dem Dämpfungsmoment den Vektor $\overline{m}_i$. Richtung und Größe von $\overline{m}_i$ ist im Vergleich zu $\bar{a}_i$ dadurch bestimmt, daß 1. die Größe von $\overline{m}_i$ proportional zu a_i ist, da nach Fig. 123

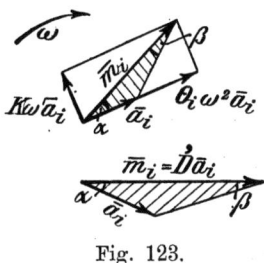

Fig. 123.

$$m_i = \sqrt{(\Theta_i \omega^2 a_i)^2 + (K\omega a_i)^2} = a_i \sqrt{(\Theta_i \omega^2)^2 + (K\omega)^2}$$

wird, und 2. die Richtung von $\overline{m}_i$ mit $\bar{a}_i$ einen ganz bestimmten (von $\bar{a}_i$ unabhängigen) Winkel α, festgelegt durch $\mathrm{tg}\,\alpha = \dfrac{K\omega a_i}{\Theta \omega^2 a_i} = \dfrac{K}{\Theta \omega}$, bildet. Mit anderen Worten: $\overline{m}_i$, das wir nach Analogie mit dem Scheinwiderstand der Wechselstromlehre Scheinmassenmoment nennen könnten, geht aus $\bar{a}_i$ durch Rückwärtsdrehen (um einen bestimmten Winkel α) und durch Vergrößern von a_i (in einem bestimmten Verhältnis $D = \sqrt{(\Theta_i \omega^2)^2 + (K\omega)^2}$) hervor. Hätte $\bar{a}_i$ eine andere Richtung und Größe, so würde $\overline{m}_i$ mit dem gleichen Winkel α und dem gleichen Vergrößerungsverhältnis zu ermitteln sein, die beiden in Fig. 123 schraffierten Dreiecke, die diese Umformung von $\bar{a}_i$ in $\overline{m}_i$ zum Ausdruck bringen, müssen ähnlich sein. Einen Operator, der eine solche Änderung eines Vektors in einen andern bewirkt, nennt man einen **Drehstrecker**; wir bezeichnen im folgenden die Drehstrecker durch einen Buchstaben mit einem darübergesetzten Komma, weil Drehstrecker Sonderfälle von Affinoren sind, diese aber in der Regel als Dyadensummen behandelt und Dyaden ziemlich allgemein mit Hilfe eines Kommas geschrieben werden. Die Resultierende aus Massenmoment und Dämpfungsmoment ist mithin

$$\overline{m}_i = \overset{,}{D}_i \cdot \bar{a}_i \; . \; . \; . \; . \; . \; . \; . \; . \; (129)$$

der Drehstrecker $\overset{,}{D}_i$ ist geometrisch durch die Gestalt des schraffierten Dreiecks in Fig. 124 festgelegt, das gefunden wird, indem man die

Länge 1 und $\Theta\omega^2$ nach der gleichen Richtung abträgt, senkrecht dazu um $K\omega$, weiter geht und den Endpunkt von $\overline{1}$ mit dem Endpunkt von $K\omega|\overline{1}$ verbindet. Jedem ω entspricht natürlich ein anderer Drehstrecker.

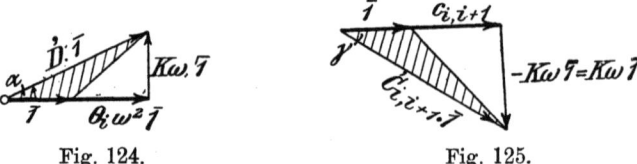

Fig. 124. Fig. 125.

Genau so können wir in Gleichung 128 die beiden zueinander rechtwinkligen Momente $(\bar{a}_{i+1} \to \bar{a}_i) c_{i,i+1}$ und $-(\overline{|a}_{i+1} \to \overline{|a}_i) K'\omega$ zu einem resultierenden Moment $\overline{m}_{i,i+1}$ zusammenfassen und erhalten

$$\overline{m}_{i,i+1} = \dot{C}_{i,i+1} \cdot (\bar{a}_{i+1} \to \bar{a}_i) \quad \ldots \ldots (130)$$

der Drehstrecker $\dot{C}$ ist geometrisch durch die Gestalt des schraffierten Dreiecks in Fig. 125 festgelegt. Mit Hilfe der durch Gl. 129 und 130 vereinfachten Ausdrücke gehen unsere Grundgleichungen über in

$$\bar{e}_{i,i+1} \to \bar{e}_{i-1,i} + \dot{D}_i \cdot \bar{a}_i + \overline{\mathfrak{M}}_i = 0 \quad \ldots \ldots (127\text{a})$$

$$\bar{e}_{i,i+1} = \dot{C}_{i,i+1} \cdot (\bar{a}_{i+1} \to \bar{a}_i) \quad \ldots \ldots (128\text{a})$$

Sie stimmen formal vollkommen mit den Grundgleichungen 95 und 96 überein. Alle daraus früher abgeleiteten Sätze, insbesondere der Fundamentalsatz, bleiben auch hier gültig; natürlich treten überall an Stelle der algebraischen Summen geometrische Summen, und die früheren reinen Zahlenfaktoren $\Theta\omega^2$ und c sind bei den Anwendungen durch Drehstrecker zu ersetzen, die damit zu multiplizierenden Vektoren sind also nicht nur in entsprechendem Verhältnis zu vergrößern, sondern gleichzeitig um bestimmte Winkel zu drehen. An Stelle unseres Rechenschemas tritt ein entsprechendes Zeichenverfahren, an Stelle der Vorwärts- und Rückwärtsrechnung ein Vorwärts- und Rückwärtsbild für $\bar{a}, (\bar{a}), \bar{e}$ und $(\bar{e})$.

Für die praktische Auswertung schreiben wir die Grundgleichungen 127a und 128a:

$$\bar{e}_{i,i+1} = \bar{e}_{i-1,i} \to \dot{D}_i \cdot \bar{a}_i \to \overline{\mathfrak{M}}_i \quad \ldots \ldots (131)$$

$$\bar{a}_{i+1} = \bar{a}_i + \frac{\bar{e}_{i,i+1}}{\dot{C}_{i,i+1}} \quad \ldots \ldots (132)$$

Was die Division durch den Drehstrecker $\dot{C}_{i,i+1}$ anbetrifft, so wird hierdurch die umgekehrte Operation wie beim Multiplizieren dargestellt, d. h. Division durch den Betrag $C_{i,i+1}$ und Rückwärtsdrehen um den Winkel γ. Das Minuszeichen in Gl. 131 kann gleich mit dem Drehstrecker $\vec{D}_i$ zusammengefaßt werden (siehe Fig. 126; $-\vec{D}_i$ bedeutet also Vorwärtsdrehen um einen stumpfen Winkel).

Gl. 131 lehrt uns, wie wir von einem durch den Vektor $\bar{e}_{i-1,i}$ nach Amplitude und Phase dargestellten elastischen Moment zum nächsten Vektor $\bar{e}_{i,i+1}$ gelangen, Gl. 132, wie wir von der Winkelamplitude $\bar{a}_i$ zur nächsten weiter kommen. Haben wir den richtigen Anfang z. B. links $\bar{a}_1$, so können wir fortschreitend $\bar{e}_{1,2}$, dann $\bar{a}_2\ldots$ durch Zeichnung nach Gl. 131 und 132 aufsuchen bis zum rechten Ende. Beim Aufsuchen des richtigen Anfangswertes $\bar{a}_1$ leistet uns wieder der Fundamentalsatz wichtige Dienste; was hier die lineare Beziehung besagt, werden wir zunächst feststellen.

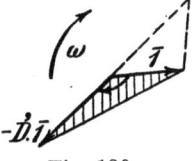

Fig. 126.

2. Fundamentalsatz.

Jeder Vektor $\bar{a}$ oder $\bar{e}$ läßt sich durch jeden anderen Vektor $\bar{a}$ oder $\bar{e}$ linear ausdrücken. Um diesen Satz zu beweisen und seine geometrische Bedeutung klar zu legen, beachten wir zunächst, daß bei wiederholter Multiplikation mit Drehstreckern aus einem Vektor wieder ein Vektor wird, denn wiederholtes Multiplizieren der Größe ist gleichbedeutend mit einer Multiplikation und wiederholtes Drehen um einen Winkel gleich dem Drehen um die Summe der einzelnen Drehwinkel; das Produkt von Drehstreckern ist also wieder ein Drehstrecker. Ebenso ist die Summe mehrerer Drehstrecker wieder ein Drehstrecker, den man findet, indem man die einzelnen Drehstrecker mit irgend einem Vektor multipliziert und die so entstehenden Vektoren geometrisch addiert; der Drehstrecker, der diese Summe aus dem angenommenen Vektor erzeugt, ist die Summe der Drehstrecker. Gewöhnliche Zahlen gehören zu den Drehstreckern, denn sie wirken als Multiplikator in gleicher Weise auf Vektoren, der zugehörige Drehwinkel ist Null, da die Richtung eines Vektors durch Multiplikation mit einer Zahl nicht verändert wird. Demnach ergibt sich, wenn wir mit $\bar{e}_{i-1,i}$ und $\bar{a}_i$ beginnen, durch Weiterrechnen nach Gl. 131 und 132 wie auf S. 205:

$$\bar{e}_{i,i+1} = \bar{e}_{i-1,i} \to \vec{D}\bar{a}_i \to \overline{\mathfrak{M}}_i = \overset{\rightarrow}{\alpha}\bar{e}_{i-1,i} + \overset{\rightarrow}{\beta}\bar{a}_i + \bar{\gamma}$$

(worin offenbar die Drehstrecker $\overset{\rightarrow}{\alpha} = 1$ und $\overset{\rightarrow}{\beta} = -\vec{D}$, ebenso wie der Vektor $\bar{\gamma} = -\overline{\mathfrak{M}}_i$ von $\bar{e}_{i-1,i}$ und $\bar{a}_i$ unabhängige Konstanten sind.) Weiter finden wir

254   Schwungradmasse und Ungleichförmigkeit.

$$\bar{a}_{i+1} = \bar{a}_i \dotplus \frac{\bar{e}_{i,i+1}}{\dot{C}_{i,i+1}} = \bar{a}_i \dotplus \frac{\dot{\alpha}\,\bar{e}_{i-1,i} \dotplus \dot{\beta}\,\bar{a}_i \dotplus \bar{\gamma}}{\dot{C}_{i,i+1}}$$

$$= \frac{\dot{\alpha}}{\dot{C}_{i,i+1}} \cdot \bar{e}_{i-1,i} \dotplus \left(1 \dotplus \frac{\dot{\beta}}{\dot{C}_{i,i+1}}\right) \bar{a}_i \dotplus \frac{\bar{\gamma}}{\dot{C}_{i,i+1}}$$

$$= \dot{\alpha}_1 \bar{e}_{i+1,i} \dotplus \dot{\beta}_1 \bar{a}_i \dotplus \bar{\gamma}_1 \text{ usw. (genau wie auf S. 206).}$$

Allgemein ist
$$\bar{a}_k = \dot{\alpha}_k \bar{e}_{i-1,i} \dotplus \dot{\beta}_k \bar{a}_i \dotplus \bar{\gamma}_k;$$
ebenso
$$\bar{e}_l = \dot{\alpha}_l \bar{e}_{i-1,i} \dotplus \dot{\beta}_l \bar{a}_i \dotplus \bar{\gamma}_l.$$

Das ist der vektorielle Ausdruck für den Fundamentalsatz.

Was bedeutet er geometrisch? Da wir früher fanden, daß zur Ermittlung der wahren Werte stets zwei Rechnungen erforderlich sind, denken wir auch jetzt wieder, etwa von zwei verschiedenen Werten $\bar{a}_i'$ und $\bar{a}_i''$, aber demselben $\bar{e}_{i-1,i}$ ausgehend, zwei Werte $\bar{a}_k'$ und $\bar{a}_k''$ nach Gl. 131 und 132 ermittelt und die Forderung gestellt, für einen noch unbekannten Anfangswert $\bar{a}_i$ soll ein vorgeschriebener Wert $\bar{a}_k$ herauskommen; wie findet sich dann der richtige Wert $\bar{a}_i$? Oder umgekehrt, wie kann man den zu $\bar{a}_i$ gehörigen Wert $\bar{a}_k$ aus $\bar{a}_k'$ und $\bar{a}_k''$ ermitteln?

Schreiben wir nach dem Fundamentalsatz:
$$\bar{a}_k' = \dot{\beta}_k \cdot \bar{a}_i' \dotplus \bar{\gamma}_k,$$
$$\bar{a}_k'' = \dot{\beta}_k \cdot \bar{a}_i'' \dotplus \bar{\gamma}_k,$$
$$\bar{a}_k = \dot{\beta}_k \cdot \bar{a}_i \dotplus \bar{\gamma}_k$$

und subtrahieren von der ersten Gleichung die zweite, von der zweiten die dritte und von der dritten die erste, so erhalten wir

$$\bar{a}_k' \to \bar{a}_k'' = \dot{\beta}_k (\bar{a}_i' \to \bar{a}_i'')$$
$$\bar{a}_k'' \to \bar{a}_k = \dot{\beta}_k (\bar{a}_i'' \to \bar{a}_i)$$
$$\bar{a}_k \to \bar{a}_k' = \dot{\beta}_k (\bar{a}_i \to \bar{a}_i').$$

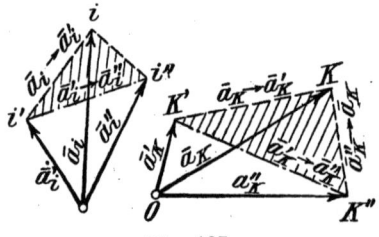

Fig. 127.

Wie man aus Fig. 127 erkennt, sind die links stehenden Differenzen (nach Richtung und Größe) gleich den drei Seiten des durch die Endpunkte k', k und k'' der Vektoren $\bar{a}_k'$, $\bar{a}_k$ und $\bar{a}_k''$ gebildeten Dreiecks, die rechts neben dem gleichen Drehstrecker $\dot{\beta}_k$

stehenden Differenzen die drei Seiten des durch die Endpunkte i', i und i'' der Vektoren $\bar{a}_i'$, $\bar{a}_i$ und $\bar{a}_i''$ gebildeten Dreiecks. Die Multiplikation dieser drei Strecken mit dem gleichen Drehstrecker $\overset{\rightarrow}{\beta}_k$ erfordert, daß alle drei Seiten des i-Dreiecks in demselben Verhältnis vergrößert und um den gleichen Winkel gedreht werden müssen, um die drei Seiten des k-Dreiecks zu liefern; die Dreiecke $i'ii''$ und $k'kk''$ sind folglich ähnlich. Daraus ergibt sich sofort als allgemeine geometrische Deutung des Fundamentalsatzes: Beschreibt der Endpunkt i eines Vektors $\bar{a}_i$ irgend eine Figur, so liegen die Endpunkte k eines beliebigen Vektors $\bar{a}_k$ auf einer ähnlichen Figur. Hiernach gestaltet sich die Lösung der oben gestellten Grundaufgabe sehr einfach: man verbinde die Endpunkte k', k und k'' der Amplituden $\bar{a}_k'$, $\bar{a}_k$ und $\bar{a}_k''$ und zeichne über der Verbindungslinie der Endpunkte i' und i'' der Amplituden $\bar{a}_i'$ und $\bar{a}_i''$ das zu $k'kk''$ ähnliche Dreieck; der Eckpunkt i ist alsdann der Endpunkt des gesuchten Vektors $\bar{a}_i$.

Soll insbesondere der richtige Anfangswert $\bar{a}_1$ bestimmt werden, der also am Schlusse das Restmoment $\bar{e}_{n,\,n+1} = \bar{R} = 0$ liefert, während für zwei willkürliche Anfangswerte $\bar{a}_1'$ und $\bar{a}_1''$ die Restmomente $\bar{R}'$ und $\bar{R}''$ herauskommen, so geht in Fig. 127 $\bar{a}_k'$ in $\bar{R}'$, $\bar{a}_k''$ in $\bar{R}''$ und $\bar{a}_k$ in Null über; das zur Konstruktion aller $\bar{a}$ aus $\bar{a}'$ und $\bar{a}''$, insbesondere von $\bar{a}_1$, aus $\bar{a}_1'$ und $\bar{a}_1''$ zu

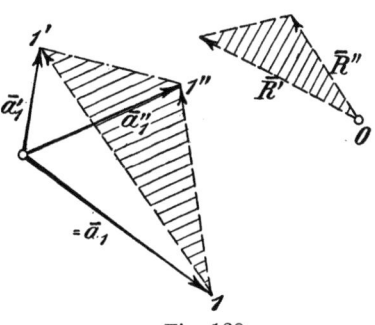

Fig. 128.

benutzende Grunddreieck $k'kk''$ aus Fig. 127, dem alle Dreiecke $i'ii''$, z. B. $1'11''$ ähnlich sind, wird unmittelbar (siehe Fig. 128) durch $\bar{R}'$ und $\bar{R}''$ mit ihrem gemeinsamen Anfangspunkt O als Spitze gebildet.

An dem **Beispiel** (s. Fig. 129) eines Systems von fünf Massen mögen die einzelnen erforderlichen Operationen nochmals kurz erläutert werden. In 1 wirkt eine äußere Dämpfung, ebenso in 2 und 5, innere Dämpfungen sind nicht vorhanden, in 4 und 5 fehlen die Massen, in 2 greift das Moment $\overline{\mathfrak{M}}_2$, in 4 das Moment $\overline{\mathfrak{M}}_4$ an. Die gegebenen Momentenvektoren sind in Fig. 129 oben maßstäblich eingetragen, ebenso wie die Werte $\Theta_1 \omega^2$, $K_1 \omega$, $\Theta_2 \omega^2$, $K_2 \omega$ und $K_5 \omega$; gesucht werden die wahren Amplituden $\bar{a}_1$, $\bar{a}_2$, $\bar{a}_3$, $\bar{a}_4$ und $\bar{a}_5$. Wegen des Fehlens innerer Dämpfungen sind die Drehstrecker $\vec{C}$ in Gl. 132 gleich den in Fig. 129 eingetragenen elastischen Konstanten c. Man nimmt nun zunächst $\bar{a}_1'$ beliebig an, Fig. 129a, multipliziert $\bar{a}_1'$ mit dem Drehstrecker $-\vec{D}_1$ (indem man über $\bar{a}_1'$ ein zu dem schraffierten Dreieck I ähnliches Dreieck zeichnet so, daß $\bar{a}_1'$ 1 entspricht), trägt den Wert $-\dot{D}_1\bar{a}_1' = \bar{e}_{1,2}'$ in Fig. 129b ab, dividiert $\bar{e}_{1,2}$ durch $c_{1,2}$, trägt diese Strecke in Fig. 129a an $\bar{a}_1'$ an, erhält so $\bar{a}_2'$, multipliziert $\bar{a}_2'$ mit $-\dot{D}_2$ (mit Hilfe eines zu II ähnlichen

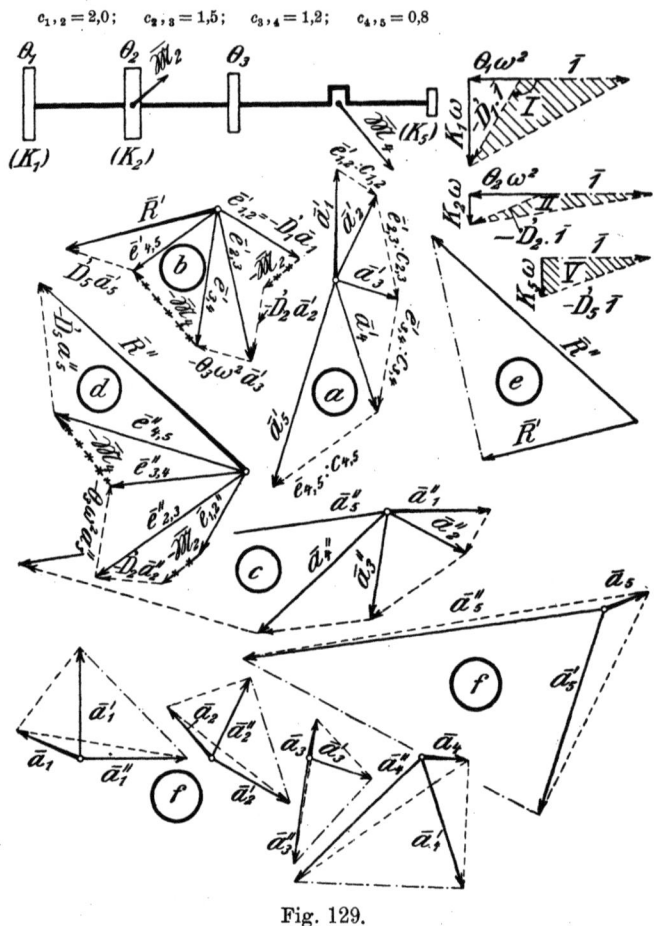

Fig. 129.

Dreiecks über $\bar{a}_2'$), fügt in Fig. 129b an $\bar{e}_{1,2}'$ erst $-\overline{\mathfrak{M}}_2$, dann die Strecke $-\dot{D}_2\bar{a}_2'$ an usw.; so entstehen zwei Bilder, ein $\bar{a}'$ Bild in Fig. 129a und ein $\bar{e}'$-Bild in Fig. 129b, dessen letzter Strahl gleich dem Restmoment $\bar{R}'$ ist. Genau so wird mit einem andern Anfangswert $\bar{a}_1''$ ein zweites $\bar{a}$-Bild und $\bar{e}$-Bild (Fig. 129c und 129d) entwickelt, um das zweite Restmoment $\bar{R}''$ zu bestimmen. $\bar{R}'$ und $\bar{R}''$ legen in Fig. 129e das Grunddreieck fest, mit dessen Hilfe über

Torsionsschwingungen. 257

den einzelnen Verbindungsstrecken: von $\bar{a}_1'$ nach $\bar{a}_1''$, von $\bar{a}_2'$ nach $\bar{a}_2''$... von $\bar{a}_5'$ nach $\bar{a}_5''$ (wie in Fig. 128 gezeigt), die wahren Amplituden $\bar{a}_1$ bis $\bar{a}_5$ gefunden werden (siehe Fig. 129 f).

3. Vorwärts-Rückwärts-Methode und Hauptkonstante.

Wenn es sich wieder darum handelt, den Einfluß der einzelnen erregenden Momente zu verfolgen oder Abänderungen vorzunehmen, empfiehlt sich ein dem S. 209 analoges Verfahren, bei dem von einer Welle ohne erregende Momente ausgegangen und ein Vorwärts-$\bar{a}$- und $\bar{e}$-Bild und ein Rückwärts-$(\bar{a})$- und $(\bar{e})$-Bild zugrunde gelegt wird. Wir benutzen also für die Vorwärtsbilder die Beziehungen:

$$\bar{e}_{i,i+1} = \bar{e}_{i-1,i} \rightarrow \dot{D}_i \bar{a}_i \quad \ldots \ldots \quad (131\,\mathrm{a})$$

$$\bar{a}_{i+1} = \bar{a}_i + \frac{\bar{e}_{i,i+1}}{\dot{C}_{i,i+1}} \quad \ldots \ldots \quad (132\,\mathrm{a})$$

und für die Rückwärtsbilder die Beziehungen:

$$(\bar{e}_{i-1,i}) = (\bar{e}_{i,i+1}) \rightarrow \dot{D}_i (\bar{a}_i) \quad \ldots \ldots \quad (131\,\mathrm{b})$$

$$(\bar{a}_i) = (\bar{a}_{i+1}) + \frac{(\bar{e}_{i,i+1})}{\dot{C}_{i,i+1}} \quad \ldots \ldots \quad (132\,\mathrm{b})$$

Angenommen, wir hätten hiernach die Vorwärtskonstruktionen mit dem Anfangswert $\bar{a}_1 = \bar{1}$, ebenso die Rückwärtskonstruktionen mit dem (gleichgroßen und gleichgerichteten) Anfangswert $(\bar{a}_n) = \bar{1}$ durchgeführt und suchen nun die wahren Amplituden $\bar{A}_{1;k}$ bis $\bar{A}_{n;k}$ (sowie die elastischen Momente $\overline{E}_{1,2;k}$ bis $\overline{E}_{n-1,n;k}$) für ein in k angreifendes erregendes Moment $\overline{\mathfrak{M}}_k$, dann ist zwar das Vorwärtsbild von $\bar{a}_1$ bis $\bar{a}_k$ für die Größenverhältnisse und die Phasenunterschiede der Amplituden der Stellen 1 bis k, ebenso das Rückwärtsbild von $(\bar{a}_n)$ bis $(\bar{a}_k)$ für die Größenverhältnisse und Phasenunterschiede der Amplituden der Stellen n bis k gültig, jedoch müssen beide Bilder erst noch einzeln so vergrößert und gedreht, d. h. je mit einem Drehstrecker $\dot{d}_k$ und $(\dot{d}_k)$ multipliziert werden, daß erstens an der Stelle k ein und dieselbe Amplitude $\bar{A}_{k;k} = \dot{d}_k \bar{a}_k = (\dot{d}_k)(\bar{a}_k)$ herauskommt, und zweitens die gleichartig umgewandelten elastischen Momente an der Angriffsstelle k mit dem erregenden Momente $\overline{\mathfrak{M}}_k$ im Gleichgewicht stehen. Dicht hinter k ergibt sich aus dem Vorwärtsbild das elastische Moment $-\bar{e}_{k,k+1}$ und aus dem Rückwärtsbild $-(\bar{e}_{k,k+1})$, folglich muß sein

$$-\bar{e}_{k,k+1} \cdot \dot{d}_k \rightarrow (\bar{e}_{k,k+1})(\dot{d}_k) + \overline{\mathfrak{M}}_k = 0.$$

Tolle, Regelung. 3. Aufl. 17

Wenn nun $\bar{A}_k = \overset{,}{d}_k \bar{a}_k$ und $\bar{A}_k = (\overset{,}{d}_k)(\bar{a}_k)$ ist, so können wir für die Drehstrecker $\overset{,}{d}_k$ und $(\overset{,}{d}_k)$ offenbar schreiben

$$\overset{,}{d}_k = \frac{\bar{A}_k}{\bar{a}_k} \quad \text{und} \quad (\overset{,}{d}_k) = \frac{\bar{A}_k}{(\bar{a}_k)};$$

hiernach definieren wir als Quotient zweier Vektoren den Drehstrecker, der den Nenner in den Zähler verwandelt (der eben mit dem Nenner multipliziert den Zähler liefert). Damit ergibt sich

$$\bar{e}_{k,k+1} \cdot \frac{\bar{A}_k}{\bar{a}_k} + (\bar{e}_{k,k+1}) \cdot \frac{\bar{A}_k}{(\bar{a}_k)} = \overline{\mathfrak{M}}_k$$

oder
$$\frac{\bar{e}_{k,k+1}}{\bar{a}_k} \cdot \bar{A}_k + \frac{(\bar{e}_{k,k+1})}{(\bar{a}_k)} \cdot \bar{A}_k = \overline{\mathfrak{M}}_k$$

oder
$$\left[\frac{\bar{e}_{k,k+1}}{\bar{a}_k} + \frac{(\bar{e}_{k,k+1})}{(\bar{a}_k)}\right] \bar{A}_k = \overline{\mathfrak{M}}_k \quad \ldots \quad (133)$$

Hätten wir den in der eckigen Klammer stehenden Drehstrecker, so könnten wir sofort aus $\overline{\mathfrak{M}}_k$ $\bar{A}_k$ bestimmen, damit wären dann auch die Drehstrecker $\overset{,}{d}_k$ und $(\overset{,}{d}_k)$ gegeben.

Gleichung 133 ist aber für den Gebrauch noch nicht bequem. Wir wollen daher versuchen, eine der Gleichung 109 entsprechende Beziehung abzuleiten, indem wir auch hier zunächst aus Gl. 131a und 131b $\overset{,}{D}$ sowie aus Gl. 132a und 132b $\overset{,}{C}$ eliminieren; wir erhalten so aus 131a und 131b:

$$\frac{\bar{e}_{k,k+1}}{\bar{a}_k} + \frac{(\bar{e}_{k,k+1})}{(\bar{a}_k)} = \frac{\bar{e}_{k-1,k}}{\bar{a}_k} + \frac{(\bar{e}_{k-1,k})}{(\bar{a}_k)}$$

und aus 130a und 130b

$$\frac{\bar{a}_{k+1}}{\bar{e}_{k,k+1}} + \frac{(\bar{a}_{k+1})}{(\bar{e}_{k,k+1})} = \frac{\bar{a}_k}{\bar{e}_{k,k+1}} + \frac{(\bar{a}_k)}{(\bar{e}_{k,k+1})}.$$

Um einen ähnlichen Schluß wie S. 212 bezüglich des Verhaltens obiger Ausdrücke (die beiden Seiten der Gleichungen sind Drehstrecker) beim Fortschreiten ziehen zu können, nennen wir den Drehstrecker, der die Richtung von $(\bar{a}_k)$ in die Richtung von $\bar{a}_k$ verwandelt, $\overset{,}{\alpha}_k$ und den Drehstrecker, der die Richtung von $\bar{e}_{k,k+1}$ in die Richtung von $(\bar{e}_{k,k+1})$ verwandelt, $\overset{,}{\varepsilon}_{k,k+1}$, dann lassen sich die beiden letzten Gleichungen schreiben:

$$\bar{e}_{k,k+1} \cdot (a_k) + \overset{,}{\alpha}_k (\bar{e}_{k,k+1}) \cdot a_k = \bar{e}_{k-1,k} \cdot (a_k) + \overset{,}{\alpha}_k (\bar{e}_{k-1,k}) \cdot a_k = \bar{C}_k \quad (134)$$

$$\overset{,}{\varepsilon}_{k,k+1} \bar{a}_{k+1} \cdot (e_{k,k+1}) + (\bar{a}_{k+1}) \cdot e_{k,k+1} = \overset{,}{\varepsilon}_{k,k+1} \bar{a}_k \cdot (e_{k,k+1})$$
$$+ (\bar{a}_k) \cdot e_{k,k+1} = \bar{C}_{k,k+1} \quad \ldots \ldots \ldots (135)$$

Wir haben die beiden vorstehenden Vektoren mit $\bar{C}$ bezeichnet, da sie bei unserer allgemeinen Aufgabe eine ähnliche Rolle spielen, wie die S. 212 eingeführte Hauptkonstante C; wir nennen sie deshalb auch **Hauptvektoren**. Wir können wieder nachweisen, daß die sämtlichen Hauptvektoren $\bar{C}_1$, $\bar{C}_{1,2}$, $\bar{C}_2 \ldots \bar{C}_n$, $\bar{C}_{n,n+1}$ gleiche Größe C haben, die wir als Hauptkonstante bezeichnen wollen. Um diesen Beweis zu erbringen, vergleichen wir die linke Seite von Gl. 134 mit der rechten Seite von Gl. 135; es handelt sich dabei um die geometrische Summe von je zwei Vektoren, deren Größen offenbar übereinstimmen [sie sind $e_{k,k+1}(a_k)$ und $(e_{k+1,k})a_k$]. Wäre also noch der Winkel zwischen beiden gleich groß, so würde in der Tat auch die geometrische Summe aus denselben Dreiecken gefunden, d. h. in beiden Fällen gleiche Größe haben. Nun ist aber $\bar{e}_{k,k+1}$ gegen $(\bar{a}_k)$ um denselben Winkel geneigt, wie $\overset{,}{\alpha}_k(\bar{e}_{k,k+1})$ gegen $\overset{,}{\varepsilon}_{k,k+1}\bar{a}_k$; denn multipliziert man die beiden letzten Vektoren mit $\dfrac{1}{\overset{,}{\alpha}_k \overset{,}{\varepsilon}_{k,k+1}}$, so erhält man

$$\frac{(\bar{e}_{k,k+1})}{\overset{,}{\varepsilon}_{k,k+1}} = \frac{\bar{a}_k}{\overset{,}{\alpha}_k} \quad \text{oder} \quad \bar{e}_{k,k+1} = (\bar{a}_k).$$

Es stimmen also in der Tat die Größen von $\bar{C}_k$ und $\bar{C}_{k,k+1}$ überein, und $\bar{C}_k$ bildet mit $\bar{C}_{k,k+1}$ denselben Winkel wie $\bar{e}_{k,k+1}$ mit $(\bar{a}_k)$. Daraus ergeben sich folgende Richtungsregeln: es ist geneigt

$\bar{C}_1$ gegen $\bar{C}_{1,2}$ wie $\bar{e}_{1,2}$ gegen $(\bar{a}_1)$
$\bar{C}_{1,2}$ gegen $\bar{C}_2$ wie $(\bar{a}_2)$ gegen $\bar{e}_{1,2}$,
d. h. $\bar{C}_1$ gegen $\bar{C}_2$ wie $(\bar{a}_2)$ gegen $(\bar{a}_1)$
$\bar{C}_2$ gegen $\bar{C}_{2,3}$ wie $\bar{e}_{2,3}$ gegen $(\bar{a}_2)$,
d. h. $\bar{C}_{1,2}$ gegen $\bar{C}_{2,3}$ wie $\bar{e}_{1,2}$ gegen $\bar{e}_{2,3}$
allgemein $\bar{C}_k$ gegen $\bar{C}_i$ wie $\bar{a}_i$ gegen $\bar{a}_k$
und $\bar{C}_{k,k+1}$ gegen $\bar{C}_{i,i+1}$ wie $\bar{e}_{k,k+1}$ gegen $\bar{e}_{i,i+1}$

Gehen wir nun auf Gl. 133 zurück, so können wir dafür schreiben

$$[\bar{e}_{k,k+1}(a_k) + \overset{,}{\alpha}(\bar{e}_{k,k+1})a_k]\frac{\bar{A}_k}{\bar{a}_k(a_k)} = \overline{\mathfrak{M}}_k$$

oder nach Gl. 134:

$$\frac{\bar{C}_k}{\bar{a}_k(a_k)} \cdot \bar{A}_k = \overline{\mathfrak{M}}_k;$$

folglich erhalten wir eine mit Gl. 109 gleichwertige Beziehung für die durch $\overline{\mathfrak{M}}_k$ in k erzeugte Amplitude als **Hauptgleichung**:

$$\bar{A}_{k,k} = \overline{\mathfrak{M}}_k \cdot \frac{\bar{a}_k(a_k)}{\bar{C}_k} \quad \ldots \ldots \quad (136)$$

Kommt es nur auf die Größe von $\bar{A}_{k,k}$ an, so ergibt sich tatsächlich, da ja alle $\bar{C}_k$ gleiche Größe C haben, völlig übereinstimmend mit Gl. 109:

$$A_{k,k} = \mathfrak{M}_k \frac{a_k(a_k)}{C} \quad \ldots \ldots (137)$$

Diese Gleichung werden wir natürlich in erster Linie benutzen, wobei wieder wie früher die Hauptkonstante C sich als Größe des Restmomentes $\bar{R}$ bzw. $(\bar{R})$ ergibt, wenn wir mit $\bar{a}_1 = \bar{1}$ und $(\bar{a}_n) = \bar{1}$ die Vorwärts- und Rückwärtsbilder beginnen, wie sofort aus Gl. 134 mit $\bar{e}_{0,1} = 0$ oder mit $(\bar{e}_{n,n+1}) = 0$ hervorgeht.

Suchen wir weiter die Richtung von $\bar{A}_{k,k}$, so haben wir vor allem zu beachten, daß Amplitude $\bar{A}_{k,k}$ und Moment $\overline{\mathfrak{M}}_k$ nicht mehr phasengleich sind (denn nach Gl. 134 ist $\overline{\mathfrak{M}}_k$ ja mit dem Drehstrecker $\frac{\bar{a}_k(a_k)}{\bar{C}_k}$ zu multiplizieren, also auch um einen gewissen Winkel zu drehen); für das Restmoment $\bar{R}$, das nicht nur mit $(\bar{R})$ gleiche Größe, sondern auch gleiche Richtung hat, sobald $\bar{a}_1 = \bar{1}$ und $(\bar{a}_n) = \bar{1}$ gleiche Richtung haben, und den Hauptvektor $\bar{C}_k$ gilt nach den obigen Richtungsregeln: $\bar{C}_k$ bildet mit $\bar{R}$ denselben Winkel, wie $(\bar{a}_n) = \bar{1}$ mit $(\bar{a}_k)$ oder anders ausgedrückt, es ist $\frac{\bar{C}_k}{\bar{R}} = \frac{\bar{1}(a_k)}{(\bar{a}_k)}$. Gleichung 136 kann also auch geschrieben werden:

$$\bar{A}_{k;k} = \overline{\mathfrak{M}}_k \cdot \frac{\bar{a}_k}{\bar{R}} \cdot \frac{(\bar{a}_k)}{\bar{1}} \quad \text{oder} \quad = \overline{\mathfrak{M}}_k \cdot \frac{\bar{a}_k}{\bar{1}} \cdot \frac{(\bar{a}_k)}{\bar{R}} \quad \ldots (138)$$

Um danach die Richtung von $\bar{A}_{k;k}$ aus der Richtung von $\overline{\mathfrak{M}}_k$ zu erhalten, müssen wir diese erstens um den Winkel von $\bar{1}$ bis $\bar{a}_k$, dann um den Winkel von $\bar{R}$ bis $(\bar{a}_k)$ weiter drehen oder umgekehrt, erst um den Winkel von $\bar{R}$ bis $(\bar{a}_k)$, dann um den Winkel von $\bar{a}_1 = \bar{1}$ bis $\bar{a}_k$. Da die Phasenunterschiede des ganzen Vorwärtsbildes für die Stelle 1 bis k bestehen bleiben, so kann die Richtung von $\bar{A}_{1;k}$ (und damit die Phase für alle Stellen von 1 bis k) sofort durch bloßes Drehen von $\overline{\mathfrak{M}}_k$ um den Winkel von $\bar{R}$ bis $(\bar{a}_k)$ festgelegt werden.

Für die übrigen Stellen von k bis n hätte man entsprechend das Rückwärtsbild so zu drehen und zu strecken, daß $(\bar{a}_k)$ zu $\bar{A}_{k;k}$ wird. Jedenfalls folgt für $i < k$ aus Gl. (138)

$$\bar{A}_{i;k} = \overline{\mathfrak{M}}_k \frac{\bar{a}_i}{\bar{1}} \frac{(\bar{a}_k)}{\bar{R}} \quad \ldots \ldots (139)$$

Für $i > k$ ergibt sich entsprechend:

$$\bar{A}_{i;k} = \overline{\mathfrak{M}}_k \frac{\bar{a}_k}{\bar{1}} \frac{(\bar{a}_i)}{\bar{R}} \quad \ldots \ldots (140)$$

d. h. es gilt auch hier der **Vertauschungssatz**:
$$\bar{A}_{i;k} = \bar{A}_{k;i}.$$

Geht man von dem Vertauschungssatz als allgemein nachgewiesen aus, so kann man die vorstehenden Beziehungen, besonders Gl. 138 leicht wie folgt ableiten.

Restmoment $\bar{R}$ erzeugt in k die Amplitude $\bar{a}_k$, daher würde ein in k angreifendes Moment $\bar{R}$ in n die Amplitude $\bar{a}_k$ hervorrufen, $\overline{\mathfrak{M}}_k$ also die Amplitude $\bar{a}_k \cdot \dfrac{\overline{\mathfrak{M}}_k}{\bar{R}}$. Ist das rechte Wellenstück von k bis n ohne erregendes Moment, so entspricht einer Amplitude $\overline{1}$ in n eine Amplitude $\dfrac{(\bar{a}_k)}{\overline{1}}$ in k; da nun $\overline{\mathfrak{M}}_k$ in n die Amplitude $\bar{a}_k \cdot \dfrac{\overline{\mathfrak{M}}_k}{\bar{R}}$ erzeugt, so entsteht in k die Amplitude

$$\bar{A}_{k,k} = \bar{a}_k \cdot \frac{\overline{\mathfrak{M}}_k (\bar{a}_k)}{\bar{R}\ \overline{1}} = \overline{\mathfrak{M}}_k \frac{\bar{a}_k (\bar{a}_k)}{\bar{R}\ \overline{1}};$$

wir haben unmittelbar Gl. 138.

Soll die Wirkung mehrerer erregender Momente $\overline{\mathfrak{M}}_k$, $\overline{\mathfrak{M}}_l$, $\overline{\mathfrak{M}}_m$.. aufgesucht werden, so können wir wieder genau die Wege einschlagen, die S. 214 bis 221 gezeigt worden sind.

Handelt es sich darum, die **Winkelamplituden sämtlicher Querschnitte** zu ermitteln, so sucht man nach Gl. 137 und 138 für jedes einzelne Moment, z. B. für $\overline{\mathfrak{M}}_k$, die Amplituden aller Querschnitte, indem man für die Stellen 1 bis k alle $\bar{A}_{i;k} = \bar{a}_i \cdot \dfrac{\overline{\mathfrak{M}}_k (\bar{a}_k)}{\overline{1}\ \bar{R}}$ durch Multiplikation mit dem Drehstrecker $\dfrac{\overline{\mathfrak{M}}_k (\bar{a}_k)}{\overline{1}\ \bar{R}}$ aus den $\bar{a}_i$ bestimmt, d. h. das Vorwärtsbild entsprechend vergrößert und dreht, und für die Stellen k bis n in gleicher Weise mit dem Rückwärtsbild verfährt, d. h. die $\bar{A}_{i,k} = (\bar{a}_i) \cdot \dfrac{\overline{\mathfrak{M}}_k}{\overline{1}} \dfrac{\bar{a}_k}{\bar{R}}$ aufsucht. Nachdem man so für $\overline{\mathfrak{M}}_k$, $\overline{\mathfrak{M}}_l$, $\overline{\mathfrak{M}}_m$... sämtliche $\bar{A}_{i;k}$, $\bar{A}_{i;l}$, $\bar{A}_{i;m}$... gefunden, erhält man schließlich die resultierende Amplitude für jeden Querschnitt i durch geometrische Addition:

$$\bar{A}_i = \bar{A}_{i,k} + \bar{A}_{i,l} + \bar{A}_{i,m} + \cdots$$

Kommt es mehr darauf an, die Wirkung mehrerer erregender Momente auf einen bestimmten Querschnitt i zu übersehen, so schreibe man, wenn $i < k$, l, m... direkt nach Gl. 137:

$$\bar{A}_{i;k} = \bar{a}_i \cdot \frac{\overline{\mathfrak{M}}_k(\bar{a}_k)}{\overline{1}\ \bar{R}}; \quad \bar{A}_{i;l} = \bar{a}_i \cdot \frac{\overline{\mathfrak{M}}_l(\bar{a}_l)}{\overline{1}\ \bar{R}}; \quad \bar{A}_{i;m} = \bar{a}_i \cdot \frac{\overline{\mathfrak{M}}_m(\bar{a}_m)}{\overline{1}\ \bar{R}} \ldots,$$

daraus folgt im ganzen:

$$\overline{A}_i = \frac{\overline{a}_i}{\overline{R}} \left[\overline{\mathfrak{M}}_k \cdot \frac{(\overline{a}_k)}{1} + \overline{\mathfrak{M}}_l \cdot \frac{(\overline{a}_l)}{1} + \overline{\mathfrak{M}}_m \cdot \frac{(\overline{a}_m)}{1} + \cdots \right] \quad . \ (139\,\mathrm{a})$$

d. h. jedes Moment $\overline{\mathfrak{M}}$ ist erst mit $\frac{(\overline{a})}{1}$ zu drehen und zu strecken, dann die geometrische Summe zu bilden und diese schließlich mit $\frac{\overline{a}_i}{\overline{R}}$ zu drehen und zu strecken.

Ist umgekehrt $i > k, l, m$, so folgt genau so:

$$\overline{A}_i = \frac{(\overline{a}_i)}{\overline{R}} \left[\overline{\mathfrak{M}}_k \cdot \frac{\overline{a}_k}{1} + \overline{\mathfrak{M}}_l \cdot \frac{\overline{a}_l}{1} + \overline{\mathfrak{M}}_m \cdot \frac{\overline{a}_m}{1} + \cdots \right] \quad . \ . \ (140\,\mathrm{a})$$

Bei allen vorausgehenden Darlegungen hat sich die Benutzung von **Drehstreckern** als Multiplikatoren äußerst nützlich erwiesen. Es handelt sich dabei durchaus nicht um eine künstliche Einkleidung einer geometrischen Operation in eine nur scheinbare Multiplikation, sondern wirklich um eine einwandfreie Erweiterung des Multiplizierens mit Zahlen; Drehstrecker unterliegen in der Tat den formalen Gesetzen, die für reelle Zahlen gelten. Sie sind in gewissem Sinne auch längst bekannt und zwar nach der Auffassung von Gauß als komplexe Zahlen; allerdings erscheinen leider die letzteren in den üblichen Darstellungen meist als Strecken (als Vektoren), indem nicht sie selber, sondern die Ergebnisse der Multiplikation mit einer beliebig angenommenen Einheitsstrecke (oder auch die Endpunkte der erzeugten Vektoren) als Bilder der komplexen Zahlen bezeichnet werden. Diese Unklarheit erschwert die verständnisvolle Anwendung; so kommt es, daß bei der Benutzung von Drehstreckern in der Wechselstromtechnik, die dort insbesondere als „Scheinwiderstände", so gut wie unentbehrlich sind, diese geradezu als Vektoren, als **gerichtete Größe** bezeichnet werden, was sie durchaus nicht sind.

Die Rechnungen werden oft „symbolische Rechnungen" genannt und „mit der Kurzschrift verglichen mit dem Bemerken, daß sie zwar äußerst wertvoll seien, aber mit dieser den Nachteil gemeinsam haben, daß sie selbst für den, der sie beherrscht, häufig etwas fremdartig bleiben"[1]). Diese Schwierigkeiten entfallen, die Entwicklungen gestalten sich vielmehr geometrisch äußerst anschaulich, sobald man nur scharf die Drehstrecker von den gerichteten Größen unterscheidet. Der Zusammenhang zwischen Drehstreckern und komplexen Zahlen ist kurz folgender. Wird ein Vektor $\overline{a}$ mit der ne-

---

[1]) Vgl. Thomälen, Lehrbuch der Elektrotechnik, 8. Aufl., Berlin 1920, S. 242.

gativen Zahleneinheit, also mit -1 multipliziert, so entsteht der Vektor $-\bar{a}$, den man bekanntlich als Vektor von gleicher Größe wie $\bar{a}$, aber entgegengesetzter Richtung ansieht. Indem man die Multiplikation mit -1 als Richtungsumkehr, als Drehung um 180^0 auffaßt, und diese nun in zwei aufeinander folgende Drehungen um je 90^0 zerlegt, gewinnt man für den „quadrantalen Versor", der also einen beliebigen Vektor um 90^0 dreht, wir wollen ihn mit $\overset{,}{i}$ schreiben, die Beziehung

$$\overset{,}{i}\cdot\overset{,}{i}=-1.$$

Indem man weiter $\overset{,}{i}\cdot\overset{,}{i}=(\overset{,}{i})^2=-1$ nach $\overset{,}{i}$ auflöst, erhält man

$$\overset{,}{i}=\sqrt{-1}.$$

Diese Beziehung hat zu der Identifizierung von $\overset{,}{i}$ mit der imaginären Zahleneinheit $i=\sqrt{-1}$ geführt; besser ist es, wenn man den quadrantalen Versor, den 90^0-Dreher, als Drehstrecker $\overset{,}{i}$ von der reinen imaginären Einheit $i=\sqrt{-1}$ unterscheidet. Die Summe $\overset{,}{d}=a+b\overset{,}{i}$, d. h. der Drehstrecker, der einen beliebigen Vektor $\bar{r}$ in den Vektor $\bar{s}=\overset{,}{d}\cdot\bar{r}=a\bar{r}+b\bar{r}\cdot\overset{,}{i}$ verwandelt, also um den Winkel φ (für den $\operatorname{tg}\varphi=\dfrac{b}{a}$) dreht und die Größe r in die Größe $s=d\cdot r=\sqrt{a^2+b^2}\cdot r$ umändert, vgl. Fig. 130, wird in gleichem Sinne wie $\overset{,}{i}=\sqrt{-1}=i$ als komplexe Zahl angesehen und alsdann einfach $a+bi$ geschrieben, wodurch eben das Fremdartige hineingebracht wird. Die Schreibweise eines Drehstreckers $\overset{,}{d}=a+b\overset{,}{i}$ ist im Grunde genommen nichts als eine Zerlegung von $\overset{,}{d}$ in zwei Summanden, wenn man will, in zwei Komponenten; für a und b folgt übrigens nach

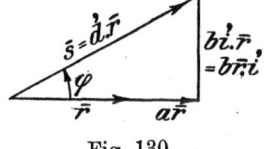

Fig. 130.

Fig. 130: $a=d\cos\varphi$ und $b=d\sin\varphi$, damit die bekannte Beziehung

$$a+b\overset{,}{i}=d(\cos\varphi+\overset{,}{i}\cdot\sin\varphi),$$

die sich auch als Exponialgleichung

$$\overset{,}{d}=a+b\overset{,}{i}=de^{\varphi\overset{,}{i}}$$

schreiben läßt, sobald der Vergrößerungsfaktor, der Betrag d, und der Drehwinkel φ des Drehstreckers gegeben sind.

Unsere Drehstrecker $\overset{,}{D}$ und $\overset{,}{C}$ in Gl. 129 bis 132b könnten wir also in Komponentenschreibweise auch ausdrücken:

$$\dot D = \Theta \omega^2 + K\omega \cdot \overset{?}{i} \quad \text{und} \quad \dot C = c - K'\omega \cdot \overset{?}{i}.$$

Damit ergibt sich allerdings noch keinerlei Vorteil; wollen wir die mit der unmittelbaren Anwendung der Drehstrecker $\dot D$ und $\dot C$ als Multiplikatoren notwendig werdenden geometrischen Konstruktionen vermeiden und rein algebraisch vorgehen, so müssen wir auch die als Vektoren auftretenden Größen $\bar a$, $\bar e$ und $\overline{\mathfrak{M}}$ ihres geometrischen Charakters entkleiden, d. h. in Komponenten auflösen. Legen wir zu diesem Zweck irgend eine Richtung etwa durch den Einheitsvektor $\bar 1$ fest, so können wir z. B. das Moment $\overline{\mathfrak{M}}$ in die beiden rechtwinkligen Komponenten nach der Richtung von $\bar 1$ und senkrecht dazu in $\mathfrak{M}_x$ und $\mathfrak{M}_y$ zerlegen, d. h. für $\overline{\mathfrak{M}}$ schreiben:

$$\overline{\mathfrak{M}} = \mathfrak{M}_x \bar 1 + \mathfrak{M}_y \bar 1\,\overset{?}{i} = (\mathfrak{M}_x + \mathfrak{M}_y\,\overset{?}{i})\,\bar 1.$$

Verfahren wir in gleicher Weise mit den Winkelamplituden $\bar a$ und den elastischen Momenten $\bar e$, so lautet z. B. Gl. 131

$$(e_{x;i,i+1} + e_{y;i,i+1}\overset{?}{i})\bar 1 = e_{;xi-1,i} + e_{;yi-1,i}\overset{?}{i})\bar 1$$
$$\to (\Theta_i \omega^2 + K\omega\,\overset{?}{i})(a_{x,i} + a_{y,i}\,\overset{?}{i})\bar 1 \to (\mathfrak{M}_{x,i} + \mathfrak{M}_{y,i}\overset{?}{i})\bar 1$$

oder

$$[e_{x;i,i+1} - e_{x;i-1,i} + \Theta_i \omega^2 a_{x,i} - K\omega a_{y,i} + \mathfrak{M}_{x,i}] + [e_{y;i,i+1}$$
$$- e_{y;i-1,i} + \Theta_i \omega^2 a_{y,i} + K\omega a_{x,i} + \mathfrak{M}_{y,i}]\overset{?}{i} = 0.$$

Da ein Drehstrecker offenbar nur zu Null werden kann, wenn die beiden Komponenten gleich Null sind, folgen aus der vorstehenden Gleichung die beiden rein algebraischen Beziehungen:

$$e_{x;i,i+1} - e_{x;i-1,i} + \Theta_i \omega^2 a_{x,i} - K\omega a_{y,i} + \mathfrak{M}_{x,i} = 0$$
und $\quad e_{y;i,i+1} - e_{y;i-1,i} + \Theta_i \omega^2 a_{y,i} + K\omega a_{x,i} + \mathfrak{M}_{y,i} = 0,$

die an Stelle von Gl. 131 dazu dienen, aus den beiden Komponenten $e_{i-1,i}$ die von $e_{i,i+1}$ zu berechnen:

und
$$\left.\begin{aligned}e_{x;i,i+1} &= e_{x;i-1,i} - \Theta_i \omega^2 a_{x,i} + K\omega a_{y,i} - \mathfrak{M}_{x,i} \\ e_{y;i,i+1} &= e_{y;i-1,i} - \Theta_i \omega^2 a_{y,i} - K\omega a_{x,i} - \mathfrak{M}_{y,i}\end{aligned}\right\} (131\,\text{c})$$

Genau so könnten wir Gl. 132 in zwei algebraische Gleichungen auflösen und zur Weiterrechnung schreiben:

$$\left.\begin{aligned}a_{x,i+1} &= a_{x,i} + \frac{e_{x;i,i-1}\cdot c_{i,i+1} - e_{y;i,i+1}K'\omega}{c_{i,i+1}^2 + K'^2\omega^2} \\ a_{y,i+1} &= a_{y,i} + \frac{e_{y;i,i+1}\cdot c_{i,i+1} + e_{x;i,i+1}K'\omega}{c_{i,i+1}^2 + K'^2\omega^2}\end{aligned}\right\} (132\,\text{c})$$

Praktisch wären also abwechselnd nach Gl. 131 c die beiden nächsten e-Komponenten, dann nach Gl. 132 c die beiden nächsten a-Komponenten, dann wieder nach Gl. 131 c die beiden folgenden e-Komponenten usf. zu berechnen bis zum Schluß. Im übrigen müßte das Verfahren für je zwei willkürlich angenommene Anfangswerte $a'_{x,1}$ und $a'_{y,1}$ und für $a''_{x,1}$ und $a''_{y,1}$ also zweimal durchgeführt, zur Ermittelung der beiden richtigen Anfangswerte $a_{x,1}$ und $a_{y,1}$ müßten weiter die Restwerte $e'_{x;n,n+1}$, $e'_{y;n,n+1}$, $e''_{x;n,n+1}$ und $e''_{y;n,n+1}$ dazu benutzt werden, die Bedingungsgleichungen $e_{x;n,n+1} = 0$ und $e_{y;n,n+1} = 0$ zu erfüllen; alles in allem gestaltet sich demnach die rein algebraische Lösung recht umständlich. Der Vergleich mit dem zuvor erläuterten geometrischen Verfahren zeigt deutlich dessen Überlegenheit und den großen Nutzen, den die Einführung der Drehstrecker gewährt.

Zum Schlusse möge noch die Verwendung von Drehstreckern auf einem anderen Gebiete kurz angedeutet werden, nämlich für die Behandlung von ebenen stationären Potentialströmungen und der damit im Zusammenhang stehenden winkeltreuen oder konformen Abbildungen (vgl. hierzu die analytischen Ausführungen in Lorenz, Technische Hydromechanik, S. 275 u. f., sowie Föppl, Technische Mechanik, VI. Bd., S. 357 u. f.). Wir nehmen in der Ebene der Punkte P, deren Lage durch die Ortsvektoren $\bar{r}$ gegeben seien, einen Einheitsvektor $\bar{1}$ an, dann geben die Quotienten $\dfrac{\bar{r}}{\bar{1}} = \dot{z}$ die Drehstrecker an, mit denen $\bar{1}$ zu multiplizieren ist, um $\bar{r}$ zu liefern. Nun bilden wir von $\dot{z}$ eine beliebige Funktion

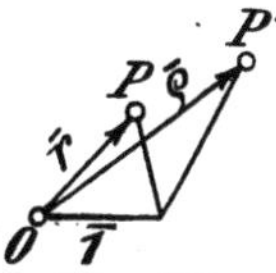

$$\dot{\zeta} = f(\dot{z});$$

Fig. 131.

der so bestimmte Drehstrecker liefert mit $\bar{1}$ multipliziert einen neuen Vektor

$$\bar{\varrho} = \bar{1} \cdot \dot{\zeta} = \bar{1} \cdot f(\dot{z}) = \bar{1}\, f\!\left(\dfrac{\bar{r}}{\bar{1}}\right), \quad \ldots \ldots (141)$$

dessen Endpunkt P' als das Bild des Punktes P aufzufassen ist, das durch das vorstehend geschilderte Verfahren gewonnen wird. Wir wollen zunächst zeigen, daß diese Abbildung winkeltreu oder konform ist, d. h. daß jeder unendlich kleinen bei P gelegenen Figur eine unendlich kleine bei P' gelegene ähnliche Figur entspricht; schneiden sich z. B. in P zwei Linien rechtwinklig, so tun dies auch die beiden entsprechenden Linien in P' usf. Um dies einzusehen, differenzieren wir Gl. 141 geometrisch:

$$d\bar{\varrho} = \bar{1} \cdot \dfrac{df(\dot{z})}{d\dot{z}} d\dfrac{\bar{r}}{\bar{1}} = \bar{1} \cdot f'(\dot{z}) \dfrac{d\bar{r}}{\bar{1}} = d\bar{r} \cdot f'(\dot{z}) \qquad (142)$$

diese Gleichung für die unendlich kleine gerichtete Größe $d\bar{\varrho}$ sagt, daß $d\bar{\varrho}$ aus $d\bar{r}$ durch Multiplikation mit dem Drehstrecker $f'(\dot{z})$ hervorgeht; für einen bestimmten Wert $\bar{r}$ hat aber dieser Drehstrecker einen bestimmten Wert, somit entstehen die von P' ausgehenden unendlich kleinen Strecken $d\bar{\varrho}$ aus den entsprechenden von P ausgehenden Strecken $d\bar{r}$, indem diese um einen ganz bestimmten Winkel gedreht und in einem ganz bestimmten Verhältnis vergrößert werden; irgendwelche unendlich kleine, verschiedene $d\bar{\varrho}$ begrenzende Figuren sind also den entsprechenden, die $d\bar{r}$ begrenzenden Figuren ähnlich, w. z. b. w.

Aus der Tatsache, daß jede nach Gl. 141 vorgenommene Abbildung konform ist, folgt eigentlich sofort die Verwendbarkeit von Gl. 141 für die Aufzeichnung von Strömungslinien und der dazu orthogonalen Äquipotentialkurven. Wir erhalten solche ohne weiteres ausgehend von zwei einander rechtwinklig schneidenden Scharen paralleler Geraden, die selber unmittelbar als ebene Parallelströmung mit unveränderlicher Geschwindigkeit anzusehen sind. Ist die Geschwindigkeit der stationären Parallelströmung im Punkte P als Vektor $\bar{c}$ bekannt, so gilt $\bar{c} = \dfrac{d\bar{r}}{dt}$. Die Richtung der Stromlinie, die nach Gl. 141 durch konforme Abbildung gefunden wird, ist durch $d\bar{\varrho}$ gegeben; wenn man also nach Gl. 142 $\dfrac{d\bar{r}}{dt}$ abbildet, so entsteht ein mit $d\bar{\varrho}$ gleichgerichteter Vektor

$$\bar{u} = \bar{c}\, f'(\dot{z}) \qquad \qquad (142\text{a})$$

der zwar unmittelbar die Geschwindigkeit $\bar{v}$ der stationären Bewegung in der konform abgebildeten Stromlinie der Richtung nach, aber noch nicht der Größe nach angibt. Denn betrachten wir zwei unendlich benachbarte Stromlinien im Abstande ds bzw. $d\sigma$, so muß für inkompressible Flüssigkeiten für den ganzen Verlauf zwischen zwei Stromlinien die in der Zeiteinheit durch jeden Querschnitt strömende Flüssigkeitsmenge konstant, also hier $d\sigma \cdot v$, ebenso wie $ds \cdot c$ konstant sein.

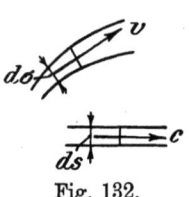

Fig. 132.

Nun entsteht $d\bar{\sigma}$ aus $d\bar{s}$ nach Gl. 142 durch Multiplikation mit $f'(\dot{z})$, genau wie $\bar{u}$ aus $\bar{c}$, also ist auch das Verhältnis der Größen $u : c = d\sigma : ds$, während nach der Kontinuitätsbedingung $d\sigma \cdot v = ds \cdot c$ umgekehrt gelten muß $v : c = ds : d\sigma$; folglich gilt für die Größe der Geschwindigkeit v:

$$v : c = c : u \quad \text{oder} \quad v = \frac{c^2}{u} \qquad \qquad (143)$$

Hat man also durch Multiplikation mit dem Drehstrecker $f'(\overset{\centerdot}{z})$ aus $\bar{c}$ den Vektor $\bar{u} = \bar{c} \cdot f'(\overset{\centerdot}{z})$ gefunden, so braucht man nur die Größe von u nach Gl. 143 abzuändern, was am bequemsten zeichnerisch nach Fig. 133 geschieht, um sofort $\bar{v}$ nach Richtung und Größe zu erhalten.

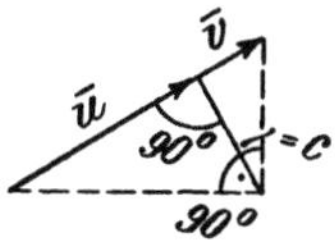

Die Durchführung des vorstehend geschilderten Verfahrens möge an dem berühmten Helmholtzschen Beispiel:

$$\overset{\centerdot}{\zeta} = A(\overset{\centerdot}{z} + e^{\overset{\centerdot}{z}}),$$

Fig. 133.

durch das etwa die Strömungs- und Äquipotentiallinien an der Mündung eines durch parallele Wände gebildeten Kanals in einen See festgelegt sind, erläutert werden. Um die den horizontalen Strömungslinien einer gleichförmigen Parallelströmung $y = b$ entsprechenden Strömungslinien unmittelbar zu konstruieren, suchen wir also

$$\bar{\varrho} = \overline{1}\overset{\centerdot}{\zeta} = A\,\overline{1}\left(\frac{\bar{r}}{1} + e^{\frac{\bar{r}}{1}}\right) = A\left(\bar{r} + \overline{1}\,e^{\frac{\bar{r}}{1}}\right).$$

Der Einfachheit halber nehmen wir $A = 1$ und drücken $\bar{r}$ durch die beiden Koordinaten x und y des Endpunktes aus, schreiben also

$$\bar{r} = \overline{1}(x + y\overset{\centerdot}{i}), \quad \text{d. h.} \quad \frac{\bar{r}}{1} = x + y\overset{\centerdot}{i},$$

dann wird $\quad \bar{\varrho} = \bar{r} + \overline{1}\,e^{x+y\overset{\centerdot}{i}} = \bar{r} + \overline{1}\,e^x \cdot e^{y\overset{\centerdot}{i}}.$

$e^{y\overset{\centerdot}{i}}$ bedeutet nun, wie wir sahen, Drehen um den Winkel y, die Multiplikation mit e^x gestaltet sich am bequemsten, wenn wir von vornherein für eine Anzahl x e^x berechnen und damit eine e^x-Kurve (in Fig. 134 punktiert dargestellt) aufzeichnen. Die Endpunkte P' von $\bar{\varrho}$, d. h. Punkte der Strömungslinie, werden mithin gefunden, indem man von den Punkten P einer Horizontalen mit der Ordinate $y = b$ (in Fig. 134 wurde für y: $\frac{1}{8}\pi$, $\frac{2}{8}\pi$, $\frac{3}{8}\pi$ ... bis π gewählt) Strahlen unter einem Winkel y gegen die Horizontale geneigt, zieht und diese gleich der zu den entsprechenden x gehörigen Ordinate e^x der e-Kurve macht. Die Konstruktion ist nicht nur außerordentlich bequem, sie läßt auch deutlich erkennen, wie sich mit wachsendem x die Strömungslinie bald einer unter dem Winkel $y = b$ geneigten Geraden nähert, für wachsende negative x sich bald der Horizontalen $y = b$ anschmiegt, ferner daß für $y = \frac{\pi}{2}$ die Strömungslinie gleich der um $\frac{\pi}{2}$ senkrecht gehobenen

268   Schwungradmasse und Ungleichförmigkeit.

e-Linie und für $y = \pi$ direkt die Horizontale $y = \pi$ wird; die letztere Strömungslinie endet rechts offenbar für $x = -1$ oder kehrt vielmehr hier nach links um. Auch daß die Äquipotentiallinien, die den Senkrechten $x = a$ entsprechen, (für $x < 0$) geschweifte oder (für $x > 0$) verschlungene Zykloiden sind, sieht man sofort aus der Gleichung für $\overline{\varrho} = \overline{r} +\!\!\!\rightarrow \overline{1}\, e^x \cdot e^{yi}$; denn wenn $x = a$ ist, geht man, um die Punkte der abgebildeten Kurve zu erhalten, um y senkrecht in die Höhe und dreht den Strahl von der gleichbleibenden

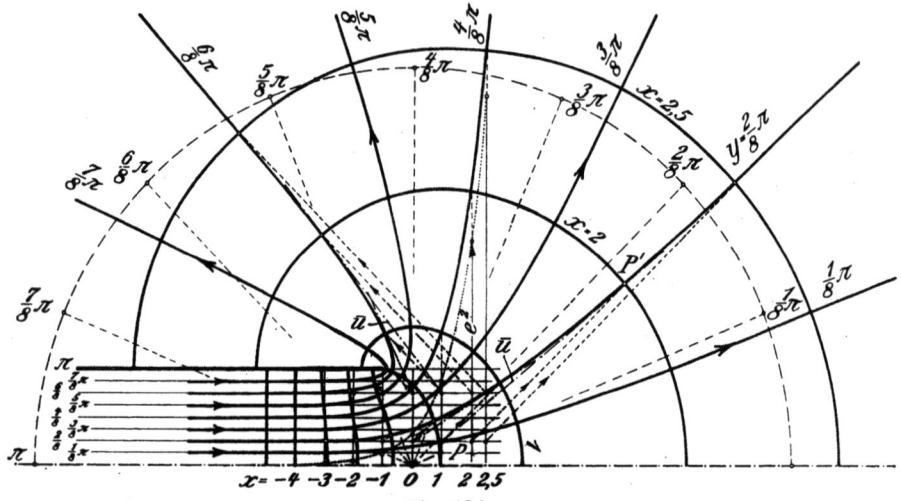

Fig. 134.

Länge e^x um den Winkel y, es entsteht so in der Tat eine geschweifte oder verschlungene Zykloide: ist $e^x = 1$, d. h. $x = 0$, so ergibt sich eine gemeine Zykloide, für $e^x > 1$, d. h. $x > 0$, eine verschlungene, für $e^x < 1$, d. h. $x < 0$, eine geschweifte Zykloide.

Die Tangentenrichtungen und damit die Richtungen der Geschwindigkeiten in den einzelnen Punkten der Stromlinien finden sich nach Gl. 142 durch die Beziehung

$$d\overline{\varrho} = d\overline{r}\, f'(\dot{z}) = d\overline{r}\,(1 + e^{\dot{z}}),$$

oder besser nach Gl. 142a mit Hilfe des Vektors $\overline{u}$:

$$\overline{u} = \overline{c}\, f'(\dot{z}) = \overline{c}\,(1 + e^{\dot{z}}),$$

bzw. wenn wir die Geschwindigkeit der horizontalen gleichförmigen Parallelbewegung $\overline{c} = \overline{1}$ setzen, durch

$$\overline{u} = \overline{1} +\!\!\!\rightarrow \overline{1}\, e^{\dot{z}} = \overline{1} +\!\!\!\rightarrow \overline{1}\, e^x \cdot e^{yi}.$$

Hiernach erstreckt sich der Vektor $\overline{u}$ (für einige Punkte in Fig. 134

strichpunktiert eingetragen) jedesmal bis zum Punkte P' der Strömungslinie von einem Punkte aus, der um die Strecke 1 links von dem (auf der Horizontalen $y=b$ gelegenen) abzubildenden Punkte P liegt.

Um endlich die Größe v der Geschwindigkeit, deren Richtung durch $\bar{u}$ bestimmt ist, für eine Ausgangsgeschwindigkeit c zu ermitteln, benutzen wir Gl. 143: $v:c = 1:u$; danach tragen wir in Fig. 135 auf $\bar{u}$ von P' aus die Größe von c ab und ziehen durch den Endpunkt von c die Horizontale; das Stück zwischen $\bar{u}$ und dem Strahl PP' gibt uns sofort die Größe der Geschwindigkeit v in dem Punkte P.

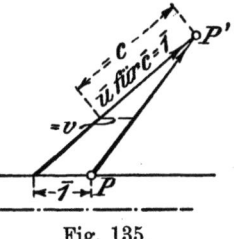

Fig. 135.

Drittes Kapitel.

Konstruktion und Festigkeitsberechnung der Schwungräder.

Konstruktive Gestaltung und Festigkeitsberechnung greifen derart ineinander, daß sich eine Trennung beider hier kaum durchführen läßt.

Wir werden nach einem kurzen Überblick über gebräuchliche Konstruktionen von Schwungrädern die Spannungsermittelung für Kranz und Arme durchführen; daraus ergibt sich eine Kritik der dargestellten Ausführungsformen fast von selbst. Für die Berechnung der Einzelteile sind alsdann die allgemein gültigen Festigkeitsformeln anzuwenden.

A. Übliche Ausführungsformen von Schwungrädern.

In den meisten Fällen ist das Schwungrad aus Gußeisen hergestellt (Fig. 138, 141 bis 156) vor allem mit Rücksicht auf die Kosten, die bei den hier zu beschaffenden großen Gewichten für andere Baustoffe zu hoch ausfallen würden. Maschinen, die sehr starken und plötzlichen Belastungsschwankungen ausgesetzt sind, insbesondere Walzenzugmaschinen, erhalten neben gußeisernem Kranz und gußeiserner Nabe häufig schmiedeiserne Arme (Fig. 157), weil bei großen Geschwindigkeitsschwankungen des Schwungringes in erster Linie die Arme bedeutende Biegungsspannungen erfahren. Die Grenze für die Anwendbarkeit von Gußeisen wird durch die Umfangsgeschwindigkeit des Kranzes gezogen, von der, wie wir unten sehen werden, die Größe der Spannungen in erster Linie abhängig ist. Größere Umfangsgeschwindigkeiten zwingen also zur Benutzung festeren Materials. So stellt Fig. 136 ein Schwungrad für eine elektrisch betriebene Walzenzugmaschine nach Ausführung der Duisburger Maschinenbau-A.-G. vorm. Bechem & Keetmann dar, dessen Kranz aus Stahlguß und dessen Arme aus Schmiedeisen bestehen. Umfangsgeschwindigkeit = 62 m/Sek, Kranzgewicht = 7160 kg, Gesamtgewicht des Rades = 14050 kg; die Fliehkraft der Stoßverbindung wird durch besondere Zugstangen abgefangen.

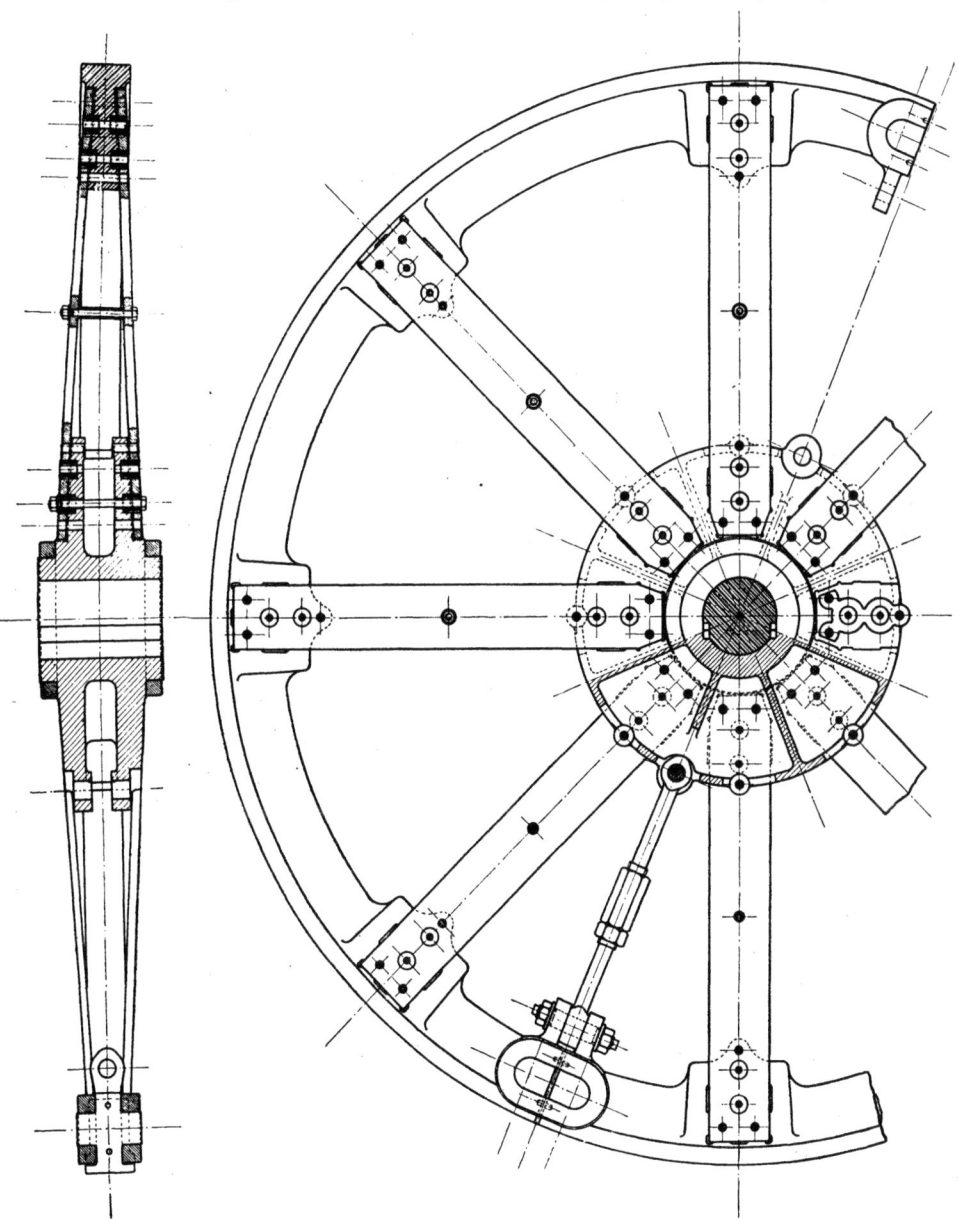

Fig. 136.

Fig. 137 zeigt ein aus Schmiedeisen hergestelltes Rad amerikanischer Konstruktion für eine Walzenzugmaschine: der Kranz ist

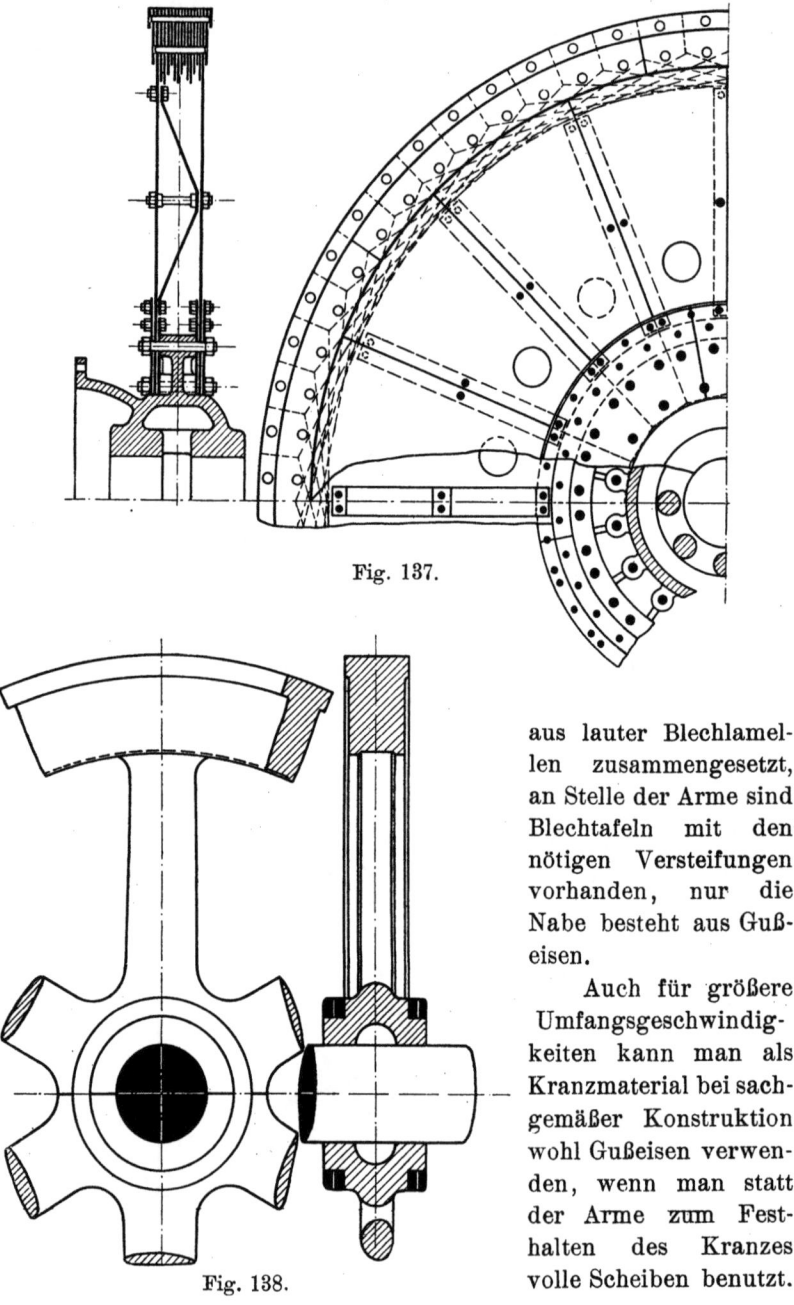

Fig. 137.

Fig. 138.

aus lauter Blechlamellen zusammengesetzt, an Stelle der Arme sind Blechtafeln mit den nötigen Versteifungen vorhanden, nur die Nabe besteht aus Gußeisen.

Auch für größere Umfangsgeschwindigkeiten kann man als Kranzmaterial bei sachgemäßer Konstruktion wohl Gußeisen verwenden, wenn man statt der Arme zum Festhalten des Kranzes volle Scheiben benutzt.

Fig. 139 und 140 stellen ein solches Rad von 20000 kg Gesamtgewicht für 52 m/Sek Umfangsgeschwindigkeit nach Ausführung der Duisburger Maschinenbau-A.-G. dar. Da der Raddurchmesser etwa 3,5 m beträgt, so können die beiden den Kranz tragenden flußeisernen Blechscheiben in je einem Stück gewalzt werden. Bei größeren Durchmessern bis $\sim$ 8 m sind die Scheiben aus zwei Stücken zusammenzusetzen. Volle Scheiben an Stelle von Armen bieten neben größerer Festigkeit auch noch den Vorteil, den Luftwiderstand zu vermindern. Wenn auch der Verlust bisweilen überschätzt wurde, so ist doch durch Versuche festgestellt, daß Arme, besonders solche mit I-förmigem Querschnitt, Luftwirbelungen erzeugen, die mehr als 1 $^0/_0$ der Maschinenleistung aufzehren können[1]). Zur Vermeidung dieses Verlustes pflegt man deshalb die Radarme durch Blechtafeln zu verkleiden.

Kleinere Räder werden in einem Stück gegossen (Fig. 138); zum Ausgleich der Gußspannungen gießt man die Nabe wohl auch drei- oder vierteilig, indem man mit Graphit bestrichene dünne Platten in die Form einlegt. Die verbleibenden Zwischenräume gießt man (nachdem durch Verbiegungen der Arme sich die Gußspannungen ausgeglichen haben) mit Zink aus und zieht auf die Nabe links und rechts Schrumpfringe (Fig. 141).

Größere Räder (von etwa 3 m ϕ ab) werden meist mehrteilig gegossen oder durch Sprengen des in einem Stück gegossenen Rades geteilt. Je nach der Größe und der Armzahl ist das Rad zweiteilig (Fig. 142, 143, 144, 151, 154 und 155) oder auch mehrteilig (Fig. 153). Bei größeren Kranzbreiten werden mehrere Armsysteme angeordnet, z. B. wenn das Schwungrad gleichzeitig als Riemenscheibe (Fig. 145) oder als Seilscheibe (Fig. 144) dient; bei sehr großen Breiten, wie in Fig. 144, wird das Rad auch seitlich geteilt; es besteht z. B. in Fig. 144 aus drei getrennten Rädern, die nur durch Verbindungsschrauben zusammengehalten werden.

Die Teilungsebene legt man heute noch meist in die Mitte zwischen zwei Armen (Fig. 142 bis 153), obwohl diese Teilung nur bei sorgfältigster Verbindung des Kranzes an den Teilungsstellen zulässig ist und theoretisch als die ungeeignetste bezeichnet werden muß. Die schon erheblich bessere Trennung durch Ebenen, welche die Arme selber in zwei Hälften teilen, ist seltener, nur bei größeren Rädern zurzeit üblich (Fig. 154 und 155), trotzdem sie eine weit größere Sicherheit gewährt als die oben erwähnte Teilung zwischen zwei Armen.

---

[1]) Vgl. Z. d. V. d. Ing. 1901, S. 1788 und Z. 1888, S. 283.

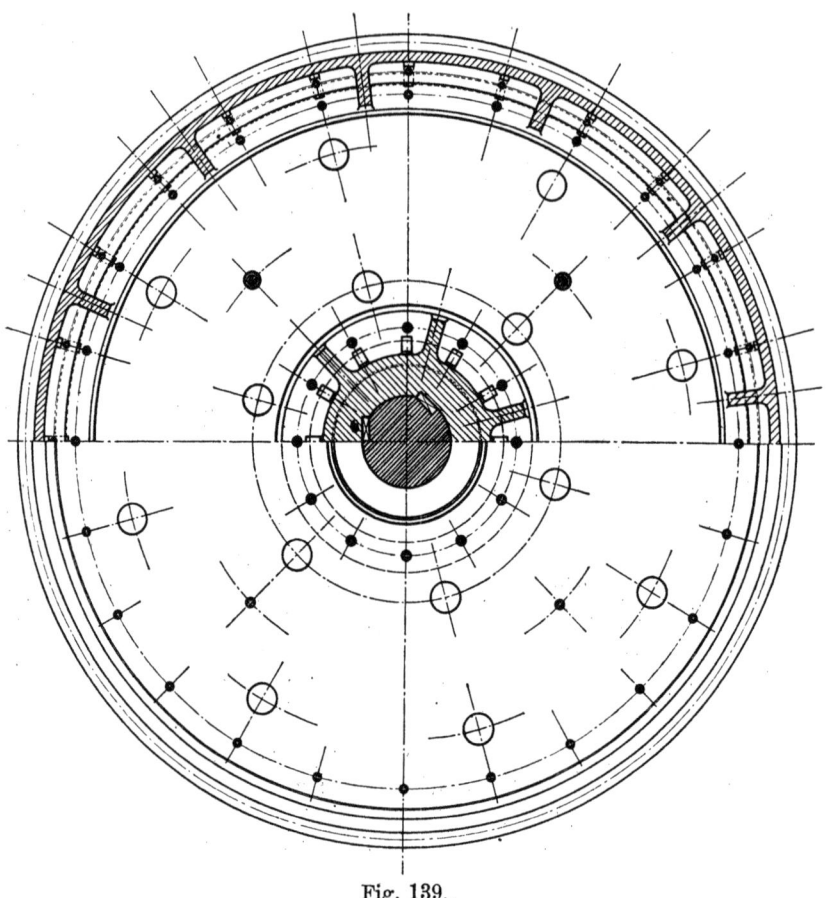

Fig. 139.

Die Arme erhalten Querschnitte mit möglichst großen Widerstandsmomenten (bezogen auf neutrale Achsen, die zur Welle parallel laufen); bis zu einem gewissen Grade sind Arme mit gleicher Biegungsfestigkeit und dabei kleinerer Querschnittsfläche günstiger, da dann die Arme die Ausdehnung des Kranzes durch die tangentialen Spannungen nicht so stark hindern. Zweckmäßig sind also Hohlquerschnitte (Fig. 141 und 153), und I-förmige Querschnitte (Fig. 156). Die Armzahl schwankt etwa zwischen 4 und 10, am häufigsten finden sich 6 und 8 Arme.

Die Kranzverbindung sollte sich natürlich nach den Kräften richten, die sie abzufangen hat. Von den gebräuchlichen Konstruktionen muß man leider durchweg aussprechen, daß sie ihrer Aufgabe nicht gerecht werden; manche sind geradezu zu verwerfen und durch ihre mangelhafte Wirkungsweise schon die Ursache

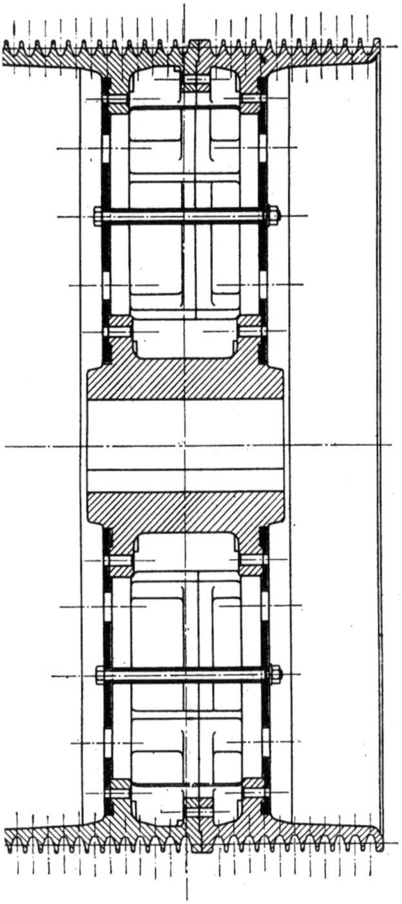

Übliche Ausführungsformen von Schwungrädern.

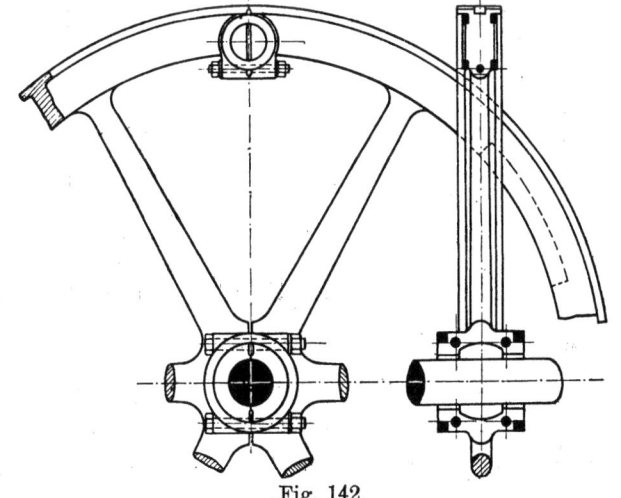

Fig. 140.

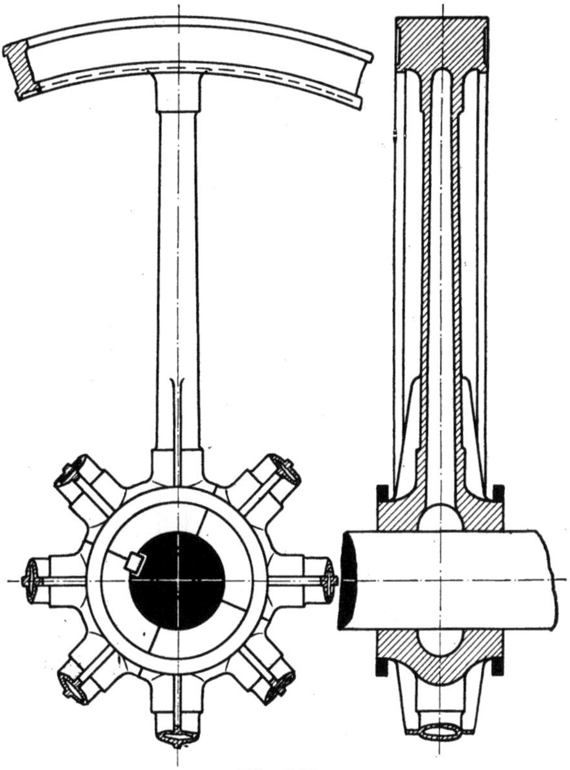

Fig. 141.

Fig. 142.

276 Konstruktion und Festigkeitsberechnung der Schwungräder.

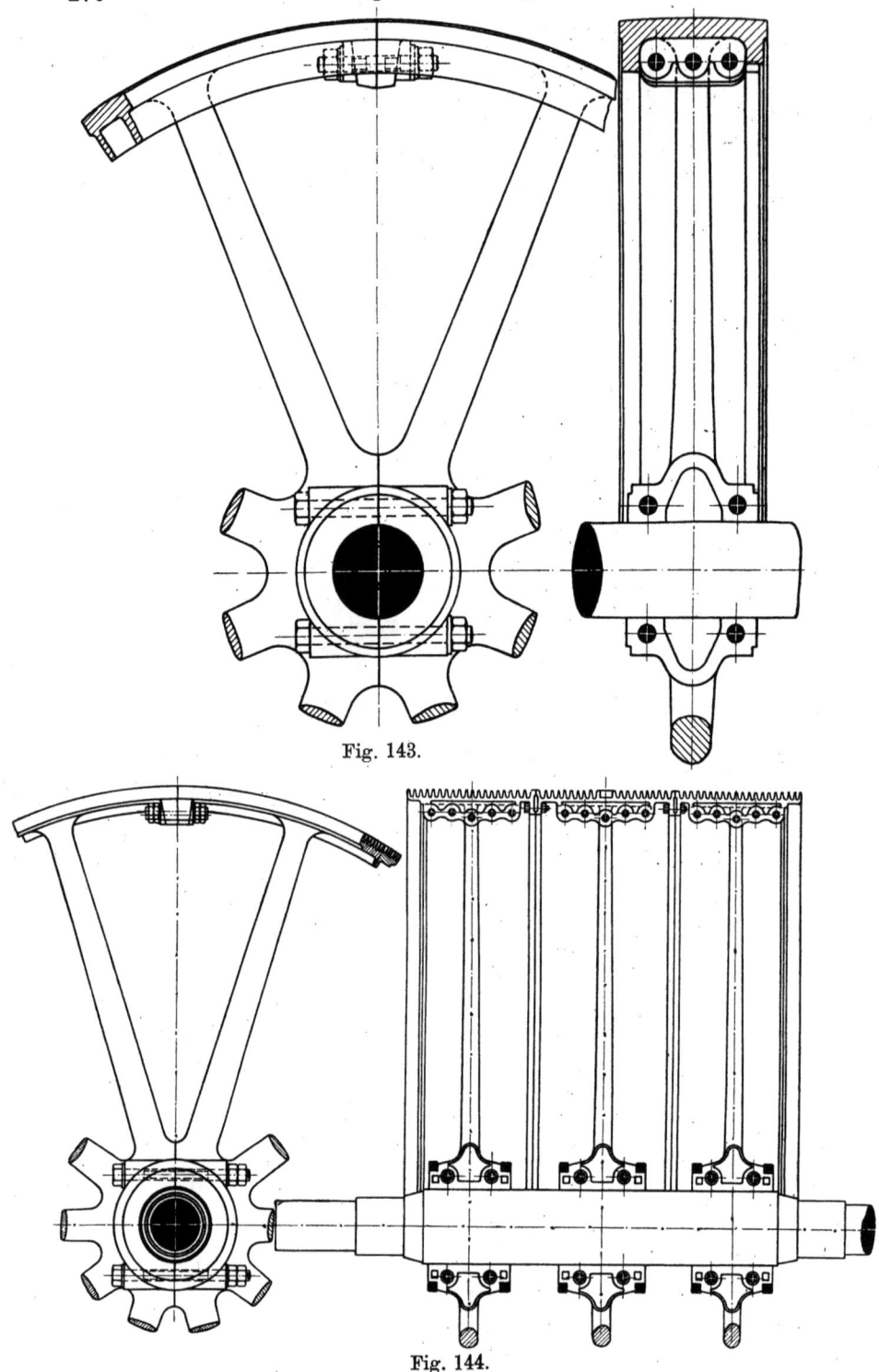

Fig. 143.

Fig. 144.

Übliche Ausführungsformen von Schwungrädern.

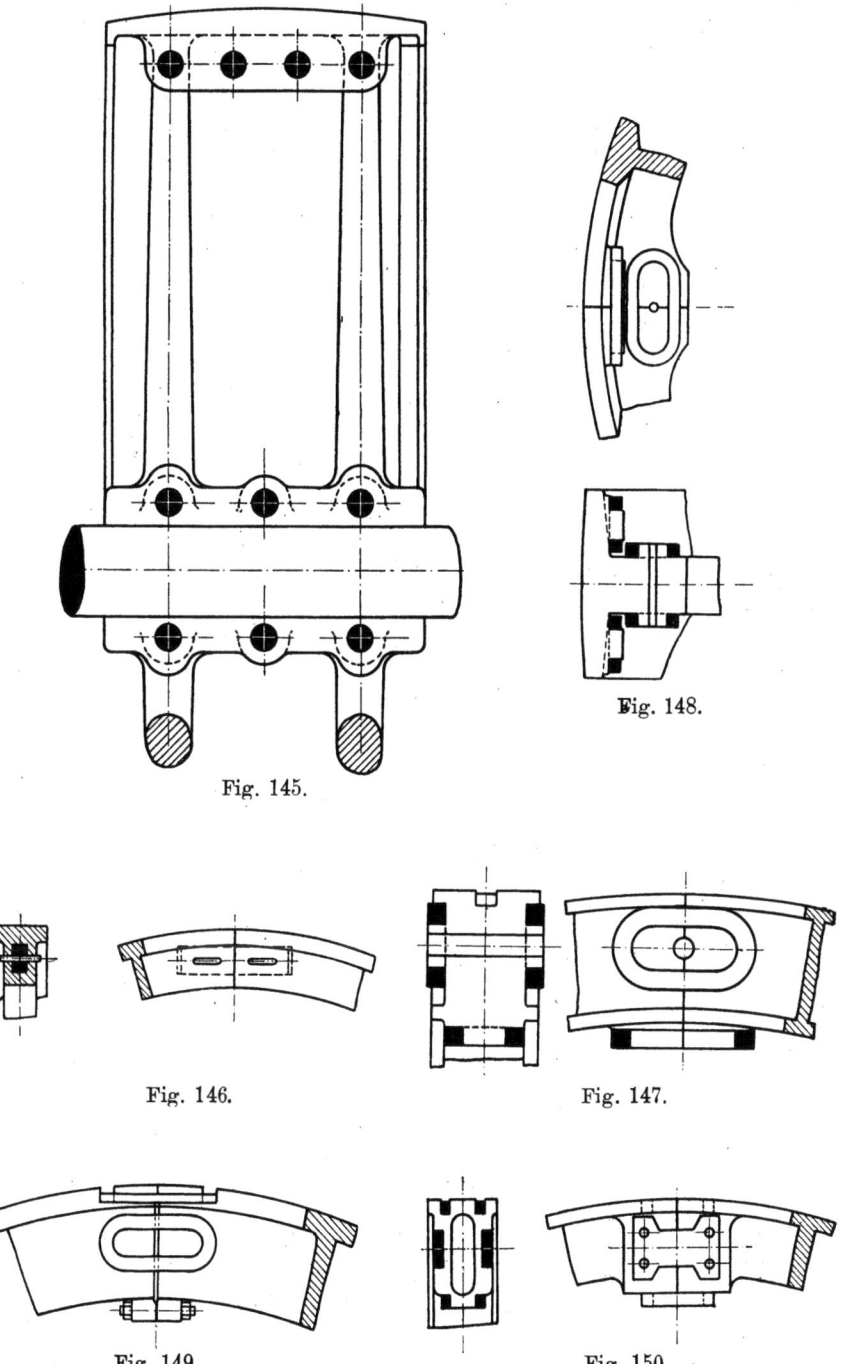

Fig. 145.

Fig. 148.

Fig. 146.

Fig. 147.

Fig. 149.

Fig. 150.

278 Konstruktion und Festigkeitsberechnung der Schwungräder.

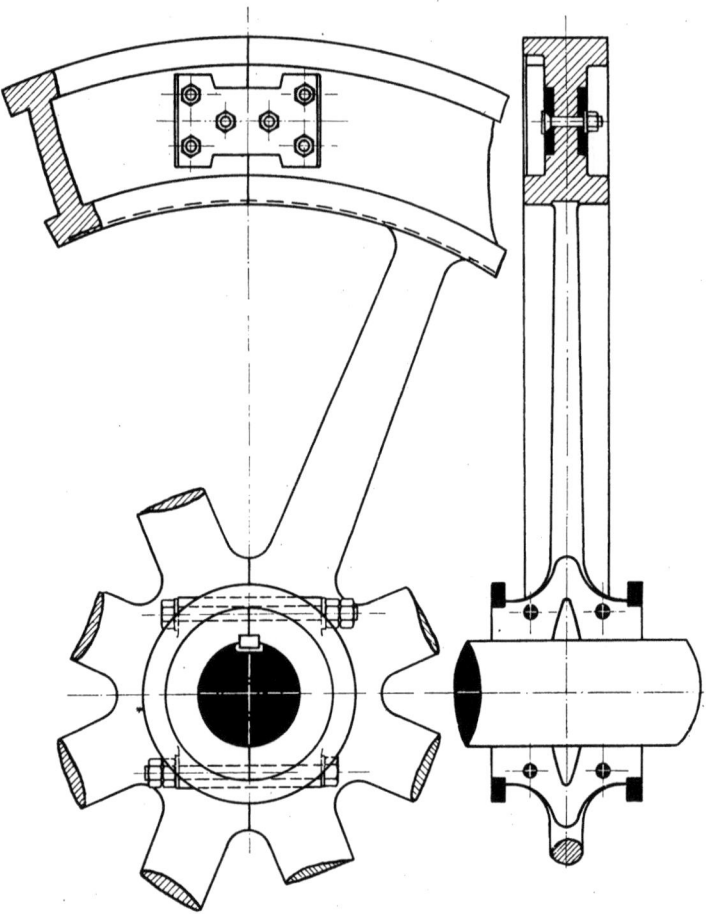

Fig. 151.

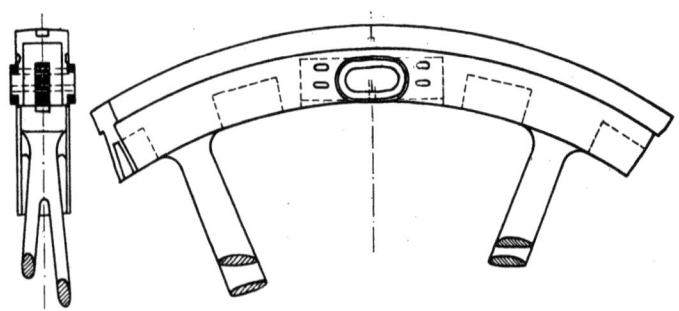

Fig. 152.

Übliche Ausführungsformen von Schwungrädern.

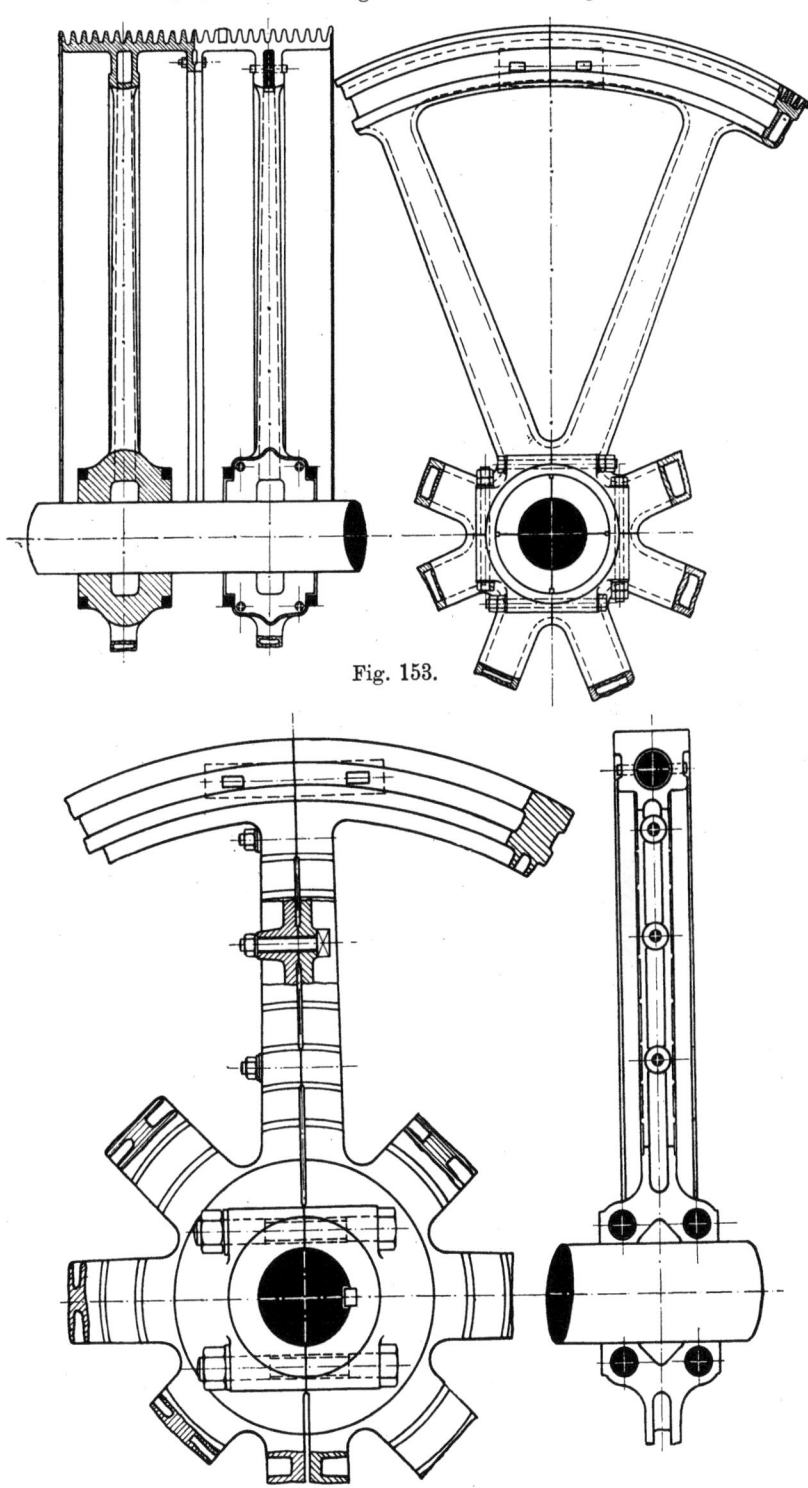

Fig. 153.

Fig. 154.

280   Konstruktion und Festigkeitsberechnung der Schwungräder.

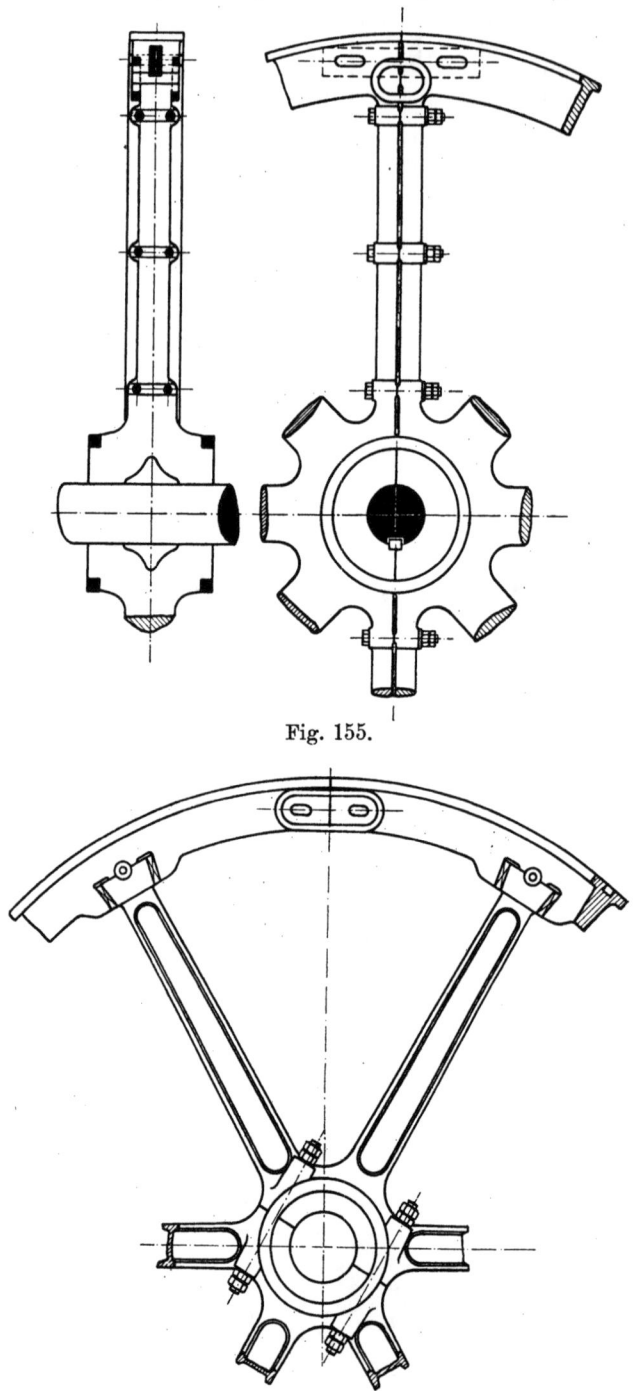

Fig. 155.

Fig. 156.

Übliche Ausführungsformen von Schwungrädern. 281

von Schwungradexplosionen gewesen. In der Mitte zwischen zwei
Armen erfährt der Kranz außer einer Zugbeanspruchung noch bedeutende Biegungsanstrengungen, und zwar je nach Armzahl, Arm-
und Kranzabmessungen (vgl. S. 318) so, daß außen entweder Zug-
oder Druckspannungen entstehen. Die stärkste Inanspruchnahme
kann also in den äußeren oder inneren Fasern des Kranzes auftreten; hiernach sind die Verbindungskonstruktionen einzurichten.

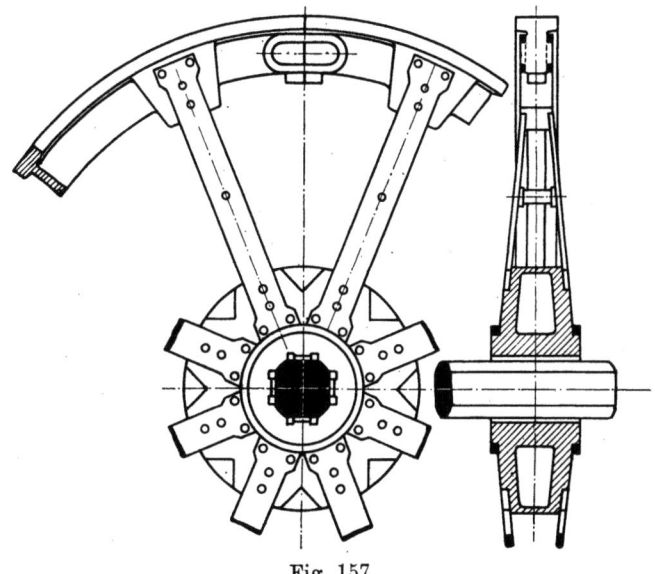

Fig. 157.

Als Verbindungsmittel dienen: 1. Schrauben (Fig. 143, 144 und
145), 2. Schrumpfplatten oder Schrumpfanker (Fig. 151), 3. Schrumpfringe (Fig. 147 und 148), auch in Verbindung mit Schrauben (Fig. 142
und 149), 4. Schrumpfplatten mit Schrumpfringen (Fig. 150), 5. Keil-
bolzen von rechteckigem (Fig. 146, 152, 153 und 155) oder kreisförmigem Querschnitt (Fig. 154). In Fig. 153 könnte man das Ver-
bindungsstück, das von innen aus eingelegt wird, auch Keilplatte
nennen.

B. Festigkeitsuntersuchung der Schwungräder.

a) Näherungsrechnung ohne Berücksichtigung der Arme.

Gewöhnlich legt man bei der Ermittelung der **Spannungen im Kranz** die allerdings nicht zutreffende Annahme zugrunde, der Kranz drehe sich **freischwebend** mit der Winkelgeschwindigkeit $\omega = \dfrac{2\pi n}{60}$. Schneidet man ein schmales Ringstück durch zwei den unendlich kleinen Winkel τ miteinander bildende und durch die Drehachse gehende Ebenen heraus (s. Fig. 158), so befindet sich dieses Stück

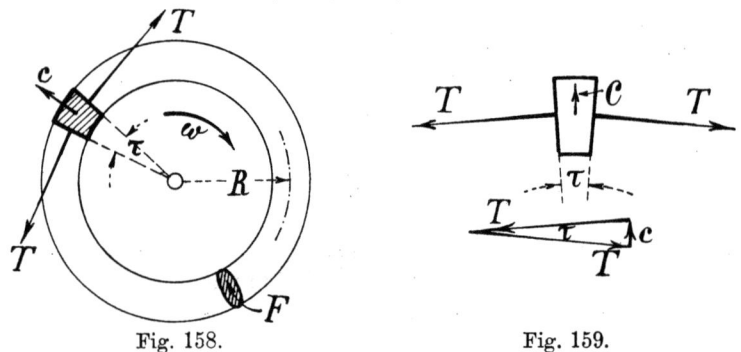

Fig. 158.   Fig. 159.

im Gleichgewicht unter dem Einfluß der Fliehkraft c und der tangential gerichteten Spannkräfte T; die drei Kräfte c, T und T müssen also ein geschlossenes Kräftedreieck bilden (Fig. 159), aus dem sich (da τ unendlich klein ist) die Gleichung ablesen läßt

$$c = T \cdot \tau.$$

Ist nun
die Querschnittsfläche des Ringes $= F$ qcm,
der mittlere Kranzhalbmesser $= R$ cm,
die mittlere Umfangsgeschwindigkeit des Kranzes $V = R\omega$ cm/Sek,
das Gewicht der Kubikeinheit des Kranzes $= \gamma$ kg/ccm,
die Beschleunigung durch die Schwere $= g = 981$ cm/Sek²,
so beträgt die Masse des unendlich schmalen Ringstückes

$$m = \frac{R\tau \cdot F \cdot \gamma}{g},$$

mithin seine Fliehkraft

$$c = mR\omega^2 = \frac{R\tau F\gamma}{g} \cdot R\omega^2 = F\tau \frac{\gamma}{g} V^2.$$

Setzt man diesen Wert $c = T\tau$, so folgt (unabhängig von R)

$$T = F \cdot \frac{\gamma}{g} \cdot V^2.$$

In der Regel sind nun die radialen Abmessungen des Kranzquerschnitts gegenüber dem Halbmesser R so klein, daß eine gleichmäßige Verteilung der Spannungen über den ganzen Kranzquerschnitt vorausgesetzt werden darf; dann gilt für die durch T erzeugte Zugspannung im Kranz:

$$\sigma_z = \frac{T}{F} = \frac{\gamma}{g} \cdot V^2. \qquad (144)$$

Die Zugspannung σ_z hängt hiernach nur von dem Gewicht der Volumeneinheit des Baustoffes und der Umfangsgeschwindigkeit des Kranzes ab. Für Gußeisen würde z. B. mit $\gamma = \dfrac{7{,}25}{1000}$ kg/ccm:

für $V = 10$ m/Sek $= 1000$ cm/Sek: $\sigma_z = \dfrac{7{,}25}{1000} \cdot \dfrac{1000^2}{981} = 7{,}4$ kg/qcm

„ $V = 15$ „ $= 1500$ „ $\sigma_z = \dfrac{7{,}25}{1000} \cdot \dfrac{1500^2}{981} = 16{,}6$ „

„ $V = 20$ „ . . . . $\sigma_z = 29{,}6$ „
„ $V = 25$ „ . . . . $\sigma_z = 46{,}2$ „
„ $V = 30$ „ . . . . $\sigma_z = 66{,}5$ „
„ $V = 40$ „ . . . . $\sigma_z = 118$ „
„ $V = 50$ „ . . . . $\sigma_z = 185$ „
„ $V = 60$ „ . . . . $\sigma_z = 266$ „

Läßt man für Gußeisen eine Zugspannung von rund 100 kg/qcm zu, so dürfte nach der obigen Näherungsformel eine Umfangsgeschwindigkeit V von nahezu 40 m/Sek benutzt werden. Nach der später durchgeführten genaueren Berechnung sind aber die wirklichen Spannungen im Kranz erheblich höher, so daß man bei gußeisernen Schwungrädern kaum über rund 30 m/Sek Umfangsgeschwindigkeit hinauszugehen pflegt, um noch hinreichende Sicherheit zu haben.

Wenn auch die obige Näherungsrechnung nur sehr ungenaue Ergebnisse liefert, so erkennt man doch wenigstens den großen Einfluß der Umfangsgeschwindigkeit und die natürliche Grenze, welche durch die Festigkeit des angewendeten Stoffes der Umfangsgeschwindigkeit gezogen ist. Insbesondere sieht man, daß für größere Geschwindigkeiten Gußeisen nicht mehr ausreichend ist, daß man deshalb zu festeren Stoffen, zu Schweißeisen oder Stahl übergehen muß.

b) Festigkeitsrechnung unter Berücksichtigung des Einflusses der Arme.

Bei der vorstehenden Näherungsrechnung war vorausgesetzt, daß auf den Schwungkranz lediglich die Fliehkräfte als äußere

Kräfte einwirken, daß infolge der erzeugten Zugspannungen der Ring sich zwar dehnt, aber wie vor der Formänderung so auch nachher eine genau kreisförmige Mittellinie besitzt. In Wirklichkeit erhält der Ring durch die Arme noch Kräfte Z, die nach dem Mittelpunkt hin gerichtet sind. Die Arme werden zwar durch ihre eigene Fliehkraft etwas gedehnt, aber nicht so viel, wie die freie Ausdehnung des Ringes erfordern würde Die Arme üben mithin einen nach innen gerichteten Zug auf den Kranz aus, der die in Fig. 160 skizzierte Abweichung der Ringmittellinie vom Kreise zur Folge hat. Der Kranz erfährt also eine Biegung, und zwar in der Nähe der Arme nach innen, in der Mitte des Kranzstückes zwischen den Armen nach außen.

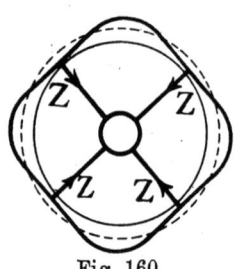

Fig. 160.

Bei der Untersuchung dieser Biegungsbeanspruchungen haben wir es mit einem krummen Balken zu tun; ich werde deshalb zunächst ein bequemes Verfahren zur Berechnung krummer Stäbe entwickeln, das ich zuerst in der Zeitschrift des Vereins deutscher Ingenieure[1]) mitgeteilt habe.

1. Grundformeln zur Berechnung krummer Stäbe.

In Fig. 161 ist ein kurzes, aus einem krummen Stabe herausgeschnittenes Stück dargestellt. In dem ursprünglichen Zustande $ABCD$ schneiden sich die beiden Endquerschnitte AB und CD in der Krümmungsachse K; durch die Einwirkung der Kräfte erhält das Stück die Gestalt ABC_2D_2, und die Endquerschnitte schneiden sich in K_2. Die Überführung des Querschnittes CD in die neue Lage C_2D_2 kann nun in der Weise bewirkt werden, daß zunächst CD um die Krümmungsachse K um den Winkel τ_1 gedreht wird und darauf um die Schwerachse S um den Winkel τ_2. Die gesamte Winkeländerung ist dabei $= \tau_1 + \tau_2$. Beide Einzeldrehungen um K und S ersetzen vollkommen die wirkliche gesamte Formänderung, sobald die Annahme berechtigt ist.

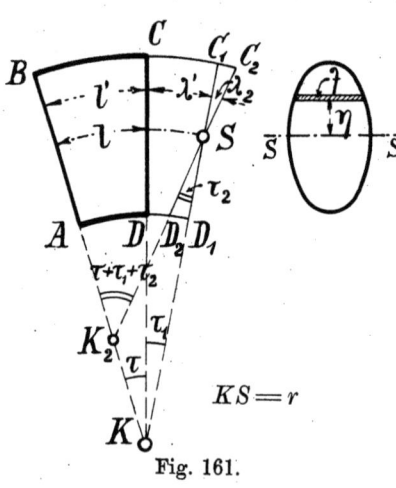

Fig. 161.

$KS = r$

---

[1]) Z. d. V. d. Ing. 1903, S. 884.

daß ebene Querschnitte auch nach der Formänderung eben bleiben, eine Annahme, die bekanntlich unserer heutigen Festigkeitslehre überall zugrunde liegt und bisher durch Versuche stets als gültig bestätigt wurde.

Beide Formänderungen, die Drehungen um K und um S, bedingen nun je eine auf den Querschnitt CD einwirkende und zu diesem rechtwinklig stehende Kraft, die wir wie folgt ermitteln können:

a) Drehung des Querschnittes um die Krümmungsachse K.

Die Lage der einzelnen Fasern geben wir durch ihren Abstand η von der Schwerachse an; dann hat eine solche Faser ursprünglich die Länge $l' = (r+\eta)\tau$, nach der Formänderung $(r+\eta)(\tau+\tau_1)$, sie erfährt also eine Verlängerung um $\lambda' = (r+\eta)\tau_1$, d. h. eine Dehnung:

$$\varepsilon = \frac{\lambda'}{l'} = \frac{(r+\eta)\tau_1}{(r+\eta)\tau} = \frac{\tau_1}{\tau}.$$

Dieser Wert ist offenbar für alle Fasern gleich groß, mithin wird auch die entsprechende Spannung σ_0 konstant:

$$\sigma_0 = \varepsilon \cdot E = \frac{\tau_1}{\tau} E.$$

Erfahren aber alle Flächenteile eines Querschnittes eine konstante Spannung σ_0, so greift die Resultierende aller inneren Kräfte im Schwerpunkte S des Querschnittes an, d. h. **die Drehung um die Krümmungsachse wird durch eine im Schwerpunkte angreifende Kraft P_0 bewirkt, die eine für den ganzen Querschnitt konstante Spannung σ_0 liefert:**

$$\sigma_0 = \frac{P_0}{F}.$$

Der Drehungswinkel τ_1 ist dabei

$$\tau_1 = \frac{\sigma_0 \tau}{E} = \frac{P_0}{EF} \cdot \tau.$$

b) Drehung des Querschnittes um die Schwerachse S.

Eine Faser (im Abstande η von der Schwerachse) von der Länge $l' = (r+\eta)\tau$ erfährt eine Verlängerung $\lambda_2 = \eta\tau_2$, mithin beträgt die Dehnung

$$\varepsilon_2 = \frac{\lambda_2}{l'} = \frac{\eta\tau_2}{(r+\eta)\tau} = \frac{\tau_2}{\tau}\frac{\eta}{r+\eta}$$

und die Spannung

$$\sigma = \varepsilon_2 E = \frac{\tau_2}{\tau} E \frac{\eta}{r+\eta}.$$

Auf das im Abstande η von der Schwerachse S gelegene Flächenteilchen f kommt somit eine innere Kraft $= \sigma f = \frac{\tau_2}{\tau} E \frac{\eta}{r+\eta} f$.

286 Konstruktion und Festigkeitsberechnung der Schwungräder.

Hieraus ergibt sich die **Resultierende aller inneren Kräfte**

$$P' = \Sigma \sigma f = \sum \frac{\tau_2}{\tau} E \frac{\eta}{r+\eta} f = \frac{\tau_2}{\tau} E \sum \frac{\eta}{r+\eta} f.$$

Die Summe

$$\sum \frac{\eta}{r+\eta} f = F'$$

stellt offenbar eine gewisse Fläche dar, deren zeichnerische Ermittelung unten folgen soll. Führt man vorläufig diese Größe ein, so wird

$$P' = \frac{\tau_2}{\tau} E \cdot F',$$

oder der Verdrehungswinkel

$$\tau_2 = \frac{P'}{E F'} \cdot \tau.$$

Um die **Lage der Resultierenden** P' zu finden, suchen wir ihren Abstand x von der Krümmungsachse nach dem Satze vom statischen Moment:

$$P' \cdot x = \Sigma \sigma f \cdot (r+\eta) = \sum \frac{\tau_2}{\tau} E \frac{\eta}{r+\eta} f \cdot (r+\eta) = \frac{\tau_2}{\tau} E \Sigma \eta f.$$

Da η die Abstände der Flächenteile f von der Schwerachse sind, so ist

$$\Sigma \eta f = 0,$$

folglich auch

$$P' x = 0$$

oder

$$x = 0,$$

d. h. die Kraft P' geht durch die Krümmungsachse, oder anders ausgedrückt:

Die Drehung des Querschnittes um die Schwerachse S wird durch eine die Krümmungsachse K rechtwinklig schneidende Kraft P' bewirkt.

Die durch P' erzeugten Spannungen σ berechnen sich

$$\sigma = \frac{\tau_2}{\tau} E \frac{\eta}{r+\eta};$$

nun war

$$P' = \frac{\tau_2}{\tau} E F' \quad \text{oder} \quad \frac{\tau_2}{\tau} E = \frac{P'}{F'},$$

folglich wird

$$\sigma = \frac{P'}{F'} \frac{\eta}{r+\eta}.$$

Der durch P' hervorgerufene Drehungswinkel τ_2 ist

$$\tau_2 = \frac{P'}{E F'} \cdot \tau.$$

Der gesamte Verdrehungswinkel wird für ein unendlich schmales Balkenstück somit

$$\tau_1 + \tau_2 = \frac{P_0}{EF}\tau + \frac{P'}{EF'}\tau = \left(\frac{P_0}{F} + \frac{P'}{F'}\right)\frac{\tau}{E}.$$

Die **Ermittelung der Hilfsfläche** $F' = \sum \frac{\eta}{r+\eta} f$ kann leicht wie folgt geschehen. Da der Bruch $\frac{\eta}{r+\eta}$ eine Zahl darstellt, so bedeutet das Produkt $\frac{\eta}{r+\eta} f$ wieder ein Flächenteilchen f', und die Summe aller f' stellt die gesuchte Größe F' dar. Innerhalb der Schwerlinie sind die Werte η negativ, mithin wird auch die Summe der entsprechenden Flächen f' negativ. Bezeichnen wir also die (äußere) positive Fläche mit F_1, die (innere) negative mit F_2, so wird der Absolutbetrag von F', weil F_2 offenbar stets größer als F_1 ist,

$$F' = F_2 - F_1.$$

Die Begrenzungslinie der Flächen F_1 und F_2 findet man einfach dadurch, daß man die Flächenteilchen f im Verhältnis $\frac{\eta}{r+\eta}$ auf f' verkleinert, d. h. unter Beibehalten der Höhen der einzelnen Streifen ihre Breiten CA im Verhältnis $\frac{\eta}{r+\eta}$ verringert auf CB. Zu dem Zwecke ziehe man in Fig. 162 den Strahl AK und dazu durch den Schwerpunkt S eine Parallele, die auf der Wagerechten CA den gesuchten Punkt B abschneidet. Wiederholt man dieses Verfahren für möglichst viele Umfangspunkte der gegebenen Figur, so erhält man die beiden in S zusammenstoßenden Flächen F_1 und F_2, deren Unterschied $F_2 - F_1 = F'$ ist. Benutzt man zur Auswertung der Flächen ein Planimeter, so erhält man den gesuchten Flächeninhalt F' sofort durch eine einzige Ablesung,

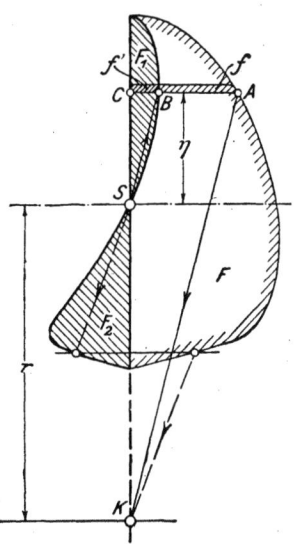

Fig. 162.

wenn man die Schleife, welche die beiden in S zusammenstoßenden Flächen umschließt, in einem ununterbrochenen Zuge umfährt, wobei F_2 rechts und F_1 links umfahren wird, also der Unterschied $F_2 - F_1$ sich von selber herstellt.

Es ist natürlich am bequemsten, von vornherein die ganzen Breiten der Fläche von einer Senkrechten aus nach einer Seite hin abzutragen, ehe man die obige Reduktion vornimmt. Bei symmetrischen Figuren, die eigentlich nur in Frage kommen, genügt es, mit der halben Fläche zu arbeiten, wenn man nicht zur Erzielung größerer Genauigkeit die ganzen Breiten nach einer Seite abtragen will.

Liegt die Krümmungsachse K ziemlich weit von der Fläche F entfernt, so fällt F' sehr klein aus; dann läßt sich rechnerisch F' auch folgendermaßen finden. Schreibt man

$$\frac{\eta}{r+\eta} = \frac{\eta}{r} - \frac{\eta^2}{r(r+\eta)},$$

so wird

$$F' = \sum \frac{\eta}{r} f - \sum \frac{\eta^2}{r(r+\eta)} f;$$

indem man im Nenner der zweiten Summe η gegen r vernachlässigt, erhält man

$$F' = \frac{\Sigma \eta f}{r} - \frac{\Sigma \eta^2 f}{r}.$$

Hierin ist $\Sigma \eta f = 0$ und $\Sigma \eta^2 f = J =$ dem Trägheitsmoment der Fläche bezogen auf die Schwerachse, folglich (abgesehen vom Vorzeichen)

$$F' = \sim \frac{J}{r^2}.$$

Auch in dem Ausdruck für die Spannungen σ kann alsdann η gegen r vernachlässigt werden und man erhält

$$\sigma = \frac{P'}{F'} \frac{\eta}{r+\eta} \sim \frac{P'}{\frac{J}{r^2}} \frac{\eta}{r} = \frac{P' r}{\frac{J}{\eta}},$$

d. h. eine mit der bekannten Grundformel für die Biegungsfestigkeit gerader Stäbe vollkommen übereinstimmende Gleichung.

Wir fassen die Ergebnisse für die Berechnung krummer Stäbe zusammen:

1. Sobald nur Normalspannungen in Frage kommen, ersetzt man die auf das abgeschnittene Balkenstück einwirkenden äußeren Kräfte durch zwei zu dem betrachteten Querschnitt senkrechten Kräfte P_0 und P', von denen P_0 im Schwerpunkte, P' im Krümmungsmittelpunkte K der Stabmittellinie angreift.

2. P_0 bewirkt eine Drehung des Querschnittes um die Krümmungsachse K um den Winkel

$$\tau_1 = \frac{P_0}{EF} \tau.$$

P' bewirkt eine Drehung des Querschnittes um die Schwerachse S um den Winkel

$$\tau_2 = \frac{P'}{EF'} \tau$$

gegen den unendlich nahen Querschnitt, der vor der Formänderung mit dem betrachteten Querschnitt den Winkel τ bildete.

3. P_0 liefert eine für den ganzen Querschnitt konstante Spannung
$$\sigma_0 = \frac{P_0}{F}.$$

P' ergibt eine mit η veränderliche (aber nicht damit proportionale) Spannung
$$\sigma = \frac{P'}{F'} \frac{\eta}{r+\eta},$$

4. wobei die Hilfsfläche $F' = \sum \frac{\eta}{r+\eta} f = F_2 - F_1$ (nach Fig. 162) durch Verkleinerung der Breiten des betreffenden Querschnittes im Verhältnis $\frac{\eta}{r+\eta}$ gefunden wird.

Liegt die Krümmungsachse sehr weit von der Schwerachse entfernt, so ist
$$F' \sim \frac{J}{r^2}$$
und
$$\sigma \sim \frac{P'r}{J} \eta \text{ (wie beim geraden Balken)}.$$

5. Die Gesamtspannung ist also
$$\sigma_0 + \sigma = \frac{P_0}{F} + \frac{P'}{F'} \frac{\eta}{r+\eta}$$
und die gesamte Winkeländerung für ein Balkenelement
$$\tau_1 + \tau_2 = \left(\frac{P_0}{F} + \frac{P'}{F'}\right) \frac{\tau}{E}.$$

2. Spannungsverhältnisse und Formänderungen des Kranzes.

Gleichmäßige Verteilung der Arme auf den Umfang des Rades vorausgesetzt, wiederholen sich alle Verhältnisse so oft, wie Arme vorhanden sind; wir können unsere Betrachtung deshalb auf ein Kranzstück zwischen zwei Armen beschränken.

Es sei:

2α der Zentriwinkel für das Kranzstück in Bogenmaß;

C die gesamte Fliehkraft dieses Stückes in Kilogrammen;

Z der ganze von jedem Arm auf den Kranz radial nach innen ausgeübte Zug in Kilogrammen; auf jedes Kranzstück entfällt dann an beiden Enden $\frac{Z}{2}$, wie bereits in Fig. 163 eingetragen ist.

T sei die Resultierende aus den Kräften, die von den benachbarten Querschnitten auf das abgetrennte, unserer Betrachtung zugrunde liegende Balkenstück ausgeübt werden. T geht nicht etwa durch den Schwerpunkt der Endquerschnitte wie bei dem freischwebenden Ring; denn außer der gleichmäßig über den Querschnitt verteilten Zugbeanspruchung haben wir hier, wie schon im Anschluß an Fig. 160 erläutert wurde, eine Biegungsbeanspruchung.

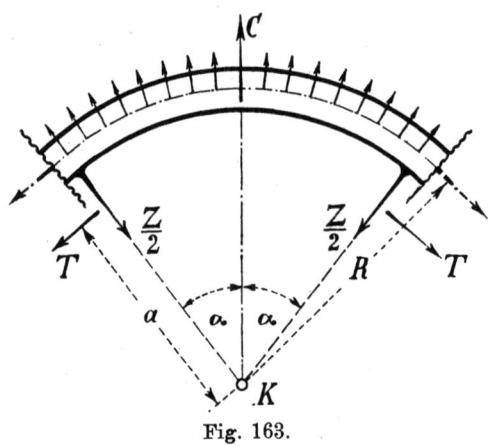

Fig. 163.

Radial gerichtete Schubkräfte, die auf die Endquerschnitte des betrachteten Balkenstückes von den Nachbarquerschnitten ausgeübt werden, sind hier nicht vorhanden, da wegen der gleichmäßigen Wiederholung aller Verhältnisse für die einzelnen Kranzstücke zwischen je zwei Armen die Spannungsverteilung bezogen auf die Armmitte symmetrisch verläuft. Die Armmittelebene ist für den Kranzquerschnitt somit eine Hauptebene, in der bekanntlich keine Schubspannungen auftreten. Es kommt also tatsächlich nur T als Gesamtresultierende aller auf den Endquerschnitt einwirkenden Spannungen in Betracht.

a sei ferner der Abstand der Kraft T vom Mittelpunkte K in Zentimetern und R der Halbmesser des Schwungringes (vom Schwerpunkte S bis zum Mittelpunkt K gemessen) in Zentimetern, dann müssen zunächst die fünf Kräfte T, T, $\frac{Z}{2}$, $\frac{Z}{2}$ und C im Gleichgewicht sein. Diese Forderung liefert die Bedingungsgleichung

$$2T \sin\alpha + 2\frac{Z}{2}\cos\alpha = C.$$

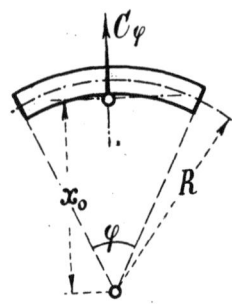

Fig. 164.

Bekanntlich ist die Fliehkraft stets so groß, als ob die ganze Masse des sich drehenden Körpers in dessen Schwerpunkte angriffe. Danach wird für ein Bogenstück mit dem Zentriwinkel φ die Fliehkraft

$$C_\varphi = \omega^2 x_0 \cdot \frac{R\varphi \cdot F \cdot \gamma}{g},$$

Festigkeitsuntersuchung der Schwungräder. 291

wenn γ das Gewicht der Volumeneinheit und x_0 den Abstand des Schwerpunktes vom Mittelpunkt bedeutet.

Für einen Kreisbogen ist der Schwerpunktsabstand
$$x_0 = \frac{s}{\varphi};$$
die Sehne s ist dabei
$$s = 2R \sin \frac{\varphi}{2},$$
folglich wird
$$C_\varphi = \omega^2 \frac{2R \sin \frac{\varphi}{2}}{\varphi} \cdot \frac{R\varphi F \gamma}{g} = \frac{\omega^2 \gamma}{g} \cdot F \cdot 2R^2 \sin \frac{\varphi}{2}$$
$$C_\varphi = F \frac{\gamma}{g} V^2 \cdot 2 \sin \frac{\varphi}{2}.$$

Schreiben wir für den Ausdruck $F \frac{\gamma}{g} V^2$, der die konstante tangentiale Spannkraft bei freischwebendem Ringe darstellen würde, T_0, setzen also
$$T_0 = F \frac{\gamma}{g} V^2,$$
so wird
$$C_\varphi = T_0 \cdot 2 \sin \frac{\varphi}{2} \quad \ldots \ldots \quad (145)$$

Insbesondere ist die Fliehkraft für das ganze zum Zentriwinkel $\varphi = 2\alpha$ gehörige Kranzstück
$$C = T_0 \cdot 2 \sin \alpha \quad \ldots \ldots \quad (145\,\mathrm{a})$$

Die oben aufgestellte Gleichgewichtsbedingung geht hiermit über in
$$2T \sin \alpha + 2 \frac{Z}{2} \cos \alpha = T_0 \, 2 \sin \alpha;$$
daraus folgt:
oder
$$\left. \begin{array}{l} T_0 - T = \dfrac{Z}{2} \operatorname{cotg} \alpha \\[2mm] T = T_0 - \dfrac{Z}{2} \operatorname{cotg} \alpha. \end{array} \right\} \quad \ldots \ldots \quad (146)$$

Außer den Unbekannten T und Z haben wir noch den Abstand a in Fig. 163 zu ermitteln, ehe die Berechnung der einzelnen Querschnitte erfolgen kann. Wir brauchen also zu der vorstehenden Gleichung noch zwei weitere Gleichungen für die drei Unbekannten T, Z und a. Deren Aufstellung wird uns jedoch erst möglich, nachdem wir uns über die Spannungsverhältnisse in den einzelnen Querschnitten und über die Formänderungen des Kranzes Klarheit verschafft haben.

Zu diesem Zwecke schneiden wir ein Stück des Kranzes durch einen Querschnitt ab, der mit der Mittelebene des einen Armes den Winkel φ bildet, und suchen für diesen Querschnitt die beiden Kräfte P_0 und P', die zu dem Querschnitte senkrecht stehen, in S und K angreifen und den drei für das abgeschnittene Balkenstück in Frage kommenden äußeren Kräften $T, \dfrac{Z}{2}$ und der Fliehkraft C_φ das Gleichgewicht halten.

Verschiebt man (s. Fig. 165) die Kraft $\dfrac{Z}{2}$ bis nach K und zerlegt sie dort in die beiden Komponenten nach Richtung des Querschnittes und senkrecht dazu, so erhält man $\dfrac{Z}{2}\cos\varphi$ und $P_1' = \dfrac{Z}{2}\sin\varphi$.

Verfährt man ebenso mit der Fliehkraft C_φ, so erhält man die beiden in K angreifenden Komponenten $C_\varphi \cos\dfrac{\varphi}{2}$ und

$$P_2' = C_\varphi \sin\dfrac{\varphi}{2} = T_0\, 2\sin\dfrac{\varphi}{2}\cdot\sin\dfrac{\varphi}{2} = T_0(1-\cos\varphi).$$

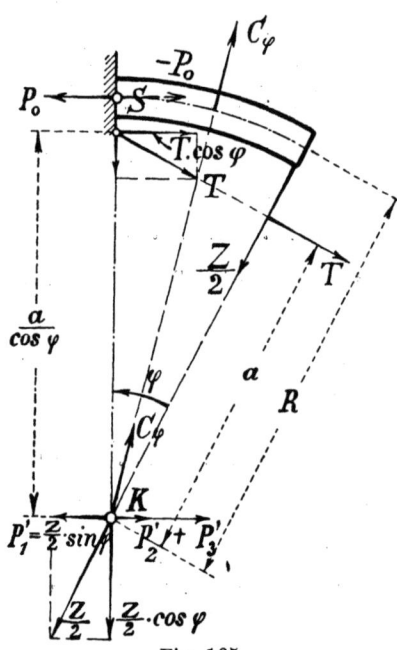

Fig. 165.

Verschiebt man endlich die Kraft T in ihrer Richtungslinie bis zur Querschnittsebene, zerlegt sie dort in die beiden Komponenten $T\sin\varphi$ und $T\cos\varphi$ und löst schließlich die Normalkomponente $T\cos\varphi$ in zwei Kräfte auf: $-P_0$, im Schwerpunkte S angreifend, und P_3', in K angreifend, so wird nach dem Satze vom statischen Moment

$$P_0 R = T\cos\varphi \cdot \dfrac{a}{\cos\varphi} = Ta$$

oder

$$P_0 = \dfrac{Ta}{R}.$$

Dies ist die ganze für einen beliebigen Querschnitt gültige Schwerpunktskraft P_0; die beiden anderen Kräfte $\dfrac{Z}{2}$ und C_φ tragen nichts zu P_0 bei, da sie, also auch ihre Normalkomponenten, unmittelbar in K angreifen.

Bemerkenswert ist, daß P_0 für alle Querschnitte konstant ist:

$$P_0 = \dfrac{Ta}{R} \quad \ldots \ldots \ldots (147)$$

Festigkeitsuntersuchung der Schwungräder. 293

Die gleichmäßig verteilte Zugspannung
$$\sigma_0 = \frac{P_0}{F}$$
ist mithin auch für sämtliche Querschnitte gleich groß.

Die andere von $T\cos\varphi$ herrührende Komponente P_3', die im Punkte K angreift, wird
$$P_3' = T\cos\varphi - P_0.$$

Folglich erhalten wir für die zweite nach unserer Berechnungsweise des krummen Stabes erforderliche, im Krümmungsmittelpunkte K wirksame Kraft P', die den drei von $\frac{Z}{2}$, C_φ und T herrührenden Anteilen das Gleichgewicht hält, unter Rücksichtnahme auf die Richtung der Kräfte:

$$P' = P_2' + P_3' - P_1'$$
$$= T_0(1-\cos\varphi) + T\cos\varphi - P_0 - \frac{Z}{2}\sin\varphi$$
$$P' = T_0 - P_0 - (T_0 - T)\cos\varphi - \frac{Z}{2}\sin\varphi.$$

Setzt man hierin nach Gl. 146
$$T_0 - T = \frac{Z}{2}\cotg\alpha,$$
so wird schließlich
$$P' = (T_0 - P_0) - \frac{Z}{2}\cotg\alpha\cdot\cos\varphi - \frac{Z}{2}\sin\varphi \quad \ldots (148)$$

Mit Hilfe von P_0 und P' können wir sowohl die Spannungen wie auch die Formänderungen des Kranzes aufsuchen.

Wir beginnen mit den **Formänderungen**. Die im Schwerpunkte der einzelnen Querschnitte angreifende Kraft P_0 dreht jeden Querschnitt (s. S. 285) gegen den benachbarten um die Krümmungsachse K um den Winkel $\tau_1 = \frac{P_0}{EF}\tau = \frac{P_0}{EF}d\varphi$, insgesamt beträgt also die durch P_0 bewirkte Winkeländerung für ein Balkenstück mit dem Zentriwinkel φ:
$$\beta_\varphi = \frac{P_0}{EF}\cdot\varphi.$$

Die im Krümmungsmittelpunkte K angreifende Kraft P' dreht jeden Querschnitt gegen den benachbarten um die Schwerachse um den Winkel
$$\tau_2 = \frac{P'}{EF'}\cdot\tau = \frac{P'}{EF'}\cdot d\varphi$$
$$= \frac{1}{EF'}\left[(T_0 - P_0) - \frac{Z}{2}\cotg\alpha\cdot\cos\varphi - \frac{Z}{2}\sin\varphi\right]d\varphi;$$

im ganzen beträgt daher die Winkeländerung durch P' für ein Balkenstück mit dem Zentriwinkel φ

$$\beta_\varphi' = \Sigma \tau_2 = \int \frac{P'}{EF'} d\varphi = \frac{1}{EF'} \int_0^\varphi \left[(T_0 - P_0) - (T_0 - T) \cos\varphi - \frac{Z}{2} \sin\varphi \right] d\varphi$$

$$= \frac{1}{EF'} \left[(T_0 - P_0)\varphi - (T_0 - T) \sin\varphi + \frac{Z}{2} \cos\varphi - \frac{Z}{2} \right].$$

Die beiden Winkeländerungen erfolgen in entgegengesetzter Richtung, sind also voneinander zu subtrahieren. Für das halbe Ringstück zwischen zwei Armen, d. h. für den Zentriwinkel $\varphi = \alpha$, wird nun die gesamte Winkeländerung $= 0$, da vorher und nachher der Winkel zwischen den Endquerschnitten dieser Stücke $= \alpha$ sein muß. Wir gewinnen durch diese Bedingung eine zweite Gleichung für die Unbekannten P_0, Z und T:

$$\beta_\alpha - \beta_\alpha' = \frac{P_0}{EF} \alpha - \frac{1}{EF'} \left[(T_0 - P_0)\alpha - \frac{Z}{2} \cotg\alpha \cdot \sin\alpha - \frac{Z}{2}(1 - \cos\alpha) \right] = 0$$

oder $\quad \dfrac{P_0}{F} \alpha - \dfrac{1}{F'} \left[(T_0 - P_0)\alpha - \dfrac{Z}{2} \cos\alpha - \dfrac{Z}{2} + \dfrac{Z}{2} \cos\alpha \right] = 0;$

oder $\quad P_0 \left(1 + \dfrac{F'}{F} \right) \alpha - T_0 \alpha + \dfrac{Z}{2} = 0,$

also
$$P_0 \left(1 + \frac{F'}{F} \right) \alpha + \frac{Z}{2} = T_0 \alpha \quad \ldots \ldots \quad (149)$$

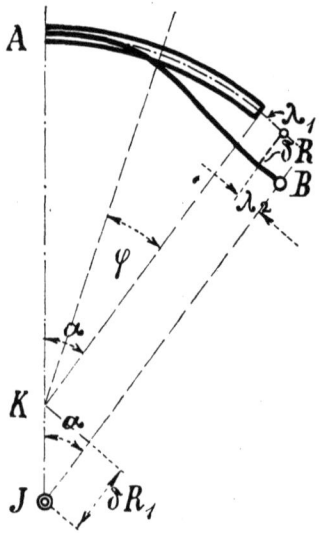

Fig. 166.

Nunmehr fehlt uns noch eine dritte Bedingungsgleichung für P_0, Z und T. Auch diese läßt sich mit Hilfe der Formänderungen des Kranzes aufstellen. Aus der ursprünglichen Kreisgestalt der Kranzmittellinie ergibt sich durch die beiden Drehungen der Querschnitte um K und S eine neue Form, die in Fig. 166 angedeutet ist. Durch die im Schwerpunkte angreifende Kraft P_0 entsteht eine Verlängerung der Stabmittellinie um

$$\lambda_1 = R \cdot \beta_\alpha = R \cdot \frac{P_0}{EF} \alpha.$$

Infolge der Drehungen der einzelnen Querschnitte um ihre Schwerachsen erfährt die Stabmittellinie eine Verbiegung gegenüber der reinen Kreislinie, und zwar so, daß die Endquerschnitte eines Kranzstückes vom Zentriwinkel α in den ursprünglichen Halbmesserrichtungen bleiben. Es schwenkt also der Endquerschnitt B in Fig. 166 um δR_2 nach innen, während er sich gleichzeitig um λ_2 in tangentialer Richtung verschiebt. Die gesamte tangentiale Verschiebung des Querschnittes B ist gleichbedeutend mit einer Zunahme des Halbmessers um δR_1, so daß die wirkliche Längenzunahme der Arme sich ausdrückt

$$\delta R = \delta R_1 - \delta R_2.$$

Die Arme verlängern sich nun:
1. um λ_c durch ihre eigene Fliehkraft,
2. um λ_z durch die Zugkraft Z,

die die Arme auf den Kranz, also rückwärts auch der Kranz auf die Arme ausüben. Vorbehaltlich der späteren Ermittelung von λ_c finden wir, wenn

f_m den mittleren Armquerschnitt,
l die Länge des Armes,
E_1 den Elastizitätsmodul für den Arm

bedeutet, die Verlängerung des Armes durch die Zugkraft Z:

$$\lambda_z = \frac{Z}{E_1 f_m} l.$$

Somit erhalten wir die neue Bedingungsgleichung

$$\delta R = \delta R_1 - \delta R_2 = \lambda_c + \frac{Z}{E_1 f_m} l \quad \ldots \ldots (150)$$

Hierin sind noch δR_1 und δR_2, die Durchbiegungen des Kranzstückes in Richtung des Halbmessers BK zu ermitteln.

Betrachten wir die Mitte des Kranzstückes als eingespannt und suchen die Durchbiegung des Endpunktes B am Arm, so können wir uns diese hervorgegangen denken aus lauter Drehungen des jedesmal vom Ende bis zum betreffenden Querschnitte reichenden Stückes um den Schwerpunkt S um den Winkel $\tau_2 = \frac{P'}{E F''} \cdot d\varphi$. Die Komponente der Verschiebung nach Richtung des Armes ergibt sich, wenn man nicht SB, sondern die Normale $SN = R \sin \varphi$, die von S auf die Armrichtung BK gefällt ist, als Halbmesser für die

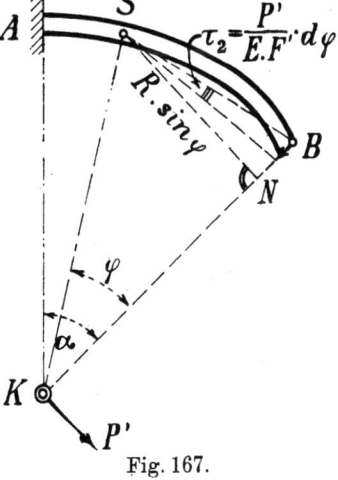

Fig. 167.

einzelnen kleinen Bogen zugrunde legt. Danach wird

$$\delta R_2 = \Sigma R \sin\varphi \cdot \tau_2 = \int R \sin\varphi \, \frac{P'}{EF'} d\varphi$$

$$= \int_{\varphi=0}^{\varphi=\alpha} \frac{R}{EF'} \left[(T_0 - P_0) + \frac{Z}{2} \cotg\alpha \cdot \cos\varphi - \frac{Z}{2}\sin\varphi \right] \sin\varphi \, d\varphi$$

$$= \frac{R}{EF'} \left[(T_0 - P_0)(1 - \cos\alpha) + \frac{Z}{2}\cotg\alpha \frac{\sin^2\alpha}{2} - \frac{Z}{2}\left(\frac{\alpha}{2} - \frac{\sin\alpha\cos\alpha}{2}\right)\right]$$

also: $$\delta R_2 = \frac{R}{EF'}\left[(T_0 - P_0)(1 - \cos\alpha) - \frac{Z}{4}\alpha\right].$$

So wie wir die Richtungen von P' in Fig. 166 eingetragen haben, würden die Winkeländerungen τ_2 links herum erfolgen, also würde δR_2 nach außen gerichtet sein und somit zu δR_1 addiert werden müssen. Ergibt sich der obige Ausdruck (wie es wohl meist der Fall ist) negativ, so regelt sich die Richtung von δR_2 von selbst durch das Vorzeichen als sich nach außen erstreckend.

Weiter suchen wir die Größe δR_1 mit Hilfe der beiden tangentialen Verschiebungen λ_1 und λ_2, worin $\lambda_1 = \frac{RP_0}{EF}\alpha$ und λ_2 in derselben Weise wie die Verschiebung δR_2 zu ermitteln ist, jedoch mit dem Unterschiede, daß die kleinen Bögen, aus denen sich λ_2 zusammensetzt, mit den Halbmessern $NB = R(1 - \cos\varphi)$ zu schlagen sind. Es wird also

$$\lambda_2 = \Sigma R(1 - \cos\alpha)\tau_2 = \int R(1 - \cos\varphi)\frac{P'}{EF'}d\varphi$$

$$= \frac{R}{EF'}\int_0^\alpha (1 - \cos\varphi)\left[(T_0 - P_0) - \frac{Z}{2}\cotg\alpha\cos\varphi - \frac{Z}{2}\sin\varphi\right]d\varphi$$

$$= \frac{R}{EF'}\left\{\left[(T_0 - P_0)\alpha - \frac{Z}{2}\cotg\alpha\sin\alpha - \frac{Z}{2}(1 - \cos\alpha)\right]\right.$$
$$\left. - \left[(T_0 - P_0)\sin\alpha - \frac{Z}{2}\cotg\alpha\left(\frac{\alpha}{2} + \frac{\sin\alpha\cos\alpha}{2}\right) - \frac{Z}{2}\frac{\sin^2\alpha}{2}\right]\right\}$$

$$= \frac{R}{EF'}\left\{(T_0 - P_0)(\alpha - \sin\alpha) - \frac{Z}{2}\left(1 - \frac{\alpha\cotg\alpha}{2} - \frac{1}{2}\right)\right\}$$

$$= \frac{R}{EF'}\left[(T_0 - P_0)(\alpha - \sin\alpha) - \frac{Z}{4}(1 - \alpha\cotg\alpha)\right].$$

Hiermit findet sich δR_1 aus der Bedingung

$$\delta R_1 \cdot \alpha = \lambda_1 - \lambda_2{}^1) = \frac{RP_0}{EF}\alpha - \lambda_2$$

---

[1]) Über das Vorzeichen von λ_2 gilt das oben über δR_2 Gesagte.

Festigkeitsuntersuchung der Schwungräder.

$$\delta R_1 = \frac{\lambda_1 - \lambda_2}{a} = \frac{R P_0}{E F} - \frac{R}{a E F'}\left[(T_0 - P_0)(a - \sin a) - \frac{Z}{4}(1 - a \cot g\, a)\right].$$

Mit den Werten δR_1 und δR_2 geht schließlich die Bedingungsgleichung 150 über in

$$\lambda_c + \frac{Z}{E f_m} l = \delta R_1 + \delta R_2 = \frac{R P_0}{E_1 F} - \frac{R}{a E F'}\left[(T_0 - P_0)(a - \sin a)\right.$$
$$\left. - \frac{Z}{4}(1 - a \cot g\, a)\right] + \frac{R}{E F'}\left[(T_0 - P_0)(1 - \cos a) - \frac{Z}{4} a\right]$$

oder

$$P_0\left(-\frac{F'}{F} + \frac{\sin a}{a} - \cos a\right) + Z\left(\frac{E}{E_1}\frac{F'}{f_m}\frac{l}{R} + \frac{\cot g\, a}{4} + \frac{a}{4} - \frac{1}{4 a}\right)$$
$$= -\frac{E F' \lambda_c}{R} + T_0\left(\frac{\sin a}{a} - \cos a\right).$$

Schreibt man noch die Funktionen des Winkels a:

$$\frac{\sin a}{a} - \cos a = A$$

und
$$\frac{1}{4}\left(\cot g\, a + a - \frac{1}{a}\right) = B,$$

so erhält man schließlich die dritte Gleichung für P_0 und Z:

$$P_0\left(A - \frac{F'}{F}\right) + Z\left(\frac{E}{E_1}\frac{F'}{f_m}\frac{l}{R} + B\right) = T_0 \cdot A - \frac{E F' \lambda_c}{R} \quad (151)$$

Nachdem man die beiden Gleichungen 149 und 151 nach den Größen P_0 und Z aufgelöst und damit nach Gleichung 148 P' ermittelt hat, kann man für alle Querschnitte die Spannungen aufsuchen. Es ergeben sich:

1. für sämtliche Querschnitte eine gleich große, gleichmäßig verteilte Zugspannung

$$\sigma_0 = \frac{P_0}{F},$$

2. Biegungsspannungen σ, die von P' herrühren,

$$\sigma = \frac{P'}{F'}\frac{R}{R + \eta}.$$

Ist R gegen die Querschnittsabmessungen, wie es meist der Fall ist, sehr groß, so wird

$$F' = \frac{J}{R^2},$$

deshalb $\quad \sigma = \frac{P' R}{J} \eta; \quad \sigma_{max} = \frac{P' R}{W} \quad$ (vgl. Seite 288).

σ_0 und σ sind dann mit Rücksicht auf die Vorzeichen zu addieren.

298 Konstruktion und Festigkeitsberechnung der Schwungräder.

Die größte Biegungsanstrengung des Kranzes findet man für $\varphi = 0$, d. h. für die Querschnitte unmittelbar neben dem Arm. Dort ist

$$P'_{max} = (T_0 - P_0) - \frac{Z}{2} \cotg \alpha \quad \ldots \quad (148\,\text{a})$$

In der Mitte zwischen zwei Armen wird mit $\varphi = \alpha$:

$$P'_\alpha = (T_0 - P_0) - \frac{Z}{2} \cotg \alpha \cdot \cos \alpha - \frac{Z}{2} \sin \alpha,$$

also

$$P'_\alpha = (T_0 - P_0) - \frac{Z}{2 \sin \alpha} \quad \ldots \ldots \ldots (148\,\text{b})$$

Wenn auch die vorstehende Herleitung der Gleichungen einigermaßen umständlich ist, so gestaltet sich doch ihre Anwendung ziemlich einfach. Sie erfordert allerdings sorgfältiges Zahlenrechnen, da mehrfach maßgebende Werte als Differenzen großer Zahlen gefunden werden. Diese Unbequemlichkeit und, wie noch hinzugefügt werden kann, gewisse Unzuverlässigkeit der Formeln haben in der Sache selbst ihren Grund: die Gleichungen sind aus Bedingungen für die Formänderungen entwickelt, die natürlich nur sehr klein ausfallen. Immerhin gewähren einem die aufgestellten Gleichungen die Möglichkeit, in ungewöhnlichen Fällen nachzuprüfen, während man in der Regel sich mit der Näherungsrechnung Seite 282 begnügen wird. Zur Erleichterung der Zahlenrechnung sind für gebräuchliche Armzahlen die Funktionen A und B des Winkels α in folgender Tabelle zusammengestellt.

Armzahl =	4	6	8	10
$\alpha =$	$\frac{\pi}{4} = 0{,}78540$	$\frac{\pi}{6} = 0{,}52360$	$\frac{\pi}{8} = 0{,}39270$	$\frac{\pi}{10} = 0{,}31416$
$\sin \alpha =$	0,70711	0,5	0,38268	0,30902
$\cos \alpha =$	0,70711	0,86603	0,92388	0,95106
$\cotg \alpha =$	1	1,73205	2,41421	3,07768
$A =$	0,19321	0,08890	0,05060	0,03258
$B =$	0,12805	0,08645	0,06511	0,05219

Während in der Nähe der Arme durch P', d. h. durch die Biegung außen Druck-, innen Zugspannungen hervorgerufen werden, ist in der Mitte zwischen den Armen nach dem Vorzeichen von P'_α das Umgekehrte der Fall, wie wir schon aus Fig. 166 gesehen haben.

Die Mittellinie des Kranzes hat also einen Wendepunkt; dort erfährt der Kranz keine Biegungsanstrengung, sondern nur eine reine, über den ganzen Querschnitt gleichmäßig verteilte Zugspannung. Während man sonst überall bei Verbindungskonstruktionen die

Trennungsstelle in die Wendepunkte zu legen pflegt, um möglichst geringe Anstrengung der Verbindungsteile zu bekommen, hat man bisher bei den Schwungrädern die Teilung in der Mittelebene zwischen zwei Armen vorgenommen, obwohl es doch nahe liegt, die Teilung dort auszuführen, wo die Biegungsanstrengung, d. h. $P' = 0$ ist. Da sich diese Stelle so augenscheinlich für eine etwaige Teilung des Rades empfiehlt, wollen wir sie noch aufsuchen.

Der Wert P' nach Gl. 148 kann auch geschrieben werden:

$$P' = (T_0 - P_0) - \frac{Z}{2} \frac{\cos\alpha \cos\varphi + \sin\alpha \sin\varphi}{\sin\alpha}$$

$$P' = (T_0 - P_0) - \frac{Z}{2} \frac{\cos(\alpha - \varphi)}{\sin\alpha}; \quad \ldots \ldots (152)$$

setzt man hierin $P' = 0$, so erhält man für den Winkel φ_w, der den Wendepunkt festlegt, die Gleichung:

$$\cos(\alpha - \varphi_w) = \frac{(T_0 - P_0)}{Z} 2\sin\alpha, \quad (152\,\text{a})$$

aus der sich φ_w unmittelbar berechnen läßt.

Gl. 152 gestattet auch eine einfache zeichnerische Bestimmung der Kräfte P': Nach Gl. 152 liegen die zu den verschiedenen Winkeln φ gehörigen Werte P' als radiale Strecken zwischen einem Kreis um K (s. Fig. 168) mit dem Halbmesser $(T_0 - P_0)$ und einem Kreis über $\frac{Z}{2} \sin\alpha$ als Durchmesser.

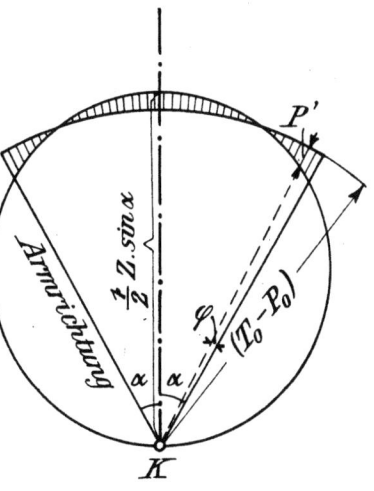

Fig. 168.

3. Berechnung der durch die Fliehkräfte erzeugten Spannungen in den Armen.

Wie aus dem zweiten Abschnitt hervorgeht, kann die Berechnung des Kranzes erst durchgeführt werden, wenn die Verlängerung λ des Armes, die durch die eigene Fliehkraft bewirkt wird, bekannt ist.

Wir wollen uns deshalb nun mit den durch die Fliehkraft in den Armen hervorgerufenen Spannungen und Dehnungen beschäftigen. Im allgemeinen gibt man den Armen einen von innen nach außen etwas abnehmenden Querschnitt; jedoch sind auch Arme mit gleichbleibendem Querschnitt nicht selten.

300 Konstruktion und Festigkeitsberechnung der Schwungräder.

Da für **Arme mit konstantem Querschnitt** die Rechnung ungleich einfacher wird, so betrachten wir zunächst diesen Fall.

Es sei:
f der Armquerschnitt in qcm,
l die Länge des Armes in cm,
r der Nabenhalbmesser in cm,
$\omega = \dfrac{2\pi n}{60}$ die Winkelgeschwindigkeit des Rades,
γ_1 das Gewicht der Volumeneinheit des Armes in kg/cm³,
E_1 der Elastizitätsmodul für den Baustoff des Armes in kg/qcm,

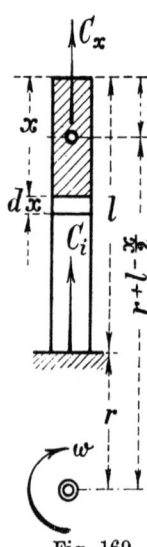

Fig. 169.

dann wirkt auf einen beliebigen Querschnitt im Abstand x vom äußeren Ende des Armes, der gleichsam an der Nabe als eingespannt zu betrachten ist, die Fliehkraft C_x des in Fig. 169 schraffierten Armstückes von der Länge x als Zugkraft. Da die Fliehkraft stets so groß ist, als ob die ganze Masse in ihrem Schwerpunkte angebracht wäre, ergibt sich hier
$$C_x = \frac{x f \gamma_1}{g} \cdot \omega^2 \left(r + l - \frac{x}{2}\right).$$

Die größte Zugkraft erfährt natürlich der innerste Querschnitt, nämlich
$$C_i = \frac{l f \gamma_1}{g} \omega^2 \left(r + \frac{l}{2}\right),$$
entsprechend einer Spannung
$$\sigma_i = \frac{C_i}{f} = \frac{\omega^2 \gamma_1}{g} l \left(r + \frac{l}{2}\right) \quad \ldots \quad (153)$$

Der Querschnitt im Abstand x vom äußeren Ende des Armes hat eine Zugspannung auszuhalten
$$\sigma_x = \frac{C_x}{f} = \frac{\omega^2 \gamma_1}{g} x \left(r + l - \frac{x}{2}\right);$$
folglich wird hier die Dehnung
$$\varepsilon = \frac{\sigma_x}{E_1} = \frac{\omega^2 \gamma_1}{g E_1} x \left(r + l - \frac{x}{2}\right)$$
und die Verlängerung des unendlich kleinen Armstückes von der Länge dx
$$d\lambda = \varepsilon \cdot dx = \frac{\omega^2 \gamma_1}{g E_1} x \left(r + l - \frac{x}{2}\right) dx,$$
d. h. die ganze durch die Fliehkraft bewirkte Verlängerung des Armes:

Festigkeitsuntersuchung der Schwungräder.

$$\lambda_c = \int d\lambda = \int_0^l \frac{\omega^2 \gamma_1}{g E_1} x \left(r + l - \frac{x}{2}\right) dx$$

$$\lambda_c = \frac{\omega^2 \gamma_1}{g E_1} l^2 \left(\frac{r}{2} + \frac{l}{3}\right) \quad \ldots \ldots \ldots (154)$$

Sucht man für ein Schwungrad von gegebenen Abmessungen nach Gl. 149 die von den Armen auf den Kranz übertragene Zugkraft

$$Z = 2\alpha \left[T_0 - P_0 \left(1 + \frac{F'}{F}\right)\right],$$

so wird natürlich umgekehrt auch diese Zugkraft Z auf jeden Arm ausgeübt; alle Armquerschnitte erfahren also noch eine Zugspannung

$$\sigma_z = \frac{Z}{f},$$

so daß z. B. der äußere Armquerschnitt die Zugspannung

$$\sigma_a = \sigma_z = \frac{Z}{f},$$

der innere Armquerschnitt eine Zugspannung

$$\sigma_i = \frac{Z}{f} + \frac{\omega^2 \gamma_1}{g} l \left(r + \frac{l}{2}\right)$$

auszuhalten hat. Hierzu kommen noch Biegungsspannungen, welche durch die vom Kranz auf die Schwungradwelle übertragenen Drehmomente erzeugt werden; ihre Ermittelung wollen wir auf später verschieben.

Nimmt der Armquerschnitt nach außen hin ab, so wird die Berechnung erheblich unbequemer. Wollte man jedoch nach den vorstehend abgeleiteten Gleichungen rechnen und etwa den mittleren Armquerschnitt zugrunde legen, so erhielte man insbesondere für die Dehnung λ durchaus unrichtige Werte. Eigentlich läßt sich dies schon daraus vermuten, daß in Gl. 153 und Gl. 154 der konstante Armquerschnitt gar nicht mehr enthalten ist, eine Abweichung von der angenommenen Form also auch nicht darin zum Ausdruck gebracht werden kann.

Die Größe der Fliehkraft kann man sowohl für den ganzen Arm, wie auch für jedes abgetrennte Stück theoretisch leicht ausdrücken, wenn man von dem Satze Gebrauch macht, daß die Fliehkraft so groß ist, als ob die ganze Masse im Schwerpunkt angriffe. Praktisch wird die Durchführung der Aufgabe aber ziemlich unbequem, da das Aufsuchen der Schwerpunkte bei allgemeiner Körperform sich nicht gerade einfach gestaltet. Meist sind die Arme in den zwei Mittelebenen geradlinig begrenzt; die Querschnitte verändern sich hierbei so, daß ihre Größe f_x als ganze rationale Funktion II. Ordnung des Abstandes x des betreffenden Querschnittes vom Armende ausgedrückt werden kann:

$$f_x = a + bx + cx^2.$$

Die Fliehkraft für ein Armelement von der Länge dx:

$$dC_x = \frac{f_x dx \gamma}{g} \omega^2 (r + l - x)$$

kann man als Volumenelement eines Körpers (von der Höhe l) auffassen, wenn man die Querschnitte F_x dieses Körpers

$$F_x = \frac{\omega^2 \gamma}{g} f_x \cdot (r + l - x)$$

macht. Ist nun f_x von der II. Ordnung, so wird F_x ein Ausdruck III. Ordnung; für solche Körper aber, deren Querschnitte sich höchstens als Funktion III. Ordnung des Abstandes x der Querschnitte von einem Endquerschnitt ausdrücken lassen, gilt für das Volumen die Prismatoidenregel

$$V = \frac{l}{6}(F_i + 4F_m + F_a),$$

worin l die Höhe, F_i und F_a die beiden Endquerschnitte, F_m den Querschnitt in der halben Höhe bedeuten. Diese Regel, auf unser Beispiel angewandt, liefert sofort für die gesamte Fliehkraft des Armes:

$$\underline{C = \int dC_x = \frac{\omega^2 \gamma}{g} \frac{l}{6} \left[f_i r + 4 f_m \left(r + \frac{l}{2} \right) + f_a (r + l) \right]} \quad . \quad (155)$$

vorausgesetzt, daß sich, wie es wohl wegen der in der Längsrichtung geradlinigen Begrenzung stets der Fall ist, die Armquerschnitte als Funktionen II. Ordnung der Abstände der Querschnitte von einem Ende ausdrücken lassen.

In vorstehender Gleichung ist f_i der innere Armquerschnitt (an der Nabe), f_m der in der Mitte des Armes und f_a der äußerste Armquerschnitt.

Ist C bekannt, so findet sich die größte Spannung im inneren Armquerschnitt

$$\sigma_{ic} = \frac{C}{f_i},$$

oder mit Benutzung des obigen Wertes für C

$$\sigma_{ic} = \frac{\omega^2 \gamma}{g} \frac{l}{6} \left[r + 4 \frac{f_m}{f_i} \left(r + \frac{l}{2} \right) + \frac{f_a}{f_i} (r + l) \right] \quad . \quad (156)$$

Bei konstantem Querschnitt, d. h. für $f_i = f_a = f_m = f$, geht dieser Ausdruck über in

$$\sigma_{ic} = \frac{\omega^2 \gamma}{g} \frac{l}{6} \left[r + 4\left(r + \frac{l}{2}\right) + (r+l) \right] = \frac{\omega^2 \gamma}{g} l \left(r + \frac{l}{2}\right),$$

was wir bereits oben fanden.

Verjüngt sich der Arm nur nach einer Richtung, so werden die Querschnitte Ausdrücke I. Ordnung ihrer Abstände deshalb

$$f_m = \frac{f_i + f_a}{2}$$

und $\quad C = \dfrac{\omega^2 \gamma}{g} \dfrac{l}{6} \left[f_i r + 4 \dfrac{f_i + f_a}{2} \left(r + \dfrac{l}{2}\right) + f_a(r+l) \right]$

$$= \frac{\omega^2 \gamma}{g} \frac{l}{6} (3 f_i r + f_i l + 3 f_a r + 2 f_a l),$$

oder $\quad C = \dfrac{\omega^2 \gamma}{g} \dfrac{l}{6} \left[f_i (3r + l) + f_a (3r + 2l) \right]$

und $\quad \sigma_{ic} = \dfrac{C}{f_i} = \dfrac{\omega^2 \gamma}{g} \dfrac{l}{6} \left[3r + l + \dfrac{f_a}{f_i}(3r + 2l) \right].$

Die Ermittelung der Verlängerung λ_c des Armes auf rechnerischem Wege bietet (abgesehen von dem Falle eines konstanten Querschnittes) erhebliche Schwierigkeiten. Am besten löst man die Aufgabe auf zeichnerischem Wege etwa wie im folgenden gezeigt wird (vgl. Fig. 170). Man trage die einzelnen Querschnitte f_x als Ordinaten AB ab und bestimme so die Linie $F_1 F_2$; dann suche man die Strecken $AC = z = \dfrac{f_x \cdot x}{r + l}$, die gleichsam die Querschnitte von ihrem Abstande x auf die Entfernung $r+l$ des äußersten Querschnittes zurückführen, indem man von B bis OO senkrecht heraufgeht nach B' und von B' nach K heruntergeht; $B'K$ schneidet AB in dem gesuchten Punkte C. (Selbstverständlich könnte man auch jede andere Linie in einem beliebigen Abstand a vom Mittelpunkte K für diese Konstruktion zugrunde legen. Wir haben die Endlinie des Armes lediglich deshalb gewählt, um die Figur möglichst übersichtlich zu erhalten.) Weiter bilden wir eine Integralkurve zu der zuletzt gezeichneten Linie, indem wir die mittleren Ordinaten $z_1, z_2, z_3 \ldots$ der einzelnen Flächenstreifen (nachdem wir sie durch die Anzahl m der gleich breit gemachten Flächenstreifen dividiert haben) der Reihe nach addieren, also die Ordinaten

$$w_1 = \frac{z_1}{m}; \quad w_2 = w_1 + \frac{z_2}{m}, \quad w_3 = w_2 + \frac{z_3}{m} \ldots w = \sum \frac{z}{m}$$

ermitteln, deren Endpunkte die Linie OE bilden. Die Ordinaten w

304 Konstruktion und Festigkeitsberechnung der Schwungräder.

geben dann (in einem gewissen Maßstabe gemessen) die Fliehkräfte C_x für das außerhalb des Querschnittes A gelegene Armstück an, wie man leicht einsieht. Denn wir machten

$$z = \frac{f_x \cdot x}{r+l} \quad \text{oder} \quad f_x \cdot x = z(r+l) \quad \text{und} \quad w = \Sigma \frac{z}{m}.$$

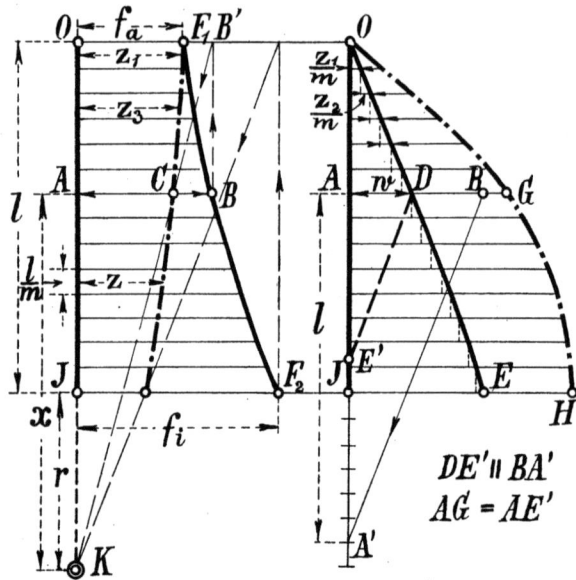

Fig. 170.

Nun ist

$$C_x = \Sigma f_x \frac{l}{m} \frac{\gamma}{g} \omega^2 x = \Sigma z(r+l) \frac{l}{m} \frac{\gamma}{g} \omega^2 = \frac{\gamma}{g} \omega^2 (r+l) l \Sigma \frac{z}{m}$$

$$C_x = \frac{\gamma}{g} \omega^2 (r+l) l \cdot w.$$

Weiter suchen wir die Strecken $AG = \dfrac{w}{f_x} l$ mittels ähnlicher Dreiecke, indem wir $AA' = l$ nach unten hin abtragen, B mit A' verbinden und durch D eine Parallele zu BA' ziehen; diese schneidet $AE' = AG = \dfrac{w}{f_x} l$ ab. Die Ordinate AG gibt uns (in einem gewissen Maßstabe gemessen) die Spannung σ_x im Querschnitt A an; denn es ist

$$\sigma_x = \frac{C_x}{f_x} = \frac{\gamma}{g} \omega^2 (r+l) l \cdot \frac{w}{f_x} = \frac{\gamma}{g} \omega^2 (r+l) \cdot \frac{w}{f_x} l$$

$$= \frac{\gamma}{g} \omega^2 (r+l) \cdot \underline{AG}.$$

Die beiden Linien ODE und OGH liefern uns ein deutliches Bild von den Beanspruchungen der einzelnen Querschnitte: ODE ist gleichsam die Linie der Fliehkräfte, OGH die Linie der Spannungen.

Schließlich erhalten wir in dem Flächeninhalte der Fläche $OGHJ$ ein Maß für die Verlängerung λ; denn es ist

d. h.
$$\lambda_c = \Sigma \frac{\sigma_x}{E_1} \cdot \frac{l}{m} = \frac{\frac{\gamma}{g}\omega^2(r+l)}{E_1} \Sigma \overline{AG} \cdot \frac{l}{m},$$
$$\lambda_c = \frac{\omega^2}{E_1}\frac{\gamma}{g}(r+l) \cdot \text{Fläche } OGHJ.$$

Der gewählte Maßstab für die als Ordinaten AB aufzutragenden Querschnitte des Armes ist auf die Linie OGH, wie aus der Entwickelung ersichtlich ist, ohne Einfluß, Fläche $OGHJ$ und $(r+l)$ sind also lediglich mit Rücksicht auf den Längenmaßstab der Figur zu messen.

Beachtet man, daß durch AG die Spannungen σ_x angegeben werden, daß also die größte Spannung

$$\sigma_{ic} = \omega^2 \frac{\gamma}{g}(r+l) \cdot \overline{JH}$$

ist, so kann man die Verlängerung λ_c auch schreiben

$$\lambda_c = \frac{\sigma_{ic}}{E_1} \cdot \frac{\text{Fläche } OGHJ}{\overline{HJ}} \quad \ldots \ldots (157)$$

Wäre die Linie OGH eine Gerade, so fände sich

$$\text{Fläche } OGHJ = \frac{\overline{HJ} \cdot l}{2}, \quad \frac{\text{Fläche } OGHJ}{\overline{HJ}} = \frac{l}{2},$$

also
$$\lambda_c = \frac{\sigma_{ic}}{E_1}\frac{l}{2}.$$

In Wirklichkeit ist nun, ob der Armquerschnitt veränderlich oder konstant ist, OGH eine gekrümmte Linie, und zwar bei gleichbleibendem Querschnitt eine Parabel. Deshalb ist es auch nicht angängig, etwa die gesamte Verlängerung aus der mittleren Spannung zu berechnen, d. h. $\lambda_c = \frac{\sigma_{ic}}{E_1}\frac{l}{2}$ zu setzen. Der wirkliche Wert ist größer; wie man schon aus der parabelähnlichen Gestalt der Linie OGH erkennt, läßt sich je nach dem Verhältnis $r:l$ und nach dem Verjüngungsverhältnis der Armquerschnitte die Verlängerung

$$\lambda_c = 0{,}60 \frac{\sigma_{ic}}{E_1} l \quad \text{bis} \quad 0{,}70 \frac{\sigma_{ic}}{E_1} l \quad \ldots \ldots (158)$$

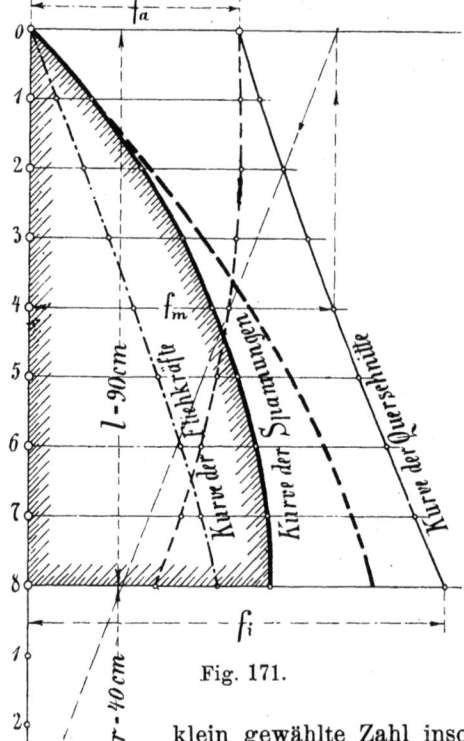

Fig. 171.

setzen; für die Vorzahl ist ein um so kleinerer Wert zu nehmen, je weniger der Arm sich verjüngt und je kleiner $r:l$ ausfällt. Sind die Arme im Verhältnis zu r sehr kurz, so kann die Vorzahl auch noch unter den Wert 0,60 sinken.

Will man sich bei veränderlichen Armquerschnitten nicht mit der hinreichend genauen Überschlagsrechnung für λ_c:

$$\lambda_c \sim 0{,}60 \frac{\sigma_{ic}}{E_1} l \quad \text{bis} \quad 0{,}70 \frac{\sigma_{ic}}{E_1} l$$

begnügen, so muß man eben das oben entwickelte zeichnerische Verfahren durchführen.

Bei der Schätzung der Vorzahl bietet eine etwas zu klein gewählte Zahl insofern für die Berechnung der Spannungen größere Sicherheit, als die Biegungsspannungen im Kranz um so größer ausfallen, je kleiner die Verlängerung λ_c der Arme durch die eigene Fliehkraft wird.

Beispiel. Die Arme des Schwungrades in Fig. 151 haben elliptischen Querschnitt; für f_i ist die große Achse $= 20$ cm, die kleine Achse $= 9$ cm, für f_a ist die große Achse $= 15$ cm, die kleine Achse $= 6$ cm. Da in der Längsrichtung die Arme geradlinig begrenzt sind, so haben wir den Fall, daß sich die Querschnitte als Funktionen II. Ordnung ihrer Abstände von den Enden darstellen lassen. Aus obigen Abmessungen finden sich die Querschnitte:

$$f_i = \frac{\pi}{4} \cdot 20 \cdot 9 = 141{,}37 \text{ qcm}; \quad f_a = \frac{\pi}{4} \cdot 15 \cdot 6 = 70{,}68 \text{ qcm};$$

$$f_m = \frac{\pi}{4} \cdot \frac{20+15}{2} \cdot \frac{9+6}{2} = 103{,}08 \text{ qcm}.$$

$$\left(\frac{f_i + f_a}{2} \text{ würde} = 106{,}02 \text{ qcm} \right).$$

Weiter ist $r = 40$ cm und $l = 90$ cm.

Nach der Prismatoidenregel findet sich gemäß Gl. 156 die Spannung σ_{ic} für den inneren Querschnitt, die durch die Fliehkraft des Armes entsteht:

$$\sigma_{ic} = \frac{\omega^2 \gamma}{g} \cdot \frac{l}{6} \left[r + 4\frac{f_m}{f_i}\left(r + \frac{l}{2}\right) + \frac{f_a}{f_i}(r+l) \right]$$

$$= \frac{\omega^2 \gamma}{g} \cdot \frac{90}{6} \left[40 + 4 \cdot \frac{103{,}08}{141{,}37}\left(40 + \frac{90}{2}\right) + \frac{70{,}68}{141{,}37}(40+90) \right]$$

$$= \frac{\omega^2 \gamma}{g} \cdot 15 \cdot 353 = \frac{\omega^2 \gamma}{g} \cdot 5295.$$

Z. B. ist für $n = 240$ Umdr. i. d. Min., d. h. für $\omega = \dfrac{2\pi \cdot 240}{60} = 8\pi$ und $\gamma = \dfrac{7{,}25}{1000}$:

$$\sigma_{ic} = \frac{64 \cdot \pi^2}{981} \cdot \frac{7{,}25}{1000} \cdot 5295 = 24{,}5 \text{ kg/qcm}.$$

Bei konstantem Armquerschnitt wäre die Spannung

$$\sigma_{ic} = \frac{\omega^2 \gamma}{g} l\left(r + \frac{l}{2}\right) = \frac{64 \cdot \pi^2}{981} \cdot \frac{7{,}25}{1000} \cdot 90 \left(40 + \frac{90}{2}\right) = \frac{64 \cdot \pi^2}{981} \cdot \frac{7{,}25}{1000} \cdot 7650$$

$= 35{,}5$ kg/qcm, d. h. um 45% höher.

Behufs Ermittelung der Dehnung λ_c wurde nun in Fig. 171 das vorstehend geschilderte zeichnerische Verfahren durchgeführt, wobei in der Originalzeichnung als Längenmaßstab 1:5 gewählt wurde.[1]) Die Fläche $OGHJ$ fand sich $= 100$ qcm, in wahrer Größe erhielten wir also dafür $25 \cdot 100 = 2500$ qcm; da $r + l = 130$ cm ist, so wird

$$\lambda_c \cdot E_1 = \frac{\omega^2 \gamma}{g} (r+l) \cdot \text{Fläche } OGHJ$$

$$= \frac{64 \cdot \pi^2}{981} \cdot \frac{7{,}25}{1000} \cdot 130 \cdot 2500 = 1510 \text{ kg/qcm};$$

d. h. mit $E_1 = 1\,000\,000$ kg/qcm:

$$\lambda_c = \frac{1510}{1\,000\,000} \text{ cm} = 0{,}0015 \text{ cm} = 0{,}015 \text{ mm}.$$

Aus der Figur ergibt sich $HJ = 8{,}1$ cm, d. i. in wahrer Größe $HJ = 5 \cdot 8{,}1 = 40{,}5$ cm, somit

$$\frac{\text{Fläche } OGHJ}{HJ} = \frac{2500}{40{,}5} = 61{,}6 \text{ cm},$$

folglich nach Gl. 157

$$\lambda_c E_1 = \sigma_i \frac{\text{Fläche } OGHJ}{HJ} = 24{,}5 \cdot 61{,}6 = 1510 \text{ kg/cm},$$

genau wie oben. Zu diesem Werte würde man nach der Überschlagsformel 158:

$$\lambda_c E_1 = 0{,}60\, \sigma_i l \text{ bis } 0{,}70\, \sigma_i l$$

---

[1]) Bei der Wiedergabe erfuhr die Figur eine Verkleinerung auf 0,4.

gelangen, wenn man wegen der ziemlich bedeutenden Verjüngung der Arme, und da $\dfrac{l}{r}$ einigermaßen groß ist, als Vorzahl etwa 0,68 setzen würde:

$$\lambda_c E_1 = 0{,}68 \cdot 24{,}5 \cdot 90 = 1500 \text{ kg/cm}.$$

Bei konstantem Armquerschnitte fände sich

$$\lambda_c E_1 = \frac{\omega^2 \gamma}{g} l^2 \left(\frac{r}{2} + \frac{l}{2}\right) = \frac{64\,\pi^2}{981} \frac{7{,}25}{1000} 90^2 \left(\frac{40}{2} + \frac{90}{3}\right) = 1880 \text{ kg/cm}.$$

Die Gesamtzugspannung im innersten Armquerschnitt kann erst wieder bestimmt werden, nachdem die Kraft Z, die von den Armen auf den Kranz und umgekehrt ausgeübt wird, ermittelt ist; dann findet sich

$$\sigma_i = \sigma_{ic} + \sigma_z = \sigma_{ic} + \frac{Z}{f_i}.$$

4. Beanspruchungen infolge der auf die Welle übertragenen Drehmomente.

Es macht einen Unterschied, ob das Schwungrad nur zur Aufnahme der Arbeitsüberschüsse dient oder gleichzeitig zur Arbeitsabgabe benutzt wird, der Schwungring z. B. als Seilscheibe, Riemenscheibe oder Anker einer Dynamomaschine ausgebildet ist.

Im ersteren Falle gehen nur die Drehkraftüberschüsse von der Welle aus in den Schwungkranz hinein, im zweiten Falle kommt das ganze von der Kraftmaschine ausgeübte Drehmoment in Betracht. In jedem Falle ist der entsprechende größte Wert des durch die Arme in den Kranz überzuführenden Drehmomentes aus dem Drehkraftdiagramm zu entnehmen.

Ist dies Moment M_d bekannt, so läßt sich noch immer nicht eine nur einigermaßen zuverlässige Berechnung der Armbeanspruchungen durchführen. Die Hauptschwierigkeit steckt darin, daß man nicht sagen kann, ob alle bzw. wie viele von den Armen an der Kraftübertragung teilnehmen. Es ist wohl üblich, bei der entsprechenden Aufgabe für Riemenscheiben, Zahnräder usf. einen Teil, etwa die Hälfte der Arme, als tragend anzunehmen; diese Annahme ist natürlich vollkommen willkürlich, und deshalb sind die damit gewonnenen Ergebnisse recht zweifelhaft. Ferner entstehen erfahrungsgemäß gerade in den Armen leicht Gußspannungen, die eine zuverlässige Ermittelung der Beanspruchungen fast unmöglich machen.

Unter der Annahme, die bei den Schwungrädern wohl zutreffen dürfte, daß der Kranz im Verhältnis zu den Armen so stark ist, daß seine Formänderung gegen die Biegung der Arme vernachlässigt werden darf, kann man in roher Annäherung die Arme wie folgt berechnen.

Am äußeren Ende der Arme wird von dem Kranze neben einer tangentialen Kraft P ein Kräftepaar mit dem Momente M_0 übertragen; beide müssen zusammen die in Fig. 172 angedeutete Formänderung ermöglichen. Würde nur eine Einzelkraft P vom Kranz auf den Arm ausgeübt, so müßte sich der Arm, wie in Fig. 172 gestrichelt angegeben ist, durchbiegen. Da wir aber den Kranz als starr vorausgesetzt haben, so muß auch nach der Durchbiegung das äußere Ende des Armes radial verlaufen; dies wird ermöglicht durch das entgegengesetzt drehende Kräftepaar M_0.

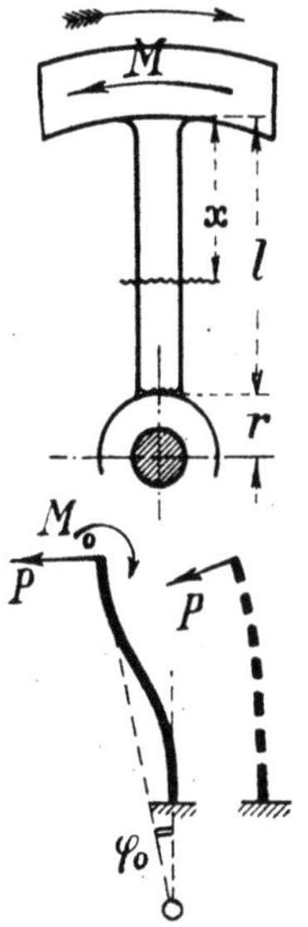

Eine Beziehung zwischen M_0 und P läßt sich folgendermaßen aufstellen. Fassen wir den Arm als einen an der Nabe eingespannten Freiträger auf, der am freien Ende durch P und M_0 belastet ist, bezeichnen das entsprechende Trägheitsmoment des Armquerschnitts mit J, den Elastizitätsmodul mit E, so erfährt das freie Ende eine Durchbiegung

1. durch P: $f_P = \dfrac{P}{EJ} \dfrac{l^3}{3}$,

2. „ M_0: $f_M = \dfrac{M_0}{EJ} \dfrac{l^2}{2}$,

zusammen also $f = f_P - f_M = \dfrac{P}{EJ} \dfrac{l^3}{3} - \dfrac{M_0}{EJ} \dfrac{l^2}{2}$.

Die Endtangente des Armes schwenkt hierdurch gleichsam (um den Radmittelpunkt) um einen Winkel φ_0 herum:

$$\varphi_0 = \dfrac{f}{r+l}.$$

Fig. 172.

Ebenso groß muß offenbar die Richtungsänderung sein, die die Endtangente durch P und M_0 erfährt. Der Endquerschnitt wird gedreht durch:

1. P um den Winkel $\varphi_P = \dfrac{P}{EJ} \dfrac{l^2}{2}$,

2. M_0 „ „ „ $\varphi_M = \dfrac{M_0}{EJ} l$;

zusammen ist also
$$\varphi = \varphi_P - \varphi_M.$$

Durch Gleichsetzung folgt schließlich:
$$\varphi = \varphi_0$$

oder
$$\dfrac{\dfrac{P}{EJ} \dfrac{l^3}{3} - \dfrac{M_0}{EJ} \dfrac{l^2}{2}}{r+l} = \dfrac{P}{EJ} \dfrac{l^2}{2} - \dfrac{M_0}{EJ} l.$$

Hieraus findet sich

oder
$$\left(P\frac{l^3}{3} - \frac{M_0}{2}\right) l = (r+l)\left(\frac{Pl}{2} - M_0\right)$$

$$M_0 = \frac{Pl}{3}\frac{l+3r}{l+2r} \quad \ldots \quad (159)$$

Ist das auf die Welle zu übertragende Drehmoment $= M_d$ und kommt hiervon auf einen Arm der Anteil M_d', so gilt für M_d' die Gleichung

$$M_d' = P(l+r) - M_0 = P(l+r) - \frac{Pl}{3}\frac{l+3r}{l+2r};$$

mithin wird

$$P = M_d'\frac{3}{2}\frac{l+2r}{l^2+3lr+3r^2} \quad \ldots \quad (160)$$

Das Biegungsmoment für den Arm ergibt sich:

am äußeren Ende $M_{b1} = M_0$,
am inneren Ende $M_{b2} = M_{max} = Pl - M_0$.

Schreibt man statt der Gleichung

$$M_d' = P(l+r) - M_0$$
$$Pl - M_0 = M_d' - Pr,$$

so erhält man das größte Biegungsmoment für den Arm

$$M_{max} = Pl - M_0 = M_d' - Pr = M_d' - M_d'\frac{3}{2}\frac{l+2r}{l^2+3lr+3r^2}$$

$$M_{max} = M_d'\frac{(2l+3r)l}{2(l^2+3lr+3r^2)} \quad \ldots \quad (161)$$

Hieraus läßt sich die größte Biegungsspannung für den Arm berechnen; dazu kommt noch die im vorigen Abschnitt ermittelte Zugspannung, die von den Fliehkräften herrührt.

Bei der vorstehenden Entwickelung machten wir zwei Voraussetzungen:

1. nahmen wir die Armquerschnitte als konstant an, und
2. berücksichtigten wir nicht den Massenwiderstand des Armes.

Will man diese Beschränkungen fallen lassen, so wird die Untersuchung sehr langwierig; sie ist rechnerisch kaum durchführbar. Man kann sich helfen, wenn man in ähnlicher Weise, wie im Anschluß an Fig. 170 gezeigt wurde, vorgeht und für die in Betracht kommenden Größen: Querschnitte, Trägheitsmomente, Durchbiegungen und Winkeländerungen der Armmittellinie entsprechende zeichnerische Darstellungen anwendet. Es würde kaum lohnen, eingehend eine derartige Untersuchung zu erläutern; es sei nur kurz

Festigkeitsuntersuchung der Schwungräder. 311

im Anschluß an Fig. 173 der Weg für ein solches Verfahren angedeutet. Zum größten Teil lassen sich die für Fig. 170 benutzten Konstruktionen auch hier verwenden.

Wir tragen die den einzelnen Armquerschnitten 0, 1, 2 ... 8 entsprechenden Querschnittsflächen und Trägheitsmomente als Ordi-

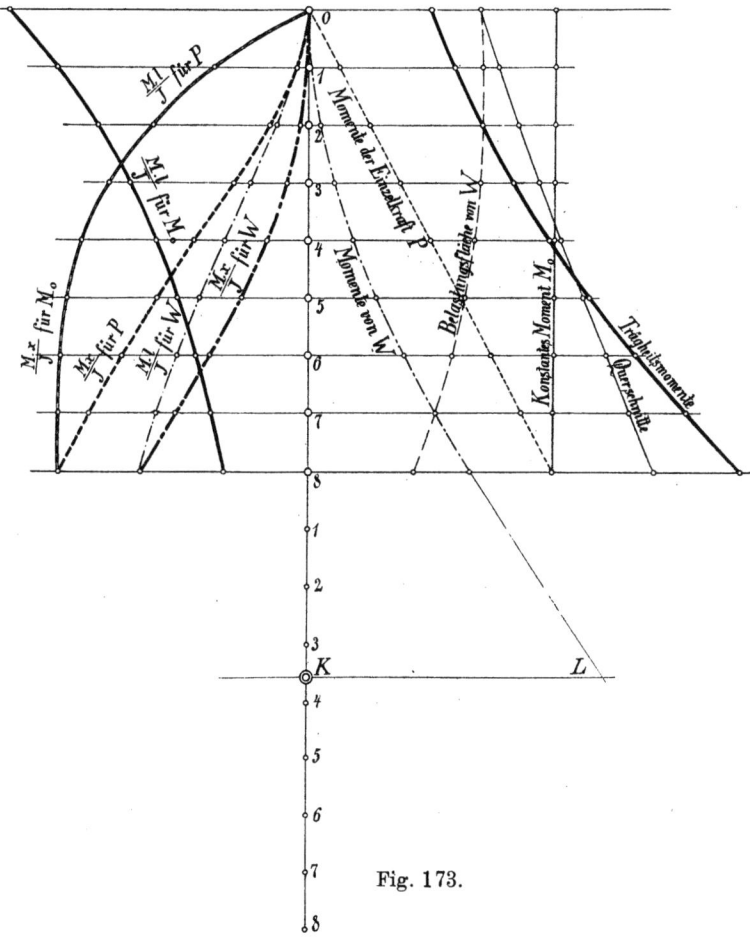

Fig. 173.

naten ab und suchen darauf eine Belastungsfläche, herrührend von den Massenwiderständen W der Armteile, indem wir berücksichtigen, daß ein im Abstande x vom Radmittelpunkte K befindliches Massenelement $f_x \cdot dx \cdot \dfrac{\gamma}{g}$ bei der Winkelbeschleunigung ϑ des Schwungrades einen Massenwiderstand $f_x \cdot dx \cdot \dfrac{\gamma}{g} \cdot x\vartheta$ ausübt, der tangential, also senkrecht zu den Armen gerichtet ist, d. h. diese auf Biegung beansprucht; die Ordinaten der Belastungsfläche sind mithin $W = f_x \cdot x \cdot \dfrac{\gamma}{g} \vartheta$. In bekannter Weise konstruieren wir nun mit Hilfe eines Seilecks hierzu die Momentenfläche für den an der Nabe als eingespannt zu betrachtenden Arm; die Ordinate KL stellt dann das von den Massenwiderständen herrührende, auf den Radmittelpunkt K bezogene Moment dar.

Da wir die von dem Kranz auf den Arm übertragene Kraft P und das übertragene Moment M_0 noch nicht kennen, zeichnen wir in beliebigen Maßstäben die Momentenfläche von P (ein Dreieck mit der Spitze im äußeren Endpunkte des Armes) und für M_0 (ein Rechteck) ein.

Nunmehr suchen wir die von den drei verschiedenen Ursachen W, P und M_0 herrührenden Durchbiegungen f und Winkeländerungen φ des äußeren Endquerschnittes des Armes in folgender Weise zeichnerisch auf:

Bekanntlich ist

$$f = \int \frac{M \cdot x}{EJ} dx \quad \text{und} \quad \varphi = \int \frac{M}{EJ} dx,$$

worin M die Biegungsmomente für die im Abstande x vom freien Ende des Freiträgers befindlichen Stabquerschnitte bedeuten. Die Kurven links in Fig. 173 zeigen den Verlauf von entsprechenden Hilfswerten $\dfrac{Mx}{J}$ und $\dfrac{Ml}{J}$, die sich aus den in Fig. 173 rechts aufgetragenen Werten der Momente M und Trägheitsmomente J als vierte Proportionale unschwer ermitteln lassen, und zwar für alle drei in Frage kommenden Momentenflächen. Da die entsprechenden Durchbiegungen f und Winkeländerungen φ jedesmal als Summe aller $\dfrac{Mx}{EJ} dx$ bzw. aller $\dfrac{M}{EJ} dx = \dfrac{Ml}{J} \cdot \dfrac{dx}{lE}$ zu berechnen sind, so stellen die von den in Fig. 173 links gezeichneten fünf Kurven begrenzten Flächen, in einem gewissen Maßstab gemessen, die einzelnen Werte f und φ dar. Sind die Maßstäbe für M_0 und für die von P herrührende Momentenfläche gesucht, so kann man diese Unbekannten aus zwei Bedingungsgleichungen entwickeln, von denen die eine sinngemäß aus Fig. 173 folgt, die andere der Gl. $M_d' = P(l+r) - M_0$ entspricht.

Diese kurze Betrachtung möge genügen, um den Weg anzudeuten, auf dem sich die rechnerisch kaum zu bewältigende Aufgabe zeichnerisch lösen läßt. Am unbequemsten bleibt dabei die Ermittelung der Maßstäbe; um hier Fehler zu vermeiden, wird es sich empfehlen, für einen einfachen Fall, der rechnerisch verfolgt werden kann, z. B. für einen Arm mit konstantem Querschnitt, die gleiche Entwickelung auszuführen und durch Vergleich des Rechnungsergebnisses mit dem Ergebnis der Zeichnung den gesuchten Maßstab zu bestimmen. Das angedeutete Verfahren kann natürlich überall da benutzt werden, wo veränderliche Stabquerschnitte zu berücksichtigen und Formänderungen zu untersuchen sind.

Das oben mit M_0 bezeichnete Moment beansprucht offenbar auch den Kranz unmittelbar neben den Armen auf Biegung. Gegen die früher gefundenen Beanspruchungen tritt der Wert von M_0 jedoch praktisch vollkommen in den Hintergrund[1]).

Aus den vorstehenden Rechnungen wird man schließen müssen, daß eine genaue Ermittelung der Spannungen im Schwungrade kaum möglich[2]) ist, daß deshalb die Abmessungen unter Zugrundelegung von einfachen Näherungsrechnungen aufzusuchen sind, wobei aber stets hinreichend kleine Spannungswerte benutzt werden sollten, um so genügende Sicherheit zu gewinnen. Diesen Weg pflegt auch die Praxis wohl ausnahmslos und mit Recht zu gehen.

5. Zusammenstellung der Festigkeitsformeln; Zahlenbeispiele.

Es sei: ω die Winkelgeschwindigkeit des Schwungrades,
γ das Gewicht der Kubikeinheit des Kranzes,
γ_1 „ „ „ „ der Arme,
E der Elastizitätsmodul für den Kranz,
E_1 „ „ „ die Arme,
R der mittlere Halbmesser des Kranzes,
r der äußere Halbmesser der Nabe,
l die Länge der Arme,
m die Armzahl, Winkel $\alpha = \dfrac{\pi}{m}$,
F der Querschnitt des Kranzes,

---

[1]) Weitere Anregungen, wie man die Beanspruchung der Arme durch auf die Welle zu übertragende Drehmomente oder auch durch eine am Kranz tangential wirkende Umfangskraft verfolgen kann, finden sich in „Maschinenelemente von Prof. G. Lindner", Stuttgart 1910, S. 118 bis 123.

[2]) Die rechnerischen Schwierigkeiten häufen sich, wenn man nicht mehr die einzelnen Segmente als gleich behandeln darf, wenn z. B. das Rad geteilt ist und die infolge des Gewichtes der Stoßverbindungen auftretenden Fliehkräfte berücksichtigt werden sollen, die Untersuchung also auf das ganze Rad auszudehnen ist. Eine dankenswerte Arbeit, die diese Aufgabe in Angriff nimmt, findet sich in der Zeitschrift Ölmotor, 1913, S. 617 bis 626 und 700 bis 706: „Die Festigkeit der Schwungräder von E. Wist." Nicht nur ist es nötig, alle Segmente gesondert zu behandeln, z. B. die Zugkräfte Z der Arme verschieden groß vorauszusetzen, es muß auch beachtet werden, daß die Arme dabei Verbiegungen erfahren.

314 Konstruktion und Festigkeitsberechnung der Schwungräder.

J das Trägheitsmoment des Kranzquerschnittes, bezogen auf die wagerechte Schwerachse,

$F' = \sim \dfrac{J}{R^2}$ die auf Seite 287 erläuterte Hilfsfläche,

W das Widerstandsmoment des Kranzquerschnittes,

f_a, f_m, f_i der äußere, mittlere, innere Armquerschnitt,

f der konstante Armquerschnitt bei prismatischen Armen,

P_0 die für alle Kranzquerschnitte gleich große, im Schwerpunkte angreifende Zugkraft,

Z der von den Armen auf den Kranz radial ausgeübte Zug,

P' die Biegung erzeugende, im Radmittelpunkt angreifend zu denkende Kraft (vgl. S. 286).

Man berechne zunächst die durch die Fliehkraft der Arme an deren innerem Querschnitt entstehende Zugspannung

$$\sigma_{ic} = \frac{\omega^2 \gamma_1}{g} \frac{l}{6} \left[r + 4 \frac{f_m}{f_i} \left(r + \frac{l}{2} \right) + \frac{f_a}{f_i} (r + l) \right];$$

bei konstantem Armquerschnitt f ist

$$\sigma_{ic} = \frac{\omega^2 \gamma_1}{g} l \left(r + \frac{l}{2} \right).$$

Dann bestimme man nach Fig. 170 die durch die eigene Fliehkraft bedingte Verlängerung des Armes λ_c bzw. $\lambda_c E_1$

$$\lambda_c E_1 = \sigma_{ic} \cdot \frac{\text{Fläche } OGHJ}{HJ} \sim 0{,}60\, \sigma_{ic} l \text{ bis } 0{,}70\, \sigma_{ic} l;$$

für konstanten Armquerschnitt wird

$$\lambda_c E_1 = \frac{\omega^2 \gamma_1}{g} l^2 \left(\frac{r}{2} + \frac{l}{3} \right).$$

Nun suche man die Spannung in dem freischwebend gedachten Kranz

$$\sigma = \frac{\omega^2 \gamma}{g} R^2,$$

und die entsprechende tangentiale Zugkraft im Kranz

$$T_0 = \sigma \cdot F = \frac{\omega^2 \gamma}{g} R^2 \cdot F.$$

Hiermit stelle man für die Kräfte P_0 und Z die Gleichungen auf:

$$\begin{cases} P_0 \left(1 + \dfrac{F'}{F} \right) a + \dfrac{Z}{2} = T_0 a \\[2mm] P_0 \left(A - \dfrac{F'}{F} \right) + Z \left(\dfrac{E}{E_1} \dfrac{F'}{f_m} \dfrac{l}{R} + B \right) = T_0 A - \dfrac{\lambda_c E F'}{R}, \end{cases}$$

worin A und B die aus der Tabelle Seite 298 zu entnehmenden, von der Armzahl abhängigen Konstanten bedeuten. Nachdem man die beiden Unbekannten P_0 und Z aus den beiden vorstehenden Gleichungen berechnet hat, suche man

$$(T_0-P_0) \text{ und } \frac{Z}{2}\cotg\alpha$$

und findet damit

$$P'=(T_0-P_0)-\frac{Z}{2}\cotg\alpha\cdot\cos\varphi-\frac{Z}{2}\sin\varphi.$$

Jeder Kranzquerschnitt erfährt dann eine gleichmäßig über den ganzen Querschnitt verteilte Zugspannung

$$\sigma_0=\frac{P_0}{F}$$

und dazu Biegungsspannungen

$$\sigma=\frac{P'}{F'}\frac{\eta}{r+\eta};\quad \sigma_{max}=\sim\frac{P'R}{W}.$$

Am größten werden die letzteren unmittelbar neben dem Arme; dort $(\varphi=0)$ ist

$$P'_{max}=(T_0-P_0)-\frac{Z}{2}\cotg\alpha.$$

In der Mitte zwischen den Armen $(\varphi=\alpha)$ wird

$$P'_\alpha=(T_0-P_0)-\frac{Z}{2\sin\alpha}.$$

Die Zugspannung im äußeren Armquerschnitt findet sich schließlich zu

$$\sigma_a=\frac{Z}{f_a},$$

die im inneren Armquerschnitt

$$\sigma_i=\frac{Z}{f_i}+\sigma_{ic}.$$

Gegebenenfalls kommen hierzu die im vierten Abschnitt ermittelten Biegungsspannungen, hervorgerufen durch die auf die Welle übertragenen Drehmomente.

Bei guter Konstruktion sollte das Gewicht einer etwa vorhandenen Stoßverbindung so klein sein, daß die hierdurch erzeugte Fliehkraft ohne nennenswerten Einfluß ist. Leider finden sich noch häufig Verbindungen, deren Gewicht so erheblich ist, daß dessen Einfluß nicht vernachlässigt werden darf. Selbstverständlich gelten alle Gleichungen auch nur unter der Voraussetzung, daß die Stoßverbindung die Festigkeit des Kranzes vollkommen ersetzt, also nicht nur die Schwerpunktskraft P_0, sondern auch das biegende Kräftepaar $M_b=P'_\alpha\cdot R$ aufzunehmen imstande ist. Nach diesem Gesichtspunkte sind die in Fig. 142 bis Fig. 153 wiedergegebenen Stoßkonstruktionen zu beurteilen. Denkt man die Kräfte P_0 und P'

zu einer Resultierenden vereinigt, so greift diese (fast immer) außerhalb des Schwerpunktes vom Kranzquerschnitt an. Konstruktionen, bei denen also die Hauptkraft innerhalb dieses Schwerpunktes übertragen wird, sind danach (in den meisten Fällen) von vornherein verfehlt. Man muß bemüht sein, die Verbindungsmittel soviel als möglich nach außen zu rücken.

1. Zahlenbeispiel.

Für das Schwungrad, Fig. 151, ist:

$n = 240$ Umdrehungen in der Minute, also $\omega = \dfrac{240}{60} \cdot 2\pi = 8\pi$;

$\gamma = \gamma_1 = \dfrac{7{,}25}{1000}$ kg/cm³; $\quad E = E_1 = 1\,000\,000$ kg/qcm;

$R = 152$ cm; $\quad r = 40$ cm; $\quad l = 90$ cm;

Armzahl $m = 8$, also $\alpha = \dfrac{\pi}{8} = 0{,}3927$,

$\sin \alpha = 0{,}38268$, $\quad \cotg \alpha = 2{,}41421$,

$A = 0{,}05060$, $\quad B = 0{,}06511$,

$F = 720$ qcm, $\quad J = 154250$ cm⁴, $\quad W = 6855$ cm³;

$F' \sim \dfrac{J}{R^2} = 6{,}7$ qcm;

$f_a = 70{,}68$ qcm; $\quad f_m = 103{,}08$ qcm; $\quad f_i = 141{,}37$ qcm.

Früher fanden wir für diese Arme bereits

$$\sigma_{ic} = 24{,}5 \text{ kg/qcm},$$
$$\lambda_c E = 1510 \text{ kg/cm}.$$

Wir berechnen

$$\sigma = \frac{\omega^2 \gamma}{g} R^2 = \frac{(8\pi)^2 \cdot 7{,}25}{981 \cdot 1000} 152^2 = \underline{107 \text{ kg/qcm}},$$

$T_0 = 107 \cdot 720 = 77040$ kg.

Die Gleichungen für P_0 und Z lauten dann

und
$$P_0 \left(1 + \frac{6{,}7}{720}\right) \cdot 0{,}3927 + 0{,}5 Z = 77040 \cdot 0{,}3927$$

$$P_0 \left(0{,}05060 - \frac{6{,}7}{720}\right) + Z \left(\frac{6{,}7}{103{,}08} \frac{90}{152} + 0{,}06511\right)$$
$$= 77040 \cdot 0{,}05060 - \frac{1510 \cdot 6{,}7}{152}$$

oder
$$\begin{cases} P_0 \cdot 0{,}3964 + Z \cdot 0{,}5 = 30254 \\ P_0 \cdot 0{,}04129 + Z \cdot 0{,}1065 = 3831{,}66. \end{cases}$$

Daraus folgt:
$$P_0 = 60043 \text{ kg},$$
$$Z = 12916 \text{ kg}.$$

Sämtliche Armquerschnitte erfahren also durch Z eine Zugspannung, die sich berechnet:

für den äußeren Querschnitt zu $\sigma_a = \dfrac{Z}{f_a} = \dfrac{12\,916}{70{,}68} = 183$ kg/qcm,

für den inneren Querschnitt zu $\dfrac{Z}{f_i} = \dfrac{12\,916}{141{,}37} = 91{,}5$ kg/qcm,

so daß hier die Gesamtzugspannung $\sigma_i = 24{,}5 + 91{,}5 = 116$ kg/qcm wird.

Offenbar ist der Arm außen nicht stark genug, da zu der schon sehr hohen Spannung $\sigma_a = 183$ kg/qcm noch eine Biegungsspannung kommt; die Armquerschnitte sind demnach größer zu nehmen.

Zur Ermittelung der Spannungen im Kranz suchen wir weiter:

$(T_0 - P_0) = 77\,040 - 60\,043 = 16\,997$ kg und $\dfrac{Z}{2} \cotg \alpha = 15\,591$ kg;

damit wird
$$P' = 16\,997 - 15\,591 \cos \varphi - 6458 \sin \varphi,$$
insbesondere
$$P'_{max} = 16\,997 - 15\,591 = 1406 \text{ kg};$$
$$\sigma_{max} = \dfrac{P'R}{W} = \dfrac{1406 \cdot 152}{6855} = 31{,}1 \text{ kg/qcm}.$$

Dazu die gleichmäßig verteilte Zugspannung
$$\sigma_0 = \dfrac{P_0}{F} = \dfrac{60\,043}{720} = 83{,}8 \text{ kg/qcm},$$
gibt zusammen die größte Zugspannung an der Innenseite des Kranzes unmittelbar neben den Armen:
$$\sigma_{max} + \sigma_0 = 31{,}1 + 83{,}8 = 114{,}9 \text{ kg/qcm},$$
während der freischwebende Ring eine Spannung liefern würde
$$\sigma = 107 \text{ kg/qcm}.$$

Für die Mitte zwischen zwei Armen ist
$$P_\alpha' = (T_0 - P_0) - \dfrac{Z}{2 \sin \alpha} = 16\,997 - \dfrac{12\,916}{2 \cdot 0{,}38268}$$
$$P_\alpha' = +120 \text{ kg}.$$

Das positive Vorzeichen dieser Kraft P_α' gibt uns noch zu einigen wichtigen Betrachtungen Veranlassung. Wir erinnern uns, daß die im Krümmungsmittelpunkte K angreifende Kraft P' beim krummen Balken gleichsam das biegende Kräftepaar beim geraden Balken ersetzt. Ebenso wie das umgekehrte Vorzeichen des Momentes bedeutet, daß die Biegung nach der entgegengesetzten Seite erfolgt, gibt das Vorzeichen von P' die Richtung der Biegung an. Wir erwarteten nun auf Grund unserer allgemeinen Ableitung, daß die Biegung des Radkranzes in der Mitte zwischen den Armen nach der entgegengesetzten Richtung erfolge, wie neben den Armen; wir bestimmten sogar den Wendepunkt, die Stelle, wo die Biegung, also auch $P' = $ Null ist. Dabei nahmen wir P' so gerichtet an, daß durch die Biegung außen Druck-, innen Zugspannungen hervorgerufen werden. Ergibt sich nun P_α' ebenfalls positiv, so heißt das, der Kranz erfährt überall eine solche Biegungsbeanspruchung, daß innen Zugspannungen entstehen. Natürlich nimmt P' von den Armen aus nach der Mitte hin stetig ab, P_α' ist demnach am kleinsten, und die Teilung des Kranzes genau in der Mitte zwischen den Armen in einem solchen Falle ganz zweckmäßig.

Suchten wir auf Grund der Gl. 152a den Winkel φ_w, um welchen der Wendepunkt von den Armen aus entfernt liegt, so fänden wir hier:

$$\cos(\alpha - \varphi_w) = \frac{16\,997}{12\,916}\, 2 \cdot 0{,}38268 = 1{,}04;$$

dies ist unmöglich, also tatsächlich kein Wendepunkt vorhanden.

Fragen wir uns nun, wie und wann ist dies Ergebnis möglich? Wir sahen, daß die konstante Schwerpunktskraft P_0 eine Neigung der Querschnitte um die Krümmungsachse bewirkt, wodurch der Winkel zwischen den beiden Endquerschnitten eines halben Kranzsegmentes (vom Arm bis zur Mitte zwischen den Armen) zunimmt. Wegen der Symmetrie eines Kranzstückes zwischen zwei Armen muß aber der Winkel α ungeändert bleiben; durch die biegende Kraft P' muß demnach in der Hauptsache eine Drehung der Querschnitte im entgegengesetzten Sinne eintreten, d. h. P' muß vorwiegend (oder überhaupt nur) innen Zug-, außen Druckspannungen erzeugen.

Ist nun das Trägheitsmoment des Kranzquerschnittes ziemlich groß, so werden die durch P' erzeugten Winkeländerungen verhältnismäßig klein; es müssen gleichsam alle Winkeländerungen in demselben Sinne vorgenommen werden, damit ihre Summe genügend groß ausfällt, um die durch P_0 bewirkte Winkeländerung auszugleichen. Wir kommen auf einen Fall, wie er beim obigen Zahlenbeispiel vorliegt.

Ist dagegen das Trägheitsmoment des Kranzquerschnittes verhältnismäßig klein, so liefert P' größere Verdrehungen der einzelnen Querschnitte; damit deren Summe nicht zu groß wird, müssen positive und negative Werte vorhanden sein, die Biegung erfolgt in der Nähe der Arme mit Zugspannungen innen, in der Mitte zwischen den Armen mit Zugspannungen außen, wir erhalten zwischen je zwei Armen zwei Wendepunkte.

2. Zahlenbeispiel.

Um diese Erwägungen zahlenmäßig auf ihre Richtigkeit zu prüfen, wollen wir das vorstehende Beispiel noch einmal mit der Abänderung durchrechnen, daß lediglich der Kranzquerschnitt eine andere Form erhält. Wir machen die Breitenmaße etwa dreimal größer, die Höhenmaße des Querschnitts etwa dreimal kleiner, so daß der Flächeninhalt F ungeändert bleibt, das Trägheitsmoment J aber $\sim$ zehnmal kleiner: $J = 15\,425$ cm^4, das Widerstandsmoment W etwa dreimal kleiner: $W = 2200$ cm^3 wird. Es ist dann $F' \sim \dfrac{J}{R^2} = 0{,}67$ qcm.

Die Gleichungen für P_0 und Z lauten jetzt:
$$\left.\begin{aligned}P_0 \cdot 0{,}3931 + Z \cdot 0{,}5 &= 30\,254 \\ P_0 \cdot 0{,}04967 + Z \cdot 0{,}06896 &= 3892\end{aligned}\right\},$$

daraus $\quad P_0 = 61\,867$ kg; $\quad Z = 11\,872$ kg.

Die Zugspannungen in den Armen werden damit etwas kleiner:
$$\sigma_a = \frac{Z}{f_a} = \frac{11\,872}{70{,}68} = 168 \text{ kg/qcm};$$
$$\sigma_i = 24{,}5 + \frac{Z}{f_i} = 24{,}5 + \frac{11\,872}{141{,}57} = 108{,}5 \text{ kg/qcm}.$$

Weiter suchen wir
$$T_0 - P_0 = 17\,040 - 61\,867 = 15\,173; \quad \frac{Z}{2}\,\text{cotg}\,\alpha = 14\,331;$$
$$P'_{max} = 15\,173 - 14\,331 = 842 \text{ kg}.$$

Die größte Biegungsspannung im Kranz ist also
$$\sigma_{max} = \frac{842 \cdot 152}{2200} = 58{,}3 \text{ kg/qcm};$$

dazu kommt
$$\sigma_0 = \frac{P_0}{F} = \frac{61\,867}{720} = 85{,}8 \text{ kg/qcm};$$

gibt zusammen
$$\underline{\sigma_{max} + \sigma_0 = 144{,}1 \text{ kg/qcm}}.$$

Für den Querschnitt in der Mitte zwischen zwei Armen ist
$$P\alpha' = (T_0 - P_0) - \frac{Z}{2\sin\alpha} = 15\,173 - \frac{11\,872}{2 \cdot 0{,}38\,268} = \underline{-338 \text{ kg}};$$

unsere allgemeine Betrachtung wird durch dieses Beispiel somit durchaus bestätigt.

Für den Wendepunkt erhalten wir die Bedingungsgleichung:
$$\cos(\alpha - \varphi_w) = \frac{15\,173}{11\,872}\,2 \cdot 0{,}38\,268 = 0{,}977, \text{ daraus}$$
$$\varphi_w = 22^0\,30' - 12^0\,10' = 10^0\,20'.$$

Die größte Biegungsspannung (an der Innenseite) des Kranzes ist bei dem zweiten Beispiel mit 58,3 kg/qcm zwar größer als bei dem ersten Beispiel ($\sigma_{max} = 31{,}1$ kg/qcm), aber auch nicht annähernd umgekehrt proportional dem Widerstandsmoment, das ja im zweiten Fall nur $^1/_3$ mal so groß war, wie im ersten Fall. Da in beiden Fällen die Spannung σ_0 fast gleich ausfällt (85,8 bzw. 83,8 kg/qcm), so erkennt man, daß eine Erhöhung des Widerstandsmomentes hier durchaus nicht den Erfolg hat, wie man ihn sonst bei der Biegungsbeanspruchung gewöhnt ist.

6. Einfluß der Armzahl.

Um den Einfluß der Armzahl auf die Spannungen im Kranz und in den Armen selbst nachzuprüfen, wurde die Rechnung unter Zugrundelegung der gleichen Werte wie in den vorstehenden zwei Beispielen noch für 4 Arme, 6 Arme und 10 Arme durchgeführt. Die Ergebnisse sind als Fall a) in der Tabelle Seite 321 zusammengestellt; jedesmal stehen die gefundenen Kräfte und die dadurch erzeugten Spannungen nebeneinander; von je zwei Zeilen übereinander enthalten die oberen Zeilen 1. die entsprechenden Werte für den steifen Kranz mit $F'' = 6{,}7$ qcm, d. h. $W = 6855 \text{ cm}^3$ und die unteren Zeilen 2. die Werte für den dünneren Kranz mit $F'' = 0{,}67$ qcm, d. h. $W = 2200 \text{ cm}^3$.

Als Fall b) wurde dann weiter, von der Erwägung ausgehend, daß bei kleinerer Armzahl die Armquerschnitte wohl entsprechend größer genommen werden müßten, die Rechnung noch für die Annahme durchgeführt, daß bei vier Armen die Armquerschnitte doppelt so groß wie bei acht Armen, bei 6 Armen $\frac{8}{6}$, bei 10 Armen $\frac{8}{10}$ mal so groß sind. Ein sorgfältiges Studium der Tabelle ist sehr lehrreich. Was zunächst die zuletzt erwähnte Änderung der Armquerschnitte umgekehrt proportional der Armzahl anbetrifft, so stellt sich heraus, daß gleichzeitig mit Vergrößerung der Querschnitte auch die Zugkräfte Z größer werden; beim steiferen Kranz werden die Zugspannungen im äußeren Armquerschnitt kaum nennenswert kleiner, sinken z. B. bei 4 Armen von 219 auf 177 kg/qcm (werden also keineswegs halb so groß), steigen bei 10 Armen von 175 auf 185 kg/qcm; beim schwächeren Kranz ist die Einwirkung noch geringer, kurz, man kann sagen, daß die Änderung der Armquerschnitte für die Arme selbst kaum von Bedeutung ist. Prüft man den Einfluß der vorgenommenen Armquerschnittsänderungen auf die Kranzspannungen, so erkennt man durchweg eine nachteilige Wirkung: die Biegungsspannungen $\sigma_{max} = \dfrac{P'_{max} R}{W}$ werden im Fall b) nicht unerheblich größer als im Falle a); zwar fallen die Kräfte P_0 und damit die Zugspannungen $\sigma_0 = \dfrac{P_0}{F}$ ein wenig kleiner aus,

Festigkeitsuntersuchung der Schwungräder.

Tabelle der Kranz- und Armbeanspruchungen:

Fall a): Alle Arme haben gleichen Querschnitt.

Die oberen Zeilen 1. gelten für steifen Kranz ($F' = 6{,}7$ qcm; $W = 6855$ cm³), die unteren Zeilen 2. für dünnen Kranz ($F' = 0{,}67$ qcm; $W = 2200$ cm³).

		4 Arme		6 Arme		8 Arme		10 Arme	
		kg	kg/qcm	kg	kg/qcm	kg	kg/qcm	kg	kg/qcm
1.	$P_0 \mid \dfrac{P_0}{F}$	66 561	92,5	62 853	87,3	60 043	83,8	56 850	79,0
2.		71 748	99,6	66 293	92,0	61 867	85,8	58 258	81,0
1.	$Z \mid \dfrac{Z}{f_a}$	15 477	219	14 244	202	12 916	183	12 355	175
2.		8 206	116	11 190	158	11 872	168	11 769	166
1.	$P'_{max} \mid \dfrac{P'_{max} R}{W}$	2 741	60,7	1 851	41,1	1 405	31,1	1 179	26,1
2.		1 189	82,1	1 057	73,0	843	58,3	673	46,5
1.	$P_a' \mid \dfrac{P_a' R}{W}$	−465	−10,3	−57	−1,3	+121	+2,7	+200	+4,4
2.		−511	−35,2	−443	−30,5	−338	−23,3	−262	−18,1
1.	$\sigma_0 + \sigma_{max}$		153,2		128,4		114,9	min =	105,1
2.			181,7		165,0		144,1		127,5

Fall b): Die Armquerschnitte sind umgekehrt proportional der Armzahl.

1.	$P_0 \mid \dfrac{P_0}{F}$	60 560	84,0	59 656	82,8	60 043	83,8	59 797	82,8
2.		70 439	97,7	64 282	89,1	61 867	85,9	60 954	84,5
1.	$Z \mid \dfrac{Z}{f_a}$	24 992	177	17 623	187	12 916	183	10 486	185
2.		10 266	72,5	13 298	141	11 872	168	10 072	177
1.	$P'_{max} \mid \dfrac{P'_{max} R}{W}$	3 974	88,0	2 122	47,1	1 405	31,1	1 108	24,6
2.		1 468	101,3	1 242	86,1	843	58,3	586	40,5
1.	$P_a' \mid \dfrac{P_a' R}{W}$	−1 192	−26,4	−239	−5,3	+121	+2,7	+227	+6,1
2.		−658	−45,5	−540	−37,3	−338	−23,3	−214	−14,8
1.	$\sigma_0 + \sigma_{max}$		172,0		129,9		114,9		107,4
2.		max =	199,0		175,2		144,2		125,0

jedoch bleiben die Gesamtspannungen immer noch im Falle b) größer als im Fall a) sowohl für den steiferen, wie auch für den schwächeren Kranz.

Im übrigen macht sich der Einfluß der Armzahl durchweg dahin geltend, daß mit abnehmender Armzahl für den Kranz sowohl die Zugkraft P_0, also die gleichmäßig verteilte Zugspannung σ_0, wie auch die größte Biegungsspannung σ_{max} zunimmt, die größere Armzahl folglich vorteilhaft ist. Die Gesamtspannung im Kranz

322 Konstruktion und Festigkeitsberechnung der Schwungräder.

übertrifft die Spannung im freischwebend gedachten Kranz (für den $\sigma = 107$ kg/qcm wäre) meist erheblich. Erst bei 10 Armen und steifem Kranz ist die Gesamtspannung im Kranz (mit 105 kg/qcm) schon ein wenig kleiner, bei schwachem Kranz (mit 127,5 kg/qcm) aber noch größer als im freischwebenden Kranz.

Bei weiterer Erhöhung der Armzahl würde naturgemäß die Kranzbeanspruchung weiter abnehmen, da wir uns so allmählich dem Grenzfall der vollen Scheibe nähern würden, bei der die Tangentialspannung am äußeren Umfang nur $\dfrac{m-1}{4\,m}\sigma = \dfrac{3}{16}\sigma = \dfrac{3}{16} \cdot 107$ kg/qcm sein würde. Die schon für 8 Arme festgestellte Beziehung, daß bei dem steiferen Kranz sowohl die gleichmäßig verteilte Zugspannung σ_0, wie auch die größte Biegungsspannung, also auch die größte Gesamtspannung im Kranz, etwas kleiner ausfallen wie bei dem schwächeren Kranz (die Biegungsspannungen aber durchaus nicht umgekehrt proportional dem Widerstandsmoment, sondern nur wenig geringer), gilt durchweg auch bei jeder Armzahl, sowohl für den Fall a) wie für den Fall b). Die Zugkraft Z für die Arme dagegen fallen für den steifen Kranz stets größer aus wie für den schwächeren Kranz, was ja auch ganz verständlich ist, da der weniger steife Kranz einen geringeren Zwang auf die Arme ausüben wird.

Endlich ist noch beachtenswert, wie sich die Biegungsbeanspruchung des Kranzes in der Mitte zwischen zwei Armen verhält: bei schwachem Kranz ergibt sich innen durchweg eine Druckspannung, bei steifem Kranz dagegen nur bei 4 und 6 Armen eine Druckspannung, bei 8 und 10 Armen aber eine Zugspannung. Ein bestimmtes Verhältnis zwischen σ_{max} und σ_a ist nicht angebbar.

Vergleich mit einer Näherungsrechnung von Prof. Lindner[1]).

Setzt man in der aus Fig. 163 abzulesenden Gleichgewichtsbedingung, d. h. in Gl. 146, was angenähert zutrifft, für T den Wert P_0 ein, so erhält man sofort für P_0 und Z eine Gleichung

$$P_0 + \frac{Z}{2}\operatorname{cotg}\alpha = T_0.$$

Um eine zweite Gleichung für P_0 und Z zu erhalten, vernachlässige man die Dehnung der Arme durch die eigene Fliehkraft und die Verbiegung des Kranzes, setze also voraus, der Kranz bleibe kreisförmig, sein Radius nehme nur zu infolge der Dehnung durch die Zugspannung $\dfrac{P_0}{F}$ um $\varDelta R = \dfrac{1}{2\pi} \cdot \dfrac{P_0}{EF} 2\pi R = \dfrac{P_0 R}{EF}$.

---

[1]) S. Prof. G. Lindner, Maschinenelemente Stuttgart 1910, S. 117 bis 118.

Festigkeitsuntersuchung der Schwungräder. 323

Um ebensoviel müssen sich die Arme infolge der Zugkraft Z dehnen, daher ist auch $\Delta R = \dfrac{Z}{E f_m} l$, somit erhält man als zweite Gleichung für P_0 und Z:
$$\frac{P_0' R}{F} = \frac{Zl}{f_m}.$$

Aus 146a und 146b ergeben sich sofort Lindners Näherungsformeln für P_0 und Z:

$$\left. \begin{array}{c} P_0 = \dfrac{T_0}{1 + \dfrac{1}{2}\dfrac{R}{l}\dfrac{f_m}{F}\cotg \alpha} \\ Z = P_0 \cdot \dfrac{R}{l}\dfrac{f_m}{F} \end{array} \right\} \quad \ldots \ldots (162)$$

Die Biegungsbeanspruchungen im Kranz berechnet Lindner, indem er das Kranzstück zwischen zwei Armen als geraden, an den Enden eingespannten Balken von der Länge $L = R\alpha$ ansieht, der durch eine gleichmäßig verteilte Last Z belastet ist; danach findet er das größte Moment an der Einspannungsstelle

$$M_{max} = \frac{ZL}{12} \quad \ldots \ldots \ldots (162a)$$

und das Moment in der Mitte zwischen beiden Armen
$$M_\alpha = \tfrac{1}{2} M_{max},$$
das letztere stets so wirkend, daß innen Druck-, außen Zugspannungen entstehen. Die Biegungsspannung ergibt sich dann in bekannter Weise zu
$$\sigma_{max} = \frac{M_{max}}{W}.$$

Vergleich der Kranz- und Armspannungen, nach den genauen und nach Lindners Formeln berechnet:

	4 Arme		6 Arme		8 Arme		10 Arme	
	n. Tolle kg/qcm	n. Lindner kg/qcm	n. Tolle kg/qcm	n. Lindner kg/qcm	n. Tolle kg/qcm	n. Lindner kg/qcm	n. Tolle kg/qcm	n. Lindner kg/qcm
$\sigma_0 = \dfrac{P_0}{F}$	92,5 / 99,6	95,4	87,3 / 92,0	88,6	83,8 / 85,8	82,9	79,0 / 81,0	78,0
$\dfrac{Z}{f_a}$	219 / 116	235	202 / 158	218	183 / 168	204	175 / 166	192
σ_{max}	60,7 / 82,1	46,1 / 144	41,1 / 73,0	28,5 / 89,0	31,1 / 58,3	20,0 / 62,5	26,1 / 46,5	15,0 / 47,1
σ_a	−10,3 / −35,2	−23,1 / −72	−1,3 / −30,5	−14,3 / −44,5	+2,7 / −23,3	−10,0 / −31,3	+4,4 / −18,1	−7,5 / −23,6
$\sigma_0 + \sigma_{max}$	153,2 / 181,7	141,5 / 239,4	128,4 / 165,0	117,1 / 177,6	114,9 / 144,1	102,9 / 145,4	105,1 / 127,5	93 / 125,1

Eine Prüfung der Genauigkeit dieser Lindnerschen Näherungsformeln kann im Anschluß an vorstehende Tabelle geschehen, die, jedesmal nebeneinanderstehend, die Spannungswerte $\sigma_0 = \dfrac{P_0}{F}$, $\dfrac{Z}{f_a}$, σ_{max}, σ_a und die größte Gesamtspannung im Kranz $\sigma_0 + \sigma_{max}$ enthält, wie sie sich nach den früheren genaueren Rechnungen und nach den Lindnerschen Formeln für das gleiche Rad ergeben; in zwei Zeilen untereinander stehen jedesmal die Spannungswerte für den steifen und für den dünneren Kranz. Nach Lindner übt dieser Unterschied auf die Werte P_0 und Z keinen Einfluß aus. Im großen und ganzen läßt die Tabelle eine recht befriedigende Übereinstimmung der Näherungswerte mit den genaueren Werten erkennen, besonders für die Werte σ_0; größer werden dagegen die Unterschiede für die Armbeanspruchung und für die größten Biegungsspannungen bei dem schwachen Kranz vor allem bei kleiner Armzahl; für Kranzquerschnitte mit verhältnismäßig kleinem Widerstandsmoment und bei 4 Armen liefern die Näherungsformeln erheblich zu große Werte. Völlig unrichtig fallen die Werte für die Biegungsbeanspruchung in der Mitte zwischen den Armen aus; diese Werte kommen allerdings praktisch nur dann in Frage, wenn die Konstruktion einer Kranzverbindung auf Grund dieser Inanspruchnahme zu beurteilen ist. Trotzdem verdienen die Gleichungen 162 und 162a als sehr bequeme und immerhin viel bessere Näherungsformeln als die Annahme des frei schwebenden Ringes Beachtung.

Zweiter Teil.

Ruhe des Ganges.

Im ersten Teile haben wir uns mit der Gleichförmigkeit des Ganges und den Hilfsmitteln beschäftigt, die eine möglichst gleichbleibende Winkelgeschwindigkeit der Kraftwelle herbeiführen. Neben dem Schwungrade, das in erster Linie obige Aufgabe zu erfüllen hat, dienten dem gleichen Zwecke mehr oder weniger die Massenwiderstände der bewegten Triebwerkteile. Wir sahen, daß die Massendrücke um so nützlicher für die Erzielung möglichster Gleichförmigkeit waren, je stärkere Expansion wir anwandten. Wenn uns die Wirkung der bewegten Massen hierbei höchst willkommen war, so werden wir andererseits in diesem Teile eine Reihe von schädlichen Wirkungen der Massen kennen lernen und uns nach Mitteln umsehen, durch die wir die nachteiligen Folgen der bewegten Massen beseitigen oder mildern können.

Viertes Kapitel.

Druckwechsel im Gestänge.

A. Unvermeidliche Richtungswechsel der Kräfte bei doppeltwirkenden Maschinen mit hin und her gehendem Kolben.

Unserer Betrachtung werde Fig. 174 zugrunde gelegt, in welcher die beiden Überdruckdiagramme, das für den Hingang und das für den Rückgang, derart zusammengefügt wurden, daß die (nach rechts gerichteten) Überdrücke für den Hingang nach oben hin und diejenigen für den Rückgang, die nach links gerichtet sind, nach unten abgetragen erscheinen. Fig. 174 läßt deutlich die gesetzmäßige Änderung der Dampfüberdrücke, d. h. der auf 1 qcm Kolbenfläche ausgeübten Kräfte, erkennen. Würde auf die gegen Ende des Hubes stattfindende Kompression verzichtet, so müßte beim Hubwechsel die Kolbenkraft (wir wollen hier stillschweigend immer den auf 1 qcm Kolbenfläche ausgeübten Druck darunter verstehen) plötzlich von dem nach rechts gerichteten Endüberdruck p_e auf den nach links gerichteten Anfangsüberdruck p_a springen. Während kurz vor dem Totpunkte der Kreuzkopfbolzen und der Kurbelzapfen einen Druck nach rechts erfahren, müßte gleich darauf dieser Druck die entgegengesetzte Richtung annehmen. Wegen der unvermeidlichen, wenn auch noch so kleinen Spielräume zwischen Zapfen und Lagerschalen bedeutet dieser Richtungswechsel der Zapfendrücke eine kleine Relativverschiebung z des Zapfens gegen das Lager; in der Zeit t,

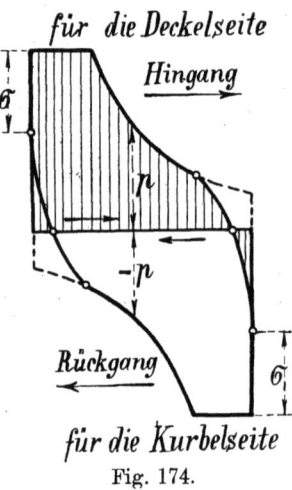

Fig. 174.

in welcher dieser Zwischenraum vom Zapfen durchlaufen wird, ist der Zapfen nicht imstande, auf die Lagerschalen eine Kraft zu übertragen, denn er bewegt sich ja frei beim Durchlaufen des Spielraumes z. Die auf den Zapfen ausgeübte Kraft kann also lediglich dazu dienen, während der Relativbewegung in dem mit dem betreffenden Zapfen fest verbundenen Getriebeteile ein Arbeitsvermögen zu erzeugen, das am Schlusse der Relativbewegung, d. h. wenn der Zapfen auf der anderen Seite mit der Lagerschale in Berührung kommt, die Ursache zu einem Stoße wird.

In der Absicht, diesen Stoß zu mildern, bewirkt man nun einen möglichst allmählichen Übergang der Kolbenkräfte durch Anwendung der Kompression. Je langsamer die Abnahme des Dampfdruckes vor sich geht, auf einer um so größeren Strecke werden in der Nähe der Kolbenstellung, wo der Übergang durch die Kraft Null erfolgt, die Kräfte klein bleiben, eine um so kleinere Arbeitsmenge wird sich deshalb während des Durchlaufens des Spielraumes ansammeln, um so weniger heftig wird der Stoß sich abspielen. Diese ihr gestellte Aufgabe kann die Kompression nur erfüllen, wenn der Schnitt der Kompressionskurve mit der Nullinie möglichst flach ausfällt, wenn die Kompression reichlich früh beginnt. Der Druckwechsel hat in diesem Falle bereits eine ziemliche Strecke vor dem Totpunkte zu erfolgen. Ein Druckwechsel im Totpunkte selber kann niemals unter dem Einfluß einer durch die Kompression bewirkten allmählichen Kraftänderung stattfinden, da im Totpunkte eine durch die Kolbenbewegung erzeugte Druckerhöhung in dem Dampfraume überhaupt nicht mehr möglich ist, weil ja der Kolben in Ruhe verharrt.

Nachdem wir einmal erkannt haben, daß die Kompression zur Herbeiführung eines möglichst stoßfreien Ganges nur dann nützen kann, wenn bereits vor dem Hubwechsel die Richtungsänderung des Dampfdruckes, der Durchgang der Kolbenkraft durch Null, erfolgt, wollen wir versuchen, rechnerisch über den Punkt des günstigsten Richtungswechsel Aufklärung zu erhalten.

1. Wir beginnen unsere Betrachtung mit dem **Kreuzkopfbolzen.** In dem Augenblicke, wo durch die Kompression die Kolbenkraft bereits bis auf Null gesunken ist, habe der Kolben die Geschwindigkeit c; der Spielraum z zwischen Zapfen und Lagerschalen wird dann mit einer allmählich wachsenden Relativgeschwindigkeit w durchlaufen, deren augenblickliche Größe mit Hilfe der sie erzeugenden Beschleunigung b zu berechnen ist. Greifen wir aus unserem Überdruckdiagramm, dessen Kompressionslinie in der Nähe des Punktes S (auf der hier nur in Frage kommenden kleinen Strecke) als Gerade angesehen werden kann, den Dampfdruck p_1

im Abstande 1 von S ab, so würde im Abstande x von S die Kraft (bezogen auf 1 qcm Kolbenfläche) $p_1 x$ betragen. Diese Kraft wird aber zurzeit nicht in das Kurbelgetriebe geleitet, da der Kreuzkopfbolzen erst nach Durcheilen des Spielraumes wieder zur Berührung mit der Schale der Schubstange gelangt; sie dient vielmehr ausschließlich zur Beschleunigung der sich frei bewegenden Massen des Kolbens, der Kolbenstange und des Kreuzkopfes. Haben diese Teile eine auf 1 qcm bezogene Gesamtmasse m_1, so ist die Beschleunigung der Relativbewegung

$$b = \frac{p_1 x}{m_1};$$

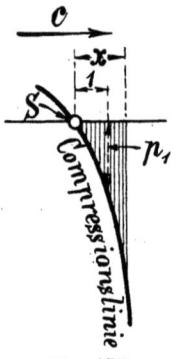

Fig. 175.

die augenblickliche Relativgeschwindigkeit wird also

$$w = \int b \cdot dt = \int \frac{p_1 x}{m_1} \cdot dt.$$

Nun ist (die augenblickliche Kolbengeschwindigkeit c als konstant angenommen) der von S aus gemessene Kolbenweg $x = ct$; dies eingesetzt liefert

$$w = \int \frac{p_1 x \, dt}{m_1} = \int \frac{p_1 \cdot ct}{m_1} \cdot dt = \frac{p_1 c}{m_1} \int t \, dt = \frac{p_1 c t^2}{m_1 \, 2}.$$

Damit findet sich der Weg für die Relativbewegung:

$$y = \int w \, dt = \int \frac{p_1 c}{m_1} \frac{t^2}{2} dt = \frac{p_1 c}{2 m_1} \int t^2 dt = \frac{p_1 c}{2 m_1} \frac{t^3}{3} = \frac{p_1 c t^3}{6 m_1}.$$

Beträgt die ganze Dauer für das Durcheilen des Spielraumes z also T, so gilt

$$z = \frac{p_1 c T^3}{6 m_1} \quad \text{oder} \quad T = \sqrt[3]{\frac{6 z m_1}{p_1 c}}.$$

Die Endgeschwindigkeit dieser Relativbewegung wird damit schließlich

$$w_{max} = \frac{p_1 c}{m_1} \frac{T^2}{2} = \frac{p_1 c}{2 m_1} \sqrt[3]{\frac{36 z^2 m_1^2}{p_1^2 c^2}}$$

$$w_{max} = \sqrt[3]{\frac{9}{2} \frac{z^2 p_1 c}{m_1}} \qquad \ldots \ldots \ldots \ldots (163)$$

Mit dieser Geschwindigkeit trifft der Zapfen gegen das Lager; der Stoß ist naturgemäß um so heftiger, je größer w_{max}. Man kann geradezu w_{max} als Maß für die Größe der Stoßkraft P ansehen, wie sich aus folgender Rechnung ergibt: Dringen beim Stoß die Teile um die Strecke δ ineinander, so ist die Arbeit der Formänderung

$$\mathfrak{A} = \frac{P \delta}{2};$$

dabei wächst P proportional mit δ, man kann also setzen
$$\delta = \text{Konst.}\, P$$
oder
$$\mathfrak{A} = \frac{\text{Konst.}}{2} P^2.$$

Andererseits ist das bei der Relativbewegung angesammelte Arbeitsvermögen
$$\mathfrak{A} = \frac{m_1 w_{max}^2}{2};$$
somit wird
$$\frac{m_1 w_{max}^2}{2} = \frac{\text{Konst.}}{2} P^2,$$
d. h. der größte Stoßdruck
$$P = \text{Konst.}\, w_{max}. \quad \ldots \ldots (163\,\text{a})$$

Man wird folglich nach G. 163 die Kompressionskurve so zu wählen haben, daß p_1 klein wird, d. h. die Kompressionslinie die Nullinie recht flach schneidet, aber auch die Kolbengeschwindigkeit c für die Stelle des Druckwechsels klein ausfällt. Wo das Produkt $p_1 \cdot c$ am kleinsten wird, ist gegebenenfalls durch Probieren festzustellen.

2. Noch etwas ungünstiger liegen die Verhältnisse bei dem **Druckwechsel am Kurbelzapfen**. Erst nachdem der Stoß am Kreuzkopfbolzen beendet ist, beginnt das Durcheilen des Spielraumes zwischen Lagerschale im Schubstangenkopf und dem Kurbelzapfen. Die lediglich zur Beschleunigung der jetzt mit dem Kolben in Verbindung stehenden Getriebeteile dienende Kolbenkraft ist größer als vorhin; die zu beschleunigende Masse ist um die der Schubstange größer geworden (besteht also aus der Masse des Kolbens, des Kreuzkopfes und der Schubstange). Auch der Spielraum zwischen Kurbelzapfen und Lagerschale ist größer als der am Kreuzkopfbolzen, da der Winkel der Relativdrehung an dem letzteren bei einer Kurbelumdrehung nur $4\beta_{max} = 4\lambda = 0{,}8$, am Kurbelzapfen dagegen 2π beträgt, d. h. nahezu achtmal so groß ist, mithin auch eine entsprechend größere Abnutzung zur Folge haben wird. Kurz, alle bei der vorstehenden Rechnung für die Größe des Stoßdruckes als maßgebende Faktoren erkannten Werte fallen hier ungünstiger aus. Man wird mit Rücksicht hierauf um so mehr bemüht sein müssen, den Überschneidungspunkt der Kompressionslinie mit der Nullinie, d. h. den Beginn des Druckwechsels reichlich früh vor dem Totpunkte eintreten zu lassen.

3. **In welcher Weise beeinflussen nun die Massenwiderstände die Stöße am Kreuzkopfbolzen und Kurbelzapfen?** Die Beantwortung dieser wichtigen Frage wird uns nicht schwer, wenn wir in das Überdruckdiagramm die Kurve der Massendrücke eintragen

und die Werte der Massenwiderstände von den Dampfüberdrücken abziehen bzw. für die Verzögerungsperiode dazu addieren. Wir erhalten dann die Kurve der wahren Kolbendrücke, deren Verlauf aus Fig. 176 ersichtlich ist. Wir bemerken zunächst, daß der gesamte Spannungssprung σ, der noch übrig bleibt, wenn der Kompressionsenddruck kleiner als die Anfangsspannung gewählt wurde, von den Massenwiderständen nicht beeinflußt wird. Haben wir gar keine Kompression, so erfolgt mit den Massendrücken oder ohne sie in der Totstellung der Sprung von der Endspannung der Expansion bis auf die Anfangsspannung beim Dampfeintritt; wird bis zur Eintrittsspannung komprimiert, so ist mit Massendrücken oder ohne solche der Sprung Null, die Kolbendrücke nehmen stetig ab und wachsen ebenso stetig nach der entgegengesetzten Richtung an. Die Massendrücke haben also mit der Richtungsänderung der Kolbendrücke nichts zu tun, sie machen die Übergänge der Dampfdrücke weder größer noch kleiner: es hat demnach auch keinen Sinn, zu sagen, die Kompression sei erforderlich, um den Massendruck der hin und her bewegten Teile gegen Ende des Hubes abzufangen.

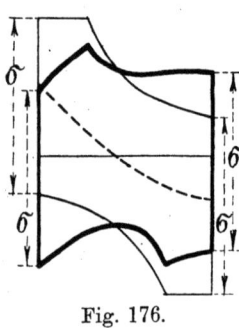

Fig. 176.

Der Massendruck behält nach wie vor dem Hubwechsel seine Richtung unverändert bei und seine Größe schwillt vor dem Totpunkte ebenso gleichmäßig an, wie er hinter diesem allmählich wieder abnimmt[1]). Insoweit wirken die Massenwiderstände weder schädlich noch nützlich; sie haben an und für sich auch mit der Notwendigkeit einer Kompression nichts zu tun.

Wir sehen aber aus den Fig. 177 und 178 noch etwas anderes: Durch die Massenwiderstände in der Verzögerungsperiode werden

---

[1]) Man ist leicht geneigt, die Umkehr in der Bewegungsrichtung auch auf die Umkehr der Kräfte zu übertragen, hier um so eher, als ja in der zweiten Hubhälfte eine Verzögerung, in der ersten Hälfte des folgenden Hubes eine Beschleunigung der Massen eintritt. Der Massenwiderstand bei der Verzögerung wirkt aber in Richtung der Bewegung, derjenige bei der Beschleunigung entgegen der Bewegungsrichtung. Während also die Verzögerung in Beschleunigung überspringt und gleichzeitig die Bewegungsrichtung umgekehrt wird, behält der Massenwiderstand seine Richtung bei. Die Massenwiderstände sind stets nach außen gerichtet. Ungefähr von der Hubmitte aus nehmen sie nach außen hin stetig zu, um vom Totpunkte aus bis zur Hubmitte ebenso stetig wieder bis Null zu sinken. Hier erfolgt der Richtungswechsel durch Null hindurch. Es ist daher klar, daß die Massendrücke irgendwelche Unstetigkeit in den Kräften durchaus nicht zur Folge haben.

Unvermeidliche Richtungswechsel der Kräfte. 331

die Schnittpunkte der Überdruckkurven mit der Nullinie nach den Totpunkten hin verschoben, d. h. der Druckwechsel erfolgt später. Nach dem, was wir über die Stöße am Kreuzkopfbolzen und Kurbelzapfen gefunden haben, müssen wir also jetzt die Einwirkung der Massendrücke als **nachteilig** für die Ruhe, für die Stoßfreiheit oder Sanftheit der Stöße an den Zapfen bezeichnen.

Je größer demnach die Umdrehzahl der Maschine ist, um so **früher** muß die Kompression beginnen, wenn sie ihren Zweck, die Stöße zu mildern, erfüllen soll. Wohlgemerkt, nur um so **früher** soll die Kompression beginnen; die Höhe des **Kompressionsenddruckes** hat damit nichts zu tun. Gegebenenfalls ist also der

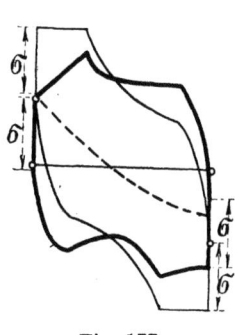

Fig. 177.

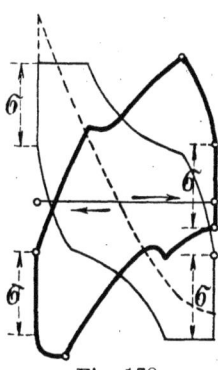

Fig. 178.

schädliche Raum größer zu machen, um unnötig hohen Kompressionsenddruck zu vermeiden.

Im Anschluß an Fig. 178 sei noch die Frage aufgeworfen, welche Folgen so große Massendrücke haben, daß am Schlusse des Hubes trotz der Kompression der resultierende Druck (Massendruck minus Kompressionsenddruck) größer als Null bleibt, also bis zum Totpunkte noch kein Richtungswechsel des gesamten Kolbendruckes eingetreten ist. Die Antwort lautet: dann tritt der **Richtungswechsel nach Überschreiten des Totpunktes ein**. Dieser verspätete Druckwechsel im Gestänge braucht nun keineswegs, wie z. B. **Radinger** bei seinen Entwickelungen über die zulässigen Kolbengeschwindigkeiten überall als beinahe selbstverständlich voraussetzt, zu einem heftigeren Stoße zu führen als der Richtungswechsel vor dem Totpunkte. Es kommt ganz darauf an, wie flach die jetzt vorhandene resultierende Kolbenkraftkurve die Nullinie schneidet; im Gegenteil werden hier diese Schnitte (vgl. Fig. 178 links) meist flacher, es werden die Stöße beim Druckwechsel nach dem Totpunkte also weniger hart ausfallen.

Fig. 178 läßt auch erkennen, daß sich Kurbelseite und Deckelseite verschieden verhalten. Wegen des kleineren Massendruckes am Ende des Hinganges ist dort der Einfluß des Massendruckes geringer, die Verzögerung des Druckwechsels also am wenigsten bemerkbar. Während in Fig. 178 der Druckwechsel für die Deckelseite nach dem Totpunkte erfolgt, findet er für die Kurbelseite bereits im Totpunkte statt.

Solche verspäteten Druckwechsel sind offenbar nicht gerade erwünscht, auch dann nicht, wenn für beide Seiten der Druckwechsel nach dem Totpunkte erfolgt. Abgesehen von den größeren Kräften überhaupt, die hier infolge der bedeutenden Massendrücke auftreten und entsprechend kräftigere Konstruktionsteile verlangen, und abgesehen von den durch die stärkeren Kraftschwankungen bedingten größeren Arbeitsüberschüssen, die ein schwereres Schwungrad erfordern, liegt besonders für die Deckelseite Gefahr vor, daß unzulässige Stöße auftreten, sobald die Maschine langsamer läuft und dadurch die Massendrücke kleiner werden. Es kann dann sehr wohl der Richtungswechsel der Kräfte um so viel früher eintreten, daß er in den Totpunkt fällt oder daß ein derartig ungünstiger steiler Schnitt der resultierenden Kolbendrucklinie mit der Nullinie entsteht, daß nachteilige Stöße unvermeidlich sind. Schon beim Anlaufen der Maschine müßte diese ungünstigste Geschwindigkeit passiert werden.

Die Erfahrung bestätigt in der Tat die vorstehenden Betrachtungen insofern, als bei vielen Maschinen der Gang für gewisse Geschwindigkeiten unruhig wird und heftige Stöße zeitigt, während nach Überschreitung dieser gefährlichen Geschwindigkeiten die Maschinen wieder ruhiger arbeiten.

Man wird folglich als Regel aufstellen, daß der Richtungswechsel vor dem Totpunkte und in hinreichender Entfernung von diesem zu erfolgen habe, um die Stöße am Kreuzkopfbolzen und Kurbelzapfen möglichst sanft zu gestalten. Dies bedingt einen um so zeitigeren Kompressionsbeginn, je größer die Umdrehzahlen (und damit die Massenwiderstände) der Maschine werden. Ein infolge sehr großer Massendrücke eintretender Richtungswechsel nach dem Totpunkt ist jedoch auch ohne schädliche Stöße möglich.

4. An dem **Kurbelwellenlager** sind die Richtungswechsel der Kolbenkräfte im allgemeinen ganz unschädlich; die Übergänge vollziehen sich bei **liegenden Maschinen** ganz allmählich, wie wir uns an dem Beispiel einer Einzylindermaschine (vgl. Fig. 179 bis 182) überzeugen wollen. Der Stangendruck S, der als Kurbelkraft auftritt, erzeugt in den beiden Lagern Drücke $S_1 = S \dfrac{(a+b+c)}{b+c}$

und $S_2 = S \dfrac{a}{b+c}$. Diese nahezu wagerechten Kräfte setzen sich nun mit den senkrechten Lagerdrücken G_1 und G_2, die von dem Schwungradgewicht G herstammen, also

$$G_1 = G \cdot \dfrac{c}{b+c} \quad \text{und} \quad G_2 = G \cdot \dfrac{b}{b+c}$$

betragen, zu den Resultierenden $\bar{R}_1$ und $\bar{R}_2$ zusammen. In Fig. 181 ist die Ermittelung der Resultierenden $\bar{R}_1$ am Hauptlager I für verschiedene Stangenkräfte S_1, wie sie nacheinander beim Hingang sich ergeben, in Fig. 156 desgleichen für den Rückgang durchgeführt. Man sieht, wie allmählich $\bar{R}$ von rechts nach links durch die senkrechte Richtung hindurch geht, um beim Rückgang sich wieder nach rechts zu wenden. Bei diesem stetigen Herumwandern der Anlagefläche des Zapfens ist natürlich von einem eigentlichen Stoße nicht die Rede.

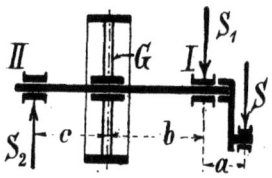

Fig. 179.

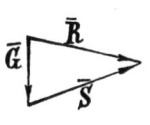

Fig. 180.

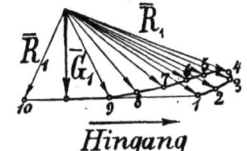

Hingang

Fig. 181.

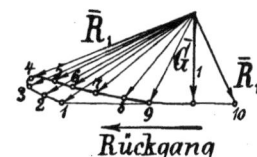

Rückgang

Fig. 182.

Ungünstiger sind die Verhältnisse bei den stehenden Maschinen. Während das Schwungradgewicht und das Gewicht des Gestänges (Kolben, Kreuzkopf, Schubstange) einen Lagerdruck stets senkrecht nach unten ausüben, wirkt die Schubstangenkraft abwechselnd nach unten und nach oben. Solange nun der Kolbendruck nach oben kleiner bleibt als das Gewicht der auf und ab bewegten Teile, ist stetige Anlage der Kurbelwelle auf der unteren Lagerschale gesichert. Würde der größte Stangendruck nach oben das nach unten wirkende Gewicht überschreiten, so müßte ein Wechsel in der Anlage des Zapfens erfolgen, ein Stoß würde also unvermeidlich sein. Durch sorgfältige Ausführung und Nachstellung der Kurbelwellenlager ist in einem solchen Falle die Wirkung des Stoßes nach Möglichkeit zu mildern. Der Einfluß der Massenwiderstände macht sich demnach bei großen Geschwindigkeiten nur dann geltend, wenn infolge der Massendrücke der gesamte Kolbendruck (Dampfdruck und Massendruck) größer wird, als der größte Dampfdruck für sich allein beträgt. Solche Verhältnisse sind allerdings ungewöhnlich, und deshalb auch bei stehenden Maschinen Stöße am Kurbellager, verursacht durch die Massenwiderstände, kaum zu erwarten.

5. Schließlich sind noch etwaige Druckwechsel an der **Gleitbahn des Kreuzkopfes** zu prüfen. Läuft die Maschine rechts um, wenn die Anordnung nach Fig. 1 vorliegt, d. h. wenn sich die Kurbelwelle rechts vom Zylinder befindet, so ist der Normaldruck N auf die Gleitbahn stets nach unten gerichtet. Das Gewicht des Kreuzkopfes und des in Frage kommenden Teiles der Schubstange erhöht diesen Druck nach unten und sichert stetige Anlage auf der unteren Führung. Druckwechsel kommen also danach nicht vor. Wir sahen allerdings im Anschluß an Fig. 54 auf Seite 43, daß durch den Massenwiderstand der Schubstange beim Hingang ein nach oben gerichteter Normaldruck N_2 hervorgerufen wird. Dieser ist am größten, wenn Schubstange und Kurbel senkrecht zueinander stehen, wenn also $\alpha + \beta = 90^0$ und $\operatorname{tg} \beta = \sim \sin \beta = \frac{r}{l} = \lambda$ ist; und zwar wird dann

$$N_2 = \frac{1}{3}\frac{M_2}{2} b_k \frac{\sin(\alpha + \beta)}{\cos \beta} = \frac{M_2}{6} b_k \cdot \frac{1}{\cos \beta} \sim \frac{M_2}{6} b_k.$$

Da nun die Masse M_2 der Schubstange kaum $\frac{1}{3}$ bis $\frac{1}{4}$ der Gesamtmasse der hin und her bewegten Teile ausmacht, so beträgt der durch die Massenwirkung erzeugte, nach oben gerichtete Normaldruck im Höchstfalle etwa $\frac{1}{20}$ des größten Massenwiderstandes der gesamten geradlinig bewegten Masse. Würde mithin der von dem Kolbendruck erzeugte Normaldruck kleiner als dieser Betrag sein, so könnte ein Abheben des Kreuzkopfes von der unteren Gleitbahn wohl eintreten. Bei starker Expansion ist dieser Fall nicht ausgeschlossen.

Für die umgekehrte Drehrichtung ist der von der Kolbenkraft herrührende Normaldruck auf die Gleitbahn nach oben gerichtet; er nimmt vom Totpunkte bis zur Hubmitte hin von Null bis zu seinem größten Werte zu, dann wieder bis Null ab. An den Stellen, wo er gleich dem Gewichte des Kreuzkopfes und des auf den Kreuzkopf übertragenen Anteiles der Schubstange wird, ist ein Richtungswechsel des resultierenden Bahndruckes unvermeidlich. Durch sorgfältige Konstruktion, durch hinreichend große Gleitflächen und möglichst geringen Spielraum muß dann der Stoß unschädlich gemacht werden.

Ein Richtungswechsel des Normaldruckes tritt natürlich auch ein, wenn während des Hubes die Richtung der Kolbenkraft wechselt. Dieser Fall liegt vor, wenn z. B. durch den Dampfkolben ein Pumpenkolben unmittelbar angetrieben wird, der einen (nahezu) konstanten Widerstand bietet, während durch die Expansion der Dampfdruck erst größer, dann kleiner ist als jener.

6. Experimentelle Untersuchung der Druckwechsel und Stöße.

H. Polster[1]) hat als erster die Stoßstärke am Kreuzkopfbolzen und Kurbelzapfen mittels eines Stoßmessers wirklich gemessen und gleichzeitig den Zeitpunkt des Stoßeintrittes und den Augenblick des Druckwechsels auf den Kolben festgestellt. Nach seinen Versuchen ist die Lage des Druckwechsels ohne nennenswerten Einfluß auf die Stoßstärke; die Größe des Spielraumes z kommt nicht in der durch Gl. 163a und Gl. 163 ausgedrückten Weise zur Geltung, vielmehr vergrößert sich zunächst mit wachsendem Spiel die Stoßstärke, sinkt dann wieder, um später von neuem zu steigen. Dieses eigenartige Verhalten findet seine Erklärung in dem alles überwiegenden Einfluß der Schmierung: eine vorhandene Ölschicht von genügender Dicke wirkt als vorzügliche Dämpfung.

So ergab z. B., verglichen mit einer mangelhaften Tropfölschmierung, die Schmierung durch eine 25 cm hohe Ölsäule eine Verminderung der Schlagstärke auf den zehnten Teil, durch Druckölschmierung mit 4,6 m Ölsäule auf den zwanzigsten Teil. Die auffällige Abnahme der Stoßstärke bei anfänglicher Zunahme des Spieles erklärt sich einfach dadurch, daß damit eine Verbesserung der Ölzufuhr bewirkt wird. In Übereinstimmung mit Gl. 163 und Gl. 163a wächst die Stoßstärke proportional mit $\sqrt[3]{p_1 c}$ ($p_1 c = p_0$ bezeichnet Polster als sekundlichen Druckanstieg, er lag bei den Versuchen zwischen $16 \frac{\text{at}}{\text{sek}}$ und $370 \frac{\text{at}}{\text{sek}}$), jedoch mit der Einschränkung, daß für kleine Werte von $p_0 = p_1 c$ überhaupt kein Stoßdruck nachweisbar ist.

Nach diesen Versuchsergebnissen sorge man also in erster Linie für gute Schmierung, wenn man heftige Stöße vermeiden will.

B. Vermeidbare Richtungswechsel im Gestänge.

Wir sahen, daß die unvermeidlichen Richtungswechsel der auf den Kurbelzapfen übertragenen Kräfte in der Nähe der beiden Totpunkte vor oder nach diesen erfolgen können, ohne daß gerade der Stoß gefährlich zu werden braucht. Die Forderung, unter allen

---

[1]) H. Polster, „Experimentelle Untersuchung der Druckwechsel und Stöße im Kurbelgetriebe von Kolbenmaschinen", Berlin 1913. Vorher hatte schon Döhne, „Über Druckwechsel und Stöße bei Maschinen mit Kurbeltrieb", Berlin 1911, auf die Notwendigkeit direkter Stoßdruckmessungen hingewiesen und die wesentlichen von Polster experimentell gefundenen Ergebnisse vorausgesagt.

Umständen den Anfangsbeschleunigungsdruck höchstens gleich dem Dampfüberdrucke zu Beginn des Kolbenhubes werden zu lassen, ist also nicht unbedingt zu stellen. Wir fanden freilich, daß der Richtungswechsel vor dem Totpunkte wohl vorteilhafter sei; daraus entsteht naturgemäß die wünschenswerte Bedingung, daß beim Anfange des Hubes bereits eine Kraft in Richtung der Bewegung vorhanden, daß also der Anfangsbeschleunigungsdruck kleiner sein soll, als der Dampfüberdruck zu Beginn des Hubes. Gleichgültig nun, ob wir diese Bedingung erfüllt haben oder nicht, kann infolge der Massendrücke noch ein zweimaliger Richtungswechsel des wirksamen

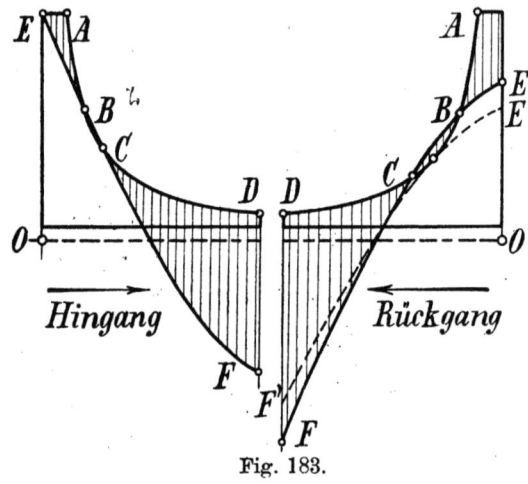

Fig. 183.

Kolbendruckes eintreten, dadurch nämlich, daß der Dampfdruck infolge kleiner Füllung erst rascher sinkt als der Massenwiderstand und so kleiner wird als dieser, dann aber bei weiterem langsameren Abnehmen die Größe des Massendruckes wieder überholt. Dieser nachträgliche zweimalige Druckwechsel im Gestänge sollte jedenfalls vermieden werden, d. h. es sollte niemals die Füllung so stark verringert oder der Massendruck durch Steigerung der Umdrehzahl derart groß gemacht werden, daß jener Fall eintritt. Am einfachsten erkennt man die hierdurch gezogenen Grenzen aus dem Überdruckdiagramm, wenn man in dieses die Massendruckkurve einzeichnet, jedoch in der um $180°$ um die Nullinie gedrehten Lage, damit man sofort die Differenzen (oder die Summen) der zu vereinigenden Kräfte sehen kann.

Fig. 183 links zeigt für den Hingang einen solchen Fall, bei dem, obwohl der Massenwiderstand OE kleiner ist als der Anfangsdampfüberdruck, doch die Massendrucklinie EF die Expansionslinie AD in zwei Punkten B und C schneidet; hier findet also ein

Richtungswechsel des resultierenden Kolbendruckes statt, es tritt zweimal ein Stoß auf.

Wie Fig. 183 links zeigt, sind allerdings die Schnitte beider Kurven sehr flach; die Veränderung der Kräfte geschieht also sehr langsam, die Stöße werden nicht sehr hart ausfallen. Weit ungünstiger liegen nach Fig. 183 rechts die Verhältnisse beim Rückgang. Hier hat die Massendrucklinie ihre konvexe Seite nach oben, die Expansionslinie ihre konkave. Obwohl der Anfangswert des Massendruckes OE erheblich kleiner ist als für die andere Kolbenseite, ist ein Überschneiden hier eher zu erwarten; außerdem fallen die beiden Schnitte steiler aus. Die Stöße beim Rückgange würden also viel heftiger werden. Bei der Aufgabe, diese Stöße durch genügend großen Füllungsgrad oder hinreichend kleine Umdrehzahlen fernzuhalten, brauchen wir uns deshalb lediglich mit dem **Rückgange des Kolbens** zu befassen.

Als äußerste Grenze werden wir den Fall betrachten, daß **die Massendruckparabel die Expansionskurve gerade berührt.** Ein Richtungswechsel des resultierenden Kolbendruckes tritt dann noch nicht ein. Rechnerisch ist die Grenze nur sehr umständlich zu ermitteln, zeichnerisch dagegen ihre Ermittelung nicht gerade schwierig. Zwei Möglichkeiten kommen bei dieser Aufgabe in Betracht:

1. **Die Massendrucklinie liegt durch die Umdrehzahl und den Hub der Maschine fest; es ist die Expansionslinie zu bestimmen.** Hieraus folgt dann bei gegebener Anfangsspannung sofort der Füllungsgrad oder bei gegebenem Füllungsgrad die Anfangsspannung durch wagerechtes oder senkrechtes Einschneiden in die gefundene Expansionskurve.

Wir zeichnen in bekannter Weise die Massendruckparabel von der Nullinie der Überdruckkurve (also von der Gegendrucklinie beim Ausströmen) aus durch umhüllende Tangenten und beachten den für die Hyperbel gültigen Satz, daß bei jeder Hyperbeltangente das Stück zwischen den beiden Asymptoten durch den Berührungspunkt halbiert wird. Für die Expansionshyperbel sind die Asymptoten die Nullinie für die absoluten Dampfdrücke

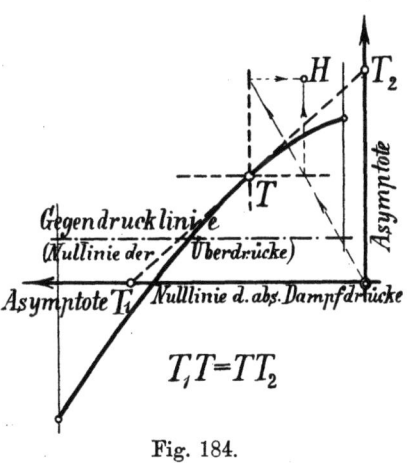

Fig. 184.

und die im Abstande $m \cdot s$ (m Verhältnis des schädlichen Raumes zum Zylindervolumen) vom Hubende gezogene Senkrechte. Nachdem diese Linien eingetragen sind, legt man durch Probieren einen Maßstab berührend so an die Massendruckparabel, daß der Berührungspunkt nach dem obigen Satze die Länge der Tangente zwischen den beiden Asymptoten halbiert, daß also $TT_1 = TT_2$ wird. Bei einiger Geschicklichkeit ist das in wenigen Sekunden gemacht. Hat man so den einen Punkt T der Expansionshyperbel gefunden, so kann diese mit Hilfe der Strahlenkonstruktion (s. Fig. 62) punktweise eingezeichnet werden.

2. Die Expansionslinie ist gegeben; es soll die noch eben zulässige Massendruckparabel und dadurch die größte zulässige Umdrehzahl aufgesucht werden. Unmittelbar läßt sich diese Aufgabe nicht bequem lösen. Greift man jedoch auf die vorstehend beschriebene umgekehrte Aufgabe zurück, so kann man in folgender Weise vorgehen. Man zeichnet eine ganz beliebige Massendruckparabel ein und bestimmt dazu die berührende Hyperbel. Würden die beiden Nullinien, die für die absoluten Dampfdrücke und die für die Dampfüberdrücke (die Gegendrucklinie), zusammenfallen, wäre also der Gegendruck $p_0 = 0$, so brauchte man nur alle Ordinaten der Hyperbel und der Parabel in einem konstanten Verhältnisse zu verkleinern, um für eine andere Umdrehzahl die beiden zusammengehörigen Grenzkurven zu erhalten. Ist z. B. in Fig. 185 die ausgezogene Hyperbel als Expansionslinie vorgeschrieben, so findet man aus der wie oben geschildert gefundenen (punktiert gezeichneten) Massendruckparabel die richtige, indem man die Parabelordinaten im Verhältnis der Hyperbelordinaten, der der ausgezogenen und der punktierten Hyperbel, verkleinert. In Wirklichkeit sind nun die Ordinaten der beiden Kurven von verschiedenen Grundlinien aus gemessen, die Parabelordinaten von der höher gelegenen Nullinie der Überdruckkurve, die Hyperbel von der absoluten Nullinie aus. Deshalb werden auch die Berührungspunkte der verschiedenen zusammengehörigen Kurvenpaare nicht einfach senkrecht herunterrücken; vielmehr lehrt ein Versuch, daß, je flacher die Parabel ist, der Berührungspunkt mit der entsprechenden Hyperbel um so mehr nach links wandert, und

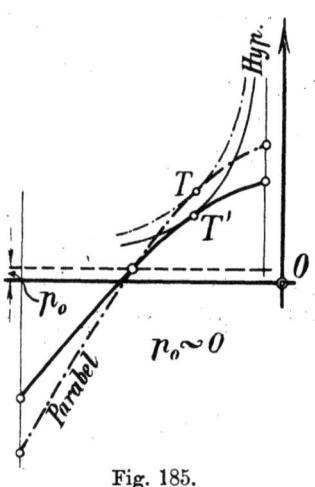

Fig. 185.

daß, je steiler die Parabel ist, ihr Berührungspunkt mit der zugehörigen Hyperbel um so weiter nach rechts liegt.

Findet man daher die beabsichtigte Expansionslinie unterhalb der probeweise gefundenen Hyperbel, so wähle man einen etwas von T nach links gelegenen Punkt auf der vorgeschriebenen Hyperbel und messe die Parabelordinate dazu sowie die zu dem senkrecht darüber gelegenen Punkt gehörige Ordinate der Hilfsparabel; das Verhältnis beider gibt dann an, wie die angenommene Parabel zu verkleinern ist, um die gesuchte Massendruckparabel zu erhalten.

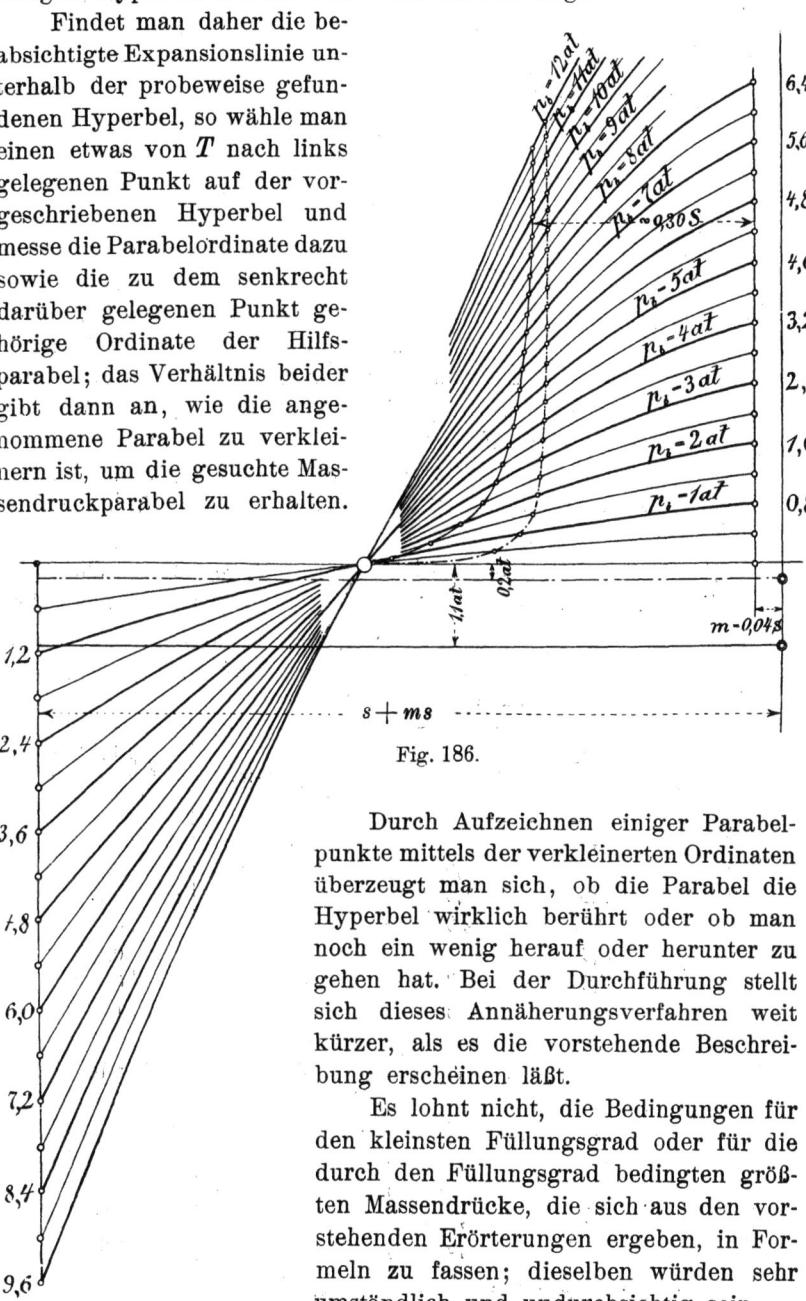

Fig. 186.

Durch Aufzeichnen einiger Parabelpunkte mittels der verkleinerten Ordinaten überzeugt man sich, ob die Parabel die Hyperbel wirklich berührt oder ob man noch ein wenig herauf oder herunter zu gehen hat. Bei der Durchführung stellt sich dieses Annäherungsverfahren weit kürzer, als es die vorstehende Beschreibung erscheinen läßt.

Es lohnt nicht, die Bedingungen für den kleinsten Füllungsgrad oder für die durch den Füllungsgrad bedingten größten Massendrücke, die sich aus den vorstehenden Erörterungen ergeben, in Formeln zu fassen; dieselben würden sehr umständlich und undurchsichtig sein.

Wir wollen im folgenden nur noch das Ergebnis einer nach dem vorstehenden Verfahren durchgeführten zeichnerischen Untersuchung in Form einer Tabelle zusammenstellen, aus welcher für gebräuchliche Verhältnisse die erforderlichen Werte für die Expansionshyperbel und die größten zulässigen Massendrücke entnommen werden können. Für $\lambda = \frac{1}{5}$ und die Massendruckwerte $p_b = 1$; 1,5; 2 bis 8 Atm. (vgl. S. 64) wurden die Massendruckparabeln aufgezeichnet und für einen Gegendruck von 1,1 Atm. und 0,2 Atm. mit einem schädlichen Raume $= 0,04\ Fs$ die Asymptoten der Expansionslinien eingetragen. Darauf wurden diejenigen Tangenten an die Parabeln gezogen, bei denen der jedesmalige Berührungspunkt den Abschnitt der Tangente zwischen den beiden Hyperbelasymptoten halbiert. Fig. 186 läßt deutlich erkennen, daß gerade für die praktisch in Betracht kommenden größeren Werte der Massendrücke die Berührungspunkte fast senkrecht übereinanderliegen. Nun konnten die Expansionslinien leicht dadurch festgelegt werden, daß der Expansionsdruck p_e aus Spannung und Volumen für den jeweiligen Berührungspunkt berechnet wurde. Will man für eine gegebene Expansionslinie die höchste zulässige Geschwindigkeit ermitteln, so braucht man nur die Endspannung p_e aufzusuchen und den zugehörigen Wert p_b der Tabelle zu entnehmen und umgekehrt.

Tabelle der kleinsten zulässigen Expansionsendwerte p_e für verschiedene Massendrücke $p_b = m_1 \cdot r \omega^2$.
Schädlicher Raum 4%; $\lambda = \frac{1}{5}$.

p_b in Atm.	$p_b(1+\lambda)$ in Atm.	$p_b(1-\lambda)$ in Atm.	p_e in Atm. für 0,2 Atm. Gegendruck	p_e in Atm. für 1,1 Atm. Gegendruck
1,0	1,2	0,8	0,21	0,62 [1]
1,5	1,8	1,2	0,29	0,66
2,0	2,4	1,6	0,37	0,72
2,5	3,0	2,0	0,44	0,77
3,0	3,6	2,4	0,52	0,85
3,5	4,2	2,8	0,60	0,93
4,0	4,8	3,2	0,68	1,00
4,5	5,4	3,6	0,76	1,06
5,0	6,0	4,0	0,84	1,14
5,5	6,6	4,4	0,92	1,22
6,0	7,2	4,8	1,00	1,29
6,5	7,8	5,2	1,07	1,36
7,0	8,4	5,6	1,15	1,44
7,5	9,0	6,0	1,23	1,52
8,0	9,6	6,4	1,31	1,65

[1] Unbrauchbar, weil kleiner als die Gegendruckspannung.

Fünftes Kapitel.
Ausgleich der bewegten Massen.

Wir haben uns nunmehr mit der ganzen Maschine als Massensystem zu beschäftigen und die Frage zu beantworten: Wie kann dieses System in Ruhe verharren, trotzdem einzelne Teile fortwährend Bewegungen ausführen und trotzdem nach außen hin andauernd Arbeit abgegeben wird?

A. Kippmomente infolge der veränderlichen Drehkraft.

Die Mechanik lehrt einen wichtigen Satz, den Satz von der Erhaltung des Schwerpunktes, der folgendermaßen lautet: Durch innere Kräfte erfährt die Geschwindigkeit des Schwerpunktes einer Massengruppe keine Änderung; war der Schwerpunkt in Ruhe, so bleibt er unter der ausschließlichen Einwirkung von inneren Kräften in Ruhe. Weiter lehrt die Mechanik, daß durch innere Kräfte auch keine Drehung des ganzen Massensystems eintreten kann. Wir wünschen nun gerade, daß das ganze System unserer Kraftmaschine äußerlich in Ruhe verharren soll, also brauchten wir nur nach den obigen Sätzen zu prüfen, ob lediglich innere Kräfte vorhanden sind oder auch äußere Kräfte auf die Maschine einwirken. Denken wir einmal die Maschine ganz frei beweglich, z. B. eine liegende Maschine an Ketten aufgehängt, und prüfen wir, was nun eintritt, wenn lediglich die Dampfspannung als treibende Kraft vorhanden ist. Der Dampfdruck ist im Sinne der Mechanik eine innere Kraft; der auf den Kolben ausgeübte Druck des Dampfes erzeugt einen gleichgroßen Gegendruck auf den Zylinderdeckel; beide Kräfte P heben sich also auf, wenn man Zylinder und Kolben als Teile der durch die ganze Maschine dargestellten Massengruppe auffaßt. Die Kolbenstange drückt mit P auf den Kreuzkopfbolzen, dieser erhält weiter den nach oben gerichteten Normaldruck N der Gleitbahn und den

Stangendruck S; die drei Kräfte halten sich das Gleichgewicht. Die Kurbel erfährt ein rechtsdrehendes Kräftepaar mit dem Momente $\mathfrak{M} = S \cdot h$; sehen wir vorläufig davon ab, daß auf die Kurbelwelle ein von außen kommendes gleichgroßes Kräftepaar als Widerstand

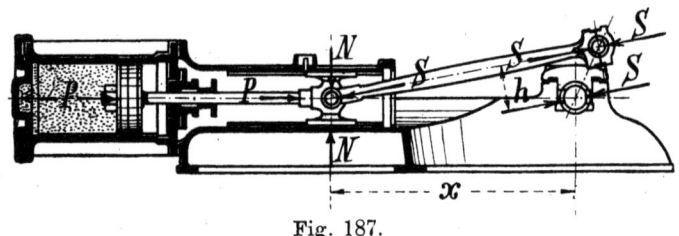

Fig. 187.

einwirkt, so können wir uns leicht überzeugen, daß die inneren Kräfte allein kein Moment ergeben. Zu dem Zwecke bedenken wir, daß an der Kolbenstange die beiden Kräfte P links und rechts sich das Gleichgewicht halten, ebenso an der Schubstange links und rechts die beiden Kräfte S; dann bleiben an der Kurbel die beiden Kräfte S, die das Kräftepaar mit dem Momente $S \cdot h$ ergeben.

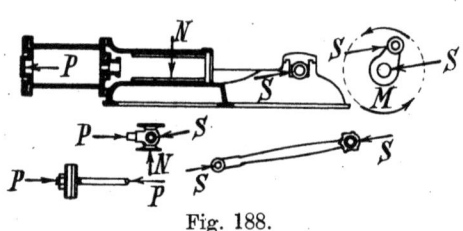

Fig. 188.

Außerdem haben wir an dem Maschinengestell noch folgende Kräfte: Druck P nach links auf den äußeren Zylinderdeckel, Druck S auf das Kurbelwellenlager nach rechts und den nach unten gerichteten Normaldruck N auf die Gleitbahn. Zerlegen wir S in eine senkrechte und eine wagerechte Komponente, so wird die letztere gleich P nach rechts gerichtet, hält also dem Druck auf den Zylinderdeckel das Gleichgewicht; die senkrechte Komponente wird gleich N und ist nach oben gerichtet. Beide Kräfte N liefern also ein linksdrehendes Kräftepaar mit dem Moment Nx. Indem wir für N und x die früher ermittelten Werte einführen, finden wir, daß $Nx = Sh$ ist; folglich halten sich auch die beiden Kräftepaare, die durch die Dampfdrücke entstehen, genau das Gleichgewicht.

Lassen wir jetzt ein widerstehendes Kräftepaar (als Nutzwirkung der Maschine) auf die Kurbelwelle einwirken, so greift an dem System ein äußeres Kräftepaar an, und dieses sucht eine Verdrehung der ganzen Maschine herbeizuführen. Bei freier Aufhängung der Maschine etwa im Schwerpunkte muß somit als Folge des äußeren widerstehenden Kräftepaares die ganze Maschine eine Drehung erfahren, die, wie wir uns gleich überzeugen wollen, fort-

$$\left(N = S \sin \alpha, \quad x = \frac{h}{\sin \alpha} \right)$$

während schwankt, da das als äußeres Moment zu bezeichnende widerstehende Moment nicht mit dem konstanten widerstehenden Kräftepaar des Nutzwiderstandes übereinstimmt.

Wir fanden nämlich bei der Besprechung der Schwungräder, daß die Schwungmasse dazu dient, abwechselnd (durch Abgabe von Arbeit auf Kosten ihres Arbeitsvermögens) die von der Maschine an der Kurbel ausgeübte Drehkraft zu erhöhen oder (durch Aufnahme von Arbeit) dieselbe zu ermäßigen, damit gerade als Summe oder Differenz die gleichbleibende Widerstandsdrehkraft W herauskommt. Mit anderen Worten: der Massenwiderstand der Schwungmasse liefert ein abwechselnd links- und rechtsdrehendes Kräftepaar, welches im Verein mit dem Kräftepaare des Nutzwiderstandes an der Kurbelwelle links herum wirkt. Die Summe beider Momente ist aber der Größe nach übereinstimmend mit dem von der Schubstangenkraft auf die Kurbelwelle ausgeübten Momente; d. h. multipliziert man die Drehkräfte, die aus der Drehkraftkurve abgegriffen werden, mit dem Kurbelhalbmesser r, so erhält man das Moment jenes Kräftepaares, welches die ganze Maschine verdrehen würde.

Wir wollen sagen, verdrehen würde, weil in Wirklichkeit die Maschine auf ein Fundament gesetzt und mit diesem durch Verbindungskonstruktionen, durch Anker usf. fest verbunden wird. Die angestrebte Verdrehung wird deshalb (je nach der Schwere des Fundamentes) mehr oder weniger verhindert. Auf alle Fälle erfährt das Maschinenfundament jene Momente in wechselnder Stärke, genau so, wie sie durch das Drehkraftdiagramm angegeben werden, und zwar bei der rechtsdrehenden Maschine links herum drehend, solange das Drehkraftdiagramm positive Werte anzeigt. Bei negativen Drehkräften sind natürlich jene die Maschine kippenden Momente rechts herum drehend. Es sei ausdrücklich darauf hingewiesen, daß die ganzen Drehkräfte zugrunde zu legen sind, d. h. daß diese von der Nullinie aus, nicht etwa von der Linie des gleichbleibenden Widerstandes ab gemessen werden müssen.

Wir fassen diese Betrachtung nochmals zusammen: Als Folge der widerstehenden äußeren Kräftepaare, 1. des Nutzwiderstandes und 2. des Massenwiderstandes vom Schwungrade erfährt das Maschinensystem kippende Kräftepaare, deren Momente mit den an der Kurbel von der Schubstangenkraft ausgeübten Momenten übereinstimmen, die aber entgegengesetzten Drehsinn wie diese haben. Je gleichmäßiger also die Drehkräfte T sind, um so ruhiger wird die Maschine auf oder mit ihrem Fundamente hinsichtlich der kippenden Kräfte verharren. Nicht nur für die Gleichförmigkeit, sondern auch für die Ruhe der Maschine sind demnach möglichst gleichmäßig verlaufende Drehkraftkurven erforderlich.

B. Ausgleich der Wirkungen der bewegten Massen.

Mit den obigen kippenden Kräftepaaren sind aber die Einwirkungen auf das Maschinensystem, soweit dessen Ruhe in Betracht kommt, nicht erschöpft. Nach dem Satz vom Schwerpunkte soll der Schwerpunkt in Ruhe verharren, wenn nur innere Kräfte vorhanden sind. Danach müßte unsere Maschine, die wir wieder frei beweglich aufgehängt denken wollen, einen unverrückbaren Schwerpunkt haben. Nun bewegen sich aber Teile des Massensystems, nämlich der Kolben, der Kreuzkopf und die Schubstange hin und her, die Kurbel dreht sich außerdem um die Mitte der Welle, daher müßten sich die anderen Teile des Systems, d. h. das Gestell mit Zylinder und Kurbellager entsprechend entgegengesetzt bewegen, wenn der Gesamtschwerpunkt in Ruhe verharren soll. Daß in der Tat unter der Einwirkung lediglich innerer Kräfte solche gegenseitigen Verschiebungen eintreten, lehren zahlreiche Beispiele: beim Abfeuern von Geschützen wird durch die Pulvergase nicht nur das Geschoß nach vorn, sondern auch das Geschütz nach hinten bewegt; stößt man einen schweren Körper vorwärts, so wird man selber rückwärts gedrängt usf.

Die Verschiebung des Gestelles wird bei feststehenden Maschinen durch die Verbindung mit dem Fundamente verhindert; folglich werden an den Verbindungsstellen Kräfte wachgerufen, die den Massendrücken der bewegten Massen das Gleichgewicht zu halten haben, die diese Massenwiderstände aufheben.

Um bei feststehenden Maschinen die durch die Massendrücke bedingten Verschiebungskräfte gegen das Fundament (oder bei den gleichförmig bewegten Maschinen die durch die hin und her bewegten Massen erzeugten störenden Bewegungen) zu beseitigen oder zu vermindern, sucht man die Massenkräfte in irgendeiner Weise auszugleichen. Zwei Verfahren kommen hauptsächlich hierfür in Betracht:

1. Ausgleich durch hin und her gehende Massen,
2. Ausgleich durch sich drehende Massen oder Gegengewichte.

Ehe wir diese üblichen Mittel genauer kennen lernen, wollen wir uns die Frage vorlegen, ob nicht die Massengruppierung der bewegten Teile eines Schubkurbelgetriebes selber so getroffen werden kann, daß dieses Getriebe gar keine Schwerpunktsverlegung verursacht, die ganze Maschine daher in Ruhe bleibt.

a) Ausgleich der Massendrücke im Kurbelgetriebe selbst.

Die Frage des Ausgleichs der Massenwirkung durch passende Gestaltung der Getriebeteile selbst ist naturgemäß von größtem Interesse. Wäre eine Lösung in praktisch einigermaßen ausführbarer Weise möglich, so würde man selbstverständlich nicht verfehlen, jedes Kurbelgetriebe derart zu konstruieren. Wir wollen deshalb die vorliegende Aufgabe etwas genauer durchführen. Die uns gestellte Frage lautet: Wann bleibt der gemeinsame Schwerpunkt der bewegten Teile des Kurbeltriebes: des Kolbens, des Kreuzkopfes, der Schubstange und der Kurbel trotz der Bewegungen dieser Teile stets in Ruhe?

1. Schwerpunkt und Hauptpunkte.

Wir rufen uns einige Sätze über den **Schwerpunkt** ins Gedächtnis zurück. Ist eine Gruppe von Massenpunkten $m_1, m_2, m_3 \ldots$ gegeben, zieht man von einem beliebigen Punkte O aus Strahlen $\bar{r}_1, \bar{r}_2, \bar{r}_3 \ldots$ nach den Massenpunkten (s. Fig. 189), vergrößert jede von O ausgehende Strecke $\bar{r}$ im Verhältnis der Massengröße m, bildet dann die geometrische Summe

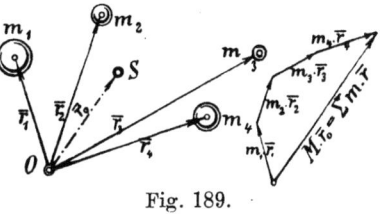

Fig. 189.

$$M \cdot \bar{r}_0 = \Sigma m \bar{r} = m_1 \bar{r}_1 + m_2 \bar{r}_2 + m_3 \bar{r}_3 + \cdots,$$

wobei $M = m_1 + m_2 + m_3 + \cdots$ die Gesamtmasse bedeutet, so führt die Strecke

$$\bar{r}_0 = \frac{\Sigma m \bar{r}}{M}$$

von O aus nach einem ganz bestimmten Punkt S, der von der zufälligen Wahl des Punktes O ganz unabhängig ist. Dieser Punkt heißt Massenmittelpunkt oder Schwerpunkt.

Daß in der Tat die Wahl des Anfangspunktes O keinen Einfluß auf die Lage von S ausübt, ersieht man aus folgender Rechnung. Man bestimme (s. Fig. 190) für O:

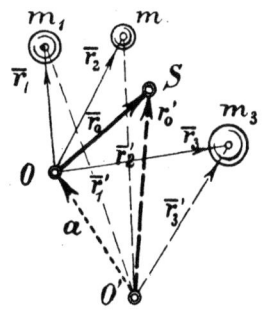

Fig. 190.

$$\bar{r}_0 = \frac{m_1 \bar{r}_1 + m_2 \bar{r}_2 + m_3 \bar{r}_3 + \cdots}{M};$$

ebenso für O':
$$\bar{r}_0' = \frac{m_1 \bar{r}_1' + m_2 \bar{r}_2' + m_3 \bar{r}_3' + \ldots}{M}.$$

Dabei ist:
$$\bar{r}_1' = \bar{a} + \bar{r}_1$$
$$\bar{r}_2' = \bar{a} + \bar{r}_2$$
$$\bar{r}_3' = \bar{a} + \bar{r}_3 \ldots;$$

durch Einsetzen dieser Werte in die letzte Gleichung erhält man

$$\bar{r}_0' = \frac{m_1(\bar{a} + \bar{r}_1) + m_2(\bar{a} + \bar{r}_2) + m_3(\bar{a} + \bar{r}_3) + \ldots}{M}$$
$$= \frac{(m_1 + m_2 + m_3 + \ldots)\bar{a} + m_1 \bar{r}_1 + m_2 \bar{r}_2 + \ldots}{M}$$
$$\bar{r}_0' = \frac{M\bar{a} + M\bar{r}_0}{M} = \bar{a} + \bar{r}_0,$$

d. h. geht man von O' aus um die neue Strecke $\bar{r}'$ nach dem für O' gesuchten Massenmittelpunkte, so kommt man genau zu demselben Punkte S, wie er sich unter Benutzung des alten Ausgangspunktes O gefunden hatte. Der Massenmittelpunkt ist demnach für jede Massengruppe ein ganz bestimmter Punkt des Systems.

Wir wollen schließlich noch zeigen, wie die sonst gebräuchliche (analytische) Erklärung des Schwerpunktes ohne Mühe aus dieser geometrischen Deutung zu entwickeln ist, und durch diesen Nachweis diejenigen Leser, die an die alte Definition gewöhnt sind, von der Übereinstimmung der beiden Begriffe überzeugen. Wer aber einmal mit der geometrischen Addition von Strecken zu arbeiten gelernt hat, wird sehr bald die Überlegenheit und Klarheit aller damit durchgeführten mechanischen Entwickelungen einsehen. Projiziert man einen Streckenzug (s. Fig. 191) mitsamt seiner Schlußlinie

$$\bar{r} = \bar{a} + \bar{b} + \bar{c} + \bar{d}$$

auf eine beliebige Gerade, so erkennt man sofort, daß die Projektion r' der Schlußlinie gleich der algebraischen Summe der Projektionen der einzelnen Strecken ist:

$$r' = a' + b' + c' + d'.$$

Durch diesen Projektionssatz kann man jederzeit eine durch eine geometrische Summe ausgedrückte Beziehung in analytische Bedingungsgleichungen kleiden, wenn dies erwünscht sein sollte.

So wollen wir beispielsweise in Fig. 192 von dem Punkte O ausgehend den Schwerpunkt S durch die Gleichung aufsuchen:

$$M\bar{r}_0 = m_1 \bar{r}_1 + m_2 \bar{r}_2 + \ldots;$$

Ausgleich der Wirkungen der bewegten Massen.

wir denken weiter die Strecken $m_1\bar{r}_1$, $m_2\bar{r}_2$ ...., ebenso $M\bar{r}_0$ auf eine beliebige, durch O gehende Gerade ON projiziert; die Projektionen werden

$$m_1 x_1, \quad m_2 x_2 \ldots \text{ und } M x_0.$$

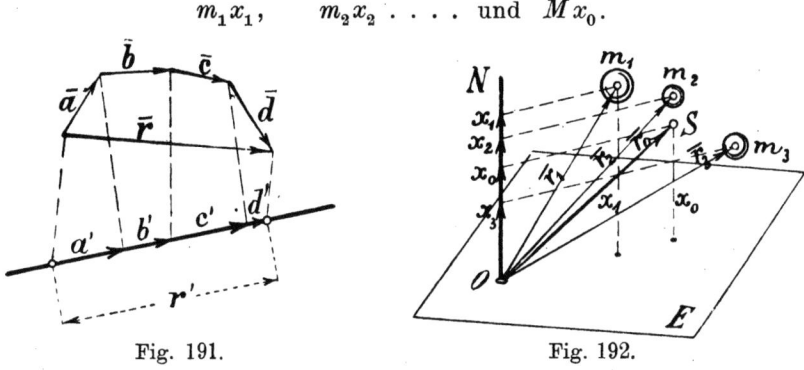

Fig. 191. Fig. 192.

Nach dem obigen Projektionssatz folgt also

$$M x_0 = m_1 x_1 + m_2 x_2 + m_3 x_3 + \ldots;$$

$x_1, x_2 \ldots$ sind nun die senkrechten Abstände der Massenpunkte von der durch O senkrecht zur Geraden ON gelegten Ebene E. Die gefundene analytische Beziehung

$$M x_0 = m_1 x_1 + m_2 x_2 + m_3 x_3 + \ldots = \Sigma m x$$

ist also nichts weiter, wie die bekannte Momentengleichung, bezogen auf eine Ebene, die sonst zur rechnerischen Ermittelung des Schwerpunktes verwandt wird.

Die vorstehende geometrische Erklärung des Schwerpunktes wollen wir nun dazu benutzen, den Schwerpunkt S_0 einer Gelenkverbindung von einer Anzahl Stangen aufzusuchen,

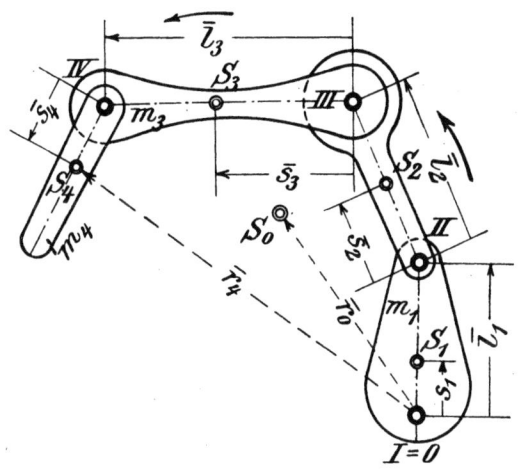

Fig. 193.

bei der jede Stange solche Gestalt haben mag, daß ihr Schwerpunkt auf der geraden Verbindungslinie der beiden Zapfen liegt (Fig. 193). Die Einzelschwerpunkte S_1, S_2, S_3, S_4 befinden sich in den Abständen s_1, s_2, s_3, s_4 von den Zapfen I, II, III und IV entfernt, die Stangenlängen von Mitte zu Mitte Zapfen sind l_1, l_2, l_3. Dann ergeben sich die Strecken $\bar{r}$, die von O aus nach den Schwerpunkten S_1, S_2, S_3, S_4 hinführen:

$$\bar{r}_1 = \bar{s}_1; \quad \bar{r}_2 = \bar{l}_1 + \bar{s}_2; \quad \bar{r}_3 = \bar{l}_1 + \bar{l}_2 + \bar{s}_3;$$
$$\bar{r}_4 = \bar{l}_1 + \bar{l}_2 + \bar{l}_3 + \bar{s}_4.$$

Gesucht wird die Strecke $\bar{r}_0 = \overline{OS_0}$ aus der Gleichung

$$M\bar{r}_0 = m_1 \bar{r}_1 + m_2 \bar{r}_2 + m_3 \bar{r}_3 + m_3 \bar{r}_4.$$

Hierin obige Werte eingesetzt, gibt:

$$M\bar{r}_0 = m_1 \bar{s}_1 + m_2(\bar{l}_1 + \bar{s}_2) + m_3(\bar{l}_1 + \bar{l}_2 + \bar{s}_3) + m_4(\bar{l}_1 + \bar{l}_2 + \bar{l}_3 + \bar{s}_4)$$
$$= [m_1 \bar{s}_1 + (m_2 + m_3 + m_4)\bar{l}_1] + [m_2 \bar{s}_2 + (m_3 + m_4)\bar{l}_2]$$
$$+ [m_3 \bar{s}_3 + m_4 \bar{l}_3] + [m_4 \bar{s}_4]$$

oder

$$\bar{r}_0 = {}^1\!\!\left[\frac{m_1 \bar{s}_1 + (m_2 + m_3 + m_4)\bar{l}_1}{M}\right] + {}^2\!\!\left[\frac{m_2 \bar{s}_2 + (m_3 + m_4)\bar{l}_2}{M}\right]$$
$$+ {}^3\!\!\left[\frac{m_3 \bar{s}_3 + m_4 \bar{l}_3}{M}\right] + {}^4\!\!\left[\frac{m_4 \bar{s}_4}{M}\right].$$

Auf den ersten Blick scheint die geometrische Summe keinen rechten Sinn zu haben. Sieht man die einzelnen Ausdrücke in den eckigen Klammern genauer an, so erkennt man folgendes:

1. Werden die Massen m_2, m_3 und m_4 im Zapfen II angreifend gedacht, und sucht man nun für die gemeinsame Masse von m_1 und $m_2 + m_3 + m_4$ den Schwerpunkt H_1, so liegt dieser von I im Abstande

$$\bar{h}_1 = \frac{m_1 \bar{s} + (m_2 + m_3 + m_4)\bar{l}_1}{M};$$

also ist der erste Klammerausdruck der Abstand h_1 dieses Hilfspunktes H_1 von dem ersten Zapfen I; wir wollen ihn nach dem Vorschlag von O. Fischer[1] den **Hauptpunkt dieser Stange** nennen.

2. Denken wir uns für die zweite Stange von rechts und links aus die anderen Massen nach den Zapfen II und III geschoben, also m_1 in II, $m_3 + m_4$ in III angebracht und suchen wir wieder den gemeinsamen Schwerpunkt H_2 von den vier Massen (m_1 in II, m_2 in S_2, $m_3 + m_4$ in III angreifend), den Hauptpunkt für die zweite Stange, so folgt nach Richtung und Größe der Abstand $\bar{h}_2$ dieses Schwerpunktes vom Zapfen II aus:

---

[1]) Siehe O. Fischer, Über die reduzierten Systeme und die Hauptpunkte der Glieder eines Gelenkmechanismus und ihre Bedeutung für die technische Mechanik. Zeitschr. f. Mathem. u. Physik, 1902, S. 429 u. f.

Ausgleich der Wirkungen der bewegten Massen.   349

$$\bar{h}_2 = \frac{m_2 \bar{s} + (m_3 + m_4)\bar{l}_2 + m_1 \cdot 0}{M};$$

der zweite Klammerausdruck in der Gleichung für $\bar{r}_0$ ist also der Abstand $\bar{h}_2$ des zweiten Hauptpunktes H_2 vom Zapfen II.

Genau so bedeuten die weiteren Ausdrücke in den eckigen Klammern die Abstände $\bar{h}_3$ und $\bar{h}_4$ der Hauptpunkte H_3 und H_4 von den Zapfen III und IV (s. Fig. 194).

Kennt man diese Hauptpunkte der vier Stangen, so kann man nunmehr die Gleichung zum Aufsuchen des Gesamtschwerpunktes S_0 schreiben:

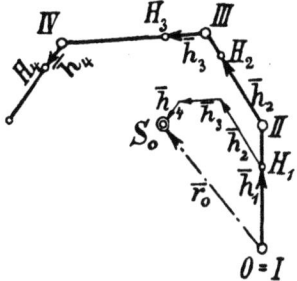

Fig. 194.

$$\bar{r}_0 = \bar{h}_1 + \bar{h}_2 + \bar{h}_3 + \bar{h}_4.$$

Daraus entnehmen wir eine sehr einfache Konstruktion des Gesamtschwerpunktes eines derartigen Gelenkmechanismus: wir brauchen nur an einem Endpunkte zu beginnen und die von den Zapfen aus in derselben Richtung weiter gemessenen Abstände $\bar{h}_1$, $\bar{h}_2$ .... der Hauptpunkte H_1, H_2 .... geometrisch zu addieren, d. h. nach Richtung und Größe aneinander zu reihen, um zu dem Gesamtschwerpunkte zu gelangen. Hauptpunkt für eine Stange ist jedesmal der Schwerpunkt der Stange, wenn die übrigen Massen der Gelenkverbindung von beiden Seiten bis in die Endzapfen der betreffenden Stange herangeschoben gedacht werden.

2. Anwendung dieses Verfahrens auf das Kurbelgetriebe.

Wir suchen die drei Hauptpunkte: H_1 auf der Kurbel, H_2 auf der Schubstange und H_3 auf der Kolbenstange (Fig. 195).

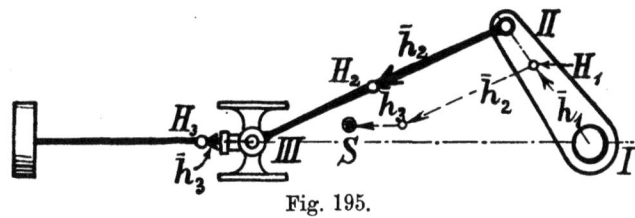

Fig. 195.

Wir denken also zu der Kurbelmasse in dem Kurbelzapfen noch die Masse von Kolben, Kreuzkopf und Schubstange angebracht und den gemeinsamen Schwerpunkt H_1 bestimmt; ferner in dem Kurbelzapfen die Masse der Kurbel, im Kreuzkopfbolzen die

Masse des Kreuzkopfes und Kolbens zur Schubstangenmasse hinzugefügt und nun den Schwerpunkt H_2 gesucht; schließlich im Kreuzkopfbolzen Schubstangen- und Kurbelmasse untergebracht und mit der Kolben- und Kreuzkopfmasse den gemeinsamen Schwerpunkt H_3 gesucht.

Nun folgt für jede Stellung der gemeinschaftliche Schwerpunkt S der bewegten Teile in der einfachsten Weise: man gehe von H_1 aus parallel zur Schubstange um $\bar{h}_2$ weiter und von dort wagerecht noch um $\bar{h}_3$, dann hat man sofort den Schwerpunkt.

Diese elegante Konstruktion würde es nicht nur ermöglichen, die Bahn des Schwerpunktes leicht zu verfolgen, sondern auch dessen Geschwindigkeit und Beschleunigung in bequemer Weise zu berechnen und damit den gesamten Massendruck in jedem Augenblick nach Richtung und Größe aufzusuchen. Wir wollen diese Rechnung aber nicht weiter verfolgen, sondern nur die Bedingung ablesen: **wann bleibt der Schwerpunkt beständig in Ruhe?**, d. h. unter welchen Bedingungen ist das Schubkurbelgetriebe für sich hinsichtlich der Massendrücke vollkommen ausgeglichen?

Man sieht aus Fig. 195, daß dies nur möglich, wenn

$$h_1 = 0 \quad \text{und} \quad h_2 = 0 \text{ ist,}$$

wenn also der **Hauptpunkt H_1 der Kurbel in der Mitte der Kurbelwelle und der Hauptpunkt H_2 der Schubstange in die Mitte des Kurbelzapfens fällt.**

Prüft man diese Bedingungen zahlenmäßig mit Rücksicht auf die praktisch gegebenen Gewichte der bewegten Teile, so kommt man (leider) zu dem Ergebnis, daß es theoretisch zwar möglich ist, die Massenwirkung des Schubkurbelgetriebes vollkommen auszugleichen, daß aber hierzu konstruktiv bedenkliche Abmessungen erforderlich werden. Setzen wir einmal das Gewicht von Kolben und Kreuzkopf $= 100$ kg, das der notwendigen Schubstange von Kreuzkopf bis Kurbelzapfen reichend $= 50$ kg, so fiele bei prismatischer Schubstange der Schwerpunkt H_2 nur dann in den Kurbelzapfen, wenn die Schubstange über den Kurbelzapfen hinaus noch bedeutend verlängert würde und der überragende Teil so schwer wäre, daß sein Gewichtsmoment, bezogen auf den Kurbelzapfen, $= 100 \cdot l + 50 \cdot \tfrac{1}{2} l$ betrüge. Die Schubstange würde also, wenn z. B. der Schwerpunkt der Verlängerung der Schubstange um $\tfrac{1}{2} l$ vom Kurbelzapfen entfernt läge, um

$$G = \frac{100\, l + 50 \cdot \dfrac{l}{2}}{\dfrac{l}{2}} = 250 \text{ kg}$$

schwerer gemacht werden, statt 50 kg etwa 300 kg wiegen müssen. Außer bei kleinen Schnelläufern, z. B. für Automobile, möchte man sich wohl kaum zu einer solchen Vergrößerung des Stangengewichtes entschließen.

Die zweite Forderung, daß der Hauptpunkt H_1 der Kurbel in die Wellenmitte fallen muß, bedingt die rückwärtige Verlängerung auch der Kurbel, also die meist übliche Anbringung eines Gegengewichtes. Dies fiele hier, weil ja die ganze Masse der (noch dazu bedeutend beschwerten) Schubstange, des Kolbens und Kreuzkopfes im Kurbelzapfen angreifend zu denken ist, natürlich auch sehr schwer aus, ließe sich aber besonders bei doppelten, symmetrisch angeordneten Schwungrädern bewältigen.

Im allgemeinen wird also der theoretisch mögliche, vollständige Massenausgleich durch das Kurbelgetriebe selber praktisch als unzweckmäßig verworfen werden müssen.

Wir wollen deshalb im folgenden die teilweisen Ausgleiche der Massenwirkungen, die praktische Bedeutung erlangt haben, kennen lernen.

Im Anschluß an die obige Ermittelung der Schwerpunktsbahn mit Hilfe der Hauptpunkte erledigen wir gleich noch eine hierhin gehörige Aufgabe:

3. Wann macht der Schwerpunkt trotz der sich drehenden Kurbel und der hin und her schwingenden Schubstange nur geradlinige Schwingungen?

In diesem Falle wird der resultierende Massendruck stets in der Längsmittellinie der Maschine auftreten; Querkräfte, die bei stehenden Maschinen als kippende Kräfte sehr nachteilig sein würden, fehlen alsdann. Eine stehende Maschine pendelte nicht unter dem Einfluß solcher Kräfte auf dem Fundamente, sondern würde immer nur abwechselnd gegen das Fundament gepreßt und davon abgehoben.

Der Schwerpunkt S der bewegten Massen fällt in die Kolbenweglinie MB, wenn auch der Endpunkt Q der Strecke $\bar{h}_1 + \bar{h}_2$ in die Kolbenweglinie fällt, da von Q nach S nur die stets wagerechte Strecke $\bar{h}_3$ führt. Liegt der Punkt Q für eine Kurbelstellung in MB, so liegt er immer darin. Denn nach Fig. 196 ist (falls einmal Q in MB liegt)

$$\frac{h_1}{h_2} = \frac{r}{l} = \lambda.$$

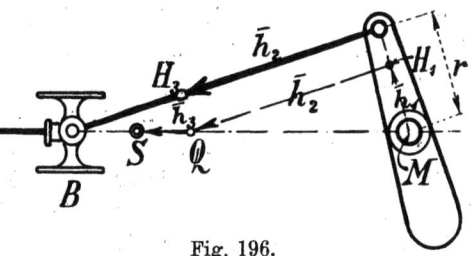

Fig. 196.

Es bewegt sich also Q genau so, wie der Kreuzkopf eines Kurbeltriebes mit h_1 als Kurbelhalbmesser und h_2 als Schubstangenlänge. Ebenso bewegt sich in diesem Falle auch der Schwerpunkt S, der immer um die gleichbleibende Strecke $\bar{h}_3$ von Q entfernt liegt. Die Geschwindigkeiten und Beschleunigungen des Gesamtschwerpunktes S verhalten sich somit zu den Kolbengeschwindigkeiten und -beschleunigungen wie
$$\frac{h_1}{r} = \frac{h_2}{l}.$$

Die Bedingungen für den angestrebten Ausgleich der Querkräfte lautet also
$$\frac{h_1}{h_2} = \lambda.$$

Es sei z. B. die Masse des Kolbens und Kreuzkopfes $= m_3$, die der Schubstange $= m_2$, wobei zur Vereinfachung vorausgesetzt werde, daß der Schwerpunkt der Schubstange in der Mitte zwischen Kreuzkopfbolzen und Kurbelzapfen liege, m_1 sei die gesamte Masse der Kurbel einschließlich des Gegengewichtes, deren Schwerpunktsabstand von der Wellenmittellinie x betragen möge; dann findet sich
$$h_2(m_1 + m_2 + m_3) = m_3 l + m_2 \frac{l}{2}$$
$$h_1(m_1 + m_2 + m_3) = m_1 x + (m_2 + m_3) r.$$

Hieraus folgt die Bedingungsgleichung für den Ausgleich der Massenquerkräfte:
$$\frac{h_1}{h_2} = \lambda = \frac{m_1 x + (m_2 + m_3) r}{m_3 l + m_2 \frac{l}{2}}$$
und daraus
$$m_1 x + (m_2 + m_3) r = \left(m_3 + \frac{m_2}{2}\right) l\lambda = \left(m_3 + \frac{m_2}{2}\right) r,$$
$$m_1 x + \frac{m_2}{2} r = 0 \quad \text{oder} \quad m_1 x = -\frac{m_2}{2} r.$$

Diese Gleichung besagt, daß der Schwerpunkt aller bewegten Teile sich dann geradlinig in der Kolbenweglinie hin und her bewegt, wenn nicht nur die Kurbel für sich allein ausgeglichen ist, sondern durch entsprechende rückwärtige Verlängerung auch noch die halbe im Kurbelzapfen angreifend zu denkende Schubstangenmasse mit ausgeglichen wird. Dieser Ausgleich erfolgt auf Grund rein statischer Momentengleichungen, die nichts weiter ausdrücken, als daß der Schwerpunkt der Kurbel einschließlich der im Kurbelzapfen angebrachten halben Schubstangenmasse in dem Mittelpunkt der Kurbelwelle liegen muß. Läßt man die vereinfachende Annahme, der Schwerpunkt der Schubstange liege in der Mitte zwischen Kreuzkopfbolzen und Kurbelzapfen, fallen und bezeichnet den Abstand des Schubstangenschwerpunktes vom Kreuzkopfbolzen mit s_2 (nach S. 117 ist $s_2 \sim 0{,}65\, l$), so ist $\dfrac{s_2}{l} m_2$ statt $\dfrac{m_2}{2}$ im Kurbelzapfen angreifend zu denken und durch die Kurbel mit auszugleichen.

Es bleibt nunmehr nur noch ein Massendruck in Richtung des Kolbenweges übrig, den man aus der Schwerpunktsbeschleunigung b_0 berechnen kann:

$$P_m = (m_1 + m_2 + m_3)\, b_0;$$

b_0 findet man aus der Kolbenbeschleunigung b durch die Gleichung:

$$\frac{b_0}{b} = \frac{h_1}{r} = \frac{m_1 x + (m_2 + m_3)\, r}{(m_1 + m_2 + m_3)\, r}.$$

Nach der Ausgleichsbedingung ist

$$m_1 x + \frac{m_2 r}{2} = 0, \qquad \text{mithin} \qquad \frac{b_0}{b} = \frac{m_3 + \dfrac{m_2}{2}}{m_1 + m_2 + m_3}$$

oder

$$b_0 = \frac{m_3 + \dfrac{m_2}{2}}{m_1 + m_2 + m_3}\, b$$

und der Massendruck

$$P_m = (m_1 + m_2 + m_3)\, b_0 = \left(m_3 + \frac{m_2}{2}\right) b;$$

d. h. der resultierende Massendruck aller bewegten Teile des Kurbeltriebes ist (vorausgesetzt, daß die Massenquerkräfte durch die Kurbel ausgeglichen sind) so groß, wie wenn im Kreuzkopf außer den geradlinig bewegten Teilen noch die halbe Schubstangenmasse $\left(\text{bzw.}\ \dfrac{l - s_2}{l} m_2\right)$ angebracht wäre.

b) Ausgleich der Massendrücke, die von den geradlinig bewegten Teilen herrühren.

Nachdem wir im vorstehenden die Möglichkeit erkannt haben, die senkrecht zur Bewegungsrichtung des Kolbens auftretenden Massendrücke in jedem Kurbelgetriebe verhältnismäßig leicht (durch Gegengewichte an der Kurbel) vollständig und genau auszugleichen, so daß nur noch die Massendrücke übrig bleiben, die in der Kolbenweglinie liegen, also die Kurbelwellenmittellinie stets rechtwinklig schneiden, bleibt noch die Frage zur Beantwortung offen: können diese Massendrücke, wenn nicht in dem Kurbeltrieb selber, so doch durch andere bewegte Massen ausgeglichen werden?

Diese Frage wurde um so bedeutungsvoller, je größer unsere Maschinen wurden und je höher man die Umdrehzahl allmählich steigerte. Für Lokomotiven schon lange, wenn auch nicht vollkommen gelöst, wurde für Schiffsmaschinen die vorliegende Aufgabe durch Schlick in befriedigender Annäherung zu einer technisch brauchbaren Lösung gebracht. Der sog. Schlicksche Massenausgleich hat seinerzeit wegen der damaligen verhältnismäßig großen wirtschaftlichen Bedeutung eine recht umfangreiche Literatur[1]) zur Folge gehabt. Die darin benutzten Methoden sind, weil fast rein analytisch, durchweg ziemlich umständlich und nicht gerade durchsichtig. Im folgenden werde ich den Massenausgleich nach Schlick (den Massenausgleich I. Ordnung) fast rein geometrisch und möglichst elementar behandeln.

1. Allgemeine Bedingungen für den Ausgleich mehrkurbeliger Maschinen.

Wenn nicht in dem Kurbeltrieb selber der Ausgleich der Längsmassendrücke bewirkt werden soll, so müssen natürlich andere bewegte Massen vorhanden sein, deren Massenwiderstände den auszugleichenden stets das Gleichgewicht zu halten haben. Wie weit drehende Massen hierzu verwendbar sind, werden wir im nächsten Abschnitt c) untersuchen; in diesem Abschnitt behandeln wir lediglich den Ausgleich zwischen lauter geradlinig bewegten Massen, die durch Kurbelgetriebe hin und her bewegt werden. Man wird soviel als möglich die bereits vorhandenen Getriebe so zu gestalten suchen, daß sie allein den Ausgleich ermöglichen, daß es nicht nötig ist, erst noch besondere Hilfsmassen anzutreiben. Hieraus folgt schon, daß von einem Massenausgleich in diesem Sinne bei Einzylindermaschinen nicht die Rede sein, vielmehr nur der Massenausgleich mehrkurbeliger Maschinen technische Bedeutung haben kann.

Zweikurbelige Maschinen gestatten noch keinen gegenseitigen Ausgleich durch die eigenen Massen. Denn zwei Kräfte,

---

[1]) Theorie des Schlickschen Massenausgleichs von H. Schubert, Leipzig, G. J. Göschensche Verlagshandlung.

Z. d. V. d. Ing.: 1897, S. 998: H. Lorenz, Die Massenwirkungen am Kurbelgetriebe und ihre Ausgleichung bei mehrkurbeligen Maschinen (Berichtigung hierzu 1899, S. 83). — 1898, S. 907: C. Fränzel, Das Taylorsche Verfahren zur Ausbalanzierung der Schiffsmaschinen. — 1899, S. 992: Lüders, Das deutsche Patentgesetz und das deutsche Reichspatent Nr. 80974.

die einander das Gleichgewicht halten sollen, müssen nicht nur gleich groß und entgegengesetzt gerichtet sein, sondern auch dieselbe Richtungslinie haben; auf unseren Fall angewandt, heißt dies, die beiden Zylindermittellinien müssen zusammenfallen, während die Kurbeln um 180^0 gegeneinander versetzt sind. Derartige gegeneinanderarbeitende Kolben sind zwar möglich, führen aber zu Künsteleien, die mit Recht nicht beliebt sind.

Erst drei- und mehrzylindrige Maschinen können konstruktiv einfach und sachgemäß so durchgeführt werden, daß sich die theoretischen Bedingungen des Massenausgleichs erfüllen lassen.

Beim Kurbelgetriebe fanden wir für den Kurbelwinkel α die Kolbenbeschleunigung

$$b = r\omega^2 (\cos\alpha + \lambda \cos 2\alpha).$$

Beträgt die Masse des Kolbens, der Kolbenstange, des Kreuzkopfes und der halben Schubstange zusammen m, so ist der Massendruck

$$P = mb = mr\omega^2 (\cos\alpha + \lambda \cos 2\alpha)$$
$$= \omega^2 mr \cdot \cos\alpha + \omega^2 \lambda mr \cdot \cos 2\alpha$$
$$P = P' + P''.$$

Da bei dem zweiten Summanden der Faktor λ steht, so ist dieser Summand gegen den ersten von geringer Bedeutung. Berücksichtigt man deshalb nur den ersten Summanden, so werden die Massendrücke allerdings nicht vollständig genau, aber doch mit ziemlicher Annäherung angegeben. Führt man einen Massenausgleich unter dieser vereinfachenden Annahme, d. h. den Massenausgleich I. Ordnung durch, so wird die Aufgabe ganz bedeutend erleichtert, ja für die praktisch wichtigen Fälle der Vierkurbelmaschinen überhaupt erst lösbar.

Wir setzen eine mehrkurbelige Maschine voraus; für das 1. Kurbelgetriebe ist dann (angenähert) der Massendruck:

$$P_1' = \omega^2 m_1 r_1 \cdot \cos\alpha_1 = P_1 \cdot \cos\alpha_1,$$

für das 2. Getriebe $\quad P_2' = \omega^2 m_2 r_2 \cdot \cos\alpha_2 = P_2 \cdot \cos\alpha_2,$

„ „ 3. „ $\quad P_3' = \omega^2 m_3 r_3 \cdot \cos\alpha_3 = P_3 \cdot \cos\alpha_3,$

. . . .

Hierin sind $m_1, m_2, m_3 \ldots$ die geradlinig bewegten Massen (einschl. der halben Schubstangenmasse) für die betreffenden Kurbelgetriebe, $r_1, r_2, r_3 \ldots$ die Kurbelhalbmesser, $\alpha_1, \alpha_2, \alpha_3 \ldots$ die augenblicklichen Kurbeldrehwinkel von der inneren Totlage aus gemessen, ω die Winkelgeschwindigkeit der Kurbelwelle. Die Größen

$$P_1 = \omega^2 m_1 r_1, \quad P_2 = \omega^2 m_2 r_2, \quad P_3 = \omega^2 m_3 r_3 \ldots$$

356   Ausgleich der bewegten Massen.

sind offenbar Konstante, und zwar Kraftgrößen. Denkt man diese als Strecken auf den zugehörigen Kurbelarmen aufgetragen und mit den Kurbeln herumgedreht, so findet man die einzelnen Massendrücke, wie aus der Beziehung

$$P' = P \cdot \cos \alpha$$

hervorgeht, offenbar als Projektionen der sich gleichförmig drehenden Strecken $P = \omega^2 m r$ auf die Kolbenweglinien.

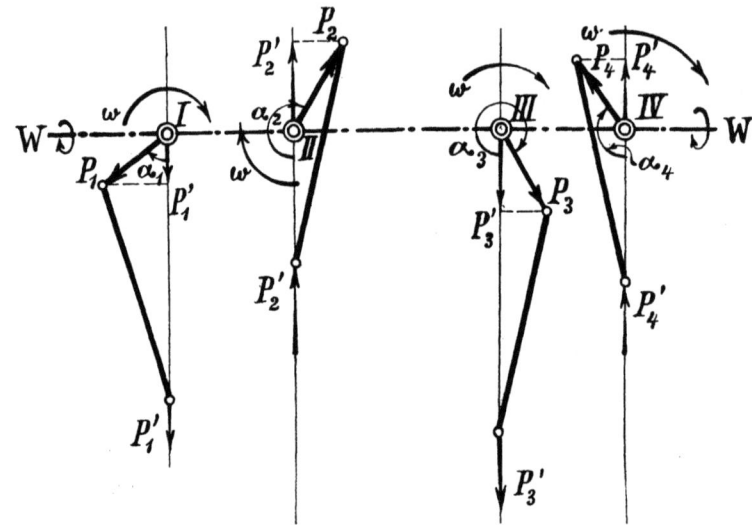

Fig. 197.

In Fig. 197 ist dieser geometrische Zusammenhang an dem Beispiel einer vierkurbeligen Maschine dargestellt; hierbei wurden alle Kurbelgetriebe, deren Bewegungsebenen senkrecht zur gemeinsamen Kurbelwelle WW, also senkrecht zur Zeichnungsebene, stehen, der Deutlichkeit halber in die Papierebene herabgeklappt. Um möglichst allgemein zu bleiben, sind die Kurbelwinkel $\alpha_1, \alpha_2, \alpha_3, \alpha_4$ recht verschieden gewählt, und zwar so, daß die Reihenfolge der Kurbeln (hinsichtlich der Kurbelstellungen) nicht mit der Reihenfolge übereinstimmt, wie die Kurbeln auf der Welle aufeinander folgen.

Die Bedingung für den vollständigen Massenausgleich läuft also darauf hinaus, Sorge zu tragen, daß die Kräfte $P_1', P_2', P_3', P_4' \ldots$, die stets in den vier vorgeschriebenen Richtungslinien liegen, aber fortwährend ihre Größe ändern, beständig im Gleichgewicht bleiben.

Wir können nun die Veränderlichkeit der Größe leicht durch folgende Überlegung ausschalten und durch etwas anderes ersetzen.

Für einen um $90°$ größeren Kurbelwinkel $\alpha + 90°$ gelten die vorstehenden Gleichungen, die ja für alle Kurbelwinkel gültig bleiben, natürlich auch; dafür ist

$$P_1'' = P_1 \cos(90° + \alpha) = -P_1 \sin \alpha.$$

Denken wir uns diese ebenfalls durch Projektion zu findenden Kräfte P'' um $90°$ zurückgedreht, so liegen sie sämtlich in der Geraden WW. Da sich die Kräfte P'' in den ursprünglichen, zueinander parallelen Lagen das Gleichgewicht halten müssen, so ist ihre algebraische Summe notwendig gleich Null; also halten sich die Kräfte P'' auch bei der um $90°$ zurückgedrehten Lage, d. h. wenn sie alle in derselben Richtungslinie WW liegen, das Gleichgewicht. Durch Zufügen dieser Kräfte wird demnach an der ursprünglichen Bedingung, daß die Kräfte P' (die eigentlichen Massendrücke) einander das Gleichgewicht halten müssen, nichts geändert.

Sieht man sich nun für jede einzelne Kurbel die beiden Kräfte P' und P'' in Fig. 198 genauer an, so erkennt man sofort, daß sie sich jedesmal zur Resultierenden $\bar{P}$ zusammensetzen lassen, d. i. zu jener Kraft $\bar{P} = \omega^2 m \bar{r}$, die wir uns sich gleichförmig mit der Kurbel drehend denken, und die wir auf die Kolbenweglinie zu projizieren haben, um den betreffenden augenblicklichen Massendruck P' zu erhalten.

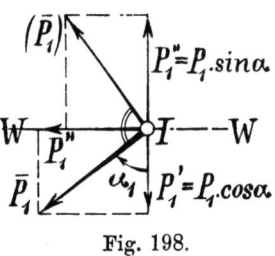

Fig. 198.

Unsere ursprüngliche Bedingung für den Ausgleich der Massendrücke: „die Kräfte P' von veränderlicher Größe und gleichbleibenden Richtungslinien müssen stets im Gleichgewicht stehen", geht also in die neue Bedingung über:

Die Massendrücke sind dann ausgeglichen, wenn die sich gleichförmig um die Schnittpunkte $I, II, III \ldots$ der Kolbenweglinien mit der Wellenmittellinie drehenden Kräfte $\bar{P}_1, \bar{P}_2, \bar{P}_3 \ldots$ von gleichbleibender Größe sich stets das Gleichgewicht halten.

Ob und wann dies möglich ist, wollen wir in den nächsten Abschnitten untersuchen.

2. Mittelpunkt der Drehstrecken.

Wir verfahren bei dieser Aufgabe genau so, wie wir sonst in der Statik Gleichgewichtsbedingungen herleiten: wir suchen die Resultierende und fragen: wann ist diese Null?

Wir vereinigen zwei Drehstrecken (so nannten wir schon im ersten Teile derartige Strecken von gleichbleibender Größe, die sich

358   Ausgleich der bewegten Massen.

um einen festen Punkt drehen) von der Größe P_1 und P_2 und mit den beiden Drehpunkten D_1 und D_2 und prüfen vor allem, ob daraus wieder eine Drehstrecke als Resultierende entsteht, d. h. eine Strecke von konstanter Größe, die sich mit der gleichen Winkelgeschwindigkeit um einen festen Punkt dreht. Diese Frage ist, und darauf läuft weiterhin alles hinaus, zu bejahen.

In Fig. 199 setzen wir zuerst $\overline{P}_1$ und $\overline{P}_2$ zur Mittelkraft $\overline{R} = \overline{P}_1 + \overline{P}_2$ zusammen; ihre Richtungslinien schneiden sich in C. Wir legen durch D_1, D_2 und C einen Kreis und drehen nun $\overline{P}_1$ und $\overline{P}_2$ um ihre Drehpunkte D_1 und D_2 um einen beliebigen Winkel φ in die neuen Lagen $(\overline{P}_1)$ und $(\overline{P}_2)$. Der neue Schnittpunkt (C) der beiden Kräfte liegt dann auf dem durch D_1, D_2 und C gelegten Kreise, wie man daraus erkennt, daß der Peripheriewinkel $CD_1(C) = \measuredangle CD_2(C) = \varphi$ ist. Aber auch der Schnittpunkt D_0 der beiden Resultierenden $\overline{R}$ für die alte und $(\overline{R})$ für die neue Richtung der beiden Kräfte $\overline{P}_1$ und $\overline{P}_2$ liegt auf diesem Kreise.

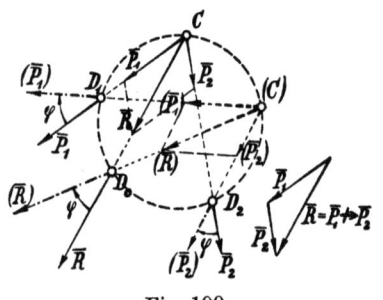

Fig. 199.

Denn weil das Kräftedreieck, aus dem $\overline{R}$ entnommen wird, ungeändert bleibt, nur mit den Kräften $\overline{P}_1$ und $\overline{P}_2$ um den Winkel φ herumschwenkt, dreht sich auch die Mittelkraft $\overline{R}$ um den Winkel φ. Folglich ist $\measuredangle CD_0(C) = \varphi$, d. h. D_0 liegt ebenfalls auf dem ursprünglich durch D_1, D_2 und C gelegten Kreise. Da aber bereits durch die erste Lage der beiden Kräfte dieser Kreis sowie die Richtungslinie von $\overline{R}$ eindeutig bestimmt wird, so ist auch D_0 bereits von vornherein festgelegt, mit anderen Worten: D_0 bleibt immer derselbe Punkt; die Resultierende $\overline{R}$ dreht sich ebenso um einen festen Punkt D_0, wie die zu vereinigenden Drehkräfte, und zwar um den gleichen Drehwinkel φ.

Was hier für zwei Drehstrecken gezeigt wurde, gilt ebenso für mehrere; man braucht, um dies einzusehen, nur der Reihe nach erst zwei Drehstrecken zusammenzusetzen, dann deren Resultierende mit der nächsten Drehstrecke usf.

Das vorliegende Ergebnis ist im Grunde genommen eine Erweiterung des Satzes vom Mittelpunkte paralleler Kräfte. Genau so wie die Resultierende paralleler Kräfte stets durch ein und denselben Punkt geht, wenn man die Kräfte unter Beibehaltung ihrer Größe um ihre Angriffspunkte derart dreht, daß sie stets zueinander parallel bleiben, so dreht sich auch die Mittelkraft von beliebigen Kräften in einer Ebene um einen festen Punkt, wenn sich alle Kräfte um den gleichen Winkel um ihre Angriffspunkte drehen. Wegen dieser Übereinstimmung wollen wir den Punkt, um den sich die Resultierende dreht, **Mittelpunkt der Drehstrecken** nennen.

3. Massenausgleich bei Dreikurbelmaschinen.

In Fig. 200 bedeuten (vgl. die Erläuterungen zu Fig. 197) I, II und III die Schnittpunkte der Kolbenweglinien mit der Kurbelwelle. Wir bestimmen die drei Größen $P_1 = \omega^2 m_1 r_1$, $P_2 = \omega^2 m_2 r_2$ und $P_3 = \omega^2 m_3 r_3$ und denken zunächst zwei dieser Drehstrecken, etwa $\bar{P}_1$ und $\bar{P}_2$, zu einer resultierenden Drehstrecke $\bar{R}$ vereinigt; der Mittelpunkt D_0 der beiden ersten Strecken, d. h. der Punkt, um den sich $\bar{R}$ dreht, liegt auf einem Kreise durch I und II.

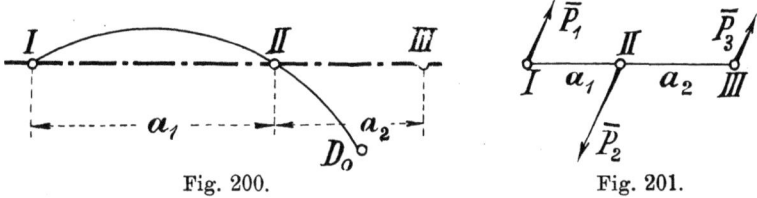

Fig. 200.   Fig. 201.

Sollten nun fortwährend $\bar{P}_1$, $\bar{P}_2$ und $\bar{P}_3$ im Gleichgewicht stehen, so müßten $\bar{R}$ und $\bar{P}_3$ sich stets das Gleichgewicht halten, also müßte $\bar{R}$ gleich groß mit $\bar{P}_3$ und entgegengesetzt dazu gerichtet sein; außerdem müßten beide stets in dieselbe Richtungslinie fallen. Da nun $\bar{R}$ sich um D_0, $\bar{P}_3$ aber um III dreht, so müßte D_0 in III fallen.

Der Kreis durch I und II muß demnach auch Punkt III enthalten, er entartet in die Gerade $I\,II\,III$. Der sog. Mittelpunkt der beiden Kräfte $\bar{P}_1$ und $\bar{P}_2$ liegt aber, wie man sich leicht überzeugen kann, nur dann auf der Geraden durch die beiden Angriffspunkte von $\bar{P}_1$ und $\bar{P}_2$, wenn diese beiden Kräfte stets parallel sind. Unser allgemeiner Fall geht hier in den von früher her geläufigen Fall zweier paralleler Kräfte über, bei dem bekanntlich der Mittelpunkt auf der geraden Verbindungslinie ihrer Angriffspunkte liegt. Da hier III außerhalb I und II liegt, so sind $\bar{P}_1$ und $\bar{P}_2$ parallel und entgegengesetzt gerichtet, und $\bar{P}_2$ muß größer als $\bar{P}_1$ sein. Selbstverständlich wird auch $\bar{P}_3$ parallel zu $\bar{P}_1$ und $\bar{P}_2$, und zwar gleich gerichtet mit $\bar{P}_1$; ihre Größe berechnet sich zu

$$P_3 = P_2 - P_1.$$

Unter Heranziehung des Satzes vom statischen Moment folgt schließlich mit den Abständen a_1 und a_2:

$$P_2 a_2 = P_1(a_1 + a_2) \quad \text{oder} \quad P_2 = P_1 \frac{a_1 + a_2}{a_2};$$

dazu $\quad P_3 = P_2 - P_1,$

oder auch $\quad P_3 a_2 = P_1 a_1,$ d. h. $P_3 = P_1 \frac{a_1}{a_2}.$

Das Ergebnis unserer Betrachtung ist also ziemlich negativ; eine allgemeine Kurbelstellung ist nicht zu erzielen. Vielmehr kommen wir nur auf eine Sonderlösung: die Kurbeln müssen hier parallel, und zwar um 180° versetzt sein.

Dreikurbelmaschinen können nur ausgeglichen werden, wenn die beiden Außenkurbeln gleiche Stellung haben und die mittlere Kurbel um 180° gegen beide versetzt ist. Für die drei Drehstrecken $P_1 = \omega^2 m_1 r_1$, $P_2 = \omega^2 m_2 r_2$ und $P_3 = \omega^2 m_3 r_3$ gelten dabei die gewöhnlichen Momentengleichungen für parallele Kräfte.

Diese Lösung kann nicht als eine befriedigende bezeichnet werden. Bei der Verwendung mehrerer Kurbeln beabsichtigen wir doch vor allen Dingen, eine möglichst gleichförmige Drehkraftkurve zu erzielen, damit das Schwungrad recht leicht ausfällt, damit wir in allen Stellungen ein hinreichendes Drehmoment an der Kurbelwelle zur Verfügung haben und damit die in diesem Kapitel unter A. geschilderten Kippmomente möglichst wenig schwanken. Kurbelstellungen unter 0° und 180° ergeben aber durchaus keine größere Gleichförmigkeit, als eine Einzylindermaschine aufweist. Kurz, bei Dreikurbelmaschinen ist ein praktisch brauchbarer Ausgleich der hin und her gehenden Massen durch diese selbst nicht zu erzielen.

4. Massenausgleich bei Vierkurbelmaschinen.

Hier werden wir zu besseren Resultaten gelangen. Nehmen wir einmal an, die Schnittpunkte *I, II, III* und *IV* der Kolbenlinien mit der Kurbelwelle (Kurbelmittelpunkte wollen wir sie nennen), die gegenseitige Stellung der Kurbeln, die Kurbelhalbmesser r_1 bis r_4 und die vier Massen seien gegeben, also die Drehstrecken $\bar{P}_1 = \omega^2 m_1 \bar{r}_1$, $\bar{P}_2 = \omega^2 m_2 \bar{r}_2$, $\bar{P}_3 = \omega^2 m_3 \bar{r}_3$ und $\bar{P}_4 = \omega^2 m_4 \bar{r}_4$ nach Richtung und Größe bekannt.

Tragen wir dann in Fig. 202 für eine beliebige Stellung $\bar{P}_1$ bis $\bar{P}_4$ ein und denken je zwei dieser Drehstrecken zu einer Resultierenden vereinigt, z. B. $\bar{P}_1$ mit $\bar{P}_2$ zu $\bar{R}_1$ und $\bar{P}_3$ mit $\bar{P}_4$ zu $\bar{R}_2$, so drehen sich, wie wir unter 2. nachgewiesen haben, $\bar{R}_1$ sowohl wie $\bar{R}_2$ um einen festen Punkt, der auf einem Kreise durch *I* und *II* bzw. durch *III* und *IV* liegt. Sollen nun $\bar{P}_1$ bis $\bar{P}_4$ sich stets das Gleichgewicht halten, so müssen auch die beiden Resultierenden dies tun. Daraus folgt, daß 1. die beiden Mittelpunkte D_0 der Drehstrecken $\bar{P}_1$ und $\bar{P}_2$ sowie von $\bar{P}_3$ und $\bar{P}_4$ zusammenfallen, und zwar in dem Schnittpunkt der beiden durch die Kurbelmittelpunkte I und II bzw. durch III und IV gelegten Kreise, und daß 2. $\bar{R}_1$ und $\bar{R}_2$ gleich groß und entgegengesetzt gerichtet sein müssen. Trifft dies für eine Stellung der vier Drehstrecken $\bar{P}_1$ bis $\bar{P}_4$ zu, so ist es stets der Fall, weil alle Drehstrecken $\bar{P}_1$ bis $\bar{P}_4$, $\bar{R}_1$ und $\bar{R}_2$ sich um ihre Angriffspunkte immer um gleich große Winkel drehen.

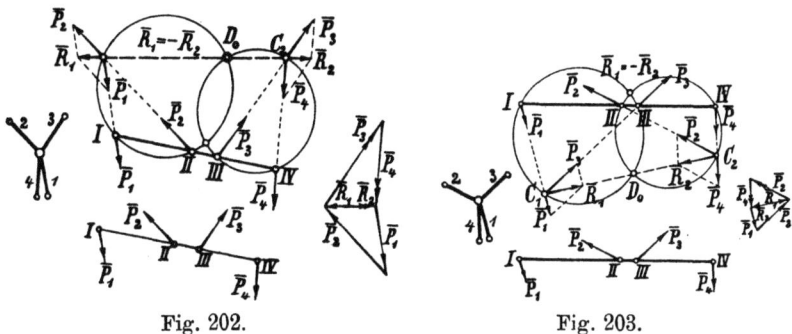

Fig. 202. Fig. 203.

Zu einer brauchbaren Lösung des Massenausgleichs für Vierkurbelmaschinen kommen wir also auf folgendem Wege: wir legen durch je zwei der vier Kurbelmittelpunkte I bis IV einen Kreis; durch den Schnittpunkt D_0 beider Kreise ziehen wir eine beliebige Gerade, die den einen Kreis in C_1, den andern in C_2 schneidet. Verbinden wir dann C_1 mit I und II, C_2 mit III und IV, so erhalten wir die vier Kurbelrichtungen. Die Größen der vier Drehstrecken $\bar{P}_1$ bis $\bar{P}_4$ finden wir mittels zweier Kräftedreiecke, sobald wir eine Größe kennen (s. Fig. 202); dabei muß die Resultierende $\bar{R}_1$ von $\bar{P}_1$ und $\bar{P}_2$ sowie die Resultierende $\bar{R}_2 = -\bar{R}_1$ von $\bar{P}_3$ und $\bar{P}_4$ parallel zu $C_1 D_0 C_2$ verlaufen. Wie es für das Gleichgewicht der vier Kräfte $\bar{P}_1$ bis $\bar{P}_4$ selbstverständlich ist, ergeben diese vier Kräfte ein geschlossenes Kräftevieleck, ihre geometrische Summe $\Sigma \bar{P} = \bar{P}_1 + \bar{P}_2 + \bar{P}_3 + \bar{P}_4$ ist gleich Null.

In Fig. 203 wurde das ganze Verfahren noch einmal durchgeführt, dabei aber $\bar{P}_1$ mit $\bar{P}_3$ und $\bar{P}_2$ mit $\bar{P}_4$ vereinigt, die beiden Kreise also durch die Kurbelmittelpunkte I und III sowie durch II und IV gelegt. Die Bezeichnungen bleiben dieselben; auch die Ergebnisse sind die gleichen.

Schließlich ist auch die dritte Möglichkeit in Fig. 204 zur Durchführung gebracht: $\bar{P}_1$ wurde mit $\bar{P}_4$ und $\bar{P}_2$ mit $\bar{P}_3$ zusammengesetzt, d. h. die Kreise wurden durch I und IV sowie durch II und III gelegt.

Wie wir auch vorgehen mögen, immer finden wir (vgl. Fig. 202, Fig. 203 und Fig. 204) die Kurbeln in etwas anderer Reihenfolge im Kreise angeordnet, wie die Kurbelmittelpunkte auf der Welle aufeinander folgen; jedoch erkennt man unschwer stets die gleiche Anordnung der Kurbeln, nämlich: $I\,III$ $II\,IV$; es sind also gegenüber der natürlichen Reihenfolge der Kurbelmittelpunkte, die den beiden inneren Punkten entsprechenden Kurbeln II und III in der Reihenfolge miteinander vertauscht.

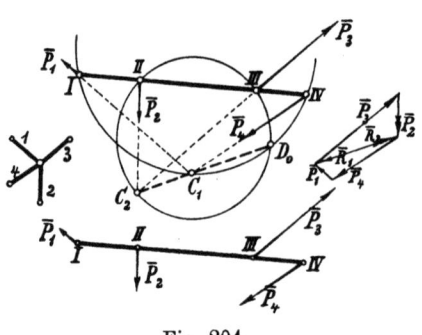

Fig. 204.

Für die praktische Durchführung der Lösung von Aufgaben ist es zweckmäßig, der durch den Schnittpunkt D_0 der beiden Hilfskreise beliebig zu legenden Geraden $C_1 D_0 C_2$ eine bestimmte Richtung zu geben; zwei besondere Lagen kommen in Betracht:

1. Wir legen die Gerade $C_1 D_0 C_2$ so, daß C_1 und C_2 in dem zweiten Schnittpunkte C der beiden Kreise zusammenfallen (Fig. 205); sie geht dann in CD_0 über. Die vier Kurbelrichtungen werden sofort CI, CII, $CIII$, CIV. Dieses Ergebnis läßt sich als Satz etwa aussprechen: Bei ausgeglichenen Vierkurbelmaschinen können die vier von einem Punkte ausgehenden Kurbelrichtungen stets in perspektivische Lage zu den zugehörigen vier Kurbelmittelpunkten gebracht werden.

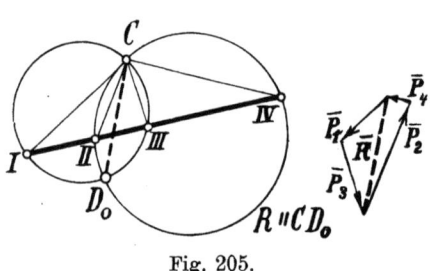

Fig. 205.

Vorstehender Satz ist zuerst von H. Schubert auf analytischem Wege abgeleitet worden und diente bei den meisten Untersuchungen über Massenausgleich als Ausgangspunkt. Insbesondere können wir daraus folgern, daß die Kurbelwinkel und die Lage der Kurbelmittelpunkte in ganz bestimmter Abhängigkeit voneinander stehen Um mit Hilfe der Figur, die diese Abhängigkeit widergibt, auch die Drehstrecken $\bar{P}_1$ bis $\bar{P}_4$ zu finden, bedenken wir, daß im Falle der Fig. 205 die Resultierende $\bar{R}_1$ von $\bar{P}_1$ und $\bar{P}_3$, ebenso diejenige $\bar{R}_2 = -\bar{R}_1$ von $\bar{P}_2$ und $\bar{P}_4$ die Richtung von CD_0 haben muß. Mit dieser Bedingung ist das Kräfteviereck $\bar{P}_1$, $\bar{P}_3$, $\bar{P}_2$, $\bar{P}_4$ (bis auf den Maßstab, der durch Kenntnis einer der Größen festgelegt wird) eindeutig bestimmt.

So bequem auch die Kurbelrichtungen und Kurbelmittelpunkte durch den obigen Satz in Beziehung zueinander gebracht werden, so erfordert doch die Ermittelung der Drehstrecken $\overline{P}_1$ bis $\overline{P}_4$ etwas umständliche Vorbereitungen, insbesondere das Legen von zwei Kreisen durch je drei Punkte. Diese Unbequemlichkeiten lassen sich folgendermaßen vermeiden. Man trage in Fig. 206 noch einen dritten Kreis ein, der durch I, IV und D_0 geht, und verlängere $D_0 C$ bis zum Schnitt F mit diesem Kreise. Ziehe weiter FI und FIV, dann läßt sich zeigen, daß FI parallel zu CII, FIV parallel zu $CIII$ ist. Denn im Kreise über IIV ist $\sphericalangle IFD_0$

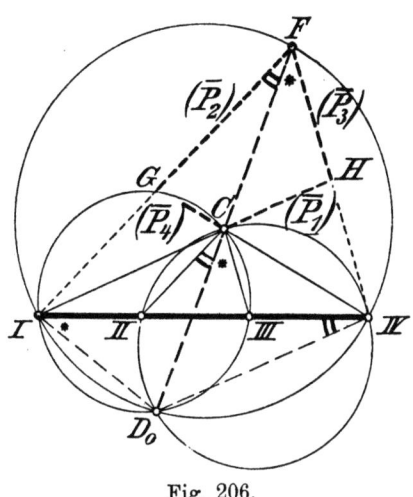

Fig. 206.

$= \sphericalangle IIVD_0$, im Kreise über IIII ist $\sphericalangle II\,IVD_0 = \sphericalangle IICD_0$, folglich $\sphericalangle IFD_0 = \sphericalangle IICD_0$, d. h. FI parallel CII. Ebenso läßt sich zeigen, daß FIV parallel $CIII$ ist.

Verlängert man nun weiter CI über C hinaus bis zum Schnitt H mit FIV und CIV über C bis zum Schnitt G mit FI, so stellt das Viereck $CGFH$ ein solches dar, in dem die vier Seiten den vier Kurbelrichtungen parallel sind und außerdem die Diagonale gleichgerichtet mit CD_0 ist. $CGFH$ ist folglich ein richtiges Kräfteviereck mit $\overline{P}_1, \overline{P}_4, \overline{P}_2$ und $\overline{P}_3$ als Seiten. Alles, was nun noch zu tun übrig bleibt, um Kurbelmittelpunkte, Kurbelrichtungen und Drehstrecken in richtige Beziehung zueinander zu bringen, ist in Fig. 207 angegeben. Diese einfache Figur wurde zuerst von Prof. Mollier in der Z. d. V. d. Ing. 1905, S. 1439 mitgeteilt (die

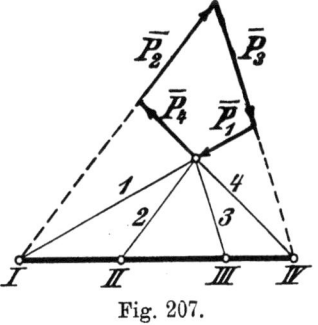

Fig. 207.

ähnlich aussehende, von Lüders, Z. d. V. d. Ing. 1899, S. 998, angegebene Konstruktion ist unrichtig). Eine andere Beziehung ergibt sich durch folgende besondere Wahl von $C_1 D_0 C_2$.

2. Wir legen $C_1 D_0 C_2$ parallel zur Wellenrichtung $I\,II\,III\,IV$ (Fig. 208). Verbindet man, nachdem man die Kurbelrichtungen $C_1 I$, $C_1 II$, $C_2 III$ und $C_2 IV$ gezogen hat, noch D_0 mit I und II sowie mit III und IV, so erkennt man, daß mit der Wellenrichtung $D_0 I$ den gleichen Winkel bildet wie $C_1 II$, ebenso $D_0 II$ wie $C_1 I$, $D_0 III$ wie $C_2 IV$, $D_0 IV$ wie $C_2 III$. Klappt man das von D_0 ausgehende Strahlenbündel um die Linie $I\,II\,III\,IV$ nach oben um, so sieht man sofort, daß das neue von D ausgehende zu I, II, III, IV perspektivische Strahlenbündel Strahlen enthält, die zu den Kurbelrichtungen parallel sind, und zwar so, daß der nach I führende Strahl s_1 die zu II gehörige Kurbelrichtung angibt, der nach II führende Strahl s_2 die Kurbelrichtung I usf. Es sind also immer zwei Kurbelrichtungen gleichsam in ihren Bezeichnungen zu vertauschen, wenn ihre von dem Punkte D ausgehende Richtungslinie nach dem entsprechenden Kurbelmittelpunkt führen soll. Hätten wir die beiden Hilfskreise statt durch I und II sowie durch III und IV durch I und III sowie II und IV oder durch I und IV sowie II und III gelegt (Fig. 209), so wäre das vorstehende Resultat ebenfalls gefunden worden; d. h. die vier Kurbeln können nicht nur in ihrer natürlichen gegenseitigen Stellung zu den vier Kurbelmittelpunkten in perspektivische Lage gebracht werden, sondern es gilt auch die weitere Beziehung:

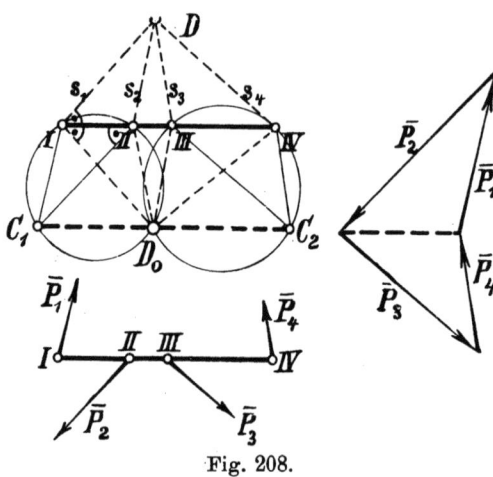
Fig. 208.

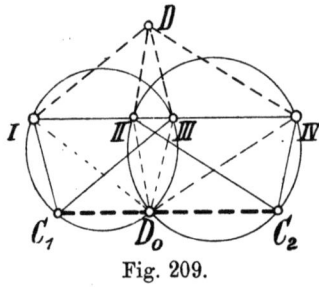
Fig. 209.

Vertauscht man von den vier Kurbeln einer ausgeglichenen Maschine je zwei in ihren Angriffspunkten, so lassen sich die vertauschten Kurbeln stets in eine solche Stellung bringen, daß ihre Richtungslinien von einem Punkte ausgehen. Dabei ist die Richtungslinie von $\overline{R}$ parallel zur Welle.

Man kann also die Kurbelrichtungen I mit II und III mit IV oder I mit III und II mit IV oder I mit IV und II mit III vertauschen: immer lassen sich die von einem Punkte ausgehenden vier Kurbelrichtungen in perspektivische Lage zu den Kurbelmittelpunkten bringen.

Dieser neue Satz ist zwar nicht einfacher wie der oben gefundene, aber er gestattet für die meisten Aufgaben eine bequemere Größenbestimmung von $\overline{P}_1, \overline{P}_2, \overline{P}_3$ und $\overline{P}_4$, da das Kräfteviereck gleich in beliebigem Maßstabe gezeichnet werden kann, unabhängig von dem Maßstab für die Abstände der Kurbelmitten.

Beispiel. (Fig. 210.) Gegeben seien die vier Kurbelrichtungen 1, 3, 2 und 4; wir vertauschen die Benennung von 1 mit 4 und 2 mit 3, schreiben also (4) an 1, (1) an 4, (3) an 2 und (2) an 3 und sorgen, daß die Punkte I, II, III und IV auf die Richtungslinien (1), (2), (3) und (4) fallen. Nunmehr kann sofort das geschlossene Kräfteviereck für $\overline{P}_1, \overline{P}_2, \overline{P}_3$ und $\overline{P}_4$ mit Hilfe der zur Wellenrichtung parallelen Richtung $\overline{R}$ aufgezeichnet werden.

Ist die Anordnung der vier Kurbelmittelpunkte symmetrisch, also $\overline{I\,II} = \overline{III\,IV}$, so kann man (für die Größenbestimmung von $\overline{P}_1$ bis $\overline{P}_4$) die Vertauschung von I mit IV und II mit III ersparen, weil durch diese Vertauschung an Stelle einer Drehstrecke stets eine gleich große gesetzt wird. Dann (aber nur für diese symme-

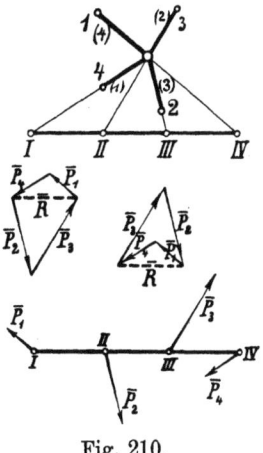

Fig. 210.

trische Anordnung der Kurbelmittelpunkte!) gilt perspektivische Lage der Kurbelrichtungen zu den entsprechenden Kurbelmittelpunkten und gleichzeitig das einfache Kräfteviereck nach Fig. 210.

5. Aufgaben über Massenausgleich I. Ordnung von Vierkurbelmaschinen.

1. Gegeben die vier Kurbelstellungen 1, 2, 3 und 4, ferner drei Kurbelmittelpunkte, z. B. I, II und III; gesucht der fehlende Kurbelmittelpunkt IV und die vier Kraftgrößen P_1 bis P_4.

Lösung. Man vertausche die Bezeichnung von je zwei der Kurbelrichtungen, schreibe z. B. (1) an 2, (2) an 1, (4) an 3 und (3) an 4. Darauf verschiebe man eine Gerade (Papierstreifen), worauf die Kurbelmittelpunkte I, II und III markiert sind, so in dem Strahlenbündel (1), (2), (3), (4), daß Punkt I auf (1), Punkt II auf (2), III auf (3) fällt; der vierte Strahl (4) schneidet dann den gesuchten vierten Kurbelmittelpunkt IV ab (Fig. 211).

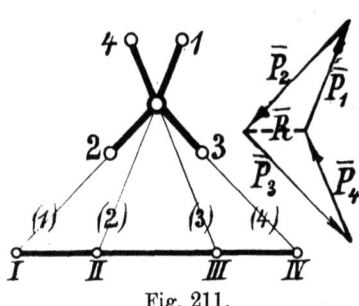

Fig. 211.

Beim Aufzeichnen des Kräftevierecks für $\overline{P}_1$ bis $\overline{P}_4$ braucht man nur darauf zu achten, daß die Kräfte $\overline{P}$ zu den entsprechenden Kurbelrichtungen parallel laufen, und daß die Verbindungslinie $\overline{R}$ zwischen $\overline{P}_1$ und $\overline{P}_2$ und zwischen $\overline{P}_3$ und $\overline{P}_4$ parallel zur eingetragenen Wellenmittellinie $I\,II\,III\,IV$ wird.

2. Gegeben drei Kurbelstellungen und vier Kurbelmittelpunkte.

Diese Aufgabe stimmt im wesentlichen mit der vorstehenden überein; nachdem die Wellenmittellinie $I\,II\,III\,IV$ so gelegt ist, daß die entsprechenden Kurbelmittelpunkte auf die gegebenen drei Kurbelrichtungen (deren Bezeichnungen wieder paarweise vertauscht wurden) fallen, kann der vierte fehlende Strahl, d. h. die vierte Kurbelrichtung gezogen werden.

3. Gegeben die vier Kurbelstellungen und die Größe von zwei Drehstrecken (z. B. P_1 und P_4); gesucht die Kurbelmittelpunkte I bis IV und die zwei fehlenden Drehstrecken.

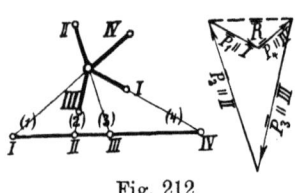

Fig. 212.

Lösung (Fig. 212). Trägt man $\overline{P}_1$ und $\overline{P}_4$ nach Richtung (die parallel zu den gegebenen Kurbelrichtungen I und IV verläuft) und Größe aneinander, so gibt die Verbindungslinie $\overline{R}$ die Richtung der Wellenmittellinie an; eine Parallele zu $\overline{R}$ schneidet also die vier Kurbelstrahlen (mit paarweise vertauschten Benennungen) in den gesuchten vier Punkten I bis IV. Durch Ergänzung des Kräftevierecks findet man die beiden fehlenden Drehstrecken $\overline{P}_2$ und $\overline{P}_3$.

4. Gegeben vier Kurbelmittelpunkte und das Verhältnis von je zwei Drehstrecken, z. B. $P_1:P_2$ und $P_3:P_4$.

Zunächst sei an eine bekannte planimetrische Aufgabe erinnert: es soll der geometrische Ort für alle Punkte P gesucht werden, für die die Abstände von zwei festen Punkten A und B ein konstantes Verhältnis λ haben. Zu dem Zwecke teilt man AB harmonisch, so daß

$$AC_1 : BC_1 = AC_2 : BC_2 = \lambda$$

Ausgleich der Wirkungen der bewegten Massen. 367

ist und schlägt über $C_1 C_2$ einen Halbkreis, dann ist dies der gesuchte Ort; stets ist $AP : BP = \lambda$.

Lösung der vorstehenden Aufgabe: Aus unseren Beziehungen zwischen Kurbelstellungen, Kurbelmittelpunkten und dem Kräfteviereck folgen die Verhältnisgleichungen

$$\frac{s_2}{s_1} = \frac{P_1}{P_2} \quad \text{und} \quad \frac{s_4}{s_3} = \frac{P_3}{P_4}.$$

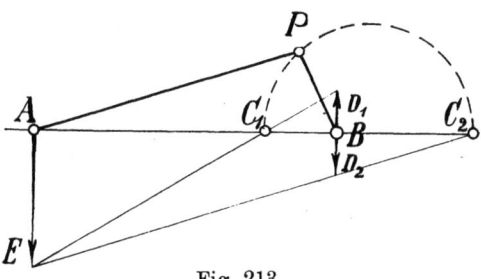

Fig. 213.

Es handelt sich also nur darum, zu den vier Punkten I bis IV den Punkt O so zu legen, daß diese beiden Proportionen gelten; wir suchen also erst den Ort für die Punkte O, für die $s_1 : s_2 = P_2 : P_1$, desgleichen den Ort für die Punkte, für die $s_3 : s_4 = P_4 : P_3$ ist. Nach dem vorstehenden planimetrischen Satze werden beide Orte Halbkreise, die leicht aufzusuchen sind; ihr Schnitt liefert den Punkt O, von dem aus die vier Kurbelrichtungen nach I, II, III und IV gezogen werden können (Fig. 214).

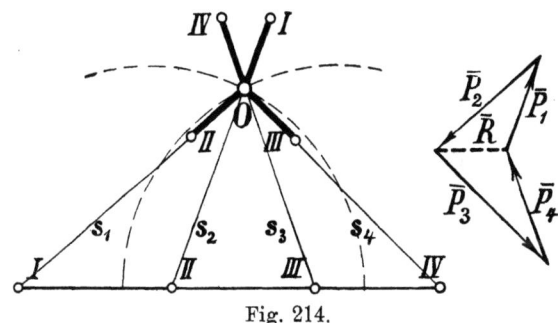

Fig. 214.

5. Gegeben die vier Kurbelmittelpunkte und die Größe von drei beliebigen Drehstrecken, z. B. P_1, P_2, P_3; gesucht die Kurbelstellungen und P_4. (Fig. 215.)

Lösung. Aus der Ähnlichkeit von Dreiecken folgt hier wieder

$$s_1 : s_2 = P_2 : P_1,$$

außerdem
$$s_1 : a = P_2 : R,$$
$$s_4 : b = P_3 : R;$$

hieraus
$$s_4 : s_1 = \frac{a}{b} P_3 : P_2.$$

Mit den beiden Verhältnisgleichungen
$$s_1 : s_2 = P_2 : P_1$$
und
$$s_4 : s_1 = \frac{a}{b} P_3 : P_2$$

ist die Aufgabe wieder darauf zurückgeführt, zwei geometrische Orte für O zu suchen, die sich nach dem unter 4. erwähnten planimetrischen Satze als Halbkreise leicht konstruieren lassen.

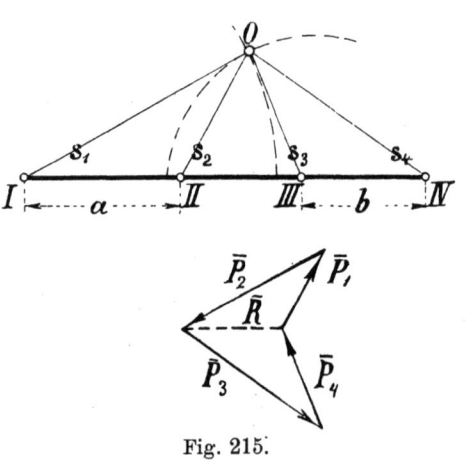

Fig. 215.

Die vorstehenden Lösungen zeigen deutlich den großen Nutzen, den der Satz über die perspektivische Lage der Kurbelmittelpunkte zu den Kurbelrichtungen mit je zwei Vertauschungen der Ordnungsnummer in Verbindung mit dem Kräfteviereck gewährt; alle Aufgaben konnten damit mühelos bewältigt werden. Größere Schwierigkeiten bietet nachstehende Aufgabe, die wir der Vollständigkeit halber noch anschließen wollen.

6. Gegeben die Größen aller vier Drehstrecken P_1 bis P_4 und drei Kurbelmittelpunkte; gesucht der vierte Kurbelmittelpunkt und die Kurbelstellungen.

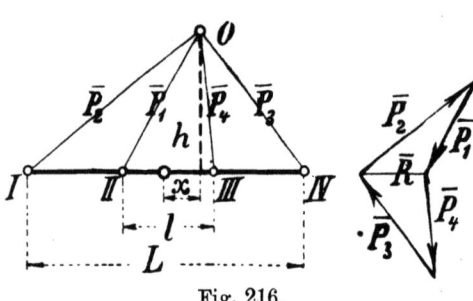

Fig. 216.

Die Lösung werde zunächst für den praktisch wichtigsten Fall durchgeführt, daß die Kurbelmittelpunkte I bis IV auf der Welle symmetrisch angeordnet werden sollen.

Gegeben seien die beiden äußersten Punkte I und IV im Abstande L; gesucht werden II und III im Abstande l voneinander. Da $\overline{I\,II} = \overline{III\,IV}$ ist, so kann (bei passender Wahl des Kräftemaßstabes) $\overline{I\,II} = \overline{III\,IV}$ unmittelbar als $\bar{R}$ angesehen, d. h. $\triangle\,O\,I\,II$ und $\triangle\,O\,III\,IV$ können als Kräftedreiecke verwandt werden. Aus Fig. 216 entnimmt man dann

Ausgleich der Wirkungen der bewegten Massen.

$$P_2^2 = \left(\frac{L}{2}+x\right)^2 + h^2 = \frac{L^2}{4} + Lx + x^2 + h^2$$

$$P_3^2 = \left(\frac{L}{2}-x\right)^2 + h^2 = \frac{L^2}{4} - Lx + x^2 + h^2,$$

daraus $\qquad P_2^2 - P_3^2 = 2Lx.$

Ferner ist $\qquad P_1^2 = \left(\frac{l}{2}+x\right)^2 + h^2 = \frac{l^2}{4} + lx + x^2 + h^2$

$$P_4^2 = \left(\frac{l}{2}-x\right)^2 + h^2 = \frac{l^2}{4} - lx + x^2 + h^2$$

hieraus $\qquad P_1^2 - P_4^2 = 2lx.$

Durch Division folgt schließlich

$$\frac{l}{L} = \frac{P_1^2 - P_4^2}{P_2^2 - P_3^2}.$$

Sind P_1 bis P_4 gegeben, so läßt sich durch diese Gleichung das Verhältnis $l:L$ berechnen; damit sind die vier Kurbelmittelpunkte festgelegt und nun kann weiter nach Aufgabe 4 verfahren werden.

Sucht man behufs Lösung der allgemeinen Aufgabe: aus vier Drehstrecken und drei Kurbelmittelpunkten den fehlenden Kurbelmittelpunkt zu bestimmen, nach einer ähnlichen analytischen Bedingung, so fällt dieselbe ziemlich verwickelt aus.

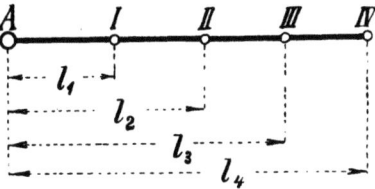

Fig. 217.

Schubert findet in seinem Buche (Theorie des Massenausgleichs) folgende kubische Gleichung

$$P_1^2(l_1-l_2)(l_1-l_3)(l_1-l_4) + P_2^2(l_2-l_1)(l_2-l_3)(l_2-l_4)$$
$$+ P_3^2(l_3-l_1)(l_3-l_2)(l_3-l_4) + P_4^2(l_4-l_1)(l_4-l_2)(l_4-l_3) = 0,$$

aus der, falls P_1 bis P_4 und außerdem drei der Werte l_1 bis l_4 bekannt sind, der vierte Wert berechnet werden kann. l_1 bis l_4 bedeuten hierin die Abstände der vier Kurbelmittelpunkte I bis IV von einem beliebigen Anfangspunkte A (s. Fig. 217).

Die Bedeutung der vorliegenden Aufgabe ist nicht so groß, daß die Ableitung der obigen Gleichung hier notwendig erschiene.

Nach Ermittelung des vierten Kurbelmittelpunkts ist die Aufgabe wieder auf Aufgabe 4 zurückgeführt.

Tolle, Regelung. 3. Aufl.

7. Kann eine beliebige Dreikurbelmaschine durch Hinzufügung eines hin und her bewegten Ausgleichgewichtes ausgeglichen werden?

Diese Frage ist deshalb von praktischer Bedeutung, weil, wie wir gesehen haben, eine dreikurbelige Maschine durch die eigenen Massen nicht (zweckmäßig) auszugleichen ist. Hat man nun mit Rücksicht auf möglichst gleichförmige Drehkräfte die Kurbelstellungen gewählt, so könnte vielleicht durch Hinzufügen einer besonderen Ausgleichmasse nachträglich der Ausgleich ermöglicht werden. Sehen wir uns die Aufgabe an, so handelt es sich dabei im ganzen um eine Vierkurbelmaschine, von der bereits drei Kurbelrichtungen, etwa *I*, *II* und *III*, ferner die drei zugehörigen Kurbelmittelpunkte *I*, *II*, *III* und auch die Größen dreier Drehstrecken P_1, P_2 und P_3 gegeben sind. Gemäß der uns bekannten gegenseitigen Abhängigkeit der einzelnen Werte ist die vorliegende Aufgabe schon überbestimmt. Sind drei Kurbelrichtungen und die Größen dreier Drehstrecken P_1, P_2 und P_3, also $\overline{P}_1$, $\overline{P}_2$ und $\overline{P}_3$, gegeben, so kann das Kräfteviereck gezeichnet werden; aus diesem findet sich Größe und Richtung von $\overline{P}_4$ und damit die Richtung der vierten, der gesuchten Ausgleichkurbel. Von den drei Kurbelmittelpunkten *I* bis *III* dürfen aber nur zwei festgelegt sein, weil in dem Kräfteviereck die Richtung von $\overline{R}$ die Richtung der Wellenmittellinie angibt.

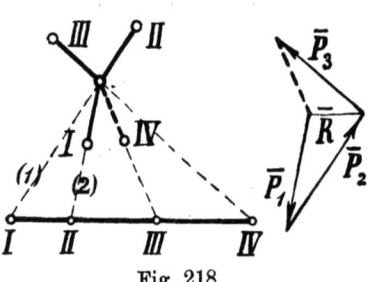

Fig. 218.

Nach paarweiser Vertauschung der Nummern der vier Kurbelrichtungen müssen nun die Kurbelmittelpunkte in perspektivische Lage zu den Kurbelrichtungen gebracht werden, doch so, daß die Gerade *I II III IV* parallel zu $\overline{R}$ verläuft. Dies ist nur ausführbar mit zwei Punkten, also können auch von vornherein nur zwei Zylindermitten, z. B. *I* und *II*, festgelegt sein, während die dritte und die Weglinie für die Ausgleichmasse aus der Fig. 218 abgegriffen werden müssen.

6. Kritik des Massenausgleichs nach Schlick.

Wir wollen versuchen, uns ein Bild darüber zu verschaffen, wie weit bei ausgeglichenen Maschinen die hierzu erforderliche gegenseitige Abhängigkeit der Kurbelwinkel, der Abstände der Zylindermitten und die Größen der sog. Drehstrecken, d. h.

$$P_1 = m_1 r_1 \omega^2, \qquad P_2 = m_2 r_2 \omega^2 \ldots$$

Ausgleich der Wirkungen der bewegten Massen. 371

die praktischen Anforderungen im günstigen oder ungünstigen Sinne beeinflußt. Der besseren Übersicht wegen setzen wir eine vollkommen symmetrische Anordnung voraus, bei der also die Abstände $I\,II$ und $III\,IV$ gleich groß sind, außerdem der Kurbelwinkel zwischen I und III so groß wie der Winkel zwischen II und IV und folglich auch das Kräfteviereck in bezug auf die Richtunsglinie von $\bar{R}$ symmetrisch, d. h. $P_1 = P_4$ und $P_2 = P_3$ ist. Bei entsprechender Wahl des Kräftemaßstabes geben dann die von O ausgehenden Strecken s_1 und s_2 unmittelbar die Größen der Kräfte P_1 bis P_4 an, s_1 kann als $P_2 = P_3$, s_2 als $P_1 = P_4$ aufgefaßt werden (s. Fig. 220).

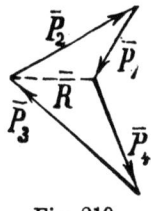

Fig. 219.

Welche Anforderungen werden nun an die Kurbelwinkel gestellt? Die Versetzung der Kurbeln bei Mehrkurbelmaschinen soll in erster Linie eine möglichst gleichmäßig verlaufende Drehkraftkurve (Tangentialdruckdiagramm) herbeiführen. Wie notwendig dies ist, geht nicht nur aus der Bestimmung der Arbeitsüberschüsse für die Berechnung des Schwungrades mit Hilfe der Drehkraftkurven hervor, sondern, und das ist hier das Wichtigere, auch aus der in diesem Kapitel unter A. angestellten Betrachtung über die durch die veränderlichen Drehkräfte bedingten Kippmomente.

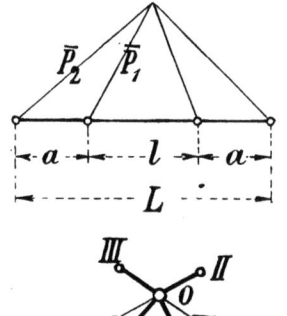

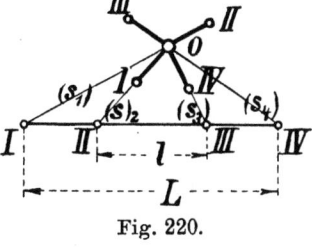

Fig. 220.

Bemühen wir uns also, durch Ausgleich die nachteiligen Wirkungen der geradlinig bewegten Massen zu beseitigen, so dürfen wir dabei keineswegs die Gleichförmigkeit der Drehkräfte aus dem Auge lassen. Im allgemeinen wird nun, wie wir im zweiten Kapitel gesehen haben, die ohne Rücksicht auf die bewegten Massen konstruierte resultierende Drehkraftkurve einen um so gleichmäßigeren Verlauf nehmen, je gleichmäßiger die Kurbeln im Kreise herum verteilt sind Wenn wir es, wie bei Dampfmaschinen, mit doppelwirkenden Maschinen zu tun haben, so sind zwei um 180° gegeneinander versetzte Kurbeln stets gleichwertig.

Bei vier Kurbeln erscheint also von vornherein eine solche Versetzung am zweckmäßigsten, bei welcher die Kurbelrichtungen einschließlich ihrer Verlängerung lauter Winkel von 45° miteinander bilden (Fig. 221).

24*

Diese für die Erzielung einer möglichst gleichmäßig verlaufenden Drehkraftkurve günstigste Kurbelstellung ergibt nun leider ungünstige, praktisch gar nicht brauchbare Verhältnisse sowohl für die Drehstrecken P_1 und P_2, als auch für die Abstände der Kurbelmittelpunkte voneinander. Es wird

$$P_2 = 2{,}414\, P_1, \qquad a = 2{,}414\, l;$$

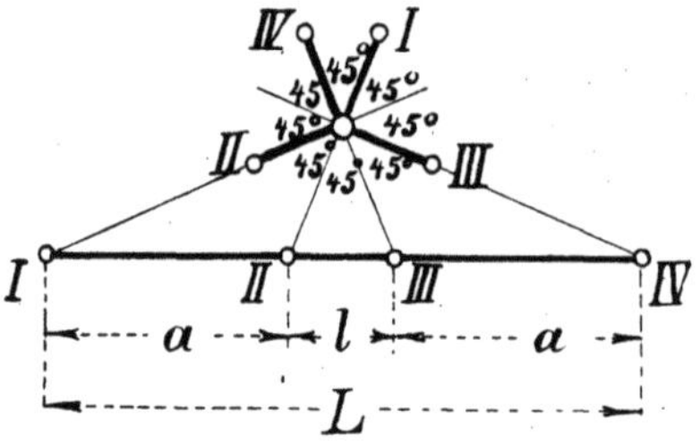

da nun bei konstruktiv richtigen Abmessungen der Getriebe P_2 wohl etwas größer als P_1, aber nicht 2,41 mal so groß ausfällt, so müßten die beiden inneren Kolben zum Zwecke des Massenausgleichs ganz unverhältnismäßig beschwert werden. Die großen Werte von a ergeben eine sehr beträchtliche Breite der Maschinenanordnung ($L = 5{,}83\, l$), sind also gleichfalls durchaus unvorteilhaft.

Fig. 221.

Weicht man nun notgedrungen von den günstigsten Kurbelstellungen ab, so können nur solche Änderungen in Frage kommen, durch welche $a:l$ kleiner wird. Damit nähert sich auch das Verhältnis der Kräfte $P_2:P_1$ dem Werte 1 um so mehr, je kleiner a gegen l gemacht wird. Entscheidet man sich z. B. für gleiche Abstände $a = l = a = \tfrac{1}{3} L$, so muß man trotzdem bemüht sein, die drei Winkel $I\,O\,II$, $II\,O\,III$ und $III\,O\,IV$ möglichst $= 45^0$ zu bekommen; denn dann würde die Drehkraftkurve den gleichmäßigsten Verlauf nehmen, weil der ganze Winkelraum von 360^0 nahezu gleichmäßig durch die Kurbelrichtungen und ihre Verlängerungen in acht Teile geteilt wird. Dies gelingt natürlich nur unvollkommen. Einigermaßen befriedigend bezüglich der Kurbelwinkel wäre z. B. die Einteilung nach Fig. 222; das Verhältnis von $P_2:P_1$ wird allerdings $= \sqrt{3} = 1{,}73$, d. i. noch immer ein kaum zulässig hohes. Kurz, man mag es anfangen, wie man will, gute Verhältnisse bezüglich der Abstandsverhältnisse und Größenverhältnisse der Kräfte $P = m\,r\,\omega^2$ ergeben weniger günstige Kurbelstellungen und umgekehrt. Es bleibt also nichts weiter übrig, als durch Zugeständnisse nach allen Richtungen hin mittlere, praktisch brauchbare Verhältnisse zu schaffen; man wird sich auch nicht selten mit einem nur teilweisen

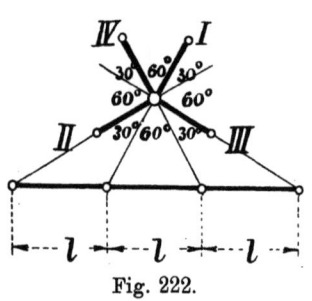

Fig. 222.

Ausgleich begnügen müssen, immer bedenkend, daß starke Schwankungen der Drehkraftkurve ebensogut Ursache der Unruhe des Maschinensystems sein werden, wie unausgeglichene Massendrücke der geradlinig bewegten Massen.

Schließlich sei noch daran erinnert, daß die Massenwirkungen zur Erzielung einer möglichst gleichmäßig verlaufenden Drehkraftkurve nützlich sein können (s. Taf. 5 Fig. 1), wenn nicht gerade paarweise Kurbelversetzungen um 90^0 angewandt werden.

Bei zweckmäßiger Wahl der Kurbelwinkel können also die Massenwirkungen gerade zur Erhöhung der Gleichförmigkeit des Drehmomentes und damit zur Ruhe des Maschinensystems beitragen.

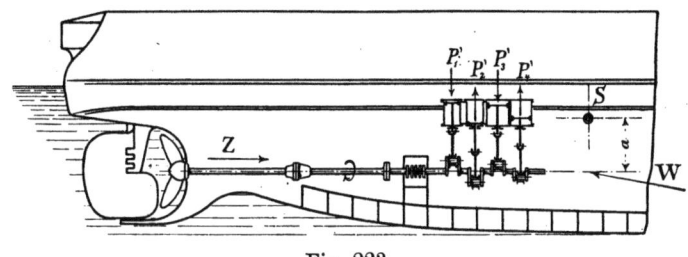

Fig. 223.

Da der Massenausgleich nach Schlick vorwiegend für Schiffsmaschinen praktisch verwendet worden ist und ebenso begeisterte Verteidiger wie ausgesprochene Gegner gefunden hat, sei noch kurz im folgenden gezeigt, wieso die Veränderlichkeit der resultierenden Maschinendrehkräfte die Ruhe des Schiffes nachteilig beeinflußt.

Fig. 223 zeigt schematisch das Hinterteil eines Schiffes; infolge seiner großen Masse bewegt sich das Schiff nahezu gleichförmig, trotzdem die Schraube wegen der von der Maschine an der Welle ausgeübten veränderlichen Drehmomente einen veränderlichen Druck ausübt. Dieser Propellerdruck Z wächst fast genau proportional mit den Drehmomenten, während der Widerstand W, den das Schiff bei gleichförmiger Bewegung im Wasser erleidet, als konstant anzusehen ist. W und Z halten sich also nicht das Gleichgewicht, einmal ist Z größer, das andere Mal kleiner als W. Durch die Differenz $Z-W$ erfährt das Schiff zunächst Kräfte in der Längsrichtung, dann aber auch, da der Schwerpunkt S höher liegt als die Schiffswelle, kippende Momente um eine wagerechte, durch den Schwerpunkt gehende Querachse. Genau in derselben Weise machen sich auch die Momente der unausgeglichenen Massendrücke P' bemerkbar.

Es hätte also offenbar gar keinen Zweck, die Gleichförmigkeit der Drehkräfte auf Kosten des vollständigen Massenausgleichs zu opfern. Berling hat an bestimmten Zahlenbeispielen gezeigt[1]), daß die durch den veränderlichen Propellerdruck Z erzeugten kippenden Momente je nach den besonderen Verhältnissen etwas größer oder etwas kleiner als die von den Massendrücken gänzlich unausgeglichener Maschinen herrührenden Momente ausfallen, beide also etwa von der gleichen Größenordnung sind.

7. Massenausgleich II. Ordnung.

Man hat den Massenausgleich noch weiter dadurch zu verbessern gesucht, daß man auch die Wirkungen der endlichen Stangenlänge in Rücksicht zog. Wenn schon der Ausgleich I. Ordnung sehr unbequeme Abhängigkeiten der maßgebenden Größen mit sich brachte, so wird dies hier in noch erhöhtem Maße der Fall sein.

Wir haben früher gefunden daß die genaue Beschleunigungskurve von der Näherungsparabel so gut wie gar nicht abweicht, daß also die letztere stets zugrunde gelegt werden kann. Sie ergab sich unter der Annahme, daß die Fehlerglieder der Kolbenwege aus einem Fehlerkreis als Projektionen entnommen, daß also die Beschleunigungen nach der Gleichung

$$b = b_k \cos \alpha + \lambda b_k \cos 2\alpha$$

berechnet werden. Demgemäß wurden die Massendrücke

$$P = m b_k \cos \alpha + \lambda m b_k \cos 2\alpha$$
$$= \omega^2 m r \cos \alpha + \lambda \omega^2 m r \cos 2\alpha$$
$$= P' + P''.$$

Bisher berücksichtigten wir nur den ersten Teil P'; nunmehr wollen wir fragen: wie weit können auch noch die Kräfte

$$P'' = \lambda \omega^2 m r \cdot \cos 2\alpha$$

ausgeglichen werden? Selbstverständlich hat dieser Ausgleich II. Ordnung nur einen Sinn, wenn gleichzeitig die bei weitem größeren Massendrücke I. Ordnung ausgeglichen werden.

Wir fanden als Bedingung für das Gleichgewicht der vier Kräfte P_1', P_2', P_3' und P_4' zunächst die beiden Gleichungen:

$$P_1 \cos \alpha_1 + P_2 \cos \alpha_2 + P_3 \cos \alpha_3 + P_4 \cos \alpha_4 = 0$$
$$P_1 \sin \alpha_1 + P_2 \sin \alpha_2 + P_3 \sin \alpha_3 + P_4 \sin \alpha_4 = 0.$$

---

[1]) Berling, Schiffsschwingungen, ihre Ursache und Kritik der Mittel zu ihrer Verminderung. Z. d. V. d. Ing. 1899, S. 981 u. f.

Dazu kommen nun noch für den Ausgleich der Kräfte P'' die entsprechenden Gleichungen:

$$\lambda P_1 \cos 2\alpha_1 + \lambda P_2 \cos 2\alpha_2 + \lambda P_3 \cos 2\alpha_3 + \lambda P_4 \cos 2\alpha_4 = 0$$

oder

$$P_1 \cos 2\alpha_1 + P_2 \cos 2\alpha_2 + P_3 \cos 2\alpha_3 + P_4 \cos 2\alpha_4 = 0 \text{ und}$$
$$P_1 \sin 2\alpha_1 + P_2 \sin 2\alpha_2 + P_3 \sin 2\alpha_3 + P_4 \sin 2\alpha_4 = 0.$$

Die vier Gleichungen besagen allerdings nur, daß jedesmal die Resultierende aus den vier Kräften gleich Null ist. Kippmomente können dabei sehr wohl noch bestehen. Der Schlicksche Ausgleich I. Ordnung beseitigt auch die Kippmomente für die Kräfte P_1' bis P_4'. Sucht man für die Kraft P'' bei Vierkurbelmaschinen ebenfalls die Momentensumme gleich Null zu machen, so findet man, daß diese Aufgabe nicht zu lösen ist: **bei Vierkurbelmaschinen ist vollständiger Massenausgleich nicht möglich.** Nur kann neben dem vollständigen Ausgleich der Massendrücke I. Ordnung die Resultierende aus den Kräften II. Ordnung zu Null gemacht werden. Für diesen verbesserten Schlickschen Massenausgleich findet man aus den obigen vier Gleichungen durch Ausscheiden der Größen P_1 bis P_4 durch eine ziemlich langwierige Rechnung[1]) zunächst die Bedingungsgleichungen:

$$\cos \frac{\beta - \delta}{2} = 2 \cos \frac{\alpha}{2} \cos \frac{\gamma}{2}$$

und

$$\cos \frac{\gamma - \alpha}{2} = 2 \cos \frac{\beta}{2} \cos \frac{\delta}{2}.$$

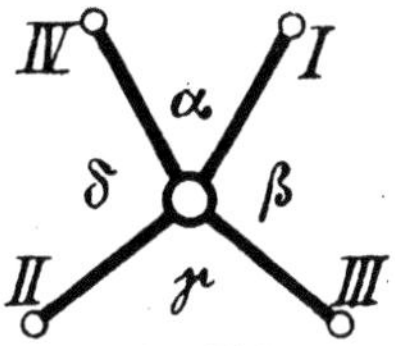

Darin ist $\alpha = \alpha_1 - \alpha_4$, $\beta = \alpha_3 - \alpha_1$,
$\gamma = \alpha_2 - \alpha_3$, $\delta = \alpha_4 - \alpha_2$,

Fig. 224.

d. h. es bedeuten α und γ sowie β und δ jedesmal zwei gegenüberliegende Winkel zwischen den Kurbelrichtungen.

Sind also zwei gegenüberliegende Winkel, z. B. α und γ, gegeben, so findet sich mittels der obigen Gleichungen die Differenz der beiden anderen gegenüberliegenden Winkel. Deren Summe folgt sofort aus der Beziehung $\beta + \delta = 360 - (\alpha + \gamma)$, so daß β und δ bequem berechnet werden können.

Weiter kann man aus den vier Gleichungen nach Kenntnis der vier Winkel α bis δ eins von den drei Gewichtsverhältnissen berechnen, z. B.:

$$\frac{P_2}{P_1} = \sqrt{\frac{\sin \frac{3}{2}\gamma \sin \frac{\gamma}{2} \sin \frac{3}{2}\beta \sin \frac{\beta}{2}}{\sin \frac{3}{2}\alpha \sin \frac{\alpha}{2} \sin \frac{3}{2}\delta \sin \frac{\delta}{2}}}$$

---

[1]) Siehe Schuberts Buch über **Massenausgleich**.

Damit lassen sich das Kräfteviereck aufzeichnen und, wie in der Aufgabe 3, S. 366 gezeigt wurde, die übrigen Werte (P_3, P_4 und die vier Kurbelmittelpunkte) leicht bestimmen.

Für symmetrische Anordnung der Maschine vereinfacht sich die vorstehende Beziehung zwischen den Winkeln, da $\beta = \delta$ wird, auf
$$\cos\frac{\alpha}{2}\cos\frac{\gamma}{2} = \frac{1}{2}.$$

Wird also ein Winkel α oder γ gewählt, so sind die übrigen sämtlich bestimmt; das ebenfalls symmetrische Kräfteviereck kann aufgezeichnet und die Kurbelwellenlinie mit den vier Kurbelmittelpunkten I, II, III und IV eingetragen werden.

Legte uns schon der Massenausgleich I. Ordnung unliebsame Beschränkungen in der Wahl der Kurbelwinkel usw. auf, so ist dies hier noch in weit höherem Maße der Fall; wirklich günstige Verhältnisse sind hier noch schwieriger zu erzielen.

Vollkommenen Ausgleich auch der Momente, die von den Massendrücken II. Ordnung herrühren, können wir erst mit fünf- und sechskurbeligen Maschinen erreichen.

Fünfkurbelmaschinen gestatten jedoch nur eine Lösung für den vollkommenen Ausgleich: es müssen dabei zweimal zwei Kurbelrichtungen parallel, die beiden Paare wieder gegeneinander und gegen die mittlere Kurbel um 120^0 versetzt sein. Die Summe der Drehstrecken für je zwei äußere Kurbeln muß ferner gerade so groß sein wie die Drehstrecke für die innere Kurbel, und die Abstände zweier solcher Zylinder von dem mittleren Zylinder müssen sich umgekehrt verhalten wie die zugehörigen Drehstrecken.

Diese Lösung ist wieder sehr wenig befriedigend, da trotz der fünf Kurbeln im ganzen nur drei Kurbelrichtungen vorhanden sind, also keine genügende Gleichförmigkeit der Drehkräfte erzielt wird, und weil außerdem die Masse des mittleren Getriebes so groß ausfällt.

Erst bei **Sechskurbelmaschinen** läßt sich vollkommener Ausgleich erzielen mit sechs verschiedenen Kurbelrichtungen und befriedigender gleichmäßiger Verteilung derselben.

Jedenfalls erkennen wir aus der ganzen vorstehenden Betrachtung, daß dem vollkommenen Ausgleich der hin und her bewegten Massen mancherlei praktische beschränkende Bedingungen im Wege stehen, daß es nicht so glatt geht, diese Massen vollständig auszugleichen, und daß wir im allgemeinen besser tun, ihre Wirkungen zu mildern und von vornherein durch möglichst **leichte** bewegte Massen die Ruhe des Ganges zu sichern suchen.

Die neuzeitliche Entwicklung der Verbrennungskraftmaschinen besonders als Automobil-, Flugzeug-, Luftschiff- und Unterseebootsmotoren läßt die Bedeutung der **Mehrkurbelmaschinen** (vorwiegend der **Sechskurbelmaschinen**) immer stärker hervortreten. Bei der Untersuchung des Massenausgleichs wird man dabei vorteilhaft von dem Streckenvieleck für die Massenkräfte I. Ordnung und dem Streckenvieleck für die ebenfalls als Drehstrecken darzustellenden Kippmomente I. Ordnung ausgehen und, wie es schon Taylor 1891 im Journal of the American Society of Naval Engineers Bd. III gezeigt hat, feststellen, ob sich diese Vielecke schließen oder nicht, aber nicht unterlassen, dieselbe Untersuchung auch für die Drehstrecken der Kräfte und Kippmomente II. Ordnung vorzunehmen. Für Fahr- und Flugzeugmotoren finden sich derartige gründliche und erschöpfende Darlegungen in dem Werk von O. Kölsch: „Gleichgang und Massenkräfte bei Fahr- und Flugzeugmaschinen", Berlin, Jul. Springer 1911, S. 118 bis 196. Man wird also nicht, wie wir es bei den Vierkurbelmaschinen für den Massenausgleich I. Ordnung getan haben, direkt die Forderung des vollkommenen Massenausgleichs stellen und darauf fußende Bedingungen für die Kurbelversatzwinkel, Kolbenmassen und Abstände der Zylindermitten ableiten, sondern nach den sonstigen Anforderungen diese Größen wählen, die verbleibenden Drehvektoren für die Massenkräfte und Kippmomente I. und II. Ordnung aufsuchen und dann nach Bedarf die Verhältnisse so lange abändern, bis ein möglichst weitgehender Ausgleich erzielt ist.

c) Ausgleich von sich drehenden Massen oder mit Hilfe solcher.

Dreht sich ein Körper gleichförmig mit der Winkelgeschwindigkeit ω um eine Achse A, so erfahren bekanntlich alle Teilchen eine nach der Drehachse gerichtete, diese rechtwinklig schneidende Normalbeschleunigung $\omega^2 r$ und üben deswegen umgekehrt einen nach außen gerichteten Massenwiderstand $\omega^2 r \cdot m$ aus, den man Zentrifugal- oder Fliehkraft nennt. Die Fliehkräfte sämtlicher Massenteile bilden ein räumliches Kräftesystem und lassen sich deshalb nach den bekannten Methoden der Statik ersetzen durch eine in einem beliebig gewählten Sammelpunkte angreifende Resultierende und ein resultierendes Kräftepaar. Die Resultierende aller Fliehkräfte kann leicht wie folgt gefunden werden (s. Fig. 225):

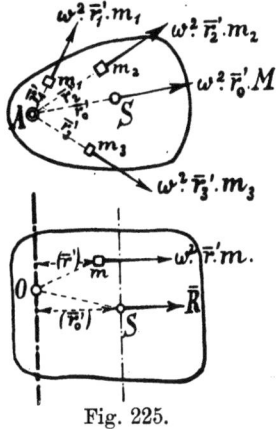

Fig. 225.

Irgendein Massenteilchen m_1 im senkrechten Abstande $\bar{r}_1'$ von der Drehachse A übt eine Fliehkraft $\omega^2 \bar{r}_1' \cdot m_1$ aus. Wählt man in der Drehachse A einen beliebigen Punkt O als Anfangspunkt und zieht von diesem aus die Strahlen $\bar{r}_1, \bar{r}_2 \ldots$ nach den einzelnen Massenpunkten und den Strahl $\bar{r}_0$ nach dem Schwerpunkt S, dann wird der Schwerpunkt (s. S. 345) durch die Gleichung bestimmt:

$$M\bar{r}_0 = m_1\bar{r}_1 + m_2\bar{r}_2 + m_3\bar{r}_3 + \ldots = \Sigma m\bar{r}.$$

Pojiziert man den Streckenzug $\Sigma m\bar{r}$ sowie die Strecke $M\bar{r}_0$ auf eine zur Achse A senkrechte Ebene (Fig. 226), so ergibt sich wiederum ein geschlossenes Streckenvieleck, mithin ist auch

$$M\bar{r}_0' = m_1\bar{r}_1' + m_2\bar{r}_2' + m_3\bar{r}_3' + \ldots = \Sigma m\bar{r}'.$$

Durch Multiplikation mit ω^2 folgt daraus

$$\omega^2 M\bar{r}_0' = \omega^2 \bar{r}_1' m_1 + \omega^2 \bar{r}_2' m_2 + \ldots = \Sigma \omega^2 \bar{r}' m.$$

Die Summanden der geometrischen Summe auf der rechten Seite dieser Glei-

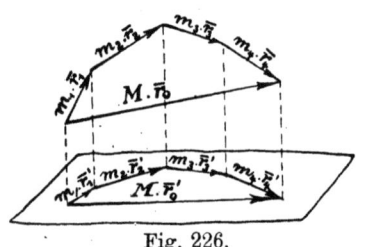

Fig. 226.

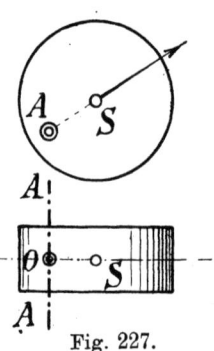

Fig. 227.

chung stellen nun die einzelnen Fliehkräfte dar; der Ausdruck links bedeutet nach Richtung und Größe eine Fliehkraft, die sich ergeben würde, wenn die ganze Masse des Körpers im Schwerpunkte angebracht würde. Wir erhalten also den Satz:

Die resultierende Fliehkraft ist stets so groß und so gerichtet, als ob die ganze Masse im Schwerpunkt des sich drehenden Körpers angebracht wäre. Ihre Richtungslinie, die die Drehachse rechtwinklig schneidet, liegt wohl in der durch die Drehachse und den Schwerpunkt gelegten Ebene, geht im allgemeinen jedoch nicht durch den Schwerpunkt.

Enthält die Drehachse den Schwerpunkt, dann und nur dann ist nach dem obigen Satz die Fliehkraftresultierende gleich Null.

Ein sich drehender Körper ist also bezüglich seiner Massendrücke nur dann ausgeglichen, wenn sein Schwerpunkt in die Drehachse fällt.

Je nach der Gestalt des Körpers und der Lage der Drehachse wird aber außer der resultierenden Einzelkraft noch ein resultierendes Fliehkraftpaar entstehen. Größe und Ebene dieses Paares ist nicht ganz leicht zu bestimmen. Durch jeden Punkt eines Körpers lassen sich drei zueinander rechtwinklig stehende Achsen legen, die, als Drehachse benutzt, nur eine im Schwerpunkt angreifende Fliehkraft und kein Fliehkraftpaar liefern; diese Achsen heißen Hauptachsen. **Ein sich drehender Körper ist danach bezüglich seiner Massendrücke vollkommen ausgeglichen, wenn er sich um eine der drei durch den Schwerpunkt gehenden Hauptachsen dreht.** Für den in der Praxis häufig vorkommenden Fall, daß der Körper eine Symmetrieebene hat (Fig. 227), ist jede zu der Symmetrieebene rechtwinklig stehende Drehachse eine Hauptachse; vollkommener Massenausgleich findet also insbesondere statt, wenn sich ein Körper um die zu einer Symmetrieebene rechtwinklig stehende Schwerachse dreht.

1. Ausgleich einer sich drehenden Masse.

Soll eine sich drehende Masse m_1, deren Schwerpunkt im Abstande r_1 von der Drehachse liegt und die eine zu dieser senkrechte Symmetrieachse hat, durch eine zweite Masse m_2, durch ein sog. **Gegengewicht**, ausgeglichen werden, und ist es möglich, diese

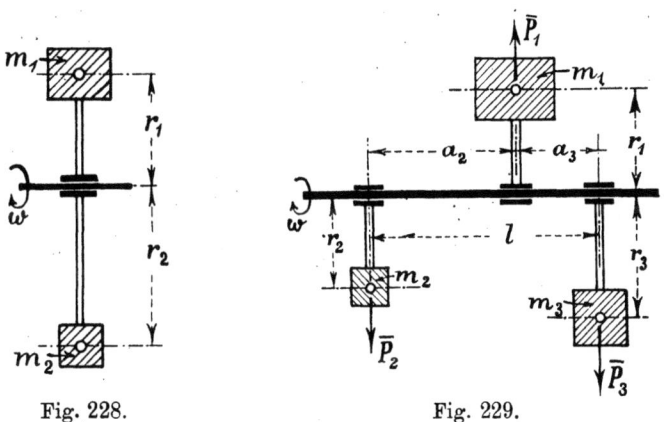

Fig. 228. Fig. 229.

Ausgleichmasse so anzuordnen, daß ihre Mittelebene in die der ersten Masse fällt (s. Fig. 228), so findet sich nach dem obigen Satze die Bedingungsgleichung

$$m_2 r_2 = m_1 r_1.$$

Ist die Unterbringung einer Ausgleichsmasse mit derselben Mittelebene nicht möglich (s. Fig. 229), so kann der Ausgleich nur durch zwei

Massen m_2 und m_3 geschehen. Damit der gemeinsame Schwerpunkt in die Drehachse fällt, muß zunächst die Gleichung

$$m_2 r_2 + m_3 r_3 = m_1 r_1$$

gelten. Damit ferner kein Kräftepaar aus den Massenwiderständen P_1, P_2 und P_3 entsteht, müssen für die drei Kräfte P_1 bis P_3 die bekannten Momentengleichungen erfüllt sein:

$$P_2 a_2 = P_3 a_3 \quad \text{oder} \quad m_2 r_2 a_2 = m_3 r_3 a_3;$$
$$P_2 l = P_1 a_3 \quad \text{oder} \quad m_2 r_2 l = m_1 r_1 a_3;$$
$$P_3 l = P_1 a_2 \quad \text{oder} \quad m_3 r_3 l = m_1 r_1 a_2.$$

Daß eine andere Gruppierung bei drei Massen, als mit parallelen Kurbelstellungen, unmöglich ist, wurde bereits auf Seite 360 allgemein nachgewiesen.

Soll z. B. die Kurbel nebst der im Kurbelzapfen angreifend zu denkenden halben Schubstangenmasse ausgeglichen werden (vgl. Seite 352) und ist eine unmittelbare rückwärtige Verlängerung der Kurbel nicht möglich, muß vielmehr das Gegengewicht seitlich herausgerückt werden, so kann ein vollständiger Ausgleich mit einer Masse um so weniger durchgeführt werden, je weiter die Masse von der Kurbelebene fortzurücken ist. Würde man, wie es mitunter geschieht, das Gegengewicht der Bequemlichkeit halber im Schwungrade unterbringen, so wäre die Aufgabe des Massenausgleichs nicht gelöst.

2. Ausgleich von mehreren sich drehenden Massen, deren Mittellinien einen Winkel miteinander bilden.

Wir können uns leicht davon überzeugen, daß beim Ausgleich sich drehender Massen, deren Mittellinien unter irgendwelchen Winkeln gegeneinander versetzt sind und die in verschiedenen Ebenen liegen, genau dieselben Bedingungen zu erfüllen sind, wie wir im vorigen Abschnitt für den Ausgleich erster Ordnung geradlinig hin und her bewegter Massen als gültig gefunden haben. Wir wollen diesen Nachweis für vier Massen m_1 bis m_4 mit den Halbmessern r_1 bis r_4 durchführen. Die vier Fliehkräfte $\bar{P}_1 = m_1 \bar{r}_1 \omega^2$, $\bar{P}_2 = m_2 \bar{r}_2 \omega^2$, $\bar{P}_3 = m_3 \bar{r}_3 \omega^2$ und $\bar{P}_4 = m_4 \bar{r}_4 \omega^2$ liefern auf irgendwelche, die Welle WW rechtwinklig schneidende, zueinander parallele Richtungslinien Projektionen: $P_1' = P_1 \cos \alpha_1$, $P_2' = P_2 \cos \alpha_2 \ldots$, die als Komponenten der vier Kräfte $\bar{P}_1$ bis $\bar{P}_4$ nach der gewählten Richtung ebenfalls im Gleichgewichte sein müssen. Da diese Bedingung für jede beliebige Richtungslinie erfüllt sein muß oder, was dasselbe ist, für jede be-

Ausgleich der Wirkungen der bewegten Massen. 381

liebige Stellung der vier Kurbeln, so haben wir in der Tat das Recht, an Stelle der Gleichgewichtsbedingungen für die vier Fliehkräfte $\overline{P}_1$ bis $\overline{P}_4$ diejenigen für die Kräfte P_1' bis P_4' zu setzen. Schließlich ersetzen wir die hierfür gültigen Bedingungen durch die im vorigen Abschnitt aufgestellten Gleichgewichtsbedingungen, d. h. wir untersuchen, wann sich die in einer Ebene gelegenen vier Drehstrecken $\overline{P}_1$ bis $\overline{P}_4$, die sich um vier Punkte I bis IV drehen, beständig das Gleichgewicht halten. Es mag betont werden, daß von vornherein beide Aufgaben nicht übereinstimmen: In unserem Falle drehen sich die vier Fliehkräfte in vier parallelen Ebenen senkrecht zur Welle; bei der Ersatzaufgabe,

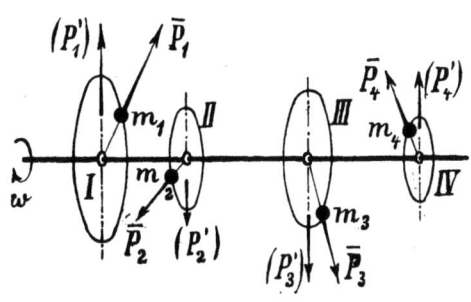

Fig. 230.

also bei der Zurückführung der jetzt vorliegenden Aufgabe auf die früher behandelte, drehen sich die vier Drehstrecken in derselben Ebene um die Kurbelmittelpunkte. Hierdurch ist die Aufgabe wesentlich erleichtert, weil nunmehr alles in einer Ebene vor sich geht, abgesehen davon, daß wir bereits die Lösung für die verschiedensten Fälle kennen gelernt haben.

Wir können auf Grund der Übereinstimmung der Bedingungsgleichungen zunächst einsehen, daß ein gegenseitiger Ausgleich von drei sich drehenden Massen nur möglich ist, wenn alle drei Halbmesser $\overline{r}_1$ bis $\overline{r}_3$ in einer Ebene liegen und die beiden äußeren entgegengesetzt gerichtet sind zu der inneren. Dies ist der bereits vorher unter 1. behandelte Fall.

Bei beliebigen Kurbelstellungen (der Kürze halber wollen wir die vom Drehpunkte nach dem Schwerpunkte hinführenden Halbmesser $\overline{r}$ einfach Kurbeln nennen) ist erst ein Ausgleich mit insgesamt vier Massen möglich. Sollen also zwei sich in verschiedenen Ebenen drehende Massen durch Gegengewichte ausgeglichen werden, so sind dazu mindestens zwei solche erforderlich und alle im 5. Kapitel unter B. b entwickelten Konstruktionen und Formeln sind hier unmittelbar zu verwenden.

Beispiel. Ausgleich der sich drehenden Massen bei Lokomotiven durch Gegengewichte, die in den Triebrädern untergebracht werden sollen.

Ist die Masse der eigentlichen Kurbel $= m'$, ihr Schwerpunktsabstand von der Wellenmitte $= r'$, der Kurbelhalbmesser $= r$, dann ist in dem Kurbelzapfen als sich drehende Masse noch die halbe Masse der Kuppelstange $\frac{1}{2} m_k$ und die halbe Schubstangenmasse $\frac{1}{2} m_s$ angreifend zu denken; liegt der Schwerpunkt der Schubstange nicht in der Mitte, sondern, wie es meist der Fall ist, näher am Kurbelzapfen, so ist der letztere Anteil entsprechend größer zu nehmen.

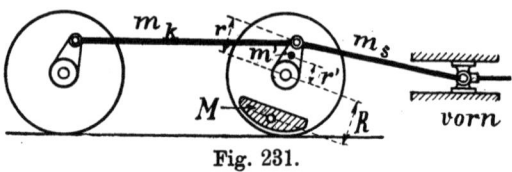

Fig. 231.

Die in den Triebrädern anzubringende Masse des Gegengewichtes sei M, ihr Schwerpunktsabstand von der Wellenmitte $= R$, ferner betrage der Abstand der Gegengewichte von der Längsmittellinie der Lokomotive b ($= 750$ mm), der Abstand des Kurbelzapfens von dieser Mittellinie a ($a = 1000$ mm bei außenliegenden, $a = 250$ mm bei innenliegenden Zylindern); dann können mit den gegebenen

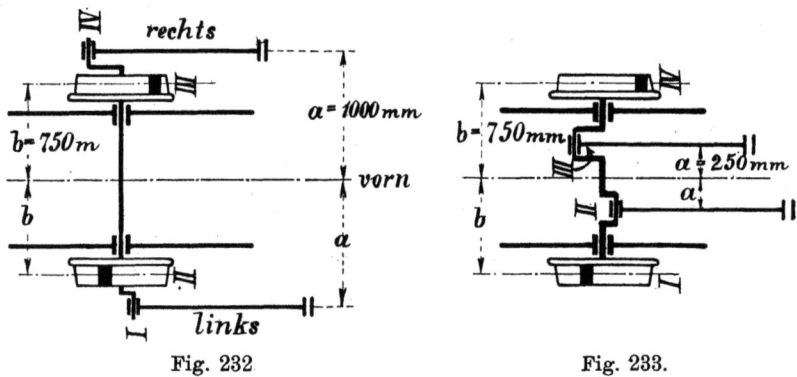

Fig. 232.   Fig. 233.

Abständen a und b die vier Kurbelmittelpunkte aufgezeichnet und die vier Kurbelrichtungen (d. h. die beiden unter 90° versetzten Triebkurbeln und die beiden zu suchenden Mittellinien der Gegengewichte) dazu in perspektivische Lage gebracht werden. Setzen wir z. B. links und rechts gleich große auszugleichende Massen voraus, so wird sowohl das Kurbeldiagramm wie das Kräfteviereck symmetrisch.

Für außenliegende Zylinder sind die Kurbelstellungen und die Verhältnisse für die Größen der Gegengewichte aus Fig. 234, für innenliegende Zylinder aus Fig. 235 zu entnehmen.

Zunächst sehen wir aus den Figuren, daß die Gegengewichte nicht in der geraden Verlängerung der Triebkurbeln liegen, sondern um einen spitzen Winkel γ davon abweichen. Nach Fig. 234, d. h. bei außenliegenden Zylindern, eilt, wenn die linke Maschinenkurbel der rechten um 90^0 voreilt, das linke Gegengewicht der linken Kurbel um weniger als 180^0, das rechte Gegengewicht der rechten Kurbel dagegen um mehr als 180^0 nach, oder anders ausgedrückt: die Gegengewichte weichen von der geraden Verlängerung der zugehörigen Kurbel nach der anderen Kurbel hin ab. Bei innenliegenden Zylindern (Fig. 235) ist das Umgekehrte der Fall: eilt

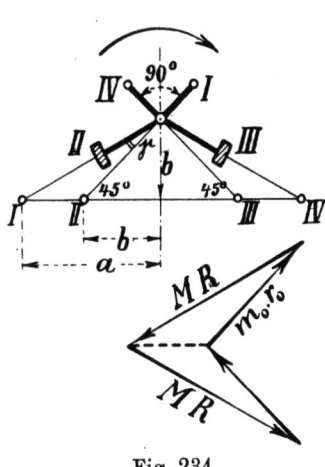
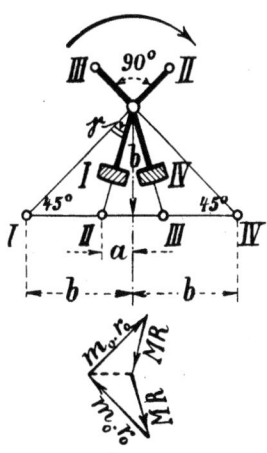

Fig. 234.

I = linke Kurbel, IV = rechte Kurbel, II = linkes Gegengewicht, III = rechtes Gegengewicht.

Fig. 235.

II = linke Kurbel, III = rechte Kurbel, I = linkes Gegengewicht, VI = rechtes Gegengewicht.

die linke Maschinenkurbel der rechten um 90^0 vor, so eilt das linke Gegengewicht der linken Kurbel um mehr als 180^0, das rechte Gegengewicht der rechten Kurbel um weniger als 180^0 nach, oder: die Gegengewichte weichen von der geraden Verlängerung der zugehörigen Kurbel so ab, daß sie mit der anderen Kurbel einen stumpfen Winkel bilden.

Ferner erkennen wir, daß bei außenliegenden Zylindern die Gegengewichte viel größer ausfallen als bei innenliegenden Zylindern. Aus den Figuren lassen sich unmittelbar auch folgende rechnerischen Beziehungen ablesen:

1. für außenliegende Zylinder:
$$MR : m_0 r_0 = OI : OII = \sqrt{a^2 + b^2} : \sqrt{b^2 + b^2}$$
oder
$$MR = m_0 r_0 \cdot \sqrt{\frac{a^2 + b^2}{2 b^2}} = m_0 r_0 \sqrt{\frac{1000^2 + 750^2}{2 \cdot 750^2}} = 1{,}18\, m_0 r_0;$$

2. für innenliegende Zylinder ebenso:

$$MR : m_0 r_0 = OII : OI = \sqrt{a^2 + b^2} : \sqrt{b^2 + b^2}$$

oder

$$MR = m_0 r_0 \cdot \sqrt{\frac{a^2 + b^2}{2 b^2}} = m_0 r_0 \cdot \sqrt{\frac{250^2 + 750^2}{2 \cdot 750^2}} = 0{,}745\, m_0 r_0.$$

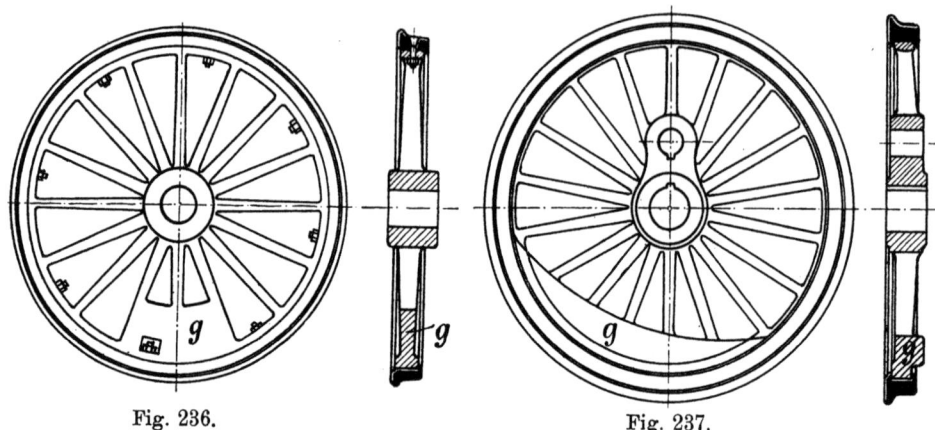

Fig. 236. Fig. 237.

Der Winkel γ, um den die Mittellinie des Gegengewichtes von der Kurbelverlängerung abweichen muß, findet sich für außenliegende Zylinder aus folgender Gleichung:

$$\frac{a}{b} = \operatorname{tg}(45^0 + \gamma) = \frac{\operatorname{tg} 45^0 + \operatorname{tg}\gamma}{1 - \operatorname{tg} 45^0 \cdot \operatorname{tg}\gamma} = \frac{1 + \operatorname{tg}\gamma}{1 - \operatorname{tg}\gamma}$$

$$\operatorname{tg}\gamma = \frac{a-b}{a+b} = \frac{1}{7},$$

für innenliegende Zylinder aus:

oder

$$\frac{b}{a} = \operatorname{tg}(45^0 + \gamma) = \frac{1 + \operatorname{tg}\gamma}{1 - \operatorname{tg}\gamma}$$

oder

$$\operatorname{tg}\gamma = \frac{b-a}{a+b} = \frac{1}{2}.$$

Übliche Anordnungen der Gegengewichte in den Triebrädern siehe Fig. 236 und Fig. 237.

3. Vollkommener Ausgleich geradlinig bewegter Massen durch sich drehende Massen.

Zunächst wäre grundsätzlich die Frage zu beantworten, ob denn überhaupt ein vollkommener Ausgleich geradlinig bewegter Massen durch sich drehende Massen möglich ist? Wir wollen die

Frage nur für solche Massen beantworten, die durch ein Kurbelgetriebe hin und her bewegt werden, und uns dabei mit den Massendrücken I. Ordnung begnügen, deren Größe P' also durch Projektion einer gleichförmig umlaufenden Drehstrecke $\bar{P}$ gefunden wird. Dann läßt sich allerdings durch mehrere sich drehende Massen ein solcher Ausgleich bewirken, wovon wir uns folgendermaßen überzeugen können.

Wir drehen z. B. mittels zweier gleich großer Zahnräder Z_1 und Z_2 zwei gleiche Massen m_1 und m_2 mit gleicher Winkelgeschwindigkeit ω in entgegengesetzter Richtung; die Anfangsstellung beider Massen sei so, daß ihre Mittellinien mit der Zentrale stets denselben Winkel α einschließen (s. Fig. 238). Dann fällt die Resultierende $\bar{R}$ aus den beiden Fliehkräften $\bar{P}_1$ und $\bar{P}_2$ stets in die Symmetrielinie, und es wird

$$R = 2 P_1 \sin \alpha.$$

Vollführt nun in dieser Symmetrielinie eine Masse M eine harmonische Schwingung entsprechend der gleichen Winkelgeschwindigkeit ω, und zwar so, daß

$$P = 2 P_1 \sin \alpha$$

ist, so halten sich $\bar{R}$ und $\bar{P}$ stets das Gleichgewicht; die geradlinig bewegte Masse M ist durch die beiden sich drehenden Massen m_1 und m_2 vollkommen ausgeglichen. Wir erkennen also die Möglichkeit dieses Ausgleichs, wenn auch gleich hinzugefügt werden muß, daß für große Massen die technisch erforderlichen Mittel nicht einfach werden. In der Tat hat man bisher von dieser Art des Ausgleichs geradlinig bewegter Massen durch sich drehende Massen nur selten Gebrauch gemacht[1]. Man begnügt sich vielmehr mit einem teilweisen Ausgleich oder besser gesagt mit einem Ersatz

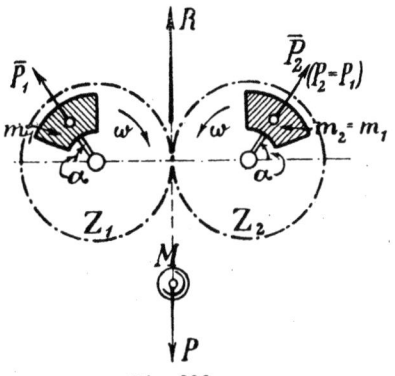

Fig. 238.

---

[1] Einen Ausgleich hin und her gehender Massen durch rotierende Massen zeigt z. B. eine schon im Jahre 1879 von C. Bach entworfene Z. d. V. d. Ing. 1880, S. 113 beschriebene Dampffeuerspritze nach D. R. P. Nr. 8063, bei der allerdings die beiden direkt wirkenden Dampfpumpen unter 90° zueinander geneigte Mittelachsen haben; ihre Massendrücke liefern deshalb eine konstante Drehstrecke als Resultierende und können daher durch eine rotierende Gegenmasse ausgeglichen werden. Eine neuzeitliche Anwendung des Massenausgleichs durch umlaufende Massen siehe Z. d. V. d. Ing. 1920 S. 759: „Die Fernübertragung von Bodenerschütterungen bei Maschinen mit hin- und hergehenden Massen" von Gerb. Es wurden bei einer 650/850 PS Tandem-Dampfmaschine auf die oben angegebene Weise sowohl die Massenkräfte I. O., wie auch die II. O. vollkommen beseitigt.

Tolle, Regelung. 3. Aufl.

der in einer Richtung auftretenden Massendrücke durch solche in einer anderen (zur ersten rechtwinkligen) Richtung, wobei die Umwandlung durch sich drehende Massen bewirkt wird.

4. Richtungsänderung der Massendrücke geradlinig bewegter Massen durch sich drehende Massen.

Eigentlich verdient ein solches Verfahren, bei dem die Massendrücke nach der einen Richtung zwar beseitigt, dafür aber (gleich große) Massendrücke nach einer anderen Richtung erzeugt werden, nicht den Namen Massenausgleich. Trotzdem kann diese Umänderung praktisch von Nutzen sein, nämlich dann, wenn die Kräfte nach der neuen Richtung für die Ruhe der Maschine weniger nachteilig wirken als nach der alten Richtung.

Betrachten wir einmal eine liegende Maschine, die mit dem Fundamente durch Anker verbunden ist. Wir sahen unter B. S. 344, daß entsprechend den nicht ausgeglichenen Massendrücken der geradlinig hin und her bewegten Teile (Kolben, Kreuzkopf usf.) die ganze Maschine wagerechte Kräfte erfährt, die das Gestell auf dem Fundamente zu verschieben trachten. Diese Kräfte müssen durch die Verbindungskonstruktionen abgefangen werden. Ist eine ausreichende Verbindung zwischen Maschine und Fundament gesichert, so suchen die Verschiebungskräfte Maschine und Fundament hin und her zu bewegen. Nur durch sehr schwere Fundamente können die Zuckungen praktisch zum Verschwinden gebracht werden. Im anderen Falle treten tatsächlich kleine Bewegungen ein, die natürlich die Ruhe der Maschine im ungünstigen Sinne beeinflussen.

Gelingt es nun, diese wagerechten Massenwiderstände durch senkrechte Kräfte zu ersetzen, so werden die Verhältnisse wesentlich gebessert. Die Fundamentanker erfahren jetzt keine Querkräfte mehr, sondern nur leichter zu beherrschende Längskräfte, das Fundament wird nicht mehr hin und her geschoben, sondern nur stärker oder weniger stark gegen den Boden gepreßt, kurz, die Maschine wird zweifellos ruhiger bleiben. Natürlich dürfen etwaige nach oben gerichtete Vertikalkräfte nicht so groß werden, daß sie das Gewicht der Maschine überschreiten und so diese von dem Fundamente abheben.

Wie können wir nun diese Umwandlung der wagerechten Massendrücke in senkrechte durch umlaufende Massen bewerkstelligen?

Lassen wir mit der Kurbelwelle eine in der Verlängerung der Kurbelrichtung angebrachte Masse M sich drehen (Fig. 239), so übt diese einen Massenwiderstand, eine Fliehkraft $= MR\omega^2$ aus, die wir in zwei Komponenten zerlegen können: in die wagerechte Komponente $P_1 = MR\omega^2 \cdot \cos\alpha$ und die senkrechte $P_2 = MR\omega^2 \cdot \sin\alpha$. Beachten wir, daß (für $\lambda = 0$) der Massendruck der geradlinig bewegten Teile $P' = m r \omega^2 \cdot \cos \alpha$ ebenfalls mit $\cos \alpha$ proportional wächst, so erkennt man, daß es möglich ist, P' durch P_1 aufzuheben; hierzu ist nötig, daß $MR\omega^2 = mr\omega^2$ oder $MR = mr$ gemacht wird. Kann das Gegengewicht nicht in der Mittelebene der geradlinig bewegten Teile angebracht werden, oder handelt es sich um den Ausgleich mehrerer Massen, so sind die weiteren früher aufgestellten Bedingungen zu erfüllen.

Fig. 239.

Die wagerechten Massendrücke sind nun beseitigt, dafür haben wir aber die senkrechten Komponenten $P_2 = MR\omega^2 \cdot \sin \alpha$ hinzugefügt. Ihre Werte schwanken genau in den Grenzen (von $MR\omega^2$ nach unten bis $MR\omega^2$ nach oben gerichtet) wie die auszugleichenden wagerechten Massendrücke. Es sind durch die umlaufenden Gegengewichte in der Tat nur die Richtungslinien der Massendrücke um 90° gedreht worden. Würden die entstehenden neuen Massendrücke in bezug auf die Ruhe der Maschine gleich nachteilig oder gar schädlicher wirken als die ursprünglichen, so hätte ein solcher Ausgleich natürlich gar keinen Sinn, er müßte durchaus verworfen werden. Dieser Fall liegt z. B. vor bei stehenden Maschinen. Bei diesen sind offenbar die senkrechten Massenkräfte unbedenklich, wagerechte Drücke aber im höchsten Grade schädlich. Die auf und ab gehenden Massen bei stehenden Maschinen durch sich drehende Gegengewichte auszugleichen, wäre also widersinnig.

5. Der ruhige Gang der Lokomotiven[1]).

Bei den Lokomotiven hat man stets einen Massenausgleich mittels umlaufender Gegengewichte durchgeführt; sie bieten uns ein lehrreiches Beispiel für die Anwendung der vorstehenden Entwicklungen. Wir schließen von unseren Betrachtungen die aus den Unregelmäßigkeiten der Geleislage entspringenden senkrechten und wagerechten Bewegungen[2]), die man durch gute Federung des

---

[1]) Vgl. den Aufsatz von Geh. Reg. v. Borries, Neuere Fortschritte im Lokomotivbau. Z. d. V. d. Ing. 1902, S. 1349 u. f. Ferner die Bearbeitung des Abschnittes „Bewegung der Lokomotiven in geraden Strecken und Bögen" von Baurat Baumann in der 3. Auflage der Eisenbahntechnik der Gegenwart, 1. Bd. 1. Abschn. 1. Teil 1. Hälfte S. 138 u. f.

[2]) Die infolge der Federung durch Nachgiebigkeit des Geleises und durch den senkrechten Kreuzkopfdruck entstehenden Schwingungen und Schienendrücke behandelt Prof. J. Jahn in einem Aufsatz „Das Wanken der Lokomotiven unter Berücksichtigung des Federspiels", Z. d. V. d. Ing. 1909, S. 521 u. f.

Fahrzeuges unschädlich zu machen sucht, aus, ebenso wie das sog. Schlingern, das Hin- und Herschleudern der Lokomotive, das durch den seitlichen Spielraum der Radkränze zwischen den Schienen ermöglicht, durch Zufälligkeiten hervorgerufen wird und durch den Rückstoß der anlaufenden Spurkränze von den Schienen erhalten bleibt. Diese schädlichen Bewegungen können nur durch einen langen Radstand oder durch recht leicht gebaute Drehgestelle eingeschränkt werden.

Die umlaufenden Massen (Kurbeln, Kuppelstangen, halbe Schubstangen) denken wir durch Gegengewichte vollkommen ausgeglichen, die geradlinig bewegten dagegen nur teilweise, so daß noch als nicht ausgeglichene Masse auf jeder Seite m_n übrig bleibt. Wäre nun die **Lokomotive ein freischwebender Körper**, an dem nur innere Kräfte wirkten, so würde sich nach dem Satze vom Schwerpunkte, wie wir früher erkannten, der Gesamtpunkt gleichförmig bewegen. Gingen also die Massen m_n um $2r$ vor und zurück, so müßte der übrige Lokomotivkörper die umgekehrte Bewegung ausführen. Würden die beiden Kurbeln links und rechts die gleiche Richtung haben, so entstände als resultierender Massendruck stets eine in der Längsachse der Lokomotive liegende Kraft, der übrige Körper vollführte nur reine Parallelverschiebungen vor und zurück, die man als Zucken bezeichnet. Da nun aber die beiden Kurbeln gegeneinander versetzt sind, so wandert die Resultierende der beiden Massenwiderstände seitlich hin und her, oder anders ausgedrückt: es entsteht neben der Resultierenden in der Längsachse, die das Zucken bewirkt, noch ein Kräftepaar, das ein Drehen des übrigen Körpers um eine senkrechte Achse hervorruft.

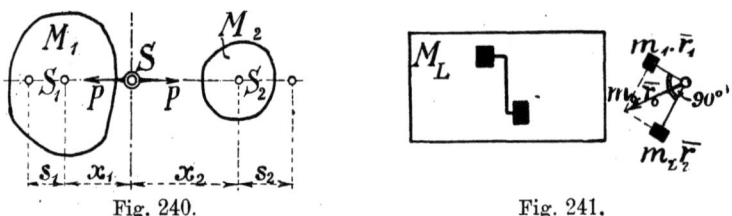

Fig. 240.   Fig. 241.

Wir wollen zunächst die Größe der beiden Bewegungen, der Zuck- und der Drehbewegung, auf Grund der Annahme einer freischwebenden, also nicht in horizontaler Richtung durch die Schienen gestützten Lokomotive mit zwei unter 90^0 versetzten Kurbeln bestimmen.

Da der Schwerpunkt unter der Wirkung lediglich innerer Kräfte P (gegenüber dem gleichförmigen fortschreitenden Gesamtsystem) an seinem Orte bleibt, so gilt für die Schwerpunktsabstände x_1 und x_2 der beiden Massen M_1 und M_2 in Fig. 240 von dem gemeinsamen Schwerpunkte S:

$$M_1 x_1 = M_2 x_2,$$

und nach der Verschiebung um s_1 und s_2:

$$M_1(x_1 + s_1) = M_2(x_2 + s_2);$$

für die beiden Verschiebungen der Einzelschwerpunkte S_1 und S_2 folgt daraus
$$M_1 s_1 = M_2 s_2$$
oder
$$s_1 : s_2 = M_2 : M_1,$$

d. h. die gegenseitigen Verschiebungen verhalten sich umgekehrt wie die Massen.

Weiter wissen wir, daß statt zweier Drehstrecken (die Massenwiderstände der beiden unausgeglichenen Massen m_1 und m_2 finden wir als Projektion zweier solcher Drehstrecken, nämlich von $m_1 \bar{r}$ und $m_2 \bar{r}$, die um 90^0 gegeneinander versetzt sind) eine resultierende Drehstrecke $m_0 \bar{r}_0$ gesetzt werden kann, die sich als geometrische Summe aus beiden ergibt zu:

$$m_0 \bar{r}_0 = m_1 \bar{r} + m_2 \bar{r};$$

bei einem Versetzungswinkel von 90^0 wird also

$$m_0 r_0 = \sqrt{(m_1 r)^2 + (m_2 r)^2} = r\sqrt{m_1^2 + m_2^2}.$$

Würden links und rechts beide Massen gleich groß: $m_1 = m_2 = m_n$ sein, so fände man
$$m_0 r_0 = r m_n \sqrt{2}.$$

Die an Stelle der beiden Massen m_1 und m_2 getretene Ersatzmasse m_0 verschiebt sich also bei jeder Kurbelumdrehung um $2r_0$ vorwärts und rückwärts; dementsprechend rückt der Lokomotivkörper von der Masse M_L nach rückwärts und vorwärts um die Strecke z, die sich aus der oben aufgestellten Gleichung berechnen läßt:

$$M_L z = m_0 2 r_0 = 2 m_0 r_0 = 2 r \sqrt{m_1^2 + m_2^2}$$
oder
$$z = 2r \frac{\sqrt{m_1^2 + m_2^2}}{M_L}.$$

Insbesondere ist für zwei gleiche Massen $m_1 = m_2 = m_n$:

$$z = 2r \frac{m_n \sqrt{2}}{M_L}.$$

Bei der $^2/_4$ gekuppelten Schnellzuglokomotive der preußischen Staatsbahnen sind nur $16^0/_0$ der hin und her bewegten Massen ausgeglichen. Ihr Gewicht ist $= 270$ kg, nicht ausgeglichen bleibt also rechts und links ein Gewicht $g_n = 0{,}84 \cdot 270 = 225$ kg, während das Gewicht der Lokomotive einschließlich Tender ~ 80000 kg beträgt. Setzt man diese Zahlenwerte in die letzte Gleichung ein, indem man beachtet, daß der zur Umrechnung der Gewichte in die Massen einzuführende Faktor $\dfrac{1}{g}$ sich in dem Bruche hebt, so erhält man mit dem Kurbelhalbmesser $r = 300$ mm:

$$z = 2 \cdot 300 \cdot \frac{225 \sqrt{2}}{80000} = 2{,}4 \text{ mm}.$$

Man sieht daraus, daß das Zucken zwar vorhanden, aber kaum als schädlich bezeichnet werden kann.

Stellen wir uns weiter vor, zwei Körper drehen sich um eine gemeinsame Achse gegeneinander lediglich durch innere Kräfte; auf den ersten Körper möge ein linksdrehendes, auf den zweiten ein rechtsdrehendes Kräftepaar mit dem Moment $\mathfrak{M}$ wirken. Dann erfährt der erste Körper bekanntlich eine Winkelbeschleunigung

$$\vartheta_1 = \frac{\mathfrak{M}}{J_1}$$

und der zweite Körper eine Winkelbeschleunigung

$$\vartheta_2 = \frac{\mathfrak{M}}{J_2},$$

wenn J_1 und J_2 die Trägheitsmomente der beiden Körper, bezogen auf die gemeinsame Drehachse, bedeuten (Fig. 242). Setzen wir zur Vereinfachung der Rechnung $\mathfrak{M}$ als konstant voraus, so werden auch ϑ_1 und ϑ_2 konstant, und als Folge der Winkelbeschleunigungen ϑ_1 und ϑ_2 ergeben sich in der Zeit t die Drehwinkel

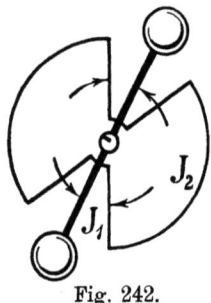

Fig. 242.

$$\alpha_1 = \frac{\vartheta_1 t^2}{2} \quad \text{und} \quad \alpha_2 = \frac{\vartheta_2 t^2}{2}.$$

Führt man hierin die obigen Werte für ϑ_1 und ϑ_2 ein, so erhält man

$$\alpha_1 = \frac{\mathfrak{M} t^2}{2} : J_1 : \quad \alpha_2 = \frac{\mathfrak{M} t^2}{2} : J_2$$

und daraus $\dfrac{\alpha_1}{\alpha_2} = \dfrac{J_2}{J_1}$ oder $J_1 \alpha_1 = J_2 \alpha_2$.

Für die durch innere Kräfte bewirkte gegenseitige Verdrehung zweier Teile eines Massensystems um die Winkel α_1 und α_2 gelten also dieselben Beziehungen, die wir für die gegenseitige Verschiebung gefunden haben, wenn die Verschiebungen durch die Drehwinkel und die Massen durch die Trägheitsmomente ersetzt werden.

Setzen wir bei unserem Beispiel an Stelle der beiden Drehstrecken $m_1 r$ und $m_2 r$ wieder die resultierende Drehstrecke $m_0 r_0 = r \sqrt{m_1^2 + m_2^2}$ und beachten, daß die Ersatzmasse m_0 ebenso wie die beiden Einzelmassen im Abstande a von der Längsachse der Lokomotive entfernt ist, so bedeutet eine Längsverschiebung $2 r_0$ vor und zurück einen Drehwinkel $\alpha_1 = 2 r_0 : a$ links und rechts herum. Nennen wir das Trägheitsmoment der Lokomotive (ohne Achsen und Räder) bezogen auf die senkrechte Schwerachse J_2 und den gesuchten Winkel der Drehung für die Lokomotive α_2, so ist

$$J_2 \alpha_2 = J_1 \alpha_1.$$

Setzt man hierin $\alpha_1 = \dfrac{2 r_0}{a}$ und $J_1 = m_0 a^2$, so wird

$$J_2 \alpha_2 = \frac{2 r_0}{a} \cdot m_0 a^2 = 2 r_0 m_0 \cdot a = 2 r \sqrt{m_1^2 + m_2^2} \cdot a$$

oder
$$\alpha_2 = \frac{2 r \sqrt{m_1^2 + m_2^2} \cdot a}{J_2}.$$

Beträgt die halbe Rahmenlänge der Lokomotive $\tfrac{1}{2} l$, so würde ein Punkt am Ende des Rahmens um

$$x = \alpha_2 \cdot \frac{l}{2} = \frac{r \sqrt{m_1^2 + m_2^2}}{J_2} a l$$

seitlich hin und her pendeln.

Für die oben genannte Schnellzuglokomotive ist z. B.

$$l = 9{,}2 \text{ m}, \quad a = 1{,}02 \text{ m}, \quad r = 300 \text{ mm},$$

$$J_2 = \frac{41\,000}{g} \cdot 2{,}4^2 \text{ mkg};$$

oben fanden wir $m_1 = m_2 = m_n = \dfrac{225}{g}$, folglich wird der Ausschlag am Rahmenende:

$$x = 300 \cdot \frac{225 \sqrt{2}}{41\,000 \cdot 2{,}4^2} \cdot 1{,}02 \cdot 9{,}2 = 3{,}8 \text{ mm}.$$

Für innenliegende Zylinder wäre $a = 0{,}25$ m, daher

$$x = 3{,}8 \cdot \frac{0{,}25}{1{,}02} = 0{,}93 \text{ mm},$$

d. h. die seitliche Schwankung infolge des Drehens durch unausgeglichene Massen vernachlässigbar klein.

Gestatten die seitlichen Spielräume nicht die berechneten, durch die Drehung hervorgerufenen Seitenschwankungen, so erfahren die Anläufe der Achszapfen und weiter die Radkränze um so größere seitliche Drücke, je kleiner der Radstand, d. h. die Entfernung der Achsen voneinander ist. Man pflegt daher den nichtausgeglichenen

Teil der hin und her bewegten Massen um so größer zu wählen je größer der Radstand ist.

Die bisher gemachte Annahme trifft nun offenbar nicht zu: die **Lokomotive ist kein freischwebender Körper.** Daß sich diese falsche Rechnungsweise über 50 Jahre unbeanstandet in der Literatur erhalten hat, liegt wohl in erster Linie daran, daß der Begründer der Theorie der störenden Bewegungen der Lokomotive, F. Redtenbacher, in seinem klassischen Werke: Die Gesetze des Lokomotivbaues (Mannheim 1855), von dieser Annahme ausgegangen ist und an der Autorität des Altmeisters des theoretischen Maschinenbaus kaum jemand zu rütteln wagte. Dazu kommt allerdings ein merkwürdiger Zufall, daß nämlich bei der verbreitetsten Anordnung, der Zwillinglokomotive mit 90° Kurbelversatz, der Einfluß der horizontalen Schienenstützkraft auf das Zucken verschwindet, daß also hierfür die nicht zutreffende Voraussetzung der „freihängenden" Lokomotive wenigstens hinsichtlich der Zuckkraft das gleiche Ergebnis liefert, wie die Berücksichtigung der horizontalen Stützung durch die Schienen. Eine einwandsfreie Lösung der Aufgabe wurde erst durch Lihotzky (Lokomotive, August 1907) und Strahl (Glasers Annalen, Juli 1907) angebahnt und in durchsichtiger Weise von Jahn in seinem Aufsatz: Ein Beitrag zur Lehre von den Gegengewichten der Lokomotive (Organ für die Fortschritte des Eisenbahnwesens, 1911, S. 163 u. f.) gegeben.

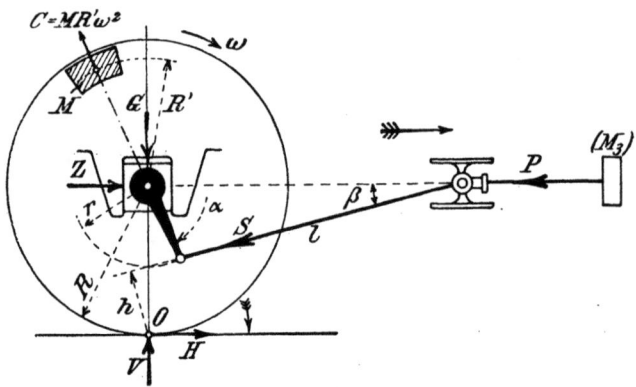

Fig. 243.

Um das wirkliche Verhalten der auf Schienen gestützten Lokomotive zu erkennen, muß man vor allem beachten, daß die Schienen auf die Räder nicht nur einen vertikalen Gegendruck V, sondern auch eine horizontale Stützkraft H ausüben. Um deren Einfluß festzustellen, betrachten wir in Fig. 243 ein einzelnes Triebwerk mit dem Kurbelhalbmesser r, der Schubstangenlänge l, also dem Verhältnis $r:l=\lambda$ und der hin und her gehenden Masse M_3; der Radhalbmesser sei R, das umlaufende Gegengewicht habe die Masse M und einen Schwerpunktsabstand von der Achsmitte $=R'$. Auf das Rad wirken alsdann folgende Kräfte, die im Gleichgewicht sein müssen:

1. die Stangenkraft $S=P:\cos\beta$, herrührend von der Kolbenstangenkraft P (die aus Dampfüberdruck und Massenwiderstand besteht),
2. die Fliehkraft des Gegengewichtes $C=MR'\omega^2$,
3. die horizontale Stützkraft H und die vertikale Stützkraft V der Schiene,
4. der Anteil G des Lokomotivgewichtes und
5. der horizontale Druck Z des Rahmens; die entsprechende Gegenkraft des Lagers gegen den Rahmen, also $=-Z$, müssen wir als Zuckkraft auffassen, denn sie erteilt der Lokomotive die uns interessierenden Zuckbeschleunigungen.

Der Einfluß der Fliehkraft C des Gegengewichtes, soweit dieses nicht von vornherein zum Ausgleich der Kurbel und des Stangenanteils dient, auf die Größe der Zuckkraft ist leicht festzustellen: denken wir C bis zum Achsmittelpunkt verschoben und dort in eine vertikale Komponente $C\sin\alpha$ und eine horizontale Komponente $C\cos\alpha$ zerlegt, so wird die erste sofort durch den vertikalen Schienendruck aufgehoben (wenn sie nach unten wirkt, bzw. sie vermindert den senkrechten Schienendruck, wenn sie wie in Fig. 243 nach oben wirkt), die Horizontalkomponente $C\cos\alpha$ tritt dagegen in voller Stärke als Zuckkraft auf.

Die von der Kolbenkraft P herrührende Stangenkraft S erzeugt eine Zuckkraft Z, die wir am bequemsten finden, indem wir für O als Momentenpunkt die Momentengleichung ansetzen:

$$ZR=Sh \quad \text{oder} \quad Z=\frac{Sh}{R};$$

nach Fig. 243 ergibt sich $h=R\cos\beta-r\sin(\alpha+\beta)$, folglich wird

$$Z=\frac{P}{R\cos\beta}[R\cos\beta-r\sin(\alpha+\beta)]=P\left[1-\frac{r}{R}(\sin\alpha+\cos\alpha\,\mathrm{tg}\,\beta)\right].$$

Setzt man mit Rücksicht auf die Kleinheit von β statt $\mathrm{tg}\,\beta$ $\sin\beta$ und beachtet, daß $r\sin\alpha=l\sin\beta$, also $\sin\beta=\frac{r}{l}\sin\alpha=\lambda\sin\alpha$ ist, so erhält man schließlich

$$Z=P\left[1-\frac{r}{R}(\sin\alpha+\lambda\sin\alpha\cos\alpha)\right]=P\left[1-\frac{r}{R}\left(\sin\alpha+\frac{\lambda}{2}\sin 2\alpha\right)\right].$$

Da wir hier nur den Massenausgleich verfolgen wollen, fassen wir P lediglich als Massenwiderstand der hin und her gehenden Massen auf, setzen also

$$P = M_3 r \omega^2 (\cos \alpha + \lambda \cos 2\alpha)$$

und finden so die Zuckkraft

$$Z = M_3 r \omega^2 (\cos \alpha + \lambda \cos 2\alpha) \left[1 - \frac{r}{R} \left(\sin \alpha + \frac{\lambda}{2} \sin 2\alpha \right) \right].$$

Durch Ausmultiplizieren, Fortlassen des Gliedes mit λ^2 und Umformung[1]) der Produkte der trigonometrischen Funktionen erhalten wir schließlich die von den **hin und her gehenden Massen stammende Zuckkraft**:

$$Z = M_3 r \omega^2 \left[\cos \alpha + \frac{\lambda r}{4R} \sin \alpha + \lambda \cos 2\alpha - \frac{r}{2R} \sin 2\alpha - \frac{3\lambda r}{4R} \sin 3\alpha \right]$$
$$\dots \dots (164)$$

Sie setzt sich hiernach aus Gliedern I., II. und III. Ordnung zusammen; die Glieder mit dem Faktor λ rühren zweifellos von der endlichen Schubstangenlänge her, wobei das zweite Glied praktisch wohl ohne weiteres, vielleicht auch das letzte Glied vernachlässigt werden dürfte, nicht so das dritte Glied, das mit dem vierten Glied etwa von gleicher Größenordnung ist, da $\frac{r}{R}$ zwischen $\frac{1}{2}$ und $\frac{1}{3}$ liegt. Die Glieder mit dem Faktor $\frac{r}{R}$ bringen den Einfluß der horizon-

---

[1]) Derartige Umformungen, denen wir schon mehrfach begegneten, lassen sich am einfachsten mit Hilfe der **Euler**schen Formeln:

$$\sin \alpha = \frac{e^{i\alpha} - e^{-i\alpha}}{2i} \quad \text{und} \quad \cos \alpha = \frac{e^{i\alpha} + e^{-i\alpha}}{2}$$

durchführen. Wir schreiben zunächst

$$(\cos \alpha + \lambda \cos 2\alpha)\left(1 - \frac{R}{r}\sin\alpha - \frac{\lambda r}{2R}\sin 2\alpha\right) = \cos\alpha + \lambda\cos 2\alpha$$
$$- \frac{r}{R}\sin\alpha\cos\alpha - \frac{\lambda r}{R}\sin\alpha\cos 2\alpha - \frac{\lambda r}{2R}\sin 2\alpha\cos\alpha$$

und fassen die beiden letzten Glieder zusammen zu:

$$-\frac{\lambda r}{2R}(2\sin\alpha\cos 2\alpha + \sin 2\alpha\cos\alpha),$$

setzen dann nach den **Euler**schen Formeln

$$(2\sin\alpha\cos 2\alpha + \sin 2\alpha\cos\alpha)$$
$$= 2\frac{e^{i\alpha}-e^{-i\alpha}}{2i}\frac{e^{2i\alpha}+e^{-2i\alpha}}{2} + \frac{e^{2i\alpha}-e^{-2i\alpha}}{2i}\frac{e^{i\alpha}+e^{-i\alpha}}{2} = \frac{3}{2}\frac{e^{3i\alpha}-e^{-3i\alpha}}{2i}$$
$$-\frac{1}{2}\frac{e^{i\alpha}-e^{-i\alpha}}{2i} = \frac{3}{2}\sin 3\alpha - \frac{1}{2}\sin\alpha;$$

folglich wird der ganze trigonometrische Ausdruck

$$= \cos\alpha + \frac{\lambda r}{4R}\sin\alpha + \lambda\cos 2\alpha - \frac{r}{2R}\sin 2\alpha - \frac{3\lambda r}{4R}\sin 3\alpha,$$

wie in Gl. 164 angegeben ist.

talen Schienenstützkraft zur Geltung; würde man $R=\infty$ setzen, so würden diese Glieder gleich Null, wir hätten gleichsam den Fall der an unendlich langen Ketten aufgehängten Lokomotive. Da eine mit dem Rade fest verbundene sich drehende Masse genau die Zuckkraft $C\cos\alpha = MR'\omega^2\cdot\cos\alpha$ liefern würde, so erkennen wir aus Gl. 164, daß durch rotierende Gegengewichte niemals ein vollkommener Ausgleich (auch nicht lediglich in horizontaler Richtung) der Wirkung der hin und her gehenden Massen der einzelnen Triebwerke einer Lokomotive möglich ist; nur die Glieder I. Ordnung in Gl. 164 könnten durch umlaufende Gegengewichte ausgeglichen werden, und zwar genau genommen durch je ein Gegengewicht, das um einen kleinen Winkel φ_0 gegen die gerade Verlängerung der Kurbelrichtung nacheilt $\left(\text{so daß tg}\,\varphi_0 = \dfrac{\lambda r}{4R}\right)$.

Streben wir einen Ausgleich der Wirkungen der hin und her gehenden Massen an der gesamten Lokomotive an, so müssen wir auf Grund der Gl. 164 dafür sorgen, daß sowohl die resultierende Kraft wie auch das resultierende Drehmoment aus den Zuckkräften aller Triebwerke gleich Null wird. Betrachten wir zu diesem Zwecke einmal die Zwillingsmaschine mit 90° Kurbelversatz, so ergibt die geometrische Addition der beiden Drehstrecken, die die Glieder II. Ordnung darstellen, die also wegen der vorzunehmenden Verdoppelung des Versatzwinkels um 180° gegeneinander versetzt erscheinen, bei zwei gleich schweren Getrieben die Summe Null, d. h. die Glieder II. Ordnung (und damit auch das von der Einwirkung der horizontalen Schienenstützung stammende Glied) fallen aus, die unrichtige Auffassung der freischwebenden Lokomotive liefert zufällig ein richtiges Ergebnis, soweit die Zuckkräfte in Betracht kommen (und soweit das Glied III. Ordnung vernachlässigt wird). Was jedoch die Drehmomente II. Ordnung anbetrifft, so kommen auch bei der Zwillingsmaschine mit gleich schweren Getrieben und 90° Kurbelversatz diese nicht in Fortfall, sie erscheinen vielmehr gerade in voller Stärke durch algebraische Addition (vgl. Fig. 232 u. 233) als

$$M_3 r\omega^2 \cdot a \cdot 2\left(\lambda \cos 2\alpha - \frac{r}{2R}\sin 2\alpha\right).$$

Bei der Drillingsmaschine mit drei gleich schweren Getrieben und 120° Kurbelversatz fänden wir, indem wir die Versatzwinkel entsprechend der Ordnung vervielfachen und die Drehstrecken, die die Zuckkräfte I., II. und III. Ordnung bzw. die Drehmomente I., II. und III. Ordnung darstellen, geometrisch addieren, daß die Zuckkräfte I. und II. Ordnung sich aufheben, die III. Ordnung sich direkt algebraisch addieren, daß dagegen die Drehmomente

III. Ordnung sich aufheben, während die Momente I. und II. Ordnung eine Wirkung übrig lassen usf.; kurz, alle die Methoden, die wir S. 354 bis 384 besprochen haben, würden auch für den Massenausgleich bei der Lokomotive benutzt werden können mit der Maßgabe, daß nach Gl. 164 nicht nur harmonisch veränderliche Glieder I. und II. Ordnung, sondern auch noch III. Ordnung zu berücksichtigen sind.

Vollkommener Ausgleich der Wirkung der hin und her gehenden Massen durch umlaufende Gegengewichte ist also nur hinsichtlich der Zuckkräfte I. Ordnung möglich; aber dieser wird in der Praxis nicht einmal herbeigeführt.

§ 108 Abs. 2 der T. V. des Vereins deutscher Eisenbahnverwaltungen besagt vielmehr, daß die im Kreise bewegten Triebwerksmassen tunlichst ganz, die hin und her bewegten dagegen nur zu 15 bis 60 %, ausgeglichen werden sollen, und zwar um so mehr, je kleiner der Radstand im Verhältnis zur Länge der Lokomotive ist.

Warum nicht die ganze Masse ausgeglichen wird, sondern nur ein Teil, den man, wenn irgend zulässig, sogar recht klein zu halten sucht, ist leicht einzusehen. Bei den ohnehin verhältnismäßig nur kleinen hin und her bewegten Massen ergeben sich, wie wir oben zahlenmäßig festgelegt haben (allerdings zunächst nur für den Fall der freischwebenden Lokomotive), nur sehr kleine Zuck- und Drehbewegungen[1]); daraus folgt, daß der vollkommene Ausgleich

---

[1]) Nennen wir die Masse der Lokomotive M_L und trennen wir die harmonisch veränderlichen Zuckkräfte in solche I. Ordnung, II. Ordnung und III. Ordnung, deren Amplituden Z_1, Z_2 und Z_3 sein mögen, so finden wir die entsprechenden Zuckwege aus den Gleichungen

$$Z_1 = M_L \omega^2 z_1 \quad \text{oder} \quad z_1 = \frac{Z_1}{M_L \omega^2}$$

$$Z_2 = M_L (2\omega)^2 z_2 \quad \text{oder} \quad z_2 = \frac{Z_2}{4 M_L \omega^2}$$

$$Z_3 = M_L (3\omega)^2 z_3 \quad \text{oder} \quad z_3 = \frac{Z_3}{9 M_L \omega^2}.$$

Setzen wir hierin die Werte aus Gl. 164 für Z_1, Z_2 und Z_3 ein, so erhalten wir die Zuckwege (für ein Triebwerk)

$$Z_1 = \frac{M_3}{M_L} r \sqrt{1 + \left(\frac{\lambda r}{4R}\right)^2} = \sim \frac{M_3}{M_L} r$$

$$Z_2 = \frac{M_3}{M_L} r \sqrt{\lambda^2 + \left(\frac{r}{2R}\right)^2}$$

$$Z_3 = \frac{M_3}{M_L} r \cdot \frac{3 \lambda r}{4 R};$$

die Amplituden für die Ausschläge II. und III. Ordnung sind also erheblich kleiner als die I. Ordnung, mit anderen Worten, die Zuckwege ergeben sich nicht unbedingt nötig ist. Andererseits wissen wir, daß beim Ausgleich hin und her gehender Massen durch sich drehende Gegengewichte nur die Richtung der Massendrücke um 90° gedreht wird. Die senkrecht abwechselnd nach unten und nach oben durch die Gegengewichte erzeugten Massendrücke stellen sich in unserem Falle als abwechselnde Be- und Entlastungen der Raddrücke gegen die Schienen dar. Bei zu weit getriebenem Massenausgleich könnten also die Raddrücke bis zu einem unzulässig kleinen Betrage vermindert und so die Gefahr einer Entgleisung infolge ungenügenden Raddruckes herbeigeführt werden. § 108 Abs. 3 d. T. V. bestimmt deshalb, daß die an jedem Rade auftretende Fliehkraft nicht mehr als 15°/₀ des ruhenden Raddruckes betragen soll.

Erzeugt ein umlaufendes Gegengewicht, das geradlinig bewegte Massen auszugleichen hat, die Fliehkraft C, so ist dieser Wert der größte der senkrecht nach oben und unten ausgeübten Drücke; bis zu diesem Betrage wird also auch, falls die Gegengewichte in den Triebrädern angeordnet sind, der Raddruck vergrößert oder verkleinert. Mit Benutzung der aus Fig. 234 und Fig. 235 sich ergebenden Rechnungswerte und Bezeichnungen ist nun

$$C = MR\omega^2 = m_0 r_0 \sqrt{\frac{a^2+b^2}{2b^2}} \cdot \omega^2,$$

worin m_0 die auszugleichende hin und her gehende Masse und $r_0 = r$ den Kurbelhalbmesser bedeuten.

Für außenliegende Zylinder war der Wurzelwert $= 1{,}18$, für innenliegende Zylinder $= 0{,}745$, danach ist

im ersten Falle $C_1 = m_0 r_0 \omega^2 \cdot 1{,}18$,

im zweiten Falle $C_2 = m_0 r_0 \omega^2 \cdot 0{,}745$.

Setzen wir wieder bei der ²/₄ gekuppelten Verbund-Schnellzuglokomotive das Gewicht der geradlinig bewegten Teile auf jeder Seite mit 270 kg voraus und gleichen davon 16°/₀ aus, so ist

$$m_0 = \frac{0{,}16 \cdot 270}{g} = \frac{43}{g} \text{ kg}.$$

Der größten Fahrgeschwindigkeit von 90 km/Std. $= 25$ m/Sek. entspricht bei einem Triebraddurchmesser $d = 2m$ eine sekundliche Umdrehzahl von $n = \frac{25}{2 \cdot \pi} \sim 4$, d. h. eine Winkelgeschwindigkeit $\omega = 2\pi \cdot 4 = 8\pi = 25$. Folglich wird die Fliehkraft C, d. i. die größte Radbelastung oder -entlastung bei außenliegenden Zylindern:

---

auch unter Berücksichtigung der horizontalen Schienenstützkräfte nicht viel größer als bei der Annahme der freischwebenden Lokomotive. Das Gleiche gilt für die Drehbewegungen.

$$C_1 = mr_0\omega^2 \cdot 1{,}18 = \frac{43}{g} \cdot 0{,}3 \cdot 25^2 \cdot 1{,}18 = 970 \text{ kg}.$$

Da der ruhende Raddruck ~ 7600 kg beträgt, so ergibt sich als Folge der umlaufenden Gegengewichte eine Änderung des Raddruckes $\frac{970}{7600} = 0{,}13 = 13\,^0/_0$. Meist wird das Gegengewicht auf zwei Triebräder verteilt, so daß jedes nur $\frac{1}{2} \cdot 970 = 485$ kg oder $6\,^1/_2\,^0/_0$ Be- oder Entlastung erfährt.

Bei innenliegenden Zylindern fände sich

$$C_2 = \frac{43}{g} \cdot 0{,}3 \cdot 25^2 \cdot 0{,}745 = 612 \text{ kg}$$

oder bei Verteilung auf zwei Räder $= \frac{1}{2} \cdot 612 = 306$ kg, entsprechend $8\,^0/_0$ bzw. $4\,^0/_0$ des ruhenden Raddruckes.

Bei der $^2/_3$ gekuppelten Personenzuglokomotive der preußischen Staatsbahnen ist das Gewicht der geradlinig bewegten Teile auf jeder Seite etwa 180 kg. Davon wird des kurzen Achsstandes wegen die Hälfte $= 90$ kg ausgeglichen. Da hier $r = 0{,}305$ m, der Triebraddurchmesser etwa $d = 1{,}75$ m beträgt, so wird für 25 m/Sek. $= 90$ km/Std. Fahrgeschwindigkeit $\omega = \dfrac{25 \cdot 2}{1{,}75} = 28{,}6$, also

$$C_1 = \frac{90}{9{,}81} \cdot 0{,}305 \cdot 28{,}6^2 \cdot 1{,}18 = 2700 \text{ kg},$$

d. i. bei Verteilung der Gegengewichte auf beide Triebräder fast $20\,^0/_0$ der Radbelastung.

Überblicken wir die gewonnenen Ergebnisse, so kommen wir bezüglich des Ausgleichs hin und her bewegter Massen zu dem Schlusse, daß der Ausgleich stets mit großen Unbequemlichkeiten, häufig sogar mit unmittelbar schädlichen Folgen verknüpft ist. Auch hier ist, wie so oft, Vorbeugen besser als Heilen: je größer die Umdrehzahlen werden, um so mehr sollte der Konstrukteur von vornherein aufs peinlichste bestrebt sein, die bewegten Massen so leicht wie möglich zu halten. Fast immer empfiehlt es sich, den noch nötigen Ausgleich nicht zu weit zu treiben, sondern sich mit einem nur teilweisen Ausgleich zu begnügen, da hierbei meist bessere Gesamtergebnisse hinsichtlich der Ruhe des Ganges erreicht werden, wie wenn man ängstlich den Ausgleich (theoretisch) vollkommen machen wollte.

Dritter Teil.
Regler.

Bisher wurde immer von der Umdrehzahl der Kraftmaschine als einer selbstverständlichen Eigenschaft der betreffenden Maschine gesprochen, gleichsam als ob die Maschine ohne weiteres eine bestimmte Umlaufzahl besitze. Dies ist natürlich keineswegs der Fall. Wohl streben einige Arten von Kraftmaschinen, z. B. Elektromotoren und Radialturbinen mit äußerer Beaufschlagung einer nicht übermäßig großen Umdrehzahl zu, wenn die Belastung bis Null abnimmt, im allgemeinen aber zeigt jede Kraftmaschine das Bestreben, durchzugehen, d. h. eine beständig wachsende Umdrehzahl anzunehmen, wenn sie entlastet wird, während bei einer Vergrößerung der Belastung, d. h. wenn der Widerstand über die geleistete Arbeit ansteigt, die Kraftmaschine immer langsamer läuft, bis sie zur Ruhe kommt. Das Schwungrad ist wohl imstande, für kürzere Zeit fehlende Arbeit abzugeben oder überschüssige Arbeit aufzunehmen, es vermag aber nicht dauernde Unterschiede zwischen geleisteter und verbrauchter Arbeit auszugleichen. Jede Kraftmaschine bedarf also einer besonderen Vorrichtung, die bei Änderung des Arbeitsbedarfs die Leistung der Maschine entsprechend abändert, sei es durch teilweise Absperrung des Kraftträgers, wie bei Turbinen, oder durch Verminderung der Spannung des Dampfes durch Drosselung oder durch Verringerung der bei jedem Hube zugeführten Dampfmenge, also durch Änderung des Füllungsgrades, sei es durch Abänderung des Gemisches, wie bei der Präzisionsregelung der Verbrennungsmotoren. Diese Vorrichtung besteht in erster Linie aus einem Geschwindigkeitsmesser, einem Tachometer, der meist den Namen Regler oder Regulator führt, in zweiter Linie aus denjenigen Teilen, die die Einwirkung des Reglers auf die Steuerung übertragen. Wird die zur Verstellung der Steuerung nötige Kraft unmittelbar von dem Regler ausgeübt, so haben wir es mit einer **direkten** Regelung zu tun. Dient der Regler jedoch nur dazu, eine Hilfskraft, einen Hilfsmotor, einzuschalten, dessen Arbeitsleitung durch einen besonderen Kraftträger (meist Preßflüssigkeit) erzeugt wird und der nun erst die Steuerung des Hauptmotors vorstellt, so sprechen wir von einem **indirekten** Regler. Wir werden uns hier nur mit dem (direkten und indirekten) Regler beschäftigen, da die Einwirkung auf die Steuerung zu eng mit dem Wesen der Steuerung und der eigentlichen Kraftmaschine verknüpft ist, als daß es möglich wäre, die Betrachtung der Vorgänge bei der Regelung auch auf die Steuerungen auszudehnen.

Die bisher praktisch zur Verwendung gekommenen eigentlichen Regler oder Tachometer, soweit sie ihrem Wesen nach Geschwindigkeitsmesser sind, beruhen ausschließlich auf der Benutzung der Massenwiderstände von raschbewegten Massen, meist von sich drehenden Massen. Vorwiegend gelangt die **Fliehkraft**, neuerdings auch der in **tangentialer** Richtung auftretende Massenwiderstand zur Anwendung, so daß wir zwei Hauptarten von Reglern unterscheiden können:

1. Fliehkraftregler,
2. Beharrungsregler.

Die wichtigeren sind zweifellos die Fliehkraftregler schon deshalb, weil reine Beharrungsregler unbrauchbar sind und erst durch gleichzeitige Verwendung eines Fliehkraftreglers brauchbar gemacht werden. Ein weiterer grundlegender Unterschied ergibt sich daraus, wie man die Bewegung von dem Regler ableitet. Entweder wird die Relativverschiebung der Reglermassen gegen die Reglerwelle auf eine Muffe, die sich auf der Welle in der Längsrichtung verschiebt, und von dort mittels eines sich nicht drehenden Gleitringes auf das Steuerungsgestänge übertragen, oder die äußere Steuerung befindet sich auf der Reglerwelle, dreht sich gleichzeitig mit dieser und erfährt durch die Relativbewegung der wirksamen Reglermassen eine Relativverdrehung.

Die erste Sorte können wir **Muffenregler**, die zweite Sorte, bei der die Maschinenwelle meist unmittelbar als Reglerwelle dient, **Achsenregler** nennen. Stribeck schlug für die letzteren, da bei ihnen der Ausschlag der Reglermassen fast stets in einer zur Drehachse senkrechten Ebene erfolgt, die Bezeichnung **Flachregler** vor, für die ersteren, bei denen die Reglermassen vorwiegend in zur Reglerspindel geneigten Bahnen schwingen, die Bezeichnung **Kegelpendelregler**. Da jedoch auch bei den Muffenreglern Konstruktionen gebräuchlich sind, bei denen die Bewegung der Reglermassen rechtwinklig zur Spindel erfolgt, so dürfte der Unterschied beider Arten durch die Bezeichnung als Flachregler und Kegelpendelregler nicht treffend angegeben werden. Wir wollen deshalb Muffenregler und Achsenregler unterscheiden.

Weitere Unterscheidungsmerkmale ergeben sich nach dem angewandten Mechanismus und danach, ob nur Gewichte zur Gleichgewichtserhaltung der Kräfte benutzt oder ob Federn dazu verwandt werden. .(Gewichts- und Federregler.)

Bei der Aufstellung der Grundbegriffe wollen wir uns von vornherein an bestimmte Fälle halten und mit den Fliehkraftreglern beginnen, weil diese heute noch die ausgedehnteste Verbreitung haben.

Sechstes Kapitel.
Muffenregler.
I. Fliehkraftregler.
A. Bedeutung und Konstruktion der *C*-Kurven.
a) Erklärung der *C*-Kurven und Ungleichförmigkeitsgrad.

Die wesentlichen Bestandteile eines Fliehkraftmuffenreglers mögen im Anschluß an Fig 244, einen Wattschen Regler mit Gewichtsbelastung, kurz erläutert werden. Die Reglerspindel wird von der Maschinenwelle aus mittels Zahnrädervorgelege oder durch Riemenübertragung mit der Winkelgeschwindigkeit ω in Umdrehung versetzt. An dieser Drehung nehmen zwei, auch wohl vier symmetrisch zur Spindel angeordnete Schwungkörper teil, die wir einstweilen als Kugeln denken wollen und deren Mittelpunkte einen veränderlichen Abstand x von der Spindelmitte haben. Damit sich die Schwungkörper gleichförmig im Kreise bewegen können, ist es nötig, daß auf sie fortwährend eine nach innen gerichtete Normalkraft oder Zentripetalkraft ausgeübt wird. Unter Zuhilfenahme irgend-

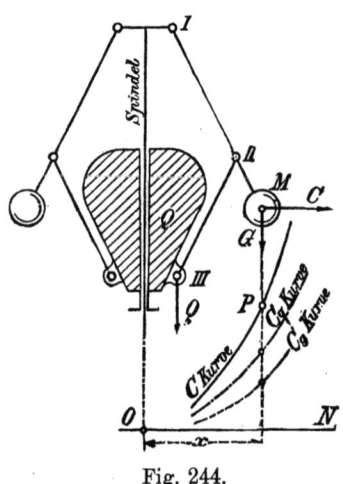

Fig. 244.

eines Mechanismus (in Fig. 244 benutzen wir, wie auf S. 412 unten näher erläutert wird, ein Schubkurbelgetriebe) erzeugen wir diese Normalkraft zum Teil durch das Gewicht der Schwungmassen selber, zum größeren Teil durch eine besondere Reglerbelastung, als welche in Fig. 244 eine Gewichtsbelastung der Reglermuffe vorgesehen ist.

Nach dem D'Alembertschen Prinzip kann man bekanntlich jede dynamische Aufgabe auf eine Gleichgewichtsaufgabe zurückführen, indem man zu den wirksamen äußeren Kräften die Massenwiderstände hinzufügt. Bei gleichförmiger Drehung der Schwungmassen haben wir also nur die **Fliehkraft** C an den Schwungkörpern anzubringen, um das Getriebe als im Gleichgewichte befindlich auffassen zu dürfen.

In den folgenden Entwickelungen sind stets sämtliche Schwungmassen vereinigt gedacht; es bedeutet also

G das Gewicht $\Big\}$ aller Schwungkörper,
$M = \dfrac{G}{g}$ die Masse

Q das gesamte Hülsengewicht,
F und F' die gesamte in Rechnung zu setzende Spannkraft von Belastungsfedern.

Für die Untersuchungen ist es ferner von größtem Nutzen, die gesamte Fliehkraft C aus Teilen zusammenzusetzen, welche den einzelnen Belastungen entsprechen; es sei demgemäß

C_g diejenige Fliehkraft, welche G das Gleichgewicht hält,
C_q „   „   „ Q „   „   „
C_f „   „   „ F „   „   „
C_f' „   „   „ F' „   „   „

usf., so daß die gesamte Fliehkraft sich berechnet zu:

$$C = C_g + C_q + C_f + C_f'.$$

Haben die Schwungkörper eine solche Gestalt, daß ihre resultierende Fliehkraft im Schwerpunkt angreifend zu denken ist, und bedeutet weiter

x den Abstand des Schwerpunktes eines Schwungkörpers von der Spindelmitte,
ω die Winkelgeschwindigkeit der Reglerspindel,
n deren minutliche Umdrehzahl,

ist also
$$\omega = \frac{2\pi n}{60} = \frac{\pi n}{30},$$

so gilt für C die Gleichung

$$C = M\omega^2 x = \frac{G}{g}\omega^2 x \quad \ldots \ldots \quad (165)$$

oder
$$\omega^2 = \frac{C}{x}\frac{1}{M} = \frac{C\,g}{x\,G} \quad \ldots \ldots \quad (166)$$

daraus
$$\omega = \sqrt{\frac{C}{x}\frac{1}{M}} = \sqrt{\frac{C\,g}{x\,G}} \quad \ldots \ldots \quad (167)$$

Hieraus folgt die minutliche Umdrehzahl

$$n = \frac{30\,\omega}{\pi} = \frac{30}{\pi}\sqrt{\frac{C}{x}\frac{g}{G}} \quad \ldots \ldots (168)$$

Mißt man x und g in m, so wird $g = 9{,}81$ m/Sek² und

$$n = 30\sqrt{\frac{C}{x}\cdot\frac{1}{G}\cdot\frac{9{,}81}{\pi^2}} \sim 30\sqrt{\frac{C}{x}\cdot\frac{1}{G}} \quad \ldots (169)$$

Hierdurch ist die jedesmalige minutl. Umdrehzahl des Reglers festgelegt, sobald die Fliehkraft C bekannt ist, die einem Abstand x des Schwungmassenmittelpunktes von der Spindel entspricht.

Um den Einfluß der einzelnen Größen G, Q, F.. zu prüfen, stellen wir die irgendwie rechnerisch oder zeichnerisch auf Grund von Gleichgewichtsbedingungen ermittelten Fliehkräfte C_g, C_q, C_f und C als Ordinaten von Kurven zusammen, deren Abszissen die zugehörigen Abstände x sind.

Wir nehmen zu diesem Zweck irgend eine zur Spindel senkrechte Gerade, z. B. ON in Fig. 244, als Abszissenachse an und gehen von den Schwungkugelmittelpunkten M senkrecht nach ON hinunter, tragen auf diesen Ordinaten die Werte C_g, C_q, C_f und C von ON aus ab und verbinden deren Endpunkte durch Kurven. Aus diesen Linien können wir den **Charakter des Reglers fast vollkommen ersehen**; wir wollen sie deshalb **Charakteristiken** oder **C-Kurven** nennen. Wir unterscheiden also eine gesamte C-Kurve, eine C_g-Kurve, eine C_q-Kurve und eine C_f- bzw. C_f'-Kurve.

Wie wir später sehen werden, ist neben der gesamten C-Kurve besonders die C_q-Kurve für die Beurteilung des Reglers maßgebend; deshalb sei schon jetzt auf diese ausdrücklich hingewiesen.

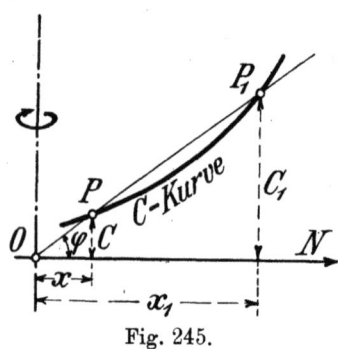

Fig. 245.

Zieht man in Fig. 245 von O aus einen Fahrstrahl, der die C-Kurve schneidet und mit der Achse ON den Winkel φ bildet, so ist

$$\operatorname{tg}\varphi = \frac{C}{x} = \frac{M\omega^2 x}{x} = M\omega^2 \quad \ldots \ldots (170)$$

hieraus folgt die Winkelgeschwindigkeit

$$\omega = \sqrt{\frac{1}{M}}\sqrt{\operatorname{tg}\varphi} = \sqrt{\frac{g}{G}}\cdot\sqrt{\operatorname{tg}\varphi} \quad \ldots (171)$$

und die minutliche Umdrehzahl

$$n = \frac{30}{\pi}\omega = \frac{30}{\pi}\sqrt{\frac{g}{G}}\sqrt{\operatorname{tg}\varphi} \sim \frac{30}{\sqrt{G}}\cdot\sqrt{\operatorname{tg}\varphi} \quad . \quad . \quad (172)$$

d. h. **für die Größe der Winkelgeschwindigkeit ist die Größe des Winkels φ maßgebend, den der vom Anfangspunkte O nach dem betreffenden Punkte der C-Kurve gezogene Fahrstrahl mit der Achse ON bildet.**

Ist für einen zweiten Punkt P_1 der C-Kurve Winkel φ der gleiche wie für P, so ist, wie die Gleichungen 171 und 172 erkennen lassen, für beide zugehörigen Reglerstellungen die gleiche minutl. Umdrehzahl erforderlich.

Ist die C-Kurve eine durch O gehende Gerade, so gilt für sämtliche Reglerstellungen dieselbe Umdrehzahl; nur bei dieser einen einzigen Umdrehzahl ist dann Gleichgewicht des Reglers möglich, und zwar für jede beliebige Stellung. Ein solcher Regler heißt **astatisch**, er ist zunächst als Geschwindigkeitsmesser untauglich. Bei jeder kleineren Umdrehzahl als der erforderlichen fährt die Muffe sofort in die tiefste Stellung, bei jeder größeren Umdrehzahl in die höchste Stellung.

Brauchbar wird ein Regler erst, wenn zu jeder Muffenstellung eine andere Umdrehzahl gehört; man nennt ihn dann **statisch**. Weicht die vorhandene Umdrehzahl von derjenigen ab, die der augenblicklichen Muffenstellung entspricht, so nimmt der Regler eine neue (nämlich die zu der vorhandenen Umdrehzahl gehörige) Stellung ein; beim Übergang in diese neue Stellung kann er nun seine Aufgabe erfüllen und die Steuerung verstellen. Wann dies tatsächlich geschieht, d. h. wann ein Regler wirklich imstande ist, Verstellkräfte auszuüben, werden wir noch genauer zu prüfen haben.

Sehen wir zunächst noch einmal die C-Kurven an. Wächst der Abstand x des Schwungmassenmittelpunktes von der Spindel und wird dabei der Winkel φ, den der Fahrstrahl OP mit der Achse ON bildet, größer, so wächst nach Gl. 172 auch die minutliche Umdrehzahl mit zunehmendem Reglerausschlag, d. h. mit steigender Muffe; ein solcher Regler heißt **stabil**. Nimmt mit wachsendem x Winkel φ ab, so sinkt die Umdrehzahl mit steigender Muffe; ein

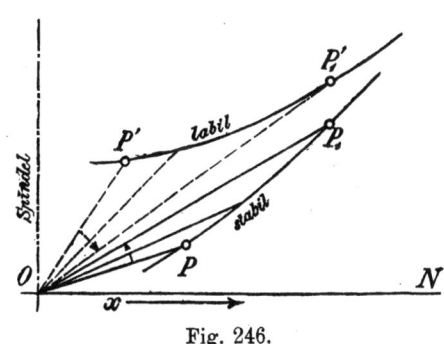

Fig. 246.

solcher Regler heißt labil. Er ist im allgemeinen gänzlich unbrauchbar; denn wenn schon die kleinere Umdrehzahl in der äußersten Stellung, d. h. für das größte x, eine so große Fliehkraft liefert, daß diese den Reglerbelastungen G, Q ... das Gleichgewicht halten kann, so würde bei größerer Umdrehzahl die Fliehkraft überwiegen und deshalb die Schwungmassen um so mehr nach außen drängen. Labile Anordnung ist folglich stets zu vermeiden. Fig. 246 zeigt uns eine stabile und eine labile C-Kurve; die untere C-Kurve gehört zu einem stabilen, die obere zu einem labilen Regler.

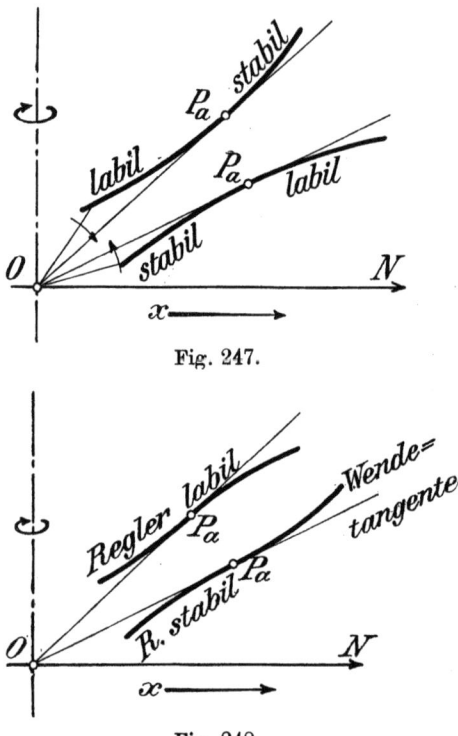

Fig. 247.

Fig. 248.

Läßt sich von O aus eine Tangente an die C-Kurve ziehen, so hat der Regler einen sog. astatischen Punkt; für zwei unmittelbar aufeinanderfolgende Reglerstellungen, entsprechend den beiden unendlich nahen Punkten P_a, die die Tangente OP_a mit der C-Kurve in Fig. 247 gemeinsam hat, ergibt sich alsdann die gleiche Winkelgeschwindigkeit. Vor dem astatischen Punkt P_a ist der Regler labil, dahinter stabil (Fig. 247, obere Kurve), oder umgekehrt: er ist vor dem astatischen Punkte P_a stabil, dahinter labil (Fig. 247, untere Kurve). Ist zufällig OP_a eine Wendetangente, wie in Fig. 248, so ist der Regler ganz stabil, wie in Fig. 248 unten, oder ganz labil, wie in Fig. 248 oben.

Man sieht also, daß die C-Kurve deutlichen Aufschluß darüber gibt, wie sich die minutl. Umdrehzahlen mit den Muffenstellungen verändern; sie entscheidet über den Charakter des Reglers, ob er statisch oder astatisch, ob stabil oder labil, ob brauchbar oder unbrauchbar ist. Die Untersuchung oder der Entwurf eines Reglers hat danach zweckmäßig stets mit dem Zeichnen der C-Kurven zu beginnen.

Die Aufgabe des Reglers ist nun eigentlich die, für verschiedene Leistungen des Motors stets die gleiche Umdrehzahl festzuhalten. Fliehkraftregler können, wie oben angedeutet, diese Aufgabe nicht streng erfüllen: sie bedürfen einer gewissen Stabilität; jeder Muffenstellung entspricht eine etwas andere Umdrehzahl, derart, daß mit steigender Muffe die Umdrehzahl etwas zunimmt. Daß dies wirklich so sein muß, werden wir später noch genauer bei der dynamischen Untersuchung der Regler zeigen. Jedenfalls müssen wir bemüht sein, die Zunahme der Winkelgeschwindigkeit eines Reglers von der tiefsten nach der höchsten Muffenstellung nur so groß werden zu lassen, als unbedingt nötig ist. Der Unterschied der Umdrehzahlen für die höchste und tiefste Muffenstellung sollte also nur so groß sein, wie eben noch für die Stabilität erforderlich ist.

Als Maß für diese Zunahme der Winkelgeschwindigkeit beim Übergang des Reglers von der tiefsten bis zur höchsten Stellung pflegt man den **Ungleichförmigkeitsgrad** δ des Reglers anzugeben. Man versteht hierunter das Verhältnis des Unterschiedes zwischen der Winkelgeschwindigkeit für die höchste und für die tiefste Muffenstellung zur mittleren Winkelgeschwindigkeit:

$$\delta = \frac{\omega_o - \omega_u}{\omega_m} \quad \ldots \ldots \quad (173)$$

Dabei kann man in der Regel mit Rücksicht auf den kleinen Wert $\omega_o - \omega_u$ für die mittlere Winkelgeschwindigkeit das arithmetische Mittel der Grenzgeschwindigkeit setzen:

$$\omega_m = \frac{\omega_o + \omega_u}{2}.$$

Die Benennung Ungleichförmigkeitsgrad ist insofern keine ganz einwandsfreie, als man durch Vergleich mit dem entsprechenden Begriffe beim Schwungrad versucht sein könnte, unter $\omega_o - \omega_u$ die größte Schwankung der Winkelgeschwindigkeit der Reglerwelle überhaupt zu verstehen. Dies ist nicht zutreffend. Die wirklichen Änderungen der Winkelgeschwindigkeit des Reglers sind im allgemeinen größer als durch den Ungleichförmigkeitsgrad δ gemessen wird, den man vielleicht kennzeichnender **Stabilitätsgrad** nennen könnte.

Zeichnerische Ermittelung des Ungleichförmigkeitsgrades aus der C-Kurve.

Bei genügender Annäherung der C-Kurve an eine durch O gehende Gerade, d. h. an die Astasie, nimmt δ einen so kleinen Wert an, daß man unbedenklich

$$\omega_m = \frac{\omega_o + \omega_u}{2}$$

setzen kann. Hiermit wird

$$\delta = \frac{\omega_o - \omega_u}{\omega_m} = \frac{(\omega_o - \omega_u)\dfrac{\omega_o + \omega_u}{2}}{\omega_m^2} = \frac{\omega_o^2 - \omega_u^2}{2\omega_m^2}.$$

Schreibt man nach Gl. 171

$$\omega_o^2 = \frac{g}{G}\operatorname{tg}\varphi_o, \qquad \omega_u^2 = \frac{g}{G}\operatorname{tg}\varphi_u, \qquad \omega_m^2 = \frac{g}{G}\operatorname{tg}\varphi_m,$$

so erhält man:

$$\delta = \frac{\operatorname{tg}\varphi_o - \operatorname{tg}\varphi_u}{2\operatorname{tg}\varphi_m} \quad \ldots \ldots \ldots (174)$$

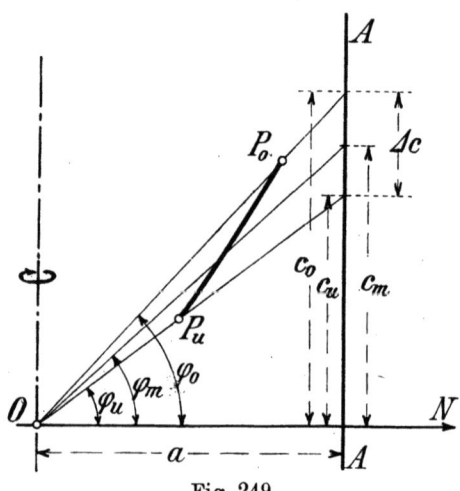

Fig. 249.

Um diesen Wert aus der C-Kurve zu ermitteln, ziehe man in einem beliebigen Abstande a von O eine Senkrechte zu ON (Fig. 249), übertrage durch Fahrstrahlen von O aus die Endpunkte P_u und P_o der C-Kurve auf diese Senkrechte und messe hier die Abschnitte c_u, c_o und c_m, wobei $c_m = \dfrac{c_u + c_o}{2}$ und $\Delta c = c_o - c_u$ ist; dann wird

$$\operatorname{tg}\varphi_u = \frac{c_u}{a}; \quad \operatorname{tg}\varphi_o = \frac{c_o}{a}; \quad \operatorname{tg}\varphi_m = \frac{c_m}{a},$$

folglich

$$\delta = \frac{c_o - c_u}{2c_m} = \frac{\Delta c}{2c_m} \quad \ldots \ldots \ldots (175)$$

Meist wählen wir als senkrechte Hilfslinie gleich die letzte Ordinate der C-Kurve; dann brauchen wir nur einen Fahrstrahl von O aus, und zwar durch den untersten Endpunkt der C-Kurve zu ziehen, und können sofort Δc und c_m abmessen.

Ist umgekehrt ein bestimmter Ungleichförmigkeitsgrad δ vorgeschrieben und ein Endpunkt der C-Kurve, z. B. der obere Endpunkt P_o, gegeben, so findet man den anderen Endpunkt, indem man

$$\Delta c = \delta \cdot 2 c_m$$

ausrechnet, Δc nach unten vom Endpunkt P_o der größten Ordinate (der man unbedenklich angenähert c_m gleichsetzen darf) abträgt und von dort den Fahrstrahl nach O zieht. Dieser schneidet den unteren Endpunkt P_u auf der C-Kurve ab.

In den späteren Beispielen ist hinreichende Gelegenheit gegeben, dieses Verfahren zu üben.

Zeichnerische Ermittelung der Umdrehzahlen aus der C-Kurve.

Will man für die einzelnen Reglerstellungen die Winkelgeschwindigkeiten ω oder die minutlichen Umdrehzahlen n aufsuchen, so kann man vorteilhaft die schon Seite 121 im Anschluß an Fig. 101 beschriebene Konstruktion verwenden: Man ziehe einen beliebigen Fahrstrahl durch O unter dem Winkel φ' und berechne nach Gl. 171 die hierzu gehörige Winkelgeschwindigkeit ω' bzw. minutliche Umdrehzahl n'. Dann schiebe man eine Ordinate AB zwischen Fahrstrahl und Abszissenachse so ein, daß $AB = \omega'$ bzw. $= n'$ wird, und schlage über AB einen Halbkreis.

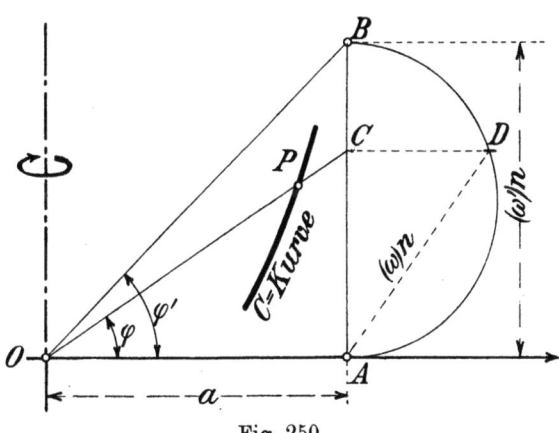

Fig. 250.

Bringt man nun den durch einen Punkt P der C-Kurve von O aus gezogenen Strahl zum Schnitt mit AB in C und geht von C horizontal hinüber bis zum Schnitt mit dem Halbkreise über AB in D, so ist die $AD = \omega$ bzw. $= n$ die zum Punkte P der C-Kurve gehörige Winkelgeschwindigkeit bzw. minutliche Umdrehzahl.

Die Richtigkeit der Konstruktion ist wieder leicht zu zeigen: Nach Gl. 171 ist

$$\omega' = \sqrt{\frac{1}{M}}\sqrt{\operatorname{tg}\varphi'} = \sqrt{\frac{1}{M}}\sqrt{\frac{AB}{a}};$$

da nun $AB = \omega'$ gemacht wurde, so ist

$$AB = \sqrt{\frac{1}{M}}\sqrt{\frac{AB}{a}} \quad \text{oder} \quad a = \frac{1}{M \cdot AB} \quad \text{oder} \quad M \cdot a = \frac{1}{AB}.$$

Ferner ist nach Gl. 171

$$\omega = \sqrt{\frac{1}{M}}\sqrt{\operatorname{tg}\varphi} = \sqrt{\frac{1}{M}}\sqrt{\frac{AC}{a}};$$

setzt man hierin $M \cdot a = \frac{1}{AB}$, so wird $\omega = \sqrt{AC \cdot AB}$, d. h. ω ist die mittlere Proportionale zwischen AC und AB, die angegebene Konstruktion für ω bzw. n ist also richtig.

In der Regel wird man den ersten Fahrstrahl durch den höchsten Punkt P_o der C-Kurve ziehen, d. h. $AB = n_{max}$ machen.

Weicht die C-Kurve erheblich von der durch O gehenden (astatischen) Geraden ab, ist sie also stark gekrümmt oder ist der Ungleichförmigkeitsgrad groß, so ist die Stabilität des Reglers in den einzelnen Reglerstellungen verschieden groß, der Ungleichförmigkeitsgrad gibt keinen einwandfreien Maßstab mehr für das Verhalten des Reglers; man wird sich dann auf einen unendlich kleinen Ausschlag dx beschränken müssen, und da der Quotient $\frac{d\omega}{\omega}$, welcher die verhältnismäßige Zunahme an Winkelgeschwindigkeit für den Ausschlag dx angibt, als unendlich kleine Größe praktisch nicht verwendbar ist, etwa den Ausdruck

$$\delta_1 = \frac{d\omega}{\omega\,dx} \quad \ldots \ldots \ldots \quad (176)$$

für jede Reglerstellung als **Stabilitätsgefälle**[1]) angeben. δ_1 wäre, falls dieser Wert für alle Reglerstellungen gleich groß ist, der Ungleichförmigkeitsgrad für den (in radialer Richtung gemessenen) Ausschlag 1. Ist die Fliehkraft C als Funktion von x gegeben, so findet sich das Stabilitätsgefälle δ_1 wie folgt. Differenziert man die Gleichung $C = M\omega^2 x$, so erhält man

$$\frac{dC}{dx} = M\omega^2 + 2M\omega\frac{d\omega}{dx}x$$

---

[1]) Dr. Ing. A. Pröll hat hierfür den Namen „Stabilitätsgradient" (s. Dinglers Polyt. Journ. 1911, S. 52), Dr. Ing. R. Proell (s. Z. d. V. d. I. 1913, S. 1292) die Bezeichnung „Statik" in Vorschlag gebracht.

oder $\quad \dfrac{dC}{dx} = \dfrac{M\omega^2 x}{x} + 2 M \omega^2 x \cdot \dfrac{d\omega}{\omega dx} = \dfrac{C}{x} + 2 C \cdot \delta_1,$

also wird $\quad \delta_1 = \dfrac{\dfrac{dC}{dx} - \dfrac{C}{x}}{2 C}$ . . . . (177)

Auf Grund der definierenden Gleichung 176 könnte man zu einem wissenschaftlich schärferen (von der „mittleren" Winkelgeschwindigkeit unabhängigen) Begriff des Ungleichförmigkeitsgrades δ gelangen, indem man $\delta_1 \cdot dx$ als den unendlich kleinen Zuwachs des Stabilitätsgrades auffaßt, also schreibt

$$d\delta = \delta_1 dx = \dfrac{d\omega}{\omega};$$

hieraus folgt durch Summation von ω_u bis ω_o:

$$\delta = \int_{\omega_u}^{\omega_0} \dfrac{d\omega}{\omega} = \ln \omega_0 - \ln \omega_u = \ln \dfrac{\omega_o}{\omega_u} \quad \ldots \text{ (178)}$$

Für sehr kleine Unterschiede zwischen ω_u und ω_o geht dieser Ausdruck für δ in die gebräuchliche Definition nach Gl. 173 mit $\omega_m = \dfrac{\omega_u + \omega_o}{2}$ über.

Stellen wir die Forderung, der Regler soll in allen Stellungen gleiche Stabilität (d. h. gleiches Stabilitätsgefälle) haben, und suchen hierfür die Gestalt der C-Kurve, so müssen wir Gleichung 177 integrieren; zu diesem Zwecke schreiben wir Gl. 177

$$2 \delta_1 \cdot dx = \dfrac{dC}{C} - \dfrac{dx}{x}$$

und finden

$$2 \delta_1 x = \ln C - \ln x - \ln A,$$

worin A eine Integrationskonstante,

oder $\quad 2 \delta_1 x = \ln \left(\dfrac{C}{xA} \right);$

hieraus folgt

$$C = A x \cdot e^{2 \delta_1 x}.$$

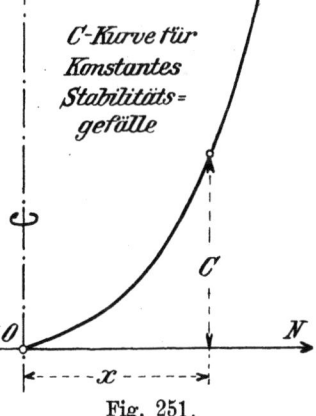

Fig. 251.

Die durch diese Gleichung dargestellte C-Kurve hat den aus Fig. 251 ersichtlichen Verlauf; ganz ähnliche Formen haben die tatsächlichen C-Kurven bei den gebräuchlichen Reglern mit Schubkurbelgetriebe (siehe z. B. Fig. 255 u. 259), so daß von vornherein solche Regler als ganz zweckmäßig angesehen werden können.

b) Konstruktion der C-Kurven.

Von den zu Fliehkraftreglern benutzten Getrieben ist das Schubkurbelgetriebe das am häufigsten verwendete. Schon Watt benutzte bekanntlich einen Fliehkraftregler, und zwar einen solchen mit Schubkurbelgetriebe. Es ist daher nicht mehr als billig, daß wir mit diesem Mechanismus beginnen, um so mehr, als die sonst noch für Reglerkonstruktionen gebräuchlichen Getriebe fast sämtlich als Grenzfälle des Kurbelgetriebes aufgefaßt werden können.

1. Watts Regler mit Gewichtsbelastung der Muffe.

Betrachten wir (wie hinfort stets) nur die Seite rechts von der Spindel, so dreht sich der Pendelarm $I\,II\,M$ um den festen Punkt I, $I\,II$ ist also die Kurbel des Kurbelgetriebes; III wird durch die Muffe senkrecht, d. h. gerade geführt, die Muffe vertritt gleichsam den Kreuzkopf: $II\,III$ ist die Lenkstange. Da die Abstände c_1 und c_3 der Zapfen I und III von der Spindelmitte meist nicht gleich

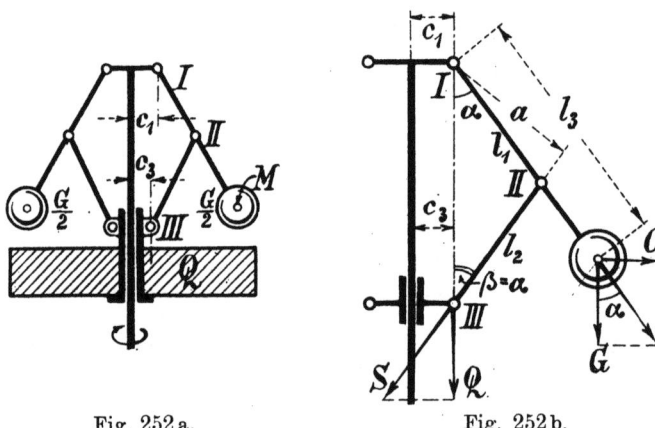

Fig. 252a. Fig. 252b.

groß sind, so geht die Schubrichtung von III meist nicht durch I, wir haben in der Regel eine geschränkte Schubkurbel. Ist $c_3 = c_1$ und $III\,II = I\,II$, so spricht man von rhombischer Aufhängung. Für die zeichnerische Behandlung bietet dieser Sonderfall keine Vorteile, deshalb legen wir hierbei den allgemeinen Fall zugrunde. Bei rechnungsmäßiger Lösung der Aufgabe gestattet dagegen die rhombische Aufhängung nicht unerhebliche Vereinfachungen der Gleichungen.

Wir suchen nacheinander für verschiedene Reglerstellungen (meist reichen fünf Stellungen vollkommen zur scharfen Beurteilung aus) C_g und C_q.

Bedeutung und Konstruktion der C-Kurven. 413

1. C_g-Kurve. Wie aus Fig. 253 ersichtlich ist, sind G und C_g an dem Pendel $I\,II$ nur dann im Gleichgewicht, wenn ihre Resultierende R durch den festen Drehpunkt I geht. Man trägt daher, um C_g aus G zu finden, von I aus G einmal senkrecht nach unten ab und zieht durch den Endpunkt von G die Wagerechte gg; dann schneiden die Verbindungslinien $I\,M$ unmittelbar auf gg die gesuchten Werte C_g für die einzelnen Stellungen des Reglers ab.

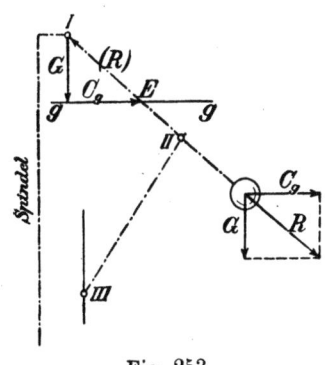

Fig. 253.

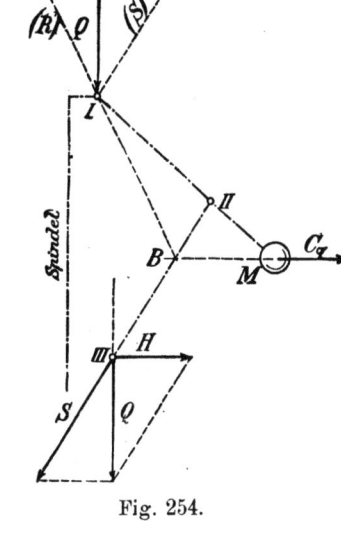

Fig. 254.

2. C_q-Kurve. Man erkennt aus Fig. 254, daß sich die Wirkung von Q auf das Pendel $I\,II$ durch die Schubstange $III\,II$ überträgt. Die Zugkraft S in dieser findet man durch Zerlegung von Q in die wagerechte Komponente H (die eigentlich zur Hälfte links, zur Hälfte rechts von der Spindel auftritt und deshalb unwirksam wird) und die Komponente S nach Richtung von $I\,II$. An dem Pendel $I\,II$ müssen nun S und C_q im Gleichgewicht stehen unter Mitwirkung des Zapfengegendruckes R', dessen Richtung dadurch bestimmt ist, daß sie einerseits durch I, andererseits durch den Schnittpunkt B von C_q und S geht; denn die drei Kräfte S, C_q und R' können nur im Gleichgewicht sein, wenn sich ihre Richtungslinien in einem Punkte schneiden. Linie $B\,I$ stellt also die Richtungslinie von R' dar; die Größe von R' und der gesuchten Kraft C_q findet sich aus dem Kräftedreieck $I\,A\,D$, in welchem $I\,A$ dadurch gleich und parallel S gemacht worden ist, daß Q von I aus senkrecht nach oben abgetragen, durch den Endpunkt von Q die Wagerechte qq gelegt, $B\,I$ über I hinaus verlängert und durch I zur Schubstange $III\,II$ die Parallele $I\,A$ gezogen wurde.

Fig. 253 und 254 werden natürlich praktisch zu einer Figur

zusammengezogen (Fig. 255); C_g und C_q finden sich darin für jede Reglerstellung durch im ganzen nur drei Linien — durch die zu $III\,II$ Parallele IB, durch die Wagerechte MB und die Hilfslinie BI — auf zwei festen Wagerechten gg und qq abgeschnitten. Dieselbe Figur liefert uns ohne weitere Arbeit auch noch die drei Zapfendrücke für Zapfen III, II und $I: S$, d. h. die Strecke IA ist der Zapfendruck für III und II, während der Druck des Zapfens I sich als Mittelkraft von R und R' ergibt; da nun $EI = R$, $ID = R'$ ist, so wird ED unmittelbar der Zapfendruck Z_1 für Zapfen I nach Richtung und Größe.

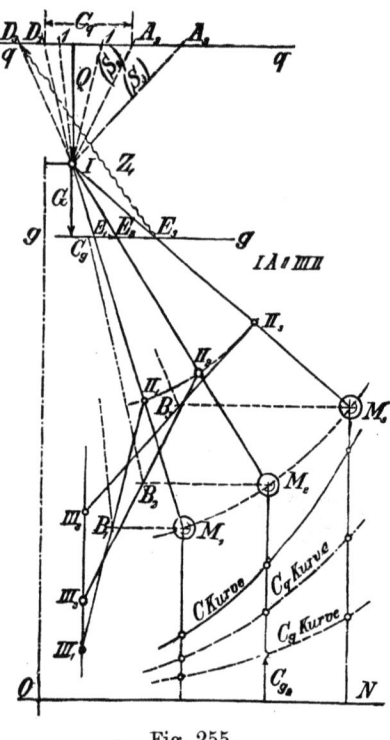

Fig. 255.

Besonders bemerkenswert und für die Folge von der größten Bedeutung ist der Umstand, daß wir bei den vorstehenden Konstruktionen die Lage der Spindel gar nicht zu kennen brauchten, oder anders ausgedrückt: **Die Lage der Spindel hat auf die Gestalt der C-Kurven keinen Einfluß.**

Wir können also nach Fertigstellung der Diagramme die Reglerspindel und damit den Anfangspunkt O beliebig nach rechts oder links verlegen. Was das für einen Erfolg hat, ist aus Fig. 256 sofort einzusehen: rückt man die Spindel, also Punkt O, nach links, z. B. nach O', so wird $\varDelta c$ größer, es wächst der Ungleichförmigkeitsgrad δ; rückt man dagegen O nach rechts, so wird $\varDelta c$ kleiner, δ nimmt ab.

Man braucht nur O'' genügend weit nach rechts zu rücken, um $\delta = 0$ oder gar labile Anordnung zu bekommen. Man hat es also bei jedem Fliehkraftregler, gleichgültig wie auch die Konstruktion im besonderen sein mag, in der Hand, durch Verschieben der Spindel nach den Schwungmassen hin den Ungleichförmigkeitsgrad beliebig zu verringern, bis zur Astasie ($\delta = 0$) oder labilen Anordnung (δ negativ). Dieses einfache Mittel zeigt sich übrigens, wie man aus Fig. 256 erkennt, äußert wirksam.

Bei dem Verschieben der Spindel nach den Schwungmassen hin rücken schließlich die Zapfen *I* und *III* über die Spindel hinaus, wir erhalten **gekreuzte Stangen**: aus dem Wattschen Regler

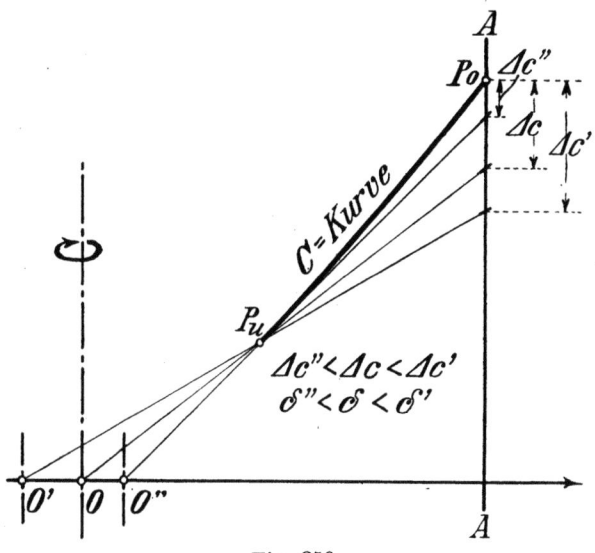

Fig. 256.

entsteht der **Kleysche Regler**. Die konstruktive Unbequemlichkeit, die mit gekreuzten Stangen verbunden ist, hat zu mehreren Abänderungen des Kurbeltriebes geführt, von denen wir zwei Arten betrachten wollen:

1. Anbringung der Schwungmassen nicht an der Kurbel *I II*, sondern an der Schubstange *III II* und
2. Einknicken der Kurbel oder der Schubstange.

2. Proells Regler (mit Gewichtsbelastung der Muffe und umgekehrter Aufhängung).

Früher, als man den Einfluß der einzelnen Größen noch nicht recht unterschied, stellte man nur die Aufgabe, einen möglichst astatischen Regler zu konstruieren, d. h. einen solchen mit einer möglichst astatischen *C*-Kurve. In Nichtachtung des erheblicheren Einflusses der C_q-Kurve kümmerte man sich in erster Linie nur um die C_g-Kurve und war zufrieden, wenn diese einen astatischen Punkt (in der unteren Lage der Muffe) erhielt. Diesen Gedankengang verfolgte Proell; er wählte einen Mechanismus, bei dem der Mittelpunkt der Schwungmassen nicht mehr in einem Kreise, sondern in einer solchen Bahn geführt wurde, daß die C_g-Kurve möglichste Annäherung an die Astasie aufwies.

Auf kinematischem Wege gelangte er so zu einem Kurbelgetriebe, bei dem der Schwungkörper mit der Schubstange *III II* fest verbunden ist, u. zw. derart, daß die Verbindungslinie *III M* von der geraden Verbindungslinie *III II* aus nach innen zu abweicht (Fig. 257). Wir wollen diesen Mechanismus als gegeben betrachten und dafür die C_g- und C_q-Kurve ermitteln.

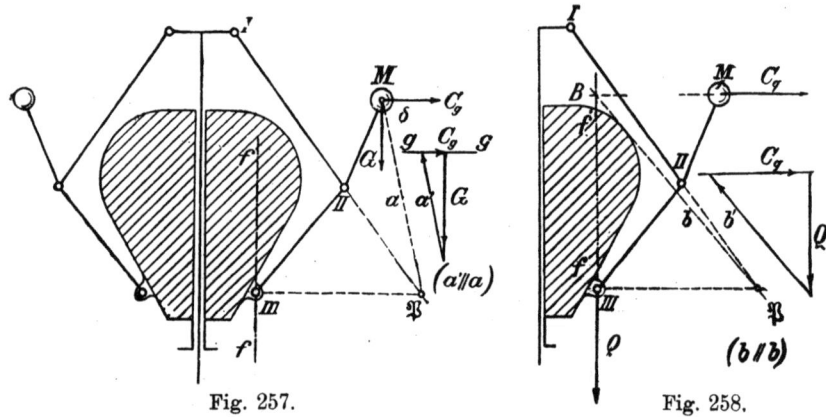

Fig. 257.   Fig. 258.

1. C_g-Kurve. Zapfen *III* wird auf der Geraden *ff*, Zapfen *II* im Kreise um *I* geführt; den augenblicklichen Drehpunkt, den Pol $\mathfrak{P}$ für die Schubstange, findet man bekanntlich als Schnittpunkt der Normalen von zwei Punktbahnen, hier also, indem man durch *III* eine Wagerechte legt und mit der Verlängerung von *I II* zum Schnitt bringt. Soll Gleichgewicht zwischen G und C_g an der Schubstange herrschen, so muß die Resultierende aus G und C_g durch den Pol $\mathfrak{P}$ gehen; mithin erhält man in Fig. 257 C_g aus G, indem man *M* mit $\mathfrak{P}$ durch die Linie a verbindet und G zu einem Kräftedreieck vervollständigt. In Fig. 257 ist also a' parallel zu a durch den einen Endpunkt von G gelegt, während die gesuchten Werte C_g auf der Geraden gg, die durch den anderen Endpunkt von G wagerecht gezogen ist, abgeschnitten werden.

2. C_q-Kurve. Auch hier müssen Q und C_q eine Resultierende ergeben, die durch den Pol $\mathfrak{P}$ geht. Bringt man demnach in Fig. 258 die Richtungslinie von Q zum Schnitt mit der Wagerechten durch *M* im Punkte *B*, verbindet *B* mit $\mathfrak{P}$, so ist die Verbindungslinie $B\mathfrak{P}$ die Richtungslinie der Resultierenden aus Q und C_q. Um C_q aus Q zu finden, braucht man also nur durch den einen Endpunkt von Q eine Wagerechte, durch den anderen Endpunkt eine Parallele b' zu $B\mathfrak{P}$ zu ziehen.

Bedeutung der Konstruktion der C-Kurven. 417

Die Vereinigung beider Diagramme ist in Fig. 259 vorgenommen. Man erkennt, daß, wie es von Proell beabsichtigt war, die C_g-Kurve einen astatischen Punkt aufweist. Die C_q-Kurve ist allerdings schneller ansteigend, die gesamte C-Kurve noch ziemlich von der Astasie abweichend.

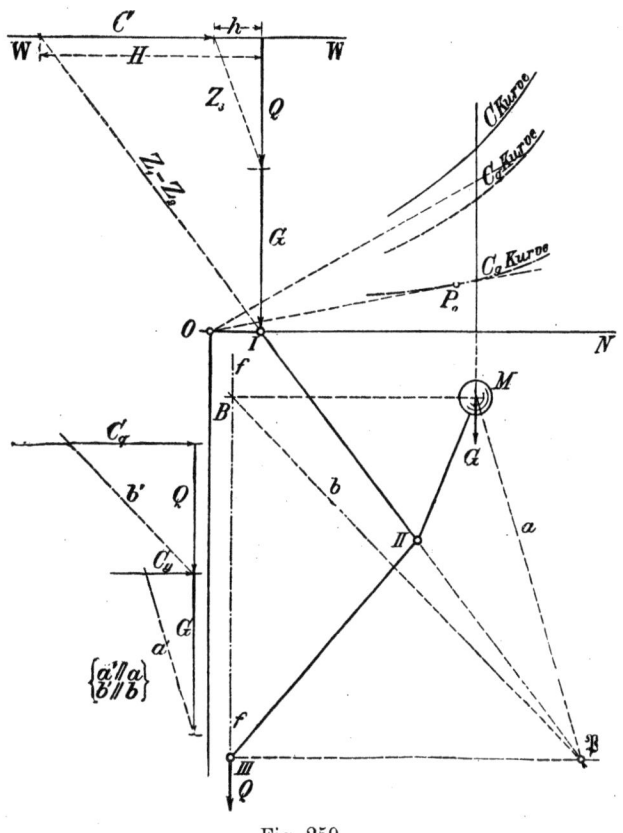

Fig. 259.

Um wieder die Bestimmung der Zapfendrücke gleich mit zu erledigen, beachte man, daß jetzt I und II gleiche Drücke erfahren. Zapfen I muß naturgemäß die Vertikalkräfte, also $G + Q$ aufnehmen und dazu eine solche wagerechte Komponente erleiden, daß die Richtung des gesamten Zapfendruckes in die Verbindungslinie $I\,II$ fällt, da außer den beiden Zapfendrücken Z_1 und Z_2 keine Kräfte an der Schubstange $I\,II$ angreifen. Trägt man deshalb von I aus $G + Q$ nach oben hin ab und zieht die Wagerechte WW, so schneidet diese auf der Verlängerung von $I\,II$ die Zapfendrücke $Z_1 = Z_2$ ab. Zieht man von der wagerechten Komponente H des Zapfendruckes

Tolle, Regelung. 3. Aufl. 27

Z_1 die ebenfalls wagerechte Fliehkraft C ab, so bleibt eine wagerechte Komponente h übrig, die am Zapfen III ausgeübt werden muß, damit auch die wagerechten Komponenten der äußeren Kräfte im Gleichgewicht sind. h und Q, zu einer Resultierenden zusammengesetzt, liefern den Zapfendruck Z_3 für den Zapfen III.

Die vorstehenden einfachen Konstruktionen geben uns ein anschauliches Bild über die hauptsächlichsten Kräfte; ihre ausführliche Besprechung war um so nötiger, als in der Tat bei den meisten später zu behandelnden Reglern das Kurbelgetriebe zur Anwendung gelangt.

3. Welchen Charakter sollten vorteilhaft die C-Kurven haben?

Wir legen uns die Frage vor: wie müssen die gesamte C-Kurve, die C_q-Kurve und die C_g-Kurve ausfallen, wenn der Regler möglichst vorteilhaft, möglichst anpassungsfähig an die jeweiligen Verhältnisse sein soll? Wir denken dabei an einen Regler, der sich der Astasie so weit als zulässig nähern soll. Hier handelt es sich also um die Aufgabe, eine gesamte C-Kurve zu bekommen, die von einer durch den Anfangspunkt O des Achsenkreuzes gehenden Geraden nur unerheblich abweicht, d. h. offenbar selber möglichst gerade sein soll. Wäre die gesamte C-Kurve einigermaßen stark gekrümmt, so müßte zur Vermeidung von labilen Teilen der Ungleichförmigkeitsgrad von vornherein größer als sonst nötig gemacht werden; der Stabilitätsgrad für die einzelnen Teile der C-Kurve fiele außerdem verschieden groß aus, der Regler wäre für gewisse Stellungen zu wenig stabil, für andere Stellungen dagegen wäre seine Stabilität unnötig groß. Kurz, als erstrebenswertes Ziel ist jedenfalls eine möglichst geradlinig verlaufende gesamte C-Kurve zu bezeichnen.

Die gesamte C-Kurve kommt nun stets durch Zusammenfügen mehrerer C-Kurven zustande: bei ausschließlicher Gewichtsbelastung der Muffe haben wir $C = C_q + C_g$, bei Federreglern $C = C_f + C_q + C_g$ oder bei Anwendung mehrerer Belastungsfedern gar

$$C = C_f + C_f' + C_q + C_g.$$

Betrachten wir zunächst einen reinen Gewichtsregler. Die gewünschte C-Kurve, deren Ordinaten sich aus C_q und C_g zusammensetzen, kann von vornherein dadurch herauskommen, daß schon die beiden Bestandteile, die C_q- und die C_g-Kurve genau denselben Charakter haben, wie die resultierende C-Kurve. Dies ist zweifellos der günstigste Fall. Denn ändert man, wie es die praktischen Anforderungen häufig mit sich bringen, das Muffengewicht Q

oder das Schwunggewicht G ab, z. B. um eine andere Umlaufzahl des Reglers herbeizuführen, so ändert sich dadurch der Charakter der gesamten C-Kurve nicht, weil die beiden Einzelbestandteile stets den gleichen Charakter beibehalten und sich nur die Größenverhältnisse ihrer Ordinaten entsprechend verändern. Der einmal vorhandene Ungleichförmigkeitsgrad bleibt also trotz Abänderung von Q oder von G erhalten.

Ganz anders wird die Sache, wenn der gewünschte Charakter der C-Kurve durch Ausgleich des entgegengesetzten Charakters der C_q- und der C_g-Kurve zustande kommt, wenn z. B. die C_q-Kurve stabiler, dafür die C_g-Kurve weniger stabil oder gar labil ist, oder wenn die C_q-Kurve labil und dafür die C_g-Kurve um so stabiler ist, oder eine stark nach oben gekrümmte C_q-Kurve durch Vereinigung mit einer stark nach unten gekrümmten C_g-Kurve eine möglichst gerade C-Kurve liefert. In solchen Fällen ist die Abänderung von Q oder von G stets bedenklich, weil dann der Ausgleich nicht mehr in der richtigen Weise vor sich geht. Die neue C-Kurve würde ihren Charakter alsdann verlieren, unter Umständen labil, d. h. unbrauchbar werden.

Obwohl diese Erkenntnis überaus einfach und naheliegend ist, zeigt doch die Praxis des Reglerbaues viele solche bedenklichen Vereinigungen von C-Kurven, deren Einzelcharaktere von dem Gesamtcharakter außerordentlich abweichen. Solche Regler besitzen dann keinesfalls eine hinreichende Anpassungsfähigkeit, vor allem ermöglichen sie keine nur irgendwie beträchtlichen Änderungen der Umdrehzahl.

Sind nicht beide Kurven, die C_q- und die C_g-Kurve, mit dem gewünschten Charakter zu erreichen, so sollte doch wenigstens

die C_q-Kurve möglichst astatisch

gemacht werden. Erstens liefert bei Gewichtsreglern die Hülsenbelastung meist den größten Anteil zur Belastung, d. h. C_q überwiegt gegen C_g bedeutend; der gesamte Charakter des Reglers ist damit schon vorwiegend durch die C_q-Kurve festgelegt.

Zweitens gestattet ein Regler, dessen C_q-Kurve möglichst astatisch ist, oder genauer ausgedrückt, dessen C_q-Kurve denselben Charakter und genau denselben Ungleichförmigkeitsgrad hat wie die gesamte C-Kurve, jede beliebige Änderung der Muffenbelastung und damit jede Abänderung der Umlaufzahl, ohne daß hierdurch der Charakter des Reglers im mindesten verändert wird.

Drittens erfährt jeder Regler, indem er eine Verstellungskraft durch die Muffe ausübt, d. h. seine normale Aufgabe erfüllt, eine Belastung oder Entlastung der Muffe. Selbst wenn diese einigermaßen groß ist, wird bei astatischer C_q-Kurve der Reglercharakter nicht gefährdet. Bei nicht astatischer C_q-Kurve dagegen könnte nach Anschluß des Stellzeuges, obwohl vorher der Regler hinreichend stabil war, eine labile, d. i. unbrauchbare Anordnung entstehen.

Bei jeder Prüfung eines gegebenen Reglers oder beim Entwurfe eines neuen Reglers sollte aus vorstehenden Gründen mit der Untersuchung der C_q-Kurve begonnen werden. Solange diese von dem gewünschten Gesamtcharakter nur einigermaßen abweicht, ist der Regler nicht einwandsfrei.

Weniger Bedeutung hat die C_g-Kurve vor allem deshalb, weil C_g gegen die übrigen Werte durchweg sehr klein ist, und weil außerdem eine nachträgliche Abänderung von G selten vorkommt, höchstens beim Entwurfe eines Reglers, wobei man ja noch Gelegenheit hat, den etwaigen Einfluß von C_g auf den Reglercharakter durch die anderen Größen zu beseitigen. Immerhin ist auch eine möglichst astatische C_g-Kurve erwünscht.

4. Wie sehen die C-Kurven bei den Reglern mit Kurbelgetriebe aus?

Wir legen unserer Betrachtung zunächst einen Regler nach Fig. 260 mit **rhombischer Aufhängung** zugrunde, bei dem also

$$c_1 = c_3 = c, \qquad l_1 = l_2 \quad \text{und} \quad \beta = \alpha$$

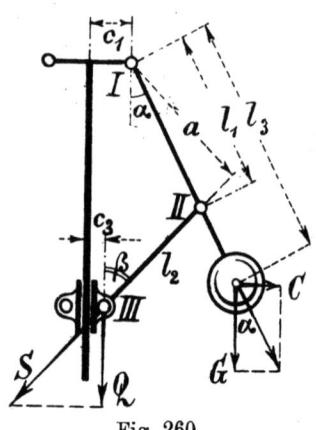

Fig. 260.

ist. Es handelt sich um ein normales Schubkurbelgetriebe, da die Schubrichtung des Zapfens III durch den festen Drehpunkt I geht. Außerdem liegt der Massenmittelpunkt M in der geraden Verbindungslinie der beiden Zapfen I und II. Dieser Sonderfall gestattet nicht nur eine sehr einfache rechnerische Behandlung, sondern er ist auch die einzige Lösung, durch welche die C_q- und die C_g-Kurve den gleichen Charakter bekommen; die rhombische Aufhängung liefert also nach unseren obigen Darlegungen besonders günstige C-Kurven.

Um ihre Form zu erkennen, bestimmen wir C_g und C_q durch Rechnung. Aus dem Kräftedreieck für C_g folgt unmittelbar:

$$C_g = G \cdot \operatorname{tg} \alpha.$$

Ermittelt man für sämtliche Ausschlagwinkel α (von 0 bis 360°)

Bedeutung und Konstruktion der C-Kurven. 421

die Werte C_g, so erhält man die in Fig. 261 wiedergegebene Linie. Für $\alpha = \pm 90°$ ist $C_g = \pm \infty$, die C_g-Kurve hat also zwei senkrechte Asymptoten im Abstand l_3 links und rechts von I. Für $\alpha = 0$ ist $C_g = 0$; hier, d. h. senkrecht unter I, hat die C_g-Kurve einen Doppelpunkt, und die beiden Äste der C_g-Kurve haben dort Wendepunkte. Zu empfehlen ist es, sich diese Grundform recht einzuprägen, weil alle C-Kurven einen ähnlichen Verlauf nehmen und weil aus den kurzen Stücken, die später bei den einzelnen Anwendungsbeispielen als C-Kurven erscheinen, der Zusammenhang sonst nicht deutlich ersichtlich ist. Wollte man einen Namen für diese Kurvenart einführen, so möchte der Name Scherenkurve geeignet sein.

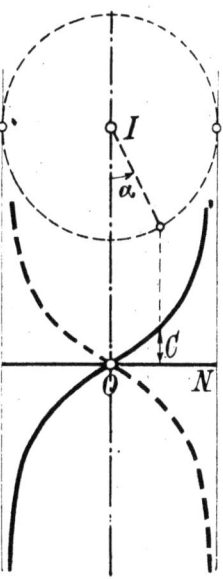

Aus Fig. 260 erhält man weiter für C_q die Momentengleichung bezogen auf den Drehpunkt I:

$$C_q \cdot l_3 \cos\alpha = S \cdot \alpha = \frac{Q}{\cos\alpha} \cdot l_1 \sin 2\alpha = 2 Q l_1 \sin\alpha,$$

daraus

$$C_q = \frac{2 l_1}{l_3} Q \cdot \operatorname{tg}\alpha,$$

Fig. 261.

d. h. bei rhombischer Aufhängung wird in der Tat die C_q-Kurve von gleichem Charakter wie die C_g-Kurve. An Stelle der Konstanten G tritt hier die Konstante $\dfrac{2 l_1}{l_3} Q$.

Bei umgekehrter Aufhängung gelten die gleichen Beziehungen, wenn die Schwungkörper in gerader Verlängerung der Schubstangenrichtung $III\ II$ liegen.

Für den Pol $\mathfrak{P}$ der Schubstange, der von III um die Strecke

$$III\,\mathfrak{P} = 2 l_2 \cdot \sin\alpha$$

entfernt ist, als Momentenpunkt gilt nämlich (s. Fig. 262):

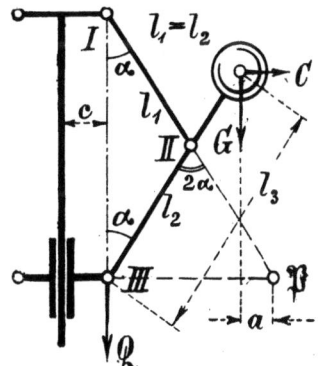

Fig. 262.

1. $C_q \cdot l_3 \cos\alpha = Q \cdot 2 l_2 \sin\alpha,$

mithin, da $l_2 = l_1$:

$$C_q = \frac{2l_1}{l_3} Q \operatorname{tg} \alpha.$$

2. $C_g \cdot l_3 \cos \alpha = G \cdot a = G(2l_2 \sin \alpha - l_3 \sin \alpha) = G(2l_1 - l_3) \sin \alpha$

oder
$$C_g = \left(\frac{2l_1}{l_3} - 1\right) G \cdot \operatorname{tg} \alpha.$$

Grundsätzlich ist also zwischen unmittelbarer und umgekehrter Aufhängung gar kein Unterschied; in beiden Fällen erhalten die C_g- und C_q-Kurven den gleichen Charakter, falls rhombische Aufhängung gewählt wird und die Schwungmassen in gerader Verlängerung der Verbindungslinie der beiden Zapfen *I II* bzw. *II III* liegen.

Die umgekehrte Aufhängung bietet danach gar keinen Vorteil, im Gegenteil, sie liefert bei gleichen Werten von G kleinere Werte von C_g, läßt also die Gewichtswirkung der Schwungkörper weniger ausgenutzt erscheinen.

Unter Hinweis auf die im Anschluß an Fig. 256 angestellten Betrachtungen sehen wir leicht ein, wie wir einen kleinen Ungleichförmigkeitsgrad erzielen können. Je größere Ausschlagswinkel α wir benutzen wollen, um so weiter müssen wir die Spindel nach den Schwungmassen hin verschieben, um so mehr müssen wir die Stangen kreuzen, um so größer fällt der (negative) Wert von c aus.

Regler mit gekreuzten Stangen liefern bei richtiger Größe der Stangenkreuzung sehr günstig verlaufende C-Kurven. Sieht man von den großen Massen und den damit zusammenhängenden ungünstigen dynamischen Eigenschaften ab, die allen Reglern mit Gewichtsbelastung anhaften, so erscheint der alte Kleysche Regler mit Gewichtsbelastung der Muffe auch heute noch durchaus empfehlenswert.

Es bleibt weiter zu prüfen, in welcher Weise das Kurbelgetriebe abänderungsfähig ist und wie sich dabei die C-Kurven ändern. Wir erkannten, daß die Anbringung der Schwungmasse an der Schubstange, die sog. umgekehrte Aufhängung, gegenüber der Anbringung der Schwungkörper an dem Kurbelarm, d. h. gegenüber der unmittelbaren Aufhängung, Vorteile nicht gewährt, daß grundsätzlich gar kein Unterschied zwischen beiden Aufhängungsarten besteht. Das Mittel, durch Verlegen der Spindel nach den Schwungmassen hin beliebig kleine Ungleichförmigkeitsgrade zu erzielen, führt auf gekreuzte Stangen. Die hiermit verbundene konstruktive Unbequemlichkeit legt es nahe, sich nach einem andern Mittel zur Erreichung des gleichen Zweckes umzusehen.

Wir finden ein solches in dem
Knicken der Pendelarme.

Offenbar kommt es auf dasselbe hinaus, wenn wir, anstatt die Spindel nach den Schwungmassen hin zu verlegen, umgekehrt das Getriebe so abändern, daß die Schwungmassen nach der Spindel hin verschoben erscheinen. Wir erhalten auf diese Weise den in Fig. 263 angedeuteten Regler, bei welchem fester Drehpunkt I, Zapfen II und Massenmittelpunkt M nicht mehr in einer geraden Linie liegen, sondern M **von der geraden Verbindungslinie $I\,II$ nach der Spindel zu um einen gewissen Winkel β abweicht.**

Man erkennt leicht, daß der Charakter der C_g-Kurve hierdurch keine Veränderung erfährt; dagegen erscheint die C_q-Kurve erheblich verändert, und zwar so, daß mit Leichtigkeit ohne jede Stangenkreuzung (sogar für ein positives c) ein astatischer Punkt P_0 erzielt werden kann (s. Fig. 263).

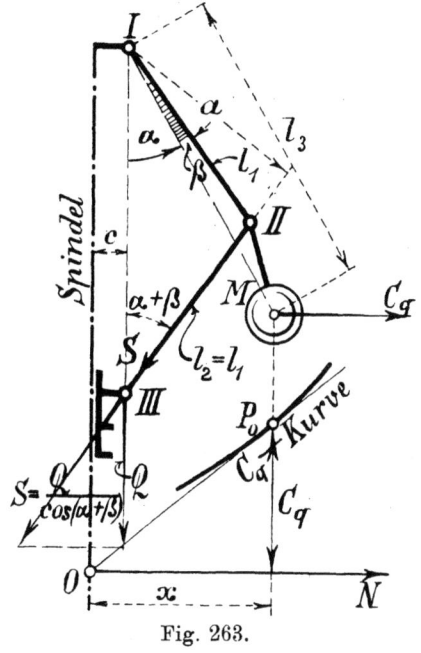

Fig. 263.

Wir wollen zunächst einmal die Frage beantworten: Wie groß ist in Fig. 263 der Winkel β zu machen, wenn für einen bestimmten Ausschlagwinkel α ein astatischer Punkt erreicht werden soll?

Kennt man für einen beliebigen Regler die C-Kurve dadurch, daß C als Funktion des Abstandes x des Schwungmassenmittelpunktes von der Spindel ausgedrückt ist, so wird für einen astatischen Punkt P_0 die Tangente durch O gehen, also allgemein

$$\frac{dC}{dx} = \frac{C}{x} \qquad \qquad (179)$$

sein müssen. In dem vorliegenden Falle erhält man für C_q die Momentengleichung bezogen auf den Drehpunkt I:

$$C_q \cdot l_3 \cos \alpha = S \cdot a = \frac{Q}{\cos(\alpha+\beta)} \cdot l_1 \sin 2(\alpha+\beta) = 2Ql_1 \sin(\alpha+\beta)$$

oder $\qquad C_q = \dfrac{2l_1}{l_3} Q \dfrac{\sin(\alpha+\beta)}{\cos \alpha} = \dfrac{2l_1}{l_3} Q (\sin \beta + \cos \beta \cdot \operatorname{tg} \alpha)$

$$C_q = \frac{2l_1}{l_3} Q \sin\beta + \frac{2l_1}{l_3} Q \cos\beta \cdot \operatorname{tg}\alpha \quad . \quad . \quad . \quad (180)$$

Ferner ist
$$x = c + l_3 \sin\alpha,$$
mithin
$$dx = l_3 \cos\alpha \, d\alpha$$
und
$$dC_q = \frac{2l_1}{l_3} Q \cos\beta \frac{d\alpha}{\cos^2\alpha}.$$

Setzt man diese Werte in Gl. 179 ein, so erhält man als Bedingungsgleichung für einen astatischen Punkt der C_q-Kurve:

$$\frac{\frac{2l_1}{l_3} Q \cos\beta \frac{d\alpha}{\cos^2\alpha}}{l_3 \cos\alpha \, d\alpha} = \frac{\frac{2l_1}{l_3} Q (\sin\beta + \cos\beta \operatorname{tg}\alpha)}{c + l_3 \sin\alpha}$$

oder $\quad \cos\beta \, (c + l_3 \sin\alpha) = l_3 \cos^3\alpha \, (\sin\beta + \cos\beta \operatorname{tg}\alpha)$

$$\frac{c}{l_3} + \sin\alpha = \cos^3\alpha \, (\operatorname{tg}\beta + \operatorname{tg}\alpha)$$

$$\operatorname{tg}\beta = \frac{\frac{c}{l_3} + \sin\alpha}{\cos^3\alpha} - \operatorname{tg}\alpha = \frac{c}{l_3 \cos^3\alpha} + \frac{\sin\alpha - \sin\alpha \cdot \cos^2\alpha}{\cos^3\alpha}$$

$$= \frac{c}{l_3 \cos^3\alpha} + \frac{\sin\alpha (1 - \cos^2\alpha)}{\cos^3\alpha} = \frac{c}{l_3 \cos^3\alpha} + \operatorname{tg}^3\alpha$$

$$\operatorname{tg}\beta = \frac{c}{l_3 \cos^3\alpha} + \operatorname{tg}^3\alpha \quad . \quad . \quad . \quad . \quad (181)$$

Je größer also α gewählt wird, um so größer wird auch β, und zwar nimmt β viel rascher als α zu, wie man aus der Zunahme von $\operatorname{tg}^3\alpha$ und $\frac{1}{\cos^3\alpha}$ erkennt. Auch sieht man, daß β mit c wächst; man wird also c auf das konstruktiv kleinste zulässige Maß beschränken, wenn β klein werden soll.

Wollte man ohne Knickung der Arme bei rhombischer Aufhängung für α einen astatischen Punkt erzielen, so müßte $\beta = 0$ werden, d. h.
$$\frac{c}{l_3 \cos^3\alpha} + \operatorname{tg}^3\alpha = 0$$
oder
$$c = -l_3 \sin^3\alpha \quad . \quad . \quad . \quad . \quad . \quad (182)$$

sein, die Stangen müßten also gekreuzt werden, so daß die Zapfenmittelpunkte I und III um das Maß c auf der anderen Seite der Spindel von deren Mitte entfernt liegen.

Unter Benutzung von Gl. 180 wollen wir uns nunmehr ein Bild von dem Verlauf der C_q-Kurven bei geknickten Armen verschaffen.

Bedeutung und Konstruktion der C-Kurven. 425

C_q setzt sich aus zwei Summanden zusammen, von denen der erste, $\frac{2l_1}{l_3} Q \sin \beta$, konstant ist und um so größer ausfällt, je größer β wird. Mit wachsendem Knickungswinkel β hebt sich also die C_q-Kurve mehr und mehr.

Der zweite Summand

$$\frac{2l_1}{l_3} Q \cos \beta \cdot \operatorname{tg} \alpha$$

folgt wieder demselben Gesetze, das wir schon wiederholt gefunden haben: er verändert sich mit $\operatorname{tg} \alpha$. Verglichen mit dem Regler mit geraden Armen aber wird der Faktor bei $\operatorname{tg} \alpha$ kleiner, und zwar mit $\cos \beta$ ab-

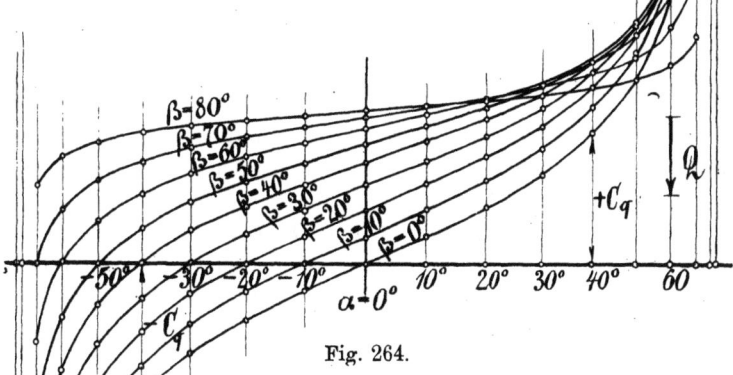

Fig. 264.

nehmend. Die C_q-Kurven für geknickte Arme gehen somit aus der Scherenkurve

$$C_q = \frac{2l_1}{l_3} Q \cdot \operatorname{tg} \alpha$$

hervor, indem sich alle Ordinaten proportional mit $\cos \beta$ verkleinern, die C_q-Kurven mit wachsendem Winkel β also immer flacher verlaufen und sich gleichzeitig um einen konstanten Betrag heben. Für $\beta = 90^0$ geht die C_q-Kurve in eine Wagerechte:

$$C_q = \frac{2l_1}{l_3} Q$$

über. Fig. 264 läßt den Verlauf der C_q-Kurven für Knickungswinkel $\beta = 0^0$, 10^0, 20^0, 30^0 ... bis 80^0 deutlich erkennen; alle Kurven haben bei $\alpha = 0$ einen Wendepunkt. Verschiebt man die Spindelmitte entsprechend nach links, so kann man stets für den gewählten Knickungswinkel nicht nur einen astatischen Punkt erzielen, sondern sogar eine (in der Nähe des Wendepunktes) auf einer größeren Strecke fast geradlinig verlaufende (astatische) C_q-Kurve herbeiführen. Dies ist im allgemeinen sehr angenehm, kann aber, wie wir später zeigen werden, in gewissen Fällen sogar als praktisch notwendige Bedingung auftreten. Wir wissen also jetzt, wie wir eine fast gerade und astatische C_q-Kurve in einfachster Weise erzwingen können. Rechnerisch lautet diese Bedingung: man nehme den mittleren Ausschlagwinkel

$$\alpha = 0$$

und dabei den Knickungswinkel β (gemäß Gl. 181):

$$\operatorname{tg} \beta = \frac{c}{l_3}$$

oder
$$c = l_3 \operatorname{tg} \beta.$$

C_q-Kurven bei Abweichung von der rhombischen Aufhängung.

Bei der rhombischen Aufhängung haben wir es mit einem normalen Kurbelgetriebe zu tun, bei dem also die Schubrichtung des gerade geführten Zapfens *III* durch die Mitte des festen Zapfens *I* geht, und bei dem ferner Kurbel *I II* und Schubstange *II III* gleich lang sind. Ändert man zunächst nur das letztere Verhältnis, so ergibt sich selbst bei bedeutender Verlängerung der Schubstange l_2 kein bemerkenswerter Unterschied in dem Charakter der C_q-Kurven.

Für $l_2 = \infty$, für unendliche Schubstangenlänge, würde die C_q-Kurve sogar genau denselben Charakter bekommen, wie für $l_2 = l_1$.

Verwendet man jedoch ein unnormales Kurbelgetriebe, d. h. ein solches, bei welchem die Schubrichtung des Zapfens *III* an *I* vorbeigeht, so ändern sich die C_q-Kurven ganz bedeutend.

Um den Einfluß der Schränkung zu prüfen, wurden in Fig. 265 eine Reihe von C_q-Kurven (auf Grund der Konstruktion nach Fig. 254) entwickelt, und zwar in Fig. 265 unten für $l_2 = l_1$, oben für $l_2 = 1,5\, l_1$. Die Schränkung s wurde so gewählt, daß die Schubrichtung von *III* um das Maß

$$s_1 = 0{,}25\, l_1, \quad s_2 = 0{,}5\, l_1, \quad s_3 = 0{,}72\, l_1, \quad \text{und} \quad s_4 = l_1$$

an dem festen Drehpunkt *I* links vorbeigeht. Will man die Ergebnisse für den Fall verwerten, daß die Schubrichtung *III* an *I* rechts vorbeigeht, so braucht man nur die C_q-Kurven (Fig. 265) auf den Kopf zu stellen; denn dadurch wird zunächst rechts und links vertauscht, gleichzeitig aber das Vorzeichen von C_q, das für die nach rechts gerichteten Fliehkräfte C_q als $+$, für die nach

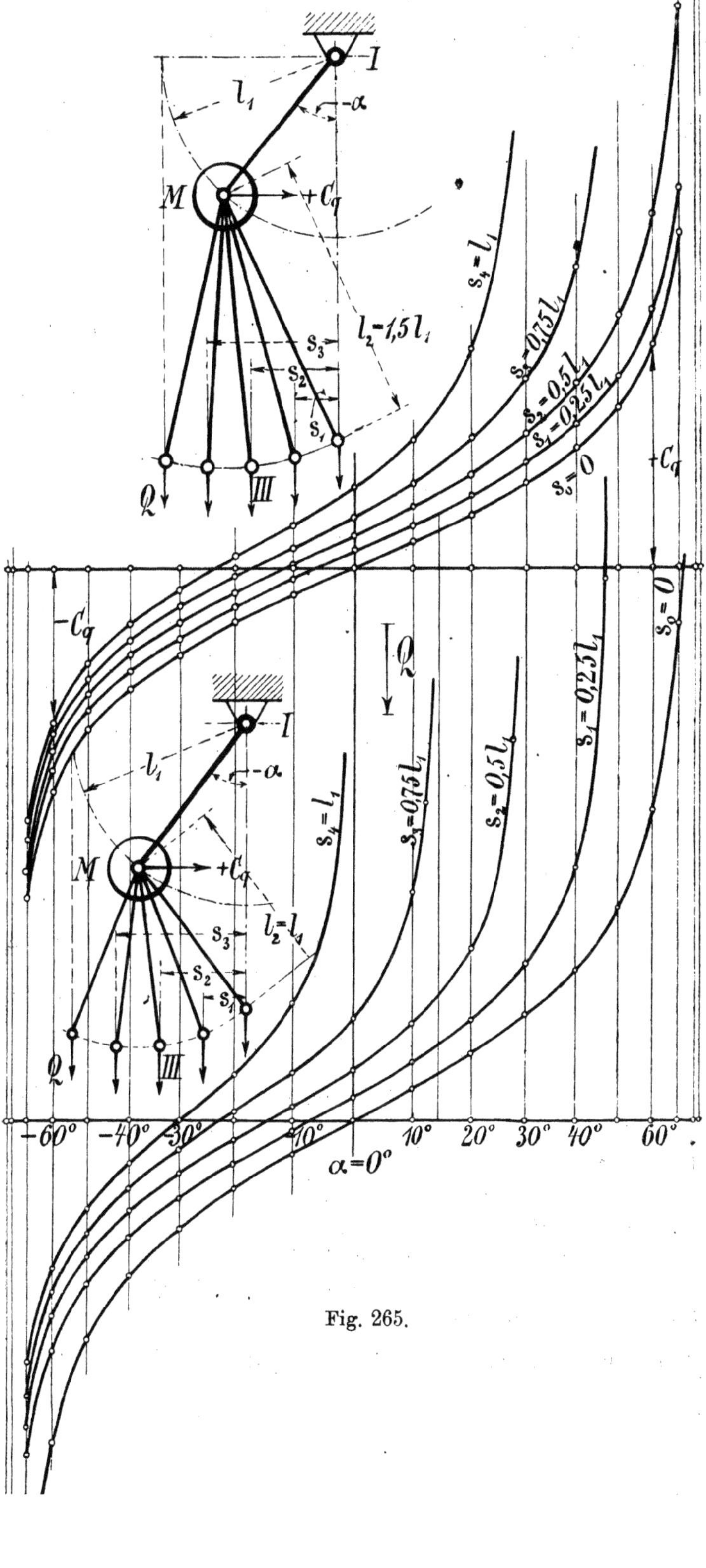

Bedeutung und Konstruktion der C-Kurven.

Fig. 265.

links gerichteten Fliehkräfte als — angenommen ist, von selber sinngemäß umgekehrt. Sehen wir die C_q-Kurven in Fig. 265 genauer an, so erkennen wir, daß durch die Schränkung nach links die C_q-Kurven unsymmetrisch werden; sie erscheinen nach links hin verschoben und zusammengedrängt. Die Wendepunkte bleiben in der (wagerechten) Nullinie und sind nach links gerückt.

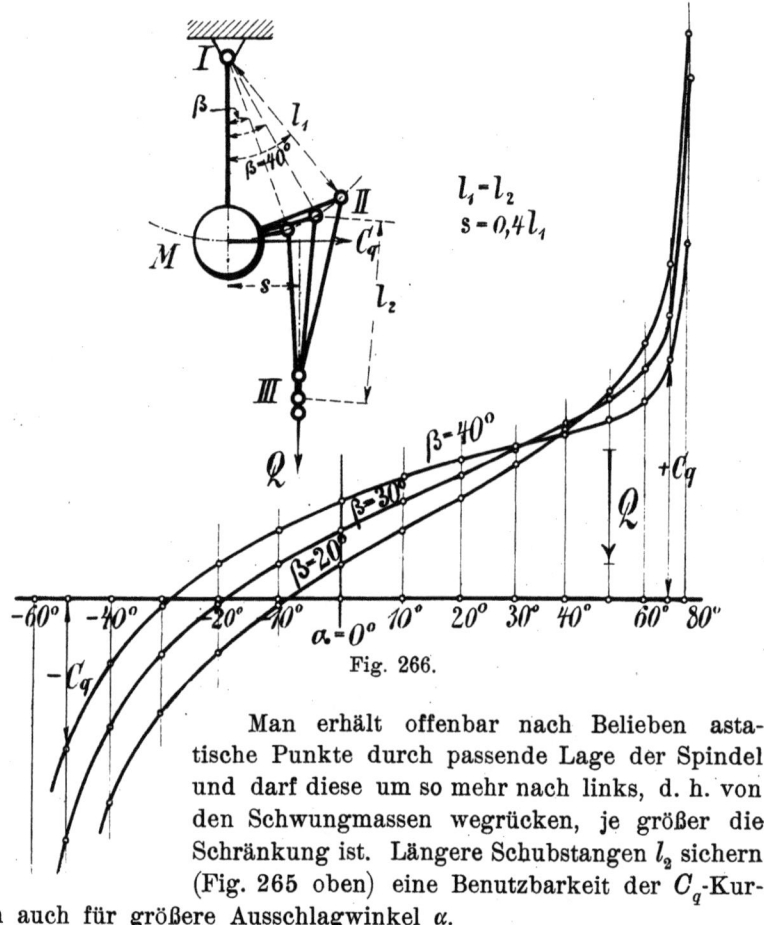

Fig. 266.

Man erhält offenbar nach Belieben astatische Punkte durch passende Lage der Spindel und darf diese um so mehr nach links, d. h. von den Schwungmassen wegrücken, je größer die Schränkung ist. Längere Schubstangen l_2 sichern (Fig. 265 oben) eine Benutzbarkeit der C_q-Kurven auch für größere Ausschlagwinkel α.

Man erkennt, daß die Schränkung (nach links) wohl astatische Punkte, ohne Kreuzung der Kurbelarme $I\,II$, ermöglicht, daß jedoch hierbei die Schubstangen $II\,III$ gekreuzt werden müssen, kurz, daß die Verwendung von geschränkten Kurbeltrieben allein kaum Vorteile bietet, jedenfalls lange nicht solche günstigen C_q-Kurven liefert, wie die Knickung der Arme.

Vereinigt man schließlich beide Verfahren:

Schränkung des Kurbeltriebes und Knickung der Arme,
so lassen sich hierdurch die zweckmäßigsten C_q-Kurven erzielen. Durch Knickung hebt man die C_q-Kurven, wobei die Wendepunkte (in deren Nähe die C-Kurven, weil fast gerade, am zweckmäßigsten verlaufen) zu dem Auschlagwinkel $\alpha = 0$ gehören. Die Spindel muß also ziemlich weit nach links verschoben werden, wenn man Astasie für C_q mit $\alpha = 0$ erreichen will. Schränkt man nun noch das Kurbelgetriebe durch Verschiebung der Schubrichtung III nach rechts, so rücken die C_q-Kurven mitsamt dem Wendepunkte nach rechts; wir verlegen also den besten Teil der C_q-Kurven (den nahezu

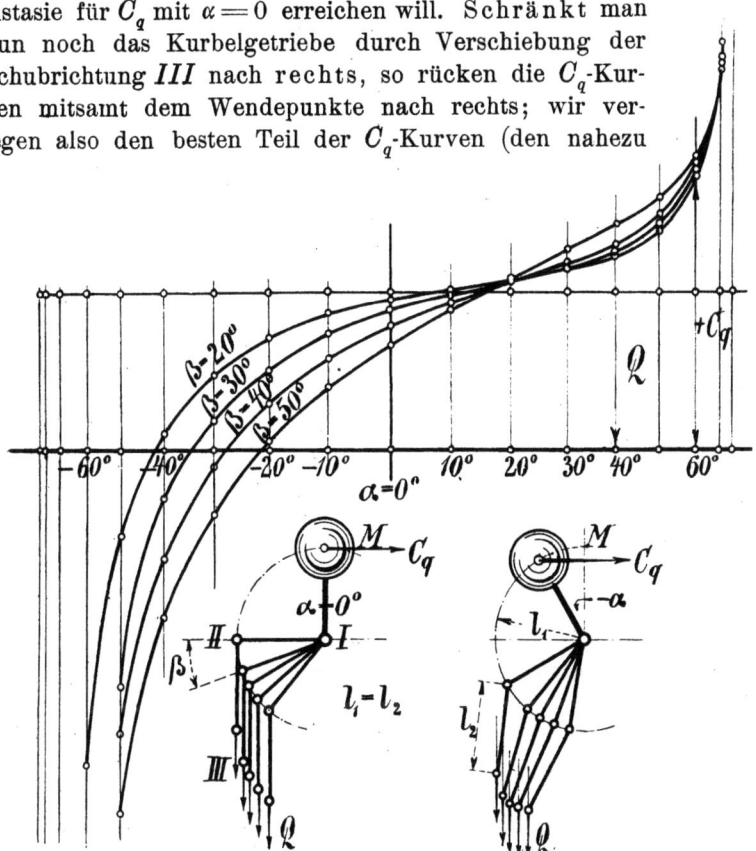

Fig. 267.

geraden Teil in der Nähe der Wendepunkte) hierdurch nach rechts, in das Gebiet größerer Ausschlagwinkel α, und brauchen die Spindel nicht mehr so weit nach links zu verschieben, wie bei Knickung allein.

Die Form der C_q-Kurven solcher Getriebe ist aus Fig. 266 zu erkennen.

Besonders die beiden unteren C_q-Kurven liefern für Ausschlagwinkel α von etwa 0 bis 30^0 nahezu geradlinige Strecken, wobei die Spindel zur Erzielung von Astasie gar nicht viel von der Senkrechten durch I nach links verschoben werden braucht.

Auf den gleichen Grundsätzen aufgebaut und deshalb auch dieselben Ergebnisse liefernd, ist das Getriebe in Fig. 267. Man könnte es, von dem Winkelhebel $M\,I\,II$ mit rechtem Winkel ausgehend, als Winkelhebelmechanismus mit stumpfem Winkel bezeichnen; es ist in Fig. 267 jedesmal die Schränkung von dem Knickungswinkel $(90 + \beta)$ so abhängig gemacht, daß für den Ausschlagwinkel $\alpha = 0$ die Schubstange $II\,III$ senkrecht gerichtet ist. Die Wendepunkte liegen wiederum rechts von der Mittellage $(\alpha = 0)$ etwa beim Ausschlagwinkel $\alpha = 20°$; sehr zweckmäßig erscheint z. B. die Kurve für $\beta = 50°$.

Diese Untersuchungen haben uns gezeigt, wie anpassungsfähig das Kurbelgetriebe bezüglich der Anforderungen an gute C-Kurven ist; mit den drei Mitteln:

1. Verschiebung der Spindel nach den Schwungmassen hin oder von ihnen fort,
2. Knickung der Arme,
3. Schränkung des Kurbeltriebes,

läßt sich alles erreichen, insbesondere für einen beliebigen Ausschlagwinkel ein astatischer Punkt der C_q-Kurve, der gleichzeitig Wendepunkt ist, in dessen Nähe also die C_q-Kurve (fast) geradlinig verläuft.

Andere Getriebe als Kurbelgetriebe kommen tatsächlich kaum in Betracht. Vereinzelt findet sich die Kreuzschleife, die deshalb nachstehend noch kurz behandelt werden soll.

5. C-Kurven bei Reglern mit Kreuzschleife.

Die Getriebe, welche eine Kreuzschleife verwenden, stellen meist eine Abänderung des Schubkurbelgetriebes dar, zu dem Zwecke vorgenommen, durch Weglassung der Schubstange an Platz zu sparen. Grundsätzlich steckt in dieser Abänderung hinsichtlich der C-Kurven gar kein Vorteil, wohl aber entspringt aus der Geradführung ein großer Nachteil, nämlich eine wesentlich höhere Eigenreibung, selbst dann noch, wenn zur Verminderung der Reibung beim Gleiten eine Rollenführung angebracht ist.

Zwei zueinander senkrechte, starr verbundene Geradführungen bilden die Kreuzschleife. Entweder ist nun diese fest, so daß die eine Gleitbahn durch die Reglerspindel dargestellt wird (Fig. 268 und Fig. 269), während der Schwungkörper mit der an der Muffe angreifenden Lenkstange vereinigt ist, oder die Reglermuffe und eine hierzu senkrechte, mit der Muffe starr verbundene Geradführung

Bedeutung und Konstruktion der C-Kurven. 431

bilden die (hier also bewegliche) Kreuzschleife, die lediglich die Bewegung eines bestimmten Punktes des Fliehkraftpendels in die geradlinige Muffenbewegung umzuwandeln hat (Fig. 270 und 271).

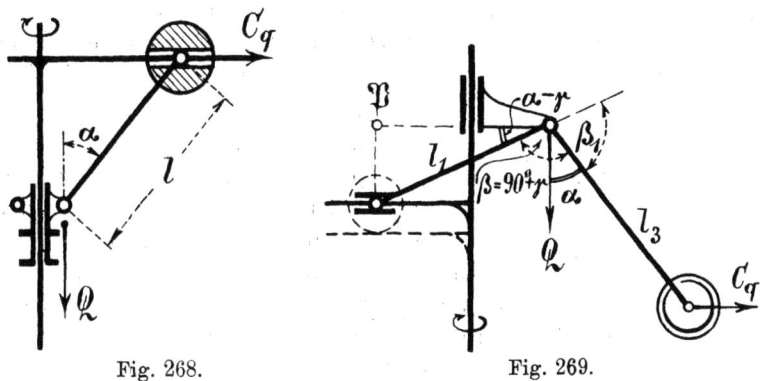

Fig. 268. Fig. 269.

1. Bei der einfachsten Verwendungsart, der **festen Kreuzschleife** nach Fig. 268, wird der Schwungkörper senkrecht zur Spindel geradlinig geführt; dabei ist $C_g = 0$, und für C_q erhält man unmittelbar
$$C_q = Q \cdot \operatorname{tg} \alpha,$$
d. h. das gleiche Gesetz wie für die Regler mit rhombischer Aufhängung.

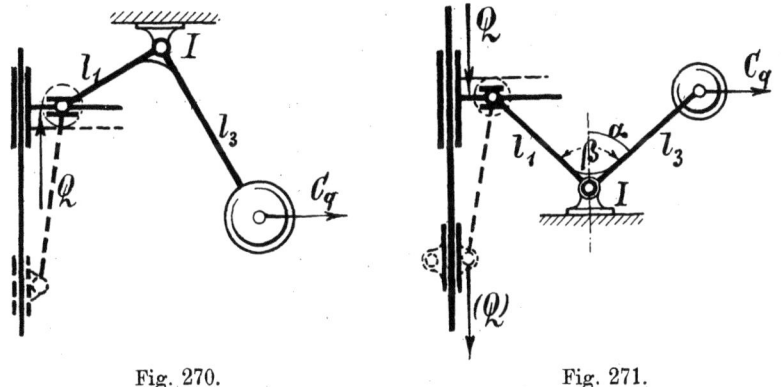

Fig. 270. Fig. 271.

2. Bilden bei der festen Kreuzschleife in Fig. 271 die eigentliche Lenkstange l_1 und der Pendelarm l_3 einen beliebigen Winkel
$$\beta = 90^0 + \gamma,$$
so ergibt sich für C_q, bezogen auf den Pol $\mathfrak{P}$, die Momentengleichung:
$$C_q \cdot l_3 \cos \alpha = Q \cdot l_1 \cos (\alpha - \gamma);$$

daraus folgt
$$C_q = \frac{l_1}{l_3} Q \frac{\cos(\alpha - \gamma)}{\cos\alpha} = \frac{l_1}{l_3} Q (\cos\gamma + \sin\gamma \cdot \mathrm{tg}\,\alpha) \ . \quad (183)$$

d. i. dieselbe Gleichung, die wir für die rhombische Aufhängung mit geknickten Armen als Gl. 180 gefunden haben, wenn wir statt des dort β genannten Knickungswinkels hier $\beta_1 = 90 - \gamma = 180 - \beta$ setzen.

3. Auch bei den Anordnungen nach Fig. 270 und Fig. 271 ergibt sich für C_q die nämliche Gleichung, so daß wir ganz allgemein aussprechen können: die Kreuzschleifengetriebe liefern C_q-Kurven von genau demselben Charakter wie die Kurbelgetriebe mit rhombischer Aufhängung und entsprechend geknickten Armen.

Ebenso besteht für die C_g-Kurven gar kein grundsätzlicher Unterschied zwischen den beiden Getrieben, so daß kaum eine Veranlassung zur Verwendung von Kreuzschleifengetrieben vorliegt.

B. Unempfindlichkeit, Muffendruck und Arbeitsvermögen.

a) Unempfindlichkeitsgrad.

Befindet sich ein Regler in einer bestimmten Stellung im Gleichgewicht, und ändert sich aus irgend einem Grunde die Umdrehzahl, so setzt sich der Regler nicht sofort, d. h. bei einer beliebig kleinen Änderung der Winkelgeschwindigkeit in Bewegung, vielmehr bedarf es erst einer ganz bestimmten Zunahme oder Abnahme an Winkelgeschwindigkeit, ehe die Muffe beginnt, sich nach oben oder unten zu bewegen. Es muß erst an Stelle der augenblicklichen Fliehkraft C eine größere Fliehkraft C_2 oder eine kleinere C_1 treten, ehe die Reglerbewegung nach oben oder unten beginnen kann; denn bei der Verschiebung der Muffe ist sowohl der Widerstand des Stellzeuges als auch die Eigenreibung des Reglers durch die Änderung der Fliehkraft zu überwinden. Muß die augenblickliche Winkelgeschwindigkeit ω aus dem obigen Grunde auf ω_2 steigen oder auf ω_1 fallen, bevor die Reglerbewegung anfängt, so nennt man den Bruch

$$\frac{\omega_2 - \omega_1}{\omega} = \varepsilon \quad \ldots \ldots \quad (184)$$

den **Unempfindlichkeitsgrad** des Reglers. Je kleiner ε ist, um so leichter tritt bei Änderung der Winkelgeschwindigkeit eine Muffenverschiebung ein, um so eher kann der Regler seine Aufgabe, eine

Verstellung der Steuerung zu bewirken, ausführen. Danach ist der Regler im allgemeinen um so besser, je kleiner ε wird. Setzt man

$$\omega = \frac{\omega_1 + \omega_2}{2}$$

und drückt die Fliehkräfte C, C_1 und C_2, die bei der augenblicklichen Stellung des Reglers den drei Winkelgeschwindigkeiten ω, ω_1 und ω_2 entsprechen, aus:

$$C = Mx\omega^2, \quad C_1 = Mx\omega_1^2, \quad C_2 = Mx\omega_2^2,$$

so läßt sich der Unempfindlichkeitsgrad auch schreiben:

$$\varepsilon = \frac{\omega_2 - \omega_1}{\omega} = \frac{(\omega_2 - \omega_1)(\omega_2 + \omega_1)}{\omega \cdot (\omega_2 + \omega_1)} = \frac{\omega_2^2 - \omega_1^2}{2\omega^2}$$

$$= \frac{Mx\omega_2^2 - Mx\omega_1^2}{2Mx\omega^2} = \frac{C_2 - C_1}{2C}.$$

Nennt man ferner die Erhöhung oder Abnahme der Fliehkraft

$$C_2 - C = C - C_1 = \Delta C,$$

setzt man also

$$C_2 - C_1 = 2 \cdot \Delta C,$$

so erhält man für den Unempfindlichkeitsgrad die Beziehung:

$$\varepsilon = \frac{\Delta C}{C} \quad \ldots \ldots \ldots \ldots (185)$$

Daraus folgt die Größe ΔC, um welche die augenblickliche Fliehkraft C erst anwachsen oder abnehmen muß, ehe die Bewegung der Muffe beginnen kann:

$$\Delta C = \varepsilon \cdot C \ldots \ldots \ldots \ldots (186)$$

Bezeichen wir nun

mit W die von der Reglermuffe auf das Stellzeug auszuübende Verstellkraft,

mit R die an der Muffe angreifend gedachte, der Bewegungsrichtung entgegenwirkende Kraft, welche die gesamte Eigenreibung des Reglers ersetzt,

mit $P = W + R$ den Gesamtwiderstand an der Muffe,

dann dient die Zu- oder Abnahme an Fliehkraft ΔC eben dazu, diesen Widerstand P bei der Muffenverschiebung zu überwinden.

Die gesamte Fliehkraft C diente in gleicher Weise dazu, den sämtlichen Belastungen des Reglers, d. h. dem Gewicht G der Schwungkörper, der Muffenbelastung Q und etwaigen Federkräften F und F' das Gleichgewicht zu halten.

Denken wir alle diese Belastungen durch eine an der Muffe angreifende, senkrecht nach unten wirkende Kraft E ersetzt, so wird gleichsam die Fliehkraft C dazu benutzt, dieser Kraft E das Gleichgewicht zu halten. $\varDelta C$ und C, ebenso P und E greifen an denselben Punkten an, haben (paarweise) die gleichen Richtungen und legen bei der Bewegung des Reglers gleiche Wege zurück, das Übersetzungsverhältnis zwischen $\varDelta C$ und P muß demnach stets dasselbe sein wie zwischen C und E, d. h. es muß die Verhältnisgleichung gelten:

$$\varDelta C : P = C : E, \qquad \qquad (187)$$

woraus folgt
$$\frac{\varDelta C}{C} = \frac{P}{E} \qquad \qquad (188)$$

Nun fand sich
$$\varepsilon = \frac{\varDelta C}{C},$$

deshalb läßt sich auch schreiben
$$\varepsilon = \frac{P}{E} \qquad \qquad (189)$$

oder
$$\underline{P = \varepsilon \cdot E} \qquad \qquad (190)$$

b) Muffendruck.

Die Kraft E heißt der Muffendruck oder die Energie des Reglers. Nach Vorstehendem ist der Muffendruck die an der Muffe nach unten wirkende Kraft, die die Reglerbelastungen G, Q, F und F' ersetzt, die beim umlaufenden Regler durch die Fliehkraft C im Gleichgewicht gehalten wird und die demgemäß beim ruhenden Regler sich als Druck der Muffe nach unten äußert. Der Muffendruck E läßt sich also theoretisch in einfachster Weise nach den Regeln der Statik als Ersatzkraft für G, Q und F rechnerisch oder zeichnerisch ermitteln und bei einem ausgeführten Regler leicht durch Abwägen an der Muffe des ruhenden Reglers unmittelbar feststellen. Es wird natürlich im allgemeinen für jede Muffenstellung ein anderer Wert für den Muffendruck E vorhanden sein; bei den späteren Beispielen ist deshalb stets eine E-Kurve in der Weise gezeichnet, daß für jede Muffenstellung der zugehörige Muffendruck als Senkrechte zur Verschiebungsrichtung der Muffe aufgetragen wird.

Eine besonders einfache Beziehung besteht zwischen E und C_q. Es war C_q eine an den Schwungkörpern nach außen wirkende Kraft, die der an der Muffe senkrecht nach unten wirkenden konstanten Kraft Q das Gleichgewicht hält; ebenso sind die an den gleichen Stellen angreifenden Kräfte C und E im Gleichgewicht, somit verhält sich

$$E : C = Q : C_q \qquad \qquad (191)$$

Unempfindlichkeit, Muffendruck und Arbeitsvermögen. 435

oder anders ausgedrückt: dieselbe Rechnung oder Konstruktion, die uns C_q aus Q bestimmen läßt, dient umgekehrt dazu, den Muffendruck E aus der gesamten Fliehkraft C zu ermitteln (Fig. 272).

Bisweilen kann es auch hier vorteilhaft sein, sich E aus Teilen zusammengesetzt zu denken: $E = E_g + E_q + E_f$, die von G, Q und F herrühren. Besonders wenn die Belastung des Reglers vorwiegend unmittelbar an der Muffe angreift, macht diese Belastung schon den größten Teil von E aus; dann wird man nur den von den übrigen Kräften, z. B. von G herrührenden Anteil E_g usf., aufsuchen und zu Q addieren: $E = Q + E_g$.

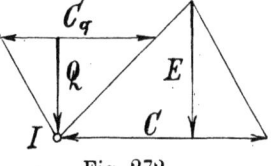

Fig. 272.

Fig. 273 und 274 deuten diesen Weg für Regler nach Fig. 252 und Fig. 257 an.

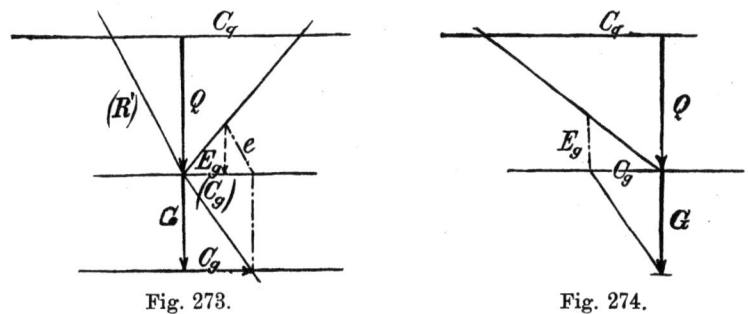

Fig. 273.   Fig. 274.

Aus der vorstehend erläuterten Beziehung zwischen den vier Größen E, C, Q und C_g:

$$E : C = Q : C_q$$

geht noch eine weitere wichtige Eigenschaft für astatische Regler hervor. Liefert nämlich eine an der Muffe angreifende (oder dort angreifend gedachte) konstante Kraft Q eine astatische C_q-Kurve, so entspricht rückwärts, falls die gesamte C-Kurve astatisch ist, dieser C-Kurve ebenfalls eine konstante Kraft an der Muffe, d. h. ein konstanter Muffendruck E. Noch genauer können wir sagen: Hat die C_q-Kurve denselben Charakter wie die gesamte C-Kurve, so besitzt der Regler einen konstanten Muffendruck E. Hieraus folgt wieder, wie wichtig gerade die C_q-Kurve ist, und daß man deshalb bei jeder Regleruntersuchung mit der Prüfung der C_q-Kurve beginnen sollte.

28*

Hat man den Muffendruck E gefunden, so folgt nach Gl. 189 der Unempfindlichkeitsgrad:

$$\varepsilon = \frac{P}{E} = \frac{W+R}{E} = \frac{W}{E} + \frac{R}{E}.$$

Der Unempfindlichkeitsgrad ε setzt sich also gleichsam aus zwei Teilen zusammen:

$$\varepsilon_\omega = \frac{W}{E} \quad \text{und} \quad \varepsilon_r = \frac{R}{E},$$

von denen ε_w zur Erzeugung nützlicher Verstellkräfte W dient, während ε_r von der Eigenreibung des Reglers herrührt, also als schädlich anzusehen ist und möglichst klein gemacht werden sollte.

Eine Verminderung von ε_r ist gleichwertig mit einer Steigerung des Muffendrucks, wie aus folgendem hervorgeht.

Soll der gesamte Unempfindlichkeitsgrad

$$\varepsilon = \varepsilon_w + \varepsilon_r$$

einen vorgeschriebenen Wert erhalten und der Regler dabei eine bestimmte Verstellkraft W ausüben, so braucht man dazu einen Muffendruck E, da $\varepsilon_w = \frac{W}{E}$ ist, von der Größe:

$$E = \frac{W}{\varepsilon_w};$$

hierin ist zu setzen $\varepsilon_w = \varepsilon - \varepsilon_r$, mithin beträgt der erforderliche Muffendruck

$$E = \frac{W}{\varepsilon - \varepsilon_r} \quad \ldots \ldots \ldots \ldots (192)$$

Je kleiner also ε_r ist, um so kleiner wird E; für sehr kleine Werte von ε ist ganz besonders darauf zu achten, daß ε_r klein ausfällt, sonst würde E übermäßig groß oder gar, wenn $\varepsilon_r \geq \varepsilon$, der Regler mit dem beabsichtigten Unempfindlichkeitsgrad unmöglich. Später werden wir uns mit der Ermittelung von ε_r noch näher befassen. Hier sei bemerkt, daß leider noch immer in den meisten Prospekten über Regler die notwendigen Angaben über die Eigenreibung, d. h. über die Größe von ε_r fehlen, daß der Gesamtwiderstand $P = W + R$ einfach als Verstellkraft bezeichnet und alter Gewohnheit gemäß der für $\varepsilon = 0{,}04 = 4^0/_0$ berechnete Wert P als Verstellkraft angegeben wird.

Da bei einem Unempfindlichkeitsgrad $\varepsilon = 0{,}04$ von der mittleren Winkelgeschwindigkeit aus die Geschwindigkeitsänderung nach oben oder unten mindestens je $0{,}02 = 2^0/_0$ betragen muß, ehe eine Verschiebung der Muffe beginnt, so ist es bei den Reglerfabrikanten leider auch noch immer beliebt, bei $\varepsilon = 0{,}04$ von einer Verstellkraft bei $2\,^0/_0$ Geschwindigkeitsänderung zu sprechen. Also ist für den Benutzer solcher Prospekte Vorsicht geboten!

c) Arbeitsvermögen.

Wenn auch für die Größenabmessungen eines Reglers und für die auftretenden Kräfte in dem Reglergetriebe der Muffendruck bestimmend ist, so hängt die Verwendungsfähigkeit doch in gleicher Weise wie vom Muffendruck auch vom Muffenhube ab. Durch Einschaltung von Hebelübersetzungen u. dgl. in das Gestänge, das vom Regler nach der Steuerung führt, kann man ja den Muffendruck oder vielmehr die hiervon abhängige Verstellkraft beliebig vergrößern oder verkleinern, allerdings unter gleichzeitiger Verminderung oder Vergrößerung der Wege. Unabänderlich erscheint allein das Produkt aus Kraft und Weg; deshalb pflegt man das Produkt aus Muffendruck E und Muffenhub s, falls E für alle Muffenstellungen konstant ist, als Arbeitsvermögen $\mathfrak{A}$ zu bezeichnen:

$$\mathfrak{A} = E \cdot s.$$

Ist der Muffendruck E veränderlich, so versteht man unter Arbeitsvermögen sinngemäß die Summe:

$$\mathfrak{A} = \Sigma E \cdot \delta s = \int E \cdot ds.$$

Diesen Arbeitswert kann man unmittelbar als Flächeninhalt aus der E-Kurve entnehmen (Fig. 275), die man erhält, wenn man die Werte E für die einzelnen Muffenstellungen als Senkrechte zu der Spindel aufträgt.

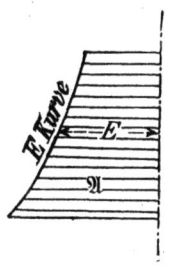
Fig. 275.

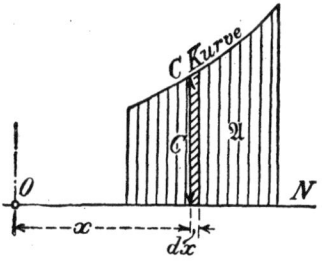
Fig. 276.

Die von der E-Kurve, der Grundlinie und den beiden Endordinaten begrenzte Fläche gibt uns sofort das Arbeitsvermögen $\mathfrak{A}$ an.

Auch die C-Kurve ermöglicht eine unmittelbare Bestimmung des Arbeitsvermögens:

Da sich E und C das Gleichgewicht halten, so ist nach dem Satz von der mechanischen Arbeit:

$$E \cdot ds = C \cdot dx,$$

wenn ds die Verschiebung der Muffe und dx die gleichzeitige Bewegung der Schwungmassenmittelpunkte in Richtung der Fliehkraft bedeutet. Folglich ist das Arbeitsvermögen

$$\mathfrak{A} = \int E\,ds = \int C\,dx \quad \ldots \ldots \quad (193)$$

d. h. die von der Grundlinie ON, der C-Kurve und den Endwerten der Fliehkräfte C begrenzte Fläche stellt das Arbeitsvermögen dar (Fig. 276).

Ist durch die Steuerung die Verstellkraft W_s und das entsprechende Maß der Verstellung s_1 (gemessen in Richtung von W_s) vorgeschrieben, also die bei der Verstellung der Steuerung zu leistende Arbeit:

$$\mathfrak{A}_s = W_s \cdot s_1$$

gegeben, so findet sich hieraus das nötige Arbeitsvermögen des Reglers wie folgt: Es war

$$E = \frac{W}{\varepsilon - \varepsilon_r} \quad \text{oder} \quad W = E(\varepsilon - \varepsilon_r);$$

ferner muß sein $W \cdot s = W_s \cdot s_1 = \mathfrak{A}_s$, also

$$\mathfrak{A}_s = E \cdot (\varepsilon - \varepsilon_r)\, s = \mathfrak{A} \cdot (\varepsilon - \varepsilon_r),$$

woraus folgt

$$\mathfrak{A} = \frac{\mathfrak{A}_s}{\varepsilon - \varepsilon_r} \quad \ldots \ldots \ldots \quad (194)$$

Durch diese Gleichung ist das Arbeitsvermögen $\mathfrak{A}$ des Reglers mit Hilfe der für die Verstellung der Steuerung erforderlichen Arbeit $\mathfrak{A}_s$ festgelegt.

d) Eigenreibung der Regler.

Die auf die Muffe bezogene Eigenreibung R und der hierdurch bedingte Unempfindlichkeitsgrad $\varepsilon_r = \frac{R}{E}$ ergeben sich durchweg für die einzelnen Muffenstellungen verschieden groß; es ist deswegen wichtig, in möglichst bequemer Weise für eine Anzahl von Muffenstellungen des Reglers diese Werte bestimmen zu können. Das benutzte Verfahren muß ferner dem Umstande Rechnung tragen, daß R verhältnismäßig sehr klein, ε_r oft $1\,^0/_0$ und noch erheblich geringer ist, es muß also gleichsam die Reibungswerte unmittelbar, nicht etwa als Differenz von Werten, die mit und ohne Berücksichtigung der Reibung aufgesucht werden, liefern. Das nachstehend geschilderte Verfahren genügt diesen Bedingungen.

Meist berücksichtigt man nur jene Reibungswiderstände, die durch die Belastungen des Reglers einschließlich der zur Gleichgewichtserhaltung dienenden Fliehkräfte erzeugt werden; man betrachtet also (nach Hinzufügen der Fliehkräfte) den Regler als im Gleichgewicht befindlich. Diese Auffassung ist nicht richtig; außer den Fliehkräften werden noch andere Massenwiderstände wachgerufen, sobald das Reglergetriebe eine neue Gestalt annimmt, sobald die Muffe sich bewegt. Diese Massenwiderstände suchen im allgemeinen den Regler relativ zur Spindel zu verdrehen, es tritt gewissermaßen Ecken und Klemmen ein, das natürlich die Beweglichkeit des Reglers wohl vermindern kann. Wir wollen die Reibungswiderstände im Beharrungszustande und die Zusatzreibung durch die Massenwiderstände während der Bewegung des Reglers getrennt untersuchen.

1. Reibungswiderstände bei gleichförmiger Drehung.

Zur Verminderung der Bewegungswiderstände sucht man möglichst nur Gelenkmechanismen zu benutzen, da bei diesen die Zapfenreibungsarbeiten als einzige Widerstände sehr klein gehalten werden können. Erheblich ungünstiger sind solche Getriebe, bei denen Führungen in geraden Bahnen vorkommen; meist sucht man dann die Geleisführungen durch Rollenführungen zu ersetzen, neuerdings auch durch solche mit Kugellagerung. Trotz ihrer Umständlichkeit liefern diese Konstruktionen noch immer recht große Reibungsbeträge; Führungen durch reine Gelenkmechanismen sind stets vorteilhafter. Zur Einschränkung der Zapfenreibung wendet man, wenn es sich um geringe Ausschläge handelt, statt der Zapfen häufig Schneiden an, die bei sorgfältiger Ausführung zu Bedenken selbst bei Kräften von Tausenden von Kilogrammen keine Veranlassung geben und sich durchweg bewährt haben. Die sorgfältige Herstellung ist natürlich mit bedeutenden Kosten verknüpft, und es sind deshalb Schneiden vorwiegend für größere Regler üblich.

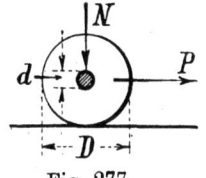

Fig. 277.

Schneiden aus bestem Stahl, in ebensolchen Lagern gestützt, können je nach der Größe der Drücke mit Halbmessern von $1/2$ bis 3 mm abgerundet ausgeführt und danach hinsichtlich der Reibungsmomente als Zapfen von 1 bis 6 mm Durchmesser behandelt werden.

Rollenführungen leiden meist an dem Übelstande, daß aus Platzmangel der Rollendurchmesser D im Verhältnis zum Zapfendurchmesser d nicht genügend groß gemacht wird; bei vielen Ausführungen ist D kaum $= 3d$.

In dem einfachsten Falle, daß der Rollenmittelpunkt eine gerade Bahn durchläuft, und sich alle Punkte des die Rolle tragenden Gliedes ebenfalls geradlinig bewegen, wird der Reibungsweg im Verhältnis $\dfrac{d}{D}$ verringert. Während also bei unmittelbarem Gleiten durch den Normaldruck N ein Reibungswiderstand $P = \mu N$ erzeugt wird, ergibt sich dieser bei Vorhandensein einer Rolle gleichsam zu

$$P' = \mu N \cdot \frac{d}{D} = \mu \frac{d}{D} N = \mu' N,$$

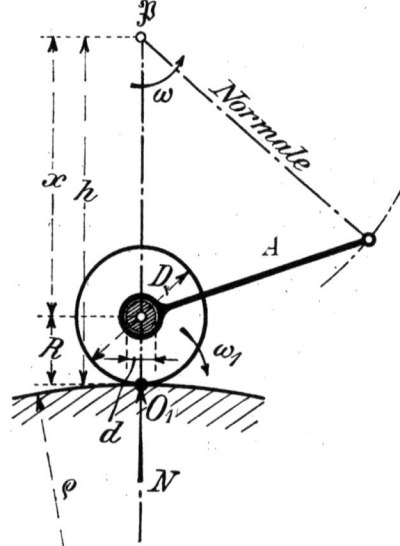

Fig. 278.

d. h. wie beim Gleiten, wenn wir statt der gewöhnlichen Reibungsziffer μ einen im Verhältnis $d : D$ verminderten Wert μ' einsetzen.

Meistens wird jedoch die Rolle von solchen Stangen getragen, die nicht eine Parallel-, sondern irgendeine ebene Bewegung ausführen. In diesem Falle ist die Reibungsverminderung durch die Rolle folgendermaßen zu beurteilen.

In Fig. 278 bewege sich die Rolle auf einer Bahn vom Krümmungshalbmesser ϱ, das Führungsglied A drehe sich augenblicklich um den Pol $\mathfrak{P}$ mit der Winkelgeschwindigkeit ω, die Winkelgeschwindigkeit der Rolle um den Berührungspunkt O sei ω_1, so ist die für die Berechnung der Arbeit der Zapfenreibung maßgebende Winkelgeschwindigkeit der Relativdrehung der Rolle gegen seinen Träger A $\omega + \omega_1$, folglich die augenblickliche Leistung der Zapfenreibung

$$L = \mu N \frac{d}{2} \cdot (\omega + \omega_1).$$

Faßt man nun den Mittelpunkt des Zapfens als zur Rolle gehörig auf, so ist seine Geschwindigkeit $v = R\omega_1$; faßt man ihn auf als Punkt des Gliedes A, so hat er die Geschwindigkeit $v = x\omega$, folglich ist

Unempfindlichkeit, Muffendruck und Arbeitsvermögen. 441

$$R\omega_1 = x\omega \quad \text{oder} \quad \omega_1 = \frac{x}{R}\omega,$$

mithin
$$L = \mu N \frac{d}{2}\left(\omega + \frac{x}{R}\omega\right) = \mu N \frac{d}{2}\omega \frac{R+x}{R} = \mu N \frac{d}{D}h\omega.$$

Überwindet man die Zapfenreibung durch ein am Führungsglied A wirksames Kräftepaar mit dem Momente $\mathfrak{M}$, so gilt für $\mathfrak{M}$ die Gleichung

$$\mathfrak{M}\cdot\omega = L = \mu N \frac{d}{D}h\omega \quad \text{oder} \quad \mathfrak{M} = \mu \frac{d}{D}N\cdot h. \quad (195)$$

d. h. es müßte gleichsam eine Kraft $= \mu \frac{d}{D}N = \mu' N$ als Reibungswiderstand zugrunde gelegt werden, die an A im Punkte O angreift.

Der allgemeinere Fall, der bei Reglern ebenfalls vorkommt, daß die Führungsbahn nicht ruht, sondern sich selber bewegt, kann in folgender Weise erledigt werden: In Fig. 279 sei die augenblickliche Bewegung der Führungsbahn eine Drehung um den Pol $\mathfrak{P}_2$,

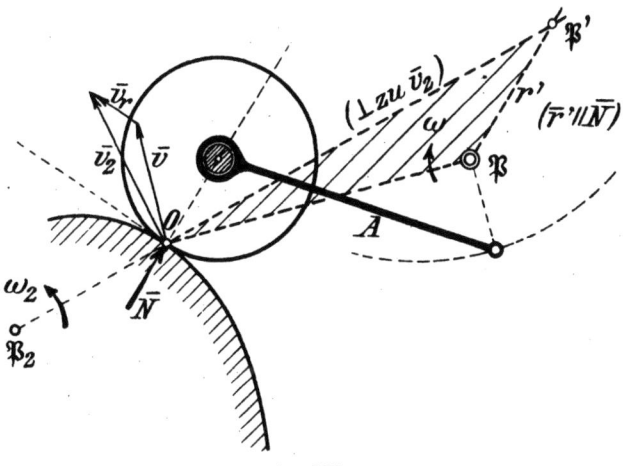

Fig. 279.

während das die Führungsrolle tragende Glied A sich augenblicklich um den Pol $\mathfrak{P}$ drehe, dann müßten die beiden Geschwindigkeiten $\bar{v}$ und $\bar{v}_2$ des Punktes O: nämlich die Geschwindigkeit $\bar{v}$ von O als Punkt der mit dem Gliede A fest verbunden gedachten Rolle und die Geschwindigkeit $\bar{v}_2$ von O als Punkt der Führungsbahn, in Richtung der gemeinsamen Berührungsnormalen $\bar{N}$ eine gleich große Komponente haben, während in Richtung der gemeinsamen Tangente eine Relativgeschwindigkeit $\bar{v}_r$ vorhanden sein würde, die ein Gleiten der beiden Profile aufeinander herbeiführen würde. Da nun aber die Führungsrolle auf der Bahn rollt, muß sich die Rolle gegen den Zapfen mit einer Winkelgeschwindigkeit $\omega' = v_r : \dfrac{D}{2}$ drehen; die Leistung des Zapfenreibungsmomentes ist also

$$L = \mu N \frac{d}{2} v_r : \frac{D}{2} = \mu \frac{d}{D} N \cdot v_r.$$

Überwindet man die Zapfenreibung durch ein Moment $\mathfrak{M}$ am Glied A, das sich mit $\omega = v : (O\mathfrak{P})$ dreht, so gilt für $\mathfrak{M}$ die Gleichung:

$$\mathfrak{M} = L : \omega = \frac{L}{v}(O\mathfrak{P}) = \mu \frac{d}{D} N \cdot \frac{v_r}{v} \cdot (O\mathfrak{P}).$$

Für die praktische Verwendung gestaltet sich diese Gleichung am bequemsten, wenn man über $O\mathfrak{P}$ ein zum Geschwindigkeitsdreieck ähnliches Dreieck zeichnet, indem man $\mathfrak{P}_2 O$ mit der durch $\mathfrak{P}$ gehenden Parallelen zu $\overline{N}$ in $\mathfrak{P}'$ zum Schnitt bringt; da $\dfrac{v_r}{v} = \dfrac{r'}{(O\mathfrak{P})}$, so ergibt sich für $\mathfrak{M}$ die einfache Gleichung:

$$\mathfrak{M} = \mu \frac{d}{D} N \cdot r' = \mu' N \cdot r' \ \ldots \ldots \quad (196)$$

Der in Fig. 278 behandelte Fall der feststehenden Führungsbahn ist natürlich in diesem allgemeinen Fall enthalten, denn wenn $v_2 =$ Null ist, wird $v_r = v$ und somit $r' = (O\mathfrak{P})$ ($= h$ in Fig. 278).

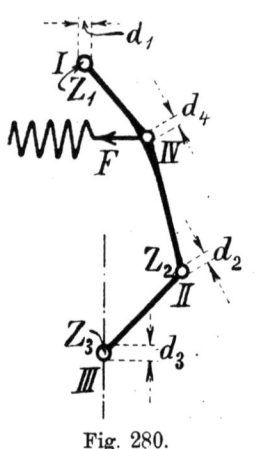

Fig. 280.

In den meisten Fällen kommen bei der Ermittelung der Eigenreibung nur einfache **Gelenkverbindungen**, d. h. Zapfen in Frage. Erhält ein Zapfen vom Durchmesser d einen gesamten Druck Z, so ergibt sich an diesem Zapfen ein Reibungsmoment $= \mu Z \dfrac{d}{2}$.

Es wäre nun verkehrt, bei mehreren Zapfen $I, II, III, IV \ldots$ die einzelnen Momente $\mu Z_1 \dfrac{d_1}{2}$, $\mu Z_2 \dfrac{d_3}{2}$, $\mu Z_3 \dfrac{d_3}{2} \ldots$ einfach zu addieren; denn die einzelnen Zapfen drehen sich um verschiedene Winkel in ihren Lagern. Nur die Reibungsarbeiten, die Produkte aus den Reibungsmomenten und den Drehwinkeln, dürften addiert werden, und die gesamte Reibungsarbeit, dividiert durch den Muffenhub, ergäbe dann den Reibungsbetrag R. In dieser Weise durchgeführt, würde die Aufgabe jedoch sehr unbequem sein und auch nur einen Mittelwert der Reibung liefern.

Wir wollen deshalb bei Gelenkmechanismen folgenden Weg einschlagen. Der Drehwinkel für irgend einen Zapfen, d. h. die relative Winkeländerung der beiden durch den Zapfen verbundenen Stangen kann stets als Summe oder Differenz der absoluten Richtungsänderungen beider Stangen angesehen werden. Da nun meist die Relativverdrehungen schwieriger zu bestimmen sind als die absoluten Richtungsänderungen, so denken wir den Zapfen einmal mit der einen Stange gedreht, dann mit der anderen, suchen für beide Absolutbewegungen die Reibungswerte oder gleich die Reibungsbeträge, die, an der Muffe angreifend gedacht, die betreffenden Reibungen ersetzen, und addieren (bzw. subtrahieren) diese.

Die an einer Stange auftretenden Zapfenreibungsmomente lassen sich stets durch das Moment irgend einer Kraft ersetzen, die an der Stange angreift; damit man diese Ersatzkraft in dem Getriebe bequem weiter schieben kann, wählt man sie am besten in Richtung der nächsten Stange. In Fig. 281 z. B. können die Reibungsmomente für die Zapfen I und II an der Stange S_1:

$$\mathfrak{M}_1 = \mu Z_1 \frac{d_1}{2} + \mu Z_2 \frac{d_2}{2}$$

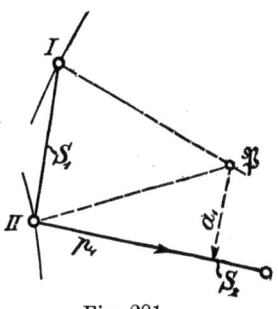

Fig. 281.

durch eine Kraft p_1 in Richtung der Stange S_2 hervorgerufen werden, für welche offenbar die Gleichung gelten muß:

$$p_1 a_1 = \mathfrak{M}_1 = \mu Z_1 \frac{d_1}{2} + \mu Z_2 \frac{d_2}{2}$$

oder
$$p_1 = \frac{\mathfrak{M}_1}{a_1} = \frac{\mu}{2} \frac{Z_1 d_1 + Z_2 d_2}{a_1}.$$

Hierin bedeutet a_1 das von dem Drehpunkt bzw. dem augenblicklichen Pol auf die Richtung von p_1 gefällte Lot. Hat man die Ersatzkraft p_1 gesucht, so kann man sie in S_2 weiter schieben, nach Bedarf am anderen Ende zerlegen, nötigenfalls in eine nächste Stange schieben usf.

Wir wollen das Verfahren auf das **Schubkurbelgetriebe** anwenden. Hierbei macht es keinen Unterschied, ob wir unmittelbare oder umgekehrte Aufhängung haben, ob die Arme geknickt sind oder nicht, ob normale oder geschränkte Schubkurbel vorliegt. Ferner wollen wir gleich eine Federbelastung in der Weise annehmen, daß im Zapfen IV des Pendels $I\,II\,M$ eine senkrecht zur Spindel nach innen zu gerichtete Federkraft F angreift. Dieser Fall

444   Muffenregler.

kehrt bei einer ganzen Reihe von später zu behandelnden Federreglern wieder. Für reine Gewichtsregler braucht man nur $F=0$ zu setzen. Aus Fig. 282 ist ersichtlich, daß an der Stange $I\,IV\,II$ die Reibungsmomente

$$\mathfrak{M}_1 = \mu Z_1 \frac{d_1}{2} + \mu Z_2 \frac{d_2}{2} + \mu F \frac{d_4}{2}$$

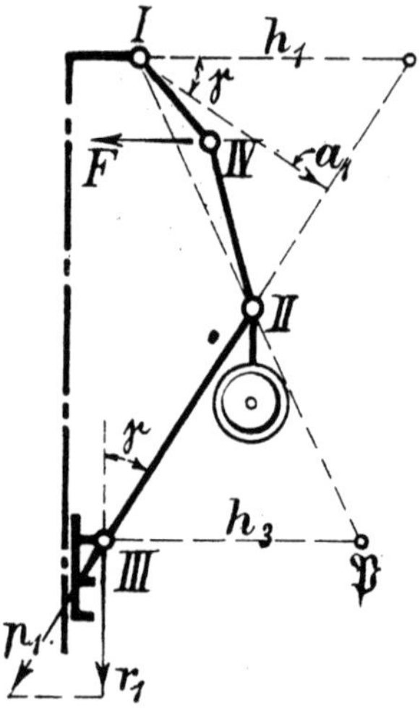

wirken, die durch eine in Richtung von $II\,III$ fallende Kraft p_1 ersetzt werden können:

$$p_1 = \frac{\mathfrak{M}_1}{a_1} = \frac{\mu}{2} \frac{Z_1 d_1 + Z_2 d_2 + F d_4}{a_1}$$

oder durch eine in III angreifende senkrechte Kraft:

$$r_1 = p_1 \cos\gamma = \frac{\mu}{2} \frac{Z_1 d_1 + Z_2 d_2 + F d_4}{\dfrac{a_1}{\cos\gamma}}$$

$$r_1 = \frac{\mu}{2} \frac{Z_1 d_1 + Z_2 d_2 + F d_4}{h_1}$$

Fig. 282.

Ebenso lassen sich für die Stange $II\,III$, deren Pol $\mathfrak{P}$ ist, die Reibungsmomente

$$\mathfrak{M}_2 = \mu Z_2 \frac{d_2}{2} + \mu Z_3 \frac{d_3}{2} \quad \text{ersetzen durch}$$

$$r_2 = \frac{\mathfrak{M}_2}{h_3} = \frac{\mu}{2} \frac{Z_2 d_2 + Z_3 d_3}{h_3}.$$

Der gesamte auf die Muffe bezogene Reibungsbetrag R wird also

$$R = r_1 + r_2 = \frac{\mu}{2} \frac{Z_1 d_1 + Z_2 d_2 + F d_4}{h_1} + \frac{\mu}{2} \frac{Z_2 d_2 + Z_3 d_3}{h_3} \quad (197)$$

Häufig ist $d_1 = d_2 = d_3 = d$; dann wird

$$R = \frac{\mu d}{2}\left(\frac{Z_1 + Z_2}{h_1} + \frac{Z_2 + Z_3}{h_3}\right) + \frac{\mu d_4}{2}\frac{F}{h_1} \quad \ldots \quad (198)$$

Um diese Ausdrücke praktisch zu verwerten, ermittle man nach den bekannten Regeln der Statik die Zapfendrücke Z_1, Z_2 und Z_3 für verschiedene Muffenstellungen (für reine Gewichtsregler sind die erforderlichen Konstruktionen schon in Fig. 255 und Fig. 259 angegeben), greife ferner h_1 und h_3 aus der Figur ab und rechne dann nach Gl. 197 bzw. 198 die Größen von R aus.

Es ist ersichtlich, daß dieses Verfahren sehr genaue Werte liefert, da die Multiplikation mit dem kleinen Faktor $\dfrac{\mu}{2}$ oder $\dfrac{\mu d}{2}$ erst zuletzt zu geschehen braucht. Die Division von R durch den Muffendruck E ergibt dann ε_r.

Hinreichend viele Zahlenbeispiele sind in den nachstehenden Besprechungen von ausgeführten Reglern zu finden, wo auch die durch besondere Konstruktionen bedingten Abweichungen von dem vorstehend geschilderten Verfahren näher behandelt werden. Die dort ermittelten Zahlenwerte gewähren einen sicheren Anhalt beim Vergleich der einzelnen Reglerkonstruktionen.

2. Die C-Kurven mit Rücksicht auf den Unempfindlichkeitsgrad.

Nach Gl. 186 muß, ehe eine Verschiebung der Muffe eintreten kann, die Fliehkraft C ansteigen oder abnehmen um

$$\Delta C = \varepsilon \cdot C.$$

Kennt man für jede Muffenstellung die nützliche Verstellkraft W sowie den Muffendruck E, hat man ferner die Größe der Eigen-

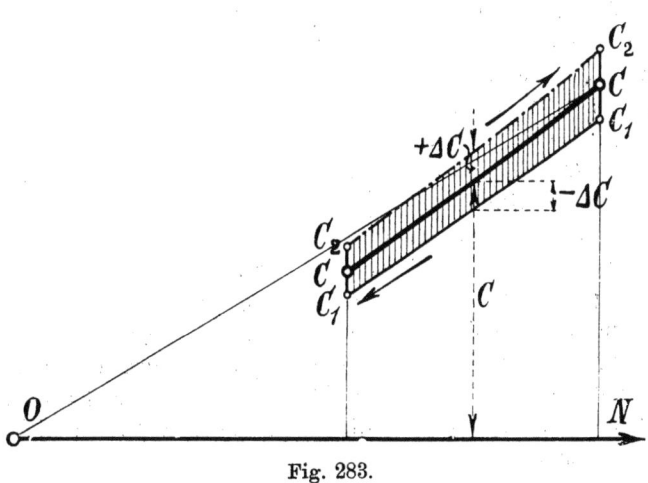

Fig. 283.

reibung R oder $\varepsilon_r = \dfrac{R}{E}$ aufgesucht, so läßt sich die notwendige Änderung ΔC der Fliehkraft berechnen zu:

$$\Delta C = \frac{P}{E} C, \text{ wobei } P = W + R \text{ ist,}$$

oder auch $\quad \Delta C = (\varepsilon_w + \varepsilon_r) C = \left(\dfrac{W}{E} + \varepsilon_r\right) C.$

Trägt man diese Werte ΔC von der C-Kurve aus, die in Fig. 283 mit CC bezeichnet ist, nach oben und unten ab, so erhält man zwei neue Kurven: $C_2 C_2$ oberhalb und $C_1 C_1$ unterhalb der ursprünglichen, ohne Rücksicht auf die Verstellkraft P entwickelten C-Kurve. Für eine bestimmte Reglerstellung ist nun offenbar Gleichgewicht so lange möglich, wie die der augenblicklichen Winkelgeschwindigkeit entsprechende Fliehkraft zwischen C_1 und C_2 endigt. Bewegung der Muffe nach oben kann erst eintreten, wenn die Fliehkraft C über C_2 ansteigt oder unter C_1 fällt.

Für die Bewegung der Muffe nach oben ist die C_2-Kurve maßgebend; die Beschleunigungen und Verzögerungen der Reglermassen ergeben sich also aus denjenigen Kräften, die als Differenz zwischen den jedesmal wirklich vorhandenen und den durch die C_2-Kurve begrenzten, d. h. dem Gleichgewichte entsprechenden Fliehkräften gefunden werden. Für die Abwärtsbewegung der Muffe sind die Kraftunterschiede, welche die Beschleunigungen und Verzögerungen der Reglermassen hervorrufen, zwischen der Kurve der wirklich vorhandenen Fliehkräfte und der C_1-Kurve abzumessen. Mit anderen Worten: für die dynamische Untersuchung eines Reglers, für die Vorgänge während der Bewegung aus einer Lage der Muffe in eine andere, ist nicht die C-Kurve maßgebend, sondern für die Bewegung nach oben ausschließlich die um $\varDelta C$ höher liegende C_2-Kurve, für die Abwärtsbewegung die um $\varDelta C$ tiefer liegende C_1-Kurve.

Wie wir später noch genauer sehen werden, erfordert jeder Regler eine C-Kurve von bestimmter Stabilität, d. h. mit einem gewissen kleinsten Ungleichförmigkeitsgrad. Es müssen also die beiden maßgebenden C-Kurven, die C_2- und die C_1-Kurve, den vorgeschriebenen Charakter haben. Besitzt die ursprüngliche C-Kurve gerade den richtigen Charakter, so hat man dafür zu sorgen, daß auch die C_2- und die C_1-Kurve denselben Charakter erhalten. Wann ist dies nun der Fall? Führt man den Regler so aus, daß die Eigenreibung möglichst klein ist, also R gegen W vernachlässigt werden kann, und darf man weiter die nützliche Verstellkraft W an der Muffe als konstant ansehen, so müssen die Fliehkraftänderungen $\varDelta C$, die der konstanten, an der Muffe angreifenden Kraft W entsprechen, sich genau so aus W ergeben, wie C aus E oder C_q aus Q, wenn der Charakter der C-Kurve durch $\pm \varDelta C$ sich nicht ändern soll. Darf also die Verstellkraft W (genauer $P = W + R$) als konstant angesehen werden, so muß die C_q-Kurve denselben Charakter wie die gesamte C-Kurve haben, wenn die maßgebenden C-Kurven, die C_1- und die C_2-Kurve, den gleichen Charakter erhalten sollen. Wir finden wiederum die Richtigkeit der Forderung bestätigt, daß bei (nahezu) astatischen Fliehkraftreglern auch die C_q-Kurve (nahezu) astatisch verlaufen soll.

Wird diese Bedingung nicht erfüllt, so ergeben sich die C_1- und die C_2-Kurve von ganz verschiedenem Charakter, insbesondere wenn der Unempfindlichkeitsgrad ε einigermaßen groß ist.

Aus Fig. 284 erkennt man, daß bei einer stark statischen C_q-Kurve C_2 zu statisch, C_1 dagegen labil wird; ist, wie in Fig. 285,

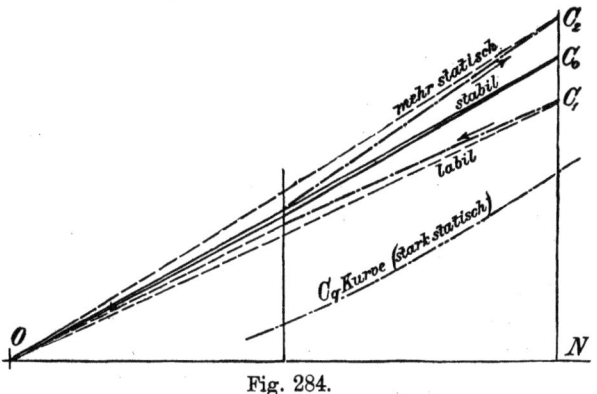

Fig. 284.

die C_q-Kurve labil, so wird C_2 labil und C_1 zu stark statisch, eine von den beiden Grenzkurven fällt also jedesmal unbrauchbar aus, wenn die C_q-Kurve nicht nahezu astatisch ist.

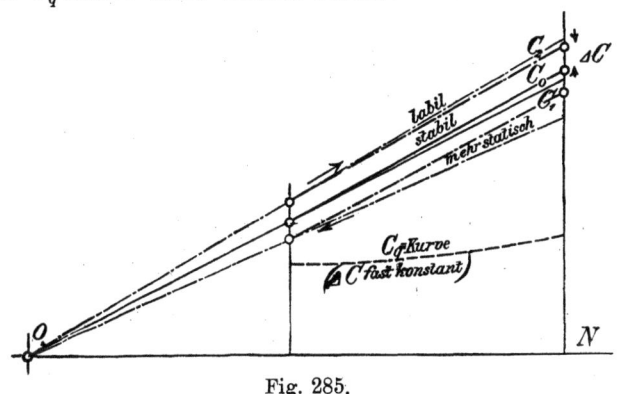

Fig. 285.

3. Reibungswiderstände bei Änderung der Winkelgeschwindigkeit.

Bei gleichförmiger Drehung der Reglerspindel haben wir nur mit den Fliehkräften als Massenwiderständen zu tun; anders liegt die Sache, sobald das Gleichgewicht gestört ist und die Spindel eine **Winkelbeschleunigung** (oder eine Winkelverzögerung) ϑ erfährt. In diesem Falle erleiden die Schwungmassen im Abstande x von der Drehachse eine Tangentialbeschleunigung

$$b_t = \vartheta \cdot x;$$

sie üben also eine Tangentialkraft $P_t = m \cdot b_t = m \cdot \vartheta x$ aus, die die

Schwungkörper aus ihrer relativen Schwingungsebene herauszudrängen sucht. Somit erleiden die Zapfen zusätzliche Drücke, die der Tangentialkraft $m\cdot\vartheta x$ proportional sind.

Ist eine erhebliche Gewichtsbelastung an der Muffe wirksam, so liefert auch diese einen tangentialen Massenwiderstand, der allerdings wegen der kleinen Abstände der einzelnen Massenteile des Muffengewichtes praktisch nicht so wichtig erscheint, als der von den Schwungkörpern herrührende tangentiale Massendruck. Die eintretende Winkelbeschleunigung hängt davon ab, wieviel der Motor augenblicklich entlastet ist, welche überschießende Arbeit also zur Beschleunigung der Motormassen, insbesondere des Schwungrades, zurzeit frei ist. In der Folge werden wir häufig die **Anlaufzeit der Maschine** T_a benutzen; wir verstehen darunter die Zeit, in welcher der Motor vom Ruhezustande aus ohne jede Belastung bei größter Füllung seine normale Umdrehzahl erlangt. Ist die normale Winkelgeschwindigkeit des Reglers gleich ω, so ergibt sich also bei vollkommener Entlastung des Motors eine Winkelbeschleunigung der Reglerspindel

$$\vartheta_{max} = \frac{\omega}{T_a};$$

ist die Entlastung des Motors nur eine teilweise, beträgt sie λ mal Höchstleistung des Motors, so wird die Winkelbeschleunigung

$$\vartheta = \lambda\cdot\vartheta_{max} = \lambda\cdot\frac{\omega}{T_a}.$$

Beispiel. Für einen Regler mit $n = 150$ Umdrehungen in der Minute ist z. B. $\omega = \frac{2\pi n}{60} = 5\pi$; für den Motor sei die Anlaufzeit $T_a = 7{,}5$ Sek., die Entlastung betrage die Hälfte der Höchstbelastung, dann ist $\lambda = \frac{1}{2}$ und die Winkelbeschleunigung

$$\vartheta = \frac{1}{2}\frac{\pi\cdot 5}{7{,}5} = \frac{\pi}{3} = 1{,}047.$$

Ist ferner $m = \frac{50}{9{,}81}$ kg, $x = 0{,}3$ m, so wird der tangentiale Massendruck $P_t = m\cdot\vartheta x = \frac{50}{9{,}81}\cdot 1{,}047\cdot 0{,}3 = \underline{1{,}6\text{ kg}}$. Verglichen mit der hier vorhandenen Fliehkraft

$$C = m\cdot\omega^2 x = \frac{50}{9{,}81}(5\pi)^2\, 0{,}3 = 375 \text{ kg},$$

erscheint der obige Wert geradezu winzig, also von vornherein vernachlässigbar; noch schärfer träte dieses Ergebnis in die Erscheinung, wenn die Reglerumlaufzahl größer angenommen worden wäre.

Unempfindlichkeit, Muffendruck und Arbeitsvermögen. 449

Wir haben nun aber noch mit einem anderen tangentialen Massendruck zu tun, der von der sog. **Coriolisbeschleunigung** herrührt. Während der Verstellung des Reglers bewegen sich die Schwungkörper in ihrer Bahn relativ zur Spindel mit einer Geschwindigkeit v, die von Null allmählich bis zu einem größten Werte anwächst und dann wieder bis Null abnimmt. Diese Relativgeschwindigkeit v ist die Ursache einer senkrecht zu v und senkrecht zur Spindel, also tangential gerichteten Beschleunigung

$$b_t = 2\,v'\,\omega,$$

wenn mit v' die senkrecht zur Spindel gerichtete Komponente von v bezeichnet wird. Ehe wir diesen

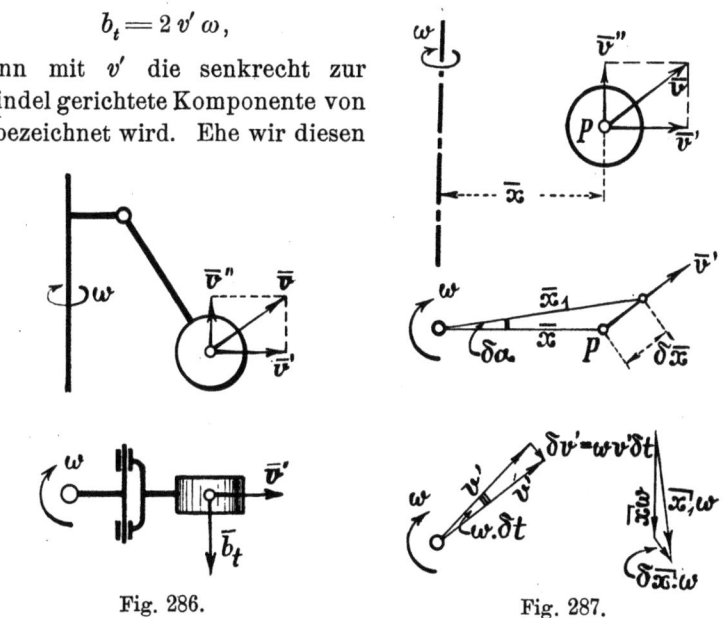

Fig. 286.   Fig. 287.

Ausdruck verwerten, wollen wir vorstehende Formel für die Coriolisbeschleunigung b_t ableiten.

Denken wir die Relativgeschwindigkeit $\bar v$ in zwei Komponenten zerlegt, in $\bar v'$ senkrecht zur Drehachse und in $\bar v''$ parallel dazu, so erfährt $\bar v''$ trotz der Drehung keine Änderung, weder an Richtung noch an Größe; sie bringt auch den Punkt P in keinen anderen Abstand von der Drehachse, ändert also nicht die Umfangsgeschwindigkeit $\overline{x}\,\omega$ des Punktes P und liefert mithin keinerlei Beschleunigung. Die Komponente $\bar v'$ dagegen macht sich auf zweierlei Art bemerkbar:

1. erfährt sie selber durch die Drehung eine Richtungsänderung mit der Winkelgeschwindigkeit ω, was gleichbedeutend ist mit einer zu $\bar v'$ senkrechten Normalbeschleunigung von der Größe $v'\omega$ (vgl. S. 24):

2. rückt der Punkt P in eine andere Lage zur Drehachse und nimmt dadurch eine andere Umfangsgeschwindigkeit an.

Tolle, Regelung. 3. Aufl.   29

Während vorher P im Abstande $\bar{x}$ von der Drehachse lag und demgemäß eine zu $\bar{x}$ senkrechte Umfangsgeschwindigkeit $\overline{x|}\omega$ hatte, liegt nunmehr P im Abstand $\bar{x}_1 = \bar{x} + \delta\bar{x}$ davon entfernt und besitzt eine zu $\bar{x}_1$ senkrechte Umfangsgeschwindigkeit

$$\overline{x|}_1 \omega = (\overline{x|} + \delta\overline{x|})\omega = \overline{x|}\omega + \delta\overline{x|}\cdot\omega.$$

Die Umfangsgeschwindigkeit $\overline{x|}\omega$ hat also einen zu $\delta\bar{x}$ senkrechten Zuwachs $\delta\overline{x|}\cdot\omega$ erlitten, was gleichbedeutend ist mit einer zu $\delta\bar{x}$, also zu $\bar{v}'$ senkrechten Beschleunigung von der Größe

$$\frac{\delta x\cdot\omega}{\delta t} = \frac{\delta x}{\delta t}\cdot\omega = v'\cdot\omega.$$

Beide Ursachen liefern also eine gleich große und gleichgerichtete, nämlich zur Relativgeschwindigkeit $\bar{v}'$ senkrechte Beschleunigung $b_t = v'\omega$, so daß die gesamte Beschleunigung

$$b_t = 2\,v'\,\omega \quad\ldots\ldots\quad (199)$$

wird.

Der dieser tangentialen Beschleunigung entsprechende Massendruck ist folglich

$$P_t = m\,b_t = m\cdot 2\,v'\,\omega \quad\ldots\ldots\quad (200)$$

Später werden wir bei der Untersuchung der dynamischen Verhältnisse der Regler finden, daß bei geeignetem Ungleichförmigkeitsgrade die Relativgeschwindigkeit v' ziemlich groß werden kann; es ist dies sehr erwünscht, denn ein Regler ist offenbar um so besser, je schneller er die neue Gleichgewichtslage herstellt, je größer die Geschwindigkeit ist, mit der sich die Schwungkörper in die neue Gleichgewichtslage begeben. Bei besten Federreglern steigt v' über 0,1 m/Sek., bei guten Gewichtsreglern ist v' etwa viermal kleiner. Nehmen wir einmal

$v' = 0,1$ m/Sek., dabei $\omega = 5\pi$ entspr. $n = 150$ Umdr. i. der Min., so wird

$$b_t = 2\,v'\,\omega = 2\cdot 0,1\cdot 5\,\pi = \pi\,\text{m/Sek.} = 3{,}1415\,\text{m/Sek.}$$

und für $m = \dfrac{50}{9{,}81}$ kg:

$$P_t = m\,b_t = \frac{50}{9{,}81}\cdot\pi = 16\,\text{kg}.$$

Die durch die Coriolisbeschleunigung bedingte Tangentialkraft ist bei unserem Beispiel zehnmal so groß wie die durch die Winkelbeschleunigung ϑ hervorgerufene. Ist die Anlaufzeit T_a des Motors noch größer (wir treffen Werte für T_a an, die 15 bis 20 Sek. und mehr betragen), handelt es sich ferner um kleinere Regler, für die

Unempfindlichkeit, Muffendruck und Arbeitsvermögen.   451

x kaum halb so groß ist, wie wir oben angenommen haben, so kann die Coriolisbeschleunigung leicht eine 30 bis 40 mal so große Tangentialkraft liefern wie die Winkelbeschleunigung. Trotzdem ist P_t gegen die Fliehkräfte noch immer recht klein.

Wann wird nun die Tangentialkraft P_t, die, wie wir eben gesehen haben, zum größten Teile von der Coriolisbeschleunigung, zum verschwindenden Teile von der Winkelbeschleunigung der Reglerspindel herrührt, praktische Bedeutung erlangen?

Wir trennen bei unserer Betrachtung die Federregler von den Reglern mit Gewichtsbelastung der Muffe und beginnen mit den Federreglern, bei denen außer den Schwungmassen keine Massen in Frage kommen.

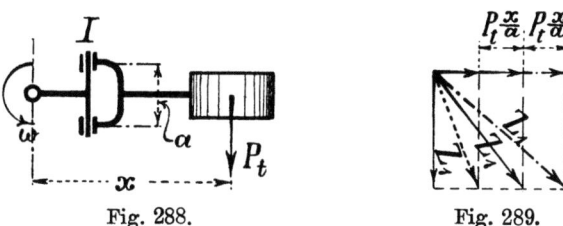

Fig. 288.   Fig. 289.

Bei unmittelbarer Aufhängung der Schwungmassen ruft die Kraft P_t, soweit sie von den Schwungkörpern herstammt, lediglich eine Änderung des Zapfendruckes Z_1 hervor, und zwar auf der einen Seite eine Vergrößerung der wagerechten Komponente von Z_1, auf der anderen Seite des Zapfens I eine Verminderung dieser Komponente um $\dfrac{P_t x}{a}$.

Erfährt der Zapfen I von vornherein einen nur einigermaßen erheblichen Druck (und meist ist doch Z_1 bedeutend), so ändert sich der gesamte Zapfendruck Z_1 durch $\dfrac{P_t x}{a}$ so gut wie gar nicht (vgl. Fig. 289).

Von einem Einfluß könnte überhaupt erst die Rede sein, wenn die Zapfenlänge bzw. der Abstand a der beiden Zapfen gegen x sehr klein wird.

Man hat es also durch Anwendung entsprechend langer Zapfen in der Hand, die Wirkung von P_t auf ein geringes Maß herabzusetzen. Kleinere Zapfenlängen als $a = \tfrac{1}{4}x$ bis $\tfrac{1}{5}x$ dürfte man kaum antreffen; demgemäß ist auch die Änderung $\dfrac{P_t x}{a}$ des Zapfendruckes (oder eigentlich nur der Horizontalkomponente des Zapfendrucks) allerhöchstens $\sim 5 P_t$. Da nun P_t im Höchstfalle bis $\tfrac{1}{20}$

29*

der Fliehkraft wird, so könnte die Änderung der Horizontalkomponente des Zapfendruckes im ungünstigsten Falle etwa $\frac{1}{4}$ der Fliehkraft betragen, woraus zu entnehmen ist, daß die Tangentialkraft P_t bei Federreglern mit unmittelbarer Aufhängung der Schwungkörper praktisch nahezu belanglos ist. Bei umgekehrter Aufhängung wird die Sache etwas ungünstiger, da auf dem Wege von den Schwungkörpern bis zu den festen Drehzapfen I mehrere Zapfen in Frage kommen.

Handelt es sich um einen Regler mit Gewichtsbelastung der Muffe, bei welchem das zur tangentialen Beschleunigung des Muffengewichtes nötige Moment von der Spindel aus durch Nut und Feder übertragen wird, so entstehen die Tangentialkräfte lediglich durch die Winkelbeschleunigung, sie sind deshalb von vornherein kleiner, da zwar die Masse der Muffenbelastung größer ist als die der Schwungkörper, aber dafür die Massenteilchen in weit kleineren Abständen von der Drehachse liegen. Die Kräfte P_t liefern Drücke P zwischen Muffe und Spindel (s. Fig. 290), die bei den üblichen Maßverhältnissen vielleicht drei- bis viermal so groß wie P_t sein dürften. Die Drücke P selber werden danach, weil P_t kaum mehr als $\frac{1}{200}$ bis $\frac{1}{100}$ der Fliehkraft C beträgt, ungefähr $\frac{1}{50}$ bis $\frac{1}{25}$ der Fliehkraft. Auch

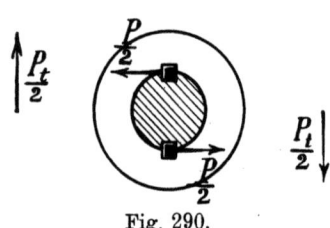

Fig. 290.

dieser Wert erscheint recht unbedeutend; und doch kann er die Eigenreibung in bemerkenswertem Maße erhöhen, da der von P erzeugte Reibungswiderstand μP unmittelbar zu der auf die Muffe bezogenen Eigenreibung R hinzuzufügen ist.

Der durch P_t bedingte Unempfindlichkeitsgrad würde

$$\varepsilon_t = \frac{\mu P}{E} = \frac{0{,}1 \cdot (\frac{1}{50} \text{ bis } \frac{1}{25})\, C}{E} \sim \frac{1}{500}\frac{C}{E} \text{ bis } \frac{1}{250}\frac{C}{E},$$

oder, weil C und E ungefähr gleich groß sind:

$$\varepsilon_t \sim \frac{1}{500} \text{ bis } \frac{1}{200} = \frac{1}{5}\,^0/_0 \text{ bis } \frac{1}{2}\,^0/_0,$$

was gegenüber den bei guten Gewichtsreglern vorhandenen Unempfindlichkeitsgraden von $\varepsilon_r \sim 1^0/_0$ immerhin beachtenswert erscheint.

Wir finden also für die Widerstände während der Verstellung der Regler folgende Verhältnisse:

1. Bei Federreglern überwiegt die mit der Relativgeschwindigkeit v' der Schwungkörper proportional wachsende Tangentialkraft P_t, welche von der Coriolisbeschleunigung $2 v' \omega$

herrührt, bedeutend über die durch die Winkelbeschleunigung erzeugte Tangentialkraft. Bei genügend langen Zapfen sind die durch P_t erzeugten Reibungswiderstände so klein, daß sie kaum in Betracht kommen.

2. Bei größerer Gewichtsbelastung der Muffe erfährt diese durch die Winkelbeschleunigung eine so große Reibung an der Spindel, daß hierdurch ein nicht zu vernachlässigender Unempfindlichkeitsgrad von $1/5\,^0/_0$ bis $1/2\,^0/_0$ hervorgerufen werden kann. Schon aus diesem Grunde sind Gewichtsbelastungen der Muffe nicht zu empfehlen.

In ganz ähnlicher Weise, nämlich durch Erzeugung eines Klemmdrucks zwischen Nut und Feder in Muffe und Spindel, machen sich auch zusätzliche Muffenbelastungen geltend, die zum Zwecke der Änderung der Umdrehzahl des Reglers während des Ganges angeordnet sind. Wir werden diese Einwirkung später an Beispielen bei Besprechung solcher Vorrichtungen zahlenmäßig prüfen.

C. Verhalten des Reglers bei Belastungsänderungen der Kraftmaschine.

(Einführung in die dynamische Theorie der Regler.)

Die allerwichtigste Frage bei der Beurteilung eines Reglers ist natürlich die: in welcher Weise geht die Kraftmaschine durch die Einwirkung des Reglers aus einem Beharrungszustand in den neuen Gleichgewichtszustand über, wenn die Belastung der Kraftmaschine geändert wird?

Leider bietet eine nur einigermaßen genaue Untersuchung der Regelungsvorgänge sehr große Schwierigkeiten; insbesondere erfordert die rechnungsmäßige Behandlung der vorliegenden Aufgabe die Verwendung von Differentialgleichungen. Wer diese mathematischen Untersuchungen überschlagen will, mag wenigstens von den Ergebnissen (s. S. 471) genaue Kenntnis nehmen, sonst ist eine richtige Beurteilung von Reglern nicht möglich.

a) Allgemeine Betrachtung über die Vorgänge bei der Regelung.

Um die Entwickelungen recht anschaulich zu halten, wollen wir die Regelung einer Einzylinderdampfmaschine betrachten. Regelung durch Drosseln des Dampfes dürfte bei Kolbenmaschinen kaum noch in Frage kommen, ist aber bei Dampfturbinen zurzeit allgemein üblich; deshalb ist auch heute diese Regelungsart wieder von wachsender Bedeutung. Wird durch den Regler der Füllungsgrad der Maschine eingestellt, so ergibt sich für jeden Füllungsgrad ein anderer mittlerer Überdruck (bezogen auf einen Kolbenhub). In beiden Fällen, d. h. ob Drosselung oder Füllungsänderung bewirkt wird, entspricht einer jeden Reglerstellung ein ganz bestimmter mittlerer Überdruck und demgemäß eine ganz bestimmte Maschinenbelastung, die durch die geleistete Arbeit im Gleichgewicht gehalten wird.

Der tiefsten Muffenstellung entspricht die größte Triebkraft der Maschine, der höchsten Muffenstellung des Reglers die kleinste Triebkraft, meist Null. Wenn es auch näher liegen würde, die zu den einzelnen Muffenstellungen gehörigen Maschinentriebkräfte als Abhängige von den Muffenstellungen darzustellen, so wollen wir doch wegen der großen Bedeutung, die bei unseren bisherigen Betrachtungen die C-Kurven hatten, auch hier die Triebkräfte mit der gesamten C-Kurve in Beziehung zu bringen suchen. Zu dem Zwecke wählen wir die Abstände x der Schwungmassenmittelpunkte von der Spindel als Abszissen und tragen die den einzelnen Reglerstellungen entsprechenden Maschinentriebkräfte P (man könnte auch die an der Maschinenwelle wirksamen mittleren Momente oder die mittleren Drehkräfte W nehmen) als Ordinaten auf.

Wir erhalten dann eine Kraftkurve AB, in der die Maschinentriebkräfte immer senkrecht unter den zugehörigen Lagen der Schwungmassenmittelpunkte M liegen (Fig. 291 unten). Diese Kraftkurve wird im allgemeinen eine schwache Krümmung nach oben aufweisen. Denn erstens entsprechen (wenigstens bei Reglern mit nahezu astatischer C_q-Kurve) gleichen Ausschlägen der Schwungkugeln für die äußeren Lagen größere Muffenverschiebungen, für die inneren Lagen kleinere Muffenwege, also wird für die lezteren der Regler eine geringere Verstellung der Steuerung, d. h. eine langsamere Abnahme des mittleren Überdrucks bewirken als für die äußeren Lagen der Schwungkörper. Zweitens bedeutet eine und dieselbe Änderung des Füllungsgrades bei größeren Füllungsgraden eine langsamere Änderung des mittleren Überdrucks, als wenn der Füllungsgrad klein ist, oder bei gleicher Änderung des Durchgangsquerschnittes durch Drosselung ergibt sich für größere Durchgangsquerschnitte eine geringere Änderung der Dampfspannung als für kleinere Querschnitte. Der Einfachheit halber wollen wir die Kraftkurve AB stets als Gerade annehmen.

Befindet sich die Maschine im Beharrungszustande, so muß der Regler eine solche Stellung haben, daß die aus der Kraftkurve zu entnehmende Maschinentriebkraft P genau gleich dem Widerstande

Verhalten des Reglers bei Belastungsänderungen der Kraftmaschine. 455

Q ist. In Fig. 291 z. B. würde für die Belastung Q die Beharrungsstellung des Reglers durch die Senkrechte xx angedeutet sein, d. h. der Schwungmassenmittelpunkt muß für die Belastung Q in der Senkrechten xx liegen; für die Reglerstellung x_0 erfordert der Beharrungszustand eine Belastung Q_0 usf.

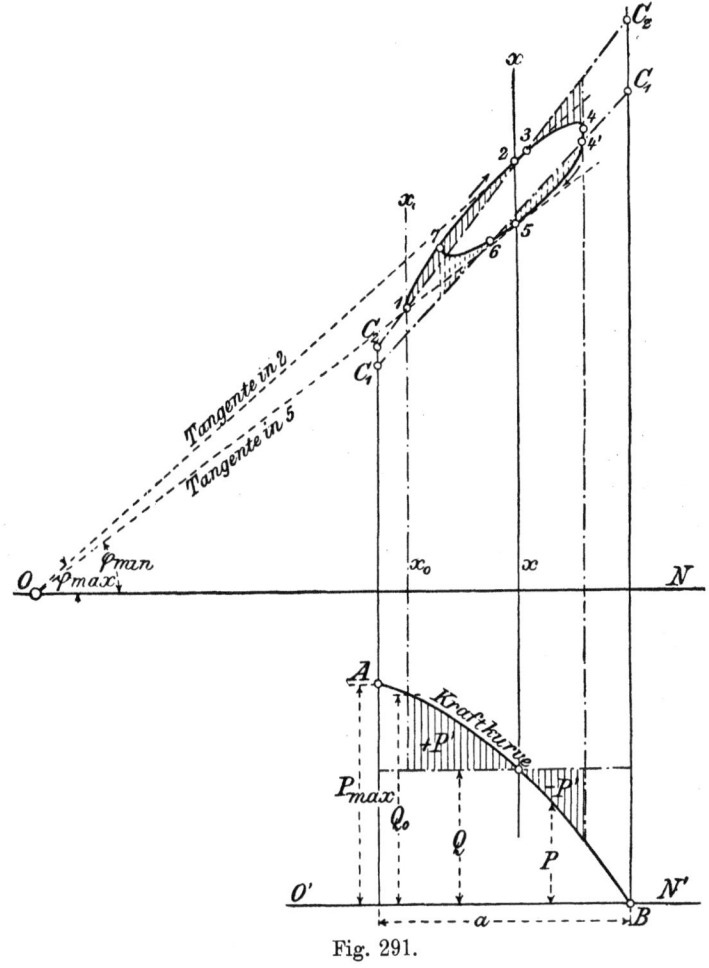

Fig. 291.

Wird nun plötzlich die Maschinenbelastung geändert, sinkt z. B. die Belastung von Q_0 auf Q, so sollte auch der Regler möglichst bald in diejenige Stellung xx kommen, welche der neuen Belastung entspricht. Solange der Schwungmassenmittelpunkt M noch links von xx liegt, ist die Maschinentriebkraft größer als der Widerstand, liegt er rechts von xx, so ist die Maschinentriebkraft kleiner als der Widerstand. Im ersteren Falle bewirkt die überschießende

Triebkraft eine Winkelbeschleunigung der Maschinenwelle und damit auch der Reglerspindel, die Winkelgeschwindigkeit ω des Reglers nimmt zu. Im anderen Falle erfährt die Welle eine Winkelverzögerung, ebenso die Reglerspindel, die Winkelgeschwindigkeit ω des Reglers nimmt ab.

Ist die Triebkraftkurve eine Gerade, so wird der Kraftüberschuß $P - Q$ dem Abstande z der Schwungkörper von der Gleichgewichtslage proportional, folglich wächst die Winkelbeschleunigung ϑ ebenfalls proportional mit z. Ist ferner T_a die Anlaufzeit, d. h. die Zeit, in der die Kraftmaschine bei größter Füllung ohne Belastung ihre normale Umlaufzahl entsprechend der Winkelgeschwindigkeit ω_m erhält, so ergibt sich offenbar in diesem Falle (voller Entlastung und größter Füllung) die größte Winkelbeschleunigung der Reglerspindel:

$$\vartheta_{max} = \frac{\omega_m}{T_a}.$$

Hierbei befinden sich die Schwungkörper in der der tiefsten Muffenstellung entsprechenden Lage, während sie eigentlich Nullfüllung einstellen sollten, sich also in der höchsten Lage befinden müßten; folglich sind sie im Abstande a von der Gleichgewichtslage, wenn a den ganzen, senkrecht zur Spindel gemessenen Ausschlag der Schwungkörper bedeutet. Für einen Abstand z derselben von der Gleichgewichtslage wird demnach die Winkelbeschleunigung der Reglerwelle:

$$\vartheta = \frac{\vartheta_{max}}{a} z = \frac{\omega_m}{T_a \cdot a} z \quad \ldots \ldots \quad (201)$$

Die Abstände z sind positiv zu rechnen, wenn sie nach innen, nach der Spindel zu liegen, negativ, wenn sie sich nach außen erstrecken.

Ehe wir die Vorgänge bei der Regelung weiter rechnerisch verfolgen, wollen wir uns im Anschluß an Fig. 291 ein ungefähres Bild davon verschaffen. Der bisherige Beharrungszustand möge der Belastung Q_0, also einer Reglerstellung $x_0 x_0$ entsprechen. Wird die Belastung plötzlich auf Q verringert, so gehörte hierzu die Reglerstellung xx.

Der Übergang in diese neue Stellung erfordert natürlich Zeit, und zwar eine um so größere, je langsamer die Bewegung erfolgt. Um die nötige Geschwindigkeit für die Verstellungsbewegung hervorzurufen, müssen wir den zu bewegenden Teilen, den Massen des Reglers, insbesondere den Schwungmassen und der etwaigen Hülsenbelastung eine Beschleunigung erteilen. Hierzu sind aber Kräfte erforderlich, d. h. die Fliehkräfte müssen während der Verstellung

Verhalten des Reglers bei Belastungsänderungen der Kraftmaschine. 457

des Reglers Werte annehmen, die nicht allein zur Gleichgewichtserhaltung der Reglerbelastungen ausreichen, sondern noch Überschüsse liefern.

Die Kurve der wirklichen Fliehkräfte muß also während der Beschleunigungsperiode der Reglermassen beim Aufwärtsgang oberhalb der C_2-Kurve (siehe S. 445, Fig. 283) verlaufen; dies ist natürlich nur möglich durch entsprechende Steigerung der Winkelgeschwindigkeit ω der Reglerspindel. Nach Gl. 171 fanden wir als Maß für die Winkelgeschwindigkeit ω den Winkel φ, den der von O ausgehende Fahrstrahl mit der Achse ON bildet; da nun gemäß Gl. 201 die Winkelbeschleunigung ϑ proportional mit dem Abstande z des Massenmittelpunktes von der Gleichgewichtslage wächst, so ist ϑ anfangs am größten, d. h. anfangs nimmt Winkel φ am schnellsten zu. Der höchste Fahrstrahl $O2$ (entsprechend der größten Winkelgeschwindigkeit) gehört zur Reglerstellung xx, zu der neuen Gleichgewichtslage, denn hierfür ist z, also auch $\vartheta = 0$. Die Geschwindigkeit, mit der sich die Schwungkörper nach außen bewegen (auf S. 449 hatten wir sie mit v' bezeichnet), ist anfangs gleich Null; sie wächst, solange die Kurve der wahren Fliehkräfte oberhalb der C_2-Kurve verläuft, solange die Fliehkräfte einen Überschuß zur Beschleunigung der Reglermassen liefern. Sinkt die Kurve der wahren Fliehkräfte unter die C_2-Kurve, so bewegen sich die Reglermassen mit abnehmender Geschwindigkeit. Die Kurve der wahren Fliehkräfte schneidet die C_2-Kurve in 3; hier ist der zur Beschleunigung der Reglermassen dienende Kraftüberschuß gleich Null, die Geschwindigkeit v' hat ihren größten Wert erlangt. v' nimmt nun so lange ab, bis das ganze von v' herrührende Arbeitsvermögen der Reglermassen durch die verzögernden Kräfte aufgezehrt ist, bis die Reglermassen in ihrer Relativbewegung zur Ruhe kommen. Offenbar stellen in Fig. 291 die Inhalte der schraffierten Flächen die mechanischen Arbeiten dar, welche zur Beschleunigung und Verzögerung der Reglermassen dienen. Der Regler kommt also zur Ruhe, sobald Fläche 123 gleich Fläche 34 wird.

Würden wir die Form der Kurven für die wahren Fliehkräfte kennen, so ließe sich aus der letzten Bedingung ermitteln, wie weit der Regler aus seiner alten Gleichgewichtslage herausrückt; man könnte insbesondere prüfen, ob und wann die neue Gleichgewichtslage so erreicht wird, daß dort gerade die Reglermassen zur Ruhe gelangen. Ungefähr müssen die Kurven die aus Fig. 291 erkennbare Gestalt haben: Die von O ausgehenden Strahlen erheben sich erst schnell, dann immer langsamer, während die Schwungmasse sich erst langsam, dann immer schneller nach außen bewegt;

von *2* ab sinkt der von *O* ausgehende Fahrstrahl erst langsam dann immer schneller, und die Schwungmasse rückt immer langsamer nach außen. Hieraus läßt sich schon auf eine **ellipsenähnliche Form** der Kurve für die wahren Fliehkräfte schließen.

Der allgemeine Verlauf der Reglerbewegung wird sich nun folgendermaßen weiter abspielen. Im Punkte *4* (Fig. 291) haben die Reglermassen die Geschwindigkeit Null. Da aber jetzt der Regler rechts von der neuen Gleichgewichtslage xx steht, so erfährt die Spindel eine Winkelverzögerung, ω nimmt ab, ebenso die Fliehkraft. Ist die Fliehkraft so klein geworden, daß ihr Endpunkt $4'$ auf der für die Abwärtsbewegung maßgebenden C_1-Kurve liegt, so beginnt bei der weiteren Verringerung von ω die Rückwärtsbewegung der Reglermassen. In *5* (auf xx gelegen) hat die Spindel die kleinste Winkelgeschwindigkeit, in *6* haben die Reglermassen ihre größte Relativgeschwindigkeit v' erlangt, von da aus bewegen sie sich verzögert bis *7*, wo sie zur Ruhe kommen. Auch hier müssen wieder die Flächen $4'56$ und 67 gleich groß sein.

Bevor wir uns näher mit den Grenzbedingungen für die Brauchbarkeit eines Reglers befassen, wollen wir über die Gestalt der wirklichen Fliehkraftkurven auf dem Wege der Rechnung einige Untersuchungen anstellen.

b) Aufstellung der Grundgleichungen für die Reglerbewegung.

Die Bewegung des Reglers beginne aus der alten Gleichgewichtslage $x_0 x_0$, die im Abstande z_0 links von der neuen Gleichgewichtslage liegt; die Maschine werde also entlastet.

Das Verhältnis der Entlastung zur Höchstbelastung sei $= \lambda$, dann ist unter der Voraussetzung einer geraden Triebkraftkurve $\lambda = \dfrac{z_0}{a}$, wenn a den ganzen zur Spindel rechtwinkligen Ausschlag der Schwungmassen bedeutet. Wir machen ferner folgende Voraussetzungen:

1. die C-Kurve ist eine Gerade,
2. der Schwungmassenausschlag a ist gegen die Abstände x von der Spindel so klein, daß die Fahrstrahlen nach O als Parallele angesehen werden können[1]).

---

[1]) Diese Einschränkung bei der Untersuchung der Regelungsvorgänge hat Dr.-Ing. A. Koob in einer wertvollen Arbeit: „Das Regulierproblem in vorwiegend graphischer Behandlung" Z. d. V. d. Ing. 1904, S. 296 u. f. fallen lassen. Unsere Ergebnisse finden sich auch bei dem von Koob benutzten Verfahren in den wesentlichen Punkten bestätigt. Wenn man für gegebene Verhältnisse

Wäre dann sofort die neue, richtige Umdrehzahl vorhanden, hätte sich also die Winkelgeschwindigkeit bereits plötzlich so weit erhöht, daß statt des Fahrstrahles $O1$ der Strahl $O2$ gültig sei, und befände sich der Massenmittelpunkt noch im Abstande z von der neuen Gleichgewichtslage, so wäre durch die falsche Stellung eine Kraft ΔC_z zur Beschleunigung der Reglermassen übrig; denn zur Gleichgewichtserhaltung des Reglers in der Stellung 3 genügt die bis zur C-Kurve reichende Fliehkraft. Der Kraftüberschuß ΔC_z wächst mit z proportional; nennt man den zu a gehörigen, bei der Berechnung des

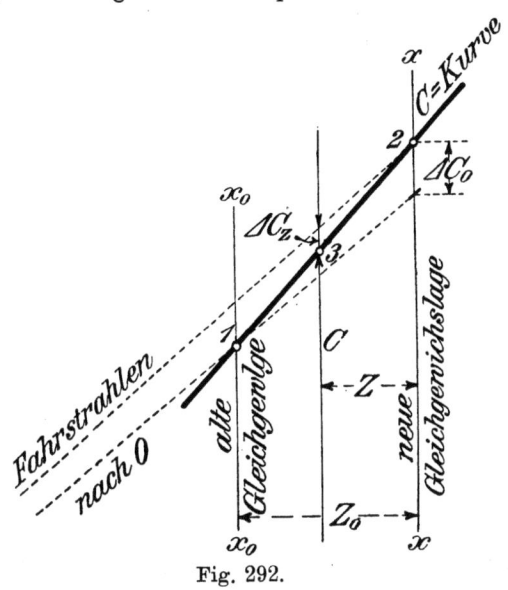

Fig. 292.

Ungleichförmigkeitsgrades nach Fig. 249 benutzten entsprechenden Wert Δc, so gilt für ΔC_z die Gleichung

$$\frac{\Delta C_z}{\Delta c} = \frac{z}{a},$$

woraus folgt
$$\Delta C_z = \frac{\Delta c}{a} \cdot z \quad \ldots \ldots \quad (202)$$

Da in Wirklichkeit die Fahrstrahlen nach O nicht parallel sind, so gilt diese Gleichung nur angenähert. Wir wollen deshalb für Δc denjenigen Wert als wahrscheinlichsten Näherungs- oder Mittelwert einführen, der sich für die mittlere Reglerstellung ergibt, für die die Fliehkraft $= C_m$ ist. Dann drückt sich nach Gl. 175 die Größe Δc mit dem Ungleichförmigkeitsgrad δ aus

$$\Delta c = 2\,\delta \cdot c_m = 2\,\delta \cdot C_m.$$

Durch Einsetzen dieses Wertes in die Gleichung 202 findet sich für die Triebkraft durch falsche Stellung:

$$\Delta C_z = \frac{2\,\delta \cdot C_m}{a} \cdot z \quad \ldots \ldots \quad (203)$$

---

die Vorgänge bei der Regelung untersuchen will, ohne Differentialgleichungen aufzustellen und zu lösen, so ist das Koobsche Verfahren aufs wärmste zu empfehlen.

ΔC_z ist aber nicht die einzige Kraft, die zur Beschleunigung der Reglermassen vorhanden ist. In Wirklichkeit ist ja die neue **Winkelgeschwindigkeit** nicht von vornherein da; sind t Sekunden bis zur Erreichung der betrachteten Reglerstellung 3 verflossen, so hat sich die Winkelgeschwindigkeit um

$$\Delta\omega = \int \vartheta \cdot dt$$

erhöht, was gleichbedeutend ist mit einer Zunahme der Fliehkraft um ΔC:

$$\Delta C = (\omega_m + \Delta\omega)^2 M x - \omega_m^2 M x = 2\omega_m \cdot \Delta\omega \cdot M x,$$

wenn M die Schwungmasse und x den Abstand des Schwungmassenmittelpunktes von der Spindelmitte bedeuten.

Beachtet man, daß $C_m = \omega_m^2 M x$ ist, so kann man ΔC auch schreiben

$$\Delta C = 2\frac{C_m}{\omega_m}\Delta\omega$$

oder mit vorstehendem Werte für $\Delta\omega$

$$\Delta C = \frac{2 C_m}{\omega_m}\int \vartheta\, dt.$$

Die Winkelgeschwindigkeit, die der neuen Gleichgewichtslage entspricht, erforderte aber eine Erhöhung der Fliehkraft um

$$\Delta C_0 = \frac{\Delta c}{a} z_0 = \Delta c\,\frac{z_0}{a} = \lambda \cdot \Delta c = \lambda\, 2\,\delta \cdot C_m.$$

Folglich ergibt sich die **Triebkraft durch falsche Winkelgeschwindigkeit**:

$$\Delta C - \Delta C_0 = \frac{2 C_m}{\omega_m}\int \vartheta\, dt - 2\lambda\,\delta \cdot C_m.$$

Die **gesamte wirksame Triebkraft** P_r, welche die Reglermassen in der Stellung 3 beschleunigt, findet sich mithin

$$P_r = \Delta C_z + \Delta C - \Delta C_0$$

oder
$$P_r = \frac{2\,\delta \cdot C_m}{a} z + \frac{2 C_m}{\omega_m}\int \vartheta\, dt - 2\lambda\,\delta \cdot C_m.$$

In dieser Gleichung ist $\lambda = \frac{z_0}{a}$ das Verhältnis der Entlastung zur Höchstbelastung und die augenblickliche Winkelbeschleunigung nach Gl. 201 $\vartheta = \frac{\omega_m}{T_a a} z$, mithin

$$P_r = \frac{2\,\delta \cdot C_m}{a} z + \frac{2 C_m}{T_a a}\int z\, dt - 2\lambda\,\delta \cdot C_m \quad \ldots\ (204)$$

Denken wir die wirklichen Reglermassen durch eine solche Masse M_r ersetzt, die durch P_r senkrecht zur Spindel bewegt wird

Verhalten des Reglers bei Belastungsänderungen der Kraftmaschine. 461

und die wir reduzierte Reglermasse nennen wollen, so beträgt deren Beschleunigung:

$$b = -\frac{d^2z}{dt^2} = \frac{P_r}{M_r} = \frac{1}{M_r}\left(\frac{2\delta \cdot C_m}{a}z + \frac{2C_m}{T_a a}\int zdt - 2\lambda\delta \cdot C_m\right).$$

(Die Beschleunigung b ist negativ zu setzen, da sie auf Verkleinerung von z hinwirkt.)

Ein vollwertiger Ersatz der verschiedenen Reglermassen durch eine Masse M_r hat nach den Grundsätzen zu erfolgen, die wir bei der Besprechung des Wittenbauerschen Verfahrens auf Seite 99 u. f. kennen lernten: es sind alle Massen im Verhältnis der Quadrate ihrer Geschwindigkeiten zum Quadrate der Geschwindigkeit der Ersatzmasse zu reduzieren. Die gesamte reduzierte Masse wird dabei von Stellung zu Stellung eine andere. Wenn wir also von einer reduzierten Reglermasse M_r als einer bestimmten Größe sprechen, so verstehen wir hierunter den Durchschnittswert. Für gewisse Reglertypen, insbesondere für reine Federregler, ist übrigens der Wert von M_r tatsächlich fast konstant, daher unsere Näherungsannahme der Wirklichkeit sehr nahe kommend.

Differenzieren wir vorstehende Gleichung nach t, so erhalten wir schließlich als Differentialgleichung für die Reglerbewegung:

$$\frac{d^3z}{dt^3} + \frac{2\delta \cdot C_m}{aM_r}\frac{dz}{dt} + \frac{2C_m}{T_a aM_r}z = 0 \quad \ldots \quad (205)$$

Schreiben wir noch zur Abkürzung die Konstante

$$\frac{2C_m}{aM_r} = A,$$

so lautet die Differentialgleichung

$$\frac{d^3z}{dt^3} + \delta \cdot A\frac{dz}{dt} + \frac{A}{T_a}z = 0 \quad \ldots \quad (206)$$

Wir erkennen, daß neben der nur von dem Regler abhängigen Konstanten A für die Bewegungsverhältnisse maßgebend sind:
1. der Ungleichförmigkeitsgrad δ des Reglers und
2. die Anlaufzeit T_a der Kraftmaschine.

Das vollständige Integral der linearen Differentialgleichung 206 lautet bekanntlich:

$$z = C_1 e^{w_1 t} + C_2 e^{w_2 t} + C_3 e^{w_3 t} \quad \ldots \quad (207)$$

worin w_1, w_2 und w_3 die Wurzeln der kubischen Gleichung

$$w^3 + \delta \cdot Aw + \frac{A}{T_a} = 0 \quad \ldots \quad (208)$$

und C_1, C_2 und C_3 willkürliche, aus den Grenzbedingungen zu bestimmende Konstanten sind. Diese Grenzbedingungen lauten:

1. für $t=0$ ist $z=z_0$

2. für $t=0$ ist die Geschwindigkeit $v'=\dfrac{dz}{dt}=0$ $\qquad$ (209)

3. für $t=0$ ist die Beschleunigung $b=\dfrac{d^2z}{dt^2}=0$

Gl. 208 liefert wegen der drei positiven Vorzahlen stets nur eine reelle Wurzel
$$w_1 = -2p$$
und zwei imaginäre Wurzeln
$$w_2 = p+qi \qquad \text{und} \qquad w_3 = p-qi;$$
in diesem Falle läßt sich Gl. 207 überführen in
$$z = C_1 e^{w_1 t} + e^{pt}(C_2 \cos qt + C_3 \sin qt) \quad . \; . \quad (210)$$

Nach der Cardanischen Formel findet sich w_1 als Wurzel von Gl. 208:

$$w_1 = \sqrt[3]{-\frac{A}{2T_a} + \sqrt{\left(\frac{A}{2T_a}\right)^2 + \left(\frac{\delta \cdot A}{3}\right)^3}} - \sqrt[3]{+\frac{A}{2T_a} + \sqrt{\left(\frac{A}{2T_a}\right)^2 + \left(\frac{\delta \cdot A}{3}\right)^3}};$$

ferner ist
$$p = -\frac{w_1}{2}, \text{ oder } w_1 = -2p \quad \text{und}$$

$$q = \left[\sqrt[3]{-\frac{A}{2T_a} + \sqrt{\left(\frac{A}{2T_a}\right)^2 + \left(\frac{\delta \cdot A}{3}\right)^3}} + \sqrt[3]{+\frac{A}{2T_a} + \sqrt{\left(\frac{A}{2T_a}\right)^2 + \left(\frac{\delta \cdot A}{3}\right)^3}}\right]\frac{\sqrt{3}}{2}.$$

Zahlenmäßig bequemer rechnet man jedoch goniometrisch: $\quad$ (211)
Man sucht einen Hilfswinkel ψ aus:

$$\operatorname{tg}\psi = \frac{\sqrt{\left(\frac{1}{3}\delta \cdot A\right)^3}}{\dfrac{A}{2T_a}} = \frac{2}{T_a}\sqrt{A\left(\frac{\delta}{3}\right)^3}$$

und bestimmt hierauf den Winkel ζ aus:

$$\operatorname{tg}\zeta = \sqrt[3]{\operatorname{tg}\frac{\psi}{2}};$$

dann ist

$$w_1 = -2\sqrt{\frac{1}{3}\delta \cdot A} \cdot \operatorname{cotg} 2\zeta; \quad p = -\frac{w_1}{2} \quad q = \frac{\sqrt{\delta \cdot A}}{\sin 2\zeta}.$$

Wendet man auf Gl. 210 die drei Grenzbedingungen Gl. 209 an und löst die so erhaltenen drei Gleichungen nach den drei Konstanten C_1, C_2 und C_3 auf, so erhält man

$$\left.\begin{aligned} C_1 &= \frac{p^2+q^2}{9p^2+q^2} \cdot z_0 \\ C_2 &= \frac{8p^2}{9p^2+q^2} \cdot z_0 \\ C_3 &= \frac{2q^2-6p^2}{9p^2+q^2} \cdot \frac{p}{q} \cdot z_0 \end{aligned}\right\} \quad \ldots \ldots (212)$$

Durch Differenzieren der Bewegungsgleichung

$$z = C_1 e^{-2pt} + e^{pt}(C_2 \cos qt + C_3 \sin qt) \quad \ldots (213)$$

findet man

1. die Geschwindigkeit v' zur Zeit t:

$$\left.\begin{aligned} v' &= \frac{dz}{dt} = C_4 e^{-2pt} + e^{pt}(C_5 \cos qt + C_6 \sin qt), \\ \text{wobei } C_4 &= -2pC_1;\ C_5 = pC_2 + qC_3;\ C_6 = pC_3 - qC_2 \text{ ist.} \end{aligned}\right\} (214)$$

2. die Beschleunigung b zur Zeit t:

$$\left.\begin{aligned} b &= \frac{d^2z}{dt^2} = C_7 e^{-2pt} - e^{pt}(C_8 \cos qt + C_9 \sin qt), \\ \text{wobei } C_7 &= C_8 = 4p^2 C_2;\ C_9 = 2pq C_2 + C_3(q^2-p^2) \text{ ist.} \end{aligned}\right\} (215)$$

c) Zeichnerische Darstellung der Regelungskurven.

Wege, Geschwindigkeiten und Beschleunigungen verändern sich hiernach als Abhängige von der Zeit t nach dem gleichen Gesetz, nur sind die Konstanten C verschieden groß. Wie man aus Gl. 212 bis Gl. 215 und der Bedeutung von C_4 bis C_9 erkennt, wachsen alle neun Konstanten C proportional mit z_0 (also mit dem Verhältnis $\lambda = z_0 : a$, dem Verhältnis der Ent- oder Belastung zur Höchstbelastung).

Ist für einen Regler die Konstante $A = \dfrac{2C_m}{a M_r}$ festgelegt, so hängen die Größen p und q nur noch von dem Ungleichförmigkeitsgrad δ und von der Anlaufzeit T_a der Kraftmaschine ab. Hat man einen Regler, bei dem sich δ einstellen läßt, so kann man dadurch die maßgebenden Konstanten abändern und hierdurch die Vorgänge bei der Regelung nach Belieben beeinflussen. Liegt der Ungleichförmigkeitsgrad fest und trägt man Wege, Geschwindigkeiten und Beschleunigungen als Ordinaten, die Zeiten als Abszissen auf, so sind diese Kurven von z_0 derart abhängig, daß alle Ordinaten mit z_0 proportional wachsen. Z. B. würden für das halbe z_0 auch die zu gleichen Zeiten gehörigen Wege der Schwungmassen halb so groß werden, für den ganzen (aber beliebigen) Ausschlag z_0 also auch jedesmal die erforderlichen Zeiten genau gleich groß werden, d. h. **die Vorgänge bei der Regelung spielen sich stets in den gleichen Zeiten ab, gleichgültig, ob die Ent- oder Belastung der Kraftmaschine einen kleineren oder größeren Teil der Höchstbelastung ausmacht.** Weiter folgt, da die Wege z und die Beschleunigungen b für dieselbe Zeit proportional mit z_0 kleiner oder größer werden, daß auch die Kurven der wahren Fliehkräfte einander ähnlich werden; denn ihre Abszissen sind ja die Wege z, ihre Ordinaten (von der C-Kurve aus abgetragen) die mit der Reglermasse M_r multiplizierten Beschleunigungen.

Kennt man also für gewisse Verhältnisse die Kurven der wahren Fliehkräfte der Form nach, so bleibt diese Gestalt in der Hauptsache für andere Zahlenwerte erhalten, was die Aufstellung von Formeln naturgemäß erleichtern wird.

Um ein Bild von dem Einflusse der einzelnen Größen, besonders des Ungleichförmigkeitsgrades δ auf die Gestalt der für die Regelungsvorgänge maßgebenden Kurven, vor allem der wahren Fliehkräfte zu bekommen, wollen wir die obigen Formeln zeichnerisch darzustellen versuchen.

Schreiben wir, um eine Zeitweglinie (mit t als Abszissen und z als Wegen) zu erhalten, Gl. 213:

$$z = z' + z'' = C_1 e^{-2pt} + e^{pt}(C_2 \cos qt + C_3 \sin qt),$$

so setzt sich z aus zwei Teilen, z' und z'', zusammen, von denen (mit t als Abszissen und z als Ordinaten) der erste Teil eine logarithmische Linie, der zweite Teil eine gedämpfte Schwingung darstellt, wobei sich z'' auch in die Form

$$z'' = C'' e^{pt} \cdot \sin(\varphi_0 + qt)$$

bringen läßt. Die Größe der Konstanten C'' und der Phasenverschiebungswinkel φ_0 werden am einfachsten zeichnerisch durch geometrische Addition der beiden zueinander senkrechten Strecken $\bar{C}_2$ und $\bar{C}_3$ gefunden (Fig. 293), so daß $\bar{C}'' = \bar{C}_2 + \bar{C}_3$ ist.

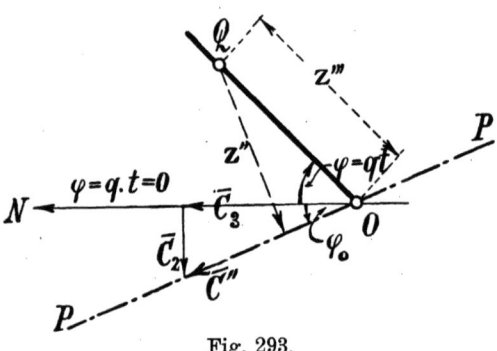

Fig. 293.

Verhalten des Reglers bei Belastungsänderungen der Kraftmaschine. 465

Zeichnet man eine logarithmische Linie: $z''' = C'' e^{pt}$ mit t als Abszissen und z''' als Ordinaten, greift zu jedem t das zugehörige $z''' = C'' e^{pt}$ hieraus ab, trägt weiter in Fig. 293 von der ursprünglichen Nullinie ON aus den Winkel $\varphi = qt$ (in Bogenmaß gemessen) ab und schneidet auf dem betreffenden Fahrstrahl OQ die Länge z''' ab, so liefert der senkrechte Abstand des Endpunktes Q von der Linie OP sofort die Größe

$$z'' = C'' e^{pt} \cdot \sin(\varphi_0 + qt).$$

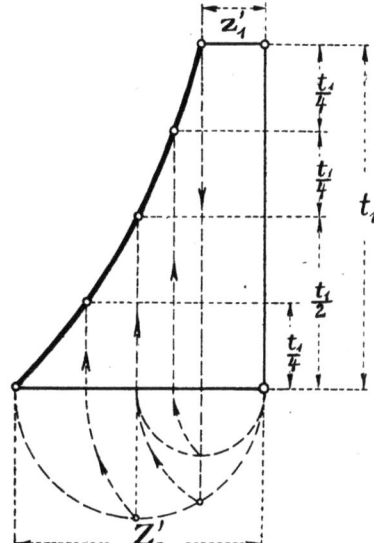

Dies Verfahren ist ohne weiteres auch für das Aufzeichnen einer Geschwindigkeits- und einer Beschleunigungskurve (immer mit t als Abszissen) anzuwenden, da Gl. 214 und Gl. 215 genau dieselbe Form haben wie Gl. 213.

Für das Zeichnen der beiden erforderlichen logarithmischen Linien sei noch folgendes Verfahren empfohlen. Man berechnet zwei Werte, z. B.

für $t = 0: z_0' = C_1$
für $t = t_1: z_1' = C_1 e^{-2pt_1}$.

Multipliziert man die für zwei beliebige Punkte geltenden beiden Gleichungen:

$$z_1' = C_1 e^{-2pt_1}$$
$$z_2' = C_1 e^{-2pt_2} :$$
$$\overline{z_1' z_2' = C_1^2 e^{-2p(t_1+t_2)}}$$

Fig. 294.

und zieht links und rechts die Quadratwurzel

$$\sqrt{z_1' \cdot z_2'} = C_1 e^{-2p\frac{t_1+t_2}{2}},$$

so erkennt man, daß die Koordinaten eines Zwischenpunktes gefunden werden, wenn man von den beiden z' das geometrische Mittel, von den beiden t aber das arithmetische Mittel nimmt. Durch wiederholte Anwendung dieser Konstruktion ergeben sich beliebig viele Zwischenpunkte der gesuchten logarithmischen Linie (Fig. 294).

Auf diese Weise wurden auf Tafel 15 mit Hilfe zweier logarithmischen Linien ($z' = C_1' e^{-2pt}$ und $z''' = C'' e^{pt}$) eine Zeitweglinie und ebenso eine Kurve mit den Zeiten als Abszissen und den Beschleunigungen als Ordinaten entwickelt, und zwar indem die Zeiten auf einer Senkrechten BT und die zugehörigen Werte von z und b wagerecht nach links abgetragen wurden.

Aus der Zeitweg- und der Beschleunigungskurve ist dann auf Tafel 15 die Kurve der wahren Fliehkräfte abgeleitet worden. Hierbei sind die Kraftüberschüsse $P_r = M_r \cdot b$ senkrecht nach oben von einer C-Kurve aus abgetragen, die nicht in ihrer richtigen Lage und Neigung erscheint, sondern um Platz zu sparen, herunter geschoben wurde (vgl. Fig. 295), bis der Punkt, welcher der alten Gleichgewichtslage entspricht, d. h. A_0 in der Linie ON, und der der neuen Gleichgewichtslage entsprechende Punkt B um die Strecke $\varDelta C_0$ darüber liegt. Statt der geneigten Fliehkraftstrahlen, die wir der großen Entfernung von O halber als Parallele voraussetzen, haben wir nunmehr Wagerechte zu denken.

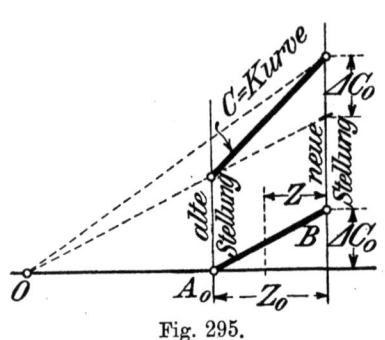

Fig. 295.

Beispiele.

Den Figuren auf Taf. 15 und Taf. 16 legen wir folgende Zahlenwerte[1]) zugrunde:

Anlaufzeit der Kraftmaschine . . . . . $T_a = 16{,}6$ Sek.

Reduzierte Schwungmasse des Reglers . $M_r = \dfrac{20}{9810} \dfrac{\text{kg}}{\text{mm}}$ Sek.^{2}

Mittlere Fliehkraft . . . . $C_m = 200$ kg

Ganzer Reglerausschlag . . . . . . $a = 40$ mm,

somit wird $A = \dfrac{2 C_m}{a M_r} = \dfrac{2 \cdot 20}{40 \cdot \dfrac{20}{9810}} = 4905 \sim 5000$ Sek.$^{-2}$

$$\frac{A}{T_a} = \frac{5000}{16{,}6} \sim 300 \text{ Sek.}^{-3}$$

1. Beispiel. Taf. 15, Fig. 1: Ungleichförmigkeitsgrad $\delta = 0{,}06 = 6\,^0/_0$.

$$\lambda = \frac{z_0}{a} = \frac{1}{2}, \quad \text{also} \quad \varDelta C_0 = \lambda\, 2\, \delta\, C_m = 12 \text{ kg}.$$

---

[1]) Zum bequemeren Vergleich benutzte ich mehrere Zahlen, die Dr.-Ing. Fr. Thümmler in dem bei Julius Springer 1903 erschienenen Werke: „Fliehkraft und Beharrungsregler" seinen Beispielen zugrunde legte. Wenn ich auch die Resultate von Thümmler nicht durchweg anerkennen möchte, insbesondere auch mit seiner Kritik meiner früheren Ergebnisse über das dynamische Verhalten der Regler nur zum Teil einverstanden bin, so sei doch dieses Werk zu weiterer Anregung hierdurch empfohlen.

Wir finden $\delta \cdot A = 0{,}06 \cdot 5000 = 300$; ferner war $\dfrac{A}{T_a} = 300$, somit nach Gl. 211: $p = 0{,}5$ Sek.$^{-1}$; $q = 17{,}5$ Sek.$^{-1}$ und nach Gl. 212: $C_1 = 19{,}87$ mm; $C_2 = 0{,}13$ mm; $C_3 = 1{,}13$ mm. Weiter ist nach Gl. 215: $C_7 = C_8 = 19{,}87$ mm/Sek.^{2}; $C_9 = 346$ mm/Sek.^{2}, folglich lauten die Gleichungen für die Wege und die Beschleunigungen:

$$z = 19{,}87\, e^{-t} + e^{0{,}5t}(0{,}13 \cos 17{,}5\, t + 1{,}13 \sin 17{,}5\, t)$$
$$b = 19{,}87\, e^{-t} - e^{0{,}5t}(19{,}87 \cos 17{,}5\, t + 346 \sin 17{,}5\, t).$$

Beim Aufzeichnen wurden folgende Maßstäbe benutzt:

Längenmaßstab für z: 2,5 : 1;
Beschleunigungsmaßstab für b: 1 mm = 20 mm/Sek.^{2};
Maßstab für die Zeiten t: 1 cm = 0,2 Sek.;
Kräftemaßstab für P_r: 1 cm = 2 kg.

In Fig. 1 a auf Taf. 15 sind die beiden fein ausgezogenen Linien die zur Konstruktion benutzten logarithmischen Linien; die stark ausgezogene Wellenlinie läßt erkennen, wie die Abstände z von der neuen Gleichgewichtslage abwechselnd kleiner und größer werden, wie sich der Regler im Durchschnitt seiner neuen Gleichgewichtslage immer mehr nähert, dabei aber in stets wachsende Pendelungen gerät. Der Regler wäre so offenbar unbrauchbar, da er nicht zur Ruhe kommt. In Fig. 1b auf Taf. 15 sehen wir, daß auch die Beschleunigungen Schwankungen von stets zunehmender Größe erfahren. Die Kurve der wahren Fliehkräfte zeigt Fig. 1c. Die wirksamen Kräfte Pr sind abwechselnd positiv und negativ; auch ihre Größe nimmt entsprechend den Beschleunigungen fortwährend zu.

Das Ergebnis unserer Untersuchung ist also: der Regler ist trotz des großen Ungleichförmigkeitsgrades unbrauchbar.

Bis jetzt haben wir einen reibungslosen Regler, der auch keine Verstellungskraft auszuüben braucht, d. h. einen Regler mit dem Unempfindlichkeitsgrad $\varepsilon = 0$ vorausgesetzt. Diese Voraussetzung trifft natürlich nicht zu; deshalb ist das obige Ergebnis so weit einzuschränken, daß der Regler mit dem Unempfindlichkeitsgrad $\varepsilon = 0$ unbrauchbar wäre.

Berücksichtigen wir die Bewegungswiderstände, so gestaltet sich der Bewegungsvorgang unseres Reglers ganz anders. Fig. 1d Taf. 15 zeigt uns dessen Verlauf durch die Kurve der wahren Fliehkräfte. Im Punkte 3 der Fig. 1d (d. h. nach 0,3 Sek.) sollte der Regler seine Bewegungsrichtung umkehren; für die Rückwärtsbewegung gilt aber nicht mehr die obere C-Kurve, das Gesetz würde demnach ein anderes. Sollte die Rückwärtsbewegung möglich werden, so müßte zunächst die Fliehkraft sich bis auf die untere C-Kurve (vgl. Fig. 283) durch Abnahme der Winkelgeschwindigkeit der Reglerspindel verringern; die Winkelgeschwindigkeit nimmt aber fortwährend zu, weil die Schwungmasse sich noch links von der neuen Gleichgewichtslage befindet. Die Bewegungsumkehr bei 3 ist also infolge der Bewegungswiderstände nicht möglich. Vielmehr erhöht sich zunächst der Betrag der Fliehkraft durch Zunahme an Winkelgeschwindigkeit, während der Regler in der Stellung 3 so lange verharrt, bis die Fliehkraft zur C-Kurve reicht. Alsdann setzt sich der Regler von neuem in Bewegung; und zwar gelten für die jetzt beginnende Bewegung neue Konstanten C_1, C_2 und C_3 sowie C_7, C_8 und C_9, die sämtlich in gleichem Verhältnisse, entsprechend dem neuen Abstande z_3 von der zu erstrebenden Gleichgewichtslage, kleiner sind. Die neue Kurve der wahren Fliehkräfte ist somit der ersten Welle

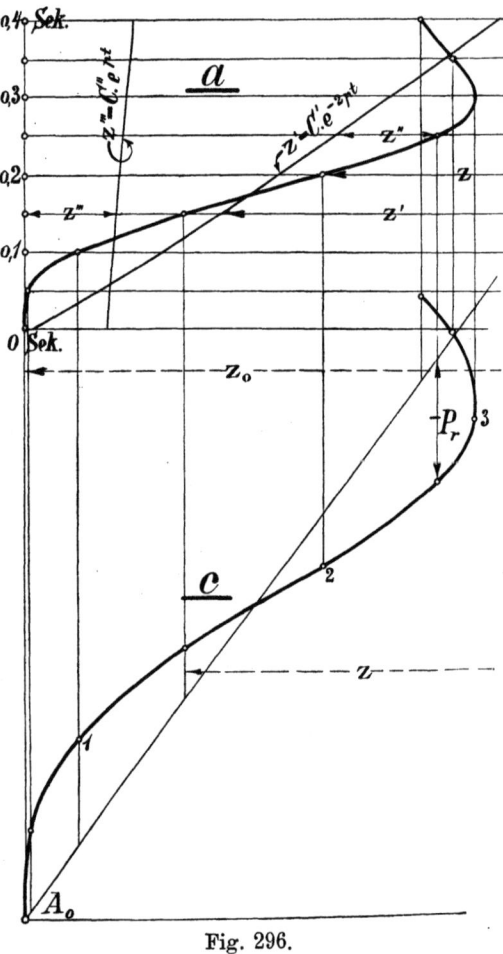

Fig. 296.

ähnlich. Wegen der Wichtigkeit, die gerade die erste Welle für den weiteren Verlauf der Bewegung hat, ist diese in Fig. 296 noch einmal in vierfachem Maßstabe gezeichnet. So wiederholt sich das Spiel mit immer kleineren Kraftwellen, zu deren Verlauf stets eine gleich große Zeit gehört. Mit anderen Worten: der Regler nähert sich immer mehr der Gleichgewichtslage, ohne diese in endlicher Zeit ganz zu erreichen; der Regler ist somit infolge der

Bewegungswiderstände brauchbar geworden. Der gewählte große Ungleichförmigkeitsgrad erscheint aber durchaus noch nicht als zweckmäßig, da der Übergang aus der alten in die neue Gleichgewichtslage sehr lange dauert.

2. **Beispiel.** Taf. 15, Fig. 2: $\delta = 0{,}024 = \underline{2{,}4\,{}^0/_0}$.

$$\lambda = \frac{z_0}{a} = \frac{1}{2}; \quad \Delta C_0 = \lambda\, 2\,\delta \cdot C_m = 4{,}8 \text{ kg.}$$

Hier wird

$$\delta \cdot A = 0{,}024 \cdot 5000 = 120 \text{ Sek.}^{-2}, \quad \frac{A}{T_a} = 300 \text{ Sek.}^{-3};$$

ferner nach Gl. 211: $p = 1{,}191$ Sek.$^{-1}$, $q = 11{,}15$ Sek.$^{-1}$;

„ „ 212: $C_1 = 18{,}34$ mm, $C_2 = 1{,}657$ mm, $C_3 = 3{,}76$ mm;

„ „ 215: $C_7 = C_8 = 104$ mm/Sek.^{2}, $C_9 = 506$ mm/Sek.^{2}.

Die Gleichungen für die Wege und die Beschleunigungen lauten also

$$z = 18{,}34\, e^{-2{,}382\,t} + e^{1{,}191\,t}(1{,}657 \cos 11{,}15\,t + 3{,}76 \sin 11{,}15\,t)$$
$$b = 104\, e^{-2{,}382\,t} - e^{1{,}191\,t}(104 \cos 11{,}15\,t + 506 \sin 11{,}15\,t).$$

In Fig. 2, Taf. 15 wurden folgende Maßstäbe benutzt:

Längenmaßstab für z: 2,5 : 1;
Beschleunigungsmaßstab für b: 1 mm = 40 mm/Sek.^{2};
Maßstab für die Zeiten t: 1 cm = 0,2 Sek.;
Kräftemaßstab für P_r: 1 cm = 2 kg.

Das Ergebnis ist hier bei dem kleineren Ungleichförmigkeitsgrade ein ganz anderes. Schon durch die erste Welle gelangt der Regler fast in die neue Gleichgewichtslage; wäre der Regler reibungslos, so würde allerdings dort eine Bewegungsumkehr erfolgen, die Schwungmassen würden sich von neuem von der Gleichgewichtslage entfernen und die Schwankungen dabei später wieder zunehmen: der Regler würde unbrauchbar werden. Sind jedoch hinreichend große Bewegungswiderstände vorhanden, so gelten die punktiert gezeichneten Teile der Kurven in Fig. 2 Taf. 15 nicht mehr; der Regler wird, da er fast die erforderliche Gleichgewichtslage erlangt hat, gar keine Bewegung mehr ausführen, sondern ganz in der Nähe der neuen Gleichgewichtslage verharren. Wir sehen, wie es bei passender Wahl des Ungleichförmigkeitsgrades möglich ist, daß sich der Regler unmittelbar in die neue Gleichgewichtslage begibt, ohne über diese hinweg zu pendeln, ohne daß er, wie man sagt, überreguliert. Mit $\delta = 0{,}024 = 2{,}4\,{}^0/_0$ haben wir beinahe den hierzu nötigen Ungleichförmigkeitsgrad getroffen.

3. Beispiel. Taf. 16:

$\delta = 0{,}015 = 1{,}5\,^0/_0$ strichpunktierte Linien,

$\delta = 0{,}012 = 1{,}2\,^0/_0$ ausgezogene Linien.

Auf Tafel 16 sind gleich zwei Beispiele vereinigt, um so den Einfluß des Ungleichförmigkeitsgrades auf die Gestalt der Kurven noch deutlicher zu zeigen. Es findet sich für $\delta = 1{,}5\,^0/_0$:

$\Delta C_0 = \lambda\, 2 \cdot \delta \cdot C_m = 3$ kg; $\quad \delta \cdot A = 0{,}015 \cdot 5000 = 75$ Sek.$^{-2}$;

$$\frac{A}{T_a} = 300 \text{ Sek.}^{-3}$$

$p = 1{,}73$ Sek.$^{-1}$; $\quad q = 9{,}16$ Sek.$^{-1}$

$C_1 = 15{,}68$ mm; $\quad C_2 = 4{,}32$ mm; $\quad C_3 = 5{,}11$ mm.

$C_7 = C_8 = 187{,}5$ mm/Sek.^{2}; $\quad C_9 = 550{,}7$ mm/Sek.^{2}

Für $\delta = 1{,}2\,^0/_0$ ist:

$\Delta C_0 = \lambda\, 2 \cdot \delta \cdot C_m = 2{,}4$ kg; $\quad \delta \cdot A = 0{,}012 \cdot 5000 = 60$ Sek.$^{-2}$

$p = 1{,}98$ Sek.$^{-1}$; $\quad q = 8{,}48$ Sek.$^{-1}$

$C_1 = 14{,}15$ mm; $\quad C_2 = 5{,}84$ mm; $\quad C_3 = 5{,}249$ mm.

$C_7 = C_8 = 222$ mm/Sek.^{2}; $\quad C_9 = 553{,}2$ mm/Sek.^{2}

Die Gleichungen für die Wege und Beschleunigungen lauten also hier:

für $\delta = 0{,}015$
$$\begin{cases} z = 15{,}68\, e^{-3{,}46t} + e^{1{,}73t}(4{,}32 \cos 9{,}16\,t + 5{,}11 \sin 9{,}16\,t) \\ b = 187{,}5\, e^{-3{,}46t} - e^{1{,}73t}(187{,}5 \cos 9{,}16\,t + 550{,}7 \sin 9{,}16\,t) \end{cases}$$

für $\delta = 0{,}012$
$$\begin{cases} z = 14{,}15\, e^{-3{,}96t} + e^{1{,}98t}(5{,}84 \cos 8{,}48\,t + 5{,}24 \sin 8{,}48\,t) \\ b = 222\, e^{-3{,}96t} - e^{1{,}98t}(222 \cos 8{,}48\,t + 553{,}2 \sin 8{,}48\,t) \end{cases}$$

Wir erkennen aus Tafel 16, daß nunmehr bei dem kleineren Ungleichförmigkeitsgrade die Schwungkörper weit über die neue Gleichgewichtslage hinausgehen: bei $\delta = 1{,}5\,^0/_0$ um fast $^3/_5 z_0$, bei $\delta = 1{,}2\,^0/_0$ um mehr als $^4/_5 z_0$. Es ist damit noch nicht ohne weiteres gesagt, daß der Regler jetzt unbrauchbar geworden ist. Ohne Bewegungswiderstände allerdings nehmen die Ausschläge immer größere Werte an, der Regler kommt nicht zur Ruhe, er ist vollständig untauglich. Bei hinreichender Größe der Bewegungswiderstände jedoch kann der Regler brauchbar werden, sobald er nämlich weniger als z_0 über die neue Gleichgewichtslage hinausschwingt. Der Grenzfall für seine Brauchbarkeit ist offenbar der, daß die Schwungkörper ebenso weit rechts von der anzustrebenden Gleichgewichtslage zur Ruhe gelangen, wie sie vorher links davon ihre Bewegung begonnen haben. Der Ungleichförmigkeitsgrad $\delta = 1{,}2\,^0/_0$ dürfte gemäß Tafel 16 für die angenommenen Verhältnisse schon dem zulässig kleinsten Ungleichförmigkeitsgrade nahe kommen.

Wir fassen die Ergebnisse unserer Vergleiche zusammen:

1. Es gibt stets für eine bestimmte Kraftmaschine mit Regler einen **günstigsten Ungleichförmigkeitsgrad**, bei welchem ohne Überregeln unmittelbar die neue Gleichgewichtslage erreicht wird.

2. Größere Ungleichförmigkeitsgrade sind unzweckmäßig, da sie die neue Gleichgewichtslage in viel größerer Zeit, theoretisch sogar erst in unendlich großer Zeit erreichen lassen, in endlicher Zeit nur eine nahe Annäherung an den neuen Gleichgewichtszustand ermöglichen.

3. Der Ungleichförmigkeitsgrad darf noch unter den günstigsten sinken, wenn ein Überregeln gestattet ist, d. h. wenn der Regler über die neue Gleichgewichtslage hinausgehen darf. Der Regler vollführt dann eine Anzahl von Pendelungen um die Gleichgewichtslage, ehe er zur Ruhe kommt. Zur Herstellung des neuen Gleichgewichts ist hier eine wesentlich größere Zeit erforderlich als für den günstigsten Ungleichförmigkeitsgrad.

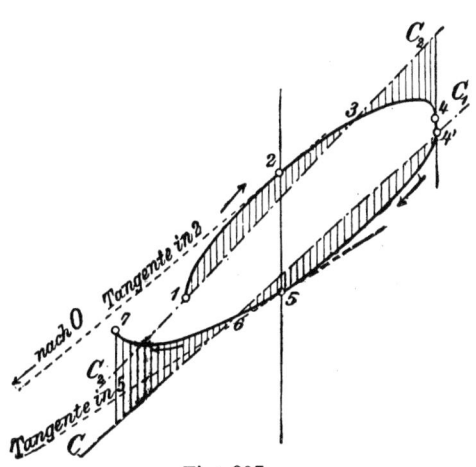

Fig. 297.

4. Der **kleinste zulässige Ungleichförmigkeitsgrad** ist derjenige, bei welchem der Regler ebenso weit über die anzustrebende Gleichgewichtslage hinausgeht, wie er von der andern Seite aus die Bewegung begonnen hat. Wird dieser Ungleichförmigkeitsgrad unterschritten, so ist der Regler unbrauchbar, er vollführt stets wachsende Pendelungen (vgl. Fig. 297).

5. Ein Regler ohne Bewegungswiderstände ist stets unbrauchbar; gleichgültig, wie groß der Ungleichförmigkeitsgrad gewählt wird; jeder Regler erfordert also einen Unempfindlichkeitsgrad von bestimmter Größe.

6. Für die beiden Hauptfälle des günstigsten und des kleinsten zulässigen Ungleichförmigkeitsgrades können als Kurven der wahren Fliehkräfte während des Regelungsvorganges angenähert Ellipsen gewählt werden, die im Anfangspunkte eine Senkrechte, für die neue Gleichgewichtslage einen (nach O gehenden)

Fliehkraftstrahl als Tangente, bei der (in Fig. 295 und auf Taf. 15 und 16 gewählten) Darstellung mit heruntergeschobener C-Kurve also eine wagerechte Tangente haben.

Bei den Entwickelungen haben wir bis jetzt vorausgesetzt, daß die mittlere Triebkraft der Kraftmaschine in jedem Augenblick den Wert besitzt, welcher der jeweiligen Reglerstellung entspricht. Diese Voraussetzung trifft wohl bei Dampfturbinen und sonstigen umlaufenden Maschinen zu, nicht aber bei Kraftmaschinen mit hin und her gehenden Kolben; hier kann die durch den Regler bewirkte Veränderung der Steuerung jedesmal während der Dauer eines Hubes nur einmal durch Einstellen des Füllungsgrades zur Geltung kommen. Während der Expansionsperiode, d. h. während des größeren Teiles des Kolbenweges, ist die augenblickliche Reglerstellung ohne Einfluß auf die mittlere Triebkraft. Es tritt also bei Kolbenmaschinen eine Verspätung in der Einstellung des jeweilig erforderlichen Füllungsgrades ein; die überschießende Triebkraft und damit die Winkelbeschleunigung ϑ der Reglerwelle wächst nicht einfach proportional mit dem Abstande z der Schwungkörper von der Gleichgewichtslage, sondern ändert sich sprungweise, indem sie immer zeitweise einen konstanten Wert beibehält, der größer ist, als der Proportionalität mit z entspricht. Diese Verzögerung erzeugt naturgemäß größere Schwankungen der Winkelgeschwindigkeit, ist folglich von ähnlicher Wirkung wie eine Verkleinerung der Anlaufzeit, d. h. bedingt einen größeren Ungleichförmigkeitsgrad. Genau läßt sich der Einfluß der Verzögerung in der Einstellung der richtigen Triebkraft kaum berücksichtigen. Ist die Umlaufzahl der Kraftmaschine groß, bedingt der Regler eine verhältnismäßig große Zeit zur Herstellung des neuen Gleichgewichtszustandes, so gelten die vorstehenden aufgestellten Gleichungen hinreichend genau. Erfordert der Regler nur eine sehr kleine Zeit zur Verstellung, so tut man gut, den Ungleichförmigkeitsgrad etwas größer zu wählen, als auf Grund der obigen Bedingungen und Voraussetzungen erforderlich wäre. **Auf alle Fälle muß von einem guten Regler verlangt werden, daß man seinen Ungleichförmigkeitsgrad in bequemer Weise abändern kann, um ihn den jedesmaligen Verhältnissen anzupassen.**

Strnad bemerkt hierzu in der Z. d. V. d. Ing. 1907, S. 64, daß statt „auf alle Fälle" es besser heiße „wenn es bezahlt wird" oder „bei großen Anlagen, wo ein Mehrpreis dafür angelegt wird". Der Mehrpreis ist aber tatsächlich bei Reglern, die von vornherein mit Rücksicht auf obige Forderung konstruiert werden, ganz unerheblich und im Vergleich mit den erreichten Vorteilen recht gut angelegt.

Es ist unzulässig, einen zu kleinen Ungleichförmigkeitsgrad zu wählen, aber ebenso ungünstig, den Ungleichförmigkeitsgrad zu groß zu machen.

D. Berechnung des erforderlichen Ungleichförmigkeits- und Unempfindlichkeitsgrades.

a) Günstigster Ungleichförmigkeitsgrad δ.

Wir benutzen die in Fig. 295 erläuterte Darstellung, d. h. denken uns die C-Kurve so weit heruntergeschoben, daß der Anfangspunkt A_0, welcher der alten Gleichgewichtslage entspricht, in der wagerechten Achse liegt und der der neuen Gleichgewichtslage entsprechende Punkt B um die Strecke ΔC_0 darüber liegt. Bei gerader C-Kurve ist also

$$\Delta C_0 = 2\lambda \cdot \delta \cdot C_m = \frac{z_0}{a} \delta \cdot C_m,$$

worin $\lambda = \frac{z_0}{a}$ das Verhältnis der Ent- oder Belastung der Kraftmaschine zur Höchstbelastung,

a den ganzen senkrecht zur Spindel gemessenen Ausschlag der Schwungkörper,

z_0 den ebenso gemessenen Abstand der alten von der neuen Gleichgewichtslage und

δ den Ungleichförmigkeitsgrad bedeutet.

Um einen brauchbaren Näherungswert für den günstigsten **Ungleichförmigkeitsgrad** δ zu erhalten (auf die Ermittelung von δ mit Hilfe der unter C abgeleiteten Gleichungen müssen wir wegen der großen analytischen Schwierigkeiten verzichten), setzen wir eine Ellipse als Kurve der wahren Fliehkräfte voraus. Im Anfangspunkt A_0 hat diese Kurve eine senkrechte Tangente; im Endpunkte C, der in der Senkrechten durch die neue Gleichgewichtslage liegen soll, muß die Kurve der wahren Fliehkräfte A_0DC eine wagerechte Tangente besitzen, weil die Winkelbeschleunigung der Reglerspindel für diese Stellung $=0$ ist, der (wagerechte) Fliehkraftstrahl also sich augenblicklich nicht hebt. Die Kurve der wahren Fliehkräfte ist mithin für unseren Fall, daß der Regler unmittelbar aus der alten in die neue Gleichgewichtslage übergeht, (angenähert) eine Viertel-Ellipse. Um den Scheitelpunkt C zu ermitteln, bedenken wir, daß dort die Reglermassen zur Ruhe kommen; die während der Beschleunigungsperiode in den Reglermassen aufgespeicherte Wucht muß also in der Verzögerungsperiode vollkommen wieder aufgezehrt werden. Die in Fig. 298 schraffierten

Flächen A_0D und DCB, welche die während der Reglerbewegung von den Kräften P_r geleistete positive und negative Arbeit darstellen, müssen folglich gleich groß sein. Zählt man zu der Dreieckfläche A_0BN die Fläche A_0D hinzu und zieht dafür die gleich große Fläche DCB ab, so sieht man, daß die Ellipsenfläche A_0DCN gleich dem Dreieck A_0BN ist, d. h.:

$$\frac{z_0 \cdot \varDelta C_0}{2} = \frac{\pi}{4} z_0 \cdot x_0.$$

Hieraus folgt
$$\left.\begin{array}{l}(NC) = x_0 = \dfrac{2}{\pi} \varDelta C_0 = 0{,}636 \cdot \varDelta C_0 \\ \text{oder} \quad (BC) = 0{,}364 \cdot \varDelta C_0\end{array}\right\} \quad . \quad . \quad (216)$$

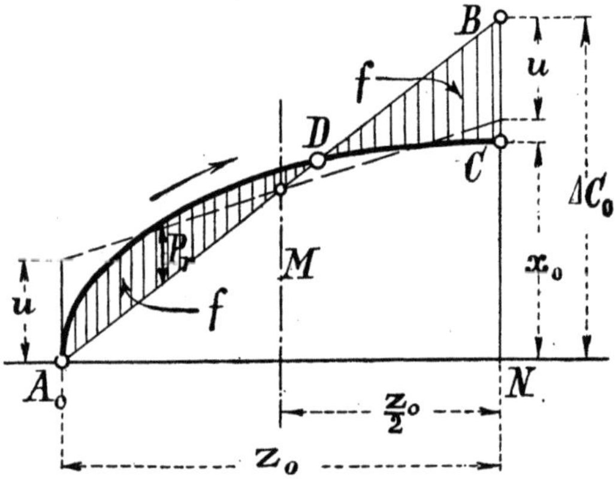

Fig. 298. 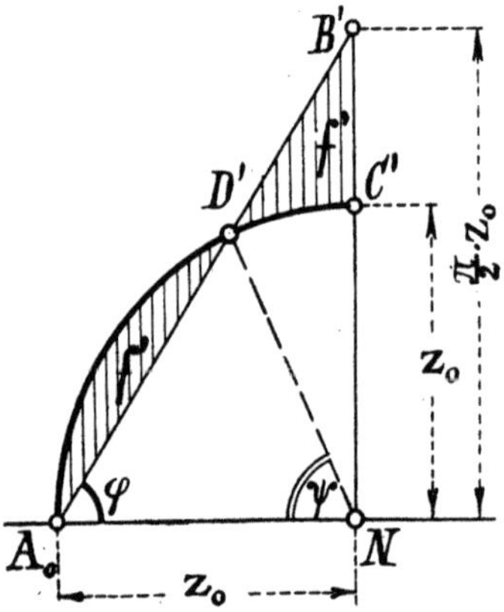 Fig. 299.

Wir wollen noch die Flächengröße $A_0D = DCB = f$ ausdrücken. Zu dem Zwecke denken wir die Ellipsenordinaten im Verhältnis $\dfrac{z_0}{x_0}$ vergrößert, dann geht die Ellipse in einen Kreis mit dem Halbmesser z_0 über, die Dreieckseite NB' wird $\dfrac{\pi}{2} z_0$ und die Überschußfläche $f' = \dfrac{z_0}{x_0} \cdot f$, umgekehrt also die gesuchte Flächengröße

$$f = \frac{x_0}{z_0} f'.$$

Für die in Fig. 299 eingetragenen Winkel gilt

$$\operatorname{tg} \varphi = \frac{\frac{\pi}{2} z_0}{z_0} = \frac{\pi}{2} = 1{,}5708 : \quad \varphi = 57^\circ\, 30'.$$

$$\frac{\psi}{2} = 90^\circ - \varphi;\quad \psi = 180^\circ - 2\varphi = 65^\circ.$$

Dazu gehört ein Kreisabschnitt
$$f' = 0{,}11408 \cdot z_0{}^2;$$
somit wird der entsprechende Ellipsenabschnitt
$$f = \frac{x_0}{z_0} f' = 0{,}11408 \frac{x_0}{z_0} z_0{}^2 = 0{,}11408\, x_0 z_0,$$
oder, wenn man $x_0 = \frac{2}{\pi} \varDelta C_0$ einführt:
$$f = 0{,}11408 \cdot \frac{2}{\pi} z_0 \varDelta C_0 = 0{,}0725\, z_0 \varDelta C_0 \quad . \quad . \quad (217)$$

Wir suchen nun einen passenden Näherungswert für die Zeit t, in der die neue Gleichgewichtslage erreicht wird. Setzen wir an Stelle der genaueren Fliehkraftkurve eine Gerade, die sich der Ellipse möglichst anschließt, und zwar so, daß 1. diese Gerade die C-Kurve in der Mitte schneidet und 2. die überschießenden Flächen, also auch die Arbeitsgrößen, den gleichen Wert f wie vorher haben, so kann wohl mit ziemlicher Annäherung die Zeitdauer dieser Ersatzbewegung für die genaue Zeit t genommen werden. Bei einer Geraden als Kurve der wahren Fliehkräfte haben wir es bekanntlich mit einer harmonischen Schwingungsbewegung zu tun, für welche die Dauer einer einfachen Schwingung
$$t = \frac{\pi}{\sqrt{b_1}}$$
ist, wenn mit b_1 die Beschleunigung im Abstande 1 von dem Schwingungsmittelpunkte M bezeichnet wird. In unserem Falle folgt zunächst die größte Ersatzkraft u aus:
$$f = \frac{u z_0}{2 \cdot 2} \quad \text{oder} \quad u = \frac{4 f}{z_0} = 4 \cdot 0{,}0725 \cdot \varDelta C_0$$
$$u = 0{,}29 \cdot \varDelta C_0 \sim 0{,}30 \cdot \varDelta C_0,$$
mithin die größte Beschleunigung im Abstande $\frac{z_0}{2}$ von M bei einer reduzierten Reglermasse M_r:
$$b_r = \frac{u}{M_r} = \frac{0{,}30 \cdot \varDelta C_0}{M_r}$$
und
$$b_1 = \frac{b_r}{\frac{z_0}{2}} = \frac{0{,}60 \cdot \varDelta C_0}{M_r \cdot z_0},$$
so daß sich schließlich die gesuchte Zeit t findet:
$$t = \frac{\pi}{\sqrt{b_1}} = \frac{\pi}{\sqrt{\dfrac{0{,}60 \cdot \varDelta C_0}{M_r z_0}}}.$$

Schreiben wir noch für ΔC_0 den Wert
$$\Delta C_0 = 2\frac{z_0}{a}\cdot \delta \cdot C_m,$$
so wird
$$t = \pi\sqrt{\frac{M_r z_0}{0{,}60\cdot 2\dfrac{z_0}{a}\cdot \delta \cdot C_m}} = \pi\sqrt{\frac{M_r\cdot a}{1{,}20\cdot C_m\cdot \delta}} \quad . \quad (218)$$

Einen zweiten Ausdruck für die Zeit t erhalten wir durch folgende Überlegung:

Die Vergrößerung der Winkelgeschwindigkeit $\Delta\omega$, die durch die Winkelbeschleunigung ϑ hervorgerufen wird, entspricht einer Zunahme an Fliehkraft um x_0. Der Ungleichförmigkeitsgrad δ wurde früher definiert:
$$\delta = \frac{\omega_o - \omega_u}{\omega_m} \quad \text{oder} \quad = \frac{\Delta c}{2c_m};$$
dabei entsprach die Zunahme an Fliehkraft Δc dem ganzen Reglerausschlag a. Im vorliegenden Falle ist diese Zunahme an Fliehkraft nur x_0, somit wird hier
$$\frac{\Delta\omega}{\omega_m} = \frac{x_0}{2C_m}$$
oder $\Delta\omega = \dfrac{x_0}{2C_m}\omega_m = \dfrac{0{,}636\cdot \Delta C_0}{2C_m}\omega_m = \dfrac{0{,}636\cdot 2\dfrac{z_0}{a}\delta\cdot C_m}{2C_m}\omega_m$
$$\Delta\omega = 0{,}636\frac{z_0}{a}\cdot \delta\cdot \omega_m \quad \ldots \ldots \quad (219)$$

Nach Gl. 201 war die Winkelbeschleunigung
$$\vartheta = \frac{\omega_m}{T_a\cdot a}z,$$
sie besitzt also zu Anfang den größten Wert
$$\vartheta_{max} = \frac{\omega_m}{T_a\cdot a}z_0.$$

Bliebe dieser Wert bis zu Ende erhalten, so würde
$$\Delta\omega = \vartheta_{max}\cdot t;$$
da nun aber ϑ fortwährend abnimmt, so ist $\Delta\omega$ kleiner.

Wie man aus Taf. 15, Fig. 2 ersieht, ist die Abnahme an Winkelbeschleunigung, weil mit z, nicht mit der Zeit proportional. ϑ bleibt anfangs ziemlich konstant; deshalb liegt der wahre Wert für die Zunahme $\Delta\omega$ an Winkelgeschwindigkeit zwischen $\vartheta_{max}\cdot t$ (konstante

Berechnung des erforderl. Ungleichförmigkeits- u. Unempfindlichkeitsgrades. 477

Winkelbeschleunigung!) und $\dfrac{\vartheta_{max} t}{2}$ (Winkelbeschleunigung mit der Zeit proportional abnehmend). Aus Taf. 15, Fig. 2 können wir ungefähr entnehmen

$$\Delta \omega = \sim \tfrac{2}{3} \cdot \vartheta_{max} \cdot t.$$

Setzen wir noch $\vartheta_{max} = \dfrac{\omega_m}{T_a a} z_0$ ein, so erhalten wir

$$\Delta \omega = \frac{2}{3} \frac{\omega_m}{T_a a} z_0 \cdot t \quad \ldots \ldots \quad (220)$$

Vergleichen wir diesen Wert mit dem aus Gl. 219, so bekommen wir schließlich

$$0{,}636 \frac{z_0}{a} \cdot \delta \cdot \omega_m = \frac{2}{3} \frac{\omega_m}{T_a a} z_0 t$$

oder
$$t \sim T_a \cdot \delta \quad \ldots \ldots \ldots \quad (221)$$

Diese Näherungsgleichung, die natürlich nur für den hier betrachteten Fall gilt, daß unter δ der günstigste Ungleichförmigkeitsgrad verstanden ist, läßt uns in bequemster Weise die Zeit abschätzen, in der der Regler aus der alten Gleichgewichtslage unmittelbar in die neue übergeht.

Nehmen wir nunmehr zu Gl. 221 noch Gl. 218, so können wir den gesuchten Wert des günstigsten Ungleichförmigkeitsgrades δ berechnen. Es war nach Gl. 218

$$t = \pi \sqrt{\frac{M_r a}{1{,}20 \cdot C_m \cdot \delta}};$$

also wird
$$\pi \sqrt{\frac{M_r a}{1{,}20 \cdot C_m \cdot \delta}} = T_a \cdot \delta$$

oder
$$\delta^3 = \frac{\pi^2 M_r a}{1{,}20 \cdot C_m \cdot T_a^{\,2}};$$

$$\delta = \sqrt[3]{\frac{\pi^2}{1{,}20} \frac{M_r a}{C_m} \cdot \frac{1}{T_a^{\,2}}} = 2{,}02 \sqrt[3]{\frac{M_r a}{C_m} \cdot \frac{1}{T_a^{\,2}}},$$

wofür wir abgerundet

$$\delta = 2 \sqrt[3]{\frac{M_r a}{C_m} \cdot \frac{1}{T_a^{\,2}}} \quad \ldots \ldots \quad (222)$$

setzen wollen.

In dieser Gleichung bezieht sich die Anlaufzeit T_a lediglich auf die Kraftmaschine, während der Ausdruck $\dfrac{M_r a}{C_m}$ allein von dem

Regler abhängig ist. Führen wir statt der reduzierten Reglermasse M_r das reduzierte Gewicht $G_r = M_r \cdot g$ ein und nennen die Länge:

$$s_r = \frac{G_r a}{C_m} \text{ den reduzierten Muffenhub,} \quad \ldots \quad (223)$$

so lautet unsere Gleichung für den **günstigsten Ungleichförmigkeitsgrad**

$$\delta = 2\sqrt[3]{\frac{s_r}{g T_a^2}} \quad \ldots \ldots \quad (224)$$

Nach dem Vorgang von Stodola empfiehlt es sich, auch die den Regler charakterisierende Konstante als Zeitgröße auszudrücken. Fällt ein Körper frei herab und durchläuft den Weg s_r, so gilt für die entsprechende Fallzeit T_f die Gleichung

$$s_r = \frac{g T_f^2}{2} \quad \text{oder} \quad \frac{s_r}{g} = \frac{T_f^2}{2};$$

deshalb nennen wir hier die Zeit T_f, für die

$$T_f^2 = \frac{2 s_r}{g}$$

ist, die **Fallzeit** des Reglers. Man kann sich leicht davon überzeugen, daß ein stillstehender Regler, der aus seiner oberen Stellung plötzlich losgelassen wird, in dieser Zeit T_f bis in die unterste Stellung gelangt. Denn wenn die Reglerbelastungen (die auf den Massenmittelpunkt reduziert zusammen $= C_m$ sind) nicht durch die Fliehkraft im Gleichgewicht gehalten werden, so beschleunigen sie die Reglermassen (auf den Massenmittelpunkt reduziert, sind diese $= M_r$) mit einer Beschleunigung $b_r = \frac{C_m}{M_r}$. Da der ganze Reglerausschlag a beträgt, so gilt die bekannte Gleichung

$$a = \frac{b_r T_f^2}{2} = \frac{C_m}{M_r} \frac{T_f^2}{2} \quad \text{oder} \quad T_f^2 = \frac{2 a \cdot M_r}{C_m} = \frac{2 s_r}{g} \text{ w. z. b. w.}$$

Mit Hilfe der Fallzeit findet sich der günstigste Ungleichförmigkeitsgrad

$$\delta = 2\sqrt[3]{\frac{T_f^2}{2 T_a^2}} = \sqrt[3]{\left(\frac{2 T_f}{T_a}\right)^2} \quad \ldots \quad (225)$$

Ehe wir den reduzierten Muffenhub s_r berechnen und die vorstehenden Gleichungen näher beleuchten, wollen wir noch untersuchen, **wie groß der Unempfindlichkeitsgrad mindestens sein muß,** damit der Regler brauchbar wird[1]). Fällt der Endpunkt der wahren

---

[1]) Diese Frage hat R. v. Mises in einem Aufsatz: „Zur Theorie der Regulatoren", Z. d. Elektr. Vereins in Wien 1908, Heft 37, eingehend für den

Fliehkraftkurve innerhalb der beiden Grenzkurven C_2 und C_1, die wir aus der ursprünglichen C-Kurve durch Abtragen von $\Delta C = \varepsilon \cdot C$ nach oben und unten abgeleitet haben (vgl. S. 445), so bleibt der Regler unbedingt in Ruhe. Fällt jedoch dieser Endpunkt außerhalb der Grenzkurven, so kann der Regler die neue Stellung noch nicht beibehalten, weil die Winkelgeschwindigkeit der Reglerspindel entsprechend der unrichtigen Fliehkraft ebenfalls einen unrichtigen Wert hat; es beginnt von neuem die Stellbewegung. Mit Rücksicht auf Fig. 298 kommen wir also zu dem Ergebnis, daß (BC) höchstens gleich dem Abstande der beiden Grenzkurven, demnach höchstens gleich $2 \cdot \Delta C = 2 \varepsilon \cdot \dot{C}_m$ sein darf. Nun war

$$(BC) = 0{,}364 \cdot \Delta C_0 = 0{,}364 \cdot 2\lambda \cdot \delta \cdot C_m,$$

mithin muß sein:
$$(BC) \leq 2\varepsilon \cdot C_m$$

oder
$$0{,}364 \cdot 2\lambda \cdot \delta \cdot C_m \leq 2\varepsilon \cdot C_m,$$

hieraus
$$\varepsilon \geq 0{,}364 \cdot \lambda \cdot \delta,$$

wofür wir der Sicherheit halber

$$\underline{\varepsilon \geq 0{,}4 \cdot \lambda \cdot \delta} \quad \ldots \ldots \quad (226)$$

setzen wollen. Ist also die größte verhältnismäßige Belastungsschwankung, d. h. das Verhältnis der Be- oder Entlastung der Kraftmaschine zur Höchstbelastung bekannt, weiß man z. B., daß niemals plötzlich mehr als die Hälfte des Widerstandes ein- oder ausgeschaltet wird, so kann man nach Gl. 226 den mindestens erforderlichen Unempfindlichkeitsgrad berechnen. Im ungünstigsten Falle wird natürlich $\lambda = 1$ und dann

$$\varepsilon \geq 0{,}4\,\delta.$$

Um Mißverständnissen vorzubeugen, sei ausdrücklich bemerkt, daß die Gl. 226 für den mindest erforderlichen Unempfindlichkeitsgrad nur eine Bedeutung hat, wenn auch der Ungleichförmigkeitsgrad δ den durch Gl. 225 bestimmten Wert besitzt. Wird ein größerer Ungleichförmigkeitsgrad ausgeführt, als nach Gl. 225 erforderlich ist, so ergeben sich andere Kurven für die wahren Flieh-

---

allgemeinen Fall eines Reglers mit Beharrungsmasse anschließend an Gl. 206 behandelt. Insbesondere zeigt darin v. Mises, wie sich für andere Ungleichförmigkeitsgrade als den günstigsten und den zulässig kleinsten Ungleichförmigkeitsgrad das kleinste erforderliche ε berechnen läßt, und welchen Einfluß eine Beharrungsmasse auf den zulässig kleinsten Unempfindlichkeitsgrad ausübt. Unsere Näherungsrechnung erfährt durch diese genauere Untersuchung eine gute Bestätigung.

kräfte, und zwar, wie aus Taf. 15, Fig. 1 erkennbar ist, mit kleineren Kräften P_r, d. h. mit kleineren Abweichungen der wahren Fliehkraftkurve von der C-Kurve; demgemäß dürfte auch ε bei größerem Ungleichförmigkeitsgrade noch etwas kleiner gemacht werden. Man wird jedoch besser tun, wenn man einmal den vorhandenen Ungleichförmigkeitsgrad als zu groß erkannt hat, diesen zu vermindern und dadurch den Regelungsvorgang wesentlich zu verbessern, als ganz unbedeutend an ε zu sparen. Übrigens liegt die Sache in der Praxis allermeist so, daß die Gl. 226 von selbst erfüllt ist, da die üblichen Unempfindlichkeitsgrade weit größer sind, als nach Gl. 226 erforderlich ist.

b) Kleinster zulässiger Ungleichförmigkeitsgrad δ_{min}.

Der Grenzfall für die Brauchbarkeit eines Reglers ist offenbar der, daß der Regler ebenso weit über die neue Gleichgewichtslage hinauspendelt, wie die alte auf der anderen Seite von der neuen Gleichgewichtsstellung entfernt ist. Auf Grund der Taf. 16 können

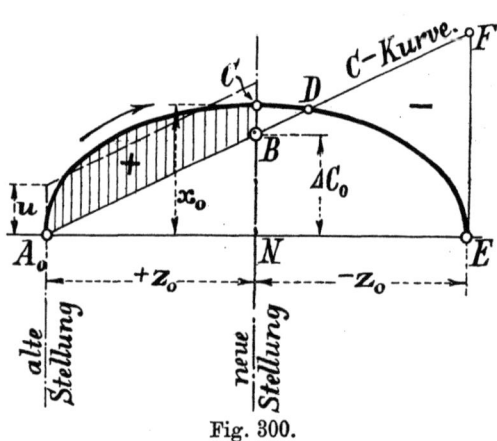

Fig. 300.

wir auch für diesen Grenzfall als Annäherung statt der wahren Fliehkraftkurve eine Ellipse zugrunde legen. Jetzt muß diese in der Senkrechten NC wieder eine wagerechte Tangente, im Endpunkte E aber eine senkrechte Tangente haben, d. h. die ganze Kurve der wahren Fliehkräfte ist (angenähert) eine halbe Ellipse.

Damit der Regler in E zur Ruhe kommt, müssen wieder die bei der Bewegung der Reglermassen geleisteten Arbeiten zusammen gleich Null, also die Flächen A_0CDB und DEF gleich groß sein, folglich auch Ellipse A_0CDE gleich Dreieck A_0FE. Hieraus findet sich:

$$\frac{\pi}{4} 2z_0 \cdot x_0 = \frac{2z_0 \cdot 2\Delta C_0}{2}$$

oder

$$x_0 = \frac{4}{\pi} \Delta C_0 = 1{,}272 \cdot \Delta C_0 \quad . \quad . \quad . \quad (227)$$

Berechnung des erforderl. Ungleichförmigkeits- u. Unempfindlichkeitsgrades. 481

Um hier einen passenden Näherungswert für die Zeit t, in welcher der Regler zum ersten Male den Weg z_0 zurücklegt, zu erhalten, ersetzen wir die wahre Fliehkraftkurve $A_0 C$ durch eine zu $A_0 B$ parallele im Abstande u über $A_0 B$ gelegene Gerade, welche die gleiche Fläche abschneidet, wie die Ellipse; d. h. wir nehmen statt der veränderlichen Kraft P_r eine gleichbleibende Kraft u an, die insgesamt von A_0 bis N dieselbe Arbeit leistet wie P_r. Die Zeitdauer für diese Ersatzbewegung, die wegen der konstanten Beschleunigung eine gleichmäßig beschleunigte Bewegung ist, wird dann ziemlich genau mit der wahren Zeit t übereinstimmen. Fläche $A_0 C B$ ist nun die Differenz einer Viertelellipse und des Dreiecks $A_0 N B$, folglich:

$$\text{Fläche } A_0 C B = \frac{\pi}{4} \cdot z_0 x_0 - \frac{z_0 \cdot \Delta C_0}{2}$$

$$= \frac{\pi}{4} z_0 \cdot \frac{4}{\pi} \Delta C_0 - \frac{z_0 \Delta C_0}{2} = \frac{z_0 \Delta C_0}{2}$$

und der Mittelwert für die Triebkraft:

$$u = \frac{\text{Fläche } A_0 C B}{z_0} = \frac{\Delta C_0}{2},$$

somit die Beschleunigung

$$b = \frac{M_r}{u} = \frac{\Delta C_0}{2 M_r}.$$

Hiermit finden wir die in der Zeit t zurückgelegte Wegstrecke z_0:

$$z_0 = \frac{b t^2}{2} = \frac{\Delta C_0 t^2}{M_r \, 4}$$

oder $\quad t^2 = \frac{4 M_r}{\Delta C_0} z_0 = \frac{4 M_r}{2 \cdot \frac{z_0}{a} \delta_{min} \cdot C_m} z_0 = \frac{2 M_r a}{C_m \cdot \delta_{min}}$

$$t^2 = \frac{2 M_r a}{C_m \cdot \delta_{min}} \quad \ldots \ldots \ldots \ldots (228)$$

Einen zweiten Ausdruck für die Zeit t erhalten wir in derselben Weise wie unter a); wir setzen den Zuwachs an Winkelgeschwindigkeit:

$$\Delta \omega = \frac{x_0}{2 C_m} \cdot \omega_m = \frac{1{,}272 \cdot \Delta C_0}{2 C_m} \omega_m = \frac{1{,}272 \cdot 2 \frac{z_0}{a} \delta_{min} \cdot C_m}{2 C_m} \omega_m$$

oder $\quad \Delta \omega = 1{,}272 \dfrac{z_0}{a} \cdot \delta_{min} \cdot \omega_m \quad \ldots \ldots \ldots \ldots (229)$

Ferner schreiben wir wieder nach Gl. 220

$$\Delta \omega = \sim \frac{2}{3} \vartheta_{max} \cdot t = \frac{2}{3} \frac{\omega_m}{T_a a} z_0 t,$$

Tolle, Regelung. 3. Aufl.

so daß durch Vergleich der beiden Werte für $\Delta\omega$ die Gleichung entsteht:

$$1{,}272\frac{z_0}{a}\delta_{min}\cdot\omega_m = \frac{2}{3}\frac{\omega_m}{T_a a}z_0 t$$

oder

$$t \sim 1{,}9\, T_a \cdot \delta_{min} \quad \ldots \ldots \ldots (230)$$

Durch Vereinigung von Gl. 228 und Gl. 230 folgt schließlich als Bedingungsgleichung für den Ungleichförmigkeitsgrad δ_{min}:

oder
$$t^2 = \frac{2 M_r \cdot a}{C_m \cdot \delta_{min}} = 3{,}6\, T_a^{\,2}\delta_{min}^{\,2}$$

$$\delta_{min} = \sqrt[3]{\frac{M_r a}{1{,}8\, C_m \cdot T_a^{\,2}}} \sim 0{,}82 \sqrt[3]{\frac{M_r a}{C_m \cdot T_a^{\,2}}},$$

wofür wir der Sicherheit halber einen etwas höheren Wert setzen wollen:

$$\delta_{min} = \sqrt[3]{\frac{M_r a}{C_m T_a^{\,2}}} \quad \ldots \ldots \ldots (231)$$

oder mit Einführung des reduzierten Muffenhubes $s_r = \dfrac{g \cdot M_r a}{C_m} = \dfrac{G_r a}{C_m}$:

$$\delta_{min} = \sqrt[3]{\frac{s_r}{g T_a^{\,2}}} \quad \ldots \ldots \ldots (232)$$

Auch hier muß der Unempfindlichkeitsgrad ε einen gewissen Mindestwert besitzen, wenn der Regler brauchbar sein soll. Es muß wieder der Endpunkt der Kurve der wahren Fliehkräfte zwischen die beiden Grenzkurven C_2 und C_1 (vgl. Fig. 283) fallen, oder anders ausgedrückt, es darf in Fig. 300 (EF) höchstens $= 2\varDelta C = 2\varepsilon\cdot C_m$ sein. Nun ist aber $(EF) = 2(NB) = 2\varDelta C_0 = 2\cdot 2\lambda\delta_{min}C_m$, mithin muß sein:

$$2\varepsilon C_m \geqq 2\cdot 2\lambda\delta_{min}C_m$$

oder
$$\varepsilon \geqq 2\lambda\delta_{min} \quad \ldots \ldots \ldots (233)$$

Es ist also hier, wie auch schon aus den Kurven für die wahre Fliehkraft ohne weiteres erkennbar ist, ein weit größerer Unempfindlichkeitsgrad erforderlich als bei dem günstigsten Ungleichförmigkeitsgrad. Dieser Umstand spricht jedenfalls gegen die Anwendung des noch eben zulässigen Ungleichförmigkeitsgrades δ_{min}. Was man hier vielleicht durch den kleineren Ungleichförmigkeitsgrad zu ersparen hofft, geht durch den größeren erforderlichen Unempfindlichkeitsgrad hinsichtlich der gesamten Gleichförmigkeit der Kraftmaschine wieder verloren. Im Grenzfall kommt hier natürlich nur eine größte Belastung (oder Entlastung) um die Hälfte der Höchst-

Berechnung des erforderl. Ungleichförmigkeits- u. Unempfindlichkeitsgrades.

belastung in Betracht, sonst kann der Regler ja nicht ebenso weit über die neue Gleichgewichtslage hinausschwingen, wie er vorher auf der anderen Seite davon entfernt war. Es ist also hier sinngemäß λ höchstens $=\frac{1}{2}$ zu setzen, d. h. es muß ε im ungünstigsten Falle sein:

$$\varepsilon \geqq \delta_{min} \quad \ldots \ldots \ldots \quad (234)$$

c) Anlaufzeit T_a der Kraftmaschine und reduzierter Muffenhub s_r des Reglers.

Aus der Gl. 224 für den günstigsten Ungleichförmigkeitsgrad:

$$\delta = 2\sqrt[3]{\frac{s_r}{gT_a^{\,2}}}$$

und aus der Gl. 232 für den kleinsten zulässigen Ungleichförmigkeitsgrad:

$$\delta_{min} = \sqrt[3]{\frac{s_r}{gT_a^{\,2}}}$$

erkennt man, daß zwei Größen für den Regelungsvorgang entscheidend sind: die Anlaufzeit T_a und der reduzierte Muffenhub s_r.

1. In erster Linie macht sich der Einfluß von T_a geltend, da T_a im Quadrat erscheint. Je größer die **Anlaufzeit** T_a ist, um so kleiner darf unter sonst gleichen Verhältnissen der Ungleichförmigkeitsgrad gemacht werden, um so besser läßt sich also die Regelung der Kraftmaschine durchführen. Die Anlaufzeit T_a kann leicht wie folgt berechnet werden. Es bedeute

M_s die Masse des Schwungringes in kgSek²/m,
$L = 75 \cdot N$ die größte Leistung der Kraftmaschine in mkg/Sek,
V die zugehörige Umfangsgeschwindigkeit des Schwungringes in m/Sek.,

so wächst während der Anlaufperiode (bei größter Füllung und Leerlauf der Maschine) die Leistung proportional mit der Geschwindigkeit, oder, da die Winkelbeschleunigung der Maschinenwelle offenbar konstant bleibt, auch proportional mit der Zeit t; die mittlere Leistung ist also $=\frac{1}{2}L$ und die gesamte während des Anlaufens geleistete Arbeit $\mathfrak{A} = \frac{1}{2}L \cdot T$. Diese Arbeit wird ausschließlich dazu verwandt, das Arbeitsvermögen des Schwungringes von Null bis auf den Wert $\frac{1}{2}M_s V^2$ zu bringen, folglich ist

$$\mathfrak{A} = \frac{L}{2}T_a = \frac{M_s V^2}{2}$$

oder die Anlaufzeit $\quad T_a = \dfrac{M_s V^2}{L} = \dfrac{M_s V^2}{75\,N} \quad \ldots \ldots \quad (235)$

Große, d. h. vorteilhafte Anlaufzeiten erfordern also schwere Schwungräder, die sich mit möglichst großer Umfangsgeschwindigkeit drehen. Je mehr am Schwungradgewicht erspart wird, um so ungünstiger werden die Regelungsverhältnisse der Kraftmaschine. Ist die Drehkraftkurve wie z. B. für Mehrzylindermaschinen derart gleichförmig, daß die Rücksicht auf den Ungleichförmigkeitsgrad δ_s des Schwungrades nur ein verhältnismäßig leichtes Schwungrad ergibt, so läßt sich die Maschine nicht gut regeln, die Maschine erfordert notwendig einen großen Ungleichförmigkeitsgrad des Reglers. **Gute Regelungsfähigkeit einer Kraftmaschinenanlage setzt stets ein möglichst schweres Schwungrad voraus.** Es ist unbillig, vom Regler zu verlangen, daß er tadellose Regelung besorgt, wenn nicht gleichzeitig das noch einflußreichere Schwungrad der Kraftmaschine hinreichend schwer gemacht wird.

2. Wovon hängt nun der **reduzierte Muffenhub** s_r des Reglers ab, der in zweiter Linie für den erforderlichen Ungleichförmigkeitsgrad δ bestimmend ist?

Wir verstanden unter s_r:
$$s_r = \frac{G_r a}{C_m} = \frac{M_r g \cdot a}{C_m},$$
worin

M_r die (mittlere) reduzierte Reglermasse,

a den ganzen Ausschlag der Schwungkörper senkrecht zur Spindel und

C_m die mittlere Fliehkraft bedeutet.

Die reduzierte Reglermasse war diejenige Masse, welche, mit den senkrecht zur Reglerspindel gemessenen Beschleunigungen b der Schwungkörper multipliziert, die für die Beschleunigung aller Reglermassen dienenden Fliehkraftüberschüsse P_r liefert.

Nennt man die Massen des Reglers $m_1, m_2 \ldots$, ihre dem Ausschlage a entsprechenden Wege $s_1, s_2 \ldots$, ihre Beschleunigungen aber $b_1, b_2 \ldots$, so gelten (wenn die eigentlich nur jedesmal für ein Wegelement genau gültigen Beziehungen für die Massenreduktion auf die endlichen Wege ausgedehnt werden, um so gleich den passendsten Mittelwert für M_r zu finden) die Verhältnisgleichungen

$$\frac{b_1}{s_1} = \frac{b_2}{s_2} = \ldots = \frac{b}{a}.$$

Es sind also zur Beschleunigung der einzelnen Massen an diesen angreifende, in Richtung der Wege wirkende Kräfte $P_1, P_2 \ldots$ erforderlich:

$$P_1 = m_1 b_1 = m_1 s_1 \frac{b}{a}; \quad P_2 = m_2 b_2 = m_2 s_2 \frac{b}{a} \ldots$$

Berechnung des erforderl. Ungleichförmigkeits- u. Unempfindlichkeitsgrades.

Ersetzt man diese Kräfte durch solche Kräfte P_1', P_2'...., die in Richtung von P_r wirken, so gilt nach dem Satze von der mechanischen Arbeit

$$P_1' a = P_1 s_1; \quad P_2' a = P_2 s_2 \ldots,$$

folglich wird

$$P_1' = \frac{P_1 s_1}{a} = \frac{m_1 s_1^2 b}{a^2}; \quad P_2' = \frac{m_2 s_2^2 b}{a^2} \ldots$$

und damit insgesamt

$$P_r = P_1' + P_2' + \ldots = \frac{m_1 s_1^2 b}{a^2} + \frac{m_2 s_2^2 b}{a^2} + \ldots$$
$$= (m_1 s_1^2 + m_2 s_2^2 + \ldots) \frac{b}{a^2}.$$

Nun war $\quad P_r = M_r \cdot b,$

also ergibt sich die gesuchte reduzierte Reglermasse

$$M_r = \frac{P_r}{b} = \frac{m_1 s_1^2 + m_2 s_2^2 + \ldots}{a^2}$$

oder das reduzierte Reglergewicht

$$G_r = M_r \cdot g = \frac{G_1 s_1^2 + G_2 s_2^2 + \ldots}{a^2}.$$

Setzt man diesen Wert in die Erklärungsgleichung für s_r ein, so erhält man den reduzierten Muffenhub

$$s_r = \frac{G_r a}{C_m} = \frac{G_1 s_1^2 + G_2 s_2^2 + \ldots}{C_m a}.$$

Beachtet man noch, daß $C_m \cdot a = \mathfrak{A}$ gleich dem Arbeitsvermögen des Reglers ist, so läßt sich schließlich der reduzierte **Muffenhub** eines Reglers ausdrücken:

$$s_r = \frac{G_1 s_1^2 + G_2 s_2^2 + \ldots}{\mathfrak{A}} = \frac{\text{Summe aller Gewichte mal den Quadraten ihrer Wege}}{\text{Arbeitsvermögen des Reglers}} \quad (236)$$

Behufs Beurteilung dieser Gleichung wollen wir Regler mit Gewichtsbelastung und solche mit Federbelastung besonders betrachten.

Bei **Gewichtsreglern** überwiegt bei weitem die Muffenbelastung Q; das Gewicht G der Schwungkörper tritt dagegen meist zurück. In diesem Falle ist

$$s_r \sim \frac{Q s^2}{Q s} = s,$$

da dann auch das Arbeitsvermögen fast ausschließlich vom Muffengewicht Q herrührt, und der Muffendruck $E \sim Q$. also $\mathfrak{A} = E s \sim Q s$ ist.

Für Gewichtsregler mit großer Muffenbelastung ist also der reduzierte Muffenhub annähernd gleich dem wirklichen Muffenhub s.

Die Regelungsfähigkeit von Gewichtsreglern ist danach eigentlich nur von dem Muffenhube abhängig, das besondere System ist ohne (nennenswerten) Einfluß darauf.

Bei **Federreglern** liegen die Verhältnisse wesentlich anders. Da der Ungleichförmigkeitsgrad um so kleiner sein darf, je kleiner der reduzierte Muffenhub s_r ausfällt, dieser aber unter sonst gleichen Verhältnissen nach Gl. 236 mit der Größe der Massen zunimmt, so ist von vornherein klar, daß Regler mit Federbelastung denen mit Gewichtsbelastung hinsichtlich der Regelungsfähigkeit überlegen sein müssen. Soll jedoch die Federbelastung den vollen Nutzen gewähren, so muß die Anwendung von Belastungsgewichten, auch wenn sich solche nebenher durch die Konstruktion des Reglers von selbst ergeben würden, vermieden oder, wenn gar nicht zu umgehen, auf das konstruktiv zulässig kleinste Maß beschränkt werden; keinesfalls dürfen wir sie gar absichtlich herbeiführen. Dieser eigentlich selbstverständliche Satz muß deshalb immer wieder ausgesprochen werden, weil manche in den Handel gebrachte Federregler neben der Federbelastung erhebliche Gewichtsbelastungen haben, einige sogar aus guten Konstruktionen dadurch hervorgegangen sind, daß eine vorher nicht vorhandene Gewichtsbelastung hinzugefügt ist.

Wir nehmen an, bei einem Federregler seien alle Massen bis auf die unumgänglichen Massen der Schwungkörper, die wir zur Erzielung der Fliehkraft brauchen, vermieden, wir hätten also nur mit den Schwungmassen M zu tun. Bildet die Bahn des Schwungmassenmittelpunktes den Winkel α mit der Wagerechten, so ist der Weg von M $s_1 = \dfrac{a}{\cos \alpha}$; nennen wir ferner den mittleren Abstand des Schwungmassenmittelpunktes von der Spindel x, und ist die Winkelgeschwindigkeit der Reglerspindel ω_m, so wird

$$C_m = M x \omega_m^2 = \frac{G}{g} x \omega_m^2,$$

folglich

$$s_r = \frac{G s_1^2}{\mathfrak{A}} = \frac{G \left(\dfrac{a}{\cos \alpha}\right)^2}{\dfrac{G}{g} x \omega_m^2 \cdot a} = \frac{a}{x \omega_m^2 \cos^2 \alpha} g.$$

Bei einem reinen Federregler erhält man demnach einen möglichst kleinen reduzierten Muffenhub:

Berechnung des erforderl. Ungleichförmigkeits- u. Unempfindlichkeitsgrades. 487

1. wenn man den Ausschlag a der Schwungmassen im Verhältnis zum Abstande x der Schwungkörper von der Spindel möglichst klein, also a möglichst klein und x möglichst groß macht;
2. durch Anwendung möglichst großer Umdrehzahlen der Reglerspindel;
3. indem man die Bahn des Schwungmassenmittelpunktes möglichst senkrecht zur Spindel (a möglichst klein) wählt.

Das vorgeschriebene Arbeitsvermögen des Reglers sollte hiernach nicht, was freilich billiger wäre, durch großen Ausschlag, also großen Muffenhub, sondern durch große Fliehkraft (großen Muffendruck) angestrebt werden. Die erforderliche große Fliehkraft sollte ferner nicht durch Anwendung schwerer Schwungmassen, sondern durch möglichst großen Abstand derselben von der Spindel und vor allem durch große Umdrehzahlen des Reglers erzielt werden.

Die beste Regelungsfähigkeit besitzen also Federregler mit möglichst leichten Schwungmassen, kleinem Ausschlag und hoher Umlaufzahl, bei denen jede weitere Masse vermieden ist.

Die besten Federregler weisen reduzierte Muffenhübe auf, die nur $\frac{1}{15}$ bis $\frac{1}{20}$ des wirklichen Muffenhubes betragen. Indirekte Regler moderner Bauart erfordern noch weit kleinere reduzierte Muffenhübe. Durch Steigerung der minutlichen Umdrehzahl bis 1000 und mehr hat man reduzierte Muffenhübe erzielt, die nur Bruchteile von mm betragen. Diese Zahlen lassen die Überlegenheit der Regler mit reiner Federbelastung vor denen mit ausschließlicher Gewichtsbelastung deutlich erkennen. In den nachfolgenden Beispielen ist der reduzierte Muffenhub s_r stets angegeben.

Vor einem Irrtum sei noch gewarnt. Die Forderung, die Massen des Reglers möglichst klein zu halten, darf nicht dazu führen, die Wege außer acht zu lassen; da man in den Reglermassen die Ursache für die Verzögerung der Stellbewegung erblickt, so kommt man sehr leicht zu der Meinung, die kleineren Massen seien stets für die Regelungsfähigkeit das zweckmäßigste. Dies ist nicht so

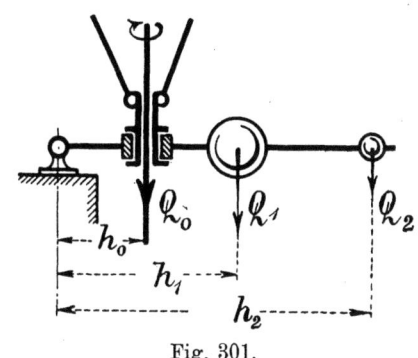

Fig. 301.

ohne weiteres der Fall. Soll z. B. in Fig. 301 durch Gewichtsbelastung des an der Reglermuffe angreifenden Stellhebels die Umdrehzahl des Reglers erhöht werden, so ist es für die statische Wirkung gleichgültig, wo das Belastungsgewicht angebracht wird, wenn nur

$$Q_1 h_1 = Q_2 h_2 = Q_0 h_0$$

ist; denn in beiden Fällen wird die Muffenbelastung um denselben Wert Q_0, ebenso das Arbeitsvermögen um einen gleich großen Betrag vergrößert. Berechnet man jedoch auf Grund der Gl. 236 den reduzierten Muffenhub, so erkennt man, daß die Wege im Verhältnis der Hebelarme h_1 und h_2 stehen, ihre Quadrate also wie h^2 zunehmen; während demnach die hinzugefügte Masse mit wachsendem h nur in einfachem Verhältnisse kleiner wird, nimmt der Weg von Q in quadratischem Verhältnisse von h zu, d. h. die **kleinere Masse** liefert (wegen des größeren Ausschlages) einen größeren reduzierten Muffenhub, folglich **ungünstigere dynamische Bedingungen**. Die Wege sind eben noch wichtiger als die Massengrößen, da sie im Quadrat, die Massen aber unmittelbar in die Formel eingehen.

d) Einfluß von Widerständen, die mit der Geschwindigkeit der Stellbewegung zunehmen.

Wie die vorstehenden Entwicklungen gezeigt haben, hängt die Brauchbarkeit eines Reglers in erster Linie von der richtigen Größe des Ungleichförmigkeitsgrades ab; der Unempfindlichkeitsgrad, d. h. die Größe der statisch bestimmbaren Widerstände kommen erst in zweiter Linie in Betracht. Allerdings darf ein gewisser kleinster Unempfindlichkeitsgrad nicht unterschritten werden, da ein Regler ohne jeden Bewegungswiderstand unbrauchbar ist. Bei den in der Praxis üblichen großen Unempfindlichkeitsgraden, die durch die nützliche Verstellkraft bedingt sind, wird diese Grenze fast niemals überschritten. Wollte man, in der Meinung, daß durch hinreichend große Reibungswiderstände der Regler beim Überregeln doch schließlich zur Ruhe gebracht werden müßte, die gewöhnlichen Bewegungswiderstände vergrößern, um einen infolge zu kleinen Ungleichförmigkeitsgrades unbrauchbaren Regler brauchbar zu machen, so würde man diesen Zweck nicht erreichen, die Pendelungen würden nicht verringert (vgl. Fig. 302).

Anders gestaltet sich der Regelungsverlauf, wenn solche Widerstände eingeschaltet werden, die mit der Größe der Relativgeschwindigkeit der Schwungkörper zu- und abnehmen. Sehr gebräuchlich sind hierzu auch heute noch **Ölbremsen**; bei diesen bewegt sich ein Kolben möglichst reibungsfrei in einem Zylinder und treibt das

Berechnung des erforderl. Ungleichförmigkeits- u. Unempfindlichkeitsgrades. 489

vor dem Kolben befindliche Öl durch eine ziemlich enge Öffnung, hierdurch einen Flüssigkeitswiderstand hervorrufend, dessen Größe mit der Geschwindigkeit des Kolbens, also auch mit der Stellgeschwindigkeit v' des Reglers zu- und abnimmt. Ungefähr wächst der Flüssigkeitswiderstand proportional mit der Geschwindigkeit[1]). In Fig. 303 unten sind die Widerstände einer Ölbremse von der oberen C-Kurve aus senkrecht nach oben abgetragen; ihre Endpunkte liegen auf der strichpunktierten Linie. Die Ordinaten zwischen der

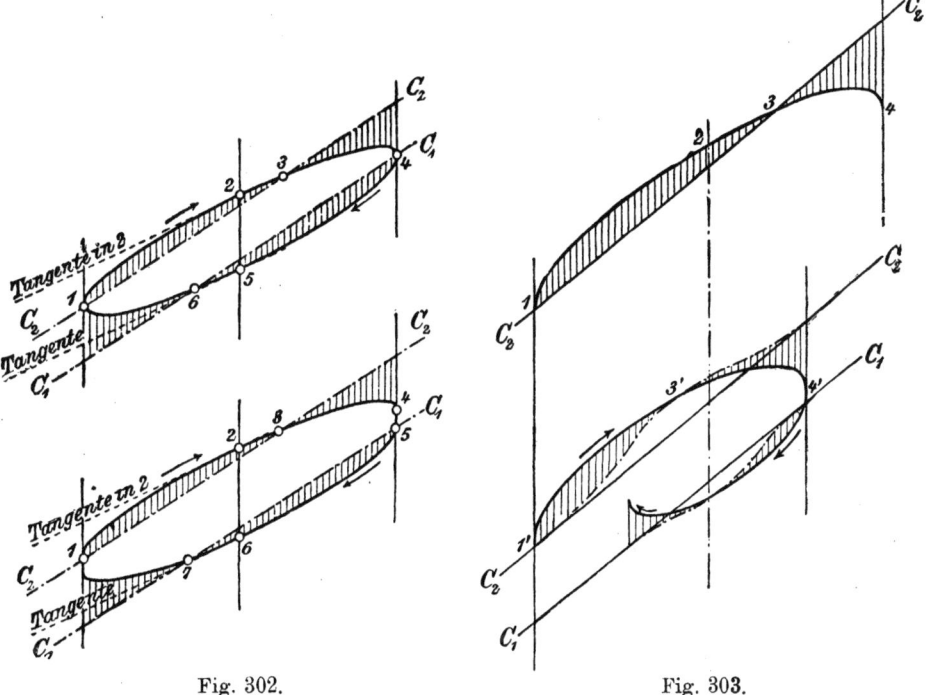

Fig. 302.   Fig. 303.

Kurve der wahren Fliehkräfte und dieser Widerstandslinie geben die überschießenden Kräfte an, die nun zur Beschleunigung der Reglermassen zur Verfügung stehen. Ein Vergleich der beiden Diagramme in Fig. 303 oben und unten läßt den Nutzen einer Ölbremse erkennen. Während ohne eine solche erst im Punkte 3 die Beschleunigungsperiode aufhört, ist dies in der unteren Figur, also bei Anwendung einer Ölbremse, schon bei 3', d. h. erheblich früher der Fall. Die Folge ist, daß auch der Endpunkt 4' nicht so weit

---

[1]) Für Öl gilt nach neueren Versuchen (s. Prof. Camerer, Z. f. d. ges. Turbinenwesen 1907, S. 461) Proportionalität zwischen Flüssigkeitswiderstand und Geschwindigkeit noch bis zu Geschwindigkeiten von 30 m/Sek.

nach rechts fällt; die Reglermassen kommen bedeutend früher zur Ruhe. Beim Abwärtsgang wiederholt sich dieser Einfluß und der Regler gelangt schon nach wenigen Pendelungen zur Ruhe.

Hätten wir durch einen größeren Ungleichförmigkeitsgrad dafür gesorgt, daß der Regler nicht überregelt, sondern sofort die neue Gleichgewichtslage annimmt, so würde natürlich eine Ölbremse gar keinen Sinn haben.

Der günstige Einfluß einer Ölbremse bei zu kleinem Ungleichförmigkeitsgrad wird aber sehr teuer erkauft. Da ein Teil der Fliehkraftüberschüsse durch den Flüssigkeitswiderstand vernichtet wird, die zur Beschleunigung der Reglermassen nötigen Kräfte dagegen eine bestimmte Größe haben müssen, so muß natürlich die Winkelgeschwindigkeit der Reglerspindel um so mehr zunehmen, damit die Fliehkräfte entsprechend größer werden. Die Ölbremse bewirkt mithin bei Belastungsänderungen der Maschine größere Geschwindigkeitsschwankungen, als sich ohne Ölbremse ergeben würden, die Regelung wird verschlechtert.

Auf Seite 447 ff. hatten wir noch weitere Widerstände kennen gelernt, die während der Reglerverstellung auftreten. Wir fanden, daß infolge der Coriolisbeschleunigung Tangentialkräfte wachgerufen werden, die proportional der Relativgeschwindigkeit v' anwachsen, mit der sich die Reglermassen senkrecht zur Spindel bewegen. Als Folge dieser Tangentialkräfte ergaben sich Reibungswiderstände, die zwar bei guten Reglerkonstruktionen sehr klein ausfallen, immerhin unter Umständen, insbesondere bei Gewichtsreglern, einen beachtenswerten Betrag annehmen können. Diese Widerstände wachsen also proportional mit der Geschwindigkeit, mit der die Reglerverstellung vor sich geht; sie wirken demnach ganz ähnlich wie Flüssigkeitswiderstände. Man kann sagen, daß in jedem Regler gewisse, wenn auch im allgemeinen nicht erhebliche Widerstände während der Verstellung vorhanden sind, die ähnlich wie ein Flüssigkeitswiderstand wirken und somit eine kleine Verminderung des Ungleichförmigkeitsgrades erlauben. Abgesehen von Reglern mit Gewichtsbelastung sind diese durch die Coriolisbeschleunigung hervorgerufenen, proportional mit der Relativgeschwindigkeit der Reglermassen zunehmenden Widerstände so klein, daß man praktisch darauf nicht rechnen sollte.

E. Untersuchung ausgeführter Regler mit Gewichtsbelastung.

1. Regler nach Kley.

(Rhombische Aufhängung, gekreuzte Pendel- und Lenkstangen.)

Nach unseren allgemeinen Betrachtungen gehört dieser Regler zu den besten Reglern mit Gewichtsbelastung, wenn im übrigen die Maßverhältnisse geschickt gewählt werden. Eine konstruktive Ausführung zeigt Fig. 304. Der Gleitring, der von der Muffe aus die Bewegung ableitet, wird hier an einer Stange gerade geführt; die Stellstange greift ohne Benutzung des sonst üblichen Stellhebels unmittelbar gelenkig an dem Gleitringe an.

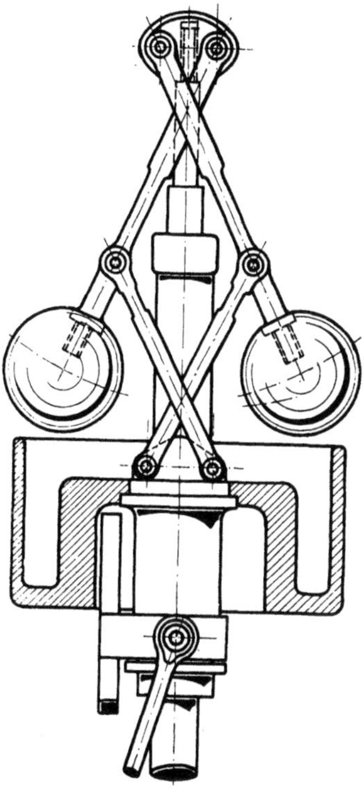

Nach den früher entwickelten Konstruktionen und Rechnungsmethoden wurde nun in Fig. 305 das Diagramm entworfen, das alle zur Beurteilung des Reglers nötigen Größen liefert. Der Zeichnung wurde zugrunde gelegt:

Längenmaßstab 1 : 4;
Kräftemaßstab 1 mm = 2 kg;
Muffenbelastung $Q = 85$ kg;
Gesamtgewicht beider Schwungkugeln $G = 17$ kg;
$l_1 = l_2 = 240$ mm; $l_3 = 360$ mm;
Pendeldrehpunkt I liegt 30 mm jenseits der Spindel;
Zapfen III liegt 35 mm jenseits der Spindel;
Zapfendurchmesser $d = 15$ mm;
Muffenhub $s = 70$ mm.

Fig. 304.

Mit diesen Werten wurden nach Fig. 255 C_g, C_q und die Zapfendrücke, nach Fig. 273 E_g aufgesucht und die C-Kurven, sowie nach Fig. 275 eine Muffendruckkurve (E-Kurve) aufgetragen.

Wegen der (fast genau) rhombischen Aufhängung haben die C_g-, die C_q- und die gesamte C-Kurve den gleichen Charakter; das Ausschlagsgebiet wurde so gewählt, daß die C-Kurven unten einen astatischen Punkt haben. Der Muffendruck ist konstant.

492 Muffenregler.

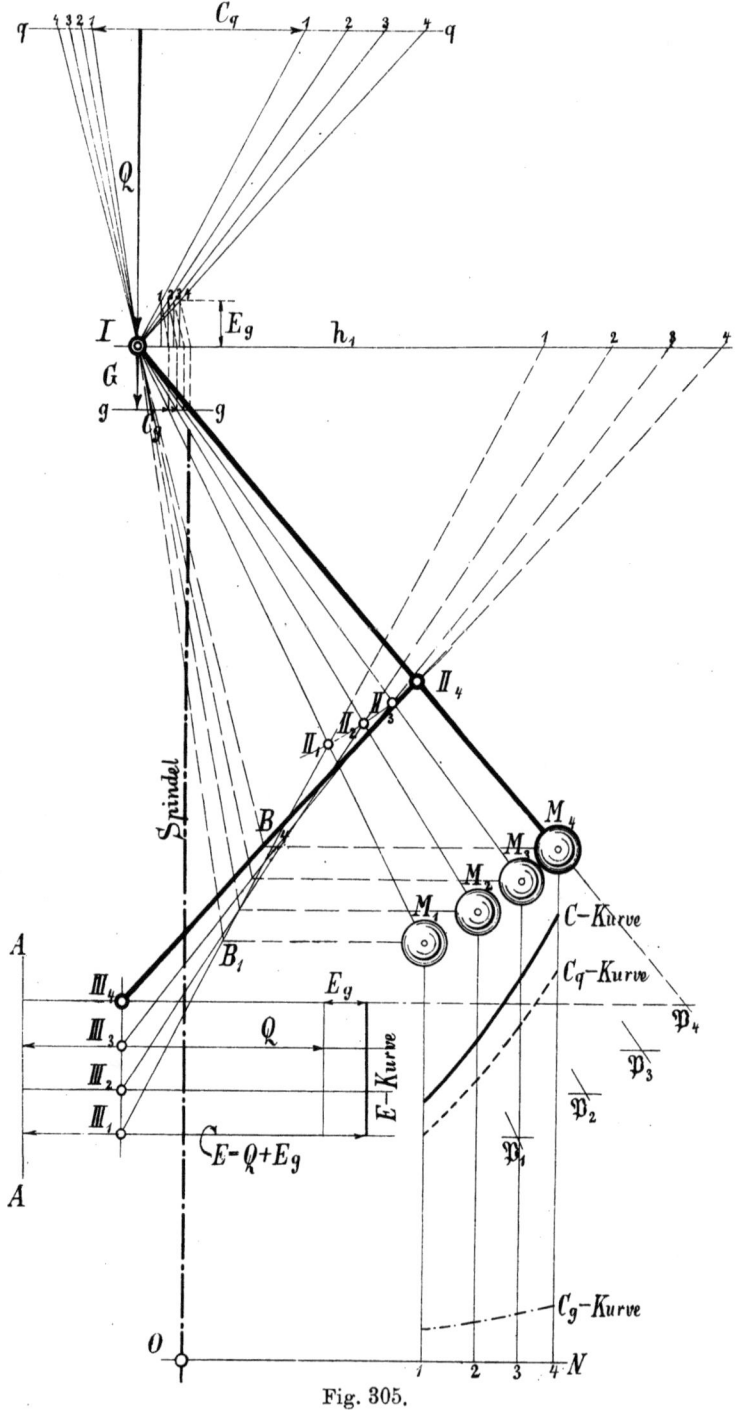

Fig. 305.

Untersuchung ausgeführter Regler mit Gewichtsbelastung.

Behufs Berechnung der Eigenreibung R wurden aus Fig. 305 für vier Stellungen die Zapfendrücke Z_1 und $Z_2 = Z_3$ sowie die Arme h_1 und $h_3 = III\mathfrak{P}$ abgegriffen und dann nach dem auf S. 444 geschilderten Verfahren mit $\mu = 0{,}1$:

$$R = \frac{\mu d}{2}\left(\frac{Z_1 + Z_2}{h_1} + \frac{Z_2 + Z_3}{h_3}\right)$$

und

$$\varepsilon_r = \frac{R}{E}$$

berechnet.

Die Ergebnisse der Rechnungen finden sich in folgender Tabelle:

Nummer der Stellung	Abstand x der Kugelmitten von d. Spindel m	Fliehkraft C kg	Minutliche Umdrehzahl n	Zapfendrücke Z_1 kg	Zapfendrücke $Z_2 = Z_3$ kg	Arme h_1 mm	Arme h_3 mm	Reibungsbetrag R kg	Muffendruck E kg	Unempfindlichkeitsgrad hervorgerufen durch R $\varepsilon_r = {}^0/_0$	Unempfindlichkeitsgrad hervorgerufen durch $W = 3$ kg $\varepsilon_w = {}^0/_0$	im ganzen $\varepsilon = {}^0/_0$
1	0,135	69	164	104	97	227	223	1,32	97	**1,36**	3,09	4,45
2	0,164	85	165	105	103	268	262	1,17	97	**1,21**	3,09	4,30
3	0,189	102	168,5	107	109	300	292	1,10	97	**1,13**	3,09	4,22
4	0,209	119	173	109	117	330	318	1,06	97	**1,09**	3,09	4,18

Bezüglich der Eigenreibung ist bemerkenswert, daß R und ε_r für die oberen Stellungen nicht unerheblich kleiner werden. Um zu prüfen, welche Ausschlagwinkel für die Erzielung geringer Eigenreibung am günstigsten sind, wollen wir im Anschluß an Fig. 306 folgende Näherungsrechnung anstellen. Wir nehmen G gegen Q vernachlässigbar klein an und denken M und II zusammenfallend, dann ist bei rhombischer Aufhängung:

$$h_1 = h_3 = 2 \cdot l_1 \sin \alpha$$

und

$$Z_1 = Z_2 = Z_3 = \frac{Q}{\cos \alpha},$$

mithin

$$R = \frac{\mu d}{2}\left(\frac{2\dfrac{Q}{\cos\alpha}}{2 l_1 \sin\alpha} + \frac{2\dfrac{Q}{\cos\alpha}}{2 l_1 \sin\alpha}\right)$$

$$R = \frac{2\mu Q}{l_1 \cdot 2 \sin\alpha \cos\alpha} = \frac{2\mu d Q}{l_1 \sin 2\alpha},$$

$$\underline{\varepsilon_r = \frac{R}{E} \sim \frac{R}{Q} = \frac{2\mu d}{l_1 \sin 2\alpha}}.$$

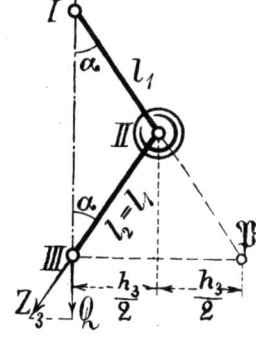

Fig. 306.

Hieraus entnehmen wir, daß die Eigenreibung eines Reglers mit Schubkurbelgetriebe und rhombischer Aufhängung um so kleiner ausfällt, je größer die Armlängen l_1 gemacht werden, je mehr Platz also geopfert wird. Ferner erkennen wir, da sin 2α am größten für $\alpha = 45^0$ ausfällt, daß die Eigenreibung für Ausschlagwinkel $\alpha = 45^0$ am kleinsten wird, d. h. wenn Pendelarm und Lenkstange einen rechten Winkel miteinander bilden. Dies Ergebnis gilt auch nahezu für Regler mit Schubkurbelgetriebe, bei denen von der rhombischen Aufhängung abgewichen ist. Beim Entwurf eines Reglers empfiehlt es sich also, falls man auf geringe Eigenreibung (hervorgerufen durch die Muffenbelastung Q) Wert legt, von solchen Stellungen auszugehen, in welchen Pendelarm und Lenkstange ungefähr aufeinander senkrecht stehen.

In unserem Beispiele Fig. 305 ist für die oberste Stellung diese Grenze nahezu erreicht; etwas größere Ausschlagwinkel α verbunden mit entsprechend größerer Verlegung der Spindel nach den Schwungmassen hin, d. h. stärkerer Kreuzung der Stangen zur Erzielung eines astatischen Punktes würden die Eigenreibung im Durchschnitt auf nur $1\,^0/_0$ ermäßigen.

Bei unserem Beispiel ist für den gewählten Muffenhub $s = 70$ mm der Ungleichförmigkeitsgrad

$$\delta = 2{,}6\,^0/_0.$$

Bestimmte Zahlenwerte für δ bei dem Vergleich verschiedener Regler anzugeben, hat eigentlich keinen rechten Zweck; je nach der Beschränkung auf einen größeren oder kleineren Hub fällt δ größer oder kleiner aus. Ist der Muffenhub vorgeschrieben, so kann man naturgemäß wegen der Krümmung der C-Kurven (etwa durch stärkere Stangenkreuzung) δ nicht beliebig klein machen. Im allgemeinen lassen sich jedoch noch kleinere Werte von δ erzielen, als mit Rücksicht auf die geringe Regelungsfähigkeit von Gewichtsreglern zulässig ist.

Den reduzierten Muffenhub findet man, da der Weg der Schwungkugeln $= 90$ mm ist, nach Gl. 236 zu:

$$s_r = \frac{85 \cdot 70^2 + 17 \cdot 90^2}{97 \cdot 70}$$

$$s_r = 82 \text{ mm},$$

etwas größer als den Muffenhub ($s = 70$ mm). Je mehr das Schwunggewicht G gegen die Muffenbelastung zurücktritt, je schneller sich also der Regler dreht, um so mehr nähert sich offenbar bei Gewichtsreglern der Wert für den reduzierten Muffenhub dem wirklichen Muffenhub. Bei Ermittelung des günstigsten oder kleinsten zulässigen Ungleichförmigkeitsgrades nach Gl. 224 oder Gl. 232 kann man unbedenklich für **reine Gewichtsregler den wirklichen Muffenhub statt des reduzierten Muffenhubes einsetzen.**

2. Regler mit gekreuzten Pendelstangen, aber nicht gekreuzten Lenkstangen.

Der Fig. 307 wurde zugrunde gelegt:

Längenmaßstab 1 : 6; Kräftemaßstab 1 mm = 3 kg;

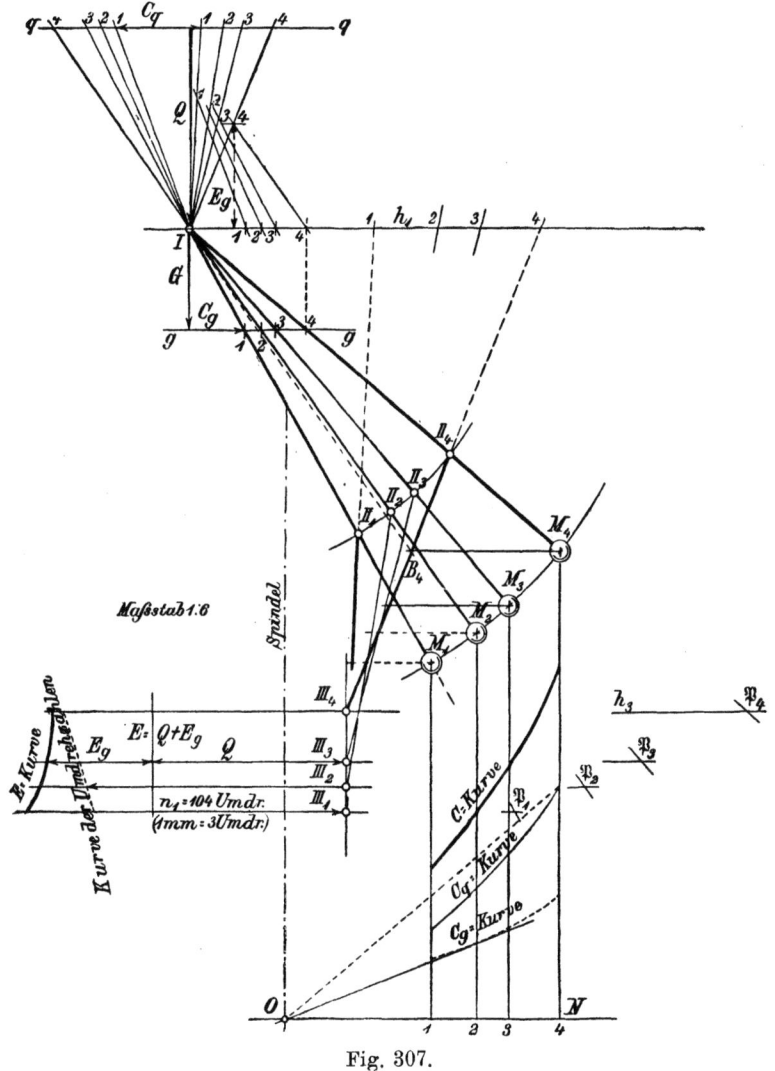

Fig. 307.

Muffenbelastung $Q = 80$ kg;
Gesamtgewicht beider Schwungkugeln $G = 40$ kg;
$l_1 = 280$ mm; $l_2 = 220$ mm; $l_3 = 400$ mm;
Pendeldrehpunkt I ist 80 mm, Zapfen III 50 mm von der Spindelmitte entfernt.

In gleicher Weise wie unter 1 wurden auch hier C_g, C_q, E_g, Z_1, Z_2 und Z_3 ermittelt.

Die C_q-Kurve ist stark statisch, die C_g-Kurve hat nahezu in der Mitte des benutzten Stückes einen astatischen Punkt; trotzdem ist die gesamte C-Kurve wegen des überwiegenden Einflusses von C_q noch ziemlich stark statisch. Zu solchen Anordnungen gelangte man früher eben dadurch, daß man die C_q-Kurve nicht genügend beachtete und das Heil ausschließlich in der C_g-Kurve suchte. Genau das gleiche Ergebnis weisen auch die früher sehr beliebten Regler mit umgekehrter Aufhängung von Proell und von Steinle auf (vgl. Fig. 311).

Die E-Kurve (Kurve der Muffendrücke) läßt erkennen, daß der Muffendruck nach oben hin abnimmt. Im allgemeinen dürfte wohl konstanter Muffendruck am erwünschtesten sein. Da in der Regel die Kraftmaschine mit kleineren Füllungsgraden (entsprechend den oberen Reglerstellungen) arbeitet, so wäre bei veränderlichem Muffendruck gerade für die oberen Muffenstellungen ein höherer Betrag an Muffendruck erwünscht. Jedenfalls ist die geringe Abnahme des Muffendrucks nach oben bei unserem Beispiel ohne Bedeutung.

Genau wie bei dem Regler nach Fig. 305 ist auch hier mit $\mu = 0{,}1$ und für $d_1 = d_2 = d_3 = d = 15$ mm der auf die Muffe bezogene Wert der Eigenreibung für vier Stellungen ermittelt. Die Ergebnisse sind aus nachstehender Tabelle ersichtlich.

Nummer der Stellung	Abstand x der Kugelmitten von d. Spindel m	Fliehkraft C kg	Minutliche Umdrehzahl n	Zapfendrücke		Arme		Reibungsbetrag R kg	Muffendruck E kg	Unempfindlichkeitsgrad hervorgerufen durch		im ganzen
				Z_1 kg	$Z_2 = Z_3$ kg	h_1 mm	h_3 mm			R $\varepsilon_r = \%$	$W = 3$ kg $\varepsilon_w = \%$	$\varepsilon = \%$
1	0,120	58	104	132	80	150	140	1,92	132	**1,45**	2,28	3,73
2	0,156	80	107	137	81	204	198	1,42	127	**1,12**	2,35	3,47
3	0,184	99	110	143	82	238	244	1,21	124	**0,97**	2,42	3,39
4	0,226	139	117	160	86	288	332	1,03	122	**0,85**	2,46	3,31

Auch hier finden wir wieder eine starke Abnahme der Eigenreibung nach oben hin; in der Stellung 4 ist der günstigste Wert noch nicht erreicht, wie schon daraus zu vermuten ist, daß der Winkel $I\,II\,III$ noch ziemlich von 90^0 abweicht.

3. Regler mit unmittelbarer Aufhängung mit geknickten Pendelarmen nach Tolle.

Obwohl unter den Gewichtsreglern diejenigen mit rhombischer Aufhängung und Kreuzung sämtlicher Stangen kaum übertroffen

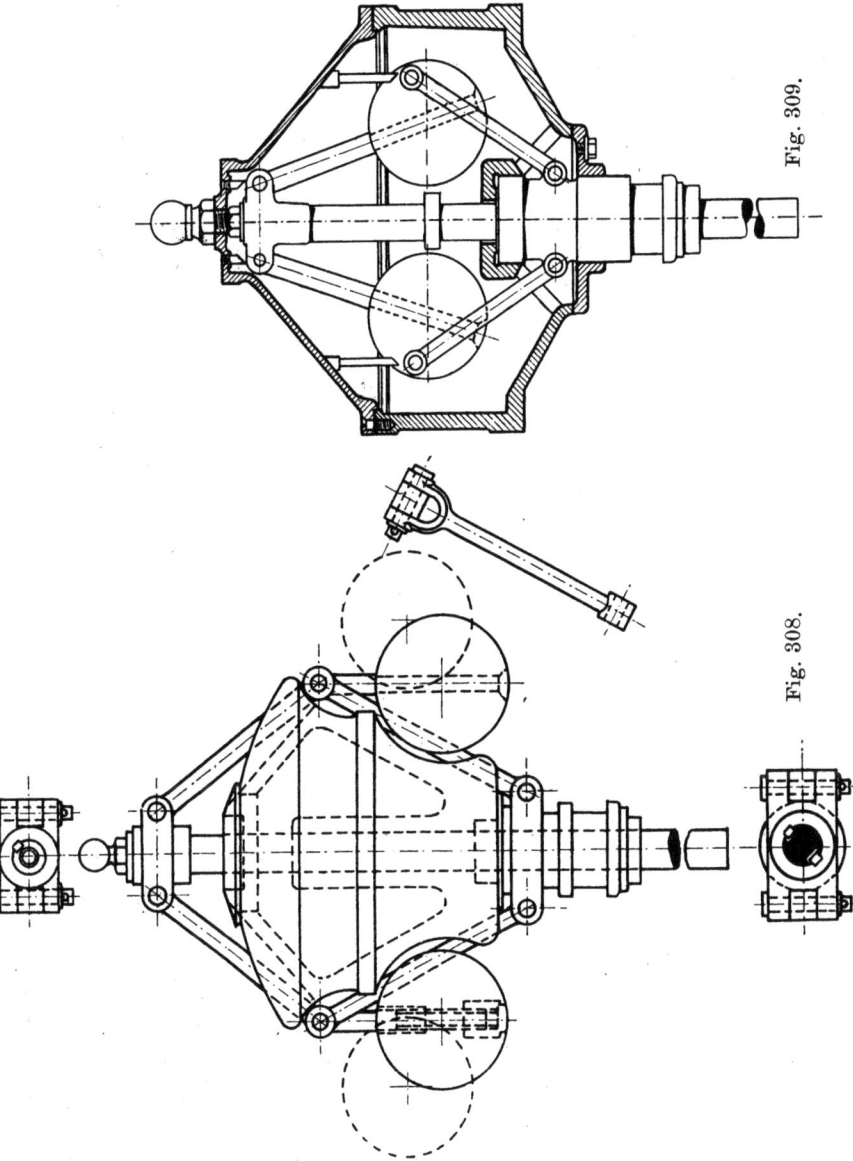

Fig. 309.

Fig. 308.

werden können, hat man doch vielfach Ersatz für diese gesucht, um die Kreuzung der Stangen zu vermeiden, die immerhin konstruktiv nicht gerade angenehm ist. Als bestes Mittel bietet sich, wie wir S. 423 gesehen haben, hierzu die Knickung der Pendelarme. Zwei derartige Reglerformen sind in Fig. 308 und Fig. 309 wiedergegeben. Bei beiden ist zunächst eine möglichst astatische C_q-Kurve herbeigeführt, ferner zur Erzielung geringer Eigenreibung

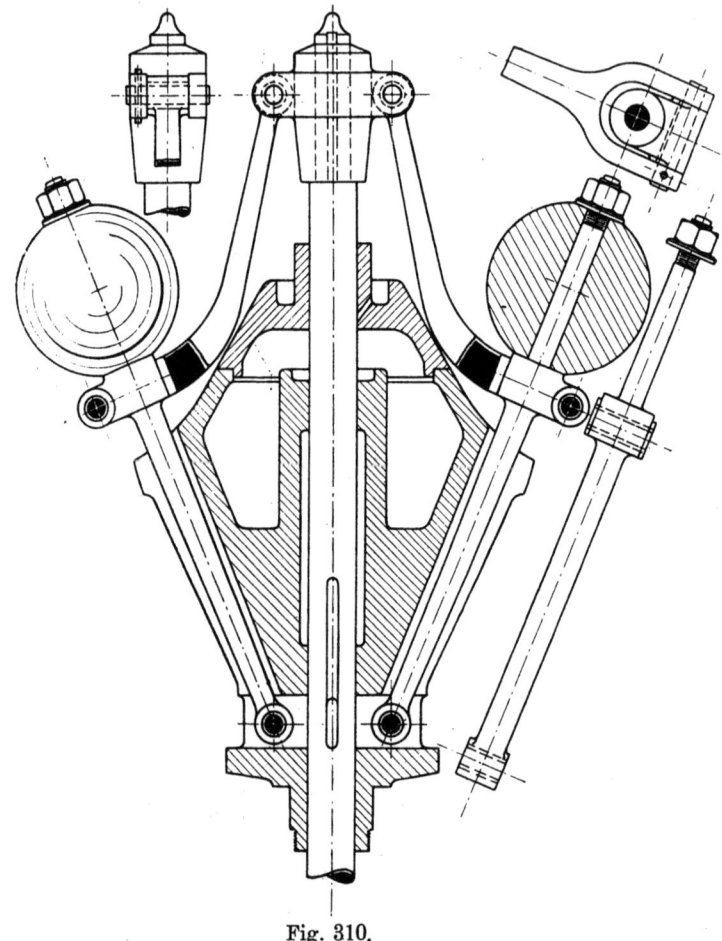

Fig. 310.

durch passende Wahl des Knickungswinkels (vgl. Gl. 86 auf S. 193) der Ausschlagwinkel so gewählt, daß $\measuredangle$ *I II III* nahezu ein rechter ist. Bei Fig. 309 dient die Muffenbelastung als Einkapselung für das ganze Getriebe; die Schwungkörper sind keine Kugeln, sondern zylindrische Scheiben, also sehr genau zu bearbeiten. Verschieden große Ungleichförmigkeitsgrade lassen sich bequem dadurch erreichen, daß der Zapfen *II* mehr oder weniger dicht an den Schwungkörpermittelpunkt herangerückt wird.

4. Regler nach Proell.

(Umgekehrte Aufhängung, geknickte Pendelarme.)

Ausführung siehe Fig. 310, Diagramm Fig. 311. Bei der Zeichnung Fig. 311 wurden folgende Werte benutzt:

Längenmaßstab 1 : 6; Kräftemaßstab 1 mm = 3 kg;
Muffenbelastung $Q = 70$ kg;
Gesamtgewicht beider Schwungkugeln $G = 20$ kg;
$l_1 = l_2 = 300$ mm;

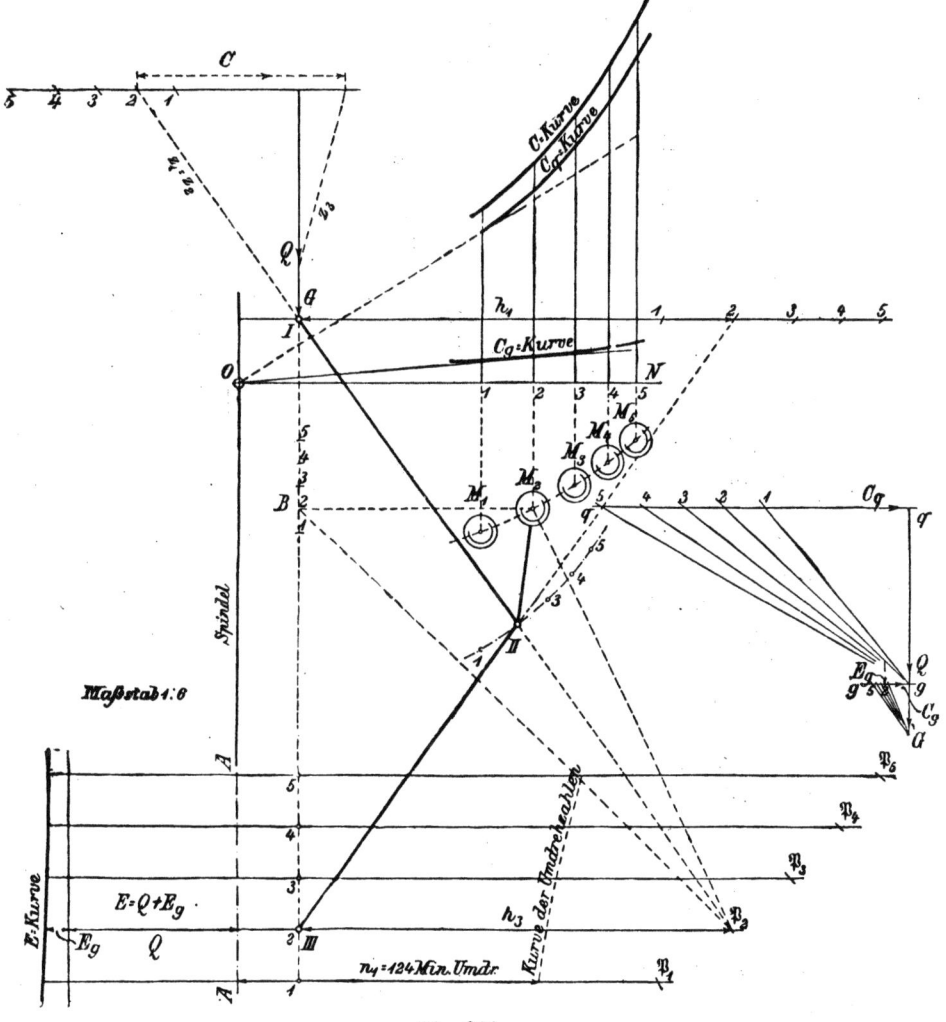

Fig. 311.

Abstand der Zapfen I und III von der Spindelmitte $= 50$ mm, so daß also rhombische Aufhängung vorliegt.

$l_3 = 386$ mm; Zapfen II liegt von der geraden Verbindungslinie $III\,M$ um 40 mm nach außen.

C_g und C_q sowie die Zapfendrücke $Z_1 = Z_2$ und Z_3 sind nach Fig. 259, E_g nach Fig. 274 ermittelt; aus Fig. 311 wurden die Arme h_1 und h_3 für fünf Reglerstellungen abgegriffen und wieder mit einem Zapfendurchmesser $d = 15$ mm und $\mu = 0{,}1$ die Reibungsbeträge R nach der Gleichung

$$R = \frac{\mu d}{2}\left(\frac{Z_1 + Z_2}{h_1} + \frac{Z_2 + Z_3}{h_3}\right) = \frac{\mu d}{2} \cdot \frac{Z_1 + 2Z_2 + Z_3}{h_1}$$

berechnet. Die Ergebnisse sind in folgender Tabelle enthalten.

Nummer der Stellung	Abstand x der Kugelmitten von d. Spindel m	Fliehkraft C kg	Minutliche Umdrehzahl n	Zapfendrücke $Z_1 = Z_2$ kg	Z_3 kg	Arme $h_1 = h_3$ mm	Reibungsbetrag R kg	Muffendruck E kg	Unempfindlichkeitsgrad hervorgerufen durch		im ganzen
									R $\varepsilon_r = {}^0/_0$	$W = 3$ kg $\varepsilon_w = {}^0/_0$	$\varepsilon = {}^0/_0$
1	0,200	68	124	104	72	298	0,96	80,2	**1,20**	3,74	4,94
2	0,242	86	127	113	73	357	0,86	80	**1,08**	3,75	4,83
3	0,276	105	131,5	123	73,5	406	0,82	78,7	**1,04**	3,81	4,85
4	0,304	124	136,5	135	74	445	0,80	78,4	**1,03**	3,82	4,85
5	0,326	144	141	150	74	480	0,82	78,7	**1,01**	3,81	4,85

Auch hier besitzt die C_g-Kurve etwa in der Mitte der benutzten Strecke einen astatischen Punkt, die C_q-Kurve ist wiederum stark statisch. Der Muffendruck ist fast konstant. Irgendeinen Vorteil bietet die umgekehrte Aufhängung also nicht. Die Eigenreibung ist etwas größer als bei unmittelbarer Aufhängung des Pendels, was um so beachtenswerter ist, als hier $l_1 = l_2 = 300$ mm, bei dem Kleyschen Regler $l_1 = l_2 = 240$, also wesentlich kleiner war. Auch der Muffendruck wird bei gleichem Gewichtsaufwand bei der umgekehrten Aufhängung kleiner, da E_g nur klein ausfällt. Die umgekehrte Aufhängung erscheint somit um so unvorteilhafter, je größer G gegen Q wird, je kleinere Umdrehzahlen der Regler bekommen soll.

F. Federregler.

a) Allgemeines.

Den Hauptvorteil, den Regler mit Federbelastung gegenüber den Gewichtsreglern besitzen, haben wir bei Besprechung der Regelungsfähigkeit kennen gelernt: Federregler haben wegen der kleineren Masse einen erheblich kleineren reduzierten Muffenhub als Regler mit Gewichtsbelastung; sie gestatten deshalb einen kleineren Ungleichförmigkeitsgrad und stellen den neuen Beharrungszustand in kürzerer Frist und mit geringeren Geschwindigkeitsschwankungen her. Voraussetzung ist natürlich, daß auch alle sonstigen, früher erläuterten Bedingungen für die Erzielung eines möglichst kleinen reduzierten Muffenhubes erfüllt werden:

1. Vermeidung jeder Gewichtsbelastung,
2. kleiner Ausschlag der Schwungkörper,
3. große Umlaufzahl und
4. großer Abstand der Schwungmassenmittelpunkte von der Spindel.

Dieser Hauptvorzug der Federregler wird noch immer nicht genügend gewürdigt, sonst würden Gewichtsregler wohl schwerlich noch heute in größerer Zahl benutzt werden.

Federregler besitzen noch weitere Vorzüge, die wir kurz aufzählen wollen.

1. Wenn es auch keine grundsätzlichen Schwierigkeiten bietet, durch passende Maßverhältnisse des Getriebes Gewichtsreglern jeden beliebigen Ungleichförmigkeitsgrad zu geben, so gelingt dies ungleich leichter bei Anwendung von Federbelastungen. Durch Wahl der Federabmessungen kann man ohne weiteres bei jedem Getriebe den **Ungleichförmigkeitsgrad beliebig klein oder groß machen.** Allerdings muß auch hier bei gekrümmten C-Kurven mit Vorsicht verfahren werden, damit nicht labile Zwischenlagen herauskommen.

2. Nicht nur beim Entwurf eines Reglers ermöglicht die Federbelastung mit Leichtigkeit jeden gewünschten Ungleichförmigkeitsgrad; auch beim fertigen Regler können wir durch Änderung der Federspannung, durch Spannen oder Entspannen der Feder, d. h. durch bloßes Anziehen einer Stellschraube den **Ungleichförmigkeitsgrad nach Bedarf abändern.**

Wie wichtig dies ist, haben wir früher gesehen; von der richtigen Größe des Ungleichförmigkeitsgrades hängt fast ausschließlich die Regelungsfähigkeit des Reglers ab. Bei den vielen Dingen, die auf die Regelungsvorgänge einwirken, läßt sich der günstigste Wert des Ungleichförmigkeitsgrades aber nicht mit Sicherheit bestimmen, deshalb ist es unerläßlich, daß der Ungleichförmigkeitsgrad eines Reglers leicht und wirksam abgeändert werden kann.

3. Auch eine **Änderung der minutlichen Umdrehzahl** des Reglers wird in vielen Fällen erforderlich. Daß eine Änderung der Federbelastung wegen der veränderten C-Kurven im allgemeinen

auch eine entsprechende Veränderung der Umlaufzahl zur Folge haben wird, ist klar. Nur kann nicht jede beliebige Federbelastung so ohne weiteres durch Spannen oder Entspannen dazu benutzt werden, die Umdrehzahl abzuändern. In der Regel wird vielmehr gleichzeitig mit der Abänderung der Umlaufzahl eine sehr beträchtliche Änderung des Ungleichförmigkeitsgrades herbeigeführt. Soll sich dieser nicht verändern, so muß die Federbelastung eine ganz bestimmte Gesetzmäßigkeit aufweisen, über die wir uns folgendermaßen aufklären können.

Die Federbelastung soll jedenfalls dem größten Teile der Fliehkraft das Gleichgewicht halten; die entsprechende C-Kurve, wir nennen sie C_f-Kurve, muß also nahezu einen astatischen Charakter besitzen, wenn der Regler möglichst astatisch werden soll. Jede Feder übt nun eine mit der Formänderung veränderliche Kraft aus; greift zum Beispiel die Feder an der Muffe an und wirkt senkrecht nach unten, so nimmt mit steigender Muffe die Federspannung zu. Die irgend einer Reglerstellung entsprechende Federkraft setzt sich also zusammen aus der Anfangsspannung, die zu der tiefsten Muffenstellung gehört, und dem Zuwachs an Spannung, welcher durch die Formänderung der Feder, durch deren Längenzunahme oder -abnahme bedingt ist. Denkt man sich nun die veränderliche Federkraft F durch eine konstante Kraft K ersetzt, so würde die der Kraft K entsprechende C_k-Kurve viel langsamer ansteigen als die der stark anwachsenden Federkraft entsprechende C_f-Kurve, d. h. die C_k-Kurve muß notwendig einen sehr stark labilen Charakter aufweisen. Spannt man also eine solche Feder, die für sich allein den Regler nahezu astatisch macht, so fügt man eine konstante Kraft K zu den veränderlichen Federkräften hinzu und damit zu der C-Kurve eine stark labile C_k-Kurve. Die neue gesamte C-Kurve wird mithin ebenfalls stark labil.

Hieraus folgern wir:

Federregler, bei denen nur eine Art von Federbelastung vorhanden ist, erfahren durch Änderung der Federspannung eine bedeutende Änderung des Ungleichförmigkeitsgrades: durch Anspannen der Belastungsfeder wird der Regler labil, durch Entspannen stark statisch.

Diese Grundeigenschaft ist als Vorteil aufzufassen, wenn man beabsichtigt, in einfachster Weise den Ungleichförmigkeitsgrad abzuändern, sie erscheint als großer Nachteil, wenn man durch Spannen der Feder die Umdrehzahl verändern will.

Weiter schließen wir daraus, daß beim Einbauen von Reglerfedern die vorgeschriebene Anfangsspannung genau hergestellt, also die erforderliche Verlängerung bzw. Zusammenpressung genau innegehalten werden muß.

Die vorstehende Betrachtung zeigt uns auch im allgemeinen den Weg, welchen wir bei der Konstruktion von Federreglern zu beschreiten haben. Wir lassen die Feder in solcher Weise angreifen, daß eine konstante Kraft K an Stelle der Federbelastung eine sehr stark labile C_k-Kurve ergeben würde, und zwar eine um so labilere, je stärker die Federspannung beim Reglerausschlag zunehmen, je härter also die Feder sein soll. Will man z. B. die Feder unmittelbar an der Muffe angreifen lassen, so müßte die C_q-Kurve einen ausgesprochen labilen Charakter aufweisen. Bei Verwendung eines Schubkurbelmechanismus wäre demgemäß sehr starke Knickung der Pendelarme oder Kreuzung der Arme um ein großes Maß nötig. Konstruktiv läßt sich die starke Knickung am leichtesten bei Anwendung des Kreuzschleifenmechanismus durchführen, deshalb haben Regler mit unmittelbarer Federbelastung der Muffe meist dieses Getriebe.

Als einziger nennenswerter Nachteil der Federbelastung ist wohl die Abhängigkeit des Charakters, insbesondere des Ungleichförmigkeitsgrades, von dem Verhalten der Feder anzuführen. Nimmt die Federspannung mit der Verlängerung nicht genau nach dem Gesetze zu, wie nach den Federabmessungen zu erwarten ist, oder treten durch schlechtes Federmaterial dauernde Formänderungen ein, durch die sich die Federspannungen verändern, so kann der Regler vollständig verändert werden. Zum Glück haben wir in Deutschland Bezugsquellen für Federn, die allen Anforderungen aufs beste entsprechen. Die früher gehegten Befürchtungen, die Reglerfedern könnten sich im Dauerbetriebe nicht bewähren, sind durch langjährige Erfahrungen vollkommen widerlegt. Selbstverständlich erfordert die Herstellung tadelloser Federregler gewissenhafteste Werkstattausführung und sorgfältige Prüfung jeder einzelnen Feder, ob die gesetzmäßige Zunahme der Spannung mit der Dehnung auch wirklich vorhanden ist.

b) Berechnung der Federabmessungen.

1. Vergleich der verschiedenen Federarten.

Praktisch kommen nur zwei Federarten für Regler in Betracht:
1. die zylindrische Schraubenfeder (Fig. 312 und 313), die Zug- oder Druckkräfte P ausübt, und
2. die Spiralfeder (Fig. 314), die ein Kräftepaar mit dem Momente M liefert.

Um einen Vergleich zwischen diesen beiden Sorten ziehen zu können, prüfen wir ihre Arbeitsfähigkeit, d. h. vergleichen wir die von beiden Federarten aufzunehmenden Formänderungsarbeiten mit dem erforderlichen Federmaterial.

Von diesem Gesichtspunkte aus ist auch der zweckmäßigste Querschnitt der Feder zu prüfen.

Die **zylindrische Schraubenfeder** ist bekanntlich eine Drehungsfeder; ihre Querschnitte erleiden ein Drehmoment $= Pr$. Sind die Federquerschnitte Kreise vom Durchmesser δ, so gilt für die Drehungsspannung τ die Gleichung

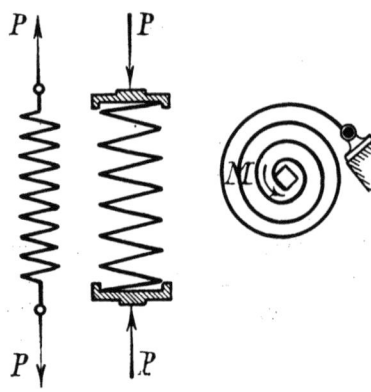

Fig. 312.   Fig. 313.   Fig. 314.

$$Pr = \tau \cdot \frac{\pi \delta^3}{16} \quad \ldots \ldots \ldots (237)$$

Zwei Querschnitte im Abstande 1 voneinander erfahren eine Verdrehung um den Winkel

$$\vartheta_1 = \frac{Pr}{\frac{\pi \delta^4}{32} G},$$

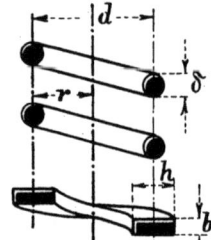

Fig. 315.

worin G den Gleitmodul bedeutet; bei einer gesamten Länge l des Federdrahtes verlängert sich also die Feder um eine Strecke λ

$$\lambda = r \cdot \vartheta_1 l = \frac{Pr^2 \cdot l}{\frac{\pi \delta^4}{32} G} \quad \ldots \ldots \ldots (238)$$

Steigert man die Kraft P allmählich von Null bis P_{max}, so wächst die Spannung τ bis τ_{max}, und es wird die ganze Formänderungsarbeit $\mathfrak{A}$:

$$\mathfrak{A} = \frac{P_{max} \cdot \lambda}{2} = \frac{1}{2} \frac{P_{max}^2 r^2 l}{\frac{\pi \delta^4}{32} G} = \frac{1}{2} \frac{\tau_{max}^2 \left(\frac{\pi \delta^3}{16}\right)^2 \cdot l}{\frac{\pi \delta^4}{32} G}$$

$$\mathfrak{A} = \frac{1}{4} \frac{\pi \delta^2}{4} l \cdot \frac{\tau_{max}^2}{G} = \frac{1}{4} V \cdot \frac{\tau_{max}^2}{G},$$

wenn statt $\frac{\pi \delta^2}{4} l$ das Volumen V der Feder eingeführt wird.

Sind die **Federquerschnitte Rechtecke** mit den Seiten b und h und schreibt man $\frac{b}{h} = \varphi$, so lauten die entsprechenden Gleichungen:

$$Pr = \tau \frac{2}{9} b^2 h, \qquad \vartheta_1 = 3{,}6 \frac{Pr}{\dfrac{b^3 h^3}{b^2 + h^2} G}$$

$$\lambda = r \cdot \vartheta_1 \, l = 3{,}6 \frac{Pr^2 l}{\dfrac{b^3 h^3}{b^2 + h^2} G}.$$

Hieraus folgt die Formänderungsarbeit:

$$\mathfrak{A} = \frac{P_{max} \cdot \lambda}{2} = \frac{4}{45} (1 + \varphi^2) V \cdot \frac{\tau_{max}^2}{G}$$

z. B. für quadratischen Querschnitt mit $\varphi = \frac{b}{h} = 1$:

$$\mathfrak{A} = \frac{8}{45} V \frac{\tau_{max}^2}{G},$$

für rechteckigen Querschnitt mit $\varphi = \frac{b}{h} = \frac{1}{2}$:

$$\mathfrak{A} = \frac{5}{45} V \frac{\tau_{max}^2}{G}.$$

Vergleicht man diese Werte mit demjenigen für die Schraubenfeder mit Kreisquerschnitt, so sieht man, daß bei gleichem Federvolumen, also bei gleichem Materialaufwand die Formänderungsarbeiten sich verhalten:

$$\bigcirc : \square : \rectangle = \tfrac{1}{4} : \tfrac{8}{45} : \tfrac{5}{45}$$
$$= 1 : 0{,}7 : 0{,}45,$$

d. h. der Kreisquerschnitt ist ganz entschieden dem Quadrat und noch mehr dem Rechteck vorzuziehen, da die bei gleichem Materialaufwand und gleicher Spannung τ_{max} von der Feder aufzunehmende Arbeit für die zylindrische Schraubenfeder mit kreisförmigem Querschnitt des Federdrahtes bedeutend größer ausfällt.

Wir wollen bei unseren weiteren Rechnungen deshalb stets diesen günstigsten Fall zugrunde legen.

Die **Spiralfeder** ist eine Biegungsfeder und hat meist rechteckigen Querschnitt. Die in den äußersten Fasern auftretende Biegungsspannung σ ergibt sich aus der Gleichung

$$M = \sigma \cdot \frac{h b^2}{6};$$

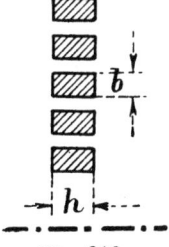

Fig. 316.

der Verdrehungswinkel ϑ wird bei einer Federlänge l:

$$\vartheta = \frac{Ml}{EJ} = \frac{Ml}{\frac{hb^3}{12}E} = 12\frac{Ml}{hb^3 \cdot E},$$

worin E den Elastizitätsmodul bedeutet.

Steigert man das Moment von Null bis M_{max}, während die Biegungsspannung bis σ_{max} anwächst, so wird die Formänderungsarbeit

$$\mathfrak{A} = \frac{M_{max} \cdot \vartheta_{max}}{2} = \frac{12 \cdot M_{max}^2 l}{2hb^3 E} = \frac{6h^2 b^4 l \sigma_{max}^2}{36\, hb^3 E} = \frac{1}{6} bhl \frac{\sigma_{max}^2}{E}$$

$$\underline{\mathfrak{A} = \frac{1}{6} V \frac{\sigma_{max}^2}{E}.}$$

Vergleichen wir den für die zylindrische Schraubenfeder mit Kreisquerschnitt gefundenen Arbeitswert

$$\mathfrak{A}_z = \frac{1}{4} V \frac{\tau_{max}^2}{G}$$

mit dem für die Spiralfeder ermittelten Wert

$$\mathfrak{A}_s = \frac{1}{6} V \frac{\sigma_{max}^2}{E}$$

und beachten, daß $G \sim \frac{2}{5} E$ ist, so ergibt sich für gleiche Spannungen $\sigma_{max} = \tau_{max}$:

$$\mathfrak{A}_z : \mathfrak{A}_s = \tfrac{1}{4} : \tfrac{1}{6} \cdot \tfrac{2}{5} = 15 : 4 \sim \underline{4:1}.$$

Wenn nun auch für die zulässige größte Drehungsspannung τ_{max} ein etwas kleinerer Wert als für die zulässige Biegungsspannung σ_{max} zu setzen ist, so gestattet doch die zylindrische Schraubenfeder bei gleichem Materialaufwand mindestens noch eine dreimal so große Formänderungsarbeit aufzuspeichern wie eine Spiralfeder; die erstere ist demnach unbedingt vorzuziehen. Bedenkt man, daß außerdem die Schraubenfeder in allen Teilen ganz gleichartig beschaffen und deshalb eher zuverlässig herzustellen ist, also auch die erwünschte gesetzmäßige Zunahme an Federkraft sicherer gewährleistet, so kann man wohl den Satz aussprechen:

Für Regler ist die zylindrische Schraubenfeder mit kreisförmigem Querschnitt des Federdrahtes entschieden die zweckmäßigste Feder.

Schließlich darf der Unterschied zwischen Zug- und Druckfeder nicht unerwähnt bleiben. Wie man sich leicht durch den Versuch überzeugen kann, besitzt eine Schraubenfeder nur geringe Widerstandsfähigkeit gegen seitliche Kräfte, sie ist sehr biegsam viel biegsamer als ein gerader Draht von gleichem Durchmesser wie der Federdraht. Folglich bieten solche Federn auch nur geringen Widerstand gegen Knicken. Bei Druckfedern liegt stets die Gefahr des Ausknickens vor, sobald die Windungszahl nur einigermaßen groß und der Windungshalbmesser r klein ist. Das seitliche Ausknicken macht sich insbesondere dadurch anangenehm bemerkbar, daß die Spannungszunahme nicht im gleichen Verhältnisse wie die Verkürzung wächst. Es kann also leicht, besonders bei kleinen Ungleichförmigkeitsgraden, durch das ungesetzmäßige Verhalten der Feder der Regler labil und damit unbrauchbar werden. Zugfedern haben diese nachteiligen Eigenschaften natürlich nicht; die Erfahrung bestätigt auch die obige Überlegung: mit Zugfedern läßt sich die gewünschte Gesetzmäßigkeit der Spannungszunahme viel zuverlässiger erreichen. Wir folgern daraus:

Zugfedern sind für Reglerzwecke den Druckfedern vorzuziehen.

Ist die Verwendung von Druckfedern unvermeidlich, so sollte man möglichst großen Windungshalbmesser und dementsprechend kleine Windungszahl anwenden.

2. Berechnung der zylindrischen Schraubenfedern mit Kreisquerschnitt.

Es bedeute:

F_{max} die größte Federkraft in kg,
f die Änderung der Federkraft für 1 cm Längenänderung in kg/cm,
r den mittleren Halbmesser der Federwindungen in cm,
$d = 2r$ den mittleren Durchmesser der Federwindungen in cm,
δ die Drahtdicke, den Durchmesser des Federdrahtes in cm,
m die Anzahl der Windungen,
G den Gleitmodul $= \sim 800\,000$ kg/qcm,
$\mathfrak{S}_t$ die zulässige Drehungsspannung in kg/qcm, wofür unbedenklich etwa 3000 bis 4000 kg/qcm gesetzt werden kann,

so lassen sich für die beiden maßgebenden Größen F_{max} und f folgende Grundgleichungen aufstellen:

Nach Gl. 237 ist

$$F_{max} \cdot r = \mathfrak{S}_t \cdot \frac{\pi \delta^3}{16} \sim \mathfrak{S}_t \cdot \frac{\delta^3}{5} \quad \ldots \ldots (239)$$

Führt man ferner in Gl. 238 für die Drahtlänge l den Wert

$$l = m \cdot 2 \pi r$$

ein, so geht diese Gleichung über in

$$\lambda = \frac{Pr^2 \cdot m\, 2\pi r}{\dfrac{\pi \delta^4}{32} G} = \frac{64\, m P r^3}{\delta^4 G}.$$

Setzt man hierin für die Verlängerung $\lambda = 1$ cm, so ist für P der Wert f zu schreiben, mithin gilt für f:

$$f = \frac{G}{64}\frac{\delta^4}{m r^3} = \frac{800\,000}{64}\frac{\delta^4}{m r^3} \quad \ldots \ldots (240)$$

$$f = \frac{100\,000}{8}\frac{\delta^4}{m r^3} = 100\,000\, \frac{\delta^4}{m (2r)^3}$$

oder $\quad f = \frac{100\,000}{m}\frac{\delta^4}{d^3} \quad \ldots \ldots \ldots (241)$

Sind, wie es bei einem nachzurechnenden Regler der Fall ist, die Federabmessungen bekannt, so finden sich aus den beiden Gl. 239 und 240 oder 241 die beiden Größen F_{max} und f, von denen vor allem f für das Aufzeichnen der C-Kurven von Wichtigkeit ist. Soll umgekehrt die Feder gesucht werden, so entnimmt man aus dem Diagramm die Werte F_{max} und f; da aber drei Unbekannte: r, δ und m zu ermitteln und nur zwei Bedingungsgleichungen (Gl. 239 und 240) gegeben sind, so bleibt noch eine weitere Bedingung zu wählen.

In der Regel ist der zur Unterbringung der Feder verfügbare Raum gegeben und dadurch die Wahl einer dritten Bedingungsgleichung eingeschränkt. Die Rechnung selber gestaltet sich am durchsichtigsten, wenn man r, den mittleren Halbmesser der Federwindungen, mit Rücksicht auf den Raum wählt und nun die Drahtdicke δ nach Gl. 239 aus F_{max}, alsdann die Windungszahl m nach Gl. 240 aus f berechnet. Findet sich für m ein zu kleiner oder zu großer Wert, so wiederholt man die Rechnung noch einmal mit einem etwas kleineren oder größeren Wert von r. Der Einfluß von r auf die Windungszahl ist erheblich, da Gl. 240 r in der dritten Potenz enthält.

Beispiel. Bei einer Zugfeder wachse die Spannung von $F_{min} = 200$ kg bis $F_{max} = 296$ kg, während die Federlänge um 2,4 cm zunimmt. Es ist also

$$F_{max} = 296 \text{ kg}, \quad f = \frac{F_{max} - F_{min}}{2,4} = \frac{96}{2,4} = 40 \text{ kg/cm}.$$

Wir wählen $r = 2,5$ cm, d. h. $d = 2r = 5$ cm.

Nach Gl. 239 wird dann mit $\mathfrak{S}_t = 3600$ kg/qcm:

$$296 \cdot 2{,}5 = 3600 \cdot \frac{\delta^3}{5}$$

oder $\quad \delta^3 = 1{,}03$ cm^3; $\quad \underline{\delta = 1{,}01 \text{ cm} = 10{,}1 \text{ mm}}.$

Nach Gl. 241 ist

$$\underline{m} = \frac{100\,000}{f} \frac{\delta^4}{d^3} = \frac{100\,000}{40} \frac{1{,}04}{5^3} = \underline{20{,}8 \text{ Windungen}}.$$

Für die Herstellung der Feder ist für m eine ganze Zahl erwünscht; nehmen wir

$$\underline{m = 20},$$

so muß δ oder d etwas abgeändert werden, damit f genau den vorgeschriebenen Wert behält. Ändern wir die Federdicke δ, so folgt aus Gl. 241

$$\delta^4 = \frac{m f d^3}{100\,000} = \frac{20 \cdot 40 \cdot 125}{100\,000} = 1 \text{ cm}^4$$

$$\underline{\delta = 1 \text{ cm}}.$$

Hierdurch erleidet die größte Beanspruchung $\mathfrak{S}_t$ allerdings eine klcine Erhöhung; es wird

$$\mathfrak{S}_t = \frac{P_{max} \cdot r}{\dfrac{\delta^3}{5}} = \frac{296 \cdot 2{,}5}{\dfrac{1^3}{5}} = 3700 \text{ kg/qcm},$$

was ganz unbedenklich erscheint.

Schließlich prüfen wir noch, welcher Raum in der Längsrichtung der Feder nötig ist. Im spannungslosen Zustand liegen die Federwindungen nahezu dicht aufeinander, die ganze Federlänge beträgt also $m\delta = 20 \cdot 1 = 20$ cm, wofür wir lieber 21 cm setzen wollen. Bis zu dem Zustande der größten Beanspruchung verlängert sich die Feder um

$$\frac{F_{max}}{f} = \frac{296}{40} = 7{,}4 \text{ cm},$$

so daß in diesem Falle die Feder in der Längsrichtung zu ihrer Unterbringung mindestens

$$21 + 7{,}4 = 28{,}4 \text{ cm}$$

freien Raum nötig hat.

Ist der Platz nicht vorhanden, so muß die Windungszahl m durch Vergrößerung von r kleiner gemacht werden. Besonders bei Druckfedern sollte zur Verminderung der Knickgefahr von vornherein r so groß wie eben zulässig genommen werden.

3. Einfluß der eigenen Fliehkraft von Federn.

Bei größeren Umdrehzahlen macht sich die eigene Fliehkraft von Querfedern, wie sie in Fig. 339, 341, 345 usf. zur Anwendung kommen, in der verschiedensten Weise geltend. Um diesen Einfluß kennen zu lernen, betrachten wir zunächst Querfedern, deren Mittelachse die Drehachse des Reglers rechtwinklig schneidet, und erweitern dann die Untersuchung auf solche Querfedern, deren Mittellinie an der Spindelmitte vorbeigeht.

α) Querfedern, deren Mittellinie die Spindelmittellinie rechtwinklig schneidet.

1. Ableitung der Grundgleichungen.

Eine zylindrische Schraubenfeder werde an den Enden festgehalten, so daß (s. Fig. 317)

x_i = dem Abstand des inneren Endpunkts von der Drehachse,
x_a = dem Abstand des äußeren Endpunkts von der Drehachse,
$l = x_a - x_i$ = der augenblicklichen Federlänge in Zentimetern ist. Ferner sei

M die Federmasse, bezogen auf Kilogramm und Zentimeter,
ω die Winkelgeschwindigkeit und
f die Kraft in Kilogramm, um welche die Federspannung sich ändert, wenn die Federlänge sich um 1 cm ändert.

Betrachtet man ein Federelement dm, das sich im Ruhezustand der Feder im Abstand x von der Drehachse befindet, bei der rotierenden Feder, so hat es sich infolge der Fliehkräfte nach außen um ein Maß ξ verschoben, seine Entfernung von der Drehachse beträgt also

$$x' = x + \xi.$$

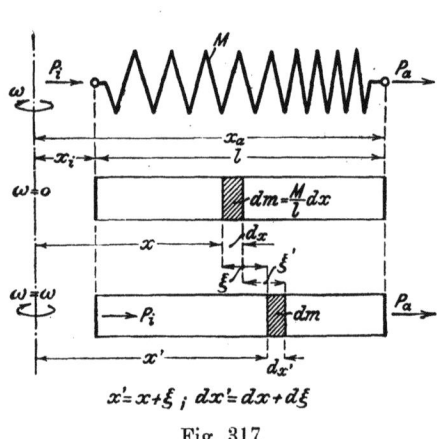

Fig. 317.

Die Länge dx des Massenelementes $dm = \dfrac{M}{l} dx$ bei der ruhenden Feder hat sich in $dx' = dx + d\xi$ bei der rotierenden Feder verändert. Zu der Längenänderung

$$dx' - dx = d\xi$$

ist eine Kraft P erforderlich, die sich aus $d\xi$ wie folgt berechnen läßt. Der Längenänderung von 1 cm der ganzen Feder (von der Länge l cm) entspricht die Kraft f; folglich gehört zum Federelement von der Länge dx bei gleicher Längenänderung eine $\dfrac{l}{dx}$ mal größere Kraft als bei der ganzen Feder von der Länge l.
Demnach ist

$$P = -\frac{d\xi}{dx} l f \ldots \ldots \ldots (242)$$

der **Federdruck** (das $-$ Zeichen ist nötig, wenn $d\xi$ eine positive Längenänderung, P aber eine Druckkraft bedeutet), der die nachträgliche Längenänderung des Federelementes dm bewirkt.

Werden die Längenänderungen lediglich durch die Fliehkräfte herbeigeführt, so ist der Zuwachs von $P=$ der Fliehkraft von dm in der verschobenen Lage:

$$dP = dm \cdot \omega^2 (x + \xi).$$

Differenziert man Gl. 242 und setzt den Wert von dP dem vorstehenden gleich, so erhält man für die Verschiebung ξ die Differentialgleichung:

$$-\frac{d^2 \xi}{dx^2} l f = dm \cdot \omega^2 (x + \xi) = \omega^2 \frac{M}{l} dx (x + \xi)$$

oder
$$\frac{d^2 \xi}{dx^2} + \frac{\omega^2 M}{f l^2} (\xi + x) = 0 \ \ldots \ldots (243)$$

Zur Abkürzung setzen wir

$$\frac{\omega^2 M}{f l^2} = \lambda^2$$

und erhalten damit die Grundgleichung für die Verschiebung ξ:

$$\xi'' + \lambda^2 (\xi + x) = 0 \ \ldots \ldots (244)$$

Die Differentialgleichung 2. Ordnung

$$\xi'' + \lambda^2 \xi = 0$$

besitzt die bekannte Lösung

$$\xi = C_1 \cos \lambda x + C_2 \sin \lambda x;$$

unsere Gleichung, die noch eine ganze Funktion 1. Ordnung als Störungsfunktion hat, liefert demgemäß die Lösung:

$$\xi = C_1 \cos \lambda x + C_2 \sin \lambda x + C_3 + C_4 x.$$

Hieraus folgt

$$\xi'' = -\lambda^2 (C_1 \cos \lambda x + C_2 \sin \lambda x);$$

werden beide Werte in Gl. 244 eingesetzt, so folgt für die Konstanten C_3 und C_4:
$$C_3 = 0; \quad C_4 = -1,$$
so daß schließlich die Lösung von Gl. 244 lautet:
$$\xi = C_1 \cos \lambda x + C_2 \sin \lambda x - x \quad \ldots \quad (245)$$

Die willkürlichen Konstanten C_1 und C_2 finden sich aus den Bedingungen
$$\text{für } x = x_i \text{ ist } \xi_i = 0$$
$$\text{\textquotedbl } x = x_a \text{ \textquotedbl } \xi_a = 0,$$
also aus den Gleichungen
$$C_1 \cos \lambda x_i + C_2 \sin \lambda x_i = x_i$$
$$C_1 \cos \lambda x_a + C_2 \sin \lambda x_a = x_a,$$
zu
$$C_1 = \frac{x_i \sin \lambda x_a - x_a \sin \lambda x_i}{\sin \lambda x_a \cos \lambda x_i - \cos \lambda x_a \sin \lambda x_i} = \frac{x_i \sin \lambda x_a - x_a \sin \lambda x_i}{\sin \lambda (x_a - x_i)}$$

d. h.
$$\left. \begin{array}{l} C_1 = \dfrac{x_i \sin \lambda x_a - x_a \sin \lambda x_i}{\sin \lambda l} \\[2mm] C_2 = \dfrac{-x_i \cos \lambda x_a + x_a \cos \lambda x_i}{\sin \lambda l} \end{array} \right\} \ldots (246)$$

ebenso

Nun war
$$\lambda^2 = \frac{M \omega^2}{f l^2};$$
also ist
$$\lambda l = \omega \sqrt{\frac{M}{f}}$$
für eine gegebene Feder, die mit bestimmter Winkelgeschwindigkeit ω rotiert, von vornherein bekannt.

Wir wollen diesen unveränderlichen Winkel $\lambda l = \varphi$ setzen, d. h.
$$\varphi = \lambda l = \omega \sqrt{\frac{M}{f}} \quad \ldots \ldots (247)$$
und bekommen hiermit
$$\left. \begin{array}{l} C_1 = \dfrac{x_i \sin \lambda x_a - x_a \sin \lambda x_i}{\sin \varphi} \\[2mm] C_2 = \dfrac{-x_i \cos \lambda x_a + x_a \cos \lambda x_i}{\sin \varphi}. \end{array} \right\} \ldots (248)$$

Uns interessieren nun weniger die Verschiebungen ξ, als vielmehr die durch die Fliehkräfte erweckten Federkräfte P. Es war nach Gl. 242
$$P = -f l \frac{d\xi}{dx} = -f l \xi';$$

Federregler.

setzt man den aus Gl. 245 durch Differenzieren sich ergebenden Wert für ξ' hier ein, so erhält man allgemein:

$$P = -fl(-\lambda C_1 \sin \lambda x + \lambda C_2 \cos \lambda x - 1)$$

$$P = fl\lambda \left(C_1 \sin \lambda x - C_2 \cos \lambda x + \frac{1}{\lambda}\right) \quad \ldots \quad (249)$$

Insbesondere ergeben sich die **zusätzlichen Federkräfte an den Federenden** wie folgt: Für den **inneren Endpunkt** wird

$$P_i = f(\lambda l C_1 \sin \lambda x_i - \lambda l C_2 \cos \lambda x_i + l),$$

oder wenn man für C_1 und C_2 die Werte nach Gl. 248 einführt:

$$P_i = f\left\{\frac{\varphi}{\sin \varphi}[\sin \lambda x_i(x_i \sin \lambda x_a - x_a \sin x_i) \right.$$
$$\left. - \cos \lambda x_i(-x_i \cos \lambda x_a + x_a \cos \lambda x_i)] + l\right\}$$

$$= f\left\{\frac{\varphi}{\sin \varphi}[x_i \cos \lambda (x_a - x_i) - x_a] + l\right\}$$

$$= f\left\{\frac{\varphi}{\sin \varphi} x_i \cos \varphi - \frac{\varphi x_a}{\sin \varphi} + (x_a - x_i)\right\}$$

$$\underline{P_i = -f\left[\left(1 - \frac{\varphi}{\operatorname{tg}\varphi}\right)x_i + \left(\frac{\varphi}{\sin \varphi} - 1\right)x_a\right]} \quad . \quad (250)$$

Das —Zeichen besagt, daß eine **Verminderung des Federdruckes** am inneren Endpunkt eintritt. Eine etwa schon vorhandene Druckspannung, wie bei einer Druckfeder, wird also vermindert, eine vorhandene Zugspannung, wie bei einer Zugfeder, wird vermehrt.

Auf dieselbe Weise findet sich für den **äußeren Endpunkt**:

$$\underline{P_a = f\left[\left(\frac{\varphi}{\sin \varphi} - 1\right)x_i + \left(1 - \frac{\varphi}{\operatorname{tg}\varphi}\right)x_a\right]} \quad \ldots \quad (251)$$

2. **Rechnungsgang für die Berechnung der Federdrücke, die durch die Fliehkräfte der Feder erzeugt werden.**

Wir schreiben die Konstanten:

$$1 - \frac{\varphi}{\operatorname{tg}\varphi} = \alpha; \quad \frac{\varphi}{\sin \varphi} - 1 = \beta;$$

dann sind also die durch die eigenen Fliehkräfte erzeugten zusätzlichen Federdrücke:

$$\left.\begin{array}{r}P_i = -f(\alpha x_i + \beta x_a) \\ P_a = f(\alpha x_a + \beta x_i)\end{array}\right\} \quad \ldots \ldots \quad (252)$$

Tolle, Regelung. 3. Aufl.

Mit Hilfe dieser einfachen Gleichungen sind nicht nur die Federkräfte bequem zu berechnen, sondern es ist auch der Einfluß der einzelnen Größen klar zu erkennen. Man hat für die **Rechnung** etwa folgenden Weg einzuschlagen:

Man bestimme f aus den Federabmessungen nach Gl. 241, berechne

$$\sqrt{\frac{M}{f}} = \sqrt{\frac{\text{Federmasse}}{f}} = \sqrt{\frac{2\pi r \dfrac{\pi \delta^2}{4} \gamma m}{\dfrac{1000 \cdot 981}{100000} \dfrac{\delta^4}{8} \dfrac{}{r^3 m}}} = \frac{2}{100000} \frac{r^2 m}{\delta} \sqrt{\gamma},$$

mit $\gamma = 7{,}8$ also

$$\sqrt{\frac{M}{f}} = \frac{5{,}6}{100000} \frac{r^2 m}{\delta}$$

und damit

$$\varphi = \omega \sqrt{\frac{M}{f}} = \omega \frac{5{,}6}{100000} \frac{r^2 m}{\delta}.$$

Mit Hilfe des Winkels φ ergeben sich die Konstanten

$$\alpha = 1 - \frac{\varphi}{\operatorname{tg}\varphi} \quad \text{und} \quad \beta = \frac{\varphi}{\sin\varphi} - 1,$$

so daß nunmehr die durch die Fliehkräfte am inneren und äußeren Federende erzeugten zusätzlichen Federkräfte nach Gl. 252 berechnet werden können.

3. Beurteilung des Einflusses der Federfliehkräfte.

Für die Anwendung als Reglerfedern kommen zwei Fälle in Betracht:

a) **Druckfedern mit festem äußeren und beweglichem inneren Endpunkt:**

$$x_a = \text{konst.} = x_c; \quad x_i = x = \text{veränderlich.}$$

b) **Zugfedern mit festem inneren und beweglichem äußeren Endpunkt:**

$$x_i = \text{konst.} = x_c; \quad x_a = x = \text{veränderlich.}$$

Im Fall a) ist

$$P_i = f(\alpha x_i + \beta x_a) = f(\alpha x + \beta x_c)$$

die Verminderung des von der Feder am beweglichen Ende ausgeübten, nach innen gerichteten Druckes.

Im Fall b) ist

$$P_a = f(\beta x_i + \alpha x_a) = f(\alpha x + \beta x_c)$$

die Verminderung des am beweglichen Ende ausgeübten Zuges. **In beiden Fällen ist also die am beweglichen Federende durch die Fliehkraft erzeugte Federentlastung P:**

$$P = f(\alpha x + \beta x_c) \quad \ldots \ldots \quad (253)$$

Beidemal setzt sich die Verminderung der Federkraft zusammen

1. aus einem konstanten Gliede $f\beta x_c$ (welches dem Abstande x_c des festen Federendpunktes von der Drehachse proportional ist) und

2. aus einem veränderlichen, dem Abstande x des beweglichen Federendes proportionalen Gliede. Die konstante Federkraftverminderung würde den Ungleichförmigkeitsgrad des Reglers erhöhen und ist deshalb von vornherein durch eine entsprechende Anspannung der Feder auszugleichen.

Um den Einfluß des veränderlichen, mit x proportional wachsenden Gliedes zu übersehen, beachte man, daß die eigentliche Federspannung für jede Längenänderung von 1 cm um f kg zunimmt, also proportional mit der Zunahme von x wächst nach dem Gesetz

$$F = fx.$$

Die Fliehkraft der Feder aber vermindert am beweglichen Ende diesen Wert um den Betrag $f\alpha x$, so daß die wirkliche Federkraftänderung

$$F' = fx - f\alpha x = f(1-\alpha)x$$

beträgt. Setzt man hierin für α seinen Wert $\alpha = 1 - \dfrac{\varphi}{\operatorname{tg}\varphi}$, so folgt die tatsächlich noch verbleibende Federkraftänderung

$$F' = f\frac{\varphi}{\operatorname{tg}\varphi} x.$$

Die Folge der eigenen Fliehkraft ist also (abgesehen von der konstanten Entlastung, die durch eine zusätzliche anfängliche Anspannung der Feder ausgeglichen werden kann) die, daß statt der Größe f die kleinere Größe

$$f' = f\frac{\varphi}{\operatorname{tg}\varphi}$$

bei der Ermittelung der Spannungszunahme der Feder zu benutzen ist; die **Feder ist gleichsam weicher geworden**, und zwar im Verhältnis $\dfrac{f'}{f} = \dfrac{\varphi}{\operatorname{tg}\varphi}$. Sie verhält sich so, wie wenn sie mehr Windungen hätte, als sie in Wirklichkeit besitzt (nicht m, sondern $m\dfrac{\operatorname{tg}\varphi}{\varphi}$). Ja, es kann sogar der Fall eintreten, daß

$$f' = 0$$

wird, daß also die Feder eine **unveränderliche** Kraft am beweglichen Ende ausübt. Dieser Fall liegt vor, wenn

$$\frac{\varphi}{\operatorname{tg}\varphi}=0, \quad \text{d. h. } \operatorname{tg}\varphi=\infty,$$

oder
$$\varphi = \frac{\pi}{2}$$

ist. Es war nun

$$\varphi = \omega\sqrt{\frac{M}{f}} = \omega\,\frac{5{,}6}{100\,000}\,\frac{r^2 m}{\delta};$$

wird mithin

$$\omega\sqrt{\frac{M}{f}} = \omega\,\frac{5{,}6}{100\,000}\,\frac{r^2 m}{\delta} = \frac{\pi}{2},$$

so bleibt die Federkraft konstant.

Wird schließlich
$$\varphi = \omega\sqrt{\frac{M}{f}} > \frac{\pi}{2},$$

so nimmt die Federkraft trotz der eigentlichen Spannungszunahme der Feder wegen ihrer eigenen Fliehkraft ab.

Für den festen Endpunkt beträgt die Spannungsvermehrung durch die Fliehkraft (s. Gl. 252):

a) bei der Druckfeder

$$P_c = P_a = f(\alpha x_a + \beta x_i) = f(\alpha x_c + \beta x),$$

b) bei der Zugfeder

$$P_c = P_i = f(\alpha x_i + \beta x_a) = f(\alpha x_c + \beta x),$$

in beiden Fällen beträgt also die Spannungsvermehrung am festen Federende

$$P_c = f(\alpha x_c + \beta x) \quad \ldots \quad \ldots \quad (254)$$

z. B. die größte Spannungsvermehrung

$$P_{c\,max} = f(\alpha x_c + \beta x_{max}).$$

Die Feder ist demnach nicht für die bei der ruhenden Feder auftretende größte Kraft F_{max}, sondern für eine Kraft auf Festigkeit zu berechnen, die sich ergibt als Summe aus F_{max}, $P_{c\,max}$ und dem Anfangswerte von P, den wir von vornherein durch zusätzliche Anspannung der Feder (vgl. Gl. 253) wirkungslos gemacht haben.

Bei einer über die Drehachse hinausgehenden Zugfeder mit zwei beweglichen Endpunkten, die aus zwei Federn mit festem Endpunkt in der Drehachse angesehen werden kann, ist

$$x_c = x_i = 0$$

Federregler.

und demnach
$$P = f\alpha x; \quad P_c = f\beta x; \quad P_{c\,max} = f\beta x_{max}.$$

4. Näherungsformeln.

Bei kleinen Winkeln φ nähern sich $\dfrac{\varphi}{\operatorname{tg}\varphi}$ und $\dfrac{\varphi}{\sin\varphi}$ so stark dem Wert 1, daß sich ihr Unterschied gegen 1 mit Hilfe der vom Techniker gewöhnlich benutzten Zahlentafeln nicht recht genau bestimmen läßt. Dann empfiehlt sich folgende kleine Umrechnung. Man drückt $\sin\varphi$ und $\cos\varphi$ durch die bekannten Potenzreihen aus und findet bei entsprechender Vernachlässigung der höheren Potenzen von φ die zunächst zu berechnenden Hilfswerte α und β wie folgt. Es ist

$$\alpha = 1 - \frac{\varphi}{\operatorname{tg}\varphi} = 1 - \frac{\varphi\cos\varphi}{\sin\varphi} = \frac{\sin\varphi - \varphi\cos\varphi}{\sin\varphi}$$

$$= \frac{\varphi - \dfrac{\varphi^3}{3!} + \dfrac{\varphi^5}{5!} + \ldots - \varphi\left(1 - \dfrac{\varphi^2}{2!} + \dfrac{\varphi^4}{4!} - \ldots\right)}{\sin\varphi}$$

$$= \frac{-\dfrac{\varphi^3}{6} + \dfrac{\varphi^3}{2} + \dfrac{\varphi^5}{120} - \dfrac{\varphi^5}{24}}{\sin\varphi} = \frac{\dfrac{\varphi^3}{3}\left(1 - \dfrac{\varphi^2}{10}\right)}{\sin\varphi}$$

$$\beta = \frac{\varphi}{\sin\varphi} - 1 = \frac{\varphi - \sin\varphi}{\sin\varphi} = \frac{\varphi - \left(\varphi - \dfrac{\varphi^3}{3!} + \dfrac{\varphi^5}{5!}\ldots\right)}{\sin\varphi}$$

$$= \frac{\dfrac{\varphi^3}{6}\left(1 - \dfrac{\varphi^2}{20}\right)}{\sin\varphi}.$$

Nach diesen beiden Näherungsformeln, die so genau sind, daß sie sogar für den großen Wert $\varphi = \dfrac{\pi}{2}$

$\alpha = 0{,}972$ statt 1 und $\beta = 0{,}567$ statt 0,5708

liefern, lassen sich α und β außerordentlich genau berechnen.

Für kleine Werte von φ (unbedenklich bis $\varphi = 0{,}5$ rd. 30^0) kann man statt $\sin\varphi$ φ setzen und erhält dann

$$\alpha = \frac{\varphi^2}{3}\left(1 - \frac{\varphi^2}{10}\right); \quad \beta = \frac{\varphi^2}{6}\left(1 - \frac{\varphi^2}{20}\right).$$

Vernachlässigt man schließlich auch noch $\dfrac{\varphi^2}{10}$ bzw. $\dfrac{\varphi^2}{20}$ gegen 1, so wird

$$\alpha \infty \frac{\varphi^2}{3} \quad \text{und} \quad \beta \infty \frac{\varphi^2}{6}.$$

Da $\varphi = \omega \sqrt{\dfrac{M}{f}}$, also $\varphi^2 = \dfrac{\omega^2 M}{f}$ war, so ist

$$\alpha \infty \frac{\omega^2 M}{3f}; \quad \beta \infty \frac{\omega^2 M}{6f}$$

und hiermit nach den Hauptformeln 253 und 254:

$$P = f(\alpha x + \beta x_c) = \text{rd.} \frac{\omega^2}{6} M(2x + x_c)$$

$$P_c = f(\alpha x_c + \beta x) = \text{rd.} \frac{\omega^2}{6} M(x + 2x_c).$$

Diese beiden Näherungsformeln, zuerst von Zvoniček in der Z. d. V. d. Ing. 1908, S. 303 mitgeteilt, genügen in den meisten in der Praxis des Reglerbaues vorkommenden Fällen durchaus.

Bei der Anwendung von Druckfedern hat man noch folgendes zu beachten. Da bei der allmählichen Drucksteigerung die Federwindungen immer dichter zusammenrücken und infolge der eigenen Fliehkraft die Feder außen die größte Spannung erfährt, so muß von vornherein zwischen den Windungen ein so großer Zwischenraum vorhanden sein, daß sich die Federwindungen außen nicht aufeinanderlegen. Nennen wir den gesamten Zwischenraum bei der spannungslosen Feder e_0, und würde die größte Federspannung $F_{max} + P_{c\,max}$ auf die ganze Feder einwirken, so dürfte die Zusammendrückung $\dfrac{F_{max} + P_{c\,max}}{f}$ höchstens $= e_0$ werden, wenn die Windungen sich bei der größten Kraft gerade aufeinanderlegen sollen. Die Gleichung

$$e_0 \geqq \frac{F_{max} + P_{c\,max}}{f}$$

gilt aber auch für den hier wirklich vorliegenden Fall. Denn betrachten wir nur das alleräußerste Federstück von der Länge dl, so gilt für dieses $\dfrac{f \cdot l}{dl}$ statt f; der für dl zur Verfügung stehende Zwischenraum ist $\dfrac{e_0 \, dl}{l}$, folglich muß sein

$$\frac{e_0 \cdot dl}{l} \geqq \frac{F_{max} + P_{c\,max}}{fl:dl} \quad \text{oder} \quad e_0 \geqq \frac{F_{max} + P_{c\,max}}{f}$$

Ist diese Bedingung nicht erfüllt, so legen sich die Federwindungen, und zwar außen anfangend, allmählich aufeinander, hierdurch die wirksame Federlänge nach und nach verkleinernd. Die Feder wird folglich immer härter, f wächst fortwährend, Federspannung und Verschiebung des beweglichen (inneren) Federendes wachsen nicht mehr proportional. Dieser ungünstigste Fall sollte also durch genügend großen Zwischenraum e_0 vermieden werden.

β) Querfedern, deren Mittellinie an der Spindelmitte vorbeigeht.

Hier macht sich der Einfluß der Fliehkraft c der einzelnen Teile auf zweierlei Art geltend: 1. die Komponenten c_x in der Längsrichtung der Feder verändern die Federspannung so, wie im vorigen Abschnitt ausführlich gezeigt wurde, 2. die Komponenten c_y senkrecht zur Federlängsrichtung bewirken eine Durchbiegung der Feder und liefern an den Federenden Drücke C_n, die senkrecht zur Federachse stehen.

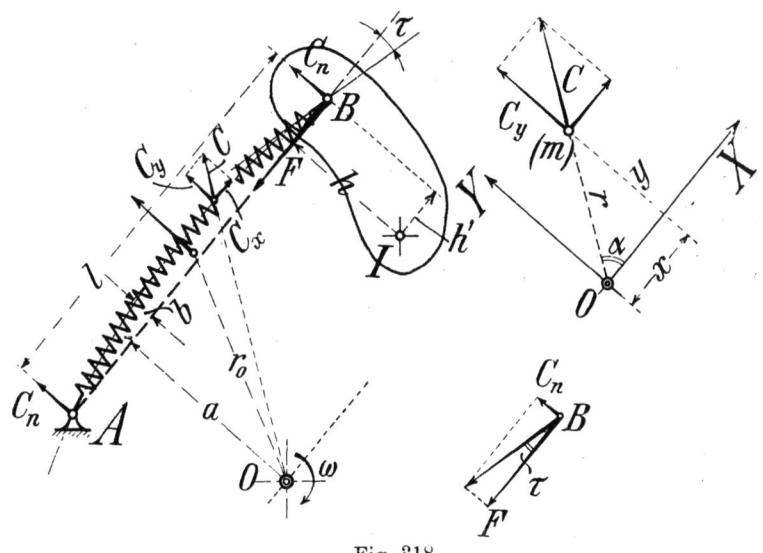

Fig. 318.

Legt man durch die Drehachse ein rechtwinkliges Achsenkreuz so, daß die X-Achse parallel zur geraden Verbindungslinie AB der Federendpunkte läuft, bezeichnet die Koordinaten eines Massenteilchens m der Feder mit x und y und zerlegt die Fliehkraft $c = m\omega^2 r$ in die beiden Komponenten c_x und c_y, so wird

$$c_x = c \cdot \cos \alpha = m\omega^2 r \cos \alpha = m\omega^2 x \quad \text{und}$$
$$c_y = c \cdot \sin \alpha = m\omega^2 r \sin \alpha = m\omega^2 y.$$

Die Längskomponente c_x wächst also proportional mit x; ihre Wirkung fällt in der Tat genau so aus, als ob die (gerade gedachte) Feder durch die Drehachse O ginge; alle Beziehungen des vorigen Abschnittes können hierfür sinngemäß benutzt werden. Für die wirklich vorkommenden Verhältnisse ist nun weiter die Durchbiegung b der Feder so gering, daß y für alle Teile der Feder fast konstant $=a$ ist; deshalb stellt sich die Belastung der Feder durch die Normalkomponenten c_y der Fliehkraft als eine gleichmäßig verteilte Belastung dar. Sieht man von der Biegungssteifigkeit der Feder, die tatsächlich einen kaum merkbaren Einfluß ausübt[1]) ab, so nimmt also die Federmittellinie infolge der Fliehkraft die Form einer Parabel an, und auf die beiden Endpunkte der Feder wird je die Hälfte der gesamten Fliehkraftkomponenten senkrecht zur Längsachse übertragen, daher ergibt sich

$$C_n = \frac{1}{2} M \omega^2 a.$$

Will man genauer verfahren und die Veränderlichkeit von y berücksichtigen, so benutze man den auf S. 378 abgeleiteten Satz und zerlege die im Schwerpunkte der Feder angreifend zu denkende Fliehkraft in eine Längs- und eine Querkomponente. Setzen wir, was für flache Bogen mit ziemlicher Genauigkeit gilt, den Abstand des Schwerpunktes S von der Sehne $AB = \frac{2}{3}$ der Bogenhöhe $= \frac{2}{3} b$, so finden wir genauer

$$C_n = \tfrac{1}{2} M \omega^2 (a + \tfrac{2}{3} b).$$

Die Federmittellinie wieder als Parabel aufgefaßt, gilt aber für b:

$$b = \frac{1}{2} \frac{l}{2} \operatorname{tg} \tau = \frac{l}{4} \frac{C_n}{F},$$

folglich ist

$$C_n = \frac{1}{2} M \omega^2 \left(a + \frac{1}{6} l \frac{C_n}{F} \right) \quad \text{oder}$$

$$\underline{C_n = \frac{M \omega^2 a}{2 - \dfrac{M \omega^2 l}{6 F}} = \frac{\tfrac{1}{2} M \omega^2 a}{1 - \dfrac{M \omega^2 l}{12 F}}.}$$

Was schließlich die Längskraft der Feder anbetrifft, so muß man eigentlich beim Berechnen der durch die Längenänderungen bedingten Federkräfte mit den Bogenlängen rechnen; nennt man die Sehnenlänge l, so ist bekanntlich für die Länge eines Parabelbogens (angenähert)

$$L = l \left[1 + \frac{1}{6} (\operatorname{tg} \tau)^2 \right] = l \left[1 + \frac{1}{6} \left(\frac{C_n}{F} \right)^2 \right].$$

---

[1]) Vgl. hierzu des Verfassers Studie „Die steife Kettenlinie" in Z. d. V. d. Ing. 1897, S. 857 von Gl. 18 bis S. 858 linke Spalte.

In den meisten Fällen wird aber das Korrektionsglied $\frac{1}{6}\left(\frac{C_n}{F}\right)^2$ so klein, daß unbedenklich die Sehnenlänge l der Rechnung zugrunde gelegt werden kann.

Der Einfluß von C_n ist deutlich aus Fig. 318 zu ersehen, die etwa die Anwendung einer solchen Querfeder auf Achsenregler zeigt: ohne Berücksichtigung der Federfliehkraft würde auf den Schwungkörper ein Moment $\mathfrak{M}_f = Fh$ ausgeübt, mit Berücksichtigung der Fliehkraft dagegen $\mathfrak{M}_f' = Fh + C_n h'$. Bei Reglern nach Fig. 355 ist der Einfluß von C_n natürlich ausgeschaltet; es bleibt nur die im vorigen Abschnitt erläuterte Wirkung der Fliehkraft zu berücksichtigen.

c) Federregler mit einer Längsfeder.

Der Ersatz einer Gewichtsbelastung der Muffe durch Federkraft liegt ja nahe, deshalb finden wir auch eine ganze Reihe von Federreglern, bei denen die Belastungsfeder unmittelbar an der Muffe angreift. Alle diese Regler haben einen grundsätzlichen Übelstand: Soll der Regler trotz der mit steigender Muffe zunehmenden Federkraft nahezu astatisch werden, so muß die C_q-Kurve einen ausgesprochen labilen Charakter besitzen. Selbst kleine Änderungen der Federspannung bewirken demnach eine ganz bedeutende Änderung des Ungleichförmigkeitsgrades. Diese Regler sind also ausnahmslos nicht dazu geeignet, durch Spannen oder Entspannen der Feder die Umdrehzahl zu erhöhen oder zu erniedrigen. Wir können uns die großen Vorteile einer astatischen C_q-Kurve nicht zunutze machen.

Wegen des notwendig stark labilen Charakters der C_q-Kurve ruft hier schon die normale Verstellkraft eine nicht unwesentliche Änderung des Ungleichförmigkeitsgrades hervor.

Als Getriebe überwiegt das Kreuzschleifengetriebe, wenn auch hier und da behufs Vermeidung der durch Führungsrollen bedingten großen Reibung die Rollen durch Stelzen oder Hängestangen ersetzt werden, wodurch aus der Kreuzschleife ein geschränktes Schubkurbelgetriebe mit geknickten Pendelarmen hervorgeht. Wir finden sowohl unmittelbare, wie auch umgekehrte Aufhängung der Pendel. Nachstehend sind einige Beispiele behandelt.

α) Regler mit festem Pendeldrehpunkt.
1. Regler mit Kreuzschleife.
(Frühere Konstruktion von H. Hartung in Düsseldorf.)

Die Bauart dieser Regler ist aus Fig. 319 ersichtlich. Zwei, bei größeren Nummern vier längliche Schwungmassen werden von

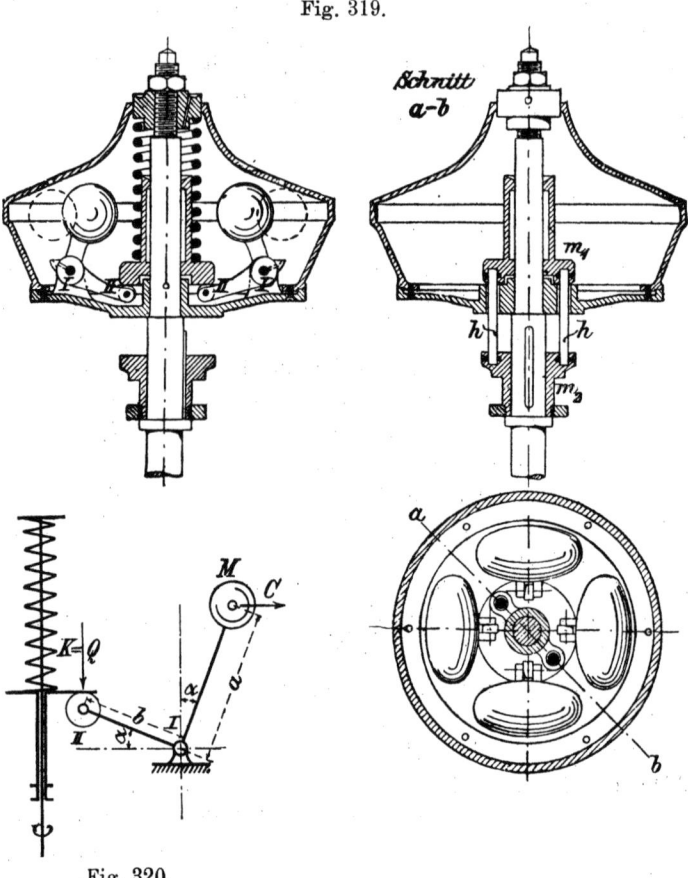

Fig. 319.

Fig. 320.

Winkelhebeln getragen, deren Drehachsen I in einem mit der Spindel fest verbundenen Gehäuse gelagert sind. Der nahezu wagerechte Arm der Winkelhebel erhält senkrecht nach unten den Druck einer zylindrischen Schraubenfeder. Führungsrollen bei II gleiten an der inneren Muffe m_1, auf die die Feder drückt; durch zwei Hängestangen h wird die Bewegung der inneren Muffe m_1 auf die äußere Muffe m_2 übertragen.

Fig. 320 zeigt das Getriebe in schematischer Darstellung; Winkel $MIII$ ist $= 90°$, Arm $MI = a$, Arm $III = b$. Weicht IM um den Winkel α von der senkrechten Mittellage ab, so gilt für C_q die Gleichung

$$C_q \cdot a \cos \alpha = Q \cdot b \cos \alpha;$$

daraus folgt

$$C_q = \frac{b}{a} Q = \text{konst.};$$

die C_q-Kurve ist also eine zur Grundlinie ON Parallele, mithin derart stark labil, daß zur Herstellung eines astatischen Reglers Q durch eine mit steigender Muffe zunehmende Federkraft F ersetzt werden muß.

Für C_g gilt die Momentengleichung:

$$C_g \cdot a \cos \alpha + G \cdot a \sin \alpha = 0;$$

daraus

$$C_g = - G \operatorname{tg} \alpha,$$

wie beim Regler mit Kurbelgetriebe, so daß die in Fig. 253 angegebene Konstruktion für C_g auch hier Verwendung findet.

Um einen Überblick über den Einfluß der einzelnen Größen zu gewinnen, ist in Fig. 321 ein Beispiel auf Grund folgender Zahlenwerte durchgeführt worden:

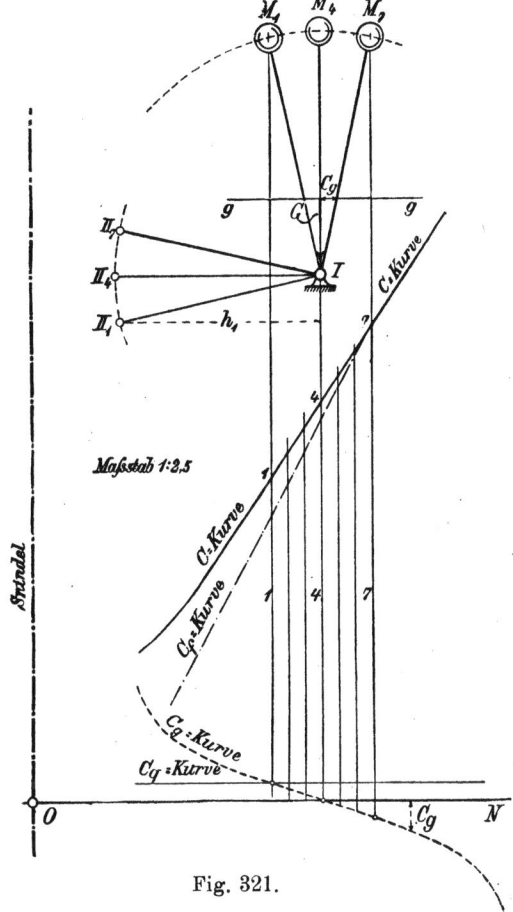

Fig. 321.

Längenmaßstab $1 : 2,5$; Kräftemaßstab 1 mm $= 2,5$ kg;
Gewicht aller Schwungmassen $G = 25$ kg;
Muffengewicht [einschl. d. halben Federgewichts[1])] $Q = 7$ kg;
$a = 8$ cm; $b = 7$ cm;
Abstand des Drehpunktes I von der Spindelmitte $= 10$ cm;

---

[1]) Das halbe Federgewicht ist in Rechnung zu setzen, da sich der Schwerpunkt der Feder, der in ihrer Mitte liegt, halb so schnell hebt wie die Muffe, also halb so viel Arbeit leistet, wie wenn das ganze Federgewicht unmittelbar mit der Muffe vereinigt wäre.

Muffenhub $s = 3$ cm.

Das Arbeitsvermögen soll $\mathfrak{A} = 450$ cmkg betragen.

Da $\dfrac{C_q}{Q} = \dfrac{a}{b}$ konstant ist, so ist auch

$$\frac{C}{E} = \frac{b}{a} = \frac{7}{8} = \text{konst.}$$

Der mittlere Muffendruck folgt aus $\mathfrak{A}$:

$$E_m = \frac{\mathfrak{A}}{s} = \frac{450}{3} = 150 \text{ kg,}$$

mithin wird die mittlere Fliehkraft

$$C_m = \frac{7}{8} \cdot E_m = \frac{7}{8} \, 150 = 131 \text{ kg.}$$

(Nach Gl. 169 findet man daraus die mittlere Umdrehzahl

$$n = 30 \sqrt{\frac{C}{x}\frac{1}{G}} = 30 \sqrt{\frac{131}{0{,}10}\frac{1}{25}} = 217 \text{ i. d. Min.)}$$

Von C_m ausgehend kann man nun die C-Kurven wie folgt entwickeln.

Der beabsichtigte Ungleichförmigkeitsgrad sei $\delta = 0{,}02 = 2\,^0/_0$; dann trage man von der Grundlinie ON aus für $x = 10$ cm, $C_m = 131$ kg und vom Endpunkte von C_m aus nach oben und unten je $\delta \cdot C_m = 0{,}02 \cdot 131 = 2{,}62$ kg ab, ziehe durch die beiden Endpunkte von O aus Strahlen, welche (gemäß Fig. 249) auf den äußersten Fliehkraftordinaten die größte Fliehkraft C_7 und die kleinste Fliehkraft C_1 abschneiden. Fig. 321 liefert $C_1 = 106$ kg, $C_7 = 156$ kg. Zieht man hiervon $C_r = Q \dfrac{b}{a} = 7 \cdot \dfrac{7}{8} = 6$ kg und die durch Konstruktion gefundenen Werte C_g ab, so bleiben diejenigen Werte der Fliehkräfte C übrig, welche durch die Belastungsfeder im Gleichgewicht zu halten sind. Die dazu erforderlichen Federspannungen F findet man dann:

$$F = \frac{a}{b} C_f = \frac{8}{7} C_f,$$

und zwar $\quad F_{max} = F_7 = \frac{8}{7} \cdot C_{f7} = \frac{8}{7} \cdot 156 = 179$ kg,
$\qquad\qquad F_{min} = F_1 = \frac{8}{7} \cdot C_{f1} = \frac{8}{7} \cdot 94 = 107$ kg.

Nunmehr können die Federabmessungen aus

$$F_{max} = 179 \text{ kg}$$

und $\qquad\qquad f = \dfrac{F_{max} - F_{min}}{\text{Muffenhub}} = \dfrac{72}{3} = 24$ kg/cm,

wie unter b) gezeigt, berechnet werden.

Wählt man z. B. (mit Rücksicht auf den Spindeldurchmesser) $r = 3{,}5$ cm, so folgt die Drahtdicke δ aus $F_{max} \cdot r = \mathfrak{S}_t \cdot \dfrac{\delta^3}{5}$:

$$179 \cdot 3{,}5 = 3000 \cdot \frac{\delta^3}{5}; \quad \delta^3 = 1{,}05 \text{ cm}^3;$$

$$\delta = 1{,}02 \text{ cm}.$$

Windungszahl $m = \dfrac{100000}{f} \cdot \dfrac{\delta^4}{\delta^3} = \dfrac{100000}{24} \cdot \dfrac{1{,}07}{7^3}$

$$m = 13.$$

Ermittelt man mit Hilfe von f die Federspannungen $F_2 \ldots F_6$ für die übrigen Muffenstellungen, sucht dazu die Werte C_f, so wird die C_f-Kurve offenbar geradlinig. Auch die C_q-Kurve ist genau geradlinig; die C_g-Kurve, die in der Mittellage einen Wendepunkt hat, wird in der benutzten Strecke fast geradlinig, so daß auch die gesamte C-Kurve nahezu geradlinig verläuft. Der Ungleichförmigkeitsgrad dürfte also beliebig klein gemacht werden, ohne daß Gefahr vorläge, labile Zwischenpunkte zu erhalten. Diese Eigenschaft ist jedenfalls als Vorteil des Reglers aufzufassen.

Ebensowenig wie eine nachträgliche Änderung der Schwungmassen wegen des sehr stark labilen Charakters der C_g-Kurven (ohne gleichzeitige Änderung der Federspannung) zulässig ist, kann wegen der labilen C_q-Kurve durch Spannen oder Entspannen der Belastungsfeder die Umdrehzahl abgeändert werden, was wir schon als Eigentümlichkeit aller Regler mit ausschließlicher Federbelastung der Muffe erkannt haben.

Die Größe der auf die Muffe reduzierten Eigenreibung R ist leicht zu berechnen. Der Zapfen I (Fig. 322) erhält als Druck die Resultierende aus der wagerechten Kraft C und der senkrechten Kraft $Q + G + F$:

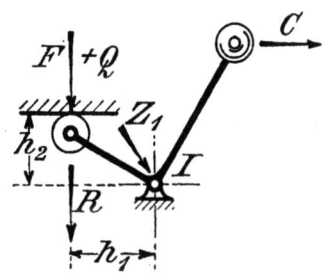

Fig. 322.

$$Z_1 = \sqrt{C^2 + (Q + G + F)^2},$$

die am einfachsten für die einzelnen Stellungen als Hypothenuse aus rechtwinkligen Dreiecken entnommen wird; die Rolle bei II empfängt den senkrechten Druck $Q + F$. Für ein Verhältnis des Zapfendurchmessers zum Rollendurchmesser $= \frac{1}{3}$ ist (vgl. S. 440) $\mu' = \frac{1}{3}\mu = \frac{1}{30}$, mithin der Reibungswiderstand bei $II = \mu' \cdot Z_2$ und das auf I bezogene Moment dieses Widerstandes $= \mu' Z_2 \cdot h_2$. Ist weiter der Durchmesser des Zapfens $I = d$, so beträgt das Zapfenreibungsmoment für $I = \mu Z_1 \dfrac{d}{2}$. Folglich findet sich R aus der Momentengleichung:

$$R h_1 = \mu' Z_2 h_2 + \mu Z_1 \dfrac{d}{2}$$

$$R = \dfrac{\mu' Z_2 h_2 + \mu Z_1 \dfrac{d}{2}}{h_1}.$$

Hiernach sind die Werte von R mit $\mu = 0{,}1$ und $d = 15$ mm in nachstehender Tabelle berechnet.

Nummer der Stellung	Abstand x der Kugelmitten von der Spindel	Fliehkraft C	Minutl. Umdrehzahl n	Federspannung F	Zapfendrücke		Arme		Reibungsbetrag R	Muffendruck E	Unempfindlichkeitsgrad		
											hervorgerufen durch		im ganzen
					$Z_2 = Q + F$	$Z_1 = \sqrt{C^2 + (Q+F)^2}$	h_1	h_2			R	$W = 5$ kg	
	m	kg		kg	kg	kg	mm	mm	kg	kg	$\varepsilon_r = {}^0/_0$	$\varepsilon_w = {}^0/_0$	$\varepsilon = {}^0/_0$
1	0,083	106	215	107	114	174	68	5	2,20	121	1,82	4,13	5,59
2	0,088	114	—	119	126	189	69	10	2,67	130	2,05	3,85	5,90
3	0,094	122	—	131	138	204	69,5	15	3,20	140	2,28	3,57	5,85
4	0,100	131	217	143	150	219	70	20	3,78	150	2,52	3,33	5,85
5	0,106	140	—	155	162	233	69,5	25	4,46	160	2,79	3,13	5,92
6	0,112	148	—	167	174	247	69	30	5,21	170	3,05	2,94	6,00
7	0,117	156	219	179	186	262	68	35	6,07	179	3,39	2,79	6,18

Der Muffendruck nimmt nach oben hin erheblich zu, von 121 kg bis 179 kg. Noch schneller wächst der auf die Muffe reduzierte Reibungsbetrag nach oben hin. Der durch die Eigenreibung erzeugte Unempfindlichkeitsgrad ε_r schwankt ebenfalls beträchtlich, er ist in der tiefsten Muffenstellung am kleinsten $= 1{,}82\,^0/_0$ und wächst von da aus nach oben hin ziemlich gleichmäßig bis $3{,}39\,^0/_0$; der gesamte Unempfindlichkeitsgrad dagegen ist fast konstant $= $ rd. $6\,^0/_0$.

Der reduzierte Muffenhub wird

$$s_r = \dfrac{7 \cdot 3^2 + 25 \cdot 3{,}4^2}{150 \cdot 3} = 0{,}78$$

d. i. $\sim \tfrac{1}{4}$ des wirklichen Muffenhubes.

2. Regler mit Kurbelgetriebe.

(Neuer Federregler von F. Beyer in Erfurt.)

Dieser in Fig. 323 dargestellte Regler unterscheidet sich von dem in Fig. 319 wiedergegebenen hinsichtlich der Haupteigenschaften nur unbedeutend. Die Führungsrollen bei II sind durch Stelzen $II\ III$ ersetzt, die bei III auf Schneiden ruhen; durch Einfügung der Lenkstangen $II\ III$ ist das Getriebe ein Kurbelmechanismus geworden. Die Konstruktion der C_g- und der C_q-Kurve kann deshalb nach Fig. 253 und 254 erfolgen, und auch sonst kann die Untersuchung genau, wie früher bei den Reglern mit Kurbelgetriebe gezeigt wurde, durchgeführt werden.

Die Muffe geht oben in ein den Regler bis auf die Schwungkörper umschließendes Gehäuse über. Dieses dient somit als Gewichtsbelastung der Muffe. Die C_q-Kurve muß notwendig stark labil sein, da die mit wachsendem Muffenhube stark zunehmende Federkraft unmittelbar die Muffe belastet. Anspannen der Feder behufs Erhöhung der Umdrehzahl vermindert also den Ungleichförmigkeitsgrad. Um diesen Nachteil unschädlich zu machen, überhaupt, um den Ungleichförmigkeitsgrad verändern zu können, ist das obere Widerlager der Feder in diese eingeschraubt; schraubt man die Gegenplatte tiefer in die Feder hinein, so vermindert man deren Windungszahl m, vergrößert also f und macht dadurch die C_f-Kurve, mithin auch die gesamte C-Kurve, statischer;

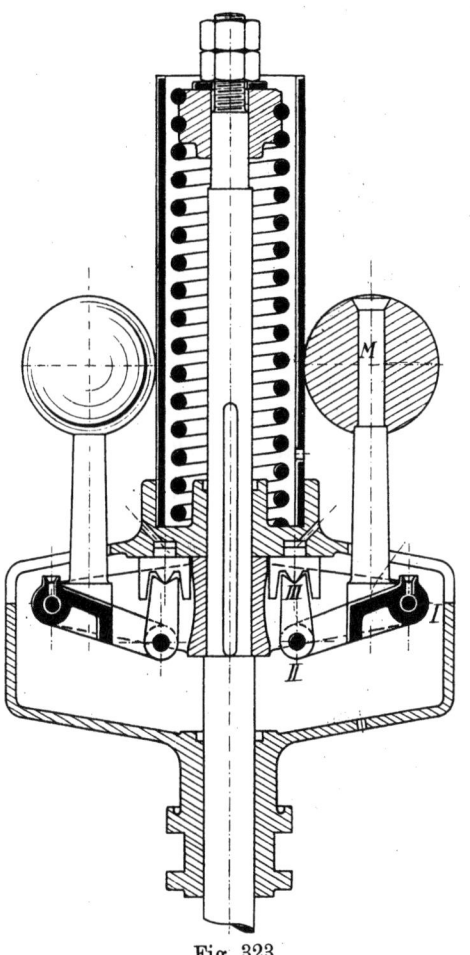

Fig. 323.

der Ungleichförmigkeitsgrad wird größer. Offenbar ist es durch dieses Mittel möglich, den Ungleichförmigkeitsgrad wirksam abzuändern. Allerdings wird es nicht möglich sein, die Änderung der Windungszahl bei der angespannten Feder praktisch auszuführen; die rauhe Oberfläche des Federdrahtes und die Verschiedenartigkeit der Steigung der mittleren Schraubenlinie bei verschiedenen Federspannungen bewirken eine solch große Reibung, daß die Gegenplatte nur mit großem Kraftaufwand bewegt werden kann. Will man also die Windungszahl verändern, so ist zunächst durch Lösen der beiden oberen Muttern die Feder zu entspannen, dann die Gegenplatte einzustellen und nun die Feder wieder anzuspannen. Zahlenmäßig wollen wir das in Rede stehende Mittel zur Veränderung des Ungleichförmigkeitsgrades unten prüfen.

Dem Beispiel in Fig. 324 liegen folgende Verhältnisse zugrunde:

Längenmaßstab $2:5$; Kräftemaßstab $1 \text{ mm} = 2,5 \text{ kg}$;
Muffengewicht einschl. halbes Federgewicht $Q = 20$ kg;
Gesamtgewicht beider Schwungkugeln $G = 7$ kg;
Muffenhub $s = 50$ mm.
Federmaße: $r = 3,5$ cm; $\delta = 1,05$ cm; $m = 14$,

$$\text{also} \quad f = \frac{100000}{14} \cdot \frac{1,05^4}{7^3} = 25,2 \text{ kg/cm}.$$

Hiermit wurde gezeichnet:

1. Eine C_q-Kurve für das Muffengewicht $Q = 20$ kg nach der Konstruktion Fig. 254.
2. Eine C_q-Kurve für $Q + F_0 = 20 + 40 = 60$ kg, d. h. für eine durch Nachspannen der Feder um $F_0 = 40$ kg vergrößerte Muffenbelastung.
3. Eine C_f-Kurve, indem für die einzelnen Muffenstellungen an Stelle von Q die proportional mit den Muffenwegen anwachsenden Federspannungen zur Konstruktion von C_q nach Fig. 254 benutzt wurden; in Fig. 324 sind $F_1 = I f_1 = 70$ kg, $F_5 = I f_5 = 70 + s \cdot f = 70 + 5 \cdot 25,2 = 196$ kg, die Zwischenwerte F_2, F_3, F_4 entsprechend dem jeweiligen Muffenweg.
4. Die C_g-Kurve nach Fig. 253.

Dann wurde durch Addition von C_f, C_g und C_q die gesamte C-Kurve für die normale Umdrehzahl n entwickelt, außerdem eine C-Kurve für eine zusätzliche Federspannung $F_0 = 40$ kg durch Addition von C_f, C_g und C_q für $Q + F_0$; diese Erhöhung der Muffenbelastung um 40 kg ist gleichbedeutend mit einer Vergrößerung der Umdrehzahl um 14%.

Federregler.

Wie aus Fig. 324 ersichtlich ist, hat der Regler für die normale Umdrehzahl einen Ungleichförmigkeitsgrad $\delta = 11\,^0/_0$, bei der um $14\,^0/_0$ erhöhten Umdrehzahl aber nur einen solchen $\delta = 2\,^0/_0$, der

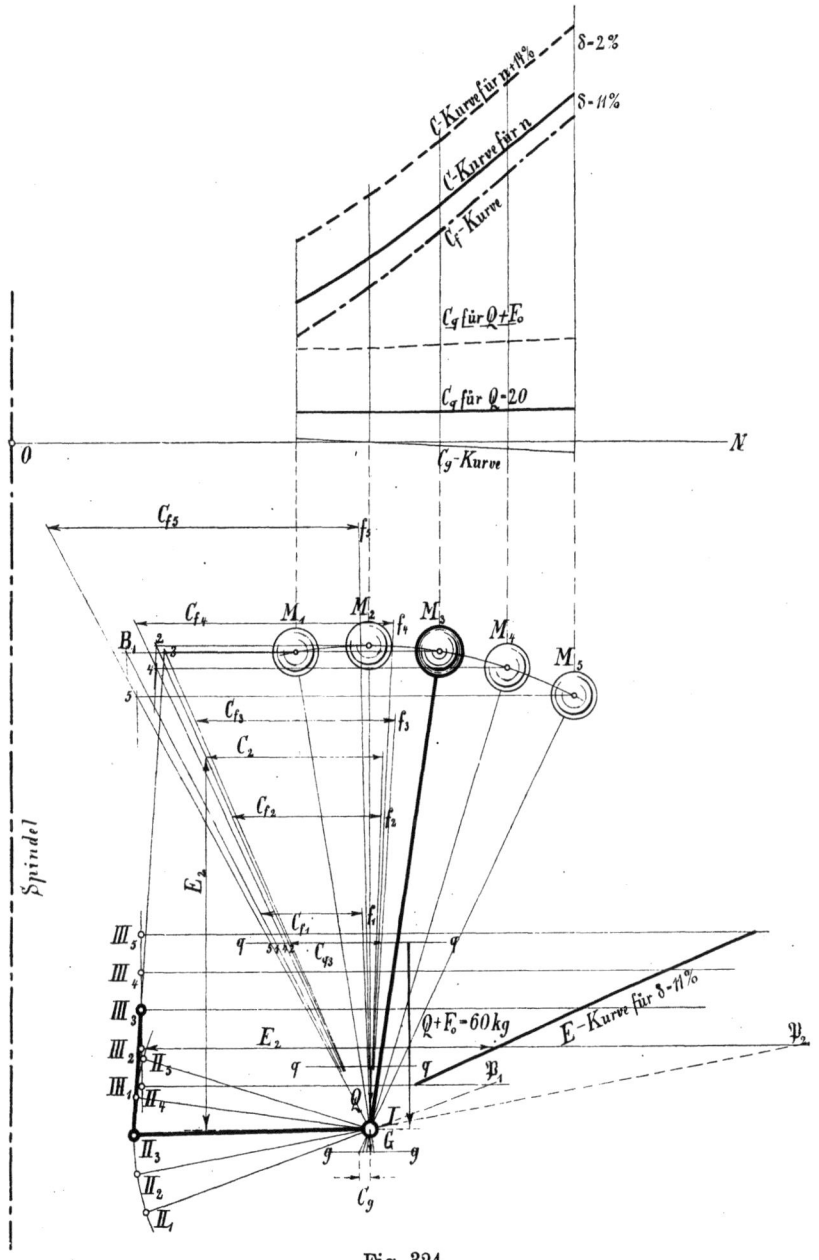

Fig. 324.

Ungleichförmigkeitsgrad hat also ganz bedeutend abgenommen. Würde z. B. für die normale Umdrehzahl $\delta = 4\,^0/_0$ gewählt sein, so wäre bei der um $14\,^0/_0$ höheren Umdrehzahl der Regler stark labil, folglich unbrauchbar. Will man trotz der Vergrößerung der Muffenbelastung den Ungleichförmigkeitsgrad $\delta = 11\,^0/_0$ beibehalten, so muß man die Windungszahl m der Feder verringern, damit die C_f-Kurve entsprechend steiler verläuft. Die Endordinate der C-Kurve (also auch der C_f-Kurve) muß zu diesem Zwecke (vgl. Gl. 175) größer werden um $2 \cdot C\,(0{,}11 - 0{,}02) = 2 \cdot C \cdot 0{,}09$; nun ist $C_{max} \sim 145$ kg, somit muß diese Vergrößerung $2 \cdot 145 \cdot 0{,}09 \sim 26$ kg betragen. Zu $C_{f5} = 26$ kg findet man aus Fig. 324 $F_5 = 48$ kg; diese Zunahme und die bereits vorhandene Spannungszunahme der Feder um $s \cdot f = 5 \cdot 25{,}2 = 126$ kg liefern zusammen eine Zunahme an Spannung von $126 + 48 \sim 175$ kg, die bei einer Verkürzung der Feder um $s = 5$ cm entstehen soll. Folglich wird das neue $f = \frac{175}{5} = 35$ kg/cm. Zu $f = 25{,}2$ kg/cm gehörten $m = 14$ Windungen, die jetzt erforderliche Windungszahl wird demnach

$$m = \frac{25{,}2}{35} \cdot 14 = 10,$$

d. h. man muß vier Windungen ausschalten, wenn man durch Erhöhung der Muffenbelastung die Umdrehzahl um $14\,^0/_0$ steigern und trotzdem den Ungleichförmigkeitsgrad beibehalten will.

Die Berechnung der auf die Muffe reduzierten **Eigenreibung** R kann nach Formel 197 geschehen:

$$R = \frac{\mu}{2} \frac{Z_1 d_1 + Z_2 d_2}{h_1} + \frac{\mu}{2} \frac{Z_2 d_2 + Z_3 d_3}{h_3}.$$

Bei der Entwickelung dieser Formel wurden solche Stellungen des Kurbeltriebes vorausgesetzt, bei denen die relative Winkeländerung am Zapfen II als Summe der absoluten Richtungsänderungen der beiden Stangen $I\,II$ und $II\,III$ zu ermitteln ist, also in der obigen Gleichung die Werte $\frac{\mu}{2} Z_2 \frac{d_2}{h_1}$ und $\frac{\mu}{2} Z_2 \frac{d_2}{h_3}$ zu addieren sind. Hier liegen die Verhältnisse nun insofern anders, als bei dem angewandten geschränkten Schubkurbelgetriebe für die Stellungen unterhalb der Mittelstellung 3 die Winkeländerung der Stangen $I\,II$ und $II\,III$ sich als **Differenz** der absoluten Richtungsänderungen dieser beiden Stangen ergeben, wie man leicht aus der Fig. 324 sehen kann. Demgemäß ist das Glied $\frac{\mu}{2} Z_2 \frac{d_2}{h_3}$ für die Stellungen unterhalb Stellung 3 negativ zu nehmen; oberhalb von Stellung 3 ist die Relativverdrehung wieder die Summe der beiden absoluten Richtungsänderungen. Es erhält $\frac{\mu}{2} Z_2 \frac{d_2}{h_3}$ das wechselnde

Federregler.   531

Vorzeichen, da $h_3 > h_1$, also $\dfrac{\mu}{2} Z_2 \dfrac{d_2}{h_3} < \dfrac{\mu}{2} Z_2 \dfrac{d_2}{h_1}$ ist; die Differenz beider Werte wird folglich, wie es sein muß, positiv, wenn wir schreiben:

$$R = \frac{\mu}{2} \cdot \frac{Z_1 d_1 + Z_2 d_2}{h_1} + \frac{\mu}{2} \cdot \frac{\mp Z_2 d_2 + Z_3 d_3}{h_3},$$

wobei das negative Vorzeichen für die Muffenstellungen unter 3 (für 3 steht Kurbelarm *III* wagerecht!), das positive Zeichen für die Stellungen oberhalb 3 zu nehmen ist.

Bei unserem Beispiel ist $d_1 = d_2 = 10$ mm, $d_3 = 5$ mm, wenn die Schneide nach einem Halbmesser $r_3 = 2\tfrac{1}{2}$ mm abgerundet wird. Ferner ist $Z_2 = Z_3$, folglich mit $\mu = 0{,}1$:

$$R = \frac{0{,}1 \cdot 10}{2} \cdot \frac{Z_1 + Z_2}{h_1} + \frac{0{,}1\,(\mp 10) Z_2 + 5 Z_2}{2} \cdot \frac{1}{h_3}$$

$$R = \frac{1}{2} \cdot \frac{Z_1 + Z_2}{h_1} + \frac{1}{20} \cdot \frac{(\mp 10 + 5) Z_2}{h_3}.$$

Hiernach sind die Werte in folgenden Tabellen berechnet.

Tabelle für normale Umdrehzahl.

Nummer der Stellung	Abstand x der Kugelmitten von d. Spindel m	Fliehkraft C kg	Minutliche Umdrehzahl n	Zapfendrücke Z_1 kg	Zapfendrücke $Z_2 = Z_3$ kg	Arme h_1 mm	Arme h_3 mm	Reibungsbetrag R kg	Muffendruck E kg	Unempfindlichkeitsgrad hervorgerufen durch R $\varepsilon_r = {}^0/_0$	$W = 5$ kg $\varepsilon_w = {}^0/_0$	im ganzen $\varepsilon = {}^0/_0$
1	0,097	45,5	245	108	90	76,5	116	1,10	92	1,20	5,44	6,64
2	0,122	60	251	140	121	78	224	1,54	121	1,27	4,14	5,41
3	0,146	77,5	260	173	153	80	∞	2,05	150	1,37	3,33	4,70
4	0,170	95,5	269	210	184	79,5	307	2,93	179	1,64	2,79	4,43
5	0,192	113	275	251	215	76	133	4,28	208	2,05	2,42	4,47

Tabelle für eine um $14\,{}^0/_0$ erhöhte Umdrehzahl.

Nummer der Stellung	Abstand x der Kugelmitten von d. Spindel m	Fliehkraft C kg	Minutliche Umdrehzahl n	Zapfendrücke Z_1 kg	Zapfendrücke $Z_2 = Z_3$ kg	Arme h_1 mm	Arme h_3 mm	Reibungsbetrag R kg	Muffendruck E kg	Unempfindlichkeitsgrad hervorgerufen durch R $\varepsilon_r = {}^0/_0$	$W = 5$ kg $\varepsilon_w = {}^0/_0$	im ganzen $\varepsilon = {}^0/_0$
1	0,097	65,5	294	154	130	76,5	116	1,57	132	1,18	4,24	5,42
2	0,122	80,5	291	184	161	78	224	2,03	161	1,26	3,11	4,37
3	0,146	98	294	217	193	80	∞	2,57	190	1,35	2,63	3,98
4	0,170	117	298	254	224	79,5	307	3,56	219	1,63	2,28	3,91
5	0,192	135	302	297	255	76	133	5,08	248	2,05	2,02	4,07

Der durch die Eigenreibung entstehende Unempfindlichkeitsgrad ε_r nimmt trotz des stark nach oben wachsenden Muffendrucks nach oben hin bedeutend zu; dieser Umstand ist insofern günstig, als der durch die nützliche Verstellkraft W bedingte Unempfindlichkeitsgrad ε_w wegen des stark zunehmenden Muffendruckes stark abfällt, im ganzen also der Unempfindlichkeitsgrad nicht so sehr veränderlich erscheint.

Der reduzierte Muffenhub ist für unser Beispiel:
$$s_r = \frac{20 \cdot 5^2 + 7 \cdot 9{,}8^2}{150 \cdot 5} = 1{,}56 \text{ cm},$$
d. i. $\sim \frac{1}{3}$ des wirklichen Muffenhubes.

Dieses nicht gerade günstige Verhältnis wird vornehmlich durch den großen Ausschlag der Schwungkörper hervorgerufen.

β) Regler mit beweglichem Pendeldrehpunkt.

1. Regler mit Kreuzschleife.

Regler von F. Beyer in Erfurt, ältere Konstruktion.

Einen solchen Federregler mit Längsfeder und umgekehrter Aufhängung zeigt Fig. 325. Das Reglergehäuse dient gleichzeitig als Gewichtsbelastung der Muffe, auch hier ist also der Vorteil der Federbelastung nur zum Teil erreicht.

Das Schema des Reglers ist aus Fig. 326 ersichtlich. Danach findet sich C_q durch folgende Überlegung: Zieht man durch II eine Senkrechte, durch III eine Wagerechte, so ist der Schnitt beider der Pol für die Bewegung des Pendels $II\,III\,M$. Für einen Ausschlag des Armes a um den Winkel α aus der Senkrechten gilt, bezogen auf $\mathfrak{P}$ als Momentenpunkt, die Gleichung:

$$Q \cdot b \cos(\alpha - \gamma) = C_q \cdot a \cos \alpha$$

oder

$$C_q = Q \frac{b}{a} \frac{\cos(\alpha - \gamma)}{\cos \alpha} = Q \frac{b}{a}(\cos \gamma + \sin \gamma \operatorname{tg} \alpha)$$

Wäre $\beta = 90°$, d. h. $\gamma = 0$, so fände sich

$$C_q = Q \frac{b}{a} = \text{konst.},$$

die C_q-Kurve würde eine Parallele zur Achse ON, wie bei dem alten Hartungschen Regler nach Fig. 319. Da Winkel γ ziemlich klein ist, so gilt dieses Ergebnis auch hier angenähert; jedenfalls nimmt, wie Fig. 332 bestätigt, C_q für kleine Winkel α nur ganz

Federregler. 533

unbedeutend zu, die C_q-Kurve ist so stark labil, daß ein Ersatz der konstanten Muffenbelastung durch Federkraft notwendig erscheint.

Soweit unterscheidet sich die umgekehrte Aufhängung gar nicht von der unmittelbaren Aufhängung. Für C_g findet sich jedoch bei der ersteren ein günstigeres Resultat. Nach Fig. 326 gilt für C_g die Momentengleichung bezogen auf $\mathfrak{P}$:

$$C_g \cdot a \cos \alpha = G[a \sin \alpha + b \cos (\alpha - \gamma)]$$

$$C_g = G\left[\operatorname{tg} \alpha + \frac{b}{a} \frac{\cos(\alpha - \gamma)}{\cos \alpha}\right] = G\left[\operatorname{tg} \alpha + \frac{b}{a}(\cos \gamma + \sin \gamma \operatorname{tg} \alpha)\right].$$

$$C_q = G\left[\frac{b}{a} \cos \gamma + \left(1 + \frac{b}{a} \sin \gamma\right) \operatorname{tg} \alpha\right].$$

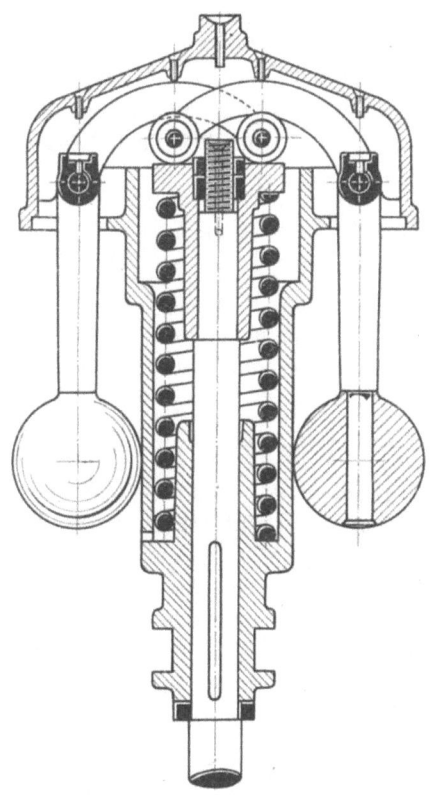

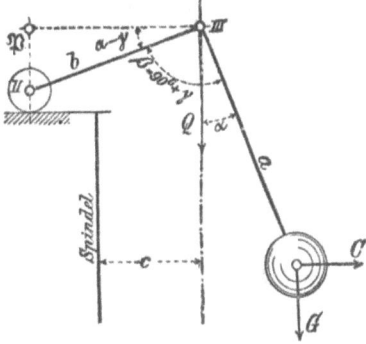

Für C_g gilt mithin der Form nach das gleiche Gesetz, welches wir bei Reglern mit rhombischer Aufhängung und geknickten Armen für C_q gefunden hatten. Wie wir damals aus der Form der C-Kurven erkannten, läßt sich durch passende Wahl des Knickungswinkels leicht ein astatischer Punkt erzielen, also hier eine nahezu astatische C_g-Kurve herbeiführen. Daß dies vorteilhaft ist, liegt auf der Hand: bei

Fig. 325.   Fig. 326.

(annähernd) astatischer C_g-Kurve kann man durch Abänderung der Schwunggerichte die Umdrehzahl wirksam verändern, ohne dadurch den Charakter des Reglers zu beeinflussen. Diese Eigenschaft ist als Vorzug solcher Regler mit beweglichem Pendeldrehpunkt

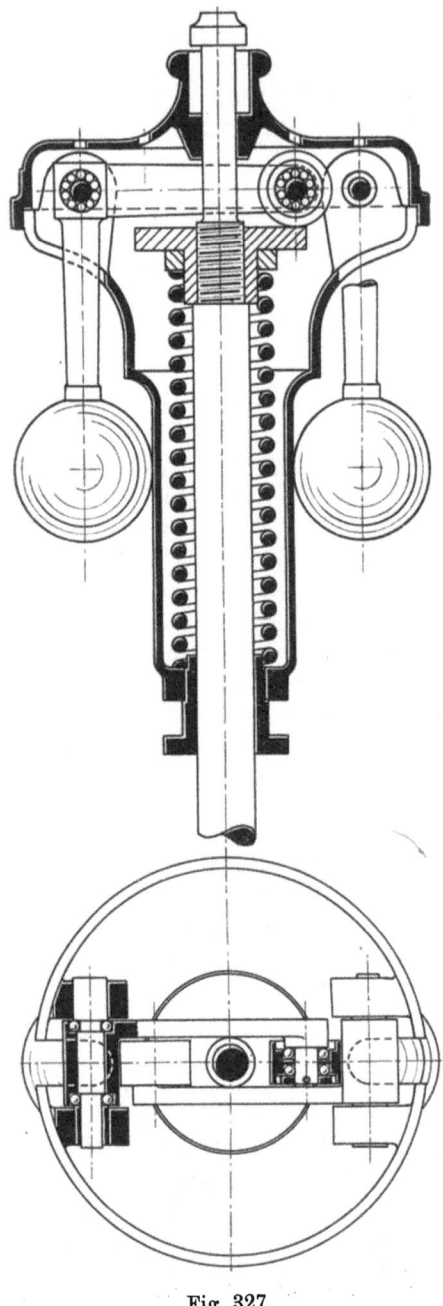

Fig. 327.

vor denen mit festem Drehpunkt zu bezeichnen. Durch eine ähnliche Rechnung, wie auf S. 424 für C_q durchgeführt wurde, findet man hier als Bedingung für einen astatischen Punkt der C_g-Kurve die Gleichung:

$$\frac{\cos\gamma}{\dfrac{a}{b}+\sin\gamma} = \operatorname{tg}^3\alpha + \frac{c}{a\cos^3\alpha}.$$

Beginnt z. B. der Regler seinen Ausschlag mit $\alpha = 0$, steht in der Mittellage Arm *III II* wagerecht, so ist für die Mittelstellung $\alpha = \gamma$; dann geht die vorstehende Bedingungsgleichung über in

$$\frac{\cos\gamma}{\dfrac{a}{b}+\sin\gamma} = \operatorname{tg}^3\gamma + \frac{c}{a\cos^3\gamma},$$

aus der man am einfachsten nach Annahme von a und b und des Winkels γ (oder des Muffenhubes s, wodurch $\sin\gamma = \dfrac{s}{2b}$ gegeben ist) den Abstand c berechnet. Liegt die C_g-Kurve gezeichnet vor, so braucht man nur die Spindel entsprechend nach links oder rechts zu verschieben, um für die C_g-Kurve einen astatischen Punkt zu erhalten.

Auf ein Zahlenbeispiel wollen wir hier verzichten, vielmehr ein solches für den Trenckschen Regler (Fig. 328) durchführen, der mit dem Beyerschen bis auf den Ersatz der Führungsrollen durch Stelzen übereinstimmt.

Kienast-Regler von C. W. Jul. Blanke & Co. in Merseburg.

Dieser in Fig. 327 dargestellte Regler stimmt ebenfalls mit dem vorigen in allen statischen Eigenschaften überein. Zur Verminderung der Eigenreibung sind an den Zapfen Kugellager vorgesehen. Die Verfertiger sagen (wohl etwas optimistisch): „Der Regler ist dadurch von einer Feinfühligkeit, wie sie von irgend einem anderen Regulatorsystem auch nicht annähernd erreicht wird. Es ist unmöglich, seine Empfindlichkeit in Zahlen auszudrücken, die allergeringste Veränderung der Geschwindigkeit verstellt ihn!"

Von der Auffassung ausgehend, daß die bei Änderung der Winkelgeschwindigkeit insbesondere durch die Coriolisbeschleunigung erzeugten Tangentialkräfte schädliche, klemmende Reibungen besonders an dem Mitnehmerkeil zwischen Spindel und Muffe hervorrufen, ist dieser Mitnehmerkeil fortgelassen. Die Mitnahme der Muffe und dadurch des ganzen Reglers erfolgt durch die Reibung zwischen der Feder und ihrem Widerlager, die klemmende Reibung an dem sonst üblichen Mitnehmerkeil fällt in der Tat fort. Die Schwankungen der Winkelgeschwindigkeit der Reglerspindel übertragen sich nunmehr nicht sofort auf das Reglergehäuse, sondern erst, nachdem eine gewisse Verdrehung der Feder um ihre Längsachse eingetreten ist; die Anordnung bedingt also zweifellos eine Verzögerung in der Reglerwirkung, was für die dynamischen Vorgänge nach unseren früheren Betrachtungen als nachteilig bezeichnet werden muß.

Wie wir weiter sahen, wachsen die durch die Coriolisbeschleunigung erzeugten klemmenden Kräfte und damit auch die Bewegungswiderstände proportional mit der Geschwindigkeit der Stellbewegung; sie wirken ähnlich wie eine Ölbremse, ersetzen diese in bester Weise und sollten deshalb eigentlich nicht bekämpft werden. Ich halte folglich die auf den ersten Blick recht geschickt durchgeführte Anordnung des Kienast-Reglers in bezug auf die dynamischen Eigenschaften für nicht gerade günstig.

2. Regler mit Schubkurbelgetriebe.

Ersetzt man die Führungsrollen in Fig. 325 durch Stelzen oder Hängestangen, so geht das Getriebe in ein Schubkurbelgetriebe über. Fig. 328 zeigt die konstruktive Gestaltung mit Stelzen an Stelle der Führungsrollen, den Regler von R. Trenck in Erfurt, Fig. 329 und 330 eine Ausführung mit Hängestange, den Regler von Zabel & Co. in Quedlinburg. Beide Regler unterscheiden sich hinsichtlich der Haupteigenschaften nur ganz unwesentlich.

Bei dem Regler von Zabel & Co. liegt die Spannschraube für die Belastungsfeder frei, so daß z. B. behufs Änderung der Umlaufzahl oder zum Ausgleich von einseitigen Rückdrücken der Steuerung die Federspannung leicht geändert werden kann.

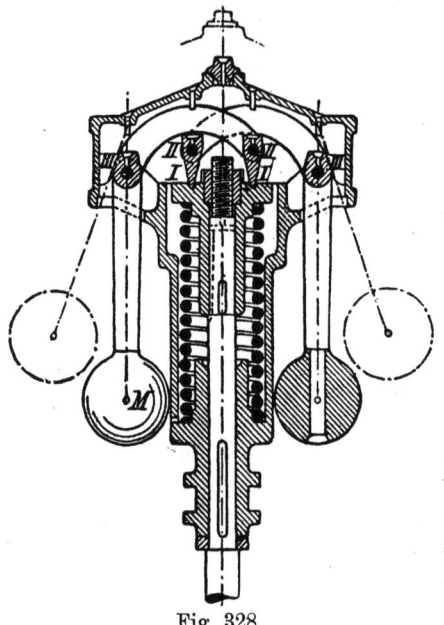

Fig. 328.

Zur zeichnerischen Ermittelung von C_g und C_q sind die in Fig. 257 und 258 entwickelten, für den Regler mit Kurbelgetriebe und umgekehrter Aufhängung gültigen Konstruktionen zu benutzen. In Fig. 331 sind diese für den beim Trenckschen Regler vorliegenden Fall noch einmal angegeben. Man erhält C_g, wenn man M mit dem Pole $\mathfrak{P}$ verbindet und G zu einem Kräftedreieck vervollständigt, wobei $a' \parallel M\mathfrak{P}$ ist. C_q findet sich in gleicher Weise aus Q, indem man durch M die Wagerechte MB legt, diese in B zum Schnitt mit der Senkrechten durch III bringt und in dem Kräftedreiecke für $C_q\ b' \parallel B\mathfrak{P}$ zieht.

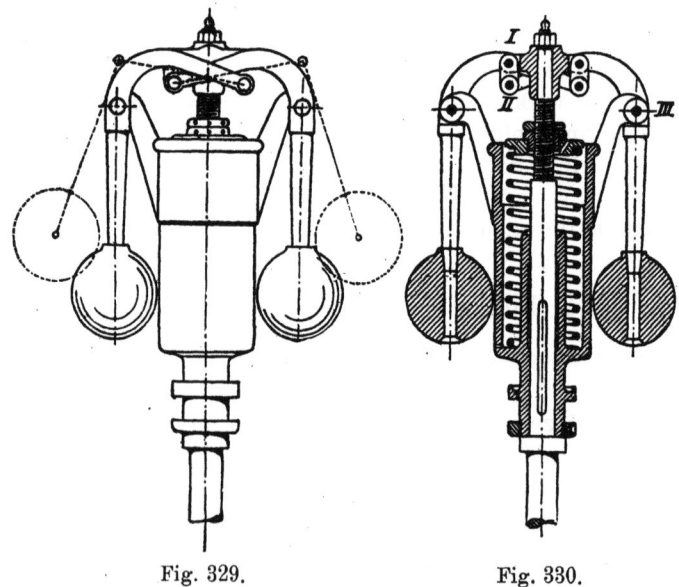

Fig. 329.   Fig. 330.

Trägt man statt Q die Federspannung F ab, so schneidet b' auf der durch den Endpunkt f von F gezogenen Wagerechten die Fliehkraft C_f ab. Die einzelnen Muffenstellungen wählt man zweckmäßig in gleichen Abständen, damit auch die Federspannung F von Punkt zu Punkt um einen gleichbleibenden Betrag zunimmt.

Dem in Fig. 332 durchgeführten Beispiel eines Trenckschen Reglers liegen folgende Maße zugrunde.

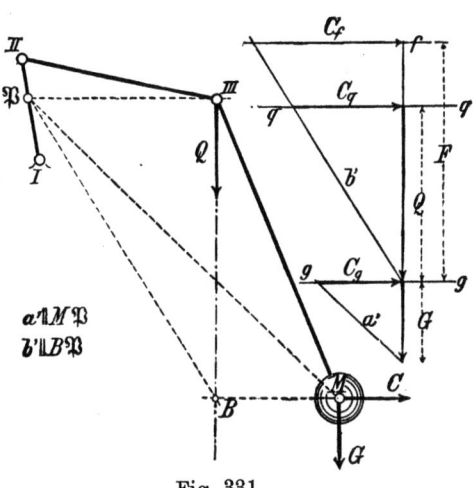

Fig. 331.

Längenmaßstab 1 : 3;
Kräftemaßstab 1 mm = 3 kg;
Muffengewicht $Q = 68$ kg;
Gesamtgewicht beider Schwungkörper $G = 16$ kg;
Arm $M\,III = a = 320$ mm;
Arm $II\,III = b = 185$ mm;
Länge der Stelzen $l_1 = 60$ mm;
Muffenhub $s = 54$ mm;
Mittlere Fliehkraft 111 kg bei einem Abstande der Schwungmassen von der Spindelmitte $x = 0{,}2$ m und einer mittleren Umdrehzahl $n = 177$ i. d. Min.

Mit einem Ungleichförmigkeitsgrade $\delta = 2^0/_0$ wurden wieder die Werte der Fliehkräfte für die höchste und tiefste Stellung nach Fig. 249 ermittelt, nach Fig. 331 C_g und C_q aufgesucht und die C_g- und die C_q-Kurve gezeichnet. Die an der Fliehkraft C noch fehlenden Beträge $C - (C_g + C_q)$ ergeben dann für die äußersten Stellungen 1 und 5 die Werte C_f, woraus nach Fig. 331 die kleinste und die größte Federspannung gefunden werden.

Es ist $F_{max} = 142$ kg, $F_{min} = 62$ kg, mithin

$$f = \frac{F_{max} - F_{min}}{s} = \frac{142 - 62}{5{,}4} = 14{,}8 \text{ kg/cm}.$$

Mit $r = 5$ cm und $\mathfrak{S}_t = 3000$ kg/qcm folgt aus F_{max} die Drahtdicke $\delta = 1{,}1$ cm

und aus f die Windungszahl

$$m = \frac{100000}{f} \frac{\delta^4}{d^3} = \frac{100000}{14{,}8} \frac{1{,}1^4}{10^3} = 9{,}9.$$

Für die Zwischenwerte der Federspannung F wurden nun die noch fehlenden Werte C_f bestimmt und die C-Kurve fertig gestellt.

Wie aus Fig. 332 erkennbar ist, sind alle C-Kurven fast gerade; die C_q-Kurve ist selbstverständlich stark labil, die C_g-Kurve durch

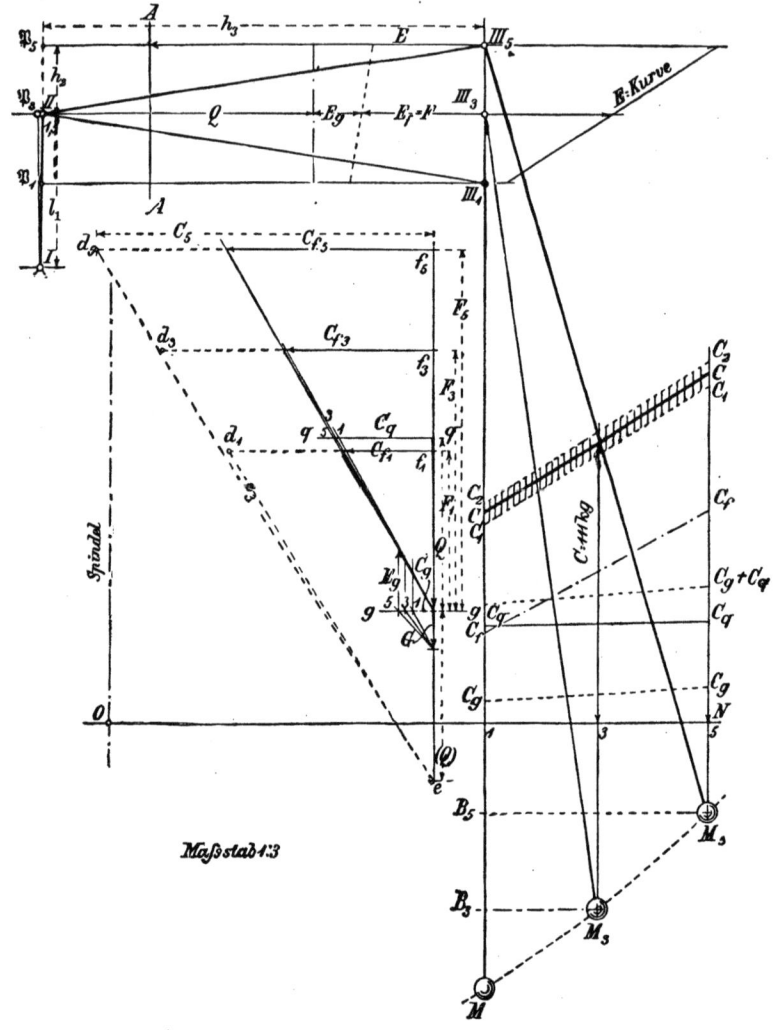

Fig. 332.

richtige Wahl der Maße nahezu astatisch. Der Muffendruck E wächst wegen der zunehmenden Federspannung nach oben hin bedeutend.

Die auf die Muffe reduzierte Eigenreibung R kann, genau wie auf Seite 530 für den Beyerschen Regler erläutert wurde, berechnet werden. Auch hier ist zu beachten, daß für die unteren Muffenstellungen die relative Winkeländerung für Zapfen II als Differenz der Richtungsänderungen der beiden Stangen $I\,II$ und $II\,III$, für die oberen Stellungen als Summe dieser Änderungen gefunden wird. Es ist also wieder

$$R = \frac{\mu}{2} \frac{Z_1 d_1 \mp Z_2 d_2}{h_1} + \frac{\mu}{2} \frac{Z_2 d_2 + Z_3 d_3}{h_3}.$$

Diesmal erhält das Glied $\dfrac{Z_2 d_2}{h_1}$ das wechselnde Vorzeichen, da hier $h_1 > h_3$ ist und demnach $\dfrac{Z_2 d_2}{h_1} < \dfrac{Z_2 d_2}{h_3}$ wird.

Die Arme h_1, vom Schnittpunkte der Schubstange $II\,III$ mit der Wagerechten durch den festen Punkt I bis zu I reichend, werden unbequem groß; deshalb wurden (unter Verwendung von ähnlichen Dreiecken) die Werte h_1 mit Hilfe von h_3 und den in Fig. 332 angegebenen Armen h_2 ausgedrückt:

$$h_1 : l_1 = h_3 : h_2, \text{ d. i.}$$

$$h_1 = \frac{h_3}{h_2} \cdot l_1.$$

Setzt man diese Werte in die obige Gleichung für R ein und beachtet, daß $Z_1 = Z_2$ und $d_1 = d_2 = d_3 = d$ ist, so wird

$$R = \frac{\mu}{2} d \left[\frac{h_2 (Z_1 \mp Z_2)}{h_3 l_1} + \frac{Z_2 + Z_3}{h_3} \right] = \frac{\mu}{2} \frac{d}{h_3} \left[\frac{h_2}{l_1} (Z_1 \mp Z_2) + Z_2 + Z_3 \right]$$

also für die unteren Stellungen (bis 3):

$$R = \frac{\mu}{2} \frac{d}{h_3} (Z_1 + Z_3)$$

und für die oberen Stellungen:

$$R = \frac{\mu}{2} \frac{d}{h_3} \left(\frac{h_2}{l_1} 2 Z_1 + Z_1 + Z_3 \right).$$

Nach diesen Gleichungen sind die Werte in der untenstehenden Tabelle mit $\mu = 0{,}1$ und $d = 15$ mm berechnet; für d_1 wurde ebenfalls 15 mm gesetzt, da die Aussparungen für die Stelzen bei I nach einem Halbmesser von 7,5 mm ausgerundet sind. Die Zapfendrücke können auf Grund der im Anschluß an Fig 259 angestellten Betrachtung ermittelt werden. Da die Stelze $I\,II$ von der Senkrechten fast nicht abweicht, so nimmt sie also nur Vertikalkräfte auf, und zwar die Summe $Q + F + G$. Zapfen III empfängt außer der senkrechten Kraft $Q + F$ noch die wagerechte Fliehkraft C;

Z_3 ist somit die Resultierende aus $Q+F$ und C, läßt sich mithin am einfachsten als Hypotenuse aus rechtwinkligen Dreiecken mit den Katheten $Q+F$ und C entnehmen (in Fig. 332 aus den Dreiecken efd).

Nummer der Stellung	Abstand x der Kugelmitten von d.Spindel m	Fliehkraft C kg	Minutliche Umdrehzahl n	Federspannung F kg	Zapfendrücke $Z_3 = N_1$ kg	N_2 kg	Arme h_3 mm	h_2 mm	Reibungsbetrag R kg	Muffendruck E kg	Unempfindlichkeitsgrad hervorgerufen durch R $\varepsilon_r = \%$	$W=6$ kg $\varepsilon_w = \%$	im ganzen $\varepsilon = \%$
1	0,154	83	175	62	156	146	182	27	1,24	146	**0,85**	4,11	4,91
2	0,177	97	176	82	180	166	184	13,5	1,41	168	**0,84**	3,57	4,41
3	0,200	111	177	102	204	186	185	0	1,58	190	**0,83**	3,16	3,99
4	0,233	125	178	122	228	206	184	13,5	2,15	212	**1,02**	2,84	3,86
5	0,247	139	179	142	252	216	183	27	2,79	235	**1,19**	2,56	3,75

Auch hier finden wir eine Zunahme des durch die Eigenreibung bedingten Unempfindlichkeitsgrades ε_r mit steigender Muffe; da wegen des stark anwachsenden Muffendruckes der durch die nützliche Verstellkraft W erzeugte Unempfindlichkeitsgrad ε_w nach oben hin stark abnimmt, ist die Zunahme von ε_r nur erwünscht, um den gesamten Unempfindlichkeitsgrad $\varepsilon = \varepsilon_w + \varepsilon_r$ etwas weniger veränderlich werden zu lassen.

Nicht so vorteilhaft ist für den Zabelschen Regler nach Fig. 329 und 330 das Gesetz, nach dem sich ε_r verändert. Hier sind die Drehwinkel beim Zapfen II für die untere Hälfte des Muffenhubes zu addieren, für die obere Hälfte zu subtrahieren; deshalb nimmt auch R nach oben hin nicht mehr zu, ε_r wächst nicht, sondern nimmt mit steigender Muffe ab. Bei einem Ausführungsbeispiel fand sich

für Stellung   1   2   3   4   5
$R = 2,05$ 1,87   1,58   1,76   1,96 kg
$\varepsilon_r = 1,41\%$ $1,12\%$ $0,83\%$ $0,83\%$ $0,84\%$.

Für den oben untersuchten Trenckschen Regler wird der reduzierte Muffenhub:

$$s_r = \frac{68 \cdot 5,4^2 + 16 \cdot 11,5^2}{190 \cdot 5,4} = 4 \text{ cm},$$

d. i. $\sim \frac{3}{4}$ des wirklichen Muffenhubes.

Das nicht unbeträchtliche Muffengewicht und der große Weg der Schwungkörper lassen also den untersuchten Regler in dynamischer Beziehung recht ungünstig erscheinen, kaum günstiger als einen Regler mit reiner Gewichtsbelastung der Muffe. Es ist dies kein grundsätzlicher Übelstand des Systems, sondern eine Folge der unzweckmäßig ausgeführten Maßverhältnisse und deshalb wenigstens zum Teil vermeidbar.

γ) Walzenregler.

Bei diesen Reglern ist zur Übertragung der Schwungmassenbewegung auf die Reglermuffe überhaupt keine Gelenkverbindung mehr vorhanden. Bei den **Strnadschen Walzenreglern** nach Fig. 333 und Fig. 334 laufen die Schwungkörper auf Rippen, die einesteils an einer mit der Spindel fest verbundenen Scheibe, anderenteils an einer mit der Muffe in Verbindung stehenden Platte angebracht sind. Die Führungsrippen bilden einen Winkel miteinander, nähern sich nach außen hin, so daß die Schwungkörper beim Ausschlage nach außen sich zwischen die geneigten Führungsflächen drängen und so die beiden Platten auseinanderschieben. Wie einfach hierbei die Reglerkonstruktion wird, sieht man aus Fig. 333, die einen Walzenregler liegender Anordnung für 3000 Umdr. i. d. Min., also für Dampfturbinen geeignet, darstellt. Der Federteller, gegen den sich das bewegliche Ende einer Druckfeder stützt, hat unter 45^0 geneigte Führungsrippen, ebenso die mit der Welle aus einem Stück bestehende rechte Kupplungsscheibe. Die Bewegung des Federtellers wird durch innere Verbindungsstange und Querkeil auf die Muffe übertragen. Die Eigenreibung dürfte allerdings bei dem Regler nach Fig. 333 nicht unbeträchtlich werden.

Bei dem in Fig. 334 wiedergegebenen Regler rollen die Schwungkörper auf dem verschiebbaren als Federteller dienenden Oberteile ab; der mit der Spindel fest verbundene Unterteil ist mit glasharten Stahlschienen bekleidet, auf denen die Schwungkörper unter Vermittlung von Kugeln laufen, dadurch die Eigenreibung wesentlich herabsetzend. Interessant ist die Art und Weise, wie hier trotz des Vorhandenseins von nur einer Längsfeder bei Änderung der Umlaufzahl durch Anspannen der Feder der Ungleichförmigkeitsgrad unverändert erhalten wird. Würde man einfach die Spannung der Längsfeder um einen konstanten Betrag erhöhen, so würde man die C-Kurve heben und damit den Ungleichförmigkeitsgrad vermindern, der Regler würde schließlich labil. Könnte man aber gleichzeitig mit der Erhöhung der Federspannung die Schwungkörper um ein konstantes Maß nach außen verlegen, so würde man dadurch die C-Kurve um dieses Maß nach außen verschieben. Beide Veränderungen der C-Kurve, Heben und Verlegung nach außen, gleichzeitig in richtiger Größenkombination ausgeführt,

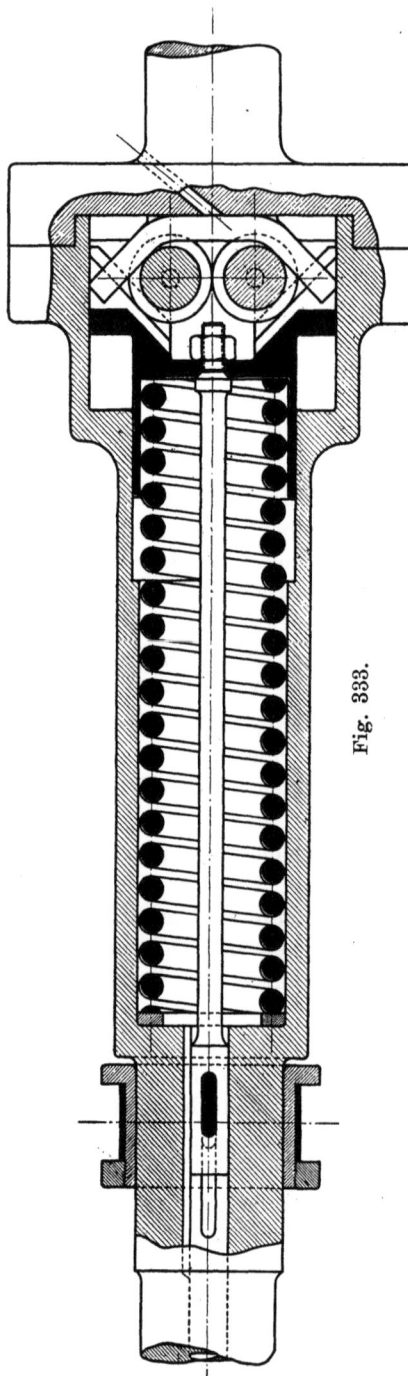

Fig. 333.

ermöglichen jedesmal eine neue C-Kurve mit genau dem gleichen Ungleichförmigkeitsgrad, wie man sich leicht überzeugen kann. In Fig. 334 wird die geschilderte Verstellung in folgender Weise bewirkt.

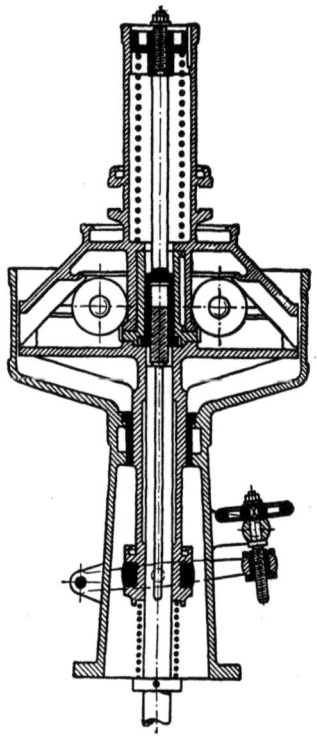

Fig. 334.

Dreht man an dem unten rechts befindlichen Handrädchen so, daß sich der Reglerunterteil senkt, so laufen die Schwungkörper nach außen; den Oberteil denken wir hierbei durch die Federkraft nach unten gedrückt, in der tiefsten Stellung feststehend. Gleichzeitig wird die Federspannung dadurch vergrößert, daß der obere Federteller, gegen den sich das feste Federende stützt, von einer besonderen in der Verlängerung der Spindelmitte gelegenen Stange herabgezogen wird. Diese Stange endigt nämlich unten als Mutter, die über das als steilgängige Schraubenspindel ausgebildete obere Ende der eigentlichen Reglerspindel greift. Der obere Federteller wird nun durch Längskeil in dem Regleroberteil geführt, kann sich also nicht relativ zu dem Oberteil drehen; wird daher der Unterteil gesenkt, so gleitet die steilgängige Schraubenspindel aus der Mutter, diese dreht sich und schraubt damit die Tragstange des oberen Federtellers in diesen, der ebenfalls Muttergewinde trägt, hinein, hierdurch die Federspannung vergrößernd.

In der Tat bewirkt also die beschriebene Einrichtung gleichzeitig eine Verlegung der C-Kurve nach außen und nach oben; denn zwischen Federspannung und Fliehkraft besteht bei dem gewählten Übertragungsmechanismus ein konstantes Übersetzungsverhältnis, eine konstante Zunahme an Federkraft ergibt auch eine konstante Erhöhung der Fliehkraft, gleichbedeutend mit dem Hinaufrücken der C-Kurve. Es läßt sich folglich auch trotz Erhöhung der Umdrehzahl durch Anspannen der Längsfeder der Ungleichförmigkeitsgrad konstant erhalten.

Einen **Walzenregler** liegender Anordnung, wie sie ihn die Firma **Fr. Aug. Neidig in Mannheim** bei ihren neueren indirekten Reglern anwendet, zeigen Fig. 335a und Fig. 335b. Das Reglergehäuse dient außen unmittelbar als Antriebriemenscheibe; die hohle Welle, die ungefähr in der Mitte und am rechten Ende durch Kugellager gestützt ist, trägt das eine Zahnrad Z_1 einer Ölpumpe $Z_1 Z_2$, auf die wir später (s. S. 652 bis S. 655) noch zurückkommen werden. Die zylindrischen Walzen stützen sich mittels Schneiden gegen die unter 45° geneigten Führungsflächen des rechten Bodens und rollen darauf ab, während sie sich links gegen eine ebene Scheibe stützen, die als rechter Federteller der Belastungsfeder dient. Zur Erzielung möglichst geringer Reibung werden die Schwungkörper gegen die linke Scheibe durch ziemlich große Ringe, die hierauf rollen, abgestützt; die Drehung dieser Ringe gegen die Schwungkörper erfolgt in Kugellagern. Der axiale Ausschlag des Federtellers wird vermittels eines durch die hohle Welle geführten Regulierstiftes auf das Steuerventil übertragen.

544 Muffenregler.

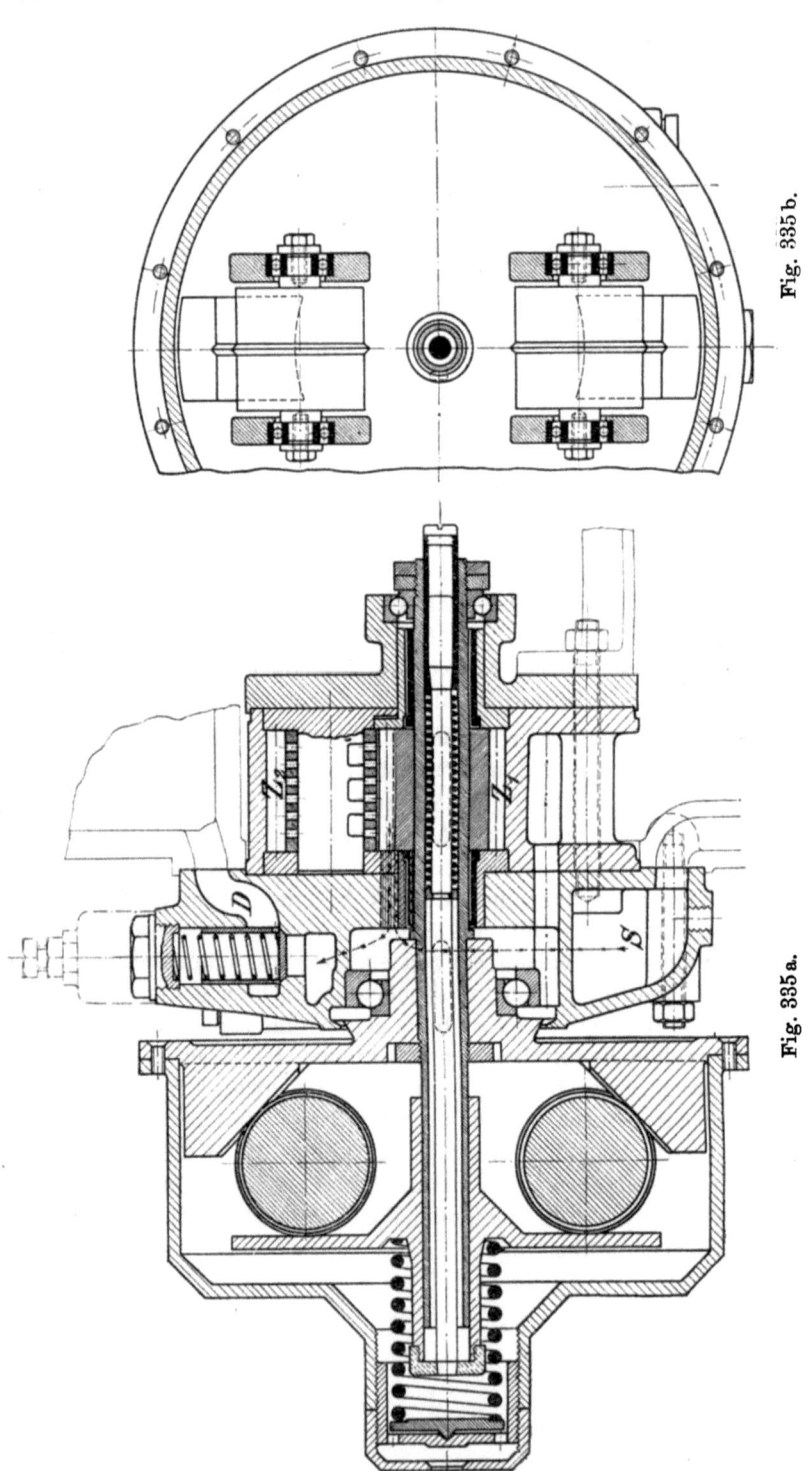

Fig. 335 b.

Fig. 335 a.

d) Federregler mit Querfedern.

Geht man einmal zur Verwendung von Belastungsfedern über, deren Lage und Richtung ja ganz beliebig gewählt werden dürfen, so ist es naheliegend, die Fliehkräfte unmittelbar durch die Federkräfte abzufangen, d. h. Federn zu benutzen, die an den Schwungkörpern angreifen und radial nach innen gerichtete Kräfte ausüben. Bei Achsenreglern sind solche Konstruktionen seit langem bekannt; für Muffenregler hat wohl zuerst H. Hartung in Düsseldorf eine derartige Anordnung der Federbelastung getroffen; wir wollen deshalb auch den Hartungschen Regler zunächst betrachten. Verbindet man die Feder fest mit den Schwungkörpern, so müssen entweder die Schwungkörper genau radial geführt oder bei Führung in einer anderen Bahn gelenkig mit dem Getriebe, daß zur Führung der Schwungkörper dient, verbunden werden. In diesem Falle wird die Eigenreibung sehr klein, da das Gleichgewicht zwischen den Hauptkräften ohne Vermittelung von irgendwelchen Stangen oder Zapfen hergestellt wird, vorausgesetzt, daß nicht sonstige nennenswerte Belastungen vorhanden sind.

Bei genauer Astasie wachsen die Fliehkräfte proportional den Abständen der Schwungmassen von der Drehachse, ebenso müssen demnach auch die Federspan-

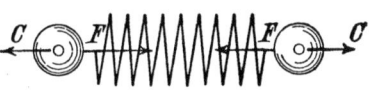

Fig. 336.

nungen zunehmen. Wollte man nun den radial nach außen gerichteten Fliehkräften, wie es am natürlichsten erscheint, die nach innen gerichteten Spannungen einer in den Schwerpunkten angreifenden Zugfeder entgegensetzen (Fig. 336), so müßten die Federkräfte mit den Federlängen proportional wachsen, d. h. im spannungslosen Zustande müßte die Feder die Länge Null haben, was bei einer gewöhnlichen zylindrischen Schraubenfeder natürlich ausgeschlossen ist.

Würde man die Zugfeder außerhalb der Schwerpunkte angreifen lassen, so könnte man allerdings (Fig. 337) den Angriffspunkt A um die gleiche Strecke x von dem Endpunkte B der Feder im spannungslosen Zustande nach außen zu verlegen, wie der Massenmittelpunkt M von der Drehachse entfernt ist, und so Astasie herbeiführen. Man sieht aber, daß diese Anord-

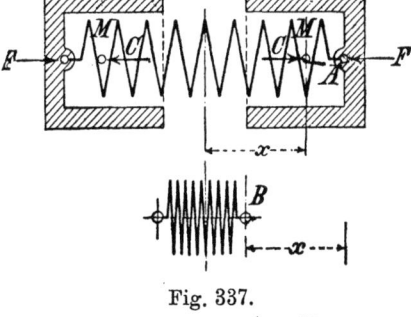

Fig. 337.

nung bei gelenkiger Stützung der Schwungkörper unbrauchbar ist, weil Fliehkraft und Federkraft sich an dem Schwungkörper im labilen Gleichgewicht befinden.

Es bleibt also nichts weiter übrig, als Druckfedern zu verwenden (Fig. 338), die in den Schwerpunkten der Schwungkörper oder innerhalb derselben angreifen. Platz zur Unterbringung der nötigen Federlänge ist außen beliebig vorhanden, und Fliehkräfte und Federspannungen stehen an den Schwungkörpern im stabilen Gleichgewicht. In welcher Weise die Stützpunkte für die Federn außen gewonnen werden können, zeigt Fig. 339: eine Zugstange trägt an ihren Enden die Widerlager für die äußeren Federenden.

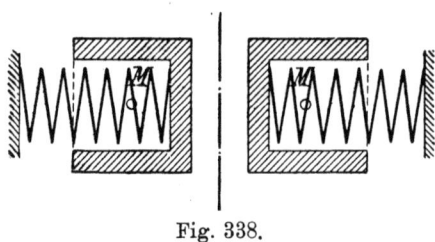

Fig. 338.

1. Federregler von H. Hartung in Düsseldorf.

Dieser vielbenutzte Regler ist in Fig. 339 dargestellt. Das (jetzt abgelaufene) D. R. P. Nr. 75790 schützte die feste Verbindung der Federn und Schwungkörper und die gelenkige Verbindung der Schwungkörper mit dem Führungsmechanismus. Als Übertragungsmechanismus wurde ein Winkelhebel (mit rechtem Winkel) mit kurzer Lenkstange $II\ III$ gewählt, also ein geschränktes Schubkurbelgetriebe. Wie uns bereits von den unter c) betrachteten Federreglern her bekannt ist, wird die C_q-Kurve bei diesen Verhältnissen nahezu eine wagerechte Gerade, also stark labil. Die hiermit verbundenen Nachteile hätten leicht durch Benutzung eines solchen Getriebes, das eine möglichst astatische C_q-Kurve besitzt, vermieden werden können, da die Wahl des Übertragungsmechanismus nach der Muffe hin vollständig frei steht. Anders verhielt sich die Sache bei den Reglern, bei denen die Feder unmittelbar als Muffenbelastung angeordnet war; hier mußte die C_q-Kurve labil gemacht werden.

Für den Hartungschen Regler nach Fig. 339 sieht das Diagramm für die C-Kurven genau so aus wie Fig. 321: alle C-Kurven sind fast gerade. Anspannen der Querfedern zum Zwecke der Erhöhung der Umdrehzahl des Reglers bewirkt eine starke Abnahme des Ungleichförmigkeitsgrades, macht gegebenenfalls den Regler labil, also unbrauchbar. Denn durch Hinzufügen einer konstanten

Kraft wird die C_f-Kurve und damit auch die gesamte C-Kurve einfach parallel nach oben verschoben. Hinzufügen einer zusätzlichen Muffenbelastung ändert wegen der labilen C_q-Kurve den Reglercharakter in gleicher Weise. Wird eine Federbelastung nach Fig. 340 hinzugefügt, so kann dadurch ohne Änderung des Ungleichförmigkeitsgrades die Umdrehzahl um einen gewissen Betrag erhöht werden,

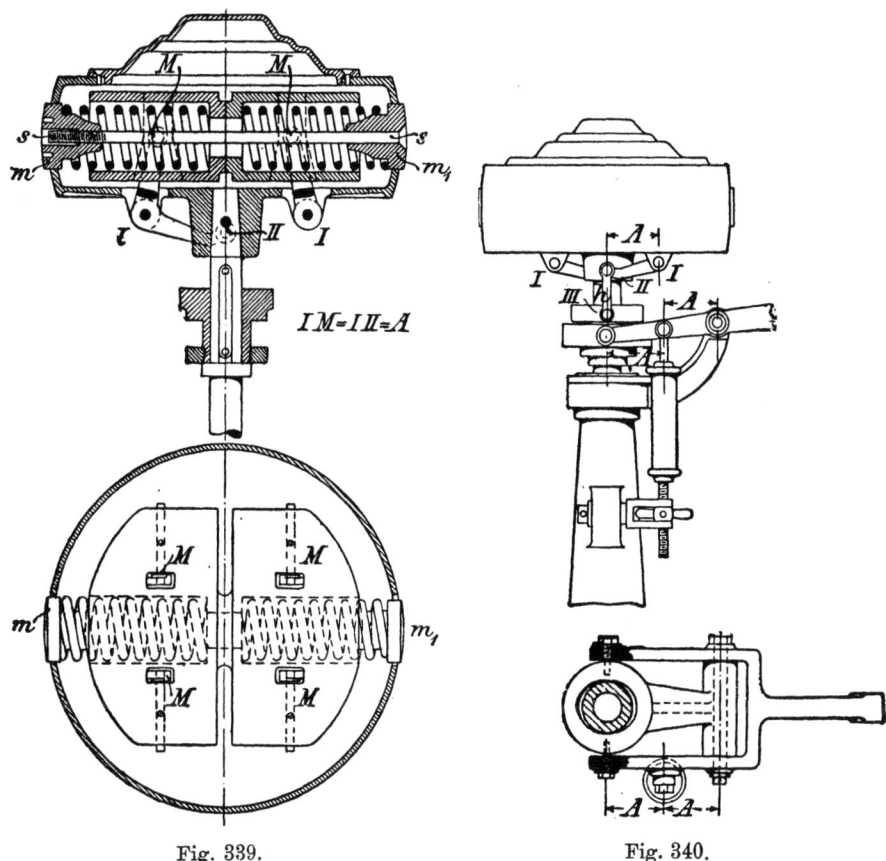

Fig. 339. Fig. 340.

wenn die Spannungszunahme dieser Federwege proportional mit dem Ausschlage der Schwungmassen erfolgt. Ein nachträgliches Spannen dieser Feder würde aber den Ungleichförmigkeitsgrad genau so beeinflussen, wie ein unmittelbares Anspannen der Hauptfeder.

Die Eigenreibung R rührt, falls keine zusätzliche Muffenbelastung vorhanden ist, lediglich von dem Gewicht der Schwungkörper und der Muffe her. In Betracht kommt hauptsächlich die

Winkeländerung bei *II*, bei *I* und bei *M*. Für *II* ist der Zapfendruck $= Q$, für $I = Q + G$ und für $M = G$. Damit ergibt sich z. B. für einen Hartungschen Regler Nr. 94 mit $G = 28$ kg, $Q = 4$ kg, Zapfendurchmesser $d = 12$ mm, einem mittleren Muffendruck $E_m = 145$ kg und einer Armlänge $I\,II = 82$ mm für die mittlere Reglerstellung:

$$\varepsilon_r = \frac{R}{E} = \frac{\mu}{2} \frac{4 \cdot 12 + 32 \cdot 12 + 28 \cdot 12}{145 \cdot 82} = 0{,}0032$$

$$\varepsilon_r = 0{,}32\,^0/_0.$$

Wegen des mit steigender Muffe anwachsenden Muffendruckes ist für die unteren Muffenstellungen ε_r etwas größer, für die oberen etwas kleiner. Fügt man eine Muffenbelastung hinzu, so wird ε_r entsprechend größer. Der Vorteil einer unmittelbar an den Schwungkörpern angreifenden Belastungsfeder, daß sich damit ein fast reibungsfreier Regler erzielen läßt, besteht nur dann, wenn jede zusätzliche Muffenbelastung vermieden ist. Wird nach Fig. 340 durch eine Federwage die Umdrehzahl nur wenig gesteigert, so nimmt ε_r erheblich zu, z. B. wächst ε_r bei einer Steigerung der Umdrehzahl um $10\,^0/_0$ für die Mittellage auf $\varepsilon_r = 0{,}65\,^0/_0$.

Der reduzierte Muffenhub wird bei unserem Beispiel

$$s_r = \frac{4 \cdot 3^2 + 28 \cdot 3^2}{145 \cdot 3} = 0{,}66 \text{ cm},$$

d. i. $= 0{,}22 \sim \frac{1}{4}$ bis $\frac{1}{5}$ des Muffenhubes; für die größeren Nummern steigt s_r bis $\sim \frac{1}{3}$ des wirklichen Muffenhubes.

2. Federregler von Steinle & Hartung in Quedlinburg a. H.

Die Angriffsweise der Federn stimmt bei diesem in Fig. 341 dargestellten Regler mit derjenigen des vorstehend behandelten Reglers überein. Die Schwungkörper werden hier genau radial geführt; zu diesem Zwecke hat das den Regler umschließende Gehäuse zwei zweigleisige Gleitbahnen, auf denen Führungsrollen mit wagerechten Zapfen, die an den Schwungkörpern angebracht sind, rollen. Zur Übertragung tangentialer Drücke sind an den Schwungkörpern außerdem noch Führungsrollen mit senkrechten Zapfen befestigt. Von den Zapfen der wagerechten Führungsrollen aus wird die Bewegung der Schwungkörper durch Lenkstangen auf die Muffe übertragen; das Getriebe ist also ein Kreuzschleifenmechanismus in der einfachsten Anordnung. Wie wir auf S. 431 nachgewiesen haben, stimmen die C_q-Kurven bei diesem Getriebe mit denen beim Kurbelgetriebe überein. Will man in der C_q-Kurve einen astatischen Punkt erzielen, so müssen die Stangen entsprechend gekreuzt werden. Steinle & Hartung haben dies bei ihren Reglern in der Tat herbeigeführt.

Die Ermittelung von C_q ist sehr einfach. Denkt man das Muffengewicht Q in die wagerechte Komponente H und nach der Schubstangenrichtung in die Komponente S zerlegt und am Zapfen II

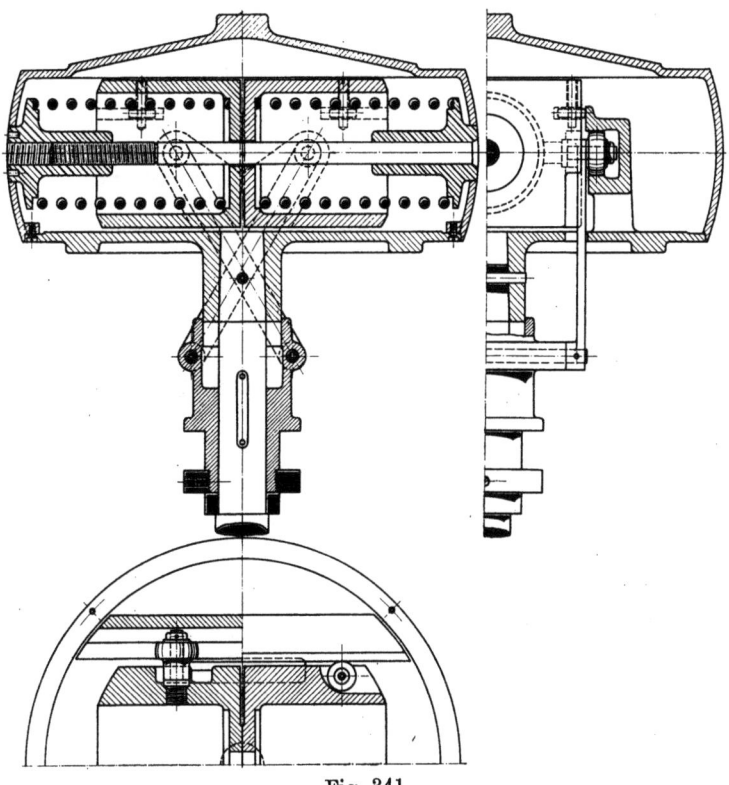

Fig. 341.

S wieder mit C_q zusammengesetzt, so müssen S und C_q einen Normaldruck auf die Gleitbahn liefern, der wieder $= Q$ ist. C_q selber findet sich demnach unmittelbar aus rechtwinkligen Kräftedreiecken, in denen Q die eine Kathete, C_q die andere Kathete ist und die Hypotenuse parallel zur Schubstange $III\,II$ verläuft.

Auch die Eigenreibung R ist sehr leicht zu berechnen. An den Zapfen III und II sind die Zapfendrücke $Z_3 = Z_2 = S = \dfrac{Q}{\cos \alpha}$; das hierdurch erzeugte Reibungsmoment ist demnach für jeden

Zapfen $= \mu \dfrac{Q}{\cos \alpha} \dfrac{d}{2}$; ersetzen wir diese Momente durch eine Kraft r_1, in *III* senkrecht nach unten wirkend, so muß für den Pol $\mathfrak{P}$ als Momentenpunkt die Gleichung gelten:

$$r_1 \cdot h_3 = 2 \mu \frac{Q}{\cos \alpha} \frac{d}{2},$$

woraus folgt
$$r_1 = \frac{\mu Q d}{h_3 \cdot \cos \alpha} = \frac{\mu Q d}{h},$$

wenn mit h der senkrechte Abstand des Poles $\mathfrak{P}$ von der Schubstange bezeichnet wird.

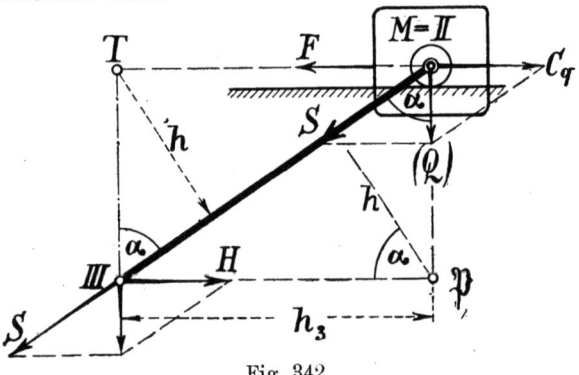

Fig. 342.

Der auf die Gleitbahn ausgeübte Normaldruck $Q + G$ würde beim unmittelbaren Gleiten der Schwungkörper einen Reibungswiderstand $= \mu (Q + G)$ liefern, bei Anwendung von Führungsrollen also $= \mu' (Q + G)$. Ersetzt man diesen Reibungswiderstand durch eine in *III* senkrecht nach unten wirkende Kraft r_2, so muß zwischen ihm und r_2 offenbar das gleiche Verhältnis bestehen wie zwischen Q und C_q, es ist also

$$r_2 = \mu' (Q + G) \cdot \cotg \alpha.$$

Zur zahlenmäßigen Berechnung von r_2 greift man die Werte $(Q + G) \cotg \alpha$ zweckmäßig aus rechtwinkligen Dreiecken ab. Die gesamte auf die Muffe reduzierte Eigenreibung beträgt folglich:

$$R = r_1 + r_2 = \frac{\mu Q d}{h} + \mu' (Q + G) \cotg \alpha. \qquad (255)$$

Dem Beispiel in Fig. 343 liegen folgende Werte zugrunde:

Längenmaßstab 1 : 2; Kräftemaßstab 1 mm = 4 kg;
Muffengewicht $Q = 7$ kg;
Gewicht der beiden Schwungkörper zusammen $G = 27{,}2$ kg;

Federregler.

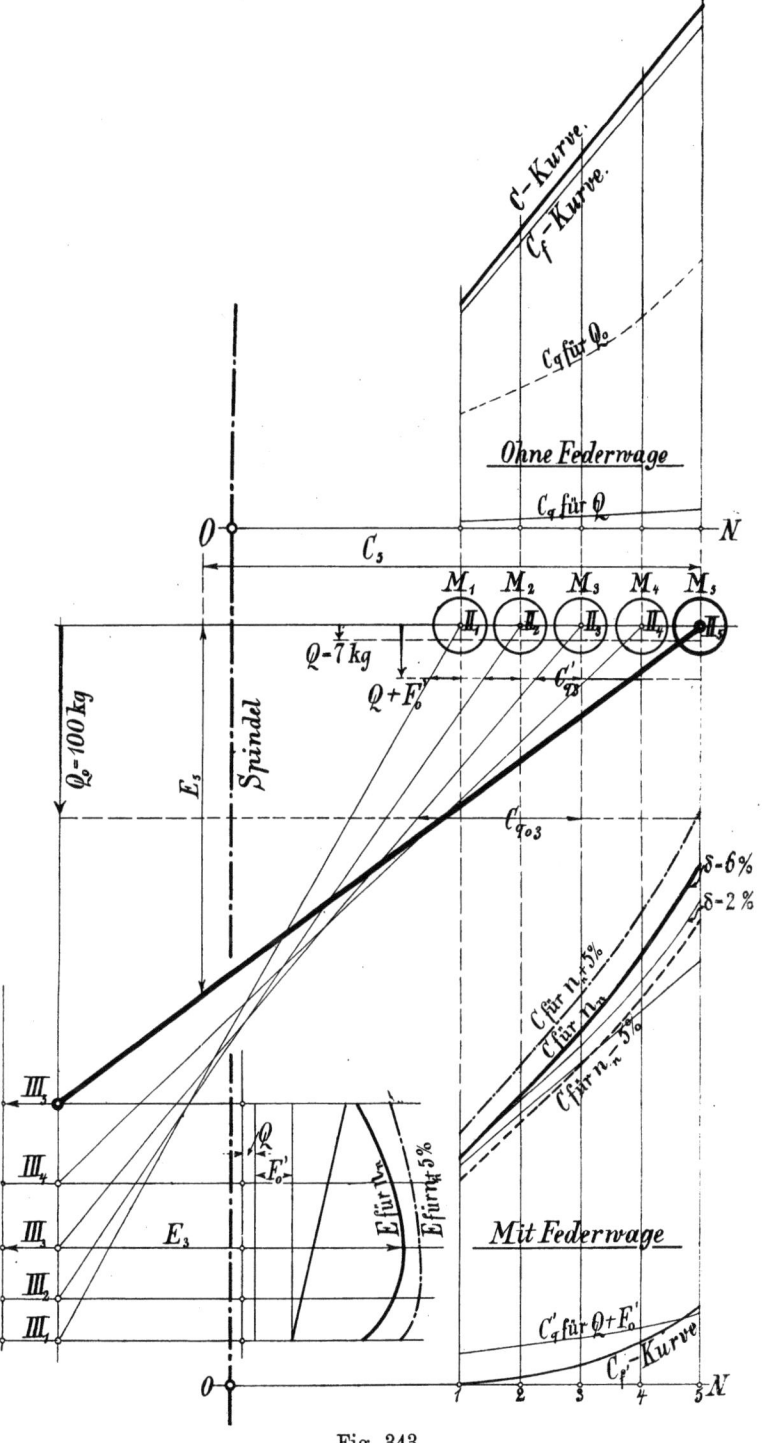

Fig. 343.

Ausschlag der Schwungmassenmittelpunkte von $x_1 = 0{,}062$ m bis $x_5 = 0{,}128$ m;

mittlere minutliche Umdrehzahl $n = 260$, also

$$C_m = C_3 = \frac{27{,}2}{9{,}81} \cdot \left(\frac{2\pi \cdot 260}{60}\right)^2 \cdot \frac{0{,}062 + 0{,}128}{2} = 194 \text{ kg}.$$

Von diesem Werte ausgehend, wurde für einen Ungleichförmigkeitsgrad $\delta = 0{,}06 = 6\,^0/_0$, wie schon mehrfach gezeigt worden ist (vgl. Fig. 249), die kleinste und die größte Fliehkraft C_1 und C_5 aufgesucht. Da die Schwunggewichte wagerecht geführt werden, ist $C_g = 0$. Für $Q = 7$ kg wurde eine C_q-Kurve ermittelt und zur besseren Beurteilung des Charakters der C_q-Kurven auch noch eine C_q-Kurve für $Q_0 = 100$ kg aufgezeichnet; die C_q-Kurven verlaufen etwa zwischen Stellung 2 und 3 astatisch, später krümmen sie sich stark nach oben. Nach Abzug der Werte C_q von der gesamten Fliehkraft C erhält man für die Endstellungen 1 und 5 die von der Querfeder abzufangenden Fliehkräfte C_{f1} und C_{f5}, also unmittelbar die kleinste und größte Federspannung. Da hier zwei Federn zur Wirkung gelangen, so entfällt auf jede die halbe Kraft; es wird mithin für jede der beiden Federn nach der Fig. 343:

$$F_{min} = \frac{C_{f1}}{2} = 56 \text{ kg}; \quad F_{max} = \frac{C_{f5}}{2} = 130 \text{ kg}.$$

Die Spannungszunahme von 56 auf 130 kg erfolgt bei einer Verkürzung der Feder um $12{,}8 - 6{,}2 = 6{,}6$ cm, folglich muß sein

$$f = \frac{130 - 56}{6{,}6} = 11{,}2 \text{ kg/cm}.$$

Hierzu findet sich mit $r = 4{,}5$ cm und $m = 10$ (nach Ausführung):

Drahtdicke $\delta = 0{,}95$ cm

und damit die größte Drehungsspannung

$$\tau_{max} = \frac{F_{max} \cdot r}{\frac{\delta^3}{5}} = \frac{130 \cdot 4{,}5 \cdot 5}{0{,}95^3} = 3400 \text{ kg/qcm},$$

was angemessen erscheint.

Verbindet man die Endpunkte von C_{f1} und C_{f5} durch eine Gerade, so erhält man die C_f-Kurve. Durch Addition von C_f und C_q ergibt sich die gesamte C-Kurve; sie ist nahezu geradlinig. Die entsprechenden C-Kurven finden sich in Fig. 343 oben rechts unter der Benennung: ohne Federwage. Für Zapfendurchmesser

$d = 12$ mm und $\mu' = \frac{1}{3} \cdot \frac{1}{10} = \frac{1}{30}$ wurden noch die Reibungswerte R nach Gl. 255 berechnet und die gefundenen Werte in folgender Tabelle zusammengestellt.

Nummer der Stellung	Abstand x des Schwungmassenmittelpunktes von der Spindel	Fliehkraft C	Minutliche Umdrehzahl n	$(Q+G)\cotg\alpha$	Arm h	Reibungsbetrag R	Muffendruck E	Unempfindlichkeitsgrad hervorgerufen durch R $\varepsilon_r = {}^0/_0$	$W = 7$ kg $\varepsilon_w = {}^0/_0$	im ganzen $\varepsilon = {}^0/_0$
	m	kg		kg	mm	kg	kg			
1	0,062	116	249	59	95	2,04	196	1,04	3,58	4,62
2	0,078	155	256	48	103	1,67	214	0,78	3,27	4,05
3	0,095	194	260	39	107	1,37	219	0,63	3,20	3,83
4	0,112	233	263	32	107	1,13	213	0,53	3,29	3,82
5	0,128	272	265	25	102	0,88	194	0,46	3,61	4,27

Woher kommen die ziemlich hohen Reibungswerte von $\varepsilon_r = 1{,}04\,^0/_0$ bis $0{,}46\,^0/_0$, trotzdem die Fliehkräfte fast vollständig unmittelbar durch die Querfedern abgefangen werden? Die Antwort auf diese gewiß berechtigte Frage ist nicht schwer zu erteilen: Die Geradführung, die alle Vertikalkräfte aufzunehmen hat, ist für diesen Zweck nicht geeignet; sie liefert trotz der Anwendung von Führungsrollen und obwohl fast nur das Gewicht der Schwungkörper zu tragen ist, einen großen Reibungswiderstand, der sich um so erheblicher bemerkbar macht, je kleiner die Fliehkraft ist.

Noch krasser macht sich der nachteilige Einfluß der Geleisführung der Schwungkörper geltend, wenn durch Hinzufügen einer Muffenbelastung (zwecks Erhöhung der Umdrehzahl) die von der Führung aufzunehmenden Vertikalkräfte größer werden. Steinle & Hartung liefern zu dem vorgenannten Zweck Federwagen, die ähnlich wie in Fig. 340 an dem Stellhebel des Reglers angreifen.

Um den Einfluß einer solchen zusätzlichen Federbelastung zu prüfen, legen wir eine Federwage zugrunde, mit der die Umdrehzahl um $5\,^0/_0$ erhöht und erniedrigt werden kann.

Wir wollen zunächst einmal von der Hebelübersetzung, die durch die Angriffsweise der Feder an dem Stellhebel bedingt ist, absehen und die zusätzliche Federbelastung F' unmittelbar an der Muffe angreifen lassen.

Da der mittlere Muffendruck E etwa 200 kg beträgt, so erfordert eine Erhöhung der Umdrehzahl um $5\,^0/_0$ eine Vergrößerung des Muffendruckes um $\frac{1}{10} \cdot 200 = 20$ kg. Diese zusätzliche Muffenbelastung ließe sich in konstanter Größe wohl durch ein Gewicht, nicht aber durch eine Feder erzielen, da deren Spannung notwendig mit steigender Muffe anwachsen muß. Durch Anhängen einer Federwage an die Muffe wird also der Regler statischer, und zwar um so stärker, je härter die Feder ist, je größer f gemacht wird. Durch Anordnung einer recht weichen Feder könnte wohl diese Zunahme des Ungleichförmigkeitsgrades klein gehalten werden; aber einerseits nähme dann die Feder einen großen Raum ein und andererseits erforderte selbst bei einem sehr kleinen f die Steigerung der Federkraft beim Erhöhen der Umdrehzahl ein großes Maß für die Nachstellung. Soll also der Platzaufwand nicht übermäßig werden, so darf die Feder nicht zu weich sein, und wir müssen uns damit abfinden, daß die an der Muffe angreifende Feder von vornherein dem Regler einen statischen Charakter erteilt. Kann der Regler gleich mit Rücksicht auf die Federwage konstruiert werden, so läßt sich ein zu großer Ungleichförmigkeitsgrad dadurch vermeiden, daß die Hauptfeder entsprechend weicher ausgeführt wird, z. B. mehr Windungen oder eine etwas kleinere Drahtstärke erhält.

Wünschen wir z. B. die Erhöhung der Umdrehzahl um $5^0/_0$ durch 4 cm Nachstellung der Feder zu erzielen, so ist $f' = \frac{20}{4} = 5$ kg/cm; folglich steigt während des Muffenhubes $s = 6$ cm die Federspannung um $s \cdot f' = 6 \cdot 5 = 30$ kg. Läßt man die Hauptfedern unverändert, so erhöht sich hierdurch der Ungleichförmigkeitsgrad von dem bisherigen Wert $\delta = 6^0/_0$ auf $\delta = 13^0/_0$. Will man $\delta = 6^0/_0$ beibehalten, so darf die Spannung C_f der Querfedern (vgl. Fig. 343 unten rechts) nicht mehr so stark wie früher zunehmen. Während wir aus unserem Diagramm vordem $C_{f1} = 112$ und $C_{f5} = 260$ kg entnahmen, finden wir jetzt $C_{f1} = 112$ und $C_{f5} = 218$ kg; für die neuen Querfedern muß also gemacht werden $F_{min} = \frac{1}{2} C_{f1} = 56$ kg, $F_{max} = \frac{2}{1} C_{f5} = 109$ kg, oder $f = \frac{109 - 56}{6,6} = 8,03$ kg/cm, Federn mit etwa $r = 4,5$ cm, $m = 10$ und Drahtstärke $\delta = 0,875$ cm entsprechend, während wir vorher eine Drahtstärke $\delta = 0,95$ cm fanden.

In dem Diagramm Fig. 343 rechts unten wurden nun folgende C-Kurven gezeichnet:

1. Eine C_f'-Kurve für die Längsfeder an der Muffe, in der untersten Muffenstellung mit der Federspannung Null beginnend. Für jedes Zentimeter Muffenhub wächst die Federspannung (wie oben angenommen) um $f' = 5$ kg; hierdurch sind für die einzelnen Muffenstellungen die Federkräfte F' bestimmt; genau wie C_q aus Q, folgt nun C_f' aus F'.
2. Die C_f-Kurve für die Querfedern als Gerade von $C_{f1} = 112$ kg bis $C_{f5} = 218$ kg ansteigend.

Federregler. 555

3. Die gesamte C-Kurve, für die $C = C_f + C_f' + C_q$ ist.
4. Je eine C-Kurve für die um $5^0/_0$ größere und die um $5^0/_0$ kleinere Umdrehzahl, indem C_q' (aus $Q + F_0' = 7 + 20 = 27$ kg und aus $Q - F_0' = 7 - 20 = -13$ kg ermittelt) statt C_q zu $C_f + C_f'$ addiert wurde.

Die drei resultierenden C-Kurven haben, was nach dem nahezu astatischen Charakter der C_q-Kurve von vornherein zu erwarten war, fast genau den gleichen Ungleichförmigkeitsgrad. Nachteilig macht sich der Einfluß der Federwage insofern bemerkbar, als die C-Kurven ziemlich stark gekrümmt werden. Kleinere Ungleichförmigkeitsgrade sind deshalb unzulässig, wie man aus der feingezogenen C-Kurve ersehen kann, die für $\delta = 2^0/_0$ gezeichnet wurde. Dieselbe hat ungefähr in der Mitte einen astatischen Punkt; für die untere Hälfte des Ausschlags ist also der Regler labil, d. h. unbrauchbar.

Rechnen wir nun noch die Eigenreibung R des Reglers nach Hinzufügen der Federwage mit Hilfe der Gl. 255 aus, indem wir statt Q jedesmal $Q + F''$ setzen, so erhalten wir die in nachstehender Tabelle wiedergegebenen Werte.

Nummer der Stellung	Abstand x des Schwungmassenmittelpunktes von der Spindel	Fliehkraft C	Minutl. Umdrehzahl n	$Q + F''$	$(Q + F'' + G)\cot\alpha$	Arm h	Reibungsbetrag R	Muffendruck E	Unempfindlichkeitsgrad hervorgerufen durch R $\varepsilon_r =\,^0/_0$	$W = 7$ kg $\varepsilon_w =\,^0/_0$	im ganzen $\varepsilon =\,^0/_0$
	m	kg		kg	kg	mm	kg	kg			
1	0,062	129	262	27	54,2	95	3,42	216	1,58	3,24	4,82
2	0,078	164	263	32,2	59,4	103	3,12	227	1,37	3,08	4,85
3	0,095	200	264	38,8	66,0	107	2,95	228	1,30	3,07	4,37
4	0,112	244	268	47,4	74,6	107	2,71	223	1,21	3,14	4,35
5	0,128	297	278	57	84,4	102	2,67	212	1,26	3,30	4,56

Wir erkennen, wie bedeutend die Eigenreibung schon durch die geringe Erhöhung der Umdrehzahl gestiegen ist: ε_r beträgt $1{,}58^0/_0$ bis $1{,}21^0/_0$. Die Hauptursache hierfür liegt in dem Widerstande an den Führungsrollen; lieferte schon das Gewicht der Schwungkörper einen recht erheblichen Normaldruck auf die Gleitbahn, so fällt dieser jetzt wegen der hinzugefügten Muffenbelastung noch größer aus.

Zum Schluß wollen wir untersuchen, wie sich die Angriffsweise der Feder an dem Stellhebel bemerkbar macht. Zunächst wird die Eigenreibung vergrößert, da drei Zapfen, die unter Druck stehen, hinzukommen. Häufig ist der Arm a_1 doppelt so groß wie a_2; dann muß die in B angreifende Feder eine Kraft $F''=2F'$ ausüben, und der feste Drehpunkt A erfährt einen Druck $=F''-F'=F'$. Setzen wir die Durchmesser der drei Zapfen gleich groß $=d$, so erhalten wir am Stellzapfen insgesamt ein Zapfenreibungsmoment

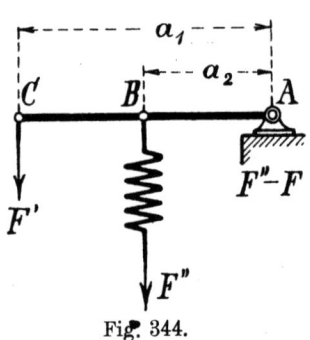

Fig. 344.

$$=\frac{\mu d}{2}(F'+F''+F')=\frac{\mu d}{2}\cdot 4F'=2\mu dF'.$$

Denken wir dieses Moment durch eine an der Muffe wirkende Kraft r_z ausgeübt, so gilt für r_z:

$$r_z \cdot a_1 = 2\mu dF'$$

oder
$$r_z = 2\mu \frac{d}{a_1} \cdot F'.$$

Für unser Beispiel ist

$$d \sim 12 \text{ mm}, \quad a_1 = 135 \text{ mm},$$

mithin
$$r_z = 2 \cdot 0{,}1 \cdot \frac{12}{135} F' = 0{,}018\, F'.$$

Da die Federkräfte F' für die fünf Reglerstellungen:

	1	2	3	4	5
$F'=$	20	25,2	31,8	40,4	50 kg

waren, so wird die zusätzliche Reibung:

$r_z=$	0,35	0,45	0,57	0,72	0,90 kg,

mithin die gesamte Eigenreibung einschl. r_z:

$R=$	3,78	3,57	3,52	3,43	3,57 kg

entsprechend einem Unempfindlichkeitsgrad:

$\varepsilon_r=$	1,75 %	1,57 %	1,54 %	1,54 %	1,68 %.

Bei der gewählten Angriffsweise der Feder an dem Stellhebel erhöht sich demnach die Eigenreibung nicht unerheblich; von diesem

Gesichtspunkte aus betrachtet erscheint die vorliegende Anordnung nicht zweckmäßig. Prüft man jedoch den Raumbedarf für die Feder, so wird die Vorliebe der Praxis für diese Angriffsweise der Feder verständlicher. Die Federspannung F' wird zwar $= 2F'$, deshalb erfordert die Feder stärkeren Draht; aber die Zunahme der Federspannung vom kleinsten bis zum größten Werte geschieht bei einer Verlängerung gleich dem halben Hube, f wird also hier viermal so groß wie bei unmittelbarem Angriff der Feder an der Muffe; die Feder darf mithin härter sein, sie hat weniger Windungen (oder ein kleineres r) nötig. Während wir ferner bei unmittelbarem Angriff der Feder an der Muffe für eine Erhöhung der Umdrehzahl um 5% die Feder um 4 cm nachstellen mußten, bedürfen wir jetzt offenbar nur des halben Maßes für die Nachstellung. Greift also die Feder zwischen Muffe und festem Drehpunkt an, so wird zwar die Eigenreibung des Reglers erhöht, aber es wird an Raum zur Unterbringung der Feder und zum Nachstellen zwecks Vergrößerung der Umdrehzahl gespart. Ist dagegen auf geringere Eigenreibung Wert zu legen, so sollte eine etwaige zusätzliche Belastungsfeder unmittelbar an der Muffe angreifen.

3. Neuer Federregler von Steinle & Hartung.

Die große Eigenreibung, die der im vorigen Abschnitt besprochene Regler hauptsächlich durch den Widerstand der Rollenführung erhält, hat die Firma Steinle & Hartung veranlaßt, die Geleisführung bei ihrem neuen, in Fig. 345 dargestellten Regler aufzugeben und sie durch eine Lenkerführung zu ersetzen. Genau wie bei dem Hartungschen Regler nach Fig. 339 sind die Schwungkörper mit dem Reglergetriebe gelenkig verbunden; das gewählte Getriebe ist ein geschränkter Kurbeltrieb mit geknickten Lenkstangen und umgekehrter Aufhängung, d. h. die Schwungkörper werden von der Schubstange getragen. Der Drehpunkt I der Kurbel liegt in der Spindelmitte, die Lenkstangen sind gekreuzt. Schränkung und Knickungswinkel sind so gewählt, daß sich der Massenmittelpunkt möglichst geradlinig rechtwinklig zur Spindel bewegt; wie weit diese Geradführung wirklich gelungen, ersieht man aus dem Diagramm Fig. 346, S. 559, in das die Bahn des Schwungmassenmittelpunktes IV noch weit über die benutzten Stellungen hinaus eingezeichnet worden ist. Die C_q-Kurve wurde außerdem durch die Maßverhältnisse des Getriebes nahezu astatisch gemacht; sie weist, wie Fig. 346 zeigt, ungefähr in der untersten Stellung einen astatischen Punkt auf.

Dem Diagramm in Fig. 346 liegen folgende Verhältnisse zugrunde:
Längenmaßstab 2 : 5; Kräftemaßstab 1 mm = 10 kg;
Kräftemaßstab für die Kräftedreiecke zur Bestimmung der Zapfendrücke 1 mm = 5 kg;
Gesamtgewicht beider Schwungkörper $G = 50$ kg;
Muffengewicht $Q = 11,2$ kg; Muffenhub = 70 mm;
Ausschlag der Schwungmassenmittelpunkte von $x_1 = 0,090$ m bis $x_5 = 0,171$ m.

Federmaße: bei dem Regler ohne Federwage gilt für die Querfedern:

$$r = 5,5 \text{ cm}; \qquad \delta = 1,25 \text{ cm}; \qquad m = 10,$$

also für beide Federn zusammen

$$f = 2 \cdot \frac{100000}{8} \cdot \frac{1,25^4}{10 \cdot 5,5^3} = 36,8 \text{ kg/cm}.$$

Bei dem Regler mit Federwage wurden die Querfedern etwas

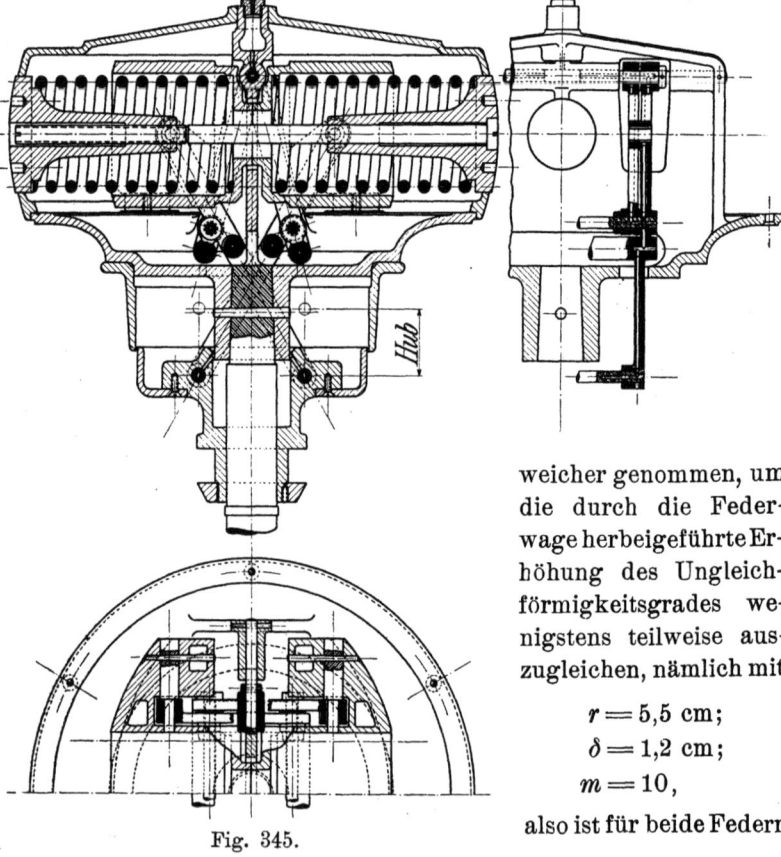

Fig. 345.

weicher genommen, um die durch die Federwage herbeigeführte Erhöhung des Ungleichförmigkeitsgrades wenigstens teilweise auszugleichen, nämlich mit

$r = 5,5$ cm;
$\delta = 1,2$ cm;
$m = 10,$

also ist für beide Federn

Federregler.

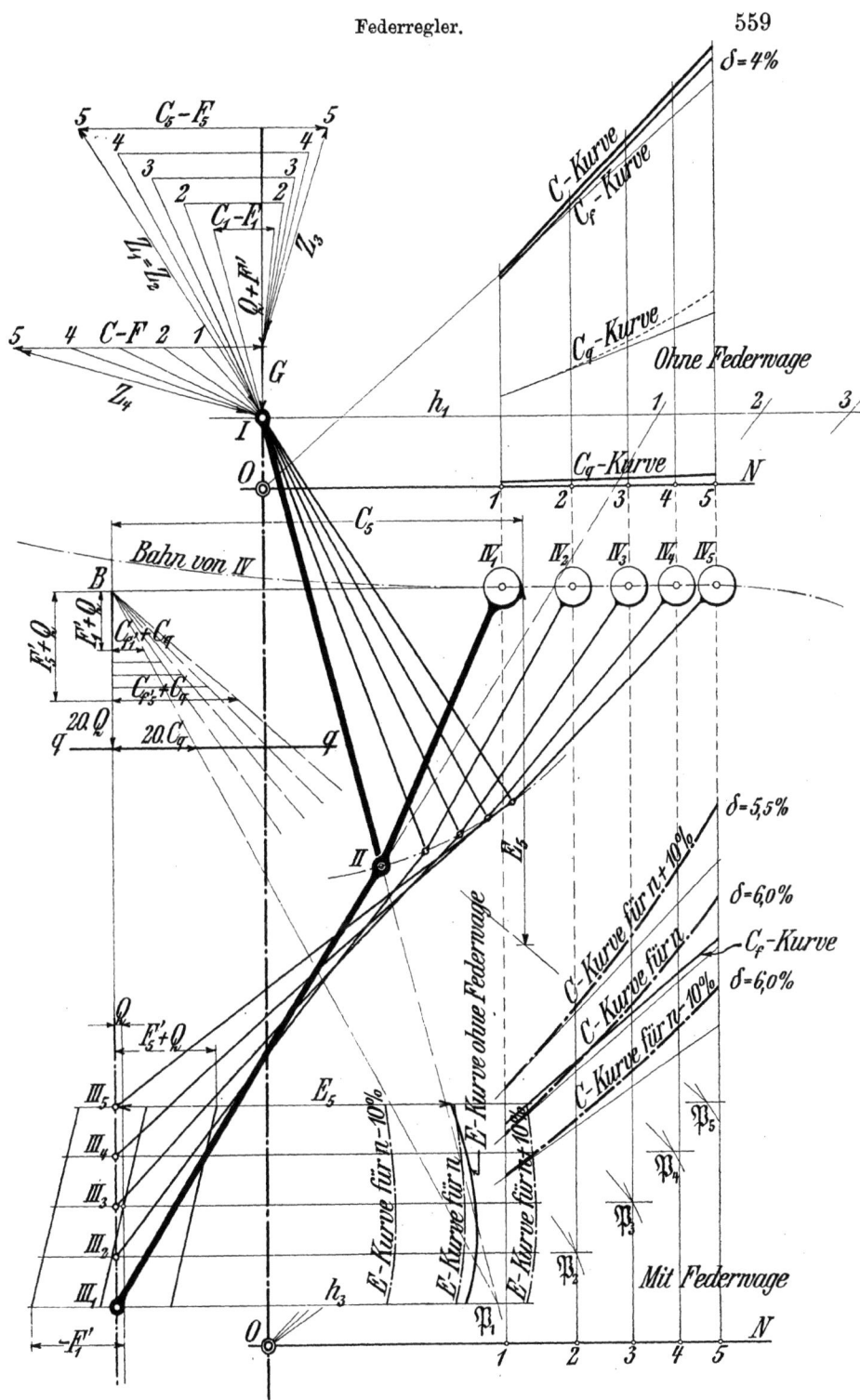

Fig. 346.

$$f = 2 \cdot \frac{100\,000}{8} \frac{1{,}2^4}{10 \cdot 5{,}5^3} = 31{,}2 \text{ kg/cm}.$$

Für die Längsfeder, durch die man die minutliche Umdrehzahl um $10^0/_0$ erniedrigen und um $10^0/_0$ erhöhen kann, und deren Ausschlag, wie in Fig. 344 angegeben, gleich dem halben Muffenhub ist, beträgt $\qquad r = 3$ cm; $\quad \delta = 1{,}05$ cm; $\quad m = 13{,}2$,
demnach $\qquad\qquad f = 42{,}6$ kg/cm.

Die in Fig. 346 durchgeführten Konstruktionen brauchen hier nicht im einzelnen erläutert zu werden, da sie alle schon früher zur Anwendung gelangt und an den entsprechenden Stellen ausführlich besprochen worden sind. Es mag folgender Hinweis genügen:

Die C_f-Kurve ergibt sich unmittelbar als Gerade aus Anfangswert F_1 der Federspannung und dem Endwert $F_5 = F_1 + 36{,}8 \cdot 8{,}1$ (ohne Federwage) bzw. $F_5 = F_1 + 31{,}2 \cdot 8{,}1$ (mit Federwage). Die Werte C_q finden sich aus Q nach Fig. 258, ebenso $C_q + C_f'$ aus $Q + F'$. Zur besseren Beurteilung des Charakters der C_q-Kurve ist außer der richtigen C_q-Kurve noch eine solche (fein gestrichelt) für $20\,Q$ eingetragen. Die Bestimmung der Zapfendrücke, Fig. 346 links oben, entspricht im wesentlichen dem in Fig. 259 und auf Seite 417 angegebenen Verfahren; zu beachten ist hier, daß die Fliehkraft C zum größten Teil unmittelbar durch die Federkraft F abgefangen wird, in das Getriebe pflanzt sich also nur noch $C - F$ fort. Zapfen IV erhält als Druck die Resultierende aus G und $C - F$.

$Z_1 = Z_2$ ist dadurch bestimmt, daß Zapfen I als einziger fester Punkt des Getriebes die gesamten äußeren Vertikalkräfte, d. h. $G + Q + F'$ abfangen muß; die Vertikalkomponente von Z_1 ist also $= G + Q + F'$, und die Richtung von Z_1 fällt in die Verbindungslinie von I mit II. Z_3 endlich findet sich als Resultierende aus einer Vertikalkomponente $Q + F'$ und einer Horizontalkomponente, die sich als Unterschied der Horizontalkomponente von Z_1 und der Horizontalkraft $C - F$ ergibt, weil auch die horizontalen Komponenten der äußeren Kräfte im Gleichgewicht sein müssen.

Die Berechnung der Eigenreibung R kann nach Gl. 197 erfolgen; nur ist in Gl. 197 statt F der Zapfendruck Z_4 einzuführen und zu beachten, daß Z_4 an einem Punkte der Schubstange angreift, daß also das Z_4 entsprechende Glied durch h_3 zu dividieren ist. Hier findet sich demnach

$$R = \frac{\mu}{2}\left(\frac{Z_1 d_1 + Z_2 d_2}{h_1} + \frac{Z_2 d_2 + Z_3 d_3 + Z_4 d_4}{h_3}\right)$$

oder, wenn die Zapfendurchmesser alle gleich d sind,

$$R = \frac{\mu d}{2}\left(\frac{Z_1 + Z_2}{h_1} + \frac{Z_2 + Z_3 + Z_4}{h_3}\right).$$

Federregler.

Nach dieser Gleichung wurden mit $d = 12$ mm und $\mu = 0{,}1$ die Reibungswerte berechnet und in die folgenden Tabellen eingetragen.

Tabelle für Regler ohne Federwage.

Nummer der Stellung	Abstand x der Schwungmassen von der Spindel	Fliehkraft C	Minutl. Umdrehzahl n	Zapfendrücke			Arme		Reibungsbetrag R	Muffendruck E	ε_r in $\%$
				$Z_1 = Z_2$	Z_3	$Z_4 \sim G$	h_1	h_3			
	m	kg		kg	kg	kg	mm	mm	kg	kg	
1	0,090	300	244	16	63,6	50	150	145	1,02	512	0,20
2	0,117	404	249	20	66	50	188	175	0,88	538	0,16
3	0,138	490	253	24	68,8	50	223	197	0,80	536	0,15
4	0,156	560	254	27,6	71,6	50	255	213	0,74	524	0,14
5	0,171	620	255	31	74,6	50	287	225	0,72	500	0,14

Tabelle für Regler mit Federwage.

Nummer der Stellung	Abstand x der Schwungmassen von der Spindel	für die kleinsten Umdrehzahlen		für die größten Umdrehzahlen $n_{max} = n_m + 10\%\, n_m$									
		C	n_{min} i. d. M.	Fliehkraft C	Minutl. Umdrehzahl n	Zapfendrücke			Arme		Reibungs-betrag R	Muffendruck E	ε_r in $\%$
						$Z_1 = Z_2$	Z_3	Z_4	h_1	h_2			
	m	kg		kg		kg	kg	kg	mm	mm	kg	kg	
1	0,090	234	216	356	267	140	84	68	150	145	2,34	624	0,377
2	0,117	312	219	470	270	164	104	90	188	175	2,28	634	0,360
3	0,138	380	223	570	273	190	122	120	223	197	2,38	634	0,376
4	0,156	442	226	668	277	218	144	154	255	213	2,41	630	0,383
5	0,171	500	229	760	283	250	166	196	287	225	2,68	622	0,431

Man sieht, daß die Eigenreibung bei dem Regler ohne Federwage sehr niedrig ausfällt: ε_r sinkt von $0{,}20\%$ in der tiefsten Muffenstellung bis auf $0{,}14\%$ in der höchsten Muffenstellung. Bei Anwendung einer Federwage wird natürlich die Eigenreibung etwas größer, da die an der Muffe wirkende Belastung durch das Getriebe fließen muß, ehe sie von der Fliehkraft im Gleichgewicht gehalten werden kann. Aber selbst bei 10% Erhöhung der Umdrehzahl finden wir noch recht niedrige Werte für ε_r, nämlich $\varepsilon_r = 0{,}36$ bis $0{,}43^0/_0$. Das angestrebte Ziel, durch Vermeidung der Geleisführung die Eigenreibung herabzusetzen, ist folglich bei diesem Regler vollkommen erreicht.

Die C-Kurven verlaufen ebenfalls recht günstig, sie sind fast gerade. Der Muffendruck E ist beinahe konstant, am wenigsten veränderlich bei dem Regler mit Federwage (in Fig. 346 sind die E-Kurven für den letzteren Fall strichpunktiert gezeichnet).

Das Gesamtergebnis ist also für den untersuchten Regler ein recht günstiges.

4. Federregler der Jahns-Regulatoren-G. m. b. H., Offenbach a. M.

Die aus Fig. 347 ersichtliche Gesamtanordnung ist ohne weiteres verständlich: die Schwungkörper werden durch je zwei Rollenpaare radial gerade geführt, die Schwungkörperausschläge durch

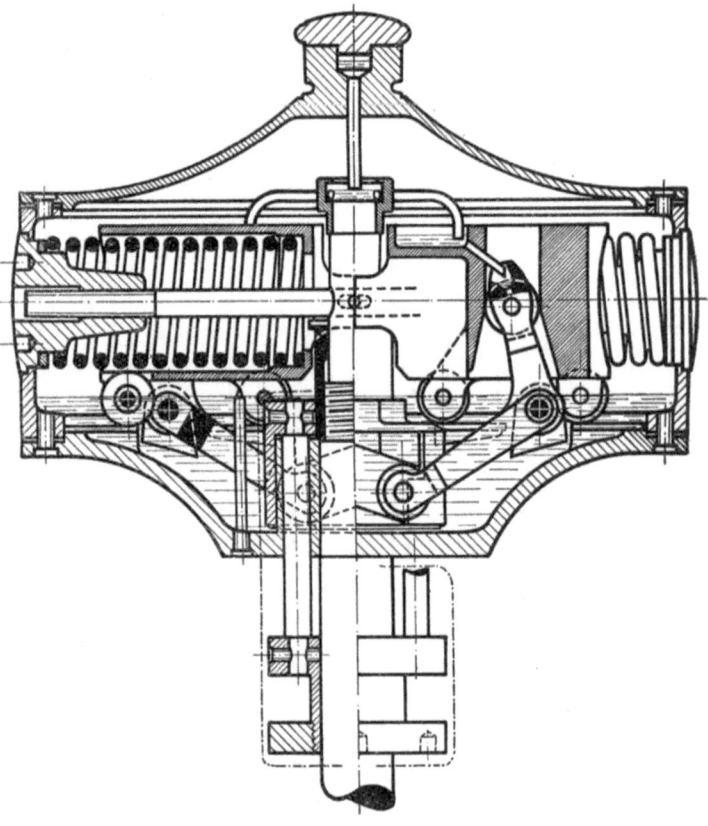

Fig. 347.

Winkelhebel mit festem Drehpunkt auf eine innere Muffe übertragen und von hier aus durch Verbindungsstangen, die den Gehäuseboden (öldicht) durchdringen, auf die äußere Muffe weiter geleitet. (Die in Fig. 347 durch eine strichpunktierte Linie umschlossene innere und äußere Muffe mit Verbindungsstangen ist gegen die übrige Figur um 90^0 gedreht zu denken!) Das benutzte Übertragungsgetriebe ist also ein Kreuzschleifenmechanismus nach Fig. 271, jedoch mit der Maßnahme, daß sowohl der Winkel des Winkelhebels von 90^0 abweicht, $= 90^0 + \gamma$ ist, als auch die Stützfläche, gegen die sich die innere Rolle des Winkelhebels legt, nicht horizontal, sondern unter dem Winkel γ_1 gegen die Wagerechte geneigt ist. Beide Hilfsmittel gestatten in glei-

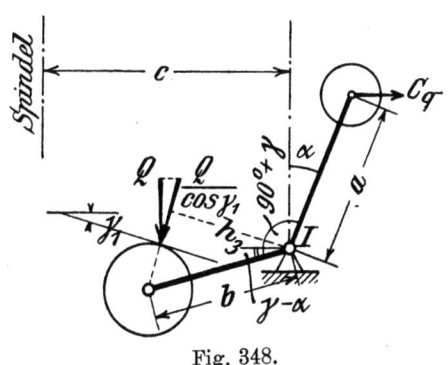

Fig. 348.

cher Weise, eine möglichst vorteilhafte C_q-Kurve herbeizuführen. Aus Fig. 348 entnehmen wir für den Momentenpunkt I die Gleichung

$$C_q \cdot a \cos\alpha = \frac{Q}{\cos\gamma_1} h_3 = \frac{Q}{\cos\gamma_1} b \cos(\gamma_1 + \gamma - \alpha)$$

oder

$$C_q = \frac{Q}{\cos\gamma_1} \frac{b}{a} [\cos(\gamma_1 + \gamma) + \sin(\gamma_1 + \gamma) \operatorname{tg}\alpha];$$

diese Gleichung stimmt formal mit Gl. 183, S. 432 (und mit Gl. 180) überein; wie man sieht, kommt es nur auf die Summe $\gamma_1 + \gamma$ an, beide Winkel γ und γ_1 machen sich in gleicher Weise geltend, gegenüber der bloßen Vergrößerung des Winkels γ zwischen den Armen a und b wird irgend eine neue Wirkung durch die Neigung der Stützfläche um γ_1 nicht herbeigeführt. Daß für das gewählte Beispiel eine günstig (d. h. nahezu astatisch und in dem benutzten Gebiet geradlinig) verlaufende C_q-Kurve wirklich erzielt ist, lehrt Fig. 351. Die Konstruktion der C_q-Kurve gestaltet sich ziemlich bequem: An dem Winkelhebel müssen sich C_q, der in I entstehende Zapfendruck Z und der von der geneigten Führungsfläche ausgeübte Normaldruck $\frac{Q}{\cos\gamma_1}$ das Gleichgewicht halten, C_q, Z und $\frac{Q}{\cos\gamma_1}$ sich also in einem Punkte schneiden; hierdurch ist die Richtung von Z festgelegt. Trägt man daher Q von I aus nach oben hin ab, legt durch den Endpunkt von Q die Horizontale qq, zieht durch I die Linie parallel $\dfrac{Q}{\cos\gamma_1}$, so schneiden die Strahlen Z sofort auf qq die gesuchten Werte $\overline{C}_q$ ab.

Bezüglich der **Eigenreibung** sei darauf hingewiesen, daß bei der Konstruktion des Reglers die größte Sorgfalt auf vorzügliche Schmierung aller Gleitstellen verwandt wurde, so daß man wohl mit Recht den Reibungskoeffizienten hier niedriger als bei manchen andern Reglern einführen darf; die Firma legt ihren Angaben $\mu = 0{,}05$ zugrunde.

Wir suchen zweckmäßig die Eigenreibung getrennt auf, und zwar die von einer Hülsenbelastung Q und die von der Gewichtswirkung G der Schwungkörper herrührt; wir haben dann, von Q stammend (wenn wir von dem eigentlichen Rollwiderstand als unerheblich absehen), drei Reibungsgrößen zu berücksichtigen: 1. am Zapfen I das durch Z erzeugte Zapfenreibungsmoment $Z\mu_1\dfrac{d}{2}$; 2. an der oberen Rolle durch $\overline{C}_q$ und 3. an der unteren Rolle durch $\dfrac{Q}{\cos\gamma_1}$ hervorgerufen, je einen Widerstand, der nach den S. 441 im Anschluß an Fig. 279 durchgeführten Betrachtungen zu bestimmen ist, denn es handelt sich hier in der Tat um den allgemeinen Fall, daß auch die Führungsbahn für die Rolle eine Bewegung ausführt.

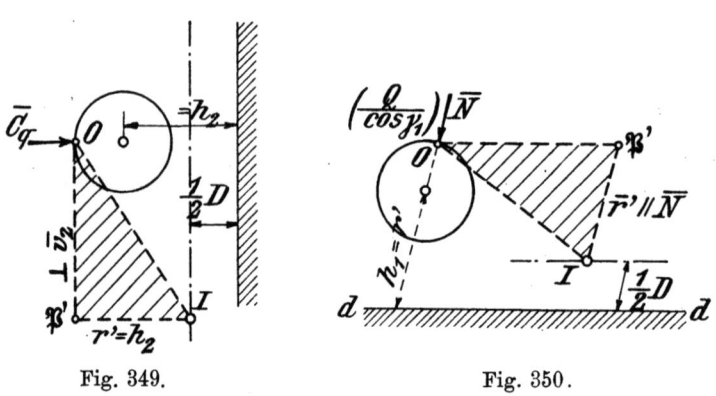

Fig. 349.   Fig. 350.

Die Führungsbahn für die obere Rolle bewegt sich horizontal, die Richtung senkrecht zu $\overline{v}_a$ in Fig. 279 ist also vertikal, der Pol $\mathfrak{P}$ in Fig. 279 ist hier der feste Drehpunkt I, die Richtung des Normaldruckes die von $\overline{C}_q$, d. h. horizontal, daraus ergibt sich die Konstruktion des schraffierten Hilfsdreieckes gemäß Fig. 279, wie in Fig. 349 ausgeführt, oder kürzer: der Arm r' nach Gl. 196 ist der wagerechte Abstand des Rollenberührungspunktes bis zur Senkrechten durch I, oder noch bequemer, r' ist der wagerechte Abstand h_2 des Rollenmittelpunktes von einer Senkrechten, die im Abstande $\dfrac{D}{2}$ rechts von I gezogen ist.

Für die untere Rolle findet sich r' mit Hilfe des schraffierten Dreiecks nach Fig. 279, indem man von I aus parallel zum Normaldruck $\overline{N}$ (d. h. unter γ_1 gegen die Vertikale) und vom Rollenberührungspunkt aus $\perp$ zu $\bar{v}_2$, d. h. wagerecht herübergeht; $r' = h_1$ nach Gl. 196 ist dann $= I\mathfrak{P}'$; bequemer findet man hiernach h_1, indem man die Horizontale dd von I aus im Abstande $\tfrac{1}{2} D$ (schräg nach Richtung von $\overline{N}$ gemessen) zieht und bis zu dieser jedesmal vom Rollenmittelpunkt aus (in Richtung von $\overline{N}$) h_1 abmißt. So erergibt sich das (von Q herrührende) Reibungsmoment

$$\mathfrak{M}_q = Z \mu_1 \frac{d}{2} + C_q \mu' h_2 + \frac{Q}{\cos \gamma_1} \mu' h_1$$

und hieraus der auf die Muffe bezogene, von Q herrührende Reibungsbetrag r_q nach der Momentengleichung

$$\frac{r_q}{\cos \gamma_1} h_3 = \mathfrak{M}_q$$

zu $\quad r_q = \dfrac{1}{h_3} \left[Z \cos \gamma_1 \mu_1 \dfrac{d}{2} + C_q \cos \gamma_1 \mu' h_2 + Q \mu' h_1 \right]$. (256)

Ist ferner G das Gewicht der Schwungkörper, so beträgt der direkt in Richtung von C wirkende Reibungswiderstand $G\mu'$, mithin gilt für den entsprechenden auf die Muffe bezogenen Reibungsbetrag r_g:

$$r_g = G \mu' \frac{Q}{C_q} \quad \ldots \ldots \ldots (257)$$

Dem in Fig. 351 behandelten Beispiel liegen ungefähr die Abmessungen eines Jahns-Reglers C Nr. 107 zugrunde; es ist dabei

$a = 70$ mm; $\quad b = 110$ mm; $\quad c = 130$ mm; $\quad G = 55{,}4$ kg;

$Q = 5 + 45 = 50$ kg ($Q = 5$ kg entspricht dem wirklichen Hülsengewicht, 45 kg ist als zusätzliche Muffenbelastung durch Federwage gedacht, um dadurch die mittlere Umdrehzahl um 5 % zu erhöhen). Gesamter Muffendruck $E = 500$ kg. Längenmaßstab in Fig. 351 1:2, Kräftemaßstab 1 mm $= 2$ kg. Der Fig 351 wurden für fünf Stellungen die Arme h_1, h_2 und h_3 sowie die Werte C_q und Z entnommen, sodann nach Gl. 256 und Gl. 257 r_q und r_g berechnet mit

$\cos \gamma_1 = 0{,}947$, $\quad \mu' = \tfrac{1}{3} \mu = \tfrac{1}{3} \cdot 0{,}1 = 0{,}0333$, $\quad d = 12$ mm, so daß

$\cos\gamma_1\mu' = 0{,}0316$, $\mu_1\dfrac{d}{2} = 0{,}1\cdot\dfrac{12}{2} = 0{,}6$ mm, $\cos\gamma_1\mu_1\dfrac{d}{2} = 0{,}568$ mm

und $\qquad Q\mu' = 50\cdot 0{,}0333 = 1{,}666$ kg

ist; also wird

$$r_q = \frac{1}{h_3}[0{,}568\,Z + 0{,}0316\,C_q h_2 + 1{,}666\,h_1]\text{ kg};$$

$$r_g = \frac{55{,}4\cdot 0{,}0333\cdot 50}{C_q} = \frac{92{,}4}{C_q}\text{ kg}.$$

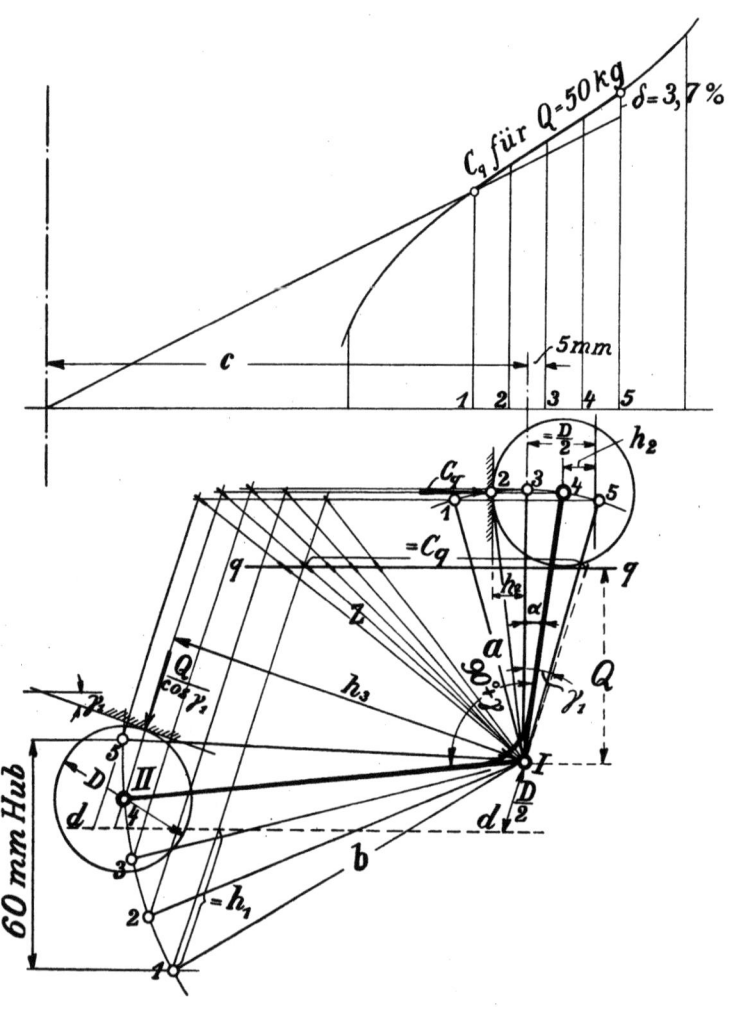

Fig. 351.

Nummer der Stellung	Durch $Q=50$ kg erzeugte Kräfte		Arme			Reibung, erzeugt durch G	Reibung, erzeugt durch $Q=50$ kg	Mit Federwage (für $Q=50$ kg, $E=500$ kg)		Ohne Federwage (für $Q=5$ kg, $E=450$ kg)	
	C_q in kg	Z in kg	h_1 in mm	h_2 in mm	h_3 in mm	r_g in kg	r_q in kg	R $=r_q+r_g$	ε_r in %	R in kg	ε_r in %
1	56,1	64,0	38,3	38,9	72,8	1,64	2,31	3,95	0,79	1,87	0,41
2	63,0	68,4	24,0	28,9	83,5	1,46	1,63	3,09	0,62	1,62	0,35
3	69,8	73,0	8,3	19,0	92,6	1,34	1,05	2,35	0,47	1,45	0,32
4	76,0	77,6	8,2	9,1	100,0	1,22	0,79	2,01	0,40	1,30	0,29
5	82,0	82,4	24,3	1,1	105,2	1,13	0,86	1,99	0,40	1,22	0,27

Wie schon erwähnt, dürfte für μ statt 0,1 wegen der guten Schmierung sehr wohl 0,05 eingeführt werden, damit ergeben sich z. B. in der letzten Spalte (für den Regler ohne zusätzliche Muffenbelastung) Werte für ε_r von 0,21% bis 0,13%, d. h. etwa die gleichen Beträge, wie wir sie für den Regler von Steinle & Hartung gefunden haben.

e) Federregler mit Quer- und Längsfedern.

(Federregler von Tolle nach D. R. P. Nr. 86718, abgelaufen.)

Soll ein Regler neben geringer Eigenreibung eine gewisse Anpassungsfähigkeit besitzen, insbesondere eine Änderung der Umdrehzahl in weiten Grenzen ohne Änderung des Ungleichförmigkeitsgrades ermöglichen, und umgekehrt, eine Änderung des Ungleichförmigkeitsgrades ohne nennenswerte Änderung der Umdrehzahl gestatten, so kommt man mit einer Art von Belastungsfedern nicht aus.

Bei den Reglern des Verfassers wurde zunächst ein solches Getriebe benutzt, das eine astatische C_q-Kurve liefert, und zwar ein Schubkurbelgetriebe ohne Kreuzung der Stangen mit entsprechender Knickung der Pendelarme (vgl. die schematische Darstellung in Fig. 352). Als Hauptfeder dient eine senkrecht zur Spindel gerichtete Zugfeder F_1, die nicht unmittelbar an den Schwungkörpern, sondern an den Pendelarmen III angreifen, und zwar so, daß die Angriffspunkte IV der Feder außerhalb der geraden Verbindungslinie des festen Pendeldrehpunktes I mit dem Massenmittelpunkte M liegen. Je größer man dabei den Winkel β_1 macht, um so schneller darf die Federspannung für den Fall einer astatischen C_f'-Kurve anwachsen, um so größer darf die Spannungszunahme f für 1 cm Verlängerung ausfallen, um so weniger Windungen sind für die Feder erforderlich. Denn da die senkrecht zu messenden Hebelarme der Federspannungen schneller abnehmen als die Arme der Fliehkräfte und für das Gleichgewicht beide Momente gleich groß sind, so müssen umgekehrt die Federspannungen schneller anwachsen als die Fliehkräfte. Durch weitere Vergrößerung des Winkels β_1 kann man mit Leichtigkeit die C_f'-Kurve nach Belieben auch labil machen.

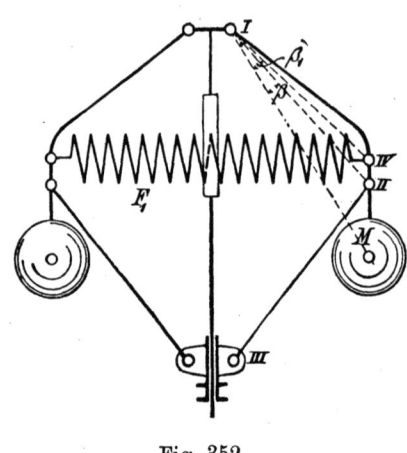

Fig. 352.

Um in einfachster und bequemster Weise die Umdrehzahl des Reglers abändern zu können, ist außer der Querfeder eine Längsfeder angeordnet, die unmittelbar auf die Muffe einwirkt. Da das Getriebe ohnehin solche Maßverhältnisse bekommt, daß die C_q-Kurve nahezu astatisch ist, so darf durch Anspannen oder Entspannen der Längsfeder die Muffenbelastung in ganz beliebigen Grenzen verändert werden, ohne daß der Ungleichförmigkeitsgrad des Reglers eine Änderung erfährt.

Die infolge des Zusammendrückens der Feder beim Heben der Muffe zunehmende Spannung der Längsfeder erteilt nun aber dem Regler von vornherein einen stark statischen Charakter. Um diesen wieder zu beseitigen, wird die Querfeder F_1 so berechnet und der Winkel β_1 in Fig. 352 so groß gemacht, daß hierdurch die C_f'-Kurve (die von der Querfeder herrührt) labil ausfällt.

Spannt man also die Längsfeder, so wird die Umdrehzahl ohne Änderung des Ungleichförmigkeitsgrades vergrößert; spannt man dagegen die Querfeder, so wird der Ungleichförmigkeitsgrad in sehr wirksamer Weise verringert. Denn wenn schon bei der stark zunehmenden Spannung der Querfeder F_1 labile Anordnung herauskommt, so ist die einer konstanten Kraft an Stelle von F'' entsprechende C_k-Kurve um so mehr labil. Um die durch die Nachspannung der Querfeder sich ergebende geringe Erhöhung der Umlaufzahl wieder vollkommen auszugleichen, braucht man nur die Längsfeder entsprechend zu entspannen.

Federregler. 569

Fig. 353 zeigt die normale Ausführung dieser Regler. Die Schwungkörper sind als zylindrische Scheiben ausgebildet, deren Gewicht ganz genau in der erforderlichen Größe hergestellt werden kann. Bei den größeren Reglern sind die Schwungscheiben ausgespart. Die Knickung der Arme wird dadurch bewirkt, daß der Zapfen *II* exzentrisch zur Mittelachse der Schwungkörper angebracht

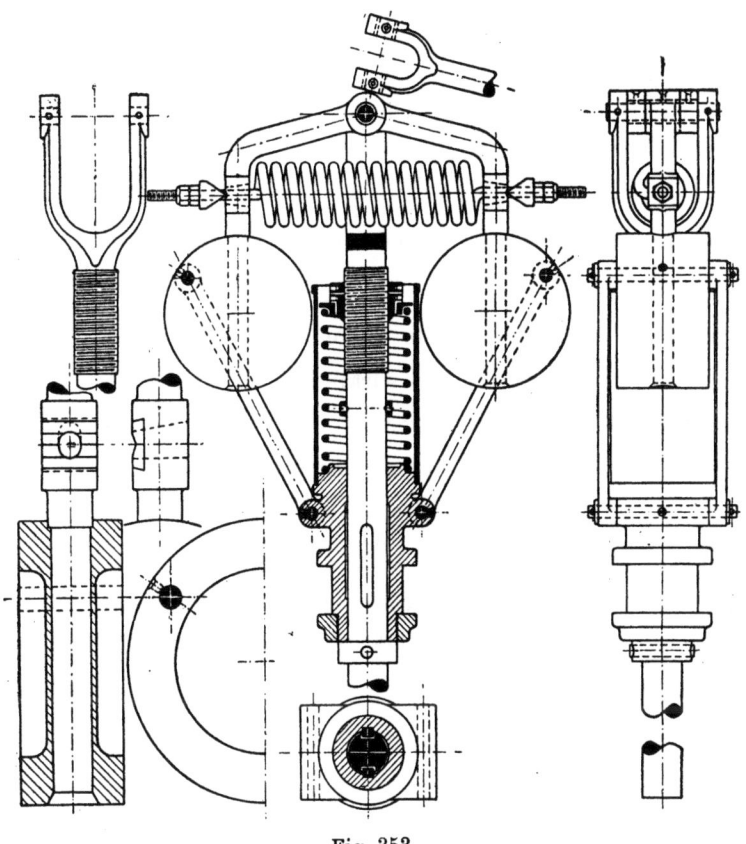

Fig. 353.

ist. Die Arme und Schubstangen sind aus Schmiedeeisen und deshalb sehr leicht, ihre Massen beeinflussen demnach die Reglereigenschaften fast nicht. Die Zapfen sind sämlich zur Schmierung bequem zugänglich. Die Querfeder ist an den beiden geraden Enden weich gehalten, so daß dort Gewinde eingeschnitten werden kann. Mittels Stahlschneiden stützen sich die Federenden gelenkig auf die Pendelarme. Der Winkel β_1 ist so groß wie möglich gemacht, nämlich so groß, daß in der höchsten Reglerstellung die Querfeder noch eben an den Augen der Pendelarme vorbeigeht. Dadurch wird die C_f'-Kurve stark labil, und die Längsfeder darf um so härter sein. Hierdurch wieder ist es möglich, daß trotz des beschränkten Raumes für die Unterbringung und Nachstellung der Längsfeder eine ziemlich bedeutende Änderung der Umdrehzahl durch Nachspannen der Längsfeder erreicht werden kann. Bei den ausgeführten Reglern läßt sich die Umdrehzahl um $15^0/_0$ verändern, d. h. von der mittleren Umdrehzahl aus um $7^1/_2{}^0/_0$ erhöhen und um $7^1/_2{}^0/_0$ verringern. Des ruhigeren Aussehens wegen ist die Längsfeder von einer nur wenige Millimeter dicken Schutzhülse umschlossen, deren Gewicht absichtlich so klein wie möglich gehalten ist, um alle unnötigen Massen zu ersparen. Da auch die Ausschläge der Schwungmassen trotz hinreichender Größe des Muffenhubes sehr klein gehalten und die Schwungmassen zur Erzielung möglichst großer Fliehkräfte so weit von der Spindel entfernt sind, wie der geopferte Raum dies überhaupt gestattet, so wird der reduzierte Muffenhub außerordentlich klein, erheblich kleiner als bei den meisten sonstigen Reglern. Es ist der reduzierte Muffenhub:

$$s_r = \tfrac{1}{12} \text{ bis } \tfrac{1}{15} \text{ des wirklichen Muffenhubes}$$

(und zwar $\tfrac{1}{12}$ für die kleineren, $\tfrac{1}{15}$ für die größeren Nummern); diese Regler erlauben demnach die Anwendung des denkbar kleinsten Ungleichförmigkeitsgrades.

Wird eine Änderung der Umdrehzahl (um $\pm 7^1/_2{}^0/_0$) während des Ganges gewünscht, so fällt die Längsfeder an der Muffe weg und wird durch eine nach Fig. 344 angeordnete Feder ersetzt.

Die Eigenreibung beträgt trotz der Muffenbelastung nur $\varepsilon_r = 0{,}5\,^0/_0$.

Federregler nach Tolle, mit denen die Umdrehzahl um $100\,^0/_0$ und mehr erhöht werden kann.

Für größere zusätzliche Muffenbelastungen würde die Zapfenreibung an dem festen Drehzapfen I die Eigenreibung ziemlich heraufsetzen; deshalb treten bei dieser Art von Reglern an Stelle des Zapfens I Schneidenkonstruktionen, deren Anordnung aus Fig. 354 ersichtlich ist. Um die Querfeder noch etwas weiter nach oben durchschlagen lassen zu können und dadurch die C_f'-Kurve noch labiler zu erhalten, ist der feste, obere Bolzen auf der Unterseite etwas ausgespart. Da die nach innen gerichtete Federkraft F' schon im allgemeinen größer als die Fliehkraft C ist und dazu noch durch die nach innen gerichtete wagerechte Komponente der Zug-

Federregler. 571

kraft der Schubstangen unterstützt wird, so übt jeder Pendelarm an dem festen Drehpunkt einen schief nach innen und unten gerichteten Druck aus, der durch die in Fig. 354 wiedergegebene Schneidenkonstruktion übertragen werden kann. Bei der Anordnung der Stützflächen an den Schneidenlagern ist die Veränderlich-

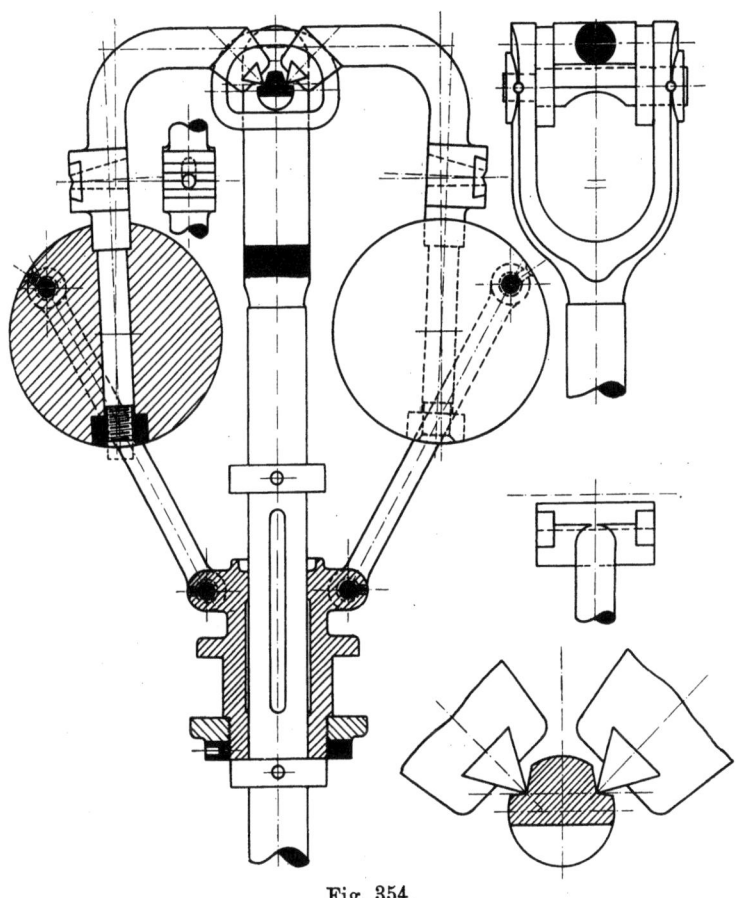

Fig. 354.

keit der Richtung der Resultierenden wohl zu beachten. Die aus Fig. 354 erkennbaren länglichen, unten flachen Ringe links und rechts von den Schneiden sollen verhüten, daß durch Zufälligkeiten die Schneiden aus den Lagern springen.

Für besonders große Änderungen der Umdrehzahl während des Ganges (bis zu $100\,^0/_0$ Änderung und mehr) wurden die Regler nach Fig. 355 gebaut.

Will man für die Nachstellung der Längsfeder trotz der erforderlichen bedeutenden Spannungserhöhung (gehört doch zu einer

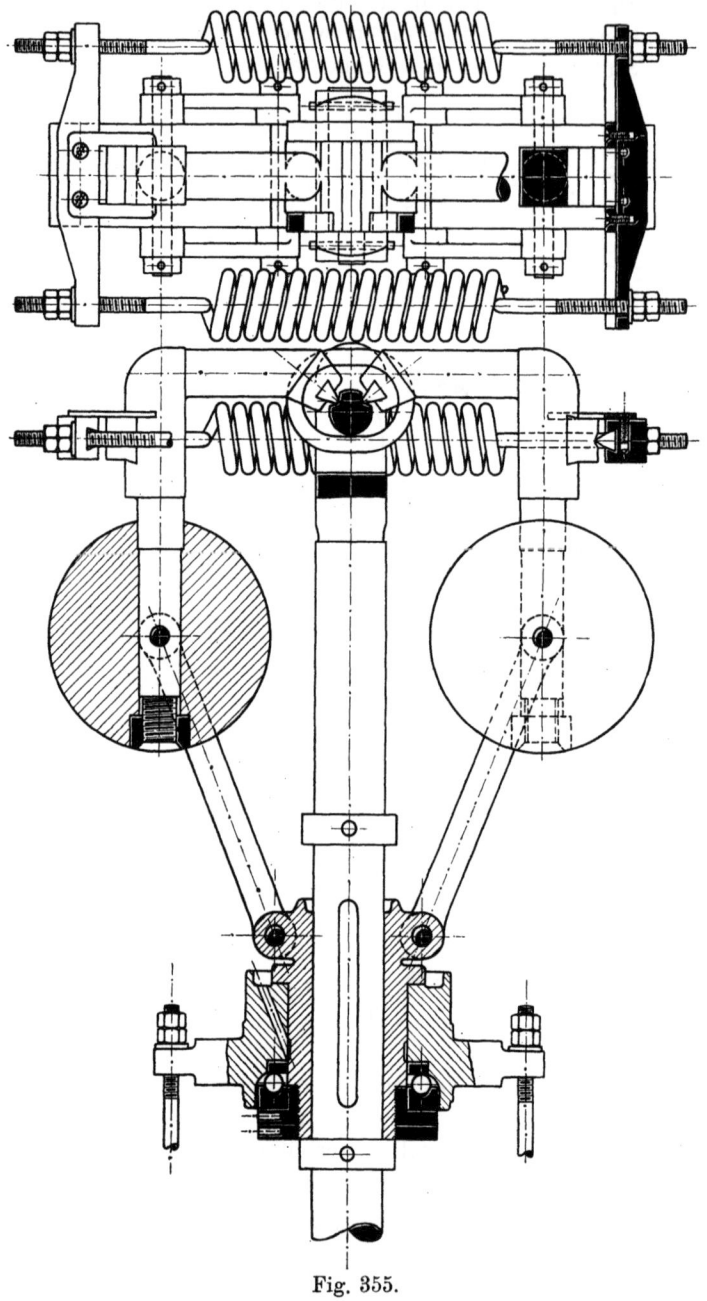

Fig. 355.

Verdoppelung der Umdrehzahl eine Steigerung der Fliehkraft, also auch des Muffendrucks auf das Vierfache!) keinen übermäßigen Raum opfern, so muß die Längsfeder sehr hart sein, die beim Anheben der Muffe eintretende Spannungszunahme muß also notwendig dem Regler einen sehr stark statischen Charakter erteilen. Um diesen wieder auszugleichen, muß folglich die C_f'-Kurve, die von der Querfeder herrührt, sehr stark labil sein. Das äußerste, was man in dieser Beziehung erreichen kann, ist eine C_f'-Kurve, die von einem größten Werte mit steigender Muffe bis Null abfällt. Weil nun die Federspannungen mit wachsendem Ausschlag zunehmen, so kann man die Abnahme der C_f'-Werte bis Null nur erzielen, indem man die Hebelarme der Federkräfte bis Null abnehmen läßt. Zu diesem Zwecke hat der Regler, wie Fig. 355 zeigt, zwei Querfedern, die seitlich an dem oberen Zapfen vorbeigehen und so weit mit steigender Muffe durchschlagen, daß ihr Moment bis Null sinkt. In dem Beispiel Fig. 355 ist der Angriffspunkt II der Schubstangen in den Mittelpunkt der Schwungkörper gelegt, um für die C_q-Kurve einen größeren Ungleichförmigkeitsgrad zu erhalten, so wie ihn der Besteller für den Regler gefordert hat. Ist von vornherein ein kleinerer Ungleichförmigkeitsgrad beabsichtigt, so wird natürlich stets von dem aus Fig. 353 und Fig. 354 ersichtlichen Mittel des exzentrisch angeordneten Zapfens II Gebrauch gemacht.

Fig. 356 zeigt alle für die Untersuchung notwendigen Konstruktionen, die uns im einzelnen bereits bekannt sind, und die Ergebnisse für ein bestimmtes Beispiel. Zugrunde wurde gelegt:

Längenmaßstab 1:4; Kräftemaßstab 1 mm = 12 kg;
Muffengewicht einschließlich halbes Gewicht der Längsfeder
 $Q = 30$ kg;
Gesamtgewicht der Schwungkörper $G = 45$ kg;
Zapfendurchmesser $d_2 = d_3 = 18$ mm;
Abrundung der Schneiden nach einem Halbmesser $r = 1$ mm,
 also $d_1 = d_4 = 2$ mm.
Federmaße für die Querfeder: $r = 3$ cm; $\delta = 1$ cm; $m = 14$
 Windungen, für die Federhälfte also $m = \frac{14}{2} = 7$ und
 $f' = 66{,}66$ kg/cm, für alle vier wirksamen Federhälften
 mithin zusammen $f' = 266{,}66$ kg/cm.

Bei dem angenommenen (ziemlich großen) Muffenhube von 8 cm rücken die Angriffspunkte der Querfedern um 0,6 cm nach außen; dabei wächst die gesamte Federkraft F' von 590 kg bis $590 + 0{,}6 \cdot 266{,}6 = 750$ kg, die zugehörige C_f'-Kurve fällt nahezu bis Null ab. Damit die C-Kurve (für $n = 178$) den gewünschten

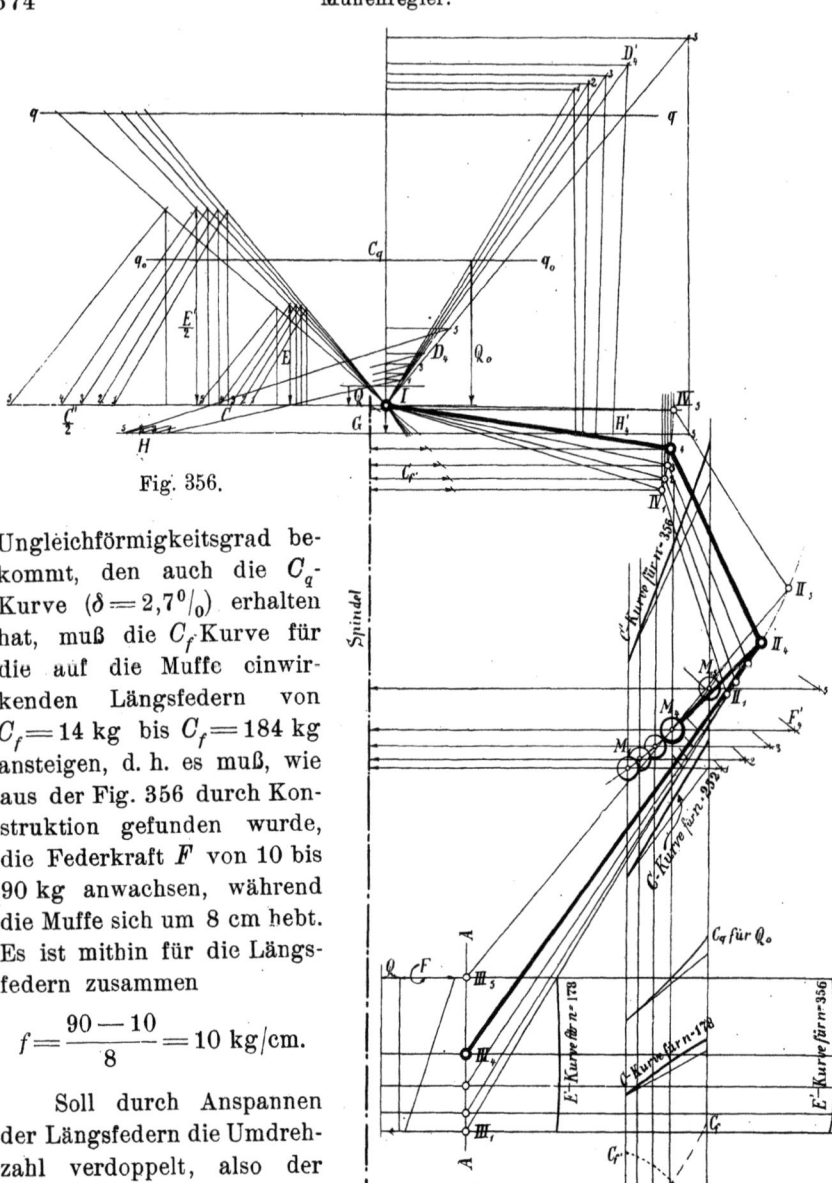

Fig. 356.

Ungleichförmigkeitsgrad bekommt, den auch die C_q-Kurve ($\delta = 2,7\,^0/_0$) erhalten hat, muß die C_f-Kurve für die auf die Muffe einwirkenden Längsfedern von $C_f = 14$ kg bis $C_f = 184$ kg ansteigen, d. h. es muß, wie aus der Fig. 356 durch Konstruktion gefunden wurde, die Federkraft F von 10 bis 90 kg anwachsen, während die Muffe sich um 8 cm hebt. Es ist mithin für die Längsfedern zusammen

$$f = \frac{90-10}{8} = 10 \text{ kg/cm}.$$

Soll durch Anspannen der Längsfedern die Umdrehzahl verdoppelt, also der Muffendruck, der laut Zeichnung für die kleinere Umdrehzahl etwa 150 kg beträgt, vervierfacht werden, so muß die Federkraft um $3 \cdot 150 = 450$ kg erhöht werden, was eine Nachspannung um 45 cm erfordert.

Wäre C_g und C_q Null (was ja natürlich nicht zu erreichen ist), so könnte die C_f-Kurve am Schlusse bis zur C-Kurve ansteigen, vorausgesetzt, daß die C_f'-Kurve bis Null abfällt. In diesem Grenzfalle wäre zur Verdoppelung der Umdrehzahl, zur Vervierfachung des Muffendruckes nur eine Nachstellung der Längsfeder gleich dem dreifachen Hub nötig.

Noch günstiger gestaltet sich die Sache, wenn man die Querfedern derart durchschlagen läßt, daß sie in der Mittellage der Schwungmassenmittelpunkte das Moment Null ausüben, daß also C_f' von einem positiven Werte durch Null zu einem negativen Werte übergeht; dann darf C_f noch stärker mit dem Muffenhub ansteigen, das Maß für die Nachstellung der Längsfedern wird im Verhältnis zum Hub noch kleiner.

Die konstruktiven Mittel zur Änderung der Muffenbelastung werden wir später (unter H) behandeln. Hier kommt es nur darauf an, zu zeigen, welche Eigenschaften der Regler besitzt. Wir erkennen aus Fig. 356, daß die C-Kurven sämtlich fast gerade sind, was natürlich vorteilhaft ist, wenn man einen kleinen Ungleichförmigkeitsgrad erzielen will. Für die kleinere Umdrehzahl ist die gesamte C-Kurve wegen stärkerer Krümmung der C_f'-Kurve ein wenig nach oben gekrümmt, für die großen Umdrehzahlen erhält die C-Kurve durch die Krümmung der C_q-Kurve eine leichte Krümmung nach unten, für mittlere Umdrehzahlen ist sie deshalb naturgemäß nahezu eine Gerade.

Es würde ermüden, die in Fig. 356 durchgeführten Konstruktionen nochmals eingehend zu erläutern. Die Berechnung der auf die Muffe reduzierten Eigenreibung wurde nach Gl. 197, S. 444, durchgeführt. Die Zapfendrücke $Z_2 = Z_3$ finden sich aus $Q + F$, wie bei den Gewichtsreglern mit Kurbelgetriebe gezeigt wurde; der Zapfen bei IV erfährt als Druck stets F', und Z_1 bekommt als senkrechte Komponente offenbar die sämtlichen senkrechten Kräfte $G + Q + F$, als wagerechte Komponente $C - F' - H$, wenn mit H die wagerechte Komponente des Schubstangenzuges Z_3 bezeichnet wird. Auf Grund dieser Überlegung sind in Fig. 356 oben die Zapfendrücke ermittelt; es stellen jedesmal die Strecken DH die Zapfendrücke Z_1 für die kleinere Umlaufzahl, die Strecken $D'H'$ die Drücke Z_1 für die größte Umlaufzahl nach Richtung und Größe dar. Man sieht, daß im ersteren Falle Z_1 etwa unter 20^0 gegen die Wagerechte nach innen zu geneigt ist, im letzteren Falle schon beinahe senkrecht wird. Hierauf ist bei den oberen Schneidenkonstruktionen zu achten.

Die Ergebnisse der Zeichnung und Rechnung sind in folgenden Tabellen zusammengestellt.

a) Für die kleinsten Umdrehzahlen:

Nummer der Stellung	Abstand x der Schwungmassen-mittelpunkte von der Spindel	Fliehkraft C	Minütliche Umdrehzahl n	Zapfendrücke			Arme		Reibungs-betrag R	Muffendruck E	Unempfindlich-keitsgrad erzeugt durch R
				Z_1	$Z_2 = Z_3$	F'	h_1	h_3			
	m	kg		kg	kg	kg	mm	mm	kg	kg	$\varepsilon_r = {}^0/_0$
1	0,144	226	177	398	47	590	286	436	0,69	152	0,45
2	0,151	242	179	432	60	630	291	456	0,79	155	0,51
3	0,160	259	180	470	78	670	298	491	0,91	156	0,58
4	0,168	277	181	510	100	710	303	530	1,04	156	0,67
5	0,190	313	182	568	158	750	306	660	1,33	152	0,87

b) Für die größten Umdrehzahlen:

1	0,144	904	355	540	587	590	286	436	4,67	608	0,77
2	0,151	960	356	550	608	630	291	456	4,67	614	0,76
3	0,160	1024	357	564	636	670	298	491	4,69	618	0,76
4	0,168	1090	359	580	670	710	303	530	4,70	618	0,76
5	0,190	1260	365	621	760	750	306	660	4,76	612	0,78

G. Einfluß der Gestalt der Schwungkörper auf die C-Kurven.

Bis jetzt haben wir stets angenommen, die Fliehkraft C greife im Massenmittelpunkte (Schwerpunkte) der Schwungkörper an und habe eine Größe $C = M x \omega^2$, d. h. eine solche Größe, als ob die ganze Masse M im Schwerpunkte vereinigt sei. Unter dieser Voraussetzung erfordert Astasie eine durch den Anfangspunkt O gehende Gerade als C-Kurve.

Wir wollen in diesem Abschnitte untersuchen, wann die vorstehenden Annahmen zutreffen; außerdem werden wir prüfen, ob nicht durch geeignete Gestaltung der Schwungkörper an Stelle der Geraden eine andere Linie als astatische C-Kurve herbeigeführt werden kann. Ist dies möglich, so haben wir ein neues Mittel gefunden, um die Fliehkraftregler zu verbessern. Denn wie wir aus den allgemeinen Betrachtungen über die Form der C-Kurven beim Kurbel- und Kreuzschleifenmechanismus und weiter aus den Untersuchungen der ausgeführten Regler ersehen, sind die wirklichen C-Kurven fast niemals gerade; die Krümmung der C-Kurven erschwert aber das Anpassen an die astatische Gerade. Die Stabilität ist bei gekrümmter C-Kurve in den einzelnen Teilen verschieden groß; zur Vermeidung labiler Lagen oder, besser gesagt, zur Sicherung des erforderlichen Ungleichförmigkeitsgrades in allen Reglerstellungen muß dann der gesamte Ungleichförmigkeitsgrad entsprechend größer genommen werden, als bei gerader C-Kurve nötig wäre. Könnte man es nun einrichten, daß die für Astasie erforderliche C-Kurve die Gestalt der wirklich vorhandenen C-Kurve besitzt, so wären die Nachteile der gekrümmten C-Kurve beseitigt. Ein aus sonstigen Gründen gewähltes Getriebe, das eine unzulässig stark gekrümmte C-Kurve liefert, läßt sich auf diese Weise verwendbar machen und ergibt vielleicht einen günstigeren Regler, als ohne dies Mittel erreichbar wäre.

In Fig. 357 ist ein Schwungkörper von beliebiger Gestalt angenommen, der um den Zapfen I schwingt. Damit ein Ecken an dem Zapfen I vermieden wird, sei der Schwungkörper symmetrisch zu der durch den Schwerpunkt S und die Spindel gehenden Ebene, so daß diese Ebene eine Trägheits-Hauptebene

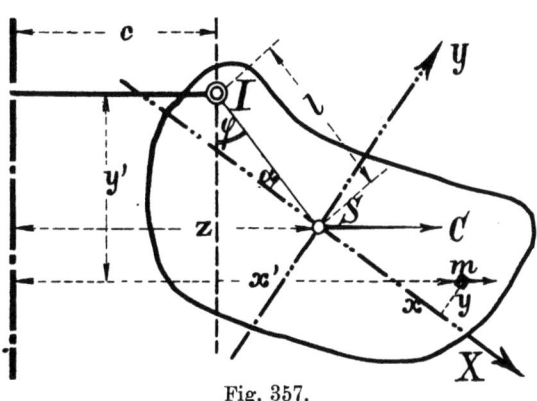

Fig. 357.

für den Körper ist. Die Spindel drehe sich mit der Winkelgeschwindigkeit ω. Irgendein Massenteilchen m im Abstande x' von der Drehachse erfährt dabei eine Fliehkraft $m\omega^2 x'$, die ein Moment, bezogen auf I, ausübt

$$= m\omega^2 x' \cdot y';$$

das von allen Massenteilchen insgesamt hervorgerufene Moment wird also

$$\mathfrak{M} = \Sigma m\omega^2 x' y'.$$

Wir suchen nun die im Schwerpunkte S angreifende, senkrecht zur Spindel nach außen wirkende Kraft C, die das gleiche Moment liefert, also die Wirkung sämtlicher Fliehkräfte ersetzt. Dann gilt für C die Momentengleichung

$$C \cdot l \cos \varphi = \mathfrak{M} = \Sigma m \omega^2 x' y'.$$

Wir legen weiter durch den Schwerpunkt S die beiden Träg-

heitshauptachsen SX und SY, für die bekanntlich das Zentrifugalmoment
$$\Sigma mxy = 0$$
ist, während die beiden auf die zur Symmetrieebene senkrechten Ebenen SX und SY bezogenen Trägheitsmomente den kleinsten und größten Wert von allen den Trägheitsmomenten haben, die sich auf die zur Ebene SXY senkrechten Ebenen beziehen. Es ist also:

$$\text{für } SX: J_{min} = B = \Sigma my^2 \text{ und}$$
$$\text{,, } SY: J_{max} = A = \Sigma mx^2.$$

Mit Hilfe der (auf die Ebenen SX und SY bezogenen) Koordinaten x und y finden sich x' und y':

$$x' = z + x\sin(\alpha + \varphi) + y\cos(\alpha + \varphi)$$
$$y' = l\cos\varphi + x\cos(\alpha + \varphi) - y\sin(\alpha + \varphi);$$

damit wird

$$\mathfrak{M} = \Sigma m\omega^2 x'y' = \omega^2 \Sigma m\{zl\cos\varphi + z[x\cos(\alpha+\varphi) - y\sin(\alpha+\varphi)]$$
$$+ l\cos\varphi[x\sin(\alpha+\varphi) + y\cos(\alpha+\varphi)] + [x\sin(\alpha+\varphi) + y\cos(\alpha+\varphi)]$$
$$+ [x\cos(\alpha+\varphi) - y\sin(\alpha+\varphi)]\}$$
$$= \omega^2\{z \cdot l\cos\varphi \Sigma m + z\cos(\alpha+\varphi)\Sigma mx - z\sin(\alpha+\varphi)\Sigma my$$
$$+ l\cos\varphi[\sin(\alpha+\varphi)\Sigma mx + \cos(\alpha+\varphi)\Sigma my] + \tfrac{1}{2}\sin 2(\alpha+\varphi)\Sigma mx^2$$
$$- \tfrac{1}{2}\sin 2(\alpha+\varphi)\Sigma my^2 + [\cos^2(\alpha+\varphi) - \sin^2(\alpha+\varphi)]\Sigma mxy\}.$$

In dieser Gleichung ist nun

$\Sigma mx = 0$ und $\Sigma my = 0$, weil SX und SY Schwerebenen,
$\Sigma mxy = 0$, weil SX und SY Trägheitshauptebenen sind,
und $\quad \Sigma m = M, \quad \Sigma mx^2 = A, \quad \Sigma my^2 = B.$

Mithin ergibt sich

$$\mathfrak{M} = \omega^2[zM \cdot l\cos\varphi + \tfrac{1}{2}\sin 2(\alpha+\varphi)(A-B)],$$

daraus schließlich die im Schwerpunkt angreifend gedachte Ersatzfliehkraft

$$C = \frac{\mathfrak{M}}{l\cos\varphi} = \omega^2 Mz + \omega^2 \frac{A-B}{2l} \frac{\sin 2(\alpha+\varphi)}{\cos\varphi}$$
$$C = \omega^2 Mz + \omega^2 \frac{A-B}{l} \frac{\sin(\alpha+\varphi)\cos(\alpha+\varphi)}{\cos\varphi} \quad . \quad (258)$$

Diese Gleichung sagt, daß bei der angenommenen beliebigen Körperform für eine konstante Winkelgeschwindigkeit ω, d. h. für Astasie, die im Schwerpunkt angreifend zu denkende Fliehkraft C nicht mehr einfach proportional mit dem Abstande z des Schwerpunktes von der Spindel wächst; die Bedingung für

Astasie lautet nicht mehr: die C-Kurve muß eine durch den Anfangspunkt O gehende Gerade sein. Wir sehen vielmehr aus Gl. 258, daß zu dem Gliede $\omega^2 Mz$, welches unsere frühere gerade C-Kurve liefern würde, noch ein von dem Ausschlagwinkel φ und von der relativen Lage der Hauptachsen gegen die Verbindungslinie IS des festen Drehpunktes mit dem Schwerpunkte abhängiges Glied

$$u = \omega^2 \frac{A-B}{l} \frac{\sin(\alpha+\varphi)\cos(\alpha+\varphi)}{\cos\varphi}$$

hinzukommt. Unter der Einwirkung dieses Summanden wird die der Astasie entsprechende C-Kurve eine krumme Linie. In Übereinstimmung mit unseren früheren Bezeichnungen wollen wir den Abstand des Schwerpunktes von der Spindel statt mit z mit x bezeichnen, dann ergibt sich also für C die Gleichung

$$C = \omega^2 Mx + \omega^2 \cdot \frac{A-B}{l} \frac{\sin(\alpha+\varphi)\cos(\alpha+\varphi)}{\cos\varphi} \quad . \quad (259)$$

Ehe wir die hierdurch festgelegten C-Kurven für Astasie näher untersuchen, wollen wir eine bequeme Konstruktion des zweiten Summanden u kennen lernen. Wir tragen von der Senkrechten durch den Drehpunkt I entgegengesetzt der Richtung von φ den Winkel α ab, ziehen also in Fig. 358 die Linie IH und schlagen einen Kreis mit dem Halbmesser $\omega^2 \frac{A-B}{l}$. Bringen wir dann die Verbindungslinie IS zum Schnitt mit diesem Kreise in D, fällen das Lot DE von D auf IH und ziehen durch E die Wagerechte EF, so ist die Strecke EF die gesuchte Größe

$$u = \omega^2 \frac{A-B}{l} \frac{\sin(\alpha+\varphi)\cos(\alpha+\varphi)}{\cos\varphi}.$$

Die Richtigkeit dieser Konstruktion ist leicht einzusehen:
In Fig. 358 ist $IE = ID \cdot \cos(\alpha+\varphi)$, ferner im Dreieck IEF

$$EF : IE = \sin(\alpha+\varphi) : \sin(90-\varphi)$$

oder $$EF = IE \cdot \frac{\sin(\alpha+\varphi)}{\cos\varphi} = \frac{ID \cdot \cos(\alpha+\varphi)\sin(\alpha+\varphi)}{\cos\varphi}$$

$$= \omega^2 \frac{A-B}{l} \cdot \frac{\sin(\alpha+\varphi)\cos(\alpha+\varphi)}{\cos\varphi}, \text{ w. z. b. w.}$$

Der Einfluß der Körperform auf die Gestalt der für Astasie erforderlichen C-Kurve macht sich nach Gl. 259 um so mehr geltend, je größer $A-B$ ist, je verschiedener also die beiden Haupttägheitsmomente A und B werden, d. h. je mehr sich die Schwungkörper ausgesprochen nach einer Richtung erstrecken. Ferner wird die Abweichung u von der astatischen Geraden um so größer, je kleiner (gegenüber den sonstigen Abmessungen) die Länge l, der Abstand des Schwerpunktes vom festen Drehpunkt I, ausfällt. Endlich, und das ist besonders bemerkenswert, wird der Unterschied u um so größer, je größer der Winkel α gemacht wird, d. h. der Winkel, den die Trägheitshauptachse SX mit der Verbindungslinie IS bildet.

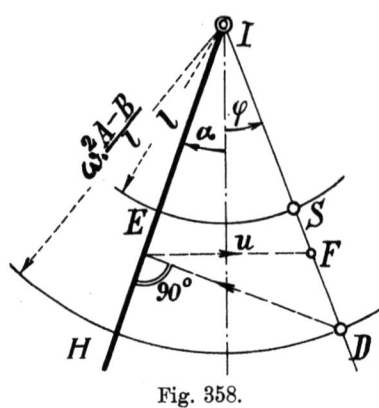

Fig. 358.

Vertauscht man die beiden Hauptachsen miteinander, so wechseln A und B, die Differenz $A-B$ wird dann $B-A=-(A-B)$, d. h. die Strecken u sind negativ zu nehmen. Liegt Winkel α auf der anderen Seite von l, so ist α in Gl. 259 negativ zu nehmen, in Fig. 358 mithin α von der Senkrechten durch I nach rechts hin abzutragen.

Zur besseren Übersicht sind in Fig. 359 bis Fig. 368 die für Astasie erforderlichen C-Kurven für eine Anzahl verschiedener Winkel α aufgezeichnet, wobei stets ein rechtwinkliges Parallelepipedon mit $h=5b$ als Schwungkörper zugrunde gelegt wurde.

Hierfür ist
$$A=\frac{Mh^2}{12}; \quad B=\frac{Mb^2}{12},$$

demnach
$$A-B=\frac{M}{12}(h^2-b^2).$$

Ferner wurde gemacht $l=\frac{h}{2}$ und $M\omega^2=1$; dann wird

$$\omega^2\frac{A-B}{l}=\omega^2\frac{M}{12}\frac{\left[h^2-\left(\frac{h}{5}\right)^2\right]}{\frac{h}{2}}=\frac{4}{25}h=0{,}16\,h=\frac{8}{25}l=0{,}32\,l.$$

Die (unter 45°) geneigte Gerade in Fig. 359 bis Fig. 368 entspricht der Fliehkraft $C=\omega^2 M x$; die Werte

$$u=\omega^2\frac{A-B}{l}\frac{\sin(\alpha+\varphi)\cos(\alpha+\varphi)}{\cos\varphi}$$

sind in der unteren, fein gestrichelten Kurve zur besseren Verdeutlichung in doppeltem Maßstab abgetragen. Die Figuren lassen klar

Einfluß der Gestalt der Schwungkörper auf die C-Kurven. 581

die erforderlichen C-Kurven für Astasie erkennen; durch passende Wahl des Winkels α läßt sich die Kurve beliebig nach oben oder unten krümmen. Besonders angenehm fällt uns auf, daß die Kurven, deren hohle Seite nach oben zu gewendet ist, einen ganz ähnlichen Verlauf nehmen, wie die uns bekannten C-Kurven bei den Reglern mit Schubkurbelgetriebe, wodurch die oben angedeutete Verwendbarkeit solcher Körperformen näher begründet erscheint.

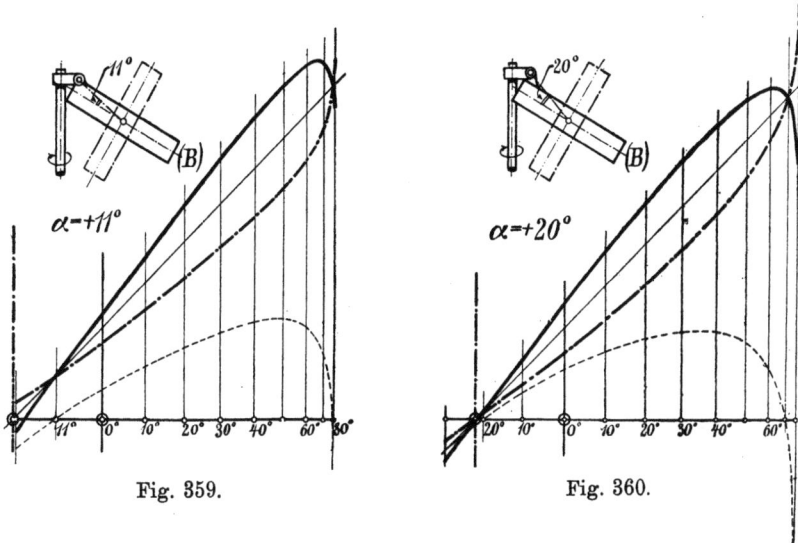

Fig. 359.   Fig. 360.

Ist $\alpha = 0$, d. h. geht eine Trägheitshauptachse durch den Drehpunkt I, so wird

$$C = \omega^2 M x + \omega^2 \frac{A-B}{l} \sin \varphi;$$

nennen wir in Fig. 369 x_1 den Abstand des Schwerpunktes S von der Senkrechten durch I, so ist $\sin \varphi = \frac{x_1}{l}$, mithin

$$C = \omega^2 M x + \omega^2 \frac{A-B}{l^2} \cdot x_1 \quad \ldots \quad (260)$$

d. h. die Bedingungs-C-Kurve für Astasie ist hier wieder eine Gerade, aber eine solche, die nicht durch O geht. Je nachdem $\dfrac{A-B}{l^2}$ gegen M größer oder kleiner ausfällt, erhält die neue Gerade eine größere oder geringere Neigung gegen die durch O gehende Gerade. Geht die Hauptachse, für die das Trägheitsmoment am größten ist (Fig. 370), durch I, so müssen A und B vertauscht werden; das

Glied u ist dann negativ zu nehmen, die Bedingungslinie für Astasie wird eine weniger als die durch O gehende Gerade geneigte Gerade.

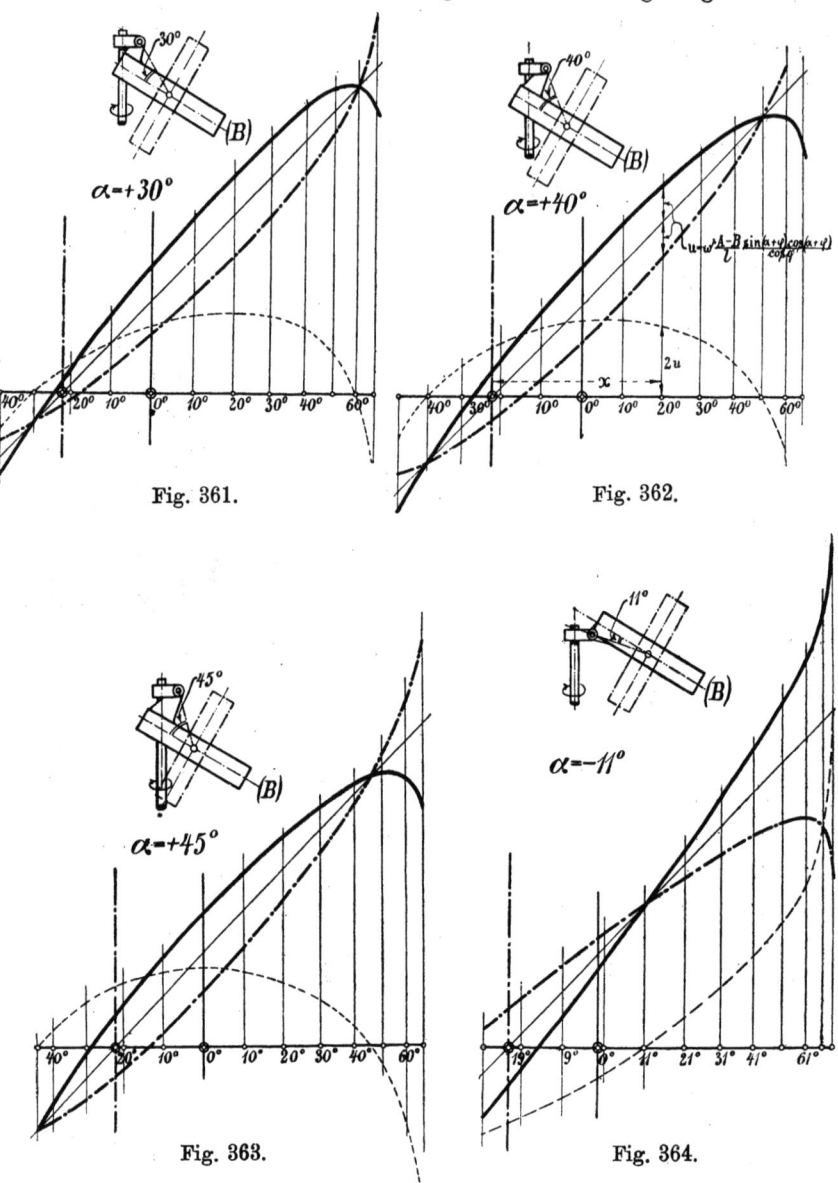

Fig. 361. Fig. 362.

Fig. 363. Fig. 364.

Man kann sogar die Bedingungs-C-Kurve für Astasie als Wagerechte bekommen; dieser Fall tritt ein, wenn

$$\omega^2 \frac{A-B}{l^2} = \omega^2 M,$$

Einfluß der Gestalt der Schwungkörper auf die C-Kurven.

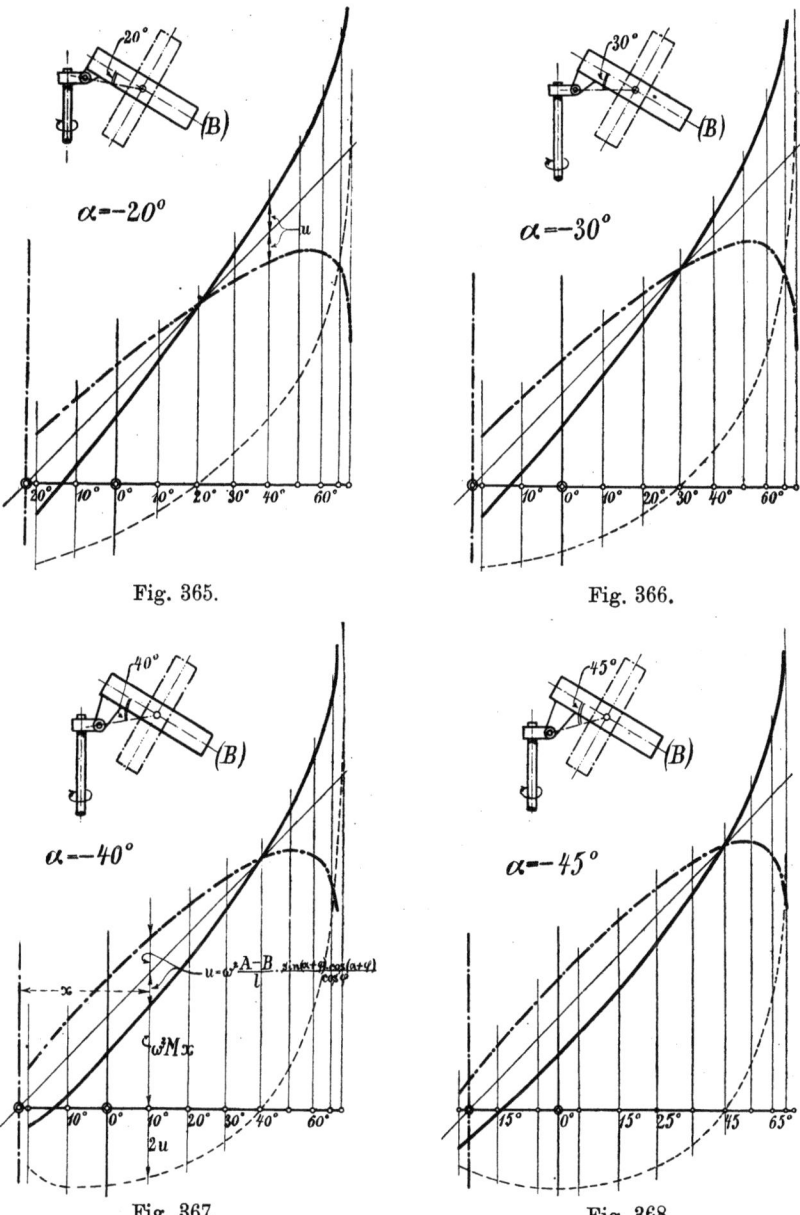

Fig. 365. Fig. 366.

Fig. 367. Fig. 368.

d. h. wenn
$$A - B = M l^2$$
ist. In diesem Fall wird
$$C = \omega^2 M x - \omega^2 M x_1 = \omega^2 M c.$$

584 Muffenregler.

Erinnern wir uns, daß wir mehrfach C_q-Kurven als wagerechte Gerade gefunden haben, so zeigt uns die vorstehende Betrachtung den Weg, wie wir solche Mechanismen durch entsprechende Gestaltung der Schwungkörper sehr wohl brauchbar machen können, um astatische C_q-Kurven zu erzielen. Als Anwendung hiervon werden wir weiter unten den sog. Kosinusregler besprechen.

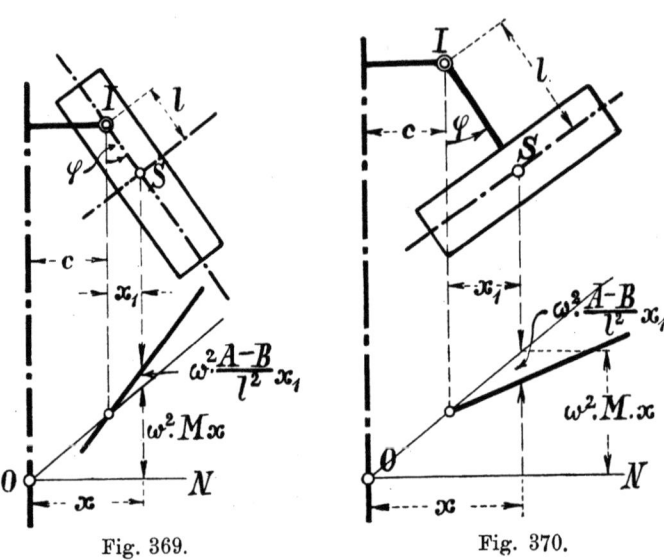

Fig. 369.   Fig. 370.

Zum Schluß fragen wir uns: **Wann gilt nun eigentlich die durch O gehende Gerade als Bedingungs-C-Kurve für Astasie?** Für welche Körperformen treffen unsere früheren Voraussetzungen zu?

Die Antwort ist nicht schwer zu erteilen; sie lautet: dann, wenn $A - B = 0$, d. h.

$$A = B$$

ist, wenn die beiden Hauptträgheitsmomente (und damit alle Trägheitsmomente) gleich groß sind. Denn dann wird in der Tat

$$C = \omega^2 M x.$$

Insbesondere ist die Bedingung $A = B$ stets erfüllt bei Umdrehungskörpern, deren Achse parallel zur Aufhängeachse I gerichtet ist. Dieser Forderung genügen z. B. die noch meist üblichen Kugeln und die bei meinen Reglern benutzten scheibenförmigen Schwungkörper.

Wenn auch bei der Ableitung der vorstehenden Beziehungen zunächst die Aufhängeachse der Schwungkörper als fest angenommen wurde, so bleiben bei beweglicher Achse die Ergebnisse

Einfluß der Gestalt der Schwungkörper auf die C-Kurven. 585

natürlich gültig, falls bei der Aufstellung von Momentengleichungen die Drehachse als Momentenachse benutzt wird.

Als Anwendungsbeispiel wollen wir den **Kosinusregler** betrachten.

Dieser Regler hat an Stelle der Schwungkörper Doppelpendel, bestehend aus zwei Massen M_1 und M_2, die an einem Winkelhebel $M_1\, III\, M_2$ angebracht sind (Fig. 371). Der Schwerpunkt S der Gesamtmasse $M = M_1 + M_2$ dieser Verbindung teilt die Gerade $M_1 M_2$ so, daß

$$M_1 a_1 = M_2 a_2,$$

ferner

$$M_1 a = M a_2 \quad \text{oder} \quad M_1 = M \frac{a_2}{a}$$

und

$$M_2 a = M a_1 \quad \text{oder} \quad M_2 = M \frac{a_1}{a} \text{ ist.}$$

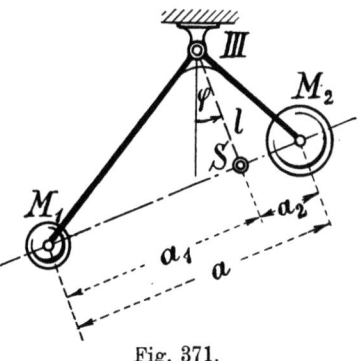

Fig. 371.

Trägheitshauptachsen sind die Symmetrielinie $M_1 M_2$ und die in S dazu senkrecht stehende Gerade. Liegt also der Drehpunkt III des Doppelpendels auf dieser Senkrechten zu $M_1 M_2$, so wird die für Astasie erforderliche C-Kurve eine Gerade, die in eine Wagerechte übergeht, sobald

$$A - B = M l^2$$

ist. Sind die Abmessungen von M_1 und M_2 gegen die Längen a_1 und a_2 zu vernachlässigen, so ist

$$B = 0 \quad \text{und} \quad A = M_1 a_1{}^2 + M_2 a_2{}^2.$$

Setzt man diese Werte ein, so ergibt sich als Bedingung dafür, daß die astatische C-Kurve eine wagerechte Gerade wird, die Gleichung:

$$M_1 a_1{}^2 + M_2 a_2{}^2 = M l^2$$

oder mit den obigen Werten für M_1 und M_2

$$M \frac{a_2}{a} a_1{}^2 + M \frac{a_1}{a} a_2{}^2 = M l^2 \quad \text{oder} \quad \frac{a_1 a_2}{a}(a_1 + a_2) = l^2,$$

d. h.

$$a_1 a_2 = l^2.$$

Diese letzte Gleichung besagt, daß der Drehpunkt III so auf der Linie $S\, III$ liegen muß, daß $M_1\, III\, M_2$ ein rechter Winkel ist, wenn die für die Astasie erforderliche C-Kurve eine Wagerechte werden soll.

Der beim **Kosinusregler** benutzte Mechanismus stimmt genau mit dem in Fig. 325 dargestellten Regulator von Beyer überein;

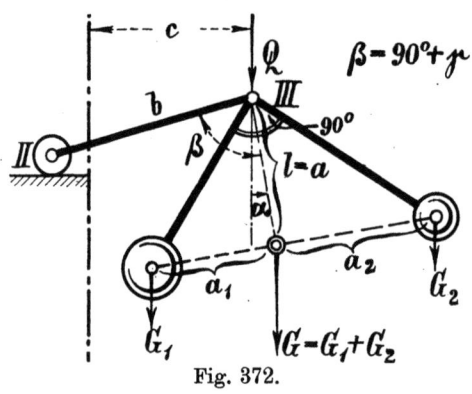

Fig. 372.

Der Drehzapfen *III* des Doppelpendels ist mit der Muffe verbunden, daher senkrecht geführt, während der Endpunkt *II* mittels einer Führungsrolle wagerecht geführt wird. Sobald die oben abgeleiteten Bedingungen erfüllt sind, haben wir der Untersuchung über die Stabilität des Reglers als C-Kurve für Astasie eine Wagerechte zugrunde zu legen. Steigt die aus C_q und C_g zusammengesetzte C-Kurve mit wachsendem x über diese Wagerechte $C = \omega^2 M c$, so ist der Regler statisch, sinkt sie darunter, so wird er labil.

Nach den auf S. 332 und 333 entwickelten Gleichungen für C_q und C_g:

$$C_q = Q \frac{b}{a}(\cos \gamma + \sin \gamma \, \mathrm{tg}\, \alpha),$$

$$C_g = G \left[\frac{b}{a} \cos \gamma + \left(1 + \frac{b}{a} \sin \gamma\right) \mathrm{tg}\, \alpha\right],$$

wird $\qquad C_q = Q \dfrac{b}{a} = \text{Konst.}$

wenn $\gamma = 0$, also $\beta = 90°$ gemacht wird.

Dann ist hier die Bedingung für Astasie hinsichtlich C_q erfüllt, die C_q-Kurve verläuft genau astatisch, was nach unseren Anschauungen als ein besonderer Vorteil eines solchen Kosinusreglers anzusehen ist. In diesem Falle ergibt sich mit $\gamma = 0$:

$$C_g = G \left(\frac{b}{a} + \mathrm{tg}\, \alpha\right),$$

d. h. die C_g-Kurve steigt mit zunehmendem Ausschlagwinkel etwas an, wodurch die nötige Stabilität gewährleistet ist.

Es läßt sich auch eine **genau astatische gesamte C-Kurve** herbeiführen, indem man $\gamma < 0$, d. h. $\beta < 90°$ macht, wie aus olgendem hervorgeht:

Es müßte dann

$$C = C_g + C_q = \text{Konst.}$$

sein; für einen negativen Winkel γ ist:

$$C_q = Q \frac{b}{a} (\cos \gamma - \sin \gamma \, \mathrm{tg}\, \alpha)$$

$$C_g = G \left[\frac{b}{a} \cos \gamma + \left(1 - \frac{b}{a} \sin \gamma \right) \mathrm{tg}\, \alpha \right].$$

Die veränderlichen Glieder, d. h. die mit dem Faktor $\mathrm{tg}\, \alpha$, gleichen sich aus, wenn

$$Q \frac{b}{a} \sin \gamma = G \left(1 - \frac{b}{a} \sin \gamma \right)$$

ist. Hieraus folgt als Bedingung für genaue Astasie des Reglers:

$$\sin \gamma = \frac{a}{b} \frac{G}{Q+G}.$$

Dazu gilt die Gleichung

$$C = \omega^2 M c = (Q + G) \frac{b}{a} \cos \gamma.$$

Erscheint hiernach hinsichtlich der Erzielung tadelloser C-Kurven bis zur Möglichkeit genauer Astasie der Kosinusregler recht günstig, so ist andererseits wegen der Gewichtsbelastung seine Regelungsfähigkeit nur gering, um so geringer, da auch das Arbeitsvermögen ziemlich klein ausfällt. Die zwischen der C-Kurve und der Achse ON gelegene Fläche, die das Arbeitsvermögen darstellt, ist hier ein Rechteck, während diese Fläche sonst bei dem einfachen Pendel (angenähert) ein Trapez ist, also einen größeren Inhalt besitzt.

H. Änderung der Umdrehzahl während des Ganges.

a) Änderung der Umdrehzahl bei Gewichtsreglern.

Regler mit Gewichtsbelastung der Muffe erhalten ihren Charakter hauptsächlich durch die Muffenbelastung Q, der Gesamtcharakter stimmt also nahezu mit dem der C_q-Kurve überein. Durch Änderung der Muffenbelastung selbst in weiten Grenzen wird folglich der Ungleichförmigkeitsgrad kaum verändert. Derartige Regler können leicht auf eine höhere Umdrehzahl während des Ganges gebracht werden, indem man auf den Stellhebel ein Gewicht von veränderlicher Größe einwirken läßt oder ein konstantes Belastungsgewicht verschiebbar anordnet, so daß dessen Hebelarm verschieden groß gemacht werden kann (s. Fig. 373). Schwierigkeiten bietet nur die Unterbringung hinreichend großer Gewichte; wie man diese Schwierigkeiten zu umgehen sucht, ist aus Fig. 374 erkennbar.

Auf den Stellhebel wird am freien Ende durch Vermittelung einer Druckstange das Gewicht eines Wassergefäßes übertragen, dessen Wasserinhalt durch Ablassen vermindert, durch Zuführen (mittels eines Schlauches) vermehrt werden kann; ein Wasserstandsglas läßt den Wasserinhalt erkennen und daraus einen Rückschluß auf die eingestellte Umdrehzahl ziehen. Dieser Einrichtung wird nachgerühmt, daß damit eine überaus feine und sanfte Einstellung der Umdrehzahl zu erzielen sei, während bei Verschiebung eines Laufgewichtes leicht Erschütterungen und damit ein unruhiges Verhalten des Reglers eintreten können. Immerhin ist die in Fig. 374 wiedergegebene Anordnung nicht gerade einfach zu nennen. Aus der Figur ist auch der Antrieb der Reglerspindel mittels Schraube und Schraubenrad zu erkennen sowie die Konstruktion der Ölbremse. Der Regler entstammt einer von Gebr. Sulzer für die Berliner Elektrizitätswerke gelieferten 3000pferdigen stehenden Dampfdynamomaschine, lehrt also, daß selbst rühmlichst bekannte Fabriken der Anwendung von Gewichtsreglern noch immer nicht entsagen mögen.

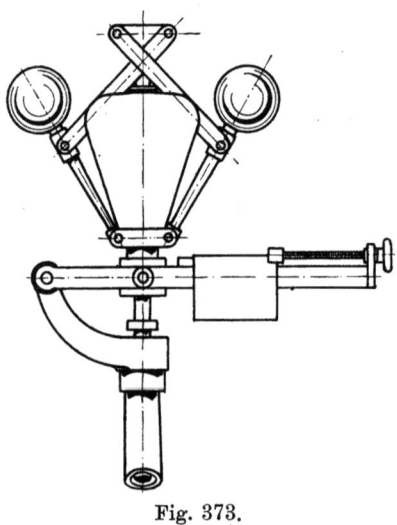

Fig. 373.

Fig. 375 zeigt eine Anordnung von O. H. Mueller, durch welche die Umdrehzahl in folgender Weise verändert werden kann. Eine kleine Pumpe, die mittels eines auf der Reglerspindel sitzenden Exzenters angetrieben wird, schafft fortwährend aus dem Saugraume S Öl in den Druckraum D und sucht hierdurch den Tauchkolben aus D zu verdrängen. Der in dem Raume D herrschende spezifische Druck der Flüssigkeit steigt nicht beliebig an, sondern findet seine Begrenzung durch die Federbelastung des Rücklaufventils, durch welches das Öl vom Raume D nach S zurückfließen kann. Ändert man diese Federbelastung, so wird natürlich ein anderer Flüssigkeitsdruck in D hergestellt. Der auf den Tauchkolben ausgeübte, nach oben gerichtete Druck überträgt sich durch Vermittelung eines zweiarmigen Hebels auf die Reglermuffe als Zug nach unten, d. h. die Muffenbelastung vergrößernd. O. H. Mueller gibt an, daß mit dieser Einrichtung die Umdrehzahl von 80 bis auf 160 in der Minute verändert werden konnte.

Änderung der Umdrehzahl während des Ganges. 589

Fig. 375 läßt gleichzeitig eine empfehlenswerte Konstruktion zur Übertragung der Reglerbewegung auf die Expansionsschieberstange einer Ridersteuerung erkennen. Die senkrechte Muffenbewegung wird durch einen Winkelhebel in die wagerechte Verschiebung einer parallel geführten

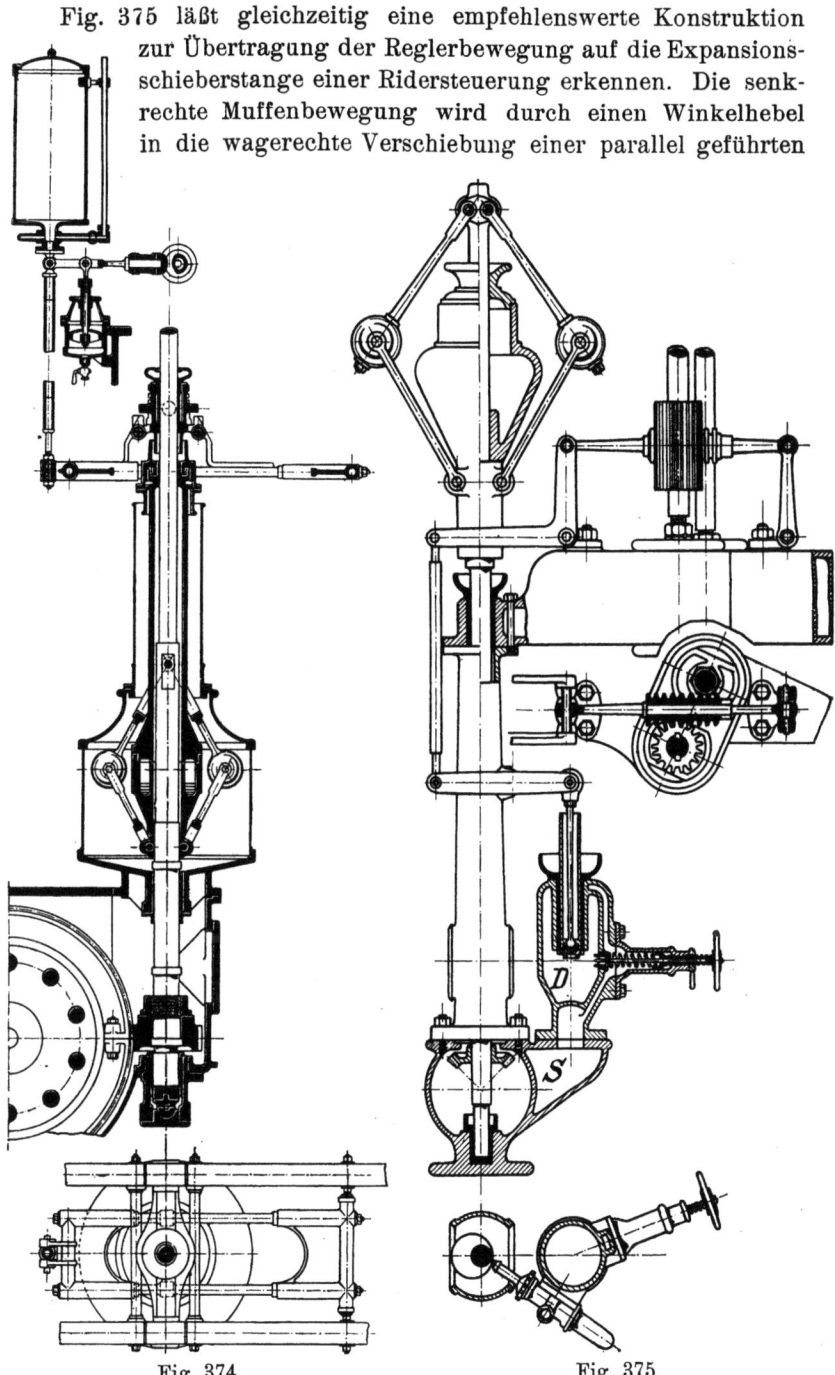

Fig. 374. Fig. 375.

Zahnstange umgewandelt. Auf der Schieberstange sitzt ein Zahnrad mit sehr breiten Zähnen; in dieses greift die Zahnstange ein und verdreht so die Schieberstange beim Reglerausschlag. Zur Verminderung der Reibung zwischen den Zähnen bei der Auf- und Abbewegung der Schieberstange ist die Zahnstange als Umdrehungskörper ausgebildet, der als Büchse drehbar auf der wagerechten Übertragungsstange untergebracht ist.

b) Änderung der Umdrehzahl bei Federreglern mit (fast) astatischer C_q-Kurve.

Die wesentlichen Unterschiede, die sich ergeben, je nachdem die Federbelastung unmittelbar an der Muffe oder an dem Stellhebel angreift, sind schon früher erwähnt: im ersten Falle ist die

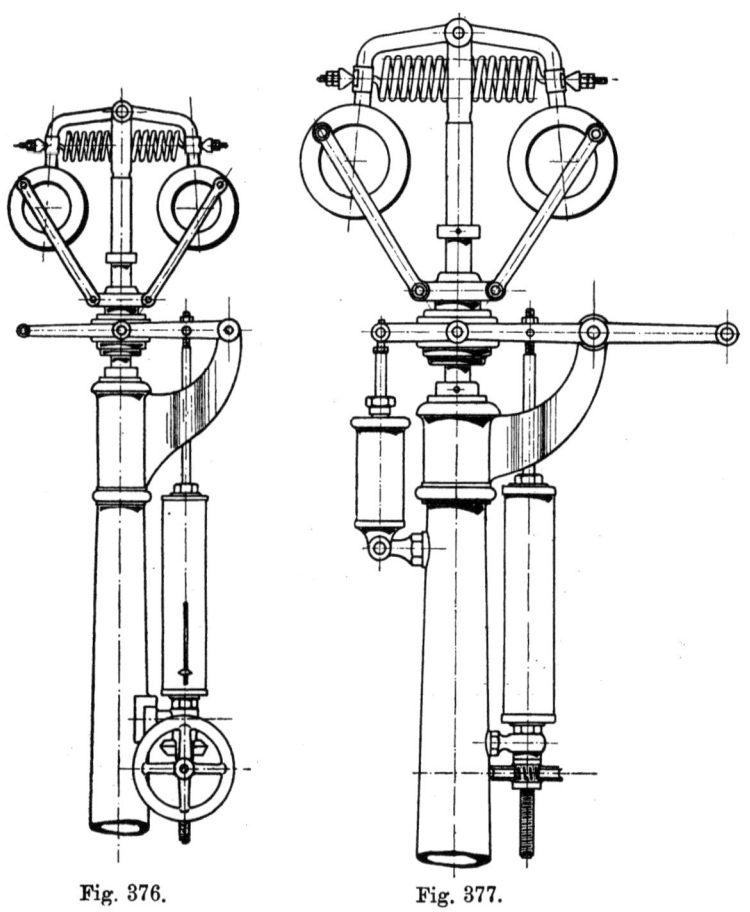

Fig. 376.   Fig. 377.

Änderung der Umdrehzahl während des Ganges. 591

Eigenreibung am kleinsten, die Feder erfordert aber zu ihrer Nachstellung einen großen Raum, im zweiten Falle ist die Reibung größer, die Federnachstellung beansprucht dagegen erheblich weniger Platz.

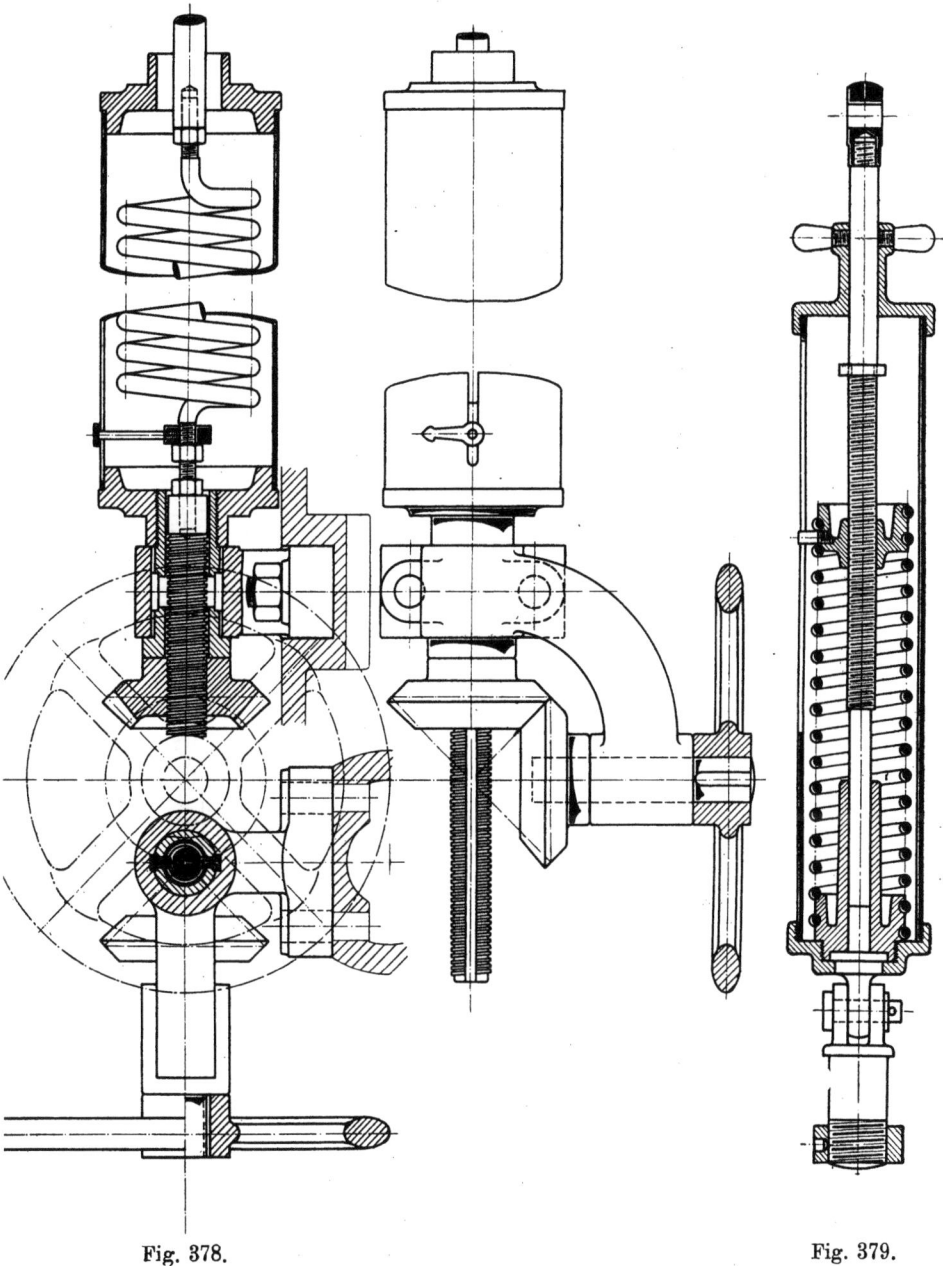

Fig. 378.   Fig. 379.

592   Muffenregler.

1. Konstruktionen.

Solange die zusätzliche Muffenbelastung nicht groß ist, spielt die Reibung an den Zapfen des Stellhebels gegen die übrigen Widerstände nur eine untergeordnete Rolle, dann ist die in Fig. 376 und

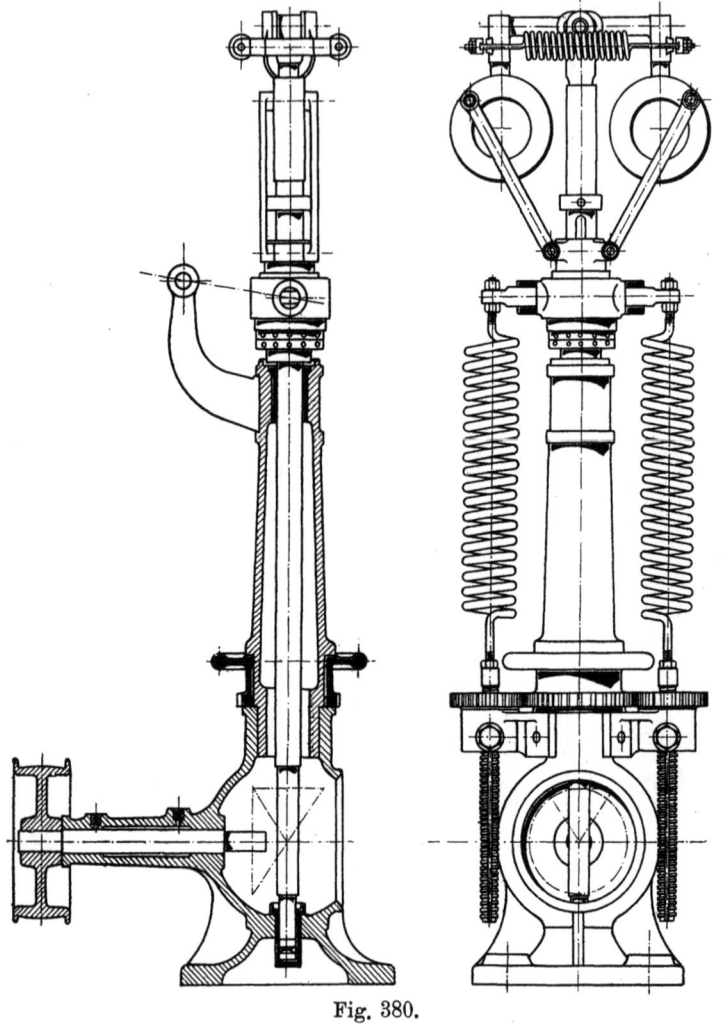

Fig. 380.

Fig. 377 dargestellte Federangriffsweise wohl zulässig. Bei Fig. 376 erfolgt die Nachstellung der Feder mittels Handrad und Kegelräderpaar, deren Einzelheiten aus Fig. 378 erkennbar sind. Des besseren Aussehens wegen kapselt man die Federn meist ein; das Maß der

Änderung der Umdrehzahl während des Ganges. 593

Nachstellung wird durch Zeiger und Skala angezeigt, die in der Regel unmittelbar die eingestellten Umdrehzahlen angeben.

Steinle & Hartung liefern Federwagen nach Fig. 379, bei denen die Federenden derart gestützt sind, daß das bewegliche Ende nach beiden Richtungen hin verstellt werden, die Feder also von der Nullspannung aus sowohl Druckspannungen wie Zugspannungen bekommen kann. Hierdurch ist die Beanspruchung der Feder bei

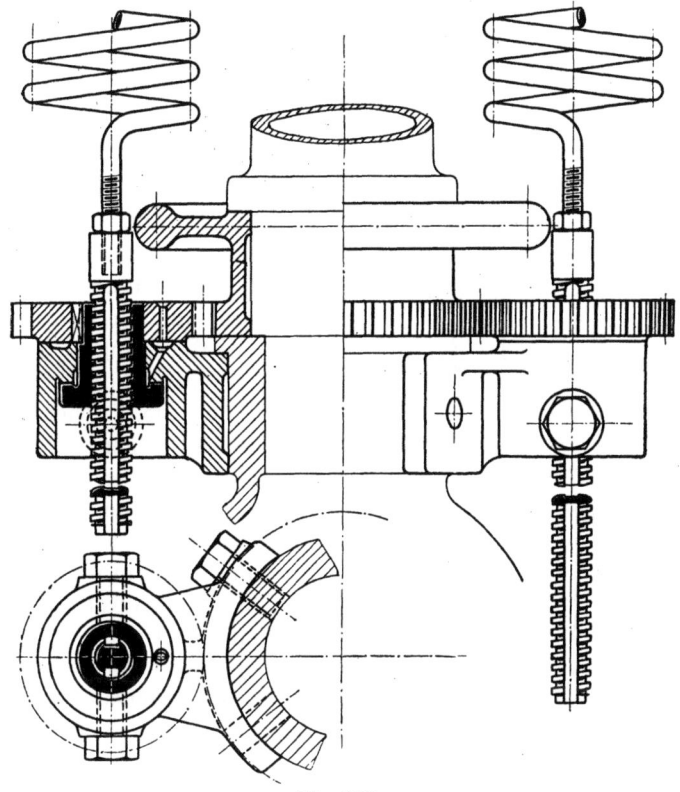

Fig. 381.

gleichen Grenzen für die gesamte Spannungsänderung auf die Hälfte beschränkt. Das Anspannen der Feder geschieht in Fig. 379 durch Drehen der Schutzhülse mittels der oberen Handgriffe, wobei sich die Feder mitdreht.

Stellvorrichtungen, die unmittelbar an der Muffe angreifen oder, richtiger gesagt, an dem feststehenden Gleitringe, der von der sich drehenden Muffe mit auf und ab genommen wird, können entweder zwei seitlich an dem Reglerbock vorbeigehende Federn oder eine zentrale, den Reglerbock umschließende Feder erhalten. Die erstere

Anordnung wird verwickelter, da die beiden Federn natürlich stets gleich stark angespannt werden müssen und entsprechende Übertragungsteile für die Spannbewegungen bedingen, sie gestattet aber die nachträgliche Anbringung an einem vorhandenen Reglerbock. Bei Verwendung einer zentralen Feder ist die Konstruktion einfacher und in ihrer Gesamterscheinung ruhiger, hängt aber so innig mit dem Reglerbock zusammen, daß der Reglerfabrikant meist wohl auch den Bock mitliefern muß.

In Fig. 380 sind die beiden Belastungsfedern oben mit dem Gleitringe fest verbunden; ihre unteren Enden sind in je eine flachgängige Schraube eingeschraubt, die durch Nut und Feder am Drehen verhindert, durch Drehen der zugehörigen Muttern aber nach unten gezogen werden. Die beiden Muttern links und rechts werden durch Zahnräder gedreht, die ihrerseits durch ein Zwischenrad mittels Handrades gleichzeitig in Umdrehung versetzt werden. Die Einzelheiten dieses Antriebes sind aus Fig. 381 deutlich zu erkennen.

Die Gesamtlänge der vorstehenden Anordnung setzt sich zusammen aus der Länge der Feder im ungespannten Zustande und dem doppelten Maß für die Nachstellung.

Fig. 382 zeigt, wie man mit einem kleineren Längenmaß (= ursprüngliche Federlänge + einfaches Maß für die Nachstellung) auskommen

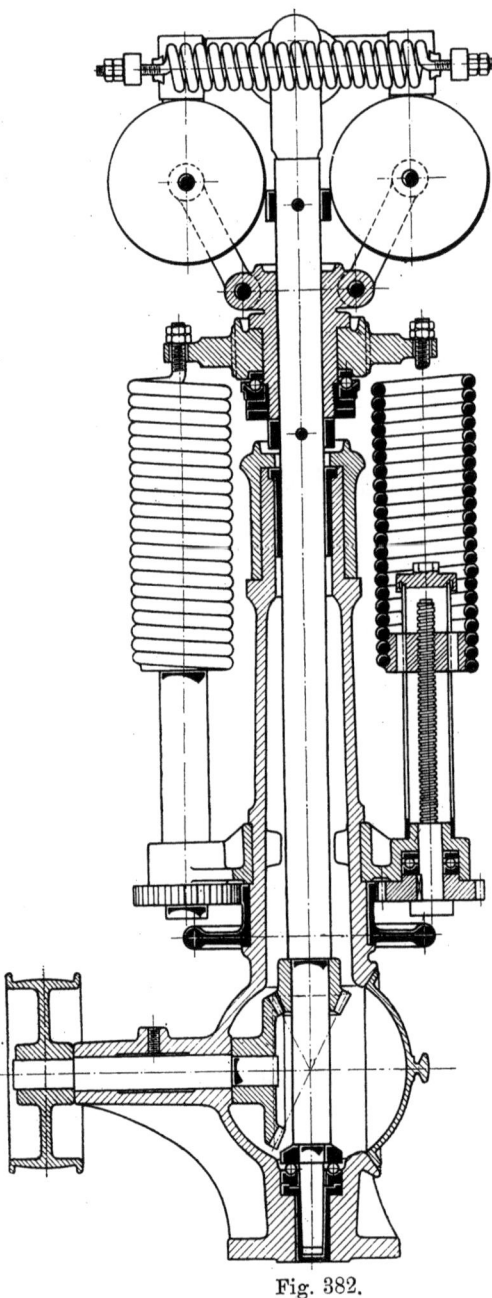

Fig. 382.

Änderung der Umdrehzahl während des Ganges. 595

kann. Das untere Federende ist auf ein Stück geschraubt, welches als Mutter für die flachgängige Stellschraube dient und durch eine geschlitzte Hülse am Drehen verhindert wird. Dreht man wieder durch das den Reglerbock umfassende Handrad und Zwischenrad die beiden mit den Schraubenspindeln verkeilten Zahnräder, so werden beide Federn stets gleich stark angespannt.

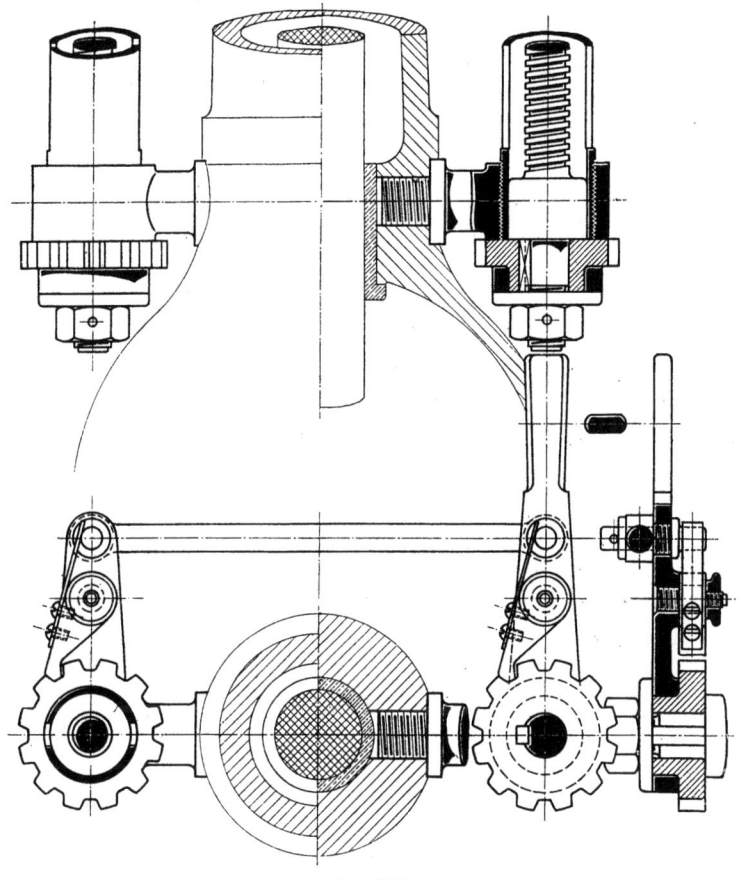

Fig. 383.

Läßt sich die Stützfläche für das Handrad an dem Reglerbock nicht gut schaffen, so kann auch die in Fig. 383 dargestellte Anordnung benutzt werden. Die beiden kleinen, auf der flachgängigen Schraubenspindel sitzenden Räder sind als Schalträder ausgebildet und werden durch einen Schalthebel gleichmäßig umgedreht.

Anordnungen, bei denen nur eine den Reglerbock umschließende Feder benutzt wird, zeigen Fig. 384 und Fig. 385.

38*

In Fig. 384 ist die Belastungsfeder eine Zugfeder, deren oberes Ende unmittelbar auf den Schleifring und deren unteres Ende auf ein Mutterstück geschraubt ist, das, selber am Drehen verhindert, durch Drehen der hohlen, flachgängigen Schraubenspindel heruntergezogen wird, wenn die Federspannung vergrößert werden soll. Die Schraubenspindel ist unten mit einem Schraubenrad verbunden, das durch Schnecke mittels Handrad angetrieben wird.

In Fig. 385 ist die Längsfeder eine Druckfeder, deren oberes Ende sich gegen den Schleifring stützt, also die Muffe entlastet. Es soll mit dieser Vorrichtung, von der durch die Querfeder bedingten größten Umdrehzahl ausgehend, die Umdrehzahl des Reglers in weiten Grenzen verringert werden. Ob die Entlastung gerade zweckmäßig ist, wollen wir später prüfen.

2. Eigenreibung.

Wie wir schon früher gesehen haben, fällt bei unmittelbarer Belastung des Schleifringes die Reibung geringer aus, als wenn die Feder an dem Reglerstellhebel angreift. Wir hatten bei der Berechnung der Eigenreibung für den letzteren Fall nur die Zapfenreibungen an den drei Zapfen des Stellhebels in Rechnung gesetzt, nicht aber berücksichtigt, daß der Schleifring beim Ausschwingen des Stellhebels gegen die gerade geführte Reglermuffe eine seitliche Verschiebung

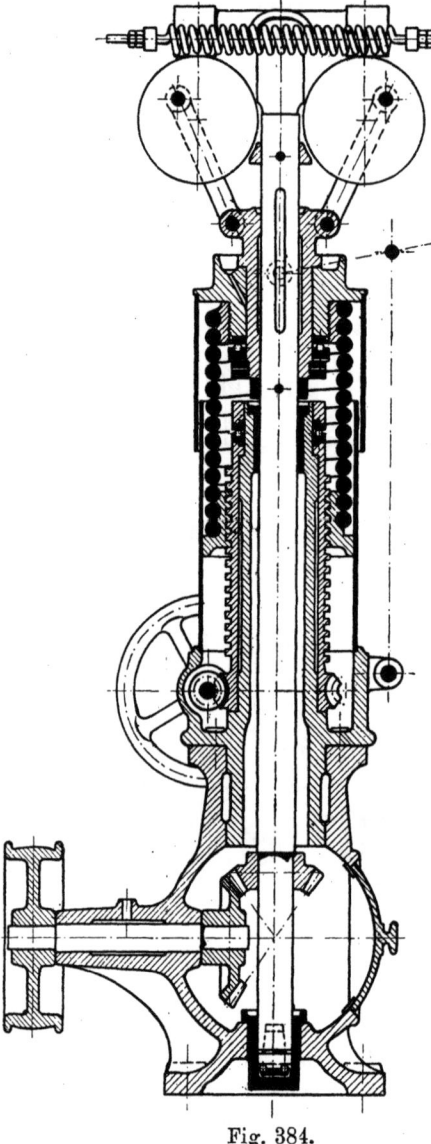

Fig. 384.

erfährt. Nennen wir die Belastung des Schleifringes durch die Feder F und nehmen wir weiter an, daß der größte Teil des Muffendrucks E von F herrührt, so scheint auf den ersten Blick die Eigenreibung, die von dem Gleiten

Änderung der Umdrehzahl während des Ganges. 597

des Stellringes herrührt, nicht unerheblich. Denn denken wir in Fig. 386 (S. 598) den Reibungswiderstand μF zwischen Schleifring und Muffe durch eine an der Muffe angreifende senkrechte Kraft R ersetzt, so gilt für die unterste und die oberste Muffenstellung die Momentengleichung:

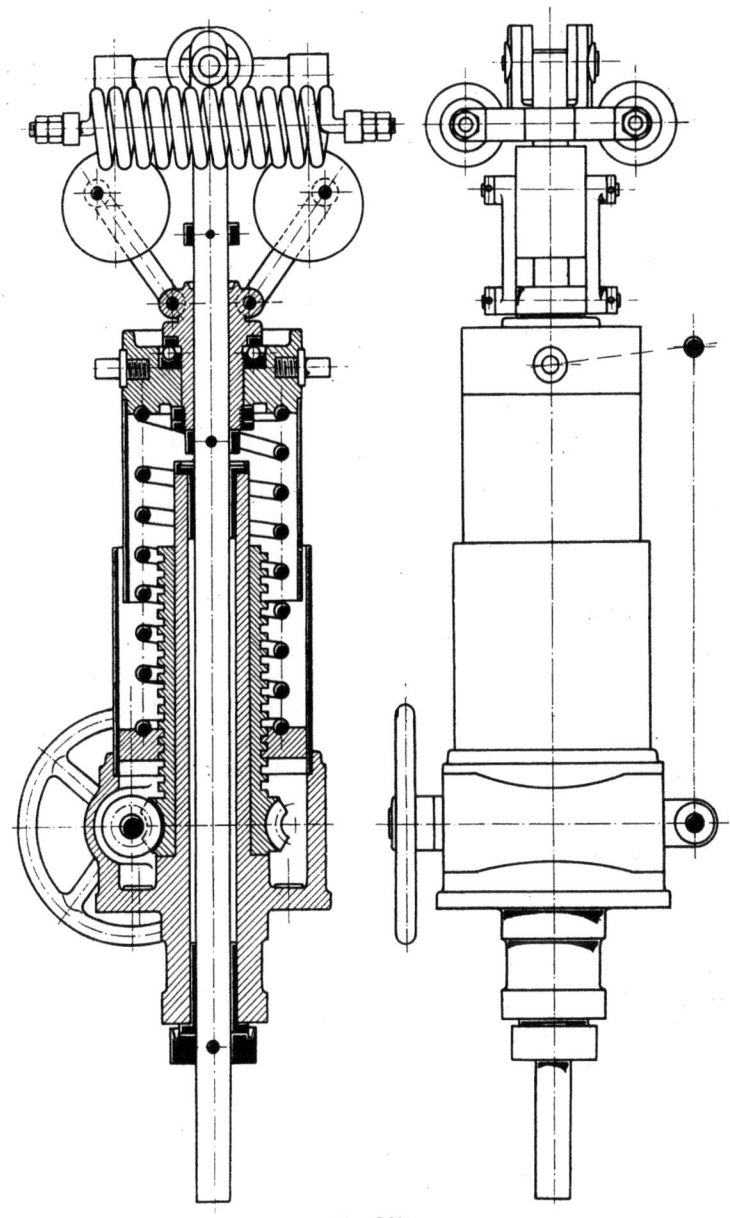

Fig. 385.

$$R \cdot l = \mu F \frac{s}{2};$$

daraus folgt
$$R = \mu \frac{s}{2l} F,$$

mithin ist:
$$\varepsilon_r \sim \frac{R}{F} = \mu \frac{s}{2l}.$$

Z. B. wird für einen Muffenhub $s = 60$ mm, $l = 135$ mm und $\mu = \frac{1}{10}$:

$$\varepsilon_r = \frac{1}{10} \frac{30}{135} = 0{,}022 = 2{,}2\%.$$

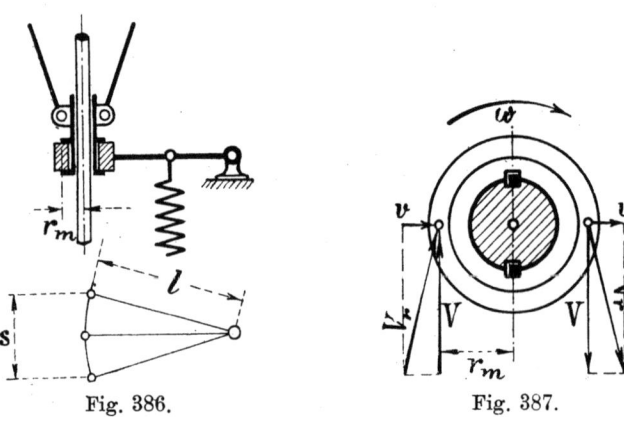

Fig. 386. Fig. 387.

Diese Reibung ist sicher nicht einfach zu vernachlässigen; sie muß auch in der Tat mit dem vollen Betrage in Rechnung gesetzt werden, sobald nicht der Gleitring seitlich gegen die Muffe gleitet, sondern genau auf die Muffe paßt, und dafür der Stellhebel an dem Drehzapfen entsprechend Spiel hat, um genügend seitlich ausweichen zu können.

Die vorstehende Rechnung wird aber vollständig hinfällig, sobald der Stellring seitlich auf der Muffe gleitet. Nennen wir die Geschwindigkeit der seitlichen Verschiebung v, die mittlere Umfangsgeschwindigkeit des Schleifringes $V = \omega \cdot r_m$, so wird die Relativgeschwindigkeit zwischen den einzelnen Punkten des Schleifringes und der Muffe gleich der Resultierenden V_r aus v und V. Bekanntlich ist nun der Reibungswiderstand stets der Bewegungsrichtung (der Relativbewegung) entgegengesetzt gerichtet. Die durch den Normaldruck F erzeugte Reibung μF hat also die Richtung von V_r. Von dieser Reibung wird natürlich die Komponente in tangentialer Richtung durch die Antriebskraft, die den Regler dreht, überwunden. Nur die Komponente in radialer Richtung bewirkt Eigenreibung beim Verstellen des Reglers. Da V gegen v bei weitem überwiegt, so ist $V_r \sim V$, und die für unsere Rechnung maßgebende Komponente von μF steht deshalb zu μF etwa in dem Verhältnis von $v : V$. Der oben ermittelte Wert R ist mithin im Verhältnis $\dfrac{v}{V}$ zu verkleinern, um den wirklichen Reibungsbetrag zu liefern. Danach wird

$$\varepsilon_r = \mu \frac{s}{2l} \cdot \frac{v}{V}.$$

Um ein Bild von den Größenverhältnissen zu bekommen, nehmen wir:

$n = 200$ Umdrehungen in der Minute, d. i. $\omega = \dfrac{2\pi \cdot 200}{60}$;

ferner $r_m = 60$ mm $= 0{,}06$ m, also $V = 0{,}060 \cdot \dfrac{2\pi \cdot 200}{60} = 1{,}26$ m/Sek.

Die Verstellung der Muffe von der tiefsten bis zur höchsten Stellung möge in einer Sekunde vor sich gehen, dann ist die mittlere Geschwindigkeit der Muffe bei einem Muffenhube $s = 60$ mm: $\dfrac{0{,}06}{1} = 0{,}06$ m/Sek. Hieraus folgt die größte Gleitgeschwindigkeit v durch Verminderung im Verhältnis $\tfrac{1}{2} s : l$; mit $l = 135$ mm wird folglich:

$$v = 0{,}06 \cdot \frac{30}{135} = 0{,}0133 \text{ m/Sek.}$$

Hiernach vermindert sich das ε_r, welches oben mit $\varepsilon_r = 2{,}2\,\%$ berechnet war, auf

$$\varepsilon_r = 2{,}2 \cdot \frac{v}{V} = 2{,}2 \cdot \frac{0{,}0133}{1{,}26} = \underline{0{,}023\,\%},$$

d. h. auf einen so winzigen Betrag, daß die durch das seitliche Gleiten des Schleifringes an der Muffe erzeugte Reibung absolut keine praktische Bedeutung hat.

Dagegen spielt die Reibung, die ständig zwischen Gleitring und Muffe in tangentialer Richtung durch die zusätzliche Belastung erzeugt wird, eine ziemlich bedeutende Rolle. Wir wollen uns hierüber Klarheit zu verschaffen suchen. Zunächst ist der Arbeitsverbrauch bei größeren Muffenbelastungen immerhin beachtenswert. Betrüge z. B. für den oben zugrunde gelegten Fall $F = 600$ kg, so würde die Reibungsarbeit in der Sekunde

$$L = \mu F \cdot V = \frac{1}{10} \cdot 600 \cdot 1{,}26 = 75 \text{ mkg/Sek},$$

entsprechend einer Leistung $N = 1$ PS.

Schon um diesen Arbeitsverbrauch herabzusetzen und übermäßige Erwärmungen an dem Schleifring zu verhindern, empfiehlt sich die Anwendung von Kugellagern zwischen den Übertragungsflächen. Selbstverständlich muß dabei die Ausführung tadellos sein, wenn man sich schlechte Erfahrungen ersparen will.

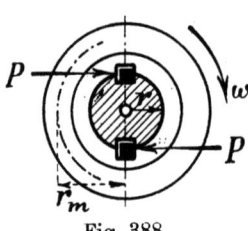

Fig. 388.

Aber auch mit Rücksicht auf die Eigenreibung des Reglers ist möglichste Verminderung der Stützzapfenreibung zwischen Gleitring und Muffe anzustreben. Da dieses Reibungsmoment an der Muffe angreift, das treibende Moment aber zunächst auf die Spindel übertragen wird, so sucht das letztere die Spindel gegen die Muffe zu verdrehen. Wird nun die Muffe auf der Spindel durch Nut und Feder geführt, so entsteht an diesen Übertragungsflächen ein tangentialer Klemmdruck P, der wiederum beim Bewegen der Muffe einen parallel zur Spindel gerichteten Reibungswiderstand $R = \mu P$ hervorruft.

Ist r der Spindelhalbmesser und

r_m der mittlere Halbmesser des Gleitringes,

so wird der durch die Muffenbelastung F auf diese Weise erzeugte Reibungswiderstand

$$R = \mu P = \mu \cdot \frac{\mu F \cdot r_m}{r} = \mu^2 \frac{r_m}{r} F.$$

Besteht die Belastung des Reglers vorwiegend aus F, so gilt folglich für den R entsprechenden Unempfindlichkeitsgrad angenähert:

$$\varepsilon_r = \frac{R}{F} = \mu^2 \frac{r_m}{r}.$$

Ist z. B. $\mu = 0,1$ und $r_m = 2\,r$, so wird

$$\varepsilon_r = 0,1^2 \cdot 2 = 0,02 = \underline{2\,^0/_0},$$

d. i. ein so hoher Wert, daß dadurch jeder bessere Regler vollständig verdorben würde.

Die Anwendung von Kugellagern zwischen Gleitring und Muffe ist demnach zur Wahrung hoher Empfindlichkeit geboten, sobald bedeutende Erhöhungen der Umdrehzahl während des Ganges durch Vergrößerung der Muffenbelastung beabsichtigt sind und die Muffe durch Nut und Feder an der Spindel geführt wird. Verzichtet man auf diese Führung und besorgt die Mitnahme durch die Lenkstangen und Pendelarme, so kann bei reichlichen Zapfenlängen oder doppelt angeordneten Stangen die klemmende Reibung bedeutend herabgezogen werden.

Änderung der Umdrehzahl während des Ganges. 601

Eine einwandsfreie Lösung für die Übertragung der zusätzlichen Muffenbelastung, wie sie von der Jahns-Regulatoren-Gesellschaft sowohl für Muffenregler wie auch für Achsenregler

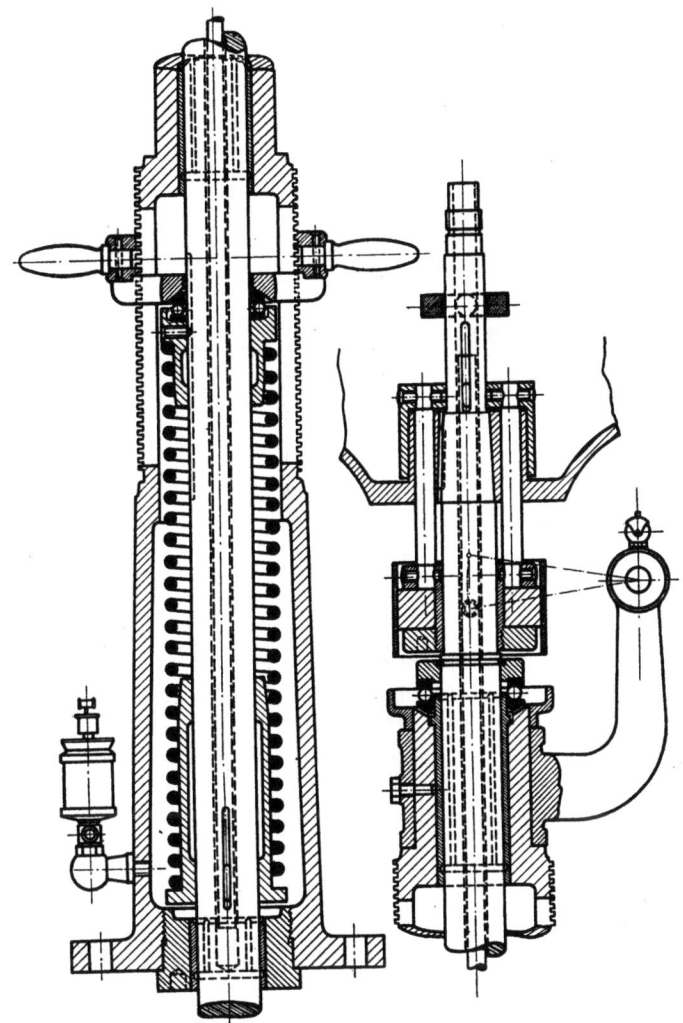

Fig. 389.

angewandt wird, zeigt Fig. 389. Die Spannung der im Innern der Reglersäule untergebrachten, an der Drehung mit teilnehmenden Druckfeder überträgt sich durch eine in der hohlen Reglerspindel steckende Stange unmittelbar auf die innere Muffe; Gleitring und äußere Muffe bleiben völlig unbelastet, die oben geschilderten Übelstände können also nicht auftreten. Natürlich müssen auch hier die Federkräfte zweimal als äußere Kräfte (um allzu große Erwärmung zu vermeiden, mittels Kugellager) abgefangen werden: einmal dort, wo der Vertikaldruck der Spindel von dem Gestell aufgenommen

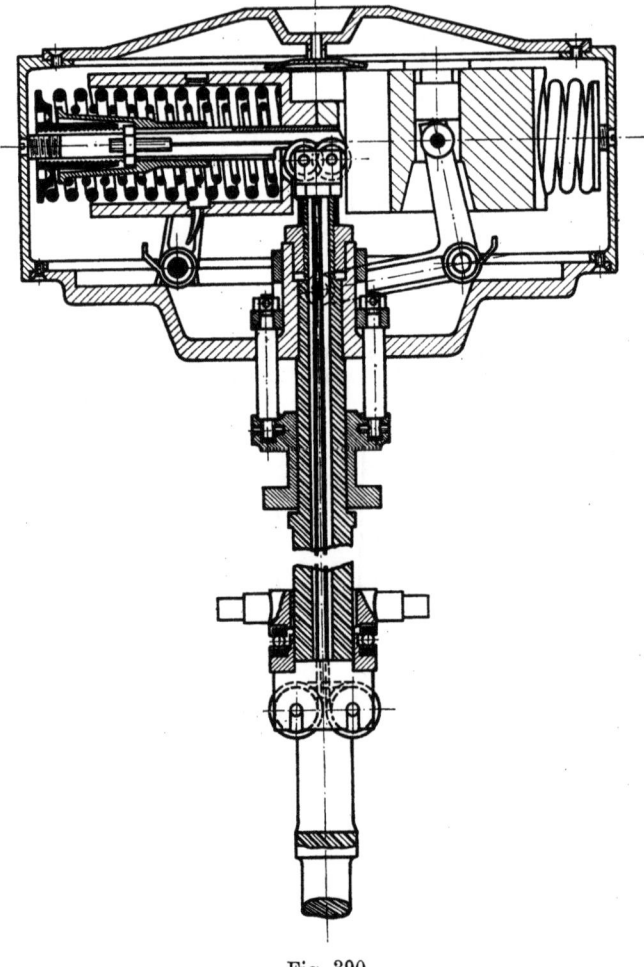

Fig. 390.

wird, ferner dort, wo sich der Stützring des oberen Federendes gegen die auf der Reglersäule auf- und abschraubbare Traverse stützt.

In Fig. 390 ist noch eine Anordnung zur Verstellung der Umdrehzahl der Firma Roos & Co., Frankfurt a. M. (System de Temple) wiedergegeben, die grundsätzlich die kleinste Eigenreibung liefert, indem unmittelbar die Querfedern eine zusätzliche Anspannung erfahren, reibungerzeugende Zwischengetriebe also völlig ausgeschaltet sind. Die äußeren Federteller der inneren Querfedern, die sich mit ihrem inneren Ende gegen die Schwungkörper stützen, werden mittels eines dünnen Drahtseiles nach innen gezogen; das Seil beginnt links oben, führt über eine obere Führungsrolle in das Innere der hohlen Reglerspindel, tritt unten wieder aus dieser aus, geht über zwei untere Leitrollen, die in einer Muffe gelagert sind, geht innerhalb der hohlen Spindel wieder nach oben, biegt über eine obere Rolle nach rechts ab und endet an dem Federteller der rechten Querfeder. Wird die untere Muffe (mit den beiden Rollen) nach unten verschoben, so werden die beiden Federn (und zwar um den gleichen Betrag) gespannt, die Umdrehzahl entsprechend erhöht. Soweit die Niedrighaltung der Eigenreibung in Betracht kommt, ist die Anordnung zweifellos ideal; sie hat jedoch leider den Übelstand, der bei Reglern mit nur einer Art von Belastungsfedern unvermeidlich ist und der Seite 502 näher erläutert wurde: durch Anspannen der Feder (d. h. durch Hinzufügen einer konstanten Kraft) wird der Ungleichförmigkeitsgrad erheblich kleiner, der Regler möglicherweise labil, durch Entspannen der Feder stark statisch.

3. Ungleichförmigkeitsgrad und C-Kurven; Entlastung der Muffe.

Wir hatten bisher immer von einer fast astatischen C_q-Kurve gesprochen und angegeben, daß bei Vorhandensein einer solchen trotz Änderung der Muffenbelastung der Charakter des Reglers, insbesondere der Ungleichförmigkeitsgrad, sich nicht verändere. Wir wollen dies näher prüfen. Die ursprüngliche C_1-Kurve habe den Ungleichförmigkeitsgrad δ_1, die C_q-Kurve den Ungleichförmigkeitsgrad δ_q; zieht man dann von dem Anfangspunkte O aus durch den untersten Punkt der C_1-Kurve einen Strahl, so wird auf der Endordinate ein Stück ΔC_1 abgeschnitten, für welches nach Gl. 175

$$\Delta C_1 = 2\,\delta_1 \cdot C_1$$

ist, wenn mit C_1 die bis zur Mitte von ΔC_1 reichende Fliehkraft bezeichnet wird. Die entsprechenden Werte für die C_q-Kurve mögen den Zeiger q, die für eine neue C_2-Kurve gültigen Werte den Zeiger 2 erhalten. Dann ist

$$\Delta C_q = 2\,\delta_q \cdot C_q \quad \text{und} \quad \Delta C_2 = 2\,\delta_2 \cdot C_2,$$

d. h. der neue Ungleichförmigkeitsgrad

$$\delta_2 = \frac{\varDelta C_2}{2\,C_2}.$$

Dabei ist

$$C_2 = C_1 + C_q \quad \text{und} \quad \varDelta C_2 = \varDelta C_1 + \varDelta C_q = 2\,\delta_1 \cdot C_1 + 2\,\delta_q \cdot C_q.$$

Wird durch die Erhöhung von C_1 auf C_2 die Umdrehzahl n_1 auf das k fache gesteigert, ist also

$$n_2 = k \cdot n_1,$$

so muß $\quad C_2 = k^2 \cdot C_1\;$ sein.

Weiter ist $C_q = C_2 - C_1 = k^2 C_1 - C_1 = (k^2 - 1)\,C_1$.

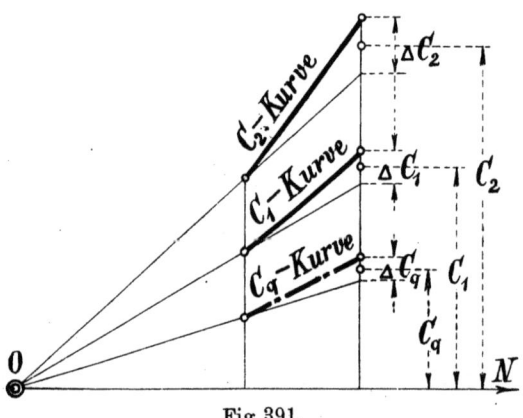

Fig 391.

Setzt man diese Werte in die Gleichung für δ_2 ein, so findet man den neuen Ungleichförmigkeitsgrad δ_2:

$$\delta_2 = \frac{\varDelta C_2}{2\,C_2} = \frac{2\,\delta_1\,C_1 + 2\,\delta_q\,C_q}{2\,k^2\,C_1} = \frac{\delta_1\,C_1 + \delta_q\,(k^2-1)\,C_1}{k^2\,C_1}$$

$$= \frac{\delta_1}{k^2} + \delta_q - \frac{\delta_q}{k^2}, \text{ d. h.}$$

$$\delta_2 = \delta_q + \frac{\delta_1 - \delta_q}{k^2} \quad \ldots \ldots \quad (261)$$

Ist $\delta_q = \delta_1$, so wird stets auch

$$\delta_2 = \delta_1;$$

soll sich also durch Änderung der Muffenbelastung der Ungleichförmigkeitsgrad nicht ändern, so müssen die ursprüngliche C_1-Kurve und die C_q-Kurve genau den gleichen **Ungleichförmigkeitsgrad haben.**

Änderung der Umdrehzahl während des Ganges. 605

Sind δ_1 und δ_q verschieden, so nimmt δ_2 einen veränderlichen von dem Verhältnis k abhängigen Zwischenwert an. Ist z. B.

$$\delta_1 = 5\,^0/_0 \quad \text{und} \quad \delta_q = 2\,^0/_0,$$

so wird nach Gl. 261 für

$k = 1{,}5$	$k = 2$	$k = 3$
$\delta_2 = 3\,^1/_3\,^0/_0$	$\delta_2 = 2\,^3/_4\,^0/_0$	$\delta_2 = 2\,^1/_3\,^0/_0.$

Ist umgekehrt

$$\delta_1 = 2\,^0/_0 \quad \text{und} \quad \delta_q = 5\,^0/_0,$$

so wird für

$k = 1{,}5$	$k = 2$	$k = 3$
$\delta_2 = 3\,^2/_3\,^0/_0$	$\delta_2 = 4\,^1/_4\,^0/_0$	$\delta_2 = 4\,^2/_3\,^0/_0.$

Prüfen wir nunmehr, wie sich die Sache darstellt, wenn durch **Entlastung der Muffe** die Umdrehzahl vermindert werden soll. Das Verhältnis $k = \dfrac{n_2}{n_1}$ ist dann kleiner als 1; Gl. 261 bleibt, wovon man sich leicht überzeugen kann, auch hier gültig.

Sind δ_1 und δ_q gleich groß, so hat auch der neue Ungleichförmigkeitsgrad denselben Wert. Sind δ_1 und δ_q verschieden, so liegt δ_2 nicht mehr zwischen δ_1 und δ_q, sondern **außerhalb** dieser Grenzwerte, wie wir uns mit den gleichen Annahmen wie oben durch Beispiele klarmachen wollen. Es sei

$$\delta_1 = 5\,^0/_0 \quad \text{und} \quad \delta_q = 2\,^0/_0,$$

dann wird für

$k = {}^2/_3$	$k = {}^1/_2$	$k = {}^1/_3$
$\delta_2 = 8\,^3/_4\,^0/_0$	$\delta_2 = 14\,^0/_0$	$\delta_2 = 29\,^0/_0.$

Ist umgekehrt

$$\delta_1 = 2\,^0/_0 \quad \text{und} \quad \delta_q = 5\,^0/_0,$$

so wird für

$k = {}^2/_3$	$k = {}^1/_2$	$k = {}^1/_3$
$\delta_2 = -\,^7/_4\,^0/_0$	$\delta_2 = -\,7\,^0/_0$	$\delta_2 = -\,22\,^0/_0.$

Hat also die C_q-Kurve einen größeren Ungleichförmigkeitsgrad als die ursprüngliche C_1-Kurve, und vermindert man die Umdrehzahl durch Entlasten der Muffe, so wird sehr leicht der neue Ungleichförmigkeitsgrad negativ, d. h. der Regler labil. Ist umgekehrt für die C_q-Kurve der Ungleichförmigkeitsgrad kleiner als für C_1, so nimmt der Ungleichförmigkeitsgrad sehr rasch zu.

Dieses Ergebnis läßt das Verfahren, durch Entlastung der Muffe die Umdrehzahl zu vermindern, nicht als zweckmäßig erscheinen.

Macht man nun, um dem vorstehenden Nachteil aus dem Wege zu gehen, $\delta_q = \delta_1$, erzwingt also gleichgroße Ungleichförmigkeitsgrade für die verschiedenen Entlastungen, untersucht aber den ganzen Verlauf der C-Kurven, so zeigt sich noch eine unerfreuliche Erscheinung. Unsere ausführlichen Betrachtungen über die Form der C_q-Kurven haben uns gelehrt, daß die C_q-Kurven stets gekrümmt sind. Diese Krümmung der C_q-Kurve überträgt sich hier auf die resultierende C_2-Kurve etwa in der Weise, daß die senkrechten Abweichungen von der Geraden erhalten bleiben, und daß die resultierende C_2-Kurve, die erheblich kleinere Ordinaten als die ursprüngliche C_1-Kurve hat, dadurch eine verhältnismäßig viel stärkere Krümmung bekommt. Trotzdem der Ungleichförmigkeitsgrad geblieben, ist die neue C_2-Kurve doch kaum noch brauchbar, in einem Teile ist sie zu stark statisch geworden, in dem anderen Teile gar labil. Man ist gezwungen, mit Rücksicht hierauf von vornherein einen größeren Ungleichförmigkeitsgrad zugrunde zu legen, als sonst nötig wäre. Am anschaulichsten geht dies alles aus den C-Kurven in Fig. 392 hervor. Ein Federregler mit Längs- und Querfeder erhielt durch passende Wahl der Maßverhältnisse eine C_q-Kurve, wie man sieht, schon mit recht geringer Krümmung. Die Querfeder lieferte die stark labile C_f'-Kurve, die Längsfeder durfte demgemäß sehr hart werden. Die C_f-Kurve gibt an, wie mit steigender Muffe der nach oben gerichtete Druck der Entlastungsfeder (etwa nach Fig. 385 angeordnet) eine stark abfallende Fliehkraft C_f erfordert. Die resultierende C-Kurve für die größte Umdrehzahl $n = 500$, aus $C_f' - C_f$ gebildet, ist fast gerade, jedenfalls hat die geringe Krümmung für die Stabilität des Reglers gar keine Bedeutung. Zieht man durch Anspannen der Entlastungsfeder immer größere Werte C_q von der ursprünglichen C-Kurve ab, so werden die C-Kurven immer krummer, d. h. immer schlechter.

Auf das Verfahren, durch Entlastung der Muffe die Umdrehzahl zu vermindern, sollte man sich nur einlassen, wenn alle Verhältnisse so gewählt werden können, daß die ursprüngliche C-Kurve und die C_q-Kurve (praktisch) gerade werden; die geringste Abweichung besonders der C_q-Kurve von der Geraden läßt dies Verfahren bedenklich erscheinen.

Verlockend für seine Anwendung ist zunächst, wie man aus Fig. 392 erkennen kann, der Umstand, daß die Längsfeder sehr hart sein darf, folglich nur ein kleines Maß für ihre Nachstellung erfordert. Während die Muffe sich von der tiefsten bis zur höchsten Stellung hebt, sinkt bei unserem Beispiel durch Entspannen der Feder die entsprechende Fliehkraft C_f vom Anfangswert $C_f = 173$ kg bis Null, weil die Feder dabei ihre Spannung ebenfalls bis Null vermindert. Als Fliehkraft, bezogen auf die tiefste Reglerstellung, ausgedrückt, entspricht also einer Kürzung der Federlänge um den Muffenhub eine Kraft von 173 kg. Will man nun die Umdrehzahl des Reglers von 500 auf 200 in der Minute verringern, so muß die Fliehkraft auf das $\left(\frac{200}{500}\right)^2 = \frac{4}{25}$ fache gebracht werden, d. h. nach unserem Diagramm Fig. 392 für die tiefste Stellung von 258 kg auf $\frac{4}{25} \cdot 258 = 41$ kg, oder um $258 - 41 = 217$ kg vermindert werden. Diese Vergrößerung der (nach oben gerichteten, die Muffe entlastenden) Federspannung um 217 kg bedingt eine Nachstellung (Verkürzung) der Feder um $\frac{217}{173} \cdot$ Muffenhub = dem 1,25 fachen Muffenhub. Durch diese kleine Rechnung ist der geringe Raumbedarf für die Längsfeder nachgewiesen.

Sehr ungünstig erscheinen jedoch die Verhältnisse bei der Entlastung der Muffe zum Zwecke der Verminderung der minutlichen Umdrehzahl, wenn man die **Eigenreibung** des Reglers prüft. Ohne genauere Zahlenrechnung erkennt man schon, daß mit wachsender Entlastung der Muffe die Zapfendrücke bedeutend zunehmen, hiermit also auch die Reibung R, daß umgekehrt aber der Muffendruck E immer kleiner wird; der durch die Eigenreibung bedingte Unempfindlichkeitsgrad erhält folglich für die kleineren Umdrehzahlen sehr große Werte.

Zur zahlenmäßigen Prüfung wollen wir einmal einen Hartungschen Regler etwa nach der Fig. 339 zugrunde legen, jedoch mit einer solchen Abänderung, daß die C_q-Kurve nahezu astatisch wird. Der Winkelhebel sei etwa gleicharmig, eine an der Muffe angreifende Längskraft F erfordere also ein $C_f \sim F$.

Genau wie bei dem Beispiel auf Seite 422 nehmen wir an: $G = 28$ kg, Zapfendurchmesser $d = 12$ mm, mittlerer Muffendruck gleich 145 kg, Armlänge

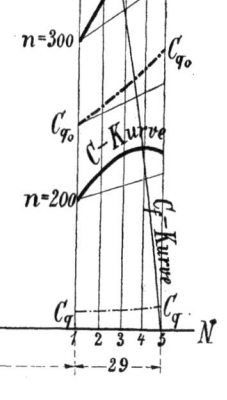

Fig. 392.

$I\,II = 82$ mm; damit ergab sich $\varepsilon_r = 0{,}32\,^0/_0$. Nun denken wir an der Muffe eine nach oben gerichtete Federkraft F angreifend, die den Muffendruck E auf $\tfrac{1}{4} E$, die Umdrehzahl des Reglers also auf die Hälfte vermindert. Dann erfahren die Zapfen III und II einen Druck $= F = \tfrac{3}{4} E = 109$ kg, der feste Drehzapfen I ungefähr einen Druck $= \sqrt{F^2 + (F-28)^2} = \sqrt{109^2 + 81^2} = 136$ kg und der Zapfen IV einen Druck $= \sqrt{F^2 + 28^2} = 112$ kg. Damit findet sich

$$\varepsilon_r = \frac{R}{E} = \frac{\mu}{2} \cdot \frac{109 + 136 + 112}{\tfrac{1}{4} \, 145 \cdot 82} \cdot 12 = 0{,}072$$

$$\varepsilon_r = 7{,}2\,^0/_0,$$

d. h. der durch die Eigenreibung erzeugte Unempfindlichkeitsgrad ε_r wird so groß, daß der Regler geradezu als unbrauchbar bezeichnet werden muß. Man darf sich nicht durch die Erwägung irre machen lassen, daß bei Entlastung der Muffe gerade dann die kleinste Umdrehzahl herrscht, wenn die an dem Gleitringe durch die Muffenbelastung auftretende Reibung am größten ist, also in diesem Falle die Reibungsarbeit durchaus noch erträglich wird, während bei dem anderen Verfahren, durch Belastung der Muffe die Umdrehzahl zu steigern, gerade dann die größte Umdrehzahl vorhanden ist, wenn auch die Reibung am Gleitring infolge des größten Muffendruckes den höchsten Wert annimmt, somit in diesem Falle die Reibungsarbeit derart groß wird, daß Heißlaufen und starke Abnutzung des Gleitringes eintreten könnte. Dieser Übelstand ist durch Anwendung eines Kugellagers leicht zu beheben; wir sahen früher (Seite 352), daß ohnehin das Reibungsmoment an der Muffe schon deshalb möglichst herabgezogen werden sollte, um den hierdurch bedingten Klemmdruck zwischen Muffe und Spindel zur Wahrung geringer Eigenreibung möglichst zu verringern.

Aus der ganzen vorstehenden Betrachtung müssen wir schließen, **daß bei weitgehenden Änderungen der Umdrehzahl durch Entlastung der Muffe die größte Vorsicht angebracht ist**, weil dabei sowohl die Stabilität des Reglers aufs höchste gefährdet werden, als auch die Eigenreibung ganz bedenklich große Werte annehmen kann.

Trotzdem erfreuen sich solche Regler einer wachsenden Beliebtheit von seiten der Reglerfabrikanten. Um nicht mißverstanden zu werden, möchte ich betonen, daß bei geschickter Anordnung und richtiger Wahl der Abmessungen selbstverständlich auch gute Resultate bei diesem Verfahren erzielt werden können. Gibt man vor allem der C_q-Kurve die erforderliche Gestalt, macht man sie in dem benutzten Bereich (praktisch genommen) gerade, indem man, wie in Fig. 266 gezeigt wurde, bei Verwendung eines Kurbelmechanismus, den Knickungswinkel β, die Größe der Schränkung und den Ausschlagwinkel α entsprechend wählt, so kann man tatsächlich die gesamte C-Kurve und eine für die gleiche Umdrehzahl entwickelte C_q-Kurve zur Deckung bringen. Zieht man nunmehr nach und nach immer größere Werte C_q von C ab, so vermindert man die Umdrehzahl beliebig herunter bis Null und bekommt doch lauter tadellose C-Kurven. Denn wenn von einer Kurve lauter affine Kurven abgezogen werden, so ergeben sich naturgemäß stets wieder affine Kurven, d. h. solche, deren Ordinaten in einem konstanten Verhältnis verkleinert erscheinen.

Sorgt man weiter durch Anordnung von Schneiden auch an den Lenkstangen, deren Zapfen unvermeidlich große Drücke erfahren, für möglichst geringe Reibungswiderstände, so läßt sich die Eigenreibung sehr niedrig halten.

Zwei nach diesen Grundsätzen gebaute Regler mit weitgehendster Veränderung der Umdrehzahl durch Entlastung der Muffe zeigen Fig. 393 und Fig. 394. Bestimmend für diese eingekapselte Ausführungsform war die Forderung der Praxis nach billigen Reglern, die trotzdem den höchsten Anforderungen auf Empfindlichkeit und Regelungsfähigkeit entsprechen.

Bei dem Regler nach Fig. 393 haben die Schwungkörper eine solche Gestalt, daß die Aufhängestangen in Wegfall kommen; beide Schwungkörper bilden zusammen in der Hauptsache einen Umdrehungskörper, der bequem auf der Drehbank bearbeitet werden kann und nachher aufgeschnitten wird. Die Bewegung der mit eingekapselten Reglermuffe wird durch eine innerhalb der oben als Rohr ausgebildeten Reglerspindel gelegenen Verbindungsstange und Querkeile auf die oberhalb des stillstehenden Reglergehäuses befindliche Muffe übertragen. Der feste Drehpunkt des Muffenhebels läßt sich auf dem Gehäuse verschieben; dadurch kann man in bequemster Weise das Übersetzungsverhältnis nach der Steuerung hin wirksam abändern. Um die Nachteile des Druckes der Längsfeder an den Übertragungsstellen zu beseitigen, ist sowohl zwischen oberem Federteller und innerer Muffe, als auch zwischen Unterfläche des Gehäuses und dem Spurring der Spindel Kugellagerung vorgesehen; das untere Kugellager überträgt den nach oben gerichteten Federdruck, der für den ganzen drehbaren Teil des Reglers als äußere Kraft aufzufassen ist, auf den feststehenden Teil, auf das Reglergehäuse. Die auf Druck beanspruchten Lenkstangen *II III* bestehen je aus einem inneren Schneidenteil und aus einem umgelegten schmiedeeisernen Band, das die Zapfen *II* und *III* umfaßt.

610 Muffenregler.

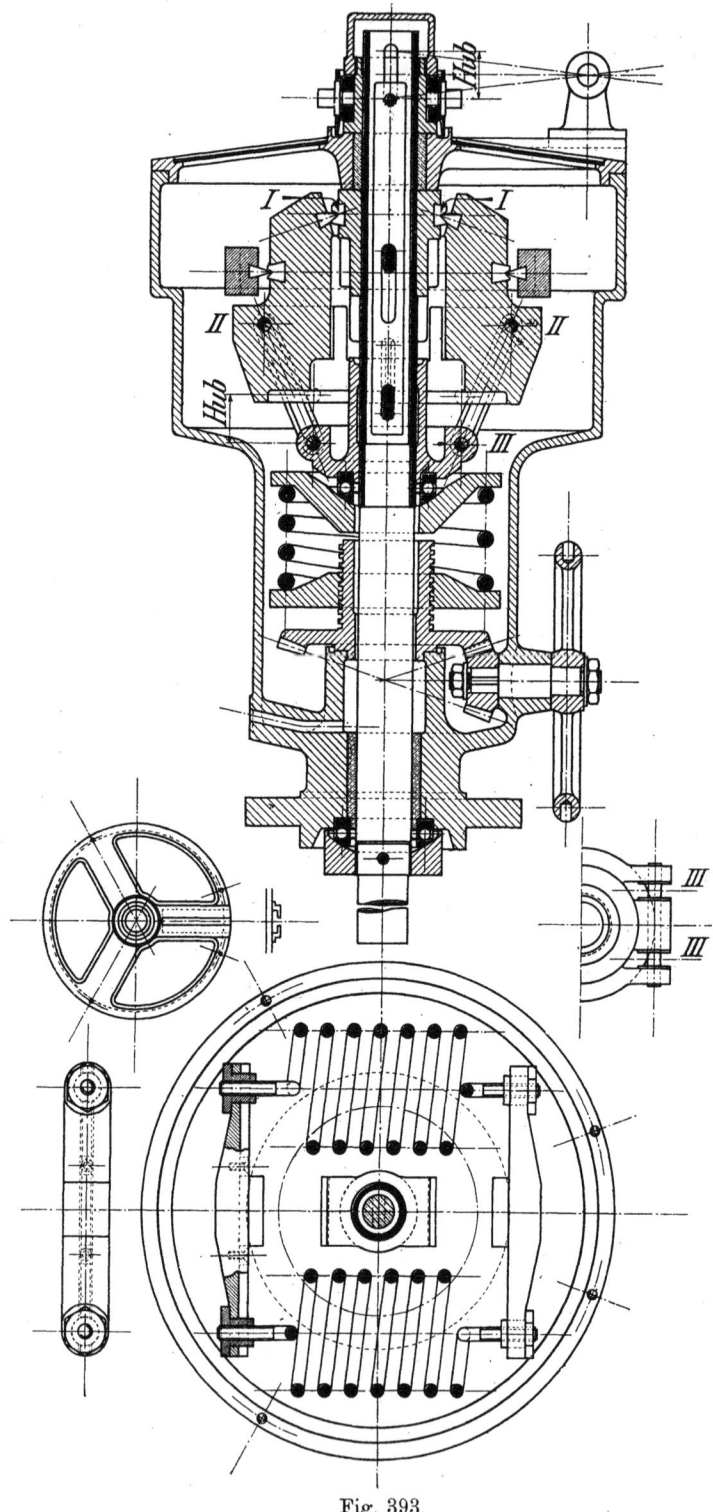

Fig. 393.

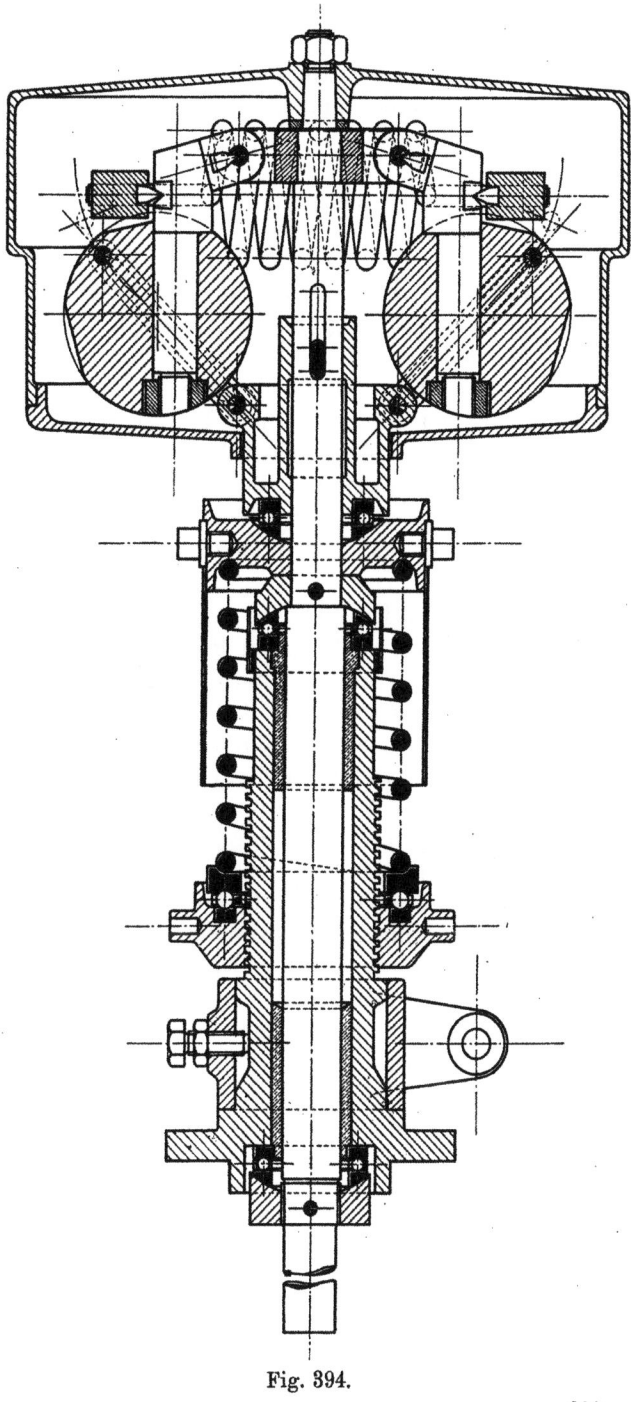

Fig. 394.

612 Muffenregler.

Fig. 394 zeigt einen Regler, der in seinem Aufbau vollkommen den früher besprochenen offenen Tollereglern gleicht, abweichend nur eine sich mitdrehende Einkapselung und Entlastung der Muffe aufweist. Die Maßverhältnisse sind so gewählt, daß die minutliche Umdrehzahl um $200^0/_0$ geändert, d. h. durch Entspannung der Längsfeder auf das Dreifache gesteigert werden kann, ohne daß der Ungleichförmigkeitsgrad sich ändert.

c) Änderung der Umdrehzahl bei Federreglern mit stark labiler C_q-Kurve.

Bei vielen Federreglern haben wir eine stark labile C_q-Kurve vorgefunden; alle Regler mit nur einer Längsfeder besitzen notwendig eine solche. Es ist demnach bei diesen Reglern nicht zulässig, zum Zwecke der Erhöhung der Umdrehzahl einfach die Muffenbelastung um einen konstanten Betrag zu vergrößern. Wie man sich nun hier helfen kann, soll an einigen Beispielen gezeigt werden.

1. Nehmen wir einmal irgend einen von den besprochenen Reglern mit einer Längsfeder, z. B. einen Regler von Trenck, und suchen dessen Umdrehzahl nachträglich durch Hinzufügen einer Gewichtsbelastung der Muffe zu erhöhen, so können wir nach Fig. 395 den Reglerstellhebel derart als Winkelhebel gestalten, daß beim Steigen der Muffe der Hebelarm des Belastungsgewichtes zunimmt. Hierdurch erfährt die Muffe nicht eine für den ganzen Reglerhub konstante Kraft, sondern eine mit dem Hub wachsende Belastung. Durch passende Wahl des Knickungswinkels ließe sich diese Zunahme nach demselben Gesetz herbeiführen, nach dem auch die Federbelastung wächst; auf die Weise würde trotz der hinzugefügten Gewichtsbelastung der Charakter des Reglers ungeändert bleiben. Läßt sich der Knickungswinkel einstellen etwa dadurch, daß der Belastungshebel auf der Achse des Stellhebels drehbar angeordnet ist und durch Festklemmen in jeder beliebigen Lage festgestellt werden kann, so hätte man nicht nur die Möglichkeit, den richtigen Winkel praktisch auszuproben, sondern könnte auch den Ungleichförmigkeitsgrad des Reglers nach Wunsch verändern. Durch Verschieben des

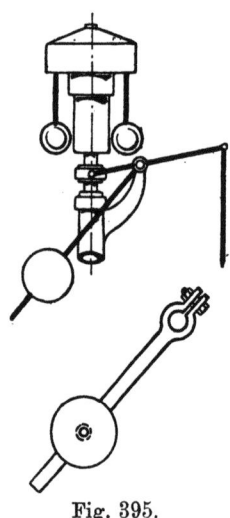

Fig. 395.

Belastungsgewichtes läßt sich außerdem die Umdrehzahl während des Ganges abändern.

Strnad hat die in Fig. 396 und Fig. 397 wiedergegebenen Anordnungen vorgeschlagen. Läßt man die vom Muffenhebel nach der Steuerung führende Stellstange an einem Punkte des geknickten Hebels angreifen, so wird der bei labiler C-Kurve stark veränderliche Muffendruck E bzw. die hierdurch bedingte, bei konstantem Unempfindlichkeitsgrad ε veränderliche Verstellkraft nach

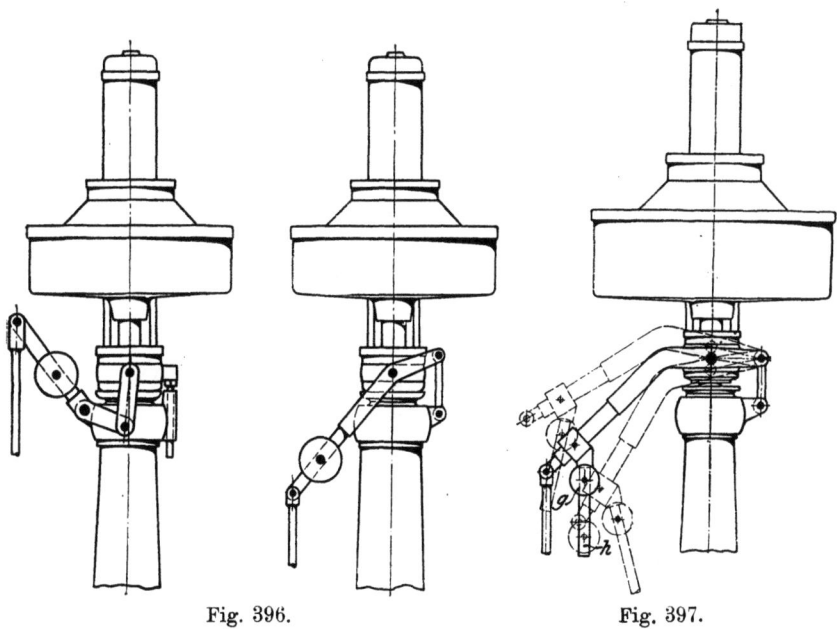

Fig. 396.   Fig. 397.

der Steuerung als konstante Kraft weitergegeben. In Fig. 397 steht bei Mittellage des Reglers der Gewichtshebel h senkrecht. Verschiebt man h samt dem Stellgewicht g, so ändert man die Umlaufzahl ohne Änderung des Ungleichförmigkeitsgrades; verschiebt man dagegen g an h, so wird der Ungleichförmigkeitsgrad wirksam verändert.

2. Wünscht man nur eine Erhöhung der Umdrehzahl um einen bestimmten, gleichbleibenden Betrag, so kann man unmittelbar eine Federwage hinzufügen, die auf die Muffe einen mit steigender Muffe entsprechend zunehmenden Druck ausübt.

Zabel & Co. in Quedlinburg lieferten eine Zeitlang Federwagen mit drei Federn, die beim Anspannen nacheinander zur Wirkung kamen. Es wurde also gewissermaßen eine Feder nach der andern angehängt und dadurch wenigstens für drei Stufen die Umdrehzahl erhöht, ohne den Unförmigkeitsgrad zu verändern. Für alle Zwischen-

614 Muffenregler.

werte ergaben sich naturgemäß verschieden große Ungleichförmigkeitsgrade.

3. Eine wiederholt zur Anwendung gebrachte Einrichtung zur Verstellung der Umdrehzahl von Reglern mit stark labiler C_q-Kurve zeigt Fig. 398 nach Ausführung von L. Lang in Budapest. Die Vorrichtung besteht aus einem Winkelhebel, dessen einer Arm am Gleitring angreift, während der andere als Kulisse ausgebildet ist. Durch Drehen der hierin gelagerten Schraubenspindel wird ein Stein verschoben, auf den mittels einer Lenk-

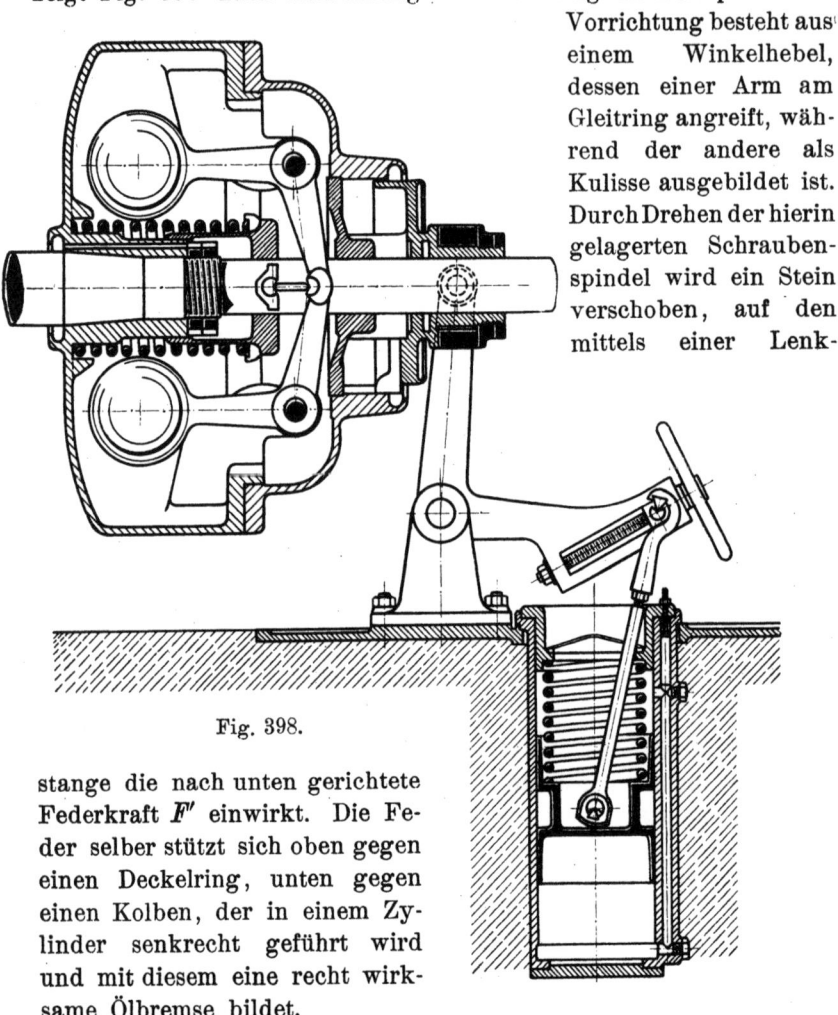

Fig. 398.

stange die nach unten gerichtete Federkraft F' einwirkt. Die Feder selber stützt sich oben gegen einen Deckelring, unten gegen einen Kolben, der in einem Zylinder senkrecht geführt wird und mit diesem eine recht wirksame Ölbremse bildet.

In der gezeichneten Stellung ist die Feder am stärksten angespannt; verlegt man (s. Fig. 399) den oberen Endpunkt II' der Zugstange $III'\ II'$ nach links, so wird nicht nur wegen der Schrägstellung der Kulisse die Feder entspannt, sondern gleichzeitig der Hebelarm der Federkraft verringert, also die zusätzliche Belastung bedeutend vermindert. Die Verlegung des Angriffspunktes II' nach dem festen Drehpunkte I' zu ändert aber, und das ist das Wesentliche, das Gesetz ab, nach dem die Federspannung mit dem Muffenhub zunimmt; bei gleichem Ausschlag des Winkelhebels beschreibt jetzt II' kürzere Wege, die Federspannung ändert sich also weniger,

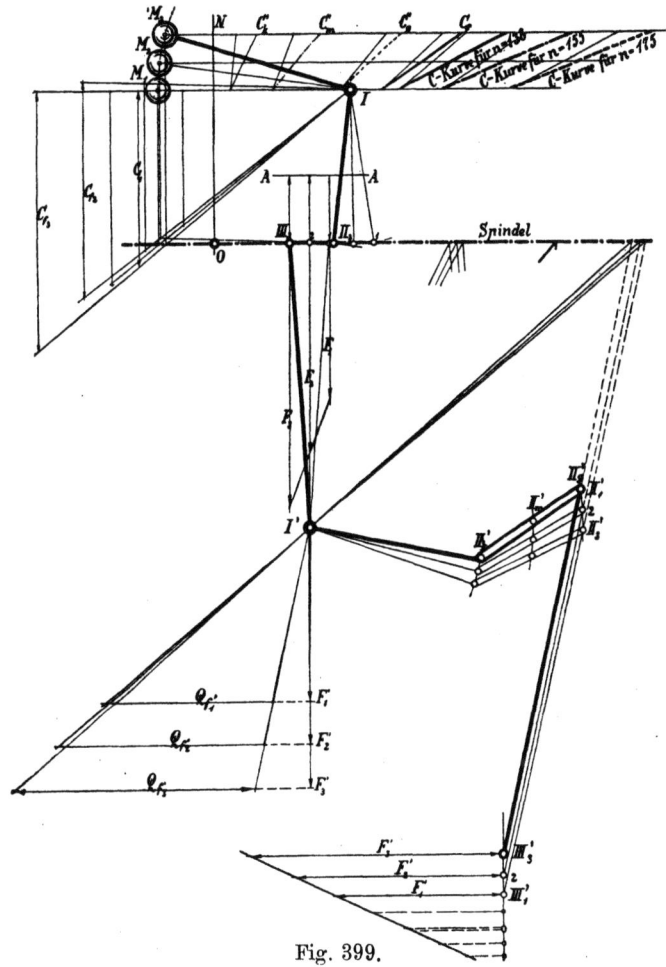

Fig. 399.

wie es auch erforderlich ist, wenn der Ungleichförmigkeitsgrad sich nicht ändern soll.

In Fig. 399 ist nun ein bestimmtes Beispiel durchgeführt; die Grundmaße sind den auf einen ausgeführten Regler bezüglichen Angaben der Z. d. V. d. Ing. 1896, S. 1141, entnommen. Für Fig. 399 wurde gewählt:

Längenmaßstab $=1:10$; Kräftemaßstab 3 mm $= 20$ kg;
Gewicht der Schwungkörper $G = 40$ kg;
für die Zusatzfeder $f' = 14{,}2$ kg/cm.

Zunächst wurden für die äußerste Stellung rechts, d. h. für die größte Umdrehzahl mit einer Anfangsfederspannung $F_1' = 150$ kg die Federspannungen F_1', F_2', F_3' für drei Reglerstellungen aufgesucht und darauf die entsprechenden Kräfte Q_{f1}', Q_{f2}' und Q_{f3}' ermittelt, die, an der Reglermuffe wirkend, die Federkräfte F' ersetzen. Die hierzu benutzten Konstruktionen stimmen mit der in Fig. 254 angegebenen Ermittelung von C_q aus Q überein, wenn man dort an Stelle von C_q die hier auf den Gleitring übertragene wagerechte Kraft Q_f' und an Stelle von Q dort hier F' setzt. Weiter wurden mit den Werten Q_f' für den eigentlichen Regler die zugehörigen Werte der Fliehkräfte C', die Q_f' das Gleichgewicht halten, durch Kräftedreiecke aufgesucht und zu einer C'-Kurve aufgetragen. In Fig. 399 ist diese C'-Kurve für die größte Umdrehzahl mit C_g', für die mittlere Umdrehzahl mit C_m', für die kleinste Umdrehzahl mit C_k' bezeichnet. Man sieht aus Fig. 399, daß die Ungleichförmigkeitsgrade dieser zusätzlichen C'-Kurven einen verschiedenen Wert besitzen; deshalb läßt es sich auch nicht erreichen, daß der Ungleichförmigkeitsgrad der gesamten C-Kurven, die sich aus C' und C_f (letztere Werte von der Längsfeder des Reglers selber herrührend) zusammensetzen, einen konstanten Wert erhält. Wir finden aus Fig. 399:

bei der C-Kurve für $n = 138$ in der Minute: $\delta = 7{,}5\,^0/_0$,
„ „ „ „ $n = 155$ „ „ „ $\delta = 6{,}5\,^0/_0$,
„ „ „ „ $n = 175$ „ „ „ $\delta = 4\,^0/_0$.

Durch andere Neigung der Kulisse, andere Federabmessungen usf. könnten diese Werte in der verschiedensten Weise abgeändert werden. Machte man z. B. die Kulisse weniger stark geneigt, so nähme beim Verlegen des Steines nach rechts die Federspannung um einen kleineren Betrag zu; andererseits bliebe die Steigerung der Federkraft mit wachsendem Muffenhub nahezu dieselbe: der Ungleichförmigkeitsgrad würde also für die größere Umdrehzahl etwas größer werden, was im Hinblick auf die obigen Ergebnisse zur Erzielung eines möglichst gleichbleibenden Ungleichförmigkeitsgrades natürlich erwünscht sein würde.

Man sieht, daß die in Fig. 398 wiedergegebene Einrichtung wohl eine befriedigende Lösung der gestellten Aufgabe zuläßt. Ungünstig ist die ziemlich verwickelte Konstruktion, die wegen der vielen Zapfen erhebliche Eigenreibung verursacht. Zur Verminde-

Änderung der Umdrehzahl während des Ganges. 617

rung derselben sind, wie aus Fig. 398 ersichtlich ist, an zwei Stellen statt der Zapfen Schneiden vorgesehen.

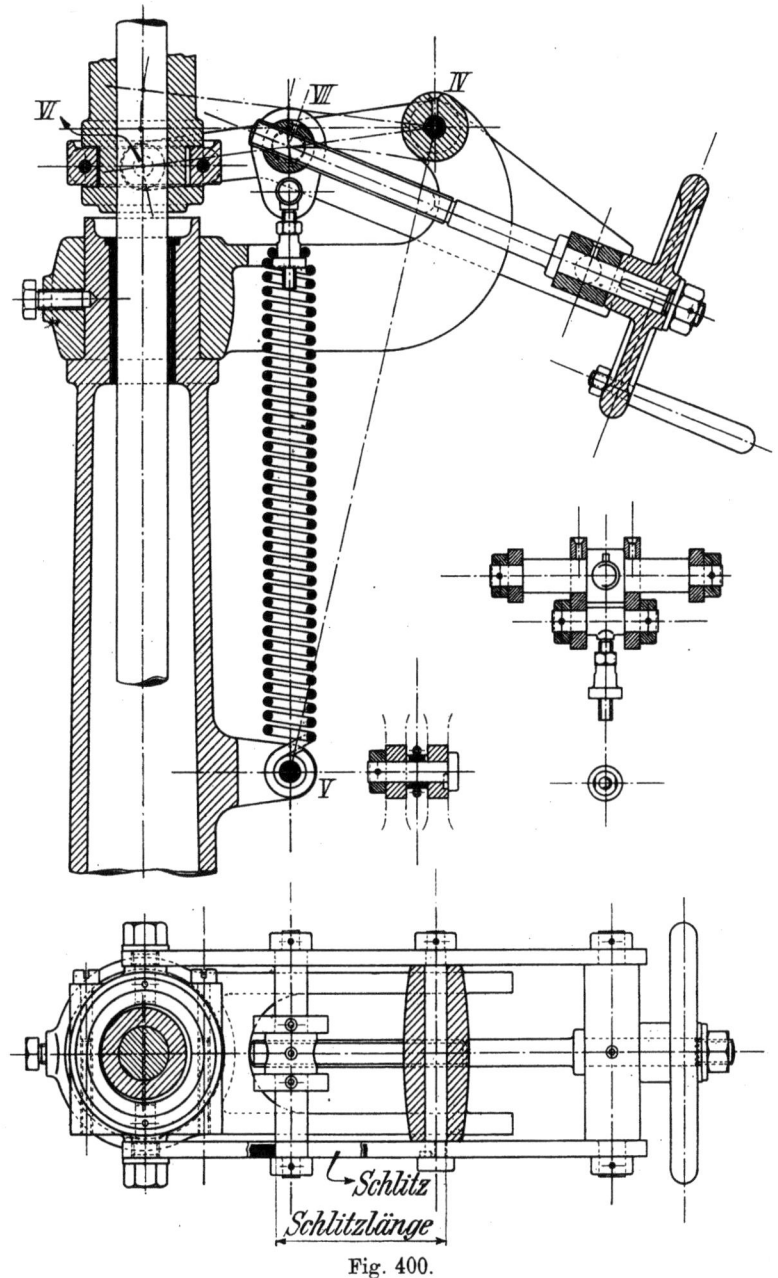

Fig. 400.

618 Muffenregler.

4. Eine weitere hierher gehörige Einrichtung zeigt Fig. 400, den Tourenregler von Beyer. Der Reglerhebel, der den Gleitring im Zapfen *VI* trägt, hat seinen festen Drehpunkt in *IV*; die Zusatzfeder, die zur Erhöhung der Muffenbelastung dient, greift in *VII* am Hebel an und ist mit dem anderen Ende an dem Zapfen *V* drehbar befestigt. In der gezeichneten Stellung der Feder wird ihre Spannkraft fast in vollem Betrage auf die Muffe abgesetzt; soll die Muffenbelastung verringert werden, so verlegt man das Feder-

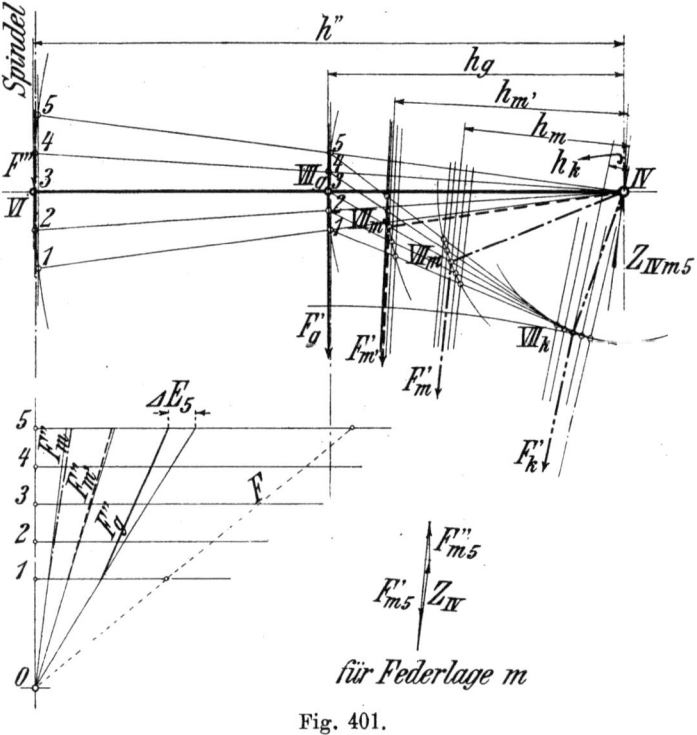

Fig. 401.

ende *VII* dadurch, daß die den Zapfen *VII* tragende Traverse mittels Handrad und Schraubenspindel in entsprechenden geraden Schlitzen des Hebels verschoben wird, hierdurch den wirksamen Hebelarm der Federkraft (bezogen auf *IV* als Drehpunkt) vermindernd bis schließlich auf Null. In Fig. 401 wurde für einen solchen Tourenregler Nr. 12 eine Untersuchung hauptsächlich nach zwei Richtungen hin durchgeführt: 1. wie sich durch Änderung der Umdrehzahl der Ungleichförmigkeitsgrad ändert und 2. wie sich dabei der Unempfindlichkeitsgrad erhöht. Es wurden vier Federeinstellungen nachgeprüft: Federlage *k* für die kleinste Umdrehzahl, Federlage m und m' für zwei mittlere Umdrehzahlen und Federlage g für die größte Umdrehzahl. Durch Verlegung der Feder von k bis g ändert sich die Federlänge, die Federspannung nimmt zu; wie groß für den vorliegenden Fall die den einzelnen Muffenstellungen 1 bis 5 entsprechenden Federkräfte F' werden, kann man aus der nachstehenden Tabelle ersehen. Nach Abgreifen der zugehörigen Hebelarme h und h'' konnten aus den Werten F' die am Zapfen VI wirkenden Muffenbelastungen F''' nach dem Momentensatz leicht berechnet werden; die Ergebnisse sind ebenfalls in der nachstehenden Tabelle eingetragen.

Tabelle zu Beyers Tourenregler Nr. 12.

Nummer der Stellung	Federkräfte in kg				Durch F' erzeugte Muffendrücke F'''				Arme in mm					für Federlage g erhöht sich ε_r um ε_r''
	F_g'	$F_{m'}'$	F_m'	F_k'	F_g''	$F_{m'}'''$	F_m''	F_k''	h''	h_g'	$h_{m'}'$	h_m'	h_k'	
1	45	30	17	0	23	11	4	0	199	100	76	52	0	$\varepsilon_r''=0{,}393\,^0/_0$
2	56	38	23	0,2	28	15	6	0,00	200	100	78	54	3,4	$0{,}376\,^0/_0$
3	68	47	30	0,6	34	19	8	0,02	201	100	79	56	6,8	$0{,}367\,^0/_0$
4	79	57	36	1,5	40	23	10	0,08	200	100	80	58	10	$0{,}361\,^0/_0$
5	90	65	43	3,2	45	26	13	0,22	199	100	80	60	14	$0{,}355\,^0/_0$

Wir wollen nun unseren Tourenregler auf den in Fig. 323 dargestellten, in Fig. 324 untersuchten Regler einwirken lassen; dort wurde die Muffenbelastung durch die Federkraft F gebildet. In unserem Diagramm Fig. 401 links unten ist F durch die punktierte Linie begrenzt; der Spannung 0 würde die Muffenstellung 0 entsprechen. Sollte nun die Zusatzfeder keine Änderung des Ungleichförmigkeitsgrades bewirken, so müßten die Federkräfte F''' genau nach demselben Gesetz wie F zunehmen, es müßten statt der wirklich vorhandenen Linien für F_g'', $F_{m'}''$ und F_m'' von 0 ausgehende Geraden (die in Fig. 401 als fein ausgezogene Linien erkennbar sind) vorhanden sein. Den Unterschied für die oberste Muffenstellung wollen wir mit $\varDelta E_5$ bezeichnen. Nennen wir ferner den gesamten Muffendruck für Muffenstellung 5 E_5, so ist

$$E_5 \sim F_5 + F_5'';$$

benutzen wir weiter Formel 175 zur Bestimmung der Änderung $\varDelta \delta$ des Ungleichförmigkeitsgrades, die durch $\varDelta E_5$ bewirkt wird, und beachten, daß

$$\frac{\varDelta c}{\varDelta E_5} = \frac{C_5}{E_5}$$

ist, so finden wir
$$\Delta\delta = \frac{\Delta c}{\sim 2C_5} = \frac{\Delta E_5}{2 \cdot E_5}.$$

Hiernach erhalten wir

für Federstellung g: $\Delta\delta = \dfrac{9{,}1}{2 \cdot (208 + 45)} = 1{,}8\,^0/_0,$

„ „ m': $\Delta\delta = \dfrac{0{,}85}{2 \cdot (208 + 26)} = 0{,}18\,^0/_0,$

„ „ m: $\Delta\delta = \dfrac{-2{,}1}{2 \cdot (208 + 12)} = -0{,}48\,^0/_0.$

Die den Stellungen g, m' und m entsprechenden Erhöhungen der mittleren Umdrehzahlen betragen:

für g: $10\,^0/_0$, für m': $6\,^0/_0$ und für m: $3\,^0/_0$.

Man erkennt aus diesen Zahlen, daß die Vorrichtung insofern durchaus günstig bezeichnet werden muß, als die Änderung des Ungleichförmigkeitsgrades für die mittleren Stellungen fast Null ist; bei der größten Touренänderung von $10\,^0/_0$ erhöht sich der Ungleichförmigkeitsgrad um $1{,}8\,^0/_0$, was in der Regel noch als eine zulässige Änderung von δ anzusehen ist.

Bei der Ermittelung der durch die zusätzliche Federbelastung erzeugten Eigenreibung beachte man, daß beim Durchlaufen des Muffenhubes von 1 bis 5 die Feder ihre Richtung kaum ändert. Man kann also die Zapfenreibung am Zapfen V vernachlässigen und ferner die Drehwinkel an den Zapfen IV, VI und VII als gleich groß annehmen, d. h. unmittelbar die durch die Zapfendrücke Z_4, Z_6 und Z_7 erzeugten Reibungsmomente addieren. Folglich findet sich der von Z_4, Z_6 und Z_7 herrührende, auf die Muffe reduzierte Reibungsbetrag R':

$$R' = \frac{\mu\left(Z_4 \dfrac{d_4}{2} + Z_6 \dfrac{d_6}{2} + Z_7 \dfrac{d_7}{2}\right)}{h''}.$$

In unserem Falle ist $d_4 = 14$ mm, $d_6 = 14$ mm und $d_7 = 22$ mm, ferner für alle Muffenstellungen $h'' \sim 200$ mm; danach wird mit $\mu = 0{,}1$

$$R' = \frac{0{,}1}{400}[(Z_4 + Z_6)\,14 + Z_7 \cdot 22].$$

Die Zapfendrücke sind $Z_6 = F'''$; $Z_7 = F'$ und $Z_4 \sim F' - F'''$, daher wird

$$R' = \frac{0{,}1}{400} \cdot [(F' - F''' + F''')\,14 + F' \cdot 22] = \frac{0{,}1 \cdot 36}{400}\,F' = \frac{0{,}9}{100}\,F'.$$

Hiermit ist natürlich der Einfluß der zusätzlichen Federbelastung hinsichtlich der Eigenreibung noch nicht erledigt; F''' pflanzt sich genau wie die ursprüngliche Muffenbelastung F durch das Reglergetriebe fort bis zur Gleichgewichtshaltung mit der Fliehkraft und erzeugt dabei Zapfendrücke und Reibung.

Ist ε_r der ursprüngliche durch Eigenreibung erzeugte Unempfindlichkeitsgrad, E der neue gesamte Muffendruck (einschl. F'''), so ist der auf die Muffe reduzierte Reibungsbetrag im Reglergetriebe

$$R = \varepsilon_r \cdot E.$$

Dazu kommt der oben mit R' bezeichnete Wert der Reibung im Tourenregler, folglich beträgt der neue gesamte Unempfindlichkeitsgrad

$$\varepsilon_r' = \frac{R+R'}{E} = \varepsilon_r + \frac{R'}{E},$$

oder anders ausgedrückt, es erfährt der Unempfindlichkeitsgrad durch den Tourenregler eine Erhöhung um

$$\varepsilon_r'' = \frac{R'}{E} = \frac{0{,}9}{100}\frac{F'}{E} = 0{,}9\,\frac{F'}{E}\,^0/_0.$$

Z. B. wird für die Federlage g (10$^0/_0$ Tourenerhöhung):

in der Muffenstellung 1: $\quad \varepsilon_{r1}'' = 0{,}9\,\dfrac{45}{92+22{,}6} = 0{,}393\,^0/_0,$

„ „ „ 2: $\quad \varepsilon_{r2}'' = 0{,}9\,\dfrac{56}{121+28} = 0{,}376\,^0/_0,$

„ „ „ 3: $\quad \varepsilon_{r3}'' = 0{,}9\,\dfrac{67{,}5}{150+33{,}8} = 0{,}367\,^0/_0,$

„ „ „ 4: $\quad \varepsilon_{r4}'' = 0{,}9\,\dfrac{78{,}8}{179+39{,}5} = 0{,}361\,^0/_0,$

„ „ „ 5: $\quad \varepsilon_{r5}'' = 0{,}9\,\dfrac{90}{208+45{,}2} = 0{,}355\,^0/_0.$

Der Unempfindlichkeitsgrad, der bei dem Regler selber von 1,2 bis 2,05$^0/_0$ schwankt, wird hiernach durch den Tourenregler nur unwesentlich erhöht, so daß seine Einrichtung als recht zweckmäßig bezeichnet werden muß.

Auf ganz ähnlichen Grundsätzen beruhende Stellvorrichtungen liefert auch die Firma R. Trenck in Erfurt in Verbindung mit ihren Fig. 328 dargestellten Federreglern.

d) Leistungsregler von Strnad.

Der Name Leistungsregler soll hier nur deshalb für den zu besprechenden Regler benutzt werden, weil Strnad ihn selber so bezeichnet und auf diese Benennung Wert legt; es handelt sich aber nicht um einen solchen Regler, wie sie im folgenden Abschnitt J als Leistungsregler besprochen werden, sondern um einen nahezu astatischen Regler, dessen Umdrehzahl innerhalb ziemlich weiter Grenzen eingestellt werden kann.

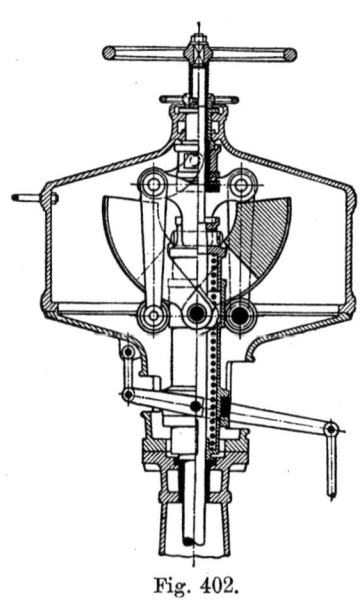

Fig. 402.

Abweichend von allen bisher betrachteten Reglern, bei denen stets zum Zwecke der Tourenänderung die Muffenbelastung verändert wurde und der eigentliche Reglermechanismus ungeändert blieb, wird bei diesem Regler die Muffenbelastung unverändert beibehalten und das Getriebe zur Übertragung der Fliehkraft auf die Muffe abgeändert. Bleibt die Reglerbelastung dieselbe, bleibt also der Muffendruck für alle Muffenstellungen bestehen, so hat der Regler auch stets das gleiche Arbeitsvermögen trotz verschiedener Umdrehzahlen. Diese Grundeigenschaft ist ein entschiedener Vorzug solcher Regler vor denjenigen, bei welchen die Umdrehzahl durch Abänderung der Muffenbelastung verändert wird und die deshalb einen (im quadratischen Verhältnis mit der minutlichen Umdrehzahl) wachsenden Muffendruck aufweisen. Allerdings ist die konstruktive Durchführung eines während des Ganges abänderungsfähigen Getriebes nicht gerade bequem und bringt mancherlei Übelstände mit sich, von denen wir einige an dem Beispiel des vorliegenden Reglers noch kennen lernen werden.

Die allgemeine Anordnung des Strnadschen Leistungsreglers ist aus Fig. 402 zu ersehen (vergl. auch das Schema in Fig. 403). Die eigenartig gestalteten Schwungkörper sind mit der Muffe durch den Zapfen *III* verbunden und stützen sich außerdem mit ihrem äußeren zylindrisch geformten Umfange gegen feststehende Führungsrollen *R*. Diese Führungsrollen lassen sich nun dadurch verlegen, daß sie von dem unteren Ende eines Winkelhebels mit festem Drehpunkt getragen werden, dessen seitlicher Arm mittels Handrad und Schraubenspindel auf- oder abwärts verstellt werden kann. Je nach der Lage der Führungsrollen erhalten die Schwungkörper eine andere Bewegung, insbesondere wird die Bahn des Massenmittelpunktes eine andere, der Ausschlag des Schwungmassenmittelpunktes bei gleichem Muffenhub wird größer oder kleiner, also die mittlere Fliehkraft kleiner oder größer, folglich muß auch die zur Gleichgewichtserhaltung nötige Umdrehzahl entsprechend kleiner oder größer werden.

Der Fig. 403, in der ein Strnadscher Regler Nr. 3 untersucht ist, wurde zugrunde gelegt:

Längenmaßstab 1 : 2,5; Kräftemaßstab 1 mm = 2,5 kg;
Gesamtgewicht beider Schwungkörper $G = 10$ kg;
Federspannung wachsend von $F_1 = 136$ kg bis $F_5 = 164$ kg;
Abstand des Massenmittelpunktes M vom Zapfen III
$= 210$ mm;
Stützfläche der Schwungkörper gekrümmt nach einem Kreise vom Halbmesser $= 225$ mm um den Krümmungsmittelpunkt K, wobei
$III\,K = 200$ mm und $MK = 190$ mm;
Abstand des festen Drehpunktes V des Winkelhebels für die Führungsrolle von der Spindelmitte $= 68$ mm;
Durchmesser des Zapfens III $d_3 = 25$ mm, des Rollenzapfens $= 20$ mm;
Rollenhalbmesser $= 30$ mm,

also $$\mu' = \frac{20}{60}\mu = \frac{1}{3}\mu.$$

Es wurden vier verschiedene Einstellungen a, b, c und e der Führungsrolle und dabei 5 Muffenstellungen der Untersuchung zugrunde gelegt. Die entsprechenden 20 Lagen des Massenmittelpunktes $M_{a1}, M_{a2} \ldots M_{a5}, M_{b1}, M_{b2} \ldots$ finden sich am einfachsten folgendermaßen. Gleichwertig mit der Stützung der Schwungkörper gegen den Umfang der Führungsrollen R ist eine solche Führung, bei der die Äquidistante zur Schwungkörperbegrenzung, d. h. ein Kreis mit dem Halbmesser $KR = 225 + 30 = 255$ mm durch den Mittelpunkt R der Führungsrolle geht. Der Krümmungsmittelpunkt K ist also stets im Abstande $RK = 255$ von dem eingestellten Punkte R entfernt, er liegt auf den in Fig. 403 gestrichelt gezogenen Kreisen $K_{1a}, K_{2a} \ldots K_{5a}$ mit dem Mittelpunkte R_a bzw. $K_{1b}, K_{2b} \ldots K_{5b}$ um R_b, $K_{1c}, K_{2c} \ldots R_{5c}$ um K_c und $K_{1e}, K_{2e} \ldots K_{5e}$ um R_e. Ferner liegt K von den Muffenstellungen $III_1, III_2 \ldots III_5$ in dem konstanten Abstand $K\,III = 200$ mm, also auf Kreisen um die Punkte III (in Fig. 403 durch ausgezogene Linien angegeben). Der

624 Muffenregler.

entsprechende Schnittpunkt je zweier dieser Kreise liefert jedesmal eine Lage von K. Hat man K, so erhält man die zugehörige Lage

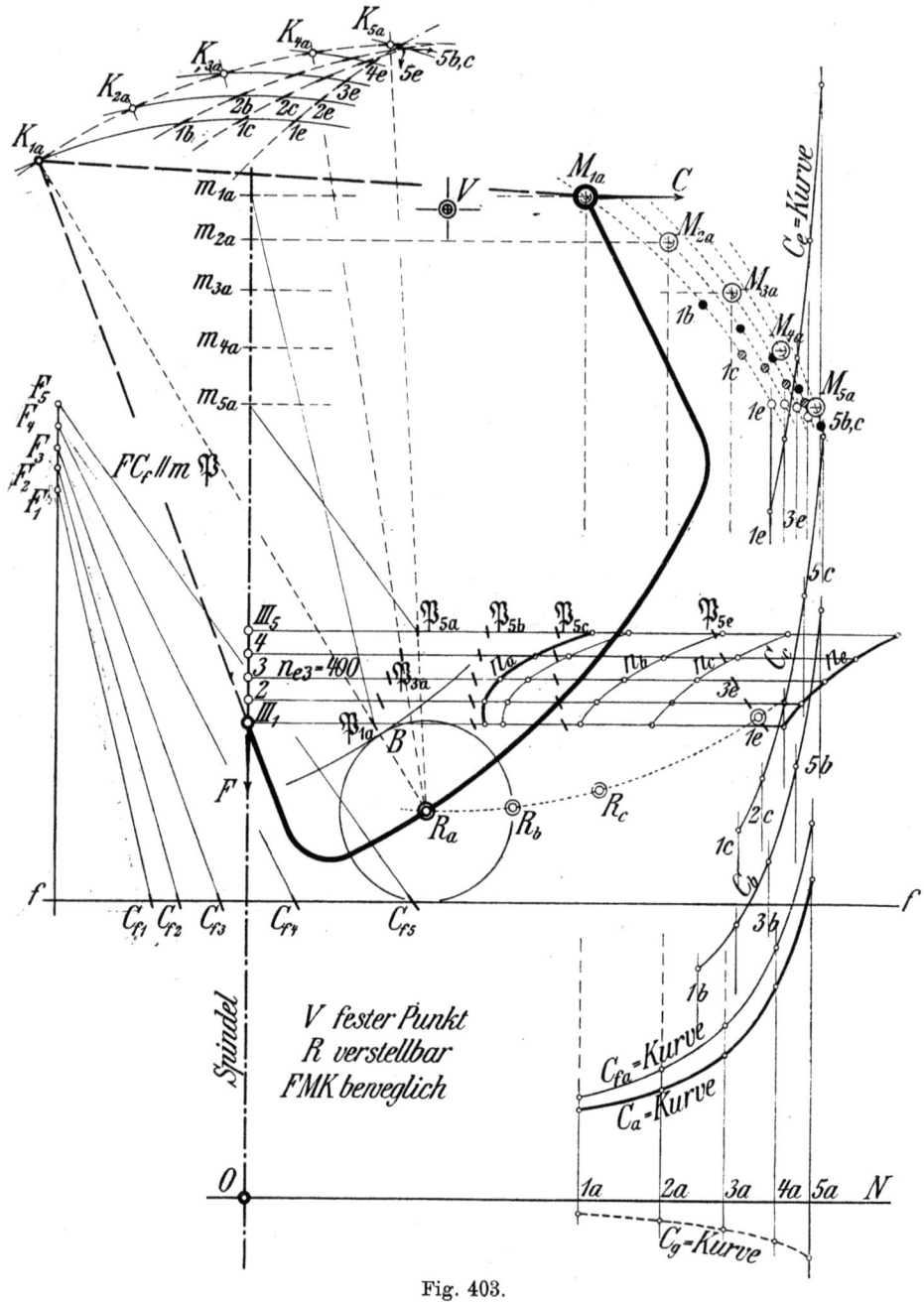

Fig. 403.

von M dadurch, daß M von K in unveränderlicher Entfernung $KM = 190$ mm und von III in gleichbleibendem Abstande $III\,M = 210$ mm gelegen ist.

Die weitere Untersuchung gestaltet sich nun etwa wie folgt. Wir beachten, daß sich Punkt III des Schwungkörpers auf einer Senkrechten bewegt, also die Horizontale durch III die Normale zur Bahn des Punktes III ist, und daß ferner die Normale der durch R gehenden Kreislinie (d. h. die Normale zur Hüllbahn, die Punkt R als Hüllkurve einhüllt) der Halbmesser KR ist. Danach erhalten wir als Pol $\mathfrak{P}$ für die Bewegung des Schwungkörpers den Schnitt der Wagerechten durch III mit dem Halbmesser KR. Gleichgewicht zwischen F und C_f besteht demnach unter Vermittlung des Rollendrucks auf den Schwungkörper und eines Horizontaldruckes H des Zapfens III, wenn die durch $\mathfrak{P}$ gehende Resultierende aus den beiden letzteren Kräften auch durch den Schnittpunkt m der Richtungslinien von C und F geht. Die Verbindungslinie $m\mathfrak{P}$ gibt also die Richtung der Resultierenden aus dem Rollendruck und der Horizontalkomponente H des Zapfendruckes Z_3 an. Trägt man demnach die Federkräfte F als Senkrechte fF auf, legt durch f die Horizontale ff und zieht zu $m\mathfrak{P}$ Parallele durch die Endpunkte F, so werden auf ff die Werte C_f als Strecken fC_f abgeschnitten. Durch Auftragen der Werte C_f als Ordinaten senkrecht unter M erhalten wir für die vier Einstellungen a, b, c und e die C_f-Kurven.

Um C_g aus G zu finden, brauchen wir nur M mit dem Pole $\mathfrak{P}$ zu verbinden und G nach der Richtung dieser Verbindungslinie und nach der Wagerechten in Komponenten aufzulösen; die letztere ist dann $=C_g$. Für die Einstellung a wurde die C_g-Kurve eingetragen und durch Addition der Werte C_f und der (hier durchweg negativen) Werte C_g die gesamte C-Kurve gewonnen. Für die übrigen Einstellungen b, c und e wurden die hier erheblich kleineren Werte C_g gegen die viel größeren Werte C_f vernachlässigt. Aus den C-Kurven wurden schließlich nach Fig. 250 die Kurven der Umdrehzahlen abgeleitet; in den n-Kurven in Fig. 403 bedeutet 1 mm 5 Umdr. i. d. Min.

Betrachten wir die n-Kurven und die C-Kurven, so sehen wir, daß allerdings durch Verlegen der Führungsrolle R eine Steigerung der mittleren Umdrehzahl auf mehr als das Doppelte erzielt wurde. Die stark gekrümmte Form der C-Kurven aber, besonders für die kleineren Umdrehzahlen, und die großen Ungleichförmigkeitsgrade, die sich kaum herabsetzen lassen, weil ohnehin schon für Rolleneinstellung a die C-Kurve in der tiefsten Muffenstellung einen astatischen Punkt aufweist, geben zu Bedenken Veranlassung; es ist kaum zu erwarten, daß durch andere Mechanismen oder durch geeignetere Maßverhältnisse bessere Ergebnisse erzielt werden können. Denn macht man sich klar, daß bei gleichem Muffenhub und gleichem Muffendruck die Fliehkraft (z. B. bei Verdoppelung der Umdrehzahl) auf mehr als das Vierfache gesteigert werden muß, daß also die radialen Ausschläge der Schwungmassenmittelpunkte im umgekehrten Verhältnis, d. h. auf weniger als ein Viertel vermindert werden müssen, so kommt man umgekehrt zu sehr großen Ausschlägen für die kleinen Fliehkraftwerte, wobei sich natürlich größere Abweichungen von der Geraden ergeben, als wenn der Ausschlag nur klein ist.

Die Untersuchung erstreckte sich weiter auf die Ermittelung der Eigenreibung. Nennen wir den Zapfendruck des Zapfens III Z_3 und den des Rollenzapfens Z_r, ferner den Abstand des Berührungspunktes B zwischen Schwungkörper und Rolle h_r, die horizontale Entfernung des Poles $\mathfrak{P}$ von III h_3, so wird das Moment der von Z_3 herrührenden Zapfenreibung $= \mu Z_3 \dfrac{d_3}{2}$, während der Widerstand der Rolle nach dem auf S. 315 (Gl. 195) Erläuterten ein Moment bezogen auf den Pol $= \mu' Z_r \cdot h_r$ liefert. Für den auf die Muffe reduzierten Betrag R der Eigenreibung gilt somit

$$R = \frac{\dfrac{\mu d_3}{2} \cdot Z_3 + \mu' h_r Z_r}{h_3}.$$

Die Zapfendrücke Z_r und Z_3 finden sich wie folgt. Die Richtung von Z_3 ist durch die Linie KR gegeben, die Vertikalkomponente von Z_3 muß ferner als Reaktion des einzigen festen Punktes gleich der Vertikalkraft F sein; Kräftedreiecke mit F als senkrechter Kathete und einer Hypotenuse parallel zu KR liefern demnach in den Hypotenusen unmittelbar Z_r. Z_3 ist die Resultierende aus F und einer Horizontalkraft H, die sich als Differenz der Fliehkraft C und der Horizontalkomponente von Z_r ergibt; denn H, C und die zuletzt genannte Komponente müssen als Horizontalkräfte ebenfalls einander das Gleichgewicht halten. Die für Einstellung a und e, d. h. für die kleinsten und die größten Umdrehzahlen gültigen Werte von Z_3, Z_r, h_3 und h_r wurden nach den vorstehenden Angaben graphisch ermittelt und damit nach obiger Formel die Werte R für $d_3 = 25$ mm und $\mu' = \dfrac{1}{3}\mu = \dfrac{1}{30}$ berechnet. Von dem Einfluß des Gewichtes G wurde als unerheblich abgesehen und daher der Muffendruck $E = F$ gesetzt. Die Ergebnisse finden sich in folgender Tabelle.

Nummer der Stellung	Rollenstellung a, kleinste Umdrehzahlen					Muffendruck $E \equiv F$	Rollenstellung e, größte Umdrehzahlen				
	Zapfendrücke		Arme		Reibungsbetrag R	Unempfindlichkeitsgrad		Zapfendrücke		Arme		Reibungsbetrag R	Unempfindlichkeitsgrad
	Z_s	Z_r	h_3	h_r				Z_3	Z_r	h_3	h_r		
	kg	kg	mm	mm	kg	ε_r in %	kg	kg	kg	mm	mm	kg	ε_r in %
1	146	160	44	4	4,63	3,41	136	179	176	179	34	2,37	1,74
2	145	157	46	10	5,07	3,54	143	203	179	172	24	2,31	1,62
3	151	156	49	16	5,55	3,70	150	230	182	167	15	2,20	1,47
4	167	159	53	23	6,22	3,96	157	270	185	163	7	2,28	1,45
5	200	165	58	30	7,15	4,36	164	320	189	160	2	2,58	1,57

Man erkennt hieraus, daß die Eigenreibung besonders für Rollenstellung a recht hohe Werte annimmt: der Unempfindlichkeitsgrad ε_r schwankt zwischen 1,45 und 1,74 % für Stellung e und zwischen 3,41 und 4,36 % für Stellung a. Die großen Werte für die letztere Rollenstellung sind eine natürliche Folge des großen Ausschlages der Schwungkörper, den wir zur Erzielung kleiner Fliehkräfte ja absichtlich herbeiführten. Im übrigen sind die Verhältnisse sogar noch so günstig als möglich gewählt, wie wir aus den kleinen Werten von h_r sehen: h_r steigt von dem sehr kleinen Werte 4 bis nur 30 mm für die Rollenstellung a und sinkt von 34 bis auf 2 mm für die Rollenstellung e. Hierdurch ist der im allgemeinen stärkere Einfluß des Rollendruckes Z_r auf das kleinste Maß beschränkt.

Das Gesamtergebnis läßt sich also dahin zusammenfassen, daß das hier benutzte Verfahren, die Änderung der Umdrehzahl durch Änderung des Getriebes unter Beibehaltung des Arbeitsvermögens zu bewirken, außer durch ziemlich schwierige konstruktive Mittel, durch z. T. sehr stark gekrümmte C-Kurven und durch recht hohe Unempfindlichkeitsgrade erkauft werden muß. Es ist danach im allgemeinen nicht zu empfehlen.

e) Änderung der Umdrehzahl durch Änderung des Übersetzungsverhältnisses.

Für sehr weit gehende Änderungen der Drehzahl, wie sie z. B. beim Antrieb von Papiermaschinen, etwa auf das Vierfache bis Sechsfache der normalen minutl. Umdrehzahl, vorkommen, erscheint die Be- oder Entlastung der Muffe doch nicht mehr recht geeignet; der Muffendruck müßte ja dann auf das 16- bis 25 fache gesteigert werden, so daß entweder für die kleinen Umdrehzahlen das Arbeitsvermögen zu klein oder für die großen Umdrehzahlen viel zu groß ausfällt. Es liegt in solchen Fällen nahe, das Übersetzungsverhältnis zwischen Reglerspindel und Maschinenwelle abzuändern. Fig. 404 zeigt eine Anordnung, wie sie die Jahns-Regulatoren-Gesellschaft für diesen Zweck als Klasse „H" ihrer Regler in den Handel bringt. Auf einem besonderen Antriebapparat mit zwei

Fig. 404.

vertikalen Wellen sitzt rechts ein gewöhnlicher Fliehkraftregler, der von der linken Welle aus mittels zweier doppelkonischer Scheiben und eines mit konischen Holzklötzchen besetzten Riemens angetrieben wird; die veränderliche Übersetzung wird dadurch erzielt, daß die konischen Scheiben mehr oder weniger voneinander entfernt bzw. einander genähert werden (Konstruktion von Polysius in Dessau).

Die linke Welle, die von unten aus mittels Kegelrad von der

Maschinenwelle aus gedreht wird, trägt oben noch einen kleinen Sicherheitsregler, der das Steuerorgan der Kraftmaschine automatisch auf die Leerlauf- bzw. Nullfüllung einstellt, falls aus irgend einem Grunde die zulässige Maximaldrehzahl überschritten werden sollte. Der Apparat ist ferner mit einem Tachometer ausgerüstet, um die jeweils eingestellte Drehzahl sofort ablesen zu können; für Papiermaschinenantriebe gibt eine zweite Skala des Tachometers sofort die Papiergeschwindigkeit etwa in m pro Minute an. Allen Schwierigkeiten ist man also durch die veränderliche Übersetzung aus dem Wege gegangen, der Regler behält stets seine normale Umdrehzahl und seinen Muffendruck bei, die hohe Empfindlichkeit bleibt bestehen, da keinerlei zusätzliche Hülsenbelastungen nötig sind.

J. Leistungsregler.

1. Allgemeines.

Die bisher behandelten nahezu astatischen Regler sollten eine möglichst gleichbleibende Winkelgeschwindigkeit trotz der wechselnden Belastung der Kraftmaschine herbeiführen. Während die Umdrehzahl konstant bleibt, wird, dem veränderlichen Widerstande entsprechend, der mittlere Überdruck abgeändert. Genau die entgegengesetzte Aufgabe ist in der Regel bei den Pumpwerken zu erfüllen. Als erster erkannte F. J. Weiß den grundsätzlichen Unterschied zwischen der Regelung von Kraftmaschinen, die Transmissionsanlagen, elektrische Maschinen u. dgl. zu treiben haben, und solchen, die ausschließlich Pumpwerke: Wasserpumpen, Luftkompressoren, Gebläsemaschinen oder Vakuumpumpen treiben. Bei diesen Arbeitsmaschinen pflegt die zu überwindende Druckhöhe, d. h. der mittlere Widerstand, konstant zu sein; dagegen ist die in einer gewissen Zeit zu fördernde Wasser- oder Luftmenge je nach dem Bedarf größer oder kleiner. Die Aufgabe der Regelung besteht also darin, den mittleren Überdruck der Kraftmaschine konstant zu erhalten und die Umdrehzahl in ziemlich weiten Grenzen zu verändern. Der Regler muß sich demnach von Hand oder selbsttätig so einstellen lassen, daß er nach Bedarf eine kleinere oder größere Umdrehzahl annimmt.

Die im vorigen Abschnitt beschriebenen Einrichtungen zur Verstellung der Umdrehzahl können diesem Zwecke dienen. Die Schwierigkeiten, mit denen die Konstruktion hierzu geeigneter, nahezu astatischer Regler verknüpft ist, lassen jedoch die Frage nicht ungerechtfertigt erscheinen, ob man die vorliegende Aufgabe nicht einfacher lösen könne. Weiß stellte dazu folgende Erwägung an: Da der mittlere Überdruck, somit auch der Füllungsgrad, immer derselbe bleiben soll, so muß auch die Steuerung stets dieselbe Stellung behalten. Wählt man nun einen Regler, der für die verschiedenen Muffenstellungen sehr verschiedene Umdrehzahlen aufweist, also wie wir sagen können, einen **stark statischen Regler**, so wird zwar jeder Muffenstellung eine andere Umdrehzahl entsprechen, aber es darf nicht mehr, wie bei den früher betrachteten Regleranordnungen, zu jeder Muffenstellung eine andere Stellung der Steuerung gehören. Die Verbindung zwischen Regler und Steuerung muß vielmehr stets so verändert werden, daß trotz der verschiedenen Muffenstellung die gleiche Steuerungsstellung erhalten bleibt. Dies läßt sich am einfachsten erreichen durch Verkürzung oder Verlängerung einer der Verbindungsstangen zwischen Reglerstellhebel und Steuerung. Weiß nannte solche Regler **Leistungsregler**; er verstand darunter natürlich nicht nur den stark statischen Regler allein, sondern auch das dazu gehörige veränderliche Verbindungsglied, durch welches es erst möglich wird, dem gleichen Füllungsgrad der Kraftmaschine verschiedene Muffenstellungen und damit verschiedene Umdrehzahlen des Reglers zuzuordnen. Unklarerweise werden heute oft stark statische Regler einfach als Leistungsregler bezeichnet, auch wenn sie einem anderen Zwecke als dem oben geschilderten dienen; selbst astatische Regler mit Vorrichtungen, durch die eine weitgehende Änderung der Umdrehzahl ermöglicht wird, bezeichnet man oft als Leistungsregler, obwohl ihre Wirkungsweise eine durchaus andere ist als diejenige der von Weiß angegebenen und von ihm als Leistungsregler genannten Einrichtung.

In Fig. 405 ist eine solche von Weiß benutzte Verbindung zwischen einem stark statischen Regler und einem Riderschieber angedeutet. Die zweiteilige Verbindungsstange V trägt Rechts- und Linksgewinde und kann durch das Handrad H verkürzt und verlängert werden. Wir wollen, um die Wirkungsweise dieses Leistungsreglers zu erklären, annehmen, durch die Dampfmaschine werde eine Wasserpumpe angetrieben. Der Wasserbedarf steigt, und es soll deshalb die Umdrehzahl erhöht werden. Zu dem Zwecke verlängern wir die

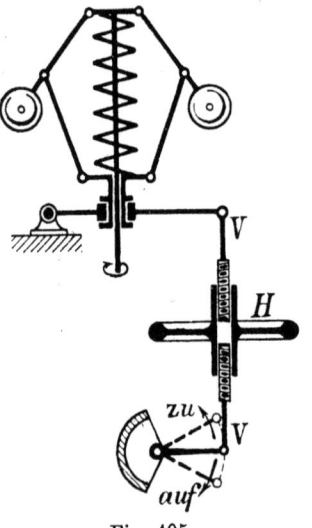

Fig. 405.

Verbindungsstange V. Da die Muffe des Reglers nicht plötzlich nach oben folgen kann, weicht der Schieber nach unten aus, es wird eine größere Füllung eingestellt, als dem Beharrungszustand entspricht. Durch den Arbeitsüberschuß erhöht sich die Winkelgeschwindigkeit fortgesetzt, der Regler steigt solange, bis der alte Füllungsgrad wieder erreicht ist. Nunmehr hat der Regler eine neue, größere Umlaufzahl angenommen, die solange bleibt, bis durch Längenänderung der Verbindungsstange das vorstehend geschilderte Spiel von neuem eingeleitet wird.

Schon jetzt sei darauf hingewiesen, daß allerdings der stark statische Regler in ähnlicher Weise wie ein nahezu astatischer Regler nicht angreifen kann, wenn aus irgendeinem Grunde die Füllung verändert werden müßte, z. B. weil die Kesselspannung fällt oder die Förderhöhe der Pumpen sich ändert. Der neuen Stellung der Steuerung entspräche alsdann eine andere Muffenstellung; wegen des stark statischen Charakters des Reglers gehörte hierzu eine Umdrehzahl, die erheblich von der vorigen abweicht, d. h. die Maschine würde bei Schwankungen des Kesseldruckes oder der Widerstandshöhe ganz bedeutende (nicht erwünschte) Schwankungen der Umdrehzahl erleiden. In solchen Fällen ist ein (nahezu) astatischer Regler, dessen Umdrehzahl während des Ganges abgeändert werden kann, ganz entschieden überlegen. Leistungsregler empfehlen sich also nur, wenn auf einfache und billige Anordnung Wert gelegt wird oder wenn erhebliche Schwankungen des Kesseldruckes oder des Widerstandes nicht zu erwarten sind.

Wir wollen nun einige stark statische Regler untersuchen.

2. Leistungsregler von Weiß.

Der von Weiß angegebene und bisher viel benutzte Regler hat Gewichtsbelastung und ein Kreuzschleifengetriebe mit festem Pendeldrehpunkt (Fig. 406). Die (außen) zylindrischen Schwungkörper tragen unmittelbar auf ihrer oberen Seite die Muffenbelastung Q, die somit genau die gleiche Wirkung ausübt, als ob sie im Schwungmassen-Mittelpunkte M angreifen würde. Die C_g'- und C_q-Kurven stimmen folglich überein und es ist

$$C = C_q + C_g = (Q + G)\operatorname{tg}\alpha.$$

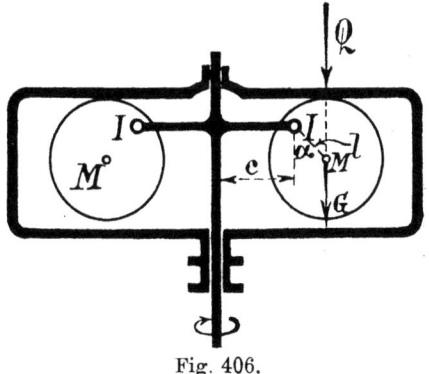

Fig. 406.

Die Gestalt der C-Kurve, die diesem Gesetze entspricht, ist uns bekannt und aus Fig. 407 ersichtlich; für $\alpha = 0$ wird $C = 0$, für $\alpha = 90^0$ $C = \infty$. Wählt man also einen hinreichend großen Ausschlagwinkel, z. B. wie Weiß für die unterste Stellung $\alpha_{min} = 10^0$, für die höchste Stellung $\alpha_{max} = 80^0$, so kann man mit Leichtigkeit den Unterschied zwischen kleinster und größter Fliehkraft sehr groß machen und somit auch das Verhältnis der größten zur kleinsten Umdrehzahl beliebig steigern. Es leuchtet ein, daß bei gleicher Zunahme der Fliehkraft die Zunahme an Winkelgeschwindigkeit

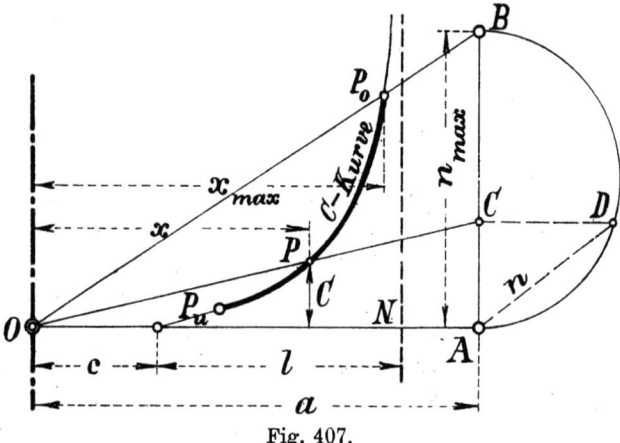

Fig. 407.

um so bedeutender wird, je weniger mit wachsender Fliehkraft der Abstand x der Schwungmassen von der Reglerspindel zunimmt, je kleiner also der mit l proportionale Reglerausschlag gegen x oder c ist. Bei den Weißschen Leistungsreglern ist $c = 1,4\,l$, d. h. c gegen l schon einigermaßen groß; eine weitere Vergrößerung dieses Verhältnisses würde die Sache noch verbessern.

Führt man die früher (S. 121) gezeigte und in Fig. 407 nochmals angedeutete Konstruktion zur Ermittelung der Umdrehzahlen aus der C-Kurve für eine Anzahl Reglerstellungen durch und trägt die gefundenen minutlichen Umdrehzahlen zu den entsprechenden Muffenstellungen als Ordinaten auf, so erhält man eine Kurve der Umdrehzahlen, die deutlich das Anwachsen der Umdrehzahlen bei steigender Muffe erkennen läßt. Fig. 408 gibt diese Kurven für die sechs Nummern des Weißschen Reglers wieder. Für den kleinsten Regler Nr. 0 steigt n von $n_{min} = 94$ bis $n_{max} = 532$ in der Minute, d. h. auf das 5,6 fache, für den größten Regler Nr. 5 von $n_{min} = 53$ bis $n_{max} = 225$, d. h. auf das 4 fache.

Der Muffendruck ist bei dem Weißschen Regler offenbar:
$$E = Q + G;$$

denn der Schwerpunkt M, d. h. der Angriffspunkt des Schwunggewichtes G, hebt sich stets um ebensoviel wie Q, weil der Angriffspunkt von Q an dem Schwungkörper stets um den Halbmesser der zylindrischen Schwungkörper senkrecht über M liegt. Der Muffendruck ist also bei dem Weißschen Leistungsregler konstant, gleich dem Gesamtgewicht der bewegten Teile.

Hiernach erscheint der Weißsche Regler als recht günstig. Prüft man jedoch das Arbeitsvermögen und den Muffenhub, so findet man ziemlich kleine Werte. Als besonders ungünstig stellt sich dieser Regler heraus, wenn man die Eigenreibung nachrechnet.

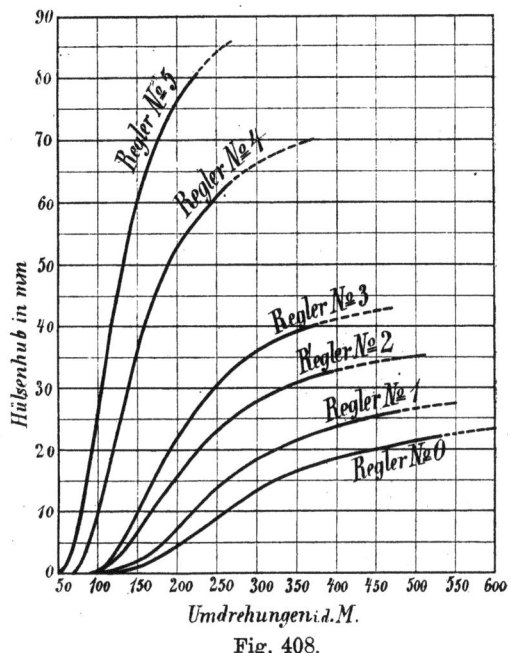

Fig. 408.

Im Mittel gilt für die ausgeführten Weißschen Regler

$r = 1,5\,l$, Zapfendurchmesser $d = 0,5\,l$.

Lassen wir zur Vereinfachung der Rechnung G außer Betracht, so wird $C = Q\,\mathrm{tg}\,\alpha$, der Zapfendruck bei $IZ_1 = \dfrac{Q}{\cos\alpha}$ und das hierdurch erzeugte Reibungsmoment $= Z_1 \mu \dfrac{d}{2} = \dfrac{Q}{\cos\alpha}\mu\dfrac{d}{2}$. Außer dieser Reibung entsteht an der Auflagstelle des Muffengewichtes Q auf dem Schwungkörper ein Reibungswiderstand $= \mu Q$ mit dem Momente $\mu Q(r - l\cos\alpha)$. Das gesamte Reibungsmoment bezogen auf I ist also

$$\dfrac{Q}{\cos\alpha}\mu\dfrac{d}{2} + \mu Q(r - l\cos\alpha),$$

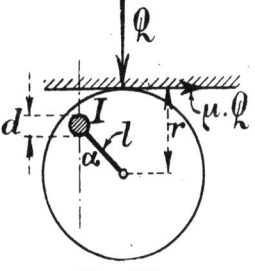

Fig. 409.

während der an der Muffe, d. h. an der Angriffsstelle Q, wirksam gedachte Reibungsbetrag R bezogen auf I ein Moment hat $= R \cdot l \sin\alpha$.

Durch Gleichsetzen folgt

$$Rl\sin\alpha = \frac{Q}{\cos\alpha}\mu\frac{d}{2} + \mu Q(r - l\cos\alpha)$$

oder

$$R = \mu Q\left(\frac{d}{l\sin 2\alpha} + \frac{r}{l\sin\alpha} - \operatorname{cotg}\alpha\right).$$

Da nun (mit $G = 0$) der Muffendruck $E = Q$ ist, so wird

$$\varepsilon_r = \frac{R}{E} = \mu\left(\frac{d}{l\sin 2\alpha} + \frac{r}{l\sin\alpha} - \operatorname{cotg}\alpha\right),$$

d. h. mit den oben angegebenen Verhältniswerten:

$$\varepsilon_r = \mu\left(\frac{0{,}5}{\sin 2\alpha} + \frac{1{,}5}{\sin\alpha} - \operatorname{cotg}\alpha\right).$$

Z. B. wird mit $\mu = 0{,}1$:

für $\alpha = 10°$	$\alpha = 20°$	$\alpha = 40°$	$\alpha = 80°$
$\varepsilon_r = 0{,}44$	$\varepsilon_r = 0{,}24$	$\varepsilon_r = 0{,}16$	$\varepsilon_r = 0{,}28$
$= 44\%$	$= 24\%$	$= 16\%$	$= 28\%$.

Die Eigenreibung des Weißschen Leistungsreglers beträgt also in den unteren Lagen über 40%; sie wird zwar nach den mittleren Lagen hin kleiner, hat aber immer noch als kleinsten Wert $\varepsilon_r = 0{,}16 = 16\%$.

Erheblich günstigere Verhältnisse lassen sich schaffen, wenn man bei der Konstruktion von Leistungsreglern an Stelle des Muffengewichtes Federn verwendet. Als Beispiel wollen wir nachstehend einen Leistungsregler mit Federbelastung betrachten, der nicht nur einen sehr kleinen Unempfindlichkeitsgrad ε_r, sondern auch ein weit zweckmäßigeres Gesetz für die Zunahme der minutlichen Umdrehzahl aufweist.

3. Leistungsregler von Tolle.

Geht man von einem Reglergetriebe aus, das eine astatische C_q-Kurve hat, und ersetzt die konstante Muffenbelastung durch eine Federbelastung, deren Federkraft von der untersten bis zur obersten Muffenstellung stark zunimmt, so erhält der Regler einen stark statischen Charakter, er wird ein Leistungsregler. Danach könnte man also jeden beliebigen astatischen Regler zu einem Leistungsregler machen, wenn man nur auf die Muffe eine Feder mit sehr veränderlicher Spannung, d. h. mit sehr großem f einwirken läßt. Solche Federn sind ganz leicht zu schaffen: man braucht nur wenige Windungen oder einen kleinen Windungshalbmesser r an-

Leistungsregler. 635

zuwenden. Allerdings haben derartige Regler einen Übelstand. Soll z. B. die höchste Umdrehzahl 10 mal so groß sein wie die kleinste, so müßte (bei astatischer C_q-Kurve) die Muffenbelastung für die höchste Stellung 100 mal so groß sein wie die für die unterste Muffenstellung. Wenn auch für die kleineren Umdrehzahlen wegen der größeren Ungleichförmigkeit des Schwungrades ein kleinerer Muffen-

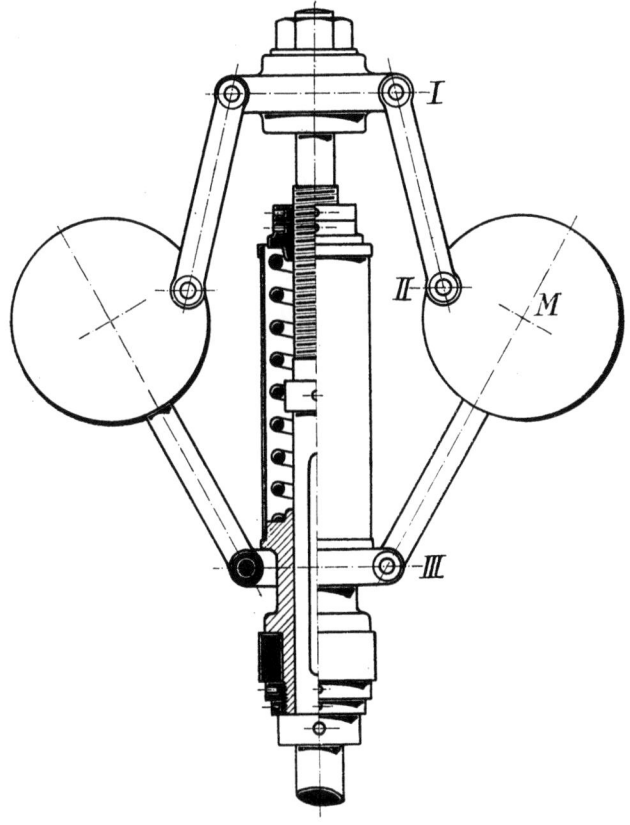

Fig. 410.

druck nicht gerade unerwünscht ist, so möchte man doch eine allzu große Steigerung des Muffendruckes mit steigender Muffe vermeiden. Der Weg, der hier zu beschreiben ist, liegt eigentlich offen vor uns: wir müssen das Reglergetriebe so wählen, daß die C_q-Kurve möglichst stark statisch ausfällt. Zwei Mittel stehen uns bei Anwendung des Kurbelgetriebes zur Verfügung: 1. wir knicken die Pendelarme, natürlich nicht nach innen, sondern nach außen; 2. wir rücken die Spindel von den Schwungmassen möglichst weit fort, d. h. wir machen gerade das Gegenteil von dem, was wir zur Erzielung einer möglichst astatischen C_q-Kurve zu tun haben. Diese Mittel, besonders das erste, sind bei dem in Fig. 410 dargestellten Leistungsregler angewendet worden. Ferner wurde statt eines festen Pendeldrehpunktes umgekehrte Aufhängung des Pendels gewählt, damit für die unteren Lagen der Schwungmassenmittelpunkt eine möglichst

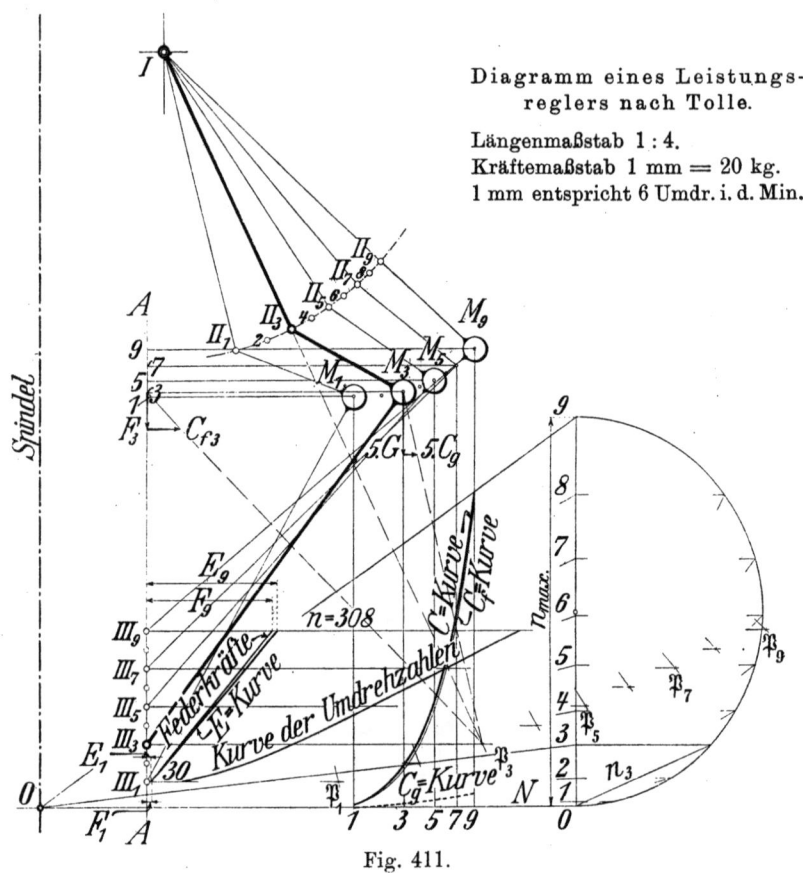

Fig. 411.

wagerechte Bahn beschreibt und somit C_g anfänglich recht klein ausfällt, um dafür später um so schneller anzuwachsen. Durch diese Mittel werden nun folgende in die Augen springenden Vorteile erreicht:

1. Die Umdrehzahl wächst beinahe genau proportional mit dem Muffenhub. Bei den von der Firma Theod. Wiedes Maschinenfabrik A.-G. in Chemnitz hergestellten Leistungsreglern ist die Umdrehzahl für die höchste Stellung 10mal so groß wie für die niedrigste Muffenstellung, die Zunahme an Umdrehzahl also eine sehr große.

2. Der Muffendruck wächst ebenfalls proportional mit dem Hube, jedoch bei Steigerung der Umdrehzahl auf das 10 fache nicht auf das 100 fache, sondern etwa auf das 30 fache: benutzt man nur den oberen Teil des Muffenhubes, z. B. entsprechend den Umdrehzahlen $n_{min} = 100$, $n_{max} = 300$ in der Minute, so wächst der Muffendruck nur etwa auf das Vierfache.

3. Die Eigenreibung ist für alle Reglerstellungen sehr klein, nämlich $\varepsilon_r = 0{,}012 = 1{,}2\,^0/_0$.

Genauer sind die Verhältnisse aus den Schaulinien in Fig. 411 zu erkennen, in der auch die Hauptkonstruktionslinien (entsprechend Fig. 250, 257, 258) wiedergegeben sind. Man sieht, daß sich mit Hilfe von Federbelastungen weit zweckmäßigere Leistungsregler herstellen lassen als mit Gewichtsbelastung, abgesehen davon, daß natürlich auch hier Federregler viel günstigere dynamische Verhältnisse liefern.

4. Auslösevorrichtung und selbsttätige Einstellung der Umdrehzahl.

Die Erfahrung lehrte bald, daß die Anwendung von Leistungsreglern unter Umständen gefährlich werden kann. Bei Pumpwerken ist stets mit der Möglichkeit von Rohrbrüchen zu rechnen. Tritt eine solche plötzliche Entlastung der Kraftmaschine ein, so wächst infolge des Arbeitsüberschusses die Winkelgeschwindigkeit; der Regler wird zwar etwas steigen, aber wegen des stark statischen Charakters nur verhältnismäßig wenig. Ehe eine merkliche Verkleinerung der Füllung durch Steigen der Muffe bewirkt ist, muß die Geschwindigkeitssteigerung schon sehr bedeutend sein. Arbeitete die Maschine schon mit einer ziemlich großen Umdrehzahl, so wird die Sache geradezu gefährlich. Der kleine noch zur Verfügung stehende Rest des Muffenhubes ermöglicht nur eine kleine Minderung des Füllungsgrades, nicht aber die Einstellung der Nullfüllung. Wenn der Regler seine höchste Muffenstellung erreicht hat, bleibt noch dauernd ein großer Arbeitsüberschuß, die Maschine muß unweigerlich durchgehen.

Weiß hat als notwendige Ergänzung seiner Leistungsregler **Auslösevorrichtungen** konstruiert, von denen Fig. 412 eine verhältnismäßig einfache Ausführung zeigt. Die Verbindungsstange V zwischen Steuerung und Reglerstellhebel ist nicht durch einen Zapfen mit dem Hebel verbunden, sondern ruht mit der oberen Fläche eines schrägen Einschnittes Z auf einem entsprechenden Vorsprunge der mit dem Stellhebel drehbar verbundenen Muffe A. Die Muffe A trägt einen Arm AB, der mit dem Ende B auf einer Stange CD

gleitet. Überschreitet nun der Regler die Stellung, die der noch eben zulässigen größten Umdrehzahl entspricht, so kommt die Verbindungsstange V und damit die Muffe A und der Arm AB in eine solche tiefe Stellung, daß B an dem Stellring E anstößt. In diesem Augenblick wird der Arm AB etwas rechts herum gedreht, der Einschnitt Z hebt sich von der Muffe A ab, die Verbindungsstange V wird frei und fällt, durch das Belastungsgewicht G_1 nach unten gezogen, in die tiefste Lage, hierbei die Steuerung auf die Nullfüllung einstellend. Die Maschine wird also augenblicklich abgestellt.

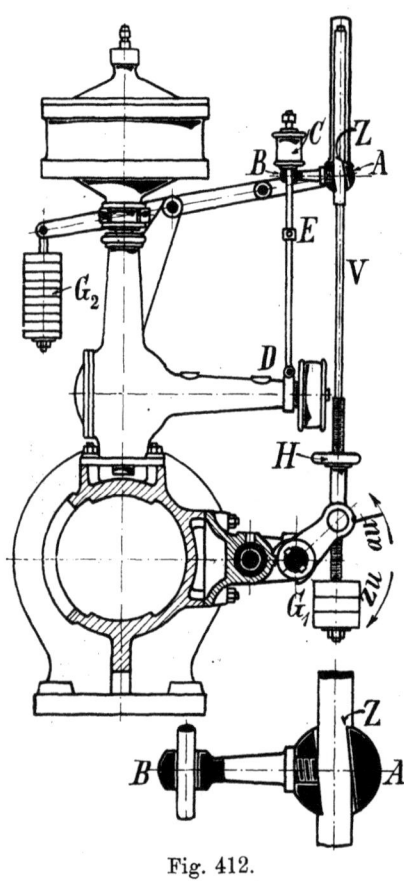

Fig. 412.

Wie man diese immerhin etwas empfindliche Auslösevorrichtung, die auch jedesmal nach Beendigung ihrer Wirksamkeit von dem Maschinenwärter wieder eingerückt werden muß, entbehren kann, werden wir im nächsten Abschnitt (unter 5) sehen.

Soll die **Einstellung der Umdrehzahl** selbsttätig in der Weise erfolgen, daß, sobald der Wasser- oder Luftdruck eine bestimmte Höhe überschreitet, der Gang des Pumpwerkes entsprechend dem verminderten Bedarf an geförderter Flüssigkeit verlangsamt wird, so läßt sich die Verschiebung der Reglermuffe ohne Stellungsänderung der Steuerung am leichtesten bewirken, indem man den festen Drehpunkt des Reglerstellhebels verlegt. Fig. 413 zeigt die konstruktive Durchführung dieses Gedankens. Solange die Pressung in der Druckflüssigkeit die zulässige Grenze noch nicht überschreitet, drückt die Feder f die Traverse T_1 in die Höhe, damit auch durch die Stangen s_1 die Traverse T_2 und weiter durch die Stangen s_2 den Hebeldrehpunkt D. Da nun das rechte Ende des Reglerhebels (wegen der notwendig unveränderlichen Steuerungsstellung) als fest anzusehen ist, so wird auch die Muffe des Reglers solange nach oben gedrängt, wie D einen Druck nach oben erfährt. Solange also die zulässige Flüssigkeitspressung nicht überschritten ist, arbeitet die Maschine mit der höchsten Umlaufzahl, da die Reglermuffe in die oberste Stellung getrieben wird. Wächst dagegen der Flüssigkeitsdruck über das zulässige Maß, so wird der Kolben K unter

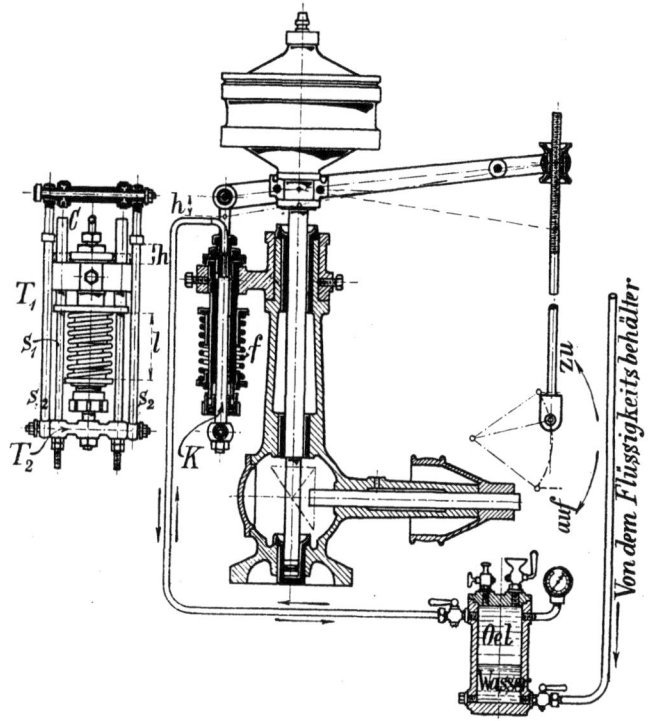

Fig. 413.

Überwindung der Federspannung f nach unten geschoben, damit auch Traverse T_2, Drehpunkt D und die Reglermuffe. Der Regler nimmt seine kleinste Umdrehzahl an, und die Maschine arbeitet mit der kleinsten Umlaufzahl so lange, bis die vorgeschriebene Flüssigkeitspressung wieder hergestellt ist.

5. Leistungsregler von Stumpf.

Die unter 4 angedeuteten Nachteile, die mit der Anbringung einer besonderen Ausklinkvorrichtung verbunden sind, haben Professor Stumpf veranlaßt, einen Leistungsregler mit nahezu astatischem Sicherheitsschub zu konstruieren. Die C-Kurve ist so gewählt, daß der ziemlich große Muffenhub gleichsam aus zwei Teilen besteht: der untere Teil ist stark statisch und dient zur Leistungsregelung in dem vorstehend beschriebenen Sinne, der obere

Teil ist nahezu astatisch. Dieser Teil hat die Aufgabe, bei plötzlichen starken Entlastungen der Maschine, z. B. bei Rohrbruch, ohne große Geschwindigkeitszunahme eine solch große Verstellung der Steuerung zu bewirken, daß die Nullfüllung eingestellt wird. Beispielsweise hat Nr. 2 des Stumpfschen Leistungsreglers, wie er von der Firma Steinle & Hartung in Quedlinburg a. H. ausgeführt wird, einen gesamten Muffenhub von 92 mm; bei 0 bis 55 mm Hub steigt die Umdrehzahl von 95 bis 245 in der Minute, bei dem Sicherheitshub von 55 bis 92 mm wächst die Umdrehzahl nur von 245 bis 260. Richtet man nun die Steuerung oder die Übertragung vom Regler nach der Steuerung so ein, daß $92 - 55 = 37$ mm genügen, um die Steuerung von der größten Füllung bis zur Nullfüllung zu verstellen, so ist ein Durchgehen der Maschine unmöglich, selbst wenn ein Rohrbruch in dem Augenblick eintritt, wo der Regler bereits mit der größten Umlaufzahl (von 245 in der Minute) umläuft.

Der Regler von Stumpf ist ein Federregler mit geschränktem Schubkurbelgetriebe und mit Knickung der Pendelarme. Der allgemeine Verlauf der C_q-Kurven wurde für diese Verhältnisse bereits in Fig. 265 dargestellt. Die Schwungpendel haben einen festen Drehpunkt, die Querfeder F greift an den Schwungkörpern genau so an, wie bei den früher beschriebenen Tolleschen Reglern. Die C_f-Kurve hat deshalb auch genau den Verlauf wie in Fig. 356; nur wurde dort von der ansteigenden und dann wieder abfallenden C_f-Kurve der letztere Teil benutzt, um zu dem bekannten Zwecke stark labile Anordnung zu erzielen. Würden wir bei den Tolleschen Federreglern nur die Querfeder benutzen und den Muffenhub nach unten soweit ausdehnen, bis die Querfeder nahezu die Spannung Null hat, so bekämen wir für den unteren Teil der C_f-Kurve einen sehr stark statischen Regler, d. h. einen Leistungsregler, der oben, und zwar da, wo der von O ausgehende Fahrstrahl die C_f-Kurve nahezu berührt, in einen fast astatischen Regler übergeht. Wir erkennen, worauf es bei der Konstruktion von Leistungsreglern mit astatischem Sicherheitshub ankommt: es muß die C-Kurve erst möglichst ansteigen und dann derart umbiegen, daß von dem Anfangspunkte O aus eine Tangente an die C-Kurve gezogen werden kann, der sich die C-Kurve auf einer möglichst großen Strecke anschmiegt. Weiteres ist eigentlich nicht erforderlich. Erwünscht ist natürlich, daß die C-Kurve anfangs recht langsam ansteigt, damit auch die kleineren Umdrehzahlen nur langsam mit dem Muffenhube zunehmen; angenehm wäre es auch, wenn die Umdrehzahlen für den stark statischen Teil möglichst proportional mit dem Muffenhube anwachsen würden.

Leistungsregler. 641

Bei den Leistungsreglern von Stumpf wird der Schwerpunkt der Schwungkörper so im Kreise bewegt, daß für die unterste Muffenstellung der Schwerpunkt am schnellsten ansteigt, daß dort C_g am größten ist. Um diese störenden C_g-Werte für den Hubbeginn unschädlich zu machen, ist eine auf die Reglermuffe senk-

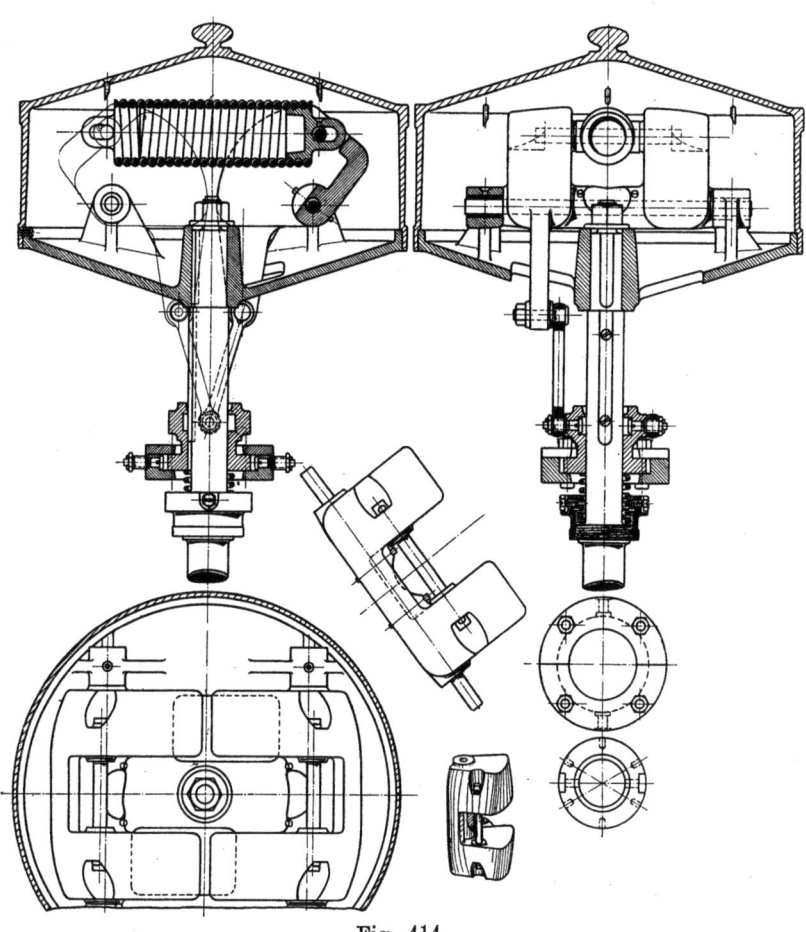

Fig. 414.

recht nach oben wirkende Hilfsfeder angebracht, deren Spannung nach einem Teile des Muffenhubes bis auf Null sinkt. Wenn schon die Gewichtswirkung der Schwungkörper durch diese Hilfsfeder aufgehoben werden muß, um eine genügend kleine Fliehkraft C für die unteren Muffenstellungen zu bekommen, so ist es natürlich erst recht erforderlich, daß auch die Querfeder nicht gleich in den tiefsten Reglerstellungen ihre Wirkung beginnt. Dies wird

Tolle, Regelung. 3. Aufl. 41

durch längliche Löcher in den Endstücken der Querfeder erreicht. Fig. 414 läßt die Gestaltung eines solchen Stumpfschen Reglers erkennen. Die Schwungkörper haben unregelmäßige Form, um

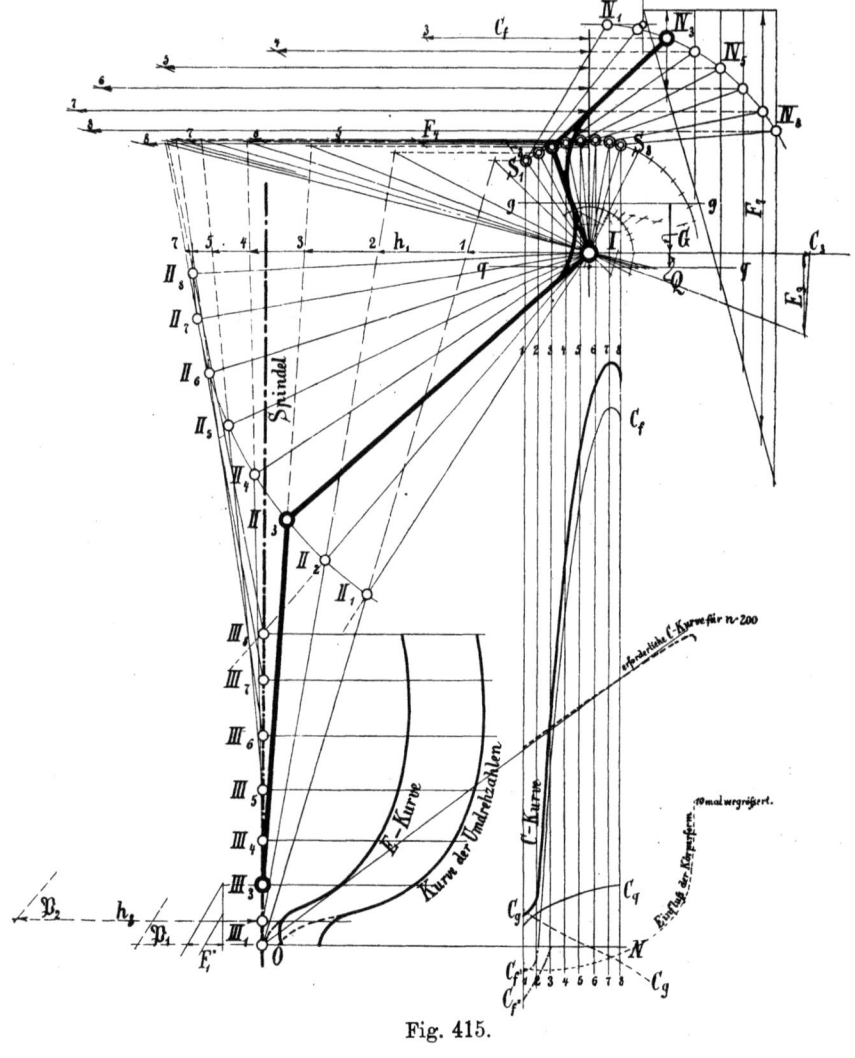

Fig. 415.

bei möglichst kleinen Abmessungen die Feder unterbringen zu können.

Auf Grund der S. 576 ff. entwickelten Methoden prüfte ich, welchen Einfluß die Körperform auf die Gestalt der C-Kurven hier ausübt. Durch Schwingungsversuche an einem ausgeführten, mir von Steinle & Hartung zur Verfügung gestellten Schwungkörper ermittelte ich die Trägheitsmomente J_1, J_2 und J_3, bezogen auf drei jedesmal unter 45^0 zueinander geneigte Schwerachsen, die in der Symmetrieebene des Schwungkörpers lagen. Hieraus ergaben sich leicht die Richtungen der beiden in der Symmetrieebene gelegenen Trägheitshauptachsen und die beiden Hauptträgheitsmomente A und B.

Es fand sich zwar die Richtung der einen Trägheitshauptachse unter einem Winkel von fast 40^0 abweichend von der Verbindungslinie des Schwerpunktes S mit dem festen Drehpunkt I, also die Lage der Hauptachsen für einen erheblichen Einfluß der Körperform günstig, jedoch war der Unterschied $A - B$ der beiden Trägheitsmomente nur gering und deshalb auch der Einfluß der Körperform nur ganz unbedeutend. In Fig. 415 ist die erforderliche C-Kurve für $n = 200$, die an Stelle der astatischen durch O gehenden Geraden zu treten hätte, gestrichelt eingetragen; sie ist bei dem Maßstab der Figur kaum von der astatischen Geraden zu unterscheiden.

Dem Diagramme Fig. 415 und der Tabelle auf S. 644 liegen folgende Maße für einen Stumpfschen Leistungsregler Nr. II zugrunde:

Längenmaßstab 2:5; Kräftemaßstab 1 mm = 5 kg;
Gesamtgewicht der Schwungkörper $G = 32$ kg;
Muffengewicht $Q = 9$ kg.
Abmessungen der Hauptfeder F:

$r = 3$ cm, Drahtdicke $\delta = 0,9$ cm, Windungszahl $m = 18$,

mithin $f = \dfrac{100000}{\frac{1}{2} \cdot 18} \cdot \dfrac{0,9^4}{6^3} = 33,7$ kg/cm.

Abmessung der Hilfsfeder F':

$r = 2,5$ cm, $\delta = 0,55$ cm, $m = 6$, mithin $f' = 12,2$ kg/cm.

Zapfendurchmesser $d = 15$ mm.

Alle in Fig. 415 (für acht Stellungen) benutzten Konstruktionen für C_g, C_q, C_f und C_f^k sind uns von früher her bekannt. (Vgl. die Konstruktionen in Fig. 356). Ebenso sind auch die Reibungswerte R wie bei den Tolleschen Federreglern nach Formel 197 S. 444 zu berechnen, d. h. mit $d_1 = d_2 = d_4 = d$ nach der Gleichung

$$R = \frac{\mu d}{2} \left(\frac{Z_1 + Z_2 + F}{h_1} + \frac{Z_2 + Z_3}{h_3} \right).$$

Für die zwei oder drei untersten Stellungen ist noch (durch die gestrichelten Linien wiedergegeben) eine kleine Abänderung in dem Verlauf der beiden Kurven für die Umdrehzahlen und für die Muffendrücke E eingetragen, die dadurch entsteht, daß die Hilfsfeder nicht schon nach 10 mm Muffenhub ihre Spannung von

12,2 kg vollständig verliert, sondern erst nach 20 mm Hub, wobei für die unterste Stellung die Entlastungsfeder einen Druck von 24,5 kg nach oben ausübt. Die Abänderung bewirkt man, indem man das untere Widerlager der Feder um 10 mm höher schraubt.

Diese Herabsetzung der kleinsten Umdrehzahl ist praktisch nicht von allzu großem Belang, wie man ohne weiteres daraus erkennt, daß der Muffendruck E, also die Arbeitsfähigkeit des Reglers, in der untersten Stellung fast bis auf Null herabsinkt. Eine solche Ausdehnung der Grenzen für die Umdrehzahlen nach unten ist nur dann schätzbar, wenn gleichzeitig dabei ein ausreichendes Arbeitsvermögen bei genügendem Muffenhub gewonnen wird.

Die Ergebnisse der Untersuchung sind in nachstehender Tabelle enthalten.

Nummer der Stellung	Abstand z des Schwungmassenmittelpunktes von der Spindel	Fliehkraft C	Minutliche Umdrehzahl n	Zapfendrücke			Arme		Reibungsbetrag R	Muffendruck E	Unempfindlichkeitsgrad, erzeugt durch R
				Z_1	$Z_2 = Z_3$	F	h_1	h_3			
	m	kg	kg	kg	kg	kg	mm	mm	kg	kg	$\varepsilon_r = \%$
1	0,089	20	79	38	−3,5	0	42	42	0,866	14	6,2
2	0,093	30	95	45	9	0	72	84	0,723	14	5,2
3	0,097	150	208	101	∼9	54	97	133	1,30	53	2,5
4	0,102	255	264	137	∼9	116	115	190	1,73	77	2,3
5	0,107	325	292	153	∼9	175	128	270	2,05	92	2,2
6	0,112	368	303	142	∼9	228	135	∼∞	2,11	98	2,2
7	0,117	380	302	111	∼9	275	138	,,	2,14	99	2,2
8	0,121	370	292	74	∼9	304	136	,,	2,14	94	2,3

Zum Schlusse wollen wir noch die von Stumpf konstruierte und in Fig. 416 bis Fig. 419 wiedergegebene **Einrichtung zur selbsttätigen Einstellung der Umdrehzahl** kurz besprechen.

Genau wie bei der Weißschen Anordnung (Fig. 413) wird auch hier der feste Drehpunkt des Reglerstellhebels durch den Flüssigkeitsdruck gehoben oder gesenkt und dadurch unter Beibehaltung des erforderlichen Füllungsgrades der Reglermuffe gehoben oder gesenkt, d. h. der Regler auf die entsprechende neue Umdrehzahl gebracht.

Gegenüber der Weißschen Einrichtung weist die Stumpfsche Anordnung (von ihm Druckluftregler genannt) verschiedene konstruktive Verbesserungen und geschicktere Maßverhältnisse auf. Vor allem ist die Feder, welche dem Flüssigkeitsdruck das Gleichgewicht zu halten hat, sehr weich genommen; verhältnismäßig kleine Schwan-

Leistungsregler. 645

kungen in der Flüssigkeitspressung werden also ziemlich große Längenänderungen der Feder und somit erhebliche Muffenverschiebungen zur Folge haben. Es ist mithin möglich, daß die Muffe

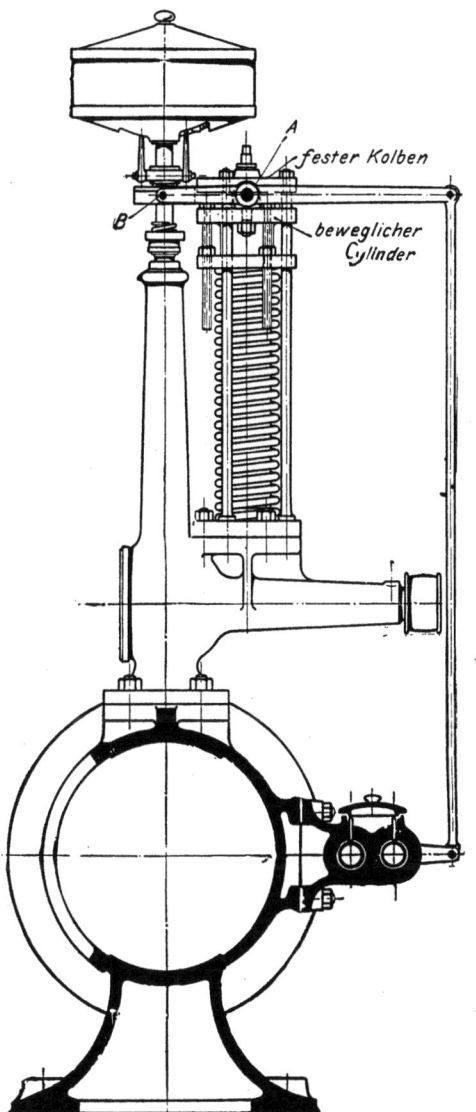

Fig. 416.

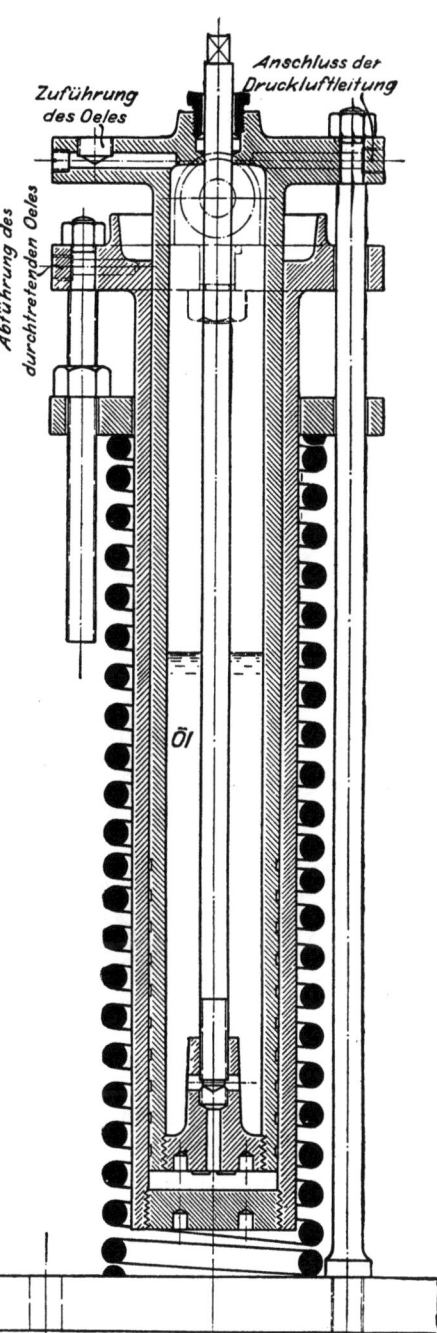

Fig. 417.

jede Lage annehmen, d. h. der Regler mit irgendeiner gerade erforderlichen Umdrehzahl spielen kann, ohne daß die Flüssigkeitspressung eine bedeutende Änderung zu erfahren braucht.

Aus Fig. 417 bis 419 erkennen wir die Konstruktion dieses Druckluftreglers. Die Flüssigkeitspressung, sagen wir kurz der Luftdruck, überträgt sich auf Öl, das, in einem feststehenden hohlen Kolben befindlich, durch eine von außen regelbare, enge Öffnung unter den Kolben gelangt. Der den Kolben umschließende Zylinder ist beweglich, wird durch den Flüssigkeitsdruck nach unten, durch die Federspannung nach oben gedrängt und trägt oben die Drehzapfen für den Reglerstellhebel. Die gewählte Kolbendichtung (Vermeidung von Stopfbüchsen) sichert eine möglichst reibungsfreie Bewegung des Zylinders, die enge Durchflußöffnung im Boden des Kolbens liefert in bequemster Weise eine Ölbremse, die unnötige Schwankungen verhindert. Nehmen wir nun an, der Verbrauch an Druckluft nimmt ab, so steigt die Pressung über das normale Maß, der Zylinder wird also etwas heruntergezogen, der Stellhebeldrehpunkt wird nach unten verlegt, und da die Steuerung wegen des erforderlichen gleichbleibenden Füllungsgrades ihre Stellung beibehalten muß, so wird die Reglermuffe entsprechend nach unten gedrängt und hierdurch eine kleinere Umdrehzahl des Reglers eingestellt.

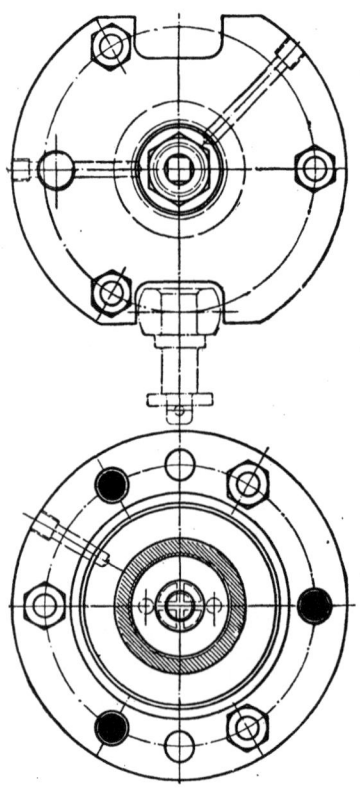

Fig. 418 und 419.

Würde der Bedarf an Druckluft konstant bleiben, dagegen die Dampfspannung der treibenden Maschine sinken, so müßte ohne (nennenswerte) Änderung der Umdrehzahl des Reglers, d. h. ohne Muffenverschiebung, selbsttätig eine andere Füllung eingestellt werden. Auch diese Aufgabe kann die vorliegende Konstruktion angenähert lösen. Steigt z. B. der Dampfdruck, so geht zunächst die Kraftmaschine schneller, und die Reglermuffe steigt; außerdem wächst der Flüssigkeitsdruck wegen der Mehrlieferung und drängt den Zylinder nach unten, wodurch der Stellhebeldrehpunkt nach unten verlegt wird. Beide Ursachen wirken in gleichem Sinne auf eine Verschiebung des rechten Endpunktes des Stellhebels nach unten, d. h. sie stellen einen kleineren Füllungsgrad ein. Wegen des gewählten großen Übersetzungsverhältnisses am Stellhebel und der Summation beider Wirkungen kommt auf jeden Teil nur eine kleine Verschiebung; trotz der Änderung der Dampfspannung und damit des erforderlichen Füllungsgrades werden sich die Umdrehzahl des Reglers und die Druckluftpressung nicht allzuviel ändern.

6. Regler mit potenzierter Regulierfähigkeit von Wiki.

In Fig. 420 und Fig. 421 ist eine von E. Wiki, Z. d. V. d. Ing. 1907, S. 104 mitgeteilte bemerkenswerte Anordnung dargestellt, durch die das Verhältnis von größter zu kleinster Umdrehzahl ganz erheblich gesteigert werden kann.

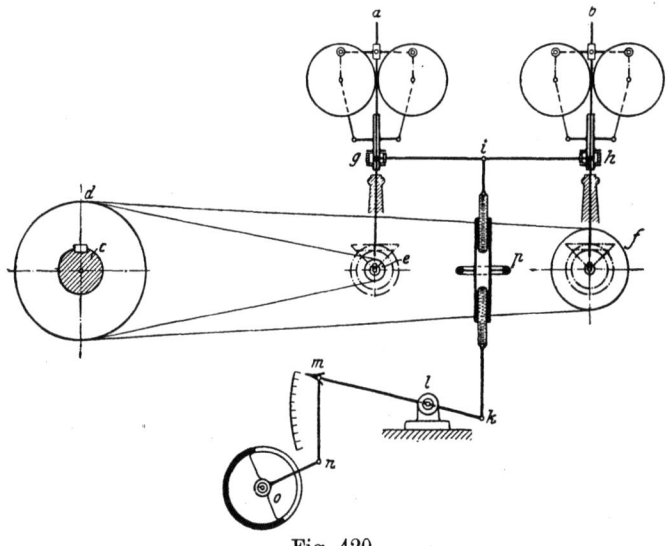

Fig. 420.

Zwei Regler a und b mit großem Ungleichförmigkeitsgrad werden von der Motorwelle c aus mit verschiedenem Übersetzungsverhältnis angetrieben; ist das Verhältnis von größter zu kleinster Umdrehzahl für jeden der beiden Regler $= i$, so ist die Umdrehzahl von a gerade $i$mal so groß wie von b. Die Bewegung der beiden Reglermuffen g und h wird durch den Verbindungshebel gh mittels einer Stange ik auf die Steuerung übertragen, deren Länge in bekannter Weise verändert werden kann. Bei kleinen Umdrehzahlen der Motorwelle hebt sich nur die Muffe des Reglers a, Regler b

dreht sich noch so langsam, daß die zur Überwindung des Muffendrucks nötige Fliehkraft bei weitem nicht ausreicht. Die Steuerung steht ausschießlich unter der Einwirkung des Reglers a, wobei die Muffe h des zweiten Reglers als fester Drehpunkt für den Hebel gh dient. Nähert sich die Muffe g des Reglers a der höchsten Stellung, so ist die Umdrehzahl der Motorwelle und damit des zweiten Reglers so weit gestiegen, daß nunmehr die Muffe h sich zu heben beginnt.

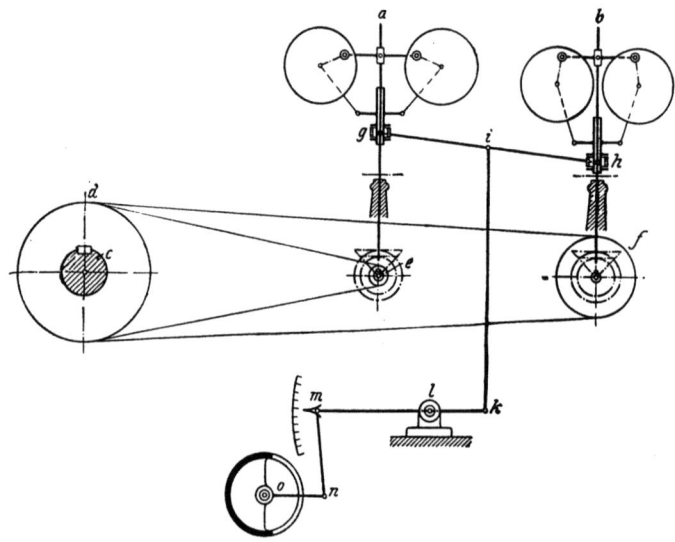

Fig. 421.

Sobald g ihre höchste Stellung erreicht hat, dient g als fester Drehpunkt für den Hebel gh und die Steuerung steht unter dem alleinigen Einfluß des Reglers b. In der ersten Periode wächst die Umdrehzahl des Motors auf das $i$fache, in der zweiten Periode nochmals auf das $i$fache, so daß durch die geschilderte Anordnung im ganzen eine Steigerung der Umdrehzahl auf das i^2fache erzielt werden kann. In der Gesamtwirkung entspricht die Einrichtung genau einem einzigen Regler mit dem Verhältnis i^2 von größter zu kleinster Umdrehzahl; allerdings könnte man die unnötig große Verstellkraft, die bei dem stark anwachsenden Muffendruck für die oberen Muffenstellungen herauskommt, hier dadurch mildern, daß man dem Regler b kleinere Schwungmassen gibt, etwa so, daß er in seiner tiefsten Muffenstellung trotz der größeren Umdrehzahl ungefähr den gleichen Muffendruck hat wie der Regler a bei der $i$mal kleineren Umdrehzahl.

K. Fliehkraftregler mit Flüssigkeitsgestänge.

Als Übertragungsmittel für Kräfte, die zur Steuerung Verwendung finden, wird neuerdings Druckflüssigkeit, besonders Drucköl in wachsendem Umfang herangezogen; entweder benutzt man nun einen Fliehkraftregler dazu, die Steuerung eines Hilfsmotors, der durch die Druckflüssigkeit betätigt wird, zu verstellen, während die Pressung der letzteren durch andere Mittel konstant erhalten wird, dann haben wir die noch später zu besprechende mittelbare Regelung; oder aber der Fliehkraftregler stellt gleichsam die Höhe des Öldrucks, abhängig von der minutl. Umdrehzahl, ein, und die Ausnutzung des wechselnden Flüssigkeitsdrucks zur Steuerungsbetätigung geschieht in der Weise, daß der Flüssigkeitsdruck auf einen Steuerkolben durch eine Feder im Gleichgewicht gehalten wird, der Steuerkolben also bei wechselndem Öldruck eine verschiedene Stellung einnimmt. Besonders die Steuerung der Dampfturbinen geschieht häufig in dieser Weise; man vergleiche z. B. die Anordnung von Brown, Boveri & Co., die in Stodolas Werk über Dampfturbinen, 4. Aufl., Fig. 327 wiedergegeben ist. Wie vielseitig die Verwendungsmöglichkeit wechselnden Öldrucks für Steuerungszwecke gestaltet werden kann, möge an dem in Fig. 422 dargestellten Steuerungsschema einer **Anzapfturbine von Brown, Boveri & Co.** (siehe die BBC-Mitteilungen von Nov.-Dez. 1918) kurz erläutert werden. Die Öldruckleitung $LMCD$ erhält zunächst durch eine Zahnradpumpe S dauernd Drucköl zugeführt, dessen Menge durch das Ventil M einstellbar ist. Der Fliehkraftregler R läßt je nach seiner Umdrehzahl durch Auslaßschlitze in L eine größere oder kleinere Ölmenge austreten, bestimmt also den Öldruck wenigstens in der Leitung von L bis G. Davon abhängig ist also zunächst die Stellung des Steuerkolbens C, der das Einlaßventil für den Frischdampf der Hochdruckturbine einstellt. Nun wird aber der Abdampf entweder zu Heizzwecken benutzt (daher Anzapfturbine), oder aber, falls weniger Heizdampf gebraucht wird, einer Niederdruckturbine zugeführt. Reicht umgekehrt der Abdampf der Hochdruckturbine nicht zum Heizen aus, so muß der Heizleitung noch Frischdampf zugeführt werden. Der Dampfeintritt zur Niederdruckturbine wird durch das Steuerventil F geregelt, das seine Stellung durch den Steuerkolben D zugewiesen bekommt; der Öldruck unter D stimmt aber nicht mit dem unter C überein, sondern ist etwas niedriger, gedrosselt durch das Ventil G, dessen Einstellung abhängig gemacht ist von der Größe des Dampfdruckes im

Überströmrohr B, also vom Heizdampfdruck. Sinkt dieser, fehlt es demnach an Heizdampf, so muß das Ventil F mehr geschlossen werden; dies geschieht bei sinkendem Öldruck in der rechten Ölleitung, also muß im Falle fehlenden Heizdampfes der durch J auf die Membrane H des Ölregulierventils G wirkende Dampfdruck das Regulierventil mittels der Feder unter H eine Aufwärtsbewegung und damit ein teilweises Abschließen des Ventils G herbeiführen, wie es in der Tat der Fall ist. Bleibt die Heizdampfentnahme

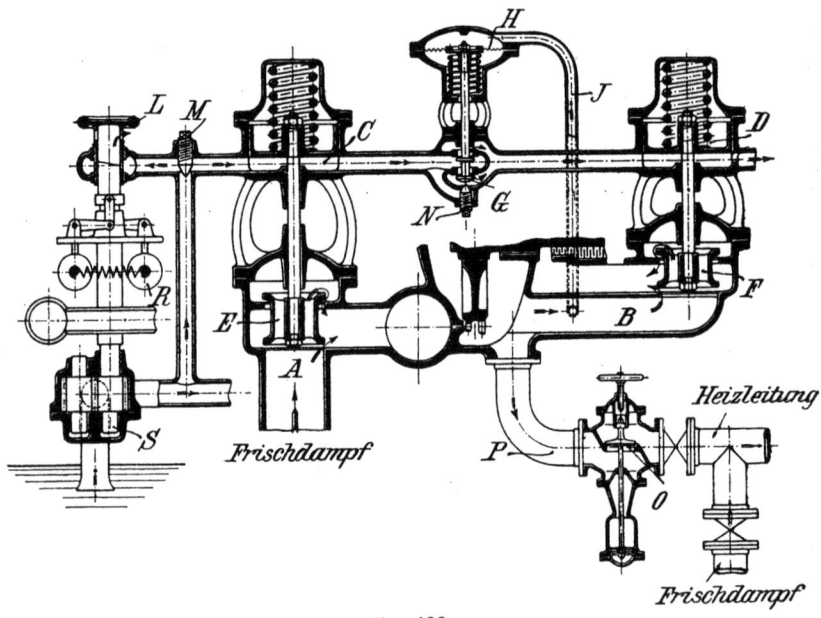

Fig. 422.

unverändert, steigt dagegen der Kraftverbrauch, so sinkt die Reglermuffe und erhöht den Öldruck aber nicht nur für den Steuerkolben C der Hochdruckturbine, sondern, weil ja an der Drosselung durch G nichts geändert wird, auch für den Steuerkolben D der Niederdruckturbine, so daß in richtiger Weise Hoch- und Niederdruckturbine an der erhöhten Arbeitsleistung teilnehmen.

Fig. 423 stellt nun einen **Öldruck-Fliehkraftregler von F. Aug. Neidig, Mannheim** dar, bei welchem Ölpumpe, Fliehkraftregler und federbelasteter Steuerkolben zu einem einheitlichen Ganzen vereinigt sind, so daß die Verwendung wie bei einem gewöhnlichen Muffenregler erfolgen kann. Läßt man den oberen Kolben nebst dessen Belastungsfeder fort, so kann man auch den Öldruck, dessen Größe durch das Fliehkraftpendel abhängig von der Umdrehzahl ein-

Fliehkraftregler mit Flüssigkeitsgestänge.

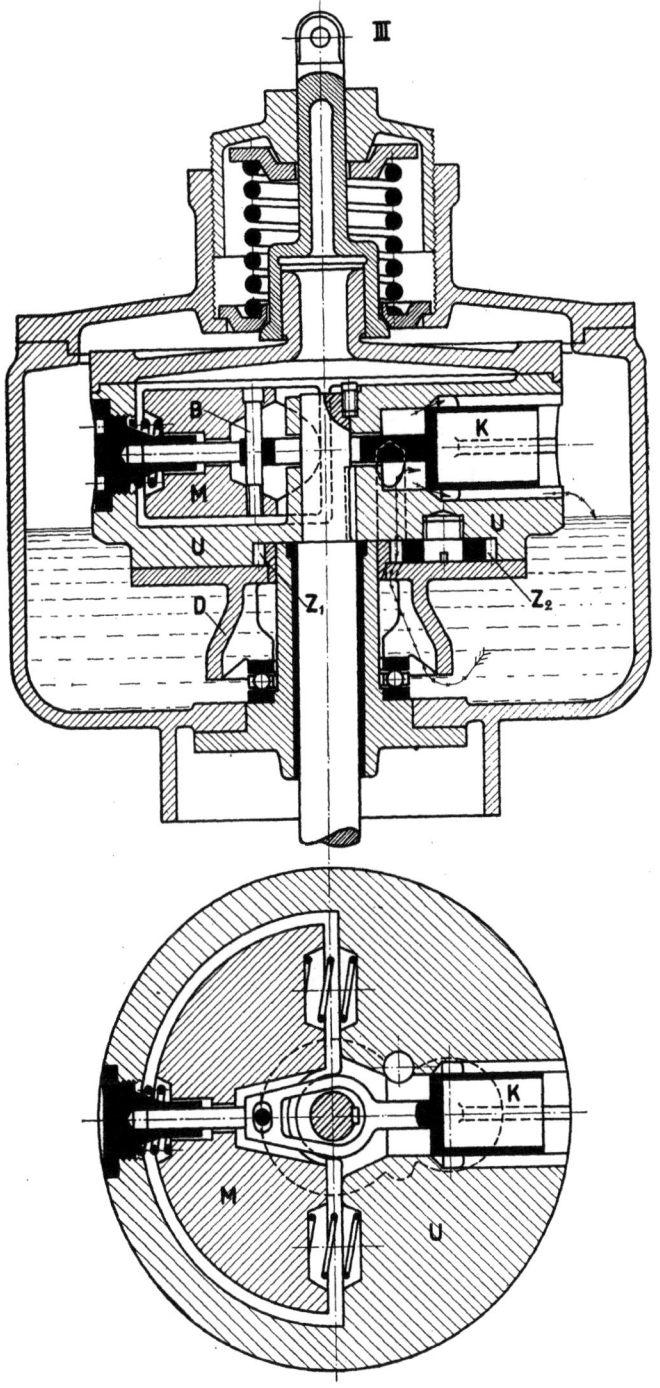

Fig. 423.

gestellt wird, durch eine Rohrleitung nach irgendeiner Verbrauchsstelle fortleiten und dort mittels Kolben und Feder benutzen.

In das stillstehende Gehäuse tritt von unten die Antriebwelle,

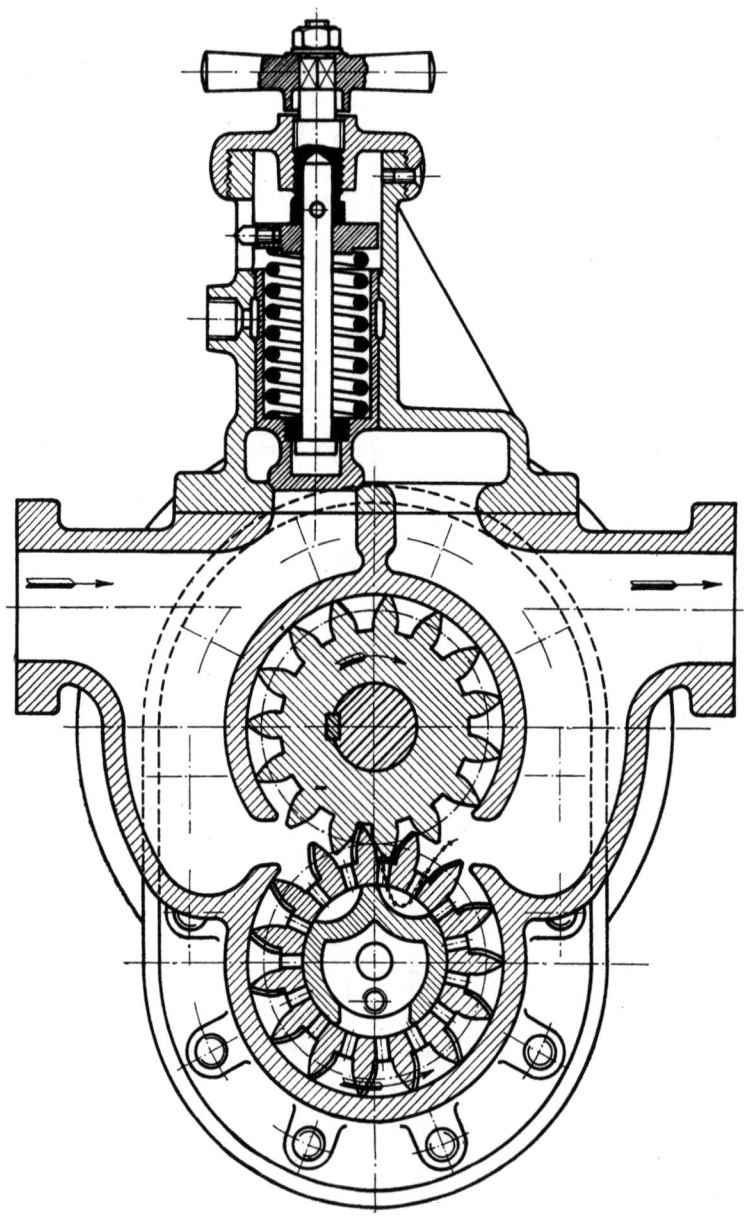

Fig. 424a.

Fliehkraftregler mit Flüssigkeitsgestänge. 653

die auf einem oberen Absatz aufgekeilt, das Umlaufgehäuse U trägt. An der Unterseite von U sind zwei Zahnräder Z_1 und Z_2 eingebaut und durch den nach unten trichterförmig gestalteten Deckel D

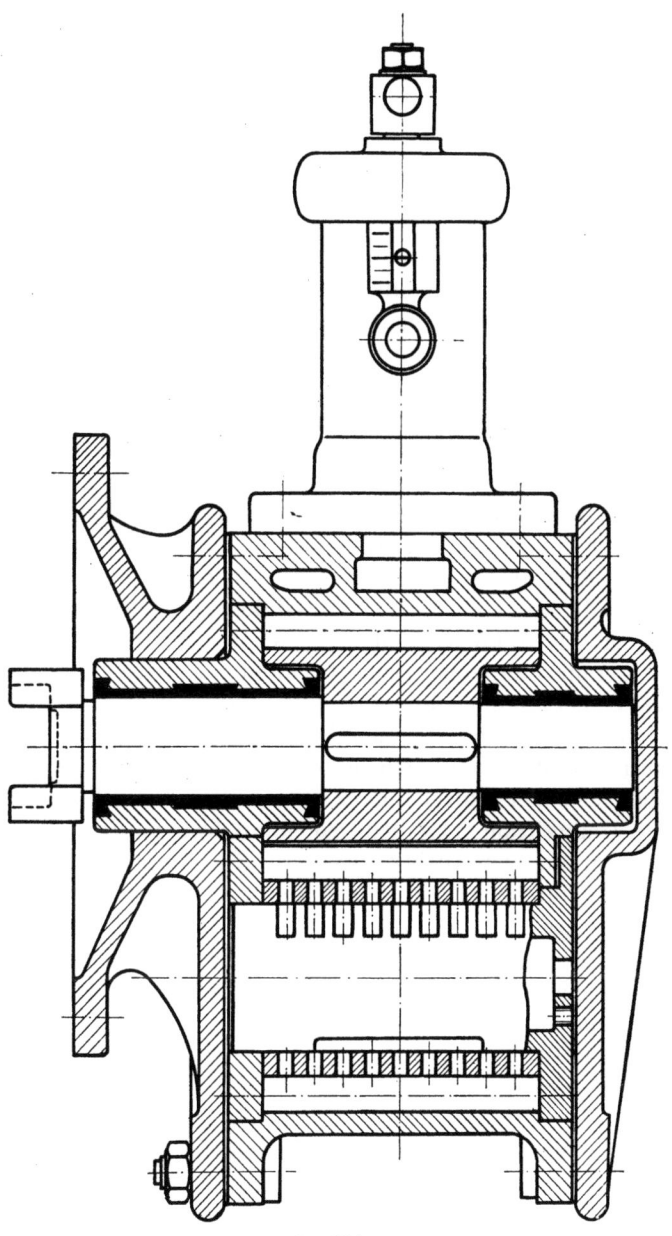

Fig. 424 b.

abgedeckt, so daß Z_1 und Z_2 eine Zahnradpumpe bilden; Z_1 ist mit dem Lager verkeilt, steht also still, während die Drehachse von Z_2 mit dem Gehäuse U umläuft, so daß Z_2 an Z_1 abrollt. Es entsteht dadurch eine Pumpwirkung, wobei das geförderte Öl den durch die angekreuzte Linie dargestellten Weg nimmt: durch den Trichter D, durch die Zahnräderlücken und durch einen senkrechten Kanal in den Hohlraum innerhalb des Umlaufgehäuses U, insbesondere auch hinter den Kolben K. Das geförderte Drucköl übt durch den oberen, nach oben hin offenen Deckel des Gehäuses U auf den als Hohlzylinder ausgebildeten federbelasteten Verstellkolben eine dem spezifischen Öldruck proportionale Kraft aus, die von der Federkraft im Gleichgewicht gehalten wird, die also jedem Öldruck eine bestimmte Stellung des Verstellkolbens zuordnet, so daß Öse III genau wie die gewöhnliche Muffe eines Muffenreglers benutzt werden kann.

Auf welche Weise entspricht nun jeder minutl. Umdrehzahl der Spindel ein bestimmter Öldruck? Der Kolben K ist mit dem durch drei kurze Schraubenfedern freischwebend getragenen Schwungkörper M mittels des Bolzens B gekuppelt; die von M ausgeübte Fliehkraft sucht daher den Kolben K nach links zu ziehen, somit seine linke Steuerkante über die Deckstellung hinwegzuschieben. Das von der Pumpe ständig geförderte Öl hat aber keinen anderen Ausweg als den an der Abschlußkante von K vorbei, es steigt also der Druck der abgeschlossenen Flüssigkeit stets so hoch, bis der Öldruck auf die linke Kolbenfläche von K und die Fliehkraft von M sich gerade das Gleichgewicht halten. An der Dichtkante des Kolbens K bleibt dann während des Beharrungszustandes ein kleiner Spalt von etwa 0,2 bis 0,3 mm Weite, durch den das geförderte Öl dauernd wieder nach dem unteren Vorratsraum entweicht. So stellt sich stets der Öldruck genau proportional der Fliehkraft ein. Fällt die Umdrehzahl plötzlich, so kann fast plötzlich das überschüssige Öl an der Dichtkante von K seinen Ausweg finden; steigt die Umdrehzahl, so wird allerdings eine kurze Zeit (je nach der Bemessung der Pumpengröße ein größerer oder kleinerer Bruchteil einer Sekunde) vergehen, bis der infolge der Verschiebung des federbelasteten oberen Verstellkolbens größer werdende Ölraum wieder durch die Pumpe mit Öl von entsprechend höherem Druck gefüllt ist.

Bezüglich des dynamischen Verhaltens des vorliegenden Reglers äßt sich aussprechen, daß die Hauptmasse, der Schwungkörper M bei dem Regelungsvorgang überhaupt keine Verschiebung erfährt, insofern zweifellos der Regler sehr günstig abschneiden muß; ein Überregeln dürfte kaum eintreten. Vielleicht ist die Eigenreibung nicht ganz klein; da es sich aber durchweg um Flüssigkeitsreibung handelt, haben wir es gleichsam mit einer kräftigen Ölbremse zu tun, die immerhin von vielen eher gern gesehen, als gefürchtet wird. Wichtig bleibt jedenfalls die richtige Bemessung der Förderleistung der Pumpe.

Mit Rücksicht auf die ständig wachsende Bedeutung der **Zahnradpumpen** insbesondere auch für die mittelbare Regelung sei noch im Anschluß an Fig. 424 a u. b eine neuere Ausführung von Fr. Aug. Neidig in Mannheim mit Zahnlückenentlastung nach D. R. P. No. 296588 kurz besprochen. Das obere Zahnrad (in Form eines normalen Stirnrades) wird von der Welle direkt angetrieben, während das untere Zahnrad sich auf einer im Gehäuse festgehaltenen hohlen Achse dreht und von dem oberen Zahnrade mitgenommen wird. Die feststehende Achse hat links und rechts von der Eingriffsstelle der Zähne Aussparungen, zwischen denen je ein Steg bleibt von ein wenig größerer Breite, als die Durchbrechungen haben, welche in den Fuß des unteren Zahnrades zwischen je zwei Zähnen eingebohrt sind. Außerdem weisen die sonst ohne Flankenspielraum gearbeiteten Zähne des unteren Rades noch Nuten in einer der beiden Zahnflanken auf. Die mit Kreuzchen versehene Linie läßt erkennen, welchen Weg das zwischen den Flanken zweier miteinander im Eingriff stehender Zähne und dem Fußkreise des unteren Rades beim Passieren der Eingriffsstelle sonst abgesperrte Öl nehmen kann; ohne diese Ausweichmöglichkeit würde eine große Pressung dieses Öles und dadurch ein äußerst starker Druck auf die Lagerstellen der beiden Zahnräder entstehen, was eine starke Abnutzung und einen erhöhten Arbeitsverbrauch zur Folge hätte.

Oben trägt die Pumpe ein einstellbares Überdruckventil, durch das der Öldruck beliebig festgelegt werden kann; soll die Pumpe für umgekehrte Drehrichtung der Antriebwelle benutzt werden, so tritt auch eine Umkehrung der Durchflußrichtung ein, was in Fig. 424 durch bloßes Drehen des Überdruckventilgehäuses um die senkrechte Mittellinie herbeigeführt werden kann. In konstruktiver Hinsicht sei noch auf die geschickte Lagerung der Antriebwelle aufmerksam gemacht, durch die eine geringe Tiefenausdehnung des Pumpengehäuses erzielt wird.

II. Beharrungsregler.

Es gebührt Prof. A. Stodola das Verdienst, auf diese Reglerart in Deutschland aufmerksam gemacht und durch ausführliche theoretische Erörterungen[1]) der hier in Betracht kommenden Verhältnisse aufklärend gewirkt zu haben, nachdem bereits längere Zeit hindurch solche Regler unter dem Namen Inertie-Regulatoren in Amerika benutzt wurden. Vorwiegend wird die Beharrungswirkung bei Achsenreglern angewandt, trotzdem wollen wir zunächst die Wirkung von Beharrungsmassen bei Muffenreglern betrachten, um an unsere bisherigen Darstellungen anschließen zu können.

a) Einfluß von Beharrungsmassen auf den Ungleichförmigkeitsgrad[2]).

Wir knüpfen an eine **Reglerkonstruktion von Steinle & Hartung** in Quedlinburg an, die in Fig. 425 und 426 wiedergegeben ist. Ein Fliehkraftregler, ähnlich wie der auf S. 548, Fig. 341 besprochene, hat zwei zylindrische, durch je vier Führungsrollen radial geführte Schwungkörper, deren Fliehkraft durch je eine zylindrische Schraubenfeder unmittelbar im Gleichgewicht gehalten wird. Die beiden Schwungkörper

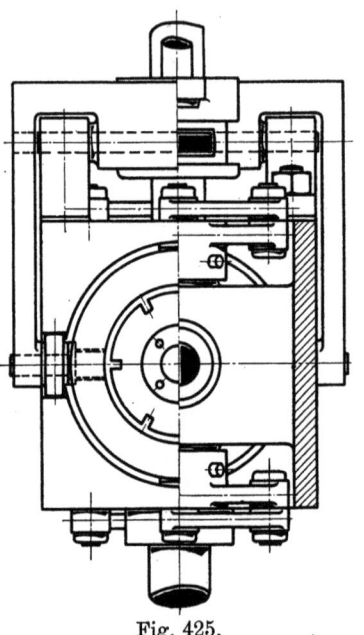

Fig. 425.

sind in einem Gußeisenkörper untergebracht (vgl. Fig. 427), der äußerlich prismatisch, der Länge nach zylindrisch ausgebohrt ist und an allen vier Längsseiten Schlitze besitzt, in denen die Führungsrollen der Schwungkörper geführt werden. Dieser Körper bildet die Beharrungsmasse; er ist lose drehbar auf der Reglerspindel und würde deshalb bei einer Änderung der Winkelgeschwindigkeit der Regler-

---

[1]) Das Siemenssche Regulierprinzip und die amerikanischen „Inertie-“ Regulatoren. Z. d. V. d. Ing. 1899, S. 506 ff.

[2]) Wertvolle Beiträge zur Klarstellung dieses Einflusses lieferten außer Stodola in dem vorstehend genannten Aufsatz noch E. Körner in der Z. d. V. d. Ing. 1901, S. 1842: „Untersuchung der Beharrungsregler an Dampfmaschinen", Dr.-Ing. Thümmler in seinem S. 466 genannten Buche und R. v. Mises in dem S. 478 angeführten Aufsatz.

Beharrungsregler.

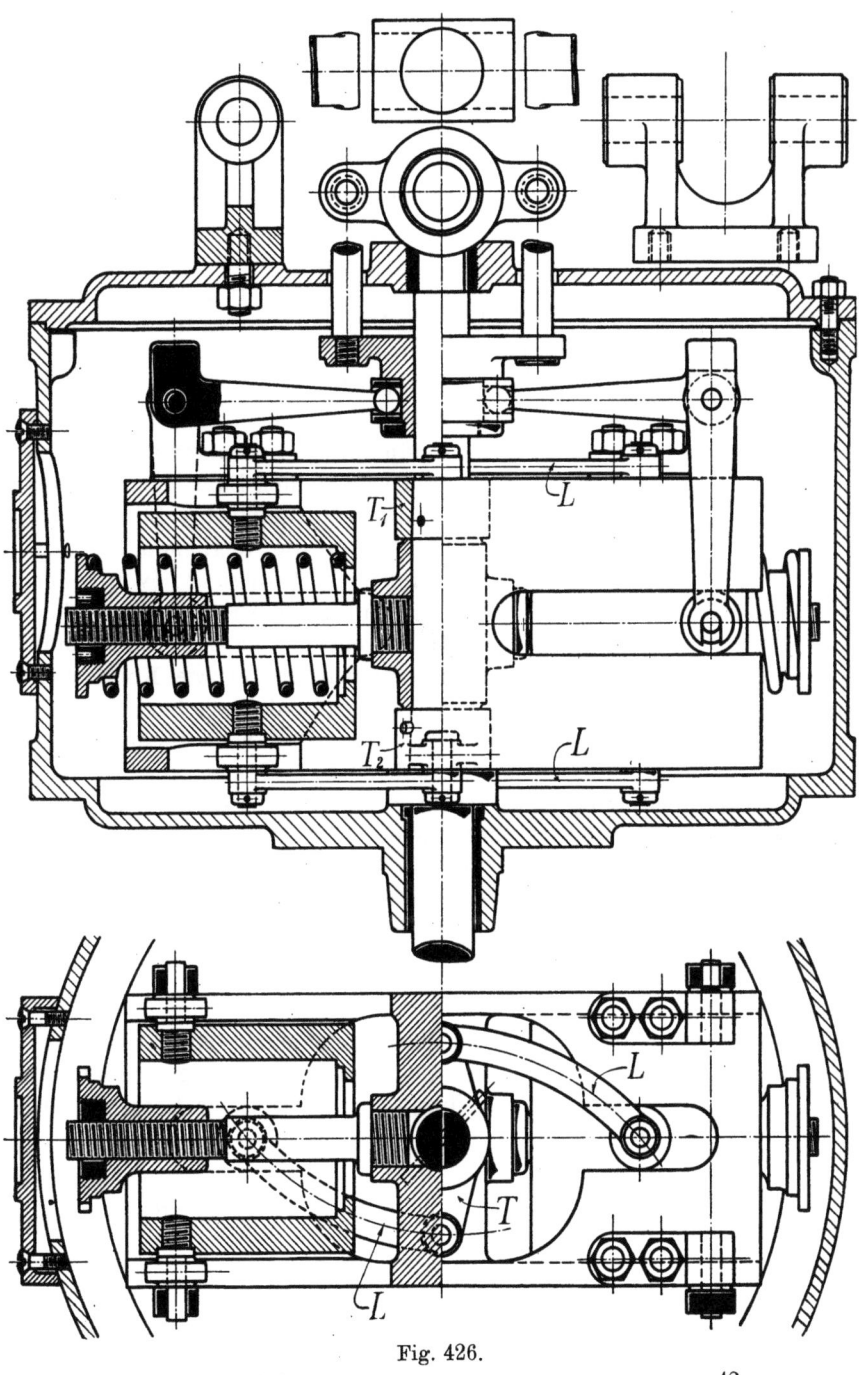

Fig. 426.

Tolle, Regelung. 3. Aufl.

spindel nicht ohne weiteres die neue Winkelgeschwindigkeit annehmen, sondern vielmehr infolge seines Beharrungsvermögens die alte Umdrehzahl beibehalten, ebenso wie die radial in der Beharrungsmasse geführten Schwungkörper. Tritt eine Winkelbeschleunigung der Reglerspindel ein, und werden Beharrungsmasse und Schwungkörper gezwungen, dieser Beschleunigung zu folgen, so üben sie naturgemäß einen Massenwiderstand aus, der zunächst als Kräftepaar relativ zur Spindel fühlbar wird. Bei dem in Fig. 425 bis 427 dargestellten Regler wird nun der tangentiale Massenwiderstand dadurch nützlich als Verstellkraft verwertet, daß auf der Spindel zwei Traversen T_1 und T_2 aufgekeilt sind, von deren Endpunkten Lenkstangen L nach den wagerechten Führungsrollen der beiden Schwungkörper führen. Erfährt nun die Reglerspindel eine Winkelbeschleunigung (von oben gesehen) rechts herum, so entstehen linksdrehende Massenwiderstände P_t, die wir uns in zwei Komponenten zerlegt denken wollen. Die eine Komponente Z nach Richtung der Lenkstange AB sucht die Traverse und damit die Spindel links herum zu drehen, wird also durch den Antrieb der Reglerspindel überwunden, während die zweite Komponente P_r in radialer Richtung unmittelbar an den Schwungkörpern angreift und somit als Verstellkraft nutzbar gemacht ist.

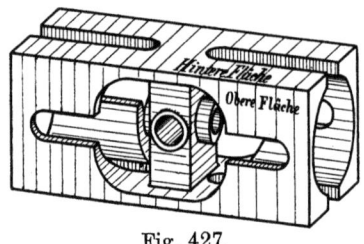

Fig. 427.

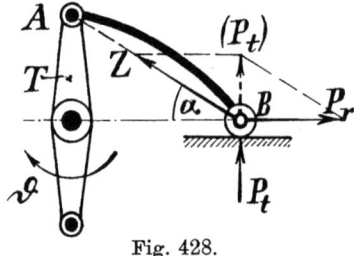

Fig. 428.

Nennen wir den Winkel, den die Verbindungslinie AB mit dem Halbmesser bildet, α, so ist

$$P_r = P_t \operatorname{cotg} \alpha.$$

Beträgt die augenblickliche Winkelbeschleunigung ϑ, das Trägheitsmoment der sämtlichen für die Beharrungswirkung nutzbar gemachten Teile J_b, so wird das durch den tangentialen Massenwiderstand erzeugte Moment

$$\mathfrak{M} = J_b \cdot \vartheta;$$

denken wir dieses durch eine am Halbmesser x angreifende Kraft P_t hervorgerufen, so gilt die Gleichung

$$P_t \cdot x = \mathfrak{M} = J_b \cdot \vartheta$$

oder
$$P_t = \frac{J_b}{x} \cdot \vartheta \qquad \ldots \ldots \ldots (262)$$

Nennen wir allgemein das Verhältnis $\dfrac{P_r}{P_t} = i$ das Übersetzungsverhältnis zwischen P_r und P_t, so folgt schließlich

$$P_r = i \cdot P_t = i \cdot \frac{J_b}{x} \cdot \vartheta \quad \ldots \ldots (263)$$

Diese Triebkraft P_r kann nunmehr zu den Fliehkräften addiert werden; welche Änderung dadurch die Bewegungsverhältnisse des Reglers erleiden, werden wir zu prüfen haben. Auf Seite 456 fanden wir die augenblickliche Winkelbeschleunigung ϑ der Reglerwelle proportional mit dem Abstande z des Schwungmassenmittelpunktes von der neuen Gleichgewichtslage:

$$\vartheta = \frac{\omega}{T_a a} \cdot z,$$

folglich wird die Beharrungstriebkraft

$$P_r = i \frac{J_b}{x} \frac{\omega}{T_a a} z \quad \ldots \ldots (264)$$

d. h. ebenfalls proportional mit z.

Wir können die bisherigen Ergebnisse kurz dahin zusammenfassen, daß **durch den tangentialen Massenwiderstand einer Beharrungsmasse bei Störung des Gleichgewichtes die Fliehkräfte eines Fliehkraftreglers um Beträge vergrößert werden, die mit dem Abstande z der Schwungkörper von der neuen Gleichgewichtslage proportional wachsen.**

Bei Aufstellung der Bewegungsgleichungen für die Reglermassen fanden wir die zur Beschleunigung der Massen dienenden Triebkräfte P_r nach Gl. 204:

$$P_r = \frac{2\,\delta \cdot C_m}{a} z + \frac{2\,C_m}{T_a a} \int z\,dt - 2\lambda\delta \cdot C_m;$$

in dieser Gleichung rührte der erste Summand auf der rechten Seite von der Stabilität des Reglers, von dem Ungleichförmigkeitsgrad δ, her; der erste Summand war die „Triebkraft, erzeugt durch falsche Stellung". Wir sehen also, daß eine Beharrungsmasse genau so wirkt, als ob der Ungleichförmigkeitsgrad um einen Betrag δ_b vergrößert würde, der aus der Beziehung folgt:

$$\frac{2\,\delta_b \cdot C_m}{a} z = i \frac{J_b}{x} \frac{\omega}{T_a a} z$$

oder

$$\delta_b = i \frac{J_b\, \omega}{2\, x\, C_m T_a} \quad \ldots \ldots (265)$$

Ersetzen wir das Trägheitsmoment J_b durch die auf den Halbmesser x bezogene Masse M_b, indem wir schreiben:
$$J_b = M_b \cdot x^2,$$
so wird
$$\frac{J_b}{x} = M_b \cdot x,$$
und damit
$$\delta_b = i \frac{M_b x \omega}{2 C_m T_a}.$$

Drücken wir noch die Fliehkraft C_m mit Hilfe der Schwungmasse M aus:
$$C_m = M x \omega^2,$$
so läßt sich diese Gleichung auch schreiben:
$$\delta_b = i \frac{M_b}{2 M \cdot \omega T_a} \quad \ldots \ldots \quad (266)$$

Es könnte also die Wirkung einer Beharrungsmasse dazu benutzt werden, einem Regler die fehlende Stabilität zu verschaffen; d. h. ein Regler mit einem Ungleichförmigkeitsgrade δ, der zu klein, selbst Null oder gar negativ ist, könnte durch die Beharrungsmasse durchaus brauchbar gemacht werden. Dies ist wohl der Hauptvorteil der Beharrungsmasse, der allerdings durch eine Reihe von Nachteilen, vor allem durch die verwickeltere Konstruktion solcher Beharrungsregler wieder mehr oder weniger ausgeglichen wird.

Die von der Beharrungswirkung herrührenden Triebkräfte vergrößern also die zur Beschleunigung der Reglermassen dienenden Fliehkraftüberschüsse. Gleichzeitig wird aber durch Anwendung einer Beharrungsmasse die in Bewegung zu setzende Reglermasse bedeutend vergrößert. Diese Vergrößerung bedingt natürlich wieder einen größeren Ungleichförmigkeitsgrad; dafür, daß δ gleichsam um δ_b kleiner genommen werden darf, müssen wir wegen der größeren Masse von vornherein δ größer machen. Es ist sehr wohl denkbar, daß der Vorteil durch den Nachteil mehr oder weniger unwirksam gemacht wird; d. h. die Anbringung einer Beharrungsmasse kann unter Umständen nicht nur nichts nützen, sondern sogar schädlich wirken derart, daß mit Beharrungsmasse ein größerer Ungleichförmigkeitsgrad erforderlich ist als ohne eine solche. Die Grenzen für die Nützlichkeit einer Beharrungsmasse festzulegen, wird unsere nächste Aufgabe sein müssen.

Die Bewegungsgleichungen eines Reglers mit Beharrungsmasse haben genau die gleiche Gestalt, wie die eines gewöhnlichen Fliehkraftreglers; der einzige Unterschied besteht darin, daß das mit z proportionale Glied eine andere (größere) Konstante aufweist Die Kurven der wahren Fliehkräfte werden mithin denselben Charakter besitzen wie die früher gefundenen Kurven. Wir können unbedenklich unsere Näherungsformel für den kleinsten erforderlichen Ungleichförmigkeitsgrad auch hier beibehalten, wenn wir nur den entsprechenden neuen Wert für die reduzierte Reglermasse M_r einsetzen. Die ohne Beharrungsmasse gültigen Werte wollen wir durch den Zeiger 0 kennzeichnen, dann ist nach Gl. 231 der kleinste zulässige Ungleichförmigkeitsgrad

$$\delta_0 = \sqrt[3]{\frac{M_{r0}\,a}{C_m T_a^2}};$$

mit Beharrungsmasse würde nötig

$$\delta_1 = \sqrt[3]{\frac{M_r\,a}{C_m T_a^2}},$$

wovon allerdings, wie wir oben sahen, der Wert

$$\delta_b = i\,\frac{M_b}{2\,M\cdot\omega T_a}$$

abzuziehen ist, da dieser Stabilitätsgrad durch die Wirkung der Beharrungsmasse ersetzt wird. Es ist also der auszuführende Ungleichförmigkeitsgrad

$$\underline{\delta_{min}} = \delta_1 - \delta_b = \sqrt[3]{\frac{M_r\,a}{C_m T_a^2}} - i\,\frac{M_b}{2\,M\omega T_a} \quad . \ . \ (267)$$

Die reduzierte Reglermasse M_r findet sich nach dem auf Seite 485 geschilderten Verfahren hier zu

$$M_r = M_{r0} + M_b \cdot \frac{b^2}{a^2},$$

wenn b den Weg der (auf den Abstand x von der Drehachse bezogenen) Beharrungsmasse bedeutet.

Nun nannten wir das Verhältnis

$$i = \frac{P_r}{P_t} \quad \text{das Übersetzungsverhältnis.}$$

Da nach dem Satze von der mechanischen Arbeit

$$P_t b = P_r a \quad \text{oder} \quad \frac{b}{a} = \frac{P_r}{P_t} = i$$

ist, so wird

$$M_r = M_{r0} + M_b i^2.$$

Setzt man diesen Wert in die obige Gleichung für δ ein, so folgt als kleinster erforderlicher Ungleichförmigkeitsgrad für den Regler mit Beharrungsmasse:

$$\delta_{min} = \sqrt[3]{\frac{(M_{r0} + M_b i^2) a}{C_m T_a^2}} - \frac{i M_b}{2 M \omega T_a}$$

oder
$$\delta_{min} = \sqrt[3]{1 + \frac{i^2 M_b}{M_{r0}}} \cdot \delta_0 - \frac{i M_b}{2 M \omega T_a}, \quad \ldots \quad (268)$$

während ohne Beharrungsmasse

$$\delta_0 = \sqrt[3]{\frac{M_{r0} \cdot a}{C_m T_a^2}}$$

erforderlich wäre.

Um einen Überblick über den Einfluß von M_b zu bekommen, zeichnen wir in Fig. 429 eine Kurve mit der Beharrungsmasse M_b als Abszissen und mit $\sqrt[3]{\frac{(M_{r0} + i^2 M_b) a}{C_m T_a^2}}$ als Ordinaten auf; diese Linie wird eine kubische Parabel, für die mit $M_b = 0$ die Anfangsordinate $= \delta_0$ ist. Ferner ziehen wir die Gerade OC, deren Abszissen $= M_b$ und deren Ordinaten $= \frac{i M_b}{2 M \omega T_a}$ sind. Die zwischen der kubischen Parabel und der Geraden OC liegenden Ordinaten δ sind dann offenbar die (kleinsten) erforderlichen Ungleichförmigkeitsgrade δ_{min}, die zu den Werten M_b gehören. Man sieht aus Fig. 429, daß in der Tat mit wachsender Beharrungsmasse M_b anfangs die Werte δ größer als δ_0 ausfallen können, und daß dann die Beharrungsmasse schädlich wirkt. Erst eine weitere Vergrößerung von M_b ergibt allmählich abnehmende Werte von $\delta = \delta_{min}$ bis Null und darunter.

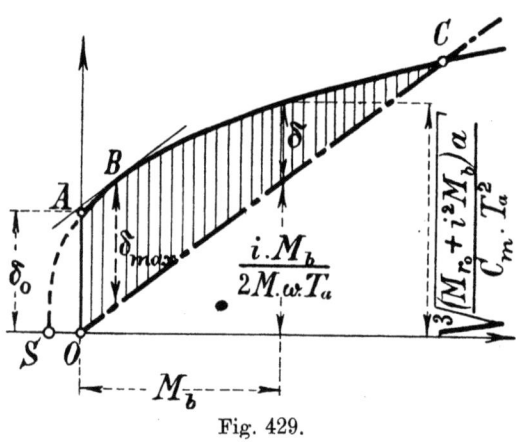

Fig. 429.

Die nachteilige Wirkung einer Beharrungsmasse wird offenbar dann am leichtesten eintreten, wenn δ_0 schon sehr klein ist; in diesem Falle nähern wir uns in Fig. 429 mit dem Anfangspunkte A dem Scheitel S der kubischen Parabel. Wir sehen also, daß ein Regler, der infolge eines kleinen reduzierten Muffenhubes und einer großen Anlaufdauer T_a der Maschine ohnehin einen kleinen Ungleichförmigkeitsgrad nötig hat, durch Hinzufügen einer Beharrungsmasse kaum verbessert werden kann. Ist in diesem Falle die Beharrungsmasse ziemlich klein, so wird der Regler sogar verschlechtert, er erfordert mit Beharrungsmasse einen größeren Ungleichförmigkeitsgrad als ohne eine solche.

Zahlenbeispiel. Es sei (in Übereinstimmung mit den Beispielen auf Seite 466 ff.):

$$M_{r0} = \frac{20}{9{,}81} \sim 2 \text{ kg/mSek}^2; \quad M = 1 \text{ kg/mSek}^2;$$

$$a = 0{,}04 \text{ m}; \quad\quad C_m = 200 \text{ kg};$$

$$T_a = 16{,}6 \text{ Sek}; \quad\quad \omega = 10\pi;$$

$$i = 2;$$

dann ist ohne Beharrungsmasse der kleinste erforderliche Ungleichförmigkeitsgrad:

$$\delta_{r0} = \sqrt[3]{\frac{2 \cdot 0{,}04}{200 \cdot 16{,}6^2}} = 0{,}0114 \sim 0{,}012 = \underline{1{,}2\,\%}.$$

Setzen wir nun der Reihe nach:

1. $M_b = 2$ kg; 2. $M_b = 4$ kg; 3. $M_b = 10$ kg; 4. $M_b = 20$ kg,

so wird

1. für $M_b = 2$ kg:

$$\delta_{min} = \sqrt[3]{1 + \frac{2 \cdot 4}{2}} \cdot \delta_0 - \frac{2 \cdot 2}{2 \cdot 1 \cdot 10\pi \cdot 16{,}6} = 1{,}72 - 0{,}38 = \underline{1{,}34\,\%};$$

2. für $M_b = 4$ kg:

$$\delta_{min} = \sqrt[3]{1 + \frac{4 \cdot 4}{2}} \cdot \delta_0 - \frac{4}{521{,}5} = 2{,}50 - 0{,}77 = \underline{1{,}73\,\%};$$

3. für $M_b = 10$ kg:

$$\delta_{min} = \sqrt[3]{1 + \frac{4 \cdot 10}{2}} \cdot \delta_0 - \frac{10}{521{,}5} = 3{,}30 - 1{,}95 = \underline{1{,}35\,\%}.$$

Also verschlechtert selbst eine Beharrungsmasse, die zehnmal so groß ist wie die Schwungmasse, noch den Regler.

4. Für $M_b = 20$ kg ist:

$$\delta_{min} = \sqrt[3]{1 + \frac{4 \cdot 20}{2}} \cdot \delta_0 - \frac{20}{521{,}5} = 4{,}14 - 3{,}84 = \underline{0{,}30\,\%};$$

jetzt erst zeigt sich ein Vorteil der Beharrungsmasse.

Durch weitere Vergrößerung von M_b könnte $\delta_{min} = 0$ oder gar negativ gemacht werden.

Diese Zahlen lassen deutlich die Richtigkeit unserer Schlußfolgerung erkennen:

Gute Federregler mit kleinem reduziertem Muffenhub in Verbindung mit Maschinen, die eine große Anlaufdauer haben, können durch Beharrungsmassen kaum verbessert, wohl aber durch unzureichende Beharrungsmassen verschlechtert werden; die Anwendung von Beharrungsmassen ist hier verfehlt.

Nur wenn der Regler einen ziemlich großen Ungleichförmigkeitsgrad erfordert und die Anlaufzeit der Maschine dabei klein ist, vermag eine Beharrungsmasse den Ungleichförmigkeitsgrad wirksam zu verkleinern, ohne selber unverhältnismäßig große Werte annehmen zu müssen.

Große Beharrungsmassen lassen sich bei Muffenreglern nicht bequem unterbringen; leichter gelingt dies bei Achsenreglern. Deshalb ist auch das eigentliche Feld für die Verwendung von Beharrungsmassen bei den Achsenreglern zu suchen.

Für den in Fig. 425 bis 427 dargestellten Beharrungsregler ist das Gewicht der Schwungkörper insgesamt 25 kg, das des Beharrungsgewichtes 62 kg; aus diesen Zahlen schließen wir, daß die Anbringung des Beharrungsgewichtes hier meist ohne Nutzen, vielleicht sogar schädlich sein wird.

Fig. 430 läßt eine Vorrichtung zur **Verstellung der Umdrehzahl** eines Beharrungsreglers nach Steinle & Hartung erkennen. Der eigentliche Regler ist in ein zylindrisches, feststehendes Gehäuse eingeschlossen, durch dessen Deckel von dem Gleitring zwei Stangen nach außen führen. Diese Stangen greifen oben an dem Widerlager einer Belastungsfeder an, welche sich unten auf eine von der mittels Handrad zu hebenden oder zu senkenden Schraubenspindel getragene Platte stützt. An dem Verbindungsringe beider Stangen, der etwa in der Mitte zwischen je zwei Stellringen gehalten wird, greift der Stellhebel des Reglers an.

Man erkennt sofort, daß hier zur Übertragung der Bewegung der Schwungkörper nach der Muffe hin ein Winkelhebel mit rechtem Winkel benutzt wird, also die C_q-Kurve genau wie bei den Reglern nach Fig. 319 eine wagerechte Garade, d. h. stark labil ist. Anspannen der Belastungsfeder vermindert demnach den Ungleichförmigkeitsgrad oder macht den Regler gar labil, erscheint somit bedenklich. Jedenfalls darf mit der in Fig. 430 wiedergegebenen Anordnung die Umdrehzahl nur in ganz engen Grenzen abgeändert werden.

Einen weiteren Beharrungsmuffenregler mit Änderung der Umdrehzahl während des Ganges, den Drehkraftregler von Fischinger, zeigen Fig. 431 u. 432. Die drei Fliehkraftpendel P

drehen sich wie bei Achsenreglern um Zapfen, die parallel zur Reglerspindel d angeordnet sind, und werden durch Zugfedern F im Gleichgewicht gehalten. An Stelle eines Zapfens für das unbewegliche Federende ist eine Blattfeder verwandt, die durch eine Druckschraube so beeinflußt werden kann, als ob der feste Drehpunkt der Feder verlegt würde; die Verbindung des beweglichen Federendes mit dem Schwungkörper ermöglicht sowohl eine bequeme Anspannung als auch eine Änderung der wirksamen Windungszahl. So können Ungleichförmigkeitsgrad und Umdrehzahl leicht und voneinander unabhängig abgeändert werden. Das umschließende Gehäuse G, an dem alle Teile des Fliehkraftreglers ihre Stützung finden, ist lose drehbar auf der Spindel und dient als Beharrungsmasse. Das auf der Spindel aufgekeilte Mitnehmerkreuz g ist mit den Schwungkörpern P durch Stangen g verbunden. Bei eintretender Winkelbeschleunigung oder -verzögerung der Reglerspindel tritt also infolge der Beharrungswirkung des ganzen drehbaren Systems (Gehäuse, Schwungmassen, Federn) eine Relativverdrehung zwischen Spindel und

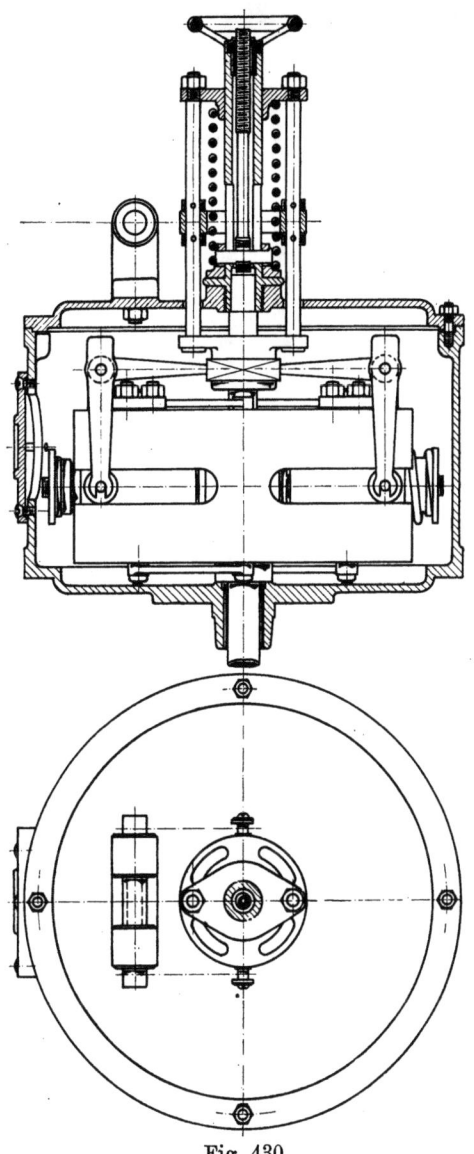

Fig. 430.

Gehäuse ein; ebenso kann ein Ausschlag der Schwungkörper durch die Fliehkraft nur stattfinden, indem sich dabei Spindel und Gehäuse relativ gegeneinander verdrehen. Diese Verdrehung wird

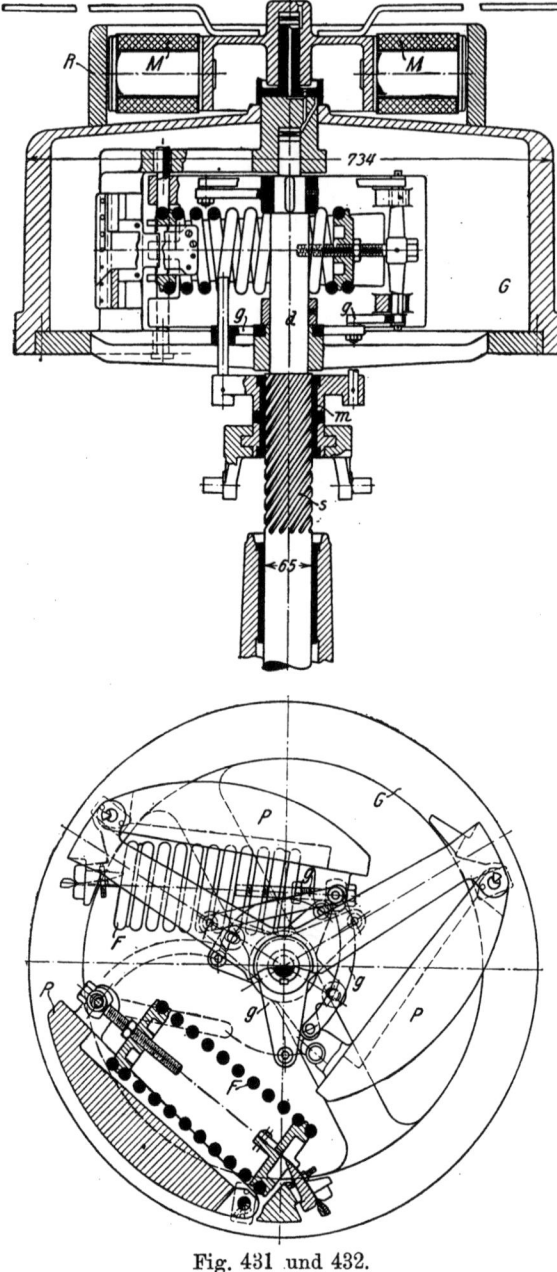

Fig. 431 und 432.

durch die steilgängige Mutter m und das Schraubengewinde s in die (geradlinige) Muffenbewegung verwandelt.

Die Beeinflussung der Umdrehzahl während des Ganges geschieht nun bei dem dargestellten Regler durch Bremsung des Gehäuses, und zwar mittels einer Wirbelstrombremse. Die feststehenden Magnetspulen M erhalten von der Schalttafel aus nach Bedarf einen schwächeren oder stärkeren Strom; in dem mit dem Reglergehäuse G fest verbundenen Ringe R entstehen also geringere oder stärkere Wirbelströme, das Gehäuse erfährt somit dauernd ein Kräftepaar, das durch die Reglerfedern im Gleichgewicht gehalten werden muß. In dem Maße, wie diese Inanspruchnahme der Federn erfolgt, muß natürlich die sonst der Federkraft das Gleichgewicht haltende Fliehkraft der Schwungkörper P sich verändern, folglich auch die Umdrehzahl des Reglers sich ändern. Nach Mitteilung des Konstrukteurs G. G. Fischinger in Dresden konnte z. B. bei einer 1200 pferdigen Zweifachexpansionsmaschine mit Riderkolbenschieber die Umdrehzahl variiert werden von 104,5 bis 97 Umd. i. d. Min., wobei die Magnetstromstärke (bei 65 Volt) 0 Amp. bis 4,4 Amp. zu betragen hatte.

Eine sehr interessante Anwendung von Fischingers Regler mit Wirbelstrombremse teilt Krumbiegel in der Z. d. V. d. Ing.[1]) mit: Eine (normal 1000pferdige) Auspuffmaschine betreibt eine Dynamo, die in Parallelschaltung mit einer durch eine Kondensationsmaschine angetriebenen zweiten Dynamo arbeitet. Der Abdampf der Auspuffmaschine dient zum Trocknen in der Brikettfabrik. Wird nun weniger Dampf zum Trocknen gebraucht, so muß die Auspuffmaschine entlastet und die Arbeit auf die wirtschaftlicher arbeitende Kondensationsmaschine übertragen werden. Dies geschieht vom Schaltbrett aus durch Bremsung des Reglers der Auspuffmaschine; ihre Umdrehzahl wird etwas ermäßigt, die Spannung der ersten Dynamo sinkt und die zweite Dynamo übernimmt einen größeren Teil der Stromlieferung, die Kondensationsmaschine wird stärker zur Arbeitsleistung herangezogen.

b) Einfluß von Beharrungsmassen auf den Unempfindlichkeitsgrad.

Die vorstehend geschilderte Möglichkeit, durch Anwendung von Beharrungsmassen den Ungleichförmigkeitsgrad herabzusetzen, ist nicht von vornherein erkannt worden und ist jedenfalls nicht die ursprüngliche Veranlassung zur Benutzung von Beharrungsmassen gewesen. Vielmehr beabsichtigte man die Beharrungskraft als Verstellkraft zu verwenden und hoffte nunmehr den Fliehkraftregler bedeutend schwächer nehmen zu dürfen. Diese Annahme trifft leider nicht so ohne weiteres zu; wir werden uns im nachstenden überzeugen, daß die Beharrungswirkung nur unter ganz besonderen Umständen als zuverlässiges Mittel zur Erzeugung nützlicher Verstellkräfte angesehen werden, niemals aber die durch einen gewissen Unempfindlichkeitsgrad gebotene Verstellkraft eines Fliehkraftreglers ersetzen kann.

Schon die Tatsache, daß die Beharrungstriebkraft mit dem Abstande z des Schwungmassenmittelpunktes von der neuen Gleichgewichtslage proportional wächst, läßt den wesentlichen Unterschied zwischen Beharrungswirkung und der infolge des Unempfindlichkeitsgrades verfügbaren Verstellkraft beim Fliehkraftregler deutlich erkennen. Nachdem (bei Entlastung der Kraftmaschine) einmal die

---

[1]) Die elektrischen Anlagen der Aktiengesellschaft Lauchhammer, Z. d. V. d. Ing. 1908, S. 1791.

Winkelgeschwindigkeit der Reglerspindel um den Betrag $\varepsilon \cdot \omega$ über die für den unbelasteten Regler nötige Größe ω angestiegen ist, steht für die ganze Dauer der Reglerverstellung die erforderliche Verstellkraft $P = \varepsilon \cdot E$ zur Verfügung, es gilt für das Gleichgewicht in jeder Stellung die obere C-Kurve (vgl. Fig. 283 auf Seite 445); jede weitere Änderung der Winkelgeschwindigkeit liefert Fliehkraftüberschüsse, die in vollem Betrage zur Beschleunigung der Reglermassen dienen. Die durch Beharrungsmassen erweckten Triebkräfte können dagegen nur so lange als Verstellkräfte dienen, als sie mindestens so groß sind, wie die Bewegungswiderstände dies erfordern, solange also der Regler von der neuen Gleichgewichtslage noch so weit entfernt ist, daß die mit z proportional abnehmenden Beharrungskräfte die nötige Größe besitzen.

Sind die Belastungsänderungen der Kraftmaschine nur klein, so kann sehr wohl der Fall eintreten, daß die Beharrungswirkung durchaus nicht hinreicht, um die nötige Verstellkraft zu liefern; dann muß wieder durch Steigerung der Winkelgeschwindigkeit der Reglerspindel die Fliehkraft entsprechend gesteigert werden, um die erforderliche Verstellkraft zu gewinnen. Haben wir nun mit Rücksicht auf die Beharrungswirkung den eigentlichen Fliehkraftregler bedeutend schwächer gewählt, als wir es sonst getan hätten, so werden die Geschwindigkeitsänderungen um so größer ausfallen müssen. Erleidet also die Kraftmaschine nur kleine Belastungsänderungen, so ist eine Beharrungsmasse zur Vergrößerung der Verstellkraft des Fliehkraftreglers ungeeignet. Der Fliehkraftregler muß in diesem Falle ebenso kräftig gemacht werden wie ohne Beharrungsmasse. Sind die Belastungsänderungen der Kraftmaschine dagegen sehr groß und vollziehen sie sich sehr schnell, so kann allerdings die Beharrungswirkung die Verstellkraft des Fliehkraftreglers beträchtlich steigern.

Die Unzuverlässigkeit der Beharrungswirkung, die sich nach der vorstehenden Betrachtung hinsichtlich der Ausnutzung als Verstellkraft gezeigt hat, tritt uns noch deutlicher vor Augen, wenn wir die dynamischen Vorgänge genauer betrachten. Die alte Gleichgewichtslage des Reglers (vgl. Fig. 433) liege im Abstande a von der neuen Gleichgewichtslage; die Beharrungskraft ist dann anfangs am größten $= P_a$ und nimmt proportional mit z ab, beträgt also für den Abstand z nur $P_z = \dfrac{P_a}{a} \cdot z$. Der Verlauf der Regelung wird sich nun verschieden gestalten, je nachdem die Winkelgeschwindigkeit der Reglerspindel in dem Augenblicke, in dem die Entlastung der Kraftmaschine vor sich geht, zufällig einen größeren oder kleineren Wert besitzt, der natürlich nur innerhalb der durch die beiden C-Kurven C_1 und C_2 gezogenen Grenzen liegen kann. Beginnt die Entlastung in einem Augenblick, in dem die Fliehkraft bis 1 reicht, so dient ein Teil von P_a dazu, die nötige Verstellkraft auszuüben, und der Überschuß 32 steht sofort zur Beschleunigung der Reglermassen zur Verfügung. Abgesehen von der notwendigen Steigerung der Umdrehzahl, die von der Winkelbeschleunigung der Reglerspindel herrührt und die eine Zunahme der Fliehkräfte über die C_2-Kurve herbeiführt, mithin eine Steigerung der wirksamen Triebkräfte noch über die Linie 3 5 6 bewirkt, kann folglich die Gerade 3 5 6 angenähert als Kurve der Triebkräfte, die zur Massenbeschleunigung dienen, angesehen werden. Fig. 433 lehrt deutlich, daß bei einigermaßen großen Beharrungskräften die durch Fläche 2 3 5 dargestellte positive Arbeit weit größer als die die negative Arbeit der Triebkräfte darstellende Fläche 5 6 7 ausfallen kann. In der neuen Gleichgewichtslage hätten dann die Reglermassen noch ein bedeutendes Arbeitsvermögen, sie kämen in der neuen Gleichgewichtslage nicht zur Ruhe, sondern gingen über dieselbe hinaus. In Fig. 433 wurde der Anfangswert der Beharrungskraft P_a gerade so groß gewählt, daß die Flächen 2 3 5 und 5 6 7 einander gleich werden. Die positive von den Beharrungskräften geleistete Arbeit ist also gleich

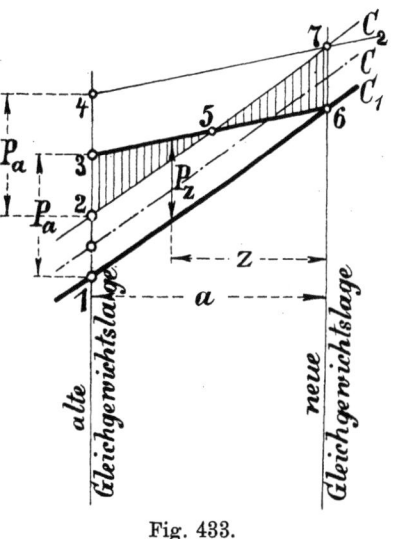

Fig. 433.

der negativen, die Reglermassen besitzen in der neuen Gleichgewichtslage kein Arbeitsvermögen mehr, sie kommen dort zur Ruhe. Dieser günstige Fall kann aber nur für einen ganz bestimmten Anfangswert P_a eintreten, wenn nämlich (vgl. Fig. 433)

$$P_a = \overline{13} = 2 \cdot \overline{12} = 2 \cdot 2 \, \varDelta C = 4 \, \varDelta C = 4\, \varepsilon\, C$$

ist. Für jeden anderen Wert der Anfangsbeharrungskraft, oder wenn die bei Beginn der Regelung vorhandene Winkelgeschwindigkeit des Reglers nicht der unteren C_1-Kurve entsprach, sondern einen größeren Wert besaß, werden die Verhältnisse sofort viel ungünstiger. Begänne z. B. die Regelung in einem Augenblick, in dem zufällig die Umdrehzahl der oberen C_2-Kurve entspricht, dann dient die ganze von der Beharrungskraft geleistete Arbeit zur Beschleunigung der Reglermassen; maßgebend als Begrenzungslinie für die Triebkräfte ist die Gerade 4 7. Die Beschleunigungsperiode dauert bis zur neuen Gleichgewichtslage, der Regler schießt über die neue Gleichgewichtslage ebensoweit hinaus, wie er vorher auf der anderen Seite von derselben entfernt seine Bewegung begonnen hat.

Nach diesen Betrachtungen wird **bei großen Belastungsänderungen,** d. h. gerade dann, wenn die Beharrungsmasse zur Ausübung von Verstellkraft wirksam herangezogen werden kann, der Beharrungsregler **überregeln.** Diese Neigung zum Überregeln ist eine sehr unangenehme Zugabe, um so unangenehmer, weil es ja von Zufällen, insbesondere von den jedesmaligen Werten der Winkelgeschwindigkeit, bei der gerade die Belastungsschwankung der Kraftmaschine beginnt, abhängt, ob mehr oder weniger von der durch die Beharrungskraft geleisteten Arbeit als Verstellarbeit nutzbar gemacht wird oder zur Beschleunigung der Reglermassen dient. Die Praxis hat diese Unzuverlässigkeit der Beharrungsregler auch bald erkannt und hilft sich durch Anwendung von Flüssigkeitswiderständen: viele Beharrungsregler haben kräftige Ölbremsen. Bei den später zu besprechenden Achsenreglern, bei denen in erster Linie Beharrungsmassen benutzt werden, sollen die Ölbremsen allerdings zunächst den Rückdruck der Steuerung mehr oder weniger abfangen; daß sie auch aus den obigen Gründen nötig sind, dürfte wohl nicht immer eingesehen worden sein.

Beseitigung des Überregelns durch Vergrößerung des Unempfindlichkeitsgrades. An Stelle einer Ölbremse können, wie wir früher bei der Betrachtung der Regelungsvorgänge gesehen haben, zur Verhinderung wachsender Schwingungen die Bewegungswiderstände dienen, falls sie genügend groß sind. Wir sahen z. B. auf S. 479, daß bei Anwendung des günstigsten Ungleichförmigkeitsgrades δ mindestens ein Unempfindlichkeitsgrad

$$\varepsilon = \sim 0{,}4\,\lambda\,\delta$$

vorhanden sein muß; auf S. 482 fanden wir, daß zu dem kleinsten zulässigen Ungleichförmigkeitsgrade δ_{min} ein mindestens erforderlicher Unempfindlichkeitsgrad

$$\varepsilon = \sim 2\,\lambda\,\delta_{min}$$

gehört.

Für andere Werte des Ungleichförmigkeitsgrades bekäme man entsprechend andere Werte des noch eben zulässigen kleinsten Unempfindlichkeitsgrades. Es leuchtet ein, daß sich bei den Beharrungsreglern dieser mindestens erforderliche Unempfindlichkeitsgrad außer nach dem Ungleichförmigkeitsgrade des Reglers auch nach dem Maße der Beharrungswirkung zu richten hat. In dem schon S. 478 erwähnten Aufsatz[1]) kommt v. Mises zu folgenden Ergebnissen über die Größe des kleinsten erforderlichen Unempfindlichkeitsgrades.

δ_1 und δ_b seien die auf S. 659 und 661 erläuterten Werte:

$$\delta_1 = \sqrt[3]{\frac{M_r a}{C_m T_a^2}} = \sqrt[3]{\frac{(M_{r0} + M_b \cdot i^2)a}{C_m T_a^2}}; \quad \delta_b = i \frac{M_b}{2 M \omega T_a},$$

der tatsächlich ausgeführte Ungleichförmigkeitsgrad des Reglers sei δ; berechnet man dann die Verhältniszahlen

$$\xi = \frac{\delta}{\delta_1} \quad \text{und} \quad \zeta = \frac{\delta_b}{\delta_1},$$

so findet man den zu δ und δ_b gehörigen Kleinstwert des Unempfindlichkeitsgrades

$$\varepsilon = \lambda \cdot \eta \, \delta_1,$$

worin λ den höchstens vorkommenden Ent- oder Belastungsgrad und $\eta = f(\xi, \zeta)$ eine Funktion von ξ und ζ bedeutet, deren Größe der Fig. 434 entnommen werden kann.

In Fig. 434 sind für verschiedene Werte von ζ: $\zeta = 0$; $\zeta = 0,6$; $= 1,2$; $= 1,8$ und $= 2,4$ mit ξ als Abszissen und η als Ordinaten die Kurven E gezeichnet. Der Wert $\zeta = 0$, d. h. $\delta_b = 0$ entspricht einem Regler ohne Beharrungsmasse. Allgemein erkennt man aus dem Verlauf der Kurven E, daß mit abnehmendem ξ, d. h. für kleinere Werte δ des wirklich ausgeführten Ungleichförmigkeitsgrades der Unempfindlichkeitsgrad ε größer werden muß. Verwendet man also eine Beharrungsmasse, um den Ungleichförmigkeitsgrad δ kleiner nehmen zu können, so wird ε größer als bei dem gleichwertigen Regler ohne Beharrungsmasse.

Ist z. B. entsprechend dem Beispiel 3 auf S. 663:

$$\delta_b = 1,95\,{}^0/_0, \quad \delta_1 = 3,30\,{}^0/_0 \quad \text{und wird} \quad \delta = 1,35\,{}^0/_0$$

gemacht, so ist

$$\xi = \frac{1,35}{3,30} = 0,41; \quad \zeta = \frac{1,95}{3,30} = 0,59 \sim 0,6;$$

wir entnehmen dazu aus Fig. 434 als Ordinate der Kurve E für $\zeta = 0,6$ zu $\xi = 0,41$: $\eta = 1,92$, folglich muß sein

$$\varepsilon \gtreqless \lambda \cdot 1,92 \cdot 3,30 = \lambda \cdot 6,34\,{}^0/_0.$$

Machten wir δ größer, z. B. $\delta = 2,7\,{}^0/_0$, so würde $\xi = 0,82$, dazu $\eta = 0,8$, also $\varepsilon \gtreqless \lambda \cdot 0,8 \cdot 3,30 = \lambda \cdot 2,64\,{}^0/_0$, d. h. erheblich kleiner.

---

[1]) „Zur Theorie der Regulatoren" von R. v. Mises, Z. d. E. V. in Wien, 1908, Heft 37.

672   Muffenregler.

Vergleichen wir schließlich mit dem vorstehenden Fall noch den ohne Beharrungsmasse, so fanden wir hierfür $\delta_1 = \delta_{r0} = 1{,}2\,^0/_0$; somit ist $\zeta = 0$ und mit $\delta = 1{,}35\,^0/_0$, $\xi = \dfrac{1{,}35}{1{,}2} = 1{,}12$. Hierzu gehört $\eta = 1{,}0$ oder $\varepsilon \mathrel{\overline{\overline{>}}} \lambda\,1{,}0 \cdot 1{,}2 = \underline{\lambda\,1{,}2\,^0/_0}$. Bei gleichem Ungleichförmigkeitsgrad des Reglers erfordert danach der Regler mit Be-

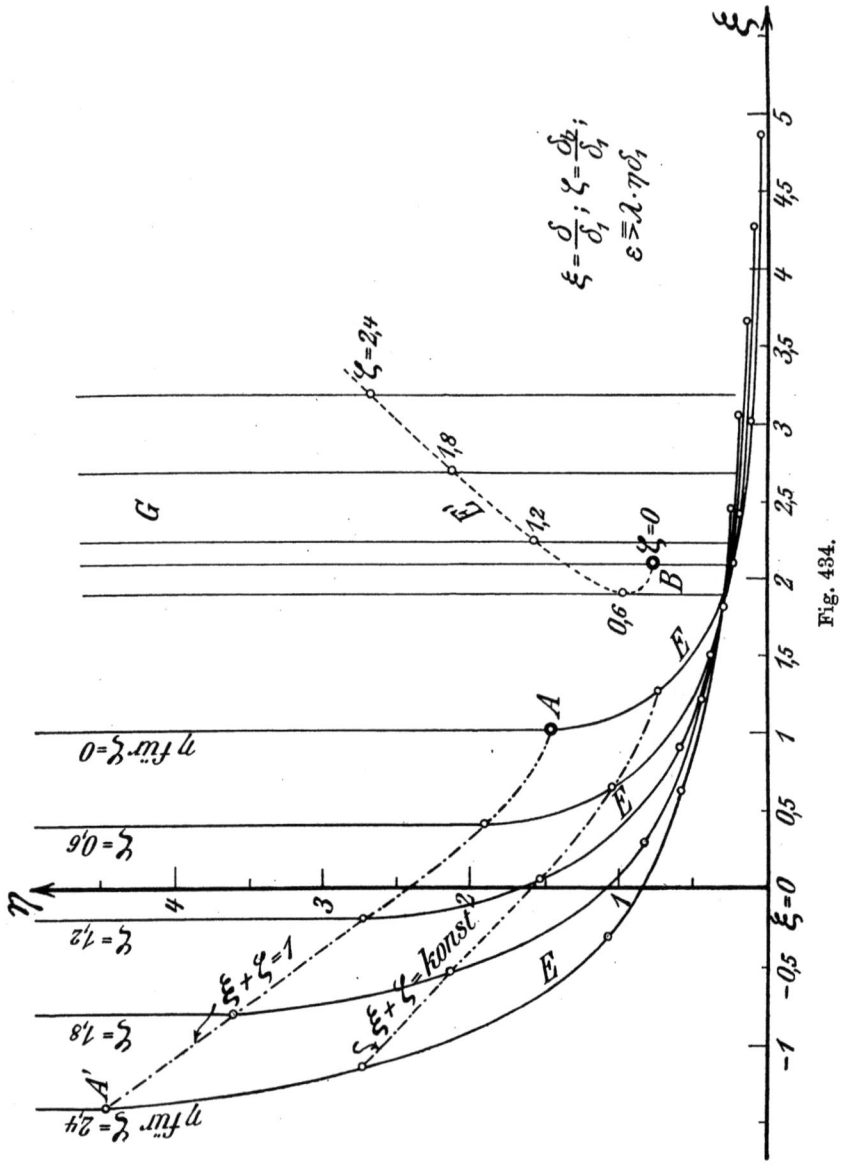

Fig. 434.

harrungsmasse einen fünfmal so großen Unempfindlichkeitsgrad als ohne solche. Der Beharrungsregler zeigt sich danach in einem sehr schlechten Lichte.

Nach Gl. 267 S. 661 fanden wir den mit **Beharrungsmasse** nötigen **kleinsten** Ungleichförmigkeitsgrad $\delta_{min} = \delta_1 - \delta_b$; hierfür können wir schreiben

$$\frac{\delta_{min}}{\delta_1} + \frac{\delta_b}{\delta_1} = 1.$$

Da nun allgemein $\frac{\delta}{\delta_1} = \xi$ und $\frac{\delta_b}{\delta_1} = \zeta$ gesetzt wurde, so gilt für den Fall, daß gerade der zulässig kleinste Wert δ_{min} für den Ungleichförmigkeitsgrad δ des Reglers genommen wird, die Bedingungsgleichung

$$\xi + \zeta = 1.$$

In Fig. 434 liegen die dieser Gleichung entsprechenden Endpunkte der Ordinaten η für verschiedene Werte von ζ auf der Linie $A'A$. Punkt A gehört zu dem Regler ohne Beharrungsmasse. In Übereinstimmung mit unseren früheren Untersuchungen ist in der Tat für $\zeta = 0$, $\xi = 1$, also $\delta_{min} = \delta_1 = \sqrt[3]{\frac{M_r a}{C_m T_a^2}}$ (vgl. S. 482, Gl. 231).

Für Punkt A liefert die Figur allerdings $\eta = 1,48$; danach muß für diesen Grenzfall $\varepsilon \gtreqless 1,48 \lambda \delta_{min}$ sein, während wir nach Gl. 233 $\varepsilon \gtreqless 2 \lambda \delta_{min}$ machen sollten. Der Unterschied beider Werte stammt zum Teil daher, daß wir in Gl. 231 den Faktor 0,82 weggelassen haben, also eigentlich $\varepsilon \geq 2 \cdot 0,82 \lambda \delta_{min} = 1,64 \lambda \delta_{min}$ hätten schreiben sollen; dann beträgt die Differenz zwischen unserem früheren Näherungswerte und dem Werte nach Fig. 434 nur noch etwa $10\,^0/_0$. Jedenfalls bietet der Wert von ε nach Gl. 233 mehr als hinreichende Sicherheit.

Punkt B in Fig. 434 entspricht unserem früheren günstigsten Ungleichförmigkeitsgrad (für $\zeta = 0$, d. h. für den Regler ohne Beharrungsmasse); Fig. 434 liefert $\xi \sim 2$ (übereinstimmend mit Gl. 222) und dazu $\eta = 0,8$ (d. h. $\varepsilon \gtreqless 0,4 \lambda \delta$, entsprechend Gl. 226). Die gleichartigen Werte für Regler mit Beharrungsmasse, und zwar für $\zeta = 0,6$; $= 1,2$; $= 1,8$ und $\zeta = 2,4$, d. h. diejenigen Ungleichförmigkeitsgrade, für die der Regler ohne überzuregeln, unmittelbar in die neue Gleichgewichtslage schwingt und bei hinreichender Größe von ε auch dort verharrt, reichen in Fig. 434 bis zu den senkrechten Geraden G; die zugehörigen Werte von η reichen bis zur Kurve E'.

Wir fassen die Ergebnisse über die Beharrungsregler hinsichtlich der Verstellkräfte zusammen:

1. Die Verwendung von Beharrungsmassen hat nicht ohne weiteres eine Vergrößerung der Verstellkraft zur Folge, ermöglicht also nicht unter allen Umständen eine erhebliche Einschränkung des Fliehkraftreglers.

2. Nur bei großen und plötzlichen Belastungsänderungen der Kraftmaschine kann von einer Vermehrung der Verstellkraft durch die Beharrungswirkung die Rede sein; bei kleinen Belastungsschwankungen hat der Fliehkraftregler fast alle Verstellarbeit allein zu leisten, die Beharrungsmasse ist ohne nennenswerten Nutzen.

3. Gerade wenn die Beharrungsmasse nützliche Verstellkraft erzeugt, d. h. bei großen Belastungsschwankungen der Kraftmaschine, muß der Beharrungsregler überregeln, wenn er nicht durch einen kräftigen Flüssigkeitswiderstand günstig beeinflußt wird.

4. Noch ungünstiger erscheinen die Beharrungsregler, wenn unter Verzicht auf eine Ölbremse das Überregeln durch genügend großen Unempfindlichkeitsgrad ε verhindert werden soll; alsdann wird ε um so größer, je größer δ_b und um so kleiner deshalb der Ungleichförmigkeitsgrad δ des Reglers genommen wird.

5. Hohe Unempfindlichkeitsgrade sowohl wie kräftige Flüssigkeitswiderstände, die die Regelung ebenfalls unempfindlicher machen bzw. größere Geschwindigkeitsschwankungen hervorrufen, verschlechtern aber die Regelung, so daß das Gesamtergebnis über die Beharrungsregler kein günstiges genannt werden kann.

Vor übertriebenen Hoffnungen hat schon Stodola seinerzeit gewarnt; die Schwärmerei für Beharrungsregler scheint glücklicherweise in der Praxis bereits überwunden zu sein.

Die Möglichkeit, bei Anwendung einer Beharrungsmasse astatische Regler zu benutzen, ist zweifellos durch die praktische Erfahrung bestätigt worden. Aber auch die weitere Tatsache, daß man trotz einer Beharrungsmasse den Fliehkraftregler nicht schwächer bemessen darf, als ohne Beharrungsmasse nötig ist, hat sich in der Praxis genügend oft bewahrheitet.

Schon die Vorgänge beim Anlaufen der Maschine lassen dies erkennen: die Beharrungswirkung setzt sich mit der Fliehkraftwirkung normal in der Weise zusammen, daß bei Entlastung der Maschine eine Winkelbeschleunigung mit einer zu großen Winkelgeschwindigkeit einhergeht; der Fliehkraftüberschuß und die Beharrungskraft bei vorhandener Winkelbeschleunigung verschieben die Muffe nach oben. Während der Anlaufperiode aber ist die Fliehkraft noch dauernd zu klein. Die Muffe befindet sich in der tiefsten

Stellung, die Beharrungsmasse dagegen, weil eine Winkelbeschleunigung erfahrend, sucht die Muffe nach oben zu drängen. Sie wirkt der Fliehkraftwirkung entgegen, bis die normale Umdrehzahl erreicht ist. Der Fliehkraftregler hat also während der Anlaufperiode auf die Mitwirkung der Beharrungsmasse nicht zu rechnen, er muß von vornherein genügend kräftig gewählt werden, sollen nicht große Geschwindigkeitsschwankungen eintreten.

Wer also die immerhin verwickelten Vorgänge bei der Wirkung von Beharrungsmassen nicht genau zu beurteilen in der Lage ist, sollte sich auf Beharrungsmassen nicht einlassen. Bei der Verwendung hinreichend kräftiger Fliehkraftregler mit möglichst geringer Eigenreibung und kleinem reduzierten Muffenhube kann er jedenfalls weit zuverlässiger konstruieren.

Siebentes Kapitel.

Achsenregler.

A. Allgemeine Theorie.

1. 𝔐-Kurven und Ungleichförmigkeitsgrad.

Wir beginnen mit der statischen Untersuchung der Achsenregler und wollen zunächst zeichnerische Darstellungen kennen lernen, die uns hier in gleicher Weise wie bei den Muffenreglern die C-Kurven in den Stand setzen, den Ungleichförmigkeitsgrad zu berechnen, die Stabilität des Reglers zu prüfen, überhaupt alle statischen Eigenschaften eines gegebenen Reglers in bequemer Weise zu erkennen.

In Fig. 435 ist A die Achse, um welche sich das ganze System mit der Winkelgeschwindigkeit ω dreht. Zwei Schwungkörper von beliebiger Form, meist Scheiben mit einer zur Drehachse senkrechten Symmetrieebene, drehen sich um die Zapfen I; ihre Fliehkraft C wird durch die Federkraft F im Gleichgewicht gehalten. Der Ausschlag der Schwungkörper überträgt sich durch irgendeinen Mechanismus (in Fig. 435 durch die Stangen ss angedeutet) auf das mit der Achse A umlaufende Steuerungsorgan (Exzenter, Steuerdaumen) und bewirkt so eine Relativ-Verdrehung oder -Verschiebung dieses Organes, wie wir an später zu besprechenden Beispielen näher sehen werden.

Aus den Betrachtungen über die Fliehkraft auf Seite 378 geht hervor, daß die Fliehkräfte aller Massenteile eines beliebig gestalteten Körpers stets eine Resultierende liefern, die so groß ist wie die Fliehkraft der im Schwerpunkte S zusammengedrängten ganzen Masse M; sie beträgt also für die Schwungkörper in Fig. 435

$$C = M\omega^2 \cdot r.$$

Diese Resultierende schneidet die Drehachse stets rechtwinklig und ebenso die durch den Schwerpunkt S zur Drehachse gelegte

Parallele (vgl. S. 378); sie geht durch den Schwerpunkt selber, wenn der Schwungkörper eine zur Drehachse rechtwinklige Symmetrieebene besitzt. Auf Grund der vorstehenden Beziehungen erkennen wir, daß sich die Fliehkraftwirkung in letzterem Falle von sonst aber beliebig gestalteten Schwungkörpern stets durch eine im Schwerpunkte S angreifend zu denkende Fliehkraft

$$C = M \omega^2 r$$

ersetzen läßt.[1]) Das auf den Drehzapfen I der Schwungkörper bezogene, von den Fliehkräften ausgeübte Moment sei $\mathfrak{M}$, dann gilt nach Fig. 435 für $\mathfrak{M}$ die Gleichung:

$$\mathfrak{M} = C \cdot h_1 = M \omega^2 r \cdot h_1.$$

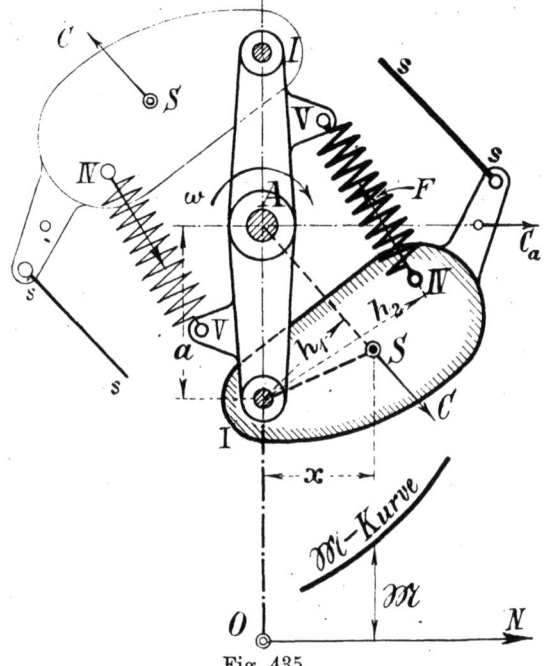

Fig. 435.

[1]) Muß bei irgendeiner Untersuchung auch die von einer etwaigen Winkelbeschleunigung ϑ herrührende Massenkraft, also die Beharrungswirkung, berücksichtigt werden, so gilt zwar ebenfalls bezüglich Richtung und Größe dieser Massenkraft die allgemeine Beziehung, daß die Resultierende P_t aus den tangentialen Massenkräften genau so groß und so gerichtet ist, als ob die ganze Masse im Schwerpunkt S angreift, daß also

$$P_t = M r \vartheta$$

ist und senkrecht zu r steht. Aber diese Kraft ist nicht im Schwerpunkt angreifend zu denken; vielmehr liefern, bezogen auf die Drehachse I, die tangentialen Massenkräfte, wenn r_1 die Abstände der Massenteilchen dm von der Drehachse I bedeuten, eine Momentensumme:

$$\mathfrak{M}_1 = \int dm \, r_1 \, \vartheta \cdot \dot{r}_1 = \vartheta \int dm \cdot r_1^2 = \vartheta \cdot J_1,$$

wenn mit J_1 das Trägheitsmoment der Schwungkörper, bezogen auf die Achse I, bezeichnet wird.

Die auf IS senkrecht stehende resultierende Beharrungskraft ist danach in einem solchen Abstande l von der Drehachse I angreifend zu denken, daß

$$P_t \cdot l = M r \vartheta \cdot l = \mathfrak{M}_I = \vartheta J_1$$

oder

$$l = \frac{J_1}{M r}$$

ist. Wir erkennen hierin die bekannte Gleichung für die sogenannte reduzierte Pendellänge eines physischen Pendels und können sagen, die zu IS senkrecht stehende Beharrungskraft $P_t = M r \vartheta$ greift im „Schwingungsmittelpunkt" des Pendels an.

Drückt man den Inhalt des Dreiecks ASI in Fig. 435 zweimal aus, so erhält man:
$$r h_1 = a x,$$
wobei x den Abstand des Schwerpunktes S von der Geraden AI bedeutet. Setzt man den Wert ax anstatt rh_1 in die Gleichung für $\mathfrak{M}$ ein, so ergibt sich
$$\underline{\mathfrak{M} = M \omega^2 a \cdot x} \quad \ldots \quad (269)$$

Diese Beziehung verwerten wir wie folgt zu einer zeichnerischen Darstellung:

Wir ziehen zu der Verbindungslinie AI eine Senkrechte ON, fällen von den Schwerpunktslagen S die Lote auf die Achse ON und tragen hierauf von ON aus die Werte der Momente $\mathfrak{M}$ als Ordinaten auf; die Endpunkte dieser Ordinaten liegen auf einer $\mathfrak{M}$-Kurve. Soll nun der Regler astatisch, d. h. ω konstant sein, so muß nach Gl. 269 diese $\mathfrak{M}$-Kurve offenbar eine durch den Anfangspunkt O gehende Gerade werden. Alle weiteren Schlüsse, die wir früher aus der entsprechenden Grundgleichung im Anschluß an die C-Kurven gezogen haben, können wir hier mit Bezug auf die $\mathfrak{M}$-Kurve wiederholen, kurz ausgedrückt:

die $\mathfrak{M}$-Kurve ist bei den Achsenreglern genau so zu verwenden, wie die C-Kurve bei den Muffenreglern.

Wir fanden früher die gesamte C-Kurve durch Vereinigung der C_g-, C_q- und C_f-Werte; C_g, C_q und C_f waren diejenigen Kräfte, die im Schwerpunkte der Schwungmassen senkrecht zur Spindel nach außen wirkend, dem Schwunggewicht, dem Muffengewicht und der etwaigen Federbelastung das Gleichgewicht halten. Bei den Achsenreglern kommt ausschließlich eine Federkraft F als Reglerbelastung in Frage; wir finden somit die $\mathfrak{M}$-Kurve, indem wir für die einzelnen Reglerstellungen die Momente der Federkraft, bezogen auf den Drehpunkt I der Schwungkörper, bestimmen.

Bequemer als mit Momenten läßt sich jedenfalls mit Kräften arbeiten; wir wollen deshalb nachstehend eine gleichwertige Darstellung mit Hilfe von C-Kurven durchführen. Zu diesem Zwecke suchen wir eine Kraft C_a, die, an dem Schwungkörper angreifend, der Federbelastung F das Gleichgewicht hält und deren Richtungslinie in A senkrecht zu AI steht. Dann gilt die Momentengleichung bezogen auf den Drehpunkt I:
$$C_a \cdot a = F h_2 = \mathfrak{M} = M \omega^2 a x,$$
woraus folgt
$$\underline{C_a = M \omega^2 \cdot x} \quad \ldots \quad (270)$$

Trägt man diese Werte wieder senkrecht unter den Schwerpunkten S als Ordinaten von einer Achse ON aus ab, so erhält man eine C_a-**Kurve**, die hier voll und ganz die Rolle der früheren C-Kurve spielt. Wie die Werte C_a aus den Federkräften F durch einfache Kräftedreiecke gefunden werden können, lehrt Fig. 436: Zur Herstellung des Gleichgewichtes müssen die beiden Kräfte C_a und F eine Resultierende C_I liefern, die durch den Drehpunkt I geht. Nachdem man also den Schnittpunkt D mit I verbunden hat, zeichne man von der Federkraft F ausgehend ein Kräftedreieck, indem man C_a senkrecht zu AI zieht und diese Linie mit DI zum Schnitt bringt (s. Fig. 436 rechts).

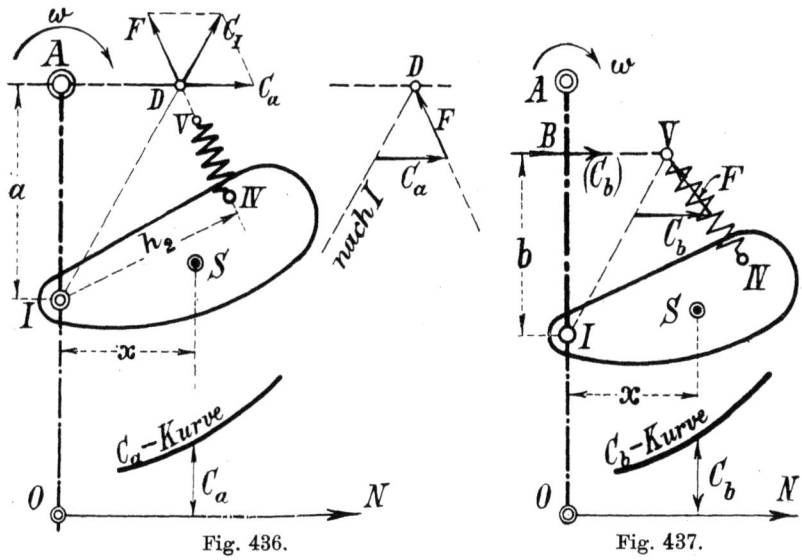

Fig. 436. Fig. 437.

Schließlich kann man die Konstruktion noch weiter vereinfachen, wenn man die Hilfskraft, die F das Gleichgewicht zu halten hat, nicht durch die Achsenmitte A gehen läßt, sondern für das Aufzeichnen einer C_b-Kurve eine Kraft C_b zugrunde legt, deren Richtungslinie senkrecht zu AI steht und durch den festen Drehpunkt V der Belastungsfeder geht (Fig. 437). Eine solche Kraft C_b hat den gleichbleibenden Hebelarm $BI = b$, ihr Moment bezogen auf den Drehpunkt I beträgt also

$$\mathfrak{M} = C_b \cdot b;$$

schreibt man für $\mathfrak{M}$ den Wert aus Gl. 269, so erhält man für C_b die Gleichung:

$$C_b \cdot b = M \omega^2 a x$$

oder
$$C_b = \frac{a}{b} M \omega^2 \cdot x \quad \ldots \ldots \quad (271)$$

Also auch die C_b-Kurve wird für konstante Winkelgeschwindigkeit ω eine durch O gehende Gerade; sie kann genau so benutzt werden, wie früher die C-Kurven.

Bei der Konstruktion von C_b aus F erspart man das wiederholte Ziehen der Verbindungslinie DI; man braucht in Fig. 437 nur einmal V mit I zu verbinden, von V aus die Federkraft F nach Richtung und Größe abzutragen und durch deren Endpunkt eine Senkrechte zu AI zu ziehen, auf der sofort VI die gesuchte Größe von C_b abschneidet.

Benutzt man diese sehr einfache Konstruktion zur Ermittelung einer C_b-Kurve, und will man nachträglich aus irgendeinem Grunde zur $\mathfrak{M}$-Kurve übergehen, so braucht man nur die Werte C_b mit dem konstanten Faktor b zu multiplizieren oder, anders ausgedrückt, einen entsprechenden Momentenmaßstab zugrunde zu legen, um unmittelbar die C_b-Kurve als $\mathfrak{M}$-Kurve zu verwerten. Ebenso einfach ist der Übergang von der C_b-Kurve zu der C_a-Kurve; man hat nur gemäß Gl. 270 und 271 die Werte C_b mit dem konstanten Faktor $\dfrac{b}{a}$ zu multiplizieren. Beispielsweise sind auf Tafel 17 zunächst drei C_b-Kurven für eine kleinste, mittlere und größte Umdrehzahl nach Fig. 271 aufgesucht und daraus die drei entsprechenden C_a-Kurven abgeleitet.

Aus den vorstehenden Gleichungen und Konstruktionen lassen sich leicht einige wichtige Schlüsse ziehen.

1. Beachtet man, daß nach Fig. 435 das Moment $\mathfrak{M}$ gleich dem Moment der Federspannung ($= F \cdot h_2$) sein muß, dieses aber von der Lage des Wellenmittels A, also von a ganz unabhängig ist, so lehrt ein Blick auf Gl. 269, in welcher Weise man die Umdrehzahl des Reglers abändern kann, ohne daß die $\mathfrak{M}$-Kurve eine Änderung erfährt. Erstens läßt sich durch Vergrößerung oder Verkleinerung der Schwungmassen (wie auch bei den Muffenreglern) beim Entwurf eine kleinere oder größere Winkelgeschwindigkeit herbeiführen; zweitens, und das ist hier das Neue, wird ω durch Änderung von a entsprechend beeinflußt. Macht man a größer, so wird nach Gl. 269 ω kleiner, macht man a kleiner, so wird ω größer. Verschiebt man also das Wellenmittel A in der Richtungslinie von AI nach außen, so wird die Umdrehzahl vermindert, rückt man A nach innen, so wird die Umdrehzahl vergrößert. Dieses Mittel gestattet demnach beim Entwurf eine bequeme Anpassung an die geforderte Umdrehzahl unter Beibehaltung der eigentlichen Reglermaße und ermöglicht auch praktisch eine nachträgliche Änderung der Umdrehzahl, wenn man das ganze Reglersystem relativ zur Welle in radialer Richtung verschiebbar ein-

richtet. Hierauf beruhen z. B. die Regler von O. Schneider nach D.R.P. Nr. 97155. Freilich ist eine solche Verschiebbarkeit konstruktiv nicht gerade einfach durchzuführen und erlaubt praktisch auch keine sehr großen Änderungen der Umdrehzahl. Wollte man z. B. die Winkelgeschwindigkeit verdoppeln, so müßte a auf $\dfrac{a}{4}$ vermindert werden, denn nach Gl. 269 ist

$$\omega = \sqrt{\frac{\mathfrak{M}}{Mx}\frac{1}{a}}.$$

Eine derartige Verkleinerung von a dürften die Raumverhältnisse kaum zulassen.

Von besonderer Wichtigkeit ist der Umstand, daß durch Änderung von a der Anfangspunkt O und die $\mathfrak{M}$-Kurve absolut nicht berührt werden, der Charakter des Reglers insbesondere der Ungleichförmigkeitsgrad also ungeändert bleibt.

2. Will man den Ungleichförmigkeitsgrad verändern, so kann man hier nicht einfach, wie es bei den Muffenreglern möglich war, den Anfangspunkt O nach links oder rechts verlegen und auf Grund der Fig. 256 unter Beibehaltung der $\mathfrak{M}$-Kurve δ beliebig größer oder kleiner machen. Denn würde man O auf ON verlegen, so müßte IA parallel zu sich verschoben werden, d. h. der Drehpunkt I würde ein anderer, und damit ergäben sich natürlich auch andere Momentenwerte $\mathfrak{M}$ und eine neue $\mathfrak{M}$-Kurve. Die Möglichkeit, durch Verlegung von A den Ungleichförmigkeitsgrad beliebig abzuändern (allerdings unter gleichzeitiger Abänderung der Gestalt der $\mathfrak{M}$-Kurve) bleibt selbstverständlich bestehen. In welcher Weise die Verlegung von A den Reglercharakter beeinflußt, wollen wir einmal im Anschluß an Fig. 438 prüfen.

Für eine bestimmte Drehachse A sei die $\mathfrak{M}$-Kurve genau als Gerade gefunden, die durch den Anfangspunkt O geht; der Regler sei also astatisch. Nun verlegen wir die Drehachse A des Reglers nach A_1, d. h. weg von dem Schwungmassenmittelpunkt. Die für die einzelnen Reglerstellungen 1, 2, 3, 4 vorher gefundenen Werte der Momente $\mathfrak{M}_1, \mathfrak{M}_2, \mathfrak{M}_3, \mathfrak{M}_4$ bleiben auch jetzt noch gültig, jedoch nimmt die Verbindungslinie $A_1 I$ eine andere Richtung an und hiermit auch die neue Grundlinie $O_1 N_1$. Fällen wir nun die neuen Ordinaten 1, 2, 3, 4 auf $O_1 N_1$ und tragen die Werte $\mathfrak{M}_1$ bis $\mathfrak{M}_4$ von der $\mathfrak{M}$-Kurve aus hierauf ab, so erhalten wir die neue $\mathfrak{M}$-Kurve (in Fig. 438 strichpunktiert). Man sieht, daß diese keine Gerade mehr ist, sondern eine Krümmung nach unten aufweist; außerdem lehrt Fig. 438, daß der Regler einen ziemlich großen Ungleichförmigkeitsgrad erhalten hat.

Rückt man umgekehrt die Reglerachse A nach rechts, etwa nach A_2, so ergibt sich genau das umgekehrte Resultat: die neue (in Fig. 438 gestrichelte) $\mathfrak{M}$-Kurve ist nach oben gekrümmt und der Regler labil geworden. Die Verlegung der Reglerachse wirkt

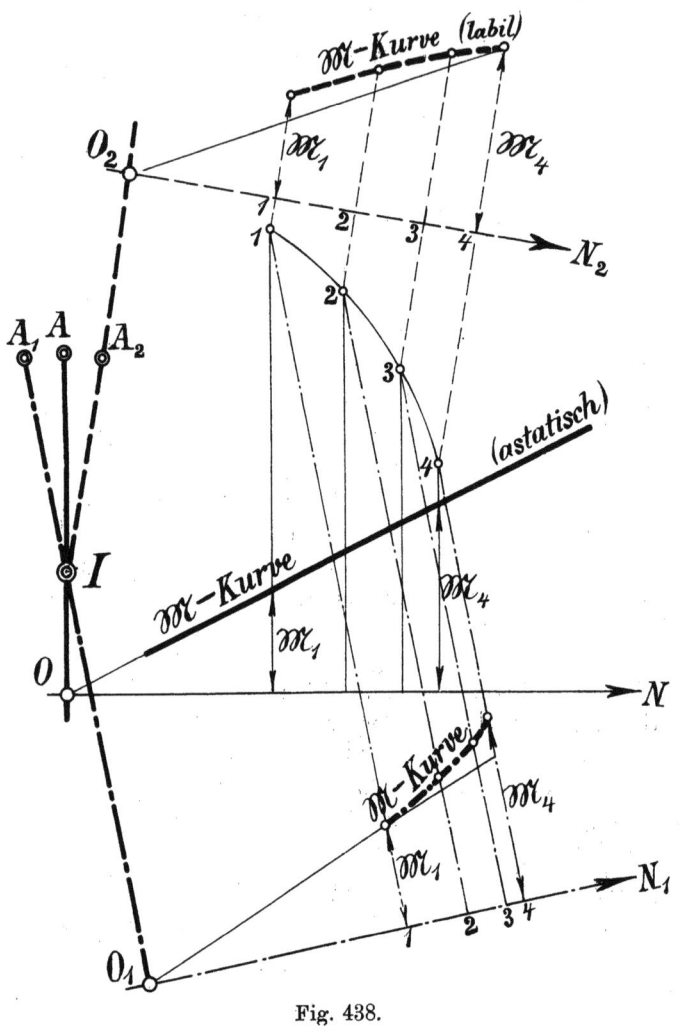

Fig. 438.

also hier in der Hauptsache wie bei den Muffenreglern die Verschiebung der Reglerspindel: der Ungleichförmigkeitsgrad wird größer oder kleiner; es kommt aber bei den Achsenreglern als zweite Wirkung eine Änderung der Gestalt der $\mathfrak{M}$-Kurve hinzu: die $\mathfrak{M}$-Kurve wird krummer oder flacher. Man hat es danach in der Hand, die

Form der $\mathfrak{M}$-Kurve, d. h. den Charakter des Reglers in weiten Grenzen durch Verlegung der Reglerachse A zu beeinflussen.

Auf einen Unterschied zwischen der $\mathfrak{M}$-, der C_a- sowie der C_b-Kurve und der C-Kurve, die wir bei den Muffenreglern benutzten, sei noch besonders hingewiesen: Da die Fliehkräfte C in Richtung der Abszissen x wirken, so stellen die Produkte $C \cdot dx$, das sind in der C-Kurve für Muffenregler die über dx stehenden, bis zur C-Kurve reichenden Flächenstreifen, unmittelbar die Arbeiten der Fliehkraft dar; wie wir auf Seite 438 im Anschluß an Fig. 276 gezeigt haben, ist die von der Grundlinie ON, der C-Kurve und den Endwerten der Fliehkräfte C begrenzte Fläche gleich dem Arbeitsvermögen des Reglers. Diese Beziehung gilt nicht mehr für die $\mathfrak{M}$-Kurve oder die C_a- bzw. C_b-Kurve. Man kann jedoch auch bei den Achsenreglern eine entsprechende Darstellung anwenden, d. h. eine **C-Kurve** aufzeichnen, die vollkommen, auch in bezug auf die Bedeutung als Arbeitsfläche, der C-Kurve bei den Muffenreglern entspricht. Zu dem Zwecke suchen wir (s. Fig. 439) die radial nach außen, im Schwerpunkte S angreifend zu denkende Fliehkraft C, die der Federkraft F das Gleichgewicht hält, für eine Anzahl Reglerstellungen, tragen auf irgend einer durch A

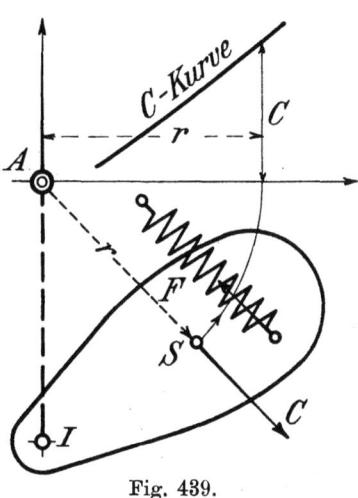

Fig. 439.

gehenden Geraden von A aus die Abstände r des Schwungmassenmittelpunktes S von A als Abszissen ab, d. h. gehen von S auf einem Kreise um A bis zu der durch A gehenden Abszissenachse, und errichten nun die Fliehkräfte C als Ordinaten in den entsprechenden Punkten der Abszissenachse. Die Endpunkte von C liegen auf der C-Kurve, die vollkommen unserer früheren C-Kurve entspricht; denn auch hier gilt als Ausgangsgleichung die Beziehung

$$C = M \omega^2 \cdot r,$$

und es ist ebenso wie früher

$$d\mathfrak{A} = C \cdot dr \quad \text{oder} \quad \mathfrak{A} = \int C \, dr.$$

Wir würden bei den Achsenreglern an Stelle der C-Kurven die $\mathfrak{M}$-Kurven gar nicht eingeführt haben, wenn wir nicht mit den letzteren auf Grund der Gl. 269 den Einfluß des Abstandes a auf die Umdrehzahl und den Ungleichförmigkeitsgrad so überaus bequem beurteilen könnten. Für die Prüfung der Stabilität sind alle vier Kurven: die $\mathfrak{M}$-, C_a-, C_b- und die C-Kurve absolut gleichwertig. Bei dem Beispiel auf Tafel 17 sind daher sowohl die C_a- und C_b-Kurven, als auch die C-Kurven dargestellt.

2. Verstellkraft und Rückwirkung der Steuerung; das Reglertanzen.

Bei den Muffenreglern durften wir die meist zutreffende Annahme machen, daß an der Muffe eine konstante Kraft als Verstellkraft nötig ist, oder anders ausgedrückt, daß während der Verstellung des Reglers eine gleichbleibende Kraft als Rückwirkung der Steuerung auf die Muffe vorhanden ist. Sollte auch während des Gleichgewichtszustandes noch irgendeine Kraft von der Steuerung auf den Regler übertragen werden, so ließe sich diese als zusätzliche Reglerbelastung oder -entlastung auffassen und zur Vermeidung der hierdurch bewirkten Änderung der Umdrehzahl durch Abänderung der Muffenbelastung ausgleichen, d. h. unwirksam machen. Die Annahme einer konstanten Verstellkraft an der Muffe ist ja sicherlich nicht immer zutreffend; vielmehr wird je nach der Steuerung und dem Übertragungsmechanismus von dieser nach der Muffe hin häufig eine für die einzelnen Muffenstellungen verschieden große Verstellkraft auszuüben sein; aber die Verstellkräfte werden bei den üblichen kleinen Unempfindlichkeitsgraden gegen die Reglerbelastungen praktisch so klein, daß eine wesentliche Änderung in dem Verhalten des Reglers durch die schwankenden Verstellkräfte kaum eintritt. Die beiden für die Reglerbewegung maßgebenden C-Kurven, die C_1- und C_2-Kurve, erfahren nur eine kleine Veränderung (allerdings muß darauf geachtet werden, daß nicht eine von den beiden C-Kurven einen unzulässig kleinen Ungleichförmigkeitsgrad bekommt oder gar labil wird).

Ganz anders gestaltet sich die Sache bei den Achsenreglern. Fast immer bewirkt hier der Regler eine Verdrehung der Steuerungsexzenter; diese werden in ihrer jeweiligen Stellung durch den Regler festgehalten und übertragen deshalb alle auf ihre Verstellung hinwirkenden Kräfte auf den Regler. Der Regler erfährt demnach meist recht erhebliche Rückwirkungen. Wollte man etwa ähnlich den Verhältnissen bei den Muffenreglern auch bei den Achsenreglern deren Abmessungen oder Belastungen so groß machen, daß die Rückdrücke gegen letztere verschwinden, so käme man meist zu ganz unverhältnismäßig großen Reglern. Man muß sich damit abfinden, die Wirkungen des immer bedeutenden Rückdruckes in Kauf zu nehmen, oder man muß den Rückdruck durch geeignete

Konstruktionen abzufangen, von dem Regler fern zu halten suchen. Wie das letztere möglich ist, werden wir später bei der Besprechung einzelner Konstruktionen sehen.

Die rückwirkenden Kräfte rühren vornehmlich her:
1. von dem Schieberwiderstand, einschließlich der Stopfbüchsenreibung, Reibung in den Stangenführungen usf.;
2. von dem Massenwiderstand der hin und her bewegten Massen;
3. von dem Gewichte des Schiebers, der Schieberstange und des Exzenters;
4. von der Fliehkraft des Exzenters.

Die letztere Kraft behält ihre Größe bei, ändert dagegen fortgesetzt ihre Richtung; die Kräfte 1 und 3 sind ungefähr konstant, Kraft 2 ist etwa mit dem Sinus des Drehwinkels veränderlich. Die Komponenten aller dieser Kräfte, die auf Verstellung des Exzenters hinwirken und demgemäß als rückwirkende Kräfte für den Regler in Betracht kommen, sind jedenfalls periodisch veränderlich; unter gewissen vereinfachenden Annahmen findet man ihre Größen sämtlich als Sinusfunktionen des einfachen oder des doppelten Kurbeldrehwinkels und damit leicht zeichnerisch darstellbar[1]).

Die bewegenden Kräfte überwiegen hierbei im allgemeinen erheblich die Bewegungswiderstände, es bleiben also Kräfte übrig, die fortgesetzt die Massen des Reglers zu beschleunigen oder zu verzögern suchen: der Regler gerät unter dem Einfluß der rückwirkenden Kräfte in Schwingungen um eine mittlere Gleichgewichtslage. Auch bei Muffenreglern können natürlich durch veränderliche Rückdrücke der Steuerung solche fortwährenden Schwingungen eintreten.

Dieses sogenannte **Tanzen der Regler** hat in der Praxis die verschiedenste Beurteilung erfahren.

Auf der einen Seite hält man das Tanzen der Regler für nachteilig, da durch die fortwährende Bewegung die Zapfen oder Schneiden unnötige Abnutzung erfahren; man muß diese deshalb viel sorgfältiger und reichlicher schmieren, wenn der Regler nicht eine nur kurze Lebensdauer haben soll. Das Tanzen wäre hiernach unbedingt zu vermeiden.

Ist die Ursache für das Tanzen ein starker Rückdruck, so sucht man diesen durch Reibungs- oder Flüssigkeitsbremsen abzufangen; entstehen die Schwingungen des Reglers durch den Ungleichförmigkeitsgrad δ_s des Schwungrades, ergibt dieser größere Geschwindigkeitsschwankungen, als durch den Unempfindlichkeitsgrad ε des Reglers bedingt sind, so würde naturgemäß nur eine

---

[1]) Siehe Otto Schneider, Theorie der Flachregler, Z. d. V. d. Ing. 1895 S. 1256.

Vergrößerung des Unempfindlichkeitsgrades des Reglers z. B. durch Verminderung des Muffendrucks oder Einführung einer Reibungsbremse das Tanzen beseitigen. Die Auffassung, daß die fortwährenden Reglerschwingungen als schädlich zu vermeiden seien, hat hiernach zu der Regel geführt:

> der Unempfindlichkeitsgrad ε des Reglers soll größer oder wenigstens gleich dem Ungleichförmigkeitsgrad δ_s des Schwungrades sein:
> $$\varepsilon \geqq \delta_s.$$

Die andere Auffassung, die neuerdings mehr und mehr zur Geltung gekommen ist, hält das Tanzen der Regler nicht nur nicht für schädlich, sondern für sehr nützlich. Da in der Literatur diese Frage bereits ausführlich behandelt worden ist, so möchte ich zum genaueren Studium auf die unten[1]) angegebenen Werke verweisen und hier nur kurz die Ergebnisse jener Untersuchungen wiedergeben.

1. Durch das Tanzen wird der Regler absolut empfindlich gemacht: der Unempfindlichkeitsgrad ε wird praktisch gleich Null, schon bei der geringsten Änderung der Winkelgeschwindigkeit der Reglerwelle verstellt sich der Regler. Während wir auf Seite 432 erkannt haben, daß eine Bewegung des Reglers erst eintreten kann, nachdem die Fliehkraft C, die zur Gleichgewichtserhaltung erforderlich ist, um einen gewissen Betrag

$$\Delta C = \varepsilon \cdot C$$

zu- oder abgenommen hat, soll jetzt (für den tanzenden Regler) schon bei der geringsten Geschwindigkeitsänderung eine entsprechende Reglerverstellung stattfinden. Wie ist dies möglich?

Das Hin- und Herpendeln des Reglers kann natürlich nur stattfinden, wenn die rückwirkenden Kräfte ausreichen, um die Bewegungswiderstände zu überwinden. Es braucht nicht gerade in jedem Augenblick Gleichgewicht zwischen dem Muffenwiderstand $P = W + R$ und dem auf die Muffe übertragenen Rückdruck zu herrschen; es kann zeitweise der Rückdruck größer, zeitweise kleiner sein als der Widerstand. Im ersteren Falle werden die Reglermassen beschleunigt, im anderen Falle verzögert. Unbedingt müssen aber die Arbeiten des Widerstandes und die des Rückdruckes gleich groß sein, der mittlere Rückdruck auf die Muffe muß also den Wert P haben. Da sich beim Tanzen die Muffe auf und ab bewegt,

---

[1]) Die Bedingungen für eine gute Regulierung von J. Isaachsen; Fliehkraft und Beharrungsregler von Dr.-Ing. F. Thümmler, beide im Verlag von Jul. Springer. Siehe auch Z. d. V. d. Ing. 1899 S. 913: J. Isaachsen, Das Regulieren von Kraftmaschinen.

wird nicht immer die richtige Füllung, welche der gleichbleibenden Maschinenbelastung entspricht, eingestellt werden, sondern bald eine zu kleine, bald eine zu große Füllung. Trotz dieser Füllungsschwankungen wird aber eine Schwankung der Umdrehzahl praktisch nicht eintreten, da die (überhaupt nur kleinen) Füllungsschwankungen sich gegenseitig ausgleichen. Es schwingt also der Regler um eine mittlere Gleichgewichtslage hin und her; beträgt die Größe des Ausschlages dieser Schwingungen u, so leistet der Rückdruck bei einer Schwingung die Arbeit Pu. Tritt nun plötzlich eine kleine Belastungsänderung der Maschine und dadurch eine Änderung der Winkelgeschwindigkeit der Reglerspindel ein, wird folglich eine kleine Verstellkraft P_0 hervorgerufen, so könnte bei dem nicht tanzenden Regler allerdings eine Reglerverschiebung erst eintreten, sobald $P_0 \gtreqless P$ würde. Bei dem tanzenden Regler aber unterstützt diese Kraft P_0 nur die schon vorhandenen Kräfte des Rückdrucks. Beim Hingang würde die Arbeit $(P + P_0)u$, beim Rückgang $(P - P_0)u$ geleistet, falls die Schwingungsweite u bliebe; da der Widerstand aber stets nur gleich P ist, so kann im ersteren Falle das mittlere Gleichgewicht nur möglich werden, indem der Regler um mehr als u ausschwingt, etwa um $u + u_0$, im zweiten Falle um weniger als u zurückschwingt, etwa um $u - u_0$, so daß die Arbeiten für jede einfache Schwingung gleich groß werden.

Es gilt mithin (angenähert)
$$(P \pm P_0)u = P(u \pm u_0);$$
hieraus folgt $\quad P_0 u = P u_0$

oder
$$u_0 = \frac{P_0}{P} \cdot u \quad \ldots \ldots \ldots (272)$$

d. h. bei jeder Schwingung rückt der Endpunkt des Reglerausschlags um u_0 vorwärts, der Schwingungsmittelpunkt des Reglertanzens verlegt sich jedesmal um die Strecke u_0, natürlich nur so lange, bis der neue mittlere Füllungsgrad eingestellt ist. Wir sehen, daß die geringste verfügbare Kraft P_0 imstande ist, den tanzenden Regler, wenn auch nur allmählich, in die neue mittlere Gleichgewichtslage zu bringen; der Regler ist in der Tat absolut empfindlich geworden. Die Größe des Unempfindlichkeitsgrades ε ist trotzdem noch von Bedeutung; denn die erforderliche Verstellkraft $P = \varepsilon \cdot E$ erscheint in der Gl. 272 im Nenner. Je kleiner ε und damit P ist, um so größer wird u_0, um so schneller wird die neue Gleichgewichtslage hergestellt.

2. Man kann aus dem Reglertanzen noch einen anderen Vorteil ableiten. Wie wir wissen, darf die Umdrehzahl n von dem der

augenblicklichen Gleichgewichtslage entsprechenden Werte aus um εn zu- oder abnehmen, ohne daß der Regler sich verstellt. Durch irgendwelche Ursachen können solche Schwankungen der Winkelgeschwindigkeit tatsächlich eingeleitet werden; der Regler ist, eben wegen der Unempfindlichkeit, dann nicht imstande, die Geschwindigkeitsschwankungen zu beseitigen. Tanzt dagegen der Regler, so würde er jeder, auch der kleinsten, Geschwindigkeitsänderung und der hierdurch bewirkten Verstellkraft Folge leisten und entsprechend die Füllung so lange abändern, bis die Geschwindigkeitsschwankungen fortgeschafft sind. Man kann also sagen: **durch das Tanzen des Reglers werden jene kleinen Geschwindigkeitsschwankungen beseitigt, die trotz gleichbleibender Maschinenbelastung innerhalb des Unempfindlichkeitsgrades auftreten.**

3. Es leuchtet ein, daß die durch das Tanzen bewirkte Erhöhung der Empfindlichkeit auch die Stabilität des Reglers beeinflussen kann. Da neben einem mindestens erforderlichen Ungleichförmigkeitsgrade auch ein gewisser Unempfindlichkeitsgrad nötig ist, wenn der Regler brauchbar sein soll, so kann sehr leicht der Fall eintreten, daß die für den nicht tanzenden Regler ausreichende Unempfindlichkeit für den tanzenden Regler nicht mehr genügt. Nach Gl. 226 und 233 hängt der erforderliche kleinste Unempfindlichkeitsgrad von der verhältnismäßigen Entlastung λ der Kraftmaschine ab. Während also bei einem nicht tanzenden Regler auch bei größeren Belastungsschwankungen der neue Gleichgewichtszustand mit Sicherheit herbeigeführt werden kann, wird dies bei dem tanzenden Regler unter gleichen Verhältnissen nicht mehr der Fall sein.

Diese Unsicherheit muß als Nachteil des Tanzens auch von denjenigen zugestanden werden, die die vorstehend aufgezählten Wirkungen (Erhöhung der Empfindlichkeit und Beseitigung der kleinen Geschwindigkeitsschwankungen bei gleichbleibender Belastung) als Vorzüge schätzen. Es ist deshalb nicht zu verwundern, wenn vorsichtige Konstrukteure von dem Reglertanzen nichts wissen wollen und deshalb den Rückdruck soviel als möglich unwirksam zu machen suchen. (Siehe S. 691, Widerstandsvermögen nach Proell.)

4. Zum Schluß wollen wir noch den Einfluß des Tanzens auf Beharrungsregler einer kurzen Betrachtung unterziehen. Beharrungsmassen gestatten zwar, wie wir früher erkannt haben, unter gewissen Bedingungen die Anwendung eines kleineren Ungleichförmigkeitsgrades, ja die Verwendung eines labilen Reglers, und zeigen sich so als vorteilhaft; dagegen konnten wir kaum feststellen, daß durch Beharrungsmassen die Verstellkraft eines Flieh-

kraftreglers einwandsfrei vergrößert würde: bei kleinen Belastungsschwankungen kommen die Beharrungsmassen überhaupt nicht zur Wirkung; bei großen Belastungsänderungen der Kraftmaschine liefern die Beharrungsmassen zwar wirksame Verstellkräfte, veranlassen aber Überregeln, da die Beharrungskraft proportional mit dem Abstande z der Schwungmassen von der neuen Gleichgewichtslage des Reglers abnimmt (vgl. Fig. 433).

Setzen wir nun einen tanzenden Regler mit Beharrungsmasse voraus, so ist ein günstiges Zusammenwirken der beiden Ursachen: Beharrungskraft und erzwungene Schwingung, sehr wohl möglich und wie folgt zu erklären.

Beim tanzenden Regler bewirkt schon eine sehr kleine, durch Änderung an Winkelgeschwindigkeit hervorgerufene Verstellkraft eine allmählich Verlegung des Schwingungsmittelpunktes; bei jeder Schwingung rückt der Regler ein wenig weiter nach der angestrebten neuen Gleichgewichtslage hin; von Überregeln kann hierbei natürlich nicht die Rede sein. Liefert nun nicht nur der eigentliche Fliehkraftregler, sondern auch eine Beharrungsmasse Verstellkräfte, so wird die bei jeder Schwingung des tanzenden Reglers eingeleitete Arbeit wirksam vergrößert, der Schwingungsmittelpunkt erfährt eine größere Verlegung als durch die von der Fliehkraftsteigerung herrührende Verstellkraft; der Regler rückt viel schneller in die neue Gleichgewichtslage, ohne daß notwendig ein Überregeln einzutreten braucht. Stimmen zufällig alle Verhältnisse, so kann sogar der Fall eintreten, daß sich beim tanzenden Regler mit Beharrungsmasse schon durch eine einzige Schwingung der Schwingungsmittelpunkt um das ganze erforderliche Maß verlegt, d. h. daß der Regler sofort seine neue (mittlere) Gleichgewichtslage annimmt. Aber es bleibt immer Zufall, wann sich gerade einmal dieses günstige Zusammentreffen ereignet.

Gegenüber dem nicht tanzenden Regler mit Beharrungsmasse, der selten eine Verbesserung des reinen Fliehkraftreglers, meist eine Verschlechterung desselben bedeutet, muß zugestanden werden, daß die Anbringung einer Beharrungsmasse beim tanzenden Fliehkraftregler eine wesentliche Verbesserung der Regelung bewirken kann, nämlich die Zulässigkeit eines kleineren Ungleichförmigkeitsgrades und die Vergrößerung der Stellkraft, ohne daß Überregeln einzutreten braucht.

Widerstandsvermögen eines Achsenreglers nach R. Proell.

Um einen Maßstab für die Fähigkeit eines Achsenreglers, gegen die Rückdruckimpulse Widerstand zu leisten, zu gewinnen, hat R. Proell (in seinem Aufsatz „Fortschritte im Bau von Flachregler-

Ventilsteuerungen", Z. d. V. d. I. 1913, S. 1291 u. f.) den Begriff **Widerstandsvermögen** eines Achsenreglers eingeführt. Mit Rücksicht darauf, daß die Rückdrücke der Steuerung besonders bei Ventilsteuerungen nur während des Öffnens und Schließens erfolgen, während dazwischen Zeiten liegen, in denen der Regler ungehindert seiner Gleichgewichtslage zustreben kann, faßt Proell lediglich reine Stoßkräfte oder Impulse als Rückdrücke ins Auge, d. h. Kräfte, die in unendlich kleiner Zeit eine endliche Geschwindigkeit v hervorrufen würden. Als Maßstab für solche Impulse benutzt man bekanntlich in der Mechanik die erzeugte Bewegungsgröße, den Schwung

$$S = M_r v,$$

worin M_r die in Bewegung gesetzte Masse ist. Denken wir uns einen Regler aus seiner Gleichgewichtsstellung gebracht, ohne daß eine Änderung der Winkelgeschwindigkeit eingetreten ist, so entsteht, wie wir auf Seite 459 abgeleitet haben, nach Gl. 203 eine **Triebkraft durch falsche Stellung** $\Delta C_z = \dfrac{2\delta \cdot C_m}{a} \cdot z$, die ihn in die Gleichgewichtslage zurückzuführen sucht; die hierdurch erzeugte Beschleunigung ist, wenn mit M_r die auf den Angriffspunkt von C_m (d. h. auf den Massenmittelpunkt des Schwungkörpers) reduzierte Masse bezeichnet wird,

$$b = \frac{\Delta C_z}{M_r} = \frac{2\delta \cdot C_m}{a M_r} z$$

ebenfalls dem Abstande z von der Mittellage proportional, der Regler vollführt also, sich selbst überlassen, harmonische Schwingungen mit der Frequenz q_e, für die bekanntlich die Beziehung gilt

$$q_e^2 = \frac{2\delta C_m}{a M_r} \quad \text{oder} \quad q_e = \sqrt{\frac{2\delta C_m}{a M_r}} \quad \ldots \quad (273)$$

(Das Quadrat der Frequenz einer harmonischen Schwingung ist gleich der Beschleunigung für den Ausschlag $z = 1$.)

Ist die Amplitude einer harmonischen Schwingung $= u$, die Frequenz q_e, so geht der schwingende Punkt durch die Gleichgewichtslage mit der Geschwindigkeit $v = u q_e$; kennt man also v, so ergibt sich daraus die Amplitude $u = \dfrac{v}{q_e}$. In unserem Falle ist aber die durch den Impuls S erzeugte Geschwindigkeit v gegeben durch $v = \dfrac{S}{M_r}$, folglich erzeugt die Stoßkraft S einen Reglerausschlag

$$u = \frac{S}{M_r q_e} \quad \ldots \ldots \ldots \ldots (274)$$

Nennen wir mit Proell den Nenner des Bruches in Gl. 274 das Widerstandsvermögen W des Reglers, so entsteht durch eine bestimmte Stoßkraft S ein um so kleinerer Ausschlag u, je größer W ist, und umgekehrt. Indem wir noch für q_e den Wert aus Gl. 273 einführen, finden wir

$$W = M_r q_e = \sqrt{\frac{2\delta}{a} C_m M_r} = \sqrt{2\delta_1 C_m M_r}, \quad . \ . \ (275)$$

worin $\delta_1 = \delta : a$ das Stabilitätsgefälle ist.

Das Widerstandsvermögen ist also das Produkt aus der reduzierten Masse und der Eigenschwingungsfrequenz; es wächst mit dem Stabilitätsgefälle, der red. Masse und der mittleren Fliehkraft.

Vergleicht man z. B. zwei Regler mit verschiedenem ω und verschiedener Masse, bei denen aber die Fliehkraft C_m die gleiche bleibt, so hat (vorausgesetzt, die anderen Massen treten gegen die Schwungmasse M zurück, so daß $M_r \sim M$ ist,) der langsamer laufende Regler, d. h. der mit der größeren Schwungmasse nach Gl. 275, das größere Widerstandsvermögen.

Vergleicht man zwei Regler, von denen der zweite z. B. doppelt so große Schwungmassen hat, die aber vom Pendeldrehpunkt I aus im halben Abstand entfernt sind, so würde W im zweiten Falle (weil a halb so groß, also δ_1 doppelt so groß und M_r doppelt so groß ist) doppelt so groß, die gleiche Stoßkraft S daher nur den halben Ausschlag u hervorrufen. Nun ist aber zu berücksichtigen, daß nicht die gleiche Stoßkraft, sondern das gleiche Stoßmoment zum Vergleich herangezogen werden sollte, das im zweiten Fall (wegen des halb so großen Armes) eine doppelt so große Stoßkraft liefern würde; daher ist der lineare Ausschlag u in beiden Fällen bei gleichem Stoßmomente gleich groß. Schließlich pflegt man Drehschwingungen zweckmäßig durch Winkelausschläge ($\varphi = u : IS$) zu messen; wir sehen dann, daß im zweiten Fall dasselbe Stoßmoment einen doppelt so großen Winkelausschlag erzeugt.

Allgemein läßt sich Gl. 274 sinngemäß, wenn der durch ein Stoßmoment $\mathfrak{M}_s$ erzeugte Winkelausschlag φ gesucht wird, schreiben

$$\varphi = \frac{\mathfrak{M}_s}{J q_e} \ \ldots \ \ldots \ \ldots \ (276)$$

worin J das Trägheitsmoment der Schwungmassen bezogen auf die Aufhängeachse I und q_e die Eigenfrequenz bedeutet.

Will man sich bei der Beurteilung nicht auf die Betrachtung reiner Stoßkräfte beschränken, sondern auch stetige, harmonisch veränderliche Rückdrücke mit der Frequenz q und dem Maximalwert P berücksichtigen, so findet man den Ausschlag u durch

Gleichsetzen der harmonischen Kraft P mit der Triebkraft durch falsche Stellung und dem Massenwiderstand d. h. aus

$$P = -\frac{2\delta C_m}{a} u + M_r q^2 u \quad \text{zu}$$

$$u = \frac{P}{M_r} : \left(q^2 - \frac{2\delta C_m}{a M_r}\right),$$

oder indem man nach Gl. 273 die Eigenfrequenz q_e der Reglerschwingungen einführt:

$$u = \frac{P}{M_r(q^2 - q_e^2)} \quad \ldots \ldots (277)$$

Der obige Begriff Widerstandsvermögen verliert hier vollständig seine Bedeutung; es kommt vor allem darauf an, allerdings neben großer Masse M_r dafür zu sorgen, daß die Differenz $q^2 - q_e^2$ nicht zu klein wird, daß die Frequenz q des Rückdruckes (im allgemeinen $= \omega$ oder $= 2\omega$) möglichst verschieden bleibt von der Eigenfrequenz q_e. Im Falle $q = q_e$ hätten wir Resonanz mit (wenigstens theoretisch) unendlichen großen Ausschlägen.

Um diese Möglichkeit wenigstens überschläglich zu beurteilen, nehmen wir $M_r \sim M$, so daß mit $C_m = M\omega^2 r$ nach Gl. 273

$$q_e^2 = \frac{2\delta C_m}{a M_r} = \frac{2\delta M \omega^2 r}{a M} = 2\delta\omega^2 \frac{r}{a} \quad \text{wird.}$$

Für den Resonanzfall mit $q = \omega$ müßte also sein

$$2\delta\omega^2 \frac{r}{a} = \omega^2 \quad \text{oder} \quad \delta = \frac{a}{2r},$$

was bei kleinem a und entsprechend großem δ sehr wohl möglich ist! Es wäre auch nachzuprüfen, ob nicht $q_e^2 = q^2 = (2\omega)^2$ oder, was bei Viertaktmaschinen denkbar, $q_e^2 = q^2 = \left(\frac{\omega}{2}\right)^2$ ist. Man muß sich also hüten, daß das Stabilitätsgefälle nicht ungefähr

$$\delta_1 = \frac{\delta}{a} = \frac{1}{2r} \quad \text{oder} \quad = \frac{2}{r} \quad \text{oder} \quad = \frac{1}{8r} \quad \text{ist.}$$

B. Besprechung ausgeführter Achsenregler.

1. Achsenregler mit drehbar gelagerten Schwungkörpern.

Die Achsenregler haben vor den Muffenreglern den unbestreitbaren Vorzug, eine bequemere Verbindung zwischen Regler und Steuerung zu ermöglichen. Als Beispiel mag die in Fig. 440 wiedergegebene Anordnung für eine Ventilmaschine (nach Z. d. V. d. Ing.

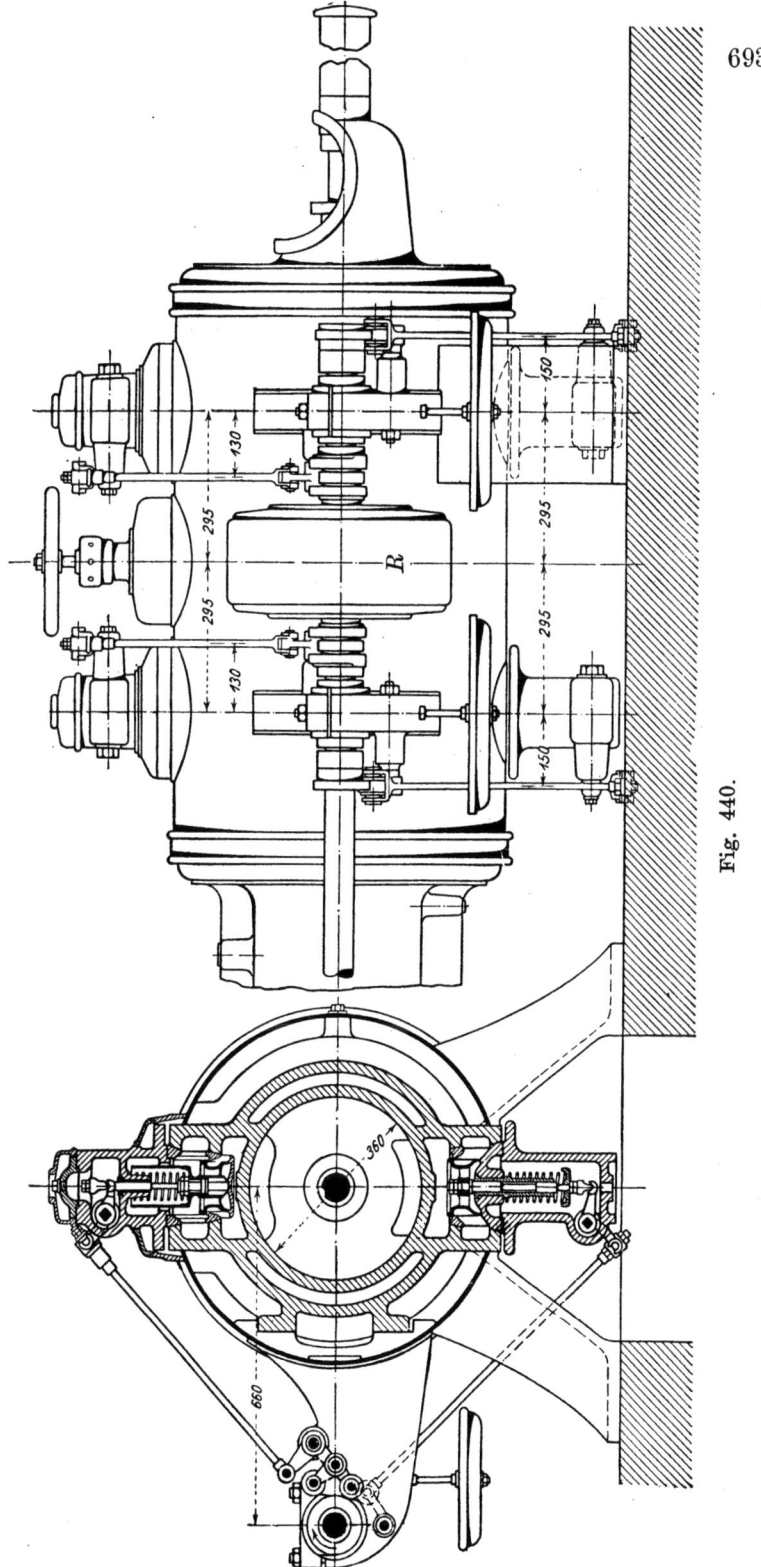

Fig. 440.

1901, S. 760) dienen. Der Regler R sitzt unmittelbar auf der Steuerwelle zwischen den Steuerungen für die Einlaßventile und verstellt zwei auf der Steuerwelle drehbar angebrachte unrunde Scheiben; ein zweites Scheibenpaar ist auf der Welle aufgekeilt. Durch je zwei Wälzrollen, die an den Enden von Winkelhebeln sitzen, wird die Bewegung von beiden Scheiben, von der festen und der drehbaren, abgenommen und die hieraus resultierende Bewegung auf das Ventil übertragen. Die Einwirkung des Reglers, in einer Relativverdrehung der unrunden Scheiben um die Steuerwelle bestehend, ist also in der Tat einfach. Der in Fig. 440 benutzte Regler selber wird später (Fig. 446) besprochen werden.

In der Regel dient als Grundlage für die Ableitung der Steuerungsbewegungen, mag es sich nun um Schieber- oder um Ventilsteuerungen handeln, das Exzenter; Aufgabe der Achsenregler ist es alsdann, die Exzentrizität r und den Voreilwinkel δ der Steuerungsexzenter so abzuändern, wie es die Rücksicht auf die Hauptmomente der Dampfverteilung erfordert. Bei dem Einlaßexzenter, das allein für die Beeinflussung durch den Regler in Be-

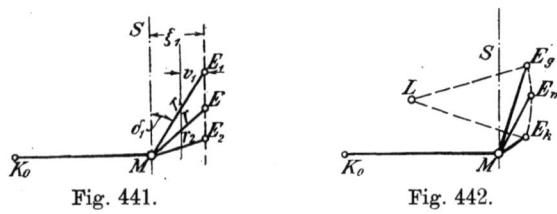

Fig. 441.   Fig. 442.

tracht kommt, soll trotz der veränderlichen Füllung der Beginn des Dampfeintritts nahezu unveränderlich bleiben; für Schiebersteuerungen soll also das lineare Voreilen v, d. h. die Kanaleröffnung für die Totstellung der Maschinenkurbel, ungefähr konstant bleiben. Denken wir in Fig. 441 die Kurbel in der Totstellung MK_0, so weicht die Exzenterrichtung von der Senkrechten durch M (die als Schiebermittellinie aufgefaßt werden kann) um den Voreilwinkel δ ab. Der Abstand ξ des Exzenterendpunktes E von der Schiebermittellinie MS gibt den Schieberweg an, der, um die Eintrittsdeckung e vermindert, die Kanaleröffnung liefert.

Soll also für verschiedene Exzenter ME_1, ME, ME_2 usf. das lineare Voreilen $v = \xi - e$ ungefähr konstant bleiben, so muß, da e einen unveränderlichen Wert hat, für die Kurbeltotstellung auch ξ bei allen Exzentern angenähert gleich groß sein, d. h. die Exzenterendpunkte müssen nahezu auf einer Parallelen zu MS liegen. Die von dem Achsenregler zu bewirkende Veränderung des Exzenters kann demnach am einfachsten dadurch ermöglicht werden, daß der

Exzentermittelpunkt E auf einer Bahn geführt wird, die angenähert als Parallele zur Schiebermittellinie verläuft. Achsenregler mit genau gerade geführtem Exzentermittelpunkte werden wir unter 2. kennen lernen. Konstruktiv einfacher läßt sich die Führung in einem Kreisbogen mittels einer Lenkstange bewerkstelligen. Ergibt sich hierbei auch je nach der Länge der Lenkstange LE eine größere oder kleinere Abweichung von der konstantem linearen Voröffnen entsprechenden Geraden, d. h. ein veränderliches lineares Voreilen v, so braucht diese Veränderlichkeit noch nicht ohne weiteres sehr nachteilig zu sein. Trifft man z. B. die Maßverhältnisse etwa so,

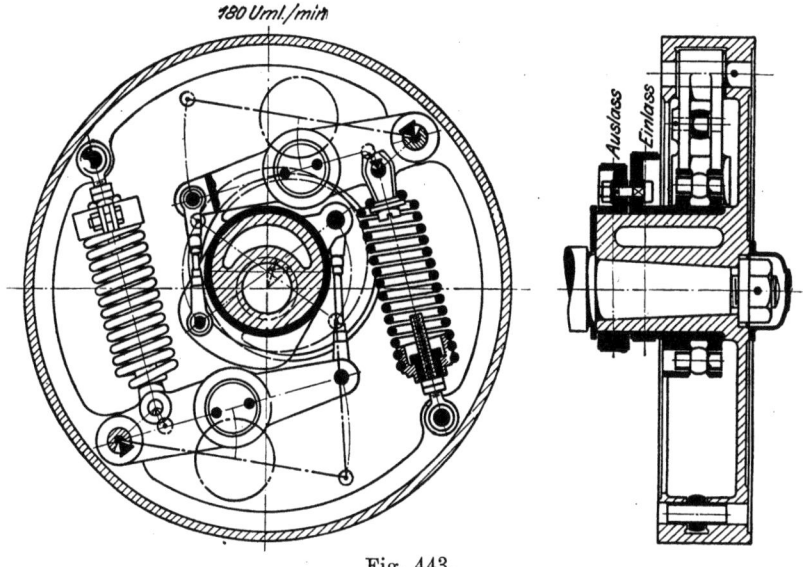

Fig. 443.

wie in Fig. 442 angedeutet ist, so wird das lineare Voreilen für die größte und die kleinste Füllung, entsprechend den Exzenterstellungen ME_g und ME_k, etwa gleich groß und nimmt für die mittleren Füllungsgrade einen etwas größeren Wert an. Es schadet offenbar gar nichts, ist im Gegenteil erwünscht, wenn für die meist benutzten Füllungsgrade das Voröffnen größer ausfällt und bei den seltener vorkommenden Füllungsgraden (kleinster und größter Füllung) etwas kleinere Werte annimmt. Ängstlich auf genau konstantes Voreilen zu sehen und dies mit allen Mitteln zu erzwingen, z. B. durch komplizierte Lenkerführungen den Exzentermittelpunkt genau gerade zu führen, hat tatsächlich keine Berechtigung.

Ein zweiter anzustrebender Grenzfall wäre der, daß die Dauer der Voreinströmung für alle Füllungen gleich groß ausfällt; es müßte dann die Voreinströmung stets bei der gleichen Kurbelstellung erfolgen, der Voröffnungswinkel müßte derselbe bleiben. Daraus ergibt sich ebenfalls eine Gerade für die Exzentermittelpunkte, die aber nicht

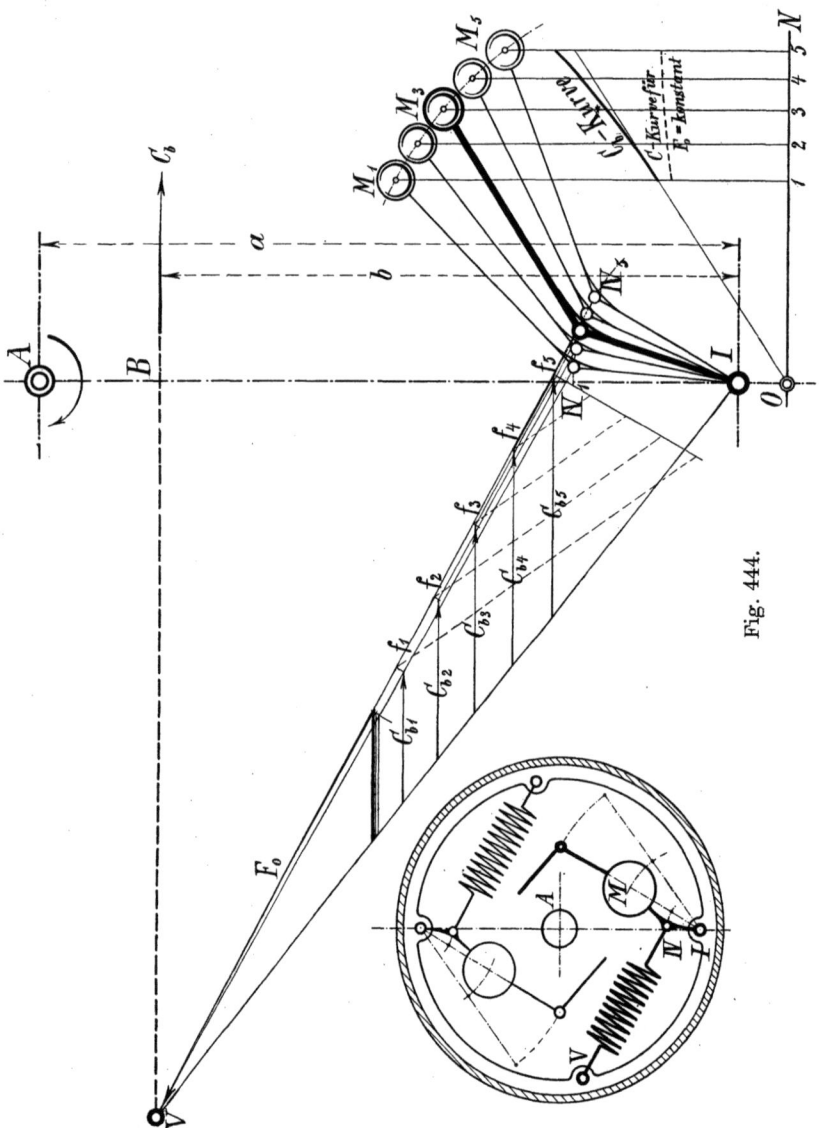

Fig. 444.

wie in Fig. 441 senkrecht zur Kurbelstellung $K_0 M$ verläuft, sondern im Sinne der Kurbeldrehung um den Voröffnungswinkel gegen die Senkrechte gedreht erscheint.

In Wirklichkeit wird man zwischen diesen verschiedenen

Forderungen zu vermitteln suchen; so dürfte es sich z. B. empfehlen, in Fig. 442 den festen Punkt L der Lenkstange etwas hinauf zu rücken, bis LE_g nahezu wagerecht liegt, so daß für die größeren Füllungen das lineare Voreilen nahezu konstant wird.

Achsenregler von Doerfel (Fig. 443). Doerfel hat eine ganze Reihe von Achsenreglern entworfen und ausgeführt; in Fig. 443 ist eine Konstruktion wiedergegeben, bei der Auslaß- und Einlaß-

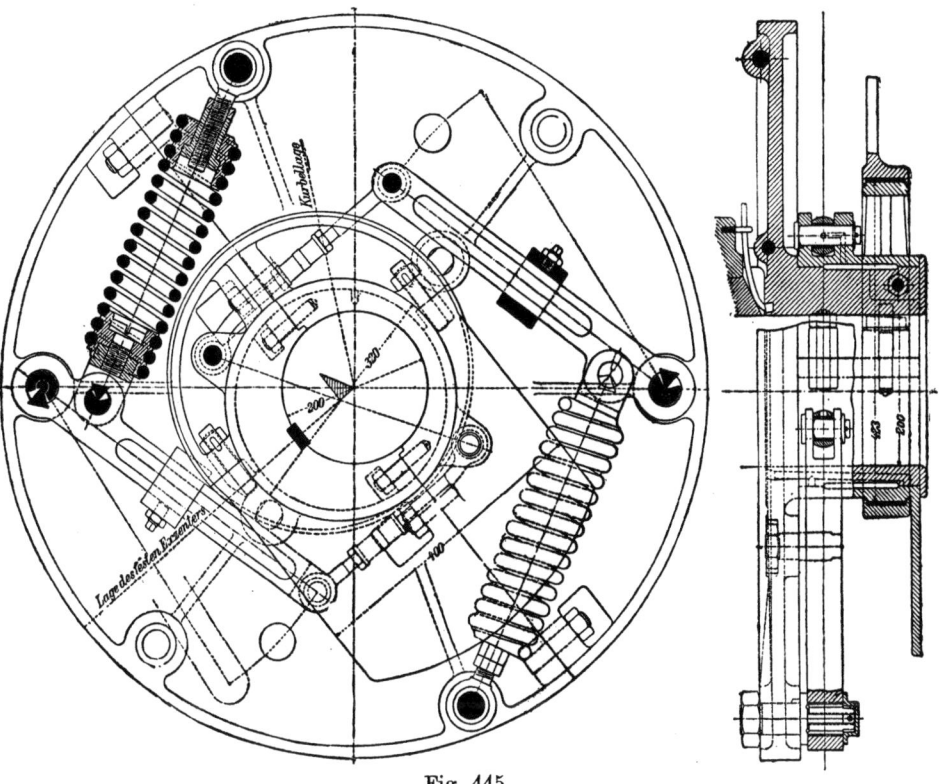

Fig. 445.

exzentermittelpunkt dadurch im Kreise geführt werden, daß diese Exzenter auf einem mit der Maschinenwelle verkeilten Exzenter drehbar gelagert sind. Von den freien Enden der beiden hebelförmig gestalteten Schwungkörper führen Stellstangen nach den Steuerungsexzentern und übertragen den Ausschlag der Reglerschwungmassen auf die Exzenter. Die Fliehkräfte der Schwungkörper werden durch Zugfedern im Gleichgewicht gehalten, die einerseits mit den Schwungkörpern, andererseits mit dem Reglergehäuse gelenkig verbunden sind.

Fig. 444 links zeigt das Schema des Reglers: I ist der feste

Pendeldrehpunkt für die Schwungkörper, M deren Massenmittelpunkt, IV der Angriffspunkt der Reglerfedern an den Schwungkörpern, V der feste Drehpunkt der Reglerfedern.

Für ein bestimmtes Zahlenbeispiel wurde nun in der früher (vgl. Fig. 437) erläuterten Weise eine C_b-Kurve gezeichnet, die gleichzeitig auch als $\mathfrak{M}$-Kurve benutzt werden kann. Wie man aus Fig. 444 sieht, hat die zur Beurteilung des Reglers dienende C_b-Kurve einen ganz ähnlichen Verlauf, wie ihn früher die meisten unserer C-Kurven aufwiesen: sie ist fast gerade, nur ein wenig nach unten gekrümmt. Der Ungleichförmigkeitsgrad ergibt sich aus der C_b-Kurve (genau wie sonst aus der C-Kurve) zu $\delta = 5\,^0/_0$. Um den Einfluß einer etwaigen Nachspannung der Federn auf den Charakter des Reglers prüfen zu können, wurde auch eine C-Kurve für eine konstante Federkraft F_0 entwickelt. Natürlich ist sie stark labil; durch Anspannen der Feder würde mithin der Regler einen kleineren Ungleichförmigkeitsgrad erhalten und schließlich labil werden. In Fig. 445 ist ein dem Doerfelschen Regler ganz ähnlicher

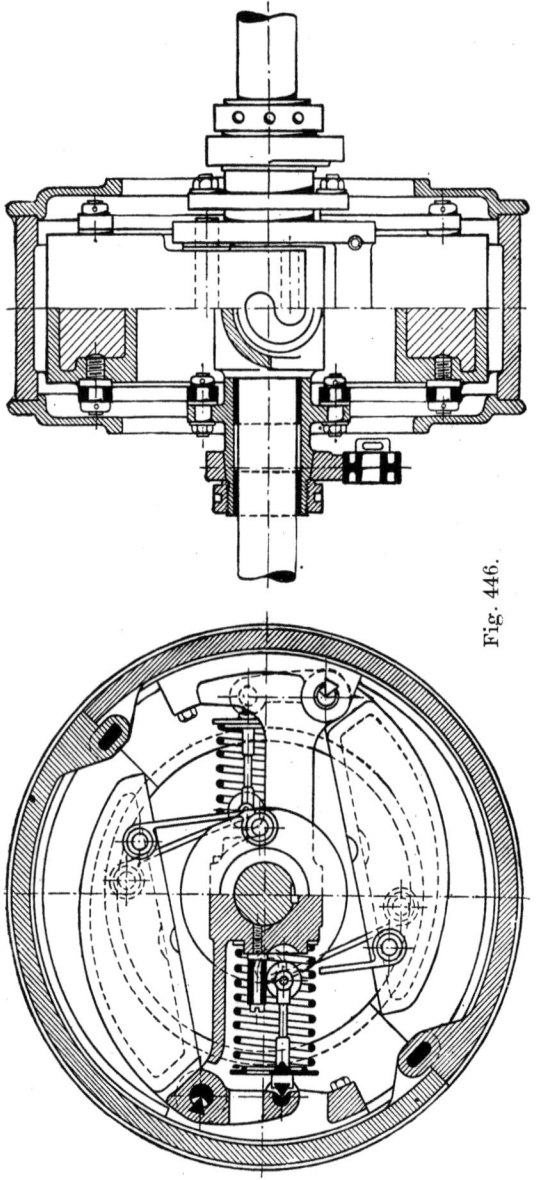

Fig. 446.

Regler von Nicholson wiedergegeben. Die unerwünschte, weil schädliche Reibung erzeugende Fliehkraft des Exzenters wird durch ein Gegengewicht ausgeglichen.

Fig. 446 zeigt den schon im Anschluß an Fig. 440 erwähnten Regler, der zur Verdrehung von Daumen einer Ventilmaschine dient (siehe Z. d. V. d. Ing. 1901, S. 759). Die Schwungkörper sind hier zweiarmige Hebel, und die zur Gleichgewichtserhaltung der Fliehkräfte benutzten Reglerfedern sind auf Druck beansprucht. Das innere Ende dieser Federn ist an der Reglernabe befestigt, das äußere Ende stützt sich mittels eines Tellers und einer Schneide gegen den über den festen Drehpunkt hinaus verlängerten Arm der Schwungkörper. Die Übertragung des Federdruckes auf den Schwungkörper erfolgt jedoch nicht genau in der Mittellinie der Feder, sondern exzentrisch zur Feder; diese erleidet hierdurch am freien Ende eine Ausbiegung und überträgt somit die Federkraft in einer etwas zur Federmittellinie geneigten Richtung auf den Schwungkörper.

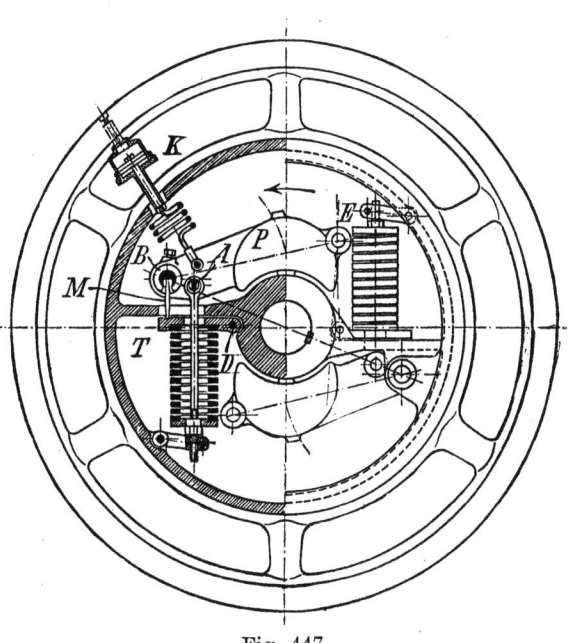

Fig. 447.

Die Wirkung der gewählten Federangriffsweise kommt also auf eine Veränderung des Hebelarmes der Federkräfte und damit auf eine Abänderung der C-Kurve hinaus. Das Maß der Schrägstellung wird dadurch festgelegt, daß mit dem beweglichen Federteller eine Lenkstange fest verbunden ist, deren freies Ende mittels Rolle an einer gekrümmten Führung geführt wird. Durch entsprechende Gestaltung dieser Kurvenführung hat man es in der Gewalt, die Schrägstellung des Federendes, damit die Größe der Hebelarme der Federkraft und folglich auch die Form der C-Kurve beliebig zu beeinflussen. Man kann z. B. durch dieses Mittel eine genau gerade C-Kurve und dadurch beliebige Annäherung an die Astasie herbeiführen oder sonst der C-Kurve irgendeine erwünschte Gestalt geben.

Zum Schluße wollen wir noch in Fig. 447 einen Achsenregler von O. Franiek betrachten, bei dem in eigenartiger Weise eine Verminderung der Eigenreibung angestrebt ist. Zu diesem Zwecke greift zunächst die Belastungsfeder A (vgl. Fig. 448) an den Schwungkörpern mittels Schneidenlagerung an. Die Schneide selber ist drehbar angeordnet und ermöglicht dadurch eine Veränderung des Hebelarmes der Federkraft; wie man bei genauerer Prüfung erkennt, läßt sich hierdurch wieder die C-Kurve und damit der Ungleichförmigkeitsgrad innerhalb enger Grenzen abändern. Der feste Drehzapfen B der Schwungkörper erhält bei der sonst üblichen Anordnung derselben als einarmiger Hebel einen Druck, der (ungefähr) gleich der Differenz der Federspannung und der Fliehkraft ist. Bei dem in Fig. 447 dargestellten Regler wird dieser Zapfendruck auf folgende Weise vermindert. Der obere Federteller T, gegen den sich die linke Feder in Fig. 447 stützt, ist nicht fest, sondern bei D drehbar gelagert; gegen diesen Teller T stützt sich nun (vgl. auch Fig. 449) durch Vermittelung eines Stahlmeißels M der feste Drehzapfen B der Schwungkörper. Offenbar wird durch diese Anordnung vom Federteller T aus auf den Zapfen B ein Druck nach oben hin übertragen, während der Federzug der Belastungsfeder (vermindert um die Fliehkraft) eine nach unten gerichtete Kraft auf den Zapfen ausübt. Dieser bekommt im ganzen also nur die Differenz beider Kräfte, die durch richtige Wahl der Hebelverhältnisse beliebig klein gemacht werden kann.

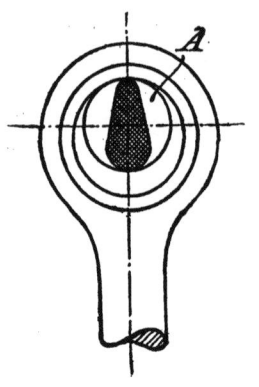

Fig. 448.

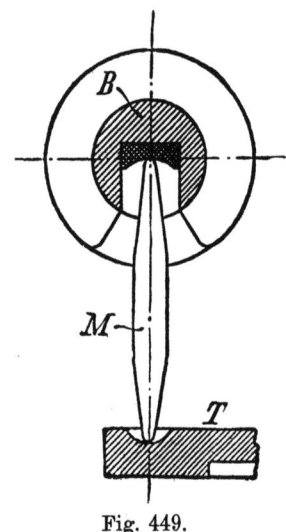

Fig. 449.

Derartige Mittel sind immerhin nur als Notbehelf aufzufassen. Viel richtiger ist es, von vornherein die Belastungsfedern so angreifen zu lassen, daß die Fliehkräfte unmittelbar durch die Federkräfte abgefangen werden. Da die Fliehkräfte radial nach außen gerichtet sind, so müssen also die Federkräfte zu dem vorstehend genannten Zwecke radial nach innen wirken und im Schwerpunkte der Schwungkörper angreifen; mit anderen Worten, es empfehlen sich auch bei Achsenreglern solche Anordnungen der Belastungsfedern, wie wir sie bei den Reglern von Hartung (Fig. 339) und Steinle & Hartung (Fig. 341) kennen gelernt haben. Am einfachsten werden dabei die Konstruktionen, wenn die Schwungkörper in Richtung der Fliehkräfte, d. h. radial geführt werden. Solche Regler wollen wir im folgenden betrachten.

2. Achsenregler mit gerade geführten Schwungkörpern.

Es gebührt dem Zivilingenieur F. Strnad das Verdienst, diese Reglerform besonders gepflegt und ausgebildet zu haben. Wir wollen deshalb im nachstehenden hauptsächlich Konstruktionen von Strnad[1]) unseren Betrachtungen zugrunde legen.

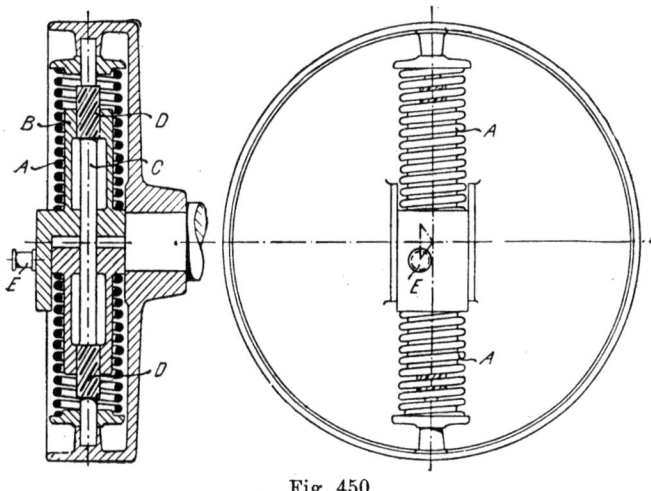

Fig. 450.

Eine hervorragend einfache Anordnung von Achsenreglern nach Strnad mit gerade geführten Schwungkörpern und unmittelbarer Belastung durch radial angreifende Druckfedern zeigt Fig. 450. Die Federn A wirken der Fliehkraft der Schwungkörper B unmittelbar entgegen. Gleich große Ausschläge der Schwungkörper werden durch eine Verbindungsstange C erzwungen, die mit steilem Rechts- und Linksgewinde versehen ist. Eins von den beiden Schwunggewichten trägt den Zapfen E, von dem aus die Steuerungsbewegung abgeleitet wird; bei durchgehender Maschinenwelle tritt natürlich

---

[1]) Vgl. F. Strnad, Fortschritte im Bau von Flachreglern, Z. d. V. d. Ing. 1901, S. 981; Neuere Geschwindigkeitsregler, Z. d. V. d. Ing. 1907, S. 62.

an Stelle von E ein Exzenter. Wie man sieht, wird der Exzentermittelpunkt genau gerade geführt, das lineare Voröffnen ist mithin genau konstant.

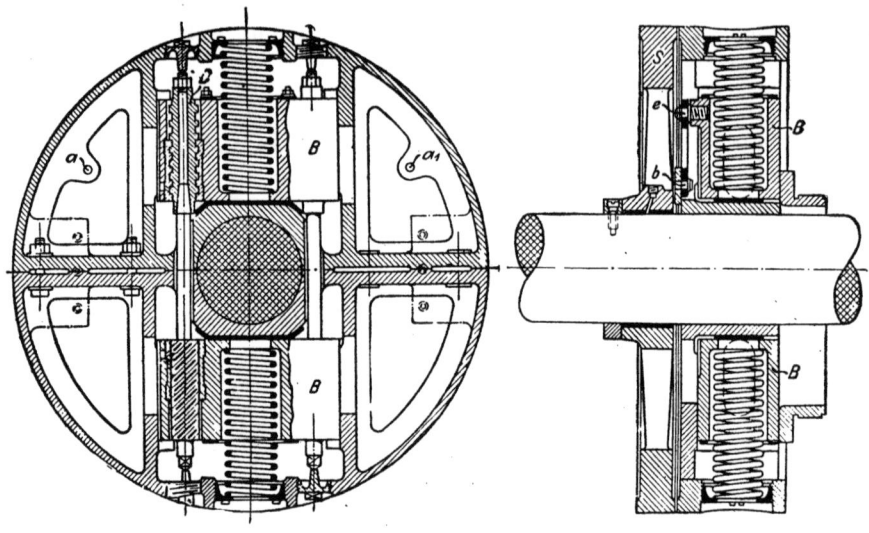

Fig. 451.

Eine Ausführungsform dieser Regler (nach D. R. P. Nr. 95140) mit Beharrungsmasse ist in **Fig. 451** bis 453 wiedergegeben. Das Erkennen der einzelnen Teile ist durch Übereinstimmung der Be-

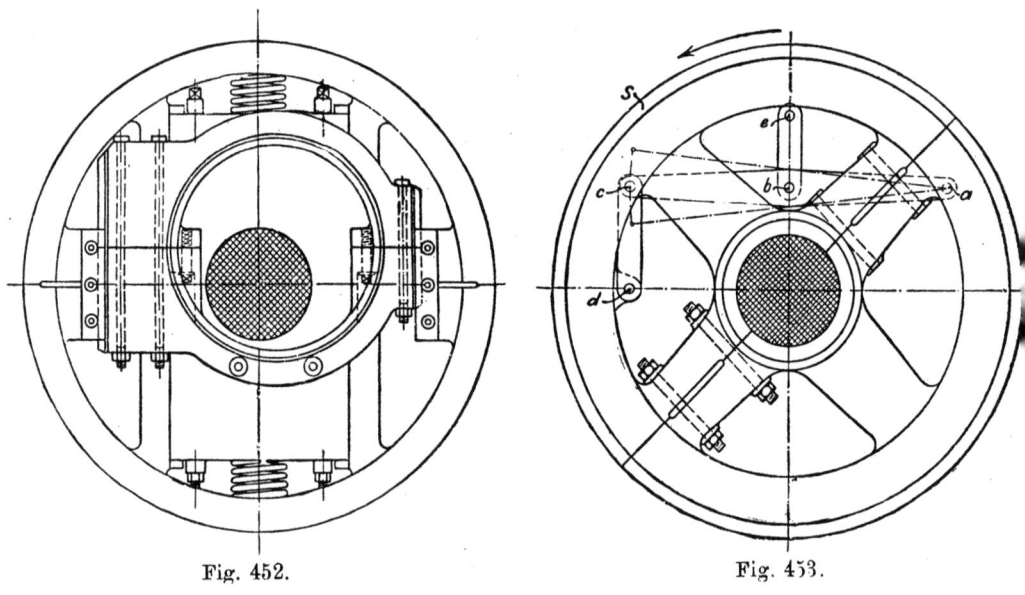

Fig. 452.   Fig. 453.

zeichnungen in Fig. 450 und Fig. 451 erleichtert. Die Beharrungsmasse, deren Wirkung genau so zu beurteilen ist, wie wir früher bei den Muffenreglern (siehe S. 656 uf.) gesehen haben, ist hier (vgl. Fig. 453) ein auf der Maschinenwelle lose sitzendes Schwungrad S. Durch einen Gelenkmechanismus: ac, dc, be ist die Schwungscheibe S mit demjenigen Schwungkörper, der das Steuerexzenter trägt, so verbunden, daß beim Entlasten der Maschine, bei welchem

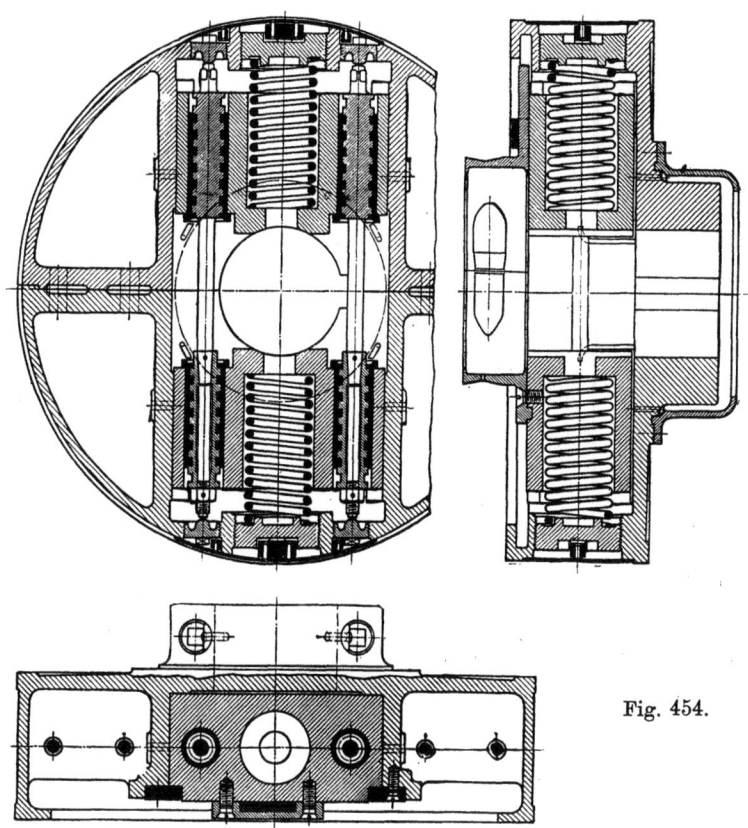

Fig. 454.

die Beharrungsmasse zurückbleibt, die Schwungkörper B nach außen gedrängt werden und umgekehrt. Die Beharrungswirkung unterstützt also die Wirkung der Fliehkraftüberschüsse, vorausgesetzt, daß die Maschine in dem durch den Pfeil angedeuteten Sinne umläuft. Soll der Regler für die umgekehrte Drehrichtung brauchbar gemacht werden, so wird der Hebel abc nicht bei a, sondern bei a_1 (siehe Fig. 451 links) angeschlossen.

Eine ganz ähnliche Ausführung (der Zeitzer Maschinenfabrik) mit zwei Leitspindeln, welche die Maschinenwelle zwischen sich durchlassen, jedoch ohne Beharrungsmasse, zeigt Fig. 454. Das Fortlassen der Beharrungsmasse entspricht der heutigen Anschauung.

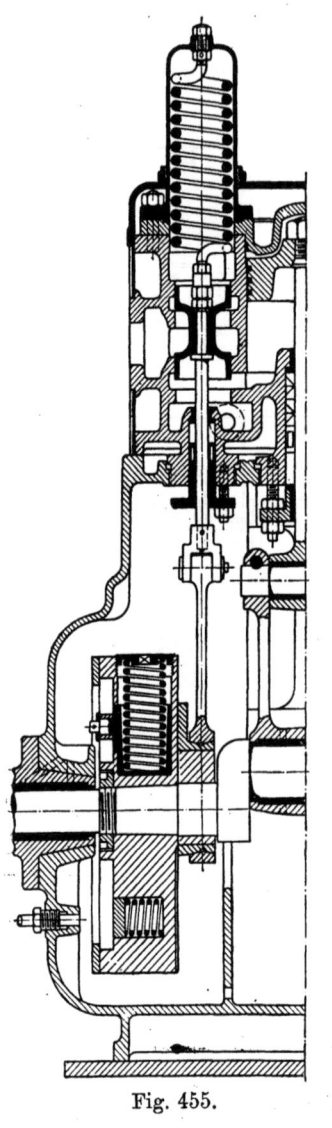

Fig. 455.

Fig. 455 und Fig. 456 stellen einen von F. Schichau in Elbing gebauten Strnadschen Regler mit Beharrungsmasse dar, der durch seine hohe Umlaufzahl, nämlich 1000 i. d. Min., bemerkenswert ist. Aus Fig. 455 sieht man den Antrieb des Kolbenschiebers.

Um die bei der hohen Umdrehzahl recht bedeutenden Massendrücke der Steuerungsteile auszugleichen, ist der Schieber oben an einer kräftigen Schraubenfeder, die sowohl auf Zug wie auf Druck beansprucht werden kann, aufgehängt. Da die Federspannungen sich proportional mit den Ausweichungen aus der Mittellage verändern, die Massendrücke aber (vgl. S. 33) nach dem gleichen Gesetz zu- und abnehmen, so kann bei richtiger Wahl der Federabmessungen in der Tat ein vollkommener Massenausgleich der durch ein Exzenter angetriebenen Steuerungsteile herbeigeführt und dieser Teil der schädlichen Rückwirkungen von dem Regler fern gehalten werden. Tangentiale Verschiebung der Beharrungsmasse und radialer Ausschlag der Schwungkörper werden bei dem Regler nach Fig. 454 durch Kreuzschleifengetriebe in zwangläufige Verbindung gesetzt.

Um die neueren Achsenregler von Strnad richtig würdigen zu können, wollen wir noch einige ältere Ausführungen betrachten.

Fig. 457 und 458 stellen einen Regler von Strnad dar, der an einer von L. A. Riedinger in Augsburg gebauten, auf der zweiten bayerischen Landesausstellung zu Nürnberg ausgestellten 200pferdigen stehenden Verbundmaschine angebracht war. Die gerade geführten Schwungkörper werden durch eine Hebelverbindung zu gleich großen Ausschlägen ge-

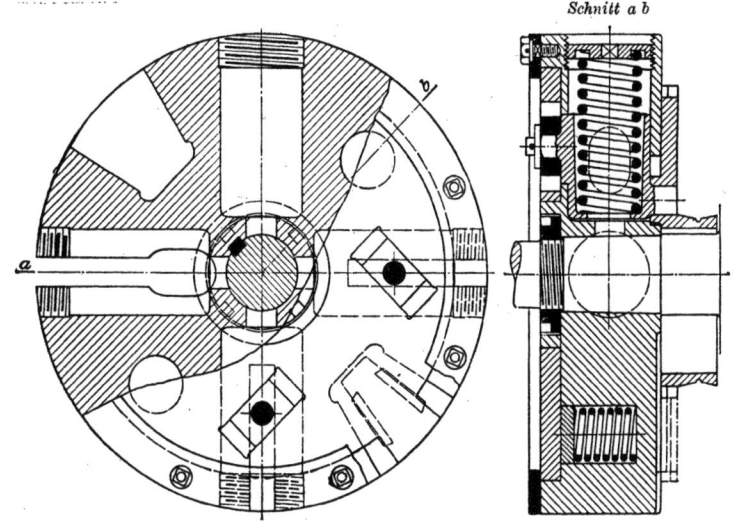

Fig. 456.

zwungen und ihre Fliehkräfte wieder unmittelbar durch Druckfedern abgefangen. Der Exzentermittelpunkt wird zwar auch hier gerade geführt, aber nicht in Richtung der Schwungkörperausschläge,

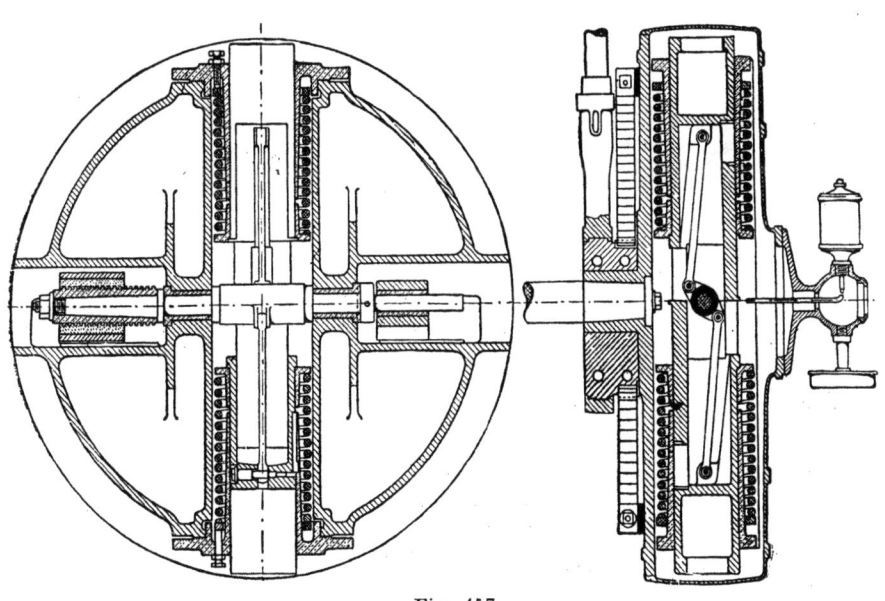

Fig. 457.

sondern senkrecht hierzu. Die Bewegungsübertragung von den Schwungkörpern nach dem Exzenter geschieht durch Hebelwerk und Schraube (siehe Fig. 457 links). Dieser Mechanismus erscheint auf den ersten Blick umständlich und wegen der Benutzung einer Bewegungsschraube ungünstig, weil reibungserzeugend. Der Konstrukteur hat die selbstsperrende Schraube aber absichtlich eingefügt, um den Rückdruck der Steuerung abzufangen. Wir sahen ja bei der Besprechung des Reglertanzens, daß es vorteilhaft oder gar nötig sein kann, den Rückdruck

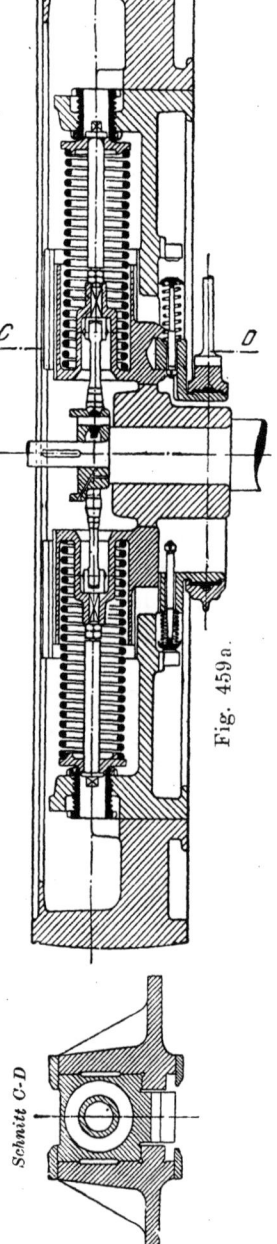

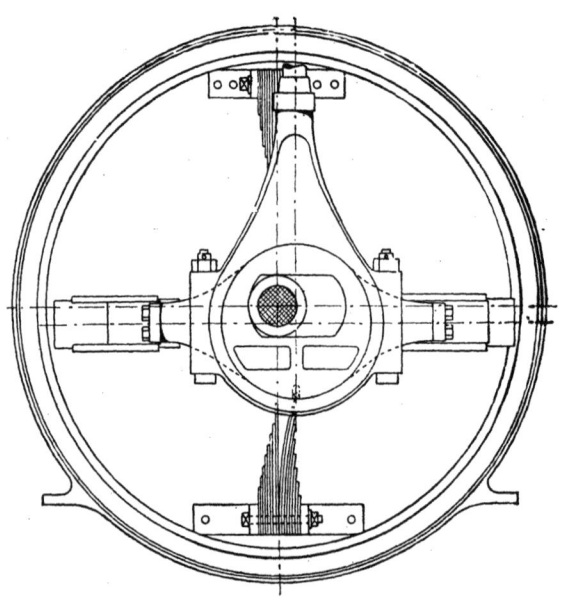

Fig. 458.

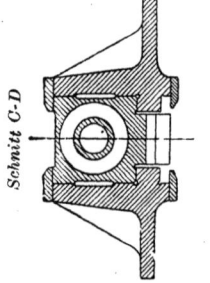

unwirksam zu machen. Diese Aufgabe wird in der Tat durch eine Schraube am vollkommensten gelöst. Bei einer späteren, in Fig. 459 dargestellten Konstruktion von Strnad (ausgeführt von den Skodawerken in Pilsen) ist die Schraubenübertragung fortgelassen, die Verbindung beider Schwungkörper durch Hebelübertragung bewirkt und der Exzentermittelpunkt unmittelbar in der Verschiebungsrichtung gerade geführt. Durch den Wegfall der den Steuerungsrückdruck aufnehmenden Übertragungsschraube ergab sich nun-

Besprechung ausgeführter Achsenregler. 707

mehr bei Steuerungen, die einen großen Rückdruck ausüben, unzulässiges Tanzen dieser Regler, weshalb bei ihnen eine Ölbremse

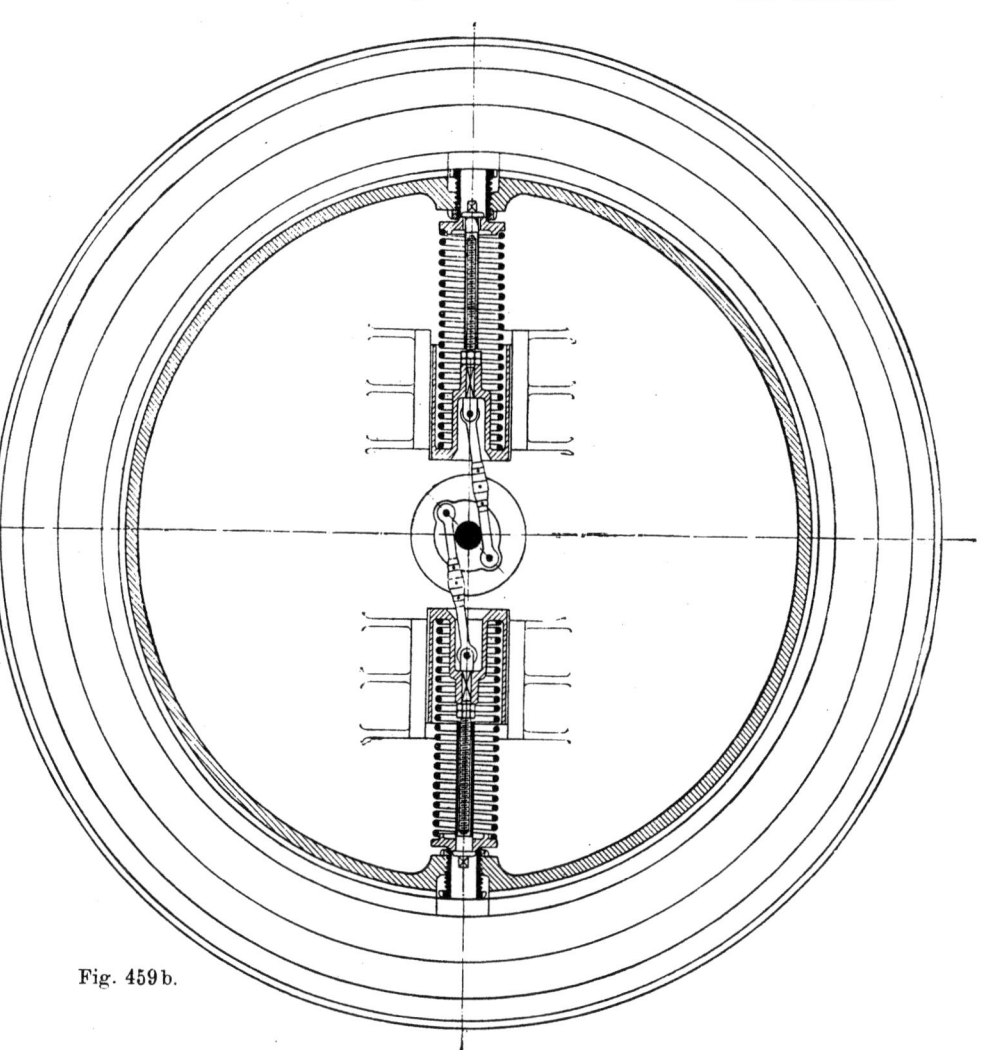

Fig. 459 b.

angewandt werden mußte. Diese Erfahrung veranlaßte Strnad, bei seinen neuesten Reglern wieder eine Schraube als Glied in den Reglermechanismus einzuschieben, und zwar, wie wir im Anschluß an Fig. 450 bis 454 gesehen haben, zur Verbindung der beiden Schwungkörper mit einander.

Sehen wir noch einmal Fig. 458 an, so bemerken wir zwei kräftige, senkrecht stehende Blattfedern; sie haben die Aufgabe, die Fliehkräfte des Exzenters auszugleichen. Konstruktion und Berech-

45*

nung des Reglers werden natürlich bedeutend vereinfacht, wenn ein solcher Ausgleich unnötig ist. Bei den Reglern nach Fig. 450 bis 452 und Fig. 459 wird dieses Ziel einfach dadurch erreicht, daß das Exzenter fest mit einem der beiden Schwungkörper verbunden ist, also unmittelbar einen Teil der Schwungmasse ausmacht. Regler nach Fig. 451 bis 454 (am besten wohl ohne Beharrungsmasse) müssen demgemäß zu den brauchbarsten Achsenreglern gerechnet werden.

3. Änderung der Umdrehzahl während des Ganges.

Bei Achsenreglern bietet die Verstellung der Umlaufzahlen während des Ganges größere Schwierigkeiten als bei Muffenreglern. Die größere Einfachheit, die Achsenregler hinsichtlich der von den Schwungkörpern nach der Steuerung führenden Übertragungsmechanismen bieten, ist im wesentlichen auf den Fortfall der Muffe und des Gleitringes zurückzuführen. Es gibt bei den Achsenreglern keine dem Gleitring entsprechenden stillstehenden Teile, durch welche man zusätzliche Belastungen in das Reglergetriebe einleiten könnte. Da außerdem alle bisher besprochenen Achsenregler nur einerlei Federbelastungen aufweisen, die für sich allein den Regler nahezu astatisch machen, so erkennen wir, daß auch ein Anspannen der Belastungsfedern zum Zwecke der Erhöhung der Umdrehzahlen nicht ohne weiteres zulässig ist. Wie wir bei den Muffenreglern gesehen haben, würde durch Nachspannen der Federn der Regler einen kleineren Ungleichförmigkeitsgrad annehmen und bei größeren Änderungen der Federkraft labil, somit unbrauchbar werden. Wir finden aus diesem Grunde bei Achsenreglern meist solche Anordnungen, durch die bei Änderung der Federspannungen gleichzeitig der Angriffspunkt der Federn oder ihr fester Drehpunkt verlegt wird. Auf diesem Grundsatze beruhen z. B. die in Fig. 460 und 461 wiedergegebenen Konstruktionen von Doerfel. Der Regler in Fig. 460 stimmt fast genau mit dem in Anschluß an Fig. 443 besprochenen Regler überein. Der feste Drehpunkt der Federn ist in Fig. 461 mit m bezeichnet; durch Herumschwenken der Hebel mn werden die Federn gleichzeitig entspannt und ihre Hebelarme derart verändert, daß die neue C-Kurve möglichst den gleichen Ungleichförmigkeitsgrad beibehält. Das Drehen der Hebel mn erfolgt dadurch, daß der stillstehende Kegel k gegen die Hebel mn gepreßt wird. Schiebt man den Kegel k nach innen, so gehen die Hebel auseinander, die Federn werden stärker angespannt und die Punkte m seitlich verlegt.

Zur Prüfung dieser Anordnung sind auf Tafel 17 verschiedene Diagramme für einen Doerfelschen Regler nach Fig. 460 entwickelt.

Die Verlegung des festen Federdrehpunktes V (der in Fig. 460 mit m bezeichnet ist) wurde jedoch abweichend von der Ausführung

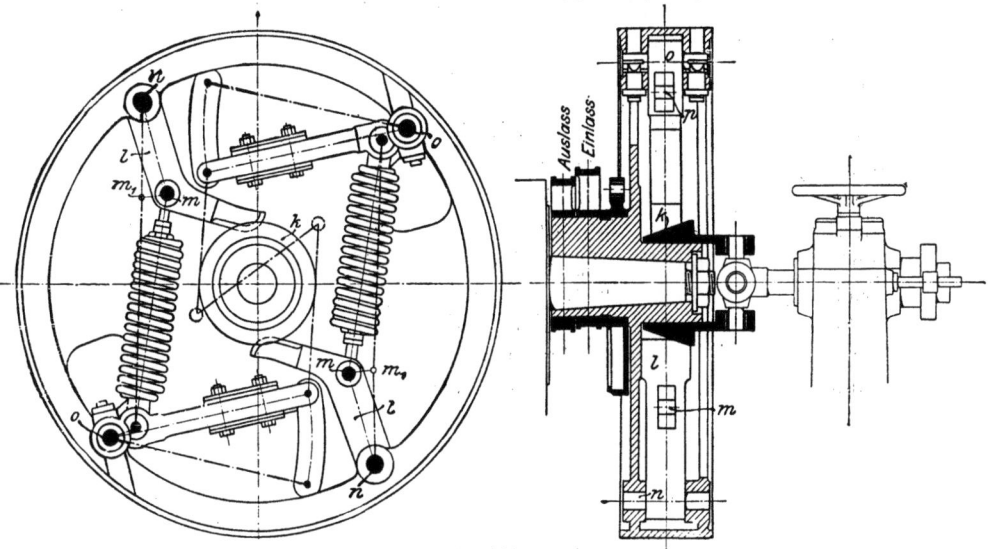

Fig. 460.

möglichst günstig vorgenommen, d. h. so, daß die C-Kurven sich der Geraden so viel wie möglich näherten und der Ungleichförmigkeitsgrad sich recht wenig veränderte. Hierzu war es erforderlich,

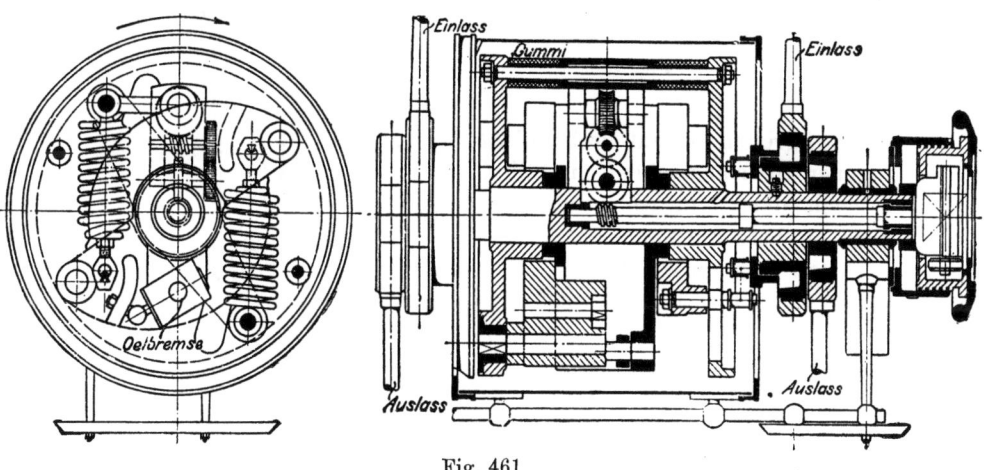

Fig. 461.

daß der Kreisbogen, in welchem der Zapfen V herumgeschwenkt wurde, seinen Mittelpunkt in der Nähe des festen Drehpunktes l für die Schwungkörper (in VI) erhielt.

Für drei verschiedene Einstellungen der Feder, entsprechend den Umdrehzahlen $n_u = 100$, $n_m = 170$, $n_o = 200$ in der Minute, wurde auf Grund von Fig. 437 je eine C_b-Kurve entwickelt, und daraus wurden durch Vergrößerung der Ordinaten im Verhältnis $\dfrac{b}{a}$ die drei zur Beurteilung des Reglers völlig hinreichenden C_a-Kurven abgeleitet. Außerdem wurde entsprechend Fig. 439 für die gleichen Verhältnisse je eine C-Kurve (auf Tafel 17 mit C_u, C_m und C_o bezeichnet) entwickelt. Da die Richtungslinie der Fliehkräfte und der Federkräfte nahezu parallel laufen, ihre Schnittpunkte also sehr weit entfernt liegen, so war es hier am bequemsten,

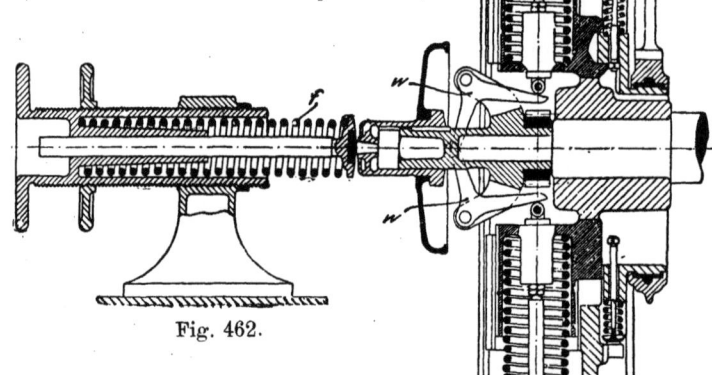

Fig. 462.

nach Abgreifen der auf Drehpunkt I bezogenen Hebelarme für C und F, C aus F nach dem Satz vom statischen Moment zu berechnen.

Man sieht aus Tafel 17, daß zwischen $n_m = 170$ bis $n_o = 200$ die C_a- und die C-Kurven einen durchaus befriedigenden Verlauf haben: sie sind nur wenig gekrümmt. Auch der Ungleichförmigkeitsgrad zeigt sich nur wenig veränderlich: für $n = 200$ in der Minute ist $\delta = 3{,}8\,^0/_0$, für $n = 170$ $\delta = 5{,}4\,^0/_0$. Vermindert man jedoch die Umdrehzahl weiter durch Entspannen der Feder, so wird für die unterste Stellung mit $n_u = 100$ in der Minute der Ungleichförmigkeitsgrad $\delta = 24\,^0/_0$, d. h. unzulässig groß; die Krümmung der C_a- sowie der

C-Kurve ist erheblich größer geworden, Man sieht aus den Diagrammen auf Tafel 17, daß sehr weitgehende Änderungen der Umdrehzahlen mit der untersuchten Reglerkonstruktion in befriedigender Weise kaum erreichbar sind.

Fig. 461 zeigt noch eine ähnliche Anordnung von Doerfel, bei der zur Erleichterung der Konstruktion die festen Endpunkte der beiden Belastungsfedern an einer gemeinsamen, um die Achsenmittellinie drehbaren Traverse angebracht sind. Die Punkte V werden also in einem Kreise mit A als Mittelpunkt verlegt, wodurch

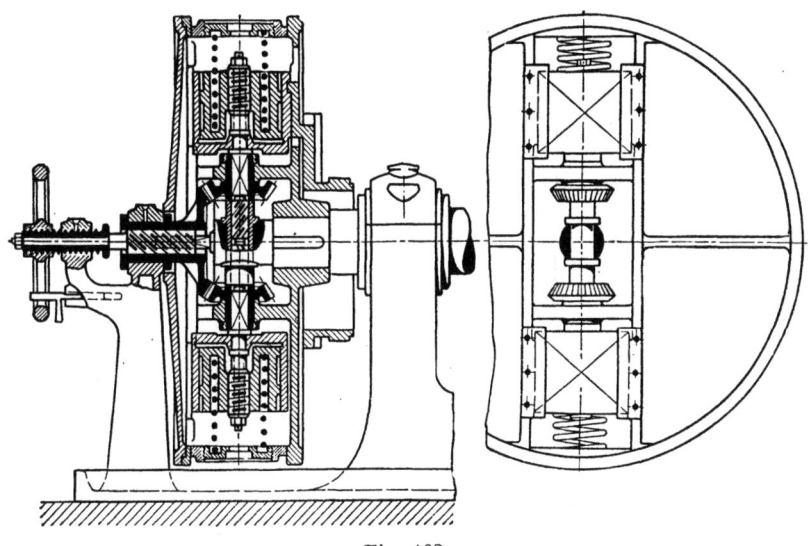

Fig. 463.

die C-Kurven noch etwas ungünstiger verlaufen müssen, als wir auf Tafel 17 mit VI als Mittelpunkt dieser Bögen gefunden haben.

Die Nachstellungsvorrichtung ist jedoch hier konstruktiv vollendeter. Die oben erwähnte drehbare Traverse wird in Fig. 461 links oben durch eine Lenkstange, die wieder durch Schraubenrad und Schraube bewegt wird, nach der Seite gezogen. Diese Schraube wird mittels Rädervorgelege von außen dadurch relativ zur Achse gedreht, daß eine in der am Ende hohlen Reglerachse steckende und sich mit der Achse drehende Spindel durch Reibräder mitgenommen wird, sobald ein mit Gewinde versehenes Handrad sich bei seiner Drehung in einer feststehenden Mutter verschiebt und dabei gegen die mit Leder bekleideten Reibräder gepreßt wird. Die ganze Einrichtung ist also recht verwickelt, wenn auch zugestan-

712 Achsenregler.

den werden muß, daß alle Teile in einem verhältnismäßig kleinen Raume geschickt untergebracht sind.

Die in Fig. 462 dargestellte Anordnung einer **Verstellvorrichtung der Skodawerke** ist leicht verständlich. Die Wirkung einer stillstehenden Zusatzfeder f überträgt sich durch die Winkelhebel w unmittelbar auf die Hauptfedern F. Wir haben es hier hinsichtlich der Übertragung nahezu mit einem Muffenregler zu tun; wir könnten zur Beurteilung der Haupteigenschaften diesen Regler geradezu mit dem Hartungschen Regler nach Fig. 339 vergleichen.

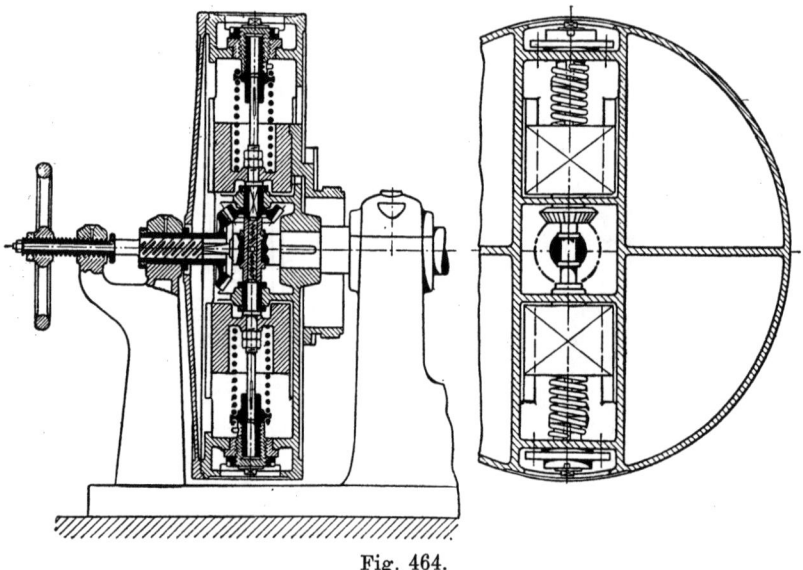

Fig. 464.

Alles was dort über die Wirkung der Nachspannung der Längsfeder gesagt ist, gilt auch hier: die Reibung wird durch die Zusatzfeder erheblich vergrößert, der Ungleichförmigkeitsgrad durch Anspannen dieser Feder bedeutend vermindert usf.

Fig. 463 und Fig. 464 zeigen uns zwei Regler von **Strnad**, bei denen eine Veränderung der Umdrehzahl ohne Änderung des Ungleichförmigkeitsgrades in folgender Weise ermöglicht wird. In Fig. 463 bestehen die Schwungkörper aus zwei Teilen, die in axialer Richtung gegeneinander mittels einer Schraubenspindel verschoben werden können. Diese Spindel bildet mit der zum Spannen der Feder benutzten Schraube ein Stück; beim Erhöhen der Federspannung wird also gleichzeitig der Schwerpunkt der Schwungkörper nach außen verlegt, d. h. die C-Kurve wird gehoben und nach außen gerückt, der Ungleichförmigkeitsgrad kann folglich bestehen bleiben (vgl. den Regler nach Fig. 334). In Fig. 464 ist die Anordnung so getroffen, daß gleichzeitig mit dem Anspannen der Feder deren Windungszahl entsprechend vermindert wird. Auch durch dieses Mittel können wir (vgl. die Betrachtungen auf Seite 541 bis 543) den Ungleichförmigkeitsgrad bei Änderung der Umdrehzahl konstant erhalten.

Fig. 465 bis 467 zeigen einen Regler von Lentz mit einer Spiralfeder als Belastungsfeder, die mit ihrem inneren Ende an einer als Schwungring ausgebildeten Beharrungsmasse befestigt ist, während das äußere Ende an einem Arm angreift, der mittels Zahnstange und Zahnräder (siehe Fig. 467) von außen gedreht werden kann. Offenbar macht sich also die Wirkung der Beharrungsmasse bei der angegebenen Befestigung der Belastungsfeder dahin geltend, daß beim Vor- oder Nacheilen der Beharrungsmasse die Feder gespannt oder entspannt wird. Die Fliehkräfte der beiden Schwungkörper werden durch kurze Lenkstangen als Tangentialkräfte auf den Beharrungsring übertragen und können somit durch das Moment der Spiralfeder im Gleichgewicht gehalten werden. Will man nun die Umdrehzahl des Reglers durch Nachspannen der Spiralfeder steigern, so muß gleichzeitig dafür gesorgt werden, daß auch die C-Kurve entsprechend steiler verläuft, damit der Ungleichförmigkeitsgrad seinen Wert beibehalten kann. Dies wird hier in einfachster Weise dadurch erreicht, daß beim Aufwickeln der Feder sich nach und nach immer mehr Windungen aufeinanderlegen, d. h. immer mehr Federlänge ausgeschaltet und folglich die wirksame Federlänge verkürzt wird. Wie wir früher bei dem Regler von Beyer (S. 527) näher erläutert haben, läßt sich auf diese Weise in der Tat die durch Hinzufügen einer konstanten Federkraft entstehende Abnahme an Ungleichförmigkeit durch Verkürzung der Federlänge wieder ausgleichen. Fraglich ist es, ob das Aufeinanderlegen der Windungen einer Spiralfeder beim Anspannen wirklich so genau eintritt, wie es die Rücksicht auf den so empfindlichen Wert des Ungleichförmigkeitsgrades erfordert.

Einen Lentzschen Regler ohne Einrichtung zur Änderung der Umdrehzahl während des Ganges zeigt noch Fig. 468. Die Verbindung von Schwungkörpern, Beharrungsring und Feder ist genau wie bei dem vorstehend beschriebenen Regler; die Feder ist aber nur eine einfache, kreisförmig gebogene Flachfeder, die durch eine Stellschraube bei stillstehendem Regler leicht nachgespannt werden kann. Bemerkenswert ist die Schmierung der Reglerteile: Das Öl wird durch eine axiale Bohrung der Welle eingeleitet und durch die Fliehkraft den einzelnen Schmierstellen zugeführt.

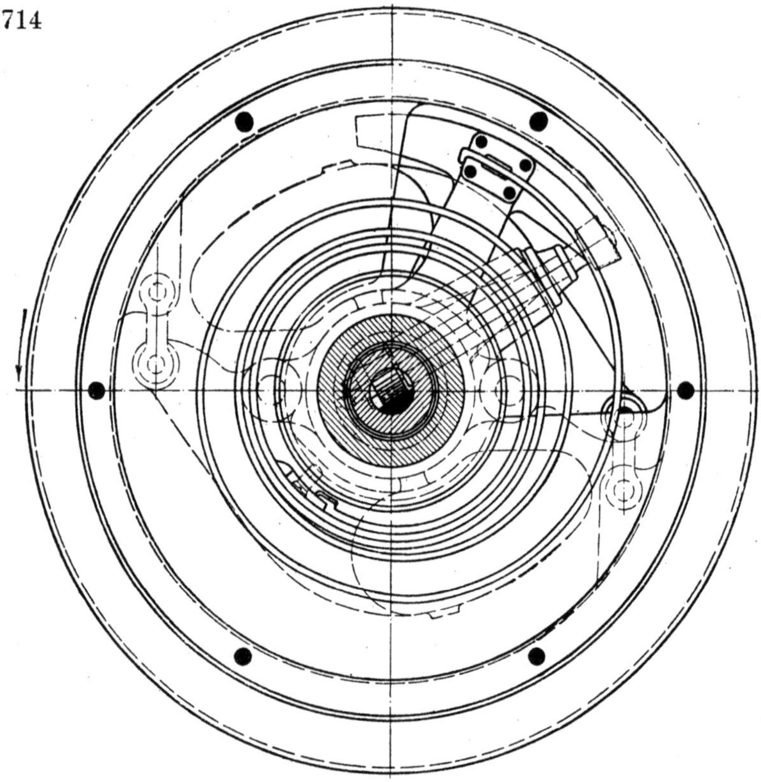

Fig. 466.

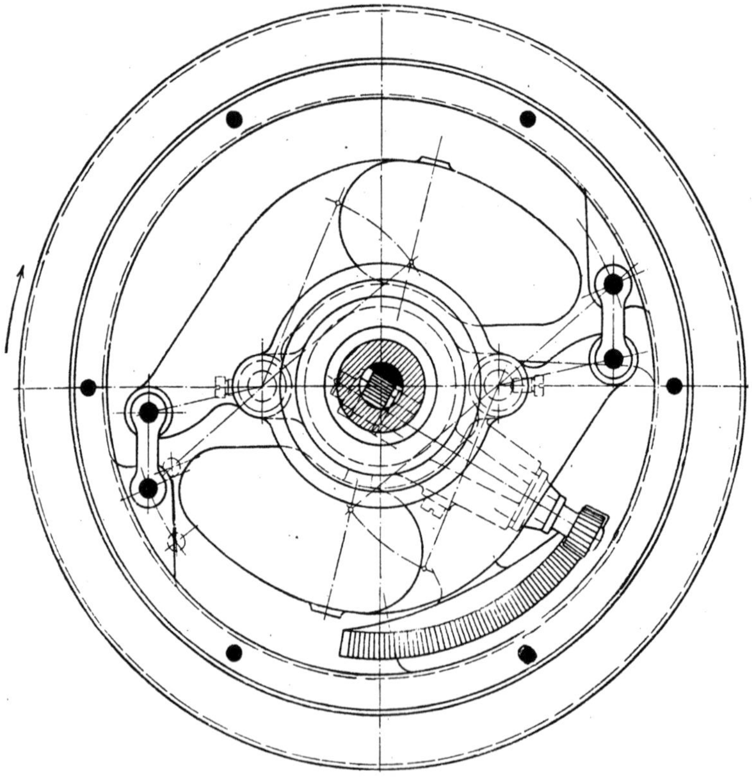

Fig. 465.

Besprechung ausgeführter Achsenregler.

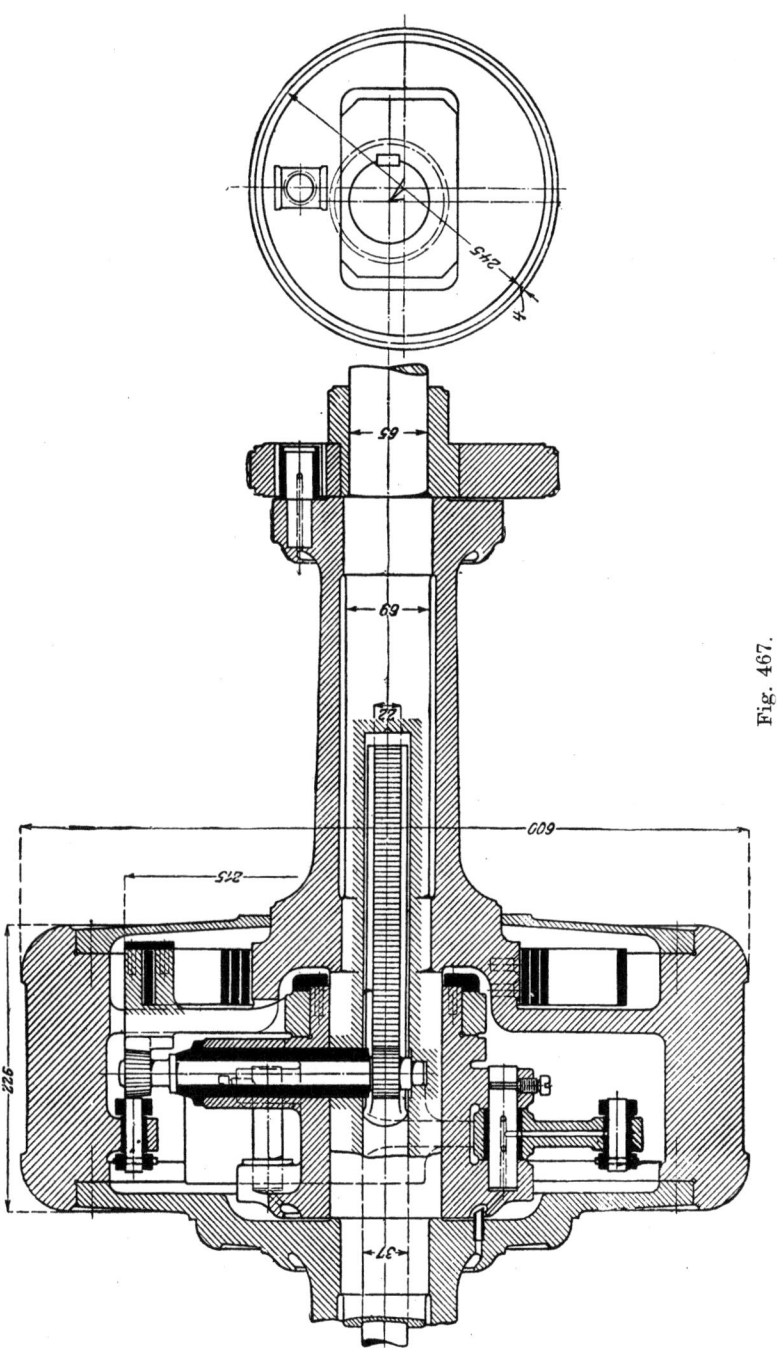

Fig. 467.

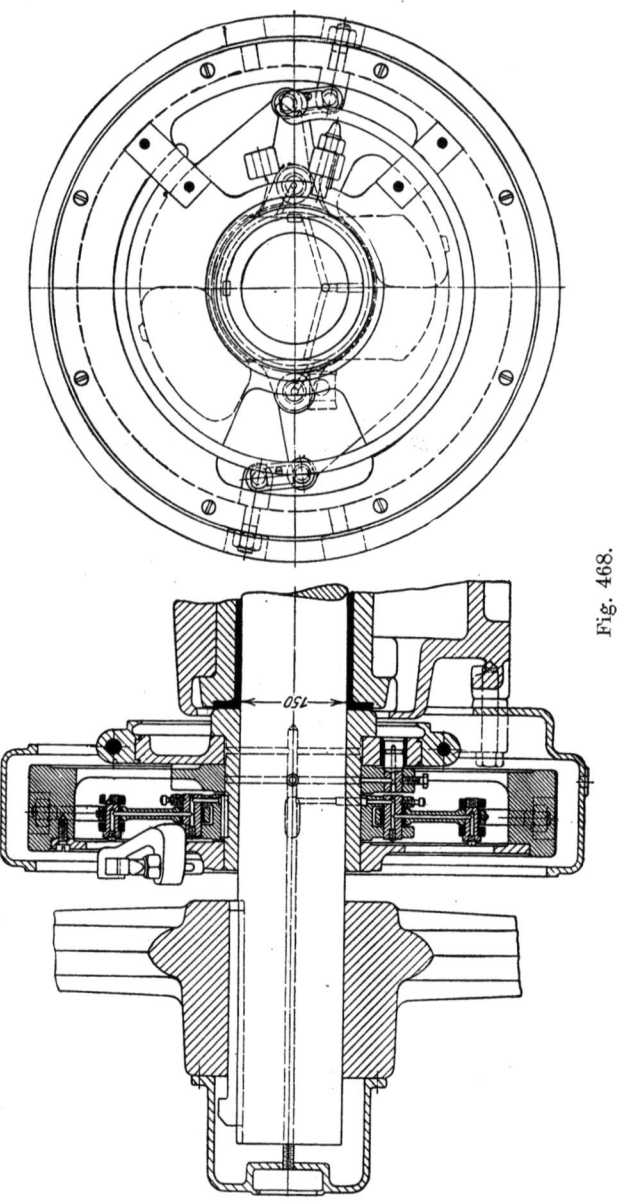

Fig. 468.

Zum Schlusse mögen noch die neueren Achsenregler von R. Proell besprochen werden, die sich wegen ihrer weitgehenden Anpassungsfähigkeit einer großen Beliebtheit erfreuen. Das Prinzip der Verstellung der minutl. Umdrehzahl besteht im wesentlichen darin, daß bei einem Zweipendelregler mit Zugfedern das am

Pendel angreifende Federende nicht unmittelbar mit dem Pendel durch einen Zapfen verbunden ist, sondern mit Röllchen (in Fig. 470 mit r bezeichnet) auf einer Rollbahn (diese sowie die Röllchen sind besonders deutlich aus dem Bilde Fig. 469 zu ersehen) gleiten kann und beim Ausschlag so geführt wird, daß der Rollenmittelpunkt o einen Kreisbogen beschreibt, dessen Mittelpunkt h bei den früheren Reglern nahezu mit dem festen Drehpunkt b des Pendels zusammenfiel, bei den neueren Reglern aus einem noch zu besprechenden Grunde aber ziemlich weit von b entfernt liegt.

Fig. 469.

Zwecks Änderung der minutl. Umdrehzahl wird durch Verschieben des Punktes h und damit des Anlagpunktes der Rolle r der Hebelarm der Federkraft verändert, gleichzeitig aber das feste Federende g so verlegt, daß mit Vergrößerung des Hebelarmes der Federkraft die Federlänge vergrößert, die Feder also angespannt wird. Die Wirkung dieser beiden Maßnahmen möge an der schematischen Skizze Fig. 471 näher erläutert werden. Für die erste Einstellung der Feder sei g_1 der feste Federendpunkt, o_1 der Rollenmittelpunkt, die spannungslose Feder habe eine Länge $g_1 i_1$, so daß $i_1 o_1 =$ der Längenzunahme der Feder ist, der die Federkraft proportional ist:

$$F_1 = c \cdot (o_1 i_1);$$

das Moment der Federspannung in der Mittelstellung des Pendels beträgt somit $\mathfrak{M}_1 = F_1 h_1 = c \cdot (o_1 i_1) \cdot h_1$.

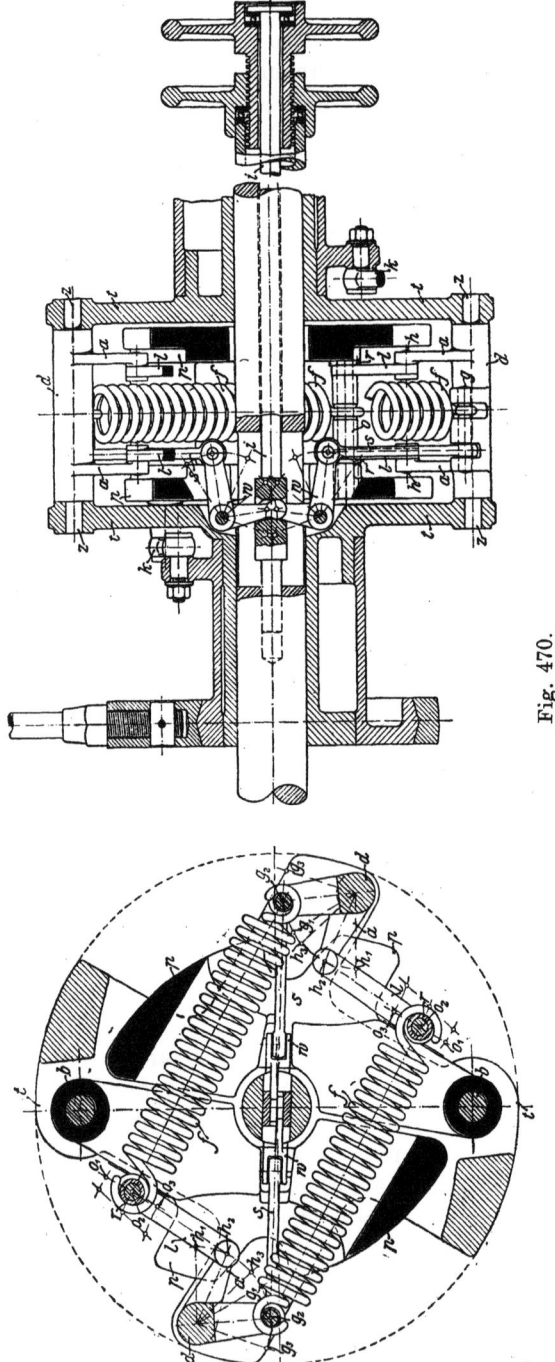

Fig. 470.

Nun verlegen wir (senkrecht zur Federmittellinie) o_1 nach o_2, verschieben aber gleichzeitig g von g_1 nach g_2, so daß $g_1 g_2$ parallel $b i_1$ und die Federachse sich selber parallel bleibt; dann ist die neue Federverlängerung $= o_2 i_2$ im gleichen Verhältnis zu $o_1 i_1$ größer geworden, wie der Federhebelarm h_2 im Verhältnis zu h_1, d. h. es gilt $F_2 : F_1 = h_2 : h_1$, folglich verhalten sich die Momente der Federspannungen

$$\mathfrak{M}_2 : \mathfrak{M}_1 = F_2 h_2 : F_1 h_1 \\ = h_2{}^2 : h_1{}^2$$

oder die zugehörigen minutl. Umdrehzahlen

$$n_2 : n_1 = h_2 : h_1.$$

Es gelingt also auf diese Weise zunächst, die Umdrehzahl n leicht auf das Drei- bis Vierfache zu steigern, ohne allzu große Verstellwege benutzen zu müssen. Ferner läßt Fig. 471 erkennen, daß beim Ausschlage des Schwungkörpers aus der gezeichneten Mittellage (nach außen oder nach innen) die Längenänderungen der Feder, also auch die Zu- bzw. Abnahme der Federkräfte, sich stets wie $h_2 : h_1$ verhalten, somit auch die Änderungen der Federmomente wie $h_2{}^2 : h_1{}^2 = n_2 : n_1$, d. h. der Ungleichförmigkeitsgrad bleibt bei der nach Fig. 471 gleichzeitig vorgenommenen Verlegung von o und g unverändert. Dies ist natürlich eine sehr wertvolle Eigenschaft.

Bezüglich der Wahl des Drehpunktes h, um den die Rolle o bei Reglerausschlag sich dreht, ist folgender Gesichtspunkt maßgebend. Hätte die Feder einen festen Angriffspunkt an dem Pendel und steht bo ungefähr senkrecht zur Federachse, so wird die $\mathfrak{M}$-Kurve fast geradlinig; fällt der Drehpunkt h des Lenkers für die Rolle r mit dem Pendeldrehpunkt b zusammen, so ist die Wirkung völlig die gleiche, wie wenn die Feder an einem Punkte o des Pendels fest angriffe. Liegt nun aber der Punkt h wie in Fig. 471, so weicht die Bahn des Punktes o von dem Kreise um b derart ab, daß die Federhebelarme für die innerste und für die äußerste Stellung größer werden, damit wachsen auch die Momente von der Mittelstellung aus nach innen und außen rascher, oder anders ausgedrückt, die $\mathfrak{M}$-Kurve wird gekrümmt mit der hohlen Seite nach oben, wie es z. B. ein gleichbleibendes Stabilitätsgefälle verlangt (vgl. S. 411).

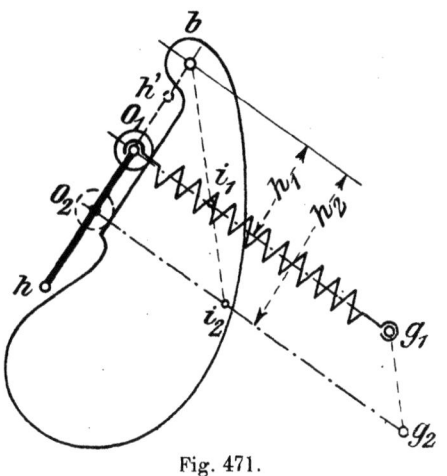

Fig. 471.

Würde man als Drehpunkt einen Punkt h' zwischen o und b wählen, so träte die umgekehrte Wirkung ein, die $\mathfrak{M}$-Kurve würde nach unten gekrümmt. Jedenfalls haben wir es in der Hand, durch passende Wahl des Drehpunktes h die Gestalt der $\mathfrak{M}$-Kurve wirksam zu beeinflussen.

Die Verlegung des festen Federendpunktes g senkrecht zur Federachse spielt nur eine untergeordnete Rolle, es braucht also die Feder nicht gerade genau parallel verschoben zu werden, die Hauptsache bleibt die richtige Verschiebung in Richtung der Federachse, die richtige Längenzunahme der Feder.

Wie die gleichzeitige Verlegung der Rolle und des festen Federendpunktes g konstruktiv vorgenommen wird, läßt Fig. 470 erkennen: von den zwei Winkelhebeln mit der Achse d trägt jeder den Zapfen g für den festen Endpunkt der einen Feder und den Zapfen h für die Lenkstange l der Rolle r der anderen Feder. Die Stellstangen s, die direkt an g angreifen, bekommen ihre Bewegung von den Winkelhebeln w, deren frei endigende Schenkel in einem Führungskopf der axialen auf Zug beanspruchten Stellspindel i vereinigt sind.

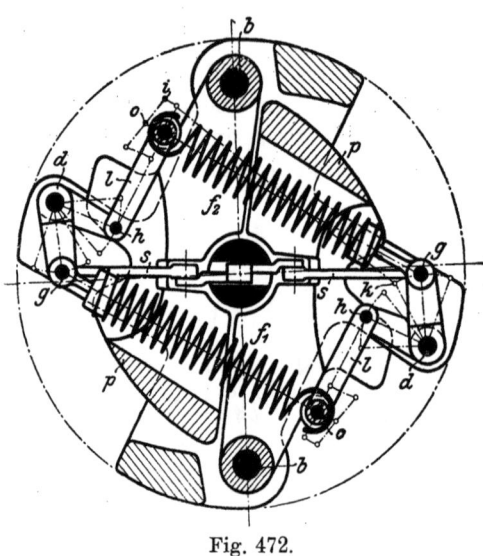

Fig. 472.

Die äußere Verstellvorrichtung besteht aus zwei am Wellenende sitzenden Handrädern, von denen das eine Muttergewinde, das andere Vollgewinde trägt; in der Regel laufen beide Handräder mit der Welle um, sind aber leicht festzuhalten, da sie durch Kugellager gegen Welle und Stellspindel i abgestützt sind. Durch gegenseitige Verdrehung der beiden Handräder kann dann die gewünschte Längsverschiebung der Stange i herbeigeführt werden.

Um das Gebiet, innerhalb dessen die minutl. Umdrehzahl verstellt werden kann, nach unten noch weiter auszudehnen, werden (vgl. Fig. 472) die beiden Zugfedern f_1 und f_2 des Reglers verschieden steif (mit verschiedenem f nach Gl. 241, S. 508) ausgeführt und so gespannt, daß die steifere Feder f_2 in der Außenlage der Pendel für die kleinste Umdrehzahl gerade noch spannungslos ist und

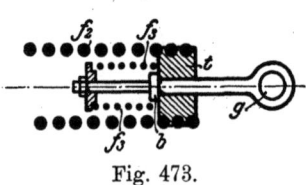

Fig. 473.

bis zur Einstellung der größten Umdrehzahl dieselbe Spannung erhält, welche die weichere Feder f_1 dann hat. Dadurch wird das kleinste Federmoment auf die Hälfte, die niedrigste Umdrehzahl also auf $\frac{1}{\sqrt{2}}$ desjenigen Reglers verringert, bei welchem beide Federn mit derselben Anfangsspannung zu wirken beginnen. Die höchste Umdrehzahl ist dieselbe wie früher, da ja beide Federn am Schlusse die gleiche Spannung wie früher erreichen. Das Verstellgebiet, das sonst z. B. 1:3,5 betrug, wird auf $\frac{1}{\sqrt{2}} : 3{,}5 = 1 : 5$ erweitert. Damit die nahezu spannungslose

Feder f_2 sich nicht mit ihrer Rolle von der Gleitbahn löst, trägt sie im Innern eine kleine Hilfsfeder nach Fig. 473, die gewöhnlich nicht wirkt, da sich beim Anspannen der Hauptfeder f_2 der Teller t gegen einen Bund b der Öse g legt. Bei nahezu spannungsloser Hauptfeder f_2 genügt die Hilfsfederkraft, um den Teller t nach g zu verschieben. Die beiden Schwungkörper sind natürlich (und zwar durch das Drehexzenter) zwangläufig miteinander gekuppelt; die Kupplungsteile nehmen die Verschiedenheit der Kräfte auf, jedoch bedarf es einer besonderen Verstärkung der Zapfen nicht. Der Regler nach Fig. 469 ist z. B. in dieser Weise für Einstellbarkeit von 50 bis 225 Umdrehungen in der Minute eingerichtet.

Achtes Kapitel.

Mittelbare Regelung.

I. Bestandteile und Wirkungsweise der mittelbar wirkenden Regler.

Die unmittelbare Einwirkung des eigentlichen Reglers (des Tachometers) auf die Steuerung der Kraftmaschine erfordert bei großen Maschinen derart kräftige Regler, daß man schon immer bestrebt war, zur Steuerungsverstellung eine besondere Hilfsmaschine, einen Servomotor oder Hilfsmotor, heranzuziehen, deren Steuerung durch das Tachometer beeinflußt wird. Aber erst die wachsende Verwendung größerer Wasserkräfte zum Betriebe von Dynamomaschinen und die damit beständig gesteigerten Anforderungen an die Regelungsfähigkeit der Wasserkraftmaschinen gaben der Praxis Veranlassung zur weiteren Ausbildung von indirekt wirkenden Reglern, die heute derart vorzügliche Eigenschaften besitzen, daß sie mit Recht die unmittelbare Regelung auch da zu verdrängen beginnen, wo man noch sehr wohl mit direkt wirkenden Reglern auskommen kann. Die sog. mechanischen Regulatoren, bei denen als Hilfskraft zur Steuerungsverstellung ein Teil der vom Hauptmotor erzeugten (und z. B. durch Riemenwendegetriebe abgeleiteten) mechanischen Arbeit benutzt wird, kommen heute wegen ihres verwickelten Baues und ihrer langsamen Wirkung für bessere Regelungen nicht mehr in Betracht. Die heutige Praxis verwendet ausschließlich sog. hydraulische Regler, deren Hauptwirkung darin besteht, daß Preßflüssigkeit auf den Kolben eines Hilfsmotors einwirkt, dessen Bewegung auf die Steuerung der Hauptmaschine übertragen und der von einer durch den Fliehkraftregler bewegten Hilfssteuerung beherrscht wird. Bei Wasserturbinen benutzt man das Triebwasser selber, falls es nicht allzu stark verunreinigt ist und mindestens 3 bis 4 Atm. Pressung besitzt; in den meisten Fällen verwendet man Öl, das vereinzelt durch Mehrzylinderkolben-

Bestandteile und Wirkungsweise der mittelbar wirkenden Regler. 723

pumpen, in der Regel durch Zahnradpumpen auf etwa 10 bis 20 Atm. Pressung gebracht wird. Die Preßpumpe läuft beständig; ist das Reservoir, meist ein Windkessel mit ungefähr dem 10fachen des Hilfsmotorzylindervolumens als Luftraum, gefüllt, so läuft das überflüssige Preßöl durch einen Rücklauf wieder in den Vorratsbehälter. Die Pumpenleistung wird so hoch bemessen, daß die minutliche Förderung etwa das 5- bis 10fache des Hilfsmotorenvolumens beträgt. Der Hilfsmotor hat entweder einen einfachwirkenden oder einen doppeltwirkenden geradlinig bewegten Kolben, mitunter (s. Fig. 487) auch zur Vereinfachung der Konstruktion einen schwingenden Kolben. Die Steuerung des Hilfsmotors geschieht in der Regel durch einen vollkommen entlasteten Kolbenschieber, der meist nicht unmittelbar vom Regler bewegt wird, sondern durch einen ebenfalls durch Druckflüssigkeit betriebenen kleinen Hilfskolben, dessen Bewegung erst wieder durch eine zweite von dem Regler verstellte Hilfssteuerung eingeleitet wird.

Wir werden zunächst die Bedeutung der wichtigsten Bestandteile von mittelbaren hydraulischen Regelungen und die hiermit erzielten Regelungsvorgänge in allgemeinen Zügen kennen lernen, dann durch theoretische Untersuchungen die Vorgänge weiter klarzulegen suchen und im dritten Teil auf die neuzeitliche Entwicklung der hydraulischen Regler in Deutschland eingehen. (Wegen der konstruktiven Gestaltung siehe auch die Lehrbücher über Turbinen von Pfarr[1]) und Thomann[1]). Bezüglich der Benennungen schließe ich mich im folgenden den Vorschlägen von Prof. A. Budau[2]) an, dessen übersichtliche Zusammenstellung aller hier in Betracht kommenden Dinge in dem unten genannten Aufsatz bei der folgenden Darstellung als Richtschnur gedient hat. In den Figuren bedeutet stets:

R_g den Regler, das Tachometer;
Y die Reglermuffe bzw. den Punkt des Reglerstellhebels, an dem der Gleitring des Reglers angreift;
St die Steuerung des Hilfsmotors;
S den Steuerungspunkt, d. h. den Punkt des Reglerhebels, an dem die Steuerung des Hilfsmotors anschließt;
HM den Hilfsmotor;
M den Endpunkt der Hilfsmotorkolbenstange, der mit dem Reglerhebel zum Zwecke der Rückführung verbunden wird;

---

[1]) Die Turbinen für Wasserkraftbetrieb von Pfarr, 2. Aufl. Berlin 1912. Verlag von Jul. Springer. Die Wasserturbinen von R. Thomann, Stuttgart 1908. Verlag von Konr. Wittwer.
[2]) Über die amerikanischen Turbinenregulatoren mit besonderer Berücksichtigung des Lombard- und Sturgessregulators. Z. d. Elektrot. Vereins in Wien 1908, Heft 1 und 2.

Z den Rückführungspunkt, d. i. der Punkt des Reglerhebels, der mit M in Verbindung steht, und zwar bei starrer Rückführung zwangläufig, bei nachgiebiger Rückführung (bei Isodromreglern) kraftschlüssig durch Ölbremse, durch einen Katarakt K;
K den Katarakt der nachgiebigen Rückführung,
C_k also den Zylinder dieses Kataraktes,
K_k den Kolben   „   „   und
S_k eine Steuerung   „   „   ;
F die Rückführungsfeder;
A den festen Drehpunkt des Reglerhebels.

a) Rückführungen.
1. Regler mit Nachführung des Hilfsmotorkolbens.

Den Übergang zwischen der direkten und der indirekten Regelung bilden solche Anordnungen, bei denen zwar die Steuerung des Hauptmotors durch einen besonderen Arbeitskolben verstellt wird, dieser aber sich genau so bewegt, als ob er unmittelbar mit der Reglermuffe verbunden wäre. Um eine solche Abhängigkeit herbeizuführen, wird der Kolben des Hilfsmotors als Schieberspiegel eines Kolbenschiebers ausgebildet und der zugehörige Steuerungskolben mit dem Reglerhebel verbunden. Verschiebt nun der Regler den Hilfssteuerkolben, so wird der Kraftzufluß zum Hilfsmotorkolben geöffnet, der Hilfsmotorkolben bewegt sich so lange, bis er und damit der Spiegel für die Hilfssteuerung wieder in die relative Mittellage zum Hilfssteuerschieber gekommen ist, bis dadurch der Kraftzufluß wieder abgesperrt wird. Der Kolben des Hilfsmotors wird also hinter dem Hilfssteuerschieber her geführt; die Bewegung des Hilfsmotorkolbens ist genau dieselbe, als ob er starr mit dem Regler verbunden wäre.

Von dem vorstehend beschriebenen Verfahren macht man besonders häufig Gebrauch bei der Führung der Steuerung des Hilfsmotors durch den Regler (vgl. Fig. 486 und Fig. 487); man kann dann von einer **Vorsteuerung** (durch Nachführung) sprechen, insofern, als ein Hilfssteuerkolben immer ein wenig voreilt und der Hauptsteuerkolben dieser Bewegung beständig folgt. Bei modernen Steuerungen für mittelbare Regelung ist oft der ursprüngliche Steuerkolben kaum mehr als ein Stift von einigen Millimetern Durchmesser, der zu seiner Bewegung so wenig Kraft verbraucht, daß der Regler fast den Unempfindlichkeitsgrad Null hat (falls auch für möglichst geringe Eigenreibung des Reglers Sorge getragen ist).

2. Regler mit starrer Rückführung.

Bei dem mittelbaren (hydraulischen) Regler haben wir zunächst folgende drei wesentliche Teile: den Regler R_g, die Hilfssteuerung St, die von der Reglermuffe aus bewegt wird, und den Hilfsmotor HM, dessen Kolben die Steuerung des Hauptmotors verstellt. Die Bewegung des Hilfsmotorkolbens wird eingeleitet durch Verstellung der Hilfssteuerung St. Wozu gebrauchen wir nun eigentlich noch eine sogenannte Rückführung? So lange sich die Hilfssteuerung in der Mittelstellung befindet, ist der Kraftzufluß zum Hilfsmotorzylinder geschlossen; bewegt sich in Fig. 474 S nach oben, so wird die Zuflußleitung nach dem Raum unter dem Kolben geöffnet, die Preßflüssigkeit schiebt den Kolben nach oben, und zwar so lange, solange der Steuerschieber oberhalb seiner Mittellage steht. Würde sich der Steuerschieber unterhalb seiner Mittellage befinden, so wäre der obere Zufluß frei, der Hilfsmotorkolben bewegte sich nach unten. Stillstand des Hilfsmotorkolbens in irgendeiner Stellung ist nur bei Stellung der Steuerung in der Mittellage möglich. Soll also der Hilfsmotorkolben, nachdem er in seine richtige Lage gekommen ist, d. h. nachdem er die Hauptsteuerung des Motors in die der neuen Belastung entsprechende Einstellung gebracht hat, nun hier stehen bleiben, so muß der Steuerschieber in der Mittellage sein. Falls der Regler einen bestimmten Ungleichförmigkeitsgrad besitzt, nimmt er nach Maßgabe der verschiedenen Umdrehzahlen eine verschiedene Muffenstellung ein; wäre also der Reglerhebel um einen festen Punkt drehbar, so befände sich auch S je nach der Stellung Y der Muffe in einer anderen Lage. Da aber S nach Beendigung des Regelungsvorganges unbedingt in seiner Mittellage sein muß, so ist es nötig, ihn auf irgendeine Art dahin zu bringen. Das hierzu dienende Mittel wird Rückführung genannt. Die einfachste Art der Rückführung ist in Fig. 474 angegeben: Man macht den Hebeldrehpunkt Z nicht fest, sondern verbindet ihn zwangläufig mit M, mit dem Endpunkt der Hilfsmotorkolbenstange. Bei passenden Maßverhältnissen schiebt dann der Hilfsmotor, indem er sich selber nach oben bewegt, den durch die aufwärts gerückte Reglermuffe Y ebenfalls nach ober verschobenen Steuerungspunkt S wieder abwärts in seine Mittellage. Der Regelungsvorgang ist immer erst dann beendet, wenn sich der Steuerungspunkt wirklich in seiner Mittellage befindet.

Beim Fehlen einer Rückführung würde der Regler überhaupt nicht zur Ruhe kommen. Wie unter II Cd 1 S. 821 gezeigt wird, stellt er vielmehr bei Änderung der Motorbelastung abwechselnd zu große und zu kleine Füllungen ein, die genau der anfänglichen Belastungsänderung entsprechen; es erfolgen Schwingungen mit gleichbleibender Amplitude, die Regelung ist also unbrauchbar. Erst durch eine Rückführung wird die mittelbare Regelung brauchbar.

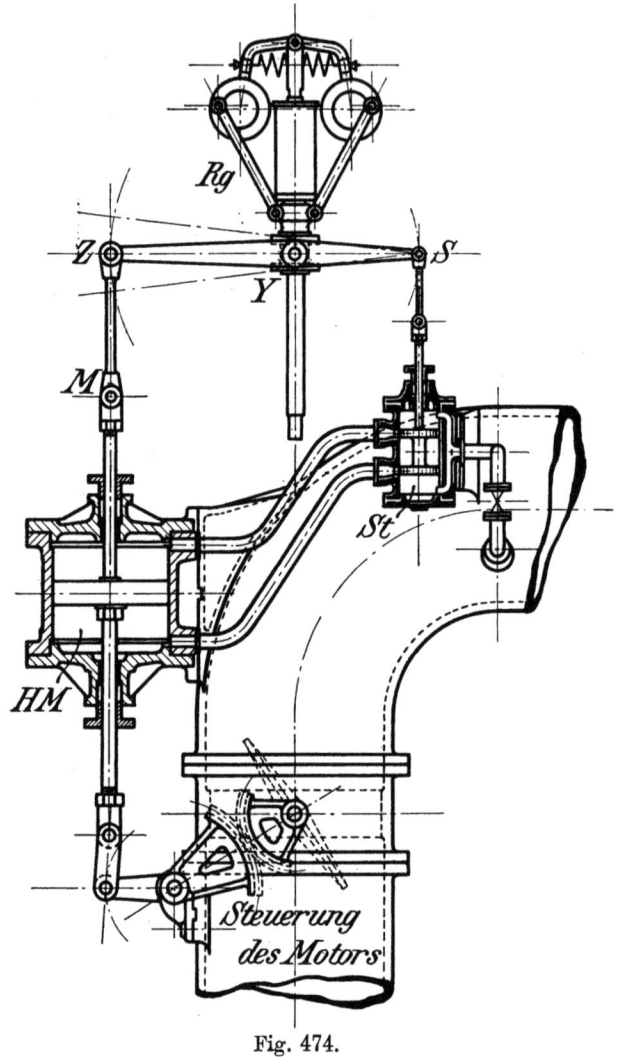

Fig. 474.

Erwähnt sei, daß die Vorsteuerung für die Hilfsmotorsteuerung natürlich auch durch einen zweiten Hilfsmotor mit Rückführung an Stelle einer Nachführung geschehen kann, und daß tatsächlich solche Anordnungen auch zur Ausführung gekommen sind, sogar mit mehrfacher Vorsteuerung, stets in der Absicht, die vom Regler auszuübende Verstellkraft auf ein Minimum zu beschränken.

Die in Fig. 474 wiedergegebene Rückführung ist nicht die einzige Lösungsform; Fig. 475 stellt eine andere Ausführung dar, wie sie z. B. bei dem Lombard-Regulator der Lombard-Gov. Comp. Ashland, Mass., benutzt ist: der Reglerhebel erhält einen festen Drehpunkt A, die Rückführung der Hilfssteuerung St geschieht durch **Verkürzung oder Verlängerung der Steuerstange** SSt. In Fig. 475 erfolgt diese Veränderung der Stangenlänge von der Kolbenstange des Hilfsmotors aus dadurch, daß die mit Rechts- und Linksgewinde versehene unterbrochene Stange SSt von einer Mutter umfaßt wird, die außen als Zahnrad gestaltet ist und daher mittels einer von M aus bewegten Zahnstange V gedreht werden kann. Der höchsten Stellung des Hilfsmotorkolbens entspricht die größte Steuerstangenlänge, der tiefsten Stellung die kleinste Stangenlänge. Nimmt die Reglermuffe eine höhere Stellung ein, weil der Motor entlastet worden ist, so befindet sich S, aber auch der Hilfsmotorkolben, in einer höheren Lage; da jedoch gleichzeitig die Stange SSt entsprechend verlängert wurde, so ist schließlich der Steuerkolben St wieder, wie nötig, in seine Mittelstellung gelangt. Die Anordnung nach Fig. 474 dürfte als die einfachere den Vorzug vor der nach Fig. 475 verdienen.

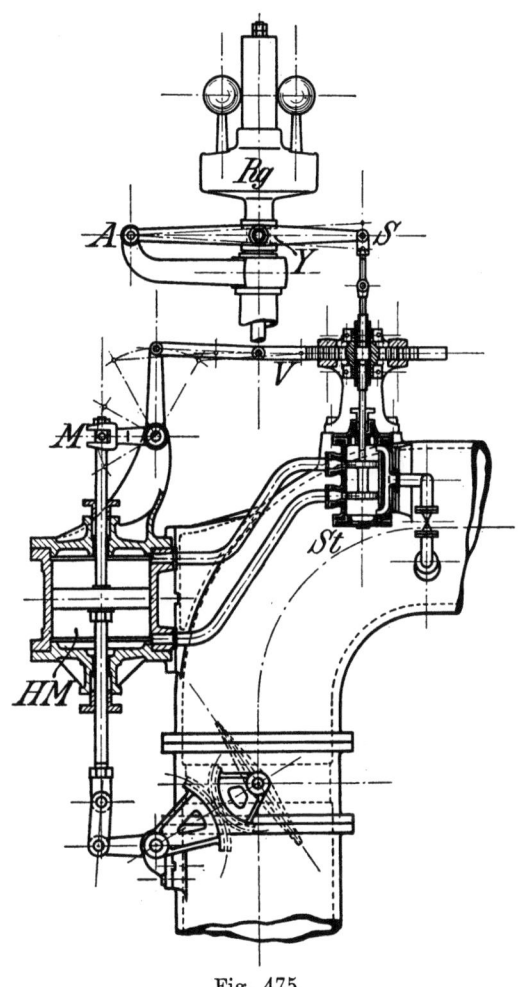

Fig. 475.

3. Regler mit Muffenrückdrängung.

Diese in Fig. 476 dargestellte, von Pröll angegebene Art der Rückführung beruht auf der Überlegung, daß man auch bei einem festen Drehpunkt A des Reglerhebels den Steuerungspunkt S stets wieder in seine Mittellage zurückführen kann, indem man die Reglermuffe Y in ihre Mittellage zurückdrängt. Die Rückdrängung der Muffe erfolgt vom Kolben des Hilfsmotors aus mittels des Hebels $M'Y'$ in der Weise, daß die Muffe Y', die sich mit der Reglerspindel dreht und mit der eigentlichen Reglermuffe Y durch eine Feder verbunden ist, durch Vermittlung dieser Feder einen Druck nach oben oder unten auf die Reglermuffe Y ausübt. Nehmen wir an, der Motor wird entlastet, so wächst die Umdrehzahl, der Regler bewegt sich nach oben, folglich auch S, die Hilfssteuerung öffnet den Kraftzufluß zum Hilfsmotor und dessen Kolben steigt, M' geht nach oben und daher Y' nach unten; es übt also Y' auf die Feder einen Druck nach unten aus, der Regler erfährt gleichsam eine zusätzliche Muffenbelastung. Er könnte nun zweierlei tun: entweder die neue Muffenstellung beibehalten und mit einer noch größeren Umdrehzahl umlaufen oder unter Beibehaltung seiner augenblicklichen Umdrehzahl sich in eine tiefere Stellung be-

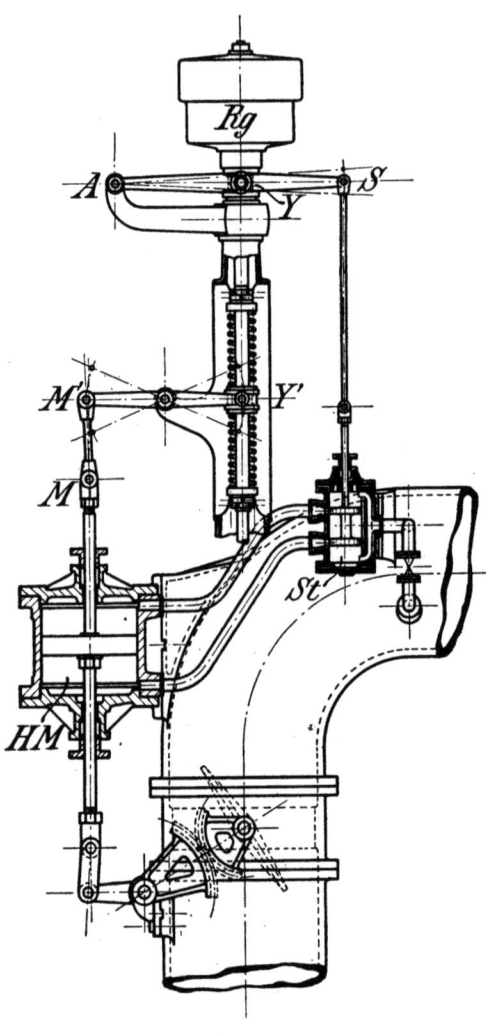

Fig. 476.

geben. Er wird natürlich das letztere tun; denn erstens erfährt die Motorwelle keine Beschleunigung mehr, sobald der Hilfsmotor die richtige Füllung eingestellt hat, also kann auch die Winkelgeschwindigkeit der Reglerspindel nicht mehr zunehmen, und zweitens ist ein Verharren des Hilfsmotorkolbens in der richtigen Lage nur möglich, wenn die Steuerung in der Mittellage steht. Es muß sich folglich die Reglermuffe bis in ihre Mittellage nach unten bewegen, damit auch S wieder in die Mittellage kommt. Entsprechend dem kleineren Abstand der beiden Muffen Y und Y' verbleibt ein Federdruck als zusätzliche Muffenbelastung, der Regler läuft, obwohl in derselben Muffenstellung wie zu Beginn der Regelung, mit einer höheren Umlaufzahl. Die Regelung hat somit eine gewisse Ungleichförmigkeit δ_i, die aber nicht identisch ist mit dem Ungleichförmigkeitsgrad δ des Reglers, sondern abhängt von dem Verhalten der Feder zwischen den beiden Muffen Y und Y'. Im übrigen stimmt die Anordnung nach Fig. 476 in ihrer Wirkung vollständig mit der nach Fig. 474 überein.

4. Regler mit Tourenrückführung.

Schließlich kann man, wie Fig. 477 zeigt, bei festem Drehpunkt A des Reglerhebels diesen dadurch in die Mittellage zurückführen, daß man den Regler für alle Motorbelastungen mit genau derselben Umdrehzahl antreibt. Hat der Regler einen gewissen Ungleichförmigkeitsgrad, so wird er bei genau der

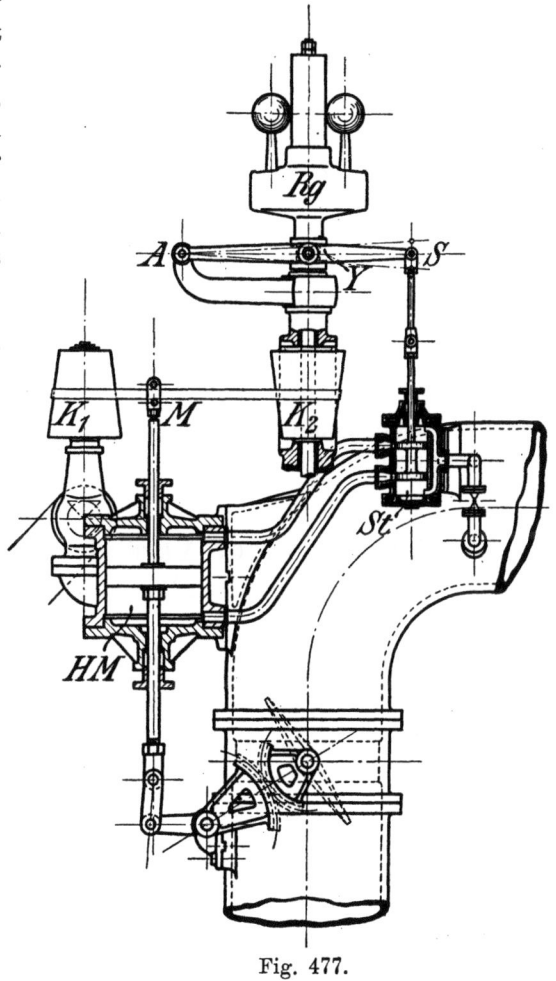

Fig. 477.

gleichen Winkelgeschwindigkeit auch stets genau die gleiche Muffenstellung als Beharrungsstellung einnehmen, sagen wir also, stets in derselben Muffenstellung zu Ruhe kommen. Läuft nun der Motor bei Entlastung schneller, bei Belastung langsamer, so kann trotzdem der Regler stets die gleiche Umdrehzahl erhalten, wenn wir ein veränderliches Übersetzungsverhältnis für den Reglerantrieb vorsehen. In Fig. 477 ist ein Kegelriementrieb angewandt; die Riemenführungsgabel wird dabei von dem Hilfsmotorkolben verschoben. Der höchsten Stellung des Hilfsmotors entspricht das kleinste Übersetzungsverhältnis von der Motorwelle nach der Reglerspindel, der tiefsten Stellung das größte; bei Entlastung (M liegt mehr nach oben!) läuft also zwar der Motor schneller, aber der Regler dreht sich ebenso schnell, wie bei größerer Motorbelastung. Die Wirkung der vorliegenden Anordnung stimmt daher wieder mit der einfachen Rückführung nach Fig. 474 überein; die Ungleichförmigkeit des Motors ist aber nicht durch den Ungleichförmigkeitsgrad des Reglers, sondern durch das wechselnde Übersetzungsverhältnis des Antriebes gegeben, beträgt also

$$\delta_i = \frac{i_o - i_u}{i_m},$$

wenn mit i_o, i_u und i_m die Übersetzungszahl des Kegelriementriebes für die obere, untere und mittlere Stellung der Riemengabel bezeichnet wird. Bei dem Regler der Sturgess Governor Comp. nach Fig. 487 erfolgt der Antrieb mit wechselndem Übersetzungsverhältnis durch sog. Expansionsriemenscheiben, d. h. durch Scheiben, deren keilförmige Segmente in Längsnuten verschiebbar sind, wodurch der Scheibendurchmesser verändert werden kann (D. R. P. Nr. 146484).

b) Vorrichtungen zur Veränderung der Umdrehzahl und Abstellvorrichtungen.

Es liegt nahe, bei der mittelbaren Regelung das **Abstellen** des Hauptmotors dadurch zu bewirken, daß man die Hilfssteuerung verstellt, um die richtige Bewegung des Hilfsmotorkolbens einzuleiten. Man braucht hierzu nur (s. Fig. 478) die Steuerungsstange SSt genügend zu verkürzen; denn bei stillstehendem Reglerhebel wird hierdurch der Steuerkolben nach oben verschoben, folglich der Hilfsmotorkolben in die oberste Stellung gedrängt, der Kraftzufluß zum Hauptrohr wird abgesperrt.

Die gleiche Wirkung läßt sich auch durch Verkürzung der Rückführungsstange MZ erzielen (s. Fig. 479); denn verschiebt man bei stillstehend gedachtem Endpunkt M des Hilfsmotorkolbens den

Vorrichtungen zur Veränderung der Umdrehzahl und Abstellvorrichtungen. 731

Rückführungspunkt Z des Reglerhebels nach unten, so verlegt man (bei stillstehender Reglermuffe) den Steuerungspunkt S nach oben und leitet dadurch die Aufwärtsbewegung des Hilfsmotorkolbens ein.

Die skizzierten Abstellvorrichtungen sind so einfach anzubringen, daß man kaum noch indirekte Regler ohne sie antrifft.

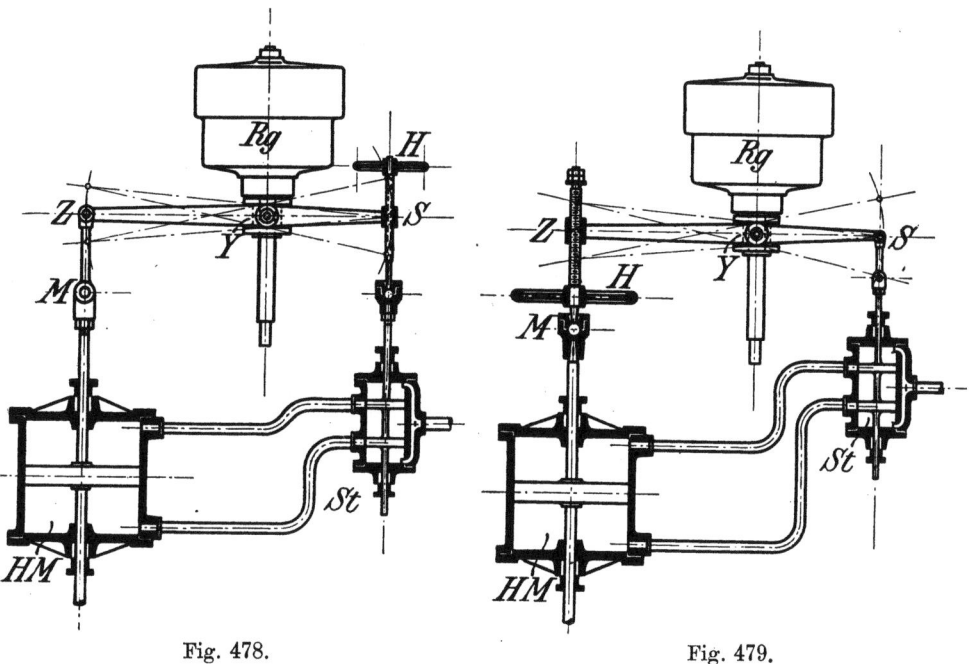

Fig. 478. Fig. 479.

Man erkannte bald, daß man in diesen Einrichtungen ein sehr bequemes Mittel habe, um die **Umdrehzahl des Motors** innerhalb kleiner Grenzen **abzuändern**. Verkürzt man nämlich in Fig. 478 die Steuerstange SSt (oder in Fig. 479 die Rückführungsstange MZ) ein wenig, etwa um den $m$ten Teil des ganzen Steuerungshubes s, ohne daß die Belastung des Motors geändert wurde, so kann als neuer Beharrungszustand nur die bisherige Stellung des Hilfsmotorkolbens und außerdem die Mittelstellung der Hilfsmotorsteuerung in Frage kommen. Z in Fig. 478 bleibt also an seinem Ort, S ist durch die Verkürzung der Steuerstange tiefer gekommen, folglich muß in der Beharrungsstellung die Reglermuffe in einer tieferen Lage stehen; in dieser (um $\dfrac{1}{m}$ des ganzen Muffenhubes) tieferen Muffenstellung kann der Regler aber nur bei einer entsprechend kleineren Umdrehzahl bleiben. Verkürzt man demnach SSt um den m ten Teil des ganzen Steuerhubes, so setzt man die mittlere Umdrehzahl n_m des Motors um $\frac{\delta}{m} \cdot n_m$ herab; durch die angegebene Einrichtung kann man folglich die Tourenzahl innerhalb der durch den Ungleichförmigkeitsgrad des Reglers gegebenen Grenzen verändern.

c) Regler mit nachgiebiger Rückführung.

1. Isodromregler.

Bei der theoretischen Untersuchung der Regelungsvorgänge wird sich zeigen, welche Größen hauptsächlich die Regelung beeinflussen. Nach unseren früheren Betrachtungen ist es von vornherein klar, daß eine Regelung um so leichter möglich sein wird, je größer die Anlaufzeit T_a des Motors ist; denn dann werden selbst in verhältnismäßig großer Zeit, die etwa während des Regelungsprozesses verläuft, doch nur kleine Geschwindigkeitsschwankungen der Motorwelle auftreten. Große Anlaufzeiten können aber nur durch schwere, raschlaufende Schwungräder erzielt, müssen also verhältnismäßig teuer erkauft werden. Es leuchtet weiter ein, daß sich die Verhältnisse um so günstiger gestalten, je schneller der Hilfsmotor arbeitet, je kürzere Zeit er gebraucht, um die Steuerung des Hauptmotors zu verstellen; als Maß für diese Geschwindigkeit pflegt man die sog. Schlußzeit T_s anzugeben, d. i. die Zeit, in welcher der Hilfsmotorkolben bei voller Öffnung des Kraftzuflusses durch die Hilfsmotorsteuerung seinen ganzen Hub durchläuft, z. B. den Motor von Vollfüllung bis zum gänzlichen Abschluß der Triebkraft verstellt. Die Regelung läßt sich demnach um so besser durchführen, je kleiner die Schlußzeit T_s des Hilfsmotors gemacht wird. Die Verkleinerung der Schlußzeit hat aber ihre Grenzen einmal in der hiermit verbundenen Zunahme der Durchgangsquerschnitte für die Preßflüssigkeit und der Massenwirkungen der bewegten Teile und ferner bei Wasserturbinen mit langen Rohrleitungen durch die Rücksicht auf Stoßwirkungen der Wassermasse in der Leitung; bei zu schnellem Abschlusse würde eine unzulässig hohe Drucksteigerung eintreten, die man durch Nebenauslässe, Sicherheitsventile oder Windkessel erfahrungsgemäß nur schlecht beherrschen kann. Wie wir später sehen werden, läßt sich nun in vielen Fällen eine zu kleine Anlaufzeit T_a durch einen großen Ungleichförmigkeitsgrad δ des Reglers kompensieren; sehr oft bestimmt das Produkt δT_a den Regelungsvorgang, so daß man T_a um so kleiner machen darf, je größer δ genommen wird. Dieser billige Ersatz von mangelnder Größe der Anlaufzeit durch einen großen

Ungleichförmigkeitsgrad hat aber leider einen Übelstand: es werden dadurch die Geschwindigkeitsschwankungen während der Regelung größer und vor allem, es weichen die Umdrehzahlen des Motors für Vollbelastung und Leerlauf zu sehr voneinander ab, was besonders bei Motoren zum Antrieb von Dynamos nicht zulässig ist. Man half sich über diese Schwierigkeiten hinweg, indem man die in Fig. 478 und 479 skizzierte Einrichtung folgendermaßen benutzte: Nachdem die Regelung beendet, z. B. nach eingetretener Entlastung die neue Füllung eingestellt, der Regler in die entsprechende höhere Stellung gekommen und nun die Maschine die zugehörige größere Umlaufzahl angenommen, verkürzte der Maschinenwärter die Steuerungsstange SSt. Dadurch brachte er in der Tat die Umdrehzahl wieder herunter. Dieser Eingriff von Hand birgt aber eine erhebliche Gefahr in sich. Nehmen wir an, die Maschine sei ziemlich stark belastet, in der eben geschilderten Weise habe der Wärter die Reglermuffe gehoben, d. h. den Motor durch Verlängern der Steuerungsstange wieder auf die mittlere Umdrehzahl gebracht. Der Hilfsmotorkolben steht beinahe in seiner tiefsten Stellung, die Reglermuffe in der Mittelstellung, der Reglerhebel also schief (von links unten nach rechts oben geneigt). Nun trete eine plötzliche Entlastung bis beinahe Leerlauf ein (während vorhin der Hilfsmotorkolben beinahe in der tiefsten Stellung war, müßte er sich jetzt bis in die höchste Stellung verschieben). Die Winkelgeschwindigkeit nimmt also zu, die Reglermuffe steigt und hebt den Steuerkolben des Hilfsmotors, dessen Kolben beginnt sich nach oben zu bewegen. Aber bevor er seine richtige Stellung erreicht hat, ist die Reglermuffe, die nur den halben Muffenhob nach oben zurückzulegen hat, in ihre höchste Stellung gekommen, die Rückführung schiebt den Hilfssteuerkolben abwärts, die Hilfssteuerung schließt ab, die weitere Bewegung des Hilfsmotorkolbens wird unterbrochen. Der Regler vermag eben nicht die Wirkung der Rückführung zu eliminieren, da er sich bereits in der höchsten Stellung befindet. Der Füllungsgrad des Motors bleibt dauernd zu groß, die Maschine geht durch. Es liegen hier ganz ähnliche Verhältnisse vor, wie wir sie auf S. 637 bei der Besprechung der Leistungsregler kennen lernten, mit denen die Einrichtung nach Figg. 478 und 479 überhaupt viel Ähnlichkeit hat.

Umgekehrt kann auch der Fall eintreten, daß die Maschine bisher schwach belastet und die Steuerungsstange verkürzt war, um die mittlere Umdrehzahl herzustellen, und nun erfährt der Motor plötzlich eine sehr starke Belastung. Der Hilfsmotorkolben kann dann nicht genügend weit hinunter, die erforderliche große Füllung kann nicht eingestellt werden, die Maschine bleibt stehen, wenn nicht der Wärter schleunigst wieder durch Drehen am Handrade die Steuerungsstange SSt verlängert.

Die in Fig. 480 skizzierte Anordnung einer **nachgiebigen Rückführung** ermöglicht nun die bisher von Hand ausgeführt gedachte Veränderung der Stangenlänge selbsttätig herbeizuführen und dadurch Regler und Motor nach Beendigung des Regelungsvorganges jedesmal genau auf die gleiche Winkelgeschwindigkeit zu bringen. Derartige Regler werden deshalb auch Isodromregler genannt. Die Längenänderung möge entsprechend Fig. 479 an der Rückführungsstange vorgenommen werden. Dann lassen wir in Fig. 480 die Hilfsmotorkolbenstange M oben in einem Kataraktzylinder endigen und verbinden den Rückführungspunkt Z mit dem Kataraktkolben; außerdem lassen wir an Z eine Feder (oder sonst eine geeignete Kraft) angreifen, die Z stets wieder in die Mittellage zurückgedrängt, wenn Z durch eine andere Kraft daraus verschoben wurde. Rückführungspunkt Z befindet sich also erst dann in Ruhe, wenn er in der Mittellage steht. Aber auch der Steuerungspunkt S kann dauernd nur in seiner Mittellage verharren; folglich muß im Beharrungszustand auch die Reglermuffe Y stets ihre Mittelstellung einnehmen: der Regler und damit die Motorwelle haben bei verschiedenen Maschinenbelastungen, entsprechend verschiedenen Stellungen des Hilfsmotorkolbens, genau konstante Umdrehzahlen.

Während des Regelungsvorganges wirkt die Isodromeinrichtung, darunter verstehen wir den Katarakt K und die Rück-

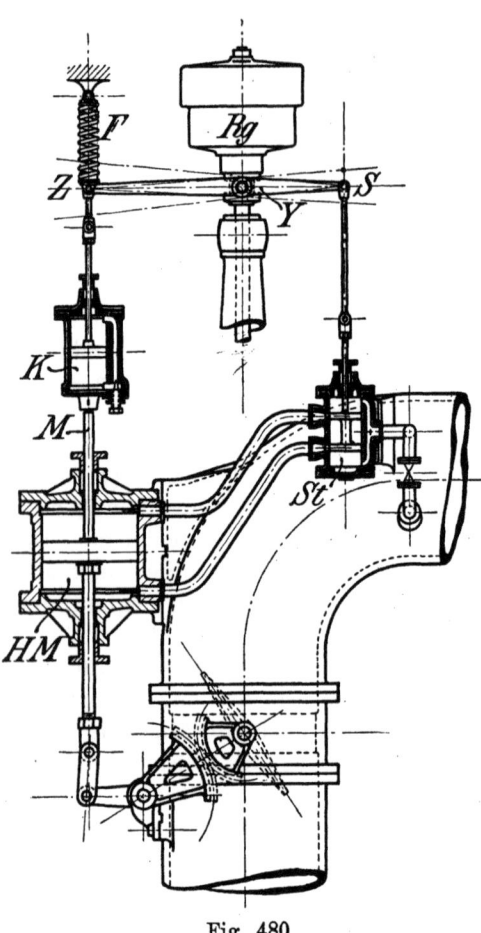

Fig. 480.

führungsfeder F, folgendermaßen. Bei bestimmter Einstellung der Regulierschraube strömt das Öl des Kataraktes langsamer oder schneller von der einen nach der anderen Seite des Kolbens, je nachdem auf den Kataraktkolben eine größere oder kleinere Kraft auf den Kolben ausgeübt wird. Hat bei Entlastung des Hauptmotors die steigende Reglermuffe den Steuerkolben St gehoben, und beginnt nun die Aufwärtsbewegung des Hilfsmotorkolbens, so sucht der Kataraktzylinder den Kataraktkolben nach oben zu verschieben; da Z sich anfangs in der Mittellage befindet, so ist zunächst die Spannung der Feder F noch sehr klein, der Kataraktkolben findet oben keinen nennenswerten Widerstand, es herrscht anfänglich in dem Kataraktzylinder noch kein Druck, d. h. es strömt noch kein Öl von der Unterseite des Kolbens nach dessen Oberseite, es findet noch keine Relativverschiebung zwischen Kataraktzylinder und -kolben statt, die Nachgebegeschwindigkeit ist Null, und die volle Geschwindigkeit des Hilfsmotorkolbens wird auf Z übertragen. Anfangs wirkt die dargestellte Isodromeinrichtung also genau wie eine starre Rückführung. Später erfolgt die Verschiebung des Rückführungspunktes Z langsamer, da mit wachsender Ausweichung von Z aus der Mittellage die Federkraft zunimmt, das Öl im Katarakt folglich schneller überströmt, Kolben und Zylinder sich mit größerer Relativgeschwindigkeit gegeneinander bewegen, d. h. die Nachgebegeschwindigkeit größer ist, daher von der Geschwindigkeit des Punktes M nur ein Teil auf Z übertragen wird. In dem späteren Verlauf der Regelung bewirkt also die Isodromeinrichtung eine gewisse Verschleppung der Rückführung; im großen und ganzen aber wird doch zunächst die Steuerung in der früher geschilderten Weise in ihre Mittellage zurückgeführt. Hat sich durch Überströmen der Bremsflüssigkeit die Rückführungsstange genügend verkürzt, so kann der Hilfsmotorkolben in seiner neuen, höheren Lage verharren und trotzdem Z wieder in die Mittellage zurückgekehrt sein. Da auch S in der Mittelstellung ist, so steht ebenfalls Y in der Mittelstellung; wir haben wieder dieselbe Winkelgeschwindigkeit wie zu Anfang. Je weicher die Feder und je wirksamer die Ölbremse, um so mehr nähert sich die nachgiebige Rückführung der starren; je härter die Feder und je weniger kräftig die Ölbremse, um so eher ist Z als fester Punkt anzusehen, um so mehr nähert sich die Anordnung dem Fall eines Reglers ohne Rückführung. Die Isodromregler stellen also Zwischenfälle zwischen Reglern mit starrer Rückführung und ohne solche dar; durch Verstellung des Umlaufventils kann man sich dem einen oder dem anderen Grenzfall mehr oder weniger nähern.

Fig. 481 zeigt eine Ausführungsform der Isodromvorrichtung mit Feder und Katarakt liegender Anordnung. Die Kolbenstange M des (in Fig. 481 nicht dargestellten) Hilfsmotors trägt den Kolben des Kataraktes K, dessen Zylinder C_k auf einer horizontalen Unterlage gleitet und sich an beiden Enden gegen eine Druckfeder stützt; der rechte Zylinderdeckel trägt den Rückführungspunkt Z. Bei dem Regler nach Fig. 486, bei dem die Rückführung wie in Fig. 475 durch Veränderung der Steuerstangenlänge erfolgt, hat die Kolbenstange des Kataraktkolbens zwei Vorsprünge, gegen die sich von außen zwei drehbare Hebel stützen, die durch eine Zugfeder gegeneinander gezogen werden. Die Wirkungsweise ist in diesen Fällen genau mit der oben beschriebenen übereinstimmend.

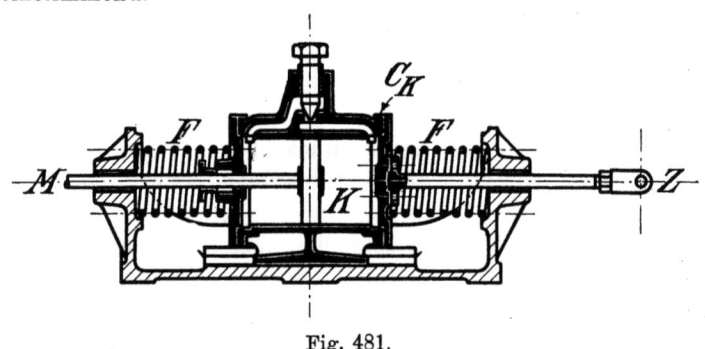

Fig. 481.

Bei der in Fig. 482 schematisch dargestellten Anordnung, den Reglern mit Windkessel der Firma Briegleb, Hansen & Co. in Gotha entsprechend, wird die Nachgiebigkeit der Rückführung durch ein Reibradgetriebe (Diskusscheibengetriebe) erzielt. Die Reibrolle R hat innen Muttergewinde, das den Gewindeteil der Rückführungsstange umfaßt; befindet sich R in ihrer Mittelstellung, so kann die von der Reglerspindel in ständige Umdrehung versetzte Reibscheibe auf die Reibrolle R keine Drehung übertragen, die Rückführungsstange behält ihre Länge bei. Wird durch Verschieben des Hilfsmotorkolbens die Reibrolle R aus ihrer Mittellage verschoben, so wird sie von der Reibscheibe gedreht, schraubt sich dabei auf die am Drehen verhinderte Spindel bzw. von derselben und verkürzt oder verlängert hierdurch die Rückführungsstange so lange, bis (trotz anderer Stellung des Hilfsmotorkolbens) der Rückführungspunkt Z wieder in die Mittellage gekommen ist. Die Wirkungsweise stimmt also mit der von Fig. 480 überein; auch die Nachgebegeschwindigkeit ist in beiden Fällen dem Abstande des Punktes Z von der Mittellage proportional, bei der Isodrom-

Isodromregler. 737

einrichtung nach Fig. 480, wenn der Widerstand der Ölbremse der Geschwindigkeit des Kataraktkolbens proportional ist, was mit großer Genauigkeit zutrifft. Durch den an M anschließenden doppelarmigen Hebel läßt sich das Übersetzungsverhältnis β zwischen Hilfsmotorkolbenweg und Verschiebung von Z beliebig abändern und dadurch der Regelungsvorgang wirksam beeinflussen (vgl. die Beispiele S. 826 bis 829). Die in Fig. 482 wiedergegebene Gesamtanordnung ist im übrigen leicht verständlich: Aus einem Behälter schafft die Zahnradpumpe P beständig Öl in den Windkessel W; das Ventil V verhindert den Rücktritt des Öls, wenn die Pumpe außer Wirkung gesetzt ist. Dies tritt ein, sobald der Druck im Windkessel die beabsichtigte Höhe überschreitet; dann kommt das Überström-

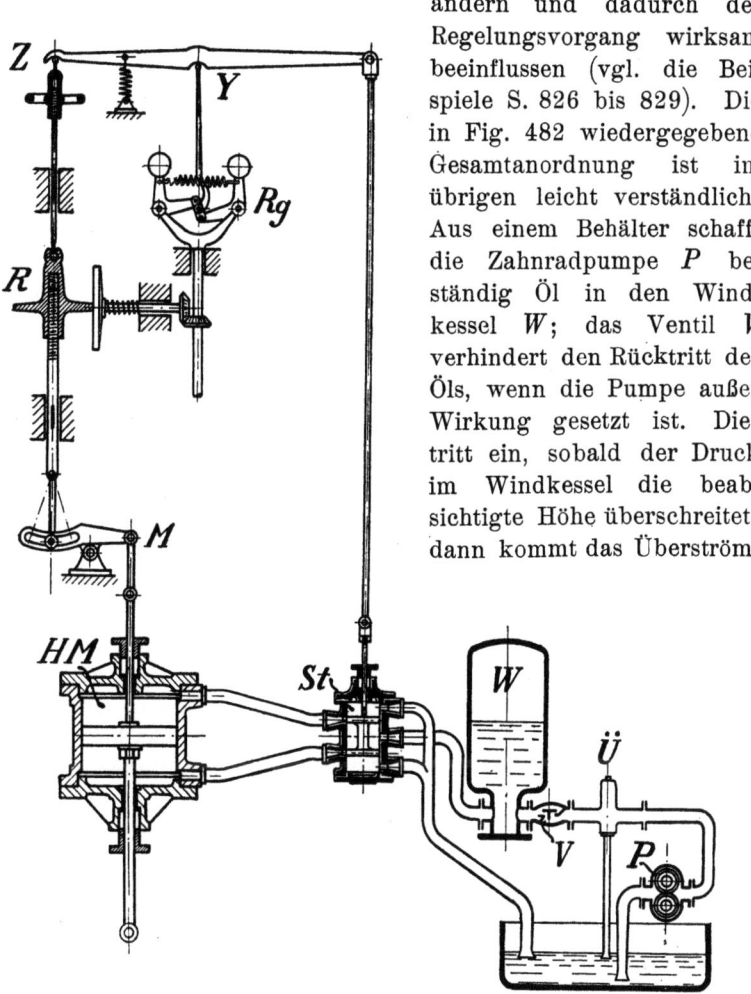

Fig. 482.

ventil $Ü$ zur Wirkung, indem es das von der Pumpe geförderte Öl nahezu widerstandslos zum Behälter zurückfließen läßt. (Vor- und Nachteile der Regler mit Windkessel s. S. 850, die Konstruktion solcher Überströmventile s. S. 857 bis 859.)

Tolle, Regelung. 3. Aufl.

Bei der Isodromvorrichtung nach Fig. 483 dagegen erfolgt die Rückdrängung des Rückführungspunktes Z hydraulisch, und zwar in folgender Weise: Der Kataraktkolben K_k schließt wieder an den Hilfsmotorkolben an, der Kataraktzylinder C_k überträgt seine Bewegung auf den Rückführpunkt Z durch einen Hebel $B M' A_1 Z$ mit dem festen Drehpunkt A_1. Mittels biegsamer Rohre r_1 und r_2 wird dem Schieberkasten des Kataraktzylinders Druckflüssigkeit zu- und abgeführt. Nur wenn sich der Schieber in der relativen Mittellage zum Zylinder befindet, kann der Kataraktkolben im Zylinder in Ruhe bleiben. Der Schieber S_k wird nun von dem Endpunkt B des Hebels BZ gesteuert; steht dieser Hebel (und damit auch der Rückführungspunkt Z!) in der Mittellage, so stehen Zylinder und Schieber ebenfalls in der Mittelstellung, es kann Druckflüssigkeit weder zu- noch abfließen; bewegt sich aber M nach rechts und drückt dadurch der Kolben K_k den verschiebbaren Zylinder C_k auch nach rechts, so wird Hebelpunkt B etwas mehr als Punkt M' verschoben, der Schieber öffnet links den Eintritt und rechts den Austritt für die Druckflüssigkeit, der Zylinder schiebt sich über dem Kolben hinweg nach links, so lange, bis wieder Zylinder und Schieber in ihre Mittelstellung, damit auch der Hebel $B A_1 Z$ und folglich der Rückführpunkt Z in die Mittelstellung gekommen sind. Man sieht, daß auch die Anordnung nach Fig. 483 eine Längenänderung der Verbindungsstange zwischen M und Z ermöglicht, wobei anfangs die volle Verschiebung von M auf Z übertragen, nachher aber Z wieder in die Mittelstellung zurückgedrängt wird. Die geschilderte Konstruktion findet sich bei den in Fig. 487 dargestellten Reglern der Sturgess Governor Comp.

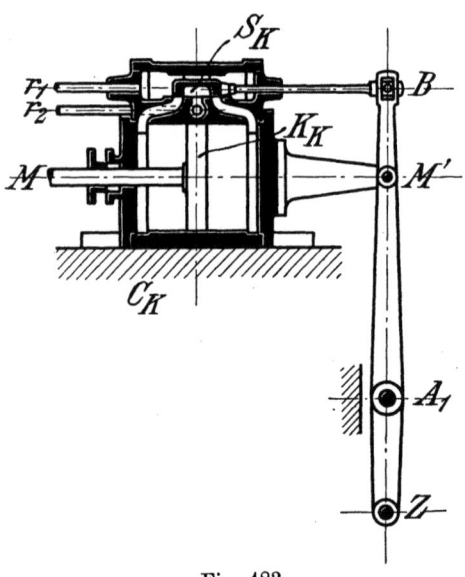

Fig. 483.

2. Regler mit einstellbarem Ungleichförmigkeitsgrad.

Nicht immer ist der reine Isodromregler am Platze, z. B. erfordert die Parallelschaltung mehrerer Dynamomaschinen Motoren, die kleine Tourenunterschiede bei Vollbelastung und Leerlauf aufweisen, damit die Arbeit auf die Motoren gleichmäßig verteilt werden kann. Es ist nun verhältnismäßig leicht, die Isodromregler so zu vervollständigen, daß der Motor einen dauernden kleinen Ungleichförmigkeitsgrad δ_i (unabhängig vom Ungleichförmigkeitsgrade δ des Reglers), nach Belieben auch einen negativen Ungleichförmigkeitsgrad erhält, ohne daß die Regelung darunter leidet. Das Prinzip dieser Anordnungen ist deutlich aus Fig. 484 zu ersehen. Das bei dem einfachen Isodromregler nach Fig. 480 unbewegliche Federende greift in Fig. 484 an dem Punkte B eines Hebels mit dem festen Drehpunkte A_1 an. Dieser Hebel wird durch die Verbindungsstange CD von dem Kataraktzylinder aus auf oder ab bewegt; je nach der Stellung des Hilfsmotorkolbens befindet sich Punkt C höher oder tiefer, der früher feste Endpunkt der Kataraktfeder erhält eine der Bewegung des Hilfsmotorkolbens proportionale Verschiebung.

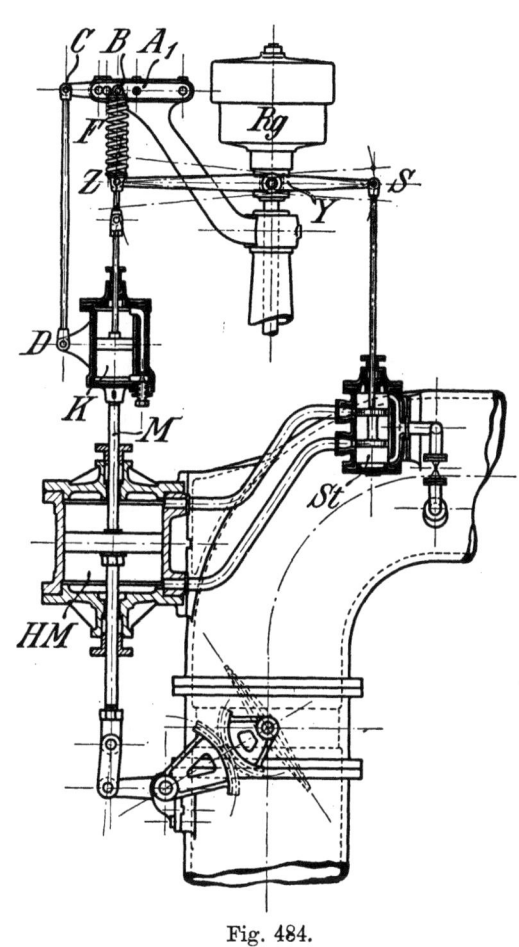

Fig. 484.

Nach Beendigung des Regelungsvorganges, wenn sich S in der Mittellage befindet, weicht also Z von der Mittelstellung ab, folglich auch die Reglermuffe Y, die Umdrehzahlen der Kraftmaschine sind entsprechend den verschiedenen Muffenstellungen etwas verschieden. Verlegt man in Fig. 484 den Hebeldrehpunkt A_1 weiter nach rechts, so vergrößern sich die Ausschläge des oberen Federendes B, der bleibende Ungleichförmigkeitsgrad der Regelung nimmt zu.

Verlegt man den Hebeldrehpunkt A_1 zwischen C und B, so entsteht ein doppelarmiger Hebel, Verschiebungen von M nach oben entsprechen Verschiebungen von B nach unten; zu kleineren Füllungsgraden gehören also tiefere Muffenstellungen, d. h. kleinere Umdrehzahlen, der Ungleichförmigkeitsgrad der Regelung ist negativ geworden.

Der im Anschluß an Fig. 484 entwickelte Grundgedanke läßt sich natürlich auch auf andere Gestaltungen der Rückführung übertragen. So zeigt Fig. 485 eine solche Regleranordnung mit einstellbarem Ungleichförmigkeitsgrad für den Fall der Tourenrückführung nach Fig. 477. Die Rückführungsstange MZ, die die Riemengabel Z verschiebt, ist unterbrochen und mit einer Isodromeinrichtung, d. h. mit Katarakt und Feder, versehen. Die Feder stützt sich in der Mitte gegen

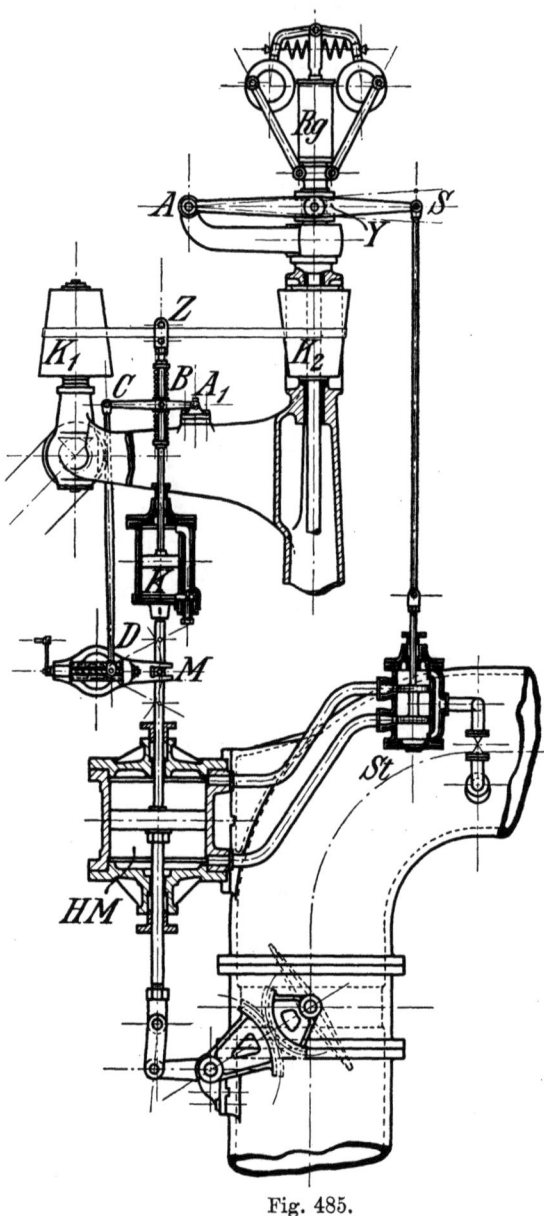

Fig. 485.

den Hebel CBA_1, wobei wieder Punkt C der Bewegung des Hilfsmotorpunktes M folgt.

Um eine stetige Veränderung des Übersetzungsverhältnisses zwischen den Ausschlägen des Federendes B und den Verschiebungen des Hilfsmotorkolbens zu ermöglichen, d. h. den Ungleichförmigkeitsgrad der Regelung bequem einstellbar zu machen, greift die Stange CD nicht unmittelbar an M, sondern an einer schwingenden Kulisse an; verlegt man mittels Schraube den Stein D nach rechts, so wird ein größerer Teil der Bewegung von M auf C übertragen, rückt man den Stein D über den Drehpunkt der Kulisse hinaus nach links, so erhält man einen negativen Ungleichförmigkeitsgrad δ_i der Regelung.

Auf Grund der vorstehenden Betrachtungen fällt es nicht schwer, die folgenden **Gesamtanordnungen** zweier früher viel benutzter **amerikanischen Regler** zu verstehen, in denen alle Teile mit denselben Bezeichnungen wie in den früheren Figuren versehen sind.

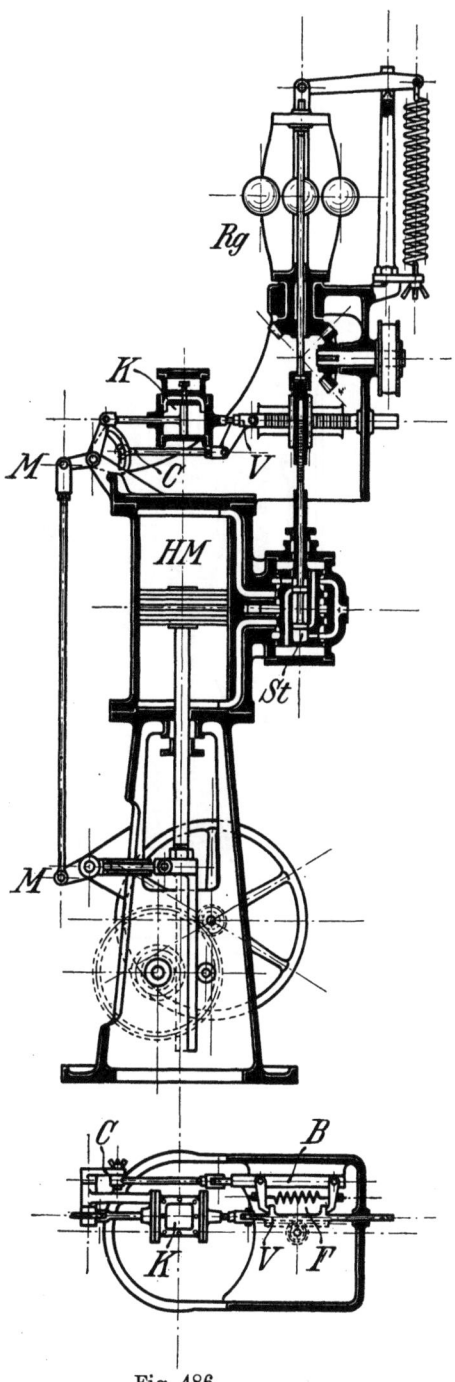

Fig. 486.

Der Lombardregler.

Ausgeführt von der Lombard Governor Company Ashland, Mass.

Man sieht dieser Konstruktion (Fig. 486, S. 741) die allmähliche Entstehung noch deutlich an, wie gleichsam ein Teil nach dem anderen ergänzend hinzugefügt wurde.

Der eigentliche Regler ist so einfach, wie nur denkbar: Blattfedern bilden sowohl die Reglerbelastung als auch den Regler-

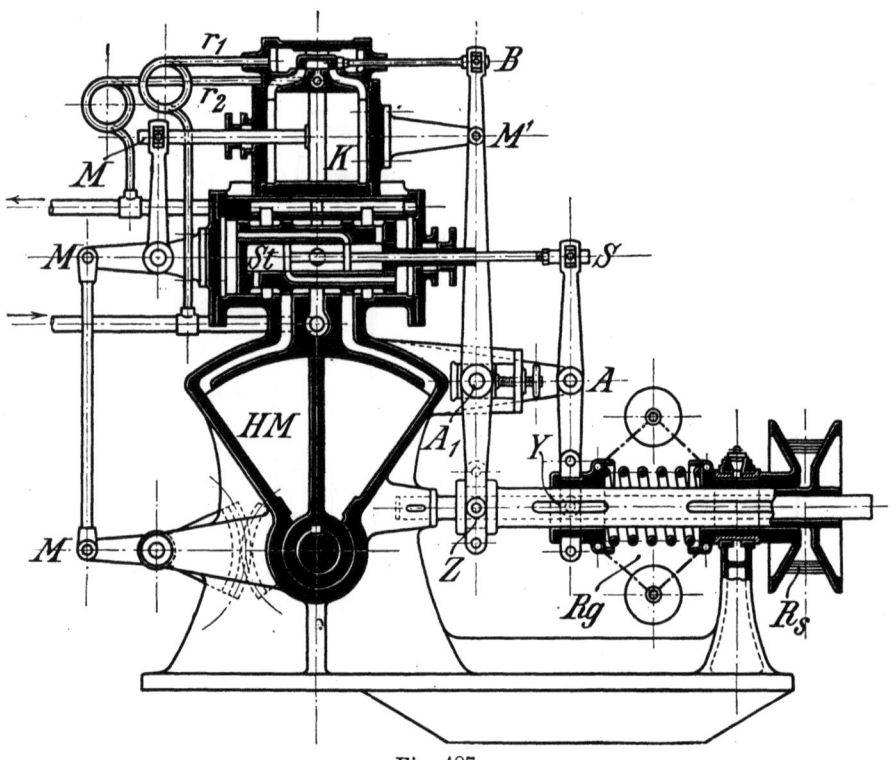

Fig. 487.

mechanismus. Bei hinreichend großer Umdrehzahl läßt sich sicherlich sowohl sehr kleiner reduzierter Muffenhub, wie auch sehr kleine Eigenreibung erzielen. Die Zugfeder rechts oben dient zur Veränderung der Umdrehzahl. Der Hilfsmotor HM ist doppeltwirkend; die Steuerung St hat Vorsteuerung durch Nachführung. Die Rückführung erfolgt durch Verkürzung der Steuerstange (wie im Anschluß an Fig. 475 erläutert wurde). Von der Isodromeinrichtung erkennt man in der Aufrißfigur den Katarakt K, im Grundriß die Isodromfeder F. Die beiden Hebel, zwischen denen die Feder F eingespannt ist (vgl. die Betrachtung auf S. 736), haben nun aber keine festen Drehpunkte, sondern werden (proportional mit der Verschiebung des Hilfsmotorkolbens) dadurch verlegt, daß ihr Träger B von C aus hin und her verschoben wird. Punkt C kann in einer gekrümmten Kulisse verlegt werden, die von M aus in Schwingung versetzt wird und je nach der Lage des Kulissensteines C einen größeren oder kleineren Ausschlag auf B überträgt. Wir haben es hier also mit einer Anordnung zum Verstellen des Ungleichförmigkeitsgrades zu tun.

Der Sturgessregler.

Ausgeführt von der Sturgess Governor Comp.

Der Hilfsmotor (s. Fig. 487) hat schwingenden Kolben, der unmittelbar auf der Steuerungswelle, die die Steuerung des Hauptmotors zu verstellen hat, aufgekeilt werden kann, wodurch die Konstruktion bequem ausfällt. Die Vorsteuerung des Hilfsmotors erfolgt wieder durch Nachführung, die Rückführung, wie im Anschluß an Fig. 477 besprochen, durch Tourenrückführung, die Isodromeinrichtung hat (vgl. Fig. 483) hydraulische Rückdrängung des Rückführpunktes Z. Eine Veränderung der mittleren Umdrehzahl nach Analogie von Fig. 479 durch Verlegung des Rückführungspunktes Z relativ zu M kann in Fig. 487 in der einfachsten Weise dadurch geschehen, daß der feste Drehpunkt A_1 des Hebels $BM'A_1Z$ mittels Stellschraube verschoben wird.

II. Theoretische Untersuchung der Regelungsvorgänge.

A. Grundbegriffe und Grundgleichungen.

a) Annahmen.

Bei der theoretischen Untersuchung der Regelungsvorgänge pflegt man eine Reihe von vereinfachenden Annahmen zu machen, die zwar nicht immer zutreffen, aber doch wenigstens ermöglichen, ein in den Hauptzügen richtiges Bild von den Erscheinungen zu gewinnen; ohne solche Vereinfachungen wäre eine rechnerische Lösung der vorliegenden Aufgabe wohl kaum möglich. Die hauptsächlichsten Annahmen sind folgende:

1. **Die Verbindung von Regler und Motorwelle sei zwangläufig** (durch Zahnräder, am besten durch Schneckenräder); jede elastische Verbindung (z. B. durch Riemenantrieb) wirkt nach-

teilig, sie ruft Verzögerungen in der Wirkung hervor und gibt dadurch Veranlassung zu Schwingungen (vgl. hierzu Ehrlich, Z. d. Österr. Ing. u. Arch.-Vereins 1906, S. 152). Es werde also das Übersetzungsverhältnis zwischen Winkelgeschwindigkeit der Reglerspindel und Winkelgeschwindigkeit der Motorwelle als konstant angenommen.

2. Der Regler habe einen **konstanten Muffendruck** E, ebenso eine **konstante, auf die Muffe reduzierte Reglermasse** M_r; die letztere Annahme trifft bei Gewichtsreglern fast genau zu, bei reinen Federreglern mit annähernd astatischer C_q-Kurve nur mit ziemlicher Annäherung, und zwar um so genauer, je kleiner im Verhältnis zum Abstande der Schwungkörper von der Drehachse der Ausschlag der Schwungmassen ist.

Die Zunahme an Winkelgeschwindigkeit mit steigender Muffe wachse ferner proportional mit dem Muffenwege; die zu den einzelnen Muffenstellungen aufgetragene Kurve der minutlichen Umdrehzahlen sei also eine Gerade. Gehört zu dem ganzen Muffenhub y_{max} ein Ungleichförmigkeitsgrad δ, so entfällt dann auf den Muffenweg y ein proportionaler Teilbetrag $\dfrac{y}{y_{max}}\delta$.

3. Das **Kraftmoment** $\mathfrak{M}$ des Motors sei unabhängig von der Winkelgeschwindigkeit, nur abhängig von der Steuerungsstellung des Motors. Diese Annahme trifft bei Dampfmaschinen sehr genau zu; bei Turbinen ist allerdings das Kraftmoment etwas von der Umdrehzahl des Motors abhängig (mit wachsendem ω ein wenig, und zwar ungefähr mit der Geschwindigkeitszunahme proportional abnehmend); aber auch diese Veränderlichkeit kann bei den meisten Untersuchungen unberücksichtigt bleiben (s. Budau, Geschwindigkeitsregulierung hydraulischer Motoren, Heft 2, S. 4 u. f.).

4. Steuerung des Hauptmotors und Hilfsmotorstellung seien so voneinander abhängig, daß das **Kraftmoment des Motors proportional mit der Verschiebung des Hilfsmotorkolbens wächst.** Entspricht die tiefste Stellung des Hilfsmotorkolbens der Vollfüllung V, d. h. dem größten Kraftmoment $\mathfrak{M}_{max}$, die höchste Stellung des Hilfsmotorkolbens dem Leerlauf L, d. h. dem Kraftmoment Null, beträgt ferner der ganze Hub des Hilfsmotorkolbens m_{max}, so gehört zu dem von der höchsten Stellung aus gemessenen Wege m des Hilfsmotorkolbens ein Kraftmoment

$$\mathfrak{M} = \frac{m}{m_{max}} \mathfrak{M}_{max}.$$

5. Der **Hilfsmotor** wirke sofort, d. h. er verstelle die Steuerung des Hauptmotors ohne jeden Zeitverlust; die von dem Hilfsmotor ausgeübte Verstellkraft sei also erheblich größer, als zur Überwindung des Steuerungswiderstandes erforderlich ist, so daß die Beschleunigung der zu bewegenden Massen von Hilfsmotor und Steuerung in unendlich kleiner Zeit erfolgen kann. Dieser Forderung genügt die Praxis mehr als reichlich, da die ausgeführte Hilfsmotorkraft meist das Doppelte bis Dreifache der zur Verstellung der Steuerung erforderlichen beträgt (vgl. R. Thomann, Die Wasserturbinen).

b) Grundbezeichnungen.

$Y =$ Muffe des Reglers;

$y =$ Abstand der augenblicklichen Muffenstellung von der anzustrebenden, der neuen Belastung entsprechenden Gleichgewichtsstellung;

$y_{max} =$ ganzer Muffenhub entsprechend dem Ungleichförmigkeitsgrad δ des Reglers;

$S =$ Steuerungspunkt des Reglerhebels;

$s =$ Abstand der Hilfsmotorsteuerung von der Mittellage;

$\pm s_{max} =$ größter Ausschlag der Steuerung aus der Mittellage nach unten und oben (vgl. Fig. 488, S. 758);

$Z =$ Rückführungspunkt des Reglerhebels;

$z =$ Abstand des Punktes Z von seiner Gleichgewichtslage;

$z_{max} =$ ganzer Ausschlag des Rückführungspunktes Z;

$M =$ Motorpunkt (höchste Lage $L =$ Leerlauf, tiefste Lage $V =$ Vollast);

$m =$ augenblicklicher Abstand des Hilfsmotorkolbens von der anzustrebenden Gleichgewichtsstellung;

$m_a =$ augenblicklicher Abstand des Hilfsmotorkolbens von der Leerlaufstellung L;

$m_{max} =$ ganzer Weg des Hilfsmotorkolbens.

c) Verhältnismäßige Abweichungen.

Um die Ergebnisse möglichst allgemein verwertbar zu machen, empfiehlt es sich, nicht mit absoluten Größen, z. B. mit den vorstehend aufgezählten Abständen, sondern mit Verhältniszahlen zu rechnen. Wir haben es hauptsächlich mit folgenden Grundgrößen zu tun

1. Geschwindigkeitsabweichung φ.

Ist ω_m die mittlere Winkelgeschwindigkeit des Reglers,

$\Delta\omega$ irgendein Geschwindigkeitsunterschied, z. B. zwischen der augenblicklichen Winkelgeschwindigkeit und der anzustrebenden (der neuen Belastung entsprechenden) Winkelgeschwindigkeit des Reglers, sind ferner

ω_{m1} und $\varDelta\omega_1$ die zugehörigen Werte für die Motorwelle, so muß zwischen entsprechenden Werten das gleiche Verhältnis bestehen:
$$\varphi = \frac{\varDelta\omega}{\omega_m} = \frac{\varDelta\omega_1}{\omega_{m1}}.$$

Rechnet man also nicht mit den Geschwindigkeitsschwankungen direkt, sondern mit ihrem Verhältnis zur mittleren Geschwindigkeit, so braucht man Reglerspindel und Motorwelle nicht auseinander zu halten, man kann nach Belieben die eine oder die andere Welle der Untersuchung zugrunde legen. Wir nennen die Verhältniszahl

$$\varphi = \frac{\varDelta\omega}{\omega_m} \quad \ldots \ldots \ldots \quad (278)$$

die verhältnismäßige Geschwindigkeitsabweichung oder kurz die Geschwindigkeitsabweichung.

Die früher aufgestellten Begriffe, Ungleichförmigkeitsgrad δ und Empfindlichkeitsgrad ε, waren bereits derartige verhältnismäßige Geschwindigkeitsabweichungen; für δ war
$$\varDelta\omega = \omega_o - \omega_u$$
und für ε
$$\varDelta\omega = \omega_2 - \omega_1.$$

Die durch Gl. 190, S. 434, ausgedrückte Beziehung zwischen ε und der Verstellkraft P läßt sich leicht auf eine beliebige (verhältnismäßige) Geschwindigkeitsabweichung φ übertragen: Weicht für irgendeine Reglerstellung die wirklich vorhandene Winkelgeschwindigkeit um $\varDelta\omega = \varphi \cdot \omega_m$ von der Gleichgewichtsgeschwindigkeit ω ab, so übt der Regler an der Muffe eine Kraft P_φ aus, die sich wie folgt berechnen läßt. Die zu ω gehörige Fliehkraft C ist
$$C = M x \omega^2;$$
erhöht sich ω um $\varDelta\omega$, so wächst die Fliehkraft um $\varDelta C$ auf
$$C + \varDelta C = M x (\omega + \varDelta\omega)^2.$$
Folglich ist
$$\frac{C + \varDelta C}{C} = \left(\frac{\omega + \varDelta\omega}{\omega}\right)^2 \quad \text{oder} \quad 1 + \frac{\varDelta C}{C} = 1 + 2\frac{\varDelta\omega}{\omega} + \left(\frac{\varDelta\omega}{\omega}\right)^2,$$
mithin
$$\frac{\varDelta C}{C} = 2\frac{\varDelta\omega}{\omega} + \left(\frac{\varDelta\omega}{\omega}\right)^2.$$

Handelt es sich um verhältnismäßig kleine Geschwindigkeitsschwankungen, so kann $\omega = \omega_m$, folglich $\dfrac{\varDelta\omega}{\omega} = \dfrac{\varDelta\omega}{\omega_m} = \varphi$ gesetzt und wegen des kleinen Wertes von φ φ^2 vernachlässigt werden; dann erhalten wir die Beziehung
$$\frac{\varDelta C}{C} = 2\varphi.$$

Da nun (s. S. 434) die Fliehkräfte sich für ein und dieselbe Muffenstellung wie die zugehörigen Kräfte an der Muffe verhalten, so dürfen wir statt $\frac{\Delta C}{C}$ auch $\frac{P_\varphi}{E}$ schreiben und finden schließlich die durch eine **Geschwindigkeitsabweichung φ erzeugte Stellkraft an der Muffe**

$$P_\varphi = -2\varphi E \quad \ldots \ldots \quad (279)$$

Das — -Zeichen fügen wir hinzu, weil wir die mit dem Muffendruck E gleichgerichteten, d. h. nach unten wirkenden Kräfte als positiv rechnen wollen, ein positives φ aber eine nach oben gerichtete Stellkraft, d. h. eine negative Kraft liefert.

2. Reglerabweichung η.

Ist y der (nach unten als positiv gemessene) Abstand der Muffe von der anzustrebenden, der neuen Belastung entsprechenden Muffenstellung,

y_{max} der ganze Muffenhub,

so bezeichnen wir die Verhältniszahl

$$\eta = \frac{y}{y_{max}} \quad \ldots \ldots \quad (280)$$

als (verhältnismäßige) Reglerabweichung.

Zu dem ganzen Muffenhub gehörte eine Geschwindigkeitsabweichung δ; nach Grundannahme 2 (S. 744) wächst die Zunahme an Winkelgeschwindigkeit proportional mit dem Muffenwege, d. h. mit unserer jetzigen Schreibweise ist

$$\Delta\omega : \delta \cdot \omega_m = y : y_{max}$$

oder $\quad \dfrac{\Delta\omega}{\omega_m} \dfrac{1}{\delta} = \dfrac{y}{y_{max}}, \quad$ also $\quad \varphi \dfrac{1}{\delta} = \eta$

oder $\quad\quad\quad\quad \varphi_\delta = \delta \cdot \eta \quad \ldots \ldots \quad (281)$

d. h. der Reglerabweichung η entspricht eine Geschwindigkeitsabweichung $\varphi_\delta = \delta \cdot \eta$.

Nach Gl. 280 erzeugt folglich eine Reglerabweichung η eine Stellkraft an der Muffe

$$P_\eta = -2\delta E\eta \quad \ldots \ldots \quad (282)$$

3. Motorabweichung μ.

Ist m der augenblickliche Abstand des Hilfsmotorkolbens von der anzustrebenden Gleichgewichtsstellung,

m_{max} der ganze Weg des Hilfsmotorkolbens, so nennen wir die Verhältniszahl

$$\mu = \frac{m}{m_{max}} \quad \ldots \ldots \ldots (283)$$

die (verhältnismäßige) Motorabweichung.

Ist $\mu = 1$, also $m = m_{max}$, so stellt der Hilfsmotor die größte Füllung ein, während der Hauptmotor unbelastet ist; zur Beschleunigung des Schwungrades steht das größte Kraftmoment $\mathfrak{M}_{max}$ zur Verfügung, es ergibt sich die größte Winkelbeschleunigung ϑ_{max} sowohl der Kraftmaschinenwelle, als auch der Reglerspindel. Nach dem Grundsatz 4 (S. 744) finden wir demnach das Kraftmoment

$$\mathfrak{M} = \mu \cdot \mathfrak{M}_{max} \quad \ldots \ldots \ldots (284)$$

und die Winkelbeschleunigung

$$\vartheta = \mu \cdot \vartheta_{max} \quad \ldots \ldots \ldots (285)$$

Nennen wir noch die Anlaufzeit der Kraftmaschine T_a, so ist (s. S. 456) $\vartheta_{max} = \frac{\omega_m}{T_a}$, folglich $\vartheta = \mu \frac{\omega_m}{T_a}$.

Nun ist die Winkelbeschleunigung

$$\vartheta = \frac{d\omega}{dt},$$

ferner nach Gl. 278 $\Delta\omega = \varphi \cdot \omega_m$, mithin $d\omega = d\varphi \cdot \omega_m$ und deshalb

$$\frac{\mu \omega_m}{T_a} = \vartheta = \frac{d\omega}{dt} = \frac{d\varphi \cdot \omega_m}{dt}$$

oder

$$\frac{d\varphi}{dt} = \varphi' = \frac{\mu}{T_a} \quad \ldots \ldots \ldots (286)$$

Diese einfache Beziehung zwischen dem Differentialquotienten φ' der Geschwindigkeitsabweichung und der Motorabweichung μ werden wir in der Folge als **Motorgleichung** bezeichnen.

Für manche Untersuchungen ist es vorteilhaft, den Abstand m_a des Hilfsmotorkolbens von der Leerlaufstellung L anzugeben. Die verhältnismäßige absolute Motorabweichung, der Belastungsgrad des Motors wird dann

$$\mu_a = \frac{m_a}{m_{max}}.$$

4. Steuerungsverstellung σ.

Ist s die Verschiebung der Steuerung für den Hilfsmotor aus der Mittellage (nach unten als $+$, nach oben als $-$ gemessen),

$\pm s_{max}$ die größte Ausweichung der Steuerung nach unten oder oben von der Mittellage, so nennen wir die Verhältniszahl

$$\sigma = \frac{s}{s_{max}} \quad \ldots \ldots \ldots (287)$$

die (verhältnismäßige) Steuerungsverstellung.

5. Rückführungsabweichung ζ.

Ist z der augenblickliche Abstand des Rückführungspunktes Z von der anzustrebenden Gleichgewichtsstellung, z_{max} der ganze Ausschlag, so nennen wir schließlich die Verhältniszahl

$$\zeta = \frac{z}{z_{max}} \quad \ldots \ldots \ldots (288)$$

die (verhältnismäßige) Rückführungsabweichung.

d) Zeitkonstanten[1]).

1. Anlaufzeit T_a des Motors.

Die Bedeutung und Wichtigkeit der Anlaufzeit T_a der Kraftmaschine ist schon wiederholt dargelegt; sie bringt die maßgebenden Größen des Motors: Trägheitsmoment des Schwungrades, Kraftmoment, minutliche Umdrehzahl, zum deutlichsten Ausdruck. Bei voller Entlastung und größter Füllung bestimmt sich durch T_a die größte Winkelbeschleunigung

$$\vartheta_{max} = \frac{\omega_m}{T_a};$$

bei teilweiser Entlastung, d. h. für eine Motorabweichung μ findet sich die Winkelbeschleunigung

$$\vartheta = \mu \vartheta_{max} = \mu \frac{\omega_m}{T_a}.$$

---

[1]) Auf den großen Vorteil, den die Einführung geeigneter Zeitkonstanten für die Untersuchung von Schwingungsvorgängen bietet, hat zuerst und wiederholt Stodola hingewiesen; in ausgedehntem Maße macht er davon Gebrauch in seinen Arbeiten: Über die Regulierung von Turbinen, Schweizerische Bauzeitung 1893 und 1894; ferner Z. d. V. d. Ing. 1899, S. 506 u. f., Das Siemenssche Regulierprinzip und die amerikanischen Inertie-Regulatoren.

Die sehr ausführliche und fast alle Fragen der indirekten Regelung behandelnde Arbeit von Dr.-Ing. W. Bauersfeld, Über die automatische Regulierung der Turbinen, Berlin 1905, die neben den Arbeiten von Stodola als die beste der bisherigen Veröffentlichungen bezeichnet werden muß, bedient sich leider nicht, oder doch nur vereinzelt, geeigneter Zeitkonstanten; nicht einmal der Begriff Anlaufzeit wird verwertet. Dadurch werden viele von den Resultaten nicht so durchsichtig, wie es mit Einführung von Zeitkonstanten der Fall wäre.

In irgendeiner Zeit t würde alsdann eine Geschwindigkeitszunahme erfolgen

$$\varDelta\omega = \vartheta \cdot t = \frac{\mu\,\omega_m}{T_a} t,$$

und die zugehörige Geschwindigkeitsabweichung betrüge

$$\varphi = \frac{\varDelta\omega}{\omega_m} = \frac{\mu\,t}{T_a} \quad \ldots \ldots \quad (289)$$

Will man z. B. feststellen, in welcher Zeit ein vollkommen entlasteter Motor bei größter Füllung sich von seiner, der tiefsten Muffenstellung entsprechenden Umdrehzahl bis zu der der höchsten Muffenstellung entsprechenden Umdrehzahl beschleunigt, so findet man diese Zeit T_d, da $\mu = 1$ und $\varphi = \delta =$ dem Ungleichförmigkeitsgrad des Reglers ist, aus der Gleichung

$$\delta = \frac{T_d}{T_a} \quad \text{oder} \quad T_d = \delta\,T_a.$$

T_d wird mitunter **Durchgangszeit** genannt, da es die Zeit ist, in welcher die Umlaufzahl der Kraftmaschine von ihrem normalen kleinsten bis zum größten Wert ansteigt. Wir treffen die Verbindung $\delta\,T_a$ in den Gleichungen für die Regelungsvorgänge wiederholt an, so daß die Einführung des Begriffes Durchgangszeit $(T_d = \delta\,T_a)$ nicht unzweckmäßig erscheint.

2. Schlußzeit T_s des Hilfsmotors.

Öffnet die Steuerung S des Hilfsmotors den Zufluß zum Zylinder des Hilfsmotors, so setzt sich dessen Kolben in Bewegung. Je nach den Querschnittsverhältnissen wird nun die Zuflußgeschwindigkeit der Druckflüssigkeit und damit auch die Geschwindigkeit des Hilfsmotorkolbens schneller oder langsamer ansteigen. Bei reichlichen Durchgangsquerschnitten und kleinem Hub s_{max} der Steuerung wird die volle Geschwindigkeit des Hilfsmotorkolbens fast plötzlich erreicht; sobald überhaupt die Steuerung in dem einen oder anderen Sinne von der Mittellage abweicht, bewegt sich der Hilfsmotorkolben sofort mit der größten Verstellgeschwindigkeit c nach der einen oder der anderen Richtung. Diesen Fall, der allerdings nie vollkommen erreichbar ist, besonders für kleine Steuerungsvorstellungen σ nicht zutrifft, drücken wir aus, indem wir sagen

a) **Die Geschwindigkeit des Hilfsmotorkolbens ist konstant.**

Die Zeit T_s nun, in der der Hilfsmotorkolben seinen ganzen Hub m_{max} durchläuft, nennen wir die Schlußzeit des Hilfsmotors; in dieser Zeit würde der Hilfsmotor die Steuerung des Hauptmotors von der größten bis zur kleinsten Füllung verstellen, also den Kraftzufluß zum Motor ganz abschließen.

Ist c die (unveränderliche) Geschwindigkeit des Hilfsmotorkolbens, so beträgt demnach die Schlußzeit

$$T_s = \frac{m_{max}}{c}.$$

Trifft die obige Annahme nicht zu, hängt die Zuflußgeschwindigkeit der Druckflüssigkeit zum Hilfsmotorzylinder von der Steuerungsstellung ab, ist also die Geschwindigkeit des Hilfsmotorkolbens verschieden groß, je nach der Steuerungsstellung σ, so sagen wir

b) **Die Geschwindigkeit des Hilfsmotorkolbens ist veränderlich.**

Um in diesem Falle die Rechnungen nicht zu verwickelt werden zu lassen, pflegt man hier die Geschwindigkeit v der Steuerungsverstellung σ proportional zu setzen, d. h.

$$v = \sigma \cdot v_{max}$$

zu nehmen.

Als Schlußzeit bezeichnet man dabei diejenige Zeit T_s, in der der ganze Hilfsmotorweg m_{max} mit der größten Geschwindigkeit durchlaufen würde; es ist demnach hier

$$T_s = \frac{m_{max}}{v_{max}}.$$

Schreiben wir statt der Geschwindigkeit c bzw. v: $\frac{dm}{dt}$ und führen die oben erläuterten Verhältniszahlen ein, so wird:

im Falle a), Geschwindigkeit des Hilfsmotorkolbens konstant:

$$c = \frac{m_{max}}{T_s} = \frac{dm}{dt} = \frac{d(\mu \cdot m_{max})}{dt} = m_{max}\frac{d\mu}{dt} = m_{max} \cdot \mu'$$

oder $\quad\quad\quad\quad \mu' = \pm \frac{1}{T_s} \quad\quad\ldots\ldots\ldots (290)$

$\Big($Das Vorzeichen von μ' richtet sich dabei nach der Steuerungsverstellung σ: ist $\sigma = +$, so wird $\mu' = +\frac{1}{T_s}$, ist $\sigma = -$, so wird $\mu' = -\frac{1}{T_s}\Big);$

752   Mittelbare Regelung.

im Falle b), Geschwindigkeit des Hilfsmotorkolbens veränderlich, wird:

$$v = \sigma \cdot v_{max} = \sigma \frac{m_{max}}{T_s} = \frac{dm}{dt} = \frac{d(\mu m_{max})}{dt} = m_{max} \frac{d\mu}{dt} = m_{max} \cdot \mu'$$

oder
$$\mu' = \frac{\sigma}{T_s} \quad \ldots \ldots \ldots (291)$$

(Diese Gleichung geht in die entsprechende Gl. 290 für den Fall a) über, wenn statt $\sigma \pm 1$ gesetzt wird; der Fall unveränderlicher Verstellgeschwindigkeit setzt eben voraus, daß die Hilfsmotorsteuerung stets ganz geöffnet ist, daß also s stets den Maximalwert besitzt, daß $\sigma = 1$ ist.)

3. Halbe Fallzeit T_r des Reglers und Eigenschwingungsdauer T_e.

Als Fallzeit T_f definieren wir auf S. 478 die Zeit, in der ein stillstehender Regler, der aus seiner oberen Stellung plötzlich losgelassen wird, bis in die unterste Stellung gelangt. Dabei erfährt die Reglermasse, die, auf die Muffe reduziert, in Zukunft stets mit M_r bezeichnet wird, unter der Einwirkung des Muffendrucks E die Beschleunigung $b = \dfrac{E}{M_r}$; es gilt also für T_f die Gleichung:

Muffenhub $y_{max} = \dfrac{b T_f^2}{2} = \dfrac{E T_f^2}{2 M_r}$ oder $T_f^2 = \dfrac{2 y_{max} \cdot M_r}{E}$,

d. h.
$$T_f = \sqrt{\frac{2 y_{max} M_r}{E}}.$$

Mit dem reduzierten Muffenhub ergab sich auf S. 478

$$T_f^2 = \frac{2 s_r}{g}.$$

In den später zu behandelnden Gleichungen kommt nun stets der Ausdruck $\dfrac{y_{max} M_r}{2 E}$ vor; deshalb empfiehlt es sich, für die halbe Fallzeit einen Buchstaben einzuführen. Wir schreiben die **halbe Fallzeit** $= T_r$, setzen also

$$T_r = \frac{T_f}{2} = \sqrt{\frac{y_{max} M_r}{2 E}} = \sqrt{\frac{s_r}{2 g}} \quad \ldots (292)$$

oder
$$T_r^2 = \frac{y_{max} M_r}{2 E} = \frac{s_r}{2 g} \quad \ldots \ldots (293)$$

Denken wir einen Regler von der Maschine losgelöst und mit der gleichbleibenden Winkelgeschwindigkeit umlaufend, die seiner augenblicklichen Muffenstellung entspricht, drängen die Muffe aus ihrer Gleichgewichtslage und lassen sie dann los, so vollführt der Regler Schwingungen, die wir unschwer als harmonische Schwingungen erkennen. Denn nach Gl. 282 wird bei einer Reglerabweichung $\eta = y : y_{max}$ eine Kraft P_η auf die Muffe ausgeübt, die diese in die Gleichgewichtslage zurückzuschieben sucht und eine mit dem Abstande $y = \eta \cdot y_{max}$ proportionale Größe besitzt:

$$P_\eta = \eta \cdot 2\,\delta E = y \cdot \frac{2\,\delta E}{y_{max}}.$$

Um die Frequenz q und die Dauer dieser Eigenschwingungen des Reglers zu berechnen, suchen wir die Beschleunigung b der Muffe; es ist

$$b = \frac{P_\eta}{M_r} = y \cdot \frac{2\,\delta E}{M_r y_{max}} = y \cdot \frac{\delta\, 2E}{y_{max} M_r}$$

oder nach Gl. 293

$$b = y \cdot \frac{\delta}{T_r^{\,2}}.$$

Für den Abstand $y = 1$ von der Gleichgewichtslage ist danach die Beschleunigung $b_1 = \frac{\delta}{T_r^{\,2}}$; dieser Wert ist aber bekanntlich gleich dem Quadrat der Frequenz q der harmonischen Schwingung. Wir finden folglich die **Frequenz der Eigenschwingung** aus

$$q_e^{\,2} = \frac{\delta}{T_r^{\,2}} \quad \text{oder} \quad q_e = \frac{\sqrt{\delta}}{T_r} \quad \ldots \ldots (294)$$

und die **Dauer einer einfachen Schwingung**

$$T_e = \frac{\pi}{q_e} = \pi \cdot \frac{T_r}{\sqrt{\delta}} \quad \ldots \ldots (295)$$

Die Eigenschwingungsdauer eines Reglers hängt hiernach außer von der halben Fallzeit noch von dem Ungleichförmigkeitsgrade δ ab; mit wachsendem δ wird T_e kleiner. Wünscht man also, daß ein Regler Eigenschwingungen von möglichst großer Frequenz q, d. h. von möglichst kleiner Dauer besitzt, so muß man dem Regler einen großen Ungleichförmigkeitsgrad δ geben.

4. Halbe Kataraktzeit T_k.

Sowohl der Vollständigkeit halber, als auch um einen klaren Überblick über den Einfluß aller in Betracht kommenden Dinge zu gewinnen, werden wir die Untersuchungen auf den Fall ausdehnen, daß die Reglermuffe durch eine Ölbremse, durch einen Katarakt, beeinflußt wird. Die an der Muffe von einer Ölbremse ausgeübte Kraft P_k ist proportional der Geschwindigkeit $y' = \dfrac{dy}{dt}$ der Muffe (vgl. S. 489) und ihr entgegengesetzt gerichtet:

$$P_k = -ky' = -k \cdot y_{max}\, \eta'.$$

Denken wir einmal diejenige Geschwindigkeit c, die eine Bremskraft gleich dem konstanten Muffendruck E erzeugen würde, und lassen wir nun den ganzen Muffenhub y_{max} mit dieser Geschwindigkeit c durchlaufen, so ist hierzu eine Zeit $= \dfrac{y_{max}}{c}$ nötig. Da $E = -ky' = -kc$ sein soll, so wird diese Zeit $= \dfrac{y_{max}\, k}{E}$. In den späteren Rechnungen gebrauchen wir häufig den Ausdruck $\dfrac{y_{max}\, k}{2E}$; deshalb wollen wir hierfür ein besonderes Zeichen einführen:

$$T_k = \frac{y_{max}\, k}{2E} \quad \ldots \ldots \ldots (296)$$

und den Ausdruck **halbe Kataraktzeit** nennen. Die ganze Kataraktzeit wäre nach den vorstehenden Darlegungen diejenige Zeit, in der ein ruhender Regler sich von der obersten bis zur untersten Stellung bewegen würde, wenn dabei die Ölbremse so stark wirkte, daß ihr Widerstand gerade gleich dem Muffendruck E würde, daß also die Muffe den ganzen Hub gleichförmig durchliefe.

Mit T_k findet sich die Bremskraft P_k zu

$$P_k = -k y_{max} \cdot \eta' = -\frac{T_k \cdot 2E}{y_{max}} \cdot y_{max} \cdot \eta',$$

d. h. $\qquad P_k = -2 T_k E \cdot \eta' \quad \ldots \ldots \ldots (297)$

Die Ähnlichkeit dieser Gleichung mit Gl. 279 und Gl. 282 springt in die Augen.

5. Isodromzeit T_i.

Legen wir als typischen Fall eines Reglers mit nachgiebiger Rückführung den in Fig. 480 dargestellten Isodromregler zugrunde, dessen Hilfsmotorkolben einen Kataraktzylinder trägt, während der Rückführungspunkt Z des Reglerhebels mit dem Kataraktkolben verbunden ist und durch die Feder F in die Mittellage gedrängt wird, und nennen wir die Konstante des Kataraktes k_i, d. h. setzen die Bremskraft

$$P_k = -k_i \cdot c$$

proportional der Nachgebegeschwindigkeit c, der relativen Geschwindigkeit des Kataraktkolbens in seinem Zylinder (nehmen also an, der Durchflußquerschnitt für das Öl sei unveränderlich, was nur bei gewöhnlichen, ungesteuerten Ölbremsen zutrifft, während die neueren Isodromvorrichtungen, worauf wir noch zurückkommen werden, meist gesteuerte Ölbremsen haben), so findet sich (die Isodromvorrichtung massenlos gedacht) P_k gleich der von der Feder ausgeübten Kraft, d. h. es ist auch

$$P_k = f_i \cdot z.$$

Hierin bedeutet f_i die Federkraft, die bei einer Längenänderung der Feder um 1 cm entsteht, und z die Abweichung des Rückführungspunktes von seiner Gleichgewichtslage (Mittelstellung des Hebels; durch geeignete Anschläge läßt es sich auch bewirken, daß die Federkräfte bereits in der Mittelstellung des Hebels eine endliche Größe haben, Zweck und Wirkungsweise solcher Anordnungen werden später erläutert werden). Denken wir einen konstanten Bremswiderstand gleich der irgendeinem z entsprechenden Federkraft, d. h. $= f_i \cdot z$, und lassen den Kataraktkolben mit der dieser Kraft entsprechenden Geschwindigkeit $c = \dfrac{P_k}{k_i}$ einen Weg gleich z durchlaufen, so ist hierzu eine Zeit $T_i = \dfrac{z}{c} = \dfrac{z \cdot k_i}{P_k} = \dfrac{z \cdot k_i}{f_i \cdot z} = \dfrac{k_i}{f_i}$ erforderlich.

Diese Zeit $$T_i = \frac{k_i}{f_i} \quad \ldots \ldots \ldots (298)$$
nennen wird kurz die Isodromzeit.

Zwei Grenzwerte von T_i sind besonders zu beachten:

1. Liegt der Rückführungspunkt Z fest, d. h. ist gar keine Rückführung vorhanden, so ist gleichsam $f_i = \infty$, folglich in diesem Falle
$$T_i = 0.$$

2. Ist dagegen die Rückführung starr, so ist gleichsam $k_i = \infty$, außerdem fehlt die Feder, d. h. es ist $f_i = 0$, mithin wird in diesem Falle
$$T_i = \infty.$$

Stellen wir also für den allgemeinen Isodromregler Gleichungen auf, so lassen sich diese ohne weiteres für die vorstehend genannten beiden Reglerarten, für Regler ohne Rückführung und für solche mit starrer Rückführung, verwenden, indem wir die Isodromzeit $T_i = 0$ bzw. $T_i = \infty$ setzen.

e) Grundgleichungen.

Zwischen den die Regelungsvorgänge kennzeichnenden Veränderlichen:

$$\varphi,\ \mu,\ \eta,\ \sigma\ \text{und}\ \zeta$$

bestehen nun einfache Differentialgleichungen, deren Lösungen die Regelungsgleichungen in endlicher Form darstellen. Zwei von diesen Differentialgleichungen haben wir bereits als Gl. 286 und 290 bzw. 291 gefunden.

1. Die Motorgleichung.

Gleichung 286:

$$\frac{d\varphi}{dt} = \varphi' = \frac{\mu}{T_a}$$

nennen wir die Motorgleichung, weil sie ausdrückt, welche Beschleunigung der Hauptmotor bei einer bestimmten Motorabweichung (Stellung des Hilfsmotorkolbens) erfährt.

2. Die Hilfsmotorgleichung.

Gleichung 290 und 291, d. h.

a) für veränderliche Verstellgeschwindigkeit

$$\mu' = \frac{\sigma}{T_s}$$

b) für konstante Verstellgeschwindigkeit

$$\mu' = \pm \frac{1}{T_s},$$

sollen Hilfsmotorgleichungen genannt werden, da sie die Geschwindigkeit des Hilfsmotorkolbens zum Ausdruck bringen. Der Unterschied dieser beiden Gleichungen bedingt von vornherein eine verschiedene mathematische Behandlungsweise für die beiden Annahmen a und b; einerseits vereinfachen sich die Beziehungen für den Fall b wegen der konstanten Größe μ', andererseits bringt das wechselnde Vorzeichen, die sprungweise Veränderung von μ' beim Vorzeichenwechsel von σ, eine Schwierigkeit in die Rechnung, die mit Sicherheit wohl nur durch zeichnerische Darstellungen behoben werden kann. Ferner gestattet die Annahme a) eine Entscheidung über die Stabilität der Regelungsvorgänge, d. h. darüber, ob die bei Störung des Beharrungszustandes auftretenden Schwingungen allmählich aufhören oder nicht, fast unmittelbar aus den Konstanten der Grundgleichungen, während bei der Annahme b) stets eine (oft recht mühsame) Durchführung der Zeichnung zum Zwecke der Untersuchung der Regelungsvorgänge erforderlich wird. Keine der beiden Annahmen deckt sich vollkommen und unter allen Umständen mit den wirklichen Vorgängen, sie sind vielmehr nur als idealisierte Grenzfälle anzusehen. Die Annahme a) versagt meist bei größeren, die Annahme b) bei kleineren Belastungsänderungen, so daß umgekehrt für größere Abweichungen von der anzustrebenden Gleichgewichtslage mit der Annahme b), sobald aber die Abweichungen verhältnismäßig klein sind, mit der Annahme a) gerechnet werden muß.

3. Die Reglergleichung.

Ist eine Störung des Gleichgewichtes eingetreten, so weicht die Winkelgeschwindigkeit der Reglerspindel von dem richtigen Werte ab und die Reglermuffe befindet sich in einer unrichtigen Stellung, es ist eine Geschwindigkeitsabweichung φ und eine Reglerabweichung η vorhanden. Die Folge hiervon sind Kräfte P_φ und P_η, die unter Gegenwirkung P_k der Ölbremse die Reglermassen beschleunigen. Bei einer auf die Muffe reduzierten Reglermasse M_r wird der der Muffenbeschleunigung $y'' = \dfrac{d^2 y}{dt^2} = \eta'' \cdot y_{max}$ entsprechende Massenwiderstand $= - M_r y'' = - M_r y_{max} \cdot \eta''$. Nach dem d'Alembertschen Prinzip müssen nun die Kräfte P_φ, P_η und P_k hiermit im Gleichgewicht sein, folglich ist

$$P_\varphi + P_\eta + P_k - M_r \cdot y_{max} \eta'' = 0$$

oder wenn nach Gl. 279, 282 und 297 für P_φ, P_η und P_k die Werte

$$P_\varphi = - 2\varphi E, \quad P_\eta = - 2\delta E \eta \quad \text{und} \quad P_k = - 2 T_k E \eta'$$

eingesetzt werden:

$$- 2\varphi E - 2\delta E \eta - 2 T_k E \eta' - M_r y_{max} \eta'' = 0.$$

Durch $- 2E$ dividiert, geht diese Gleichung über in

$$\frac{M_r y_{max}}{2E} \eta'' + T_k \eta' + \delta \eta + \varphi = 0.$$

Beachtet man noch Gl. 293, so erhält man schließlich als Reglergleichung (für einen Regler mit Ölbremse):

$$\underline{T_r^2 \eta'' + T_k \eta' + \delta \eta + \varphi = 0} \quad \ldots \quad (299)$$

Fehlt die Ölbremse, so wird $T_k = 0$, dann fehlt in der Reglergleichung das zweite Glied. Handelt es sich um Regler mit besonders kleinen Massen, so wird T_r sehr klein, und es ist dann zulässig, als Näherung mit $T_r = 0$ zu rechnen. Diesen Fall bezeichnet man gewöhnlich als den eines idealen oder massenlosen Reglers. Tatsächlich hat die Erkenntnis, daß mit abnehmenden

Werten von T_r die Regelungsvorgänge immer besser werden, in der Praxis dahin geführt, bei indirekten Reglern ganz besonders kleine reduzierte Muffenhübe, d. h. besonders kleine Fallzeiten anzuwenden; dann darf man die Annahme

$$T_r = 0$$

sehr wohl machen und erhält hierfür (beim Fehlen einer Ölbremse) die einfache Reglergleichung

$$\delta\eta + \varphi = 0 \quad \ldots \ldots \ldots \quad (299\,\mathrm{a})$$

Reglerabweichung und Geschwindigkeitsabweichung sind hier also einander proportional. Bei zeichnerischer Darstellung pflegt man schließlich noch für diesen einfachen Fall die Maßstäbe für η und φ so zu wählen, daß die Zahlen für φ in einem $\dfrac{1}{\delta}$-mal so großen Maßstab abgetragen werden, wie die für η; alsdann fallen die Linien für φ und η zusammen. (Siehe Fig. 489, Fig. 492 und Tafel 18, sowie Tafel 20 bis 22).

4. Die Steuerungsgleichung.

Bezeichnen wir in Fig. 474 den Arm ZY mit a, den Arm YS mit b, so erkennen wir leicht (vgl. Fig. 488) daß

$$\frac{s_{max}}{y_{max}} = \frac{a+b}{a}$$

und

$$\frac{s_{max}}{z_{max}} = \frac{b}{a}$$

ist. Denken wir ferner Punkt Z feststehend und nur die Muffe den Punkt S verlegend, so würde zwischen Muffenhub y und Steuerungsweg s_1 die Beziehung gelten

$$s_1 : y = a+b : a;$$

halten wir umgekehrt die Muffe Y fest und verschieben Z um $+z$ (nach unten), so würde S (nach oben) verlegt um s_2, wobei

$$s_2 : z = b : a$$

ist.

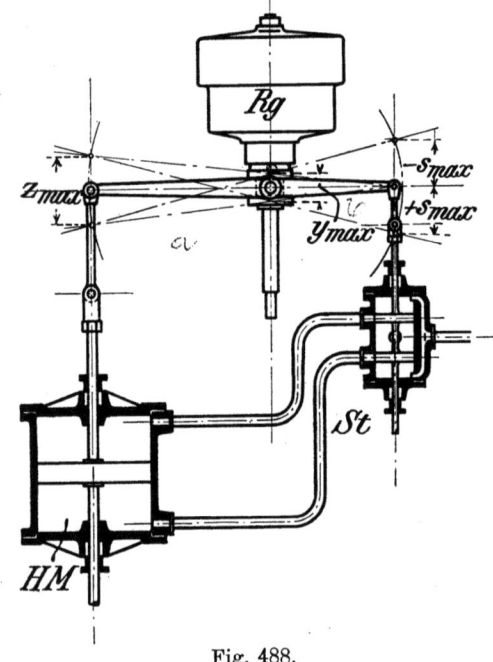

Fig. 488.

Die Gesamtverschiebung von S beträgt demnach
$$s = s_1 - s_2 = y\frac{a+b}{a} - z\frac{b}{a};$$
hierin für $\dfrac{a+b}{a}$ und für $\dfrac{b}{a}$ die oben gefundenen Werte eingesetzt, gibt
$$s = \frac{y\, s_{max}}{y_{max}} - \frac{z\, s_{max}}{z_{max}}$$
oder
$$\frac{s}{s_{max}} = \frac{y}{y_{max}} - \frac{z}{z_{max}},$$
d. h.
$$\sigma = \eta - \zeta \ldots \ldots \ldots (300)$$

Diese Gleichung soll die **Steuerungsgleichung** heißen. Bei starrer Rückführung ist $\zeta = \mu$, dann erhalten wir
$$\sigma = \eta - \mu.$$

Bei fehlender Rückführung ist $\zeta = 0$, also
$$\sigma = \eta.$$

Bei einem direktwirkenden Regler endlich fiele σ ganz fort es würde
$$\sigma = 0 \quad \text{und} \quad \zeta = \mu = \eta.$$

5. Die Rückführungsgleichung.

Bei starrer Rückführung befinden sich die Punkte M und Z in unveränderlichem Abstande, oder es sind doch die Ausschläge m und z einander proportional, d. h. es ist
$$\zeta = \mu.$$

Bei nachgiebiger Rückführung dagegen weichen ζ und μ voneinander ab.

Allgemein ist $\quad z = m - n,$

wenn mit n der Nachgebeweg bezeichnet wird. Dividiert man diese Gleichung durch z_{max} und schreibt das verhältnismäßige Nachgeben $\dfrac{n}{z_{max}} = \nu$, so erhält man
$$\zeta = \frac{m_{max}}{z_{max}}\mu - \nu,$$
oder mit dem Verhältnis $\quad \dfrac{m_{max}}{z_{max}} = \beta \ldots \ldots \ldots (301)$
$$\zeta = \beta\mu - \nu \ldots \ldots \ldots (302)$$

Das Verhältnis β braucht nicht notwendig $= 1$ zu sein, d. h. es muß nicht gerade $m_{max} = z_{max}$ sein, es ist vielmehr vorteilhaft,

$m_{max} > z_{max}$, d. h. $\beta > 1$ zu machen. Man spricht in diesem Falle von einer **beschleunigten Rückführung**.

Eine weitere Beziehung zwischen ζ und ν ist durch die Wirkung von Ölbremse und Rückführungsfeder gegeben. Vernachlässigt man zunächst die eigene Masse der Isodromvorrichtung, so müssen sich in jedem Augenblick Federkraft $f_i z$ und Bremswiderstand $-k_i \dfrac{dn}{dt}$ das Gleichgewicht halten, d. h. es muß sein

$$f_i z - k_i \frac{dn}{dt} = 0 \qquad \ldots \ldots \ldots (303)$$

oder
$$\frac{z}{z_{max}} - \frac{k_i}{f_i} \frac{d\frac{n}{z_{max}}}{dt} = 0$$

also
$$\zeta - T_i \nu' = 0 \qquad \ldots \ldots \ldots (304)$$

Differenziert man Gl. 302 und setzt darin den aus Gl. 304 folgenden Wert $\nu' = -\dfrac{\zeta}{T_i}$ ein, so erhält man

$$\dot\zeta = \beta \mu' - \frac{\zeta}{T_i}$$

oder
$$\zeta' + \frac{\zeta}{T_i} - \beta \mu' = 0, \qquad \ldots \ldots (305)$$

die wir **Rückführungsgleichung** nennen wollen.

Berücksichtigen wir die Masse M_i der Isodromeinrichtung, d. h. die Masse des Kataraktkolbens, der Verbindungsstange und der (halben) Feder, so ist noch der Massenwiderstand

$$-M_i \cdot \frac{d^2 z}{dt^2} = -M_i \zeta'' \cdot z_{max}$$

in die Gl. 303 einzuführen. Legen wir schließlich den allgemeinsten Fall zugrunde, daß der Isodromregler eine Vorrichtung zur Erzielung eines bleibenden kleinen Ungleichförmigkeitsgrades z. B. nach Fig. 484 besitzt, so liegt der vordem feste Endpunkt der Isodromfeder nicht mehr fest, sondern erfährt eine mit m proportionale Verschiebung. Setzen wir diese $=\dfrac{i}{\beta}m$, so wird die Federkraft nicht $f_i z$, sondern

$$f_i\left(z - \frac{i}{\beta}m\right) = f_i z_{max}\left(\zeta - \frac{i}{\beta}\mu \frac{m_{max}}{z_{max}}\right) = f_i z_{max}(\zeta - i\mu);$$

in Gl. 304 ist danach $\zeta - i\mu$ statt ζ zu schreiben. Wenn außerdem der oben berechnete Massenwiderstand eingeführt wird, so erhalten wir statt Gl. 304 die Beziehung

$$\frac{M_i}{f_i}\zeta'' + (\zeta - i\mu) - T_i \nu' = 0$$

oder nach Differenzieren von Gl. 302 und Einsetzen des hieraus folgenden Wertes $v' = \beta \mu' - \zeta'$ die allgemeine Rückführungsgleichung für die Anordnung nach Fig. 445:

$$\frac{M_i}{f_i}\zeta'' + T_i\zeta' + \zeta - \beta T_i\mu' - i\mu = 0 \quad \ldots (306)$$

Die oben eingeführte Verhältniszahl i bedarf noch einer Erläuterung. Der Rückführungspunkt Z erfährt eine größte Verlegung $= \frac{i}{\beta} m_{max} = i z_{max}$, gleichbedeutend mit einer größten Verschiebung der Muffe um $i \cdot y_{max}$. Nun entspricht aber dem ganzen Muffenhub der Ungleichförmigkeitsgrad δ des Reglers, folglich führt die vorgesehene Einrichtung einen künstlichen Ungleichförmigkeitsgrad der Regelung herbei

$$\delta_i = i\delta$$

oder anders ausgedrückt, in Gl. 306 bedeutet

$$i = \frac{\delta_i}{\delta} \quad \ldots \ldots \ldots (307)$$

das Verhältnis des künstlich eingeschalteten Ungleichförmigkeitsgrades δ_i zu dem Ungleichförmigkeitsgrad δ des Reglers. Für den reinen Isodromregler ist natürlich $\delta_i = 0$, also auch $i = 0$; ein negativer eingeschalteter Ungleichförmigkeitsgrad ist gleichbedeutend mit einem negativen Wert von i.

6. Zusammenfassung.

Während des Regelungsvorganges haben wir folgende 5 Veränderliche zu betrachten:
1. Die Geschwindigkeitsabweichung φ. Ist die Regelung beendet, so hat ω den richtigen Wert angenommen, es wird $\varphi = 0$. Zu Beginn des Regelungsvorganges hat ω den der alten Belastung entsprechenden Wert; beträgt also die vorgenommene Entlastung im Verhältnis zur Höchstbelastung λ, d. h. ist λ die verhältnismäßige Belastungsänderung, so ist zu Anfang die Geschwindigkeitsabweichung

$$\varphi_0 = -\lambda\delta.$$

Beim Isodromregler ist natürlich auch zu Anfang $\varphi_0 = 0$, beim Isodromregler mit künstlich eingeschaltetem Ungleichförmigkeitsgrad $\delta_i = i\delta$ ist die anfängliche Geschwindigkeitsabweichung

$$\varphi_0 = -\lambda\delta_i.$$

2. Die Reglerabweichung η. Am Schlusse der Regelung hat die Muffe ihre richtige Stellung, dann ist $\eta = 0$. Zu Be-

ginn weicht sie um einen Betrag y_0 davon ab, entsprechend dem Wert
$$\eta_0 = \lambda;$$
beim Isodromregler ist wieder $\eta_0 = 0$, bei einem künstlich eingeschalteten Ungleichförmigkeitsgrad $\delta_i = i\delta$, aber
$$\eta_0 = i\lambda.$$

3. **Die Motorabweichung μ.** Zu Ende der Regelung ist $\mu = 0$, der Hilfsmotorkolben und damit die Steuerung der Hauptmaschine haben ihre, der neuen Belastung des Motors entsprechende Stellung angenommen. Zu Beginn der Regelung weicht μ um den Betrag λ von der richtigen neuen Stellung ab, d h. es ist
$$\mu_0 = \lambda.$$

4. **Die Steuerungsverstellung σ.** Sie ist sowohl zu Ende wie zu Anfang der Regelung gleich Null. Denn eine Beharrungsstellung der Hauptmaschine, d. h. unveränderliche Stellung des Hilfsmotors ist nur möglich, wenn die Steuerung des Hilfsmotors sich in ihrer Mittellage befindet. Während des Regelungsvorganges kann die Hilfsmotorsteuerung natürlich auch durch ihre Mittellage hindurchgehen. Für den Fall b), d. h. für unveränderliche Geschwindigkeit des Hilfsmotorkolbens tritt dann Vorzeichenwechsel von σ und damit auch Umkehr der Bewegungsrichtung des Hilfsmotorkolbens ein; es wechselt also jedesmal, wenn σ durch Null hindurchgeht, μ' das Vorzeichen.

5. **Die Rückführungsabweichung ζ.** Für Regler mit starrer Rückführung ist stets $\zeta = \mu$, also zu Ende der Regelung $\zeta = \mu = 0$, zu Beginn
$$\zeta_0 = \mu_0 = \lambda.$$
Bei Isodromreglern ist zu Ende und zu Anfang $\zeta = 0$; bei Reglern mit künstlich eingeschaltetem Ungleichförmigkeitsgrad $\delta_i = i\delta$ ist ebenfalls am Schlusse $\zeta = 0$, zu Beginn der Regelung aber
$$\zeta_0 = (\eta_0 =) i\lambda.$$

6. Zwischen den 5 Veränderlichen φ, η, μ, σ und ζ gelten nun folgende 5 **Grundgleichungen**:

Reglergleichung: $\quad T_r^2 \eta'' + T_k \eta' + \delta\eta + \varphi = 0 \ \ldots\ \ldots$ (Rggl)

Motorgleichung: $\quad\quad\quad \varphi' = \dfrac{\mu}{T_a} \ \ldots\ \ldots\ \ldots$ (Mtgl)

Steuerungsgleichung: $\quad\quad\quad \sigma = \eta - \zeta \ \ldots\ \ldots\ \ldots$ (Stgl)

Rückführungsgl.: $\dfrac{M_i}{f_i}\zeta'' + T_i \zeta' + \zeta - \beta T_i \mu' - i\mu = 0\ \ .$ (Rfgl)

Hilfsmotorgleichung: $\left\{\begin{array}{l}\mu'=\dfrac{\sigma}{T_s} \quad \text{für Fall a)} \\ \mu'=\pm\dfrac{1}{T_s} \;\; " \;\;\; " \;\; \text{b)}\end{array}\right\}$ . . . . (HMgl)

Sie stellen ein System simultaner Differentialgleichungen zwischen der unabhängigen Veränderlichen t (der Zeit) und den 5 abhängigen Veränderlichen φ bis ζ dar; sie sind sämtlich linear und deshalb nach bekannten Methoden leicht zu lösen. Die Werte der willkürlichen Integrationskonstanten ergeben sich aus den Anfangsbedingungen, insbesondere aus den vorstehend angegebenen Anfangswerten $\varphi_0, \eta_0 \ldots$ bis ζ_0.

B. Allgemeiner Rechnungsgang für die Entwicklung der Regelungsgleichungen.

a) Regler mit veränderlicher Geschwindigkeit des Hilfsmotorkolbens.

Man pflegt meist die Betrachtung der Regelungsvorgänge bei der indirekten Regelung mit dem Falle zu beginnen, der eine unveränderliche Geschwindigkeit des Hilfsmotorkolbens voraussetzt, indem man dabei eine ganze Anzahl von vereinfachenden Annahmen macht: massenloser Regler, Fehlen einer Ölbremse, starre Rückführung usf. Dann läßt sich, besonders auf zeichnerischem Wege, ein ungefähres Bild von den Vorgängen gewinnen. Durch Abänderung der gemachten Annahmen gelingt es weiter, sich allmählich den wirklichen Verhältnissen mehr und mehr anzupassen. Einheitlicher, vor allem hinsichtlich der mathematischen Methoden, gestaltet sich die Untersuchung bei der Annahme einer veränderlichen Geschwindigkeit des Hilfsmotorkolbens; deshalb beginnen wir hiermit. Wir behandeln sofort den allgemeinsten Fall, um die allgemeine Lösungsmethode darzulegen; für Sonderfälle können die betreffenden Formeln unmittelbar durch Spezialisierung gewonnen oder doch wenigstens genau auf dem gleichen Wege abgeleitet werden, der für den allgemeinen Fall zu beschreiben ist.

1. Herleitung der Gleichungen für den Regelungsvorgang.

Die 5 Grundgleichungen für φ, η, μ, σ und ζ:

$$T_r^2 \eta'' + T_k \eta' + \delta \eta + \varphi = 0 \quad \ldots \quad \text{(Rggl)}$$

$$\varphi' = \frac{\mu}{T_a} \quad \ldots \ldots \ldots \text{(Mtgl)}$$

$$\mu' = \frac{\sigma}{T_s} \quad \ldots \ldots \ldots \text{(HMgl)}$$

$$\sigma = \eta - \zeta \quad \ldots \ldots \text{(Stgl)}$$

$$\frac{M_i}{f_i}\zeta'' + T_i\zeta' + \zeta - \beta T_i \mu' - i\mu = 0 \ \ldots \ \text{(Rfgl)}$$

lassen sich zunächst in folgende umwandeln:

Aus $\varphi' = \dfrac{\mu}{T_a}$ folgt

$$\underline{\mu = T_a \varphi'} \quad \ldots \ldots \ldots \text{(308)}$$

und aus $\mu' = \dfrac{\sigma}{T_s}$: $\quad \sigma = \mu' T_s = T_a T_s \varphi''$ oder

$$\underline{\sigma = T_a T_s \varphi''} \quad \ldots \ldots \ldots \text{(309)}$$

Kennt man demnach φ, so sind damit μ und σ nach Gl. 308 und 309 gegeben. Durch Einführung von φ statt μ und σ gehen die (Stgl) und die (Rfgl) in folgende Gleichungen über, die nur noch φ, η und ζ enthalten:

oder
$$T_a T_s \varphi'' = \eta - \zeta$$
$$T_a T_s \varphi'' - \eta + \zeta = 0$$

und in $\quad \dfrac{M_i}{f_i}\zeta'' + T_i\zeta' + \zeta - \beta T_i T_a \varphi'' - i T_a \varphi' = 0.$

Wir haben also für φ, η und ζ die 3 Gleichungen:

$$\left.\begin{array}{r}\varphi + T_r^2 \eta'' + T_k \eta' + \delta \eta = 0 \\ T_a T_s \varphi'' - \eta + \zeta = 0 \\ \beta T_i T_a \varphi'' + i T_a \varphi' - \dfrac{M_i}{f_i}\zeta'' - T_i\zeta' - \zeta = 0\end{array}\right\} \ \ldots \ \text{(310)}$$

Lineare Differentialgleichungen mit nur einer abhängigen Veränderlichen x liefern bekanntlich Lösungen in der Form

$$x = C_1 e^{w_1 t} + C_2 e^{w_2 t} + \cdots,$$

die dadurch gewonnen werden, daß man in die gegebene Differentialgleichung $x = C e^{wt}$ einführt und die Konstanten w so bestimmt, daß für jeden beliebigen Wert von t die entstehende identische Gleichung erfüllt wird. Genau der gleiche Rechnungsgang führt auch hier zum Ziel, da Gl. 310 ein System von 3 simultanen linearen Differentialgleichungen darstellt. Der Erfolg beweist die Richtigkeit dieses Verfahrens. Wir setzen also

$$\varphi = A\, e^{wt}$$
$$\eta = B\, e^{wt}$$
$$\zeta = C\, e^{wt}$$

in Gl. 310 ein und erhalten

Allgemeiner Rechnungsgang für die Entwicklung d. Regelungsgleichungen. 765

$$A e^{wt} + (T_r^2 w^2 + T_k w + \delta) B e^{wt} = 0$$
$$T_a T_s w^2 A e^{wt} - B e^{wt} + C e^{wt} = 0$$
$$(\beta T_i T_a w^2 + i T_a w) A e^{wt} - \left(\frac{M_i}{f_i} w^2 + T_i w + 1\right) C e^{wt} = 0$$

Diese 3 Gleichungen können offenbar für jeden beliebigen Wert von t erfüllt werden, wenn nur zwischen den gegebenen Zeitkonstanten, der Größe w und den Integrationskonstanten A, B und C folgende Beziehungen bestehen:

$$\left.\begin{array}{l} 1 \cdot A + (T_r^2 w^2 + T_k w + \delta) B + 0 \cdot C = 0 \\ T_a T_s w^2 A - 1 \cdot B + 1 \cdot C = 0 \\ (\beta T_i T_a w^2 + i T_a w) A + 0 \cdot B - \left(\dfrac{M_i}{f_i} w^2 + T_i w + 1\right) C = 0 \end{array}\right\} \quad (311)$$

Sollen aber diese 3 homogenen Gleichungen für A, B und C möglich sein, so muß ihre Determinante $\varDelta = 0$ sein, d. h.

$$\varDelta = \begin{vmatrix} 1 & T_r^2 w^2 + T_k w + \delta & 0 \\ T_a T_s w^2 & -1 & 1 \\ \beta T_i T_a w^2 + i T_a w & 0 & -\left(\dfrac{M_i}{f_i} w^2 + T_i w + 1\right) \end{vmatrix} = 0$$

Löst man die Determinante auf und ordnet sie nach Potenzen von w, so erhält man für die Größe w die **charakteristische Gleichung**:

$$\left.\begin{array}{l} T_a T_s T_r^2 \dfrac{M_i}{f_i} \cdot w^6 + \left(T_a T_s T_r^2 T_i + T_a T_s T_k \dfrac{M_i}{f_i}\right) w^5 + \left(T_a T_s T_r^2 + T_a T_s T_k T_i \right. \\ \left. + T_a T_r^2 \beta T_i + \delta T_a T_s \dfrac{M_i}{f_i}\right) w^4 + (T_a T_s T_k + \delta T_a T_s T_i + T_a T_r^2 i + T_a T_k \beta T_i) w^3 \\ + \left(\delta T_a T_s + \delta T_a \beta T_i + T_a T_k i + \dfrac{M_i}{f_i}\right) w^2 + (T_i + \delta T_a i) w + 1 = 0 \end{array}\right\} (312)$$

Diese Gleichung 6. Grades liefert für w 6 Wurzeln: w_1, w_2, $w_3 \ldots w_6$; wir erhalten folglich für φ (und ebenso für die übrigen 4 Veränderlichen μ, σ, η und ζ) sechs partikuläre Lösungen:

$$\varphi_1 = A_1 e^{w_1 t}; \quad \varphi_2 = A_2 e^{w_2 t} \ldots \varphi_6 = A_6 e^{w_6 t}$$

und daher die allgemeine Lösung:

$$\varphi = A_1 e^{w_1 t} + A_2 e^{w_2 t} + A_3 e^{w_3 t} + \ldots + A_6 e^{w_6 t}.$$

Entsprechend ergibt sich

$$\eta = B_1 e^{w_1 t} + B_2 e^{w_2 t} + B_3 e^{w_3 t} + \ldots + B_6 e^{w_6 t}$$
$$\zeta = C_1 e^{w_1 t} + C_2 e^{w_2 t} + C_3 e^{w_3 t} + \ldots + C_6 e^{w_6 t}.$$

Zwischen den zusammengehörigen Integrationskonstanten A_1, B_1 und C_1; A_2, B_2 und C_2, ... müssen aber die durch die Gleichungen 311 gegebenen und hieraus leicht zu berechnenden Verhältnisse bestehen. Wenn also die Konstanten A etwa aus den Anfangsbedingungen (vgl. S. 761) ermittelt werden, so sind damit auch die Konstanten B_1, B_2 ..., C_1, C_2 ... nach Gl. 311 festgelegt.

Für μ und σ endlich zeigen uns die Gl. 308 und 309 den einfachen Zusammenhang mit φ; insbesondere erkennen wir daraus, daß sich für μ und σ genau dieselbe Lösung wie für φ, η und ζ ergibt, und wie die für μ und σ gültigen Konstanten aus denjenign für φ zu berechnen sind. Insgesamt haben wir also, wenn wir für alle Konstanten C mit entsprechenden Zeigern schreiben, folgende 5 Gleichungen als Lösungen unserer 5 Grundgleichungen:

$$\left.\begin{aligned}\varphi &= C_{1\varphi} e^{w_1 t} + C_{2\varphi} e^{w_2 t} + \ldots C_{6\varphi} e^{w_6 t} \\ \mu &= C_{1\mu} e^{w_1 t} + C_{2\mu} e^{w_2 t} + \ldots C_{6\mu} e^{w_6 t} \\ \sigma &= C_{1\sigma} e^{w_1 t} + C_{2\sigma} e^{w_2 t} + \ldots C_{6\sigma} e^{w_6 t} \\ \eta &= C_{1\eta} e^{w_1 t} + C_{2\eta} e^{w_2 t} + \ldots C_{6\eta} e^{w_6 t} \\ \zeta &= C_{1\zeta} e^{w_1 t} + C_{2\zeta} e^{w_2 t} + \ldots C_{6\zeta} e^{w_6 t}\end{aligned}\right\} \quad (313)$$

2. Stabilitätskriterien.

Die Gl. 312 heißt nicht umsonst **charakteristische Gleichung**; sie entscheidet von vornherein, ob die durch Gl. 313 bestimmten Werte der maßgebenden Größen φ bis ζ im Laufe der Zeit endlichen Grenzen zustreben oder nicht, d. h. ob die Regelungsvorgänge allmählich abklingen, oder ob dauernde oder gar fortwährend zunehmende Schwingungen eintreten. Abgesehen von dem Ausnahmefall, daß mehrere gleich große Wurzeln vorhanden sind, hat eine Gleichung n. Grades mit lauter reellen Koeffizienten (wie es hier zutrifft) lauter verschiedene reelle Wurzeln, oder es sind je 2 Wurzeln konjugiert komplex, z. B.

$$w_2 = p + qi \quad \text{und} \quad w_3 = p - qi.$$

Um in dem letzteren Falle die reelle Form der Gl. 313 zu wahren, faßt man bekanntlich die entsprechenden beiden Glieder zusammen, schreibt also unter Benutzung der Formel

$$e^{a+bi} = e^a (\cos b + i \sin b)$$
$$C_2 e^{w_2 t} + C_3 e^{w_3 t} = e^{pt} [(C_2 + C_3) \cos qt + (C_2 - C_3) i \sin qt]$$
$$= e^{pt} (C_2' \cos qt + C_3' \sin qt),$$

indem man statt der ursprünglichen Konstanten C_2 und C_3 die neuen Konstanten

$$C_2' = C_2 + C_3 \quad \text{und} \quad C_3' = (C_2 - C_3) i$$

Allgemeiner Rechnungsgang für die Entwicklung d. Regelungsgleichungen. 767

einführt. Im allgemeinen erscheinen demnach die Gleichungen 313 in der Form:

$$\left.\begin{array}{l}\varphi = C_{1\varphi}\, e^{w_1 t} + e^{pt}(C_{2\varphi} \cos qt + C_{3\varphi} \sin qt) + \cdots \\ \mu = C_{1\mu}\, e^{w_1 t} + e^{pt}(C_{2\mu} \cos qt + C_{3\mu} \sin qt) + \cdots \\ \cdots \cdots \cdots \cdots \cdots \cdots \cdots \cdots \cdots \cdots \cdots \cdots \end{array}\right\} (314)$$

Die Klammerausdrücke $(C_2 \cos qt + C_3 \sin qt)$ stellen harmonische Schwingungen dar; die durch $e^{pt}(C_2 \cos qt + C_3 \sin qt)$ bestimmten Schwingungen würden Amplituden von unveränderlicher Größe haben, wenn nicht durch den Ausdruck e^{pt}, der sich stetig mit der Zeit t verändert, ein veränderlicher Faktor hinzukäme. Offenbar hängt es allein von p ab, ob die durch das Glied $e^{pt}(C_2 \cos qt + C_3 \sin qt)$ bedingten Schwingungen allmählich abnehmen oder nicht. Ist

$$p = 0,$$

so haben wir eine reine Sinusschwingung, die mit gleichbleibenden Ausschlägen unbegrenzt andauert.

Ist $\qquad p > 0,$

so wächst e^{pt} im Laufe der Zeit fortwährend, die Schwingungen nehmen beständig zu, der Regelungsvorgang ist nicht mehr stabil.

Ist dagegen

$$p < 0,$$

so wird e^{pt} immer kleiner, die Schwingungen klingen allmählich ab, der Regelungsvorgang kann im Laufe der Zeit zu Ende kommen.

Glieder von der Form Ce^{wt} mit einem reellen w liefern entweder, und zwar wenn

$$w > 0,$$

ständig zunehmende Beträge und machen dann die Regelung unbrauchbar, oder sie liefern, und zwar wenn

$$w < 0,$$

allmählich abnehmende Werte und ermöglichen so ihrerseits eine im Laufe der Zeit zu Ende gehende, d. h. brauchbare, stabile Regelung.

Die allgemeine Stabilitätsbedingung für unseren Regelungsvorgang lautet demnach:

Sollen im Laufe der Zeit alle maßgebenden Abweichungen endlichen Grenzwerten zustreben, so müssen sämtliche reellen Wurzeln w der charakteristischen Gleichung und sämtliche reellen Teile p der komplexen Wurzeln negativ sein.

Ist ein einziges w oder ein einziges p positiv, so wachsen alle Werte φ bis ζ im Laufe der Zeit unbegrenzt; ist ein p Null, so bleibt, wenn auch die übrigen Glieder schon ihren Grenzwert angenommen haben, noch immer eine harmonische Schwingung von unveränderlicher Größe. Der Fall, ein einziges

$$p = 0,$$

stellt den Grenzfall der Brauchbarkeit einer Regelungsanordnung dar; hiervon ausgehend, kann man leicht **Stabilitätskriterien** aufstellen, wie es nachstehend geschehen soll.

Sind **alle** Wurzeln w reell und negativ, so nehmen alle Glieder mit t stetig ab und streben dem Grenzwert Null zu. Diesen Fall, bei dem keine eigentlichen Schwingungen eintreten, bezeichnet man als **aperiodische Regelung**. An und für sich wäre dieser Fall das Ideal, dem die Praxis mit Recht und meist auch mit Erfolg zustrebt; aber er ist doch nicht leicht zu verwirklichen: er setzt entweder eine große Durchgangszeit δT_a, also ein besonders schweres Schwungrad bzw. einen großen Ungleichförmigkeitsgrad δ voraus, liefert damit aber größere Geschwindigkeitsschwankungen, oder eine besonders kleine Schlußzeit T_s.

Wir werden später eine Anzahl von Sonderfällen betrachten, die durch Vereinfachung in den Annahmen entstehen: z. B. massenlose Regler mit $T_r = 0$ und $T_k = 0$, Regler mit starrer Rückführung, d. h. mit $T_i = 0$, $M_i = 0$, $i = 1$ usf. Dabei vereinfacht sich die charakteristische Gleichung auf eine Gleichung 5., 4., 3. oder 2. Grades. Wir wollen deshalb auch für diese einfacheren Fälle die Stabilitätskriterien aufstellen.

α) Gleichung 2. Grades.

Die charakteristische Gleichung sei

$$w^2 + aw + b = 0$$

oder allgemeiner

$$c_0 w^2 + c_1 w + c_2 = 0.$$

Die Auflösung nach w liefert:

$$w = -\frac{a}{2} \pm \sqrt{\left(\frac{a}{2}\right)^2 - b}$$

oder

$$w = -\frac{c_1}{2c_0} \pm \sqrt{\left(\frac{c_1}{2c_0}\right)^2 - \frac{c_2}{c_0}}.$$

Wäre b negativ, so würde $\sqrt{\left(\frac{a}{2}\right)^2 - b} > \frac{a}{2}$ und daher ein Wert von w positiv, was unzulässig ist; ferner muß, da unter allen Umständen der Summand vor der Wurzel negativ werden muß, auch $a = +$ sein. Wir finden daher als

Allgemeiner Rechnungsgang für die Entwicklung d. Regelungsgleichungen. 769

Stabilitätsbedingung: a und b müssen positiv sein bzw. alle drei Koeffizienten c_0, c_1 und c_2 müssen gleiches Vorzeichen haben.

β) Gleichung 3. Grades.

Die charakteristische Gleichung sei

$$w^3 + aw^2 + bw + c = 0$$

oder allgemeiner $\quad c_0 w^3 + c_1 w^2 + c_2 w + c_3 = 0$.

Wir brauchen bei unseren Untersuchungen eigentlich immer nur festzustellen, daß die reellen Teile p der Wurzeln sämtlich negativ sind; denn wenn einzelne Wurzeln reell werden, so fehlen in ihnen die imaginären Teile, und wenn deshalb die reellen Teile p negativ sind, so sind es auch die ganzen Wurzeln w.

Für den Grenzfall der Stabilität

$$p = 0$$

muß sich die linke Seite der Gleichung offenbar in der Form

$$(w - w_1)(w - qi)(w + qi) = (w - w_1)(w^2 + q^2)$$

schreiben lassen, weil dann die beiden konjugiert komplexen Wurzeln in $w_2 = +qi$ und $w_3 = -qi$ übergehen. Die linke Seite muß also durch $w^2 + q^2$ teilbar sein; wir dividieren in bekannter Weise

$$
\begin{array}{l}
w^3 + aw^2 + bw + c : w^2 + q^2 = w + a \\
\underline{w^3 \qquad\quad + wq^2} \\
\quad aw^2 + (b - q^2)w + c \\
\quad \underline{aw^2 \qquad\qquad\quad + aq^2} \\
\qquad\qquad (b - q^2)w + (c - aq^2);
\end{array}
$$

die Division geht danach ohne Rest auf, wenn $q^2 = b$ und $c = aq^2 = ab$ ist.

Für den Grenzfall (bleibende Schwingungen von konstanter Größe) wird also

$$ab - c = 0.$$

Man kann leicht durch eine Probrechnung für einen bestimmten Fall zeigen, daß die Schwingungen abnehmen, wenn

$$ab - c > 0$$

ist. Ist z. B. $c = 0$, so liefert die Gleichung

$$w^3 + aw^2 + bw = 0 \quad \text{die Wurzel } w_1 = 0 \text{ und außerdem ist}$$
$$w^2 + aw + b = 0;$$

für positive Werte von a und b erhält man dann, wie unter α gezeigt, abnehmende Schwingungen; die Regelung ist stabil.

Wir dürfen folglich bei einer charakteristischen Gleichung 3. Grades als Stabilitätsbedingung schreiben:

$$ab - c > 0$$

bzw.
$$c_1 c_2 - c_0 c_3 > 0 \qquad \cdots \cdots (315)$$

Hierzu kommt die stets zu erfüllende Bedingung, daß a, b und c positiv sein, oder daß c_0, c_1, c_2 und c_3 gleiches Vorzeichen haben müssen.

γ) **Gleichung 4. Grades.**

Die charakteristische Gleichung sei

$$w^4 + a w^3 + b w^2 + c w + d = 0$$

oder allgemeiner

$$c_0 w^4 + c_1 w^3 + c_2 w^2 + c_3 w + c_4 = 0.$$

Wir schlagen den gleichen Weg ein, wie unter β, d. h. wir stellen fest, wann die Division der linken Seite durch $w^2 + q^2$ restlos aufgeht; denn dann ist (mindestens ein) $p = 0$, die Schwingungen nehmen weder ab noch zu, wir haben den Grenzfall der Stabilität:

$$
\begin{array}{l}
w^4 + a w^3 + b w^2 + c w + d : w^2 + q^2 = w^2 + a w + b - q^2 \\
\underline{w^4 \qquad\quad + q^2 w^2} \\
\quad a w^3 + (b - q^2) w^2 + c w + d \\
\quad \underline{a w^3 \qquad\qquad + a q^2 w} \\
\qquad (b - q^2) w^2 + (c - a q^2) w + d \\
\qquad \underline{(b - q^2) w^2 \qquad\qquad + (b - q^2) q^2}.
\end{array}
$$

Der Rest wird Null, wenn

$$c - a q^2 = 0 \quad \text{oder} \quad q^2 = \frac{c}{a}$$

und
$$d = (b - q^2) q^2 = \left(b - \frac{c}{a}\right)\frac{c}{a}$$

wird. Für den Grenzfall der Stabilität gilt also

$$(ab - c) c - d a^2 = 0.$$

Die Stabilitätsbedingung lautet hier

$$(ab - c) c - d a^2 > 0$$

bzw.
$$(c_1 c_2 - c_0 c_3) c_3 - c_1^2 c_4 > 0 \qquad \cdots \cdot (316)$$

Sie enthält die Ungleichung $ab - c > 0$ bzw. $c_1 c_2 - c_0 c_3 > 0$, da ja die linke Seite nur positiv werden kann, wenn zunächst der Minuend positiv ist.

Allgemeiner Rechnungsgang für die Entwicklung d. Regelungsgleichungen. 771

δ) Gleichung 5. Grades.

Die charakteristische Gleichung sei
$$w^5 + aw^4 + bw^3 + cw^2 + dw + e = 0$$
oder allgemeiner
$$c_0 w^5 + c_1 w^4 + c_2 w^3 + c_3 w^2 + c_4 w + c_5 = 0,$$
dann liefert das gleiche Verfahren wie oben für den Grenzfall:

$w^5 + aw^4 + bw^3 + cw^2 + dw + e : w^2 + q^2 = w^3 + aw^2 + (b-q^2)w + c - aq^2$
$\underline{w^5 \qquad\quad + q^2 w^3}$
$\quad aw^4 + (b-q^2)w^3 + cw^2 + dw + e$
$\underline{\quad aw^4 \qquad\quad + aq^2 w^2}$
$\qquad\quad (b-q^2)w^3 + (c-aq^2)w^2 + dw + e$
$\underline{\qquad\quad (b-q^2)w^3 \qquad\quad + (b-q^2)q^2 w}$
$\qquad\qquad\qquad (c-aq^2)w^2 + [d-(b-q^2)q^2]w + e$
$\underline{\qquad\qquad\qquad (c-aq^2)w^2 \qquad\qquad\qquad + (c-aq^2)q^2.}$

Der Rest wird Null, wenn
$$d = (b-q^2)q^2$$
und
$$e = (c-aq^2)q^2.$$

Eliminiert man aus diesen beiden Gleichungen q^2, so erhält man für den Grenzfall
$$(ab-c)(cd-be) - (ad-e)^2 = 0.$$

Die Stabilitätsbedingung lautet:

bzw. $\left.\begin{array}{c}(ab-c)(cd-be) - (ad-e)^2 > 0 \\ (c_1 c_2 - c_0 c_3)(c_3 c_4 - c_2 c_5) - (c_1 c_4 - c_0 c_5)^2 > 0\end{array}\right\}$. (317)

Es könnte schließlich für den Grenzfall $p = 0$ noch der Fall eintreten, daß für den (nach Absonderung von $[w^2 + q^2]$ verbleibenden) Faktor 3. Grades: $w^3 + aw^2 + (b-q^2)w + c - aq^2$ die Stabilitätsbedingung nicht erfüllt würde; um dies auszuschließen, setzen wir gemäß Gl. 315
$$a(b-q^2) - [c-aq^2] > 0;$$
diese Bedingung liefert die Gleichung
$$ab - c > 0 \quad \ldots \ldots \quad (317\text{a})$$
als weitere Bedingung neben Gl. 317.

Auf demselben Wege könnte man die Grenzfälle bleibender Schwingungen auch für Gleichungen höherer Ordnung festlegen. Um zu entscheiden, welche der beiden Seiten der Gleichung in der

49*

Stabilitätsbedingung das größere Glied liefern muß, setze man jedesmal das letzte Glied (den Koeffizienten von w^0) gleich Null, führe dadurch den gegebenen Fall auf den Fall einer Gleichung von einer um 1 kleineren Ordnung zurück und prüfe, ob die zuvor aufgestellte Stabilitätsbedingung erfüllt wird.

Z. B. schrieben wir für die Gleichung 3. Ord. $ab-c>0$; mit $c=0$ wird $ab>0$, d. h. für die Gleichung 2. Ord. müssen a und b positiv sein, was wir zuvor tatsächlich als notwendig erkannt hatten.

Für die Gleichung 4. Ord. setzten wir
$$(ab-c)c - da^2 > 0;$$
mit $d=0$ wird $(ab-c)c > 0$, d. h. $ab - c > 0$,
wie es die Stablitätsbedingung für die Gleichung 3. Ord. verlangte.

Für die Gleichung 5. Ord. schrieben wir
$$(ab-c)(cd-bc) - (ad-e)^2 > 0;$$
mit $e = 0$ wird $(ab-c)cd - a^2d^2 > 0$, d. h. $ab-c > 0$,
wie es für jede Gleichung 3. Ord. nötig ist …

Eine mathematisch elegantere, praktisch aber umständlicher zu handhabende Regel für die Aufstellung von Stabilitätskriterien hat Prof. Hurwitz in den Mathem. Annalen 1895 S. 273 angegeben:

Man bilde Determinanten D nach folgendem Schema:

$$D_{n-1} = \begin{vmatrix} c_1 & c_3 & c_5 & 0 & & 0 \\ c_0 & c_2 & c_4 & 0 & \vdots & 0 \\ 0 & c_1 & c_3 & c_5 & \vdots & 0 \\ 0 & c_0 & c_2 & c_4 & 0 & 0 \\ 0 & 0 & c_1 & c_3 & c_n & 0 \\ \vdots & \vdots & c_0 & c_2 & c_{n-1} & 0 \\ 0 & 0 & 0 & c_1 & c_{n-2} & c_n \\ 0 & 0 & 0 & c_0 & c_{n-3} & c_{n-1} \end{vmatrix}$$

d. h. schreibe zunächst bei einer Gleichung n.Grades die Koeffizienten $c_1, c_3 \ldots c_{n-1}$ als Diagonalreihe einer Determinante, ergänze die Vertikalreihen, von der Diagonalen ausgehend, nach oben und unten hin durch Glieder, deren Ordnungsnummer nach unten hin kleiner wird. Glieder unter c_0 oder über c_n schreibe man als Null. So bilde man D für $n-1$ Reihen, für $n-2$ Reihen usf. bis 2 Reihen: D_{n-1}, $D_{n-2} \ldots D_3, D_2$; die Stabilitätsbedingungen lauten alsdann
$$D_{n-1} > 0, \ D_{n-2} > 0 \ldots D_3 > 0; \ D_2 > 0.$$

(Allerdings sind in der höheren Determinante jedesmal eine Anzahl der niederen mit enthalten, so daß ein Teil der Arbeit bei der Aufstellung der Determinanten unnötig geleistet wird.)

Beispiele. Für Gleichungen 3. Ord. wird:
$$D_2 = \begin{vmatrix} c_1 & c_3 \\ c_0 & c_2 \end{vmatrix} = c_1 c_2 - c_0 c_3 > 0 \text{ übereinstimmend mit Gl. 315.}$$

Für Gleichungen 4. Ord. wird:
$$D_3 = \begin{vmatrix} c_1 & c_3 & 0 \\ c_0 & c_2 & c_4 \\ 0 & c_1 & c_3 \end{vmatrix} = c_1(c_2 c_3 - c_1 c_4) - c_0 c_3^2 > 0 \text{ übereinstimmend mit G. 316.}$$

$$D_2 = \begin{vmatrix} c_1 & c_3 \\ c_0 & c_2 \end{vmatrix} = c_1 c_2 - c_0 c_3 > 0.$$

Wie schon angegeben, ist diese Bedingung in Gl. 316 mit enthalten, also überflüssig.

Für Gleichungen 5. Ord. gilt:

$$D_4 = \begin{vmatrix} c_1 & c_3 & c_5 & 0 \\ c_0 & c_2 & c_4 & 0 \\ 0 & c_1 & c_3 & c_5 \\ 0 & c_0 & c_2 & c_4 \end{vmatrix} > 0; \quad D_3 = \begin{vmatrix} c_1 & c_3 & c_5 \\ c_0 & c_2 & c_4 \\ 0 & c_1 & c_3 \end{vmatrix} > 0 \quad \text{und} \quad D_2 = \begin{vmatrix} c_1 & c_3 \\ c_0 & c_2 \end{vmatrix} > 0.$$

Wenn $D_4 > 0$ und $D_2 > 0$ erfüllt ist, so ist D_3 von selbst erfüllt, also überflüssig.

Für Gleichung 6. Ord. müßte sein:

$$D_5 > 0 \quad \text{und} \quad D_3 > 0.$$

3. Bestimmung der Konstanten.

Die Integrationskonstanten $C_{1\varphi}$ bis $C_{6\zeta}$ in den Gl. 313 u. 314 sind nicht sämtlich willkürlich, sondern durch Gl. 308, 309 u. 311 miteinander verknüpft. Hat man daher $C_{1\varphi}, C_{2\varphi} \ldots C_{6\varphi}$ durch die Anfangsbedingungen festgelegt, so sind durch C_φ auch die übrigen Konstanten bestimmt. Legt man den in der Regel vorkommenden Fall zugrunde, daß die charakteristische Gleichung (paarweise konjugiert) komplexe Wurzeln, z. B. $w_2 = p + qi$ und $w_3 = p - qi$ hat, daß also die Gl. 314 gelten, so findet sich aus

$$\varphi = C_{1\varphi} e^{w_1 t} + e^{pt}(C_{2\varphi} \cos qt + C_{3\varphi} \sin qt) + \ldots$$

nach Gl. 308:

$$\mu = T_a \varphi' = T_a w_1 C_{1\varphi} e^{w_1 t} + e^{pt} T_a [(p C_{2\varphi} + q C_{3\varphi}) \cos qt + (p C_{3\varphi} - q C_{2\varphi}) \sin qt] + \ldots;$$

mithin bestehen zwischen den Konstanten C_φ und C_μ folgende einfache Beziehungen:

$$\left. \begin{aligned} C_{1\mu} &= T_a w_1 C_{1\varphi} \\ C_{2\mu} &= T_a (p C_{2\varphi} + q C_{3\varphi}) \\ C_{3\mu} &= T_a (p C_{3\varphi} - q C_{2\varphi}) \\ C_{4\mu} &= T_a w_4 C_{4\varphi} \ldots \end{aligned} \right\} \quad \ldots \ldots (318)$$

Aus der Gleichung

$$\mu = C_{1\mu} e^{w_1 t} + e^{pt}(C_{2\mu} \cos qt + C_{3\mu} \sin qt) + \ldots$$

erhalten wir ebenso nach Gl. 309:

$$\sigma = T_s \mu' = T_s w_1 e^{w_1 t} + e^{pt} T_s [(p C_{2\mu} + q C_{3\mu}) \cos qt + (p C_{3\mu} - q C_{2\mu}) \sin qt] + \ldots$$

folglich in der Form übereinstimmend mit Gl. 318 für die neuen Konstanten C_σ:

$$\left. \begin{aligned} C_{1\sigma} &= T_s w_1 C_{1\mu} \\ C_{2\sigma} &= T_s (p C_{2\mu} + q C_{3\mu}) \\ C_{3\sigma} &= T_s (p C_{3\mu} - q C_{2\mu}) \\ C_{4\sigma} &= T_s w_4 C_{4\mu} \ldots \end{aligned} \right\} \quad \ldots \ldots (319)$$

Greifen wir ferner auf Gl. 311 zurück und erinnern uns, daß wir jetzt die Konstanten für φ (statt mit A) mit C_φ und für η (statt mit B) mit C_η bezeichnet haben, so finden wir

$$C_\eta (T_r^2 w^2 + T_k w + \delta) = -C_\varphi$$

oder $$C_\eta = \frac{-C_\varphi}{T_r^2 w^2 + T_k w + \delta} \quad \ldots \ldots (320)$$

Diese Gleichung wäre unmittelbar für diejenigen Glieder zu verwenden, die einer reellen Wurzel w entsprechen; z. B. findet sich

$$\left. \begin{array}{l} C_{1\eta} = \dfrac{-C_{1\varphi}}{T_r^2 w_1^2 + T_k w_1 + \delta} \\[1em] C_{4\eta} = \dfrac{-C_{4\varphi}}{T_r^2 w_4^2 + T_k w_4 + \delta} \end{array} \right\} \quad \ldots \ldots (320\mathrm{a})$$

Bei den Gliedern dagegen, die aus zwei konjugierten Wurzeln, $w_2 = p + qi$ und $w_3 = p - qi$, zusammengefaßt sind, wird man den S. 766 erwähnten, bekannten Übergang vollziehen, d. h.

$$C_{2\varphi} e^{w_2 t} + C_{3\varphi} e^{w_3 t} = e^{pt}(C'_{2\varphi} \cos qt + C'_{3\varphi} \sin qt)$$

mit $\quad C'_{2\varphi} = C_{2\varphi} + C_{3\varphi} \quad$ und $\quad C'_{3\varphi} = i(C_{2\varphi} - C_{3\varphi})$

setzen. Schreibt man ebenso

$$C_{2\eta} e^{w_2 t} + C_{3\eta} e^{w_3 t} = e^{pt}(C'_{2\eta} \cos qt + C'_{3\eta} \sin qt),$$

so sind die neuen Konstanten

$$C'_{2\eta} = C_{2\eta} + C_{3\eta} \quad \text{und} \quad C'_{3\eta} = i(C_{2\eta} - C_{3\eta})$$

oder $$C'_{2\eta} = \frac{C_{2\varphi}}{T_r^2 w_2^2 + T_k w_2 + \delta} + \frac{C_{3\varphi}}{T_r^2 w_3^2 + T_k w_3 + \delta}.$$

Die beiden Nenner lassen sich umformen in:

$$T_r^2 w_2^2 + T_k w_2 + \delta = T_r^2(p+qi)^2 + T_k(p+qi) + \delta$$
$$= T_r^2(p^2 - q^2) + T_k p + \delta + (2 T_r^2 pq + T_k q) i$$
$$T_r^2 w_3^2 + T_k w_3 + \delta = T_r^2(p-qi)^2 + T_k(p-qi) + \delta$$
$$= T_r^2(p^2 - q^2) + T_k p + \delta - (2 T_r^2 pq + T_k q) i$$

oder wenn man $\quad \left. \begin{array}{l} T_r^2(p^2 - q^2) + T_k p + \delta = a \\ q(2 T_r^2 p + T_k) = b \end{array} \right\} \quad \ldots \ldots (321)$

und

setzt, in $\quad T_k w_2^2 + T_k w_2 + \delta = a + bi$
$\quad\quad\quad\quad T_k w_3^2 + T_k w_3 + \delta = a - bi.$

Folglich wird

$$C'_{2\eta} = \frac{C_{2\varphi}}{a + bi} + \frac{C_{3\varphi}}{a - bi} = \frac{(C_{2\varphi} + C_{3\varphi}) a - (C_{2\varphi} - C_{3\varphi}) ib}{a^2 + b^2}, \text{ d. h.}$$

$$C'_{2\eta} = \frac{C'_{2\varphi} a - C'_{3\varphi} b}{a^2 + b^2}; \quad \text{ebenso} \quad C'_{3\eta} = \frac{C'_{3\varphi} a + C'_{2\varphi} b}{a^2 + b^2}.$$

Allgemeiner Rechnungsgang für die Entwicklung d. Regelungsgleichungen. 775

Läßt man schließlich die zur Unterscheidung bei der vorstehenden Entwicklung benutzten Zeiger ' fort, so erhält man die bei cos qt und sin qt stehenden Konstanten C_η aus den an gleicher Stelle befindlichen Konstanten C_φ durch die Gleichungen

$$\left.\begin{aligned} C_{2\eta} &= \frac{aC_{2\varphi} - bC_{3\varphi}}{a^2 + b^2} \\ C_{3\eta} &= \frac{aC_{3\varphi} + bC_{2\varphi}}{a^2 + b^2} \end{aligned}\right\}, \quad \ldots \quad (322)$$

worin a und b die durch Gl. 321 definierte Bedeutung haben.

Und endlich noch die Konstanten C_ζ für ζ zu ermitteln, greife man auf die Steuerungsgleichung $\sigma = \eta - \zeta$; zurück. Daraus folgt

$$\zeta = \eta - \sigma;$$

also muß sein: $\quad C_\zeta = C_\eta - C_\sigma \quad \ldots \ldots \quad (323)$

z. B. $C_{1\zeta} = C_{1\eta} - C_{1\sigma}$, $C_{2\zeta}' = C_{2\eta} - C_{2\sigma} \ldots$

Nachdem wir so gelernt haben, alle Konstanten mit denjenigen für φ auszudrücken, können wir nunmehr auch die C_φ selber aus den Anfangsbedingungen wie folgt aufsuchen.

Für $t = 0$ ist (vgl. S. 761 und 762)

$$\varphi_0 = -\lambda \delta_i; \quad \mu_0 = \lambda; \quad \sigma_0 = 0; \quad \eta_0 = i\lambda \quad \text{und} \quad \zeta_0 = i\varkappa.$$

Mit diesen Werten und $t = 0$ gehen die Gleichungen 314 über in:

$$\left.\begin{aligned} C_{1\varphi} + C_{2\varphi} + C_{3\varphi} + C_{4\varphi} + C_{5\varphi} + C_{6\varphi} &= -\lambda \delta_i \\ C_{1\mu} + C_{2\mu} + C_{3\mu} + C_{4\mu} + C_{5\mu} + C_{6\mu} &= \lambda \\ C_{1\sigma} + C_{2\sigma} + C_{3\sigma} + C_{4\sigma} + C_{5\sigma} + C_{6\sigma} &= 0 \\ C_{1\eta} + C_{2\eta} + C_{3\eta} + C_{4\eta} + C_{5\eta} + C_{6\eta} &= i\lambda \\ C_{1\zeta} + C_{2\zeta} + C_{3\zeta} + C_{4\zeta} + C_{5\zeta} + C_{6\zeta} &= i\varkappa \end{aligned}\right\} \quad (324)$$

In diesen Gleichungen lassen sich $C_{1\mu}$ bis $C_{6\zeta}$ mit Hilfe von $C_{1\varphi}$ bis $C_{6\varphi}$ nach Gl. 318, 319, 320, 322 uud 323 ausdrücken, so daß wir im ganzen 5 Bestimmungsgleichungen für die 6 Konstanten $C_{1\varphi}$ bis $C_{6\varphi}$ erhalten.

Da wir im allgemeinsten Falle eine Isodromvorrichtung mit Masse zugrunde legten, so kann die Bewegung des Punktes Z nur mit der Geschwindigkeit Null beginnen; es muß also für $t = 0$ auch

$$\frac{d\zeta}{dt} = \zeta_0' = 0$$

sein. Damit haben wir eine sechste Bedingungsgleichung, die im Verein mit den Gleichungen 324 die 6 Konstanten $C_{1\varphi}$ bis $C_{6\varphi}$ zu berechnen ermöglicht.

Alle grundsätzlichen Schwierigkeiten bei der Untersuchung des Regelungsvorganges sind nunmehr erledigt: wir können für alle Veränderlichen φ bis ζ die Gleichungen niederschreiben, sämtliche dazu erforderlichen Konstanten berechnen und sind auch in der Lage, ohne Aufstellung der eigentlichen Regelungsgleichungen sofort aus der charakteristischen Gleichung auf Grund einfacher Bedingungen (zwischen den Zeitkonstanten) anzugeben, ob die Regelung stabil verläuft oder nicht. Wir werden später bei der Erledigung der praktisch wichtigsten Sonderfälle ausgedehnten Gebrauch von den vorstehenden Methoden machen und die Ergebnisse durch Vergleich und zeichnerische Darstellungen ausnutzen. Im Nachstehenden wollen wir zunächst den zweiten Grundfall b) behandeln.

b) Regler mit unveränderlicher Geschwindigkeit des Hilfsmotorkolbens.

Eine glatte analytische Lösung wird hier vor allem dadurch verhindert, daß sich die Geschwindigkeit des Hilfsmotorkolbens nach der gemachten Annahme sprungweise verändert, von $\mu' = +\dfrac{1}{T_s}$ in $\mu' = -\dfrac{1}{T_s}$ überspringt, dann wieder in $+\dfrac{1}{T_s}$ usf. Jedoch gestatten die zu gewinnenden Gleichungen eine ziemlich bequeme zeichnerische Darstellung, wodurch die Lösung der Aufgabe erheblich erleichtert wird. Wir werden also besonderen Wert darauf legen, solche zeichnerischen Darstellungen kennen zu lernen.

Die Lösung der Grundgleichungen gestaltet sich insofern erheblich bequemer wie in dem Falle a), als hier jede der Differentialgleichungen nur eine abhängige Veränderliche enthält und deshalb sofort integriert werden kann.

1. Die Hilfsmotorgleichung:

$$\frac{d\mu}{dt} = \mu' = \pm\frac{1}{T_s},$$

in der das Vorzeichen von dem Vorzeichen von σ abhängt, so daß bei positivem σ auch $\mu' = +$, bei negativem σ $\mu' = -$ zu setzen ist, liefert durch Integration unmittelbar

$$\mu = \mu_0 \pm \frac{t}{T_s} \quad \ldots \ldots \ldots (325)$$

μ_0 bedeutet hierin den Anfangswert von μ, der für die Zeit $t = 0$ vorhanden ist. Es wird sich empfehlen, für jede einzelne Periode, die mit einem Vorzeichenwechsel von μ' beginnt, die Zeiten wieder von neuem mit Null anfangen zu lassen; μ_0 soll also jedesmal den zu Anfang einer solchen neuen Periode vorhandenen Wert von μ (nicht stets den ursprünglichen, bei Beginn der Belastungsänderung vorhandenen Wert, d. i. $\mu_0 = \lambda$) bedeuten.

Trägt man zu den Zeiten t als Abszissen die zugehörigen Werte μ nach Gl. 325 als Ordinaten auf, so erhält man eine Gerade; da wir positive μ nach unten abtragen, so fällt die durch Gl. 325 dargestellte Gerade, wenn das $+$-Zeichen, sie steigt, wenn das $-$-Zeichen gilt. Anwachsendes μ ist gleichbedeutend mit zunehmender Füllung des Hauptmotors; fällt also die durch Gl. 325 dargestellte Gerade von links oben nach rechts unten, so wird der Kraftzufluß zum Hauptmotor weiter geöffnet, steigt sie von links unten nach rechts oben, so wird der Kraftzufluß mehr geschlossen. In den späteren Figuren ist dieser Umstand durch die Bezeichnung „auf" oder „zu" zum Ausdruck gebracht.

Die Geraden für μ nach Gl. 325, die in jedem Augenblick gleichsam die eingestellte Füllung des Motors durch ihre von der anzustrebenden neuen Gleichgewichtslage entsprechenden Horizontalen NN aus gemessenen Ordinaten die Motorabweichung μ angeben, wollen wir die **Motorgeraden** nennen.

2. Die Motorgleichung:

$$\varphi' = \frac{\mu}{T_a}$$

geht durch Einsetzen des Wertes μ nach Gl. 325 über in

$$\varphi' = \frac{d\varphi}{dt} = \frac{\mu_0}{T_a} \pm \frac{t}{T_a T_s},$$

woraus unmittelbar durch Integration für die Geschwindigkeitsabweichung φ die Gleichung folgt:

$$\varphi = \varphi_0 + \frac{\mu_0}{T_a} t \pm \frac{1}{2 T_a T_s} t^2 \quad \ldots \ldots (326)$$

Trägt man wieder zu den Abszissen t die Werte φ als Ordinaten auf, so erhält man als zeichnerische Darstellung der Gl. 326 eine Parabel, die wir **Geschwindigkeitsparabel** nennen wollen. Bei jedem Vorzeichenwechsel von σ, d. h. mit jeder neuen Periode, beginnt eine neue Geschwindigkeitsparabel. Die einzelnen Parabeln unterscheiden sich in zweierlei Hinsicht: einmal durch das Vorzeichen des letzten Gliedes, sodann durch den jedesmaligen Anfangswert μ_0 (vgl. Taf. 18, obere Figur). Sie haben stets eine senkrechte Hauptachse; der Parameter ist für alle Parabeln der gleiche, nämlich:

$$p = T_a T_s, \quad \ldots \ldots \ldots (327)$$

d. h. die Geschwindigkeitsparabeln sind sämtlich Stücke ein und derselben Parabel in verschiedener Lage; ist $\sigma = +$ (Öffnen!), fällt also die Motorgerade, so wendet die Parabel ihre konkave Seite nach oben, der Scheitel liegt unten, ist $\sigma = -$ (Schließen!), d. h. steigt die Motorgerade, so liegt der Parabelscheitel oben. Da sich weder μ noch φ sprungweise ändert, müssen sich die einzelnen Parabeln ohne Knick aneinander schließen. Die ganze Geschwindigkeitslinie φ erscheint für das Auge als eine stetig verlaufende Wellenlinie.

Ein Parabelscheitel liegt jedesmal da, wo $\varphi' = 0$, d. h. weil $\varphi' = \dfrac{\mu}{T_a}$ ist, da wo $\mu = 0$ wird, nämlich senkrecht über (oder unter) dem Schnittpunkt der Motorgeraden mit der der neuen Gleichgewichtslage entsprechenden Horizontalen NN. Der erste Scheitel findet sich nach t_1 Sekunden, dann wenn

$$\mu = \mu_0 \pm \frac{t_1}{T_s} = 0$$

wird. Bei einer verhältnismäßigen Entlastung λ ist $\mu_0 = \lambda$, es tritt „Schließen" ein, d. h. es gilt das $-$-Zeichen, folglich wird

$$\mu = \lambda - \frac{t_1}{T_s} = 0$$

oder $\qquad\qquad t_1 = \lambda \cdot T_s \quad \ldots \ldots \ldots \quad (328)$

Mißt man φ nicht von der neuen, sondern von der alten Gleichgewichtslage aus, so wird

$$\varphi^* = \frac{\mu_0^*}{T_a} t \pm \frac{1}{2 T_a T_s} t^2 \quad \ldots \ldots \quad (329)$$

Das erste φ^*_{max} (gemessen von der alten Gleichgewichtslage aus) findet sich mit $t = t_1$ zu:

$$\varphi^*_{1max} = \frac{\lambda}{T_a} t_1 - \frac{1}{2 T_a T_s} t_1^2 = \frac{\lambda^2 T_s}{T_a} - \frac{\lambda^2 T_s^2}{2 T_a T_s}$$

$$\varphi^*_{1max} = \frac{\lambda^2}{2} \frac{T_s}{T_a} \quad \ldots \ldots \ldots \quad (330)$$

Mit den beiden Werten $t_1 = \lambda T_s$ und $\varphi^*_{1max} = \dfrac{\lambda^2}{2} \dfrac{T_s}{T_a}$ läßt sich die Lage des ersten Parabelscheitels bestimmen und dann leicht aus dem Anfangspunkt ($t = 0$ und $\varphi^* = 0$) und dem Scheitel die Parabel in bekannter Weise konstruieren.

3. Die Rückführungsgleichung:

$$\frac{M_i}{f_i}\zeta'' \mp T_i\zeta' + \zeta - \beta T_i\mu' - i\mu = 0$$

nimmt nach Einführung der Werte für μ' und μ die Form an:

$$\frac{M_i}{f_i}\zeta'' + T_i\zeta' + \zeta \mp \frac{\beta T_i}{T_s} - i\left(\mu_0 \pm \frac{t}{T_s}\right) = 0.$$

Die Lösung dieser Differentialgleichung 2. Ord. mit einer Funktion 1. Grades als Störungsfunktion (vgl. S. 511) lautet

$$\zeta = C_1 e^{w_1 t} + C_2 e^{w_2 t} + a + bt;$$

dabei sind C_1 und C_2 aus den Anfangsbedingungen zu ermittelnde Integrationskonstanten, w_1 und w_2 die Wurzeln der charakteristischen Gleichung

$$\frac{M_i}{f_i}w^2 + T_i w + 1 = 0,$$

ferner a und b durch Koeffizientenvergleichung zu bestimmen aus:

$$\frac{M_i}{f_i}(C_1 e^{w_1 t} + C_2 e^{w_2 t})w^2 + T_i(C_1 e^{w_1 t} + C_2 e^{w_2 t})w + (C_1 e^{w_1 t} + C_2 e^{w_2 t})$$

$$+ T_i b + a + bt \mp \frac{\beta T_i}{T_s} - i\left(\mu_0 \pm \frac{t}{T_s}\right) = 0,$$

d. h. aus $\quad T_i b + a \mp \frac{\beta T_i}{T_s} - i\mu_0 = 0 \quad$ und $\quad b \mp \frac{i}{T_s} = 0 \quad$ zu

$$b = \pm \frac{i}{T_s}$$

und $\quad a = \mp \frac{i T_i}{T_s} \pm \frac{\beta T_i}{T_s} + i\mu_0 = \pm \frac{T_i}{T_s}(\beta - i) + i\mu_0.$

Es wird also

$$\zeta = C_1 e^{w_1 t} + C_2 e^{w_2 t} \pm \frac{T_i}{T_s}(\beta - i) + i\mu_0 \pm \frac{i}{T_s}t \quad . \quad (331)$$

Sind die Wurzeln w_1 und w_2 komplex: $w_1 = p + qi$, $w_2 = p - qi$, so erhält man

$$\zeta = e^{pt}(C_1 \cos qt + C_2 \sin qt) \pm \frac{T_i}{T_s}(\beta - i) + i\mu_0 \pm \frac{i}{T_s}t \quad (331\text{a})$$

Die durch Gl. 331 oder 331a bestimmte Kurve mit t als Abszissen und ζ als Ordinaten nennen wir die **Rückführungskurve**. In dem (hier besprochenen) allgemeinen Falle einer Isodromvorrichtung, deren Masse nicht vernachlässigt werden kann, und mit künstlich eingeschaltetem Ungleichförmigkeitsgrad ist die Aufzeichnung der Rückführungskurve ziemlich unbequem, da für jede neue Periode wegen des Vorzeichenwechsels und des neuen Wertes μ_0 neue Konstanten C_1 und C_2 berechnet werden müssen. Für Sonderfälle werden wir später die Konstruktion der Rückführungskurve kennen lernen. Hingewiesen sei jedoch schon jetzt auf den Regler mit starrer Rückführung. Hierfür ist $\zeta = \mu$, folglich fallen Rückführungskurve und Motorgerade zusammen; für den Regler mit starrer Rückführung haben wir es also mit **Rückführungsgeraden** zu tun.

4. Die Reglergleichung:

$$T_r^2 \eta'' + T_k \eta' + \delta \eta + \varphi = 0$$

enthält außer der abhängigen Veränderlichen η noch die Größe φ, die aber nach Gl. 326 nur eine Funktion (2. Grades) der Unabhängigen t ist. Die Differentialgleichung 2. Ord.:

$$T_r^2 \eta'' + T_k \eta' + \delta \eta = 0$$

$\left(\text{ohne die Störungsfunktion } \varphi = \varphi_0 + \dfrac{\mu_0}{T_a} t \pm \dfrac{1}{2 T_a T_s} t^2\right)$ würde die Bewegungsgleichung für den losgelösten Regler, der nur seinen eigenen Kräften, der Ölbremse und der von der Muffenabweichung herrührenden Stabilitätskraft, ausgesetzt ist, sein, d. h. seine **Eigenschwingung** darstellen; mit Ölbremse wären die Eigenschwingungen η_e in der Regel[1]) gedämpfte Schwingungen:

$$\eta_e = e^{pt}(C_1 \cos q_e t + C_2 \sin q_e t),$$

worin $\quad p = -\dfrac{T_k}{2 T_r^2} \quad$ und $\quad q_e = \sqrt{\dfrac{\delta}{T_r^2} - \left(\dfrac{T_k}{2 T_r^2}\right)^2},$

beim Fehlen einer Ölbremse einfache harmonische Schwingungen mit (gleich bleibender Amplitude und) einer Frequenz $q_e = \dfrac{\sqrt{\delta}}{T_r}$ (vgl. Gl. 294).

Als Lösung der obigen Reglergleichung:

$$T_r^2 \eta'' + T_k \eta' + \delta \eta + \varphi_0 + \dfrac{\mu_0}{T_a} t \pm \dfrac{1}{2 T_a T_s} t^2 = 0$$

findet man bekanntlich

$$\eta = e^{pt}(C_1 \cos q_e t + C_2 \sin q_e t) + a + bt + ct^2,$$

worin die Größen a, b und c durch Koeffizientenvergleichung gefunden werden, und zwar zu:

---

[1]) Es könnte natürlich auch der Fall aperiodischer Bewegung eintreten; dieser Fall, daß also die Wurzeln w_1 und w_2 der charakteristischen Gleichung $T_r w^2 + T_k w + \delta = 0$ reell werden, tritt fast nie ein, wenigstens empfiehlt es sich nicht, T_k so groß zu machen; wir werden später ein solches Beispiel behandeln und daran die Unzweckmäßigkeit einer zu kräftigen Ölbremse darlegen.

Allgemeiner Rechnungsgang für die Entwicklung d. Regelungsgleichungen. 781

$$a = -\frac{1}{\delta}\varphi_0 \pm \frac{T_r^2}{\delta^2 T_a T_s} + \frac{T_k \mu_0}{\delta^2 T_a} \mp \frac{T_k^2}{\delta^3 T_a T_s},$$

$$b = -\frac{1}{\delta}\frac{\mu_0}{T_a} \pm \frac{T_k^2}{\delta^2 T_a T_s}, \qquad c = -\frac{1}{\delta}\left(\pm\frac{1}{2 T_a T_s}\right).$$

Führt man die Werte von a, b und c in die Gleichung für η ein, so erhält man:

$$\eta = e^{pt}(C_1 \cos q_e t + C_2 \sin q_e t) - \frac{1}{\delta}\left(\varphi_0 + \frac{\mu_0}{T_a} t \mp \frac{t^2}{2 T_a T_s}\right) + A + Bt;$$

darin ist
$$\varphi_0 + \frac{\mu_0}{T_a} t \pm \frac{t^2}{2 T_a T_s} = \varphi$$

und
$$\left.\begin{aligned}A &= \pm\frac{T_r^2}{\delta^2 T_a T_s} + \frac{T_k \mu_0}{\delta^2 T_a} \mp \frac{T_k^2}{\delta^3 T_a T_s} \\ B &= \pm\frac{T_k}{\delta^2 T_a T_s}\end{aligned}\right\} \quad \ldots \ (332)$$

Folglich gilt für η die Gleichung:

$$\eta = e^{pt}(C_1 \cos q_e t + C_2 \sin q_e t) - \frac{\varphi}{\delta} + A + Bt \ . \ (333)$$

Man sieht, daß η sich aus drei charakteristischen Bestandteilen zusammensetzt: 1. aus den Beträgen der Eigenschwingung, 2. aus dem der Geschwindigkeitsschwankung φ entsprechenden Betrage $-\frac{\varphi}{\delta}$ und 3. aus einem linear mit der Zeit veränderlichen Anteil. Die praktische Benutzung von Gl. 333 zur Ermittelung der Reglerabweichungen η, z. B. zum Aufzeichnen einer η-**Kurve**, ist wegen der für jede Periode neu zu bestimmenden Konstanten C_1, C_2 und A ziemlich umständlich. Für Sonderfälle lassen sich mitunter erhebliche Vereinfachungen vornehmen, z. B. vereinfachen sich die Gleichungen bei Wegfall der Ölbremse ($T_k = 0$) bedeutend. Später sollen an Beispielen derartige Fälle behandelt werden.

Für den **massenlosen Regler** ($T_r = 0$) ohne Ölbremse ($T_k = 0$) schrumpft die Reglergleichung zusammen auf

$$\delta\eta + \varphi = 0;$$

folglich ist dann
$$\eta = -\frac{\varphi}{\delta} \ \ldots\ldots\ldots\ldots\ (334)$$

Abgesehen von dem Faktor $-\frac{1}{\delta}$ würden also η und φ identisch werden; eine Kurve der η würde mit der φ-Kurve, d. h. mit der Geschwindigkeitsparabel, zusammenfallen, wenn wir die Maßstäbe für φ und η verschieden wählen, und zwar so, daß die Einheit für η δ mal so groß ist, wie die Einheit für φ, und wenn wir außerdem die positive Richtung von φ und von η entgegengesetzt annehmen; aus dem letzteren Grunde tragen wir stets $+\varphi$ nach oben, $+\eta$ (ebenso wie $+\mu$, $+\sigma$ und $+\zeta$) aber nach unten hin ab. In den späteren Figuren sind die Maßstäbe immer so eingerichtet, daß die φ-Kurve für den massenlosen Regler gleich als η-Kurve dienen kann.

Mit Hilfe der η-Kurve und der ζ-Kurve läßt sich nun der **Regelungsvorgang** leicht verfolgen:

Jedesmal, wenn σ das Vorzeichen wechselt, d. h. wenn $\sigma = 0$ wird, fängt eine neue Periode an, beginnt eine neue Motorgerade und eine neue Geschwindigkeitsparabel, eine neue η-Kurve und eine neue ζ-Kurve.

Nach der Steuerungsgleichung $\sigma = \eta - \zeta$ wird für $\sigma = 0$:
$$\zeta = \eta,$$
d. h. ein Periodenwechsel findet in dem Augenblick statt, in dem sich die η-Kurve und die ζ-Kurve schneiden.

Auf Grund der Gl. 325, 329, 331, 332 und 333 können dann für die nächste Periode die neuen Konstanten bestimmt und die neue φ-Parabel, Motorgerade, η-Kurve und ζ-Kurve in das Diagramm eingetragen werden. Dies Verfahren ist so lange fortzusetzen, bis für $\sigma = 0$ φ, μ, ζ und η den der anzustrebenden Gleichgewichtslage entsprechenden Wert annehmen.

Die Untersuchungsmethoden sind nunmehr in allen Einzelheiten grundsätzlich erledigt, und wir können zur Anwendung auf besonders wichtige Fälle und zur Prüfung des Einflusses der einzelnen Grundgrößen, besonders der Zeitkonstanten und der Ungleichförmigkeitsgrade δ und δ_i übergehen.

C. Einfluß der Grundgrößen auf die Regelungsvorgänge.

Um den Einfluß der einzelnen Größen, insbesondere der Zeitkonstanten, deutlich zu erkennen, empfiehlt es sich, nach und nach eine Reihe von Sonderfällen zu betrachten, die durch vereinfachende Annahmen gewonnen werden und die Einwirkung der gerade zu untersuchenden Größe um so klarer hervortreten lassen. Will man z. B. die Wirkungen der Reglermasse prüfen, so beginnt man zweckmäßig mit der Betrachtung des massenlosen Reglers $(T_r = 0)$ und vergleicht dann hiermit den allgemeinen Fall $(T_r = T_r)$; Vor- und Nachteile der Isodromregler erkennt man am besten durch Vergleich mit dem Regler mit starrer Rückführung usf. Manchmal bietet bei diesen Untersuchungen die Annahme veränderlicher Geschwindigkeit des Hilfsmotorkolbens Vorteile, ein anderes Mal die Annahme konstanter Geschwindigkeit; wir werden daher zur Erzielung größerer Klarheit bald die eine, bald die andere Annahme zugrunde legen, ohne gerade beide Annahmen in allen Fällen durchzuführen.

a) Direkte Regelung.

Der Vollständigkeit halber soll zunächst der unmittelbar wirkende Regler nach den unter B entwickelten Methoden kurz behandelt werden. Bei direkter Regelung fehlt der Hilfsmotor, die Steuerung des Hauptmotors wird unmittelbar von der Reglermuffe eingestellt, es ist deshalb hier

$$\mu = \eta.$$

Wir haben weder mit einer Steuerungsverstellung σ noch mit einer Rückführung zu tun. Als Grundgleichungen kommen nur in Frage:

die Reglergleichung: $T_r^2 \eta'' + T_k \eta' + \delta \eta + \varphi = 0$

und die Motorgleichung: $\varphi' = \dfrac{\mu}{T_a} = \dfrac{\eta}{T_a}$.

Differenziert man die erste Gleichung und setzt nach der zweiten den Wert für φ' ein, so erhält man

$$T_r^2 \eta''' + T_k \eta'' + \delta \eta' + \frac{\eta}{T_a} = 0, \quad \ldots \quad (335)$$

d. h. eine Gleichung 3. Grades für die Reglerabweichung η. Soll die Regelung stabil sein, sollen also die durch Gl. 335 dargestellten Schwingungen allmählich abklingen, so müssen, da T_r^2 stets $= +$, nach den Stabilitätsbedingungen auf S. 769 auch T_k und δ positiv sein; $\dfrac{1}{T_a}$ ist, der Bedeutung von T_a entsprechend, von selbst stets positiv. Wir finden also zunächst, daß der direkt wirkende Regler eine Ölbremse und ein positives δ, d. h. einen positiven Ungleichförmigkeitsgrad erfordert, Ergebnisse, die wir schon im sechsten Kapitel kennen gelernt haben. So sahen wir auf S. 467 u. f., daß ein reibungsfreier Regler unbrauchbar ist, und erst durch einen gewissen Unempfindlichkeitsgrad brauchbar gemacht wird; an Stelle der Unempfindlichkeit kann aber, wie wir ebenfalls früher (S. 489 u. f.) feststellten, ein Flüssigkeitswiderstand treten; diese Erwägungen erfahren hier eine nochmalige Bestätigung. Nach Gl. 315 muß ferner für eine stabile Regelung die Bedingung erfüllt sein:

$$c_1 c_2 - c_0 c_3 > 0, \quad \text{also hier} \quad T_k \delta - T_r^2 \frac{1}{T_a} > 0$$

oder $\qquad \delta T_a \cdot T_k > T_r^2, \quad \ldots \ldots \quad (336)$

woraus bei gegebenen Zeitkonstanten der mindestens erforderliche Ungleichförmigkeitsgrad oder bei gegebenem Ungleichförmigkeitsgrad δ die Stärke der Ölbremse (ausgedrückt durch T_k) berechnet werden kann. Ein zu kleiner Ungleichförmigkeitsgrad kann wohl durch einen Flüssigkeitswiderstand ersetzt werden, aber stets nur in dem Sinne, daß immer noch ein positiver Wert von δ vorhanden sein muß. Für $\delta = 0$ müßte nach Gl. 336 $T_k = \infty$ werden, sehr kleine δ würden also unverhältnismäßig starke Ölbremsen erfordern, die zu sehr großen Geschwindigkeitsschwankungen Veranlassung geben würden; es empfiehlt sich nicht, mangelnde Ungleichförmigkeit in erheblichem Maße durch eine Ölbremse zu ersetzen. Die Verhältnisse werden, wie aus Gl. 336 erkennbar, um so günstiger, je kleiner T_r ist; der von uns früher wiederholt empfohlene Weg, den reduzierten Muffenhub (und damit T_r) möglichst klein zu machen, zeigt sich auch nach Gl. 336 als vorteilhaft.

b) Massenloser Regler mit starrer Rückführung.

Für Regler mit starrer Rückführung fällt der Unterschied zwischen den Punkten M und Z in den schematischen Anordnungen Fig. 474 bis 483 fort, es wird

$$\zeta = \mu.$$

Da sich in der Folge immer wieder bestätigt, daß die Verhältnisse um so günstiger werden, je kleiner die Reglermasse, je kleiner also T_r ist, und daß die Ölbremse nur erforderlich wird, wenn die Reglermasse nicht vernachlässigt werden kann, so muß man den massenlosen Regler ohne Ölbremse geradezu als idealen Fall bezeichnen. Wir setzen diesen voraus, also:

$$T_r = 0 \quad \text{und} \quad T_k = 0;$$

dann vereinfachen sich die Betrachtungen wie folgt.

1. Für den Fall veränderlicher Rückführungsgeschwindigkeit.

Die Grundgleichungen lauten hier (s. S. 763 und 764):

Rggl: $\quad \delta \eta + \varphi = 0 \quad$ oder $\quad \eta = -\dfrac{\varphi}{\delta}$

Mtgl: $\quad \varphi' = \dfrac{\mu}{T_a} \quad$ oder $\quad \mu = T_a \varphi'$

HMgl: $\quad \mu' = \dfrac{\sigma}{T_s} \quad$ oder $\quad \sigma = T_s \mu' = T_a T_s \varphi''$

Stgl: $\quad \sigma = \eta - \zeta \quad$ oder $\quad \sigma = T_a T_s \varphi'' = \eta - \mu.$

Nach der Rggl werden die η-Kurve und die Geschwindigkeitskurve identisch, wenn die Maßstäbe für η und φ (vgl. S. 781 und 782) so gewählt werden, daß die Einheit für η δmal so groß ist wie die Einheit für φ.

Setzt man in die Stgl den Wert von η nach der Rggl und von μ nach der Mtgl ein, so erhält man als Differentialgleichung für φ:

$$T_a T_s \varphi'' = -\frac{\varphi}{\delta} - T_a \varphi'$$

oder
$$T_a T_s \varphi'' + T_a \varphi' + \frac{\varphi}{\delta} = 0, \quad \ldots \quad (337)$$

deren Lösung

$$\left.\begin{array}{l} \varphi = C_1 e^{w_1 t} + C_2 e^{w_2 t} \\ \varphi = e^{pt}(C_1 \cos qt + C_2 \sin qt) \end{array}\right\} \quad \ldots \quad (338)$$

oder

lautet. w_1 und w_2 sind die Wurzeln der charakteristischen Gleichung

$$T_a T_s w^2 + T_a w + \frac{1}{\delta} = 0.$$

Die Stabilitätsbedingung ist stets erfüllt, sobald δ positiv genommen wird; denn dann sind alle 3 Koeffizienten positiv. **Der massenlose Regler mit starrer Rückführung erfordert also zur Erzielung abnehmender Schwingungen nichts weiter als einen positiven Ungleichförmigkeitsgrad.**

Die Regelung verläuft aperiodisch, wenn die Wurzeln w der charakteristischen Gleichung:

$$w = -\frac{1}{2T_s} \pm \sqrt{\left(\frac{1}{2T_s}\right)^2 - \frac{1}{\delta T_a T_s}}$$

reell werden, wenn also

$$\delta T_a > 4 T_s \quad \ldots \ldots \ldots \quad (339)$$

Gl. 339 erfordert großes δ oder große Anlaufzeiten T_a (schwere Schwungräder) oder sehr kleine Schlußzeiten T_s (reichlich dimensionierten Hilfsmotor; bei den neuzeitlichen Reglern bringt man aber nicht selten dieses Opfer, um Schwingungen zu vermeiden).

In den meisten Fällen ist jedoch

$$\delta T_a \text{ erheblich } < 4 T_s;$$

dann werden die Wurzeln komplex: $w_1 = p + qi$ und $w_2 = p - qi$ mit

$$p = -\frac{1}{2T_s} \quad \text{und} \quad q = \sqrt{\frac{1}{\delta T_a T_s} - \left(\frac{1}{2T_s}\right)^2} \quad . \quad (340)$$

und die Regelungsgleichung für φ lautet:

$$\varphi = e^{pt}(C_1 \cos qt + C_2 \sin qt);$$

sie stellt eine einfache gedämpfte Schwingung dar.

Aus Gl. 338 folgt weiter unter Benutzung der Mtgl und HMgl unmittelbar:

$$\mu = C_{1\mu} e^{w_1 t} + C_{2\mu} e^{w_2 t} \quad \text{bzw.} = e^{pt}(C_{1\mu} \cos qt + C_{2\mu} \sin qt) \quad (341)$$

$$\sigma = C_{1\sigma} e^{w_1 t} + C_{2\sigma} e^{w_2 t} \quad \text{bzw.} = e^{pt}(C_{1\sigma} \cos qt + C_{2\sigma} \sin qt) \quad (342)$$

mit den Konstantenbeziehungen (vgl. Gl. 318 und 319):

$$\left.\begin{aligned} C_{1\mu} &= T_a w_1 C_1 \quad \text{bzw.} \quad C_{1\mu} = T_a(pC_1 + qC_2) \\ C_{2\mu} &= T_a w_2 C_2 \quad \text{bzw.} \quad C_{2\mu} = T_a(pC_2 - qC_1) \end{aligned}\right\} (341\,a)$$

$$\left.\begin{aligned} C_{1\sigma} &= T_s w_1 C_{1\mu} \quad \text{bzw.} \quad C_{1\sigma} = T_s(pC_{1\mu} + qC_{2\mu}) \\ C_{2\sigma} &= T_s w_2 C_{2\mu} \quad \text{bzw.} \quad C_{2\sigma} = T_s(pC_{2\mu} - qC_{1\mu}) \end{aligned}\right\} (342\,a)$$

Die Konstanten C_1 und C_2 finden sich aus den Anfangsbedingungen:

Aus $\quad \varphi_0 = e^{p0}(C_1 \cos q0 + C_2 \sin q0) = -\lambda\delta$

folgt $\quad C_1 = -\lambda\delta \quad \ldots \ldots \ldots \quad (343)$

und aus: $\quad \mu_0 = e^{p0}(C_{1\mu} \cos q0 + C_{2\mu} \sin q0) = \lambda,$

d. h. aus: $\quad T_a(pC_1 + qC_2) = \lambda,$

wenn man hierin $C_1 = -\lambda\delta$ setzt,

$$C_2 = \frac{\lambda}{q}\left(\frac{1}{T_a} + p\delta\right) = \frac{\lambda}{q}\left(\frac{1}{T_a} - \frac{\delta}{2T_s}\right) \quad \ldots \quad (344)$$

Führt man die Werte von p, C_1 und C_2 in Gl. 338 ein, so erhält man schließlich als Gleichung für die Geschwindigkeitsabweichung:

$$\varphi = \lambda e^{-\frac{t}{2T_s}}\left[-\delta \cos qt + \frac{1}{q}\left(\frac{1}{T_a} - \frac{\delta}{2T_s}\right)\sin qt\right] \quad (345)$$

Bemerkenswert ist in dieser Gleichung, daß φ mit dem Entlastungsgrad λ proportional wächst; alle φ-Kurven für verschiedene Entlastungsgrade werden demnach affin. Die Geschwindigkeitsabweichungen fallen zwar bei kleineren Belastungsschwankungen kleiner aus, sie verlaufen aber stets in den gleichen Zeitintervallen. Diese Beziehung gilt ganz allgemein für alle Veränderlichen φ, μ, η, σ und ζ, wie wir noch zeigen werden.

Für ein bestimmtes **Zahlenbeispiel** sind auf Tafel 18 in Fig. 2 die Regelungskurven, d. h. die Kurve für φ, die in einem anderen Maßstab gemessen, gleichzeitig die Kurve für η darstellt, sowie die Kurve für μ und für σ angegeben. Die Figur enthält noch einige Hilfskurven, die bei der Konstruktion der φ-Kurve benutzt wurden, und auf die wir gleich noch zurückkommen werden.

Für das Beispiel auf Tafel 18, Fig. 2, wurde angenommen:

$T_a = 10$ Sek.; $\quad T_s = 2$ Sek.; $\quad \delta = 1\,^0/_0$; $\quad \lambda = 0{,}4$.

Nach Gl. 340 folgt daraus $p = -0{,}25$ Sek.$^{-1}$;

$$q = \sqrt{\frac{1}{0{,}01 \cdot 10 \cdot 2} - \left(\frac{1}{4}\right)^2} = 2{,}22 \text{ Sek.}^{-1};$$

ferner nach Gl. 343:
$$C_1 = -0{,}4 \cdot 0{,}01 = -0{,}004 = -0{,}4\,\%;$$
nach Gl. 344:
$$C_2 = \frac{0{,}4}{2{,}22}\left(\frac{1}{10} - 0{,}25 \cdot 0{,}01\right) = 1{,}752\,\%;$$

daraus nach Gl. 341a
$$C_{1\mu} = 10\left(+0{,}25 \cdot \frac{0{,}4}{100} + 2{,}22 \cdot \frac{1{,}76}{100}\right) = \underline{0{,}4};$$

$$C_{2\mu} = 10\left(-0{,}25 \cdot \frac{1{,}76}{100} + 2{,}22 \cdot \frac{0{,}4}{100}\right) = \underline{0{,}045}$$

und nach Gl. 342a:
$$C_{1\sigma} = 2\,(-0{,}25 \cdot 0{,}4 + 2{,}22 \cdot 0{,}045) = \underline{0};$$
$$C_{2\sigma} = 2\,(-0{,}25 \cdot 0{,}045 - 2{,}22 \cdot 0{,}4) = -1{,}8.$$

Die unterstrichenen Werte können zahlenmäßig noch bequemer errechnet werden, wenn wir zuvor Gl. 341a und Gl. 342a umformen, indem wir darin die Werte C_1 und C_2 aus Gl. 343 und 344 einführen:

$$\underline{C_{1\mu}} = T_a\left(-\lambda \delta p + \frac{\lambda}{T_a} + \lambda p \delta\right) = \underline{\lambda},$$

oder noch besser direkt auf Gl. 341 und Gl. 342 die Anfangsbedingungen anwenden:

$$\mu_0 = e^{p\,0}[C_{1\mu}\cos(q \cdot 0) + C_{2\mu}(\sin q \cdot 0)] = \lambda,$$

daraus $\qquad\qquad \underline{C_{1\mu} = \lambda} \quad \ldots \ldots \ldots \quad (341\text{b})$

und $\qquad \sigma_0 = e^{p\,0}[C_{1\sigma}\cos(q \cdot 0) + C_{2\sigma}\sin(q \cdot 0)] = 0,$

daraus $\qquad\qquad \underline{C_{1\sigma} = 0} \quad \ldots \ldots \ldots \quad (342\text{b})$

Konstruktion der Kurven $\varphi = e^{pt}(C_1 \cos qt + C_2 \sin qt),$

$\mu = e^{pt}(C_{1\mu}\cos qt + C_{2\mu}\sin qt)$ und $\sigma = e^{pt}(C_{1\sigma}\cos qt + C_{2\sigma}\sin qt).$

Wir könnten uns ja zur Konstruktion der vorstehenden Ausdrücke des auf S. 464 und 465 erläuterten Verfahrens bedienen. Da aber solche Ausdrücke hier wiederholt darzustellen und jedesmal für mehrere Veränderliche mit demselben Exponentenwert p und der gleichen Frequenz q zu entwickeln sind, so soll noch ein diesen Verhältnissen angepaßtes Konstruktionsverfahren besprochen werden.

Wir zeichnen zunächst für die verschiedenen zusammengehörigen Konstanten C_1 und C_2 je eine Sinuslinie, indem wir etwa unter der

50*

788   Mittelbare Regelung.

Annahme, daß die Phasenwinkel qt bei Rechtsdrehung anwachsen, für φ die Konstante $C_{1\varphi}$ nach oben, die Konstante $C_{2\varphi}$ nach links als Katheten eines rechtwinkligen Dreiecks abtragen, dessen Hypotenuse also die aus $C_{1\varphi}$ und $C_{2\varphi}$ resultierende Drehstrecke $\overline{C}$ darstellt, mit C einen Kreis schlagen und diesen, mit der (direkt durch $C_{1\varphi}$ und $C_{2\varphi}$ festgelegten) Nullstellung von C beginnend, in eine bestimmte Anzahl gleicher Teile teilen (wir nahmen bei den Beispielen der bequemen Einteilung halber immer 12 Teile). Dann tragen wir in unser zu zeichnendes Diagramm die ganze Dauer einer Periode $=\dfrac{2\pi}{q}$ Sek. als Abszisse ein, teilen diese Strecke in ebensoviele Teile wie den Kreis mit dem Halbmesser C, ziehen die Ordinaten in den Zeitteilpunkten und gehen nun horizontal von den Kreisteilpunkten hinüber bis zu den entsprechenden Ordinaten.

Genau so zeichnen wir eine Sinuslinie für $C_{1\mu}\cos qt + C_{2\mu}\sin qt$ und eine für $C_{1\sigma}\cos qt + C_{2\sigma}\sin qt \ldots$, wobei wir zur Bestimmung der resultierenden Drehstrecken $C_{1\mu}$, $C_{1\sigma}\ldots$ nach unten, $C_{2\mu}$, $C_{2\sigma}$ aber nach rechts hin abtragen. Tafel 18 Fig. 2 läßt diese Sinuslinien für φ und für μ in den fein gestrichelten Linien erkennen.

Nun zeichnen wir weiter eine logarithmische Linie mit e^{pt} als Ordinaten in einem beliebigen Maßstab, wie auf S. 465 im Anschluß an Fig. 294 gezeigt wurde; es ist zweckmäßig, als Einheit eine Strecke zu nehmen, welche gleich lang oder halb so groß ist wie die Zeitstrecke, die eine Periodendauer $\dfrac{2\pi}{q}$ darstellt.

Die gesuchten Regelungslinien: die φ-Kurve, μ-Kurve, σ-Kurve usf. finden sich schließlich durch Multiplikation der Ordinaten der logarithmischen Linie mit den entsprechenden Ordinaten der einzelnen Sinuslinien. Diese Multiplikation ist leicht mit zwei ähnlichen Dreiecken auszuführen; man denke z. B. in Fig. 91, S. 106, $MO = e^{pt}$ = einer Ordinate der logar. Linie, PM = der Einheit für die Ordinaten der logar. Linie und MF = einer Ordinate der Sinuslinie ($= C_1 \cos qt + C_2 \sin qt$), so ist

$$MR = e^{pt}(C_1 \cos qt + C_2 \sin qt).$$

Man braucht übrigens die vorstehenden Konstruktionen nur für die erste Periode durchzuführen. Für Zeitpunkte jedesmal um eine Periodendauer $\dfrac{2\pi}{q}$ später ist

$$e^{pt + p\frac{2\pi}{q}}[C_1 \cos(qt + 2\pi) + C_2 \sin(qt + 2\pi)]$$
$$= e^{p\frac{2\pi}{q}} \cdot e^{pt}(C_1 \cos qt + C_2 \sin qt),$$

d. h. die neue Ordinate ist jedesmal aus der entsprechenden alten durch Multiplikation mit dem konstanten (für alle Kurven gleich großen) Faktor $e^{p\frac{2\pi}{q}}$ zu ermitteln, was sehr bequem mit Hilfe eines Verkleinerungswinkels geschehen kann. Je kleiner übrigens $e^{p\frac{2\pi}{q}}$ wird, um so schneller klingen die Schwingungen ab. In unserem Beispiel auf Tafel 18, Fig. 2, z. B.

$$e^{p\frac{2\pi}{q}} = e^{-0{,}25 \cdot \frac{2\pi}{2{,}22}} = \frac{1}{2{,}03},$$

d. h. $\frac{2\pi}{q} = 2{,}83$ Sek. später ist jedesmal φ, μ und σ halb so groß.

Fragt man sich allgemein, wie der Regelungsvorgang für den hier behandelten Fall am günstigsten gestaltet werden kann, so kommen vornehmlich zwei Gesichtspunkte in Betracht: vor allem sollen die Geschwindigkeitsschwankungen möglichst klein ausfallen, dann sollen aber auch die Schwingungen möglichst bald aufhören. Die erste Forderung führt dazu, die Konstanten $C_1 = -\lambda \delta$ und $C_2 = \frac{\lambda}{q}\left(\frac{1}{T_a} - \frac{\delta}{2T_s}\right)$, von denen die Werte φ in erster Linie abhängen, möglichst klein werden zu lassen; die zweite Forderung bedingt ein möglichst großes p, damit die Schwingungen im Laufe der Zeit recht schnell abnehmen, aber auch ein großes q, damit die Schwingungen selber möglichst rasch verlaufen. Soll $p = -\frac{1}{2T_s}$ recht groß ausfallen, so muß T_s recht klein sein; in erster Linie wird man also die Schlußzeit so klein wie möglich bemessen. Betrachtet man die Konstanten C_1 und C_2, so erkennt man, da C_1 proportional mit dem Ungleichförmigkeitsgrad δ wächst, daß δ möglichst klein gehalten werden sollte; die Betrachtung von C_2 lehrt, daß neben großem q vor allem eine möglichst große Anlaufzeit T_a empfehlenswert ist. Ein besseres Urteil erhält man durch folgende Näherungsrechnung: Für kleine δ und die üblichen Schlußzeiten und Anlaufzeiten ist $\frac{1}{T_a}$ erheblich größer als $\frac{\delta}{T_s}$, deshalb kann man setzen:

$$q = \sqrt{\frac{1}{\delta T_a T_s} - \left(\frac{1}{2T_s}\right)^2} \sim \sqrt{\frac{1}{\delta T_a T_s}}$$

und

$$C_2 \sim \frac{\lambda}{q}\frac{1}{T_a} = \lambda\sqrt{\frac{\delta T_s}{T_a}}.$$

Aus beiden Näherungsformeln ist klar ersichtlich, daß δ und T_s möglichst klein, T_a aber möglichst groß sein sollte. Allerdings nimmt mit wachsendem $T_a\,q$ ab, d. h. die Periodendauer wird vergrößert, die Schwingungen dauern länger. In wichtigen Fällen sollte man sich, um klar zu sehen, die Mühe nicht verdrießen lassen, für einige Werte von δ und T_a die Konstanten zu ermitteln und die Schwingungskurven aufzuzeichnen. Für Isodromregler ist dies später (vgl. Taf. 21 und 22) durchgeführt. Würde man die Verkleinerung von δ zu weit treiben, so entständen allerdings praktische Schwierigkeiten folgender Art: Für den Grenzfall $\delta = 0$ würde $q = \infty$, die Periodendauer also Null, d. h. es erfolgten die Schwingungen so schnell aufeinander, daß die Steuerung fortwährend hin und her gerissen werden müßte, was praktisch weder erreichbar noch zulässig wäre. Kleinstwerte der Periodendauer $\dfrac{2\pi}{q} \sim T_s$ dürften wohl angemessen erscheinen, woraus für δ etwa folgt:

$$\delta > \frac{1}{40}\frac{T_s}{T_a} \quad \ldots \ldots \ldots \quad (346)$$

2. Für den Fall konstanter Rückführungsgeschwindigkeit.

Wir können uns hier ziemlich kurz fassen, da die für diesen Fall geeigneten Untersuchungsmethoden bereits auf S. 776 bis 782 ausführlich besprochen worden sind.

Wir stellen nochmals fest, daß bei starrer Rückführung

$$\zeta = \mu$$

ist, daß dann Rückführungskurve und Motorgerade zusammenfallen; in Fig. 489 und auf Tafel 18 (Fig. 1) (ebenso wie auf Tafel 19 und 20) sind die Rückführungs- und Motorgeraden mit μ bezeichnet.

Die **Richtung der Motorgeraden** ist durch die Hilfsmotorgleichung: $\mu' = \pm \dfrac{1}{T_s}$ festgelegt. Da wir die Geschwindigkeitsparabeln gleichzeitig als η-Linien benutzen, zu diesem Zwecke die Werte η und φ in verschiedenem Maßstabe abzutragen haben (es ist $\eta = -\dfrac{\varphi}{\delta}$), nach Gl. 326 aber die Geschwindigkeitsparabeln außer von den Anfangswerten φ_0 und μ_0 nur von T_a und T_s, nicht aber von dem Ungleichförmigkeitsgrad δ abhängen, bei Änderung von δ also dieselben bleiben, so pflegt man meist den φ-Maßstab beizubehalten und, je nach dem anders gewählten δ, den Maßstab für η abzuändern. Wie wir auf S. 782 sahen, bestimmen die Schnittpunkte der η-Kurve mit der Rückführungskurve die Augenblicke des Periodenwechsels; wir haben also hier die Schnittpunkte der Motorgeraden mit der η-Kurve aufzusuchen; benutzen wir direkt

Einfluß der Grundgrößen auf die Regelungsvorgänge. 791

die Geschwindigkeitsparabel als η-Kurve, so bedeuten deren Ordinaten eigentlich $\delta\eta\,(=\varphi)$, folglich müssen wir bei Änderung von δ den Maßstab von μ abändern, d. h. $\delta\mu$ statt μ auftragen. Hiermit findet sich für die Steigung der Motorgeraden aus

$$\frac{d\mu}{dt} = \mu' = \pm\frac{1}{T_s}$$

die Gleichung $\qquad\qquad \mu'\delta = \pm\dfrac{\delta}{T_s}$ . . . . (347)

Konstante Rückführungsgeschwindigkeit: $\mu' = \pm\dfrac{1}{T_s}$.

$T_s = 2$ Sek.; $T_a = 10$ Sek.; $\lambda = 0{,}4$; $\delta = 1\,^0/_0$; [oder $\delta = 2\,^0/_0$].

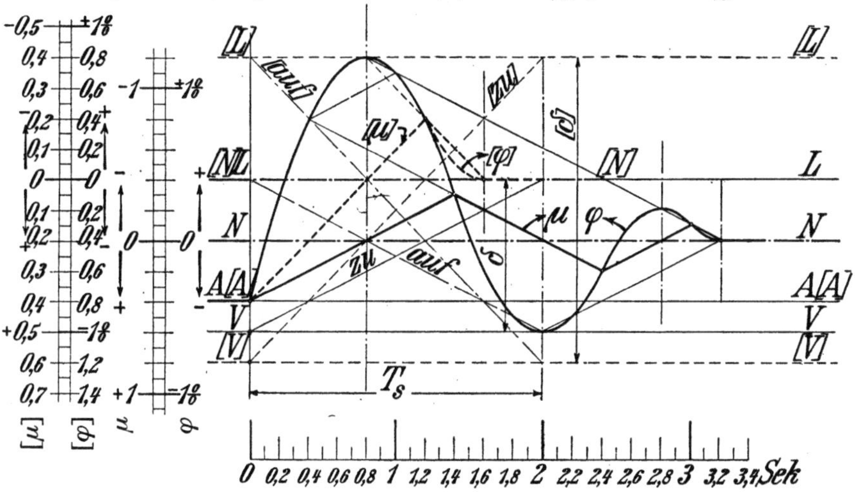

Fig. 489.

Aus Fig. 489 sieht man, wie auf Grund der Gl. 347 die Richtung der Motorgeraden ermittelt werden kann: man zeichnet ein Rechteck mit T_s als Grundlinie und δ (im φ-Maßstab gemessen) als Höhe und zieht dessen beide Diagonalen; diese geben die Richtungen der beiden Motorgeraden für „zu" und „auf" an.

Mit wachsendem δ laufen bei dieser Darstellung die Motorgeraden (eigentlich die $\delta\mu = \delta\zeta$ darstellenden veränderten Rückführgeraden) immer steiler. Um diesen Einfluß von δ zu zeigen, sind in Fig. 489 die Motorgeraden für 2 verschiedene δ, für $\delta = 1\,^0/_0$ und für $\delta = 2\,^0/_0$, eingetragen, ebenso auf Tafel 18 Fig. 1 für $\delta = 6\,^0/_0$ und $\delta = 15\,^0/_0$. (Von den beiden Maßstäben in Fig. 489 gilt der rechte für $\delta = 1\,^0/_0$, der linke für $\delta = 2\,^0/_0$; die rechte Seite jedes der beiden Maßstäbe dient zum Abmessen von φ, die linke Seite zum Messen von μ und η.)

Der Einfluß des Ungleichförmigkeitsgrades δ auf den Regelungsverlauf ist aus den genannten Figuren unverkennbar; je größer δ, um so schneller ist die Regelung beendet: in Fig. 489 bei $\delta = 1\,^0/_0$ nach 4 Perioden, bei $\delta = 2\,^0/_0$ schon nach 2 Perioden, auf Tafel 18 Fig. 1 bei $\delta = 6\,^0/_0$ nach 9, bei $\delta = 15\,^0/_0$ schon nach 4 Perioden. Im Gegensatz zu der Annahme a) einer veränderlichen Regelungsgeschwindigkeit werden also hier die Verhältnisse mit wachsendem Ungleichförmigkeitsgrad δ günstiger: die Geschwindigkeitsschwankungen φ werden nicht größer, die Regelung aber geht viel schneller vor sich; dem steht freilich als Nachteil gegenüber, daß bei großem δ die Maschine im Beharrungszustand einen großen Unterschied der Umdrehzahlen bei Vollast und Leerlauf aufweist. Vergleicht man überdies Fig. 489 mit Fig. 2 auf Tafel 18, der die gleichen Annahmen für T_a, T_s, λ und δ zugrunde liegen, so fällt der Vergleich zugunsten des Reglers mit konstanter Geschwindigkeit des Hilfsmotorkolbens aus: während in Fig. 489 die Schwingungen schon nach ganz kurzer Zeit (etwa nach 3,2 Sek.) beendet sind, dauern sie auf Tafel 18 Fig. 2 ziemlich lange (theoretisch ist erst nach $t = \infty$ vollkommene Annäherung an den neuen Zustand erreicht, praktisch sind noch nach 14 Sek. wahrnehmbare Geschwindigkeitsschwankungen vorhanden). Auch ist auf Tafel 18 die maximale Geschwindigkeitsabweichung etwas größer als in Fig. 489. Diese Umstände lassen von vornherein die konstante Rückführungsgeschwindigkeit als erstrebenswert erscheinen.

Als aperiodische Regelung könnte man hier den Fall bezeichnen, daß bereits die erste Rückführungsgerade die Geschwindigkeitsparabel genau im Scheitel schneidet; dies tritt ein, wenn der nach Gl. 330 gefundene Wert $\varphi^*_{1\,max} = \dfrac{\lambda^2 T_s}{2\,T_a}$ gleich dem für die zugehörige Zeit $t_1 = \lambda T_s$ (s. Gl. 328) gefundenen Wert $\delta\mu_e$, also gleich $\delta \dfrac{t_1}{T_s} = \delta\lambda$ wird. Aus $\dfrac{\lambda^2 T_s}{2\,T_a} = \delta\lambda$ folgt schließlich für die aperiodische Regelung die Bedingungsgleichung

$$\lambda = \frac{2 \cdot \delta T_a}{T_s} \quad \text{oder} \quad \delta T_a = \frac{\lambda}{2} T_s \ \ \ldots \ (348)$$

Das Proellsche Diagramm und Berechnung der Regelungsdauer.

Die einzelnen sich aneinanderreihenden Geschwindigkeitsparabeln sind Teile ein und derselben Parabel (vgl. S. 777), nur in verschiedener Lage, abwechselnd mit dem Scheitel oben und unten. Dreht man daher die zweite Parabel (unter Beibehaltung ihres Anfangspunktes) zuerst um die durch ihren Anfangspunkt gehende

Einfluß der Grundgrößen auf die Regelungsvorgänge. 793

Horizontale, darauf um die durch ihren Anfangspunkt gehende Vertikale, so fällt sie ganz in die zweite Parabel; verschiebt man die dritte Parabel parallel zu sich so, daß ihr Anfangspunkt mit dem Endpunkt der durch zweimalige Drehung mit der ersten Parabel zur Deckung gebrachten zweiten Parabel zusammenfällt, so liegt auch die dritte Parabel ganz in der ersten usf. (Siehe Fig. 489 und Tafel 18 Fig. 1 links.) Die einzelnen zweimal herumgeklappten bzw. parallel verlegten Rückführungsgeraden bilden dabei eine ununterbrochene Zickzacklinie, deren Eckpunkte sämtlich in der ersten Geschwindigkeitsparabel liegen und deren Steigung gegen die Horizontale durch $\delta\mu' = \pm \dfrac{\delta}{T_s}$ bestimmt ist. Bei diesem zusammengelegten Geschwindigkeitsdiagramm, dem Proellschen Diagramm, braucht man nur eine einzige Parabel zu zeichnen und die eben erwähnte Zickzacklinie einzutragen, um die Anzahl der Perioden bis zur Erreichung des Gleichgewichtes, entsprechend der Endigung im Scheitel der Parabel, sofort ablesen zu können.

Die Horizontalprojektion jedes Teiles der Zickzacklinie ist die Zeit für die betreffende Periode, zu der die über der Sehne liegende Parabel gehört; die Summe H aller dieser Horizontalprojektionen würde folglich die ganze Dauer T_g des Regelungsvorganges bedeuten. Nun ist die Summe aller Vertikalprojektionen V gleich der Vertikalprojektion der ganzen Zickzacklinie, d. h. gleich der Parabelachse $= \varphi_{1\,max}^*$. Da alle Sehnen die Neigung $\dfrac{\delta}{T_s}$ haben, so verhält sich
$$V : H = \varphi_{1\,max}^* : T_g = \delta : T_s,$$
woraus folgt
$$T_g = \frac{\varphi_{1\,max}^* T_s}{\delta}$$
oder wenn man für $\varphi_{1\,max}^*$ den Wert nach Gl. 330 einführt:
$$T_g = \frac{\lambda^2 T_s^2}{2\,\delta\,T_a} \quad\ldots\ldots\ldots (349)$$

Die Regelungsdauer wird folglich um so kleiner, je kleiner T_s, je größer aber T_a und δ gemacht werden.

Noch eine interessante und beim Aufzeichnen der vollständigen Geschwindigkeitskurve nützlich zu verwendende Beziehung ist aus Fig. 1 Tafel 18 leicht zu entnehmen: die Scheitel sämtlicher nach oben konvexen, sowie die Scheitel aller nach unten konvexen Geschwindigkeitsparabeln liegen auf zwei Geraden, die zu den Rückführungsgeraden parallel laufen. Denn bezeichnet man, von unten anfangend, die Teile der Zickzacklinie als erste, zweite, dritte Sehne..., so muß man von der gemeinsamen Lage in der ersten Parabel aus das dritte Parabelstück zweimal in

Richtung der zweiten Sehne und um deren Länge verschieben, bis sie an ihre richtige Stelle kommt, der 3. Parabelscheitel liegt also von dem 1. Parabelscheitel aus in Richtung der Rückführungsgeraden „auf" verschoben; ebenso liegt der Scheitel der 5. Parabel von dem der 3. Parabel aus in dieser Richtung usf., d. h. alle nach oben gelegenen Parabelscheitel liegen auf einer Geraden parallel zu der einen Rückführungsgeraden, ebenso liegen alle unteren Parabelscheitel auf einer Geraden, die zu der anderen Rückführungsgeraden parallel läuft, wovon man sich in derselben Weise überzeugen kann.

Wann ist die Annahme konstanter Rückführungsgeschwindigkeit zulässig?

Bei den vorstehenden Betrachtungen nahmen wir stillschweigend an, die Rückführungsgeraden schneiden sich mit der Geschwindigkeitsparabel stets jenseits des Parabelscheitels, bis schließlich die letzte μ-Linie gerade durch den Scheitel der Parabel geht. Dann ist die Regelung tatsächlich beendet, es ist $\varphi = 0$, und da einem Scheitel der Geschwindigkeitskurve stets die Motorabweichung $\mu = 0$ entspricht, so ist auch gleichzeitig die richtige Hilfsmotorstellung, die richtige Steuerungsstellung der Hauptmaschine erreicht, die der anzustrebenden Gleichgewichtslage entspricht.

Was geschieht nun, wenn die Rückführungsgerade vor dem Parabelscheitel einschneidet? Dann könnte sich von jetzt ab überhaupt kein ordentlicher Regelungsvorgang mehr abspielen. Sobald die Geschwindigkeit ein wenig steigt, die Reglermuffe sich also hebt und die Steuerung ein wenig aus der Mittellage verstellt, damit eine Verschiebung des Hilfsmotorkolbens in richtigem Sinne einleitet, unterbräche sofort die (jetzt gleichsam zu schnell wirkende) Rückführung die Einschaltung des Hilfsmotors; es begänne wieder eine neue Einwirkung, die sofort wieder unterbrochen wird usw. Erst durch eine große Zahl solcher kleiner Einzelschaltungen, mit Erzitterungen vergleichbar, könnte allmählich die Gleichgewichtsstellung herbeigeführt werden. In Wirklichkeit gestaltet sich nun der Vorgang dadurch anders, daß niemals die Einströmungsöffnung zum Hilfsmotor sofort in voller Größe durch die Steuerung St frei gegeben werden kann, und daß, selbst wenn dies der Fall wäre, immer erst die Masse des Hilfsmotorkolbens, des Gestänges und der Steuerung des Hauptmotors beschleunigt werden muß, der Hilfsmotorkolben also mit der Geschwindigkeit Null beginnend erst allmählich die (konstant gedachte) Rückführungsgeschwindigkeit annehmen kann. Die Rückführungskurve μ ist daher nicht gleich von Anfang an eine Gerade, sondern (ähnlich wie in Fig. 2 Tafel 18) eine anfangs mit horizontaler Tangente beginnende, nach oben konkave Linie; ihr Schnitt mit der φ-Parabel erfolgt demgemäß etwas später, das geschilderte Aus- und Einschalten erfolgt in größeren Abständen, bis wieder der Scheitel der φ-Parabel erreicht ist.

Was geschieht aber, wenn die **Rückführungsgerade die Geschwindigkeitsparabel überhaupt nicht schneidet?** Dann wäre eine Regelung unter Annahme konstanter Geschwindigkeit des Hilfsmotorkolbens nicht möglich. Die Rückführungsgerade schneidet die Parabel aber nicht, sobald sie steiler verläuft, als die Tangente der Parabel in dem Anfangspunkte. Für die Tangente des Neigungswinkels der Parabeltangente mit der Abszissenachse gilt

$$\varphi' = \frac{\mu_0}{T_a} \pm \frac{t}{T_a T_s},$$

für den Anfangspunkt daher

$$\varphi_0' = \frac{\mu_0}{T_a} = \frac{\lambda}{T_a}$$

Für die Rückführungsgerade ist die Tangente des Neigungswinkels

$$\mu'\delta = \frac{\delta}{T_s},$$

folglich ist nur so lange Regelung mit konstanter Rückführungsgeschwindigkeit möglich, wie

$$\frac{\delta}{T_s} < \frac{\lambda}{T_a},$$

d. h. so lange $\qquad \lambda > \dfrac{\delta T_a}{T_s} \quad \ldots \ldots \ldots \quad (350)$

Für kleinere Belastungsschwankungen $\lambda \lessgtr \dfrac{\delta T_a}{T_s}$ könnte eine ordnungsmäßige Regelung bei konstanter Geschwindigkeit des Hilfsmotorkolbens nicht mehr eintreten. In Wirklichkeit wird sich der Vorgang wieder, wie S. 794 unten geschildert, abspielen. Um einen besseren Einblick in den Verlauf der Regelung zu bekommen, wird man zweckmäßig für kleinere Belastungsänderungen λ die Untersuchung auch auf die Annahme veränderlicher Rückführungsgeschwindigkeit ausdehnen.

Die Grenze für diese λ liegt übrigens ziemlich hoch, sobald δ einigermaßen groß ist; z. B. muß nach Gl. 349 für $T_a = 10$ Sek. $T_s = 2$ Sek. und $\delta = 10\,^0/_0$ $\lambda > \dfrac{0,1 \cdot 10}{2} > \dfrac{1}{2}$ sein; schon bei Belastungsschwankungen $\lambda \lessgtr \dfrac{1}{2}$ versagt die Annahme konstanter Rückführungsgeschwindigkeit; für $\delta = 5\,^0/_0$ liegt die Grenze bei $\lambda = \dfrac{1}{4}$.

c) Einfluß der Reglermasse, von zeitlicher Verzögerung und des Unempfindlichkeitsgrades.

1. Einfluß der Reglermasse.

a) **Masseneinfluß bei Reglern mit konstanter Rückführungsgeschwindigkeit.**

Der Regler habe einen reduzierten Muffenhub s_r, der nicht mehr vernachlässigbar klein ist, so daß $T_r^2 = \dfrac{s_r}{2g}$ nicht außer acht gelassen werden kann.

Der Regler sei zunächst **ohne Ölbremse**, d. h. es sei $T_k = 0$. Geschwindigkeitsparabel und die Kurve der Reglerabweichungen η fallen jetzt nicht mehr zusammen; unter Voraussetzung starrer Rückführung sind jedoch ζ und μ noch gleich, wir haben wieder mit Rückführungsgeraden zu tun. Verglichen mit den zuletzt unter b 2 angestellten Betrachtungen, gestaltet sich hier die Untersuchung nur dadurch anders, daß wir noch besondere η-Kurven konstruieren müssen; der Schnitt der η-Kurve mit der Rückführungsgeraden bestimmt dann jedesmal den Zeitpunkt eines Periodenwechsels.

Die Eigenschwingungen des Reglers werden hier durch die Differentialgleichung
$$T_r^2 \eta'' + \delta \eta = 0$$
dargestellt; es sind offenbar reine harmonische Schwingungen mit der Frequenz
$$q = \frac{\sqrt{\delta}}{T_r}$$
nach der Gleichung $\eta_e = C_1 \cos qt + C_2 \sin qt$.

Wie auf Seite 781 gezeigt wurde, berechnet sich die wirkliche Reglerabweichung η nach Gl. 333:
$$\eta = \eta_e - \frac{\varphi}{\delta} + A + Bt;$$
darin ist nach Gl. 332
$$A = \pm \frac{T_r^2}{\delta^2 T_a T_s} + \frac{T_k \mu_0}{\delta^2 T_a} \mp \frac{T_k^2}{\delta^3 T_a T_s} \quad \text{und} \quad B = \pm \frac{T_k}{\delta^2 T_a T_s},$$
hier also mit $T_k = 0$:
$$A = \pm \frac{T_r^2}{\delta^2 T_a T_s} \quad \text{und} \quad B = 0;$$
folglich wird
$$\eta = \eta_e - \frac{\varphi}{\delta} \pm \frac{T_r^2}{\delta^2 T_a T_s} \quad \ldots \ldots \quad (351)$$

Das $+$-Zeichen gilt für „Öffnen", das $-$-Zeichen für „Schließen".

Die Unterschiede zwischen η und $\frac{\varphi}{\delta}$, die beim massenlosen Regler wegfielen:

$$\eta - \left(-\frac{\varphi}{\delta}\right) = \eta_e \pm \frac{T_r^{\,2}}{\delta^2 T_a T_s} = \eta_r \quad \ldots \quad (352)$$

stellen die relativen Ausschläge der Muffe gegen die durch die Geschwindigkeitsabweichung φ bedingten Muffenstellung dar; sie zeigen am deutlichsten den Einfluß der Reglermasse und liefern, zur Geschwindigkeitsparabel hinzugefügt, die wirklichen Reglerabweichungen:

$$\eta = -\frac{\varphi}{\delta} + \eta_r \quad \ldots \ldots \quad (353)$$

Bei den Beispielen auf Tafel 19 und in Fig. 490 sind die Kurven für η_r fein strichpunktiert, die gesamten η-Kurven stark strichpunktiert gezeichnet. Wie die Geschwindigkeitskurve φ aus Stücken ein und derselben Parabel stetig und ohne Knick aneinanderzureihen ist, haben wir bereits kennen gelernt. Die Kurve der Relativabweichungen

$$\eta_r = \eta_e \pm \frac{T_r^{\,2}}{\delta^2 T_a T_s} = C_1 \cos qt + C_2 \sin qt \pm \frac{T_r^{\,2}}{\delta^2 T_a T_s}$$

besteht aus lauter harmonischen Schwingungen gleicher Frequenz, aber mit Konstanten C_1 und C_2, die für jede Periode neu zu bestimmen sind und deren Nullinie von der Grundlinie aus (in den Figuren wurde als Grundlinie für die η_r-Kurven die alte Gleichgewichtslinie AA benutzt) abwechselnd um den konstanten Wert $A = \frac{T_r^{\,2}}{\delta^2 T_a T_s}$ nach oben und unten entfernt liegt. Für die erste Periode ergeben sich die Konstanten C_1 und C_2 aus den Anfangsbedingungen

$$\eta_{r0} = \eta_0 + \frac{\varphi_0}{\delta} = \lambda - \frac{\lambda \delta}{\delta} = 0$$

und

$$\eta'_{r0} = \eta'_0 + \frac{\varphi'_0}{\delta} = 0 + \frac{\mu_0}{T_a \delta} = \frac{\lambda}{T_a \delta},$$

d. h. aus $\quad C_1 - \dfrac{T_r^{\,2}}{\delta^2 T_a T_s} = 0 \quad$ und $\quad C_2 q = \dfrac{\lambda}{T_a \delta}$

zu: $\quad C_1 = \dfrac{T_r^{\,2}}{\delta^2 T_a T_s} \quad$ und $\quad C_2 = \dfrac{\lambda}{q \delta T_a} \quad \ldots \quad (354)$

Für die erste Periode gilt also für η_r die Gleichung:

$$\eta_r = \frac{T_r^{\,2}}{\delta^2 T_a T_s} \cos qt + \frac{\lambda}{q \delta T_a} \sin qt - \frac{T_r^{\,2}}{\delta^2 T_a T_s} \quad (355)$$

Da $q = \dfrac{\sqrt{\delta}}{T_r}$ ist, so kann man statt $\dfrac{T_r^2}{\delta}$ auch $\dfrac{1}{q^2}$ schreiben und erhält damit

$$\left.\begin{array}{l} A = -\dfrac{1}{q^2\,\delta\,T_a\,T_s}\,;\quad C_1 = \dfrac{1}{q^2\,\delta\,T_a\,T_s}\,;\quad C_2 = \dfrac{\lambda}{q\,\delta\,T_a} \\[2mm] \eta_r = \dfrac{1}{q^2\,\delta\,T_a\,T_s}\cos qt + \dfrac{\lambda}{q\,\delta\,T_a}\sin qt - \dfrac{1}{q^2\,\delta\,T_a\,T_s} \end{array}\right\} \quad (356)$$

Von einer um $\dfrac{1}{q^2\,\delta\,T_a\,T_s}$ von der Grundlinie AA nach oben entfernt liegenden Nullinie aus kann man also in derselben Weise, wie auf S. 787 und 788 erläutert wurde, mit den Konstanten

$$C_1 = \dfrac{1}{q^2\,\delta\,T_a\,T_s} \quad \text{und} \quad C_2 = \dfrac{\lambda}{q\,\delta\,T_a}$$

eine Sinuskurve entwickeln und erhält damit sofort die η_r-Kurve. Trägt man weiter die Werte η_r von der Geschwindigkeitsparabel aus ab, so erhält man die η-Kurve. Der Schnitt dieser Kurve mit der μ-Geraden, d. h. mit der Rückführungsgeraden, liefert den Zeitpunkt T_1, in dem die erste Periode beendigt ist.

Für die zweite Periode könnten nun mit den für T_1 gültigen, der Figur zu entnehmenden Werten von μ, φ, η' und φ' neue Konstanten C_1 und C_2 berechnet werden. Da aber η' nur ziemlich ungenau aus der Figur zu bestimmen, die wiederholt auszuführende Rechnung überdies ziemlich langwierig wird, so empfiehlt sich folgender Weg. Man beachte, daß die Reglerabweichungen η sich nicht sprungweise ändern können, daß also die neue anzuschließende η-Kurve mit der alten im Anschlußpunkte eine gemeinsame Tangente haben muß, daß ebenso die beiden φ-Parabeln sich ohne Knick aneinanderfügen, dann erkennt man, daß auch die neue η_r-Kurve sich an die alte ohne Knick anschließen muß. Es ist also stets für den Übergangspunkt Sorge zu tragen, daß die alte und die neue Sinuskurve eine gemeinsame Tangente haben. Wir konstruierten zum Zeichnen der Sinuskurve aus C_1 und C_2 eine resultierende Drehstrecke $\bar{C}$, ließen diese mit der Winkelgeschwindigkeit q umlaufen und projizierten die Endpunkte von $\bar{C}$ auf eine Senkrechte; endigt nun die Periode mit $\bar{C}$ in einer gewissen Stellung, so daß $\eta_r = C\sin qt + A$ (Winkel qt von der Horizontalen aus gemessen) ist, dann findet sich $\eta_r' = Cq\cos qt$.

Nun ist aber $C\cos qt$ die Projektion von $\bar{C}$ auf die Horizontale; sollen also η_r' für die alte und die neue Periode im Punkte des Periodenwechsels übereinstimmen, so müssen die alte Drehstrecke $\bar{C}_a$ und die neue Drehstrecke $\bar{C}_n$ dieselbe Horizontalprojektion haben.

Da außerdem für die alte und die neue Periode die Werte η_{ra} und η_{rn} übereinstimmen müssen, zu den reinen Sinuswerten aber die Konstanten $-A$ und $+A$ hinzukommen, so können η_{ra} und η_{rn} nur gleich werden, wenn die Nullinien für die reinen Sinuslinien bei zusammenfallendem Endpunkte E beider Drehstrecken $\bar{C}_a$ und $\bar{C}_n$ um $2A$ voneinander entfernt liegen; d. h. man findet die neue Drehstrecke in der dem Anfangspunkt der folgenden Periode entsprechenden Lage aus der alten Drehstrecke in der Endlage, indem man den Mittelpunkt der neuen Drehstrecke um $2A$ tiefer rückt, falls der alte Mittelpunkt um A über der Grundlinie der η_r-Kurve liegt, umgekehrt um $2A$ höher rückt, falls der alte Mittelpunkt um A unter der Grundlinie liegt usw. Durch den Endpunkt E der so gefundenen neuen Drehstrecke schlägt man nun um den neuen Mittelpunkt einen Kreis, teilt diesen von E aus in eine Anzahl (am bequemsten zwölf) gleicher Teile, projiziert diese Teilpunkte horizontal hinüber bis zu den entsprechenden Ordinaten, die in den zugehörigen Zeitpunkten errichtet wurden, dann erhält man die η_r-Kurve für die neue Periode.

Die vorstehend erläuterte, rein zeichnerische Konstruktion der η_r-Kurven erspart die jedesmalige Neuberechnung der Konstanten und liefert sehr genaue Ergebnisse; sie ist so bequem wie möglich und doch in der praktischen Verwendung ziemlich mühsam, wenn eine größere Anzahl von Perioden verfolgt werden soll, so daß man in der Praxis sich meist damit begnügt, die Vorgänge in der ersten Periode zu verfolgen. Man kann dabei aber leicht Trugschlüssen anheimfallen insofern, als in der ersten Periode die auftretenden Schwingungen oft ganz harmlos aussehen, während sie in späteren Perioden einen durchaus unzulässigen Verlauf aufweisen. Um dies darzutun, sind in Fig. 490 und auf Tafel 19 einige Beispiele nach dem vorstehend beschriebenen Verfahren behandelt. Jedesmal wurde angenommen:

$$T_a = 10 \text{ Sek.}; \quad T_s = 2 \text{ Sek.}; \quad \delta = 1^0/_0 \text{ und } \lambda = 0{,}4.$$

1. Beispiel (Fig. 490): $s_r = 4$ mm.

Dazu gehört

$$T_r^2 = \frac{2 s_r}{g} = \frac{2 \cdot 4}{9810} \sim 0{,}0008; \quad T_r = 0{,}02828 \text{ Sek.};$$

$$q^2 = \frac{\delta}{T_r^2} = \frac{0{,}01}{0{,}0008} = 12{,}5; \quad q = 3{,}54 \text{ Sek.}^{-1}; \quad \frac{2\pi}{q} = 1{,}78 \text{ Sek.};$$

ferner nach Gl. 356:

$$A = C_1 = \frac{1}{12{,}5 \cdot 0{,}01 \cdot 10 \cdot 2} = 0{,}4; \quad C_2 = \frac{0{,}4}{3{,}54 \cdot 0{,}01 \cdot 10} = 1{,}13.$$

Zeichnet man mit diesen Werten eine η_r-Kurve, wobei der Maßstab für η δmal so groß wie der für φ zu nehmen ist, trägt die Werte η_r von der Geschwindigkeitsparabel aus ab und entwickelt so die η·Kurve, dann liefert der Schnitt dieser Kurve mit

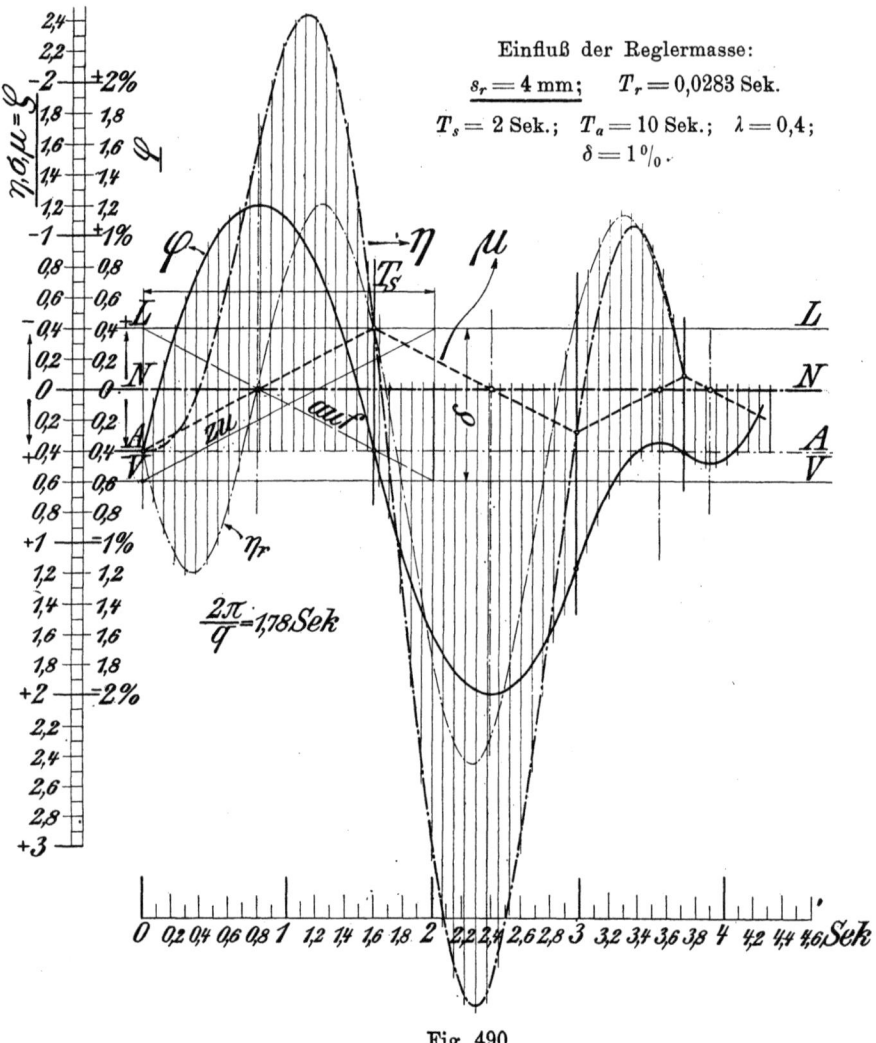

Fig. 490.

der ersten μ-Kurve den Endpunkt der ersten Periode. In Fig. 490 trifft es sich gerade so, daß in diesem Augenblick die Geschwindigkeitsabweichung φ^*, von der alten Lage aus gemessen, Null und damit $\mu = -\mu_0 = -0{,}4$ wird; wir sind, nach dem Ergebnis der ersten Periode zu urteilen, keinen Schritt weiter gekommen: Geschwindigkeitsabweichung und Motorabweichung, von der neuen Gleichgewichtslage aus gemessen, sind genau so groß wie anfangs, nur hat sich das Vorzeichen von μ umgekehrt. Man möchte daraus schließen, daß die Regelung sich mit fortwährend gleichbleibenden Schwingungen abspielt. Untersucht man jedoch den weiteren Verlauf, so entsteht ein ganz anderes Bild: In Fig. 490 werden die Geschwindigkeitsabweichungen in der dritten Periode sehr klein, in der vierten Periode nimmt φ noch weiter ab; μ ist am Ende der dritten Periode schon ziemlich klein, kurz, der Regelungsverlauf stellt sich viel verwickelter dar, als für den idealen Regler, und eine sichere Voraussage über den wirklichen Verlauf ist ohne Verfolgung einer größeren Zahl von Perioden unmöglich.

2. Beispiel (Taf. 19, Fig. 1): $\underline{s_r = 1{,}5 \text{ mm}}$.

Wir legen also diesmal einen erheblich günstigeren Regler mit einem fast dreimal kleineren reduzierten Muffenhub zugrunde. Dazu gehört:

$$T_r^2 = \frac{2 s_r}{g} \sim 0{,}0003; \qquad T_r = 0{,}0173 \text{ Sek.};$$

$$q^2 = \frac{\delta}{T_r^2} = \frac{0{,}01}{0{,}0003} = 33{,}33; \quad q = 5{,}77 \text{ Sek.}^{-1}; \qquad \frac{2\pi}{q} = 1{,}086 \text{ Sek.};$$

ferner nach Gl. 356:

$$A = C_1 = \frac{1}{33{,}33 \cdot 0{,}01 \cdot 10 \cdot 2} = 0{,}15; \qquad C_2 = \frac{0{,}4}{5{,}77 \cdot 0{,}01 \cdot 10} = 0{,}693.$$

Die hiermit für zwölf Perioden entwickelten Regelungskurven sind aus Fig. 1, Taf. 19 zu ersehen. Mehrfach sind μ und η dicht an Null, aber φ noch von Null verschieden; von einem Abklingen der Schwingungen ist nichts wahrzunehmen, sie werden zwar mitunter kleiner, um darauf gleich wieder heftig anzuwachsen. Der Gesamtcharakter der φ- und η-Kurven deutet darauf hin, daß die Schwingungen allmählich zunehmen.

So ist es in der Tat auch: der Regler mit Masse und ohne Ölbremse erteilt der Regelung beständig zunehmende Schwingungen, er ist unbrauchbar.

3. Beispiel (Taf. 19, Fig. 2): $\underline{s_r = 2{,}5 \text{ mm}}$.

Bei diesem Beispiel wurde s_r so gewählt, daß, wie aus der Figur erkennbar ist, der erste Schnittpunkt von Rückführungsgerade und η-Kurve mit dem Schnitt der μ-Geraden mit der Geschwindigkeitsparabel zusammenfällt; hiernach ist für die erste Periode die Wirkung der Reglermasse ausgeschaltet. Natürlich trifft dies nicht mehr für den weiteren Verlauf der Regelung zu, sondern es entstehen gerade so, wie bei den beiden anderen untersuchten Fällen, Schwingungen von wechselnder Größe. Wir erkennen wiederum, daß eine Betrachtung lediglich der ersten Periode äußerst trügerisch ist, und daß unter allen Umständen als Folge der Reglermasse (beim Fehlen einer Dämpfung) wachsende Schwingungen auftreten.

Die Konstanten für das letzte Beispiel finden sich zu:

$$T_r^2 = \frac{2 \cdot 2{,}5}{9810} \sim 0{,}0005;\ T_r = 0{,}0224\ \text{Sek.};\ q^2 = 20;\ q = 4{,}47\ \text{Sek.}^{-1};$$

$$\frac{2\pi}{q} = 1{,}4\ \text{Sek.};\ C_1 = 0{,}25;\ C_2 = 0{,}9.$$

Betrachten wir noch einmal Gl. 356, so erkennen wir den Einfluß von T_a, T_s, q und δ auf die Größe der durch die Reglermasse bedingten Reglerabweichungen: alle vier Größen T_a bis δ stehen im Nenner, je größer also diese Werte, um so kleiner wird η_r. Da außerdem $q = \dfrac{\sqrt{\delta}}{T_r}$ mit wachsendem δ zunimmt, so ist der Einfluß von δ besonders stark. Große Ungleichförmigkeitsgrade vermindern also die nachteilige Einwirkung der Reglermasse ganz erheblich; allerdings bleibt als Übelstand die δ entsprechende große Tourendifferenz zwischen Leerlauf und Vollast.

Nunmehr wollen wir die Untersuchung auf **Regler mit Ölbremse** ausdehnen. Um auch diesen Fall einmal zu behandeln, und um gleichzeitig den nachteiligen Einfluß einer zu starken Dämpfung zu zeigen, setzen wir eine solche Ölbremse voraus, die aperiodische Bewegung liefert. Wir legen hier den Grenzfall zugrunde, daß q gerade Null wird; in der Gleichung für die Eigenschwingung des Reglers

$$T_r^2 \eta'' + T_k \eta' + \delta \eta = 0$$

müssen dann die Konstanten T_r, T_k und δ solche Größen haben, daß in den Wurzeln w der charakteristischen Gleichung

$$T_r^2 w^2 + T_k w + \delta = 0,$$

also in
$$w = -\frac{T_k}{2 T_r^2} \pm \sqrt{\left(\frac{T_k}{2 T_r^2}\right)^2 - \frac{\delta}{T_r^2}}$$

der Ausdruck
$$\sqrt{\left(\frac{T_k}{2 T_r^2}\right)^2 - \frac{\delta}{T_r^2}} = 0$$

wird. Daraus folgt für T_k:

$$T_k = 2\sqrt{\delta}\, T_r \quad \ldots \ldots \ldots (357)$$

und für die beiden gleich großen Wurzeln

$$w_1 = w_2 = w = -\frac{T_k}{2 T_r^2} = -\frac{\sqrt{\delta}}{T_r} \quad \ldots (358)$$

Genau wie auf S. 780 und 781 finden wir hier als Lösung der Reglergleichung
$$T_r^2 \eta'' + T_k \eta' + \delta \eta + \varphi = 0$$
entsprechend der Gl. 333 die Beziehung:
$$\eta = e^{wt}(C_1 + C_2 t) - \frac{\varphi}{\delta} + A + Bt \quad \ldots \quad (359)$$
mit den Werten A und B (s. Gl. 332):
$$A = \pm \frac{T_r^2}{\delta^2 T_a T_s} + \frac{T_k}{\delta^2} \frac{\mu_0}{T_a} \mp \frac{T_k^2}{\delta^3 T_a T_s}, \qquad B = \pm \frac{T_k}{\delta^2 T_a T_s}.$$

Schreiben wir wieder
$$\eta - \left(-\frac{\varphi}{\delta}\right) = \eta_r,$$
so gilt hier für η_r:
$$\eta_r = e^{wt}(C_1 + C_2 t) + A + Bt; \quad \ldots \quad (360)$$
dabei ist $\left(\text{wegen } \dfrac{T_r^2}{\delta} = -\dfrac{1}{w} \text{ und } T_k = 2\sqrt{\delta T_r}\right)$
$$A = \mp \frac{3}{w^2 \delta T_a T_s} - \frac{2\mu_0}{w \delta T_a} \quad \text{und} \quad B = \mp \frac{2}{w \delta T_a T_s} \quad (361)$$
Insbesondere ist für die erste Periode
$$A = \frac{3}{w^2 \delta T_a T_s} - \frac{2\lambda}{w \delta T_a} \quad \text{und} \quad B = +\frac{2}{w \delta T_a T_s}. \quad (361\,a)$$

Die Konstanten C_1 und C_2 ergeben sich hierfür aus den Anfangsbedingungen
$$\eta_{r0} = \eta_0 + \frac{\varphi_0}{\delta} = \lambda - \frac{\lambda \delta}{\delta} = 0$$
und
$$\eta_{r0}' = \eta_0' + \frac{\varphi_0'}{\delta} = 0 + \frac{\mu_0}{\delta T_a} = \frac{\lambda}{\delta T_a},$$
d. h. aus $\quad C_1 + A = 0 \quad$ und $\quad C_2 + w C_1 + B = \dfrac{\lambda}{\delta T_a}$
zu: $\quad C_1 = -A \quad$ und $\quad C_2 = \dfrac{\lambda}{\delta T_a} + wA - B \quad \ldots \,(362)$

Nach Gl. 360 und 361 können nun die Werte von η_r berechnet und zu einer Kurve der η_r zusammengestellt werden; trägt man wieder die Werte η_r von der Geschwindigkeitsparabel aus ab, so erhält man die η-Kurve, deren Schnitt mit der Rückführungsgeraden den Zeitpunkt des Periodenwechsels angibt usw. genau wie früher.

In Fig. 491 wurde ein Beispiel ebenfalls mit $T_a = 10$ Sek.; $T_s = 2$ Sek.; $\delta = 1^0/_0$; $\lambda = 0,4$ und mit $s_r = 1,5$ mm also $T_r = 0,0173$ Sek. durchgeführt.

Nach Gl. 357 machten wir
$$T_k = 2 \cdot \sqrt{0{,}01 \cdot 0{,}013} = 0{,}00346;$$
dann wird nach Gl. 358
$$w = -\frac{\sqrt{0{,}01}}{0{,}0173} = -5{,}77 \text{ Sek.}^{-1}$$
und für die erste Periode nach Gl. 361a und 362
$$A = \frac{3}{5{,}77^2 \cdot 0{,}01 \cdot 10 \cdot 2} + \frac{2 \cdot 0{,}4}{5{,}77 \cdot 0{,}01 \cdot 10} = 1{,}84.$$
$$B = \frac{-2}{5{,}77 \cdot 0{,}01 \cdot 10 \cdot 2} = -1{,}73.$$
$$C_1 = -A = -1{,}84.$$
$$C_2 = \frac{0{,}4}{0{,}01 \cdot 10} - 5{,}77 \cdot 1{,}84 + 1{,}73 = -4{,}87.$$

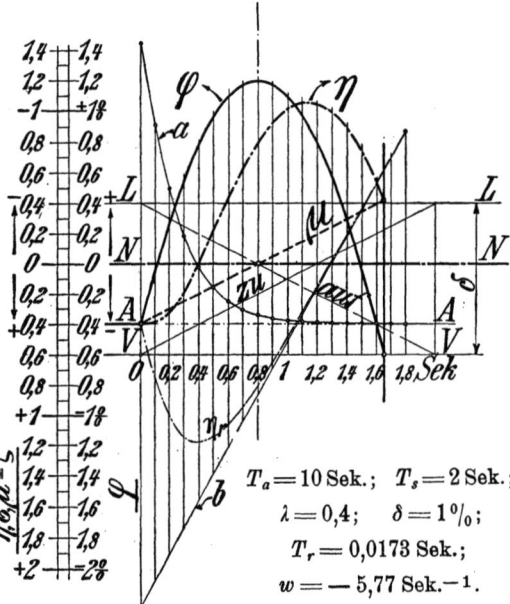

Fig. 491. Regler mit aperiodischer Dämpfung.

$T_a = 10$ Sek.; $T_s = 2$ Sek.;
$\lambda = 0{,}4$; $\delta = 1\%$;
$T_r = 0{,}0173$ Sek.;
$w = -5{,}77$ Sek.$^{-1}$.

Mit diesen Werten wurden für die in Fig. 491 eingetragenen Zeiten η_r berechnet und zu einer η_r-Kurve aufgetragen; die Linie b bedeutet die durch $y = A + Bt$ dargestellte Gerade, die Linie a die Kurve $y = \eta_e = e^{wt}(C_1 + C_2 t)$, so daß sich die η_r-Kurve als Summe der Geraden b und der Kurve a ergibt.

Uns interessiert vor allem das Ergebnis, daß trotz der Ölbremse die Verhältnisse am Schlusse der ersten Periode schlechter sind als zu Anfang: φ ist größer geworden, von $-0{,}4\,\delta$ auf etwa $-0{,}6\,\delta$ gestiegen, μ ist von $+0{,}4$ in $-0{,}4$ übergegangen. Also auch die Ölbremse sichert keineswegs abnehmende Schwingungen. Es bleibt als wirksamstes Mittel zur Unschädlichmachung des Masseneinflusses in erster Linie und fast ausschließlich möglichste Verminderung von T_r, d. h. von s_r. In dieser Richtung hat sich in der Tat auch der Bau von Reglern immer ausgesprochener entwickelt; die vorstehend benutzten winzigen reduzierten Muffenhube von .1,5 mm werden schon als groß angesehen.

Mit größerer Sicherheit (und auch bequemer) läßt sich der Regelungsverlauf verfolgen, wenn veränderliche Geschwindigkeit des Hilfsmotorkolbens vorausgesetzt werden darf. Wir behandeln nunmehr diesen Fall.

β) **Masseneinfluß bei Reglern mit veränderlicher Rückführungsgeschwindigkeit.**

Da wegen der starren Rückführung $\zeta = \mu$ ist, so lauten die Grundgleichungen:

Mtgl: $\varphi' = \dfrac{\mu}{T_a}$ oder $\mu = T_a \varphi'$

HMgl: $\mu' = \dfrac{\sigma}{T_s}$ oder $\sigma = T_s \mu' = T_a T_s \varphi''$

Stgl: $\sigma = \eta - \mu$ oder $\eta = \mu + \sigma = T_a \varphi' + T_a T_s \varphi''$

Rggl: $T_r^2 \eta'' + T_k \eta' + \delta \eta + \varphi = 0$:

Setzt man in die Rggl. die Werte für η, η' und η'' ein, so erhält man als Differentialgleichung für φ:

$$T_r^2 (T_a \varphi''' + T_a T_s \varphi'''') + T_k (T_a \varphi'' + T_a T_s \varphi''') + \delta (T_a \varphi' + T_a T_s \varphi'') + \varphi = 0$$

oder nach den Ableitungen von φ geordnet die Gleichung 4. Ord.:

$$T_a T_s T_r^2 \varphi'''' + (T_a T_r^2 + T_a T_s T_k) \varphi''' + (\delta T_a T_s + T_a T_k) \varphi'' \\ + \delta T_a \varphi' + \varphi = 0 \quad \ldots \ldots \quad (363)$$

Genau dieselbe Gleichung würde auch für μ, σ und η gelten.

Stabilitätskriterien.

Die allgemeine Lösung der Differentialgleichung 363:

$$\varphi = C_1 e^{w_1 t} + C_2 e^{w_2 t} + C_3 e^{w_3 t} + C_4 e^{w_4 t}$$

enthält die Wurzeln w_1 bis w_4 der charakteristischen Gleichung:

$$T_a T_s T_r^2 w^4 + (T_a T_r^2 + T_a T_s T_k) w^3 + (\delta T_a T_s + T_a T_k) w^2 \\ + \delta T_a w + 1 = 0, \quad \ldots \ldots \quad (364)$$

deren Konstanten darüber entscheiden, ob die Schwingungen abklingen oder nicht. Stabilität ist gewahrt, d. h. die Schwingungen nehmen unter allen Umständen ab, wenn alle Koeffizienten positiv sind und nach Gl. 316, Seite 770:

$$D_3 = [(T_a T_r^2 + T_a T_s T_k)(\delta T_a T_s + T_a T_k) - T_a T_s T_r^2 \cdot \delta T_a] \delta T_a \\ - (T_a T_r^2 + T_a T_s T_k)^2 \cdot 1 > 0$$

oder $\delta^2 T_a T_s^2 T_k + \delta T_a (T_r^2 + T_s T_k) T_k - (T_r^2 + T_s T_k)^2 > 0$. (365)

ist. Die Forderung, daß alle Konstanten in der charakteristischen Gleichung 364 positiv sein müssen, bedingt einen positiven Ungleichförmigkeitsgrad δ. Das Stabilitätskriterium Gl. 365 läßt deutlich erkennen, daß eine Ölbremse nötig ist; denn wäre $T_k = 0$, so würde die linke Seite in Gl. 365 kleiner als Null.

Für gegebene Zeitkonstanten T_a, T_s und T_r gehört zu jedem Ungleichförmigkeitsgrad δ ein mindest erforderliches T_k, das aus Gl. 365 berechnet werden kann.

Noch übersichtlicher erscheint Gl. 365, wenn man statt der Zeiten Zeitverhältnisse einführt. Davon ausgehend, daß T_s, die Schlußzeit des Hilfsmotors, so klein wie möglich gemacht, also von vornherein gegeben ist, drücken wir die Verhältnisse der anderen Zeiten zu T_s mit τ aus, setzen also die Zeitverhältnisse

$$\frac{T_a}{T_s} = \tau_a, \quad \frac{T_k}{T_s} = \tau_k \quad \text{und} \quad \frac{T_r}{T_s} = \tau_r,$$

dann geht Gl. 365 über in:

$$\delta^2 \tau_a \tau_k + \delta \tau_a \tau_k (\tau_r^2 + \tau_k) - (\tau_r^2 + \tau_k)^2 > 0 \qquad (365\,\text{a})$$

Betrachtet man die Ölbremse als nachteilig, da die Geschwindigkeitsschwankungen bei Vorhandensein einer Ölbremse größer ausfallen, als ohne eine solche, so wird man diejenigen Verhältnisse als die günstigsten ansehen, für die ein möglichst kleines τ_k[1]) herauskommt. Differenziert man also für den Grenzfall

$$f(\tau_k) \equiv \delta^2 \tau_a \tau_k + \delta \tau_a \tau_k (\tau_r^2 + \tau_k) - (\tau_r^2 + \tau_k)^2 = 0 \,. \quad (366)$$

die Funktion $f(\tau_k)$ nach τ_k, so erhält man als Minimumbedingung für τ_k die Gleichung

$$\delta^2 \tau_a + \delta \tau_a (\tau_r^2 + 2 \tau_k) - 2(\tau_r^2 + \tau_k) = 0$$

oder $\qquad \tau_a [\delta^2 + \delta(\tau_r^2 + 2\tau_k)] = 2(\tau_r^2 + \tau_k); \quad \ldots \quad (367)$

nimmt man dazu die Gl. 366, so erhält man durch Auflösen der Gleichungen 366 und 367 nach τ_k und τ_a für den Grenzfall die Bedingungen

$$\tau_k = \frac{\delta + \tau_r^2}{\delta - \tau_r^2} \tau_r^2 \quad \text{und} \quad \tau_a = 4 \frac{\tau_r^2}{(\delta + \tau_r^2)^2}.$$

Man mache danach die Ölbremse nur so stark, daß

$$\tau_k = \frac{\delta + \tau_r^2}{\delta - \tau_r^2} \tau_r^2 \qquad \ldots \ldots \ldots (368)$$

---

[1]) Diese Forderung hat zuerst Kröner in seiner Doktorarbeit: „Über die indirekte Geschwindigkeitsregelung der Kraftmaschinen" ausgesprochen und entsprechende Schlüsse hieraus gezogen.

Einfluß der Grundgrößen auf die Regelungsvorgänge.

ist, und nehme die Anlaufzeit T_a so groß, daß

$$\tau_a \gtreqless 4 \frac{\tau_r^2}{(\delta + \tau_r^2)^2} \quad \ldots \ldots \ldots (369)$$

wird. Meist ist τ_r^2 gegen δ sehr klein; dann lauten die vorstehenden Bedingungen:

$$\tau_k = \sim \tau_r^2; \quad \tau_a \gtreqless \frac{4\tau_r^2}{\delta^2}.$$

Will man also mit möglichst kleiner Ölbremse auskommen und τ_a recht klein nehmen dürfen, so muß τ_r so klein wie möglich, δ aber groß gemacht werden.

Kröner schlägt für das Verhältnis $\tau_r^2 : \delta$ vor:

$$\frac{\tau_r^2}{\delta} = 0{,}002 \text{ bis } 0{,}0025;$$

schreibt man $\tau_r = \dfrac{T_r}{T_s}$, so wäre danach zweckmäßig

$$\frac{T_r^2}{\delta} = 0{,}002\, T_s^2 \text{ bis } 0{,}0025\, T_s^2.$$

Nach Gl. 295 gilt aber für die Eigenschwingungsdauer T_e die Beziehung

$$T_e^2 = \pi^2 \frac{T_r^2}{\delta},$$

mithin empfiehlt Kröner

$$T_e^2 = \pi^2\, 0{,}002\, T_s^2 \text{ bis } \pi^2\, 0{,}0025\, T_s^2$$

oder $\quad T_e = \pi \cdot 0{,}045\, T_s$ bis $\pi \cdot 0{,}005\, T_s = \tfrac{1}{8} T_s$ bis $\tfrac{1}{7} T_s$,

d. h. die Eigenschwingungsdauer des Reglers sollte höchstens $\tfrac{1}{8}$ bis $\tfrac{1}{7}$ der Schlußzeit betragen. Ob dieser Vorschlag für alle Fälle ausreicht, erscheint fraglich. Jedenfalls aber wird man bei praktischen Erfahrungen sein Augenmerk besonders auf das Verhältnis von Eigenschwingungsdauer des Reglers zur Schlußzeit des Hilfsmotors zu richten haben.

Massenloser Regler mit Ölbremse.

Daß eine Ölbremse zur Vermeidung wachsender Schwingungen notwendig ist, gilt natürlich nur für den Regler mit Masse; bei dem massenlosen Regler wäre eine Ölbremse jedenfalls überflüssig. Daß sie in diesem Falle aber geradezu **schwingungserzeugend** wirken kann, lehrt uns sofort die Stabilitätsbedingung Gl. 365. Setzen wir darin $T_r = 0$, so lautet sie

$$\delta^2 T_a T_s^2 T_k + \delta T_a T_s T_k^2 - T_s^2 T_k^2 > 0$$

oder $\quad \delta^2 T_a T_s + \delta T_a T_k - T_s T_k > 0,$

woraus folgt $\quad T_k < \dfrac{\delta^2 T_a T_s}{T_s - \delta T_a} \quad \ldots \ldots \ldots (370)$

Meist ist δT_a gegen T_s vernachlässigbar klein, daher gilt angenähert:
$$T_k < \delta^2 T_a.$$

Wäre z. B. $\delta = 5\%$, $T_a = 10$ Sek., $T_s = 2$ Sek., so müßte sein
$$T_k < \frac{0{,}05 \cdot 0{,}05 \cdot 10 \cdot 2}{2 - 0{,}05 \cdot 10} = \frac{1}{30} \text{ Sek.};$$
für $\delta = 1\%$ müßte sein
$$T_k < \frac{1}{1000} \text{ Sek.}$$

Man sieht aus diesen Zahlen, daß (besonders bei kleinen Ungleichförmigkeitsgeraden) schon eine verhältnismäßig sehr schwache Ölbremse anstatt schwingungsdämpfend schwingungserzeugend wirken kann. Man vermeide also bei guten Reglern, d. h. solchen mit kleinem reduziertem Muffenhube, die Anwendung einer Ölbremse, sorge jedenfalls dafür, daß T_k den Gl. 365 genügenden Wert nicht überschreitet. Eine zu starke Ölbremse kann ebenso schädlich wirken, wie das Fehlen jedes Bewegungswiderstandes. In Fig. 491 hatten wir bereits einen solchen Fall kennen gelernt; wendet man auf ihn das Stabilitätskriterium Gl. 365 an, so findet man, daß Gl. 365 in der Tat auch nicht annähernd erfüllt wird. (Der Subtrahend der Differenz ist über dreimal so groß wie der Miuuend.)

Das Aufzeichnen der Regelungskurven bietet für irgendeinen gewählten Entlastungsgrad λ bei gegebenen Werten von T_a, T_s, T_r, T_k und δ keine grundsätzlichen Schwierigkeiten. Da die Wurzeln w der charakterischen Gleichung 364 meist sämtlich komplex ausfallen:
$$w_1 = p_1 + q_1 i; \qquad w_2 = p_1 - q_1 i;$$
$$w_3 = p_2 + q_2 i; \qquad w_4 = p_2 - q_2 i,$$
so lauten die Lösungen von φ, μ, σ und η:

$$\left. \begin{aligned}
\varphi &= e^{p_1 t}(C_1 \cos q_1 t + C_2 \sin q_1 t) + e^{p_2 t}(C_3 \cos q_2 t + C_4 \sin q_2 t) \\
\mu &= e^{p_1 t}(C_{1\mu} \cos q_1 t + C_{2\mu} \sin q_1 t) + e^{p_2 t}(C_{3\mu} \cos q_2 t + C_{4\mu} \sin q_2 t) \\
\sigma &= e^{p_1 t}(C_{1\sigma} \cos q_1 t + C_{2\sigma} \sin q_1 t) + e^{p_2 t}(C_{3\sigma} \cos q_2 t + C_{4\sigma} \sin q_2 t) \\
\eta &= e^{p_1 t}(C_{1\eta} \cos q_1 t + C_{2\eta} \sin q_1 t) + e^{p_2 t}(C_{3\eta} \cos q_2 t + C_{4\eta} \sin q_2 t)
\end{aligned} \right\} \quad (361)$$

Die diesen Gleichungen entsprechenden Kurven für φ, μ, σ und η setzen sich also aus je zwei gedämpften Schwingungen zusammen, deren Konstruktion nach dem auf Seite 787 ausführlich erläuterten Verfahren geschehen kann. Unbequem ist nur die Berechnung der Konstanten C_1, $C_2 \ldots C_{4\eta}$. Zwischen den einzelnen Konstanten bestehen zunächst die Beziehungen nach Gl. 318 u. 319:

Einfluß der Grundgrößen auf die Regelungsvorgänge.

$$\left.\begin{aligned}&C_{1\mu}=T_a(p_1\,C_1\ +q_1\,C_2);\ C_{2\mu}=T_a(p_1\,C_2\ -q_1\,C_1)\\ \text{und}\quad&C_{3\mu}=T_a(p_2\,C_3\ +q_2\,C_4);\ C_{4\mu}=T_a(p_2\,C_4\ -q_2\,C_3)\\ &C_{1\sigma}=T_s(p_1\,C_{1\mu}+q_1\,C_{2\mu});\ C_{2\sigma}=T_s(p_1\,C_{2\mu}-q_1\,C_{1\mu})\\ &C_{3\sigma}=T_s(p_2\,C_{3\mu}+q_2\,C_{4\mu});\ C_{4\sigma}=T_s(p_2\,C_{4\mu}-q_2\,C_{3\mu})\end{aligned}\right\}\ (372)$$

Für η brauchen die Konstanten nicht besonders ermittelt werden, da

$$\eta = \sigma + \mu$$

ist, die η-Kurve folglich sofort als Summe der μ- und der σ-Kurve aufgetragen werden kann.

Die Werte C_1, C_2, C_3 und C_4, mit denen die Werte der übrigen Konstanten auszudrücken sind, finden sich auf Grund der Anfangsbedingungen (vgl. S. 761 und 762), die hier lauten:

$$\left.\begin{aligned}\varphi_0&=C_1\ +C_3\ =-\lambda\delta\\ \mu_0&=C_{1\mu}+C_{3\mu}=\ \lambda\\ \sigma_0&=C_{1\sigma}+C_{3\sigma}=\ 0\end{aligned}\right\}\ \ldots\ (373)$$

$$\frac{d\eta_0}{dt}=\eta_0{}'=\mu_0{}'+\sigma_0{}'=\frac{\sigma_0}{T_s}+p_1C_{1\sigma}+q_1C_{2\sigma}+p_2C_{3\sigma}+q_2C_{4\sigma}=0$$

oder $\quad p_1C_{1\sigma}+q_1C_{2\sigma}+p_2C_{3\sigma}+q_2C_{4\sigma}=0\ \ldots\ (374)$

Setzt man in Gl. 373 und 374 die Werte für C_μ und C_σ aus Gl. 372 ein, so gehen die Bestimmungsgleichungen für C_1 bis C_4 über in:

$$\left.\begin{aligned}C_1+0\cdot C_2+C_3+0\cdot C_4&=-\lambda\delta\\ p_1C_1+q_1C_2+p_2C_3+q_2C_4&=\frac{\lambda}{T_a}\\ (p_1{}^2-q_1{}^2)C_1+2p_1q_1C_2+(p_2{}^2-q_2{}^2)C_3+2p_2q_2C_4&=0\\ p_1(p_1{}^2-3q_1{}^2)C_1+q_1(3p_1{}^2-q_1{}^2)C_2+p_2(p_2{}^2-3q_2{}^2)C_3&\\ +q_2(3p_2{}^2-q_2{}^2)C_4&=0.\end{aligned}\right\}\ (375)$$

Allgemein erkennt man hieraus, daß sämtliche Konstanten dem Entlastungsgrad λ proportional werden, daß sich die Regelungsvorgänge für verschiedene Werte von λ genau in denselben Zeitabschnitten abspielen und in allen Teilen ganz gleichartig verlaufen, nur daß alle Ordinaten im Verhältnis λ größer oder kleiner ausfallen.

Von dem Aufzeichnen von Regelungskurven für bestimmte Zahlenbeispiele wurde Abstand genommen, da sich neue Resultate hieraus nicht ergeben. Es würde sich eben nur bestätigen, daß bei Erfüllung des Stabilitätskriteriums Gl. 365 p_1 und p_2 negativ ausfallen, die Schwingungen daher allmählich abklingen, im umgekehrten Falle aber beständig zunehmen. Ist die Reglermasse,

d. h. T_r sehr klein, so nähern sich die Vorgänge dem unter b I S. 784 u. f. behandelten, durch Gl. 345 dargestellten Falle; es entstehen Hauptschwingungen etwa nach den in Fig. 2 Tafel 18 wiedergegebenen Kurven und kleinere Nebenschwingungen, die sich den Hauptschwingungen überlagern. Sollen diese Nebenschwingungen zurücktreten, so ist wieder T_r möglichst klein zu machen; will man mit einem weniger guten Tachometer auskommen, so ist ein befriedigender Reglerverlauf auch erreichbar durch passende Wahl der Ölbremse; man hat aber stets Sorge zu tragen, daß von vornherein die Stabilitätsbedingung Gl. 365 erfüllt wird.

Abänderung der Zeitkonstanten.

Der Umstand, daß die Stabilitätsbedingung Gl. 365 in den Zeiten T_a, T_s, T_k und T_r homogen ist, daß also, wie Gl. 365a zeigt, für die Stabilität des Regelungsvorganges nur die Zeitverhältnisse maßgebend sind, läßt die Frage berechtigt erscheinen: Wie ändern sich die Regelungsvorgänge, wenn man alle Zeitkonstanten in einem konstanten Verhältnis vergrößert oder verkleinert? Wir gehen auf die Grundgleichungen S. 805 oder, um den allgemeinsten Fall zu erledigen, auf die S. 762 zusammengestellten Grundgleichungen zurück:

Rggl: $T_r^2 \eta'' + T_k \eta' + \delta \eta + \varphi = 0;$

Mtgl: $\mu = T_a \varphi';$

Stgl: $\sigma = \eta - \zeta;$

Rfgl: $\dfrac{M_i}{f_i} \zeta'' + T_i \zeta' + \zeta - \beta T_i \mu' - i\mu = 0;$

HMgl: $\mu' = \dfrac{\sigma}{T_s}$ oder $\mu' = \pm \dfrac{1}{T_s}.$

Hierin sind alle Veränderlichen: φ, μ, σ, η und ζ Zahlengrößen; die Gleichungen enthalten ferner noch die Zahlen δ, β und i, außerdem die Zeitkonstanten T_a, T_s, T_i, T_r und T_k. Aber auch der bei ζ'' stehende Faktor kann als Zeitkonstante geschrieben werden, denn $M_i : f_i =$ Masse : Kraft pro Längenänderung 1 ist eine Zeit zum Quadrat; wir setzen

$$\dfrac{M_i}{f_i} = T_m^2,$$

schreiben also die Rfgl:

$$T_m^2 \zeta'' + T_i \zeta' + \zeta - \beta T_i \mu' - i\mu = 0.$$

Wie es wegen der Einführung der verhältnismäßigen Abweichungen als Zahlen selbstverständlich ist, stehen also bei deren Differentialquotienten nach der Zeit als Koeffizienten Potenzen von

Einfluß der Grundgrößen auf die Regelungsvorgänge. 811

Zeitkonstanten, deren Exponent mit dem des Nenners im Differentialquotienten übereinstimmt; z. B. steht bei η'' T_r^2, bei η' T_k, bei η aber eine Zahlenkonstante δ, ebenso bei φ usf.

Vergrößert man daher alle Zeitkonstanten auf das $m$fache, d. h. nimmt man statt T_a mT_a, statt T_s mT_s .. statt T_m mT_m, denkt gleichzeitig aber auch die unabhängige Veränderliche, die Zeit t, $m$mal vergrößert, setzt als mt statt t, so heben sich in allen Grundgleichungen die im Zähler und Nenner hinzukommenden, jedesmal gleich hohen Potenzen von m wieder fort; z. B. wird aus der Rggl:

$$(mT_r)^2 \frac{d^2\eta}{d(mt)^2} + (mT_k)\frac{d\eta}{dmt} + \delta\eta + \varphi \equiv T_r^2\eta'' + T_k\eta' + \delta\eta + \varphi = 0.$$

Oder anders ausgedrückt: **die Grundgleichungen bleiben sämtlich ungeändert, wenn man alle Zeitkonstanten in gleichem Verhältnis abändert.** Nur ist zu beachten, daß dabei die veränderliche Zeit t in dem gleichen Verhältnis zu verändern ist. Die charakteristische Gleichung bleibt bestehen, wir erhalten dieselben Wurzeln w, dieselben Werte p und q. Alle Konstanten in den endlichen Regelungsgleichungen, die aus den Gleichungen 324 zu bestimmen sind und außer von den Wurzeln w nur noch von dem Entlastungsgrad abhängen (wie man aus Gl. 324 erkennt, mit λ proportional wachsen), bleiben ebenfalls bestehen, kurz:

Vergrößert man alle Zeitkonstanten auf das $m$fache, so verlaufen die Regelungsvorgänge genau wie vorher, nur erfordern sämtliche entsprechenden Vorgänge die $m$fache Zeit. Die Regelung bleibt in allen Erscheinungen ungeändert, nur vollzieht sie sich entsprechend langsamer, wenn $m > 1$, oder schneller, wenn $m < 1$ ist.

Würde man beim Niederschreiben der Regelungsgleichungen nicht die $m$mal vergrößerte Zeit, sondern die wirkliche Zeit t einführen, so erhielte man statt

$$w(mt), \quad p(mt) \quad \text{und} \quad q(mt)$$

natürlich $\quad mw \cdot t, \quad mp \cdot t \quad \text{und} \quad mq \cdot t,$

die Wurzeln der charakteristischen Gleichung werden durch Vergrößerung aller Zeitkonstanten auf das $m$fache ebenfalls sämtlich auf das $m$fache erhöht. Führt man statt der Zeiten T ihre Verhältnisse etwa zur Schlußzeit T_s ein: $\tau = \dfrac{T}{T_s}$, so erscheinen auch die Werte w, p und q als Vielfache von T_s, z. B. $w = c_1 T_s$, $p = c_2 T_s$, $q = c_3 T_s \ldots$, worin c_1, c_2, c_3 Funktionen der Zeitverhältnisse τ sind. Auf diese Weise lassen sich Ergebnisse leicht auf andere Fälle übertragen.

2. Einfluß von zeitlicher Verzögerung und der Unempfindlichkeit.

Wir wollen den Einfluß von verspäteter Einwirkung der Hilfsmotorsteuerung und der Bewegungswiderstände, die sich als Unempfindlichkeit des Tachometers bemerkbar machen, nur für den Fall eines massenlosen Reglers mit konstanter Geschwindigkeit des Hilfsmotorkolbens untersuchen.

α) Einfluß einer Verzögerung der Verstellbewegung[1]).

Durch kleine Spielräume in den Gelenken, vor allem durch die Überdeckungen des Steuerkolbens tritt von dem Augenblick an, in welchem die Steuerung des Hilfsmotors ihre Mittellage einnimmt, d. h. $\sigma = 0$, also $\mu = \eta$ wird, bis zu dem Augenblick, in welchem der Hilfsmotorkolben seine umgekehrte Bewegung beginnt, eine gewisse zeitliche Verzögerung ein. Die Rückführung ist demnach eine Zeitlang ausgeschaltet, μ bleibt konstant, die Geschwindigkeitsänderung erfolgt proportional mit der Zeit, die zugehörige Geschwindigkeitskurve ist so lange eine Gerade. Nennen wir die Zeit, die zwischen Erreichung der Steuerungsmittellage ($\sigma = 0$) und Beginn der neuen Bewegung des Hilfsmotorkolbens verfließt, τ, und ist am Ende einer Periode die Motorabweichung μ_e, so ändert sich während der Zeit τ die Geschwindigkeitsabweichung um $\Delta \varphi = \dfrac{\mu_e}{T_a} \tau$; die Geschwindigkeitskurve setzt sich also aus Parabelstücken und geraden Linien zusammen, wobei natürlich die Geraden die beiden zu verbindenden Parabeln tangieren müssen. Beim Aufzeichnen einer Geschwindigkeitskurve für verspäteten Beginn der Hilfsmotorbewegung zeichnen wir also genau wie früher die Parabeln als Teile ein und derselben Parabel, schieben aber jedesmal zwischen zwei Parabeln gerade Stücke ein, die eine Abszisse $= \tau$ und eine Ordinate $= \dfrac{\mu_e}{T_a} \tau$ haben. Bei der üblichen Darstellung sind in der μ-Kurve statt der Werte μ als Ordinaten $\mu\delta$ abgetragen; nennen wir daher die in Fig. 492 als Abstand von der die neue Gleichgewichtslage darstellenden Horizontalen NN aus gemessene Ordinate μ_e, so ist

$$\Delta \varphi = \frac{\tau}{\delta T_a} \cdot \mu_e \qquad \ldots \ldots \quad (376)$$

d. h. μ_e proportional.

---

[1]) Zuerst von Pfarr behandelt in d. Z. d. V. d. I. 1899, S. 1597: Der Reguliervorgang bei Turbinen mit indirekt wirkendem Regulator.

Einfluß der Grundgrößen auf die Regelungsvorgänge. 813

In Fig. 492 wurde zufällig $\frac{\tau}{\delta T_a}=1$, deshalb reichen jedesmal die geraden Verbindungsstücke in der Geschwindigkeitskurve genau bis zur Achse NN. Ist $\frac{\tau}{\delta T_a} \lessgtr 1$, so reichen die Verbindungsgeraden jedesmal nicht ganz an NN heran oder gehen darüber hinaus. Die Erkenntnis, daß $\varDelta\varphi$ proportional mit μ_e abnimmt, erleichtert auch die Entwicklung eines Proellschen Diagramms für diesen Fall; ehe man in Fig. 492 links die neue Rückführungsgerade von dem letzten Schnittpunkte mit der φ-Parabel weiter zieht, muß man zuvor um das Stück $\varDelta\varphi = \frac{\tau}{\delta T_a} \cdot \mu_e$ senkrecht hinunter gehen. Man erkennt aus Fig. 492, daß durch eine zeitliche Verzögerung wohl die Schwingungen hinausgezogen werden, daß sie aber doch in endlicher Zeit aufhören.

Allerdings sieht man beim Vergleich von Fig. 492 und Fig. 489, die beide für dieselben Verhältnisse: $T_a = 10$ Sek.; $T_s = 2$ Sek.; $\delta = 1\,^0/_0$; $\lambda = 0{,}4$ entwickelt wurden, den starken Einfluß einer selbst sehr kleinen Verschleppungszeit τ; obwohl in Fig. 492 τ nur 0,1 Sek. beträgt, dauert doch die Regelung fast 7 Sek. gegenüber 3,2 Sek. in Fig. 489. Man wird daher Sorge tragen, daß τ möglichst klein ausfällt. Spielräume in den Gelenken lassen sich bei sorgfältiger Konstruktion natürlich vermeiden, die unvermeid-

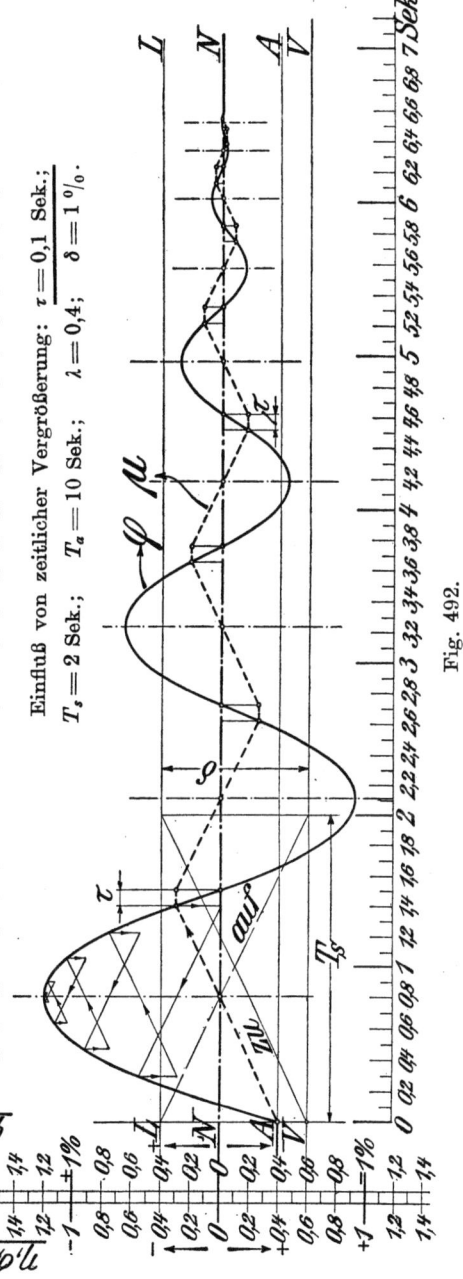

Fig. 492.

baren Deckungen der Steuerschieber sollten auf das zur Erreichung genügender Dichtheit noch unbedingt nötige Maß beschränkt werden; man wird dabei mit Bruchteilen eines Millimeters auskommen müssen.

β) **Einfluß der Unempfindlichkeit des Reglers.**

Der Einfluß einer durch Eigenreibung und Verstellkraft erzeugten Unempfindlichkeit des Reglers kann im Anschluß an Tafel 20, Figur 1, folgendermaßen geprüft werden. Der Unempfindlichkeitsgrad des Reglers sei ε; dann vermag die Reglermuffe sich jedesmal erst in Bewegung zu setzen, wenn die Winkelgeschwindigkeit von der dem Gleichgewicht entsprechenden Geschwindigkeit ω um $\frac{1}{2}\varepsilon\omega$ nach oben oder unten abweicht, d. h. nachdem eine Geschwindigkeitsabweichung (in unserem Sinne) $=\frac{1}{2}\varepsilon$ eingetreten ist. Wir können auch sagen, Geschwindigkeitsparabel und η-Kurve fallen nicht mehr zusammen, die letztere liegt stets um $\frac{1}{2}\varepsilon$ tiefer oder höher als die erstere. Wächst φ, steigt also die Muffe, so liegt die η-Kurve um $\frac{1}{2}\varepsilon$ tiefer als die φ-Kurve, nimmt φ ab, so liegt die η-Kurve um $\frac{1}{2}\varepsilon$ höher als die φ-Kurve. Beginnt in Figur 1, Tafel 20 der Regelungsvorgang mit einer Entlastung $\mu_0 = \lambda$, so bleibt zunächst die Muffe in Ruhe, desgleichen die Hilfssteuerung, φ wächst proportional mit t, die Geschwindigkeitskurve ist eine Gerade, bis φ um $\frac{1}{2}\varepsilon$ gestiegen ist; nun beginnt sich die Muffe zu heben, der Hilfsmotor wird eingeschaltet, die Geschwindigkeitskurve verläuft als Parabel, ebenso die um $\frac{1}{2}\varepsilon$ tiefer ligende η-Kurve. Dies Verhältnis bleibt bestehen, bis der Scheitel der φ-Parabel erreicht ist; da von jetzt an φ kleiner wird, so bleibt die Muffe stehen, bis φ um $2\dfrac{\varepsilon}{2} = \varepsilon$ gesunken ist. Dazu ist eine Zeit t_v erforderlich, die sich nus der Parabelgleichung berechnen läßt zu

$$t_v = \sqrt{2\,\varepsilon\,T_a T_s}.$$

Die η-Kurve bleibt also während der Zeit t_v eine horizontale Gerade, sie durchschneidet dabei die φ-Parabel und läuft nun im Abstande $\frac{1}{2}\varepsilon$ oberhalb der φ-Parabel weiter, bis die Rückführungsgerade sie schneidet. Jetzt beginnt die nächste Periode; es schließt sich sofort eine neue Geschwindigkeitsparabel an, ebenso eine neue η-Parabel, bis beide ihren unteren Scheitel erreicht haben. Nun steigt φ wieder, die Muffe bleibt also während der Zeit t_v stehen, η bleibt konstant, die η-Kurve durchschneidet als Horizontale die φ-Parabel usf.

Man erkennt unschwer, daß die Regelung nicht zu Ende kommt, sich vielmehr einem Beharrungszustand nähert derart, daß in gleichen Zeiten t_b die Geschwindigkeit fortwährend um φ_b aufwärts und abwärts schwankt; dabei schwankt die Motorabweichung ebenfalls beständig zwischen zwei bestimmten Grenzwerten $+\lambda_b$ und $-\lambda_b$. Dieser Beharrungszustand tritt ein, sobald die letzte Motorabweichung $\mu_e = \frac{1}{2}\varepsilon : \delta$ ist. Denn wenn im Beharrungszustande eine Motorgerade um $\frac{1}{2}\varepsilon$ oberhalb der Linie NN und die nächste Motorgerade um $\frac{1}{2}\varepsilon$ unter NN endigt, so liegt der Anfangspunkt der η-Parabel um $\frac{1}{2}\varepsilon$ über NN, ihr Endpunkt um $\frac{1}{2}\varepsilon$ unter NN. Da nun die φ-Parabel um $\frac{1}{2}\varepsilon$ unter der η-Parabel beginnt, um $\frac{1}{2}\varepsilon$ über der η-Parabel endigt, so liegen Anfangs und Endpunkt der φ-Parabel in der Achse NN, folglich muß auch das Gleiche für die folgende φ-Parabel gelten; es wiederholen sich in der Tat fortwährend die Vorgänge, sobald einmal eine Motorgerade $\frac{1}{2}\varepsilon$ über der neuen Gleichgewichtslage begann und $\frac{1}{2}\varepsilon$ darunter endigte. Für den Beharrungszustand tritt also eine dauernde Schwankung der Motorabweichung ein:

$$\pm \lambda_b = \pm \frac{\varepsilon}{2\delta},$$

die dauernde verhältnismäßige Schwankung der Arbeitsleistung beträgt folglich

$$2\lambda_b = \frac{\varepsilon}{\delta} \quad \ldots \ldots \ldots (377)$$

Sie geht in einer Zeit t_b vor sich, die zu berechnen ist aus

$$t_b : 2\lambda_b = T_s : 1,$$

woraus folgt $\qquad t_b = \frac{\varepsilon}{\delta} T_s \quad \ldots \ldots \ldots (378)$

Die bleibende Geschwindigkeitsabweichung $\pm \varphi_b$ findet man nach Gl. 330 zu:

$$\varphi_b = \frac{\lambda_b^2}{2} \frac{T_s}{T_a} = \frac{1}{2}\left(\frac{\varepsilon}{2\delta}\right)^2 \cdot \frac{T_s}{T_a},$$

also die ganze Geschwindigkeitsschwankung

$$2\varphi_b = \left(\frac{\varepsilon}{2\delta}\right)^2 \frac{T_s}{T_a} \quad \ldots \ldots \ldots (379)$$

Sie ist durchaus nicht mit ε übereinstimmend, sondern auch abhängig von δ, T_a und T_s; kleine δ und große Schlußzeiten T_s können die dauernden Geschwindigkeitsschwankungen stark anwachsen lassen.

Bei dem Beispiel auf Tafel 20, Figur 1 ist $T_a = 10$ Sek., $T_s = 2$ Sek., $\delta = 1\,^0/_0$, $\varepsilon = \frac{1}{2}\,^0/_0$ (ε also schon recht klein); damit wird

$$2\varphi_b = \left(\frac{1}{2 \cdot 2 \cdot 1}\right)^2 \frac{2}{10} = \frac{1}{80} = 1{,}25\,^0/_0.$$

Wäre, wie man es bei direkt wirkenden Reglern noch durchaus als zulässig erachtet, $\varepsilon = 2\,^0/_0$, so würde die bleibende Geschwindigkeitsschwankung

$$2\varphi_b = \left(\frac{2}{2\cdot 1}\right)^2 \cdot \frac{2}{10} = \frac{1}{5} = 20\,^0/_0$$

betragen, was jede feinere Regelung ausschlösse. Wir folgern hieraus, daß bei mittelbarer Regelung der Unempfindlichkeitsgrad ganz erheblich kleiner genommen werden muß als bei unmittelbarer Regelung. Nach Gl. 379 findet sich das noch zulässige ε bei einer bleibenden Geschwindigkeitsschwankung $2\varphi_b$:

$$\varepsilon = 2\delta \sqrt{2\varphi_b \cdot \frac{T_a}{T_s}} \quad \ldots \ldots \quad (380)$$

Um große Unempfindlichkeitsgrade unschädlich zu machen, müßte nach Gl. 380 vor allem ein großer Ungleichförmigkeitsgrad angewendet werden.

Für unser Beispiel auf Tafel 20, Figur 1 beträgt nach Gl. 377 die bleibende Arbeitsschwankung

$$2\lambda_b = \frac{\varepsilon}{\delta} = \frac{\frac{1}{2}}{1} = \frac{1}{2},$$

d. h. die Steuerung des Hauptmotors wird fortwährend $\frac{1}{4}$ geöffnet und geschlossen, was sicherlich nicht zur Schonung der Steuerung beitragen dürfte. Auch Gl. 377 drängt also (neben großem δ) dazu, ε so klein, wie nur irgend erreichbar, zu machen.

Die Dauer einer Beharrungsperiode wird nach Gl. 378 hier

$$t_b = \frac{1}{2\cdot 1} T_r = \frac{1}{2}\cdot 2 = 1 \text{ Sek.} = \text{der halben Schlußzeit.}$$

γ) **Einfluß der Unempfindlichkeit in Verbindung mit zeitlicher Verzögerung.**

Noch eindringlicher zeigt sich uns die Notwendigkeit, bei mittelbarer Regelung ε viel kleiner zu machen, als bei direkter Regelung gebräuchlich ist, wenn Unempfindlichkeit und zeitliche Verschleppung zusammenwirken, wie es doch in Wirklichkeit der Fall ist. Der Regelungsvorgang hierfür kann in Figur 2, Tafel 20 verfolgt werden. Links ist ein Proellsches Diagramm eingetragen; die Strecken, um die jedesmal senkrecht von dem Schnittpunkt der Motorgeraden mit der Geschwindigkeitsparabel hinunter zu gehen ist, ehe die neue Motorgerade in dem Proellschen Diagramm angeschlossen werden kann, setzt sich hier aus ε und dem Werte $\Delta\varphi$ nach Gl. 376: $\Delta\varphi = \frac{\tau}{T_a}\mu_e$ zusammen. Für den Beharrungszustand

Einfluß der Grundgrößen auf die Regelungsvorgänge.

wird die bleibende verhältnismäßige Arbeitsschwankung $2\lambda_b = 2\mu_e$, d. h. $\mu_e = \lambda_b$; ferner besteht wieder für die Dauer einer Periode t_b, soweit diese zu der Geschwindigkeitsparabel gehört, die Beziehung $t_b = 2\lambda_b T_s$, und endlich ist noch

$$\frac{\varepsilon + \frac{\tau}{T_a}\mu_e}{t_b} = \frac{\varepsilon + \frac{\tau}{T_a}\lambda_b}{t_b} = \frac{\delta}{T_s},$$

woraus folgt

$$\varepsilon + \frac{\tau}{T_a}\lambda_b = \frac{\delta t_b}{T_s} = \delta \cdot 2\lambda_b$$

oder

$$2\lambda_b = \frac{\varepsilon}{\delta - \frac{\tau}{2T_a}} \quad \ldots \ldots \quad (381)$$

Hiermit findet sich $\quad t_b = \dfrac{\varepsilon}{\delta - \dfrac{\tau}{2T_a}} T_s,$

folglich die Dauer einer Beharrungsperiode im ganzen:

$$t_b + \tau = \frac{\varepsilon T_s}{\delta - \frac{\tau}{2T_a}} + \tau \quad \ldots \ldots \quad (382)$$

und die Geschwindigkeitsschwankung

$$2\varphi_b = \lambda_b^2 \frac{T_s}{T_a} + \frac{\tau}{T_a}\lambda_b \sim \lambda_b^2 \frac{T_s}{T_a} \quad \ldots \quad (383)$$

Unserem Beispiel auf Tafel 20 wurden die außerordentlich kleinen Werte $\varepsilon = \frac{1}{4}\%$ und $\tau = 0{,}05$ Sek. zugrunde gelegt; mit $T_a = 10$ Sek., $T_s = 2$ Sek. und $\delta = 1\%$ findet sich trotzdem nach Gl. 381:

$$2\lambda_b = \frac{0{,}0025}{0{,}01 - \dfrac{0{,}05}{2 \cdot 10}} = \frac{1}{3}$$

und nach Gl. 383:

$$2\varphi_b = \frac{1}{36}\frac{2}{10} + \frac{0{,}05}{10} \cdot \frac{1}{6} = 0{,}56\%.$$

Ohne die kleine zeitliche Verzögerung erhielten wir nach Gl. 377 und 379 $\quad 2\lambda_b = \frac{1}{4}\quad$ und $\quad 2\varphi_b = 0{,}31\%.$

Legten wir aber die doppelte Verschleppungszeit zugrunde, so würde gar

$$2\lambda_b = \frac{0{,}0025}{0{,}01 - \dfrac{0{,}1}{2 \cdot 10}} = \frac{1}{2} \quad \text{und} \quad 2\varphi_b = 1{,}5\%,$$

Tolle, Regelung. 3. Aufl.

d. h. die bleibende Geschwindigkeitsschwankung bei $\varepsilon = \frac{1}{4}\,^0/_0$ noch größer als ohne zeitliche Verschleppung bei $\varepsilon = \frac{1}{2}\,^0/_0$.

Man erkennt aus Gl. 381, daß $\lambda_b = \infty$ wird, wenn

$$\delta = \frac{\tau}{2\,T_a} \quad \text{oder} \quad \tau = 2\,\delta\,T_a$$

ist; bei der geringsten Unempfindlichkeit wachsen in diesem Falle die Schwingungen ins Unendliche, die Regelung wird gänzlich unbrauchbar. Soll die zeitliche Verschleppung ungefährlich sein, so muß δT_a recht groß genommen werden; diese Forderung ist uns schon wiederholt begegnet.

Wir fassen also unsere Untersuchungen dahin zusammen, daß bei indirekter Regelung die Unempfindlichkeit ganz besonders niedrig zu halten und jede zeitliche Verschleppung aufs ängstlichste zu vermeiden ist; nennenswerte zeitliche Verzögerungen in den Verstellbewegungen lassen sich nur durch große Anlaufzeit und großen Ungleichförmigkeitsgrad des Reglers einigermaßen unschädlich machen. Die bleibenden Geschwindigkeitsschwankungen können bei kleinem δ erheblich größer als ε ausfallen.

d) Isodromregler.

1. Massenloser Isodromregler mit veränderlicher Regelungsgeschwindigkeit.

Wir legen als Normalfall einen Regler nach Fig. 480 zugrunde; um den Einfluß der nachgiebigen Rückführung klarer zu erkennen, wollen wir zunächst wieder einen idealen Regler, d. h. einen solchen mit $T_r = 0$, voraussetzen und auch die Isodromvorrichtung als massenlos annehmen. Ist dann

T_a die Anlaufzeit,

T_s die Schlußzeit,

$T_i = \dfrac{k_i}{f_i}$ die Isodromzeit,

δ der Ungleichförmigkeitsgrad des Reglers und

$\beta = \dfrac{m_{max}}{z_{max}}$ die Zahl, die angibt, in welchem Verhältnis die Rückführung schneller erfolgt, als die Bewegung des Hilfsmotorkolbens (für $\beta = 2$ wäre z. B. bei einer Motorabweichung $\mu = \frac{1}{2}$ die entsprechende Rückführungsabweichung $\zeta = 1$), so lauten die Grundgleichungen für einen solchen Isodromregler mit beschleunigter Rückführung (s. S. 762 und 763)

Einfluß der Grundgrößen auf die Regelungsvorgänge.

Rggl: $\delta\eta + \varphi = 0$ oder $\eta = -\dfrac{\varphi}{\delta}$;

Mtgl: $\varphi' = \dfrac{\mu}{T_a}$ oder $\mu = T_a \varphi'$;

HMgl: $\mu' = \dfrac{\sigma}{T_s}$ oder $\sigma = T_s \mu' = T_a T_s \varphi''$;

Stgl: $\sigma = \eta - \zeta$ oder $\eta = \sigma + \zeta$;

Rfgl: $T_i \zeta' + \zeta - \beta T_i \mu' = 0$.

Setzt man $\mu' = T_a \varphi''$ in die Rfgl und $\eta = \sigma + \zeta = T_a T_s \varphi'' + \zeta$ in die Rggl ein, so erhält man für φ und ζ die Gleichungen:

$$\left.\begin{array}{l}\delta(T_a T_s \varphi'' + \zeta) + \varphi = 0 \\ T_i \zeta' + \zeta - \beta T_a T_i \varphi'' = 0\end{array}\right\} \quad \ldots \quad (384)$$

Schreibt man als Lösung dieser beiden simultanen Differentialgleichungen II. O, wie allgemein auf S. 764 gezeigt wurde:

$$\varphi = A e^{wt} \quad \text{und} \quad \zeta = B e^{wt},$$

so gehen die Gleichungen 384 über in

$$(\delta T_a T_s w^2 + 1) A e^{wt} + \delta B e^{wt} = 0$$
$$- T_a \beta T_i w^2 A e^{wt} + (T_i w + 1) B e^{wt} = 0,$$

die nur möglich sind, wenn die Determinante

$$\varDelta = \begin{vmatrix} \delta T_a T_s w^2 + 1 & \delta \\ -T_a \beta T_i w^2 & T_i w + 1 \end{vmatrix} = (\delta T_a T_s w^2 + 1)(T_i w + 1) + \delta(T_a \beta T_i w^2) = 0$$

ist. Nach Potenzen von w geordnet, lautet also die **charakteristische Gleichung für w**:

$$w^3 + \left(\dfrac{1}{T_i} + \dfrac{\beta}{T_s}\right) w^2 + \dfrac{w}{\delta T_a T_s} + \dfrac{1}{\delta T_a T_s T_i} = 0 \quad . \quad (385)$$

Sie hat stets eine reelle und meist 2 komplexe Wurzeln, so daß die Abweichungen φ bis ζ hier in der Form erscheinen:

$$\left.\begin{array}{l}\varphi = C_1 e^{w_1 t} + e^{pt}(C_2 \cos qt + C_3 \sin qt) \\ \mu = C_{1\mu} e^{w_1 t} + e^{pt}(C_{2\mu} \cos qt + C_{3\mu} \sin qt) \\ \sigma = C_{1\sigma} e^{w_1 t} + e^{pt}(C_{2\sigma} \cos qt + C_{3\sigma} \sin qt) \\ \eta = -\dfrac{\varphi}{\delta}; \quad \zeta = \eta - \sigma\end{array}\right\} \quad . . \quad (386)$$

Wir hätten Gl. 385 und 386 auch unmittelbar niederschreiben können, indem wir in der allgemeinen Gl. 312 $T_r = 0$, $T_k = 0$, $i = 0$ und $M_i = 0$ setzten; der Wichtigkeit des hier zu besprechenden Sonderfalls wegen und um die Einfachheit der Methode zu

820 Mittelbare Regelung.

zeigen, wurde die Ableitung von Gl. 385 noch besonders durchgeführt. Zwischen den Konstanten C_1, $C_{1\mu}$, $C_{1\sigma}$ ... bestehen infolge der Grundgleichungen die schon als Gl. 318 und 319 aufgestellten Beziehungen:

$$\left.\begin{array}{l} C_{1\mu} = T_a w_1 C_1; \quad C_{1\sigma} = T_s w_1 C_{1\mu} = T_a T_s w_1^2 C_1 \\ C_{2\mu} = T_a (p C_2 + q C_3); \quad C_{2\sigma} = T_s (p C_{2\mu} + q C_{3\mu}) \\ C_{3\mu} = T_a (p C_3 - q C_2); \quad C_{3\sigma} = T_s (p C_{3\mu} - q C_{2\mu}) \end{array}\right\} \quad (387)$$

Zur Berechnung der Konstanten C_1 bis C_3 dienen außerdem die Anfangsbedingungen: $\varphi_0 = 0$; $\mu_0 = \lambda$; $\sigma_0 = 0$, d. h.

$$\varphi_0 = C_1 + C_2 = 0,$$

$$\frac{\mu_0}{T_a} = w_1 C_1 + p C_2 + q C_3 = \frac{\lambda}{T_a},$$

$$\frac{\sigma_0}{T_a T_s} = w_1^2 C_1 + (p^2 - q^2) C_2 + 2 p q C_3 = 0,$$

woraus folgt
$$\left.\begin{array}{l} C_1 = -\dfrac{\lambda}{T_a} \dfrac{2p}{(p - w_1)^2 + q^2} \\ C_2 = -C_1 \\ C_3 = \dfrac{\lambda}{T_a} \dfrac{1}{q} \dfrac{q^2 - p^2 + w_1^2}{(p - w_1)^2 + q^2} \end{array}\right\} \quad \ldots \ (388)$$

Nachdem man Gl. 385 nach w aufgelöst und so die Wurzeln w_1, $w_2 = p + qi$ und $w_3 = p - qi$ gefunden hat, kann man nach Gl. 388 und 387 die erforderlichen Konstanten C_1 bis $C_{3\sigma}$ leicht berechnen und dann, um sich ein klares Bild von dem ganzen Regelungsverlaufe zu verschaffen, nach Gl. 386 die Kurven für φ, μ, σ und ζ entwickeln. Die Regelungskurven setzen sich (nach Gl. 386) aus je einer logarithmischen Linie und der Kurve einer gedämpften Schwingung zusammen. Bei der Konstruktion dieser beiden Kurven benutzen wir wieder das auf S. 787 und 788 ausführlich besprochene Verfahren.

Tafel 21 und 22 zeigen die Ergebnisse für fünf verschiedene Fälle, bei denen insbesondere durch Abänderung von δ, β und T_i der Einfluß des Ungleichförmigkeitsgrades, des Beschleunigungsverhältnisses der Rückführung und der Isodromzeit auf den Gang der Regelung geprüft werden sollte. Die obere Figur auf Tafel 21 enthält alle bei der Konstruktion sich ergebenden Hilfskurven: die Kurve für $C_1 e^{w_1 t}$ fein ausgezogen mit Kreuzchen, die Kurve für e^{pt} und für $C_2 \cos qt + C_3 \sin qt$ fein ausgezogen, für $e^{pt}(C_2 \cos qt + C_3 \sin qt)$ fein ausgezogen mit Kreuzchen, schließlich die φ-Kurve stark ausgezogen; in gleicher Weise sind die Hilfslinien für μ unterschieden, aber mit gestrichelten Linien, ebenso die für σ, jedoch mit strich-

Einfluß der Grundgrößen auf die Regelungsvorgänge. 821

punktierten Linien dargestellt. Die ζ-Kurve findet sich als Differenzkurve aus σ und φ. Auch die anderen Figuren auf Tafel 21 und 22 enthalten je nach dem Fall die Kurven für die Einzelbestandteile, deren Studium empfohlen sei, um ihren Einfluß auf den gesamten Verlauf der betreffenden Regelungskurve besser kennen zu lernen.

Ehe man zum Aufzeichnen der Regelungskurven übergeht, wird man auf Grund der charakteristischen Gleichung 385 die Stabilität nachprüfen. Da es sich um eine Gleichung 3. Grades handelt, so ist Gl. 315 zu erfüllen: $D_2 = ab - c > 0$; es muß also hier sein:

$$\left(\frac{1}{T_i} + \frac{\beta}{T_s}\right) \frac{1}{\delta T_a T_s} - \frac{1}{\delta T_a T_s T_i} = \frac{\beta}{\delta T_a T_s^2} > 0.$$

Die Stabilitätsbedingung ist folglich stets erfüllt, sobald δ positiv ist. Die einzige Forderung bei dem (massenlosen) Isodromregler ist die, daß der Regler einen positiven Ungleichförmigkeitsgrad besitzt.

Schon bei der Beschreibung der Isodromvorrichtung auf S. 735 stellten wir fest, daß die Isodromregler zwischen den beiden Grenzfällen der Regler mit starrer Rückführung und der Regler ohne Rückführung liegen. Der erste Grenzfall ist bereits unter C b 1 S. 784 u. f. behandelt worden. Wir wollen hier noch kurz den anderen Grenzfall, den Regler ohne Rückführung, betrachten. Hierfür ist gleichsam die Isodromfeder unendlich hart und der Isodromkatarakt ohne Flüssigkeitswiderstand, d. h. $f_i = \infty$ und $k_i = 0$, oder

$$T_i = \frac{k_i}{f_i} = 0.$$

Setzen wir diesen Wert in die charakteristische Gl. 385 ein, so erhalten wir

$$w^2 + \frac{1}{\delta T_a T_s} = 0.$$

Die Wurzeln dieser Gleichung werden

$$w_2 = +\sqrt{-\frac{1}{\delta T_a T_s}} \quad \text{und} \quad w_3 = -\sqrt{-\frac{1}{\delta T_a T_s}},$$

d. h. es ist $p = 0$ und $q = \sqrt{\frac{1}{\delta T_a T_s}}$.

Nach Gl. 388 wird hiermit

$$C_1 = 0, \quad C_2 = 0$$

und $\quad C_3 = \frac{\lambda}{T_a} \frac{1}{q} = \frac{\lambda}{T_a} \sqrt{\delta T_a T_s} = \lambda \sqrt{\delta \frac{T_s}{T_a}};$

mithin lautet für den Regler ohne Rückführung die Gleichung für φ

$$\varphi = \frac{\lambda}{T_a} \frac{1}{q} \sin qt = \lambda \sqrt{\delta \frac{T_s}{T_a}} \sin \frac{t}{\sqrt{\delta T_a T_s}} \quad \ldots \quad (389)$$

Der Regler vollführt einfache harmonische Schwingungen mit gleichbleibender Amplitude, die nach Gl. 389 um so größer ausfällt, je größer der Entlastungsgrad ist, je größer δ und T_s und um so kleiner T_a gemacht wurde; die Regelung kommt nicht zur Ruhe, sie ist **unbrauchbar**, wie wir bereits früher festgestellt haben.

Für den Regler mit **starrer Rückführung** fanden wir (Gl. 345 und Gl. 340)

$$\varphi = \lambda e^{-\frac{t}{2T_s}} \left[-\delta \cos qt + \frac{1}{q}\left(\frac{1}{T_a} - \frac{\delta}{2T_s}\right) \sin qt \right],$$

dazu
$$q = \sqrt{\frac{1}{\delta T_a T_s} - \left(\frac{1}{2T_s}\right)^2};$$

für die meisten Fälle ist $\dfrac{\delta}{2T_s}$ gegen $\dfrac{1}{T_a}$ zu vernachlässigen und deshalb

$$q \sim \sqrt{\frac{1}{\delta T_a T_s}};$$

$$\varphi \sim \lambda e^{-\frac{t}{2T_s}} \left(-\delta \cos qt + \sqrt{\delta \frac{T_s}{T_a}} \sin qt \right).$$

In den am häufigsten vorkommenden Fällen (δT_a erheblich $< 2T_s$) stimmt also die Frequenz q für Regler mit starrer Rückführung und ohne solche überein, daher wird auch für die Isodromregler, die ja zwischen diesen beiden Grenzfällen liegen, **dasselbe q** als Näherungswert auftreten:

$$q \sim \sqrt{\frac{1}{\delta T_a T_s}} \quad \ldots \ldots \ldots (390)$$

Die Größe der Geschwindigkeitsabweichungen φ, die für den Regler ohne Rückführung zwischen den Maximalwerten

$$\varphi_{max} = \pm \frac{\lambda}{T_a q}$$

schwanken, haben bei dem Regler mit starrer Rückführung ein erstes Maximum, das sich $\left(\text{wegen der Dämpfung durch den Faktor } e^{-\frac{t}{2T_s}}\right)$ etwas kleiner als die aus $-\lambda \delta$ und $\dfrac{\lambda}{T_a q}$ zu bestimmende resultierende Drehstrecke ergeben, mithin nahezu mit $\dfrac{\lambda}{T_a q}$ übereinstimmen wird. Wegen dieser Übereinstimmung der größten Geschwindigkeitsschwankung für Regler mit starrer und für Regler ohne Rückführung darf man schließen, daß auch für Isodromregler die größte Geschwindigkeitsschwankung

Einfluß der Grundgrößen auf die Regelungsvorgänge. 823

$$\varphi_{max} \sim \frac{\lambda}{T_a q} \sim \lambda \sqrt{\delta \frac{T_s}{T_a}} \quad \ldots \ldots (391)$$

sein wird. Die auf Tafel 21 und 22 durchgeführten Beispiele bestätigen die Brauchbarkeit der Näherungsformeln 390 und 391; so ist:
nach den Näherungsformeln:

für Fall a) und b): $q = 2{,}24$ Sek.$^{-1}$; $\varphi_{max} = 1{,}8\,^0/_0$

in Wirklichkeit:

    für a): $q = 1{,}975$,, ; $\varphi_{max} = 1{,}9\,^0/_0$ (bei $\delta = 1\,^0/_0$),

    ,, b): $q = 2{,}13$,, ; $\varphi_{max} = 1{,}95\,^0/_0$

nach den Näherungsformeln:

für Fall c), d) u. e): $q = 1$ Sek.$^{-1}$; $\varphi_{max} = 4\,^0/_0$

in Wirklichkeit:

    für c): $q = 0{,}748$ Sek.$^{-1}$; $\varphi_{max} = 4{,}6\,^0/_0$ (bei $\delta = 5\,^0/_0$).

    ,, d): $q = 0{,}731$,, ; $\varphi_{max} = 5{,}2\,^0/_0$

    ,, e): $q = 0{,}975$,, ; $\varphi_{max} = 4\,^0/_0$

Bei größeren Werten von δ weichen natürlich die Werte von q und φ_{max} mehr von den durch Gl. 390 und 391 bestimmten Näherungswerten ab.

Jedenfalls lehren Gl. 390 und 391, daß auch bei Isodromreglern mit abnehmendem Ungleichförmigkeitsgrad die Verhältnisse immer günstiger werden: mit abnehmendem δ werden die Geschwindigkeitsschwankungen kleiner und q nimmt zu, die Regelung vollzieht sich schneller. Die Größe der Isodromzeit T_i hat auf q und φ_{max} nur einen ganz untergeordneten Einfluß; trotzdem macht sich T_i nach den Regelungskurven auf Taf. 21 und 22, die unter sonst gleichen Verhältnissen für verschiedene T_i und verschiedene Werte von β entwickelt wurden, deutlich bemerkbar.

Wir folgern aus dem Voranstehenden, daß bei Isodromreglern der Ungleichförmigkeitsgrad δ nicht um deswillen beliebig hoch sein darf, weil am Schlusse jedes Regelungsprozesses wieder genau dieselbe Umdrehzahl hergestellt wird, sondern daß auch hier der Ungleichförmigkeitsgrad so klein wie möglich gemacht werden sollte, um die vorübergehenden Geschwindigkeitsschwankungen und deren Dauer so klein wie möglich werden zu lassen. Die früheren Untersuchungen über den Einfluß der Reglermasse, des Unempfindlichkeitsgrades, zeitlicher Verschleppung usw. wiesen uns allerdings auf möglichst große Ungleichförmigkeitsgrade hin. Man darf dabei aber nicht vergessen, daß auch Isodromregler nicht imstande sind, die mit großem δ verknüpften vorübergehenden großen Geschwindigkeitsschwankungen zu vermeiden, daß daher die feinsten Regelungen nur mit kleinen Ungleichförmigkeitsgraden unter weitgehendster Beschränkung des reduzierten Muffenhubes, der Unempfindlichkeit und der Deckung der Steuerschieber zu erzielen sind.

Werden die **Wurzeln** der charakteristischen Gl. 385 sämtlich **reell** (und negativ), so treten keine eigentlichen Schwingungen mehr auf, es nähern sich vielmehr die Abweichungen nach Störung des Gleichgewichtes stetig dem neuen Werte; wir haben eine **aperiodische Regelung**. Wann eine Gleichung 3. Grades lauter reelle Wurzeln hat, kann in folgender Weise geprüft werden. Für den Grenzfall zwischen komplexen und reellen Werten ist $q=0$, d. h. $w_2 = w_3 = p$; die Gleichung 3. Grades

$$w^3 + aw^2 + bw + c = 0$$

muß sich dann in die Faktoren $w + w_1$ und $(w+p)^2$ zerlegen lassen, die Gleichung muß durch $(w+p)^2 = w^2 + 2wp + p^2$ ohne Rest teilbar sein.

Führt man die Division aus:

$$\begin{array}{l} w^3 + aw^2 + bw + c : w^2 + 2pw + p^2 = w + a - 2p \\ \underline{w^3 + 2pw^2 + p^2 w} \\ (a-2p)w^2 + (b-p^2)w + c \\ \underline{(a-2p)w^2 + (a-2p)2pw + (a-2p)p^2}, \end{array}$$

so erhält man den Rest Null, wenn

$$b - p^2 = (a-2p)2p \quad \text{und} \quad (a-2p)p^2 = c$$

ist. Aus beiden Gleichungen folgt durch Elimination von p die Bedingungsgleichung für den Übergang von komplexen zu reellen Wurzeln:

$$4a^3 c + 4b^3 + 27c^2 - a^2 b^2 - 18abc = 0.$$

Um zu entscheiden, ob für den allgemeinen Fall lauter reeller Wurzeln die linke Seite $>$ oder <0 sein muß, setzen wir $c=0$; dann ist bei der quadratischen Gleichung für den Grenzfall

$$4b^3 - a^2 b^2 = 0 \quad \text{oder} \quad 4b - a^2 = 0.$$

Die Lösung der quadratischen Gleichung

$$w^2 + aw + b = 0 : w = \frac{-a \pm \sqrt{a^2 - 4b}}{2}$$

zeigt aber, daß die Wurzeln w reell werden, wenn $a^2 - 4b > 0$ ist; demnach lautet die Bedingung für das Vorhandensein lauter reeller Wurzeln bei der Gleichung 3. Grades:

$$a^2 b^2 + 18abc - 4a^3 c - 4b^3 - 27c^2 > 0 \quad . . \quad (392)$$

Führt man hierin die Werte der Koeffizienten aus der charakteristischen Gl. 385 ein, so erhält man als **Bedingung für aperiodische Regelung bei Isodromreglern:**

$$(1+\beta\tau_i)^2 + 18(1+\beta\tau_i) - 27 - 4(1+\beta\tau_i)^3 \frac{\delta\tau_a}{\tau_i^2} - \frac{4\tau_i^2}{\delta\tau_a} > 0 \quad (393)$$

Versucht man diese Bedingung für bestimmte Zahlenwerte von $\delta\tau_a$ und τ_i zu erfüllen, so sieht man, daß dies nur möglich ist für

$$\beta\tau_i \gtreqless 8 \quad \text{und} \quad \delta\tau_a \geq \frac{\tau_i^2}{27} \geq \frac{64}{27}\frac{1}{\beta^2} \geq \frac{2{,}37}{\beta^2}.$$

Zu diesen Grenzwerten gelangt man durch die Annahme von drei gleichgroßen Wurzeln $w_1 = w_2 = w_3 = p$, indem man in der identischen Gleichung

$$(w+p)^3 = w^3 + \left(\frac{1}{T_i} + \frac{\beta}{T_s}\right)w^2 + \frac{w}{\delta T_a T_s} + \frac{1}{\delta T_a T_s T_i}$$

die Koeffizienten gleich hoher Potenzen einander gleich setzt. Da die Forderung $\delta\tau_a \geq \frac{2{,}37}{\beta^2}$ schon zu sehr großen Werten von T_a bzw. δ führt, wird man β und τ_i für praktisch brauchbare Werte von $\delta\tau_a$ so wählen, daß die linke Seite in Gl. 393, wenn nicht >0, so doch wenigstens möglichst groß wird. Man wird also $\delta\tau_a$ so bestimmen, daß der veränderliche Subtrahend in Gl. 393

$$f(\tau_i,\ \delta\tau_a) \equiv (1+\beta\tau_i)^3 \frac{\delta\tau_a}{\tau_i^2} + \frac{\tau_i^2}{\delta\tau_a}$$

möglichst klein wird. Differenziert man $f(\tau_i, \delta\tau_a)$ nach $\delta\tau_a$ und setzt $\frac{\partial f}{\partial(\delta\tau_a)} = 0$, so erhält man als **Bedingung für möglichste Annäherung an die aperiodische Regelung**

$$\delta\tau_a = \frac{\tau_i^2}{\sqrt{(1+\beta\tau_i)^3}} \quad \ldots \ldots \quad (394)$$

Die im unteren Teil der Tabelle auf S. 830 als zusammengehörig gewählten Werte von $\delta\tau_a$ und τ_i genügen ungefähr Gl. 394, liefern demnach, soweit dies mit Werten $\delta\tau_a < 2{,}37$ erreichbar ist, möglichste Annäherung an die aper. Regelung. Soll nicht τ_a außerordentlich groß genommen werden, so muß bei Werten $\delta\tau_a = 0{,}5$ bis 2 δ schon einen sehr großen Wert erhalten; dann werden (vgl. die Koeffizienten in der Tabelle auf Seite 830) die Geschwindigkeitsschwankungen φ_{max} ebenfalls sehr groß und die Regelung zieht sich außerordentlich lange hin.

Gl. 394 läßt den Nutzen der beschleunigten Rückführung deutlich erkennen: je größer β ist, mit um so kleineren Werten von $\delta\tau_a$ erreicht man Annäherung an die aperiodische Regelung.

Beispiele.

Die auf Taf. 21 und 22 dargestellten Beispiele sollen hauptsächlich den Einfluß der Isodromzeit T_i und des Beschleunigungsverhältnisses β klar machen.

Es liegen folgende Annahmen zugrunde: Anlaufzeit $T_a = 10$ Sek.; Schlußzeit $T_s = 2$ Sek.; Entlastungsgrad $\lambda = 0{,}4$.

1. Beispiel, Fall a): $\delta = 1\,^0/_0$; $T_i = 1$ Sek.; $\beta = 2$. Hiermit wird die Gleichung für w:

$$w^3 + 2w^2 + 5w + 5 = 0;$$

daraus folgt:

$w_1 = -1{,}22$ Sek.$^{-1}$; $\underline{p = -0{,}39 \text{ Sek.}^{-1}}$; $q = 1{,}975$ Sek.$^{-1}$;

ferner nach Gl. 388:

$C_1 = 0{,}68\,^0/_0$; $C_2 = -0{,}68\,^0/_0$ $C_3 = 2{,}32\,^0/_0$

und nach Gl. 387:

$C_{1\mu} = -0{,}084$; $C_{2\mu} = 0{,}484$; $C_{3\mu} = 0{,}044$;
$C_{1\sigma} = 0{,}204$; $C_{2\sigma} = -0{,}204$; $C_{3\sigma} = -1{,}95$.

Dieser Fall wurde auf Taf. 21 als Fall a) durch Aufzeichnen einer φ-Kurve, μ-Kurve, σ-Kurve und ζ-Kurve erledigt; der Unterschied gegen die Fig. 2_1 Taf. 18, die den gleichen Fall für einen Regler mit starrer Rückführung behandelt, ist nicht allzu bedeutend; ein Vergleich beider Figuren fällt zugunsten des Isodromreglers aus.

2. Beispiel: $\delta = 1\,^0/_0$; $T_i = 1$ Sek., aber $\beta = 1$. Hiermit wird die Gleichung für w:

$$w^3 + 1{,}5w^2 + 5w + 5 = 0;$$

daraus folgt:

$w_1 = -1{,}09$ Sek.$^{-1}$; $\underline{p = -0{,}205 \text{ Sek.}^{-1}}$; $q = 2{,}22$ Sek.$^{-1}$;

und nach Gl. 388:

$C_1 = 0{,}311\,^0/_0$; $C_2 = -0{,}311\,^0/_0$; $C_3 = 2{,}016\,^0/_0$.

Der durch $\beta = 1$ bedingte Unterschied gegen Fall a) macht sich hiernach durch ein etwas kleineres w_1, vor allem durch ein erheblich kleineres p bemerkbar. Die Folge hiervon ist ein langsameres Abklingen der Regelung; die beschleunigte Rückführung erscheint also günstiger.

3. Beispiel, Fall b): $\delta = 1\,^0/_0$; $T_i = 5$ Sek.; $\beta = 2$. Hiermit wird die Gleichung für w:

$$w^3 + 1{,}2w^2 + 5w + 1 = 0;$$

daraus folgt:

$w_1 = -0{,}21$ Sek.$^{-1}$; $p = -0{,}5$ Sek.$^{-1}$; $q = 2{,}13$ Sek.$^{-1}$;

Einfluß der Grundgrößen auf die Regelungsvorgänge.

ferner nach Gl. 388:
$C_1 = 0{,}864\,°/_0;$ $\qquad C_2 = -0{,}864\,°/_0;$ $\qquad C_3 = 1{,}756\,°/_0;$
und nach Gl. 387:
$C_{1\mu} = -0{,}0182;$ $\qquad C_{2\mu} = 0{,}4182;$ $\qquad C_{3\mu} = 0{,}0962;$
$C_{1\sigma} = 0{,}0076;$ $\qquad C_{2\sigma} = -0{,}0076;$ $\qquad C_{3\sigma} = -1{,}88.$

Dieser als Fall b) auf Taf. 21 behandelte Fall lehrt, daß die größere Isodromzeit insofern eine günstiger verlaufende φ-Kurve liefert, als diese nur einmal und nur sehr wenig unter die Gleichgewichtslinie geht, die größte Gesamtschwankung im Fall b) also kleiner ausfällt wie im Fall a), daß aber anderseits die Annäherung an die Gleichgewichtslage langsamer vor sich geht. Dieser Umstand ist durch den viel kleineren Wert von w_1 bedingt.

4. Beispiel. $\delta = 1\,°/_0;$ $T_i = 5$ Sek.; aber $\beta = 1$. Hiermit wird die Gleichung für w:
$$w^3 + 0{,}7\,w^2 + 5\,w + 1 = 0;$$
daraus folgt:
$w_1 = -0{,}204$ Sek.$^{-1}$; $\qquad p = -0{,}248$ Sek.$^{-1}$; $\qquad q = 2{,}2$ Sek.$^{-1}$;
und nach Gl. 388:
$C_1 = 0{,}408\,°/_0;$ $\qquad C_2 = -0{,}408\,°/_0;$ $\qquad C_3 = 1{,}9\,°/_0.$

Als Wirkung des kleineren Wertes β zeigt sich also wieder bei sonst fast gleichbleibenden Werten der Konstanten ein wesentlich kleineres p (kaum halb so groß wie beim dritten Beispiel); die beschleunigte Rückführung ist somit auch hier vorteilhaft.

5. Beispiel, Fall c): $\delta = 5\,°/_0;$ $T_i = 1$ Sek.; $\beta = 2$. Hiermit wird die Gleichung für w:
$$w^3 + 2\,w^2 + w + 1 = 0;$$
daraus folgt:
$w_1 = -1{,}757$ Sek.$^{-1}$; $\qquad p = -0{,}1215$ Sek.$^{-1}$; $\qquad q = 0{,}748$ Sek.$^{-1}$;
ferner nach Gl. 388:
$C_1 = 0{,}301\,°/_0;$ $\qquad C_2 = -0{,}301\,°/_0;$ $\qquad C_3 = 6\,°/_0;$
und nach Gl. 387:
$C_{1\mu} = -0{,}0529;$ $\qquad C_{2\mu} = 0{,}4529;$ $\qquad C_{3\mu} = -0{,}05;$
$C_{1\sigma} = 0{,}186;$ $\qquad C_{2\sigma} = -0{,}186;$ $\qquad C_{3\sigma} = -0{,}694.$

Dieser auf Taf. 21 als Fall c) behandelte Fall stellt sich als ziemlich ungünstig heraus (besonders wenn man ihn mit dem Fall a) vergleicht). Die gesamte äußerste Geschwindigkeitsschwankung ist sehr groß, die Schwankungen dauern sehr lange. Wesentlich besser ist Fall d), noch etwas besser wohl Fall e) auf Taf. 21. Die Zahlenwerte für d) und e) siehe nachstehend.

6. Beispiel. $\delta = 5\,^0/_0$; $T_i = 1$ Sek.; aber $\beta = 1$. Hiermit wird die Gleichung für w:
$$w^3 + 1{,}5\,w^2 + w + 1 = 0;$$
daraus folgt:
$w_1 = -1{,}32$ Sek.$^{-1}$; $p = -0{,}09$ Sek.$^{-1}$; $q = 0{,}878$ Sek.$^{-1}$;

ferner nach Gl. 388:
$C_1 = 0{,}315\,^0/_0$; $C_2 = -0{,}315\,^0/_0$; $C_3 = 5\,^0/_0$;

und nach Gl. 387:
$C_{1\mu} = -0{,}042$; $C_{2\mu} = 0{,}442$; $C_{3\mu} = -0{,}017$;
$C_{1\sigma} = 0{,}11$ $C_{2\sigma} = -0{,}11$; $C_{3\sigma} = -0{,}76$.

Dieser Fall ist offenbar noch ungünstiger als Fall c), denn w_1 und p sind hier kleiner, die Schwingungen klingen langsamer ab; auch hier zeigt sich die beschleunigte Rückführung als vorteilhaft.

7. Beispiel, Fall d): $\delta = 5\,^0/_0$; $T_i = 5$ Sek.; $\beta = 2$. Hiermit wird die Gleichung für w:
$$w^3 + 1{,}2\,w^2 + w + 0{,}2 = 0;$$
daraus folgt:
$w_1 = -0{,}266$ Sek.$^{-1}$; $p = -0{,}467$ Sek.$^{-1}$; $q = 0{,}731$ Sek.$^{-1}$;

ferner nach Gl. 388:
$C_1 = 6{,}72\,^0/_0$; $C_2 = -6{,}72\,^0/_0$; $C_3 = 3{,}672\,^0/_0$;

und nach Gl. 387:
$C_{1\mu} = -0{,}178$; $C_{2\mu} = 0{,}578$; $C_{3\mu} = 0{,}319$;
$C_{1\sigma} = 0{,}095$; $C_{2\sigma} = -0{,}095$; $C_{3\sigma} = -1{,}143$.

Die Vergrößerung der Isodromzeit T_i auf 5 Sek. zeigt sich, wie auf Taf. 22, Fall d) ersichtlich ist, als günstig; der Verlauf der Schwingungen ist fast ein aperiodischer und doch ziemlich früh beendet. Noch etwas besser aber stellt sich Fall e) dar, bei dem auf die beschleunigte Rückführung verzichtet, d. h. $\beta = 1$ gemacht wurde.

8. Beispiel, Fall e): $\delta = 5\,^0/_0$; $T_i = 5$ Sek.; $\beta = 1$. Hiermit wird die Gleichung für w:
$$w^3 + 0{,}7\,w^2 + w + 0{,}2 = 0;$$
daraus folgt:
$w_1 = -0{,}224$ Sek.$^{-1}$; $p = -0{,}238$ Sek.$^{-1}$; $q = 0{,}975$ Sek.$^{-1}$;

ferner nach Gl. 388:
$C_1 = 2\,^0/_0$; $C_2 = -2\,^0/_0$; $C_3 = 4{,}08\,^0/_0$;

und nach Gl. 387:
$C_{1\mu} = -0{,}045$; $C_{2\mu} = 0{,}445$; $C_{3\mu} = 0{,}0976$;
$C_{1\sigma} = 0{,}02$; $C_{2\sigma} = -0{,}02$; $C_{3\sigma} = -0{,}914$.

Warum wird eigentlich hier die φ-Kurve so viel besser? Nicht weil infolge des größeren Wertes von q die Schwingungen etwas schneller verlaufen, sondern hauptsächlich deswegen, weil infolge des größeren q nach Gl. 388 für C_1 ein viel kleinerer Wert herauskommt, als im Falle d); die logarithmische Linie $C_1 e^{w_1 t}$ (fein ausgezogen und mit Kreuzchen versehen) verläuft im Falle e) wesentlich flacher als im Falle d.

Wir schließen aus all diesen Beispielen, daß sich der gegenseitige Einfluß der Zeitkonstanten nicht so einfach ausdrücken läßt, um für den günstigsten Regelungsverlauf ohne weiteres die passenden Verhältnisse festlegen zu können. Man wird etwa folgendermaßen vorgehen. Nachdem man sich für den Ungleichförmigkeitsgrad δ mit Rücksicht auf die größten vorübergehenden Geschwindigkeitsschwankungen unter Abwägen des sonstigen günstigen Einflusses eines großen Ungleichförmigkeitsgrades entschieden hat, suche man, wie oben gezeigt wurde, für verschiedene Annahme von T_i und β durch Aufzeichnen der Reglerkurven, mindestens der φ-Kurven, die vorteilhaftesten Bedingungen festzustellen. Für spätere Verwendung günstiger Resultate ist dabei die früher gewonnene allgemeine Erkenntnis von Nutzen, daß die Regelungsvorgänge ungeändert bleiben, wenn alle Zeitkonstanten in demselben Verhältnis vergrößert werden. Legt man bei dem Vergleich die Zeitverhältnisse

$$\tau_a = \frac{T_a}{T_s} \quad \text{und} \quad \tau_i = \frac{T_i}{T_s}$$

zugrunde, setzt als $T_a = \tau_a \cdot T_s$ und $T_i = \tau_i \cdot T_s$, so werden die Wurzeln w, p und q proportional zu T_s und, wie aus der charakteristischen Gl. 385 hervorgeht, nur noch abhängig von $\delta \tau_a$, τ_i und β; die Ausdrücke wT_s, pT_s und qT_s sind also nur Funktionen von $\delta \tau_a$, τ_i und β. Die Konstanten C_1, C_2 und C_3 lassen sich nach Gl. 388 schreiben

$$C_1 = -C_2 = -\frac{\lambda}{T_a : T_s} \frac{2 p T_s}{(pT_s - w_1 T_s)^2 + (qT_s)^2}$$

$$= -\lambda \delta \cdot \left[\frac{1}{\delta \tau_a} \frac{2 p T_s}{(pT_s - w_1 T_s)^2 + (qT_s)^2} \right]$$

$$C_3 = \lambda \delta \cdot \left[\frac{1}{\delta \tau_a} \cdot \frac{1}{qT_s} \frac{(qT_s)^2 - (pT_s)^2 + (w_1 T_s)^2}{(pT_s - w_1 T_s)^2 + (qT_s)^2} \right];$$

sie stellen sich hiernach ebenfalls als Funktionen von $\delta \tau_a$, τ_i und β dar, die außerdem proportional mit $\lambda \delta$ wachsen. Man sieht ferner leicht ein, daß deshalb auch φ_{max} proportional mit $\lambda \delta$ zunimmt, und daß die Zeit t_1, in welcher das erste Geschwindigkeitsmaximum φ_{max} erreicht wird, proportional zu T_s ausfällt. Auf Grund dieser

Mittelbare Regelung.

Erwägungen war es möglich, folgende Tabelle zusammenzustellen, in der für verschiedene Werte von $\delta\tau_a$, τ_i und β die zugehörigen Werte von φ_{max}, t_1, w_1, p, q, C_1 und C_3 angegeben sind.

Tabelle für die Konstanten bei Isodromreglern.

Annahmen			Fall	φ_{max}	t_1	$-w_1 T_s$	$-p T_s$	$-q T_s$	$C_1 = -C_2$	C_3
$\delta\tau_a = 0{,}05$	$\tau_i = 0$			$4{,}5\ \lambda\delta$	$0{,}35\ T_s$	0	0	4,47	0	$4{,}47\ \lambda\delta$
	$\tau_i = 0{,}5$	$\beta = 2$	a	$4{,}75\ \lambda\delta$	$0{,}4\ T_s$	2,44	0,78	3,95	$1{,}70\ \lambda\delta$	$5{,}79\ \lambda\delta$
		$\beta = 1$				2,18	0,41	4,44	$0{,}78\ \lambda\delta$	$5{,}04\ \lambda\delta$
	$\tau_i = 2{,}5$	$\beta = 2$	b	$4{,}9\ \lambda\delta$	$0{,}41\ T_s$	0,42	1	4,26	$2{,}16\ \lambda\delta$	$4{,}39\ \lambda\delta$
		$\beta = 1$				0,408	0,496	4,40	$1{,}02\ \lambda\delta$	$4{,}75\ \lambda\delta$
$\delta\tau_a = 0{,}25$	$\tau_i = 0$			$2\ \lambda\delta$	$0{,}78\ T_s$	0	0	2	0	$2{,}0\ \lambda\delta$
	$\tau_i = 0{,}5$	$\beta = 2$	c	$2{,}3\ \lambda\delta$	$1\ T_s$	3,514	0,243	1,496	$0{,}15\ \lambda\delta$	$3{,}0\ \lambda\delta$
		$\beta = 1$				2,640	0,180	1,756	$0{,}16\ \lambda\delta$	$2{,}5\ \lambda\delta$
	$\tau_i = 2{,}5$	$\beta = 2$	d	$2{,}3\ \lambda\delta$	$1{,}1\ T_s$	0,532	0,934	1,462	$3{,}36\ \lambda\delta$	$1{,}84\ \lambda\delta$
		$\beta = 1$	e	$2\ \lambda\delta$	$0{,}9\ T_s$	0,448	0,476	1,950	$1\ \lambda\delta$	$2{,}04\ \lambda\delta$
$\delta\tau_a = 0{,}5$; $\tau_i = 1{,}5$; $\beta = 1$			fast aperiodisch	$2{,}55\ \lambda\delta$	$1{,}85\ T_s$	1	0,333	0,472	$2\ \lambda\delta$	$7{,}08\ \lambda\delta$
$\delta\tau_a = 1$; $\tau_i = 3$; $\beta = 1$				$1{,}5\ \lambda\delta$	$2{,}12\ T_s$	0,594	0,369	0,652	$1{,}55\ \lambda\delta$	$2{,}07\ \lambda\delta$
$\delta\tau_a = 1{,}5$; $\tau_i = 4{,}5$; $\beta = 1$				$1{,}08\ \lambda\delta$	$2{,}9\ T_s$	0,48	0,37	0,415	$2{,}66\ \lambda\delta$	$2{,}3\ \lambda\delta$
$\delta\tau_a = 2$; $\tau_i = 6$; $\beta = 1$				$0{,}98\ \lambda\delta$	$3{,}6\ T_s$	0,50	0,33	0,240	$3{,}70\ \lambda\delta$	$4{,}8\ \lambda\delta$
$\delta\tau_a = 2{,}37$; $\tau_i = 8$; $\beta = 1$			aperiodisch	$0{,}95\ \lambda\delta$	$4{,}32\ T_s$					

$$\varphi = \frac{\lambda}{T_a}(t - wt^2)\,ewt\,;$$
$$w = 0{,}375 : T_s.$$

Zu der vorstehenden Tabelle sowie den Figuren auf Tafel 21 und 22 sind noch folgende wichtigen Bemerkungen zu machen. Entnimmt man der Tafel 21 für den Fall a) die größte Steuerungsverstellung σ_{max}, so erhält man den Wert $\sigma_{max} = -1{,}35$; der Natur der Sache nach kann aber σ_{max} nur gleich ± 1 sein, mehr wie ganz Öffnen oder Schließen kann die Hilfsmotorsteuerung ja nicht. Zeigt sich also, wie es hier der Fall ist, daß auf Grund der Annahme einer mit der Steuerungsverstellung σ proportionalen Geschwindigkeit des Hilfsmotorkolbens von einem bestimmten Zeitpunkt an $\sigma > 1$ werden müßte, so darf eben von nun ab diese Annahme nicht mehr beibehalten werden; der wirkliche Vorgang spielt sich vielmehr so ab, daß, sobald σ den Wert ± 1 erreicht hat, von nun ab der Hilfsmotorkolben sich mit unveränderlicher Geschwindigkeit weiterbewegt: die φ-Kurve ist eine Zeitlang eine Parabel, die μ-Kurve eine Gerade, die ζ-Kurve verläuft so, wie im Anschluß an Fig. 493 bis 495, S. 832 bis 835, erläutert wird. Die Linienzüge auf Tafel 21, Fall a) sind nicht mehr in ihrem ganzen Verlauf für den gewählten Entlastungsgrad $\lambda = 0{,}4$ gültig;

Einfluß der Grundgrößen auf die Regelungsvorgänge. 831

die Annahme $\mu' = \dfrac{\sigma}{T_s}$ darf hier nur noch für kleinere λ restlos gemacht werden, da für $\lambda = 0{,}4$ $\sigma_{max} = 1{,}35$ werden würde, also für höchstens ein $\lambda = \dfrac{0{,}4}{1{,}35} = 0{,}29$. Für das Beispiel Tafel 22 Fall c) ist mit $\lambda = 0{,}4$ diese Grenze noch nicht überschritten, da sich hierfür $\sigma_{max} = 0{,}58$ ergibt; der Regelungsverlauf ist durch die gezeichnete Figur richtig wiedergegeben für alle Ent- oder Belastungsgrade $\lambda \leqq \dfrac{0{,}4}{0{,}58} = 0{,}69$. Für den Fall b) Tafel 21 ist die σ-Kurve nicht gezeichnet, σ_{max} kann also nicht daraus entnommen werden. Die rechnerische Bestimmung von σ_{max} aus der Gleichung für σ ist, da zur Ermittlung der maßgebenden Zeit t die entsprechende Bedingungsgleichung für σ_{max} als transzendent doch durch Probieren zu lösen wäre, im allgemeinen wohl kaum zu empfehlen. In diesem Falle fand sich (s. S. 826 und 827)

$$\sigma = 0{,}0076\, e^{-0{,}21 t} + e^{-0{,}5 t}\,(-0{,}0076 \cos 2{,}13\, t - 1{,}88 \sin 2{,}13\, t);$$

der erste und der zweite Summand sind so klein, daß sie ohne weiteres fortgelassen werden können, so daß

$$\sigma \sim -e^{-0{,}5 t}\, 1{,}88 \sin 2{,}13\, t$$

ist; für σ_{max} gilt

$$\frac{d\sigma}{dt} = -0{,}5 \cdot \sin 2{,}13\, t + 2{,}13 \cos 2{,}13\, t = 0,$$

woraus folgt $\operatorname{tg} 2{,}13\, t = \dfrac{2{,}13}{0{,}5} = 4{,}13$; $t = 0{,}625$ Sek.,

damit $\underline{\sigma_{max} = 1{,}33}$, d. h. fast genau übereinstimmend mit dem Werte von σ_{max} für den Fall a). Die Isodromzeit T_i ist für die vorliegende Frage ohne nennenswerten Einfluß, dagegen wächst die Grenze für λ, bis zu welcher der Gesamtregelungsvorgang mit einer σ proportionalen Regelungsgeschwindigkeit sich abspielen kann, mit zunehmendem δ, etwa proportional mit $\sqrt{\delta}$. Für $\delta\tau_a = 0{,}05$ in der Tabelle S. 830 liegt die obere Grenze für λ etwa bei $\lambda = 0{,}3$, für $\delta\tau_a = 0{,}25$ etwa bei $\lambda = 0{,}7$.

2. Massenloser Isodromregler mit konstanter Regelungsgeschwindigkeit.

Der Unterschied des Isodromreglers gegen den Regler mit starrer Rückführung (vgl. S. 790 u. f.) besteht unter Voraussetzung konstanter Geschwindigkeit des Hilfsmotorkolbens lediglich darin, daß Rückführungskurve und Motorgerade nicht mehr übereinstimmen,

daß vielmehr eine besondere Rückführungskurve zu konstruieren ist, deren Schnitt mit der Geschwindigkeitsparabel jedesmal den Zeitpunkt eines Periodenwechsels angibt. Wird die Isodromvorrichtung als massenlos vorausgesetzt, so lautet die Rückführungsgleichung:
$$T_i \zeta' + \zeta - \beta T_i \mu' = 0$$
oder nach Einführung von $\mu' = \pm \dfrac{1}{T_s}$:
$$T_i \zeta' + \zeta \mp \beta \frac{T_i}{T_s} = 0,$$
deren Lösung
$$\zeta = C e^{-\frac{t}{T_i}} \pm \frac{\beta T_i}{T_s} \quad \ldots \ldots \quad (395)$$
für jede Periode eine andere logarithmische Linie darstellt. Abgesehen davon, daß die Werte $C e^{-\frac{t}{T_i}}$ abwechselnd von der Hori-

Isodromregler mit konstanter Regelungsgeschwindigkeit:
$T_i = 1$ Sek.; $\beta = 2$; $\delta = 1\%$.
$T_s = 2$ Sek.; $T_a = 10$ Sek.; $\lambda = 0,4$.

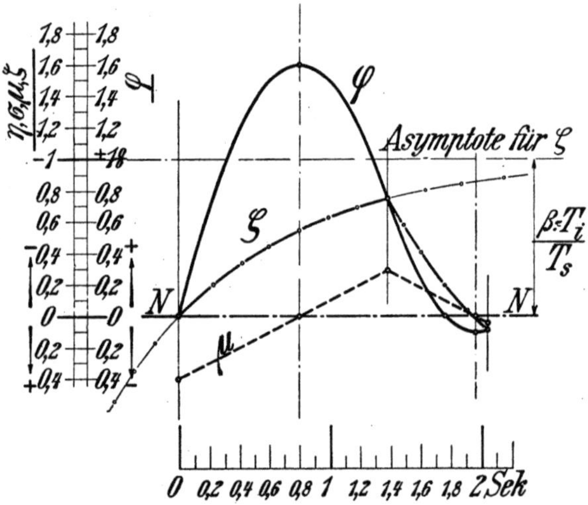

Fig. 493.

zontalen im Abstande $+\dfrac{\beta T_i}{T_s}$ und $-\dfrac{\beta T_i}{T_s}$ aus abzutragen sind, unterscheiden sich die logarithmischen Linien noch durch die Konstanten C. Vergleichen wir jedoch zwei Linien mit den Konstanten C_1 und C_2, indem wir $C_1 = e^{\frac{c_1}{T_i}}$ und $C_2 = e^{\frac{c_2}{T_i}}$ schreiben, so wird
$$C_1 e^{-\frac{t}{T_i}} = e^{\frac{-t+c_1}{T_i}} \quad \text{und} \quad C_2 e^{-\frac{t}{T_i}} = e^{\frac{-t+c_2}{T_i}},$$

Einfluß der Grundgrößen auf die Regelungsvorgänge. 833

d. h. die beiden logarithmischen Linien sind Teile ein und derselben Linie, nur durch den Anfangspunkt für die Zeiten unterschieden, also in horizontaler Richtung gegeneinander verschoben. Die Horizontalen im Abstande $\dfrac{\beta T_i}{T_s}$ oberhalb und unterhalb der Nullinie NN sind offenbar Asymptoten der ζ-Kurven, denn für $t = \infty$ wird $\zeta = \pm \dfrac{\beta T_i}{T_s}$. Das $-$-Zeichen gilt für Schließen, das $+$-Zeichen für Öffnen; die Asymptote oberhalb NN gilt also für die Rückführungskurve beim Schließen, die unterhalb NN beim Öffnen. Im ersten Falle liegt die konvexe Seite der ζ-Kurve oben, im zweiten Falle unten. Von Periode zu Periode läßt sich demnach die Rückführungslinie aus Teilen derselben logarithmischen Linie zusammensetzen, die sich ohne Unterbrechung aneinanderfügen, aber abwechselnd die im Abstande $\beta T_i : T_s$ oberhalb und die im Abstande $\beta T_i : T_s$ unterhalb von NN gelegene Horizontale als Asymptote haben. (Vgl. Fig. 493, 494 und 495.)

Für die erste Periode ist für $t = 0$ $\zeta = 0$, mithin

$$0 = C - \frac{\beta T_i}{T_s}, \quad \text{daraus} \quad C = \frac{\beta T_i}{T_s},$$

folglich lautet die Gleichung der Rückführungskurve für die erste Periode:

$$\zeta = \frac{\beta T_i}{T_s}\left(e^{-\frac{t}{T_i}} - 1\right) \quad \ldots \ldots \quad (396)$$

Wir können auch hier die Frage aufwerfen:

Wann ist bei Isodromreglern die Annahme konstanter Geschwindigkeit des Hilfsmotorkolbens zulässig?

Wie aus Fig. 494 ersichtlich ist, kann sehr wohl der Fall eintreten, daß die Rückführungslinie die Geschwindigkeitsparabel nicht schneidet; für diesen Fall ist dann die Annahme konstanter Geschwindigkeit des Hilfsmotorkolbens nicht mehr zulässig (vgl. S. 794). Rückführungskurve und φ-Parabel schneiden sich aber nicht, sobald die Tangente der ζ-Kurve im Anfangspunkt steiler verläuft als die Tangente der φ-Kurve. Für die Tangente des Neigungswinkels der Parabeltangente mit der Abszissenachse gilt

$$\varphi' = \frac{\mu_0}{T_a} \pm \frac{t}{T_a T_s},$$

für den Anfangspunkt daher

$$\varphi_0' = \frac{\mu_0}{T_a} = \frac{\lambda}{T_a}.$$

Für die Rückführungskurve ist entsprechend

$$\zeta' = \frac{\beta T_i}{T_s}\left(-\frac{1}{T_i}e^{-\frac{t}{T_i}}\right) \quad \text{und} \quad \zeta_0' = -\frac{\beta}{T_s}.$$

Da wir $+\varphi$ nach oben, $+\zeta$ aber nach unten abtragen und überdies eigentlich die η-Kurve mit der ζ-Kurve zum Schnitt zu bringen haben, so fallen die Tangenten an die η- und die ζ-Kurve zusammen, wenn

$$-\frac{\beta}{T_s} = -\frac{1}{\delta}\varphi_0' = -\frac{1}{\delta}\frac{\lambda}{T_a} \text{ ist.}$$

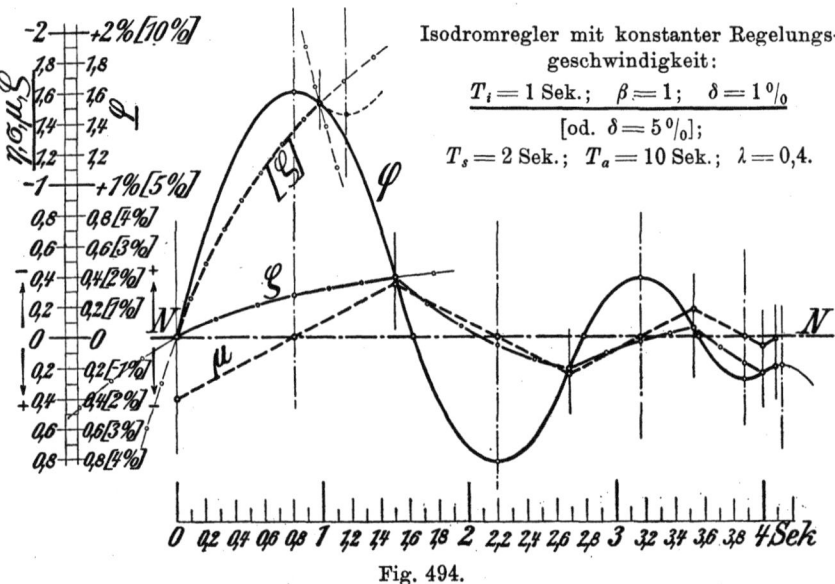

Fig. 494.

Die Annahme konstanter Regelungsgeschwindigkeit ist demnach nur zulässig, solange

$$\frac{\beta}{T_s} < \frac{1}{\delta}\frac{\lambda}{T_a}$$

ist oder

$$\lambda > \frac{\delta \beta T_a}{T_s} \qquad \ldots \ldots \ldots (397)$$

Bis auf den Faktor β stimmt diese Beziehung mit Gl. 350, die für den Regler mit starrer Rückführung gilt, überein. Die beschleunigte Rückführung macht sich ungünstig bemerkbar insofern, als die Grenze für das noch zulässige λ durch $\beta > 1$ noch weiter hinaufgesetzt wird.

Im übrigen gelten für den wirklichen Regelungsverlauf die Ausführungen S. 794 u. 795.

Einfluß der Grundgrößen auf die Regelungsvorgänge. 835

Der **Einfluß** des **Ungleichförmigkeitsgrades** zeigt sich in der Hauptsache wie bei starrer Rückführung: je größer δ, um so schneller klingen die Schwingungen ab (vgl. Fig. 493 und Fig. 494). Der Einfluß der Isodromzeit T_i ist aus Gl. 395 erkennbar: mit wachsendem T_i (und mit zunehmendem β) rücken die beiden Asymptoten für die Rückführungskurve von der Nullinie NN fort und die logarithmische Linie wird weniger stark gekrümmt (vgl. Fig. 493 und 495); es nähert sich mit wachsendem T_i die Rückführungskurve der für starre Rückführung ($T_i = \infty$) gültigen Rückführungsgeraden. Je kleiner

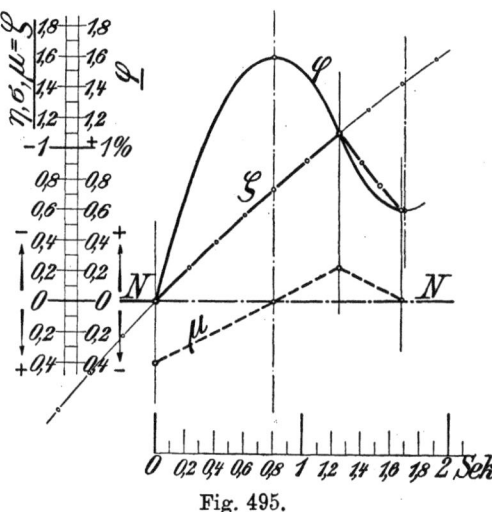

Isodromregler mit konstanter Regelungsgeschwindigkeit: $T_i = 5$ Sek.; $\beta = 2$; $\delta = 1\,^0/_0$.
$T_s = 2$ Sek.; $T_a = 10$ Sek.; $\lambda = 0{,}4$.

Fig. 495.

T_i, um so mehr biegt die ζ-Kurve nach unten ab, um so mehr wird der Regelungsverlauf verschleppt.

3. Massenloser Regler mit einstellbarem Ungleichförmigkeitsgrad der Regelung.

Für Regler nach Fig. 484, die einen kleinen (positiven oder negativen) Ungleichförmigkeitsgrad $\delta_i = i \cdot \delta$ der Regelung herbeiführen, möge zunächst unter Annahme **konstanter Geschwindigkeit des Hilfsmotorkolbens** die Form der Rückführungskurven[1]) (alles andere bleibt dabei ungeändert) im Anschluß an Fig. 496 und Fig. 497 kurz untersucht werden.

Die Rückführungsgleichung lautet dann

$$T_i \zeta' + \zeta - \beta T_i \mu' - i\mu = 0 \quad \text{oder mit} \quad \mu' = \pm \frac{1}{T_s}:$$

$$T_i \zeta' + \zeta \mp \frac{\beta T_i}{T_s} - i\left(\mu_0 \pm \frac{t}{T_s}\right) = 0$$

---

[1]) Zuerst durchgeführt von R. Löwy, Z. d. Elekt. V. Wien, 1908, S. 220 u. f., Der Regulierungsvorgang bei modernen indirekt wirkenden hydraulischen Turbinenregulatoren.

und deren Lösung (s. Gl. 331)

$$\zeta = Ce^{-\frac{t}{T_i}} \pm \frac{T_i}{T_s}(\beta - i) + i\mu_0 \pm \frac{i}{T_s}t \quad \ldots \quad (398)$$

Wie man aus Gleichung 398 sieht, besteht die ζ-Kurve aus zwei Teilen, aus einer reinen logarithmischen Linie, entsprechend $Ce^{-\frac{t}{T_i}}$, und einer Geraden; diese hat für $t=0$ jedesmal eine Anfangsordinate $i\mu \pm \frac{T_i}{T_s}(\beta - i)$ (das $+$-Zeichen gilt für Öffnen, das $-$-Zeichen für Schließen!) und eine Steigung, die i mal so groß ist, wie

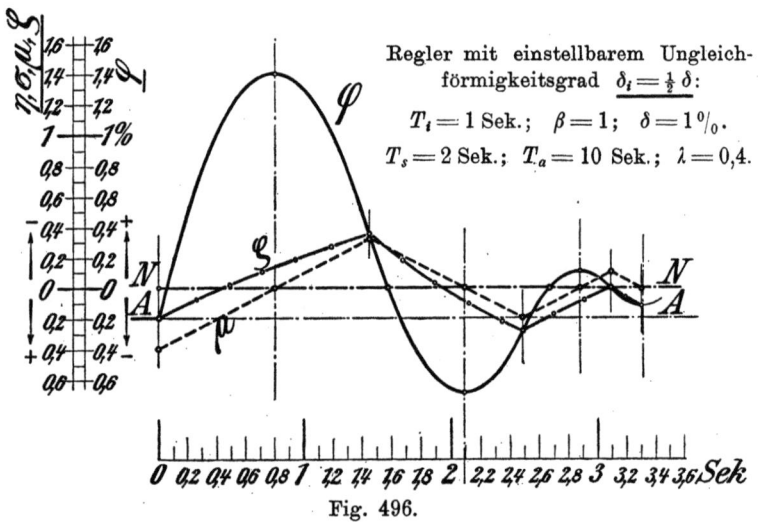

Fig. 496.

die der Motorgeraden $\left(\text{denn diese hat die Gleichung } \mu = \mu_0 \pm \frac{t}{T_s}\right)$. Die Gerade, von der aus die Werte $Ce^{-\frac{t}{T_i}}$ abzutragen sind, um die ζ-Kurve zu erhalten, ist wieder Asymptote der ζ-Kurve, da für $t = \infty$ $Ce^{-\frac{t}{T_i}} = 0$ wird. Wie wir unter β sahen, bedeuten die verschiedenen Konstanten C nur Horizontalverschiebungen der logarithmischen Linie. Wir wenden danach auf Grund der Gl. 398 folgendes Verfahren zum Einzeichnen der Rückführungskurven an: Von einer geneigten Geraden, deren Steigung i mal so groß wie die der Motorgeraden ist, tragen wir die Ordinaten einer logarithmischen Linie $y = e^{-\frac{t}{T_i}}$ ab; diese Linie, mit der geneigten Geraden als Asymptote, verschieben wir nun jedesmal so, daß die Kurve durch den Endpunkt der letzten Rückführungskurve geht, und daß der senkrecht darüber liegende Punkt der Asymptote von der Nullinie aus um

Einfluß der Grundgrößen auf die Regelungsvorgänge. 837

$\pm \dfrac{T_i}{T_s}(\beta - i) = i\mu_0$ entfernt ist; das $+$-Zeichen gilt für Öffnen, das $-$-Zeichen für Schließen. $\dfrac{T_i}{T_s}(\beta - i)$ ist eine konstante Strecke, $i\mu_0$ das $i$fache der zuletzt für den Punkt des Periodenwechsels gefundenen Motorabweichung μ_0.

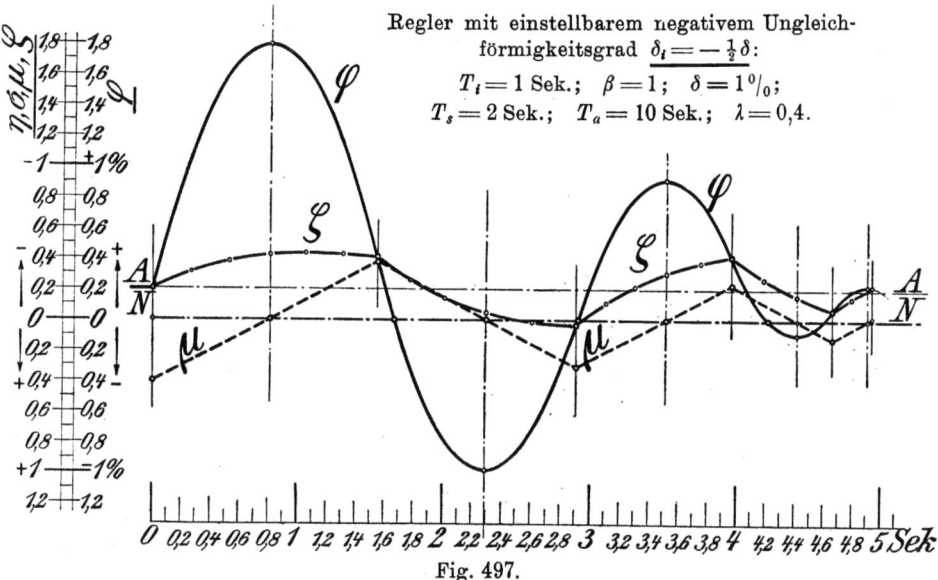

Regler mit einstellbarem negativem Ungleichförmigkeitsgrad $\delta_i = -\tfrac{1}{2}\delta$:
$T_i = 1$ Sek.; $\beta = 1$; $\delta = 1\%$;
$T_s = 2$ Sek.; $T_a = 10$ Sek.; $\lambda = 0{,}4$.

Fig. 497.

Beim Schließen steigt die Asymptote von links unten nach rechts oben, die ζ-Kurve hat ihre konvexe Seite oben; beim Öffnen fällt die Asymptote von links oben nach rechts unten, die ζ-Kurve hat ihre konvexe Seite unten. Für negative Werte von i (s. Fig. 497) haben die Asymptoten die umgekehrte Neigung. Die Folge davon ist eine starke Krümmung nach der Nullinie hin; die Geschwindigkeitsparabel wird in einem tieferen Punkte geschnitten und der Regelungsvorgang bedeutend verschleppt, wie aus Fig. 497 ersichtlich ist.

Noch deutlicher erkennt man den Einfluß von i auf die Stabilität der Regelung, wenn der Betrachtung **veränderliche Geschwindigkeit des Hilfsmotorkolbens** zugrunde gelegt wird, wie es nachstehend geschehen soll. Setzt man in der allgemeinen charakteristischen Gleichung 312 T_r, T_k und $M_i = 0$, so erhält man für den vorliegenden Fall:

$$\delta T_a T_s T_i w^3 + (\delta T_a T_s + \delta T_a \beta T_i)w^2 + (T_i + \delta T_a i)w + 1 = 0$$

oder

$$w^3 + \left(\dfrac{1}{T_i} + \dfrac{\beta}{T_s}\right)w^2 + \left(\dfrac{1}{\delta T_a T_s} + \dfrac{i}{T_s T_i}\right)w + \dfrac{1}{\delta T_a T_s T_i} = 0 \quad (399)$$

Wendet man hierauf die Stabilitätsbedingung Gl. 315 an, so entsteht

$$\left(\frac{1}{T_i}+\frac{\beta}{T_s}\right)\left(\frac{1}{\delta T_a T_s}+\frac{i}{T_s T_i}\right)-\frac{1}{\delta T_a T_s T_i}>0$$

oder
$$\frac{\beta}{\delta}T_i^2 + iT_a(T_s+\beta T_i)>0 \quad \ldots \quad (400)$$

Für positive δ und positive i ist diese Bedingung stets erfüllt. Nimmt man dagegen einen negativen einstellbaren Ungleichförmigkeitsgrad der Regelung $-\delta_i = -i\delta$, so muß nach Gl. 400 der Absolutwert von i der Gleichung genügen

$$i < \frac{\beta T_i^2}{\delta T_a(T_s+\beta T_i)}$$

oder
$$\delta_i = i\delta < \frac{\beta T_i^2}{T_a(T_s+\beta T_i)} \quad \ldots \quad (401)$$

Je kleiner also T_i und je größer T_a, um so kleiner muß der negative Ungleichförmigkeitsgrad der Regelung sein, wenn die Regelung stabil bleiben soll.

Ist z. B. $\beta = 1$, $T_i = 1$ Sek., $T_a = 10$ Sek., $T_s = 2$ Sek., so muß

$$\delta_i < \frac{1}{10\cdot(2+1)} < \frac{1}{30}$$

sein.

Bei einem negativen Wert von δ_i darf dieser also nicht beliebig gewählt werden, sondern muß Gl. 401 Genüge leisten.

4. Einfluß der Massen bei Isodromreglern.

1. Eine ausführliche Untersuchung des Einflusses, den die **Reglermassen** ausüben, können wir uns ersparen. Da im wesentlichen der Regelungsvorgang bei den Isodromreglern dem bei Reglern mit starrer Rückführung gleicht, so werden sich auch die Einwirkungen der Reglermasse, des Unempfindlichkeitsgrades und einer etwaigen zeitlichen Verschleppung in der gleichen nachteiligen Weise bemerkbar machen. Würde man in der allgemeinen charakteristischen Gleichung 312 zunächst $M_i = 0$ setzen und auf die entstehende Gleichung die Stabilitätskriterien Gl. 317 und 317a anwenden, so erhielte man wieder dasselbe Resultat wie früher, daß ohne Ölbremse die Regelung unstabil ist. Um den nachteiligen Einfluß einer Ölbremse nach Möglichkeit auszuschalten, wird man auch hier wieder T_r, d. h. den reduzierten Muffenhub s_r, so klein wie nur irgend möglich machen usf.

2. Von Interesse ist noch der **Einfluß der Masse M_i der Isodromvorrichtung**. Unter Zugrundelegung eines idealen Reglers er-

Einfluß der Grundgrößen auf die Regelungsvorgänge. 839

halten wir mit $T_r = 0$ und $T_k = 0$ aus Gl. 312 die charakteristische Gleichung:

$$\delta T_a T_s \frac{M_i}{f} w^4 + \delta T_a T_s T_i w^3 + \left(\delta T_a T_s + \delta T_a \beta T_i + \frac{M_i}{f}\right) w^2$$
$$+ (T_i + \delta T_a \cdot i) w + 1 = 0 \quad \ldots \ldots \quad (402)$$

insbesondere wird für den reinen Isodromregler (mit $i = 0$):

$$\delta T_a T_s \frac{M_i}{f_i} w^4 + \delta T_a T_s T_i w^3 + \left(\delta T_a T_s + \delta T_a \beta T_i + \frac{M_i}{f_i}\right) w^2$$
$$+ T_i w + 1 = 0 \quad \ldots \ldots \ldots \quad (402\text{a})$$

Wendet man auf Gl. 402 die Stabilitätsbedingung Gl. 316 an, so findet man

$$\left[\delta T_a T_s T_i \left(\delta T_a T_s + \delta T_a \beta T_i + \frac{M_i}{f_i}\right) - \delta T_a T_s \frac{M_i}{f_i} (T_i + \delta T_a i)\right] (T_i + \delta T_a i)$$
$$- \delta^2 T_a^2 T_s^2 T_i^2 > 0$$

oder

$$\delta^2 T_a^2 T_s \left[\beta T_i^3 + i \delta T_a T_s T_i + i \delta \beta T_a T_i^2 - i T_i \frac{M_i}{f_i} - i \delta T_a i \frac{M_i}{f_i}\right] > 0$$

daraus $T_i(\beta T_i^2 + i \delta T_a T_s + i \delta \beta T_a T_i) > i \frac{M_i}{f_i}(T_i + i \delta T_a)$

oder $\dfrac{M_i}{T_i \cdot f_i} < \dfrac{\beta T_i^2 + i \delta T_a T_s + i \delta \beta T_a T_i}{i (T_i + i \delta T_a)} < \dfrac{\beta T_i}{i} + \dfrac{i \delta T_a T_s}{i (T_i + i \delta T_a)}$

oder (vgl. Gl. 298)

$$\frac{M_i}{k_i} < \frac{\beta}{i} T_i + \frac{\delta T_a T_s}{T_i + i \cdot \delta T_a} \quad \ldots \ldots \quad (403)$$

Diese Gleichung sagt uns folgendes:

1. Bei dem reinen Isodromregler ($i = 0$) wird selbst durch eine beliebig große Masse der Isodromeinrichtung die Stabilität nicht gefährdet; denn für $i = 0$ wird die rechte Seite der Gl. 403 $= \infty$. (Damit ist natürlich nicht gesagt, daß die Größe der Isodrommasse für den Regelungsverlauf ohne Einfluß ist; die Isodrommasse wird sich vielmehr dadurch bemerkbar machen, daß in den Regelungskurven für Isodromregler die Teilkurve $C_1 e^{w_1 t}$ in eine weniger schnell abklingende, aperiodisch verlaufende oder gedämpfte Schwingungen darstellende Linie übergeht, die aber auf alle Fälle im Laufe der Zeit abklingt. Um die Geschwindigkeitsschwankungen zu vermindern, wird man deshalb die Isodrommasse möglichst klein halten.)

2. Bei den Reglern mit einstellbarem Ungleichförmigkeitsgrad dagegen darf die Masse der Isodromeinrichtung nicht über einen bestimmten, durch Gl. 403 festgelegten Wert steigen, wenn nicht die Regelung unstabil werden soll. Dieser Grenzwert sinkt mit zu-

nehmendem bleibendem Ungleichförmigkeitsgrade, d. h. mit wachsendem i, steigt dagegen mit wachsendem δT_a; große Werte von δT_a sind folglich auch zur Beseitigung der Nachteile großer Massen der Isodromeinrichtung vorteilhaft.

3. Für negative Werte des einstellbaren Ungleichförmigkeitsgrades nimmt der zulässige Wert M_i sehr rasch ab. Für einen gewissen negativen Wert von i wird $M_i = 0$; dann wird die Regelung schon bei massenloser Isodromeinrichtung unstabil. Dieser Fall tritt nach Gl. 403 ein, wenn

$$\frac{\beta}{i} T_i + \frac{\delta T_a T_s}{T_i + i \delta T_a} = 0$$

ist, d. h. für
$$i = -\frac{\beta T_i^2}{\delta T_a (T_s + \beta T_i)}.$$

Dieser Grenzfall stimmt natürlich mit dem durch Gl. 401 festgelegten vollkommen überein.

e) Einfluß der Wassermasse bei Rohrleitungsturbinen.

Bei Wasserturbinen mit geschlossenen Rohrleitungen beeinflußt die sich bewegende Wassermasse den Regelungsvorgang um so stärker, je länger die Rohrleitung zwischen Turbine und Stauweiher bzw. Wasserschloß ist. Die Mittel zur Verhütung von unzulässigen Drucksteigerungen bei plötzlichen größeren Entlastungen der Turbine werden später noch besprochen werden, hier soll nur kurz gezeigt werden, welche Bedingungen hinsichtlich Anlaufzeit T_a und Ungleichförmigkeitsgrad δ erfüllt sein müssen, damit der Regelungsvorgang stabil ist. Es seien:

L die Länge der Rohrleitung vom Querschnitt F,
Q die veränderliche Wassermenge, die in 1 Sek. die Leitung durchfließt,
$v = Q : F$ also die veränderliche Wassergeschwindigkeit,
Q_{max} und $v_{max} = Q_{max} : F$ die entsprechenden Höchstwerte bei Vollast,
H_s das statische Gefälle, das bei Entlastung der Turbine
h als dynamische Drucksteigerung erfährt,
$T_l = \dfrac{L v_{max}}{g H_s}$ die sog. Anlaufzeit der Rohrleitung (diese Bezeichnung ist dadurch gerechtfertigt, daß die gesamte Wassermasse in der Rohrleitung $\dfrac{L F \gamma}{g}$ infolge der Druckhöhe H_s, d. h. durch die Kraft $F H_s \gamma$ eine Beschleunigung $b = \dfrac{g \cdot F H_s \gamma}{L F \gamma} = \dfrac{g H_s}{L}$ erfährt, zur Herbei-

führung der Geschwindigkeit v_{max} also eine Zeit $T_l = \dfrac{v_{max}}{b} = \dfrac{L v_{max}}{g H_s}$ erforderlich ist). Dann bestehen zwischen Q, v und h folgende Beziehungen:

Aus $v = Q : F$ folgt zunächst $\dfrac{dv}{dt} = \dfrac{dQ}{dt}\dfrac{1}{F}$; die Drucksteigerung h bewirkt ferner eine (negative) Beschleunigung der Wassermasse $\dfrac{L F \gamma}{g}$:

$$\frac{dv}{dt} = -\frac{F h \gamma}{L F \gamma : g} = -\frac{h g}{L} = -\frac{h}{H_s}\frac{v_{max}}{T_l},$$

mithin ist
$$\frac{h}{H_s} = -\frac{dQ}{dt}\frac{1}{F}\cdot\frac{T_l}{v_{max}} = -\frac{dQ}{dt}\frac{T_l}{Q_{max}} \quad \ldots \quad (404)$$

Ist ferner μ_a die augenblickliche absolute Motorabweichung (vgl. S. 748), so würde bei unveränderlichem Druck H_s in der Rohrleitung die sekundlich durch den Motor fließende Wassermenge $Q = \mu_a \cdot Q_{max}$ sein; da nun aber entsprechend der um h gesteigerten Druckhöhe die Durchflußgeschwindigkeit im Verhältnis

$$\sqrt{2g(H_s + h)} : \sqrt{2 g H_s} = \sqrt{1 + \frac{h}{H_s}}$$

größer ist, wird in Wirklichkeit

$$Q = \mu_a Q_{max} \cdot \sqrt{1 + \frac{h}{H_s}} \sim \mu_a Q_{max}\left(1 + \frac{1}{2}\frac{h}{H_s}\right);$$

setzt man hierin den Wert für $h : H_s$ nach Gl. 404 ein, so erhält man

$$Q = \mu_a Q_{max}\left(1 - \frac{dQ}{dt}\frac{T_l}{Q_{max}}\right),$$

wofür man auch mit Einführung der verhältnismäßigen Wassermenge
$$q = \frac{Q}{Q_{max}} \qquad \text{schreiben kann:}$$

$$q = \mu_a - \frac{1}{2}\mu_a T_l \frac{dq}{dt} \quad \ldots \ldots \quad (405)$$

Unseren bisherigen Methoden besser angepaßt wäre die Einführung der verhältnismäßigen Abweichungen q und μ nicht von der Leerlaufstellung L, sondern von der anzustrebenden neuen oder von der bei Störung des Beharrungszustandes vorhandenen alten Stellung (des Hilfsmotorkolbens). Für die Anfangswerte q_0 und μ_{a0} gilt insbesondere $q_0 = \mu_{a0}$, weil hier h noch gleich Null, also auch nach Gl. 404 $\dfrac{dq}{dt} = 0$ ist, woraus nach Subtraktion von Gl. 405, da

$$\frac{dq}{dt} = \frac{dq^*}{dt} \qquad \text{ist, folgt:}$$

$$q^* = \mu^* - \frac{1}{2}\mu_a T_l \frac{dq^*}{dt} \quad \ldots \ldots \quad (405\text{a})$$

q^* und μ^* sind hierin die verhältnismäßigen **Abweichungen von der alten Gleichgewichtsstellung** (vgl. S. 778).

Um die in q^* und μ^* nicht lineare Differentialgleichung einer praktisch brauchbaren Lösung zuführen zu können, setzen wir statt des veränderlichen Wertes μ_a einen passenden **Mittelwert** μ_{am} der verhältnismäßigen absoluten Motorabweichung[1]) und erhalten damit als **Grundgleichung für die veränderliche sek. Wassermenge** in der Rohrleitung:

$$\frac{1}{2}\mu_{am} T_l \cdot \frac{dq^*}{dt} + q^* - \mu^* = 0 \quad \ldots \ldots \quad (406)$$

Vorstehende Gleichung bleibt auch noch gültig, wenn unter q^* und μ^* die verhältnismäßigen Abweichungen von der **neuen Gleichgewichtslage** verstanden werden; denn für den Beharrungszustand werden q und μ Null bzw. gleich groß, die Differenz $q^* - \mu^*$ hat denselben Wert, gleichgültig, ob q^* und μ^* von der alten oder der neuen Beharrungsstellung aus gemessen werden.

Behufs Aufstellung einer entsprechenden **Grundgleichung für die Schwungradmasse** gehen wir von der Arbeitsgleichung

$$d\mathfrak{A} = dE = d\left(\frac{J\omega^2}{2}\right) = J\omega \cdot d\omega$$

aus. Nach der Definition der Anlaufzeit (Gl. 235, S. 483) ist

$$T_a L_{max} = J\omega_m^2,$$

worin L_{max} die größte Motorleistung, also hier $L_{max} = \gamma Q_{max} \cdot H_s$, mithin $J\omega_m = \dfrac{T_a \cdot \gamma Q_{max} \cdot H_s}{\omega_m}$; $d\mathfrak{A}$ läßt sich danach schreiben:

$$d\mathfrak{A} = J\omega_m \cdot d\omega = T_a \gamma Q_{max} H_s \cdot \frac{d\omega}{\omega_m} = T_a \gamma Q_{max} H_s \cdot d\varphi.$$

Andererseits wird $d\mathfrak{A} = (\gamma QH - \gamma Q_n H_s)dt$, worin Q_n die der neuen Beharrungsstellung entsprechende sek. Wassermenge ist. Folglich gilt

$$(\gamma QH - \gamma Q_n H_s)dt = T_a \gamma Q_{max} H_s \cdot d\varphi$$

oder $\quad \dfrac{Q}{Q_{max}} \dfrac{(H_s+h)}{H_s} - \dfrac{Q_n}{Q_{max}} = q\left(1+\dfrac{h}{H_s}\right) - q_{an} = T_a \dfrac{d\varphi}{dt}.$

---

[1]) Dr. **Kröner**, der die vorliegende Aufgabe zuerst in praktisch verwertbarer Form gelöst hat (s. Zschr. f. d. gesamte Turbinenwesen 1920, Heft 29: „Über die Berechnung der Schwungmassen bei Wasserturbinen mit langen Rohrleitungen"), nimmt für μ_a den Anfangswert μ_{a0}; bei einigermaßen großen Belastungsänderungen dürfte die damit herbeigeführte Ungenauigkeit doch wohl zu groß und ein Mittelwert, etwa das arithmetische Mittel aus der alten und der neuen verhältnismäßigen absoluten Motorabweichung (von der Leerlaufstellung), zweckmäßiger sein.

Einfluß der Wassermasse bei Rohrleitungsturbinen. 843

Setzt man hierin nach Gl. 404 $\dfrac{h}{H_s} = -\dfrac{dq}{dt}T_l$, so erhält man

$$q - q_{an} - q\dfrac{dq}{dt}T_l = T_a\dfrac{d\varphi}{dt}.$$

Um diese Gleichung linear zu gestalten, setzen wir wieder für den Faktor q bei $\dfrac{dq}{dt}$ einen angemessenen Mittelwert $q_{am} = \mu_{am}$ und erhalten, indem wir noch $q - q_{an}$ zu der verhältnismäßigen Abweichung von der neuen Gleichgewichtslage q_n zusammenziehen:

$$q_n - \mu_{am}T_l\dfrac{dq_n}{dt} = T_a\dfrac{d\varphi}{dt} \quad \ldots \ldots (407)$$

Sollen die Abweichungen von der alten Gleichgewichtslage aus gemessen werden, so ist einfach $q_n = q^* - \lambda$ (mit $\lambda =$ Entlastungsgrad) zu setzen:

$$q^* - \lambda - \mu_{am}T_l\dfrac{dq^*}{dt} = T_a\dfrac{d\varphi}{dt} \quad \ldots (407a)$$

Durch Elimination von q aus Gl. 406 und 407 gewinnen wir schließlich eine Beziehung nur zwischen μ und φ, d. h. eine Gleichung, die an Stelle der **Motorgleichung** 286 S. 748 tritt, wenn die Wassermasse in der Rohrleitung berücksichtigt werden soll, wie folgt: durch Ausscheiden von $\dfrac{dq^*}{dt}$ findet sich

$$3q^* - \lambda - 2\mu^* = T_a\dfrac{d\varphi}{dt} \quad \text{oder} \quad q^* = \dfrac{\lambda}{3} + \dfrac{2}{3}\mu^* + \dfrac{1}{3}T_a\dfrac{d\varphi}{dt},$$

daraus $\dfrac{dq^*}{dt} = \dfrac{2}{3}\dfrac{d\mu^*}{dt} + \dfrac{1}{3}T_a\dfrac{d^2\varphi}{dt^2};$

in Gl. 406 eingesetzt, gibt

$$\mu_{am}T_l\left(\dfrac{1}{3}\mu^{*\prime} + \dfrac{1}{6}T_a\varphi''\right) + \dfrac{\lambda}{3} + \dfrac{2}{3}\mu^* + \dfrac{1}{3}T_a\varphi' - \mu^* = 0 \quad \text{oder}$$

$$\tfrac{1}{2}\mu_{am}T_lT_a\varphi'' + T_a\varphi' + \mu_{am}T_l\mu^{*\prime} - \mu^* + \lambda = 0 \,. \quad (408)$$

bzw. mit μ als verhältnismäßige Abweichung von der neuen Gleichgewichtsstellung:

$$\tfrac{1}{2}\mu_{am}T_lT_a\varphi'' + T_a\varphi' + \mu_{am}T_l\mu' - \mu = 0 \quad . \quad (408a)$$

Wird $T_l = 0$, d. h. wird die Wassermasse in der Rohrleitung nicht berücksichtigt, so geht Gl. 408a in die Motorgleichung 286 über. Am stärksten macht sich nach Gl. 408 die Wirkung der Wassermasse in der Nähe der Vollbelastung bemerkbar, wenn $\mu_{am} \sim 1$ ist, was ja auch unmittelbar einleuchtet, da dann die Wassergeschwindigkeit in der Leitung, also auch die Wucht der bewegten Wassermasse am größten ist.

Alle früheren Untersuchungsmethoden und Grundgleichungen bleiben auch mit Berücksichtigung der Wirkung der Wassermasse in der Rohrleitung gültig, nur tritt an Stelle der Motorgleichung 286, S. 748, Gl. 408 bzw. 408a.

1. Beispiel. Isodromregler mit veränderlicher Regelungsgeschwindigkeit.

Es gelten folgende Gleichungen:

Gl. 408a: $\frac{1}{2}\mu_{am} T_l T_a \varphi'' + T_a \varphi' + \mu_{am} T_l \mu' - \mu = 0$,

Rggl.: $\delta \eta + \varphi = 0$ oder $\eta = -\frac{\varphi}{\delta}$,

HMgl.: $\mu' = \frac{\sigma}{T_s}$ oder $\sigma = T_s \mu'$,

Stgl.: $\sigma = \eta - \zeta$ oder $\eta = \sigma + \zeta$,

Rfgl.: $T_i \zeta' + \zeta - \beta T_i \mu' = 0$.

(Vgl. S. 819.)

Durch Ausscheiden von η, σ und ζ aus den letzten vier Gleichungen findet man zunächst:

$$\frac{T_i}{\delta}\varphi' + \frac{\varphi}{\delta} + T_i T_s \mu'' + (T_s + \beta T_i)\mu' = 0;$$

dazu Gl. 408a, gibt die Lösung für φ, μ ...:

$$\varphi = C_1 e^{w_1 t} + C_2 e^{w_2 t} + C_3 e^{w_3 t} + C_4 e^{w_4 t}$$

mit der charakteristischen Gleichung für w:

$$T_i T_s \tfrac{1}{2}\mu_{am} T_l T_a w^4 + \{(T_s + \beta T_i)\tfrac{1}{2}\mu_{am} T_l T_a + T_i T_s \delta T_a\} w^3$$
$$+ \{(T_s + \beta T_i)\delta T_a - T_i \mu_{am} T_l\} w^2 + \{T_i - \mu_{am} T_l\} w + 1 = 0.$$

Daraus folgen zunächst als Bedingungen für die Stabilität:

und $\left.\begin{array}{l} T_i > \mu_{am} T_l \\ \delta T_a > \dfrac{\mu_{am} T_l}{\dfrac{T_s}{T_i} + \beta} \end{array}\right\}$ . . . . (409)

Für den Grenzfall der starren Rückführung ($T_i = \infty$ und $\beta = 1$) ist die erste Bedingung ohne weiteres erfüllt; die zweite lautet alsdann

$$\delta T_a > \mu_{am} T_l \quad \ldots \ldots \ldots (410)$$

insbesondere für den ungünstigsten Fall, daß der Regelungsvorgang sich bei annähernder Vollbelastung vollzieht:

$$\delta T_a > T_l \quad \ldots \ldots \ldots (410\text{a})$$

Einfluß der Wassermasse bei Rohrleitungsturbinen. 845

Beim Fehlen einer Rückführung treten offenbar nicht nur bleibende, sondern zunehmende Schwingungen auf.

Die untere Gleichung 409 lehrt, daß die Wassermasse in der Rohrleitung um so leichter, d. h. durch ein um so kleineres δT_a beherrscht werden kann, je größer β und um so kleiner T_i ist, sofern nach der oberen Gleichung 409 $T_i > \mu_{am} T_l$ bleibt. Jedenfalls liefert auch beim beliebigen Isodromregler die Gleichung 410a einen unbedingt ausreichenden Grenzwert für δT_a. Schließlich wäre noch die Stabilitätsbedingung Gl. 316 S. 770 auf Grund der obigen charakteristischen Gleichung nachzuprüfen.

2. Beispiel. Regler mit unveränderlicher Regelungsgeschwindigkeit und starrer Rückführung.

Mit $\mu' = \pm \dfrac{1}{T_s}$ oder $\mu = \mu_0 \pm \dfrac{t}{T_s}$ (vgl. S. 776 u. f.), d. h.

$$\mu^* = \pm \dfrac{t}{T_s}$$

geht Gl. 408 (für Entlastung!) über in

$$\tfrac{1}{2}\mu_{am} T_l T_a \varphi^{*\prime\prime} + T_a \varphi^{*\prime} - \mu_{am}\dfrac{T_l}{T_s} + \dfrac{t}{T_s} - \lambda = 0.$$

Die Lösung dieser Differentialgleichung wird (vgl. S. 780)

$$\varphi^* = C_1 e^{-\dfrac{2t}{\mu_{am} T_l}} + A + Bt + Ct^2,$$

worin die Konstante C_1 aus der Anfangsbedingung (für $t=0$ wird $\varphi = \varphi_0$) und die Größen A, B und C durch Koeffizientenvergleichung gefunden werden; so ergibt sich:

$$\varphi^* = -\dfrac{3}{4}\dfrac{(\mu_{am} T_l)^2}{T_s T_a}\left(1 - e^{-\dfrac{2t}{\mu_{am} T_l}}\right)$$
$$+ \left(\dfrac{\mu_0}{T_a} + \dfrac{3}{2}\dfrac{\mu_{am} T_l}{T_s T_a}\right)t - \dfrac{1}{2 T_s T_a}t^2 \quad \ldots \text{ (411)}$$

An Stelle der Geschwindigkeitsparabel nach Gl. 329 S. 778 tritt jetzt eine andere Kurve (aus einer mit der früheren φ-Parabel übereinstimmenden Parabel und einer e-Kurve zusammengesetzt), die im wesentlichen parabelähnlich, und zwar, weil nach Gl. 411 (bei Entlastung des Motors) die Geschwindigkeitsabweichungen größer sind als nach Gl. 329, bis zum ersten Schnitt mit der Rückführungsgeraden oberhalb der alten Geschwindigkeitsparabel nach Gl. 329 verläuft. Diese neue Geschwindigkeitskurve ist weiterhin genau so zu verwerten wie früher die Geschwindigkeitsparabel, und zwar nicht nur für den Fall starrer Rückführung, sondern auch für Isodromregler (s. S. 831 bis 838).

Während früher der nächste Schnitt der Rückführungsgeraden mit der φ-Parabel ohne weiteres jedesmal in einem kleineren Abstand von der anzustrebenden neuen Gleichgewichtsstellung lag als der vorhergehende, die Regelung also unbedingt stabil war, ist dies jetzt nicht mehr von selbst der Fall. Damit hier die Regelung stabil bleibt, muß vielmehr für eine Zeit $t = 2\lambda T_s$ nach Gl. 411 der neue Wert φ^* höchstens $= 2\lambda\delta$ sein, d. h.

$$2\lambda\delta > -\frac{3}{4}\frac{(\mu_{am}T_l)^2}{T_s T_a}\left(1 - e^{-\frac{4\lambda T_s}{\mu_{am}T_l}}\right)$$

$$+ \left(\frac{\lambda}{T_a} + \frac{3}{2}\frac{\mu_{am}T_l}{T_s T_a}\right)2\lambda T_s - \frac{1}{2T_s T_a}4\lambda^2 T_s^2 \quad \text{oder}$$

$$\delta T_a > \frac{3}{2}\mu_{am}T_l\left[1 - \frac{\mu_{am}T_l}{4\lambda T_s}\left(1 - e^{-\frac{4\lambda T_s}{\mu_{am}T_l}}\right)\right] \quad (412)$$

Als Grenzfälle bzw. Näherungswerte kommen hierbei in Betracht:

1. Die Belastungsänderung, d. h. λ ist sehr klein. Dann lautet die Bedingung für die Stabilität nach Gl. 412:

$$\delta T_a > 3\lambda T_s.$$

2. Ist umgekehrt die Anlaufzeit der Rohrleitung, d. h. $\mu_{am}T_l$, sehr klein, so muß nach Gl. 412 sein:

$$\delta T_a > \frac{3}{2}\mu_{am}T_l\left[1 - \frac{\mu_{am}T_l}{4\lambda T_s}\right] \sim \frac{3}{2}\mu_{am}T_l.$$

Für gewöhnliche Verhältnisse (wenn nicht gerade $\mu_{am}T_l \sim 0$) nimmt in Gl. 411 das etwas unbequeme Glied $e^{-\frac{2t}{\mu_{am}T_l}}$ mit wachsender Zeit t sehr rasch ab, so daß mit durchaus hinreichender Genauigkeit (es handelt sich ja doch überhaupt nur um eine Näherungsrechnung, wie aus der Ableitung von Gl. 411 hervorgeht) statt 411 geschrieben werden kann:

$$\varphi^* = -\frac{3}{4}\frac{\mu_{am}^2 T_l^2}{T_a T_s} + \left(\frac{\lambda}{T_a} + \frac{3}{2}\frac{\mu_{am}T_l}{T_s T_a}\right)t - \frac{1}{2T_a T_s}t^2 \quad (411a)$$

Hiernach wird die angenäherte Geschwindigkeitskurve wieder eine Parabel. Sucht man das erste Maximum von φ^*, so muß für die zugehörige Zeit t_1 gelten:

$$\frac{d\varphi^*}{dt} = \left(\frac{\lambda}{T_a} + \frac{3}{2}\frac{\mu_{am}T_l}{T_s T_a}\right) - \frac{1}{T_a T_s}t_1 = 0, \quad \text{d. h.} \quad t_1 = \lambda T_s + \frac{3}{2}\mu_{am}T_l;$$

hiermit wird

$$\varphi^*_{1\,max} = \frac{1}{T_s T_a}\left[-\frac{3}{4}\mu^2_{am}T_l^2 + \frac{1}{2}\left(\lambda T_s + \frac{3}{2}\mu_{am}T_l\right)^2\right]$$
$$= \frac{\lambda^2 T_s}{2 T_a} + \frac{3}{2}\frac{\lambda \cdot \mu_{am} T_l}{T_a} + \frac{3}{8}\frac{\mu^2_{am} T_l^2}{T_a T_s}.$$

Von aperiodischer Regelung kann man hier sprechen, sobald dieser Maximalwert in dem Augenblick (oder früher) erreicht wird, wo $\mu^* = \frac{t_1}{T_s} = \lambda$ und $\varphi^* = \delta\lambda$ wird; daraus ergibt sich als Bedingung für die aperiodische Regelung:

$$\delta T_a \gtreqless \frac{\lambda}{2} T_s + \frac{3}{2}\mu_{am} T_l + \frac{3}{8}\frac{\mu^2_{am} T_l^2}{\lambda T_s}.$$

III. Neuzeitliche Entwicklung der mittelbaren Regler in Deutschland.

a) Allgemeines.

Da sich die Notwendigkeit von mittelbaren Reglern zuerst bei den Wasserturbinen gezeigt hat, sind auch auf dem Gebiete der mittelbaren Regler die bedeutendsten Turbinenfabriken führend geworden; um die heutigen Auffassungen und die daraus resultierenden Formgebungen zu kennzeichnen, werde ich nachstehend in der Hauptsache die Regler von zwei maßgebenden deutschen Turbinenbauanstalten, von J. M. Voith in Heidenheim und von Briegleb, Hansen & Co. in Gotha, behandeln sowie die Regler der Jahns-Regulatoren G. m. H. in Offenbach, die als Spezialfabrik für Regler neuerdings auch den Bau mittelbarer Regler aufgenommen hat.

Tafel 23 stellt eine für die Stadt Nordhausen vor 15 Jahren erbaute, damals bahnbrechende Peltonradanlage von Briegleb, Hansen & Co. mit Doppelregelung (auf die wir noch zurückkommen werden) nach Prof. Pfarr[1]) dar, die uns ein Bild von dem verwickelten Bau und die große räumliche Ausdehnung des mittelbaren Reglers bietet: die eigentliche Kraftmaschine, das Peltonrad, verschwindet fast gegen die vielen Zylinder, Hebel, Rohrleitungen und sonstigen Bestandteile des Reglers. Wenn auch hier besonders schwierige Verhältnisse vorlagen, die eine sogenannte Doppelregelung erforderlich machten: 1. die langsame Änderung des Düsenquerschnittes und damit die allmähliche, bei Entlastung nötige Verminderung der durch die Rohrleitung fließenden sek.

---

[1]) S. Z. d. V. d. J. 1908, S. 1224: A. Pfarr, „Die Peltonradanlage des Elektrizitätswerkes der Stadt Nordhausen".

Wassermenge und 2. die möglichst schnelle Ablenkung des austretenden Strahles behufs seitlicher Abführung des augenblicklich überschüssigen Strahlquerschnittes, so springt doch die ganz erheblich geschlossenere Bauart der neueren Regler z. B. nach Fig. 503 S. 855 von Briegleb, Hansen & Co. oder nach Fig. 513 S. 864 der Jahns-Regulatoren-Gesellschaft in die Augen. Immer ausgesprochener kommt das Bestreben zur Geltung, außenliegende Ölleitungen und Ventile zu vermeiden. Wenn auch größere Ölverluste durch Rückleitung etwaigen Lecköls, das infolge von geringen unvermeidlichen Undichtheiten austritt, verhütet werden kann, so würden doch im Laufe der Zeit auf diesem Wege Staubteilchen, Fasern von Putzwolle u. dergl. in den Ölkreislauf hineingelangen, die allmählich das Öl verderben. Vorsichtige Firmen ordnen stets, selbst wenn sich der ganze Ölkreislauf innen vollzieht, Filter an. Briegleb, Hansen & Co. läßt zur ständigen Ölreinigung immer nur einen Abzweig des ganzen Ölstromes durch ein Filter gehen; nach und nach läuft dann doch jedes Ölteilchen durch das Filter, es treten aber keine Störungen auf, wenn das Filter allmählich undurchlässiger wird. Als Pumpen zur Herstellung des Öldruckes kommen ausschließlich Zahnradpumpen (vgl. Fig. 424 S. 652 u. S. 653) mit wagerechter Achse zur Verwendung, meist in einer solchen Anordnung, daß nach Bedarf die Antriebscheibe in der einen oder der umgekehrten Richtung umlaufen kann. Voith wendet in der Regel noch stehende Fliehkraftregler (s. Fig. 500) an, Briegleb und Jahns ausschließlich solche mit liegender Welle, die meist unmittelbar auf der Pumpenwelle angeordnet sind und so zu einfacherer Gesamtkonstruktion führen. Daß nur sehr schnell umlaufende Regler mit Federbelastung, daher sehr kleinem, reduziertem Muffenhub, bei möglichst entlasteten Gelenken oder ausschließlicher Benutzung von Schneidengelenken, d. h. mit denkbar geringster Eigenreibung, zur Anwendung gelangen, ist ohne weiteres klar. Aber auch für die noch verbleibenden Übertragungsgestänge (für die man mit möglichst wenigen Stangen auszukommen sucht) setzt man die Gelenkreibung durch Anwendung von sog. Spitzengelenken (siehe die Konstruktion der Jahns-Regulatoren-Gesellschaft nach Fig. 498) möglichst herab; die bei diesen Spitzengelenken für Zugstangen nötigen Anpressungsfedern bieten gleichzeitig Sicherheit gegen zufällige Überanstrengungen der Stangen, so daß Brüche oder Verbiegungen verhütet sind. Auch die Steuerventile (bei größeren Ventilen meist doppelt vorgesteuert) haben einen solchen Grad der Vollendung erreicht, daß sie tatsächlich fast als widerstandsfrei bezeichnet werden dürfen (vgl. S. 860 sowie Fig. 508 u. 509). Die Schlußzeit ist durchweg kaum noch $T_s = 1$ Sek., so daß eigentlich (von ganz kleinen Belastungsschwankungen abgesehen) immer die Annahme einer unveränderlichen Geschwindigkeit des Hilfsmotorkolbens zugrunde gelegt werden darf. Schließlich sei hervorgehoben, daß nur noch Regler mit nachgiebiger Rückführung, d. h. Isodromregler bzw. solche mit kleinem einstellbarem, bleibendem (positivem oder negativem) Ungleichförmigkeitsgrad der

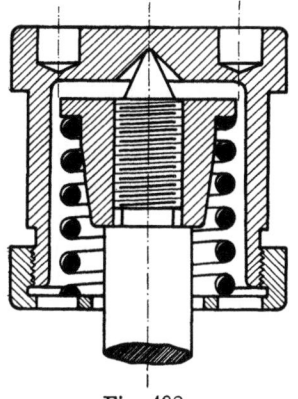

Fig. 498.

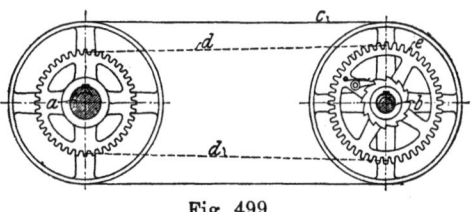

Fig. 499.

Regelung, und zwar mit beschleunigter Rückführung (wobei das Verhältnis β nach S. 759 ebenfalls meist einstellbar gemacht wird), ausgeführt werden.

Der Antrieb von Pumpe und Regler erfolgt fast immer durch Riemen, am besten durch Gummiriemen mit Hanfeinlage, um einen durchaus gleichförmigen und stoßfreien Gang zu erzielen. Wird für den Fliehkraftregler dieser Antrieb als nicht genügend sicher erachtet, so könnte man an Zahnrad- oder Kettenübertragung denken; die hierdurch bedingten Erschütterungen würden aber auf den hochempfindlichen Fliehkraftregler sehr störend einwirken. Briegleb, Hansen & Co. benutzt daher die in Fig. 499 angedeutete (durch D.R.P. Nr. 222434 geschützte) Anordnung: von der Turbinenwelle a aus wird die Reglerwelle b normalerweise durch den Riemen c angetrieben; außerdem ist ein Kettenantrieb d vorhanden, dessen Übersetzungsverhältnis etwas kleiner ist als das des Riementriebes, so daß das auf der Reglerwelle drehbar gelagerte Kettenrad e etwas langsamer umläuft als die Riemenscheibe, die Riemenscheibe also voreilt, der Kettenantrieb ausgeschaltet bleibt. Erst wenn der Riemen abfallen würde, übernimmt die Kette den Antrieb; durch die nun auftretenden Zuckungen des Reglers wird der Maschinenwärter veranlaßt, die Riemen wieder in Ordnung zu bringen.

b) Die Windkesselfrage.

Die Frage, ob das zum Betriebe des Hilfsmotors benutzte Drucköl einem Behälter mit Windkessel zu entnehmen ist, oder ob man auch ohne Windkessel auskommen kann, ist noch nicht endgültig und für alle Fälle entschieden; sie zählt aber zu den wichtigsten Grundfragen, von ihrer Beantwortung hängt die Gesamtkonstruktion in erster Linie ab. Der Windkessel bringt Vorteile und Nachteile mit sich, sein Fehlen desgleichen, so daß es nicht zu verwundern ist, wenn von zwei Erbauern mittelbarer Regler der eine, die Vorteile der Windkesselregler hervorhebend, nur solche Regler gelten lassen will, während der andere in Anbetracht der zweifellos bei Windkesseln vorhandenen Nachteile Windkesselregler vollkommen verwirft. Hören wir zwei Vertreter der entgegengesetzten Richtungen: Voith für Windkesselregler, Briegleb, Hansen & Co. für windkessellose Regler.

Voith sagt:

Die Aufspeicherung des Drucköls in einem **Windkessel** verleiht dem Regler folgende **Vorzüge:**

1. Unabhängigkeit der Regelbewegung von der Pumpe.

2. Bequemes Anlassen nach kürzeren Betriebspausen ohne Zuhilfenahme der Handregelung.

3. Möglichkeit der Verbindung der Druckanlagen mehrerer Regler eines Wasserkraftwerkes zur gegenseitigen Ersatzbereitschaft und zum Anschluß etwaiger, durch Öldruck bewegter Druckregler und Turbinenabsperrschieber.

Briegleb, Hansen & Co. sagt:

Ein Regler, der Anspruch auf unbedingte Betriebssicherheit machen will, darf aber keinen Windkessel haben.

Keinem Konstrukteur einer Dampfturbine wird es heute noch einfallen, einen Windkessel am Regler zu verwenden. Jeder Besteller würde die Turbine wegen der damit verknüpften Betriebsunsicherheit zurückweisen. Es ist gewiß merkwürdig, daß trotzdem im Wasserturbinenbau die Richtigkeit des obigen Satzes noch nicht allgemein bekannt ist, und daß man sich vielfach nicht einmal bemühte, die Windkessel abzuschaffen, obwohl seine schwerwiegenden Nachteile überall hervortreten.

Als wichtigste **Nachteile** seien genannt:

1. Die verwickelte Wartung.

Druck und Luftmenge im Windkessel und Ölfüllung müssen richtig gehalten werden.

2. Die Gefahr der Erschöpfung.

Wenn mehrere Belastungsstöße schnell aufeinanderfolgen, oder wenn beim Anlassen der Regler unrichtig bedient wird, entleert sich der Windkessel, statt Öl tritt Druckluft in Steuerventil und Druckzylinder, der Arbeitskolben schlägt hin und her und die Regelung hört auf. Der von Druckluft entleerte Windkessel ist erst nach langem Schnüffeln wieder betriebsfähig.

Neuzeitliche Entwicklung der mittelbaren Regler in Deutschland. 851

4. Bequeme Einstellbarkeit des Reglers für verschiedene Schlußzeiten, kürzeste Schlußzeiten, daher beste Regelung.

5. Rasches und doch sanftes Einsetzen jeder Regelbewegung auch bei kurzen Schlußzeiten.

3. Die mangelnde Betriebsbereitschaft nach längerem Stillstand,
weil erst der Windkessel mit Luft aufgefüllt werden muß.

4. Die verwickelte Armatur des Windkessels (Probierhähne, Schnüffelventile, Sicherheitsventile).

5. Das schnellere Verderben des Öls,
welches beim Schnüffeln innig mit der Luft vermischt wird, durch Sauerstoffaufnahme also verharzt.

Den vorstehend zum Ausdruck gekommenen gegensätzlichen Standpunkt schränken beide Firmen allerdings an anderer Stelle wie folgt ein:

Voith sagt:

Neben den Windkesselreglern sind, seit überhaupt Pumpen verwendet werden, um die Arbeitsflüssigkeit für die Hilfszylinder auf den erforderlichen Druck zu bringen, auch Regler ohne Windkessel aus dem Streben heraus entstanden, die Regler möglichst zu vereinfachen und zu verbilligen. Auch die Firma J. M. Voith baut solche Regler und wendet sie in solchen Fällen an, bei denen die Betriebsverhältnisse den Verzicht auf gewisse Vorzüge des Windkesselreglers gestatten. Da die Anforderungen, welche der windkessellose Regler an die Förderleistung der Pumpen stellt, mit wachsender Reglerarbeit immer größer werden, benutzt Voith die vereinfachten, billigen Regler (d. h. die ohne Windkessel) nur für mäßige Reglerarbeiten.

Direktor **Graf von Briegleb, Hansen & Co.** sagt
(Zeitschr. f. Turbinenwesen 1917):

Der bei den Windkesselreglern als Energiespeicher dienende Windkessel ist keine angenehme Zugabe, er erhöht den Anschaffungspreis, erfordert Wartung, neigt infolge des hohen Betriebsdruckes zu Leckverlusten und kann sich bei häufigen, kurz aufeinanderfolgenden Belastungsstößen erschöpfen. Seine Inbetriebsetzung erfordert viel Sachkenntnis und Aufmerksamkeit.

Andererseits ist gewiß, daß heute die höchste Genauigkeit in der Geschwindigkeitsregelung mit dem Windkesselregler erreicht wird. Bei Großkraftwerken, wo es auf höchste Genauigkeit ankommt, wo der Anschaffungspreis nicht sehr ins Gewicht fällt und wo geschultes Personal Tag und Nacht zur Verfügung steht, sind manchmal (nicht immer) die Existenzberechtigungen für den Windkesselregler gegeben, fast nie jedoch bei Kleinkraftwerken.

54*

Hiernach kann man wohl Voith als Vertreter der Windkesselregler, Briegleb, Hansen & Co., denen sich in dieser Beziehung Jahns anschließt, als Vertreter der windkessellosen Regler bezeichnen, wenn auch beide Parteien jeweils die andere Konstruktion nicht ganz verwerfen. Bei Erwägung aller Umstände wird man dazu neigen, für die Zukunft den windkessellosen Regler als den normalen anzusehen; z. Z. stehen der beliebigen Anwendung des windkessellosen Reglers besonders für große Leistungen Patentrechte der Firma Briegleb, Hansen & Co. hindernd im Wege, was vielleicht den gegnerischen Standpunkt etwas befangen erscheinen lassen könnte.

Soll der Windkessel als natürlicher Energiespeicher vermieden werden, so muß zunächst die Ölpumpe ständig betriebsbereit sein, um beim Beginn eines Regelungsvorgangs sofort die nötige Menge Preßöl liefern zu können. Dies setzt voraus, daß entweder die ständig umlaufende Ölpumpe so groß dimensioniert wird, daß sie auch bei der Maximalleistung ausreicht und daß bei kleineren Belastungsänderungen des Hauptmotors bzw. während des Beharrungszustandes das zuviel geförderte Drucköl durch geeignete Ventile zurückfließt: sog. Durchflußregler, oder daß im Beharrungszustand nur eine verhältnismäßig kleine Pumpe den Öldruck erzeugt, während eine zweite größere Pumpe in der Regel drucklos arbeitet und nur im Bedarfsfalle eingreift: Regler mit Doppelpumpen oder Verbundregler.

Danach werden wir drei Hauptgruppen der mittelbaren Regler unterscheiden:

1. Windkesselregler,
2. Durchflußregler,
3. Verbundregler,

und diese Typen an Beispielen hinsichtlich derjenigen Teile noch etwas näher kennen lernen, die durch diese Verschiedenheit bedingt sind.

c) Windkesselregler.

1. Windkesselregler von J. M. Voith, Heidenheim.

Die Gesamtanordnung eines Voithschen Turbinenreglers für 1600 mkg Reglerarbeit ist aus Fig. 500 ersichtlich: der Hilfsmotorzylinder ist liegend, der Hilfsmotorkolben eingeschliffen (Ölpumpe und Windkessel sind noch vom Regler getrennt aufgestellt, wobei der Ölbehälter den Grundrahmen für Pumpe und Windkessel bilden); an dem Reglerstellhebel greift links die Muffe des stehend angeordneten, mittels Kegelräder angetriebenen Fliehkraftreglers, in der

Mitte die (nachgiebige) Rückführung, rechts die Steuerstange an. Fig. 501 zeigt in größerem Maßstabe den Reglerstellhebel sowie die Steuerung und die Isodromvorrichtung (auf die wir noch zurück-

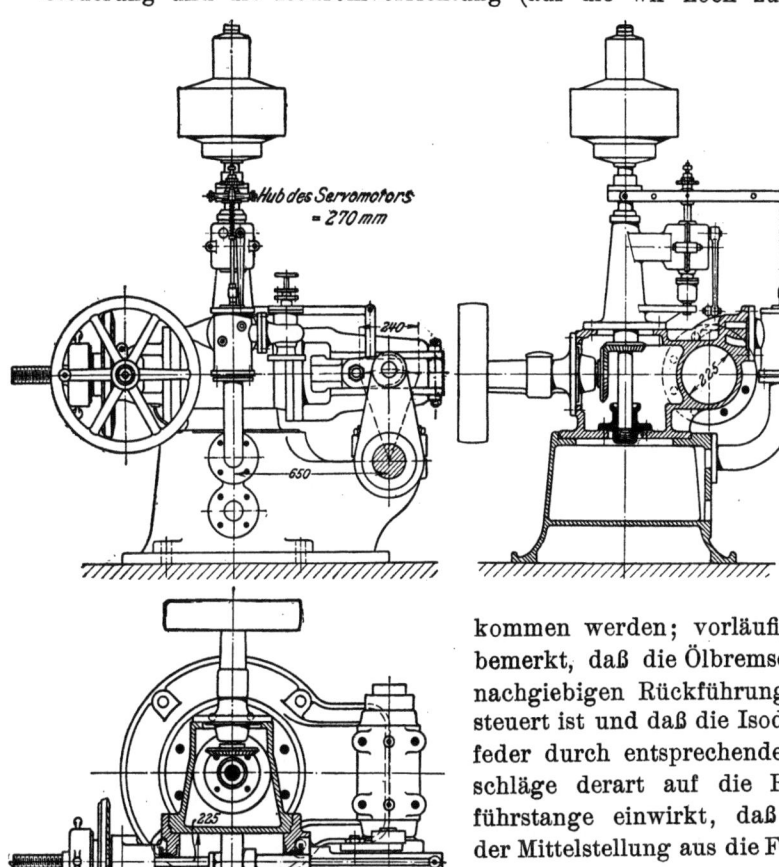

Fig. 500.

kommen werden; vorläufig sei bemerkt, daß die Ölbremse der nachgiebigen Rückführung gesteuert ist und daß die Isodromfeder durch entsprechende Anschläge derart auf die Rückführstange einwirkt, daß von der Mittelstellung aus die Federkräfte nicht mit Null, sondern sofort mit einem endlichen Wert beginnen).

Fig. 502 zeigt den Fliehkraftregler (nach D. R. P. 157473), der, abgesehen von seinem durch die große Umlaufzahl (500 Umdr. i. d. Min.) bedingten kleinen, reduzierten Muffenhub, vor allem möglichst kleine Eigenreibung durch Anwendung von Schneidengelenken besitzt; die beiden Schwungkörper sind nicht durch einen Gelenkmechanismus zwangläufig untereinander und mit der Muffe verbunden, wodurch unvermeidlich Klemmungen herbeigeführt würden, sondern durch Blattfedern an die Muffe angeschlossen.

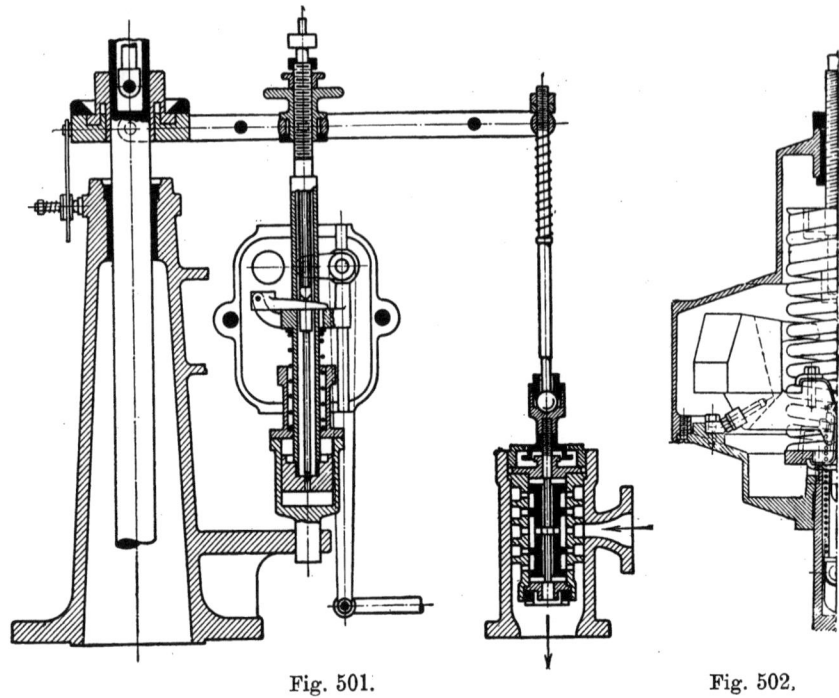

Fig. 501.   Fig. 502.

2. Windkesselregler von Briegleb, Hansen & Co., Gotha.

Im Anschluß an eine schematische Darstellung dieser Regler in Fig. 482, S. 737 wurde bereits auf S. 736 und 737 die Wirkungsweise, insbesondere die durch ein Reibradgetriebe erzielte Nachgiebigkeit der Rückführung erläutert, die **konstruktive Anordnung** zeigt Fig. 503 (Bauart G für Reglerarbeiten von 75 bis 600 mkg): ein runder Sockelkasten ist durch einen gewölbten Zwischenboden in zwei Teile geteilt, wovon der untere als Windkessel, der obere als Ölbehälter dient. An den Ölbehälter ist rechts die Ölpumpe, links das Steuerventil angeschraubt; von vorn nach hinten durchdringt den Ölbehälter der Hilfsmotorzylinder, gegen den vorn ein Bajonettrahmen mit der Lagerung der Welle für die Steuerung des Hauptmotors, hinten die Handregelung geschraubt ist. Oben trägt der Sockelkasten das sog. Steuerwerk, d. h. die (in Reihe und auf Vorrat hergestellte) Vereinigung der leichteren Teile: Fliehkraftregler, Isodromeinrichtung und Hilfsmotorsteuerung.

Der Fliehkraftregler mit horizontaler Welle ist schematisch bereits in Fig. 482, S. 737, durch Rg angedeutet, seine Konstruktion aus Fig. 504 erkennbar: Behufs Erzielung möglichst geringer Eigenreibung werden zunächst die Fliehkräfte fast unmittelbar durch eine

Querfeder abgefangen; die beiden Schwungkörper sind ferner nicht zwangläufig mit der Muffe verbunden, damit nicht z. B. bei etwas verschiedenen Schwungmassen ein Klemmen der Muffe eintritt, sondern miteinander durch einen kurzen Lenker, wobei die Ausschläge der beiden Schwungkörper zwar nicht mathematisch genau, aber praktisch völlig genügend übereinstimmen (Unterschied z. B. bei 25 mm Ausschlag nur 0,0006 mm). Die Lagerung der festen Drehpunkte der Winkelhebelpendel geschieht durch Kugellager, ebenso die Verbindung der Winkelhebel mit dem Verbindungslenker. Eine eigentliche Muffe ist gar nicht vorhanden, sondern von der Mitte des Lenkers führt ein am Ende einen kugelförmigen Knopf tragender Pendelstift durch die hohle Reglerwelle nach dem Reglerstellhebel. Wenn zu befürchten ist, daß die Turbinen von den Arbeitsmaschinen aus, z. B. infolge von Zahnräderübertragungen Rückstöße erfährt, die sich evtl. auf den Fliehkraftregler übertragen könnten, sieht man an diesem eine (in Fig. 504 rechts oben sichtbare) Reibungsbremse vor. Wegen der gewählten hohen Umlaufzahl (etwa 800 Umdr. i. d. Min.) ist das dynamische Verhalten äußerst günstig,

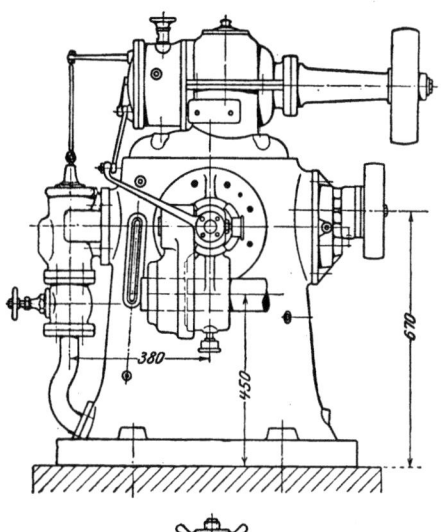

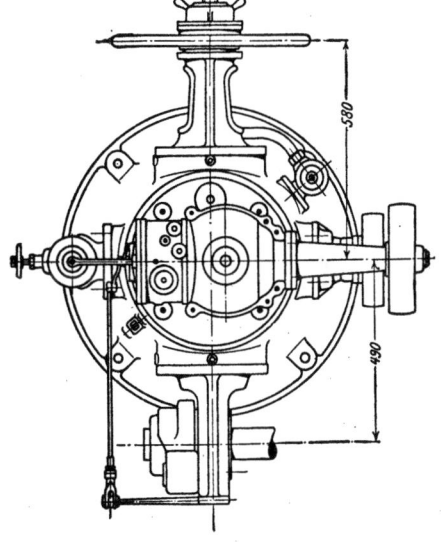

Fig. 503.

sorgfältigste Ausführung natürlich Vorbedingung.

Das Reibradgetriebe ist hinsichtlich der Nachgebewirkung mit der Anordnung nach Fig. 480, S. 734, gleichwertig, hat aber vor dieser den Vorteil, von der Zähflüssigkeit des Öles unabhängig zu sein, andererseits den Nachteil, daß das Gewinde der Schraube je nach der Drehrichtung der Reibscheibe rechts- oder linksgängig sein muß. Durch leichte Auswechselbarkeit dieser Teile muß also gesorgt werden, daß man das Steuerwerk jeder

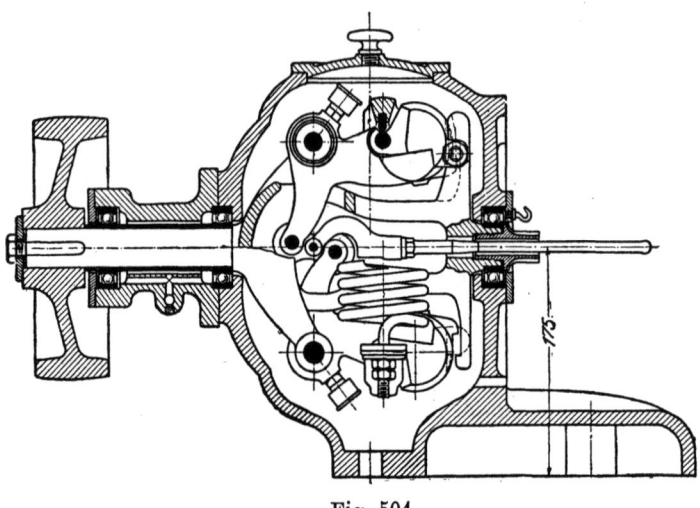

Fig. 504.

Drehrichtung anpassen kann. Die Nachgebegeschwindigkeit könnte man durch Einsetzen einer anderen Schraubenspindel und -mutter mit flacherem oder steilerem Gewinde leicht ändern.

Als Ölpumpe kommt eine Zahnradpumpe zur Verwendung, die das Öl in den Windkessel fördert, dessen Druck durch ein Überströmventil stets auf gleicher Höhe gehalten wird.

Bekanntlich verschluckt jede Flüssigkeit bei höherem Druck eine erhebliche Luftmenge, und es muß deshalb dem Windkessel stets wieder Luft zugeführt werden. Einfache Schnüffelventile, die von dem Wärter bedient werden, reichen jedoch erfahrungsgemäß nicht aus, es ist vielmehr eine automatische Belüftung des Windkessels dringend erwünscht; dies kann in einfacher Weise wie folgt geschehen: Nimmt der Luftinhalt im Windkessel ab, also der Ölinhalt zu, so sinkt umgekehrt der Ölspiegel im Ölbehälter; dadurch wird ein kleines, in der Nähe des richtigen Ölspiegels angebrachtes Loch freigelegt, durch welches nun die Pumpe solange Luft schnüffelt, solange der Ölstand im Ölbehälter zu niedrig, der Luftinhalt des Windkessels also zu klein ist.

Die Wirkung eines Überströmventils (s. Fig. 505) unterscheidet sich wesentlich von einem gewöhnlichen Sicherheitsventil, das einfach bei einem bestimmten Druck abbläst und das überschüssig geförderte Öl in den Ölbehälter zurücktreten läßt; im letzteren Falle arbeitet die Pumpe stets gegen den vollen Druck mit voller Leistung, selbst wenn der Regler nur wenig oder gar kein Öl gebraucht. Bei dem Überströmventil nach Fig. 505 dagegen wird die Pumpe vollständig entlastet, sobald der erforderliche Druck im Windkessel erreicht ist; dann wird nämlich das Druckrohr der Pumpe durch einen Rundschieber c von großem Durchflußquerschnitt mit dem Ölbehälter verbunden, so daß die Pumpe keinen Widerstand mehr zu überwinden hat, während durch das Rückschlagventil V in Fig. 482 S. 737 das im Windkessel befindliche Öl am Zurückströmen verhindert ist, der Druck im Windkessel also erhalten bleibt. Sinkt der Druck im Windkessel bei Ölentnahme durch den Regler etwas ($\sim$ um 2 Atm.), so wird der Rundschieber geschlossen, die Pumpe fördert wieder Öl in den Windkessel. Das Wesentliche ist, daß der Rundschieber immer nur in einer der beiden Grenzstellungen, ganz offen oder ganz geschlossen, stehen bleibt (daß er nicht in Zwischenstellungen drosselt), er muß also durch eine „Schnappvorrichtung" bewegt werden. In Fig. 505 tritt diese Wirkung folgendermaßen ein. Der Rundschieber c wird durch den Anschlag d der Stange f nach oben, durch den Anschlag e nach unten mitgenommen. Die Stange f trägt zwei Kolben g und h von verschiedenem Durchmesser; durch das Rohr q wird der

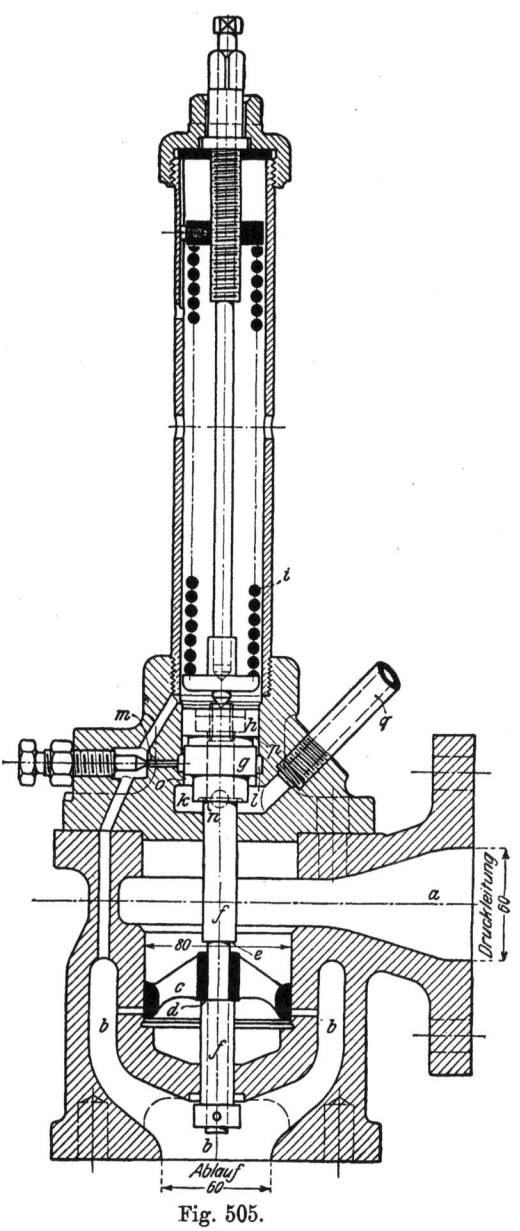

Fig. 505.

Öldruck im Windkessel in den Raum k unter dem kleineren Kolben g geleitet, der durch die Feder i mit einer solchen Kraft nach unten gedrückt wird, daß bei einem noch zulässigen Öldruck im Windkessel die Federkraft über den Öldruck auf den Kolben g überwiegt, die Stange f sich also bei n abstützt. In dem Raume l über dem Kolben g herrscht normalerweise kein Öldruck, da er durch die enge Öffnung m mit dem Ablauf in Verbindung steht. Der Rundschieber c hält den Rückweg von der Druckleitung zum Ablauf geschlossen. Steigt der Öldruck über das erlaubte Maß, so wird zunächst der Kolben g etwas in die Höhe gedrückt (der Rundschieber c wird vorerst noch nicht mitgenommen); wenn er aus der Bohrung o heraus ist, strömt das Drucköl auch unter den größeren Kolben h (durch die enge Öffnung m kann es so schnell nicht entweichen), treibt die beiden Kolben nun rasch weiter nach oben, der Anschlag d nimmt den Rundschieber c mit und dieser gibt den Weg von der Druckleitung zum Ölbehälter frei. Sobald der Überdruck im Windkessel wieder auf den normalen Betrag gesunken ist, tritt der umgekehrte Vorgang ein.

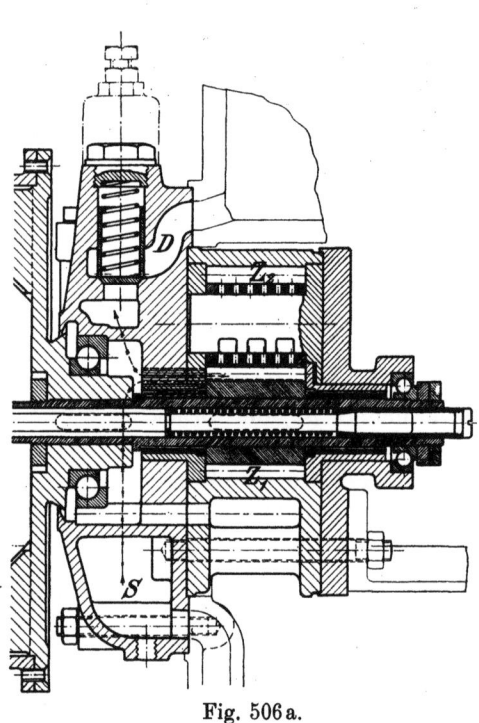

Fig. 506a.

Im Anschluß an Fig. 506 und Fig. 507 möge noch die Unterbringung und Konstruktion des **Überströmventils** der Firma **F. A. Neidig in Mannheim** kurz erläutert werden. Der Weg, den das Öl vom Saugraum S durch die Zahnradpumpe $Z_1 Z_2$ nach dem Druckraum D zu durchlaufen hat, ist in Fig. 506a bis c durch die Linie mit Kreuzchen bezeichnet. Das Überströmventil, auch Druckschalter genannt (in Fig. 507 noch einmal in größerem Maßstab wiedergegeben), ist in einer in das Gehäuse eingeschraubten Büchse untergebracht; nach Vertauschen des Druckschalters mit dem blinden Einsatz A kann man ohne weiteres den Drehsinn der Pumpe umkehren, es wird einfach überall Rechts (R) mit Links (L) vertauscht.

Rohrleitungen jeglicher Art sind vermieden und nur eingegossene Kanäle benutzt.

Die Wirkung des Druckschalters nach Fig. 507 ist leicht zu verstehen. Der Rundschieber (in Fig. 507 mit schwarzem Querschnitt gezeichnet) wird durch die mittlere der drei Federn nach unten gedrückt; er setzt sich nach oben in Bewegung und öffnet dadurch den Rücklauf von R nach dem Saugraum, sobald durch den in dem Rundschieber steckenden (im Schnitt schraffierten) Schwebekolben, der durch die unterste Feder nach oben gedrückt wird, Drucköl in die mittlere Ringfläche zwischen Rundschieber

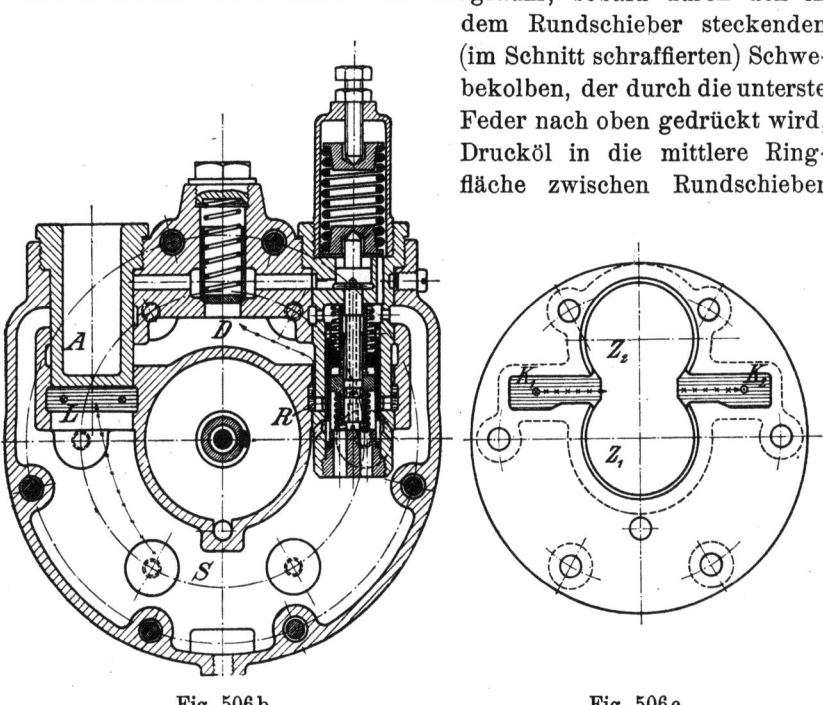

Fig. 506 b.   Fig. 506 c.

und Schwebekolben eintreten kann. Dies erfolgt, wenn der Öldruck im Windkessel das zulässige Maß überschreitet, indem der innerste Steuerkolben, der oben einen durch den Öldruck des Windkessels von unten nach oben belasteten Kolben trägt und durch die oberste Feder nach unten gedrückt wird, unter Überwindung dieses Federdrucks etwas nach oben bewegt wird; hierdurch kommt, und zwar durch die hohle Stange des inneren Steuerkolbens, das Drucköl in die Ringfläche des Steuerkolbens und von dort in den Ringraum zwischen Schwebekolben und Rundschieber. Da sich der Schwebekolben dann sogleich nach unten bewegt, wird der Durchgangsquerschnitt für das Drucköl nach diesem Ringraum ziemlich plötzlich in voller Größe geöffnet. Beim Nachlassen des Windkesseldruckes vollzieht sich der umgekehrte Vorgang.

Wie schon S. 724 angedeutet, benutzt man als **Steuerventile** für mittelbare Regler ganz allgemein solche mit Vorsteuerung. Ein normales, einfach vorgesteuertes Steuerventil zeigt Fig. 508, ein doppelt vorgesteuertes der Firma Briegleb-Hansen & Co. nach Kammann (D.R.P. Nr. 234844) Fig. 509. Bei dem Ventil mit einfacher Vorsteuerung, Fig. 508, ist in das Gehäuse a eine bronzene Büchse b eingesetzt, in der sich der eingeschliffene Schwebekolben c bei der Steuerungsverstellung bewegt. Das vom Windkessel kommende Drucköl tritt bei f ein und erfüllt alle in Fig. 508 durch wagerechte Schraffur gekennzeichneten Räume; insbesondere ruht der Öldruck p_1 auf den beiden Ringflächen des oben als Differentialkolben (mit den Durchmessern d_1 und d_2) ausgebildeten Schwebekolbens, drückt diesen also mit einer Kraft $P=\left(\dfrac{\pi d_2^{\,2}}{4}-\dfrac{\pi d_1^{\,2}}{4}\right)p_1$ nach oben. Durch die Drosselstelle t auf einen kleineren Druck p_2 gebracht, gelangt das Öl aber auch in den Raum v oberhalb des Kolbens und übt dort eine Kraft $=\dfrac{\pi d_2^{\,2}}{4}\,p_2$ nach unten aus. Der Steuerstift e endlich, der dicht über der oberen Mündung der Längsbohrung y des Schwebekolbens gehalten wird, läßt eine geringe Menge Öl ständig durch u entweichen, den Druck p_2 also je nach der Erhebung des Steuerstiftes e über der Öffnung im Schwebekolben ein wenig größer oder kleiner werden lassend. Im Beharrungszustand halten sich die Kräfte $\left(\dfrac{\pi d_2^{\,2}}{4}-\dfrac{\pi d_1^{\,2}}{4}\right)p_1$ und $\dfrac{\pi d_2^{\,2}}{4}p_2$ das Gleichgewicht. Wird der Steuerstift e durch das Fliehkraftpendel ein wenig gehoben, so sinkt der Öldruck p_2, der Öldruck nach oben bekommt das Übergewicht, der Schwebekolben c folgt dem Steuerstift nach oben, bis wieder

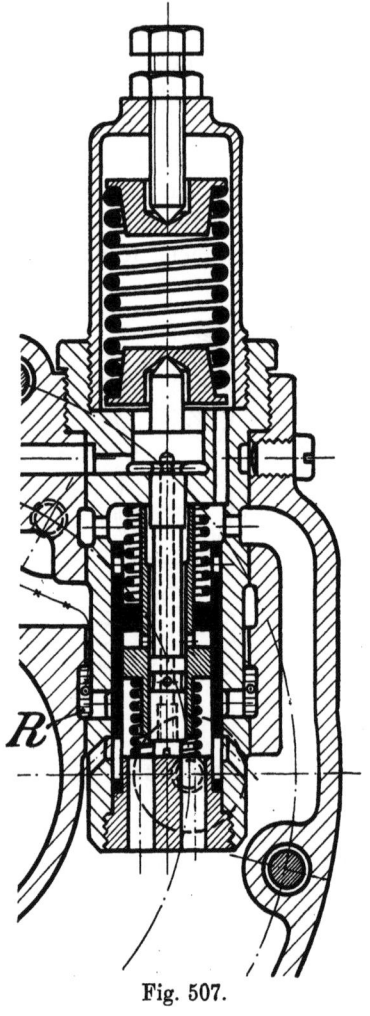

Fig. 507.

Gleichgewicht zwischen den Kräften hergestellt ist; entsprechend bei der Führung des Steuerstiftes nach unten. Der so von dem

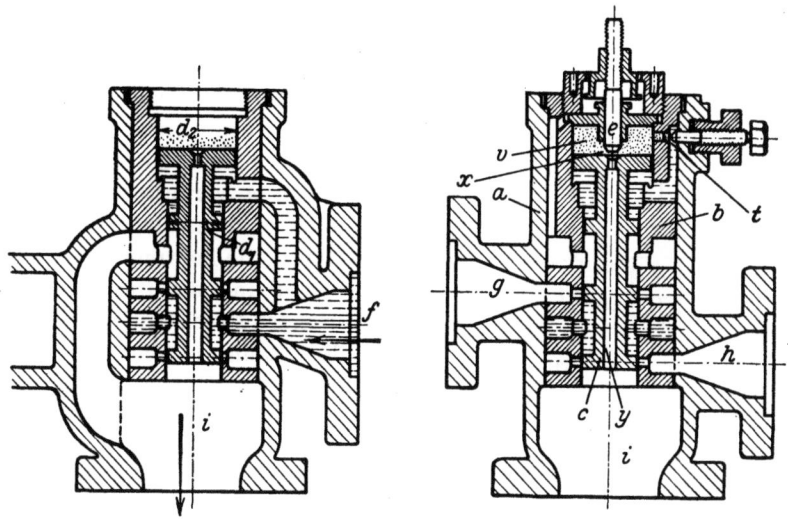

Fig. 508.

Steuerstift geführte Schwebekolben steuert nun den Öleinlaß nach der einen und den Auslaß von der anderen Seite des Hilfsmotorzylinders in bekannter einfacher Weise; in Fig. 508 führen g und h je nach einer Zylinderseite des Hilfsmotors, i nach dem Ölbehälter.

Bei dem Ventil mit doppelter Vorsteuerung, Fig. 509, haben die Buchstaben die gleiche Bedeutung wie in Fig. 508: Gehäuse a, Büchse b, Schwebekolben c, Steuerstift e, der aber nun den Schwebekolben nicht direkt, sondern den Vorsteuerkolben d steuert; bei f erfolgt wieder der Eintritt des Drucköls vom Windkessel aus, g und h sind die Verbindungen zu den beiden Seiten des Hilfsmotorzylinders, i (und k) der Ablauf nach dem Ölbehälter. Der Schwebekolben steuert den Hilfsmotor wie in Fig. 508, er

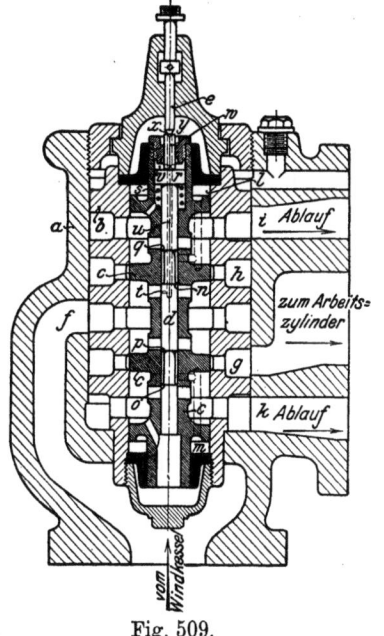

Fig. 509.

selber wird durch den Vorsteuerkolben d gesteuert, indem die Räume l und m von den steuernden (überdeckten!) Kanten n und o oder p und q mit dem Druckraum oder dem Ablauf verbunden werden. Der Vorsteuerkolben d wird nochmals durch den kleinen Arbeitskolben r unter Mitwirkung der Feder s vorgesteuert, die r nach oben zu drängen sucht. Durch die Bohrung u im Kolben d und die Drosselstelle t tritt das Drucköl von f aus in den Raum v über den Kolben r und weiter noch von hier aus durch die vom Vorsteuerstift e gesteuerte Drosselstelle x nach dem Raum y und von da aus in den Ablauf. Wird der Vorsteuerstift e gesenkt, so steigt der Druck im Raume v, der Vorsteuerkolben r wird entgegen dem Federdruck nach unten geschoben, damit auch d, welcher Bewegung schließlich der Schwebekolben c folgt. Der Vorteil der Unterbringung des Vorsteuerkolbens r in dem Schwebekolben c besteht darin, daß der Vorsteuerkolben d relativ zum Schwebekolben nur ganz kleine Wege, absolut also etwa so große Wege wie der Schwebekolben zurücklegt, daß folgedessen der Vorsteuerkolben r relativ zu dem Steuerkolben d wiederum große Wege zurücklegen kann, während er absolut nur einen sehr kleinen Weg durchläuft. Die Verstellbarkeit, d. h. die Rückwirkung des strömenden Öles auf den Steuerstift wird somit denkbar klein.

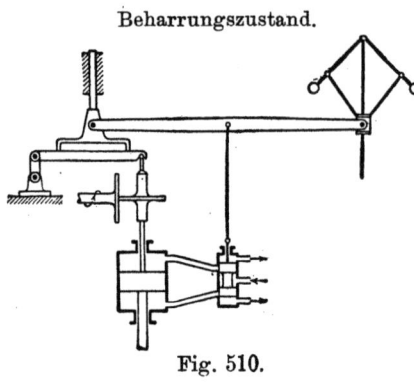

Beharrungszustand.

Fig. 510.

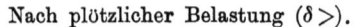

Nach plötzlicher Belastung ($\delta >$).

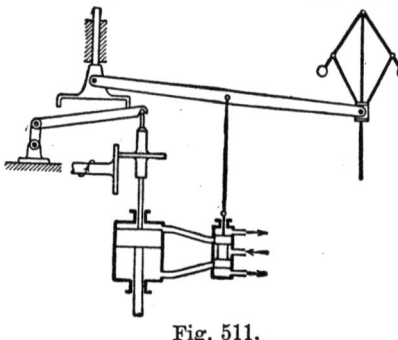

Fig. 511.

Nach plötzlicher Entlastung ($\delta <$).

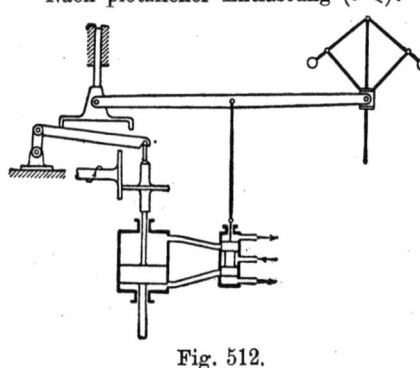

Fig. 512.

Zum Schlusse werde noch im Anschluß an Fig. 510 bis 512 gezeigt, wie bei der nachgiebigen Rückführung mit **Reibradgetriebe** für **Rohrleitungsturbinen** den verschiedenen Anforderungen bei plötzlichen Ent- und Belastungen entsprochen werden kann. Durch sog. Freilaufventile, die bei schnellen Schließbewegungen des Reglers sich schnell öffnen, um schädliche Drucksteigerungen in der Rohrleitung zu verhüten, und dann sich langsam wieder schließen, gelingt es ohne Schwierigkeiten, den Regelungsvorgang bei Entlastungen auch mit einem verhältnismäßig kleinen Ungleichförmigkeitsgrad δ zu beherrschen, man braucht sich um die Bedingungen für δTa nach Gl. 409 und 410, S. 844 und Gl. 412, S. 846 nicht zu kümmern. Bei plötzlichen Belastungen dagegen läßt sich der durch die größere Wasserentnahme aus der Leitung eintretende Druckabfall nicht verhüten; er muß also hinsichtlich seiner Wirkung auf den Regelungsvorgang unschädlich gemacht werden, was nach den eben genannten Bedingungsgleichungen nur durch einen größeren Ungleichförmigkeitsgrad erreichbar ist. Man wird nun zweckmäßig bei Entlastungen den kleineren zulässigen Ungleichförmigkeitsgrad beibehalten (um so eher, als in der Praxis gerade auf möglichst kleine Geschwindigkeitsschwankungen bei Entlastungen besonderer Wert gelegt wird) und nur bei Belastungen den (für Rohrleitungsturbinen) erforderlichen größeren Ungleichförmigkeitsgrad herbeiführen. Wie das geschehen kann, zeigen Fig. 510 bis 512: es wird das Übersetzungsverhältnis zwischen Reibrolle und Rückführungspunkt des Reglerstellhebels verschieden groß gemacht, je nachdem die Reibrolle nach der einen oder der anderen Seite aus ihrer Mittelstellung ausschlägt. Fig. 510 gibt die Stellung der Reglereinrichtung im Beharrungszustand, Fig. 511 nach einer plötzlichen Belastungszunahme, Fig. 512 nach einer plötzlichen Entlastung an.

d) Windkessellose Regler.
1. Durchflußregler von Jahns.

Als Beispiele von windkessellosen Reglern wollen wir zunächst die Regler der Jahns-Regulatoren-Ges. m. b. H. Offenbach a. Main betrachten, deren allgemeiner Aufbau aus Fig. 513 erkennbar ist. Von der Riemenscheibe A aus wird die an dem Deckel B des als Ölbehälter C dienenden Grundgestelles angeschraubte Zahnradpumpe sowie der Fliehkraftregler H angetrieben. Durch eingegossene Kanäle gelangt das Öl zum Steuerventil P und von dort wieder durch eingegossene Kanäle zum Ölbehälter. Die Reglerausschläge werden mittels Winkelhebels J, Stange K und Hebel L auf das Steuerventil P übertragen.

Der Hilfsmotorzylinder R, in Fig. 514 im Längsschnitt dargestellt, hat einen eingeschliffenen Kolben ohne Dichtungsringe und Stopfbüchsen mit Ledermanschetten; die Stopfbüchsen sind so gestaltet, daß etwaiges Lecköl direkt in den Ölbehälter ablaufen kann.

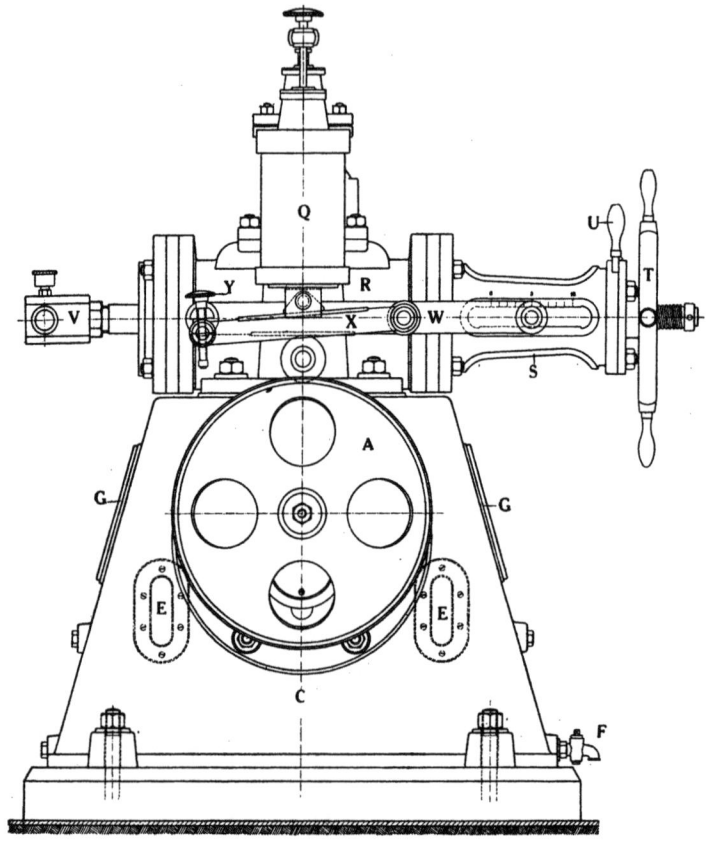

Fig. 513a.

Der Fliehkraftregler (Fig. 515) ähnelt dem Voithschen Pendel; er hat eine Längsfeder als Belastung, Schneidengelenke und ist muffenlos, die Ausschläge beider Pendel werden durch eine stimmgabelähnliche federnde Stange aufgenommen, die als Pendelstift endigt, der Regler ist also zweifellos höchst empfindlich. Um den reduzierten Muffenhub noch weiter herabzusetzen, führt Jahns seine Regler auch statt in der Fig. 515 zugrundeliegenden äußerlich kugeligen Gestalt in mehr radial nach außen gezogener Form aus, dadurch den Abstand der Schwungmassenmittelpunkte vergrößernd und den Arm der Fliehkräfte, also den Weg der Schwungmassen-

Neuzeitliche Entwicklung der mittelbaren Regler in Deutschland. 865

mittelpunkte verkleinernd. Daß zur Verhütung von Reibungswiderständen in dem Übertragungsgestänge nach dem Steuerventil hin Spitzengelenke zur Anwendung kommen, wurde schon S. 848 (s. Fig. 498) erwähnt.

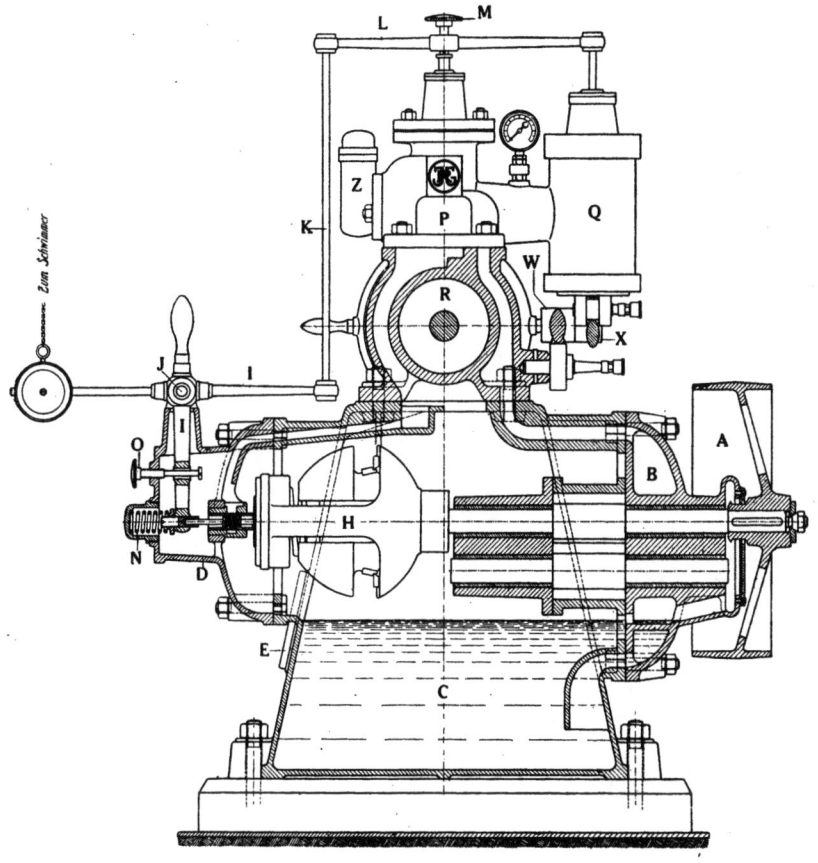

Fig. 513 b.

Das Steuerventil P ist ein vorgesteuerter, hydraulisch vollkommen entlasteter Kolbenschieber mit negativen Deckungen, so daß im Beharrungszustand des Reglers die Pumpe nur auf einen ganz geringen Druck, etwa 2 bis 2,5 Atm., zu fördern braucht, während sofort bei Beginn der Bewegung des Steuerschiebers der zur Verstellung des Hilfsmotorkolbens nötige Öldruck hergestellt wird.

In Fig. 513 ist Z ein neben dem Steuerventil angebrachtes Sicherheitsventil, das in Tätigkeit tritt, wenn der zur Verstellung des Hilfsmotorkolbens nötige Öldruck aus irgendeinem Grunde, z. B. wenn Holzteile oder dgl. zwischen die Drehschaufeln des Turbinenleitapparates gelangen, über das zulässige Maß steigen würde.

Der Regler hat eine nachgiebige Rückführung mit Feder und (gesteuerter!) Ölbremse; Feder und Ölbremse der Isodromvorrichtung sind in Q untergebracht. Die Ableitung der Rückführungsbewegung vom Hilfsmotorkolben aus geschieht durch die schiefliegende Stange X, deren Neigung gegen die Wagerechte mittels der Schraube Y verändert werden kann; damit ist also die Beschleunigung der Rückführung, d. h. β (s. S. 759), bequem einstellbar.

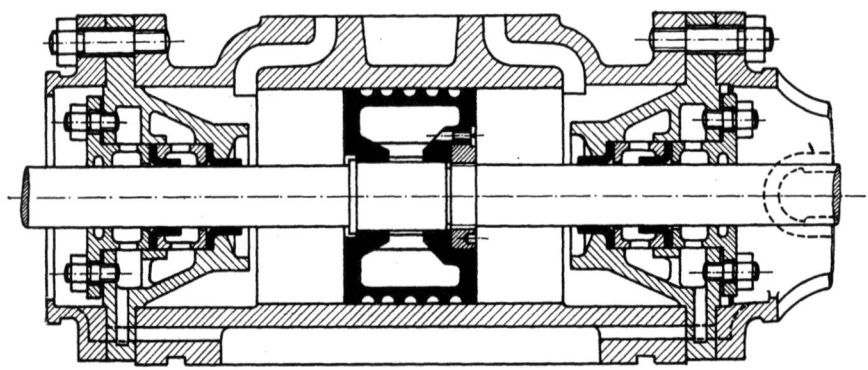

Fig. 514.

Die Regler besitzen eine aus- und einschaltbare Handregulierung TU (vgl. Tafel 24) zur Steuerung der Turbine, eine Vorrichtung zur Änderung der Drehzahl während des Ganges um $\pm 5^0/_0$ (s. das Handrädchen M) und eine Art Öffnungsbegrenzung O (vgl. S. 887), durch welche bei Wassermangel ein Teil des Reglerhubes ausgeschaltet werden kann. Grundsätzlich wählt Jahns die Verhältnisse stets so, daß aperiodische Regelung erzielt wird.

Die vorstehend beschriebenen mittelbaren Regler nach Fig. 513 führt die Firma Jahns in 5 Größen von 60 bis 375 mkg Arbeitsvermögen aus, für größere Leistungen kommen Windkesselregler in Frage. Für kleinere Leistungen, und zwar bis 10 mkg für natürliches Gefälle, bis 25 mkg mit Öldruck, baut Jahns die auf Tafel 24 dargestellten „Federservomotoren". Es sind das keine eigentlichen mittelbaren Regler mehr, sondern Regler mit Nachführung des Hilfsmotorkolbens, wie sie auf S. 724 unter 1. erwähnt wurden und wie wir sie auf S. 650 und 651 in anderer Gestalt kennen gelernt haben. Sie schließen sich aber den besprochenen mittelbaren Reglern um so inniger an, da sie nicht nur die gleiche Aufgabe

wie diese zu erfüllen haben, sondern auch in dem Gesamtaufbau
überaus ähnlich erscheinen; mit Rücksicht auf Reihenherstellung
wurden eben möglichst viele Bestandteile übereinstimmend gestaltet.

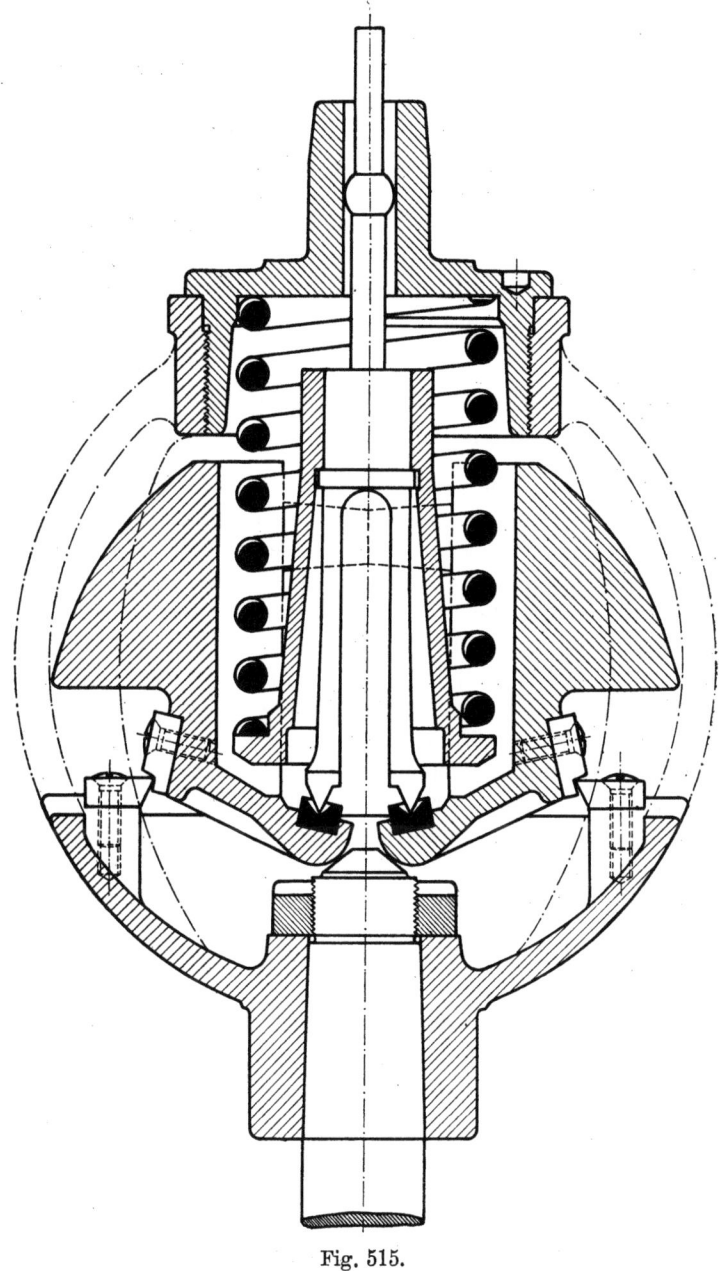

Fig. 515.

Tafel 24 Fig. 1 zeigt den halbindirekten Regler von Jahns, bei dem der natürliche Wasserdruck als Kraftquelle verwendet wird. Der Zylinder R ist ständig mit Öl gefüllt, während durch das tiefer gelegene Reduzierventil P, das vom Fliehkraftregler H beeinflußt wird, ein unbedeutender Teil des Druckwassers fortwährend abfließt. Je nach der Stellung des Reglers stellt sich also in R ein größerer oder kleinerer Öldruck ein, der den (einfach wirkenden) Hilfsmotorkolben nach links drückt, während die in R untergebrachte Feder den Kolben nach rechts zu bewegen sucht. Durch die verschiedene Zusammendrückung der Feder bei verschiedenen Ölpressungen ergibt sich also die Kolbenstellung vom Öldruck abhängig, der Kolben folgt in der Tat den Bewegungen des Fliehkraftreglers. Genau die gleiche Wirkung hat der Regler nach Tafel 24 Fig. 2, nur daß der Öldruck durch eine Zahnradpumpe erzeugt wird.

2. Verbundregler von Briegleb, Hansen & Co.
(Regler mit Doppelpumpen.)

Läßt man den Windkessel fort, um die mit ihm verbundenen Übelstände zu vermeiden, so ergeben sich andererseits Schwierigkeiten, die besonders bei größeren Reglerarbeiten nicht so leicht zu überwinden sind; vor allem muß die Pumpe so kräftig gewählt werden, daß sie für die größten Belastungsänderungen ausreicht. Wenn nun auch durch Druckschalter oder ähnliche Maßnahmen verhütet wird, daß die Ölpumpe beständig gegen den vollen Druck zu arbeiten hat oder unnötig Arbeit verzehrt und schädliche Erwärmung des Öles herbeiführt, so muß doch die große Pumpe jedesmal auch bei den allerkleinsten Belastungsschwankungen des Motors, die eigentlich fortwährend vorkommen, auf den vollen Druck gebracht werden. Die hiermit verknüpften Schwierigkeiten werden am einfachsten durch Anwendung zweier Pumpen von sehr verschiedener Größe umgangen: einer kleinen Pumpe für kleine oder langsame Regelbewegungen und zur Festhaltung des Beharrungszustandes und einer großen Pumpe zur Beherrschung großer und plötzlicher Belastungsänderungen. Der großen Bedeutung wegen, die dieser durch D.R.P. Nr. 220611 (vom 30. 3. 1909 ab) geschützte Erfindungsgedanke für die vermutliche Weiterentwicklung der mittelbaren Regler hat, ist in Fig. 516 die maßgebende Figur der Patentzeichnung und der Patentanspruch im folgenden wiedergegeben:

„1. Hydraulischer Turbinenregler, bei welchem die Arbeitsflüssigkeit erst im Augenblick des Regelns unter Druck gebracht wird, dadurch gekennzeichnet, daß zwei oder mehr Pumpen verwendet werden, welche derartig mit einem Steuerventil verbunden sind, daß bei kleinen Verschiebungen nur eine Pumpe unter Druck gebracht wird, während die andere bzw. die anderen Pumpen erst bei weiterer Verschiebung des Steuerventils nacheinander unter Druck gebracht und zur Speisung des Servomotors verwendet werden.

2. Hydraulischer Turbinenregler nach Anspruch 1, dadurch gekennzeichnet, daß bei Verschiebung des Steuerventils nach der einen Richtung überhaupt nur ein Teil aller angewendeten Pumpen unter Druck gebracht wird, zu dem Zwecke, für die entsprechende Verstellrichtung des Servomotors zu schnelle Bewegungen unmöglich zu machen."

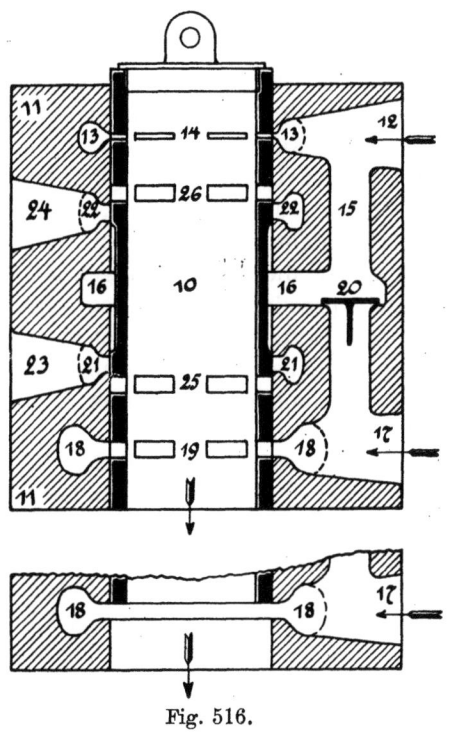

Fig. 516.

Die Wirkungsweise des Steuerschiebers nach Fig. 516 ist kurz folgende: Zu 12 kommt das Drucköl von der kleinen, zu 17 von der großen Pumpe; in der (gezeichneten) Mittelstellung entweicht das Öl durch die Schlitze 14 und 19 nach dem Inneren des Schiebers und von da zurück zum Ölbehälter. Wird der Schieber ein wenig nach oben bewegt, so wird 14 abgeschlossen und es gelangt das (von der kleinen Pumpe geförderte) Drucköl von 16 durch 22 und 24 zu der einen Seite des Hilfsmotorzylinders, von der anderen Seite wird der Austritt des Öles über 23, 21 durch den Schlitz 25 zum Ölbehälter freigegeben; bei einer kleinen Bewegung nach unten vertauschen sich die Wirkungen von 26, 22, 24 mit 23, 21, 25. Tritt eine größere Verschiebung des Steuerschiebers nach oben ein, so wird außer 14 auch 19 abgeschlossen, das von der großen Pumpe geförderte Öl kann nicht mehr entweichen, sondern tritt durch das Ventil 20 über 16, 22 ebenfalls nach 24.

Die untere Figur 516 läßt erkennen, wie einfach dem zweiten Patentanspruch genügt werden kann, indem der Schieber unten entsprechend gekürzt wird. Bei größeren Bewegungen nach unten wird zwar die große Pumpe durch Abschluß des Kanales 18 eingeschaltet, nicht aber bei größeren Bewegungen des Schiebers nach oben; dabei bleibt die größere Pumpe auch ausgeschaltet, es wirkt immer nur die kleine Pumpe.

e) Isodromvorrichtungen mit gesteuerter Ölbremse und endlicher Federkraft in der Mittelstellung.

1. Zweck dieser Anordnung.

Die in Fig. 480 S. 734 dargestellte Isodromvorrichtung mit Rückführungsfeder und Ölbremse hat, abgesehen von der Erweiterung nach Fig. 484 S. 739 zu einem Regler mit einem kleinen (einstellbaren) Ungleichförmigkeitsgrad, eine Reihe von Abänderungen und Verbesserungen erfahren, die sich, kurz zusammengefaßt, nach zweierlei Richtungen bewegen: 1. wird die Ölbremse gesteuert und 2. läßt man die Rückführungskraft der Feder von der jeweiligen Beharrungsstellung aus (diese wird in der Folge relative Mittellage oder kurz Mittellage genannt), nicht mit Null, sondern mit einem endlichen Wert beginnen. Bahnbrechend hat nach dieser Richtung besonders die Firma J. M. Voith gewirkt, deren Patente z. T. noch laufen.

Das (erloschene) D.R.P. Nr. 173712 von Voith schützte folgenden Patentanspruch: „Ölbremsen für direkt und indirekt wirkende Geschwindigkeitsregler für Kraftmaschinen, dadurch gekennzeichnet, daß eine Steuerungsvorrichtung bei relativer Mittelstellung des Bremskolbens die dem Druckausgleich dienende Verbindung zwischen den beiden ölgefüllten Räumen vollständig abschließt, sie jedoch bei Geschwindigkeitsänderungen des Reglers je nach Größe der Regelung weniger oder mehr öffnet, um bei geringen Geschwindigkeitsänderungen einen Druckausgleich zu verhindern, bei größeren Geschwindigkeitsänderungen dagegen denselben langsamer oder rascher erfolgen zu lassen." Als Begründung für die Notwendigkeit einer Steuerung der Ölbremse (gleichbedeutend mit dem zeitweisen Ausschalten der Nachgiebigkeit der Rückführung) enthält die Patentschrift lediglich die aus der praktischen Erfahrung geschöpfte Behauptung: „Eine gute Regelung kann aber nur erzielt werden, wenn im Beharrungszustand des Reglers diese Ausgleichsöffnung ganz verschlossen ist und nur bei Regelung geöffnet wird."

Versuchen wir, uns das Verhalten eines Isodromreglers nach Fig. 480 bei sehr kleinen Belastungsschwankungen klarzumachen. Ohne Steuerung des Durchflußquerschnittes der Ölbremse ist jedenfalls der Kataraktwiderstand fast Null, es ist gewissermaßen keine Rückführung da, aber im Gegensatz zu dem Regler ohne

Rückführung, bei dem der Reglerhebel einen festen Drehpunkt hat, fehlt auch dieser noch, da Z frei beweglich ist; der Regler hat überhaupt die Gewalt über die Steuerung verloren, die Steuerung ist gleichsam führerlos geworden. Als Abhülfe dieses unzulässigen Zustandes kann man zunächst eine Feder vorsehen, die in der Mittellage nicht wirkungslos ist, sondern sogleich den Punkt Z (nach oben und unten) mit einer endlichen Kraft zurückdrängt; man hat dann wenigstens einen Regler ohne Rückführung mit dem bekannten Nachteil, daß nämlich die Schwingung nicht allmählich abnimmt, sondern bleibt, aber doch wenigstens keine unbestimmten willkürlichen Stellungen der Steuerung eintreten können. Schaltet man anderseits die Nachgiebigkeit der Rückführung für kleine Belastungsschwankungen durch Steuerung der Ölbremse ganz aus, d. h. verwandelt man für die kleinen Schwankungen den Regler in einen solchen mit starrer Rückführung, so wäre dies durchaus einwandfrei, es wäre auch eine endliche Anfangskraft dann nicht mehr nötig, aber wir hätten nun keinen reinen Isodromregler mehr, der entsprechende Teil des Reglerungleichförmigkeitsgrades ergäbe sich jedesmal als bleibender Ungleichförmigkeitsgrad der Regelung. Meist werden nun beide Hilfsmittel, Steuerung der Ölbremse und Beginn der Rückführungskraft in der Mittellage mit einem endlichen Werte, gleichzeitig benutzt, wobei die Vermutung nicht ganz von der Hand zu weisen ist, daß die beiden, doch nach entgegengesetzten Richtungen wirkenden Ursachen sich mehr oder weniger aufheben; andererseits ist die Rückführungskraft überhaupt so lange gleichgültig, so lange der Übertritt des Öles von einer zur anderen Kolbenseite verhindert ist, und wenn der Durchgang durch die Ölbremsensteuerung freigegeben ist, darf oder soll wohl die Rückdrängung in die Beharrungsstellung trotzdem möglichst schnell, d. h. unter der Einwirkung einer von vornherein möglichst großen Rückführungskraft geschehen. Die nachgiebige Rückführung mit Reibradgetriebe nach Fig. 487 S. 737 unterscheidet sich zwar nicht hinsichtlich des Gesetzes, mit welcher die Nachgebegeschwindigkeit (nämlich proportional der Abweichung des Punktes Z von der Mittellage) sich verändert, aber durch die Nachgiebigkeit wird doch die momentane starre Verbindung zwischen Hilfsmotorkolben und Rückführungspunkt nicht unterbrochen; eine besondere Ergänzung etwa durch Steuerung der Ölbremse ist daher erfahrungsgemäß hier nicht nötig.

Regler mit kleinem einstellbarem Ungleichförmigkeitsgrad verhalten sich im wesentlichen genau so wie reine Isodromregler, erfordern also bei Ausführung mit Rückführungsfeder und Ölbremse die gleiche Ergänzung durch Steuerung der Ölbremse und endliche Federkraft in der relativen Mittelstellung.

2. Isodromfedern mit endlicher Anfangskraft.

Aus den nachfolgenden Figuren 517 bis 521 sind die verschiedenen Möglichkeiten der Federabstützungen und einfache Steuerungen der Ölbremse in ihrer Wirkungsweise leicht zu verfolgen; gleichartige Teile sind durchweg mit gleichen Bezeichnungen versehen. Überall ist der allgemeine Fall eines Reglers mit kleinem einstellbarem Ungleichförmigkeitsgrad zugrunde gelegt. Vergleichsweise zeigt Fig. 517 noch einmal den gewöhnlichen Regler dieser Art (also ohne Steuerung der Ölbremse) in schematischer Darstellung (vgl. Fig. 484 S. 739); Z_1 und Z werden in der Regel zusammenfallen, sind nur der Deutlichkeit halber auseinandergerückt, ferner sind, wie es meistens der Fall sein wird, zwei Federn (beide entweder Zug- oder Druckfedern, in Fig. 517 das letztere) vorgesehen. Abhängig von der Stellung des Hilfsmotorkolbens bestimmen die festen Federenden F_1 und F_2 die relative Mittellage des Reglerstellhebels, und zwar dadurch, daß sich für die jedesmalige Beharrungsstellung die beiden Federdrücke gegenseitig aufheben, auf den Punkt Z_1 also die Kraft Null ausüben. Will man nun in der relativen Mittelstellung, und zwar nach beiden Richtungen hin, sofort mit einer endlichen Rückführungskraft beginnen, so ordnet man, wie aus Fig. 518 bis 521 ersichtlich ist, Anschläge für die Federn an. Am nächsten liegt wohl die Abänderung von Fig. 517, wie sie in Fig. 518 vorgenommen ist: ein Anschlag C_1, der an dem die (festen) Federenden F_1 und F_2 tragenden Gliede angebracht ist, stützt bei der Bewegung des Regler-

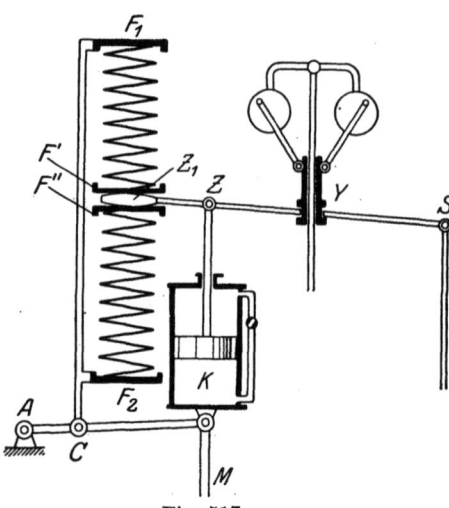

Fig. 517.

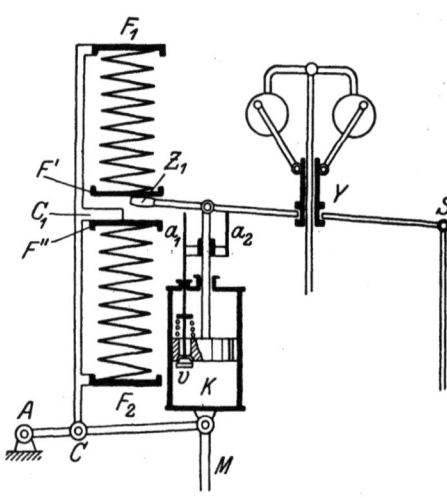

Fig. 518.

hebels nach oben den beweglichen Federteller F'' der unteren Feder und fängt somit deren Druck ab, so daß die obere Feder bei der Bewegung nach oben sofort ihre volle Anfangsspannung auf Z_1 übertragen kann; bei der Bewegung des Hebels nach unten stützt C_1 den Federteller F' der oberen Feder ab und schaltet deren Wirkung aus. Durch einen derartigen Anschlag wird zweifellos die Mittelstellung kraftschlüssig sicherer fixiert, wie wenn nach Fig. 517 in der relativen Mittelstellung immer nur die Kraft ± 0 ausgeübt wird. Eine zweite Anordnung, die dem Voithschen D.R.P. Nr. 210556 entspricht, zeigt Fig. 519; hier bleiben die (festen) Federenden F_1 und F_2 unbeweglich, der (proportional zur Verschiebung des Hilfsmotorkolbens bewegte) Anschlag C_1, wirkt aber wieder genau wie oben.

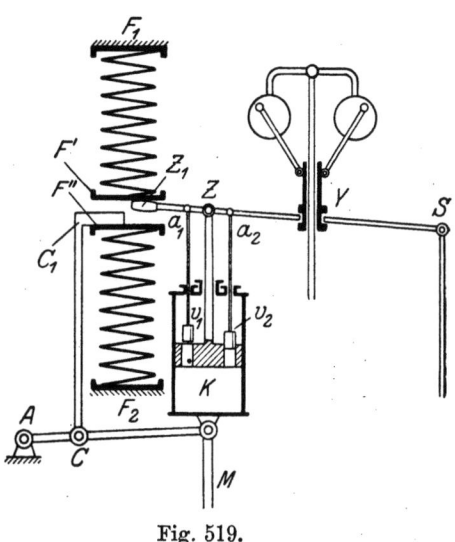

Fig. 519.

Eine dritte Möglichkeit endlich, bei der nur eine (Druck-)Feder vorgesehen ist, zeigt Fig. 520. Die beiden Federenden stützen sich gegen Federteller F' und F''', die sich in der relativen Mittellage des Reglerhebels gegen Bunde C_2' und C_2'' an der Rückführungsstange (der Kolbenstange der Ölbremse) und gleichzeitig gegen die (proportional mit dem Ausschlage des Hilfsmotorkolbens bewegten) Anschläge C_1' und C_2'' legen; die Anfangsspannung der Feder ist daher in der Beharrungsstellung wirkungslos. Sobald aber der Ölbremskolben sich nach oben bewegt, nimmt Bund C_2'' den unteren Federteller F''', der sich nun von dem Anschlag C_1'' abhebt, mit, während der obere Federteller F' an C_1' abgestützt bleibt, die Feder übt auf Z sofort eine Kraft gleich der vollen Anfangsspannung aus; beim Abwärtsgang des Ölbremskolbens nimmt Bund C_2' den oberen Federteller F' mit und der untere Federteller F''' bleibt durch C_1'' abgestützt. In diese dritte Gruppe gehört z. B. die Isodromeinrichtung der Jahnschen Regler nach Fig. 513. Mitunter (sowohl bei der Jahnschen wie auch bei der

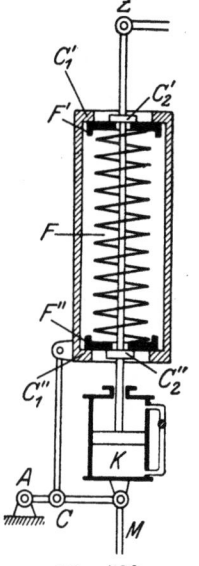

Fig. 520.

Voithschen Isodromeinrichtung so ausgeführt) benutzt man für die Bewegung nach unten das Eigengewicht der bewegten Teile, das dann natürlich als konstante Kraft für die ganze Bewegung bestehen bleibt, und sieht nur eine Feder (mit einer Anfangsspannung etwa gleich dem doppelten Gewicht) mit entsprechender Anschlagwirkung für die Aufwärtsbewegung vor.

3. Steuerung der Ölbremse.

Nach den allgemeinen Darlegungen soll der Übertritt des Öles von der einen Seite des Kataraktkolbens zur anderen bei kleinen Bewegungen des Bremszylinders ganz (oder nahezu) verhindert und erst bei größeren Ausschlägen freigegeben werden. Nehmen wir an, der Übertritt des Öles erfolgt in Fig. 519 durch den Kolben hindurch; die beiden Durchgangsöffnungen seien in der Horizontalstellung des Reglerhebels durch kleine Kolbenschieber v_1 und v_2 abgeschlossen. Stellt sich dann der Hebel (bei Abweichung von der Mittellage) schief, so hebt sich a_1 (bzw. a_2) mehr, als sich Z senkt, es tritt eine Relativverschiebung des Steuerkolbens v_1 (bzw. v_2) gegen den Kataraktkolben ein derart, daß der Durchgang des Öles mehr oder weniger freigegeben wird. Fig. 518 zeigt, wie man die Aufgabe mit einem Ventil lösen kann: von zwei Anschlägen a_1 und a_2 öffnet bei der gezeichneten Schrägstellung des Reglerhebels infolge der eintretenden Relativverschiebung des Anschlagstückes gegen den Kataraktkolben der Anschlag a_2 das Durchgangsventil v, bei der umgekehrten Neigung des Reglerhebels dagegen a_1 durch Abstützung an dem Reglerhebel. Die entsprechende konstruktive Lösung bei der Voithschen Isodromeinrichtung ist in Fig. 501 wiedergegeben, deren Wirkungsweise im Anschluß an die halbschematische Skizze Fig. 521 leicht verfolgt werden kann: In der relativen Mittelstellung legt sich der Hebel $a_2 a_1$ auf den Anschlag C_1 (der gleichzeitig den oberen Federteller F'' abstützt), das Ventil v hält den Kataraktkolben geschlossen. Bewegt nun der Hilfsmotorkolben den Kataraktzylinder K nach oben (für Regler mit kleinem bleibendem Ungleichförmigkeitsgrad auch C etwas, aber erheblich weniger), verschiebt sich damit auch die Kolbenstange der Ölbremse nach oben, so stößt die Kante a_2 gegen den Hebel $a_2 a_1$ und hebt

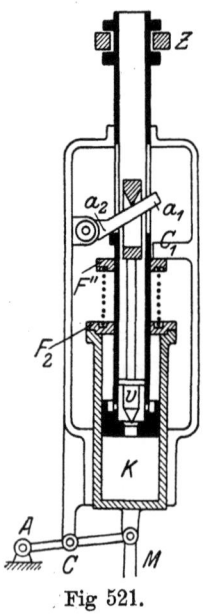

Fig 521.

die das Ventil v tragende Stange noch mehr, es tritt eine Relativverschiebung des Ventiles v gegen seinen Sitz ein, der Öldurchgang wird frei. Wenn umgekehrt Kataraktzylinder und -kolben aus einer Beharrungsstellung nach unten bewegt werden, bleibt der Hebel $a_2 a_1$ auf dem Anschlag C_1 hängen, auf dem wagerecht festgehaltenen Hebel $a_2 a_1$ aber wieder die das Ventil v tragende Stange, und der Öldurchtritt kann vor sich gehen.

Die Rückführungsfeder wirkt nur, wenn sich Z unterhalb der relativen Mittellage befindet, d. h. nach oben, wobei sich der Federteller F''' gegen die untere Kante des Anschlages a_1 der hohlen Kolbenstange abstützt, während bei der in Fig. 521 gezeichneten Lage des Punktes Z oberhalb der Mittelstellung der Federteller F''' durch den Anschlag C_1 abgestützt wird, die Feder also auf die Kolbenstange keinen Druck ausübt. Die Rückdrängung von Z nach unten erfolgt lediglich durch das Gewicht von Kataraktkolben, Stange und Ventil. (Die auf den Kataraktzylinder bei F_2 ausgeübte Federkraft kommt für die Bewegung von Z nicht in Betracht, F_2 ist in diesem Sinne als fester Federendpunkt anzusehen, da der Zylinder ja von dem Hilfsmotorkolben zwangläufig bewegt wird.)

4. Einfluß der endlichen Rückführungskraft in der Mittelstellung auf den Regelungsverlauf.

Um ein Urteil über die Wirkung der sprunghaften Änderung der Rückdrängungskraft zu bekommen, wollen wir den Regelungsvorgang noch kurz theoretisch untersuchen. Wir setzen die Kraft nicht wie auf S. 760 $f_i z$, sondern $f_i(z \pm a) = f_i(\zeta \pm \alpha) z_{max}$; damit wird die Rückführungsgleichung für den Isodromregler:

$$\zeta \pm \alpha + T_i \zeta' - \beta T_i \mu' = 0, \quad \ldots \ldots (413)$$

wobei das obere Zeichen gilt, wenn $\zeta = -$, das untere, wenn $\zeta = +$ ist.

Legt man insbesondere den Fall unveränderlicher Geschwindigkeit des Hilsmotorkolbens zugrunde, ist also $\mu' = \pm \dfrac{1}{T_s}$, so lautet die Rückführungsgleichung

$$\zeta + T_i \zeta' \mp \left(\beta \frac{T_i}{T_s} \mp \alpha\right) = 0 \quad \ldots \ldots (414)$$

Für das Vorzeichen bei α gilt das Vorstehende, das Vorzeichen vor der Klammer ist — für Schließen und + für Öffnen. Die Lösung der Differentialgleichung wird:

$$\zeta = C e^{-\frac{t}{T_i}} \pm \left(\beta \frac{T_i}{T_s} \mp \alpha\right) = 0, \quad \ldots \ldots (415)$$

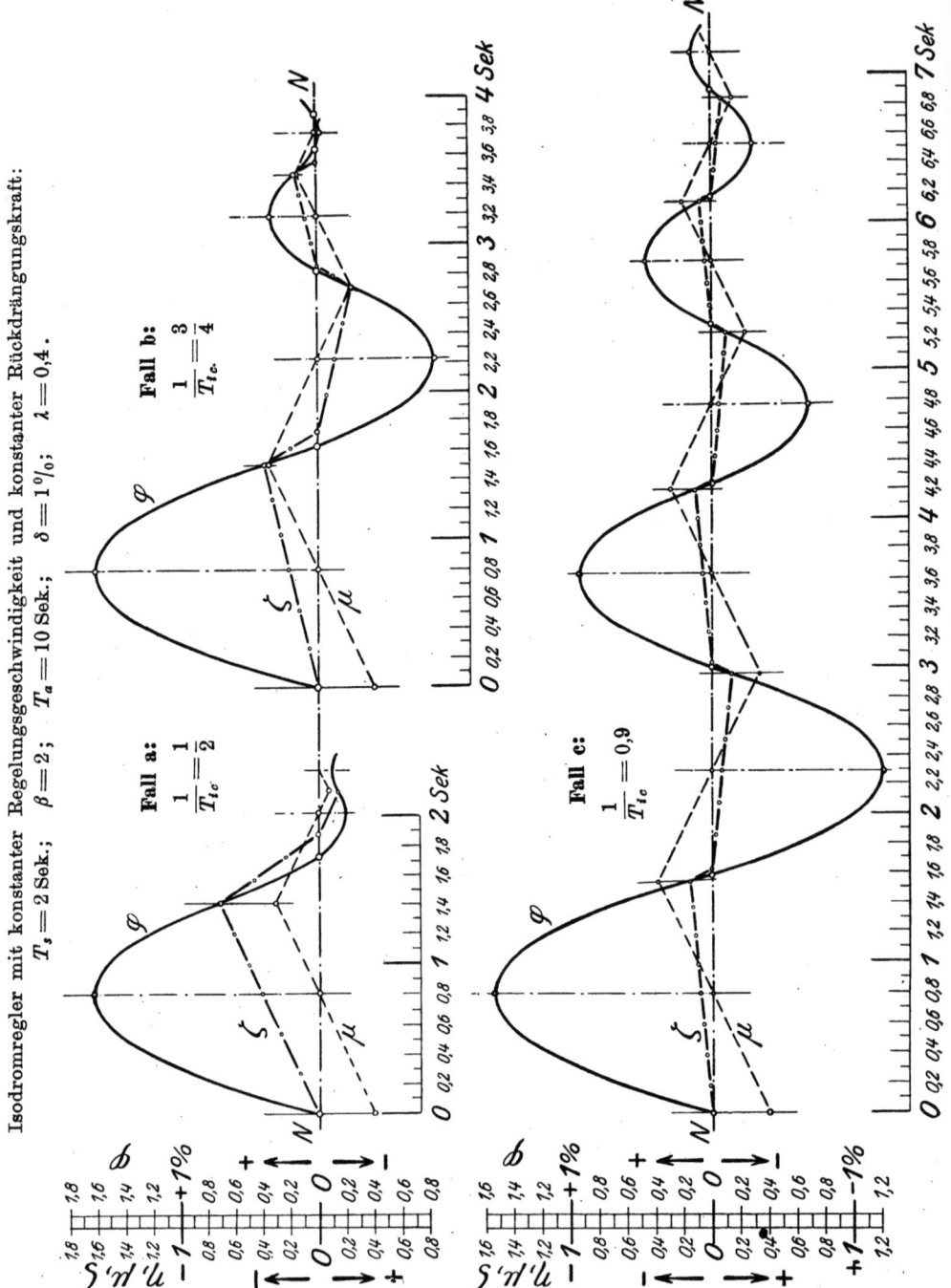

die Rückführungskurve setzt sich hiernach (vgl. S. 832 u. 833) zusammen aus Stücken derselben logarithmischen Linie mit wechselnder Lage der Asymptoten, für das —-Zeichen vor der Klammer mit der konvexen Seite der ζ-Kurve nach oben, für das $+$-Zeichen vor der Klammer nach unten. Zu Beginn der Regelung ist bei Entlastung des Motors $\mu' = -$, ζ wird zunächst auch —, mithin lautet Gl. 415 für die erste Regelungsperiode

$$\zeta = C e^{-\frac{t}{T_i}} - \left(\beta \frac{T_i}{T_s} - \alpha\right) = 0;$$

da für $t=0$ $\zeta=0$ sein muß, so wird $C = \beta \frac{T_i}{T_s} - \alpha$, also

$$\zeta = \left(\beta \frac{T_i}{T_s} - \alpha\right)\left[e^{-\frac{t}{T_i}} - 1\right] \quad \ldots \ldots \quad (415\,\mathrm{a})$$

Hiernach ist für gleiches t stets ζ kleiner, wie wenn $\alpha=0$ wäre, die Rückführungskurve verläuft infolge der endlichen Anfangsfederkraft flacher, ihr Schnitt mit der φ-Parabel erfolgt später, d. h. **die Regelung wird verschleppt**. Wäre $\beta \frac{T_i}{T_s} - \alpha = 0$, so würde die Rückführungskurve sogar eine horizontale Gerade, d. h. die Rückführung ganz ausgeschaltet; es darf also die Anfangsfederspannung nicht beliebig groß gemacht werden. Dies ist ja auch unmittelbar einleuchtend; denn wenn die Federkraft in der Gleichgewichtsstellung so groß ist, daß entsprechend der konstanten Rückführungsgeschwindigkeit der Öldruck gerade gleich der Federkraft ist, so tritt gar keine Verstellung des Rückführungspunktes Z mehr ein, die Rückführung wäre ausgeschaltet. Nur durch Steuerung der Ölbremse, wodurch entweder der Öldurchfluß ganz abgesperrt oder bei gleicher Geschwindigkeit des Kolbens der Öldruck so erhöht wird, daß er größer als die Federkraft bleibt, ist dann eine Rückführung überhaupt erreichbar.

Im Anschluß an Fig. 522 soll noch einmal die **Verschleppung der Rückführung unter der Annahme einer konstanten Rückführungskraft** (wie sie z. B. bei Benutzung von Gewichten tatsächlich vorkommt und zur Vereinfachung bei einer Feder mit großer Anfangsspannung und geringer Zunahme der Spannung als Annäherung wohl zugrunde gelegt werden darf) an zahlenmäßigen Beispielen gezeigt werden. Greifen wir auf die allgemeine Rückführungsgleichung 302 S. 759: $\zeta = \beta\mu - \nu$ zurück und beachten, daß sich (unserer Annahme gemäß) der Hilfsmotorkolben mit konstanter Geschwindigkeit $\pm \dfrac{1}{T_s}$ bewegt und daß ebenso bei konstanter

Rückdrängungskraft die Nachgebegeschwindigkeit v' konstanst ist gleich $v_c' = \pm \dfrac{1}{T_{ic}}$, so finden wir

$$\zeta = \left(\pm \frac{\beta}{T_s} \mp \frac{1}{T_{ic}}\right) t \quad \ldots \ldots \ldots (416)$$

Die Rückführungslinie setzt sich hiernach aus lauter Geraden zusammen, deren Neigung gegen die Horizontale beträgt:

a) beim Schließen: $\dfrac{\beta}{T_s} - \dfrac{1}{T_{ic}}$, solange $\zeta = -$,

und $\dfrac{\beta}{T_s} + \dfrac{1}{T_{ic}}$, wenn $\zeta = +$ ist,

b) beim Öffnen: $-\dfrac{\beta}{T_s} - \dfrac{1}{T_{ic}}$, solange $\zeta = -$,

und $-\dfrac{\beta}{T_s} + \dfrac{1}{T_{ic}}$, wenn $\zeta = +$ ist.

Die konstante Nachgebegeschwindigkeit ist offenbar $v_c' = \alpha \cdot v_{max} = \alpha \cdot \dfrac{1}{T_i}$, wenn unter T_i die Isodromzeit in dem bisherigen Sinne (vgl. S. 754) verstanden wird; daher haben wir auch $v_c' = \dfrac{1}{T_{ic}}$ geschrieben, wobei die Zeitgröße $T_{ic} = \dfrac{T_i}{\alpha}$, also ein Vielfaches der Isodromzeit ist.

Den Beispielen in Fig. 522 wurde zugrunde gelegt:

$\beta = 2$ und $T_s = 2$ Sek., danach ist $\dfrac{\beta}{T_s} = 1$;

für $\dfrac{1}{T_{ic}}$, das kleiner $\dfrac{\beta}{T_s}$ bleiben muß, wurde gewählt:

für den Fall a): $\dfrac{1}{T_{ic}} = \dfrac{1}{2}$, für den Fall b): $\dfrac{1}{T_{ic}} = \dfrac{3}{4}$,

„ „ „ c): $\dfrac{1}{T_{ic}} = 0,9$.

Man sieht deutlich, wie mit wachsendem $1 : T_{ic}$ die Regelung verschleppt wird und erkennt, daß jedesmal die ζ-Linie eine neue Richtung einschlägt, sobald die φ-Parabel geschnitten oder die Nullinie für ζ durchlaufen wird.

Zum Schluß unserer Betrachtungen über Isodromeinrichtungen sei noch erwähnt, daß F. Schichau in Elbing Regler auszuführen beabsichtigt, bei denen nach D.R.P. Nr. 310847 von H. Korn die Ölbremse der nachgiebigen Rückführung durch eine zweite Ölbremse gesteuert wird, die selber wieder in die Mittelstellung durch solche Federn gedrängt wird, die ebenso wie die Rückführungsfedern mit einer endlichen Kraft von der Mittellage aus zu wirken beginnen.

f) Doppelregelung.

Bei Freistrahlturbinen wird heute wohl allgemein eine sog. Doppelregelung angewandt, deren Wesen darin besteht, daß bei plötzlichen Entlastungen der Wasserstrahl sofort ganz oder teilweise vom Laufrade abgelenkt, während der Düsenquerschnitt nur ganz allmählich verringert wird, um gefährliche Drucksteigerungen in der Rohrleitung zu verhüten.

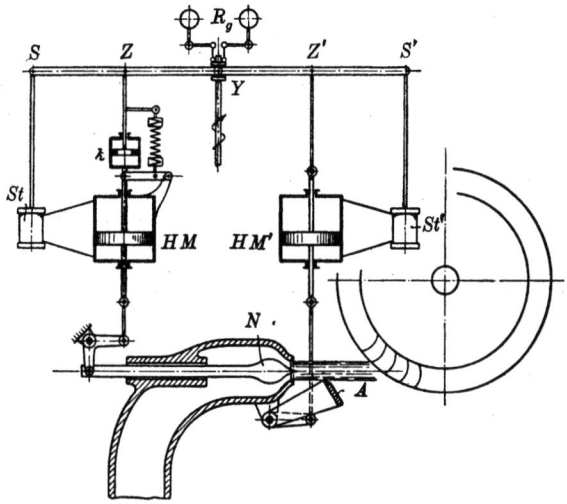

Fig. 523.

Fig. 523 läßt das **Schema** einer solchen **Doppelregelung** erkennen. Bei Änderung der Umlaufzahl des Fliehkraftreglers Rg infolge Ent- oder Belastung der Turbine verstellt die Reglermuffe Y die beiden Steuerventile St und St', so daß die beiden Hilfsmotorkolben HM und HM' sich in Bewegung setzen, und zwar HM', der den Strahlablenker A verstellt, möglichst schnell, HM, der die Düsennadel N verstellt, möglichst langsam; beide Hilfsmotoren haben Rückführungen, der Motor für den Strahlablenker eine starre (die von vornherein etwas schneller den neuen Beharrungszustand herbeizuführen imstande ist), der Motor für die Düsenverstellung eine nachgiebige Rückführung. Durch passende Wahl der Übersetzungen in dem Gestänge kann erreicht werden, daß in jedem Beharrungszustand der Ablenker dicht am Rande des Strahles steht, um bei plötzlichen Entlastungen sofort in den Strahl eindringen zu können. Bei langsamen Entlastungen kommt der Ablenker nicht zur Wirkung, da das langsame Schließen der Düse ausreicht, um die Umdrehzahlschwankungen hinreichend klein zu halten. Bei Zunahme der Belastung kann die Nadel rasch öffnen, wobei sich gleichzeitig der Strahlablenker bis an die Grenze des wachsenden Strahles herausbewegt.

Ein lehrreiches **Beispiel** dieser Art ist die auf Tafel 23 dargestellte Peltonradanlage der Stadt Nordhausen, nach Entwürfen von Prof. Pfarr von Briegleb, Hansen & Co. erbaut.

Das Triebwasser, einer Talsperre mit 200 m Gefälle entnommen, mußte durch eine 10 km lange Rohrleitung dem Kraftwerk zugeführt werden; plötzliche Änderungen der Wassergeschwindigkeit in der Leitung würden äußerst gefährliche Druckschwankungen erzeugt haben, andererseits mußte wegen des hohen Nutzgefälls mit dem Wasser möglichst sparsam umgegangen werden. Zunächst wählte man die Anlaufzeit T_a sehr hoch, nämlich ~ 55 Sek., was durch ein schweres Schwungrad (hier von 2400 kg Gewicht) mit hoher Umfangsgeschwindigkeit (hier gleich 63 m/sek) erreicht werden kann. Die Schlußzeit für die Düsenverstellung wurde für Schließen auf 60 Sek., für Öffnen auf 40 Sek., die Schlußzeit für den Strahlablenker dagegen auf 2 Sek. eingestellt. Einzelheiten des Reglers nach Tafel 23 zeigen Fig. 524 bis 527..

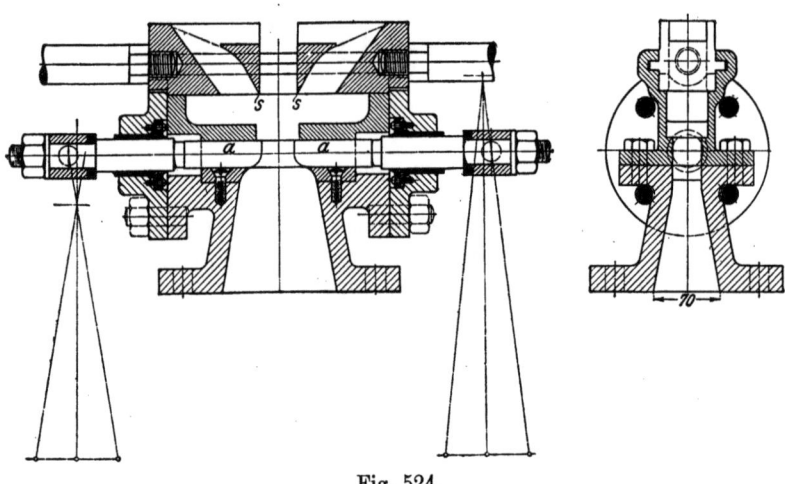

Fig. 524.

Aus Fig. 524 sieht man, wie die Verengung der Düse durch rechteckige Abschlußkolben aa bewirkt wird, die vom Hilfsmotor aus mittels eines einarmigen (in Fig. 524 rechts) und eines zweiarmigen (in Fig. 524 links) Hebels in entgegengesetzter Richtung bewegt werden, und wie die Schneiden ss des Strahlablenkers von dem anderen Hilfsmotor in den Düsenstrahl hineingeschoben werden können. Fig. 525 stellt die beiden Hilfsmotorzylinder im Längs-

Neuzeitliche Entwicklung der mittelbaren Regler in Deutschland. 881

und Querschnitt, Fig. 526 die beiden Steuerungen mit einfachem, entlastetem, aber nicht vorgesteuertem Kolbenschieber dar.

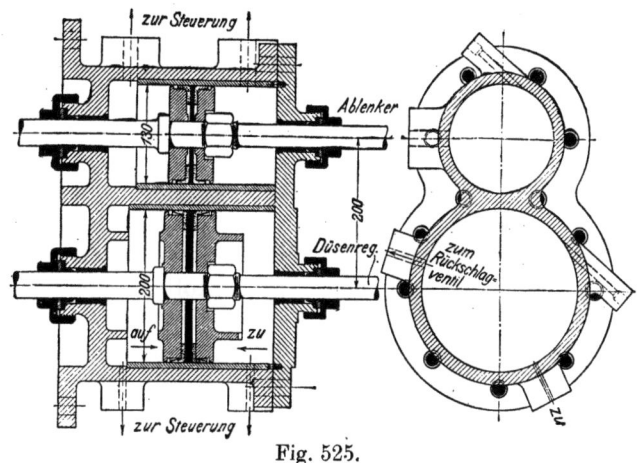

Fig. 525.

Fig. 527 zeigt, wie die verschiedenen Schlußzeiten für Schließen und für Öffnen erzielt werden. Die obere Kammer des Steuergehäuses

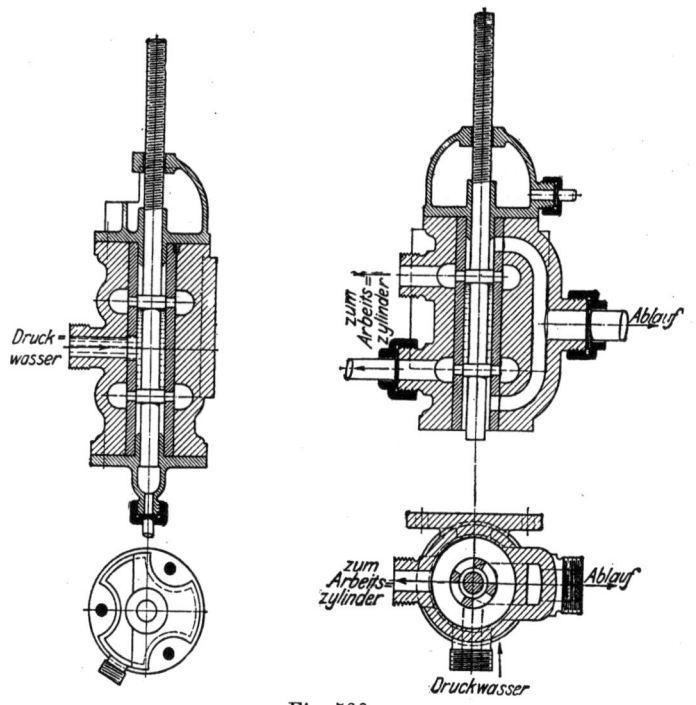

Fig. 526.

Tolle, Regelung. 3. Aufl. 56

in Fig. 527 trägt zu diesem Zwecke ein kleines Rückschlagventil v; der Raum oberhalb dieses Ventiles hat also stets den gleichen Druck wie die obere Steuerkammer, der Raum unterhalb des Ventiles ist mit dem Hilfsmotorzylinder verbunden, und zwar mit der Seite, in die das Druckwasser bei der „Schlußbewegung" des Hilfsmotorkolbens gelangt (in Fig. 525 mit der rechten Seite). Steht nun der Steuerkolben oben, „schließt" also der Hilfsmotor für die Düsenverstellung, so kann das Druckwasser nicht durch das Rückschlagventil, sondern nur auf dem normalen Wege durch die direkte Rohrleitung in den Hilfsmotorzylinder kommen; „öffnet" dagegen der Hilfsmotor, tritt also das Druckwasser aus der rechten Zylinderseite des Hilfsmotors aus, so kann das Abflußwasser sowohl durch das Rückschlagventil als auch durch das normale Verbindungsrohr nach der oberen Steuerkammer gelangen. Der Austritt erfolgt also leichter als der Eintritt in den Raum für „Schließen", das „Schließen" geschieht langsamer als das „Öffnen".

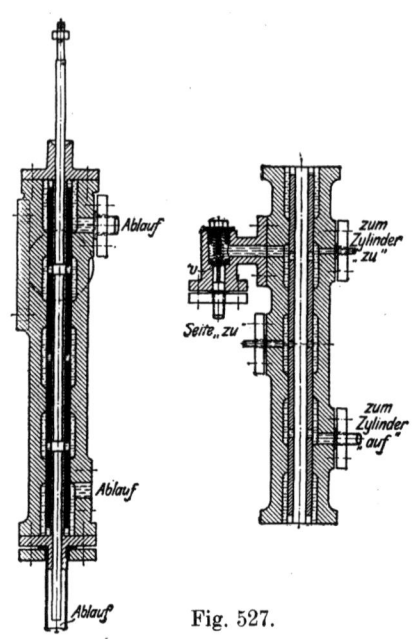

Fig. 527.

Strahlablenker kommen auch **als Sicherheitsregler** zur Anwendung. Eine solche Verwendung soll im Anschluß an Fig. 528 erläutert werden. Die Strahlablenker liegen im gewöhnlichen Betriebe unterhalb der Düsen in Ruhestellung, die normale Regelung erfolgt lediglich durch Düsenverstellung, und zwar so, daß nicht beide Nadeln gleichzeitig, sondern (zur Verbesserung des Wirkungsgrades bei Teilbeaufschlagungen) nacheinander verstellt werden; jede Düse hat zwar einen besonderen Hilfsmotorzylinder, die aber beide von dem gleichen Steuerventil gesteuert werden. Die Strahlablenker treten erst dann in Wirksamkeit, wenn die zulässige Umdrehzahl überschritten wird. Sobald dies eintritt, verschiebt sich (vgl. die obere Fig. 528) ein mit der Turbinenwelle umlaufender, durch eine Feder zurückgehaltener Bolzen infolge der gesteigerten Fliehkraft nach außen und löst einen durch ein Gewicht belasteten Winkelhebel aus. Dieser fällt herab und schaltet die Strahlablenker ein; dadurch

Neuzeitliche Entwicklung der mittelbaren Regler in Deutschland. 883

kommen die Turbinen in kürzester Frist zum Stehen. Ist der Sicherheitsregler in Tätigkeit getreten, so kann der normale Betriebszustand sofort durch Anheben des Gewichtes und Einhängen der Klinke wieder hergestellt werden.

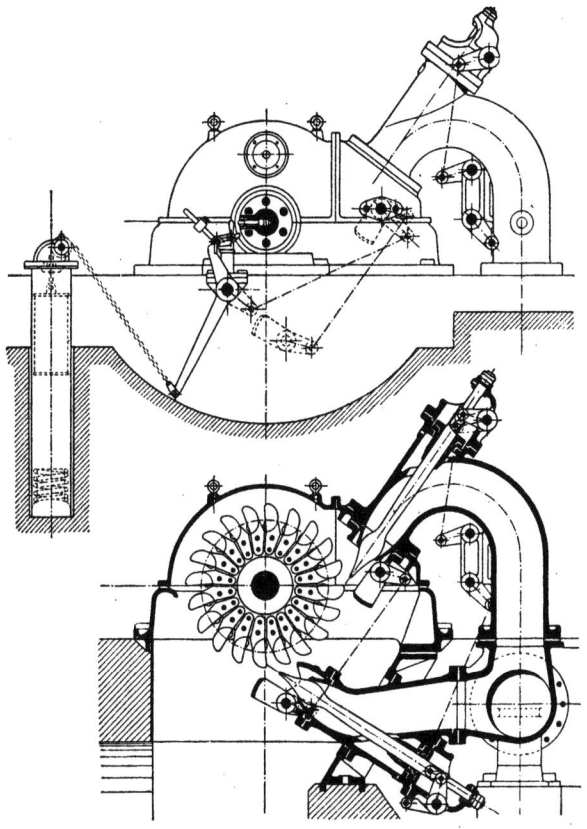

Fig. 528.

In der Z. d. V. d. I. 1919, S. 1194 berichtet Prof. Prášil über eine **Regelvorrichtung** von P. Seewer **durch Änderung der Strahlform** mittels in der Düse verstellbarer Lenkkörper, die so angeordnet sind, daß der aus der Düse austretende Strahl entweder zylindrisch geschlossen oder teilweise oder ganz zerstreut austritt (s. Fig. 529). Die Düse ist wie gewöhnlich an den Einlaufkrümmer angeschlossen, die Nadel bis nahe an die Austrittsstelle in einem Zylinder geführt; im Hohlraum zwischen dieser Führung und der Düse befinden sich flache Lenkplatten a, die in normaler Lage parallel zur Düsenachse stehen und Vollstrahl entstehen lassen. Werden die Lenkplatten um ihre radiale Achse gedreht, so daß sie

56*

etwa die Lage bb einnehmen, so entsteht ein zerstreuter Strahl von kegelförmiger Gestalt, der bereits ein kleineres Arbeitsvermögen als der geschlossene Strahl hat, wovon ferner ein großer Teil das Rad gar nicht mehr trifft und ein anderer Teil auf die Hinterflächen der Schaufeln stößt, also bremsend wirkt.

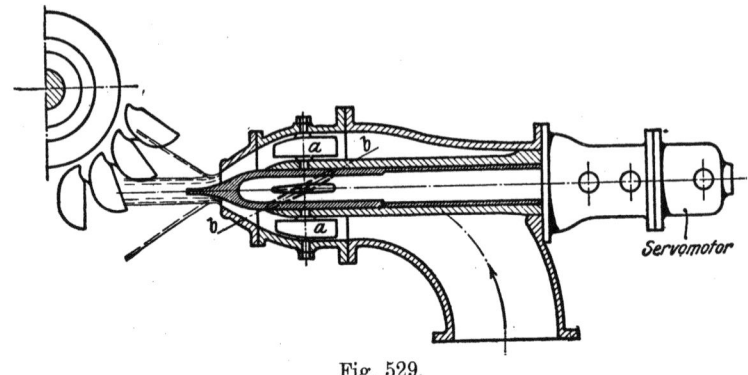

Fig. 529.

Als eine der neuesten Formen von Doppelregelungen möge noch im Anschluß an Fig. 530 die **Geschwindigkeits- und Drucksteuerung für Zweidruckdampfturbinen** von H. Kröner[1]) nach D. R. P. Nr. 333965 kurz besprochen werden. Die Zweidruckturbine arbeitet im Hochdruckteil als Gegendruckturbine mit Frischdampf, alle darauf bezogenen Teile sind in Fig. 530 durch den Index f gekennzeichnet; der Niederdruckteil erhält teils Dampf aus dem Hochdruckteil, teils Abdampf von anderen Maschinen und arbeitet mit Kondensation, die entsprechenden Teile sind durch den Index a angegeben. Die Steuerung einer solchen Turbine hat die Aufgabe, zunächst den gesamten verfügbaren Abdampf im Niederdruckteil zu verwerten, so daß, wenn die Abdampfmenge genügt, das Frischdampfventil V_f geschlossen bleibt, und wenn die Abdampfmenge nicht reicht, das Frischdampfventil immer nur soweit geöffnet wird, daß der fehlende Abdampf noch gerade durch Frischdampf gedeckt wird. Ist kein Abdampf vorhanden, so sollen Hoch- und Niederdruckseite mit Frischdampf gespeist werden. Die Steuerungen der beiden Hilfsmotoren HM_f für die Frischdampfturbine und HM_a für die Abdampfturbine werden durch den Flieh-

---

[1]) Siehe Z. d. V. d. I. 1920, S. 529: „Über Isodromregler von Dr.-Ing. H. Kröner." In diesem Aufsatz werden eine Reihe von Verwendungen der Isodromeinrichtung mit (gesteuerter) Ölbremse und Rückführungsfeder für direkte und indirekte Regler, insbesondere auch für Gegendruck- und Anzapfturbinen erläutert, die gegenüber sonst gebräuchlichen Anordnungen z. T. erhebliche Vereinfachungen aufweisen.

kraftregler, die letztere außerdem durch den Druckregler D, der mit der Abdampfleitung in Verbindung steht, beeinflußt. Das feste Federende der Isodromfeder der Frischdampfseite ist unbeweglich, das der Isodromfeder der Abdampfseite wird von dem Kolben des Druckreglers D geführt. Da der Rückführhub der Abdampfsteuerung erheblich kleiner gemacht ist als der Rückführhub der Frischdampfsteuerung, so spricht bei jeder Störung des Beharrungszustandes die Abdampfsteuerung immer zuerst an. Durch die Isodromfeder F_f wird Z_f immer wieder in

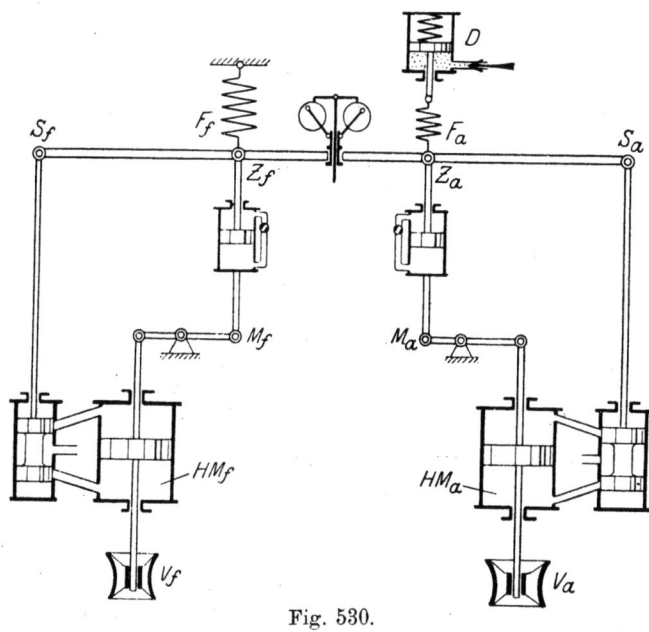

Fig. 530.

dieselbe Lage gebracht, im Beharrungszustand muß auch S_f immer in derselben Lage sein. Das Frischdampfventil V_f kann also nur dann geöffnet werden, wenn die Winkelgeschwindigkeit des Reglers unter diejenige sinkt, die der Beharrungsstellung des Reglerhebels entspricht.

Steigt die Winkelgeschwindigkeit über diesen Betrag, so bleibt das Frischdampfventil geschlossen und die Abdampfsteuerung beherrscht allein die Turbine. Ist viel Abdampf vorhanden, steigt also die Abdampfspannung, so zieht zunächst der Kolben des Druckreglers D Punkt Z_a in die Höhe, die Abdampfsteuerung wird etwas geschlossen; in der Beharrungsstellung steht aber S_a wieder in gleicher Höhe, der Reglerhebel horizontal, also muß der Regler, um die zusätzliche Belastung, die von der Feder F_a ausgeht, in der alten Muffenstellung aufnehmen zu können, mit einer etwas höheren Winkelgeschwindigkeit umlaufen. Je weicher die Feder F_a, um so geringer wird die Erhöhung der Umdrehzahl bei zunehmender Abdampfspannung sein. Steigt die Belastung und sinkt der Abdampfdruck, so wird das Abdampfventil geöffnet und die Drehzahl sinkt wieder. Ist die normale Umlaufzahl erreicht, so öffnet sich bei weiterer Belastungszunahme das Frischdampfventil und die Frischdampfsteuerung beherrscht die Turbine bei normaler Umdrehzahl. So paßt sich in der Tat die Zweidruckturbine mit Hilfe der in Fig. 530 dargestellten Doppelsteuerung allen Verhältnissen an. Um auch ein Parallelschalten mit anderen Maschinen bequem zu ermöglichen, kann man einen kleinen einstellbaren Ungleichförmigkeitsgrad vorsehen, indem man das feste Federende der Isodromfeder F_f proportional mit dem Hube des Hilfsmotorkolbens von HM_f oder auch von HM_a verschiebt.

g) Mechanische Parallelschaltung. Öffnungsbegrenzung, Druckregler, Schwimmer.

1. Handelt es sich darum, die Änderungen und Schwankungen in der **Belastung auf mehrere Turbinen gleichmäßig zu übertragen**, so kann man die Regler durch die in Fig. 531 schematisch dargestellte Anordnung mechanisch miteinander verbinden: Jeder Regler hat zunächst eine eigene (nachgiebige) Rückführung M_e, Z_e, F mit Ölbremse und Rückdrängungsfeder; der Punkt Z_e gehört jedoch nicht dem Reglerstellhebel an, sondern einem Hilfshebel $Z_e Z_g$, dessen anderer Endpunkt Z_g gleichsam der Rückführungspunkt einer für alle Regler gemeinsamen Rückführung ist. Durch den Hebel $Z_e Z_g$ werden die Verschiebungen der Punkte Z_e und Z_g auf den Rückführpunkt Z des Reglerstellhebels übertragen. Die gemeinsame Rückführung geht von einer Welle w aus, auf der für jeden

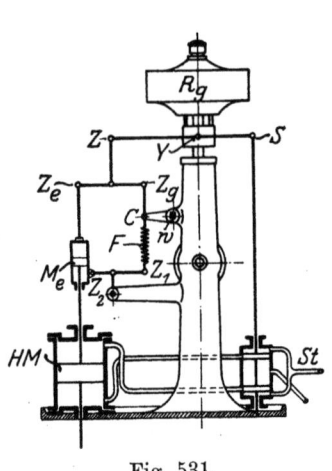

Fig. 531.

Regler ein Hebel Cw sitzt, dessen Endpunkt C einerseits durch eine Stange mit Z_g, andererseits durch die Rückdrängungsfeder F mit Z_e (auf dem Umwege über den Hebel $Z_1 Z_2$) verbunden ist

Läge C (also auch Z_g) fest, so hätten wir es mit einem gewöhnlichen Isodromregler zu tun; in Wirklichkeit wird nicht nur der feste Federendpunkt C (beim Drehen der Welle) verlegt, sondern auch der feste Hebeldrehpunkt Z_g des Hebels $Z_g Z_e$ und damit ebenfalls der Rückführpunkt Z.

Ist die Belastung auf alle Turbinen gleichmäßig verteilt, d. h. sind alle Leiträder gleichmäßig geöffnet und laufen alle Turbinen mit der richtigen Umdrehzahl, so sind alle Rückdrängungsfedern ungespannt. Bei einer Änderung der Belastung der ganzen im Betriebe befindlichen Maschinengruppe, deren Regler durch die Welle w gekuppelt sind, beeinflussen die Fliehkraftregler die Hilfsmotoren ziemlich gleichmäßig; dabei wirken die Federn F auf die gemeinsame Welle w und verdrehen sie so lange, bis eine der neuen Belastung entsprechende Stellung eingenommen ist. Folgt eine Turbine hierbei nicht dem allgemeinen Regelungsvorgang, so ist ihre Rückführfeder gespannt, der Reglerhebel verschiebt den Steuerungspunkt S, es erfolgt ein neuer Regelungsvorgang für diese Turbine, bis auch sie in die Beharrungsstellung gekommen ist.

2. Briegleb, Hansen & Co. versieht seine Verbundregler stets mit einer sog. **Öffnungsbegrenzung,** die das zu starke Absinken des Wasserspiegels in Zeiten knappen Wasserzuflusses verhindert. Wird nämlich eine Wasserturbine stärker belastet, als der verfügbaren Wassermenge bei Höchstgefälle entspricht, so öffnet der Regler das Leitrad weiter, der Wasserspiegel sinkt, die Leistung wird noch kleiner. Man könnte dies verhindern etwa durch einen Anschlag am Reglergestänge (vgl. Fig. 513 bei O), der das Öffnen über ein bestimmtes Maß hinaus verhindert. Als Nachteil ergibt sich dabei aber, daß die Ölpumpe dauernd unter vollem Druck arbeitet; zweckmäßiger ist es daher, die Öffnung durch Einwirkung auf das Steuerventil zu begrenzen, indem dies in die Mittellage zurückgeführt wird, sobald die zulässige Öffnung erreicht wird; der Regler öffnet dann nicht weiter und die Pumpen laufen drucklos. Die gleiche Vorrichtung tritt auch in Wirkung, wenn bei genügendem Wasserzufluß die Turbine überlastet wird und die Umdrehzahl abfällt. Der Regler öffnet dann die Turbine ganz, das Steuerventil wird in die Mittelstellung zurückgeführt und die große Pumpe arbeitet drucklos, die kleine Pumpe reicht aus, um das Leitrad der Turbine offen zu halten. Bei sehr unregelmäßigem Wasserzufluß kann man auch den Wasserstand selbsttätig regeln, indem man die Öffnungsbewegung mit einem Schwimmer verbindet.

3. Lange Druckrohrleitungen bieten bei plötzlichen Entlastungen immer große Schwierigkeiten; wohl kann man, wie wir S. 840 bis

847 sahen, durch hinreichend großes δT_a den Vorgang wenigstens stabil machen oder durch Strahlablenker die Gefahr beseitigen, aber diese Mittel sind nicht immer anwendbar, jedenfalls nicht billig. Einfacher gestaltet sich die Lösung der Aufgabe meist durch Anwendung eines sog. **Druckreglers**, d. h. eines Nebenauslasses, durch den bei raschem Schließen der Turbine ebensoviel Wasser ausströmt, wie von der Turbine nicht mehr verarbeitet werden soll. Druckregler für kleinere Wassermengen werden unmittelbar durch Stangen und Hebel vom Reglergestänge aus geöffnet und durch den Wasserdruck selbsttätig langsam wieder geschlossen. Größere Druckregler bewegt man mittels eines besonderen, von dem Reglergestänge aus gesteuerten, durch Öldruck betriebenen Hilfsmotor.

4. Die Regelung des Wasserspiegels, die aus mancherlei Gründen (Verhinderung des Absinkens bei zu großem Verbrauch, Verpflichtungen gegen die Anlieger) erforderlich ist, geschieht meist durch **Schwimmer**, die entweder auf einen mechanischen oder einen Öldruck-Wasserspiegelregler oder endlich auf den Geschwindigkeitsregler einwirken. Der Öldruck-Wasserspiegelregler ähnelt in seinem Aufbau den besprochenen mittelbaren Reglern, nur ist kein Fliehkraftregler vorhanden, sondern der durch ein Gewicht belastete Steuerhebel wird durch den Schwimmer gehoben oder gesenkt. Ist die Entfernung des Wasserspiegels von dem Regler nicht zu groß, so kann die Übertragung der Schwimmerbewegungen durch eine Kette oder durch Drahtzüge geschehen. Bei größeren Entfernungen ist diese mechanische Übertragung zu schwerfällig, Fernübertragung etwa durch eine Druckwasserleitung aber besonders wegen der Frostgefahr zu verwerfen. J. M. Voith benutzt in solchen Fällen die in Fig. 532 dargestellte Fernübertragung durch Druckluft von geringer Pressung. Vom Wehr oder Wasserschloß führt

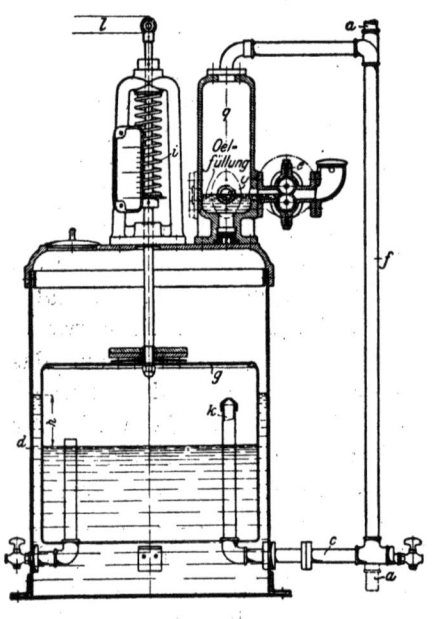

Fig. 532.

zum Fernschwimmer nach Fig. 532 eine aus Gasrohren hergestellte Luftleitung a, deren oberes Ende in den hochzuhaltenden Oberwasserspiegel etwa 200 mm tief eintaucht, während ihr unteres Ende c an den Schwimmerbehälter d angeschlossen ist. Eine kleine Luftpumpe e fördert dauernd Luft durch Rohr f in die Leitung a; diese Luft tritt fortwährend am oberen Rohrende b unter Überwindung des geringen Druckes der Eintauchtiefe aus. In den Schwimmerbehälter taucht die Luftglocke g, unter die die Rohrverlängerung k führt, so daß der Luftdruck in der Leitung die Glocke zu heben sucht. Dem Auftrieb wirkt eine Schraubenfeder i entgegen; die Glocke bewegt sich also genau wie der Oberwasserspiegel auf und ab. Ihre Bewegung wird durch Hebel l usw. auf den Wasserspiegelregler oder Geschwindigkeitsregler übertragen.

Aus den vorstehenden Darlegungen geht hervor, welche hohe Vollendung die mittelbaren Regler heute bereits erlangt haben; sie übertreffen die unmittelbar wirkenden Regler in so vielen Punkten, daß sie trotz ihres verwickelteren Baues die unmittelbar wirkenden Regler immer mehr und mehr verdrängen, um so mehr, je weiter sich die Erkenntnis Bahn bricht, daß es eine falsche Sparsamkeit bedeutet, wenn man an dem Regler spart, dem in einer modernen Maschinenanlage im Vergleich zu seinen Kosten eine unverhältnismäßig große Bedeutung zukommt. „Gleichwie im lebenden Körper", so sagt Dr. D. Thoma zur Einführung in die Besprechung der Regler von Briegleb, Hansen & Co., „die alles regelnden und beherrschenden Nerven das wichtigste und am höchsten stehende Organ sind, ist bei der neuzeitlichen Kraftmaschine der Regler der feinste Apparat, bei dessen Versagen die größte und sonst vollkommenste Maschine nutzlos wäre."

Tolle, Regelung. 3. Aufl.

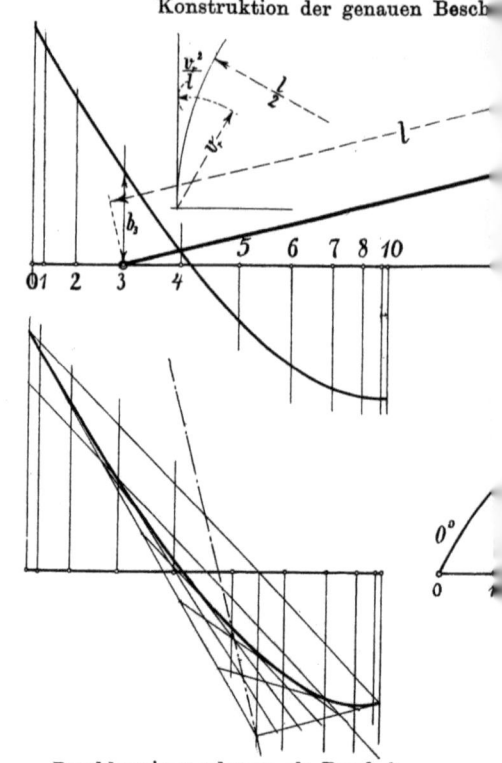

Konstruktion der genauen Besch

Beschleunigungskurve als Parabel.

Fig. 2.
Konstruktion der genauen Beschleunigu
geschränkte Schubkurbelget

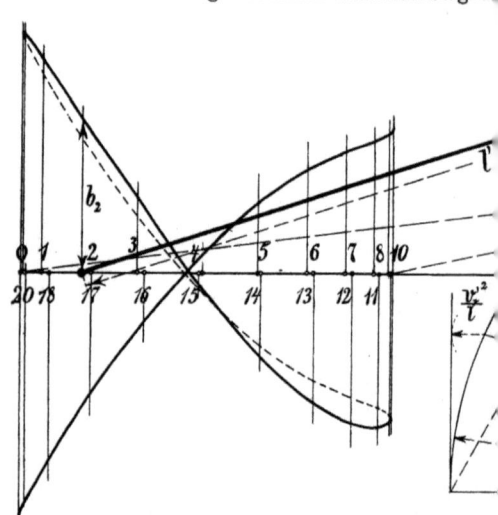

Tafel 1.

das normale Schubkurbelgetriebe.

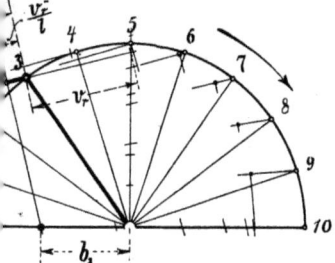

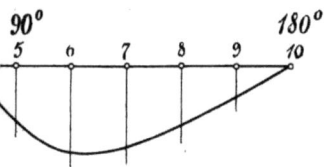

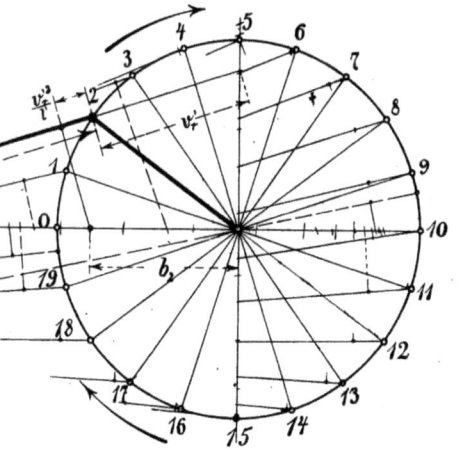

Tolle, Regelung. 3. Aufl.

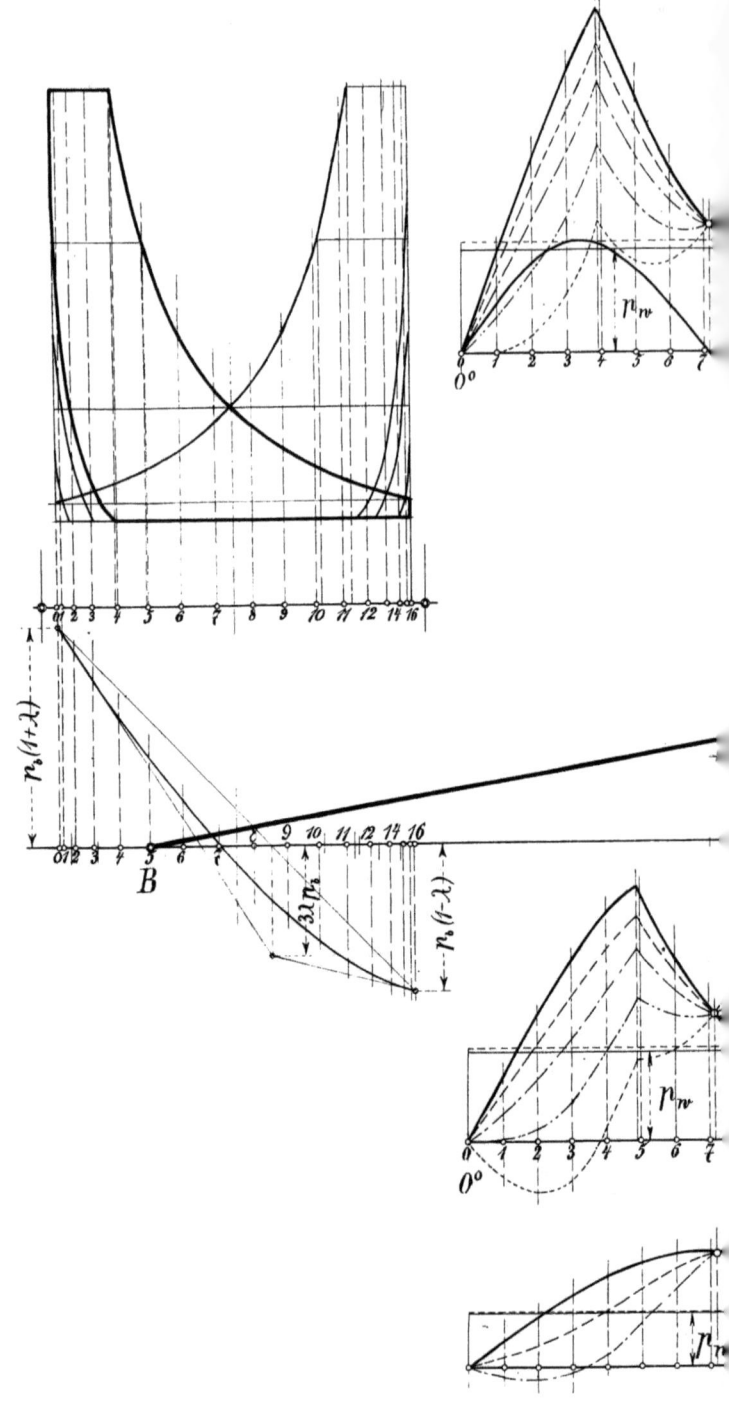

Tafel 2.

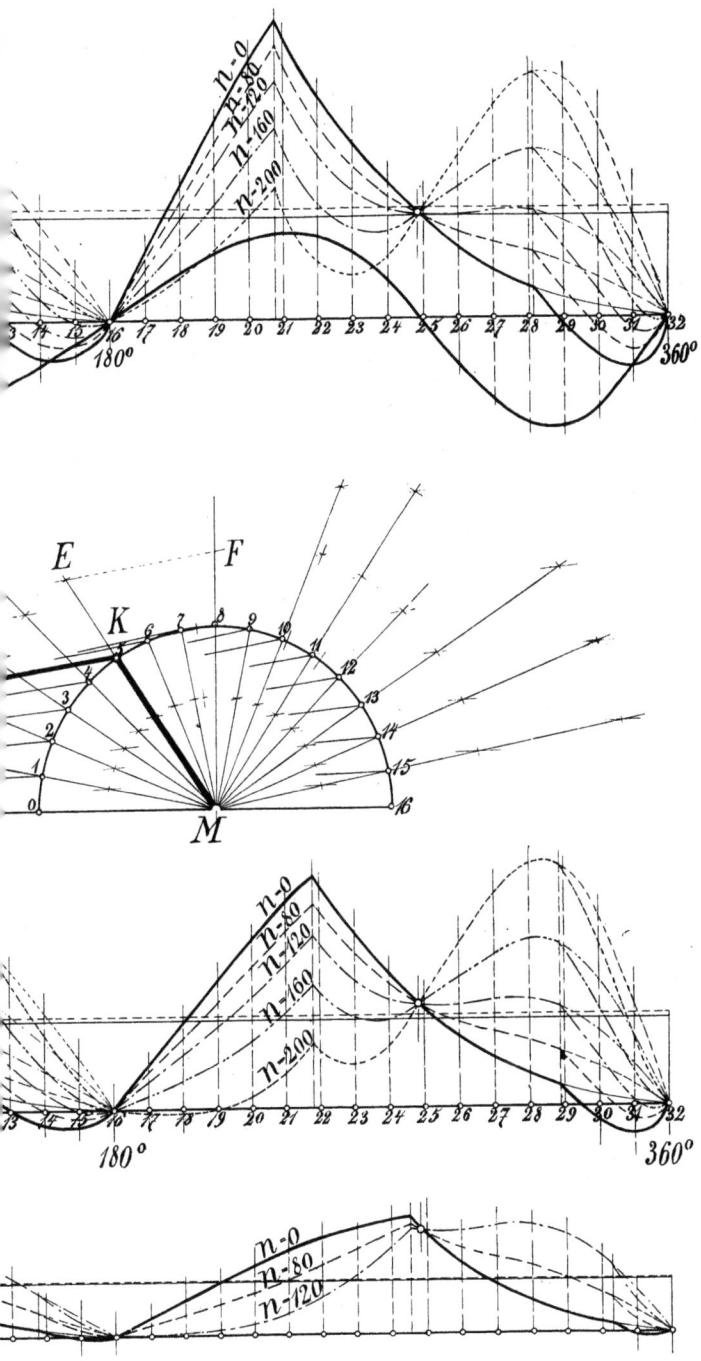

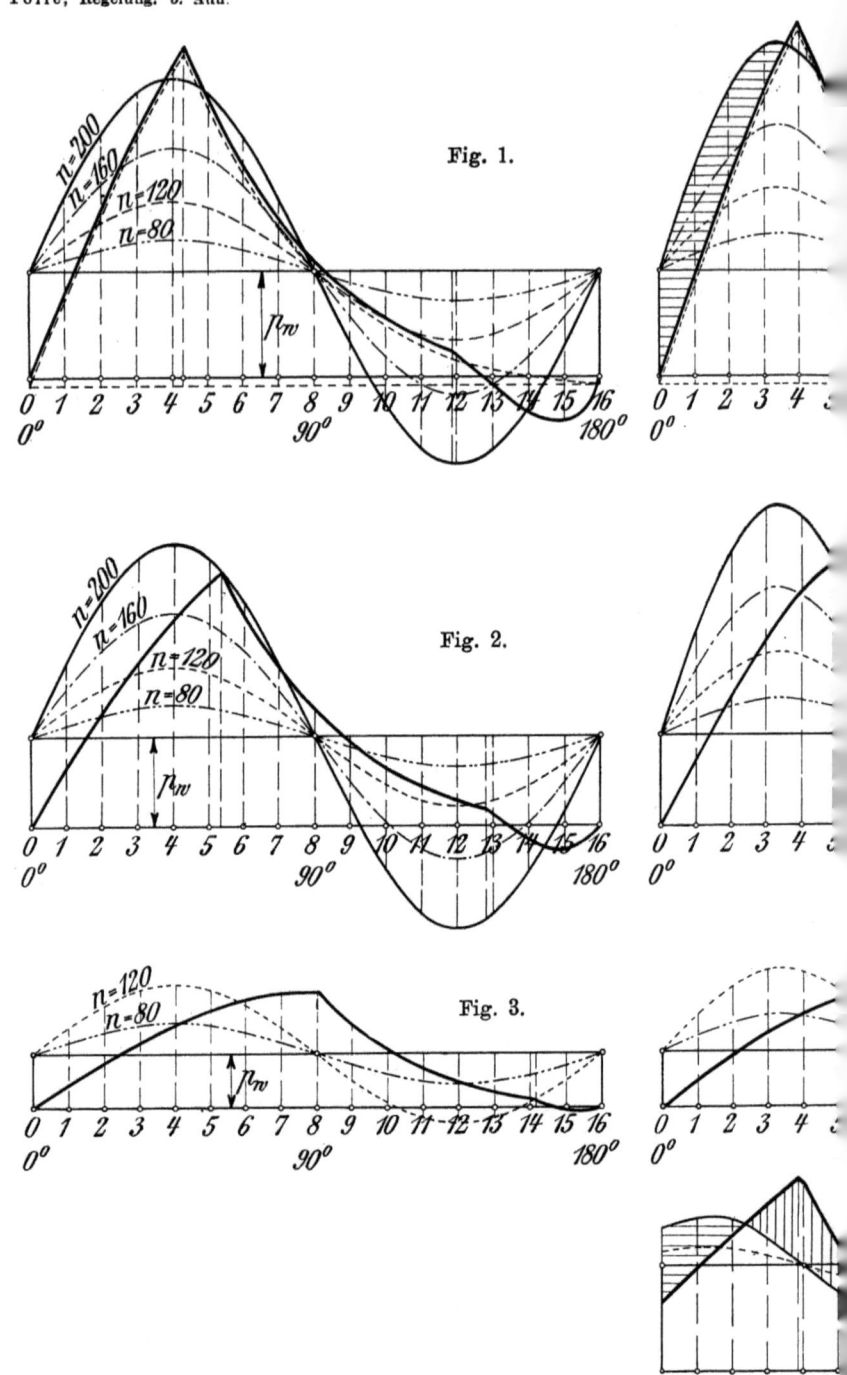

Tafel 3.

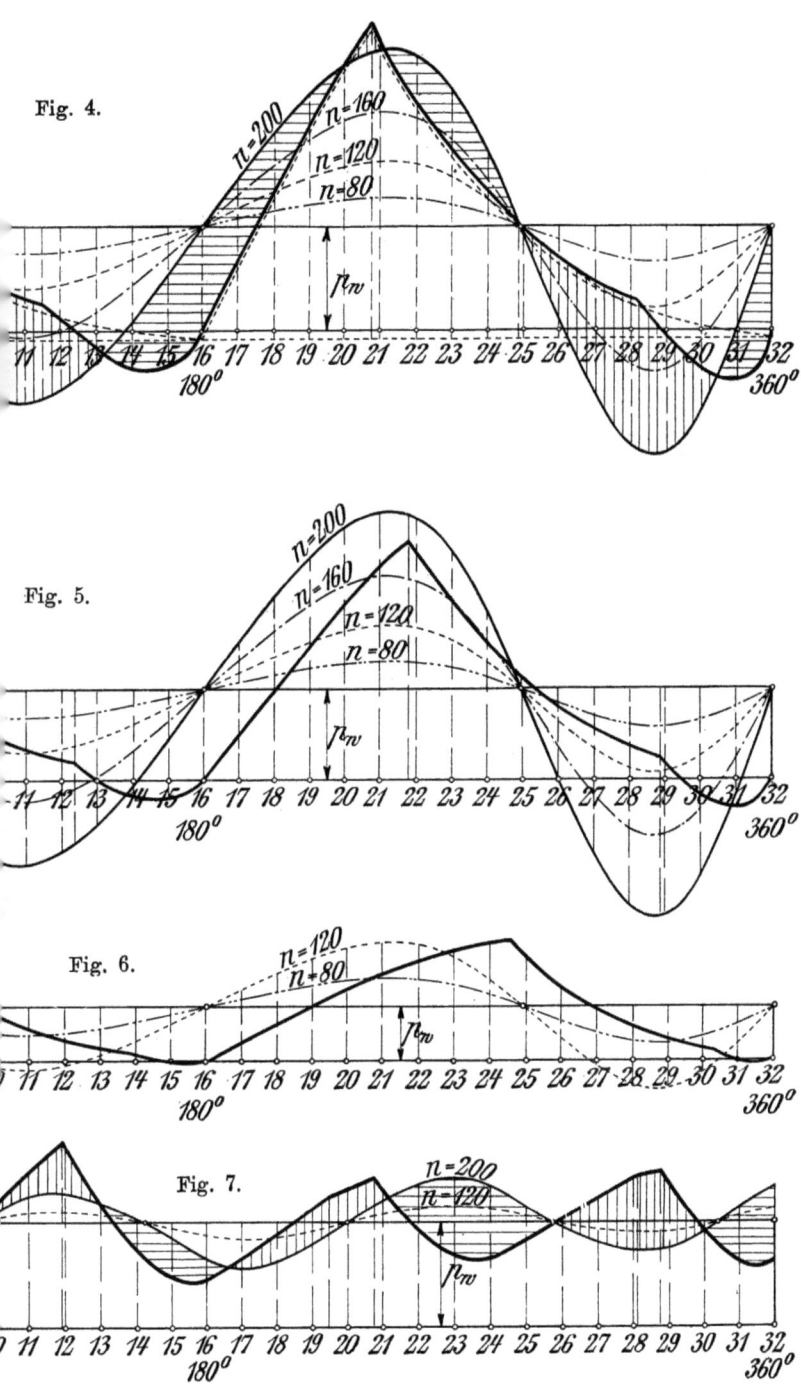

Tolle, Regelung. 3. Aufl.

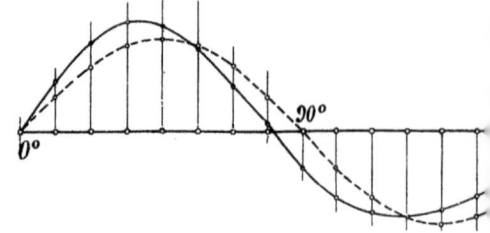

Fig. 1. Vergleich der Massendruckdr

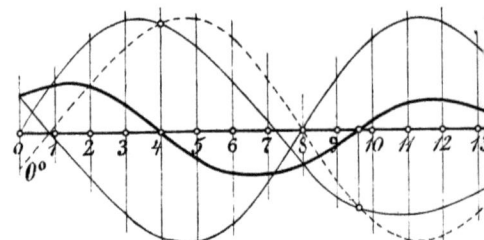

Fig. 2. Massendruckdrehkräfte für Zwilli

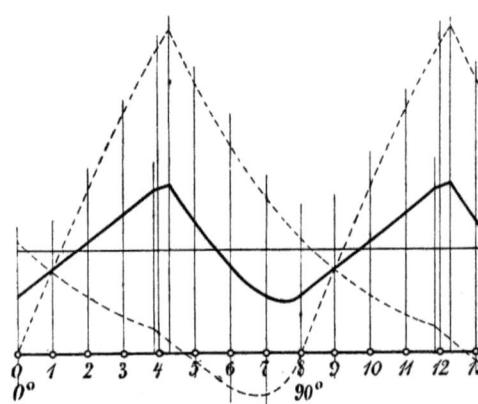

Fig. 3. Drehkraftkurven für Zwillingsm

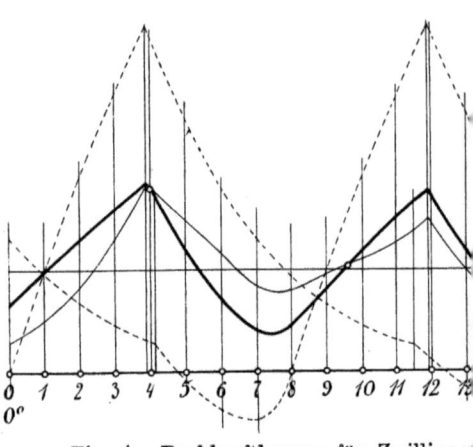

Fig. 4. Drehkraftkurven für Zwillings

Tafel 4.

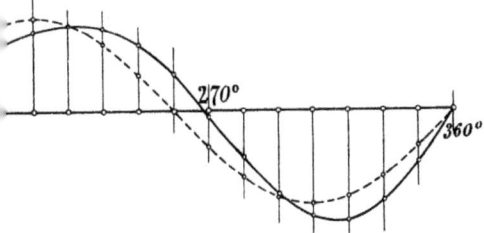

r und unendlicher Schubstangenlänge.

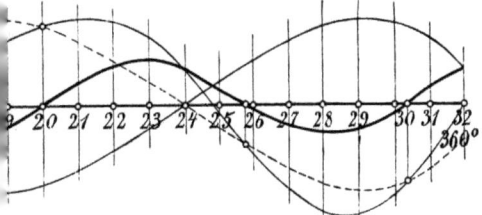

0° Kurbelversetzung; Schubstange endlich.

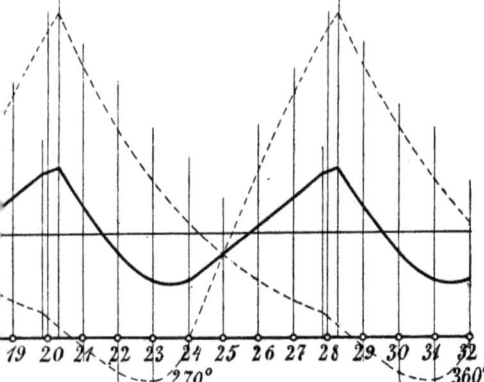

Kurbelversetzung; Schubstange unendlich.

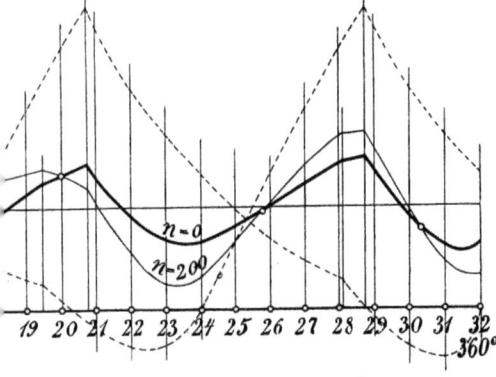

Kurbelversetzung; Schubstange endlich.

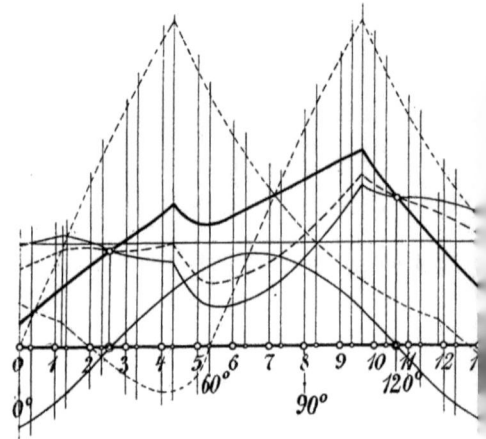

Fig. 1. Drehkraftkurven für Zwillings

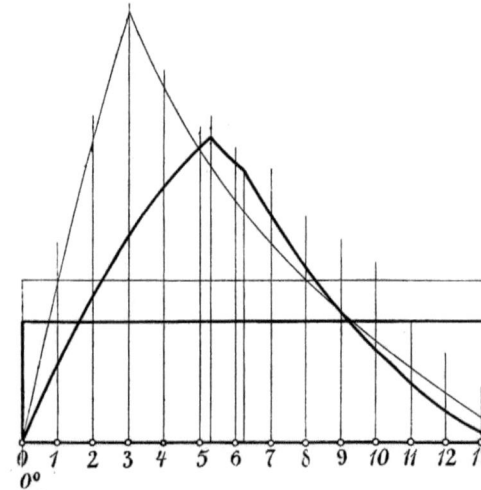

Fig. 2. Drehkraftkurve

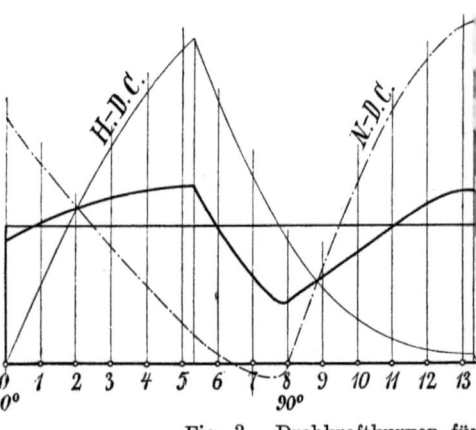

Fig. 3. Drehkraftkurven für

Tafel 5.

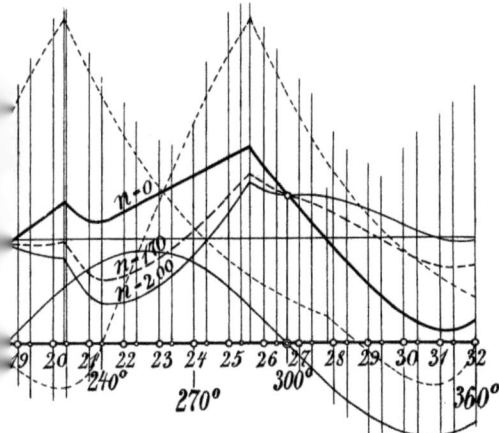

Kurbelversetzung; Schubstange unendlich.

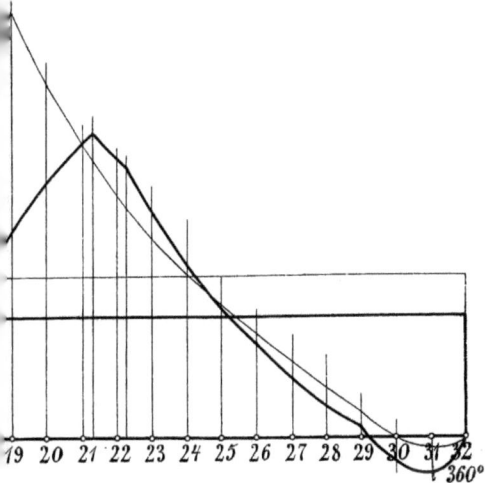

Woolfsche Maschinen.

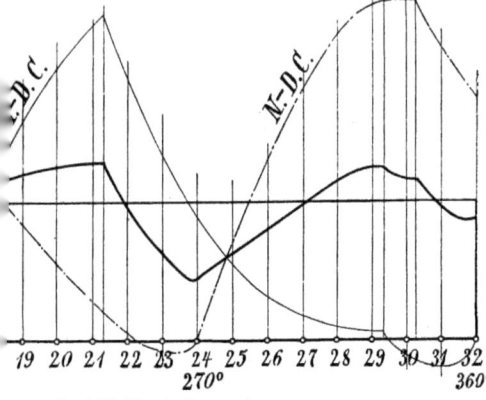

en mit 90° Kurbelversetzung.

Tolle, Regelung. 3. Aufl.

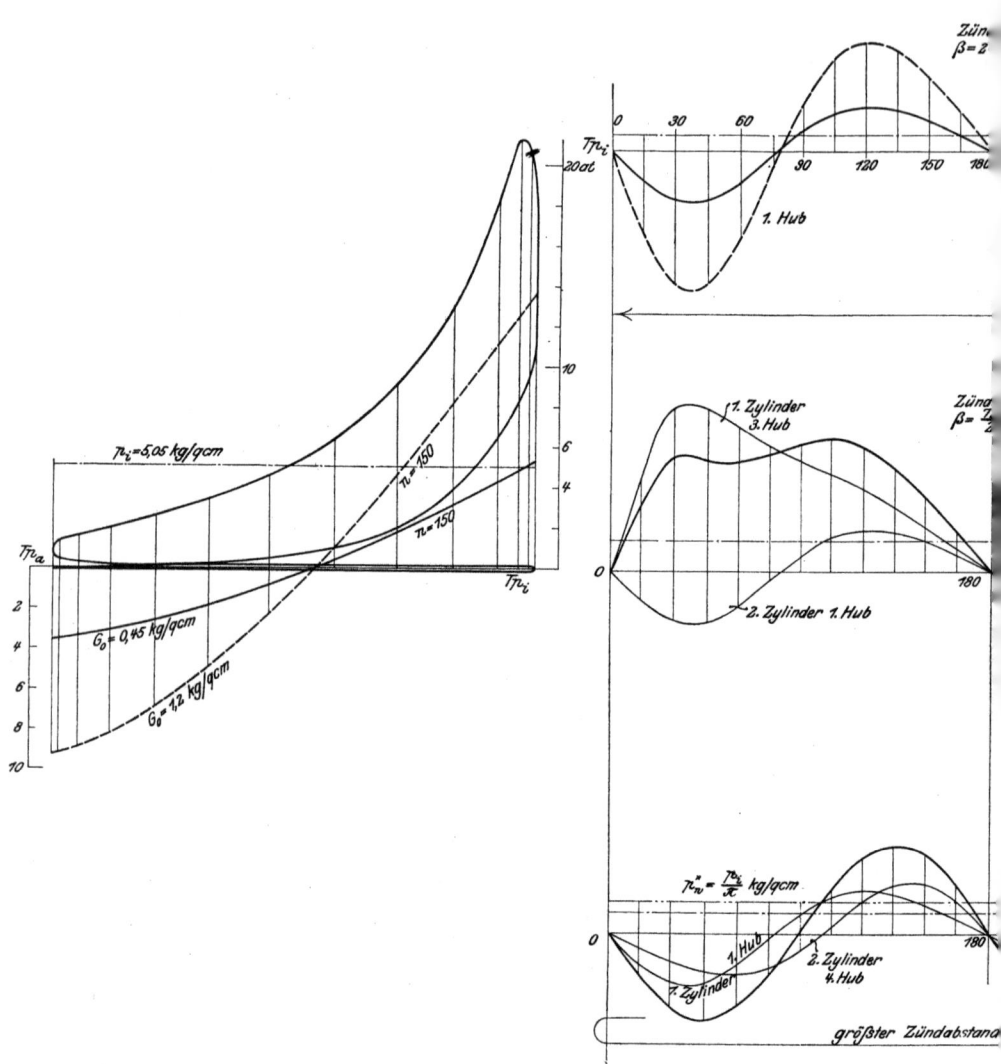

Tafel 6.

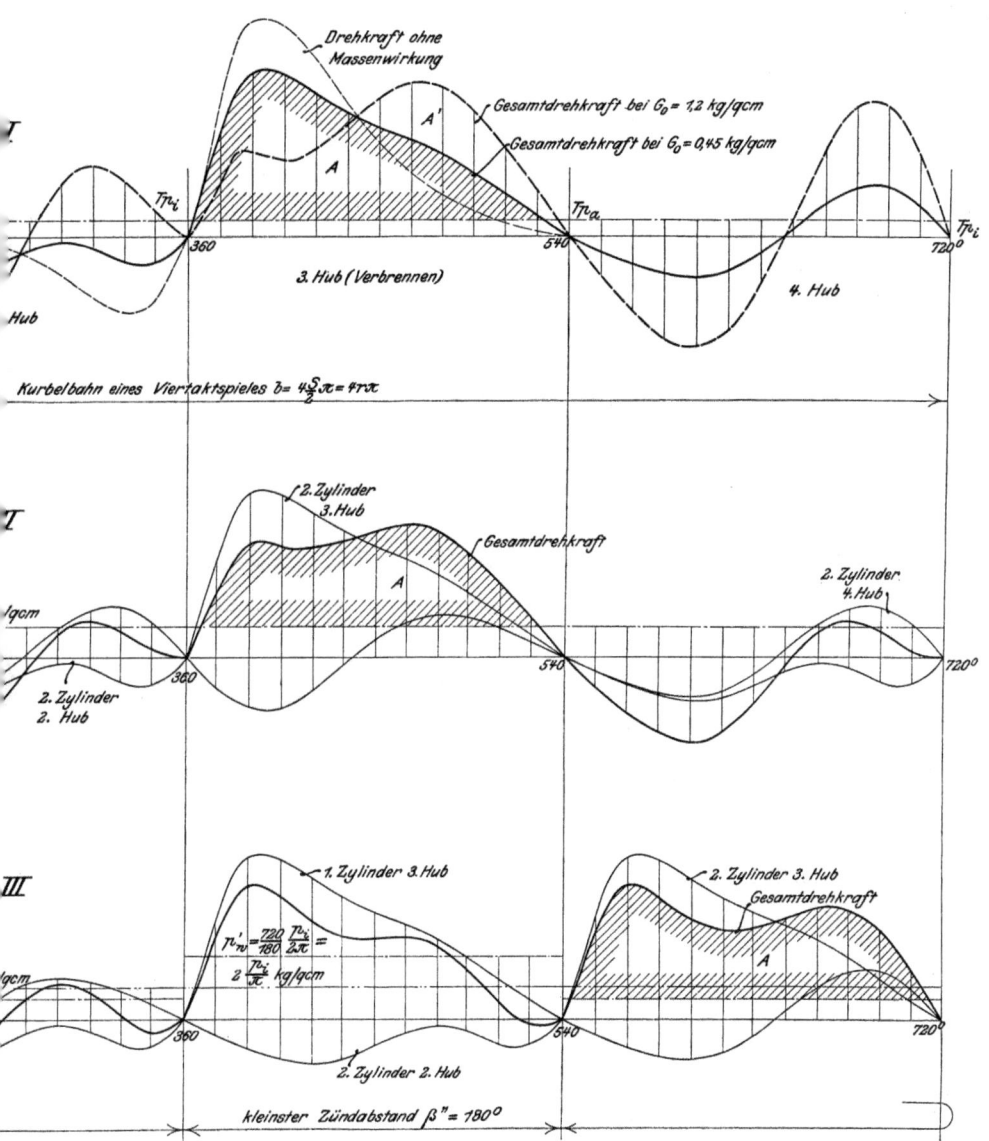

Tolle, Regelung. 3. Aufl.

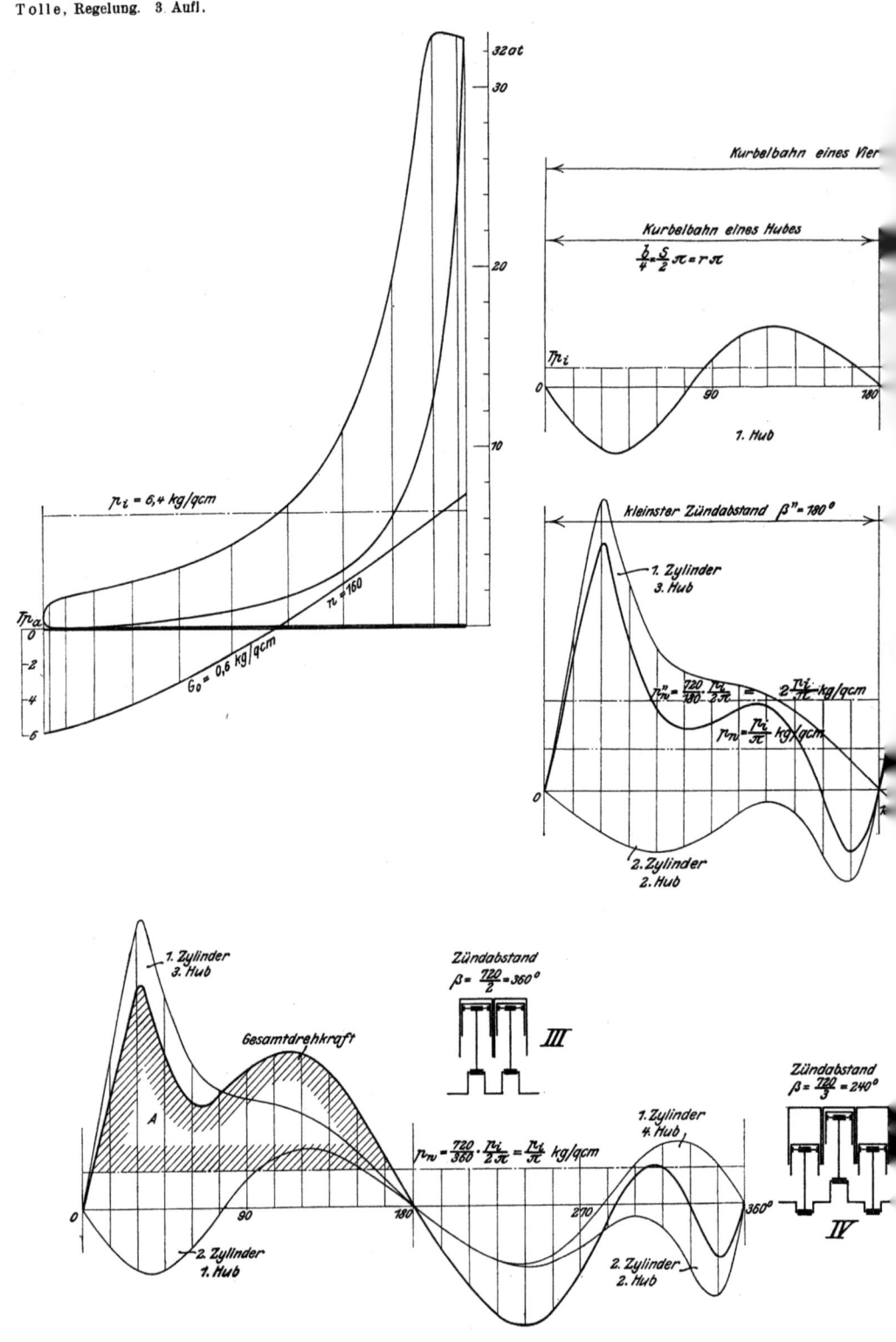

Tafel 7.

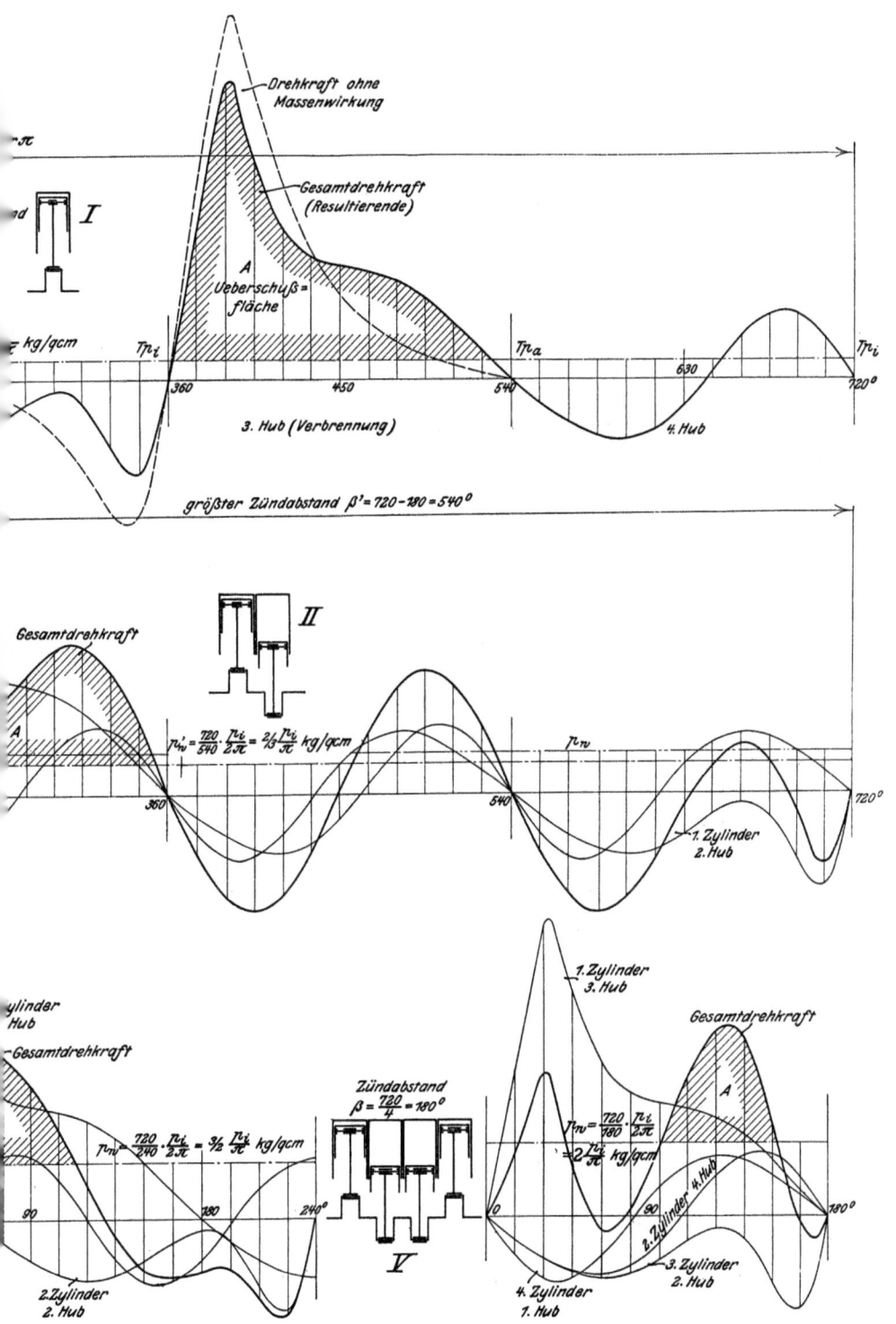

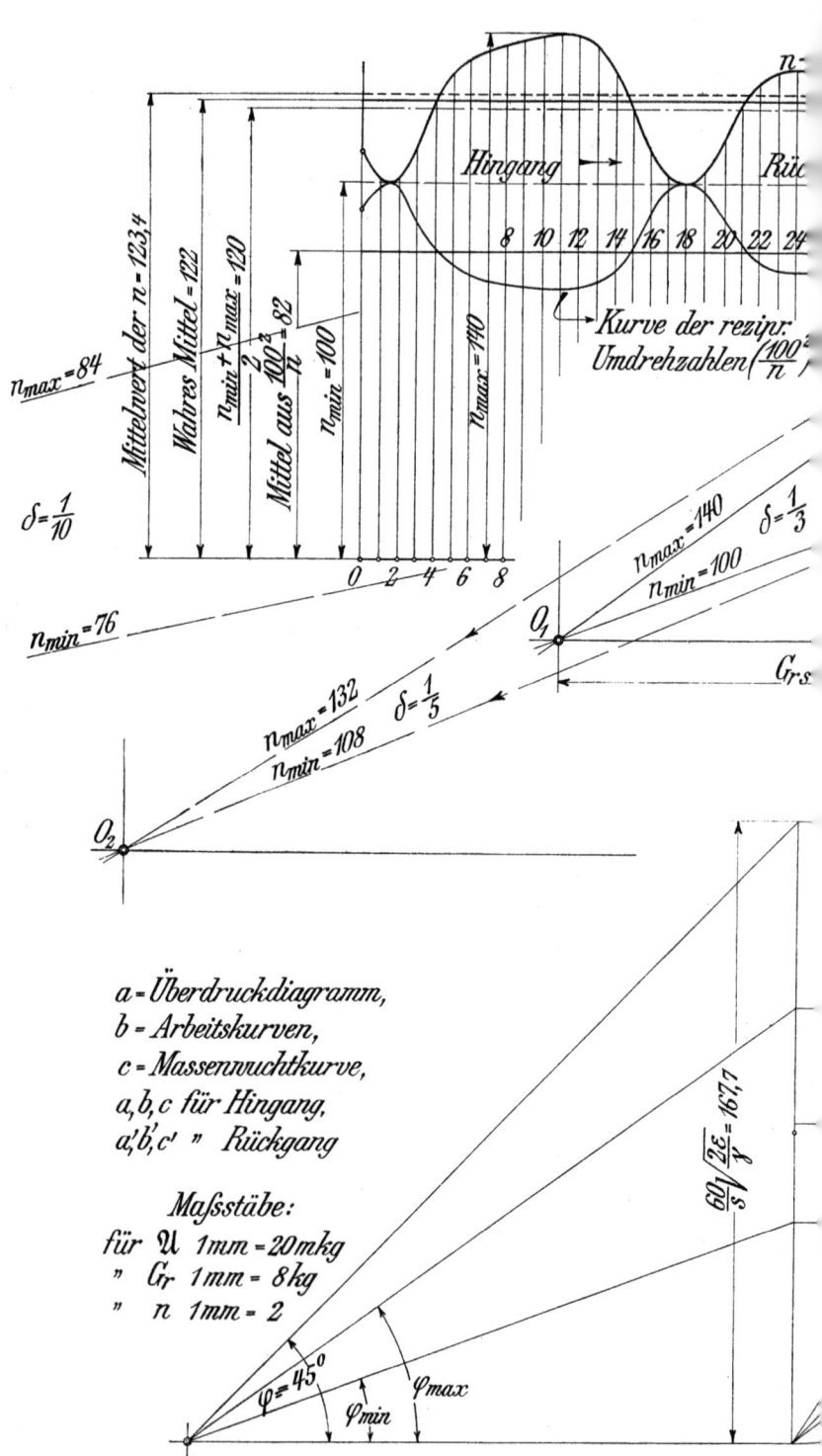

Tafel 8.

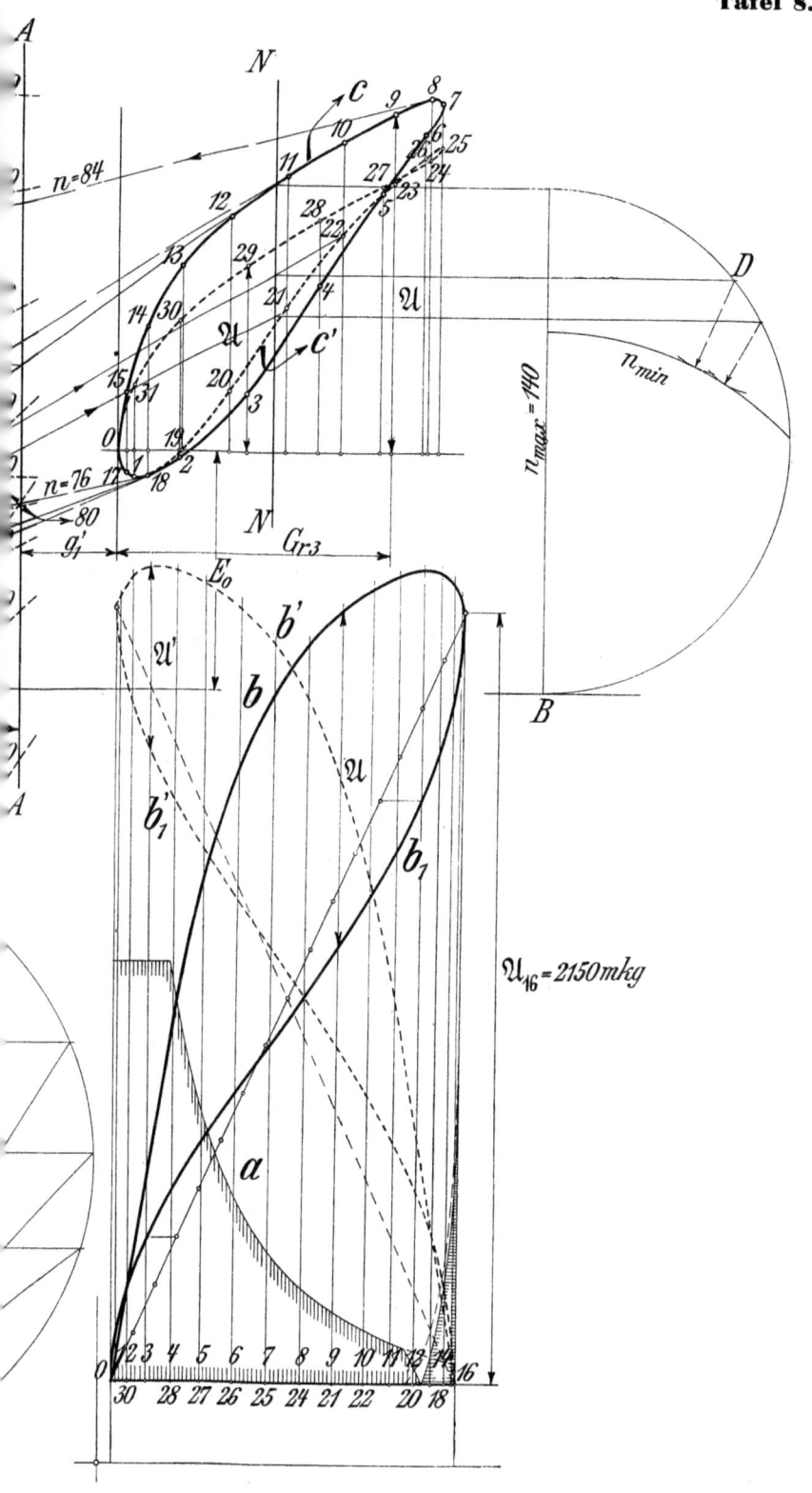

Tolle, Regelung. 3. Aufl.

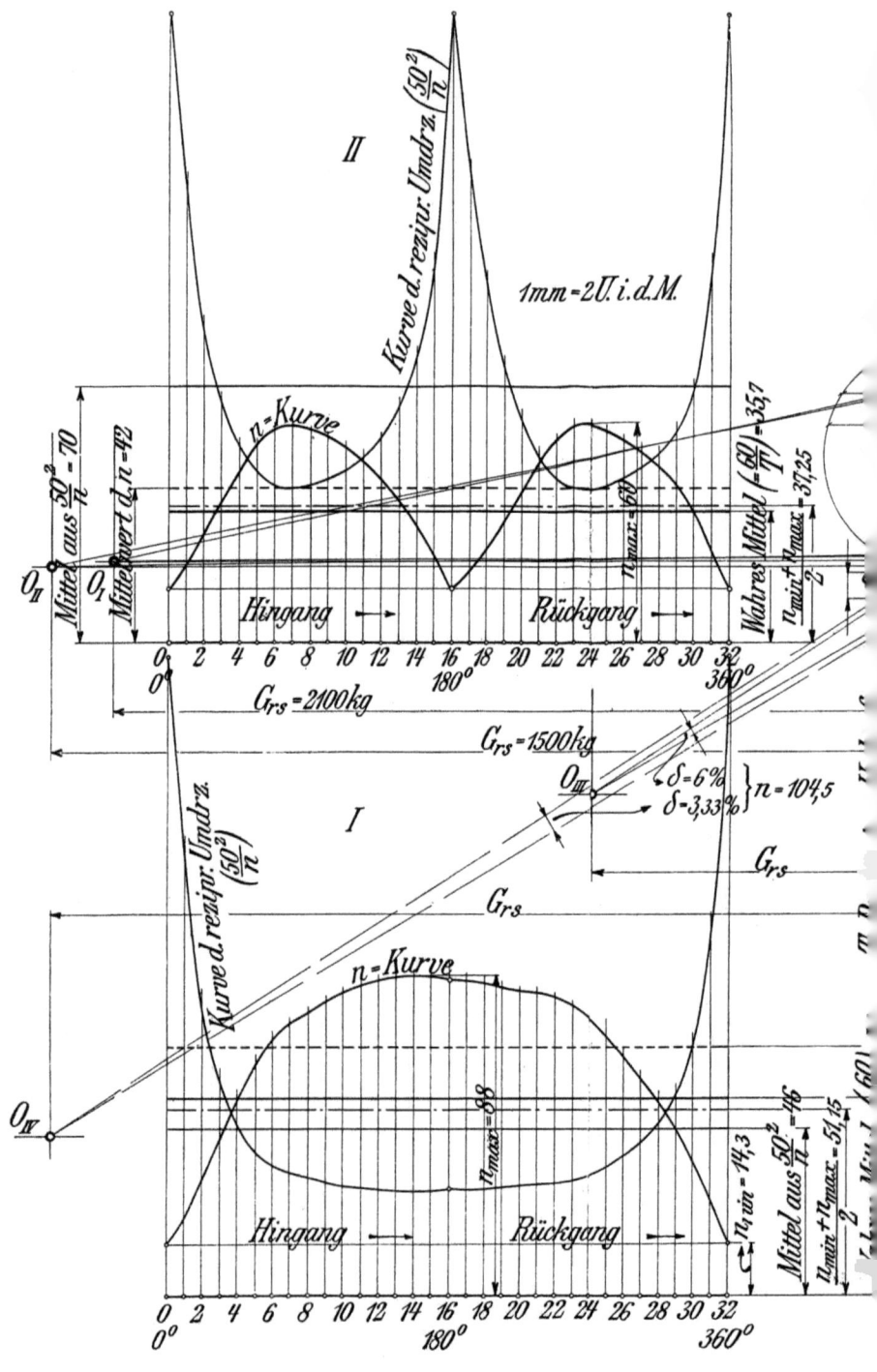

Tafel 9.

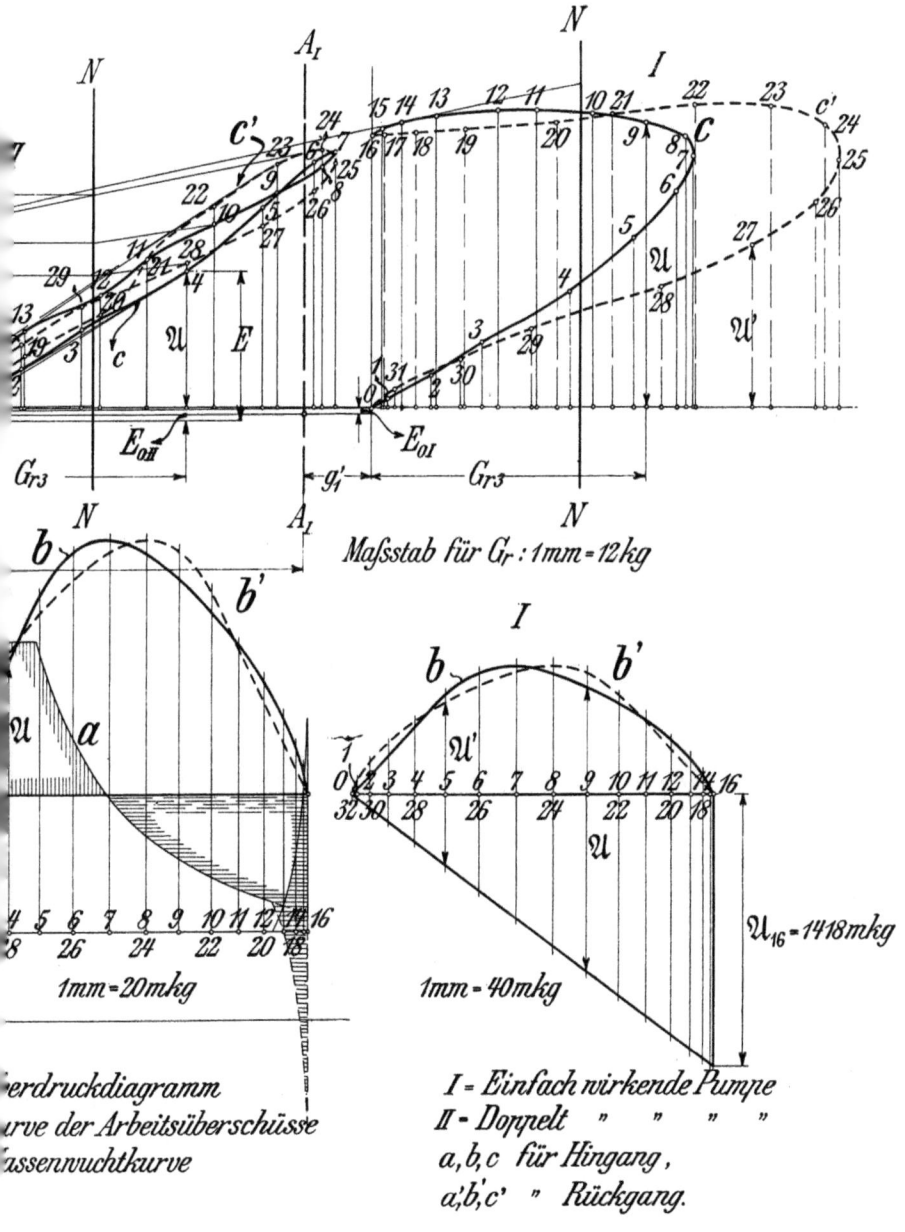

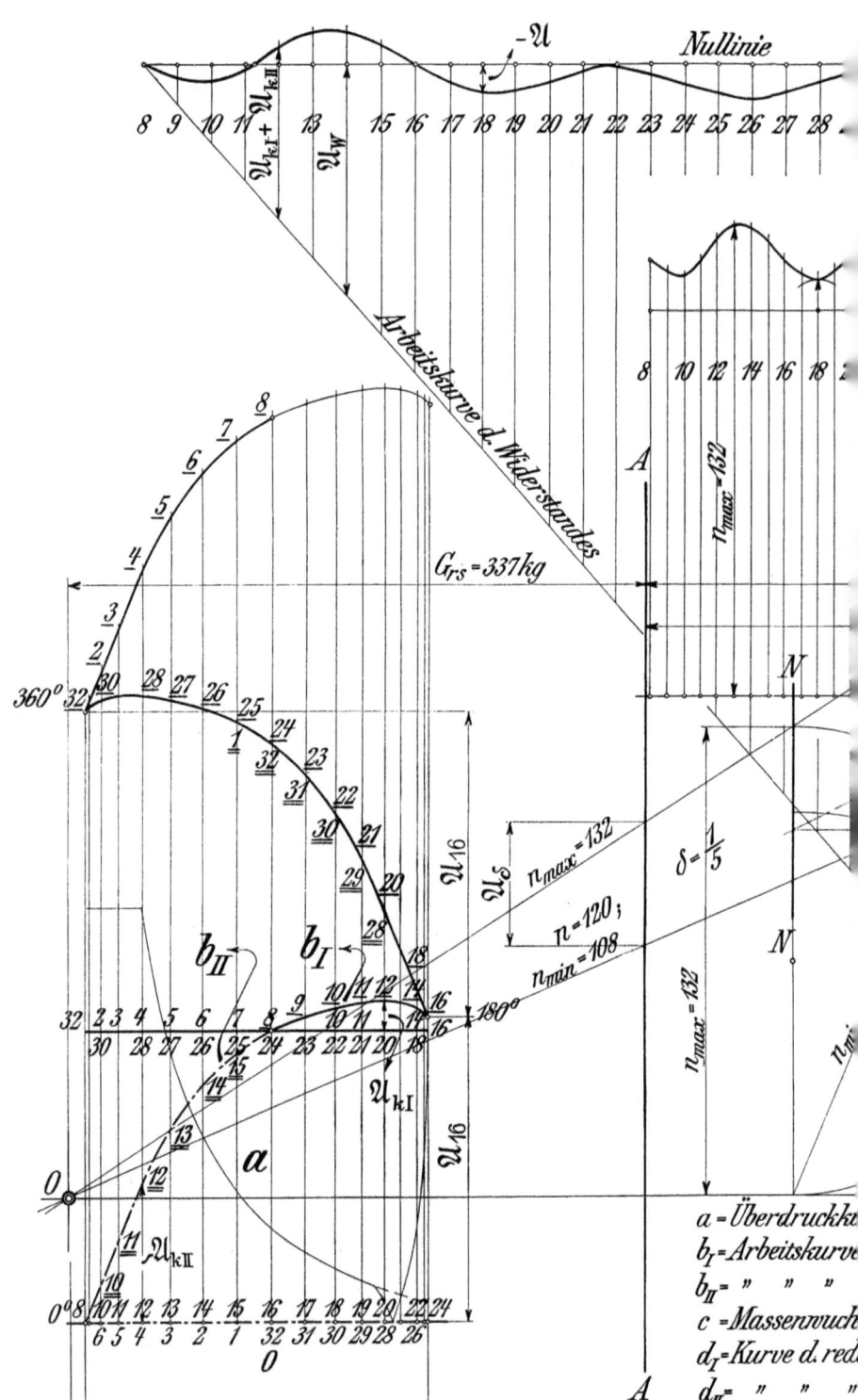

Tafel 10.

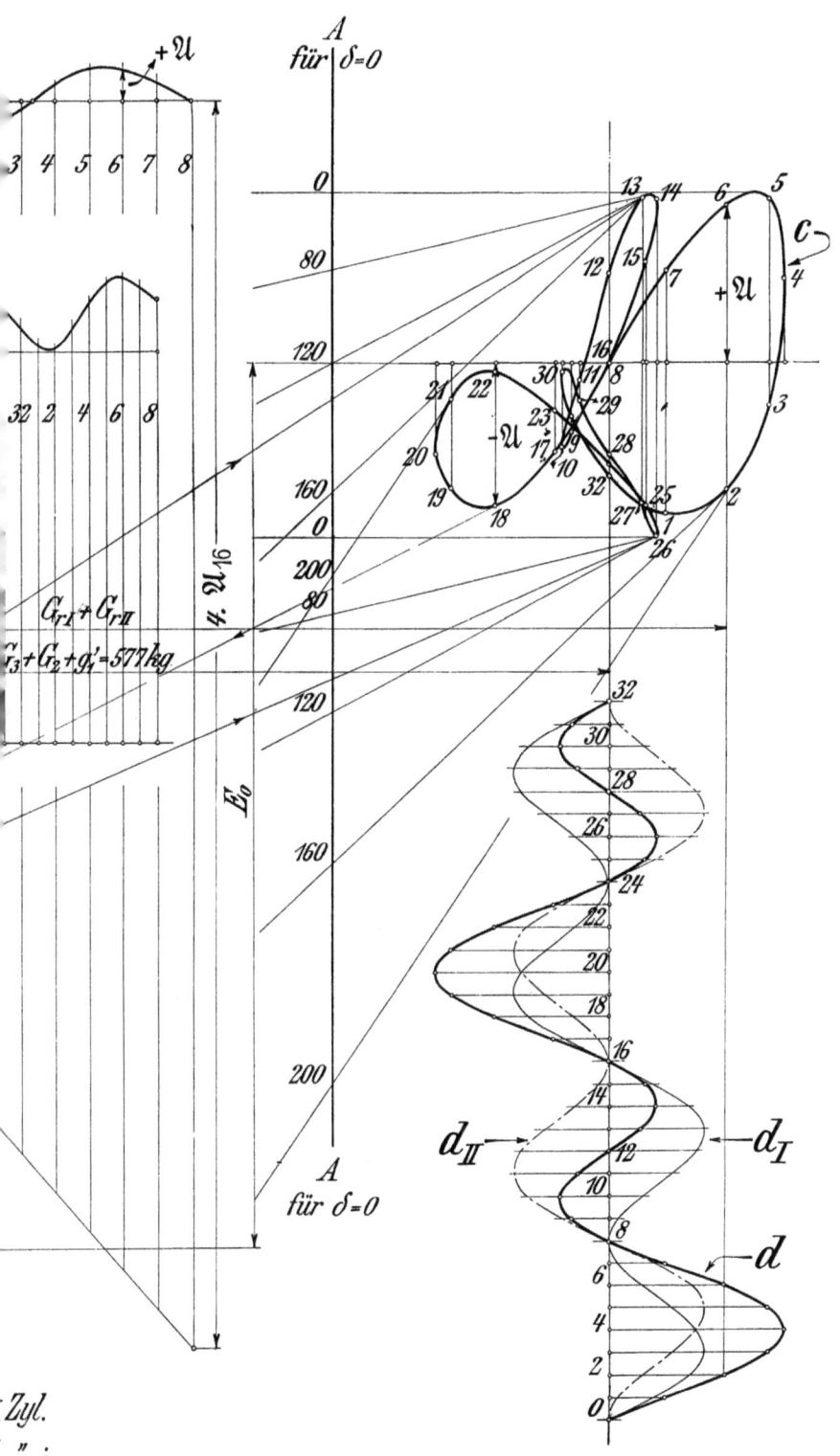

Tolle, Regelung. 3. Aufl.

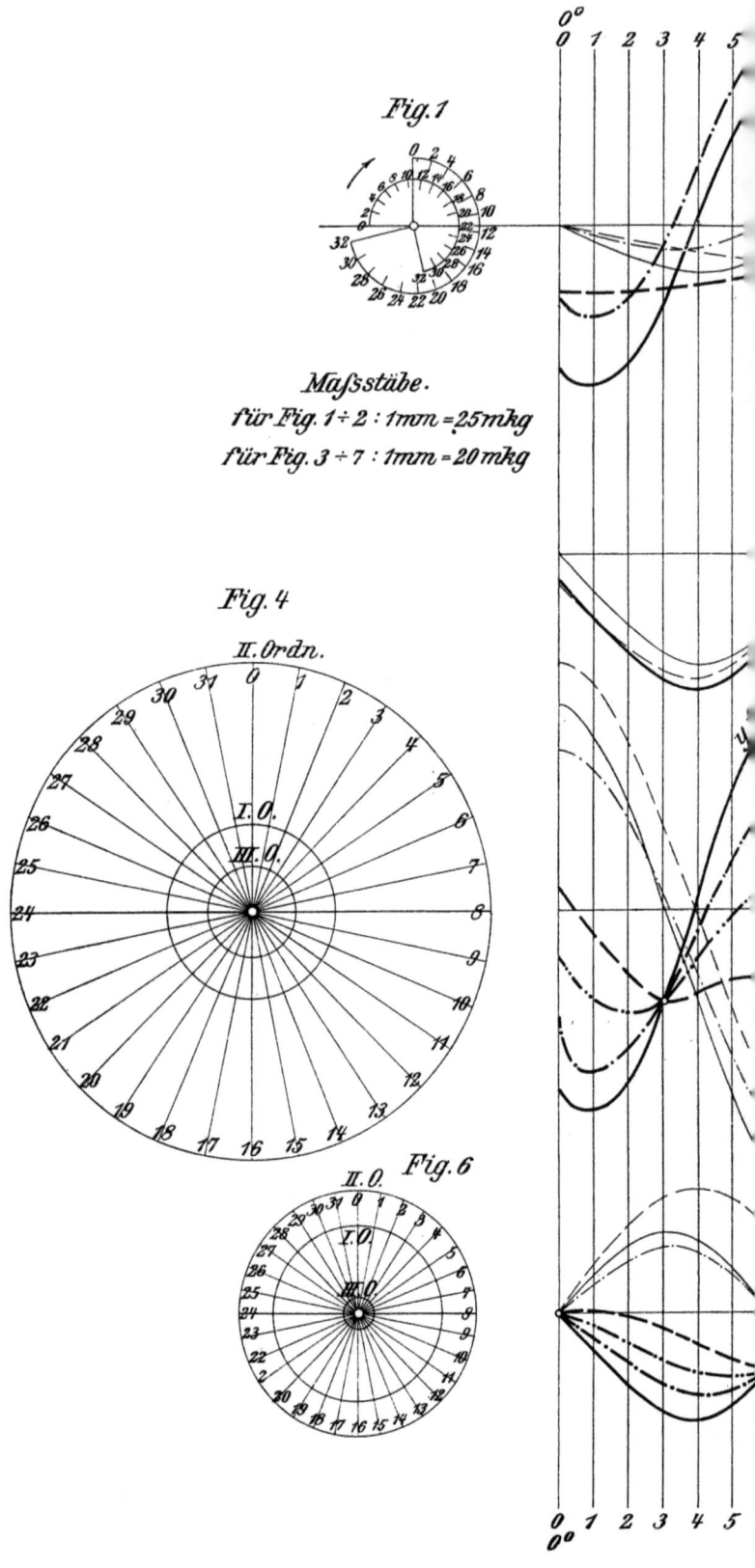

Fig. 1

Maßstäbe.
für Fig. 1 ÷ 2 : 1mm = 25 mkg
für Fig. 3 ÷ 7 : 1mm = 20 mkg

Fig. 4
II. Ordn.

Fig. 6

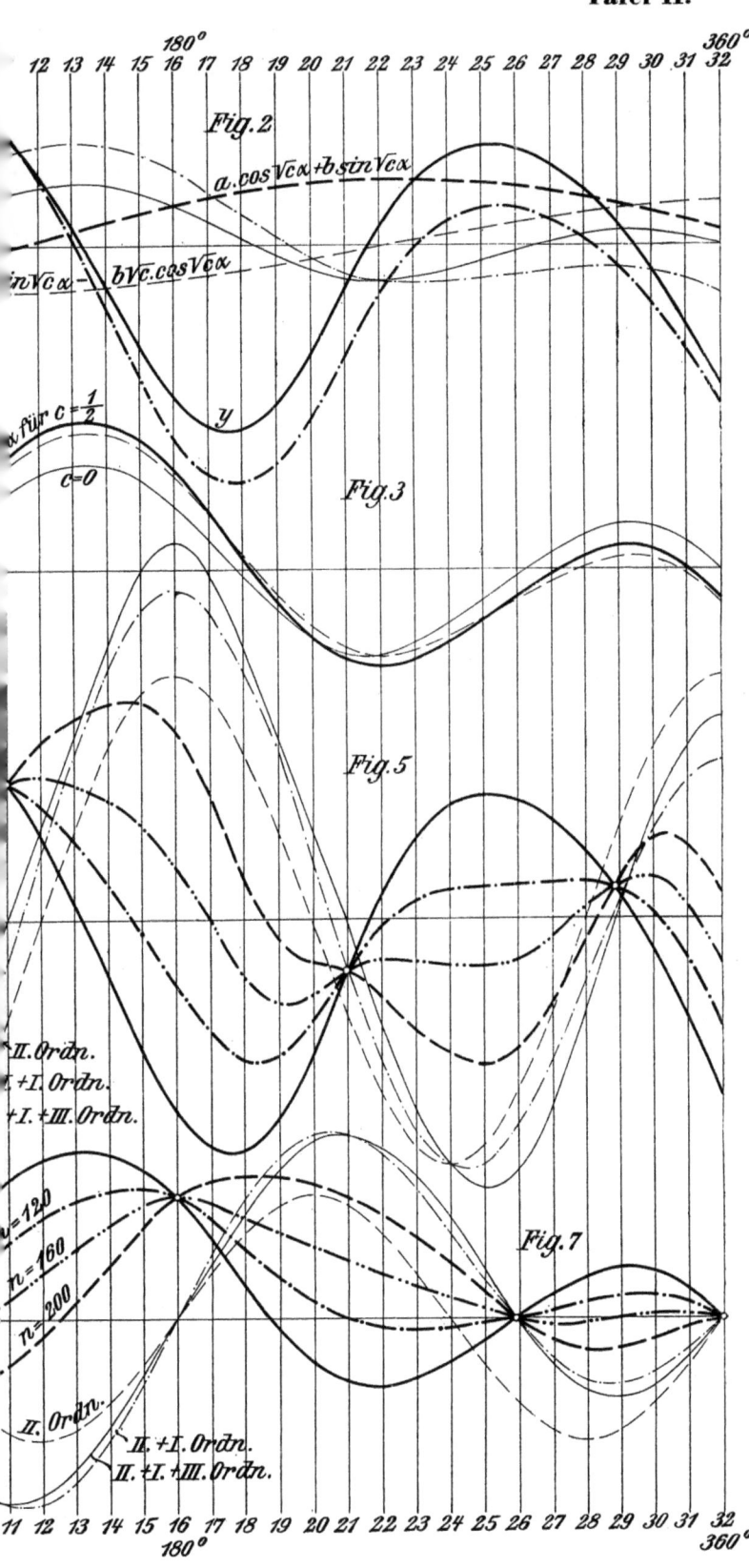

Tafel 11.

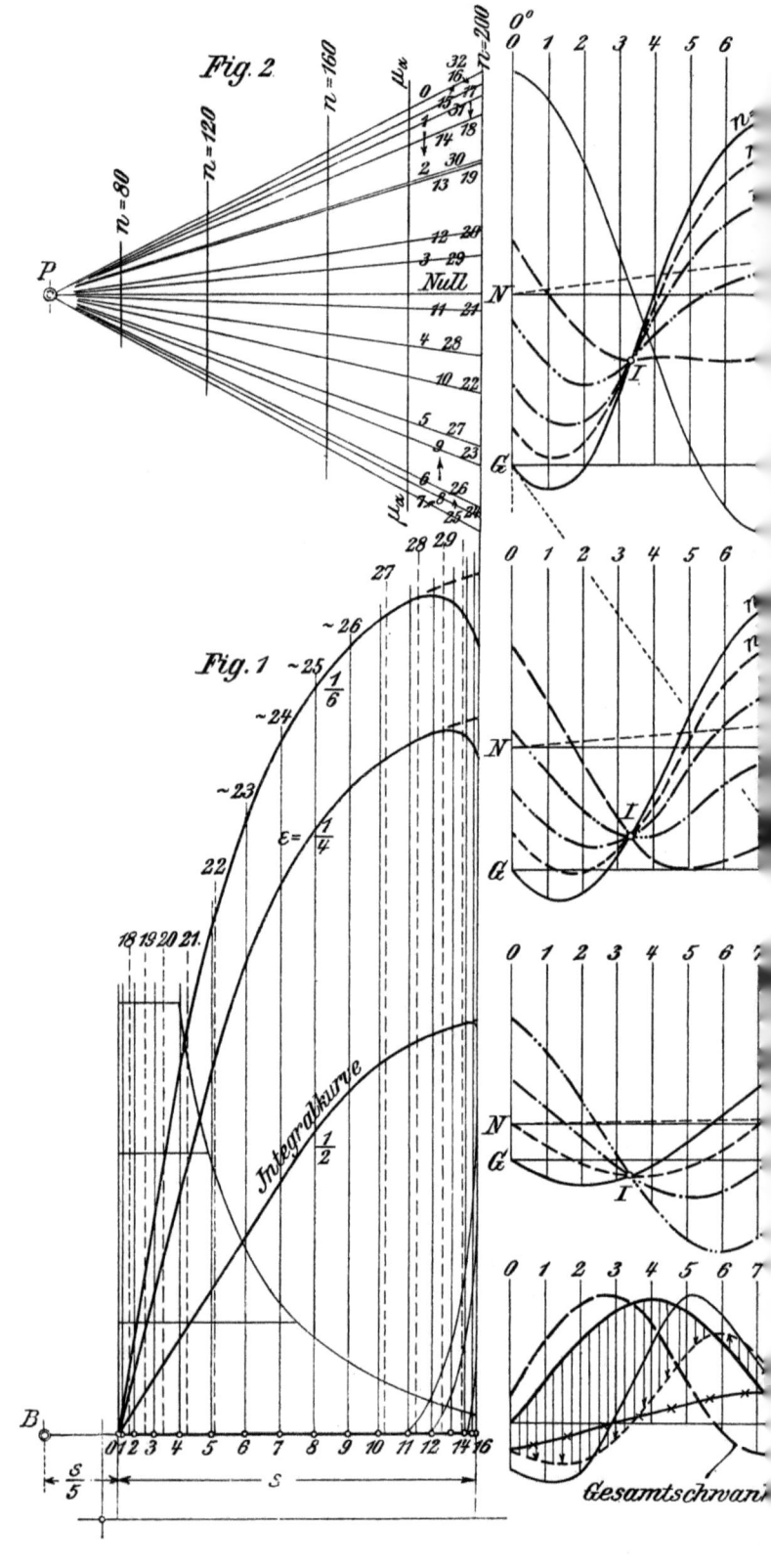

Tafel 12.

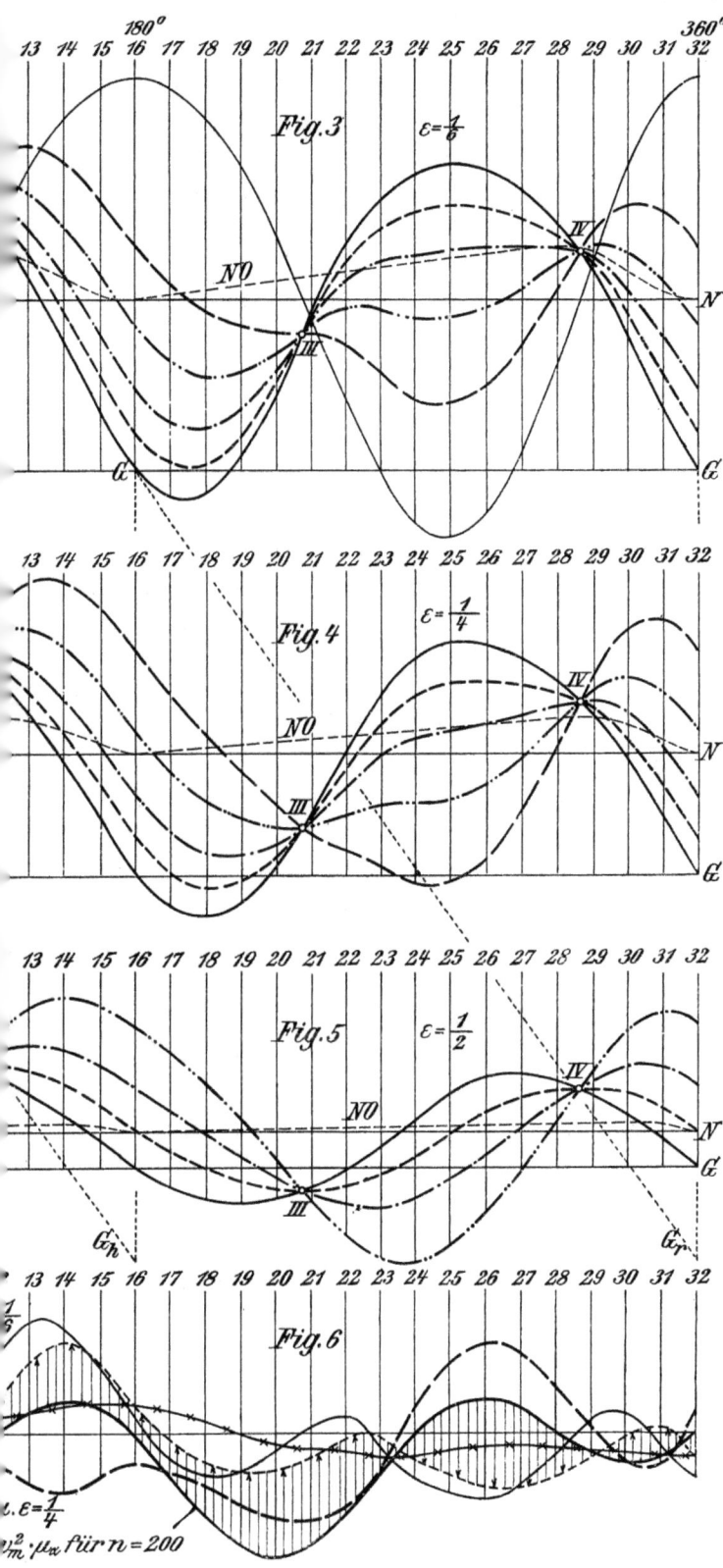

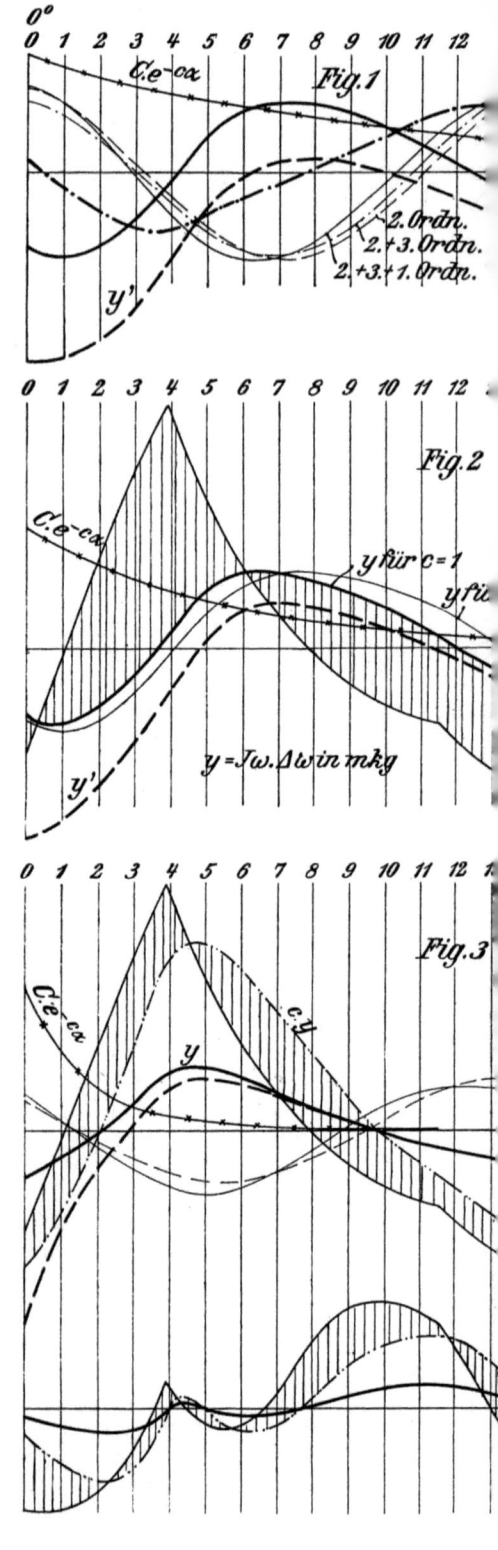

Tafel 13.

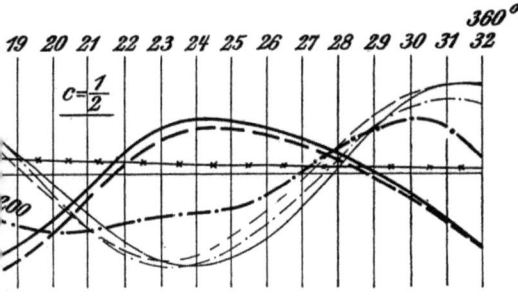

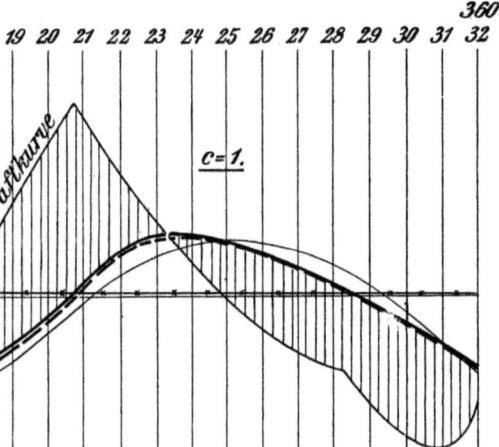

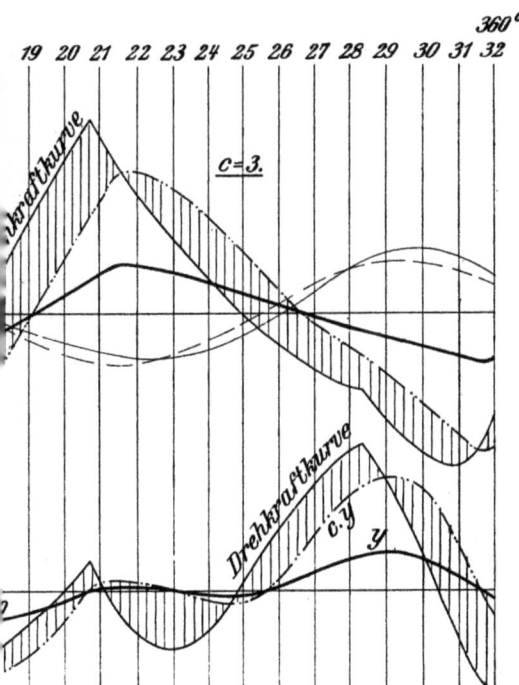

Tolle, Regelung. 3. Aufl.

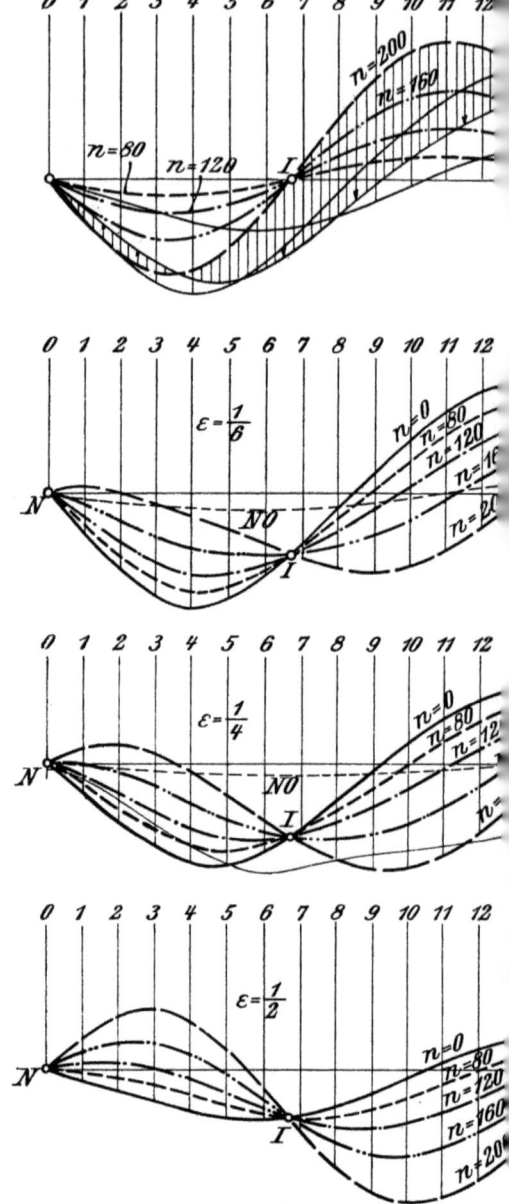

Tafel 14.

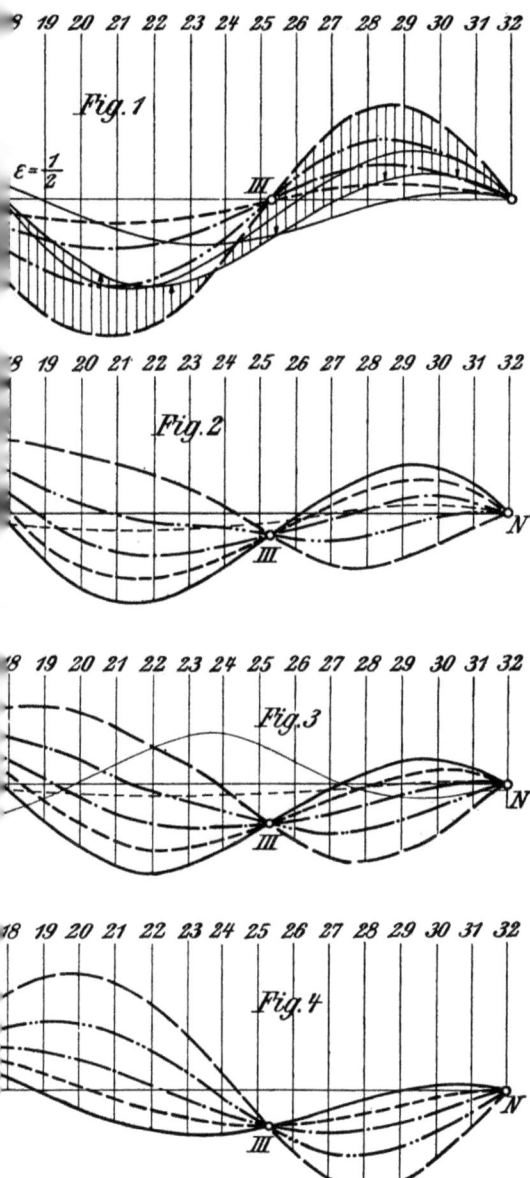

Tolle, Regelung. 3. Aufl.

Tafel 15.

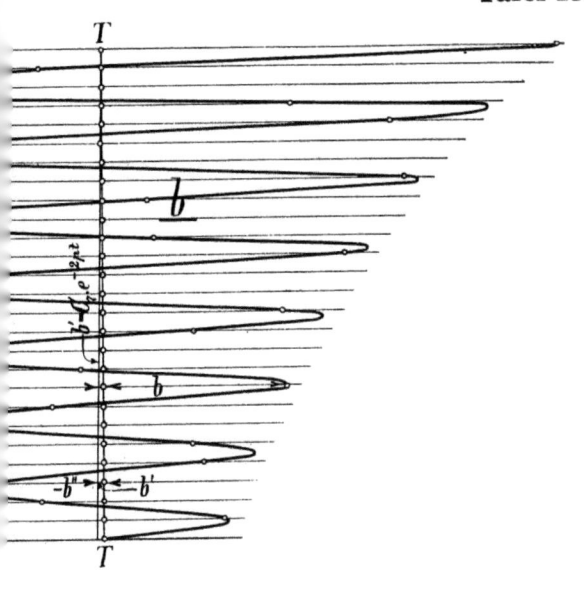

Fig. 2.

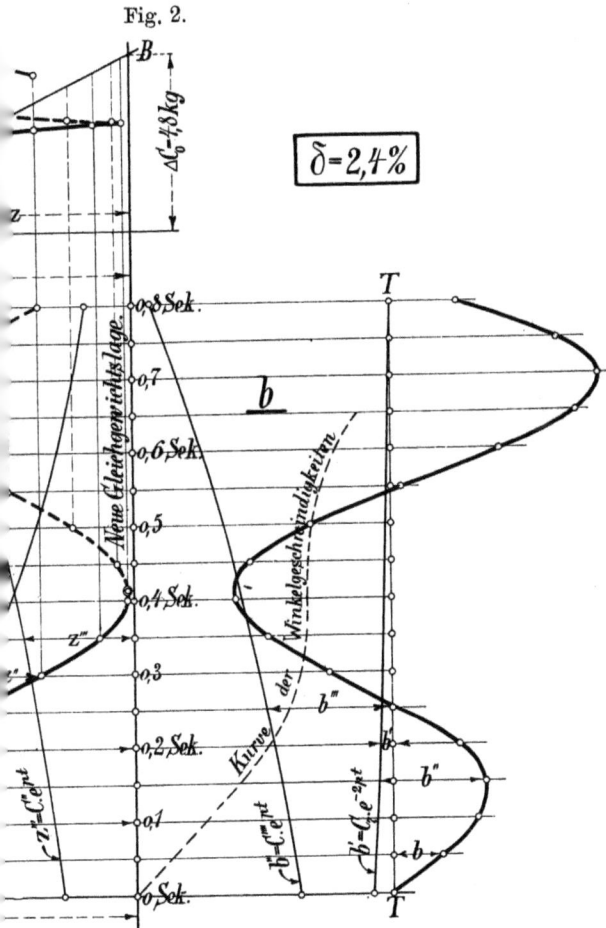

Tolle, Regelung. 3. Aufl.

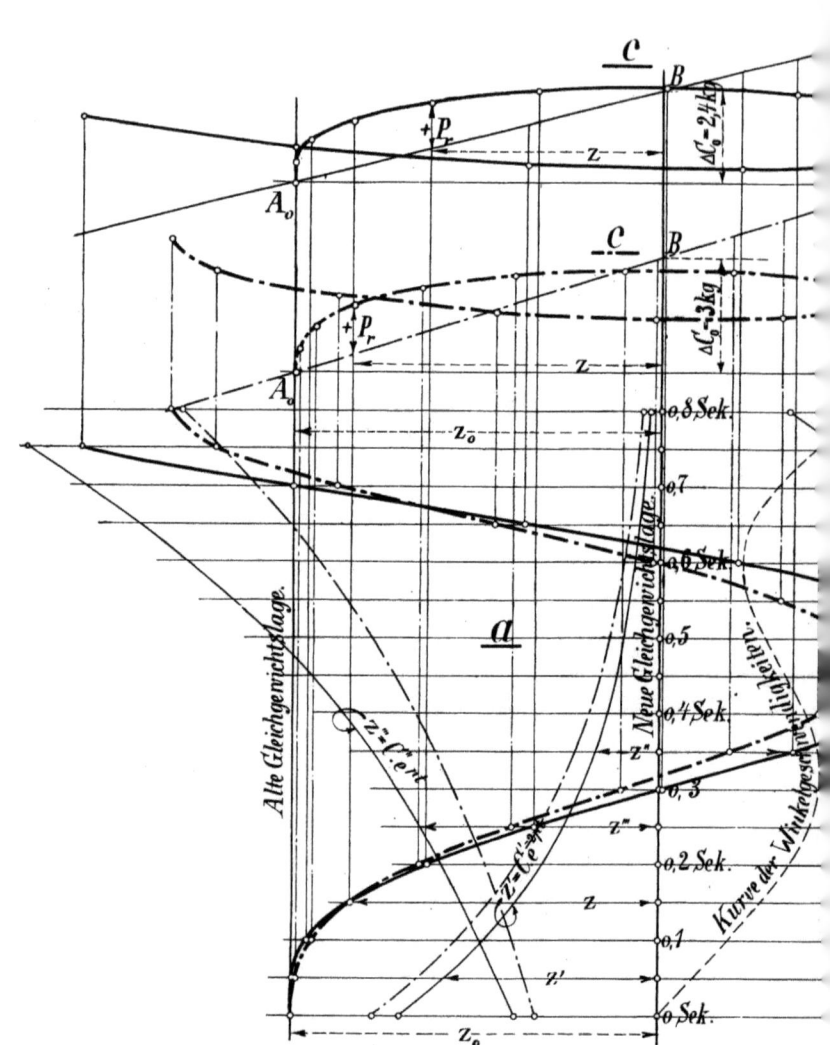

Tafel 16.

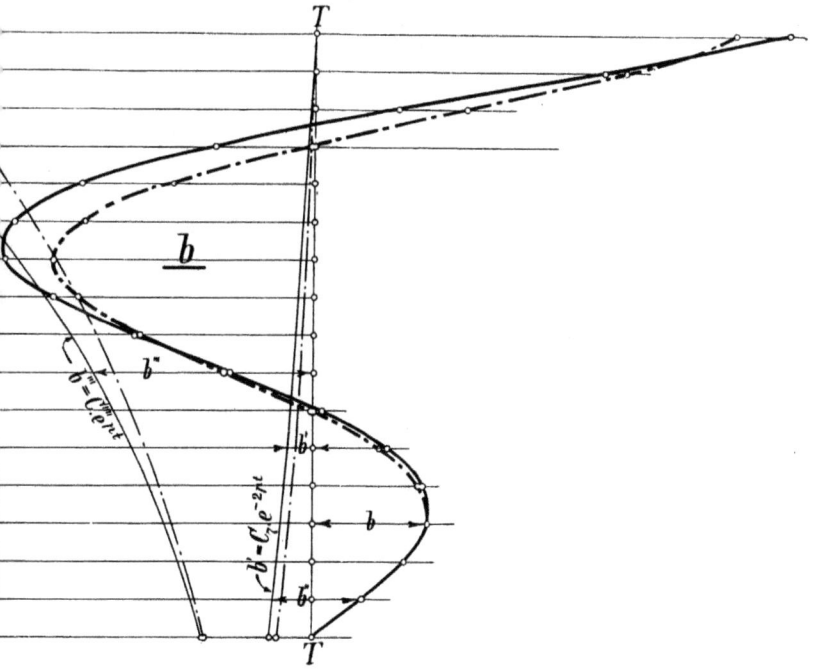

Tolle, Regelung. 3. Aufl.

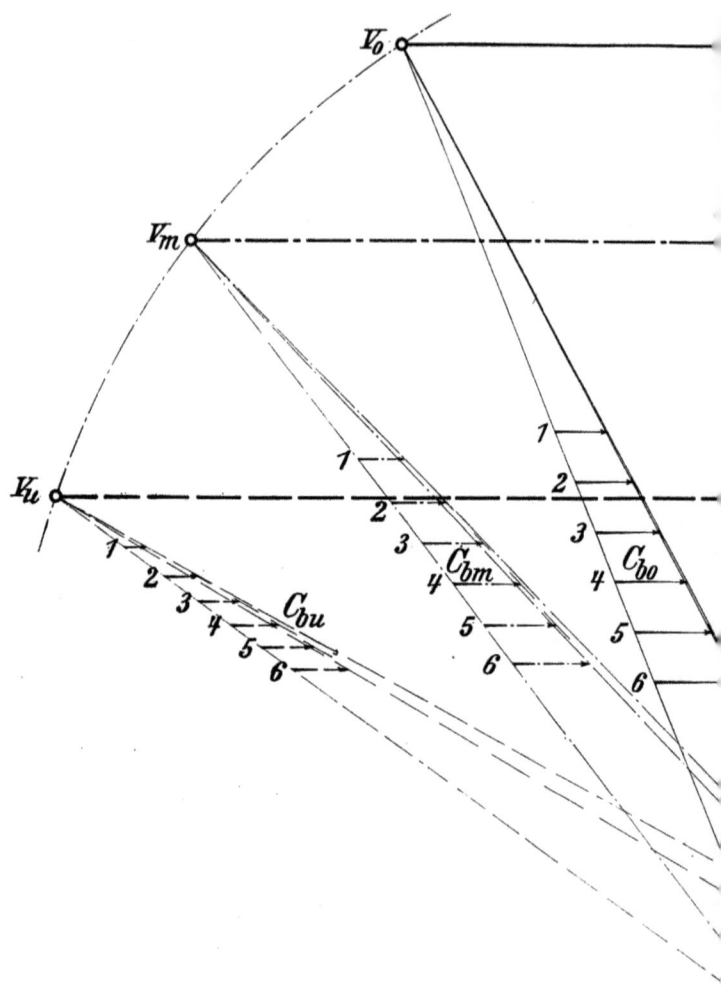

Der Kräftemaßstab für die C-Kurven ist 5mal so groß wie der Kräftemaßstab für die Kräftedreiecke.

Tafel 17.

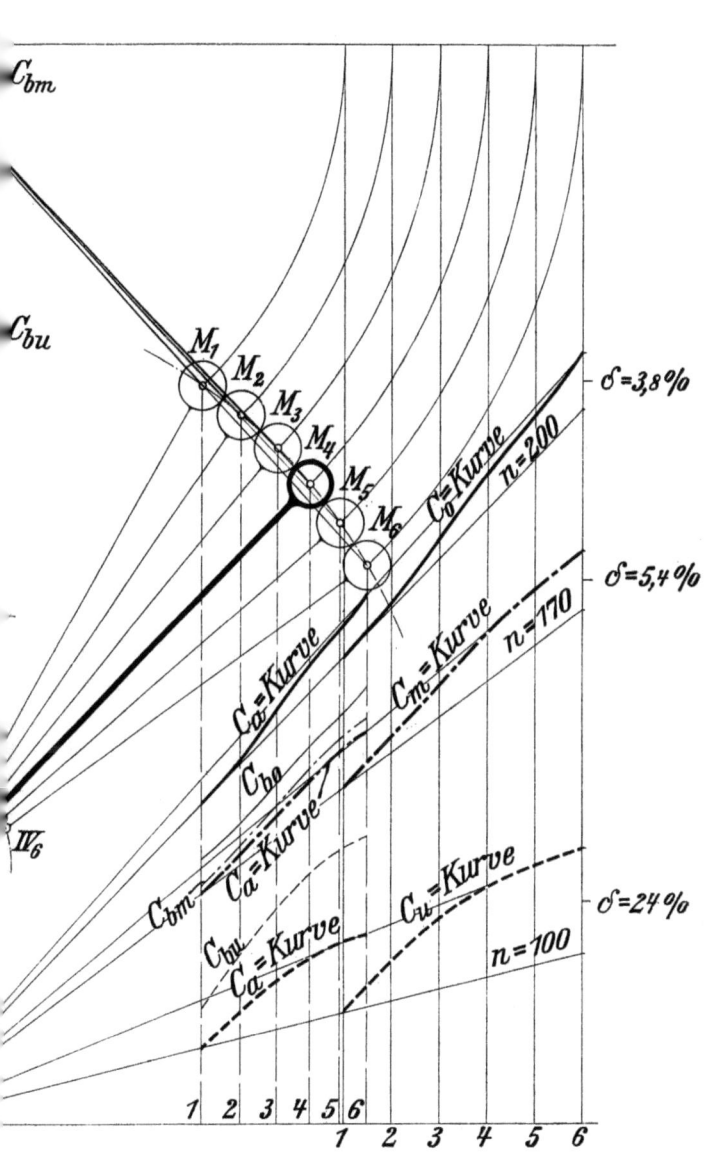

Tolle, Regelung. 3. Aufl.

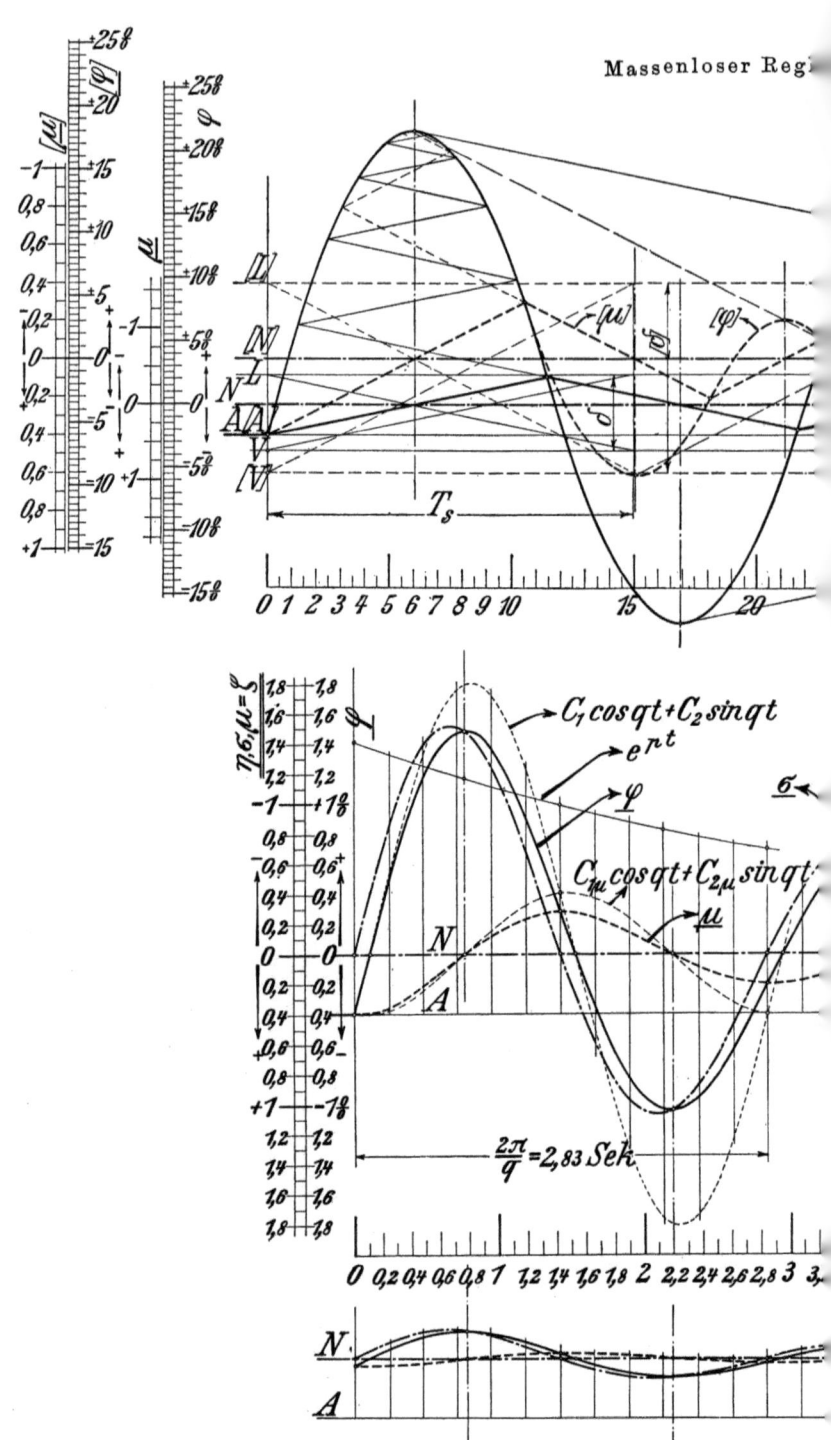

Massenloser Regi

Tafel 18.

ückführung: T_r und $T_k = 0$.

Konstante Regelungsgeschwindigkeit: $\mu' = \pm \dfrac{1}{T_s}$.

$T_s = 15$ Sek.; $T_a = 5$ Sek.; $\lambda = 0,4$;
$\delta = 6\%$; [$\delta = 15\%$ für die eingeklammerten Werte].

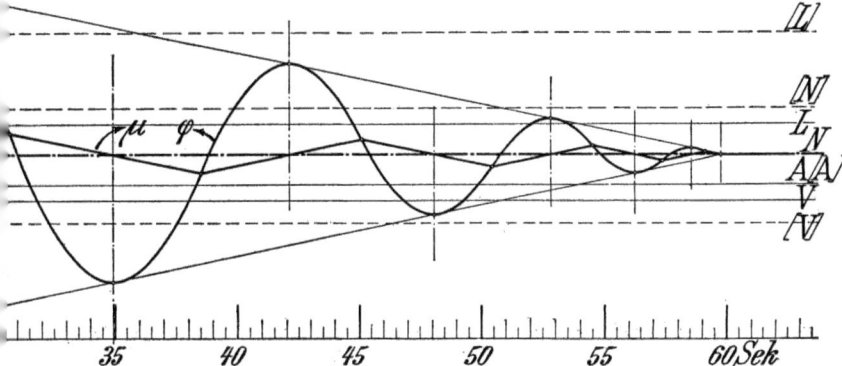

änderliche Regelungsgeschwindigkeit: $\mu' = \dfrac{\sigma}{T_s}$.

$T_s = 2$ Sek.; $T_a = 10$ Sek.; $\lambda = 0,4$;
$\delta = 1\%$.

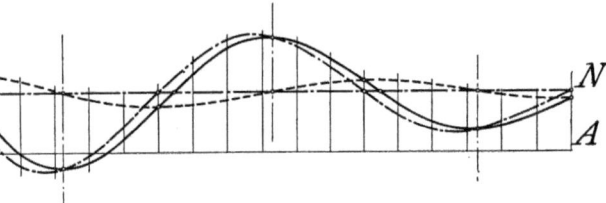

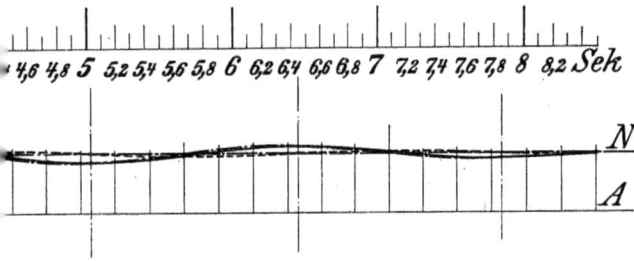

Tolle, Regelung. 3. Aufl.

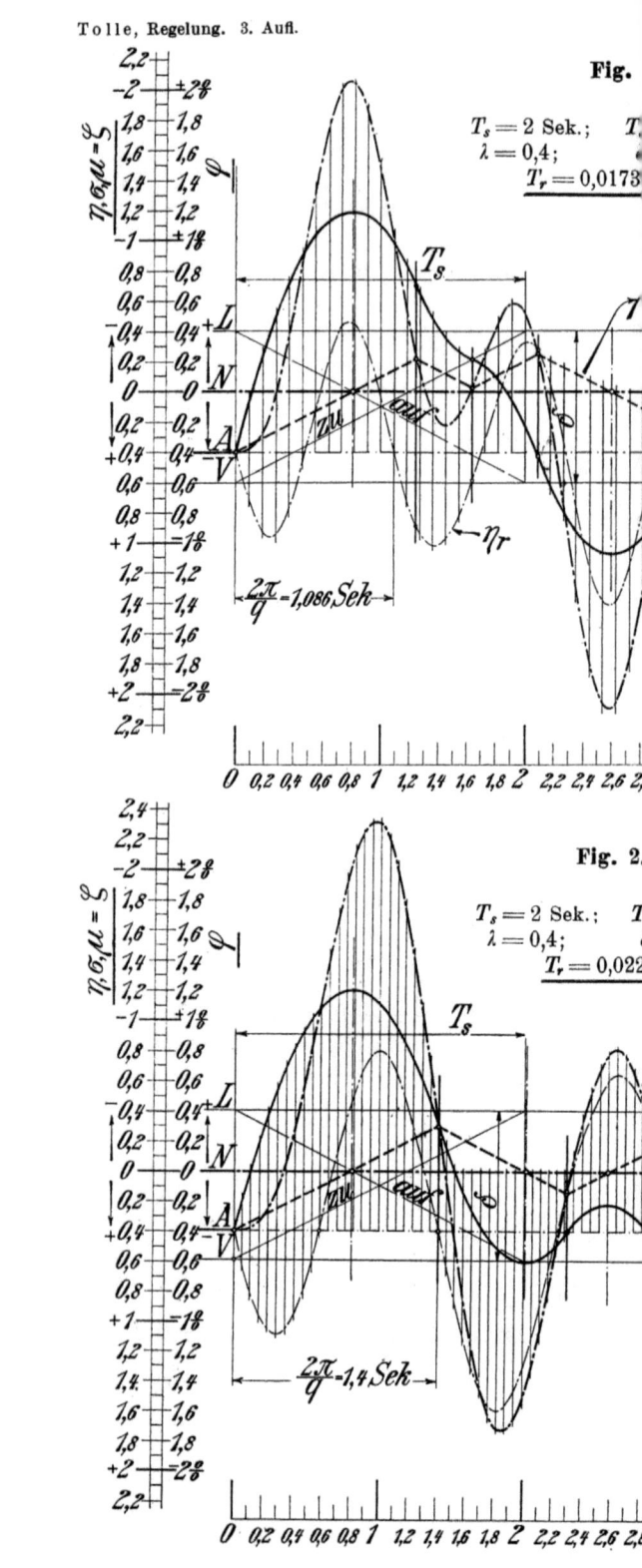

Tafel 19.

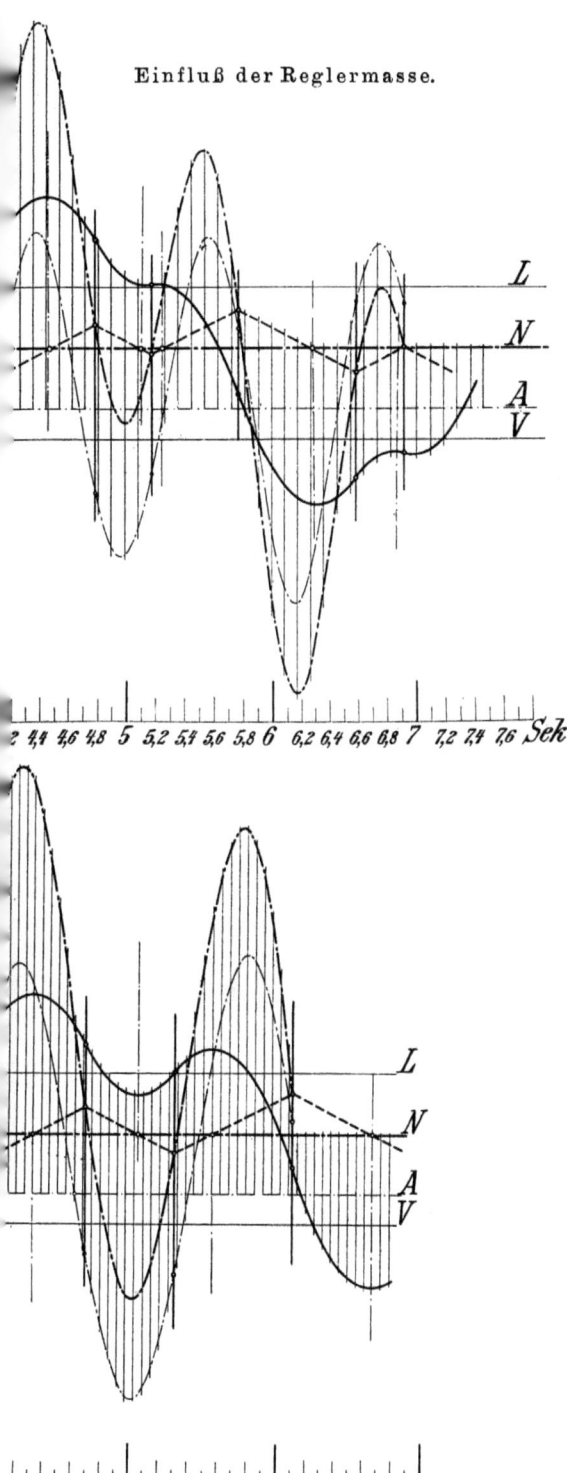

Einfluß der Reglermasse.

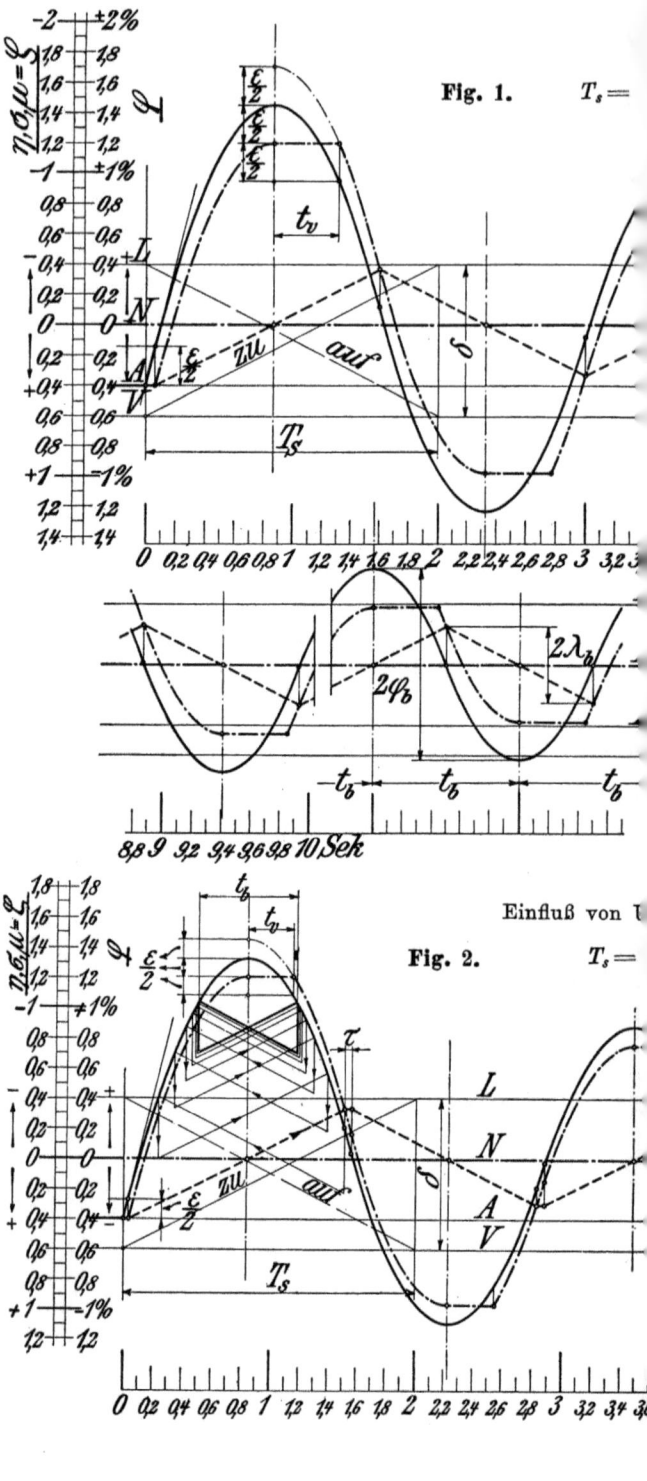

Tafel 20.

ndlichkeit des Reglers: $\varepsilon = \frac{1}{2}\%$.

k.; $\lambda = 0{,}4$; $\delta = 1\%$; $\mu' = \pm \dfrac{1}{T_s}$.

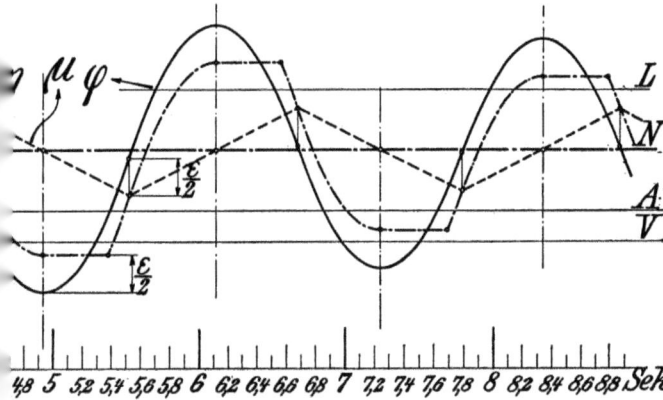

und zeitlicher Verzögerung: $\varepsilon = \frac{1}{4}\%$; $\tau = 0{,}05$ Sek.

Sek.; $\lambda = 0{,}4$; $\delta = 1\%$; $\mu' = \pm \dfrac{1}{T_s}$.

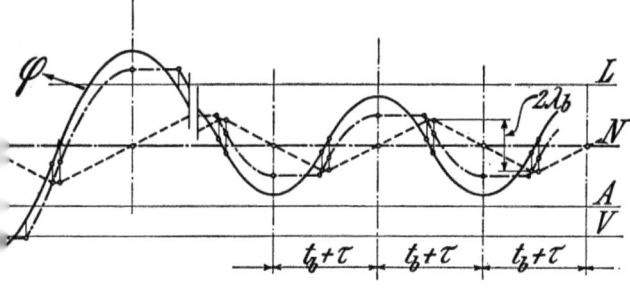

Tolle, Regelung. 3. Aufl.

Isodromregler mit ve:

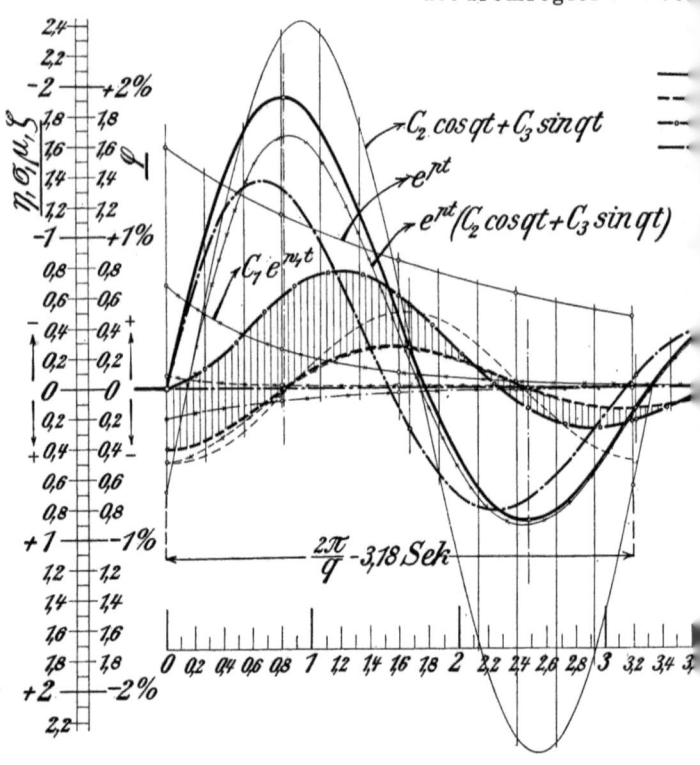

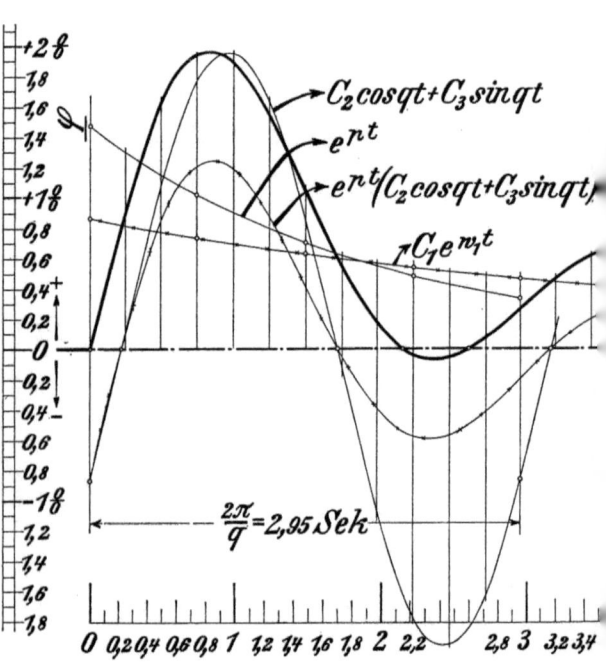

Tafel 21.

elungsgeschwindigkeit.

Fall a: $T_i = 1$ Sek; $\beta = 2$;

$T_s = 2$ Sek.; $T_a = 10$ Sek.; $\lambda = 0,4$; $\delta = 1\%$.

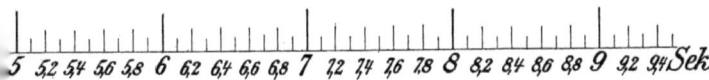

Fall b: $T_i = 5$ Sek.; $\beta = 2$;

$T_s = 2$ Sek.; $T_a = 10$ Sek.; $\lambda = 0,4$; $\delta = 1\%$.

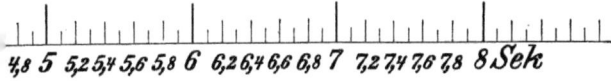

Fall d:

$T_i = 5$ Sek.;

$\delta = 5\%$

elungsgeschwindigkeit.

Tafel 22.

Fall c: $T_i = 1$ Sek.; $\beta = 2$;

$T_a = 10$ Sek.; $\lambda = 0{,}4$; $\delta = 5\%$.

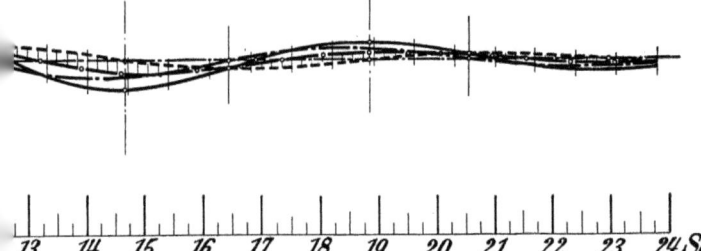

Fall e:

$T_i = 5$ Sek.; $\beta = 1$;

$T_s = 2$ Sek.; $T_a = 10$ Sek.; $\lambda = 0{,}4$; $\delta = 5\%$

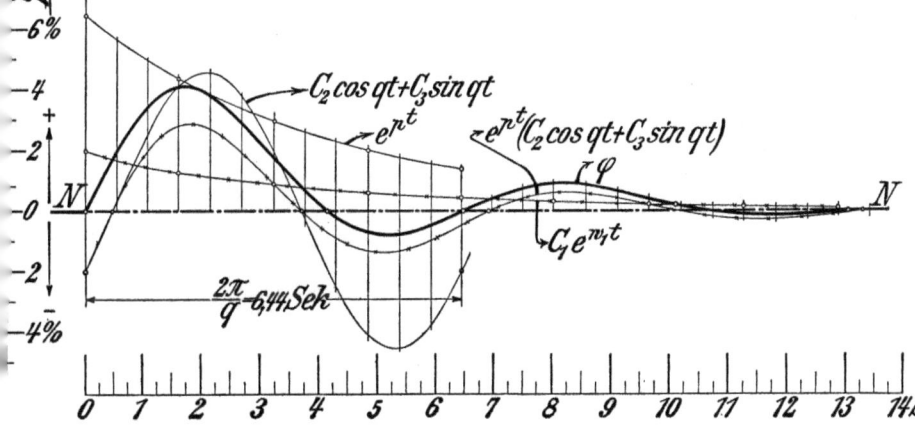

ie Geschwindigkeitschwankung φ.

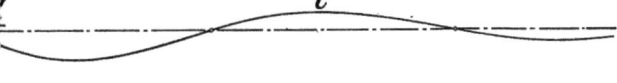

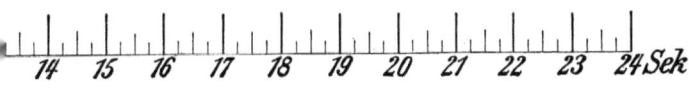

Tolle, Regelung. 3. Aufl.

Peltonradanlage von Briegle

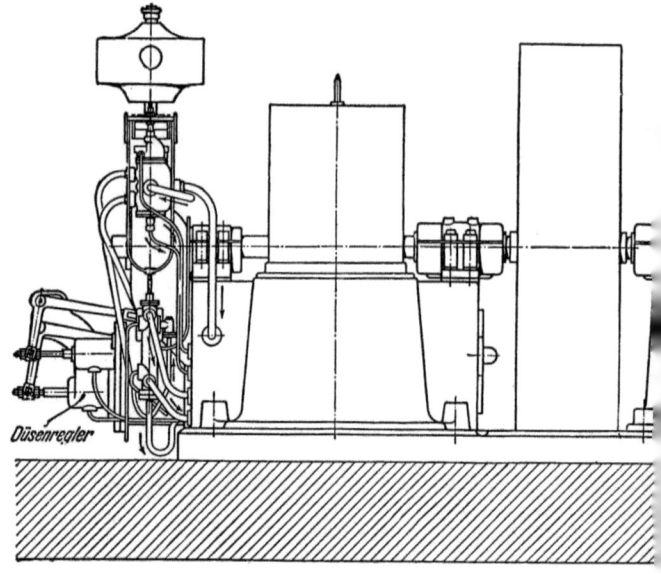

Fig. 1.

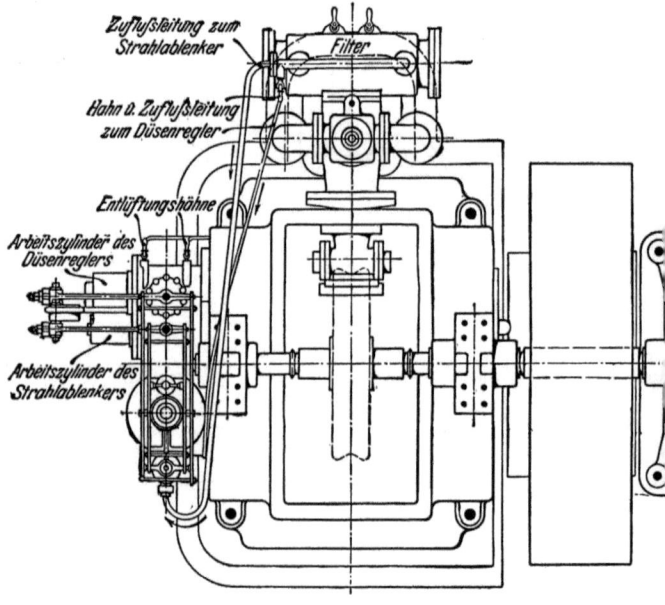

Fig. 3.

Tafel 23.

...it Doppelregelung nach Pfarr.

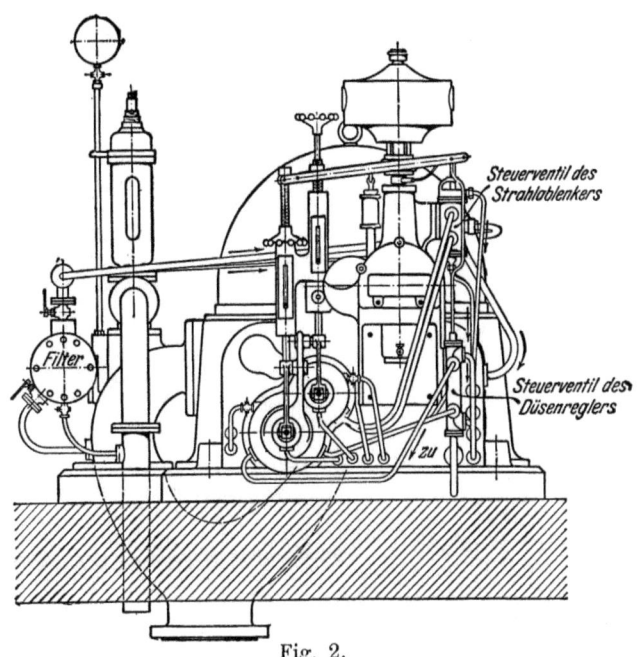

Fig. 2.

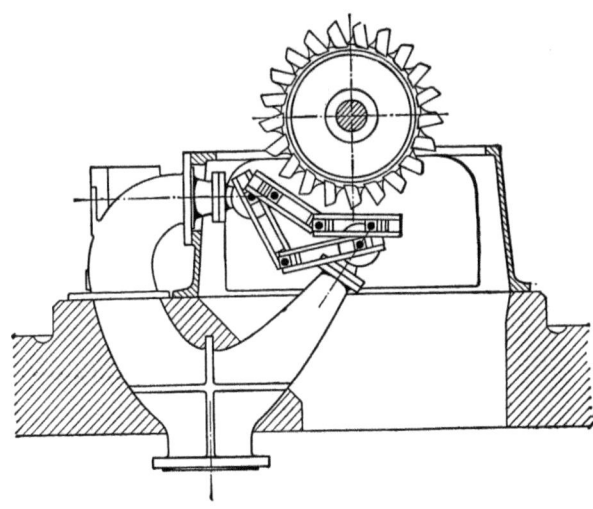

Fig. 4.

Tolle, Regelung. 3. Aufl.

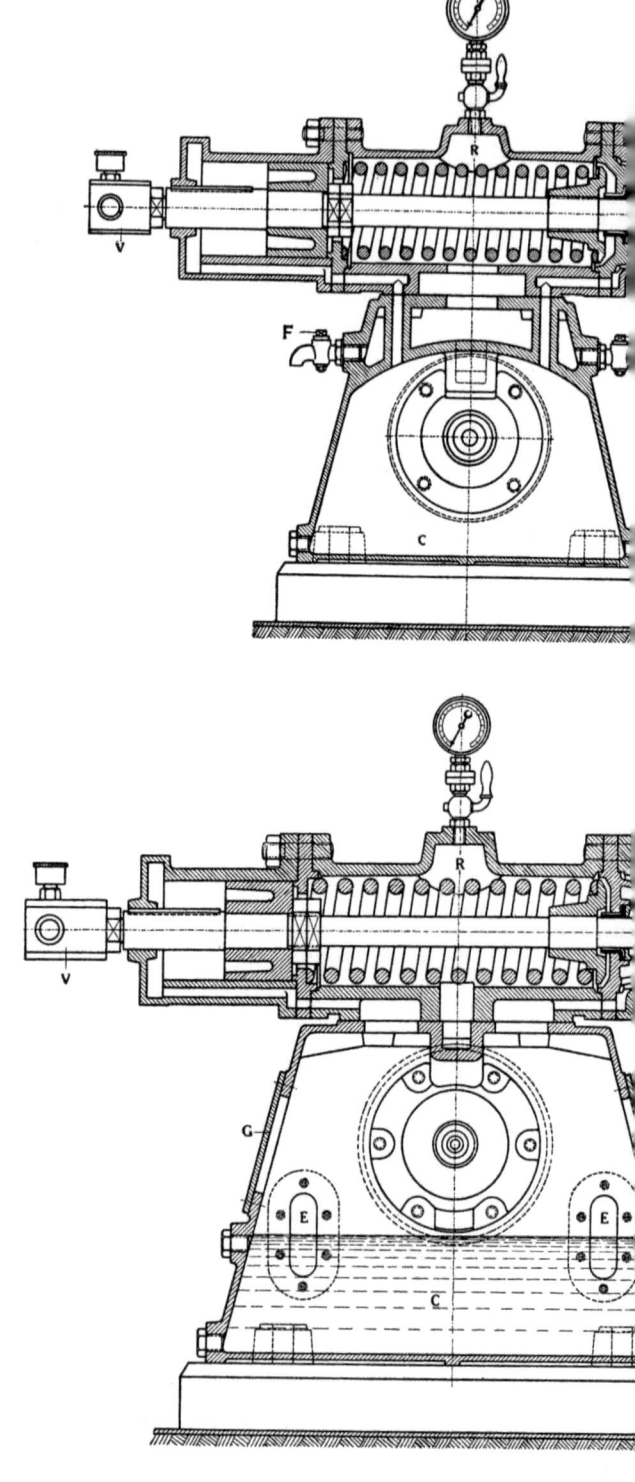

Tafel 24.

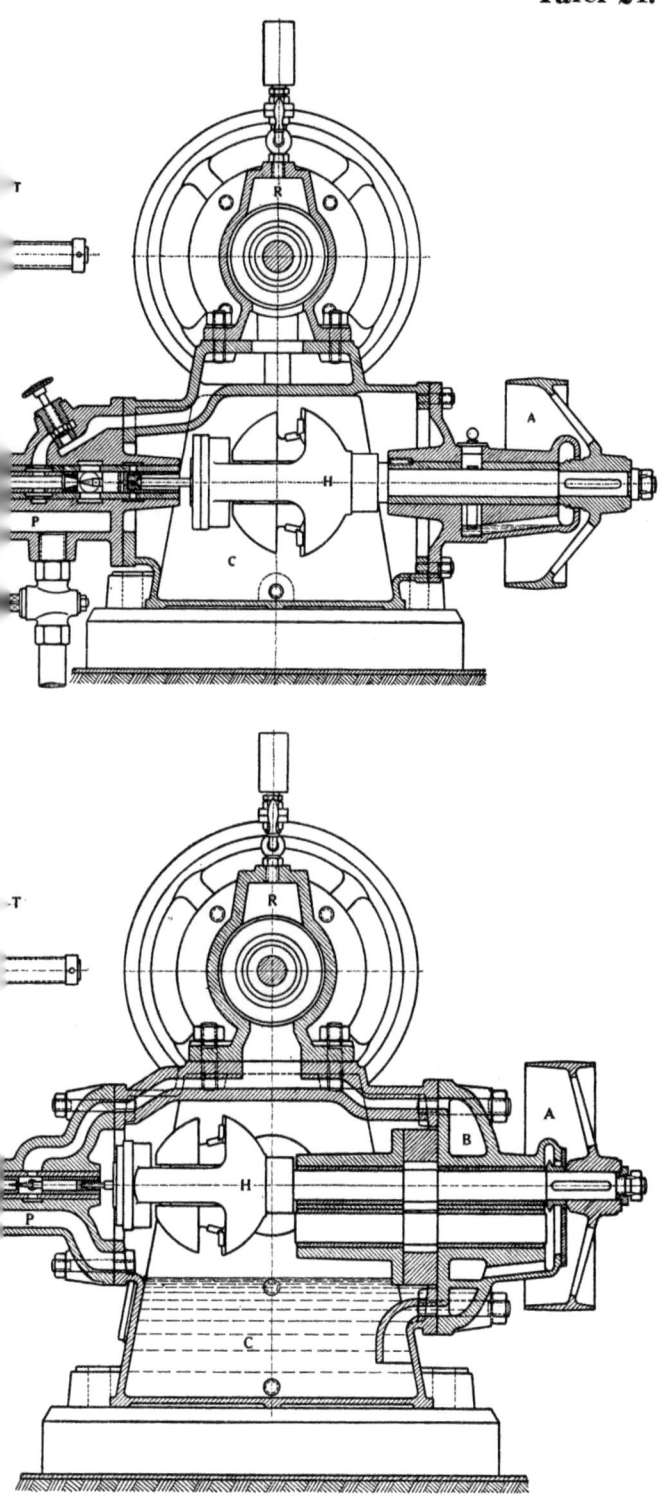

Verlag von Julius Springer in Berlin W 9

Maschinentechnisches Versuchswesen. Von Professor Dr.-Ing. A. Gramberg.
Erster Band: **Technische Messungen bei Maschinenuntersuchungen und zur Betriebskontrolle.** Zum Gebrauch in Maschinenlaboratorien und in der Praxis. Vierte, vielfach erweiterte und umgearbeitete Auflage. Mit 326 Textfiguren. Gebunden Preis M. 64,—.
Zweiter Band: **Maschinenuntersuchungen und das Verhalten der Maschinen im Betriebe.** Ein Handbuch für Betriebsleiter, ein Leitfaden zum Gebrauch bei Abnahmeversuchen und für den Unterricht an Maschinenlaboratorien. Zweite, durchgesehene Auflage. Mit etwa 300 Figuren im Text und auf 2 Tafeln. In Vorbereitung.

Technische Untersuchungsmethoden zur Betriebskontrolle,
insbesondere zur Kontrolle des Dampfbetriebes. Zugleich ein Leitfaden für die Übungen in den Maschinenbaulaboratorien technischer Lehranstalten. Von Professor **Julius Brand**, Oberlehrer an den Vereinigten Maschinenbauschulen zu Elberfeld. Mit einigen Beiträgen von Dipl.-Ing. Oberlehrer Robert Heermann. Vierte, verbesserte Auflage. Mit 277 Textabbildungen, 1 lithographischen Tafel und zahlreichen Tabellen. Gebunden Preis M. 60,—.

Der Tirrillregler.
Theorie, Versuche und Vergleich mit der direkten Kraftmaschinenregelung. Von Ingenieur **Hans Thoma** in Gotha. Mit 29 Textfiguren. Preis M. 3,—.

Technische Thermodynamik. Von Prof. Dipl.-Ing. W. Schüle.
Erster Band: **Die für den Maschinenbau wichtigsten Lehren nebst technischen Anwendungen.** Vierte, neubearbeitete Auflage. Mit 225 Textfiguren und 7 Tafeln. Gebunden Preis M. 105,—.
Zweiter Band: **Höhere Thermodynamik** mit Einschluß der chemischen Zustandsänderungen nebst ausgewählten Abschnitten aus dem Gesamtgebiet der technischen Anwendungen. Dritte, erweiterte Auflage. Mit 202 Textfiguren und 4 Tafeln. Gebunden Preis M. 75,—.

Leitfaden der Technischen Wärmemechanik.
Kurzes Lehrbuch der Mechanik der Gase und Dämpfe und der mechanischen Wärmelehre. Von Professor Dipl.-Ing. **W. Schüle**. Zweite, verbesserte Auflage. Mit 93 Textfiguren und 3 Tafeln. Preis M. 18,—.

Dynamik der Leistungsregelung von Kolbenkompressoren und -pumpen
(einschließlich Selbstregelung und Parallelbetrieb). Von Dr.-Ing. **Leo Walther** (Nürnberg). Mit 44 Textabbildungen, 23 Diagrammen und 85 Zahlenbeispielen. Preis M. 24,—; gebunden M. 30,—.

Thermodynamische Grundlagen der Kolben- und Turbokompressoren.
Graphische Darstellungen für die Berechnung und Untersuchung. Von Oberingenieur **Adolf Hinz** in Frankfurt a. M. Mit 12 Zahlentafeln, 54 Figuren und 38 graphischen Berechnungstafeln. Gebunden Preis M. 16,—.

Kolbendampfmaschinen und Dampfturbinen.
Ein Lehr- und Handbuch für Studierende und Konstrukteure. Von Professor **Heinrich Dubbel**, Ingenieur. Fünfte, vermehrte und verbesserte Auflage. Mit 554 Textfiguren. Gebunden Preis M. 52,—.

Die Steuerungen der Dampfmaschinen.
Von Prof. Ingenieur **Heinrich Dubbel**. Zweite, umgearbeitete und erweiterte Auflage. Mit 494 Textfiguren. Gebunden Preis M. 69,—.

Hierzu Teuerungszuschläge

Verlag von Julius Springer in Berlin W 9

Maschinentechnisches Versuchswesen. Von Professor Dr.-Ing. **A. Gramberg.**
Erster Band: **Technische Messungen bei Maschinenuntersuchungen und zur Betriebskontrolle.** Zum Gebrauch in Maschinenlaboratorien und in der Praxis. Vierte, vielfach erweiterte und umgearbeitete Auflage. Mit 326 Textfiguren. Gebunden Preis M. 64,—.
Zweiter Band: **Maschinenuntersuchungen und das Verhalten der Maschinen im Betriebe.** Ein Handbuch für Betriebsleiter, ein Leitfaden zum Gebrauch bei Abnahmeversuchen und für den Unterricht an Maschinenlaboratorien. Zweite, durchgesehene Auflage. Mit etwa 300 Figuren im Text und auf 2 Tafeln. In Vorbereitung.

Technische Untersuchungsmethoden zur Betriebskontrolle, insbesondere zur Kontrolle des Dampfbetriebes. Zugleich ein Leitfaden für die Übungen in den Maschinenbaulaboratorien technischer Lehranstalten. Von Professor **Julius Brand,** Oberlehrer an den Vereinigten Maschinenbauschulen zu Elberfeld. Mit einigen Beiträgen von Dipl.-Ing. Oberlehrer Robert Heermann. Vierte, verbesserte Auflage. Mit 277 Textabbildungen, 1 lithographischen Tafel und zahlreichen Tabellen. Gebunden Preis M. 60,—.

Der Tirrillregler. Theorie, Versuche und Vergleich mit der direkten Kraftmaschinenregelung. Von Ingenieur **Hans Thoma** in Gotha. Mit 29 Textfiguren. Preis M. 3,—.

Technische Thermodynamik. Von Prof. Dipl.-Ing. **W. Schüle.**
Erster Band: **Die für den Maschinenbau wichtigsten Lehren nebst technischen Anwendungen.** Vierte, neubearbeitete Auflage. Mit 225 Textfiguren und 7 Tafeln. Gebunden Preis M. 105,—.
Zweiter Band: **Höhere Thermodynamik** mit Einschluß der chemischen Zustandsänderungen nebst ausgewählten Abschnitten aus dem Gesamtgebiet der technischen Anwendungen. Dritte, erweiterte Auflage. Mit 202 Textfiguren und 4 Tafeln. Gebunden Preis M. 75,—.

Leitfaden der Technischen Wärmemechanik. Kurzes Lehrbuch der Mechanik der Gase und Dämpfe und der mechanischen Wärmelehre. Von Professor Dipl.-Ing. **W. Schüle.** Zweite, verbesserte Auflage. Mit 93 Textfiguren und 3 Tafeln. Preis M. 18,—.

Dynamik der Leistungsregelung von Kolbenkompressoren und -pumpen (einschließlich Selbstregelung und Parallelbetrieb). Von Dr.-Ing. **Leo Walther** (Nürnberg). Mit 44 Textabbildungen, 23 Diagrammen und 85 Zahlenbeispielen. Preis M. 24,—; gebunden M. 30,—.

Thermodynamische Grundlagen der Kolben- und Turbokompressoren. Graphische Darstellungen für die Berechnung und Untersuchung. Von Oberingenieur **Adolf Hinz** in Frankfurt a. M. Mit 12 Zahlentafeln, 54 Figuren und 38 graphischen Berechnungstafeln. Gebunden Preis M. 16,—.

Kolbendampfmaschinen und Dampfturbinen. Ein Lehr- und Handbuch für Studierende und Konstrukteure. Von Professor **Heinrich Dubbel,** Ingenieur. Fünfte, vermehrte und verbesserte Auflage. Mit 554 Textfiguren. Gebunden Preis M. 52,—.

Die Steuerungen der Dampfmaschinen. Von Prof. Ingenieur **Heinrich Dubbel.** Zweite, umgearbeitete und erweiterte Auflage. Mit 494 Textfiguren. Gebunden Preis M. 69,—.

Hierzu Teuerungszuschläge

MIX
Papier aus verantwortungsvollen Quellen
Paper from responsible sources
FSC® C105338

If you have any concerns about our products,
you can contact us on
ProductSafety@springernature.com

In case Publisher is established outside the EU,
the EU authorized representative is:
**Springer Nature Customer Service Center GmbH
Europaplatz 3, 69115 Heidelberg, Germany**

Printed by Libri Plureos GmbH
in Hamburg, Germany